Otto Nachtmann

Phänomene und Konzepte der Elementarteilchenphysik

Otto Nachtmann

Phänomene und Konzepte der Elementarteilchenphysik

Mit 171 Bildern und 40 Tabellen

Herausgegeben von Roman U. Sexl

Springer Fachmedien Wiesbaden GmbH

1986

Satz: Vieweg, Braunschweig

ISBN 978-3-663-07777-0   ISBN 978-3-663-07776-3 (eBook)
DOI 10.1007/978-3-663-07776-3

Vorwort

Dieses Buch entstand — wie könnte es anders sein — aus einer Reihe von Vorlesungen, die der Autor an der Universität Heidelberg gehalten hat. Diese Vorlesungen sollten eine Einführung in die moderne Phänomenologie der Elementarteilchenphysik vermitteln und für Studenten theoretischer sowie experimenteller Orientierung verständlich sein. Dasselbe Ziel hat sich der Autor mit dem vorliegenden Buch gesetzt. Vorkenntnisse werden nur aus der gewöhnlichen nichtrelativistischen Quantenmechanik vorausgesetzt, wobei als Richtlinie für den Stoffumfang beispielsweise das Buch von Grawert „Quantenmechanik I" (Akademische Verlagsgesellschaft, Frankfurt/Main und Vieweg, Braunschweig 1969) herangezogen werden kann.

Nun zum Aufbau des vorliegenden Buches. Im ersten Teil werden die Grundlagen der Elementarteilchenphysik erarbeitet, es soll hier die „Sprache" erlernt werden, die der Teilchenphysiker benützt. Ein einleitendes Kapitel ist der speziellen Relativitätsthorie, die in der Elementarteilchenphysik so fundamentale Bedeutung hat, gewidmet, denn Elementarteilchenphysik ist meist Hochenergiephysik. Dieses Kapitel habe ich unter anderem auf Grund eines Gesprächs mit einem angesehenen deutschen Hochenergie-Experimentalphysiker eingefügt, der mir erklärte, er hätte während *seines* Studiums von Lorentz-Transformationen bloß als Lichtkegel-Automorphismen gehört und erst später erfahren, daß die spezielle Relativitätstheorie auch praktische Konsequenzen habe. Weitere Kapitel des ersten Teils behandeln die Dirac-Gleichung, die Feldquantisierung und die allgemeinen Definitionen der S-Matrix, der T-Matrix und des Streuquerschnitts.

Die Elementarteilchenphysik wird heute von Eichtheorien beherrscht. Dem Leser die entsprechenden physikalischen Konzepte nahezubringen, ist daher ein Hauptanliegen dieses Buches. Glücklicherweise bot sich hier ein — auch historisch motivierbarer — Aufbau an. Im zweiten Teil wird die Quantenelektrodynamik (QED) dargestellt, die einfachste Eichtheorie, bei der die Eichgruppe abelsch und ungebrochen ist. Der dritte Teil ist den Phänomenen der starken Wechselwirkung, der Welt der Quarks und Gluonen, gewidmet. Dort begegnen wir erstmals einer nichtabelschen Eichtheorie, der Quantenchromodynamik (QCD), bei der die Eichgruppe zwar komplizierter als in der QED, aber immer noch ungebrochen ist. Im vierten Teil wird schließlich die elektroschwache Wechselwirkung behandelt, bei der als neues Phänomen die spontane Symmetriebrechung auftritt. Ein abschließendes Kapitel befaßt sich mit möglichen weiteren Entwicklungen in der Theorie der Elementarteilchen, wobei ich mich aber recht kurz gefaßt habe, da hier noch alles im Fluß ist.

Überall in diesem Buch habe ich versucht, *physikalische* Gesichtspunkte und Überlegungen in den Vordergrund zu stellen. Aus diesem Grund habe ich auch das Wechselwirkungsbild zur Beschreibung von Streuvorgängen benützt, das auch in der Quantenfeldtheorie seine Berechtigung hat, solange man sich alle Zwischenrechnungen in der regularisierten Theorie durchgeführt denkt. Ich habe mich besonders bemüht, dem Leser diejenigen Kenntnisse zu vermitteln, die ihn in die Lage versetzen sollen, die in der Praxis der Hochenergiephysik auftretenden Probleme zu lösen. Andererseits sollten auch Studenten, die sich nicht in der Hochenergiephysik spezialisieren wollen, durch die Lektüre einiger Kapitel, die an ihren Überschriften leicht zu erkennen sind, einen Überblick über dieses Gebiet erhalten können. Die Mathematik der Quantenfeldtheorie ausführlich darzustellen, war nicht meine

Absicht. Dafür sei der Leser beispielsweise auf die folgenden Bücher verwiesen: „Relativistische Quantenfeldtheorie" von J. D. Bjorken und S. D. Drell (B. I., Mannheim 1965); "Quantum Field Theory" von Cl. Itzykson und J.-B. Zuber (McGraw-Hill, New York 1980). Andererseits kann ich Leser, die mehr an experimentellen Aspekten der Hochenergiephysik interessiert sind auf die folgenden Bücher hinweisen: "Introduction to High Energy Physics" von D. H. Perkins (Addison-Wesley, Reading, 2. Aufl. 1982); „Detektoren für Teilchenstrahlung" von K. Kleinknecht (Teubner, Stuttgart 1984); „Hochenergiephysik" von E. Lohrmann (Teubner, Stuttgart 1981). Schließlich möchte ich noch Bücher erwähnen, in denen der Leser Phänomene der Teilchenphysik, die in früheren Jahren untersucht wurden, ausführlicher dargestellt findet, als es hier geschehen konnte: „Elementarteilchenphysik" von G. Källen mit einem ergänzenden Kapitel von J. Steinberger (B. I., Mannheim, 2. Aufl. 1974); "High Energy Hadron Physcis" von M. L. Perl (John Wiley, New York 1974).

Auf Literatur ist im Text durch den jeweils ersten Autor und die Jahreszahl der Veröffentlichung hingewiesen. Die entsprechende vollständige Referenz findet sich am Ende des Buches. Zitate experimenteller Ergebnisse sind stets im Sinne von Beispielen, die der Illustration der theoretischen Ableitungen dienen, zu verstehen, nicht im Sinne eines Zuschreibens von Prioritäten. Zahlenwerte physikalischer Größen sind, soweit nicht anders angegeben, den Tabellen der Teilcheneigenschaften entnommen (Particle Data Group, Rev. Mod. Phys., Vol. 56, No. 2, Teil 2, 1984). Experimentelle und theoretische Ergebnisse, die nach dem Frühjahr 1985 bekannt wurden, konnte ich nicht mehr berücksichtigen.

Es ist mir ein besonderes Anliegen, an dieser Stelle allen jenen zu danken, die mir mit ihren Kenntnissen beim Abfassen dieses Buches geholfen haben. Zunächst danke ich meinen Kollegen B. Stech, D. Gromes und W. Wetzel für wertvolle Hinweise und für das Lesen von Teilen des Manuskripts. Weiter danke ich für Ihre Hilfe den Herren I. Bender, M. Wirbel und besonders Herrn A. Reiter, der mich schon bei der Ausarbeitung des ursprünglichen Vorlesungsskriptums unterstützt hat. Dieses Buch wäre ohne die freundliche Hilfe von Kollegen aus der Experimentalphysik nicht zustande gekommen. Hierfür danke ich Frau B. Naroska und den Herren J. Drees, C. Geweniger, J. Heintze, J. von Krogh, A. Putzer, K. Schubert und A. Wagner, sowie den jeweiligen Mitarbeitern. Herrn J. Heintze danke ich auch für die Erlaubnis, eine seiner Originalzeichnungen zu verwenden. Den Studenten, die meine Vorlesungen besucht und durch ihre Fragen und Bemerkungen manche unklare Formulierung verbessern halfen, sei ebenso mein Dank ausgesprochen, wie den Damen unseres Sekretariats, die das Manuskript betreut haben. Bedanken möchte ich mich auch bei allen beteiligten Mitarbeitern des Verlages Vieweg, besonders bei Herrn B. Gondesen, für ihr bereitwilliges Eingehen auf meine Wünsche bezüglich der Gestaltung des Buches und für ihre hervorragende Arbeit. Zuletzt danke ich meiner Frau für ihre Hilfe beim Korrekturlesen und für ihre vielfältige moralische Unterstützung bei dem gesamten Unternehmen.

Heidelberg, im Herbst 1985   *Otto Nachtmann*

Notation, Symbole und Abkürzungen

$=$	gleich
$\equiv$	identisch gleich
$\cong$	etwa gleich
$\sim$	im wesentlichen gleich oder äquivalent
$\propto$	proportional
$\in$	enthalten
T	transponiert
$\dagger$	hermitesch konjugiert
eV	Elektronvolt; $1\,\text{keV} = 10^3\,\text{eV}$, $1\,\text{MeV} = 10^6\,\text{eV}$, $1\,\text{GeV} = 10^9\,\text{eV}$, $1\,\text{TeV} = 10^{12}\,\text{eV}$.
f	Fermi; $1\,\text{f} = 10^{-13}\,\text{cm}$
b	Barn; $1\,\text{b} = 10^{-24}\,\text{cm}^2$
s	Sekunde
Hz	Hertz; $1\,\text{Hz} = 1\,\text{s}^{-1}$; $1\,\text{MHz} = 10^6\,\text{s}^{-1}$
Σ	Summenzeichen
$\Sigma\,'$	Summenzeichen für Summation über Endzustände, Mittelung über Anfangszustände
c-Zahl	komplexe Zahl
c.c.	komplex konjugiert
h.c.	hermitesch konjugiert
$x = (x^j)$	Dreiervektor. Die Komponenten sind mit lateinischen Indizes bezeichnet ($j = 1, 2, 3$).
$x = (x^\mu)$	Vierervektor. Die Komponenten sind mit griechischen Indizes bezeichnet ($\mu = 0, 1, 2, 3$).
$d^3x = dx^1\,dx^2\,dx^3$	Volumelement im gewöhnlichen dreidimensionalen Raum
$dx = dx^0\,dx^1\,dx^2\,dx^3$	Volumelement im Minkowski-Raum
$\mathbf{A} = (A_{ij})$	Matrix oder Operator, Matrixelemente A_{ij}
$[\mathbf{A}, \mathbf{B}] = \mathbf{AB} - \mathbf{BA}$	Kommutator
$\{\mathbf{A}, \mathbf{B}\} = \mathbf{AB} + \mathbf{BA}$	Antikommutator
det $\mathbf{A}$	Determinante der Matrix $\mathbf{A}$
Sp $\mathbf{A}$	Spur der Matrix $\mathbf{A}$
ϵ^{ijk}	total antisymmetrisches Symbol in drei Dimensionen ($\epsilon^{123} = 1$)
$\epsilon_{\mu\nu\rho\sigma}$	total antisymmetrisches Symbol in vier Dimensionen ($\epsilon_{0123} = 1$)
δ_{ij}	Kronecker-Symbol; $\delta_{ij} = 1$ für $i = j$; $\delta_{ij} = 0$ für $i \neq j$.
$\delta(x)$	Diracs δ-Funktion $(-\infty < x < \infty)$; $\delta(x) = 0$ für $x \neq 0$, $\displaystyle\int_{-\infty}^{\infty} dx\,\delta(x) = 1$.
$\theta(x)$	Theta-Funktion $(-\infty < x < \infty)$; $\theta(x) = 0$ für $x < 0$, $\theta(x) = 1$ für $x > 0$.
$O(E)$	Terme der Ordnung E

Abkürzungen

CERN Centre Européen de la Recherche Nucléaire; Europäisches Kernforschungszentrum, Genf, Schweiz

DESY Deutsches Elektronen-Synchrotron, Hamburg

DORIS Elektron-Positron-Speicherring-Anlage im DESY
(Schwerpunktsenergien zunächst ca. 2–7 GeV, jetzt ca. 10 GeV)

FNAL Fermi National Accelerator Laboratory, Batavia, Ill., USA

HERA Elektron-Proton-Speicherring-Anlage
(Zur Zeit in Bau im DESY. Schwerpunktsenergie ca. 300 GeV)

ISR Proton-Proton-Speicherring-Anlage im CERN
(Geschlossen 1984. Schwerpunktsenergien ca. 20–60 GeV)

LEP Elektron-Positron-Speicherring-Anlage
(Zur Zeit in Bau im CERN. Schwerpunktsenergie ca. 100 GeV)

PEP Elektron-Positron-Speicherring-Anlage im SLAC
(Schwerpunktsenergie ca. 30 GeV)

PETRA Elektron-Positron-Speicherring-Anlage im DESY
(Schwerpunktsenergien ca. 14–45 GeV)

SLAC Stanford Linear Accelerator Center, Stanford, Ca., USA

SLC Elektron-Positron-Kollisions-Anlage
(Zur Zeit in Bau im SLAC. Schwerpunktsenergie ca. 100 GeV)

SPEAR Elektron-Positron-Speicherring-Anlage im SLAC
(Schwerpunktsenergien ca. 2–7 GeV)

Sp$\bar{\text{p}}$S Proton-Antiproton-Speicherring-Anlage im CERN
(Schwerpunktsenergie ca. 600 GeV)

Inhaltsverzeichnis

Vorwort V

Notation, Symbole und Abkürzungen VII

Teil I Relativistische Kinematik und Quantenfelder 1

1 Einleitung 1

2 Spezielle Relativitätstheorie und relativistische Kinematik 6
    2.1   Die Grundlagen der speziellen Relativitätstheorie 6
    2.2   Energie und Impuls relativistischer Teilchen 14
    2.3   Relativistische Kinematik der Kollision zweier Teilchen 17
    Aufgaben 25

3 Teilchen und Felder 26
    3.1   Schrödinger-, Dirac- und Heisenberg-Bild der Quantenmechanik 26
    3.2   Freie Felder und der Fock-Raum 28
    3.3   Der Lagrange-Formalismus und die Noether-Theoreme 38
    3.4   Die kanonischen Quantisierungsregeln 43
    Aufgaben 44

4 Die Dirac-Gleichung und das Dirac-Feld 45
    4.1   Die Dirac-Gleichung 45
    4.2   Lösungen der Dirac-Gleichung 48
    4.3   Das Transformationsverhalten des Dirac-Spinors 51
    4.4   Quantisierung und Interpretation des Dirac-Feldes 55
    4.5   Die Paritäts-, Ladungskonjugations- und Zeitumkehr-Transformation
          für das freie Dirac-Feld 61
        4.5.1   Die Paritäts-Transformation P 61
        4.5.2   Die Ladungskonjugations-Transformation C 62
        4.5.3   Die Zeitumkehr-Transformation T 64
    Aufgaben 68

5 Die Streumatrix und der Streuquerschnitt 68
    5.1   Die Streuung von Elektronen an einem schweren Kern 68
    5.2   Die allgemeine Definition von **S**- und **T**-Matrix 75
    5.3   Die Unitaritätsrelation und das optische Theorem 79
    5.4   Die Zerfallsrate eines instabilen Teilchens 80
    Aufgaben 80

Teil II Quantenelektrodynamik 81

6 Einführende Bemerkungen 81

7 Die Quantisierung des freien elektromagnetischen Feldes 84
  7.1   Vertauschungsregeln und indefinite Metrik 84
  7.2   Normal- und zeitgeordnete Produkte 90
  Aufgaben 95

8 Ergänzungen zur Theorie des freien Dirac-Feldes 95
  8.1   Der Dirac-Strom 95
  8.2   Das magnetische Moment des Elektrons nach der Dirac-Theorie 97
  8.3   Der freie Elektronpropagator 100
  Aufgaben 101

9 Die elektromagnetische Kopplung und die Störungsentwicklung 102
  9.1   Die elektromagnetische Kopplung des Dirac-Feldes 102
  9.2   Die Feynman-Regeln 104
  Aufgaben 107

10 Einfache Reaktionen in der Quantenelektrodynamik 108
  10.1 Die Elektron-Elektron-Streuung (Møller-Streuung) 108
  10.2 Die Elektron-Positron-Streuung (Bhabbha-Streuung) 114
  10.3 Die Compton-Streuung 116
  Aufgaben 120

11 Das Myon und die Myon-Paarproduktion in der Elektron-Positron-Vernichtung 121
  11.1 Eigenschaften des Myons 121
  11.2 Die Reaktion $e^- e^+ \longrightarrow \mu^- \mu^+$ 122
  Aufgaben 126

12 Probleme mit äußeren Feldern 127
  12.1 Die Streuung von Elektronen an einem äußeren Potential 128
  12.2 Bremsstrahlung 129
  12.3 Die Paarerzeugung (Bethe-Heitler-Prozeß) 135
  Aufgaben 136

13 Das Positronium 137
  13.1 Das Spektrum und allgemeine Eigenschaften des Positroniums 137
  13.2 Der Zerfall des Positroniums 140
  Aufgabe 146

14 Strahlungskorrekturen 146
  14.1 Strahlungskorrekturen zur Streuung am äußeren Potential 146
  14.2 Die Lamb-Verschiebung 150

Teil III Die starke Wechselwirkung 153

15 Historischer Überblick 153

16 Phänomenologie von hadronischen Reaktionen 165

    16.1 Resonanzphysik 167
    16.2 Eine Basis für die Hadronzustände und die Symmetrien C, P und T 169
    16.3 Die Partialwellen-Analyse 176
    16.4 Die totalen Streuquerschnitte bei hohen Energien 182
    16.5 Vielteilchen-Produktion bei hohen Energien 184
    Aufgaben 189

17 Innere Symmetrien der starken Wechselwirkung und das Quarkmodell .. 191

    17.1 Mathematik der SU(3)-Gruppe 191
    17.2 Das Quarkmodell und die Flavor-SU(3)-Gruppe 194
    17.3 Die Gell-Mann-Okubo-Massenformel 202
    17.4 Die SU(6)-Symmetrie 206
    Aufgaben 209

18 Das naive Parton-Modell 210

    18.1 Elektron-Positron-Vernichtung in Hadronen 211
    18.2 Tief inelastische Lepton-Nukleon-Streuung 214
    18.3 Die Flavor-Quantenzahlen der Partonen 222
    18.4 Summenregeln und Evidenz für Flavor-neutrale Partonen, Gluonen 229
    18.5 Der Drell-Yan-Prozeß 230
    Aufgaben 233

19 Die Grundlagen der Quantenchromodynamik 234

    19.1 Die Lagrange-Dichte der Quantenchromodynamik (QCD) 234
    19.2 Verletzungen der Bjorken-Skaleninvarianz in der tief inelastischen Streuung ... 240
    19.3 Die Berechnung anomaler Dimensionen in der QCD 244
    19.4 Vergleich der Daten über tief inelastische Streuung mit der QCD 248
    Aufgaben 253

20 Jet- und Quarkonium-Physik 254

    20.1 Das naive Jet-Modell 254
    20.2 Jets und QCD-Effekte in der Positron-Elektron-Annihilation in Hadronen ... 260
    20.3 Quarkonium 266
    20.4 Jets in Hadron-Hadron-Kollisionen 272
    Aufgaben 276

Teil IV Die elektroschwache Wechselwirkung 278

21 Vom β-Zerfall zum W-Boson. Ein historischer Überblick 278

  21.1 Frühzeit, Neutrinohypothese, Vier-Fermion-Kopplung 278
  21.2 Die Paritätsverletzung und die $(V-A)$-Theorie 281
  21.3 Die Universalität der schwachen Wechselwirkung und die Cabibbo-Theorie . . . 284
  21.4 Die neutralen Ströme, die W- und Z-Bosonen und die Glashow-Weinberg-
         Salam-Theorie 287
  Aufgabe 289

**22 Die Lagrange-Dichten der Quantenflavordynamik und
     des Standardmodells** 289

  22.1 Die Eichgruppe der elektroschwachen Wechselwirkung 289
  22.2 Das Higgs-Feld und die spontane Symmetriebrechung 297
  22.3 Die Ausdehnung der Quantenflavordynamik auf mehr Fermionen und
         die effektive Lagrange-Dichte bei niederen Energien 304
  22.4 Die Massenmatrix und die Cabbibo-Winkel 310
  22.5 Die Lagrange-Dichte des Standardmodells 317
  Aufgaben 319

**23 Zerfallsreaktionen im Standardmodell und die Bestimmung der
     Quarkmischungen im geladenen Strom** 320

  23.1 Der Zerfall des Myons 320
  23.2 Der Zerfall des τ-Leptons 322
  23.3 Der β-Zerfall des Neutrons und die Bestimmung des Kobyashi-Maskawa-
         Matrixelements V_{11} 325
  23.4 Hyperonenzerfälle und die Bestimmung von V_{12} 328
  23.5 Die Zerfälle der geladenen Pionen 330
  23.6 Die Zerfälle von Teilchen mit einem schweren Quark c oder b 332
  Aufgaben 338

24 Der neutrale Strom und die Bestimmung von $\sin^2 \vartheta_W$ 340

  24.1 Die Neutrino-Elektron-Streuung 340
  24.2 Die Neutrino-Nukleon-Streuung 344
  24.3 Effekte der schwachen Wechselwirkung in der Elektron-Positron-
         Annihilation 348
  Aufgaben 356

25 Physik der Z-, W- und Higgs-Bosonen 356

  25.1 Das Z-Boson 356
  25.2 Die W-Bosonen 363
  25.3 Die Produktion von W- und Z-Bosonen in $p\bar{p}$-Kollisionen 366
  25.4 Der Spin der W-Bosonen 372
  25.5 Das Higgs-Boson 376
  Aufgaben 379

26 Das System der neutralen K-Mesonen und die CP-Verletzung ... 380

26.1 Phänomenologie der neutralen K-Mesonen ... 381

26.2 CP-Verletzung und CPT-Invarianz im Standardmodell ... 389

   26.2.1 Die CP-Verletzung in der Lagrange-Dichte ... 389

   26.2.2 Die CPT-Invarianz ... 393

   26.2.3 Die CP-Verletzung im System der neutralen K-Mesonen nach dem Standardmodell ... 394

Aufgaben ... 398

27 Ordnung und Unordnung in der Elementarteilchenphysik ... 399

27.1 Die große Vereinigung ... 402

27.2 Weitere Symmetrien bei mittleren Energien ... 405

27.3 Supersymmetrie ... 406

27.4 Ordnung aus dem Chaos ... 407

Anhänge

Anhang A: Rechenregeln für Dirac-Matrizen und Spinoren ... 408

Anhang B: Die Feynman-Regeln der QED ... 410

Anhang C: Die Gruppen $SU(2)$ und $SU(3)$ ... 413

Anhang D: Die Feynman-Regeln der QCD ... 418

Anhang E: Die Berechnung anomaler Dimensionen und die Entwicklung der Verteilungsfunktionen der Nukleonen in der QCD ... 421

Anhang F: Die Fierz-Transformation ... 426

Anhang G: Die Feynman-Regeln für das Standardmodell in der unitären Eichung ... 428

Anhang H: Die Standardgestalt der Kobayashi-Maskawa-Matrix für drei Familien ... 435

Anhang I: Die Wigner-Weisskopf-Näherung zur Beschreibung des Zerfalls instabiler Teilchen und das K^0-$\bar{K}^0$-System ... 437

   I.1 Allgemeiner Formalismus ... 437

   I.2 Anwendung auf das System der neutralen K-Mesonen ... 444

Anhang J: Die Lösungen ausgewählter Aufgaben ... 448

Literaturverzeichnis ... 461

Sachwortverzeichnis ... 473

I   Relativistische Kinematik und Quantenfelder

1   Einleitung

In diesem Buch wollen wir die theoretischen Grundlagen der Elementarteilchenphysik erarbeiten. Heute kennen wir eine lange Reihe von Elementarteilchen. Beispiele sind Elektronen (e), Photonen (γ), Protonen (p), Neutronen (n), Pi-Mesonen (π), K-Mesonen (K) und Hyperonen (Λ, Σ etc.). Am längsten bekannt sind Elektronen und Photonen. Als die Elektronen entdeckt wurden (Thomson 1897) glaubte man noch an die Gültigkeit der klassischen Physik, in der Teilchen und Wellen streng voneinander getrennte Begriffe waren. Es ist eigentlich nur ein historischer Zufall, daß die Elektronen zuerst in einem Experiment beobachtet wurden, in dem sie sich wie klassische Teilchen verhielten, während Experimente, in denen Elektronenstrahlen Wellencharakter zeigen, erst viel später durchgeführt wurden (Davisson 1927, Thomson 1927). Bei den Lichtquanten war es gerade umgekehrt. Die Wellennatur des Lichts war ein Dogma des 19. Jahrhunderts. Erst der photoelektrische Effekt zwang die Physiker dazu, umzudenken. Die revolutionäre Idee Einsteins, dem Licht Teilchencharakter zu geben – die Lichtquantenhypothese (Einstein 1905) – stieß zunächst auf große Skepsis. Es dauerte etwa 20 Jahre, bis das γ-Quant als „Teilchen" akzeptiert wurde (vgl. den historischen Überblick von Pais 1979). Inzwischen hatte man mit der Aufstellung der Quantenmechanik gelernt, Teilchen und Welle nicht als streng getrennte Phänomene zu betrachten, sondern als zwei Aspekte desselben Phänomens.

In historischer Reihenfolge kamen dann die folgenden weiteren Elementarteilchen dazu: das Proton (Rutherford 1911, 1919), das Neutron (Chadwick 1932), das Positron, der positive Partner des Elektrons (Anderson 1932, 1933), das Myon (Anderson 1937, 1938, Street 1937), das Pi-Meson (Lattes 1947) und das K-Meson (Rochester 1947). Seit Beginn der 50er Jahre standen große Beschleuniger zur Verfügung, die zu dem Zweck gebaut waren, Reaktionen zwischen Elementarteilchen zu studieren und neue Teilchen zu produzieren. Das ist den Experimentalphysikern seither auch ausgezeichnet gelungen. Heute kennen wir mehrere hundert „Elementarteilchen" (Particle Data Group 1984).

Das Ziel in der Theorie der Elementarteilchen ist es, alle diese Teilchen betreffenden Phänomene auf ein möglichst einfaches und allgemeines Grundprinzip zurückzuführen. Das Muster einer erfolgreichen Theorie ist die Maxwellsche Elektrodynamik. Alle magnetischen und elektrischen Erscheinungen werden durch die Maxwellschen Gleichungen beschrieben! In der Elementarteilchenphysik sind wir noch nicht so weit, daß wir einfache Grundgleichungen angeben und deduktiv alle Erscheinungen ableiten könnten. In den letzten 10 Jahren wurden allerdings große Fortschritte in dieser Richtung erzielt.

Schon sehr frühzeitig erkannte man, daß es verschiedene Kräfte gibt, die zwischen den Elementarteilchen wirken. Die Gravitation und der Elektromagnetismus waren aus der klassischen Physik bekannt. Neu hinzu kamen die schwache Wechselwirkung, die etwa für den radioaktiven β-Zerfall, und die starke Wechselwirkung, die für den α-Zerfall verantwortlich ist.

Gravitation

schwache Wechselwirkung
(z.B. β-Zerfall, μ-Zerfall)

elektromagnetische Wechselwirkung
(z.B. Coulomb-Streuung)

starke Wechselwirkung
(z.B. α-Zerfall, Kernkräfte, Pion-Nukleon-Streuung)

Die Gravitation spielt gegenwärtig in der Elementarteilchenphysik noch keine große Rolle, da die gravitativen Kräfte zwischen *einzelnen* Elementarteilchen sehr schwach sind. So beträgt etwa der Bohr-Radius r_B für ein System von 2 Neutronen unter dem alleinigen Einfluß der Gravitationsanziehung

$$r_B \text{ (Grav.)} = \frac{2\hbar^2}{G_N\, m_n^3} \cong 7 \cdot 10^{24} \text{ cm.} \qquad (1\text{-}1)$$

Dabei sind G_N Netwons Gravitationskonstante, m_n die Neutronmasse und $\hbar = h/2\pi$ das durch 2π dividierte Plancksche Wirkungsquantum.

Die elektromagnetische Kraft ist schon viel wirkungsvoller. Der Bohr-Radius des Wasserstoffatoms, das durch die Coulomb-Kraft zwischen Elektron und Proton zusammengehalten wird, beträgt bekanntlich etwa 10^{-8} cm:

$$r_B \text{ (em)} = \frac{1}{\alpha m_e}\, \frac{\hbar}{c} \cong 0{,}5 \cdot 10^{-8} \text{ cm.} \qquad (1\text{-}2)$$

Dabei sind c die Lichtgeschwindigkeit, m_e die Elektronmasse und α die Sommerfeldsche Feinstrukturkonstante

$$\alpha \cong \frac{1}{137}. \qquad (1\text{-}3)$$

Während Gravitation und Elektromagnetismus eine unendliche Reichweite haben, d.h. Potentiale produzieren, die wie $1/r$ mit der Distanz r abfallen, sind schwache und starke Kräfte sehr kurzreichweitig. Die starken Kräfte haben eine Reichweite von etwa 10^{-13} cm. Für die schwachen Kräfte erwartet man eine Reichweite von etwa 10^{-16} cm. Mit den gegenwärtig zur Verfügung stehenden experimentellen Methoden hat man in den letzten Jahren gerade ein Auflösungsvermögen dieser Größenordnung erreicht.

Ganz grob können wir die Elementarteilchen durch die Arten von Wechselwirkungen, an denen sie teilnehmen, klassifizieren. Alle Elementarteilchen die wir kennen, spüren die Gravitation und die schwache Wechselwirkung. Die starken Kräfte andererseits wirken nur zwischen einer Klasse von Teilchen, die wir *Hadronen* nennen. Beispiele dazu sind Proton, Neutron, Pi-Meson. Teilchen, die nichts von den starken Kräften spüren, nennen wir *Leptonen*. Zu ihnen gehören Elektron, Myon und Neutrinos (ν). Letztere treten beispielsweise im β-Zerfall des Neutrons,

$$\text{n} \longrightarrow \text{p} + \text{e}^- + \bar{\nu}_e, \qquad (1\text{-}4)$$

auf. An der elektromagnetischen Wechselwirkung nehmen alle Hadronen und Leptonen außer den Neutrinos teil.

Zur Bevölkerungsexplosion unter den Elementarteilchen tragen besonders die Hadronen bei. In den Tabellen 1-1 und 1-2 zeigen wir die Listen der bekannten Hadronen, die wir weiter in Mesonen und Baryonen unterteilen. Mesonen sind Teilchen mit ganzzahligem, Baryonen mit halbzahligem Spin.

Tabelle 1-1 Die Liste der bekannten Mesonen, geordnet nach den Quantenzahlen „Strangeness" S, „Charm" C und „Beauty" B. Weiter sind die gerundeten Massenwerte in MeV, der Isospin I, der Spin J und die Parität P angegeben. Teilchen eines Isospin-Multipletts sind zusammengefaßt. C_n gibt die Ladungskonjugations-Quantenzahl der neutralen Teilchen in den Multipletts an. Die Pfeile stehen bei Zuständen, deren experimentelle Evidenz schwach ist (nach Particle Data Group 1984).

$S = C = B = 0$			$\vert S\vert = 1,\ C = B = 0$
$I(J^P)\,C_n$	$I(J^P)\,C_n$	$I(J^P)\,C_n$	$I(J^P)$
π (138) $1(0^-)+$	ω (1670) $0(3^-)-$	η_c (2980) $0\ +$	K (496) $1/2(0^-)$
η (549) $0(0^-)+$	A (1680) $1(2^-)+$	J/ψ (3100) $0(1^-)-$	K* (892) $1/2(1^-)$
ρ (770) $1(1^-)-$	ϕ (1680) $0(1^-)-$	χ (3415) $0(0^+)+$	Q (1280) $1/2(1^+)$
ω (783) $0(1^-)-$	g (1690) $1(3^-)-$	χ (3510) $0(1^+)+$	κ (1350) $1/2(0^+)$
η' (958) $0(0^-)+$	θ (1690) $0(\ ^+)+$	χ (3555) $0(2^+)+$	Q (1400) $1/2(1^+)$
S (975) $0(0^+)+$	$\to\eta$ (1700)	$\to\eta_c$ (3590) $\ +$	$\to$ K (1400) $1/2(0^-)$
δ (980) $1(0^+)+$	$\to$ S (1730) $0(0^+)+$	ψ (3685) $0(1^-)-$	K* (1430) $1/2(2^+)$
ϕ (1020) $0(1^-)-$	$\to\pi$ (1770) $1(0^-)+$	ψ (3770) $(1^-)-$	$\to$ L (1580) $1/2(2^-)$
H (1190) $0(1^+)-$	$\to$ f (1810) $0(2^+)+$	ψ (4030) $(1^-)-$	$\to$ K* (1650) $1/2(1^-)$
B (1235) $1(1^+)-$	ϕ (1850) 0	ψ (4160) $(1^-)-$	L (1770) $1/2(2^-)$
$\to g_S$ (1240) $0(0^+)+$	$\to$ S (1935)	ψ (4415) $(1^-)-$	K* (1780) $1/2(3^-)$
$\to\rho$ (1250) $1(1^-)-$	h (2030) $0(4^+)+$	Υ (9460) $(1^-)-$	$\to$ K (1830) $1/2(0^-)$
f (1270) $0(2^+)+$	$\to\delta$ (2040) $1(4^+)+$	χ_b (9875) $(\ )+$	K* (2060) $1/2(4^+)$
A (1270) $1(1^+)+$	$\to$ A (2050) $1(3^+)+$	χ_b (9895) $(\ )+$	$\to$ K (2250) $1/2(2^-)$
$\to\eta$ (1275) $0(0^-)+$	$\to$ A (2100) $1(2^-)+$	χ_b (9915) $(\ )+$	$\to$ K (2320) $1/2(3^+)$
D (1285) $0(1^+)+$	$\to\rho$ (2150) $1(1^-)-$	Υ (10025) $(1^-)-$	$\to$ K (2500) $1/2(4^-)$
ϵ (1300) $0(0^+)+$	$\to\epsilon$ (2150) $0(2^+)+$	$\to\chi_b$ (10235) $(\ )+$	$\vert C\vert = 1$
π (1300) $1(0^-)+$	$\to\xi$ (2220) $0(\ ^+)$	χ_b (10255) $(\ )+$	D (1867) $1/2(0^-)$
A$_2$ (1320) $1(2^+)+$	$\to g_T$ (2240) $0(2^+)+$	χ_b (10270) $(\ )+$	D* (2010) $1/2(1^-)$
E (1420) $0(1^+)+$	$\to\rho$ (2250) $1(3^-)-$	Υ (10355) $(1^-)-$	F (1971) $0\ (0^-)$
ι (1440) $0(0^-)+$	$\to\epsilon$ (2300) $0(4^+)+$	Υ (10575) $(1^-)-$	$\to$ F* (2140)
f$'$ (1525) $0(2^+)+$	$\to\rho$ (2350) $1(5^-)-$		$\vert B\vert = 1$
$\to$ D (1530) $0(1^+)+$	$\to\delta$ (2450) $1(6^+)$		B (5273)
ρ (1600) $1(1^-)-$	$\to$ r (2510) $0(6^+)$		

Die Vermutung liegt nahe, daß nicht alle Hadronen elementar sein können. In der Tat stellen wir uns heute vor, daß die Hadronen aus Konstituenten, sogenannten *Quarks*, aufgebaut sind. Von diesem Quarks gibt es inzwischen auch schon wieder eine ganze Reihe:

u (up)
d (down)
s (strange)
c (charm)
b (bottom)
t (top)?

Dabei versehen wir das t-Quark mit einem Fragezeichen, da wir erst seit Juni 1984 einige noch recht vorläufige experimentelle Hinweise für seine Existenz besitzen. Ein Proton stellen wir uns heute als Bindungszustand zweier u- und eines d-Quarks vor:

$$p \sim \text{uud}. \tag{1-5}$$

Diese Quarks haben aber sehr sonderbare Eigenschaften, wie nicht ganzzahlige Ladungen. Sie sind auch bisher nie (zweifelsfrei) als isolierte Teilchen beobachtet worden. Das hat die Theoretiker dazu geführt anzunehmen, daß die Quarks immer nur in Bindungszuständen auftreten (*Confinement*-Hypothese).

4 Einleitung

Tabelle 1-2 Die Liste der bekannten Baryonen mit ihren gerundeten Massenwerten in MeV. Die Anzahl der Sterne gibt die Güte der experimentellen Evidenz an, wobei ein Stern bei sehr schwach, vier Sterne bei völlig gesicherten Zuständen stehen (nach Particle Data Group 1984).

N (939)	****	Δ (1232)	****	Z0 (1780)	*	Σ (1193)	****	Ξ (1318)	****
N (1440)	****	Δ (1550)	*	Z0 (1865)	*	Σ (1385)	****	Ξ (1530)	****
N (1520)	****	Δ (1600)	**	Z1 (1900)	*	Σ (1480)	*	Ξ (1630)	*
N (1535)	****	Δ (1620)	****	Z1 (2150)	*	Σ (1560)	**	Ξ (1680)	**
N (1540)	*	Δ (1700)	****	Z1 (2500)	*	Σ (1580)	**	Ξ (1820)	***
N (1650)	****	Δ (1900)	***			Σ (1620)	**	Ξ (1940)	**
N (1675)	****	Δ (1905)	****	Λ (1116)	****	Σ (1660)	***	Ξ (2030)	***
N (1680)	****	Δ (1910)	****	Λ (1405)	****	Σ (1670)	****	Ξ (2120)	*
N (1700)	***	Δ (1920)	***	Λ (1520)	****	Σ (1690)	**	Ξ (2250)	**
N (1710)	***	Δ (1930)	***	Λ (1600)	***	Σ (1750)	***	Ξ (2370)	**
N (1720)	****	Δ (1940)	*	Λ (1670)	****	Σ (1770)	*	Ξ (2500)	*
N (1990)	**	Δ (1950)	****	Λ (1690)	****	Σ (1775)	****		
N (2000)	**	Δ (2150)	*	Λ (1800)	***	Σ (1840)	*	Ω (1672)	****
N (2080)	**	Δ (2200)	*	Λ (1800)	***	Σ (1880)	**		
N (2090)	*	Δ (2300)	**	Λ (1820)	****	Σ (1915)	****	Λ_c (2282)	****
N (2100)	*	Δ (2350)	*	Λ (1830)	****	Σ (1940)	***	Σ_c (2450)	**
N (2190)	****	Δ (2390)	*	Λ (1890)	****	Σ (2000)	*		
N (2200)	**	Δ (2400)	**	Λ (2000)	*	Σ (2030)	****	A (2460)	*
N (2220)	****	Δ (2420)	****	Λ (2020)	*	Σ (2070)	*		
N (2250)	****	Δ (2750)	**	Λ (2100)	****	Σ (2080)	**	Λ_b (5500)	*
N (2600)	***	Δ (2950)	**	Λ (2110)	***	Σ (2100)	*	**Dibaryonen:**	
N (2700)	**	Δ (~ 3000)		Λ (2325)	*	Σ (2250)	***	NN (2170)	**
N (~ 3000)				Λ (2350)	***	Σ (2455)	**	NN (2250)	**
				Λ (2585)	**	Σ (2620)	**	NN (?)	*
						Σ (3000)	*	ΛN (2130)	**
						Σ (3170)	*	ΞN (?)	*

Tabelle 1-3 Die drei heute bekannten Familien fundamentaler Fermionen und ihre elektrischen Ladungen. Das t-Quark versehen wir mit einem Fragezeichen, da seine Existenz noch nicht als experimentell erwiesen gilt.

Familien			Ladung
ν_e	ν_μ	ν_τ	0
e	μ	τ	-1
u	c	t (?)	2/3
d	s	b	$-1/3$

Nach diesen Vorstellungen vom Aufbau der Materie sind die Quarks und die Spin-1/2-Teilchen unter den Leptonen die fundamentalen Fermionen. Wir ordnen sie in drei Familien an (Tabelle 1-3).

Die Kräfte, die wir früher angegeben haben, sollen nun durch Austausch von Bosonen vermittelt werden. Veranschaulicht wird dies durch Feynman-Diagramme (Bild 1-1). Die Quanten, die dem elektromagnetischen Feld entsprechen, die Photonen (γ), sind wohlbekannt. Als Quanten des „starken" Feldes sehen wir heute die sog. *Gluonen* (G) an. Für sie haben wir indirekte, doch recht überzeugende Evidenz. Wir glauben auch, daß sie – ähnlich wie die Quarks – nicht als freie Teilchen beobachtbar sind. Die Quanten des „schwachen" Feldes, die W- und Z-Bosonen, sind etwa 80–90mal schwerer als das Proton. Sie wurden im Jahre 1983 an dem Proton-Antiproton-Speicherring SppS im CERN entdeckt.

Eines der Ziele dieses Buches ist es, den Leser mit diesen modernen Vorstellungen vom Aufbau der Materie und von den Kräften in der Natur vertraut zu machen. Der ge-

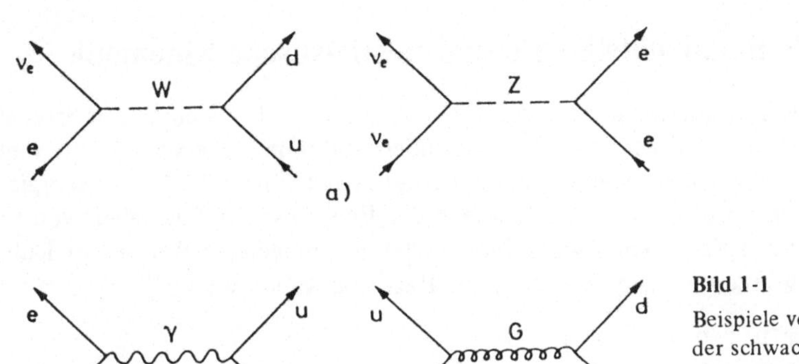

Bild 1-1
Beispiele von Feynman-Graphen der schwachen (a), elektromagnetischen (b) und starken Wechselwirkung (c)

eignete Rahmen für die theoretische Beschreibung der Elementarteilchen-Phänomene ist die Quantenfeldtheorie, deren Grundlagen wir daher erarbeiten müssen. Bevor wir das tun, wollen wir die Einheiten angeben, die in der Elementarteilchenphysik allgemein benutzt werden.

Als Einheit der Geschwindigkeit wollen wir die Lichtgeschwindigkeit nehmen und alle Größen der Dimension einer Wirkung in Einheiten von $\hbar$ messen. Dabei ist $\hbar$ das Plancksche Wirkungsquantum dividiert durch 2π. In unserem Einheitensystem gilt also

$$c = \hbar = 1. \tag{1-6}$$

Wegen $c = 1$ erhalten Längen und Zeiten dieselbe Dimension, und wegen der Einsteinschen Beziehung

$$E = mc^2 \tag{1-7}$$

auch Energie und Masse. Die ebenfalls von Einstein stammende Beziehung zwischen Frequenz und Energie

$$E = h\nu = \hbar\omega,$$
$$\omega = 2\pi\nu \tag{1-8}$$

gibt dann (wegen $\hbar = 1$) Energie und reziproker Zeit dieselbe Dimension. Als einzige willkürliche Einheit bleibt dann eine Einheit der Länge oder Zeit oder Energie wählbar. Eine übliche Energieeinheit ist $1\,\text{MeV} = 10^6\,\text{eV}$ oder $1\,\text{GeV} = 10^3\,\text{MeV}$. Die experimentellen Werte von c und $\hbar$ (Particle Data Group 1984) und einige nützliche Umrechnungsformeln geben wir in Gln. (1-9) bis (1-11) an.

$$c = 2{,}997\,924\,58\,(1{,}2) \cdot 10^{10}\,\text{cm s}^{-1}$$
$$\hbar = 1{,}054\,588\,7\,(57) \cdot 10^{-27}\,\text{erg s} \tag{1-9}$$

$$1\,\text{MeV} = 1{,}602\,189\,2\,(46) \cdot 10^{-6}\,\text{erg} \tag{1-10}$$

$$1\,\text{MeV}^{-1} \doteq 197{,}328\,58\,(51) \cdot 10^{-13}\,\text{cm}$$
$$\doteq 6{,}582\,173\,(17) \cdot 10^{-22}\,\text{s}. \tag{1-11}$$

Dabei geben die Zahlen in Klammern die Unsicherheit entsprechend einer Standardabweichung in den letzten Ziffern der Hauptzahl an.

2   Spezielle Relativitätstheorie und relativistische Kinematik

Ein großer Teil unserer Kenntnisse über Elementarteilchen stammt aus Streuexperimenten. Als Beispiel nehmen wir etwa Proton-Nukleon-Streuung, wie sie auftritt, wenn ein Protonenstrahl von einem Beschleuniger auf ein Target trifft (Bild 2-1). Ist die Energie E des einlaufenden Protons groß genug, so kann wegen der Einsteinschen Äquivalenz von Energie und Masse (Einstein 1905b) kinetische Energie des ursprünglichen Protons in Ruhmasse neuer Teilchen verwandelt werden. Eine typische Reaktion wäre etwa

$$p + p \longrightarrow p + p + \pi^+ + \pi^-. \tag{2-1}$$

Je größer die Energie, desto mehr Teilchen und desto schwerere Teilchen können produziert werden. Es ist somit klar, daß wir in der Teilchenphysik hauptsächlich an der Kollision sehr schneller, relativistischer Teilchen interessiert sind. Als erstes wollen wir daher die Grundlagen der speziellen Relativitätstheorie und die relativistische Kinematik der Kollision zweier Teilchen besprechen.

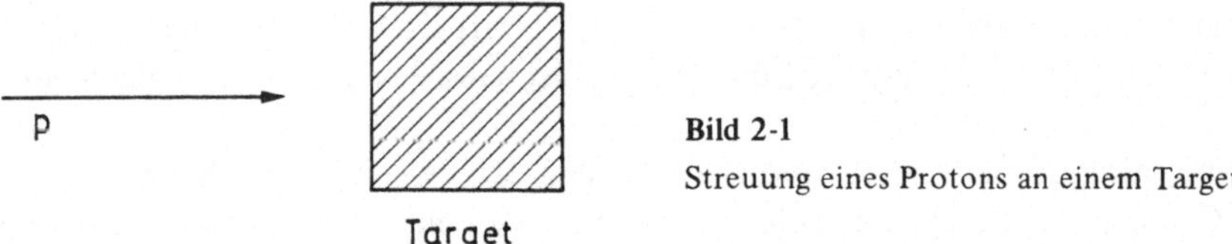

Bild 2-1
Streuung eines Protons an einem Target

2.1   Die Grundlagen der speziellen Relativitätstheorie

Betrachten wir als Bezugsystem ein Inertialsystem. Konkret ist ein solches System mit einer für unsere Zwecke ausreichenden Genauigkeit durch das Fixsternsystem gegeben. In diesem System sollen Zeiten mit gewöhnlichen Uhren gemessen und der Ort von Ereignissen auf ein kartesisches Koordinatensystem bezogen werden. Wir legen noch fest, daß die Uhren relativ zum System ruhen sollen. Uhren an verschiedenen Raumpunkten sollen durch Lichtsignale synchronisiert werden, wobei wir die Lichtgeschwindigkeit $c = 1$ setzen. Einem Punktereignis ordnen wir dann einen Vierervektor x zu, dabei schreiben wir zuoberst die Zeit $x^0 = t$, als weitere drei Komponenten die räumlichen kartesischen Koordinaten x^1, x^2, x^3:

$$x = (x^\mu) = \begin{pmatrix} x^0 \\ x^1 \\ x^2 \\ x^3 \end{pmatrix} = \begin{pmatrix} t \\ x \end{pmatrix} \tag{2-2}$$

$$\mu = 0, 1, 2, 3.$$

Hier und im folgenden verwenden wir griechische Buchstaben ($\mu, \nu, \dots$) als Indizes für die Komponenten von Vierervektoren und Vierertensoren, von denen wir weiter unten Beispiele kennenlernen werden.

Die Menge der vierdimensionalen Vektoren von Gl. (2-2) bildet den Minkowski-Raum (Minkowski 1909). Veranschaulicht ist er durch einen zweidimensionalen Schnitt in Bild 2-2. Besteht keine Gefahr einer Verwechslung, werden wir oft Punkte im Minkowski-Raum durch die zugehörigen Vierervektoren bezeichnen.

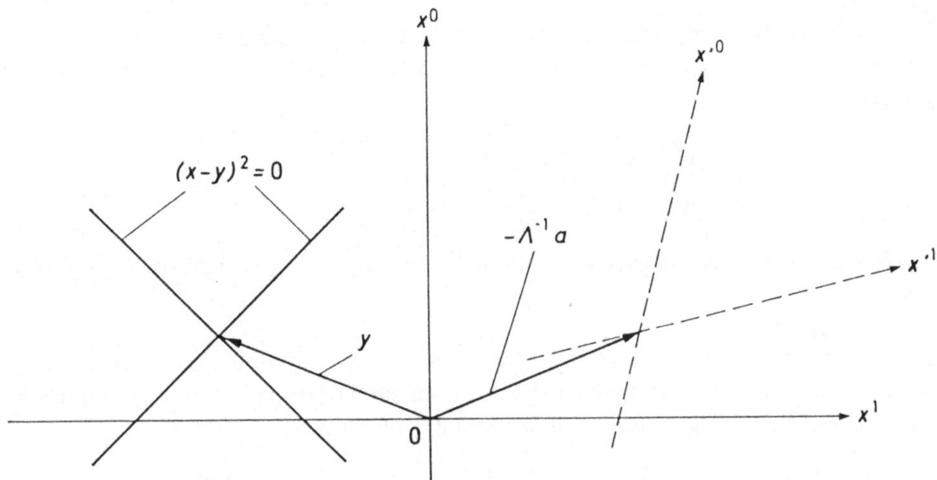

Bild 2-2 Ein zweidimensionaler Schnitt durch den Minkowski-Raum mit Lichtkegel des
Punktes y und Übergang zu neuen Koordinaten

Wir wollen nun annehmen, daß ein Beobachter am Ort y zur Zeit y^0 ein Licht-
signal nach allen Richtungen aussendet. Die räumlichen Koordinaten x der Wellenfront des
Lichts zu einer Zeit $x^0 > y^0$ erfüllen dann, da wir die Lichtgeschwindigkeit $c = 1$ gesetzt
haben, die Gleichung

$$|x - y| = (x^0 - y^0),$$

beziehungsweise

$$(x^0 - y^0)^2 - (x - y)^2 = 0, \qquad\qquad (2\text{-}3)$$
$$x^0 > y^0.$$

Man bezeichnet die Menge der Punkte x im Minkowski-Raum, die diese Bedingung erfüllen,
als den *Vorwärtslichtkegel* zum Punkt y. Analog wird der Rückwärtslichtkegel zum Punkt y
durch eine kontrahierende Lichtkugelwelle gebildet, die zur Zeit y^0 den Ort y erreicht.

Lichtkegel zu y:

$$(x^0 - y^0)^2 - (x - y)^2 = 0 \qquad\qquad (2\text{-}4)$$

Vorwärtslichtkegel: $x^0 > y^0$
Rückwärtslichtkegel: $x^0 < y^0$

In Gl. (2-4) begegnen wir einer sehr häufig auftretenden quadratischen Form, die
man benutzt, um eine Pseudometrik im Minkowski-Raum einzuführen. Es seien x und y
zwei beliebige Vierervektoren. Wir definieren ihr Skalarprodukt im Minkowski-Sinn durch

$$(x, y) = x^0 y^0 - x \cdot y. \qquad\qquad (2\text{-}5)$$

Für $x = y$ erhalten wir daraus das Minkowski-Quadrat, das allerdings, wie wir leicht sehen,
nicht positiv definit ist:

$$(x, x) \equiv x^2 = (x^0)^2 - (x)^2 \begin{cases} > 0 \\ = 0 \\ < 0 \end{cases} \qquad\qquad (2\text{-}6)$$

Es ist bequem, noch die Matrix- und die Tensor-Schreibweise einzuführen. Dazu definieren wir den *metrischen Tensor* $g_{\mu\nu}$ im Minkowski-Raum bzw. die zugehörige Matrix **g** durch

$$\mathbf{g} = (g_{\mu\nu}) = \begin{pmatrix} 1 & 0 & 0 & 0 \\ 0 & -1 & 0 & 0 \\ 0 & 0 & -1 & 0 \\ 0 & 0 & 0 & -1 \end{pmatrix}. \tag{2-7}$$

Die Komponenten der inversen Matrix $\mathbf{g}^{-1}$ seien $g^{\mu\nu}$. Es gilt dann mit dem Kronecker-Symbol δ_ρ^μ:

$$g^{\mu\nu} g_{\nu\rho} = \delta_\rho^\mu. \tag{2-8}$$

Dabei ist über doppelt vorkommende Indizes zu summieren (Einsteinsche Summenkonvention). Aus Gl. (2-7) folgt natürlich, daß **g** und $\mathbf{g}^{-1}$ durch dieselbe Matrix

$$\mathbf{g}^{-1} = (g^{\mu\nu}) = \begin{pmatrix} 1 & 0 & 0 & 0 \\ 0 & -1 & 0 & 0 \\ 0 & 0 & -1 & 0 \\ 0 & 0 & 0 & -1 \end{pmatrix} \tag{2-9}$$

gegeben sind. Das gilt aber nur bei unserer Basiswahl und nicht allgemein.

Den metrischen Tensor bzw. sein Inverses wollen wir auch benutzen, um Indizes hinauf und hinunter zu ziehen. Wir definieren zum Beispiel für einen Vierervektor x die Komponenten mit unteren Indizes durch

$$x_\mu = g_{\mu\nu} x^\nu = \begin{cases} x^0 & \text{für } \mu = 0 \\ -x^\mu & \text{für } \mu = 1, 2, 3. \end{cases} \tag{2-10}$$

Dann gilt für das Skalarprodukt in Gl. (2-5)

$$(x, y) = g_{\mu\nu} x^\mu y^\nu = x^\mu y_\mu = x_\mu y^\mu. \tag{2-11}$$

In der Wahl des metrischen Tensors im Minkowski-Raum hat man eine gewisse Freiheit. Wir könnten beispielsweise $-g_{\mu\nu}$ an Stelle von $g_{\mu\nu}$ oder die Pauli-Metrik, in der man mit einer imaginären Zeiteinheit rechnet, verwenden. Unsere Konvention folgt Bjorken 1965.

Wir betrachten nun ein zweites Inertialsystem, also ein System, das relativ zum ersten in konstanter gleichförmiger Bewegung begriffen ist. Das Grundpostulat der speziellen Relativitätstheorie ist, daß die Naturgesetze in jedem Inertialsystem gleich aussehen sollen (Einstein 1905a). Insbesondere muß dann die Lichtgeschwindigkeit in jedem Inertialsystem die gleiche sein, wie das experimentell durch den Michelson-Versuch demonstriert worden ist (Michelson 1881, 1887; vgl. die Diskussion bei Laue 1952).

Einem Punktereignis mit Vierervektor x im ersten System entspricht im zweiten System ein Vierervektor x':

$$x' = \begin{pmatrix} x'^0 \\ x'^1 \\ x'^2 \\ x'^3 \end{pmatrix}. \tag{2-12}$$

Ohne Beschränkung der Allgemeinheit können wir den Zusammenhang zwischen neuen und alten Koordinaten in der folgenden Form schreiben:

$$x'^{\mu} = a^{\mu} + f^{\mu}(x),$$
$$f^{\mu}(x = 0) = 0. \tag{2-13}$$

Dabei sind die $f^{\mu}(x)$ (mit $\mu = 0, 1, 2, 3$) zunächst unbekannte Funktionen von x und $a = (a^{\mu})$ ist ein konstanter Vierervektor. Nun werden in der speziellen Relativitätstheorie Homogenität der Zeit und eine euklidische Struktur des Raumes vorausgesetzt. Wir können daher

$$x''^{\mu} = x'^{\mu} - a^{\mu} \tag{2-14}$$

ebenfalls als Koordinaten in einem Inertialsystem auffassen, das aus dem gestrichenen System durch einfache Verschiebung des Koordinatenursprungs hervorgeht. Das zweigestrichene und ungestrichene System haben dann denselben raum-zeitlichen Koordinatenursprung

$$x''^{\mu} = f^{\mu}(x),$$
$$f^{\mu}(x = 0) = 0. \tag{2-15}$$

Wir sehen nun leicht, daß die $f^{\mu}(x)$ homogene lineare Funktionen sein müssen. Nehmen wir nämlich zwei Punktereignisse mit Koordinaten x^{μ} und $2x^{\mu}$ im ungestrichenen System, so müssen die Koordinaten im zweigestrichenen System x''^{μ} und $2x''^{\mu}$ sein. Wäre dies nicht so, so würden die Transformationsformeln anders aussehen, wenn wir Meter oder Zentimeter als Längeneinheit wählten. Das ist aber unmöglich, solange keine Längenskala physikalisch ausgezeichnet ist. Wir erhalten daher

$$x''^{\mu} = \Lambda^{\mu}{}_{\nu} x^{\nu},$$
$$x'^{\mu} = \Lambda^{\mu}{}_{\nu} x^{\nu} + a^{\mu}, \tag{2-16}$$

wobei $\Lambda^{\mu}{}_{\nu}$ Konstanten sind, die wir zu einer 4×4-Matrix $\Lambda = (\Lambda^{\mu}{}_{\nu})$ zusammenfassen. Im Rahmen der allgemeinen Relativitätstheorie gilt diese Überlegung nicht mehr, da dort durch die Krümmung des Raum-Zeit-Kontinuums an jedem Punkt eine Längenskala gegeben ist.

Das Postulat der Gleichheit der Lichtgeschwindigkeit in allen Inertialsystemen liefert uns nun eine Bedingung für Λ. Betrachten wir nämlich wieder unsere Lichtwelle, die im ungestrichenen System vom Ort y zur Zeit y^0 ausgesandt wird. Für die Punkte x der Wellenfront gilt nach Gl. (2-3)

$$(x - y)^2 = 0. \tag{2-17}$$

Im gestrichenen System gilt für Ort und Zeit der Aussendung bzw. für die Punkte der Wellenfront

$$y'^{\mu} = \Lambda^{\mu}{}_{\nu} y^{\nu} + a^{\mu},$$
$$x'^{\mu} = \Lambda^{\mu}{}_{\nu} x^{\nu} + a^{\mu}, \tag{2-18}$$
$$x'^{\mu} - y'^{\mu} = \Lambda^{\mu}{}_{\nu} (x^{\nu} - y^{\nu}),$$

$$(x' - y')^2 = g_{\mu\nu} (x'^{\mu} - y'^{\mu}) (x'^{\nu} - y'^{\nu})$$
$$= g_{\mu\nu} \Lambda^{\mu}{}_{\rho} \Lambda^{\nu}{}_{\sigma} (x^{\rho} - y^{\rho}) (x^{\sigma} - y^{\sigma}). \tag{2-19}$$

Die Lichtgeschwindigkeit ist nun im gestrichenen System genau dann gleich 1, wenn aus der Gültigkeit der Gl. (2-17)

$$(x' - y')^2 = 0 \tag{2-20}$$

folgt. Hinreichend und, wie man leicht sieht, auch notwendig hierfür ist, daß die Matrizen Λ der Bedingung

$$\Lambda^{\mu}{}_{\rho}\, \Lambda^{\nu}{}_{\sigma}\, g_{\mu\nu} = \kappa\,(\Lambda)\, g_{\rho\sigma} \tag{2-21}$$

mit einem zunächst unbestimmten Faktor $\kappa\,(\Lambda)$ genügen. Dann haben wir nämlich

$$(x' - y')^2 = \kappa\,(\Lambda)\,(x - y)^2 = 0. \tag{2-22}$$

Das Trägheitsgesetz der quadratischen Formen (s. Gröbner 1966) verlangt

$$\kappa\,(\Lambda) > 0. \tag{2-23}$$

Ist $\kappa \neq 1$, so können wir durch Ausführung einer Dilatation, d.h. einer Maßstabsänderung

$$x'^{\mu} \longrightarrow \sqrt{\kappa}\ x'^{\mu}, \tag{2-24}$$

$$\Lambda^{\mu}{}_{\nu} \longrightarrow \sqrt{\kappa}\ \Lambda^{\mu}{}_{\nu} \tag{2-25}$$

stets $\kappa = 1$ erreichen. Die Dilatationen (Gl. (2-24)) sind ebenfalls physikalische Invarianztransformationen, solange wir uns auf rein elektromagnetische Wellenphänomene beschränken. Durch die atomistische Struktur der Materie wird aber die Dilatationsinvarianz gebrochen. Wir werden sie im weiteren nicht betrachten, obwohl sie in mehr theoretischen Untersuchungen zur Elementarteilchenphysik eine große Rolle spielt. Wir wollen daher nur Matrizen Λ betrachten, die die Bedingung

$$\Lambda^{\mu}{}_{\rho}\, \Lambda^{\nu}{}_{\sigma}\, g_{\mu\nu} = g_{\rho\sigma} \tag{2-26}$$

erfüllen. Schematisch haben wir den Übergang zu neuen Koordinaten in Bild 2-2 angedeutet. Für solche Transformationen ist das relativistische Abstandsquadrat zweier beliebiger Punkte x, y im Minkowski-Raum eine invariante Größe:

$$\begin{aligned}
(x' - y')^2 &= (x'^{\mu} - y'^{\mu})\,(x'_{\mu} - y'_{\mu}) \\
&= (x^{\mu} - y^{\mu})\,(x_{\mu} - y_{\mu}) = (x - y)^2.
\end{aligned} \tag{2-27}$$

Die Tensorschreibweise mit oberen und unteren Indizes erweist hier ihren Nutzen. Wie man leicht sieht, führt ganz allgemein die Kontraktion eines oberen mit einem unteren Vierervektor-Index auf ein Resultat, das vom Bezugsystem unabhängig ist.

Die Transformationen, die den Übergang von einem Inertialsystem zu einem anderen vermitteln, bilden die *inhomogene Lorentz-Gruppe* oder *Poincaré-Gruppe*. Ein Element der Gruppe bezeichnen wir mit (Λ, a):

$$(\Lambda, a): x^{\mu} \longrightarrow x'^{\mu} = \Lambda^{\mu}{}_{\nu}\, x^{\nu} + a^{\mu}. \tag{2-28}$$

Dabei muß Λ die Gl. (2-26) erfüllen und $a = (a^{\mu})$ ist ein beliebiger konstanter Vierervektor. Wie wir leicht nachrechnen, gilt für das Produkt zweier Transformationen

$$(\Lambda, a) \cdot (\Lambda', a') = (\Lambda\Lambda', \Lambda a' + a). \tag{2-29}$$

Eine wichtige Untergruppe der Poincaré-Gruppe ist die Gruppe der Translationen in Raum und Zeit, die aus allen Transformationen der Form

$$(1, a): x^{\mu} \longrightarrow x'^{\mu} = x^{\mu} + a^{\mu} \tag{2-30}$$

besteht. Wie wir sehen werden, hat diese Gruppe etwas mit Energie- und Impulserhaltung zu tun.

Die Transformationen, die den Ursprung fest lassen, bilden ebenfalls eine Untergruppe der Poincaré-Gruppe, die (homogene) *Lorentz-Gruppe*, deren allgemeines Element von der Gestalt $(\Lambda, 0)$ ist

$$(\Lambda, 0): x^\mu \longrightarrow x'^\mu = \Lambda^\mu{}_\nu x^\nu. \tag{2-31}$$

Beispiele von Lorentz-Transformationen sind die gewöhnlichen Drehungen im Raum. Die entsprechenden Matrizen $\Lambda = (\Lambda^\mu{}_\nu)$ in Gl. (2-31) haben die Form

$$\Lambda = \left(\begin{array}{c|c} 1 & 0 \\ \hline 0 & \mathbf{R} \end{array} \right), \tag{2-32}$$

wobei $\mathbf{R}$ alle 3×3-orthogonalen Matrizen durchläuft ($\mathbf{R}^\mathsf{T} \mathbf{R} = 1$). Weitere Beispiele sind die speziellen Lorentz-Transformationen, etwa in der x^1-Richtung (Bild 2-3), denen folgende Λ-Matrizen in Gl. (2-31) entsprechen:

$$\Lambda(v) = \begin{pmatrix} \dfrac{1}{\sqrt{1-v^2}} & \dfrac{v}{\sqrt{1-v^2}} & 0 & 0 \\[2ex] \dfrac{v}{\sqrt{1-v^2}} & \dfrac{1}{\sqrt{1-v^2}} & 0 & 0 \\[2ex] 0 & 0 & 1 & 0 \\[1ex] 0 & 0 & 0 & 1 \end{pmatrix}. \tag{2-33}$$

Dabei ist v die Relativgeschwindigkeit der beiden Inertialsysteme, deren Betrag natürlich kleiner als die Lichtgeschwindigkeit sein muß ($|v| < 1$). Der Zusammenhang zwischen ungestrichenen und gestrichenen Koordinaten lautet in diesem Beispiel

$$x'^\mu = \Lambda^\mu{}_\nu(v)\, x^\nu,$$

$$\begin{pmatrix} t' \\ x'^1 \\ x'^2 \\ x'^3 \end{pmatrix} = \begin{pmatrix} \dfrac{t + v x^1}{\sqrt{1-v^2}} \\[2ex] \dfrac{v t + x^1}{\sqrt{1-v^2}} \\[2ex] x^2 \\[1ex] x^3 \end{pmatrix}. \tag{2-34}$$

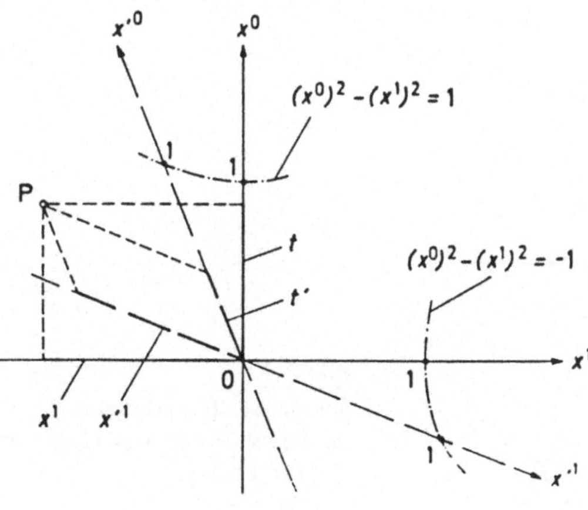

Bild 2-3
Übergang zu einem neuen System entsprechend einer speziellen Lorentz-Transformation (Gl. (2-33)) mit $v > 0$, dargestellt in der x^1-x^0-Ebene. Die Einheitspunkte auf den x^0- und x'^0-Achsen sind deren Schnittpunkte mit dem Hyperbelast $(x^0)^2 - (x^1)^2 = 1$, $x^0 > 0$. Dies liest man leicht aus Gl. (2-34) ab. Die Einheitspunkte auf den x^1- und x'^1-Achsen sind deren Schnittpunkte mit dem Hyperbelast $(x^0)^2 - (x^1)^2 = -1$, $x^1 > 0$. Diese Hyperbeläste sind ebenfalls eingezeichnet. Die Koordinaten eines Punktereignisses P im ungestrichenen und gestrichenen System sind durch die durchgezogenen und gestrichelten Linien angedeutet.

Variieren wir v in Gl. (2-33) stetig, so erhalten wir eine Schar von Lorentz-Transformationen, die für $v = 0$ auch die Einheitstransformation enthält. *Alle* Transformationen der Lorentz-Gruppe, die wir durch stetigen Übergang aus der Einheitstransformation erreichen können, bilden eine Untergruppe der Lorentz-Gruppe: die *eigentliche orthochrone Lorentz-Gruppe* oder Komponente der Einheit.

Wir wollen nun die Lorentz-Transformationen der Komponente der Einheit genauer charakterisieren. Dazu schreiben wir Gl. (2-26) in Matrixform

$$\Lambda^T \mathbf{g} \Lambda = \mathbf{g}$$

und bilden die Determinante. Es folgt

$$\begin{aligned} (\det \Lambda)^2 &= 1, \\ \det \Lambda &= \pm 1. \end{aligned} \tag{2-35}$$

Offenbar müssen alle Transformationen, die stetig aus der Einheit zu erreichen sind, $\det \Lambda = + 1$ haben. Diese Bedingung ist aber nicht ausreichend. Dazu betrachten wir den Vierervektor

$$x = \begin{pmatrix} 1 \\ 0 \\ 0 \\ 0 \end{pmatrix}, \tag{2-36}$$

$$(x, x) = 1.$$

Durch eine Lorentz-Transformation wird x in einen Vektor x' übergeführt mit gleicher Länge im Minkowski-Sinn:

$$x' = \Lambda x = \begin{pmatrix} \Lambda^0{}_0 \\ \Lambda^1{}_0 \\ \Lambda^2{}_0 \\ \Lambda^3{}_0 \end{pmatrix}, \tag{2-37}$$

$$(x', x') = (x'^0)^2 - (x'^1)^2 - (x'^2)^2 - (x'^3)^2 = 1.$$

Alle diese Vektoren liegen auf einem zweischaligen Hyperboloid im Minkowski-Raum (Bild 2-4).

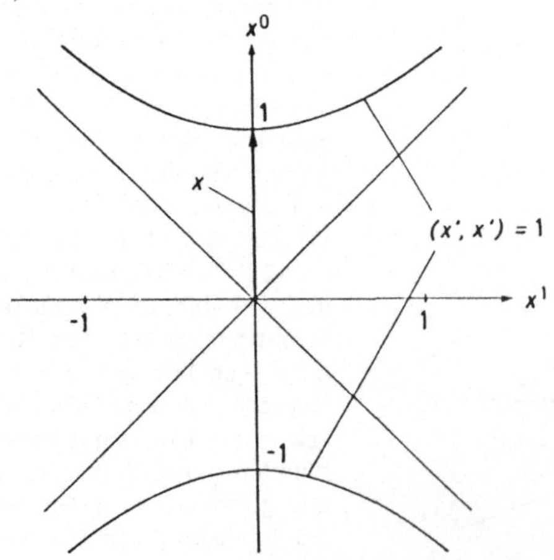

Bild 2-4
Schnitt des Hyperboloids $(x', x') = 1$ im Minkowski-Raum (Gl. (2-37)) mit der $x^1 - x^0$ Ebene

Die eine Schale des Hyperboloids liegt ganz innerhalb des Vorwärtslichtkegels, die andere innerhalb des Rückwärtslichtkegels bezüglich des Ursprungs. Offenbar kann man durch stetigen Übergang aus der Einheitstransformation nur den oberen Teil des Hyperboloids durchlaufen. Für die Transformationen aus der Komponente der Einheit muß also gelten

$$x'^0 = \Lambda^0{}_0 > 0. \tag{2-38}$$

Die Bedingungen

$$\det \Lambda = +1, \qquad \Lambda^0{}_0 > 0 \tag{2-39}$$

sind also notwendig, daß eine Transformation Λ der eigentlichen orthochronen Lorentz-Gruppe angehört. Wie man leicht sieht, sind diese Bedingungen auch hinreichend.

Wir geben nun zwei Lorentz-Transformationen an, die nicht zur Komponente der Einheit gehören. Als erstes betrachten wir die Paritätsoperation, den Übergang von einem räumlichen kartesischen Rechts- zu einem Linkssystem (Bild 2-5). Mit der zugehörigen 4×4-Matrix Λ_P läßt sich die Paritätsoperation beschreiben durch

$$\Lambda_P = \begin{pmatrix} 1 & 0 & 0 & 0 \\ 0 & -1 & 0 & 0 \\ 0 & 0 & -1 & 0 \\ 0 & 0 & 0 & -1 \end{pmatrix}, \tag{2-40}$$

$$\begin{pmatrix} t' \\ x' \end{pmatrix} = \Lambda_P \begin{pmatrix} t \\ x \end{pmatrix} = \begin{pmatrix} t \\ -x \end{pmatrix}.$$

Eine andere interessante Transformation, die nicht zur Komponente der Einheit gehört, ist die Spiegelung der Zeitachse, die Zeitumkehr (Bild 2-6):

$$\Lambda_T = \begin{pmatrix} -1 & 0 & 0 & 0 \\ 0 & 1 & 0 & 0 \\ 0 & 0 & 1 & 0 \\ 0 & 0 & 0 & 1 \end{pmatrix}, \tag{2-41}$$

$$\begin{pmatrix} t' \\ x' \end{pmatrix} = \Lambda_T \begin{pmatrix} t \\ x \end{pmatrix} = \begin{pmatrix} -t \\ x \end{pmatrix}.$$

Beide Transformationen Λ_P und Λ_T spielen in der Teilchenphysik eine große Rolle.

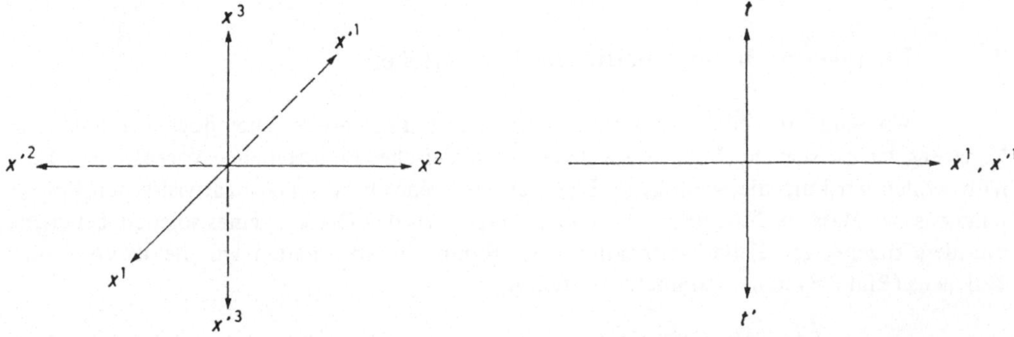

Bild 2-5 Übergang von einem räumlichen Rechts- zu einem Linkssystem

Bild 2-6 Die Zeitumkehr-Transformation der Koordinaten

Damit wollen wir die Besprechung der speziellen Relativitätstheorie zunächst abschließen. Für weiteres Studium sei auf die einschlägigen Lehrbücher verwiesen, z.B. Landau 1975, Laue 1952, Sexl 1979, 1982.

Nach unseren heutigen Kenntnissen gilt in der Elementarteilchenphysik speziell relativistische Invarianz, solange wir die Gravitation vernachlässigen. Die Bewegungsgleichungen der Teilchen sehen gleich aus in allen Systemen, die durch Poincaré-Transformationen auseinander hervorgehen, wie sie in Gl. (2-28) angegeben sind, wobei wir aber Λ auf die Transformationen der Komponente der Einheit einschränken müssen. Lange Zeit dachte man, daß auch die Paritätstransformation und die Zeitumkehrtransformation (Gln. (2-40), (2-41)) die Bewegungsgleichungen ungeändert lassen würden. Es waren Experimente aus der Teilchenphysik, die gezeigt haben, daß in der Natur weder Paritätsinvarianz noch Zeitumkehrinvarianz gelten. Zum Beispiel stellte es sich heraus, daß die positiven Myonen im Zerfall eines ruhenden π^+-Mesons

$$\pi^+ \longrightarrow \mu^+ + \nu_\mu \tag{2-42}$$

immer nur einen Linksschraubensinn, nie einen Rechtsschraubensinn zeigen. Lassen wir ein π^+-Meson vor einem Spiegel zerfallen, so entspricht das Spiegelbild keinem in der Natur vorkommenden Prozeß (Bild 2-7).

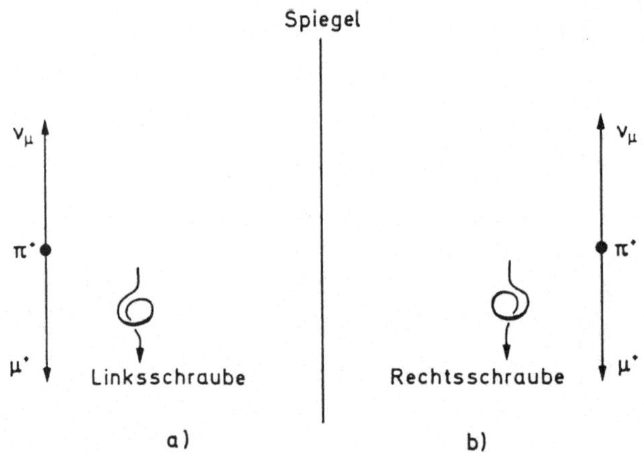

Bild 2-7 Der Zerfall eines ruhenden Pions $\pi^+ \to \mu^+ + \nu_\mu$, in dem das Myon stets einen Linksschraubensinn zeigt (a). Die Spiegelbildreaktion (b) wird in der Natur nicht beobachtet.

2.2　Energie und Impuls relativistischer Teilchen

Wir sind an Teilchenreaktionen interessiert. Eine grobe, aber doch oft nützliche Näherung ist es, sich ein Elementarteilchen als klassisches Punktteilchen vorzustellen. Deshalb wollen wir kurz die wichtigsten Eigenschaften eines klassischen relativistischen Punktteilchens der Masse $m > 0$ zusammenstellen. Tragen wir den Ort $x(t)$ eines solchen Teilchens mit den zugehörigen Zeiten t im Minkowski-Raum ein, so erhalten wir die *Weltlinie* des Teilchens (Bild 2-8) in der Parameterdarstellung

$$x(t) = \begin{pmatrix} t \\ x(t) \end{pmatrix}. \tag{2-43}$$

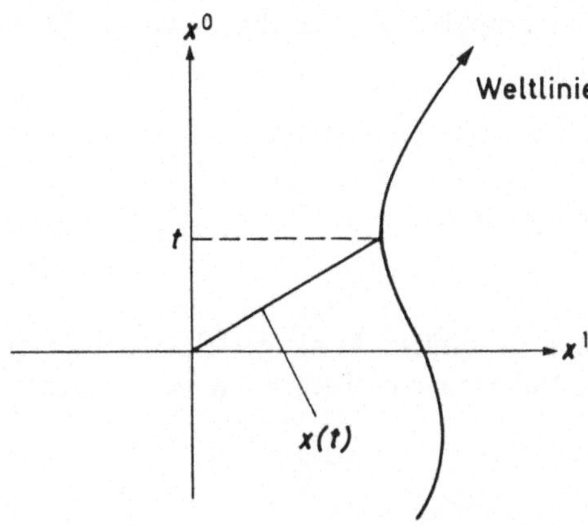

Bild 2-8
Weltlinie eines klassischen Punktteilchens
im Minkowski-Raum (Gl. (2-43))

An Stelle der Zeit im Inertialsystem wollen wir die *Eigenzeit* τ als Parameter auf der Weltlinie einführen; das ist die Zeit, die eine mit dem Teilchen bewegte Uhr anzeigt. Um die Eigenzeit τ mit der gewöhnlichen Zeit t zu verknüpfen, betrachten wir ein Inertialsystem, in dem das Teilchen gerade in Ruhe ist, das momentane Ruhsystem des Teilchens. In diesem System gilt für das Differential der Weltlinie des Teilchens nach Definition der Eigenzeit

$$
dx' = \begin{pmatrix} d\tau \\ 0 \\ 0 \\ 0 \end{pmatrix}. \tag{2-44}
$$

Wegen der Invarianz des relativistischen Abstandsquadrats gilt dann

$$
\begin{aligned}
(dx')^2 &= d\tau^2 = (dx)^2 = dt^2 - (d\boldsymbol{x})^2 \\
&= dt^2(1 - v^2(t)),
\end{aligned} \tag{2-45}
$$

wobei

$$
v(t) = \frac{d\boldsymbol{x}}{dt}(t).
$$

Damit können wir den gewünschten Zusammenhang zwischen τ und t angeben:

$$
\tau = \int_{t_0}^{t} dt' \sqrt{1 - v^2(t')}. \tag{2-46}
$$

Dabei ist t_0 beliebig, da es nur den Anfangspunkt der Zählung der Eigenzeit ($\tau = 0$) festlegt.

Die Vierergeschwindigkeit u und den Viererimpuls p definieren wir durch

$$
u = \frac{d\boldsymbol{x}}{d\tau}(\tau) = \begin{pmatrix} \dfrac{dt}{d\tau} \\[2mm] \dfrac{d\boldsymbol{x}}{d\tau} \end{pmatrix} = \begin{pmatrix} \dfrac{1}{\sqrt{1-v^2}} \\[2mm] \dfrac{v}{\sqrt{1-v^2}} \end{pmatrix}, \tag{2-47}
$$

$$
p = m\frac{d\boldsymbol{x}}{d\tau}.
$$

Die Zeit- und Raumkomponenten des Viererimpulses p bezeichnen wir als Energie und (Dreier-)Impuls eines relativistischen Teilchens:

$$p^0 = E = \frac{m}{\sqrt{1 - v^2}},$$
$$p = \frac{m\,v}{\sqrt{1 - v^2}}. \tag{2-48}$$

Im nichtrelativistischen Grenzfall gehen diese Ausdrücke in die gewöhnlichen Formeln für Energie und Impuls über, wobei wir aber die Ruhenergie mitberücksichtigen müssen:

$$E \cong m + \tfrac{1}{2}\,m\,v^2,$$
$$p \cong m\,v \tag{2-49}$$
$$\text{für } |v| \ll 1.$$

Empirisch stellt man fest, daß bei allen Reaktionen die Viererimpuls-Erhaltung gilt. Das heißt: Die Summe der Viererimpulse der beteiligten Teilchen vor der Reaktion ist gleich der Summe der Viererimpulse der Teilchen nach der Reaktion:

$$a_1 + a_2 + \ldots + a_n \longrightarrow b_1 + b_2 + \ldots + b_n,$$
$$p_{a_1}^\mu + p_{a_2}^\mu + \ldots + p_{a_n}^\mu = p_{b_1}^\mu + p_{b_2}^\mu + \ldots + p_{b_n}^\mu. \tag{2-50}$$

Dabei ist natürlich auch der Fall eingeschlossen, daß einige Teilchen nichtrelativistisch, andere hochrelativistisch sind. Die durchgehende Gültigkeit eines Erhaltungssatzes für Energie und Impuls läßt sich also nur dann aufrechterhalten, wenn wir genau die Ausdrücke in Gl. (2-48) als Energie und Impuls eines relativistischen Teilchens definieren. Zur Historie sei angemerkt, daß man die Gl. (2-48) im wesentlichen Einstein verdankt (Einstein 1905b). Er betrachtete die Energie eines Systems von Lichtwellen im Rahmen der klassischen Maxwellschen Elektrodynamik in Wechselwirkung mit Materie und wandte darauf das Grundpostulat der speziellen Relativitätstheorie an, das wir in Abschnitt 2.1 besprochen haben.

Wir studieren nun das Transformationsverhalten des Viererimpulses unter Poincaré-Transformationen (Gl. (2-28)). Gehen wir zu einem gestrichenen Bezugsystem

$$x'^\mu = \Lambda^\mu{}_\nu x^\nu + a^\mu \tag{2-51}$$

über, so folgt, da $d\tau$ nach Gl. (2-45) eine invariante Größe ist,

$$p'^\mu = m\frac{dx'^\mu}{d\tau} = m\,\Lambda^\mu{}_\nu \frac{dx^\nu}{d\tau} = \Lambda^\mu{}_\nu p^\nu. \tag{2-52}$$

Das Viererimpuls-Quadrat liefert die Masse zum Quadrat

$$p'^\mu p'_\mu = p^\mu p_\mu = m^2 \left(\frac{dx}{d\tau}\right)^2 = m^2. \tag{2-53}$$

Es gilt also, wenn wir noch berücksichtigen, daß die Energie der beobachteten Teilchen stets größer als Null ist,

$$E^2 - p^2 = m^2,$$
$$E > 0. \tag{2-54}$$

Wir denken uns nun Energie und Impuls in einem 4-dimensionalen Raum aufgetragen, dem sogenannten Impulsraum. Die möglichen Werte des Viererimpulses eines Teil-

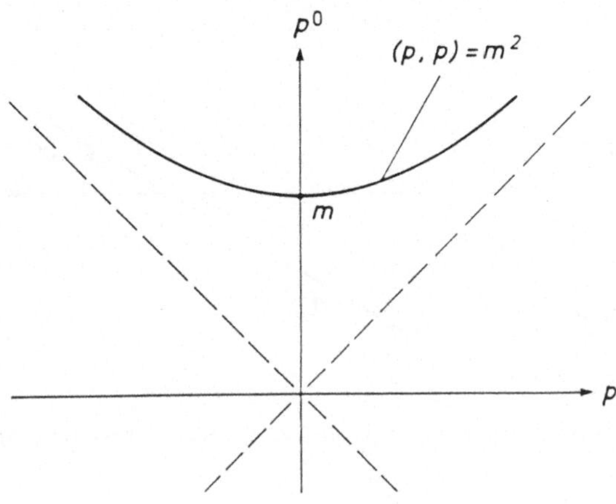

Bild 2-9

Zweidimensionaler Schnitt durch den Impulsraum mit Massenschale eines Teilchens mit Masse m (Gl. (2-54))

chens mit Masse m liegen dann nach Gl. (2-54) auf einer Schale eines Hyperboloids, auf der sogenannten *Massenschale* (Bild 2-9).

Für masselose Teilchen wie das Photon γ versagt das Modell des klassischen Punktteilchens. In diesem Fall hilft uns die Einsteinsche Lichtquantenhypothese (Einstein 1905) weiter. Danach beschreibt eine ebene Welle mit Wellenzahlvektor $\boldsymbol{k}$ und Kreisfrequenz ω

$$e^{i(\boldsymbol{k}\boldsymbol{x} - \omega t)} \tag{2-55}$$

ein Photon mit Energie $\hbar\omega$ und Impuls $\hbar\boldsymbol{k}$. Bei unseren Einheiten ($\hbar = 1$) ist also der Viererimpuls eines Photons gleich dem Viererwellenzahl-Vektor

$$k = (k^\mu) = \begin{pmatrix} \omega \\ \boldsymbol{k} \end{pmatrix}. \tag{2-56}$$

Eine analoge Beziehung gilt für die masselosen Neutrinos. Im Impulsraum bilden die Viererimpulse masseloser Teilchen den Vorwärtslichtkegel des Ursprungs:

$$\begin{aligned} k^2 &= \omega^2 - \boldsymbol{k}^2 = 0, \\ \omega &> 0. \end{aligned} \tag{2-57}$$

2.3   Relativistische Kinematik der Kollision zweier Teilchen

Wir wollen nun die Kinematik einer 2-Teilchen-Reaktion

$$a + b \longrightarrow c + d \tag{2-58}$$

besprechen. Wir betrachten etwa den Fall, daß das Teilchen b im Laborsystem vor dem Stoß ruht (Bild 2-10a). Die Viererimpulse der Teilchen im Laborsystem seien p_a, p_b, p_c, p_d:

$$\begin{aligned} p_a &= \begin{pmatrix} E_L \\ \boldsymbol{p}_L \end{pmatrix}, & p_b &= \begin{pmatrix} m_b \\ \boldsymbol{0} \end{pmatrix}, \\ p_c &= \begin{pmatrix} E_c \\ \boldsymbol{p}_c \end{pmatrix}, & p_d &= \begin{pmatrix} E_d \\ \boldsymbol{p}_d \end{pmatrix}. \end{aligned} \tag{2-59}$$

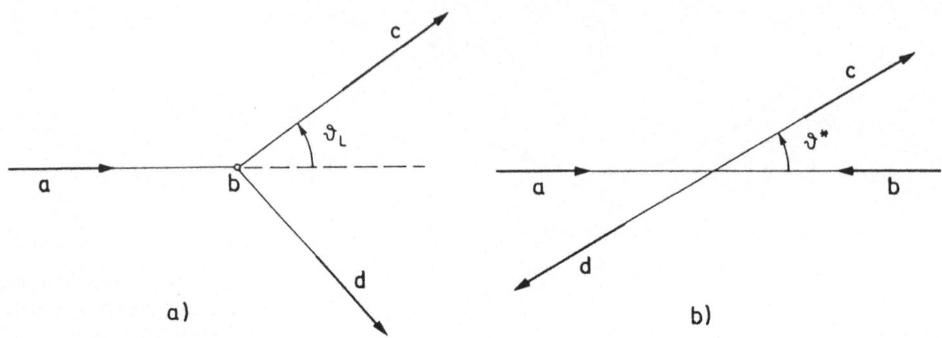

Bild 2-10 Die Reaktion a + b → c + d im Laborsystem (a) und im Schwerpunktsystem (b)

Dabei sind E_L und $\boldsymbol{p}_L$ Laborenergie und Laborimpuls des Projektils. Der Streuwinkel im Laborsystem sei der Winkel zwischen den Impulsen der Teilchen a und c:

$$\cos\vartheta_L = \frac{\boldsymbol{p}_a \cdot \boldsymbol{p}_c}{|\boldsymbol{p}_a| \, |\boldsymbol{p}_c|} \, . \tag{2-60}$$

Die Viererimpulserhaltung liefert

$$p_a + p_b = p_c + p_d \, . \tag{2-61}$$

Es ist nun oft nützlich, dieselbe Reaktion in einem anderen System zu betrachten. Heute ist diese Möglichkeit auch experimentell durchführbar. Man kann beispielsweise Antiproton-Proton-Streuung an einem festen Target durchführen oder an einem Speicherring wie Sp$\overline{\mathrm{p}}$S im CERN, wo beide Teilchen im Anfangszustand aufeinander zulaufen.

Wir betrachten nun die Reaktion (2-58) im Schwerpunktsystem (Bild 2-10b), wo die Viererimpulse p_a^*, p_b^*, p_c^*, p_d^* seien. Es gilt nach Definition des Schwerpunktsystems und wegen der Impulserhaltung:

$$\boldsymbol{p}_a^* + \boldsymbol{p}_b^* = \boldsymbol{p}_c^* + \boldsymbol{p}_d^* = 0 \, . \tag{2-62}$$

Bezeichnen wir mit $\sqrt{s}$ die Schwerpunktsenergie, so gilt wegen der Energieerhaltung:

$$E_a^* + E_b^* = E_c^* + E_d^* = \sqrt{s} \, . \tag{2-63}$$

Aus Gl. (2-62) sehen wir, daß im Schwerpunktsystem die Teilchen nach der Streuung mit Impulsen gleichen Absolutbetrages

$$|\boldsymbol{p}_c^*| = |\boldsymbol{p}_d^*| \tag{2-64}$$

diametral auseinanderlaufen. Der Streuwinkel im Schwerpunktsystem ist

$$\cos\vartheta^* = \frac{\boldsymbol{p}_a^* \cdot \boldsymbol{p}_c^*}{|\boldsymbol{p}_a^*| \, |\boldsymbol{p}_c^*|} \, . \tag{2-65}$$

Wir wollen nun die Variablen, die die Streuung im Schwerpunkt- und Laborsystem beschreiben, miteinander in Beziehung setzen. Der einfachste Weg dazu ist es, relativistisch invariante Variable einzuführen, wie dies zuerst Moeller 1932 getan hat. Die in der Teilchenphysik heute übliche Bezeichnungsweise folgt Mandelstam 1958.

Als eine dieser Variablen wollen wir s, das Quadrat der Schwerpunktsenergie, wählen, das sich wegen der Gln. (2-62) und (2-63) als Quadrat des Vierervektors $p_a^* + p_b^*$ schreiben läßt. Dieses relativistisch invariante Quadrat können wir auch im Laborsystem auswerten, und es folgt

$$s = (p_a^* + p_b^*)^2 = (p_a + p_b)^2. \tag{2-66}$$

Wegen der Viererimpulserhaltung gilt natürlich auch

$$s = (p_c^* + p_d^*)^2 = (p_c + p_d)^2. \tag{2-67}$$

Gl. (2-66) liefert uns die Beziehung zwischen der Schwerpunktsenergie und der Energie E_L des Projektils im Laborsystem (Gl. (2-59)).

$$s = (p_a + p_b)^2 = p_a^2 + 2(p_a, p_b) + p_b^2,$$
$$s = m_a^2 + 2E_L m_b + m_b^2,$$
$$E_L = \frac{s - m_a^2 - m_b^2}{2m_b}. \tag{2-68}$$

Dazu wollen wir ein Beispiel rechnen. Protonen und Antiprotonen sollen in einem Speicherring kollinear mit jeweils 270 GeV aufeinander zulaufen (a und b in Bild 2-10b seien diese Teilchen). Die Schwerpunktsenergie ist dann

$$\sqrt{s} = 540 \text{ GeV}. \tag{2-69}$$

Welche Energie müßte ein Antiproton in der Streuung an einem ruhenden Proton im Laboratorium haben, um dieselbe Schwerpunktsenergie in der Kollision zu erreichen? Nach Gl. (2-68) beträgt diese Energie, da Proton und Antiproton dieselbe Masse von etwa 1 GeV haben,

$$E_L = \frac{(540)^2 - 2}{2} \text{ GeV} \cong 1{,}5 \cdot 10^5 \text{ GeV}. \tag{2-70}$$

Antiprotonen dieser Energie sind überhaupt noch nicht an Beschleunigern hergestellt worden. Dagegen hat man am Proton-Antiproton-Speicherring Sp$\overline{\text{p}}$S im CERN bei Genf die angegebene Schwerpunktsenergie erreicht. Damit konnten die schweren W- und Z-Bosonen produziert werden, deren Ruhmassen 80 und 90 GeV betragen. Die Erreichung hoher Schwerpunktsenergien war und ist in der Tat einer der Hauptgründe für den Bau von Speicherring-Anlagen.

Als nächstes berechnen wir den Betrag des Impulses von Teilchen a im Laborsystem. Wir finden unter Benutzung der Gl. (2-68)

$$|p_L| = \sqrt{E_L^2 - m_a^2}$$
$$= \frac{1}{2m_b} \{(s - m_a^2 - m_b^2)^2 - 4m_a^2 m_b^2\}^{\frac{1}{2}}$$
$$= \frac{1}{2m_b} \{s^2 + m_a^4 + m_b^4 - 2sm_a^2 - 2sm_b^2 - 2m_a^2 m_b^2\}^{\frac{1}{2}}. \tag{2-71}$$

Dieser Wurzelausdruck kommt häufig in kinematischen Rechnungen vor. Es ist daher üblich, eine eigene Bezeichnung dafür einzuführen, durch die Definition der Funktion

$$w(x, y, z) = (x^2 + y^2 + z^2 - 2xy - 2xz - 2yz)^{\frac{1}{2}}$$
$$= [x - (\sqrt{y} + \sqrt{z})^2]^{\frac{1}{2}} \, [x - (\sqrt{y} - \sqrt{z})^2]^{\frac{1}{2}}. \tag{2-72}$$

Dabei haben wir gleich eine nützliche andere Gestalt für w angegeben. Die Funktion $w(x, y, z)$ ist offenbar total symmetrisch in ihren drei Variablen.

Mit Hilfe der Variablen s wollen wir auch die Energien und Impulse der Teilchen im Schwerpunktsystem ausdrücken. Da der Vierervektor $p_a^* + p_b^*$ nur eine Energiekomponente hat, gilt nach Gl. (2-63):

$$E_a^* = \frac{(p_a^*, p_a^* + p_b^*)}{\sqrt{s}} = \frac{(p_a, p_a + p_b)}{\sqrt{s}}$$

$$= \frac{1}{\sqrt{s}} \left(p_a^2 + (p_a, p_b) \right)$$

$$= \frac{1}{\sqrt{s}} \left(p_a^2 + \tfrac{1}{2} (p_a + p_b)^2 - \tfrac{1}{2} p_a^2 - \tfrac{1}{2} p_b^2 \right),$$

$$E_a^* = \frac{s + m_a^2 - m_b^2}{2\sqrt{s}} . \tag{2-73}$$

Dabei haben wir die Invarianz des relativistischen Skalarprodukts benutzt. Analog finden wir:

$$E_b^* = \frac{s + m_b^2 - m_a^2}{2\sqrt{s}} ,$$

$$E_c^* = \frac{s + m_c^2 - m_d^2}{2\sqrt{s}} , \tag{2-74}$$

$$E_d^* = \frac{s + m_d^2 - m_c^2}{2\sqrt{s}} .$$

Für die Absolutbeträge der Impulse der Teilchen im Schwerpunktsystem ergibt sich daraus

$$|p_b^*| = |p_a^*| = \sqrt{(E_a^*)^2 - m_a^2}$$

$$= \left(\frac{(s + m_a^2 - m_b^2)^2}{4s} - m_a^2 \right)^{\frac{1}{2}}$$

$$= \frac{1}{2\sqrt{s}} w(s, m_a^2, m_b^2), \tag{2-75}$$

$$|p_c^*| = |p_d^*| = \frac{1}{2\sqrt{s}} w(s, m_c^2, m_d^2). \tag{2-76}$$

Wir wollen nun zwei weitere invariante Variable einführen:

$$t = (p_a - p_c)^2 = (p_b - p_d)^2,$$
$$u = (p_a - p_d)^2 = (p_b - p_c)^2. \tag{2-77}$$

Die drei invarianten Variablen s, t und u sind aber nicht unabhängig von einander. In einer Zwei-Teilchenreaktion vom Typ der Gl. (2-58) gibt es (zumindest für spinlose Teilchen) nur *zwei* unabhängige kinematische Variable. Betrachten wir nämlich unsere Reaktion im Schwerpunktsystem, so sind durch die Schwerpunktsenergie $\sqrt{s}$ alle Energien und die Absolutbeträge der Impulse festgelegt (Gln. (2-73)–(2-76)). Als einzige weitere unabhängige

Variable bleibt der Streuwinkel im Schwerpunktsystem, ϑ^* (Gl. (2-65)). Die invariante Variable t ist proportional zu $\cos\vartheta^*$. Genauer finden wir:

$$\begin{aligned}
t &= (p_a^* - p_c^*)^2 \\
&= m_a^2 + m_c^2 - 2(p_a^*, p_c^*) \\
&= m_a^2 + m_c^2 - 2(E_a^* E_c^* - |p_a^*|\,|p_c^*|\cos\vartheta^*) \\
&= m_a^2 + m_c^2 \\[2mm]
&\quad - \frac{1}{2s}\,(s + m_a^2 - m_b^2)\,(s + m_c^2 - m_d^2) \\[2mm]
&\quad + \frac{1}{2s}\,w(s, m_a^2, m_b^2)\,w(s, m_c^2, m_d^2)\cos\vartheta^*.
\end{aligned}$$

(2-78)

Die Variable u unterscheidet sich von t nur dadurch, daß wir die Rolle der Teilchen c und d vertauschen. Da diese Teilchen im Schwerpunktsystem diametral entgegengesetzt auseinanderlaufen, ist der entsprechende Streuwinkel zwischen a und d $(\pi - \vartheta^*)$. Wir erhalten daher:

$$\begin{aligned}
u &= (p_a^* - p_d^*)^2 \\
&= m_a^2 + m_d^2 \\[2mm]
&\quad - \frac{1}{2s}\,(s + m_a^2 - m_b^2)\,(s + m_d^2 - m_c^2) \\[2mm]
&\quad - \frac{1}{2s}\,w(s, m_a^2, m_b^2)\,w(s, m_c^2, m_d^2)\cos\vartheta^*.
\end{aligned}$$

(2-79)

Durch Addition der Gln. (2-78) und (2-79) ergibt sich die wichtige Beziehung

$$s + t + u = m_a^2 + m_b^2 + m_c^2 + m_d^2.$$

(2-80)

Wir wollen nun den physikalisch erlaubten Bereich in den verschiedenen kinematischen Variablen näher untersuchen. Zunächst ist klar, daß die Reaktion (2-58) überhaupt nur ablaufen kann, wenn die Schwerpunktsenergie größer als die Summe der Massen der Teilchen im Anfangs- bzw. Endzustand ist:

$$\begin{aligned}
\sqrt{s} &\geqslant m_a + m_b, \\
\sqrt{s} &\geqslant m_c + m_d.
\end{aligned}$$

(2-81)

Der Streuwinkel im Schwerpunktsystem andererseits kann beliebig zwischen 0 und π variieren:

$$\begin{aligned}
0 &\leqslant \vartheta^* \leqslant \pi, \\
-1 &\leqslant \cos\vartheta^* \leqslant 1.
\end{aligned}$$

(2-82)

Daraus können wir leicht die kinematischen Grenzen für t und u herleiten. Da die entsprechenden Formeln etwas unübersichtlich werden, diskutieren wir nur den Hochenergiegrenzfall

$$s \gg m_a^2, m_b^2, m_c^2, m_d^2.$$

(2-83)

Wir erhalten dann aus Gln. (2-78) und (2-79) den erlaubten Bereich für t und u bei vorgegebenem s wie folgt:

$$t \cong - \frac{s}{2} \, (1 - \cos \vartheta^*),$$

$$0 \gtrsim t \gtrsim - s, \tag{2-84}$$

$$u \cong - \frac{s}{2} \, (1 + \cos \vartheta^*),$$

$$0 \gtrsim u \gtrsim - s. \tag{2-85}$$

Wir wollen dazu ein kurzes Übungsbeispiel rechnen. Die Proton-Proton-elastische Streuung

$$p + p \longrightarrow p + p \tag{2-86}$$

wurde am Speicherring ISR bei Schwerpunktsenergien $\sqrt{s} \cong 53$ GeV ausführlich untersucht. Wie wir aus Bild 2-11 sehen, hat der differentielle Streuquerschnitt für

$$t \cong - 1{,}34 \, \text{GeV}^2 \tag{2-87}$$

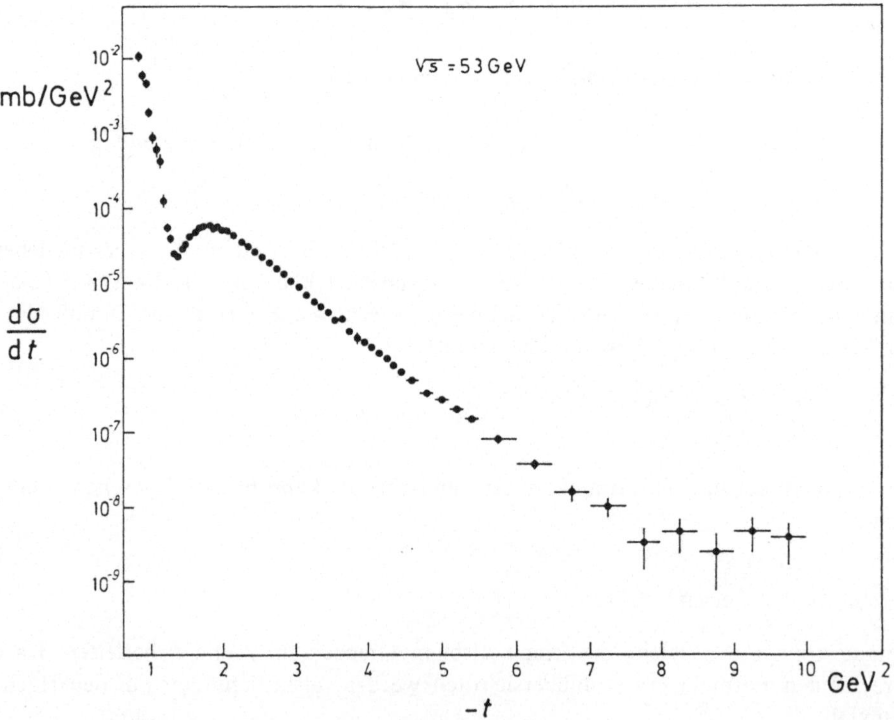

Bild 2-11 Der differentielle Streuquerschnitt für Proton-Proton-elastische Streuung bei einer Schwerpunktsenergie von 53 GeV (nach De Kerret 1977)

ein ausgeprägtes Minimum. Die Frage ist, welchem Streuwinkel im Schwerpunktsystem dieser t-Wert entspricht. Nach Gl. (2-84) erhalten wir:

$$1 - \cos\vartheta^* \cong \frac{\vartheta^{*\,2}}{2} \cong - \frac{2t}{s}\,,$$

$$\vartheta^* \cong 2\sqrt{\frac{-t}{s}} \cong 44\ \mathrm{mrad} \,\hat{=}\, 2{,}5°. \tag{2-88}$$

Wir wollen nun die zur Reaktion (2-58) *gekreuzten* Reaktionen besprechen. Darunter verstehen wir Prozesse, bei denen ein oder mehrere Teilchen durch ihre Antiteilchen ersetzt und auf die andere Seite der Reaktionsgleichung geschrieben werden. Aus der Reaktion (2-58) erhalten wir also beispielsweise folgende Reaktionen durch Herüberkreuzen von Teilchen:

$$a + \bar{c} \longrightarrow \bar{b} + d \tag{2-89a}$$

$$a + \bar{d} \longrightarrow \bar{b} + c \tag{2-89b}$$

$$a \longrightarrow \bar{b} + c + d \tag{2-89c}$$

Die Reaktion (2-89c) bedeutet dabei den Zerfall des Teilchens a in drei Teilchen. Damit diese Reaktion vor sich gehen kann, müssen natürlich die Massen die Bedingung

$$m_\mathrm{a} \geqslant m_\mathrm{b} + m_\mathrm{c} + m_\mathrm{d} \tag{2-90}$$

erfüllen.

Betrachten wir etwa die Reaktion (2-89a) genauer. Die invarianten Variablen für diesen Fall seien $s',\,t',\,u'$:

$$s' = (p_\mathrm{a} + p_{\bar{\mathrm{c}}})^2\,,$$
$$t' = (p_\mathrm{a} - p_{\bar{\mathrm{b}}})^2\,, \tag{2-91}$$
$$u' = (p_\mathrm{a} - p_\mathrm{d})^2\,.$$

Wir erhalten diese Variablen als Permutation der Variablen $s,\,t,\,u$ (Gln. (2-66), (2-77)), wenn wir folgende Ersetzungen vornehmen:

$$
\begin{aligned}
p_\mathrm{c} &\longrightarrow -p_{\bar{\mathrm{c}}}\,,\\
p_\mathrm{b} &\longrightarrow -p_{\bar{\mathrm{b}}}\,,\\
t &\longrightarrow s'\,,\\
s &\longrightarrow t'\,,\\
u &\longrightarrow u'\,.
\end{aligned}
\tag{2-92}
$$

Diese „Fortsetzung" der Variablen $s,\,t,\,u$ in einen anderen Wertebereich ist kein leeres Spiel. Wie zuerst Jauch und Rohrlich gezeigt haben (Jauch 1955), erhält man in der Tat die Amplituden für die Reaktion (2-89a) durch analytische Fortsetzung entsprechend Gl. (2-92) aus den Amplituden der Reaktion (2-58). Man bezeichnet das als *Substitutionsregel* oder *Kreuzungssymmetrie*. Die Reaktionen (2-58), (2-89a) und (2-89b) heißen zugeordnete s-, t- und u-Kanal-Reaktionen, da bei ihnen jeweils s, t und u die Rolle des Quadrats der Schwerpunktsenergie übernehmen. Veranschaulichen können wir die zusammengehörigen Reaktionen durch ein Streudiagramm (Bild 2-12), bei dem wir auslaufende Teilchenlinien auch als einlaufende Antiteilchenlinien interpretieren.

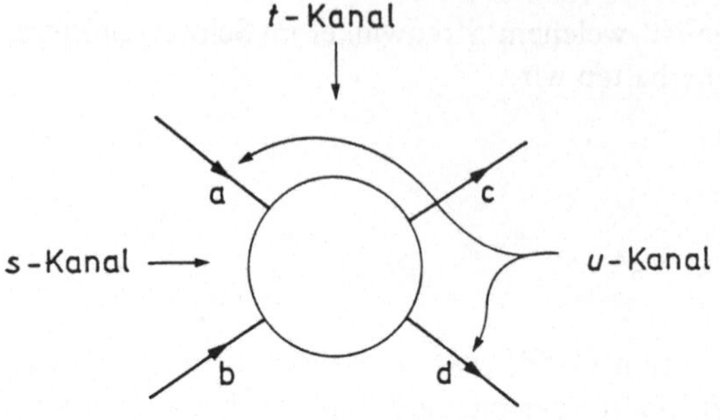

Bild 2-12
Streudiagramm zur Veranschaulichung des Zusammenhangs von s-, t- und u-Kanal-Reaktionen

Zum Schluß dieses Kapitels wollen wir noch eine gebräuchliche graphische Darstellung der Variablen s, t, u angeben, die beispielsweise nützlich ist, wenn man die Verteilung von Ereignissen in einem zweidimensionalen Streudiagramm studieren möchte. Dazu könnten wir s und t einfach als rechtwinklige Koordinaten wählen. Es ist aber günstiger, den Koordinatenachsen $s = 0$ und $t = 0$ einen Winkel von $60°$ zueinander zu geben (Bild 2-13). Positive Werte von s und t werden senkrecht zu den Koordinatenachsen in Pfeilrichtung aufgetragen. Die drei Geraden

$$s = 0,$$
$$t = 0,$$
$$u = m_a^2 + m_b^2 + m_c^2 + m_d^2 - s - t = 0 \tag{2-93}$$

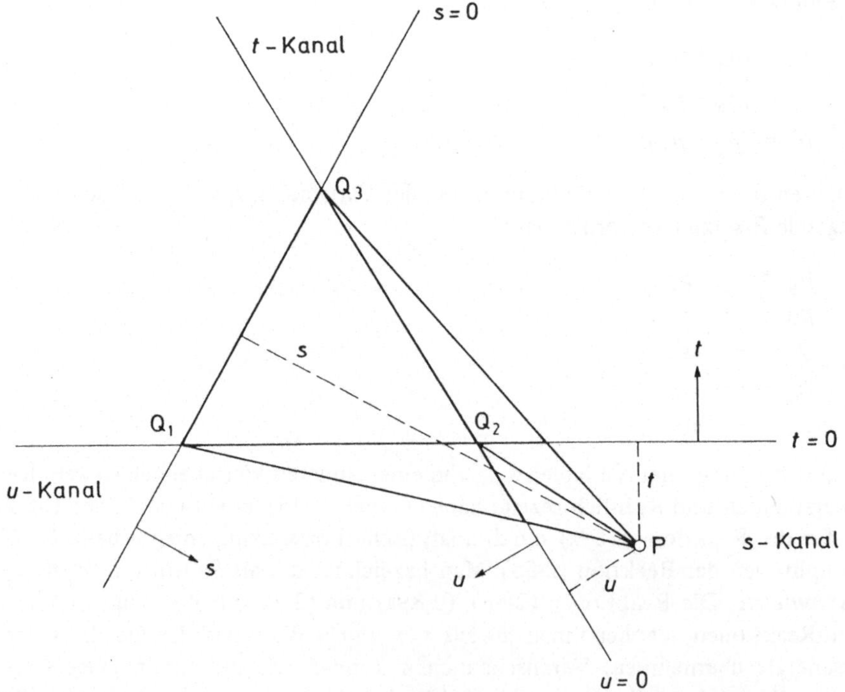

Bild 2-13 Die s-, t-, u-Ebene. Positive Werte von s, t, u werden in Richtung der entsprechenden Pfeile aufgetragen. Der eingezeichnete Punkt P entspricht einer s-Kanal-Reaktion ($s > 0, t < 0, u < 0$).

schließen dann, wie man leicht nachrechnet, ein gleichseitiges Dreieck der Höhe

$$h = m_a^2 + m_b^2 + m_c^2 + m_d^2 \tag{2-94}$$

ein. Für jeden Punkt P der Ebene ergeben sich dann die Werte von s, t, u als Abstand, mit Vorzeichen versehen, zu den Koordinatenachsen $s = 0$, $t = 0$ und $u = 0$. Das sieht man am einfachsten durch Vergleich der Flächen F der Dreiecke mit Endpunkten Q_1, Q_2, Q_3; Q_1, Q_3, P etc., die in Bild 2-13 angegeben sind, miteinander:

$$F(Q_1 Q_3 P) - F(Q_1 Q_2 P) - F(Q_2 Q_3 P) = F(Q_1 Q_2 Q_3). \tag{2-95}$$

Die Höhen der Dreiecke $Q_1 Q_3 P$, $Q_1 Q_2 P$ und $Q_1 Q_2 Q_3$ sind nach Konstruktion s, $-t$ und h. Nach elementaren Regeln folgt aus Gl. (2-95) nun, daß die Höhe $-u$ des Dreiecks $Q_2 Q_3 P$ in der Tat die gewünschte Relation

$$s + t + u = h = m_a^2 + m_b^2 + m_c^2 + m_d^2$$

erfüllt. Damit wollen wir die Besprechung der kinematischen Variablen abschließen.

Aufgaben

2.1   Zeigen Sie, daß jede homogene Lorentz-Transformation Λ, die den Bedingungen (2-39) genügt, stetig aus der Einheit erreichbar ist.

2.2   Betrachten Sie die Proton-Proton-Streuung bei Schwerpunktsenergie $\sqrt{s} = 53$ GeV (Gl. (2-86)). Berechnen Sie die äquivalente Laborenergie E_L sowie die Werte von u und ϑ_L, die dem Minimum des elastischen Streuquerschnitts bei $t = -1{,}34$ GeV^2 entsprechen (Bild 2-11).

2.3   Welches ist der erlaubte Phasenraumbereich in der s-, t-, u-Ebene für die Reaktion

$$e^-(p_1) + e^+(p_2) \longrightarrow Z(p_3) + \gamma(p_4)?$$

Setzen Sie dabei $m_Z \cong 90$ GeV, $m_e \cong 0$, $m_\gamma = 0$. Wo ist der erlaubte Bereich für die gekreuzte Reaktion $Z \to e^- + e^+ + \gamma$? Wo erscheinen Ereignisse, bei denen das Photon γ parallel zum Elektron e^- oder zum Positron e^+ läuft?

2.4   Leiten Sie aus Gl. (2-52) die Transformationsformel

$$p_\nu = \Lambda^\mu{}_\nu \, p'_\mu$$

für die Komponenten mit unteren Indizes des Viererimpulses her.

3   Teilchen und Felder

Im letzten Kapitel haben wir über klassische relativistische Punktteilchen gesprochen. Die wirklichen Teilchen gehorchen natürlich der Quantentheorie. Der geeignete Formalismus, der alle quantentheoretischen Züge der Elementarteilchen beschreibt, ist die *Quantenfeldtheorie*, die von Dirac, Jordan, Pauli und Heisenberg begründet wurde (Dirac 1927, Jordan 1928, Heisenberg 1929, 1930). In diesem Rahmen werden insbesondere Wellen- und Teilchenaspekte vereinigt. Die Theorie beschreibt beispielsweise sowohl die Ausbreitung einer Lichtwelle als auch den lichtelektrischen Effekt.

3.1   Schrödinger-, Dirac- und Heisenberg-Bild der Quantenmechanik

Wir erinnern uns zunächst an einige Begriffe aus der gewöhnlichen Quantenmechanik. Den Zuständen eines Systems werden Vektoren in einem Hilbert-Raum zugeordnet, den beobachtbaren physikalischen Größen wie Ort und Impuls eines Teilchens entsprechen Operatoren über diesem Raum. Wir verwenden die Diracsche Notation (s. Dirac 1958), bei der Zustandsvektoren durch das Symbol $|\rangle$ bezeichnet werden, in das wir je nach Bedarf verschiedene Charakteristika des Zustands hineinschreiben können. Das Skalarprodukt zweier Zustandsvektoren $|a\rangle$, $|b\rangle$ wird durch $\langle a|b\rangle$ bezeichnet. In der gewöhnlichen Quantenmechanik rechnet man im allgemeinen im sogenannten *Schrödinger-Bild*, wo die Operatoren zeitunabhängig sind. Der Zustandsvektor eines Systems ist dort zeitabhängig und erfüllt die Schrödinger-Gleichung

$$i\frac{\partial}{\partial t}\,|t\rangle = \mathbf{H}\,|t\rangle. \tag{3-1}$$

Dabei ist $\mathbf{H}$ der Hamilton-Operator, und $|t\rangle$ ist der Zustandsvektor zur Zeit t.

Als Beispiel betrachten wir ein gewöhnliches Schrödinger-Teilchen, dessen Zustandsvektor $|t\rangle$ durch die übliche Wellenfunktion $\psi(x, t)$ gegeben ist. Das Skalarprodukt des Zustandsvektors mit sich selbst ist das Normierungsintegral

$$\langle t|t\rangle = \int d^3x\,\psi^*(x, t)\,\psi(x, t) = 1.$$

Der Erwartungswert eines Operators $\mathbf{A}$, etwa des Ortsoperators $\vec{\mathbf{X}}$ im Zustand $|t\rangle$, ist

$$a(t) = \langle t|\mathbf{A}|t\rangle,$$

$$x(t) = \langle t|\vec{\mathbf{X}}|t\rangle = \int d^3y\,\psi^*(y, t)\,y\,\psi(y, t). \tag{3-2}$$

Wir betrachten auch den Fall, daß ein Operator explizit von Ortskoordinaten abhängt. Ein Beispiel ist der Operator $\rho(x)$ der Ladungsdichte am Punkt x für ein Teilchen der Ladung e, der sich als operatorwertige δ-Funktion schreiben läßt.

$$\rho(x) = e\,\delta^3(\vec{\mathbf{X}} - x).$$

Das Matrixelement dieses etwas ungewohnten Operators ist wie folgt definiert und ergibt den üblichen Ausdruck für die Ladungsdichte:

$$\langle t|\rho(x)|t\rangle = e\int d^3y\,\psi^*(y, t)\,\delta^3(y - x)\,\psi(y, t)$$

$$= e\,|\psi(x, t)|^2. \tag{3-3}$$

Es ist $\rho(x)$ der Prototyp eines Feldoperators, eines Operators, dessen Matrixelemente klassische Funktionen von x sind. Wir leiten noch eine Beziehung her, die wir später verallgemeinern werden. Mit dem gewöhnlichen Impulsoperator

$$\vec{P}\,\psi(y,t) = \frac{1}{i}\,\nabla_y\,\psi(y,t) \tag{3-4}$$

finden wir (Aufgabe 3.1):

$$\langle t|[\vec{P},\rho(x)]|t\rangle = \langle t|-\frac{1}{i}\,\nabla_x\,\rho(x)|t\rangle. \tag{3-5}$$

Eine analoge Beziehung gilt für alle ortsabhängigen Operatoren, die nur Funktionen von $(\vec{X}-x)$ sind. Für einen solchen Operator $\mathbf{A}$

$$\mathbf{A}(x) = \mathbf{F}(\vec{X}-x),$$

wobei F eine beliebige Funktion ist, finden wir

$$[\vec{P},\mathbf{A}(x)] = -\frac{1}{i}\,\nabla_x\,\mathbf{A}(x). \tag{3-6}$$

Für das Folgende ist es nun sehr wichtig, sich von der Vorstellung zu trennen, daß Zustandsvektoren stets durch Wellenfunktionen $\psi(x,t)$ dargestellt werden. In der Tat sind die Zustandsvektoren in der Teilchenphysik Elemente sehr viel allgemeinerer Hilbert-Räume, wie wir noch explizit sehen werden. Die Diracsche Schreibweise ist nun sehr bequem, da sie es erlaubt, den Zustandsvektor zur Zeit t stets durch dasselbe Symbol $|t\rangle$ zu bezeichnen, unabhängig davon, wie der Zustandsraum konkret realisiert ist.

Wir werden jetzt eine einfache Umformulierung durchführen, bei der wir einen Teil oder die gesamte Zeitabhängigkeit von den Zuständen auf die Operatoren überwälzen. Es sei $\mathbf{H_0}$ ein beliebiger hermitescher Operator. In der Praxis ist $\mathbf{H_0}$ oft der Hamilton-Operator freier Teilchen. Wir definieren uns Zustände $|\tilde{t}\rangle$ und Operatoren $\tilde{\mathbf{A}}(t)$ wie folgt:

$$\begin{aligned} |\tilde{t}\rangle &= e^{i\mathbf{H_0}t}|t\rangle, \\ \tilde{\mathbf{A}}(t) &= e^{i\mathbf{H_0}t}\,\mathbf{A}\,e^{-i\mathbf{H_0}t}. \end{aligned} \tag{3-7}$$

Wir machen also im Zustandsraum zu jedem Zeitpunkt eine andere unitäre Transformation. Es gilt:

$$\frac{\partial}{\partial t}\,\tilde{\mathbf{A}}(t) = i\,[\mathbf{H_0},\tilde{\mathbf{A}}(t)],$$

$$i\,\frac{\partial}{\partial t}\,|\tilde{t}\rangle = \mathbf{H}'(t)|\tilde{t}\rangle, \tag{3-8}$$

wobei

$$\mathbf{H}'(t) = e^{i\mathbf{H_0}t}(\mathbf{H}-\mathbf{H_0})e^{-i\mathbf{H_0}t}. \tag{3-9}$$

Die Meßgrößen, d.h. die Erwartungswerte der Operatoren, werden dabei nicht geändert. Es folgt ja aus Gl. (3-7)

$$\langle\tilde{t}|\tilde{\mathbf{A}}(t)|\tilde{t}\rangle = \langle t|\mathbf{A}|t\rangle. \tag{3-10}$$

Diese allgemeine Umformulierung der Schrödinger-Gleichung stammt von Dirac (s. Dirac 1958), man spricht daher vom *Dirac-Bild*. Zunächst scheint es nicht besonders nützlich, an

Stelle *einer* Differentialgleichung für den Zustandsvektor (Gl. (3-1)) nun Differentialgleichungen sowohl für die Operatoren als auch Zustandsvektoren zu betrachten. Wir werden aber bei der Besprechung der Feynman-Regeln sehen, wie nützlich diese Umformulierung ist.

Ein wichtiger Spezialfall ergibt sich, wenn wir H_0 gleich dem Gesamt-Hamilton-Operator H wählen. Wir erhalten dann das *Heisenberg-Bild*, in dem die Zustandsvektoren zeitunabhängig sind, also die gesamte Zeitabhängigkeit auf die Operatoren abgewälzt ist. Es gilt dann

$$\frac{\partial}{\partial t} \, A(t) = i\,[H, A(t)]. \tag{3-11}$$

Diese Heisenberg-Gleichungen bilden den Ausgangspunkt der Heisenbergschen Formulierung der Quantenmechanik.

Das Heisenberg-Bild hat den Vorteil, daß die Korrespondenz zur klassischen Physik durchsichtig wird. Die quantenmechanischen Observablen gehorchen wie die klassischen gewissen Bewegungsgleichungen. Der einzige Unterschied besteht darin, daß die quantenmechanischen Observablen Operatoren, die klassischen gewöhnliche Zahlen sind. Im folgenden wollen wir das Heisenberg-Bild benutzen. Betrachten wir wieder das obige Beispiel eines Schrödinger-Teilchens. Es sei $A(x, t)$ eine Observable, die von Ort und Zeit abhängt. Wir finden nach Transformation der Gl. (3-6) ins Heisenberg-Bild zusammen mit Gl. (3-11):

$$\frac{\partial}{\partial t} \, A(x, t) \;=\; i\,[H, A(x, t)],$$

$$\frac{\partial}{\partial x^j} \, A(x, t) = -i\,[P^j(t), A(x, t)], \tag{3-12}$$

$$(j = 1, 2, 3).$$

Dabei sind $P^j(t)$ die Komponenten des Impulsoperators im Heisenberg-Bild. Diese verallgemeinerten Heisenberg-Gleichungen werden wir in die Quantenfeldtheorie übernehmen.

3.2   Freie Felder und der Fock-Raum

Nun wollen wir den Übergang zur Quantenfeldtheorie (QFT) machen. Der allgemeine Rahmen der Quantentheorie bleibt natürlich bestehen. Observable werden durch Operatoren, Zustände durch Vektoren in einem Hilbert-Raum beschrieben. Betrachten wir das elektromagnetische Feld, für das historisch auch die QFT entwickelt wurde, so sind die klassischen beobachtbaren Größen die elektrische Feldstärke $E(x, t)$ und die magnetische Feldstärke $B(x, t)$. Für die Feldstärken gelten die Maxwell-Gleichungen. In der Quantentheorie müssen wir erwarten, daß den Feldstärken Operatoren entsprechen. Damit sind wir zum Begriff des Quantenfeldes gelangt. Die Frage, ob und wie die elektromagnetischen Feldstärken in der Quantentheorie gemessen werden können, wurde von Bohr und Rosenfeld eingehend studiert (Bohr 1933). Das Resultat dieser Untersuchungen war, daß die Feldstärken sehr wohl gemessen werden können, aber die zugehörigen Operatoren nicht vertauschen.

Die von Bohr und Rosenfeld diskutierten Gedankenexperimente waren etwa von der folgenden Art: Nehmen wir an, wir wollen die Feldstärkenkomponente E^1 am Punkt x zur Zeit t messen. Dies können wir tun, indem wir einen geladenen Probekörper an den Punkt x bringen und die Kraft messen, die das elektrische Feld auf ihn ausübt (Bild 3-1).

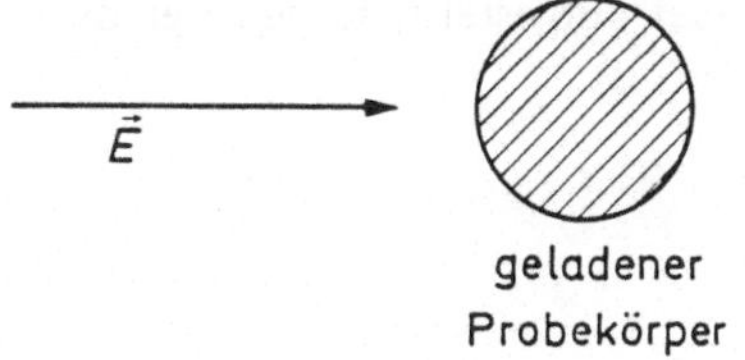

Bild 3-1

Zur Messung der Feldstärkenkomponente E^1 in der Quantentheorie

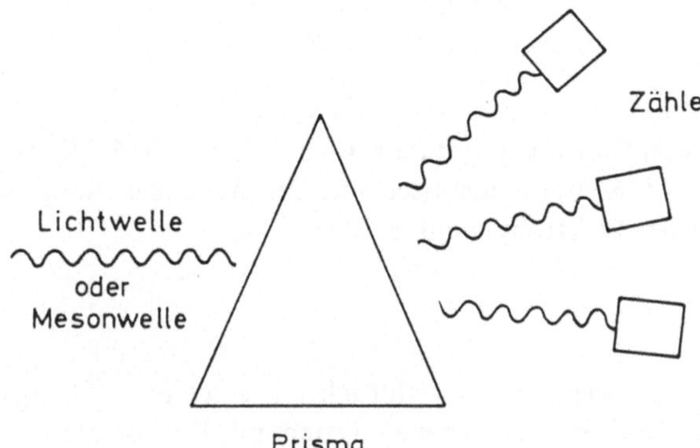

Bild 3-2

Zur Messung des Teilchengehalts einer Lichtwelle oder Mesonwelle

Die auf den Probekörper ausgeübte Kraft bestimmt sich aus seiner Impulsänderung. Eine genaue Messung der Feldstärkenkomponente E^1 bedeutet also eine genaue Messung der Impulskomponente p^1 des Probekörpers. Dadurch wird aber der Ort des Probekörpers nach der Heisenbergschen Unschärfebeziehung in unkontrollierbarer Weise verändert. Da der Probekörper geladen sein muß, wird damit das elektromagnetische Feld ebenfalls in unkontrollierbarer Weise beeinflußt. Dieser Tatsache wird im Formalismus der Quantenmechanik immer dadurch Rechnung getragen, daß die zugehörigen Operatoren nicht vertauschen. Man kann auch zeigen, daß Vertauschbarkeit aller Feldstärkenkomponenten miteinander zu einem Widerspruch mit der Heisenbergschen Unschärferelation für Probekörper führt.

In wirklichen Experimenten interessiert man sich meist nicht für die Feldstärke an einem bestimmten Ort. In der Hochenergiephysik will man zum Beispiel die Anzahl und Energie der Photonen wissen, die bei einer Reaktion entstehen. Ein Experiment dazu haben wir in Bild 3-2 skizziert. Eine elektromagnetische Welle fällt auf ein Prisma, das eine Spektralzerlegung bewirkt. Hinter dem Prisma sind Zähler angeordnet, in denen die Photonen etwa mit Hilfe des lichtelektrischen Effekts nachgewiesen werden.

Wir wollen nun die Frage untersuchen, was die Photonen mit dem quantisierten elektromagnetischen Feld zu tun haben. Das elektromagnetische Feld zeigt aber einige Komplikationen und soll erst im zweiten Teil dieses Buches behandelt werden. Wir wollen hier ein Mesonfeld näher untersuchen, etwa das Feld eines neutralen π-Mesons oder neutralen K-Mesons (K_1^0 oder K_2^0). Von der Instabilität dieser Teilchen wollen wir dabei absehen. Mit neutralen K-Mesonen hat man im übrigen Brechungs- und Beugungsphänomene ganz analog wie bei Lichtwellen experimentell beobachtet (s. Kleinknecht 1976).

Die klassische Observable einer neutralen Mesonwelle ist eine skalare reelle Feldfunktion

$$\varphi(x) = \varphi^*(x). \tag{3-13}$$

Hätte Maxwell eine Theorie des neutralen Mesonfeldes aufgestellt, so hätte er die folgende Feldgleichung gefunden, in der m die Masse des Mesons ist:

$$(\Box + m^2)\,\varphi(x) = 0. \tag{3-14}$$

Hierbei ist $\Box$ der d'Alembert-Operator:

$$\Box = \frac{\partial^2}{\partial t^2} - \Delta$$

$$= g^{\mu\nu}\frac{\partial^2}{\partial x^\mu \partial x^\nu}. \tag{3-15}$$

Diese Gleichung wird Klein-Gordon-Gleichung genannt (Schrödinger 1926, Klein 1927, Gordon 1927). Sie ist bis auf den Massenterm identisch mit der Wellengleichung, welche die retardierten Potentiale V und A der Elektrodynamik erfüllen:

$$\begin{aligned} \Box\, V(x) &= 0, \\ \Box\, A(x) &= 0. \end{aligned} \tag{3-16}$$

Wir wollen noch diskutieren, wie sich die Feldfunktion $\varphi(x)$ beim Übergang zu einem anderen Bezugsystem verhält. In einem gestrichenen System mit Koordinaten

$$x'^\mu = \Lambda^\mu{}_\nu\, x^\nu + a^\mu \tag{3-17}$$

gilt für die transformierte Funktion φ'

$$\varphi'(x') = \varphi(x). \tag{3-18}$$

Die Klein-Gordon-Gleichung ist relativistisch invariant. Es gilt ja:

$$\frac{\partial}{\partial x^\nu} = \frac{\partial x'^\mu}{\partial x^\nu}\frac{\partial}{\partial x'^\mu} = \Lambda^\mu{}_\nu \frac{\partial}{\partial x'^\mu},$$

$$\Box = \Box',$$

$$(\Box' + m^2)\,\varphi'(x') = 0. \tag{3-19}$$

Daraus sehen wir auch, daß die partiellen Ableitungen nach den Koordinaten wie die Komponenten mit unteren Indizes eines Vierervektors transformieren. Wir werden daher auch die Bezeichnungsweise

$$\partial_\nu \equiv \frac{\partial}{\partial x^\nu} \tag{3-20}$$

verwenden.

Wir wollen nun Lösungen der Klein-Gordon-Gleichung angeben. Es liegt nahe, einen Ansatz mit ebenen Wellen zu versuchen:

$$\varphi(x) = e^{i(k^0 t - \boldsymbol{k}\boldsymbol{x})}. \tag{3-21}$$

Die Klein-Gordon-Gleichung ist erfüllt, falls

$$\begin{aligned} (k^0)^2 - \boldsymbol{k}^2 &= m^2, \\ k^0 &= \pm\sqrt{m^2 + \boldsymbol{k}^2}. \end{aligned} \tag{3-22}$$

Wir erhalten also zwei Typen von Lösungen, solche mit positiver und solche mit negativer Kreisfrequenz k^0. Mit der Definition

$$\omega = +\sqrt{m^2 + k^2} \tag{3-23}$$

können wir unsere zwei Typen von Lösungen folgendermaßen anschreiben:

$$\varphi_+(x) = e^{i(\omega t - kx)},$$
$$\varphi_-(x) = e^{-i(\omega t - kx)}. \tag{3-24}$$

Dabei ist k ein beliebiger dreidimensionaler Wellenzahlvektor. Wegen der Linearität der Klein-Gordon-Gleichung ist auch jede Superposition von Lösungen eine Lösung. Eine allgemeine Superposition der Lösungen Gl. (3-24), die zu einer reellen Lösung führt, wie wir sie ja suchen (Gl. (3-13)), können wir daher folgendermaßen ansetzen:

$$\varphi(x) = \int \frac{d^3k}{(2\pi)^3} \frac{1}{2\omega} (e^{ikx} \alpha^*(k) + e^{-ikx} \alpha(k)), \tag{3-25}$$

wobei

$$k = \begin{pmatrix} \omega \\ k \end{pmatrix}; \quad kx = k^\mu x_\mu = \omega t - kx.$$

Dabei ist $\alpha(k)$ eine beliebige komplexwertige Funktion und wir haben gewisse konventionelle Faktoren herausgezogen. Wie man zeigen kann, läßt sich *jede* (genügend brave) reelle Lösung der Klein-Gordon-Gleichung in dieser Gestalt darstellen mit einer geeigneten Funktion $\alpha(k)$. Die ebenen Wellen bilden ein vollständiges Lösungssystem.

Nun gehen wir zur Quantenfeldtheorie über. Dabei könnten wir den Lagrange-Formalismus mit den kanonischen Quantisierungsregeln an die Spitze stellen und alles weitere daraus ableiten. Diesen formalen Weg wollen wir in diesem Abschnitt nicht beschreiten, sondern von mehr physikalisch motivierten Annahmen ausgehen.

Nach unserer Diskussion der elektromagnetischen Feldstärken erwarten wir, daß auch einem Mesonfeld ein Feldoperator $\Phi(x)$ zugeordnet sein wird. Im Sinne des Bohrschen Korrespondenzprinzips wird das klassische Mesonfeld als Erwartungswert des quantenmechanischen Operators für geeignete Zustände aufzufassen sein:

$$\varphi(x) = \langle \,|\, \Phi(x) \,|\, \rangle. \tag{3-26}$$

Dieses klassische Feld ist reell und erfüllt die Klein-Gordon-Gleichung, wenn der Feldoperator $\Phi(x)$ hermitesch ist und selbst die Klein-Gordon-Gleichung erfüllt. Wir wollen dies als unsere erste Annahme einführen:

Annahme I:

$$\Phi(x) = \Phi^\dagger(x),$$
$$(\Box + m^2)\Phi(x) = 0. \tag{3-27}$$

Hierbei kennzeichnet das hochgestellte † den hermitesch konjugierten Operator.

Impuls und Energie von Teilchen sind sicher beobachtbare Größen. Ihnen müssen hermitesche Operatoren entsprechen, die sich wegen der relativistischen Invarianz zu einem Vierervektor-Operator zusammenfassen lassen müssen:

$$\mathbf{P} = (\mathbf{P}^\mu) = \begin{pmatrix} \mathbf{H} \\ \vec{\mathbf{P}} \end{pmatrix} \tag{3-28}$$

Der Energieoperator $\mathbf{P}^0$ ist natürlich gleich dem Hamilton-Operator $\mathbf{H}$. Aus der Tatsache der Energie-Impuls-Erhaltung schließen wir, daß die Operatoren $\mathbf{P}^\mu$ zeitunabhängig sind für ein isoliertes System, insbesondere für unser freies Mesonfeld.

Als zweite Grundannahme wollen wir nun die verallgemeinerten Heisenberg-Gleichungen einführen, wie wir sie in Gl. (3-12) im Rahmen der gewöhnlichen Quantenmechanik angegeben haben:

Annahme II:

$$\frac{\partial}{\partial x^\mu}\, \Phi(x) = \mathrm{i}\,[\mathbf{P}_\mu, \Phi(x)]. \tag{3-29}$$

Die Forderung der Verträglichkeit der Annahmen I und II wird uns im wesentlichen die Teilcheninterpretation des Mesonfeldes liefern. Zunächst gehen wir von der Klein-Gordon-Gleichung für den Feldoperator aus (Gl. (3-27)). Da die ebenen Wellen ein vollständiges Lösungssystem bilden, sollte es möglich sein, eine Fourier-Entwicklung für den Feldoperator analog wie für das klassische Feld in Gl. (3-25) anzuschreiben, aber mit operatorwertigen Entwicklungskoeffizienten $\mathbf{a}(k), \mathbf{a}^\dagger(k)$:

$$\Phi(x) = \int \frac{\mathrm{d}^3 k}{(2\pi)^3}\, \frac{1}{2\omega}\, (e^{\mathrm{i}kx}\, \mathbf{a}^\dagger(k) + e^{-\mathrm{i}kx}\, \mathbf{a}(k)). \tag{3-30}$$

Dabei ist $\mathbf{a}^\dagger(k)$ der hermitesch konjugierte Operator zu $\mathbf{a}(k)$, wodurch die Forderung der Hermitezität des Feldoperators $\Phi(x)$ erfüllt wird. Setzen wir diese Entwicklung des Feldoperators in die Heisenberg-Gleichungen (3-29) ein, so erhalten wir:

$$\int \frac{\mathrm{d}^3 k}{(2\pi)^3}\, \frac{1}{2\omega}\, (e^{\mathrm{i}kx}\, \mathrm{i}k_\mu\, \mathbf{a}^\dagger(k) + e^{-\mathrm{i}kx}\,(-\mathrm{i}k_\mu)\,\mathbf{a}(k))$$

$$= \mathrm{i} \int \frac{\mathrm{d}^3 k}{(2\pi)^3}\, \frac{1}{2\omega}\, (e^{\mathrm{i}kx}\, [\mathbf{P}_\mu, \mathbf{a}^\dagger(k)] + e^{-\mathrm{i}kx}\, [\mathbf{P}_\mu, \mathbf{a}(k)]). \tag{3-31}$$

Es folgt:

$$[\mathbf{P}_\mu, \mathbf{a}^\dagger(k)] = k_\mu\, \mathbf{a}^\dagger(k), \tag{3-32}$$

$$[\mathbf{P}_\mu, \mathbf{a}(k)] = -k_\mu\, \mathbf{a}(k). \tag{3-33}$$

Nun müssen wir uns um die Zustände kümmern, die wir durch Vektoren in einem Hilbert-Raum beschreiben. Der einfachste Zustand in der Teilchenphysik ist der, in dem kein Teilchen vorhanden ist, der Vakuumzustand

$$|\,0\rangle : \text{Vakuumzustand.} \tag{3-34}$$

Dieser Zustand ist aber nicht mit dem Nullvektor zu verwechseln. Wie üblich wollen wir den Vakuumzustand auf 1 normieren,

$$\langle\,0\,|\,0\rangle = 1. \tag{3-35}$$

Denken wir an die in Bild 3-2 skizzierte Versuchsanordnung, so bedeutet der Vakuumzustand, daß keiner der Zähler ein Signal liefert, selbst bei beliebiger Wiederholung des Experiments. Der Vakuumzustand hat natürlich Energie und Impuls Null:

$$\mathbf{P}_\mu\,|\,0\rangle = 0. \tag{3-36}$$

Als nächstes wenden wir die Operatorbeziehung Gl. (3-32) auf das Vakuum an. Es folgt unter Benutzung von Gl. (3-36):

$$[\mathbf{P}^{\mu}, \mathbf{a}^{\dagger}(k)]|0\rangle = k^{\mu}\,\mathbf{a}^{\dagger}(k)|0\rangle,$$
$$\mathbf{P}^{\mu}\,\mathbf{a}^{\dagger}(k)|0\rangle = k^{\mu}\,\mathbf{a}^{\dagger}(k)|0\rangle. \tag{3-37}$$

Falls der Zustand

$$|k\rangle = \mathbf{a}^{\dagger}(k)|0\rangle \tag{3-38}$$

ungleich dem Nullvektor ist, ist er also Eigenzustand des Energie- und Impulsoperators mit Eigenwerten k^{μ}, wobei

$$k = (k^{\mu}) = \begin{pmatrix} +\sqrt{m^2 + \mathbf{k}^2} \\ \mathbf{k} \end{pmatrix}. \tag{3-39}$$

Es ist aber k genau der Viererimpuls eines relativistischen Teilchens der Masse m. Wir werden daher diesen Zustand als Ein-Meson-Zustand mit scharfer Energie und scharfem Impuls interpretieren. Wir merken noch an, daß wir für Masse $m = 0$ die Relation zwischen Kreisfrequenz und Energie, Wellenzahlvektor und Impuls wiederfinden, welche die Einsteinsche Lichtquanten-Hypothese fordert.

Wenden wir Gl. (3-33) auf den Vakuumzustand an, so erhalten wir

$$\mathbf{P}^{\mu}\,\mathbf{a}(k)|0\rangle = -k^{\mu}\,\mathbf{a}(k)|0\rangle. \tag{3-40}$$

Der Zustand $\mathbf{a}(k)|0\rangle$ wäre also insbesondere ein Zustand mit *negativem* Energieeigenwert:

$$-k^0 = - {}_+\sqrt{m^2 + \mathbf{k}^2}. \tag{3-41}$$

Solche Zustände sind in der Natur nie beobachtet worden. Alle Teilchen haben nichtnegative Energien. Wir müssen daher fordern:

$$\mathbf{a}(k)|0\rangle = 0 \qquad \text{für alle } k. \tag{3-42}$$

Nehmen wir nun einen allgemeinen Eigenzustand des Energie-Impuls-Vierervektors

$$\mathbf{P}^{\mu}|p\rangle = p^{\mu}|p\rangle, \tag{3-43}$$

so sehen wir aus Gln. (3-32) und (3-33), daß die Zustände $\mathbf{a}^{\dagger}(k)|p\rangle$ und $\mathbf{a}(k)|p\rangle$ Eigenzustände von $\mathbf{P}^{\mu}$ mit Eigenwerten $p^{\mu} \pm k^{\mu}$ sind, sofern sie ungleich dem Nullvektor sind:

$$\mathbf{P}^{\mu}\,\mathbf{a}^{\dagger}(k)|p\rangle = (p^{\mu} + k^{\mu})\,\mathbf{a}^{\dagger}(k)|p\rangle,$$
$$\mathbf{P}^{\mu}\,\mathbf{a}(k)|p\rangle = (p^{\mu} - k^{\mu})\,\mathbf{a}(k)|p\rangle. \tag{3-44}$$

Wählen wir hier $|p\rangle = \mathbf{a}^{\dagger}(k_2)|0\rangle$, so erhalten wir mit k_1 an Stelle von k

$$\mathbf{P}^{\mu}\,\mathbf{a}^{\dagger}(k_1)\mathbf{a}^{\dagger}(k_2)|0\rangle = (k_1^{\mu} + k_2^{\mu})\,\mathbf{a}^{\dagger}(k_1)\,\mathbf{a}^{\dagger}(k_2)|0\rangle. \tag{3-45}$$

Das legt es nahe, einen Zustand, der durch Anwendung zweier Operatoren $\mathbf{a}^{\dagger}$ aus dem Vakuum entsteht, als Zustand mit zwei Mesonen zu interpretieren. Analog werden wir Zustände, die durch n-malige Anwendung von Operatoren $\mathbf{a}^{\dagger}$ auf das Vakuum entstehen, als n-Meson-Zustände interpretieren. Die Operatoren $\mathbf{a}^{\dagger}$ heißen deshalb *Erzeugungsoperatoren*. Die Operatoren $\mathbf{a}$ heißen *Vernichtungsoperatoren*, da sie, wie wir im einzelnen zeigen werden, ein Meson entsprechenden Viererimpulses aus einem Zustand entfernen.

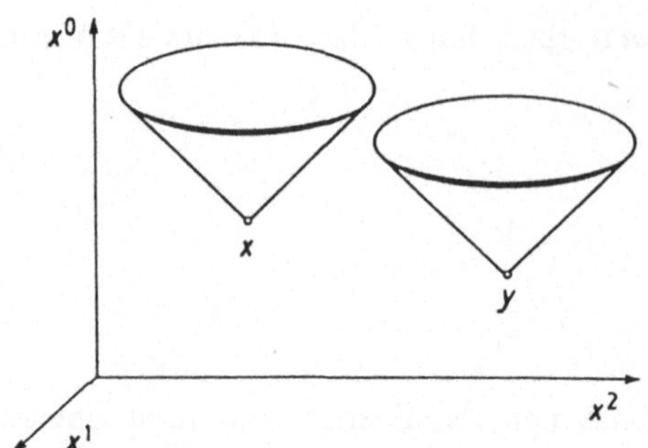

Bild 3-3
Zur Messung des Feldoperators Φ an zwei raumartig zueinander liegenden Punkten x und y im Minkowski-Raum. Die Vorwärtslichtkegel von x und y sind durch dicke Linien angedeutet.

Unsere Überlegungen sind unvollständig, da wir noch nichts über die Norm der Zustände mit einem oder mehreren Mesonen wissen. Dazu benötigen wir eine weitere physikalische Annahme. Wir betrachten die Messung unseres Meson-Feldes an zwei verschiedenen Raum-Zeit-Punkten x und y (Bild 3-3). Liegen diese beiden Punkte raumartig zueinander, d.h. gilt

$$(x - y)^2 < 0, \tag{3-46}$$

so liegt x außerhalb des Vorwärtslichtkegels von y und umgekehrt.

Soll unsere Theorie die Postulate der speziellen Relativitätstheorie erfüllen, so kann kein Signal von der Messung am Punkt x den Punkt y erreichen und umgekehrt. Die Messungen an den Punkten x und y können einander nicht beeinflussen; die zugehörigen Operatoren müssen kommutieren. Wir werden dies als unsere dritte Annahme einführen:

Annahme III:

$$[\Phi(x), \Phi(y)] = 0 \tag{3-47}$$

für $(x - y)^2 < 0.$

Man bezeichnet das als die Forderung der *Mikrokausalität*.

Wir sehen uns nun die Gl. (3-47) näher an. Die zwei Punkte x, y seien wie folgt:

$$x = \begin{pmatrix} t \\ x \end{pmatrix}, \qquad y = \begin{pmatrix} t' \\ y \end{pmatrix}, \tag{3-48}$$

$$x \neq y.$$

Gleichung (3-47) besagt dann

$$[\Phi(x, t), \Phi(y, t')] = 0 \tag{3-49}$$

für $|t' - t| < |x - y| \neq 0.$

Der obige Kommutator verschwindet also für $x \neq y$ in einem ganzen t'-Intervall um den Wert t. Wir finden daher für gleiche Zeiten, also für $t' = t$, insbesondere

$$[\Phi(x, t), \Phi(y, t)] = 0,$$

$$[\Phi(x, t), \frac{\partial}{\partial t} \Phi(y, t)] = 0 \tag{3-50}$$

für $x \neq y.$

Wir wollen nun sehen, welche Konsequenzen die Gln. (3-47) bzw. (3-50) für die Erzeugungs- und Vernichtungsoperatoren und für die Meson-Zustände haben. Wir werden aus der Mikrokausalität den *Bose-Charakter* der Mesonen folgern. Dazu betrachten wir die Entwicklung des Feldoperators und seiner ersten Zeitableitung zu einer Zeit t nach Gl. (3-30):

$$\Phi(x, t) = \int \frac{d^3 k}{(2\pi)^3} \frac{1}{2\omega} e^{-ikx} \left(e^{i\omega t} a^\dagger(k) + e^{-i\omega t} a(-k) \right),$$

$$\dot{\Phi}(x, t) \equiv \frac{\partial}{\partial t} \Phi(x, t)$$

$$= \int \frac{d^3 k}{(2\pi)^3} \frac{i}{2} e^{-ikx} \left(e^{i\omega t} a^\dagger(k) - e^{-i\omega t} a(-k) \right). \tag{3-51}$$

Umkehren der Fourier-Transformation liefert

$$e^{i\omega t} a^\dagger(k) + e^{-i\omega t} a(-k) = 2\omega \int d^3 x \, e^{ikx} \, \Phi(x, t),$$

$$e^{i\omega t} a^\dagger(k) - e^{-i\omega t} a(-k) = -2i \int d^3 x \, e^{ikx} \, \dot{\Phi}(x, t). \tag{3-52}$$

Daraus erhalten wir die Kommutator-Beziehung

$$\left[e^{i\omega_1 t} a^\dagger(k_1) + e^{-i\omega_1 t} a(-k_1), \; e^{i\omega_2 t} a^\dagger(k_2) + e^{-i\omega_2 t} a(-k_2) \right]$$

$$= 2\omega_1 \, 2\omega_2 \int d^3 x \, d^3 y \, e^{ik_1 x} \, e^{ik_2 y} \left[\Phi(x, t), \Phi(y, t) \right]. \tag{3-53}$$

Nach Gl. (3-50) verschwindet der Integrand für $x \neq y$. Er verschwindet aber auch für $x = y$, da der Operator $\Phi(x, t)$ mit sich selbst trivialerweise kommutiert. Es folgt daher:

$$e^{i(\omega_1 + \omega_2)t} \left[a^\dagger(k_1), a^\dagger(k_2) \right] - e^{i(\omega_1 - \omega_2)t} \left[a(-k_2), a^\dagger(k_1) \right]$$

$$+ e^{-i(\omega_1 - \omega_2)t} \left[a(-k_1), a^\dagger(k_2) \right] + e^{-i(\omega_1 + \omega_2)t} \left[a(-k_1), a(-k_2) \right] = 0$$

für alle k_1, k_2, t. \hfill (3-54)

Die Kreisfrequenz $\omega_1 + \omega_2$ ist stets verschieden von $\omega_1 - \omega_2$, $-(\omega_1 - \omega_2)$, und $-(\omega_1 + \omega_2)$. Da Gl. (3-54) aber für alle Zeiten t gelten soll, folgt

$$\left[a^\dagger(k_1), a^\dagger(k_2) \right] = 0 \tag{3-55}$$

für alle k_1, k_2.

Analog finden wir

$$\left[a(k_1), a(k_2) \right] = 0 \tag{3-56}$$

für alle k_1, k_2.

Aus der Forderung der Mikrokausalität (Gl. (3-47)) folgt also, daß die Erzeugungsoperatoren miteinander und die Vernichtungsoperatoren miteinander kommutieren. Dies bedeutet bereits, daß unsere Mesonen Bose-Charakter haben. Um das zu sehen, wenden wir Gl. (3-55) auf das Vakuum an. Wir finden

$$a^\dagger(k_1) \, a^\dagger(k_2) |0\rangle = a^\dagger(k_2) \, a^\dagger(k_1) |0\rangle,$$

$$|k_1, k_2\rangle = |k_2, k_1\rangle. \tag{3-57}$$

Der Zustand mit zwei Mesonen der Impulse k_1 und k_2 bleibt ungeändert, wenn wir die beiden Impulse vertauschen. Analoges gilt für die Zustände mit mehreren Mesonen.

Betrachten wir eine konkrete Reaktion, bei der zwei π^0-Mesonen erzeugt werden, etwa die Proton-Antiproton-Vernichtung (Bild 3-4)

$$p + \bar{p} \longrightarrow \pi^0(k_1) + \pi^0(k_2). \tag{3-58}$$

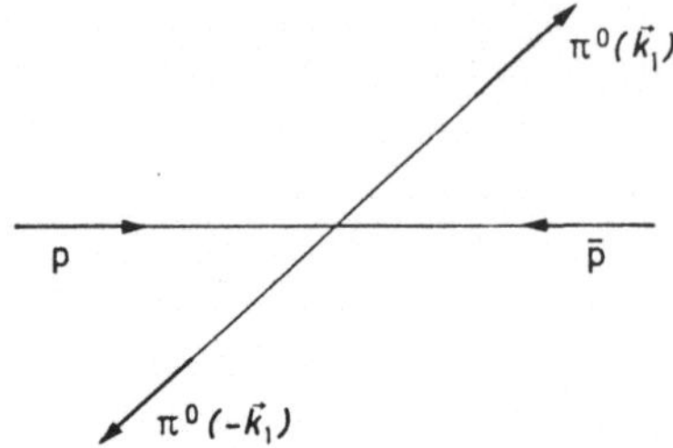

Bild 3-4

Erzeugung zweier π^0-Mesonen in Proton-Antiproton-Vernichtung. Die beiden π^0-Mesonen müssen als Bosonen in einem symmetrischen Zustand sein.

Im Schwerpunktsystem gilt $k_2 = -k_1$. Nach Gl. (3-57) muß der Endzustand mit den beiden π^0-Mesonen stets symmetrisch bei dem Austausch $k_1 \to k_2 = -k_1$ sein, d.h. bei Spiegelung am Ursprung. Aus der gewöhnlichen Quantenmechanik wissen wir, daß der Endzustand dann geraden Drehimpuls ($l = 0, 2, 4, ...$) bezogen auf den Schwerpunkt haben muß. Aus Gl. (3-57) folgt auch, daß wir zwei π^0-Mesonen nicht wie zwei klassische Teilchen unterscheiden können.

Der Zusammenhang zwischen der Mikrokausalität und dem Bose-Charakter der Mesonen gilt nicht nur für die freien Felder, die wir hier betrachten. Man kann ganz allgemein zeigen, daß die Mikrokausalität den Bose-Charakter aller Teilchen mit ganzzahligem Spin bedingt (Pauli 1936, 1940, vgl. auch Streater 1964). Das ist in glänzender Übereinstimmung mit der Erfahrung.

Wir betrachten nun den Kommutator eines Vernichtungs- mit einem Erzeugungsoperator. Lösen wir die beiden Gleichungen (3-52) nach $a^\dagger$ und a auf, so erhalten wir für den Kommutator

$$[a(k_1), a^\dagger(k_2)] = e^{i(\omega_1 - \omega_2)t} \int d^3x \, d^3y \, e^{-ik_1 x} \, e^{ik_2 y}.$$

$$\cdot \{i\omega_2 \, [\dot{\Phi}(x, t), \Phi(y, t)] - i\omega_1 \, [\Phi(x, t), \dot{\Phi}(y, t)]\}. \tag{3-59}$$

Der Integrand, in dem wir Terme, von denen wir bereits gezeigt haben, daß sie identisch Null sind, weggelassen haben, verschwindet für $x \neq y$ nach Gl. (3-50). Wenn wir annehmen, daß der Kommutator des Feldoperators mit der ersten Zeitableitung auch für $x = y$ verschwindet, so würden alle Erzeugungsoperatoren mit allen Vernichtungsoperatoren kommutieren. Der Feldoperator $\Phi(x)$ wäre eine kommutierende Größe. In Verallgemeinerung der Argumentation von Bohr und Rosenfeld, die wir im Abschnitt 3.1 besprochen haben, kann man zeigen, daß das zu einem Widerspruch mit der Unschärferelation führt. Man sieht auch leicht, daß in diesem Fall alle Zustände, die man durch Anwendung von Erzeugungsoperatoren auf das Vakuum erhält, gleich dem Nullvektor wären. Eine solche Theorie kann nicht sinnvoll sein.

Als einfachste Annahme setzen wir für den Kommutator des Feldoperators $\Phi(x, t)$ mit $\dot{\Phi}(y, t)$ zu gleichen Zeiten eine c-Zahl-Funktion an, die aber wegen Gl. (3-50) nur für $x = y$ ungleich Null sein darf. Eine solche Funktion ist die Diracsche δ-Funktion. Wir machen daher den Ansatz

$$[\Phi(x, t), \dot{\Phi}(y, t)] = i Z \delta^3(x - y) \tag{3-60}$$

mit einer Konstanten Z. Einsetzen in Gl. (3-59) liefert

$$[\mathbf{a}(k_1), \mathbf{a}^\dagger(k_2)] = Z(2\pi)^3 \cdot 2\omega_1 \delta^3(k_1 - k_2).\tag{3-61}$$

Wir zeigen nun, daß die Konstante Z reell und positiv sein muß. Dazu betrachten wir einen allgemeinen Ein-Meson-Zustand, den wir als Superposition von Impuls-Eigenzuständen (Gl. (3-38)) erhalten,

$$|f\rangle = \int \frac{d^3k}{(2\pi)^3 \sqrt{2\omega}} f(k)\, \mathbf{a}^\dagger(k)|0\rangle,\tag{3-62}$$

wobei $f(k)$ eine beliebige komplexwertige Funktion ist. Wir berechnen nun das Quadrat der Norm des Zustands und verlangen, daß es nichtnegativ sei:

$$\begin{aligned}
\langle f|f\rangle &= \int \frac{d^3k\, d^3k'}{(2\pi)^6 \sqrt{2\omega\, 2\omega'}}\, f^*(k) f(k') \langle 0|\mathbf{a}(k)\, \mathbf{a}^\dagger(k')|0\rangle \\
&= \int \frac{d^3k\, d^3k'}{(2\pi)^6 \sqrt{2\omega\, 2\omega'}}\, f^*(k) f(k') \langle 0|[\mathbf{a}(k), \mathbf{a}^\dagger(k')]|0\rangle \\
&= Z \int \frac{d^3k}{(2\pi)^3}\, |f(k)|^2 \geqslant 0.
\end{aligned}\tag{3-63}$$

Sollen nicht alle Ein-Meson-Zustände gleich dem Nullvektor sein, so müssen wir fordern

$$Z > 0.\tag{3-64}$$

Durch Umskalieren des Feldoperators

$$\Phi(x) \longrightarrow \sqrt{Z}\, \Phi(x)\tag{3-65}$$

können wir stets $Z = 1$ in Gl. (3-60) erreichen, also

$$[\Phi(x,t), \dot{\Phi}(y,t)] = i\,\delta^3(x - y).\tag{3-66}$$

Das sind die *kanonischen Vertauschungsregeln*, die im kanonischen Formalismus postuliert werden. Sie spielen in der Quantenfeldtheorie eine ähnlich fundamentale Rolle, wie die Vertauschungsregeln zwischen Orts- und Impulsoperator in der gewöhnlichen Quantenmechanik.

Damit haben wir die wesentlichen Eigenschaften des quantisierten freien neutralen Mesonfeldes kennengelernt. Wir haben den hermiteschen Feldoperator nach Erzeugungs- und Vernichtungsoperatoren entwickelt (Gl. (3-30)). Für diese Operatoren fanden wir die Vertauschungsregeln

$$\begin{aligned}
[\mathbf{a}^\dagger(k_1), \mathbf{a}^\dagger(k_2)] &= 0, \\
[\mathbf{a}(k_1), \mathbf{a}(k_2)] &= 0, \\
[\mathbf{a}(k_1), \mathbf{a}^\dagger(k_2)] &= (2\pi)^3 \cdot 2\omega_1 \delta^3(k_1 - k_2).
\end{aligned}\tag{3-67}$$

Eine Basis der Ein-Meson-Zustände liefern die Impuls-Eigenzustände

$$\mathbf{a}^\dagger(k)|0\rangle = |k\rangle,\tag{3-68}$$

welche die Kontinuumsnormierung

$$\langle k|k'\rangle = (2\pi)^3 \cdot 2\omega\delta^3(k - k')\tag{3-69}$$

erfüllen. Eine Basis für die n-Meson-Zustände erhalten wir, indem wir n Erzeugungsoperatoren auf das Vakuum anwenden:

$$\mathbf{a}^{\dagger}(\mathbf{k}_1) \dots \mathbf{a}^{\dagger}(\mathbf{k}_n)|0\rangle = |\mathbf{k}_1, \dots, \mathbf{k}_n\rangle. \tag{3-70}$$

In Verallgemeinerung von Gl. (3-69) sieht man leicht, daß alle diese Zustände ungleich dem Nullvektor sind. Man bezeichnet diese Zustände als Fock-Zustände, den so erhaltenen Zustandsraum als *Fock-Raum*. (Diese Darstellung wurde gegeben von Fock 1932 basierend auf Resultaten aus Dirac 1927, Jordan 1927, 1927a, 1927b, 1928a). Aus der Mikrokausalität haben wir den Bose-Charakter unserer Mesonen abgeleitet.

Zuletzt wollen wir noch den Zusammenhang mit der Schrödinger-Theorie diskutieren. Einen allgemeinen Ein-Meson-Zustand haben wir in Gl. (3-62) angegeben. Wir könnten einen zeitabhängigen Zustandsvektor im Schrödinger-Bild folgendermaßen definieren:

$$|f, t\rangle = \int \frac{\mathrm{d}^3 k}{(2\pi)^3 \sqrt{2\omega}} \, f(\mathbf{k}, t) \, \mathbf{a}^{\dagger}(\mathbf{k})|0\rangle, \tag{3-71}$$

wobei

$$f(\mathbf{k}, t) = f(\mathbf{k}) \, e^{-i\omega t}.$$

Wir finden dann:

$$\langle f, t | f, t\rangle = \int \frac{\mathrm{d}^3 k}{(2\pi)^3} \, |f(\mathbf{k}, t)|^2$$

$$= \int \frac{\mathrm{d}^3 k}{(2\pi)^3} \, |f(\mathbf{k})|^2 = 1. \tag{3-72}$$

Die Funktion $f(\mathbf{k}, t)$ wäre die Schrödinger-Funktion in der Impulsdarstellung. Ihr Absolutquadrat $|f(\mathbf{k}, t)|^2$ gibt die Wahrscheinlichkeit an, das Meson zur Zeit t mit Impuls $\mathbf{k}$ anzutreffen. Nun läge es nahe, die Fourier-Transformierte

$$\psi(\mathbf{x}, t) = \int \frac{\mathrm{d}^3 k}{(2\pi)^3} \, e^{i\mathbf{k}\mathbf{x}} f(\mathbf{k}, t) \tag{3-73}$$

einzuführen und das Absolutquadrat $|\psi(\mathbf{x}, t)|^2$ als Aufenthaltswahrscheinlichkeit im Ortsraum zu interpretieren. Wie man zeigen kann, ist diese Interpretation nur konsistent, wenn sich das Meson *nichtrelativistisch* bewegt, d.h., wenn die vorkommenden Impulse klein gegen die Ruhmasse des Mesons sind. Im allgemeinen Fall würde diese Interpretation das Auftreten von Überlichtgeschwindigkeiten für Teilchen zur Folge haben, was nicht annehmbar ist (s. Hegerfeld 1974).

3.3   Der Lagrange-Formalismus und die Noether-Theoreme

In der klassischen Punktmechanik lassen sich in vielen Fällen die Bewegungsgleichungen aus Hamiltons Prinzip der stationären Wirkung herleiten (s. Goldstein 1978, Sommerfeld 1977). In diesem Abschnitt wollen wir den analogen Formalismus für die Feldtheorie besprechen.

Wir betrachten zunächst wieder ein klassisches reelles Skalarfeld $\varphi(x)$. Die Lagrange-Dichte $\mathscr{L}_0$ des freien Feldes und das Wirkungsfunktional S definieren wir als

$$\mathscr{L}_0(\varphi, \partial_\mu \varphi) = \frac{1}{2} \{\partial_\mu \varphi(x) \, \partial^\mu \varphi(x) - m^2 \varphi^2(x)\}, \tag{3-74}$$

$$S[\varphi] = \int \mathrm{d}x \, \mathscr{L}_0(\varphi, \partial_\mu \varphi). \tag{3-75}$$

Wir behaupten die Äquivalenz der Bewegungsgleichung (3-14) mit dem folgenden *Prinzip der stationären Wirkung:* Die wirklich vorkommenden Felder entsprechen einem stationären Wert des Wirkungsfunktionals:

$$\delta S[\varphi] = 0. \tag{3-76}$$

Wir verlangen dabei, daß die Variation der Felder im raum-zeitlich Unendlichen genügend stark verschwindet.

Wir beweisen zuerst, daß aus Gl. (3-76) die Bewegungsgleichung (3-14) folgt. Die Variation des Wirkungsintegrals liefert

$$\delta S[\varphi] = \int dx \left\{ \frac{\partial \mathcal{L}_0(\varphi, \partial_\mu \varphi)}{\partial(\partial_\lambda \varphi(x))} \partial_\lambda \delta\varphi(x) + \frac{\partial \mathcal{L}_0(\varphi, \partial_\mu \varphi)}{\partial\varphi(x)} \delta\varphi(x) \right\}. \tag{3-77}$$

Durch partielle Integration im ersten Term des Integrals, wobei wir die Randterme weglassen können, da nach Voraussetzung $\delta\varphi(x)$ im Unendlichen verschwindet, erhalten wir

$$\delta S[\varphi] = \int dx \left\{ -\partial_\lambda \frac{\partial \mathcal{L}_0(\varphi, \partial_\mu \varphi)}{\partial(\partial_\lambda \varphi(x))} + \frac{\partial \mathcal{L}_0(\varphi, \partial_\mu \varphi)}{\partial\varphi(x)} \right\} \delta\varphi(x) = 0. \tag{3-78}$$

Da für endliche x die Variation $\delta\varphi(x)$ des Feldes ganz beliebig war, folgt aus dem Verschwinden des Integrals in Gl. (3-78) auch das Verschwinden des Integranden, und wir finden

$$\partial_\lambda \frac{\partial \mathcal{L}_0(\varphi, \partial_\mu \varphi)}{\partial(\partial_\lambda \varphi(x))} - \frac{\partial \mathcal{L}_0(\varphi, \partial_\mu \varphi)}{\partial\varphi(x)} = 0,$$
$$\partial_\lambda \partial^\lambda \varphi(x) + m^2 \varphi(x) = 0. \tag{3-79}$$

Das ist aber genau die Bewegungsgleichung (3-14). Durch Umkehren aller Schritte sehen wir auch, daß aus Gl. (3-14) das Prinzip der stationären Wirkung folgt (Gl. (3-76)).

Das Prinzip der stationären Wirkung ist natürlich nicht auf freie Felder beschränkt. Ein Beispiel für eine Lagrange-Dichte mit Wechselwirkung ist

$$\mathcal{L}(\varphi, \partial_\mu \varphi) = \frac{1}{2} \left\{ \partial_\mu \varphi(x) \partial^\mu \varphi(x) - m^2 \varphi^2(x) \right\} - \frac{1}{4} \lambda \varphi^4(x). \tag{3-80}$$

Das Prinzip der stationären Wirkung liefert hier die Bewegungsgleichung

$$\partial_\lambda \frac{\partial \mathcal{L}}{\partial(\partial_\lambda \varphi(x))} - \frac{\partial \mathcal{L}}{\partial\varphi(x)} = 0,$$
$$\partial_\lambda \partial^\lambda \varphi(x) + m^2 \varphi(x) + \lambda \varphi^3(x) = 0. \tag{3-81}$$

Der Lagrange-Formalismus erweist sich als besonders geeignet für die Diskussion von Symmetrien einer Theorie. Wir betrachten einen Satz von reellen Skalarfeldern $\varphi_j(x)$ (mit $j = 1, \dots, N$). Die Lagrange-Dichte, die auch explizit von x abhängen kann, sei $\mathcal{L}(x, \varphi_j, \partial_\mu \varphi_j)$. Die Bewegungsgleichungen seien aus dem Prinzip der stationären Wirkung herleitbar:

$$\delta \int dx \, \mathcal{L}(x, \varphi_j, \partial_\mu \varphi_j) = 0. \tag{3-82}$$

Wir nehmen nun an, es gäbe infinitesimale Transformationen

$$x^\mu \longrightarrow x'^\mu = x^\mu + \delta x^\mu,$$
$$\varphi_j(x) \longrightarrow \varphi_j'(x') = \varphi_j(x) + \delta\varphi_j(x), \tag{3-83}$$

bei denen $\mathscr{L}\,dx$ invariant ist. Wir lassen dabei auch die Addition einer totalen Divergenz zu. Wir setzen also voraus, daß es Funktionen $\delta Q^\lambda(x)$ gibt, mit denen die Gleichung

$$\mathscr{L}(x',\varphi_j'(x'),\partial_\lambda'\varphi_j'(x'))\,dx' = \{\mathscr{L}(x,\varphi_j(x),\partial_\lambda\varphi_j(x)) + \partial_\lambda\,\delta Q^\lambda(x)\}\,dx \qquad (3\text{-}84)$$

erfüllt ist. Wir behaupten nun die Gültigkeit eines Erhaltungssatzes unter diesen Voraussetzungen. Sein Wortlaut ist: Für jeden Bereich B des Minkowski-Raumes (Bild 3-5) mit Rand ∂B verschwindet das dreidimensionale Oberflächenintegral

$$\int_{\partial B}\left(-\frac{\partial\mathscr{L}}{\partial(\partial_\lambda\varphi_j)}\,\delta\varphi_j + T^\lambda{}_\mu\,\delta x^\mu + \delta Q^\lambda\right)d\sigma_\lambda = 0. \qquad (3\text{-}85)$$

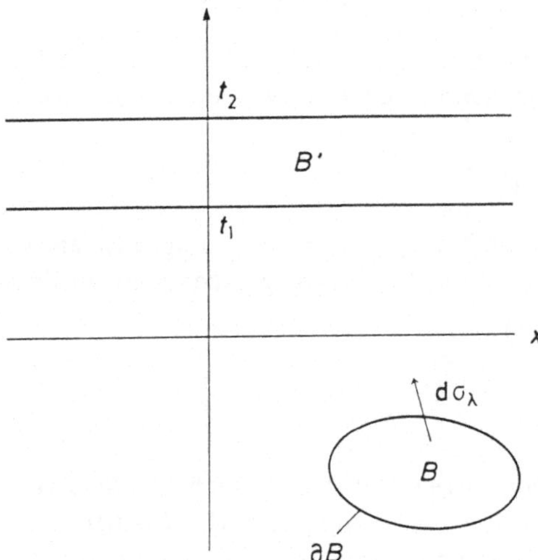

Bild 3-5

Ein Bereich B im Minkowski-Raum mit Rand ∂B und ein Bereich B', dessen Rand durch die Hyperebenen $t = t_1$ und $t = t_2$ gebildet wird

Dabei ist $d\sigma_\lambda$ das dreidimensionale Oberflächenelement, das wir mit Hilfe des total antisymmetrischen Symbols $\epsilon_{\lambda\mu\nu\rho}$, $\epsilon_{0123} = 1$, definieren:

$$d\sigma_\lambda = \frac{1}{3!}\,\epsilon_{\lambda\mu\nu\rho}\,dx^\mu\,dx^\nu\,dx^\rho. \qquad (3\text{-}86)$$

Weiter ist $T^\lambda{}_\mu$ der kanonische Energie-Impuls-Tensor:

$$T^\lambda{}_\mu = \frac{\partial\mathscr{L}}{\partial(\partial_\lambda\varphi_j)}\,\partial_\mu\varphi_j - \delta^\lambda_\mu\mathscr{L}. \qquad (3\text{-}87)$$

Zur Vereinfachung der Schreibweise unterdrücken wir hier und im folgenden Argumente von Funktionen, falls keine Gefahr einer Verwechslung besteht.

Ein wichtiger Spezialfall der Gl. (3-85) ergibt sich für einen Bereich B', der von zwei raumartigen Hyperebenen $t = t_1$ und $t = t_2$ begrenzt wird (Bild 3-5). Es folgt dann für das Integral

$$E(t) = \int_{t\,=\,\text{const.}}\left(-\frac{\partial\mathscr{L}}{\partial(\partial_\lambda\varphi_j)}\,\delta\varphi_j + T^\lambda{}_\mu\,\delta x^\mu + \delta Q^\lambda\right)d\sigma_\lambda \qquad (3\text{-}88)$$

die Beziehung

$$E(t_1) - E(t_2) = 0. \qquad (3\text{-}89)$$

Das Integral $E(t)$ hängt also nicht von der Zeit t ab, es ist eine Erhaltungsgröße.

Der Integrand in Gl. (3-85) stellt eine Viererstromdichte $\mathscr{I}^\lambda$ dar:

$$\mathscr{I}^\lambda = -\frac{\partial \mathscr{L}}{\partial(\partial_\lambda \varphi_j)}\, \delta\varphi_j + T^\lambda{}_\mu\, \delta x^\mu + \delta Q^\lambda. \tag{3-90}$$

Wir behaupten weiter, daß die Gültigkeit der Gl. (3-85) für *alle* Bereiche B äquivalent ist zum Verschwinden der Viererdivergenz von $\mathscr{I}^\lambda$, d.h. zur Erhaltungsgleichung

$$\partial_\lambda \mathscr{I}^\lambda = 0. \tag{3-91}$$

Diese Äquivalenz ist eine einfache Folge des Satzes von Gauß in vier Dimensionen, der besagt:

$$\int_{\partial B} d\sigma_\lambda\, \mathscr{I}^\lambda = \int_B dx\, \partial^\lambda\, \mathscr{I}_\lambda. \tag{3-92}$$

Verschwindet die linke Seite dieser Gleichung für den Rand ∂B jedes Bereiches B, so muß der Integrand auf der rechten Seite verschwinden und umgekehrt.

Der obige Satz (Gl. (3-85) bzw. (3-91)) und seine Umkehrung sind die Noether-Theoreme (Noether 1918), die kontinuierliche Symmetrien mit Erhaltungsgrößen verknüpfen. Zum Beweis der Gl. (3-85) beachten wir die aus Gl. (3-83) folgenden Entwicklungen

$$dx' = (1 + \partial_\lambda(\delta x^\lambda))\, dx,$$

$$\partial'_\lambda \varphi'_j(x') = \partial_\lambda \varphi_j(x) + \partial_\lambda \delta\varphi_j(x) - \partial_\mu \varphi_j(x)\, \partial_\lambda \delta x^\mu,$$

$$\mathscr{L}(x', \varphi'_j(x'), \partial'_\lambda \varphi'_j(x'))\, dx' = \{\mathscr{L}(x, \varphi_j(x) + \overline{\delta}\varphi_j(x), \partial_\lambda(\varphi_j(x) + \overline{\delta}\varphi_j(x))) +$$

$$+\ \partial_\mu(\delta x^\mu\, \mathscr{L}(x, \varphi_j(x), \partial_\lambda \varphi_j(x)))\}\, dx, \tag{3-93}$$

wobei

$$\overline{\delta}\varphi_j(x) = \varphi'_j(x) - \varphi_j(x) = \delta\varphi_j(x) - \delta x^\mu\, \partial_\mu \varphi_j(x). \tag{3-94}$$

Integration von Gl. (3-84) über den Bereich B liefert nun

$$\int_B \{\mathscr{L}(x, \varphi_j(x) + \overline{\delta}\varphi_j(x), \partial_\lambda(\varphi_j(x) + \overline{\delta}\varphi_j(x))) - \mathscr{L}(x, \varphi_j(x), \partial_\lambda \varphi_j(x))\}\, dx$$

$$+\ \int_B \partial_\lambda(\mathscr{L}\delta x^\lambda - \delta Q^\lambda)\, dx = 0. \tag{3-95}$$

Das erste Integral in Gl. (3-95) verschwindet aber wegen der Bewegungsgleichung (3-82) bis auf einen Randterm von der partiellen Integration. Das zweite Integral in Gl. (3-95) können wir mit Hilfe des Satzes von Gauß in vier Dimensionen ebenfalls in ein Oberflächenintegral verwandeln, und es folgt

$$\int_{\partial B} d\sigma_\lambda \left\{ \frac{\partial \mathscr{L}}{\partial(\partial_\lambda \varphi_j)}\, \overline{\delta}\varphi_j + \mathscr{L}\delta x^\lambda - \delta Q^\lambda \right\} = 0. \tag{3-96}$$

Unter Benutzung von Gl. (3-94) erhalten wir daraus Gl. (3-85). Durch Umkehren aller Schritte sehen wir auch, daß aus einem Erhaltungssatz der Gestalt von Gl. (3-85) eine Symmetrie der Lagrange-Dichte folgt.

Als Beispiel betrachten wir eine Lagrange-Dichte $\mathscr{L}(\varphi_j(x), \partial_\lambda \varphi_j(x))$, die nicht explizit von x abhängt. Die Theorie ist dann invariant bei Translationen in der Zeit und im Raum:

$$x^\mu \longrightarrow x'^\mu = x^\mu + \delta a^\mu, \tag{3-97}$$

wobei δa^μ beliebig reell ist. Bei einer Transformation der Felder

$$\varphi_j(x) \longrightarrow \varphi_j'(x') = \varphi_j(x) \tag{3-98}$$

gilt nämlich hier

$$\mathscr{L}(\varphi_j'(x'), \partial_\lambda' \varphi_j'(x')) \, \mathrm{d}x' = \mathscr{L}(\varphi_j(x), \partial_\lambda \varphi_j(x)) \, \mathrm{d}x.$$

Die Gl. (3-88) liefert in diesem Fall als zeitunabhängiges Integral

$$E(t) = \int\limits_{t=\text{const.}} T^\lambda{}_\mu \, \mathrm{d}\sigma_\lambda \, \delta a^\mu = \text{const.} \tag{3-99}$$

Da die δa^μ beliebig waren, erhalten wir vier linear unabhängige Erhaltungsgrößen

$$P_\mu = \int\limits_{t=\text{const.}} T^\lambda{}_\mu \, \mathrm{d}\sigma_\lambda. \tag{3-100}$$

Dies stellt die allgemeine Definition des Viererimpulses einer klassischen Feldkonfiguration dar.

An der Lagrange-Dichte lassen sich Symmetrien der Bewegungsgleichungen meist leicht ablesen. Umgekehrt liefert das Postulat von Symmetrien nützliche Einschränkungen, die von einer Lagrange-Dichte erfüllt werden müssen. Translationsinvarianz in Raum und Zeit verlangt eine Lagrange-Dichte $\mathscr{L}$, die nicht explizit von x abhängt. Poincaré-Invarianz verlangt zusätzlich, daß $\mathscr{L}$ wie ein Lorentz-Skalar transformiert. Beispiele für Poincaré-invariante Lagrange-Dichten kennen wir bereits (Gln. (3-74), (3-80)).

Sehr wichtig für die Teilchenphysik sind *innere Symmetrien*, das sind Transformationen, bei denen nur die Felder, nicht die Raum-Zeit-Koordinaten geändert werden:

$$\begin{aligned} x'^\mu &= x^\mu, \\ \varphi_j'(x') &= \varphi_j(x) + \delta \varphi_j(x). \end{aligned} \tag{3-101}$$

Ist die Lagrange-Dichte $\mathscr{L}$ bei einer solchen Transformation invariant im Sinn von Gl. (3-84), so gibt es nach Gln. (3-90) und (3-88) einen zugehörigen Strom $\mathscr{J}^\lambda$ und eine Ladung E:

$$\mathscr{J}^\lambda(x) = - \frac{\partial \mathscr{L}}{\partial(\partial_\lambda \varphi_j)} \, \delta \varphi_j + \delta Q^\lambda,$$

$$E(t) = \int\limits_{t=\text{const.}} \mathscr{J}^\lambda(x) \, \mathrm{d}\sigma_\lambda, \tag{3-102}$$

die erhalten sind, für die also gilt:

$$\begin{aligned} \partial_\lambda \mathscr{J}^\lambda(x) &= 0, \\ \frac{\mathrm{d}}{\mathrm{d}t} E(t) &= 0. \end{aligned} \tag{3-103}$$

Beispiele dazu werden wir später kennenlernen.

3.4   Die kanonischen Quantisierungsregeln

Wir betrachten eine Theorie mit Skalarfeldern φ_j $(j = 1, \dots, N)$ und Lagrange-Dichte

$$\mathscr{L}(x, \varphi_j, \partial_\mu \varphi_j).$$

Um diese Theorie zu quantisieren, wählen wir ein festes Bezugsystem und definieren die Lagrange-Funktion als Integral der Lagrange-Dichte über die raumartigen Schnitte $t = $ const.:

$$L\,[t, \varphi_j, \dot{\varphi}_j] = \int\limits_{t\,=\,\text{const.}} \mathrm{d}^3 x\, \mathscr{L}(x, \varphi_j, \partial_\mu \varphi_j). \tag{3-104}$$

Die Lagrange-Funktion betrachten wir als Funktion bzw. Funktional von t, $\varphi_j(x, t)$ und $\dot{\varphi}_j(x, t)$. Die kanonisch konjugierten Impulse definieren wir durch die Funktionalableitungen

$$\Pi_k(x, t) = \frac{\delta L\,[t, \varphi_j, \dot{\varphi}_j]}{\delta \dot{\varphi}_k(x, t)}, \tag{3-105}$$

$$(k = 1, \dots, N).$$

Nun muß man wie in der Mechanik voraussetzen, daß diese Beziehungen nach $\dot{\varphi}_j$ auflösbar sind, d.h. daß es Umkehrfunktionale F_j gibt:

$$\dot{\varphi}_j = F_j\,[t, \varphi, \Pi]. \tag{3-106}$$

Es bilden dann $\varphi_j(x, t)$ und $\Pi_k(x, t)$ zu jeder Zeit t ein vollständiges System dynamischer Variabler. Die Hamilton-Funktion definieren wir ebenfalls wie in der Mechanik:

$$H\,[t, \varphi, \Pi] = \int \mathrm{d}^3 x\, \Pi_j\, \dot{\varphi}_j - L. \tag{3-107}$$

Wir gehen nun zur Quantentheorie über und betrachten φ_j und Π_k als Feldoperatoren, für die wir die kanonischen Vertauschungsregeln postulieren, die für alle Zeiten t gelten sollen:

$$\begin{aligned}
[\varphi_j(x, t),\ \varphi_k(y, t)] &= 0, \\
[\Pi_j(x, t), \Pi_k(y, t)] &= 0, \\
[\varphi_j(x, t), \Pi_k(y, t)] &= \mathrm{i}\,\delta_{jk}\,\delta^3(x - y), \\
(j, k &= 1, \dots, N).
\end{aligned} \tag{3-108}$$

Für das freie Skalarfeld mit Lagrange-Dichte wie in Gl. (3-74) liefert die kanonische Quantisierung genau das quantisierte Feld, das wir in Abschnitt 3.2 besprochen haben.

Die kanonische Quantisierung erlaubt auch eine einfache Übernahme der Noether-Theoreme in die Quantentheorie. Wir betrachten wieder infinitesimale Transformationen (Gl. (3-83)) und setzen Gültigkeit der Gl. (3-84) voraus. Das Integral von Gl. (3-88), das jetzt einen Operator **E** darstellt, ist wieder eine Erhaltungsgröße und erzeugt eine infinitesimale unitäre Symmetrie-Transformation

$$\mathbf{U} = \mathbf{1} + \mathrm{i}\,\mathbf{E}. \tag{3-109}$$

Dabei setzen wir aber voraus, daß $\delta\varphi_j(x)$ und $\delta Q^0(x)$ nicht von den zeitlichen Ableitungen $\dot{\varphi}_k(x)$ abhängen. Es gilt dann:

$$\mathbf{U}^\dagger\mathbf{U} = \mathbb{1},$$

$$\mathbf{U}^{-1}\varphi_j(\boldsymbol{x},t)\mathbf{U} = \varphi_j(\boldsymbol{x},t) - i[\mathbf{E},\varphi_j(\boldsymbol{x},t)] \tag{3-110}$$

$$= \varphi_j(\boldsymbol{x},t) + \overline{\delta\varphi}_j(\boldsymbol{x},t).$$

Der — allerdings nur formale — Beweis dieser Beziehungen folgt aus der expliziten Gestalt von $\mathbf{E}$ (Gl. (3-88)) unter Benutzung der kanonischen Vertauschungsregeln.

Als Beispiel betrachten wir die Translationen (Gl. (3-97)). Wir erhalten dann aus Gln. (3-99) und (3-110) die verallgemeinerten Heisenberg-Gleichungen (3-29), die wir früher postuliert haben.

Für die Eichtheorien, die heute die Teilchenphysik beherrschen, ist die kanonische Quantisierung nur in speziellen Eichungen durchführbar. Dies werden wir in Teil III näher ausführen.

Aufgaben

3.1   Verifizieren Sie die Gln. (3-5) und (3-6).

3.2   Zeigen Sie, daß sich jede reelle Lösung der Klein-Gordon-Gleichung (3-14) in der Gestalt der Gl. (3-25) schreiben läßt.

3.3   Betrachten Sie einen Ein-Meson-Zustand mit „Wellenfunktion" zur Zeit $t = 0$ nach Gl. (3-73)

$$\psi(\boldsymbol{x}, t = 0) = \delta^3(\boldsymbol{x}).$$

Zeigen Sie, daß $\psi(\boldsymbol{x},t) \neq 0$ für $|\boldsymbol{x}| > t > 0$ gilt. Eine Interpretation von $\psi(\boldsymbol{x},t)$ als Wellenfunktion im Sinne der Schrödinger-Theorie würde damit bedeuten, daß sich das Meson mit Überlichtgeschwindigkeit bewegen kann, im Widerspruch zur Erfahrung. Dieser Schluß gilt allgemein (Hegerfeld 1974).

3.4   Zeigen Sie, daß $\mathrm{d}^3k/2\omega$ ein Lorentz-invariantes Maß und $2\omega\delta^3(\boldsymbol{k}-\boldsymbol{k}')$ eine Lorentz-invariante Distribution sind.

3.5   Betrachten Sie eine Poincaré-Transformation des Feldoperators $\Phi(x)$ nach dem Schema der Gln. (3-17), (3-18), wobei Λ aus der Komponente der Einheit sei. Wie transformieren die Erzeugungs- und Vernichtungsoperatoren (Gln. (3-30)) und die Ein-Meson-Zustände (Gl. (3-38))?

3.6   Konstruieren Sie die Lagrange-Funktion, den kanonischen Impuls und die Hamilton-Funktion für das freie Skalarfeld, dessen Lagrange-Dichte in Gl. (3-74) gegeben ist. Weisen Sie nach, daß die Bewegungsgleichungen in der Hamiltonschen kanonischen Form

$$\dot{\varphi}(\boldsymbol{x},t) = \frac{\delta H}{\delta\Pi(\boldsymbol{x},t)}$$

$$\dot{\Pi}(\boldsymbol{x},t) = -\frac{\delta H}{\delta\varphi(\boldsymbol{x},t)}$$

geschrieben werden können. Zeigen Sie, daß die kanonischen Vertauschungsregeln (Gl. (3-108)) hier die Gl. (3-66) liefern.

3.7   Verifizieren Sie die Gl. (3-110). Benutzen Sie dabei die Relation

$$[\mathbf{F}(\varphi, \Pi), \varphi(\mathbf{x}, t)] = -\,i\,\frac{\delta \mathbf{F}(\varphi, \Pi)}{\delta \Pi(\mathbf{x}, t)}\,,$$

die man für polynomiale Operatorfunktionen $\mathbf{F}$ leicht durch Ausführen des Kommutators zeigt.

3.8   Leiten Sie die Erhaltungsgrößen her, die aus der Drehinvarianz einer Theorie folgen.

4   Die Dirac-Gleichung und das Dirac-Feld

4.1   Die Dirac-Gleichung

In Kapitel 3 haben wir die Theorie neutraler Mesonen besprochen. Zwei in der Natur häufig vorkommende Elementarteilchen, Elektron und Proton, sind aber Teilchen mit Eigendrehimpuls, Spin $=\frac{1}{2}$. Da ein Skalarfeld keine Möglichkeit bietet, den Spin zu beschreiben, müssen wir nach einer anderen Beschreibung für diese Teilchen suchen.

Für nichtrelativistische Elektronen hat Pauli die richtige Beschreibung gefunden (Pauli 1927). Im Rahmen des Schrödinger-Bildes wird ein nichtrelativistisches Elektron durch eine zweikomponentige Wellenfunktion beschrieben:

$$\psi(\mathbf{x}, t) = \begin{pmatrix} \psi_1(\mathbf{x}, t) \\ \psi_2(\mathbf{x}, t) \end{pmatrix}. \tag{4-1}$$

Dabei sind

$$|\psi_i(\mathbf{x}, t)|^2\, d^3 x; \qquad i = 1, 2 \tag{4-2}$$

die Wahrscheinlichkeiten, das Elektron mit Spin in positiver ($i = 1$) oder negativer z-Richtung ($i = 2$) im Volumelement $d^3 x$ um den Punkt $\mathbf{x}$ anzutreffen. Der Drehimpulsoperator $\vec{\mathbf{J}}$ setzt sich aus den Operatoren $\vec{\mathbf{L}}$ des Bahndrehimpulses und $\sigma/2$ des Spindrehimpulses zusammen:

$$\vec{\mathbf{J}} = \vec{\mathbf{L}} + \frac{1}{2}\,\sigma,$$

$$\vec{\mathbf{L}} = \mathbf{x} \times \frac{1}{i}\,\nabla, \tag{4-3}$$

$$\sigma^1 = \begin{pmatrix} 0 & 1 \\ 1 & 0 \end{pmatrix}, \quad \sigma^2 = \begin{pmatrix} 0 & -i \\ i & 0 \end{pmatrix}, \quad \sigma^3 = \begin{pmatrix} 1 & 0 \\ 0 & -1 \end{pmatrix}.$$

Dabei sind die σ^j (mit $j = 1, 2, 3$) die Paulischen Spinmatrizen. Nach der Paulischen Theorie sollte die Wellenfunktion eines freien Elektrons einer Schrödinger-Gleichung genügen:

$$i \frac{\partial}{\partial t} \psi(x, t) = - \frac{\Delta}{2m} \psi(x, t).$$

(4-4)

Diese Gleichung ist sicher nicht relativistisch invariant, da nur die erste Zeitableitung, aber zweite räumliche Ableitungen vorkommen.

Dirac versuchte eine relativistisch invariante Gleichung für eine Feldfunktion $\psi(x)$ zu finden, die freie Elektronen beschreiben sollte. Aus Gründen, die uns heute nicht mehr sehr zwingend erscheinen, suchte er nach einer in zeitlichen und räumlichen Ableitungen linearen Feldgleichung. Wir wollen dies als heuristisches Prinzip betrachten und den allgemeinen linearen Ansatz machen:

$$\left\{ i \gamma^\mu \frac{\partial}{\partial x^\mu} - a \right\} \psi(x) = 0,$$

(4-5)

wobei wir die Natur der Koeffizienten γ^μ und der Konstanten a noch völlig offen lassen.

Nun wissen wir, daß Energie und Impuls eines freien Elektrons die allgemein gültige relativistische Beziehung

$$(p^0)^2 \quad p^2 = m^2$$

(4-6)

erfüllen, wobei m die Masse des Elektrons ist. Wir erwarten nach unserer Diskussion der Mesonen, daß die Feldfunktion $\psi(x)$ für ein Elektron mit scharfem Impuls einen Faktor, der einer ebenen Welle entspricht, enthalten wird:

$$\psi(x) \propto e^{-ipx} = e^{-i(p^0 t - px)}.$$

(4-7)

Eine solche Feldfunktion genügt dann auch der Klein-Gordon-Gleichung

$$(\Box + m^2) \psi(x) = 0.$$

(4-8)

Wie können wir den Ansatz Gl. (4-5) mit Gl. (4-8) verträglich machen?

Dazu erinnern wir uns der einfachen Beziehung für zwei komplexe Zahlen u, v:

$$u^2 + v^2 = (-iu - v)(iu - v).$$

(4-9)

Wir versuchen, nach diesem Schema die Klein-Gordon-Gleichung (4-8) zu linearisieren:

$$\left(-i \gamma^\mu \frac{\partial}{\partial x^\mu} - m \right) \left(i \gamma^\nu \frac{\partial}{\partial x^\nu} - m \right) \psi(x) = 0.$$

(4-10)

Durch Ausmultiplizieren erhalten wir folgende Gleichung, wobei wir die Vertauschbarkeit der partiellen Ableitungen benutzen und auf die Reihenfolge der Koeffizienten γ^μ, γ^ν achten, da wir nicht ausschließen wollen, daß sie Matrizen sind:

$$\left\{ \frac{1}{2} (\gamma^\mu \gamma^\nu + \gamma^\nu \gamma^\mu) \frac{\partial^2}{\partial x^\mu \partial x^\nu} + m^2 \right\} \psi(x) = 0.$$

(4-11)

Diese Gleichung ist identisch mit der Klein-Gordon-Gleichung, falls wir fordern

$$\{\gamma^\mu, \gamma^\nu\} \equiv \gamma^\mu \gamma^\nu + \gamma^\nu \gamma^\mu = 2g^{\mu\nu},$$
$$(\mu, \nu = 0, 1, 2, 3).$$

(4-12)

Wie können wir diese algebraischen Relationen erfüllen? Wir sehen leicht, daß die γ^μ keine gewöhnlichen c-Zahlen sein können. Es folgt nämlich aus Gl. (4-12)

$$\gamma^0 \gamma^0 = 1,$$
$$\gamma^0 \gamma^1 + \gamma^1 \gamma^0 = 0, \tag{4-13}$$
$$\gamma^1 \gamma^1 = -1.$$

Diese Gleichung läßt sich mit c-Zahlen, die miteinander kommutieren, nicht erfüllen.

Der nächste Versuch wäre, die γ^μ als 2×2-Matrizen anzusetzen. Jede 2×2-Matrix $\mathbf{C}$ läßt sich als Linearkombination der Pauli-Matrizen (Gl. (4-3)) und der Einheitsmatrix darstellen:

$$\mathbf{C} = c_0 \mathbb{1} + c^j \sigma^j. \tag{4-14}$$

Die Pauli-Matrizen selbst erfüllen die Relationen

$$\{\sigma^j, \sigma^k\} = 2\delta^{jk},$$
$$(j, k = 1, 2, 3). \tag{4-15}$$

Man wäre versucht zu setzen:

$$\gamma^j = i\,\sigma^j,$$
$$(j = 1, 2, 3), \tag{4-16}$$

dann wäre der räumliche Anteil der Gl. (4-12) erfüllt. Wir benötigen aber noch eine Matrix γ^0, die mit allen γ^j antikommutiert:

$$\gamma^0 \gamma^j + \gamma^j \gamma^0 = 0,$$
$$(j = 1, 2, 3). \tag{4-17}$$

Die einzige linear unabhängige 2×2-Matrix, die uns noch zur Verfügung steht, ist aber die Einheitsmatrix, und wir haben

$$\mathbb{1} \cdot \sigma^j + \sigma^j \cdot \mathbb{1} = 2\sigma^j \neq 0. \tag{4-18}$$

Auch mit 2×2-Matrizen können wir also die Gl. (4-12) nicht erfüllen. Aber mit 4×4-Matrizen ist es möglich, wie Dirac fand. Eine Standardwahl für die Dirac-Matrizen γ^μ ist wie folgt:

$$\gamma^0 = \left(\begin{array}{c|c} 1 & 0 \\ \hline 0 & -1 \end{array}\right), \qquad \gamma^j = \left(\begin{array}{c|c} 0 & \sigma^j \\ \hline -\sigma^j & 0 \end{array}\right), \tag{4-19}$$
$$(j = 1, 2, 3),$$

dabei stehen in den Kästchen jeweils 2×2-Untermatrizen. Zu beachten ist, daß γ^0 eine hermitesche, γ^j antihermitesche Matrizen sind ($j = 1, 2, 3$). Wir prüfen leicht nach, daß

$$\gamma^\mu \gamma^\nu + \gamma^\nu \gamma^\mu = 2g^{\mu\nu} \cdot \mathbb{1} \tag{4-20}$$

gilt, wobei die $\mathbb{1}$ die Einheitsmatrix in vier Dimensionen bedeutet. Im folgenden werden wir, wie schon in Gl. (4-12), die Einheitsmatrix meist nicht explizit anschreiben, wenn keine Gefahr einer Mißdeutung besteht.

Natürlich ist die in Gl. (4-19) angegebene Wahl der Dirac-Matrizen nicht die einzig mögliche. Wir erhalten eine äquivalente Darstellung der Dirac-Matrizen, wenn wir die γ^μ

mit einer beliebigen nichtsingulären Matrix **S** transformieren. Dabei bleibt ja die Relation (4-20) ungeändert. Für

$$\gamma'^{\mu} = \mathbf{S}^{-1}\gamma^{\mu}\mathbf{S} \tag{4-21}$$

gilt ebenfalls

$$\gamma'^{\mu}\gamma'^{\nu} + \gamma'^{\nu}\gamma'^{\mu} = 2g^{\mu\nu}.$$

Die Gleichung, die Dirac daher postulierte, war (Dirac 1928)

$$\left\{ i\,\gamma^{\mu}\frac{\partial}{\partial x^{\mu}} - m \right\}\psi(x) = 0. \tag{4-22}$$

Dabei ist $\psi(x)$ eine vierkomponentige Feldfunktion, ein Dirac-Spinor:

$$\psi(x) = \begin{pmatrix} \psi_1(x) \\ \psi_2(x) \\ \psi_3(x) \\ \psi_4(x) \end{pmatrix}. \tag{4-23}$$

Eine äquivalente Gestalt, die der Schrödinger-Gleichung (4-4) ähnelt, erhalten wir durch Multiplizieren mit γ^0:

$$i\frac{\partial}{\partial t}\psi(x) = \left(\alpha\frac{1}{i}\nabla + \beta m \right)\psi(x). \tag{4-24}$$

Hier sind α und β definiert als

$$\alpha = \gamma^0\gamma; \qquad \beta = \gamma^0.$$

In unserer Standarddarstellung (Gl. (4-19)) sind β und die Komponenten von α hermitesche Matrizen. Dort gilt:

$$\alpha = \left(\begin{array}{c|c} 0 & \sigma \\ \hline \sigma & 0 \end{array} \right); \qquad \beta = \left(\begin{array}{c|c} 1 & 0 \\ \hline 0 & -1 \end{array} \right). \tag{4-25}$$

Bevor wir diskutieren, wie der Dirac-Spinor zu interpretieren ist, wollen wir Lösungen der Dirac-Gleichung suchen und deren Eigenschaften kennenlernen. Dabei betrachten wir $\psi_1(x), \dots, \psi_4(x)$ als klassische komplexwertige Feldfunktionen.

4.2   Lösungen der Dirac-Gleichung

Es liegt nahe, zur Lösung der Dirac-Gleichung wieder einen Ansatz, der ebenen Wellen entspricht, zu machen (Gl. (4-7)). Da jede Lösung der Dirac-Gleichung auch die Klein-Gordon-Gleichung erfüllt, wissen wir bereits, daß die relativistische Beziehung zwischen Kreisfrequenz und Wellenzahlvektor (Gl. (4-6)) gelten muß. Wir erwarten daher, wie beim Mesonfeld Lösungen positiver und negativer Frequenz (Gl. (3-24)).

Wir betrachten zunächst die Lösungen negativer Frequenz und machen den Ansatz

$$\psi(x) = e^{-ipx}u(p). \tag{4-26}$$

Hier ist $u(p)$ ein zu bestimmender Spinor und

$$px = p^0 t - \boldsymbol{px},$$
$$p^0 = {}_+\sqrt{\boldsymbol{p}^2 + m^2}.$$

Einsetzen in die Dirac-Gleichung (4-22) liefert

$$(\not{p} - m)\, u(p) = 0. \tag{4-27}$$

Dabei haben wir die Bezeichnung $\not{p}$ für die häufig vorkommende 4×4-Matrix $p^\mu \gamma_\mu$ eingeführt:

$$\not{p} \equiv p^\mu \gamma_\mu.$$

Wir setzen als erstes $\boldsymbol{p} = \boldsymbol{0}$, bzw. für den Vierervektor

$$p = p_R \equiv \begin{pmatrix} m \\ 0 \\ 0 \\ 0 \end{pmatrix}. \tag{4-28}$$

Wie wir zeigen werden, entspricht dies einem Elektron in Ruhe (Index R). Verwenden wir die explizite Gestalt der γ-Matrizen (Gl. (4-19)), so ergibt Gl. (4-27)

$$\left(\begin{array}{c|c} 0 & 0 \\ \hline 0 & -2m \end{array} \right) u(p_R) = 0. \tag{4-29}$$

Diese Gleichung hat zwei linear unabhängige Lösungen, die wir folgendermaßen wählen und bezeichnen wollen, wobei wir die beiden oberen und die beiden unteren Komponenten des Dirac-Spinors u jeweils zu einem Zweierspinor zusammenfassen:

$$u_s(p_R) = \sqrt{2m}\begin{pmatrix} \chi_s \\ 0 \end{pmatrix},$$
$$\left(s = \pm \frac{1}{2} \right). \tag{4-30}$$

Die Zweierspinoren χ_s sind definiert als

$$\chi_{\frac{1}{2}} = \begin{pmatrix} 1 \\ 0 \end{pmatrix}, \qquad \chi_{-\frac{1}{2}} = \begin{pmatrix} 0 \\ 1 \end{pmatrix}. \tag{4-31}$$

Für allgemeinen Vierervektor p machen wir den Ansatz

$$u(p) = \begin{pmatrix} \xi \\ \eta \end{pmatrix}, \tag{4-32}$$

wobei ξ, η zweikomponentige Spinoren sind. Aus Gl. (4-27) ergibt sich

$$(p^0 \gamma^0 - \boldsymbol{p}\boldsymbol{\gamma} - m)\, u(p) = 0, \tag{4-33}$$

$$\begin{pmatrix} p^0 - m & -\boldsymbol{p}\,\sigma \\ \boldsymbol{p}\,\sigma & -p^0 - m \end{pmatrix} \begin{pmatrix} \xi \\ \eta \end{pmatrix} = 0, \tag{4-34}$$

$$(p^0 - m)\,\xi - (\boldsymbol{p}\,\sigma)\,\eta = 0, \tag{4-35a}$$

$$(\boldsymbol{p}\,\sigma)\,\xi - (p^0 + m)\,\eta = 0. \tag{4-35b}$$

Aus Gl. (4-35b) folgt

$$\eta = \frac{\boldsymbol{p}\,\sigma}{p^0 + m}\,\xi. \tag{4-36}$$

Damit ist auch Gl. (4-35a) erfüllt, denn es gilt:

$$\left(p^0 - m - \frac{(\boldsymbol{p}\,\sigma)^2}{p^0 + m}\right)\xi = \left(p^0 - m - \frac{\boldsymbol{p}^2}{p^0 + m}\right)\xi$$

$$= \frac{(p^0)^2 - m^2 - \boldsymbol{p}^2}{p^0 + m}\,\xi = 0. \tag{4-37}$$

Der zweikomponentige Spinor ξ ist also völlig beliebig. Wir erhalten auch für allgemeinen Viererimpuls p zwei linear unabhängige Lösungen negativer Frequenz, die wir folgendermaßen normieren wollen:

$$u_s(p) = \sqrt{p^0 + m} \cdot \begin{pmatrix} \chi_s \\ \dfrac{\sigma\,\boldsymbol{p}}{p^0 + m}\,\chi_s \end{pmatrix}, \tag{4-38}$$

$$\left(s = \pm\frac{1}{2}\right).$$

Ganz analog können wir nach Lösungen positiver Frequenz suchen, indem wir den Ansatz

$$\psi(x) = e^{ipx}\,v(p) \tag{4-39}$$

machen, wobei $v(p)$ den zu bestimmenden Dirac-Spinor darstellt. Einsetzen in die Dirac-Gleichung liefert

$$(\not{p} + m)\,v(p) = 0, \tag{4-40}$$

und es gibt wieder zu jedem Impuls zwei linear unabhängige Lösungen, die wir aus Gründen, die später klar werden, folgendermaßen wählen:

$$v_s(p) = -\sqrt{p^0 + m}\begin{pmatrix} \dfrac{(\sigma\boldsymbol{p})}{p^0 + m}\,\epsilon\chi_s \\ \epsilon\chi_s \end{pmatrix}, \tag{4-41}$$

$$\left(s = \pm\frac{1}{2}\right),$$

wobei

$$\epsilon = \begin{pmatrix} 0 & 1 \\ -1 & 0 \end{pmatrix}.$$

Die Dirac-Gleichung ist eine lineare Differentialgleichung für den Spinor $\psi(x)$. Wir erhalten daher durch Superposition von Lösungen wieder eine Lösung. Eine allgemeine Superposition unserer ebenen Wellen mit positiver und negativer Frequenz können wir als Fourierintegral schreiben:

$$\psi(x) = \int \frac{d^3p}{(2\pi)^3}\,\frac{1}{2p^0} \cdot \sum_{s = \pm\frac{1}{2}} \{e^{ipx}v_s(p)\beta_s^*(p) + e^{-ipx}u_s(p)\alpha_s(p)\}. \tag{4-42}$$

Dabei sind $\alpha_s(p)$ und $\beta_s^*(p)$ beliebige komplexwertige Funktionen. Anders als beim neutralen Mesonfeld haben wir hier ja keinerlei Realitätsforderung an den Dirac-Spinor gestellt. Man kann zeigen, daß sich jede genügend brave Lösung der Dirac-Gleichung in dieser Gestalt darstellen läßt. Die von uns angegebenen Lösungen ebener Wellen bilden ein vollständiges Lösungssystem.

4.3 Das Transformationsverhalten des Dirac-Spinors

Wir wollen nun überprüfen, ob und in welchem Sinn die Dirac-Gleichung relativistisch invariant ist. Wir betrachten den Übergang zu einem neuen Inertialsystem (Gl. (2-28)), wobei Λ zur Komponente der Einheit gehöre:

$$x'^{\mu} = \Lambda^{\mu}{}_{\nu} x^{\nu} + a^{\mu}. \tag{4-43}$$

Wir könnten zunächst in Analogie zum Skalarfeld nach Gl. (3-18) für den Dirac-Spinor im gestrichenen System setzen:

$$\tilde{\psi}(x') = \psi(x) = \psi(\Lambda^{-1}(x' - a)). \tag{4-44}$$

Aus der Dirac-Gleichung für $\psi(x)$ folgt aber für $\tilde{\psi}(x')$:

$$\left\{ i(\Lambda^{\mu}{}_{\rho} \gamma^{\rho}) \frac{\partial}{\partial x'^{\mu}} - m \right\} \tilde{\psi}(x') = 0. \tag{4-45}$$

Das ist nicht genau die ursprüngliche Dirac-Gleichung, aber doch nicht sehr verschieden. Setzen wir nämlich

$$\gamma'^{\mu} = \Lambda^{\mu}{}_{\rho} \gamma^{\rho}, \tag{4-46}$$

so erfüllen die γ'^{μ} ebenfalls die fundamentalen Antivertauschungsregeln (Gl. (4-12))

$$\{\gamma'^{\mu}, \gamma'^{\nu}\} = 2g^{\mu\nu}. \tag{4-47}$$

Solche Matrizen γ'^{μ} haben wir aber schon in Gl. (4-21) betrachtet. Es liegt nahe zu fragen, ob es eine nichtsinguläre Matrix $\mathbf{S}(\Lambda)$ gibt, so daß gilt:

$$\gamma'^{\mu} = \Lambda^{\mu}{}_{\rho} \gamma^{\rho} \overset{?}{=} \mathbf{S}^{-1}(\Lambda) \gamma^{\mu} \mathbf{S}(\Lambda). \tag{4-48}$$

Wie wir zeigen werden, können wir die Gl. (4-48) erfüllen. Dann folgt die relativistische Invarianz der Dirac-Gleichung. Aus Gl. (4-45) erhalten wir nämlich

$$\mathbf{S}^{-1}(\Lambda) \left\{ i\gamma^{\mu} \frac{\partial}{\partial x'^{\mu}} - m \right\} \mathbf{S}(\Lambda) \tilde{\psi}(x') = 0. \tag{4-49}$$

Setzen wir für den Dirac-Spinor im gestrichenen System daher

$$\psi'(x') = \mathbf{S}(\Lambda) \psi(x) = \mathbf{S}(\Lambda) \psi(\Lambda^{-1}(x' - a)), \tag{4-50}$$

so erfüllt $\psi'(x')$ wieder die Dirac-Gleichung

$$\left\{ i\gamma^{\mu} \frac{\partial}{\partial x'^{\mu}} - m \right\} \psi'(x') = 0. \tag{4-51}$$

Wir müssen als nicht nur das Argument, sondern auch die Komponenten des Dirac-Spinors linear transformieren.

Nun wollen wir die Matrix $\mathbf{S}(\Lambda)$ in Gl. (4-48) konstruieren. Wir betrachten zunächst eine infinitesimale Transformation Λ mit

$$\Lambda^{\mu}{}_{\nu} = \delta^{\beta}_{\nu} + \delta h^{\mu}{}_{\nu}, \tag{4-52}$$

wobei die $\delta h^{\mu}{}_{\nu}$ klein von 1. Ordnung seien.

Aus der Gleichung (2-26) für $\Lambda^\mu{}_\nu$ folgt, daß $\delta h^{\mu\nu}$ antisymmetrisch sein muß:

$$\delta h^{\mu\nu} + \delta h^{\nu\mu} = 0. \tag{4-53}$$

Wir geben nun die gesuchte Matrix $\mathbf{S}(\Lambda)$ für die infinitesimale Transformation (4-52) an:

$$\mathbf{S}(\Lambda) = \mathbb{1} - \frac{i}{4}\,\delta h^{\rho\sigma}\,\sigma_{\rho\sigma}, \tag{4-54}$$

wobei

$$\sigma_{\rho\sigma} = \frac{i}{2}\,(\gamma_\rho\,\gamma_\sigma - \gamma_\sigma\,\gamma_\rho) = \frac{i}{2}\,[\gamma_\rho, \gamma_\sigma].$$

Mit Hilfe der Identität

$$[[\mathbf{A}, \mathbf{B}], \mathbf{C}] = \{\mathbf{A}, \{\mathbf{B}, \mathbf{C}\}\} - \{\mathbf{B}, \{\mathbf{A}, \mathbf{C}\}\}, \tag{4-55}$$

die für beliebige Matrizen $\mathbf{A}$, $\mathbf{B}$ und $\mathbf{C}$ gilt, finden wir

$$\begin{aligned}
\mathbf{S}^{-1}(\Lambda)\,\gamma^\mu\,\mathbf{S}(\Lambda) &= \gamma^\mu + \frac{i}{4}\,\delta h_{\rho\sigma}\,[\sigma^{\rho\sigma}, \gamma^\mu] \\[2mm]
&= \gamma^\mu - \frac{1}{8}\,\delta h_{\rho\sigma}\,[[\gamma^\rho, \gamma^\sigma], \gamma^\mu] \\[2mm]
&= \gamma^\mu - \frac{1}{8}\,\delta h_{\rho\sigma}\,(\{\gamma^\rho, \{\gamma^\sigma, \gamma^\mu\}\} - \{\gamma^\sigma, \{\gamma^\rho, \gamma^\mu\}\}) \\[2mm]
&= \gamma^\mu - \frac{1}{8}\,\delta h_{\rho\sigma}\,(4g^{\sigma\mu}\,\gamma^\rho - 4g^{\rho\mu}\,\gamma^\sigma) \\[2mm]
&= \gamma^\mu + \delta h^\mu{}_\sigma\,\gamma^\sigma = \Lambda^\mu{}_\sigma\,\gamma^\sigma.
\end{aligned} \tag{4-56}$$

Damit haben wir die Existenz einer Matrix $\mathbf{S}(\Lambda)$, die Gl. (4-48) erfüllt, für infinitesimale Λ gezeigt. Wie man mit gruppentheoretischen Methoden zeigen kann, folgt daraus bereits die Existenz der Matrix $\mathbf{S}(\Lambda)$ für alle endlichen Transformationen Λ, die zur Komponente der Einheit gehören. Im wesentlichen läuft das darauf hinaus, daß wir alle solchen endlichen Transformationen aus infinitesimalen Transformationen aufbauen können.

Wir wollen uns als Spezialfall die dreidimensionalen Rotationen näher ansehen. Für eine infinitesimale Rotation haben wir

$$\begin{aligned}
t' &= t, \\
x'^j &= R^{jk}\,x^k = (\delta^{jk} + \epsilon^{jkl}\,\delta\varphi^l)\,x^k.
\end{aligned} \tag{4-57}$$

Dabei geben Betrag und Richtung von $\delta\varphi$ Drehwinkel und Drehachse an. Es gilt weiter:

$$\delta h^{jk} = -\epsilon^{jkl}\,\delta\varphi^l, \tag{4-58}$$

$$\mathbf{S}(\mathbf{R}) = \mathbb{1} - \frac{1}{8}\,[\gamma_j, \gamma_k]\,\epsilon^{jkl}\,\delta\varphi^l = \mathbb{1} + i\,\delta\varphi\left(\begin{array}{c|c} \frac{1}{2}\,\sigma & 0 \\ \hline 0 & \frac{1}{2}\,\sigma \end{array}\right), \tag{4-59}$$

$$\psi'(\mathbf{x}', t) = \mathbf{S}(\mathbf{R})\,\psi(\mathbf{R}^{-1}\mathbf{x}', t),$$

$$\psi'(\mathbf{x}', t) = \left[\mathbb{1} + i\,\delta\varphi^l \cdot \left\{\epsilon^{ljk}\,x'^j\,\frac{\partial}{i\,\partial x'^k} + \left(\begin{array}{c|c} \frac{1}{2}\,\sigma^l & 0 \\ \hline 0 & \frac{1}{2}\,\sigma^l \end{array}\right)\right\}\right] \cdot \psi(\mathbf{x}', t). \tag{4-60}$$

Der erste Term in der geschwungenen Klammer entspricht dem Bahndrehimpuls. Für ein skalares Mesonfeld tritt nur dieser Term auf. Das Neue ist der Zusatzterm mit den Pauli-Matrizen. Wie wir im nächsten Abschnitt im einzelnen zeigen werden, beschreibt dieser Term den Spin-Drehimpuls der Elektronen.

Wir wollen noch das Verhalten des Dirac-Spinors am Ort $x = 0$ unter Drehungen studieren. Aus Gl. (4-60) erhalten wir für eine infinitesimale Drehung um die dritte Achse:

$$\psi'(0, t) = \left\{ \mathbb{1} + i\,\delta\varphi \left(\begin{array}{c|c} \frac{1}{2}\sigma^3 & 0 \\ \hline 0 & \frac{1}{2}\sigma^3 \end{array} \right) \right\} \psi(0, t). \tag{4-61}$$

Für eine endliche Drehung um die dritte Achse mit Drehwinkel φ ergibt sich daraus leicht

$$\psi'(0, t) = \left\{ \exp\left[i\,\varphi \left(\begin{array}{c|c} \frac{1}{2}\sigma^3 & 0 \\ \hline 0 & \frac{1}{2}\sigma^3 \end{array} \right) \right] \right\} \cdot \psi(0, t). \tag{4-62}$$

Nehmen wir eine Drehung um den Winkel $\varphi = 2\pi$, so erhalten wir für die Matrix in Gl. (4-62)

$$\exp\left[2\pi i \left(\begin{array}{c|c} \frac{1}{2}\sigma^3 & 0 \\ \hline 0 & \frac{1}{2}\sigma^3 \end{array} \right) \right]$$

$$= \exp\begin{pmatrix} i\pi & 0 & 0 & 0 \\ 0 & -i\pi & 0 & 0 \\ 0 & 0 & i\pi & 0 \\ 0 & 0 & 0 & -i\pi \end{pmatrix} = \begin{pmatrix} -1 & 0 & 0 & 0 \\ 0 & -1 & 0 & 0 \\ 0 & 0 & -1 & 0 \\ 0 & 0 & 0 & -1 \end{pmatrix}. \tag{4-63}$$

Eine Drehung um den Winkel 2π, die im Raum alles wieder zur Deckung bringt, liefert für den Dirac-Spinor eine Vorzeichenänderung! Daraus müssen wir schließen, daß der Dirac-Spinor selbst nicht direkt beobachtbar sein kann. Für Neutronen, die als Teilchen mit Spin $\frac{1}{2}$ ebenfalls durch die Dirac-Gleichung beschrieben werden, ist es gelungen, diesen Vorzeichenwechsel des Dirac-Feldes bei Drehung um den Winkel 2π direkt nachzuweisen (Rauch 1975, Werner 1975).

Beobachtbare Größen sollten reell sein und bei Drehung um 2π ihr Vorzeichen nicht ändern. Kandidaten für solche Größen im Rahmen der Dirac-Theorie können wir leicht hinschreiben, etwa

$$\tilde{A}(x) = \psi^\dagger(x)\,\tilde{\mathsf{M}}\,\psi(x), \tag{4-64}$$

wobei $\tilde{\mathsf{M}} = \tilde{\mathsf{M}}^\dagger$ eine beliebige hermitesche 4×4-Matrix ist und $\psi^\dagger$ der zu ψ hermitesch konjugierten Spinor. Wie ist das Verhalten solcher Größen bei Poincaré-Transformationen? Aus Gl. (4-50) finden wir für den hermitesch konjugierten Spinor

$$\psi'^\dagger(x') = \psi^\dagger(\Lambda^{-1}(x' - a))\,\mathsf{S}^\dagger(\Lambda). \tag{4-65}$$

Nun ist $\mathsf{S}(\Lambda)$, wie man aus Gl. (4-54) leicht sieht, im allgemeinen keine unitäre Matrix. Ein bilinearer Ausdruck der Gl. (4-64) mit $\tilde{\mathsf{M}} = \mathbb{1}$ ist daher kein relativistisches Skalarfeld. Das Transformationsverhalten von Ausdrücken der Gestalt (4-64) wird durchsichtiger, wenn wir an Stelle des hermitesch konjugierten Spinors den sogenannten adjungierten Spinor benutzen.

Wir definieren allgemein die *Dirac-Adjunktion* für Spinoren und 4×4-Matrizen M durch

$$\overline{\psi}(x) = \psi^\dagger(x)\,\gamma^0,$$
$$\overline{\mathsf{M}} = \gamma^0\,\mathsf{M}^\dagger\,\gamma^0. \tag{4-66}$$

Bei unserer Konvention (Gl. (4-19)) ist γ^0 eine hermitesche Matrix mit $\gamma^0 \gamma^0 = \mathbb{1}$. Die γ^j (mit $j = 1, 2, 3$) sind antihermitesch. Daraus finden wir leicht die folgenden Relationen:

$$
\begin{aligned}
\overline{\mathbf{M}_1 \cdot \mathbf{M}_2} &= \overline{\mathbf{M}}_2 \cdot \overline{\mathbf{M}}_1, \\
(\overline{\psi}_1 \mathbf{M} \psi_2)^* &= \overline{\psi}_2 \overline{\mathbf{M}} \psi_1, \\
\overline{\mathbb{1}} &= \mathbb{1}, \\
\overline{\gamma}^\mu &= \gamma^\mu.
\end{aligned}
\tag{4-67}
$$

Wir behaupten weiter, daß gilt:

$$
\overline{\mathbf{S}}(\Lambda) = \gamma^0 \mathbf{S}^\dagger(\Lambda) \gamma^0 = \mathbf{S}^{-1}(\Lambda).
\tag{4-68}
$$

Wir begnügen uns damit, diese Relation für infinitesimale Transformationen Λ nachzuweisen. Nach Gl. (4-54) ergibt sich:

$$
\begin{aligned}
\overline{\mathbf{S}}(\Lambda) &= \mathbb{1} + \frac{1}{8} \delta h^{\rho\sigma} \overline{[\gamma_\rho, \gamma_\sigma]} \\[4pt]
&= \mathbb{1} + \frac{1}{8} \delta h^{\rho\sigma} [\gamma_\sigma, \gamma_\rho] \\[4pt]
&= \mathbb{1} + \frac{i}{4} \delta h^{\rho\sigma} \sigma_{\rho\sigma} \\[4pt]
&= \mathbf{S}^{-1}(\Lambda).
\end{aligned}
\tag{4-69}
$$

Die Ausdehnung des Beweises auf endliche Transformationen behandeln wir in Aufgabe 4.3. Aus Gln. (4-68) und (4-65) finden wir das Transformationsverhalten des adjungierten Dirac-Spinors zu

$$
\overline{\psi}'(x') = \overline{\psi}(\Lambda^{-1}(x' - a)) \mathbf{S}^{-1}(\Lambda).
\tag{4-70}
$$

Wir können nun die bilinearen Ausdrücke (Gl. (4-64)) in einer äquivalenten Gestalt anschreiben, wobei $\mathbf{M}$ eine 4×4-Matrix ist:

$$
A(x) = \overline{\psi}(x) \mathbf{M} \psi(x).
\tag{4-71}
$$

Soll dieses Feld reell sein, so muß gelten:

$$
\mathbf{M} = \overline{\mathbf{M}}.
\tag{4-72}
$$

Bei Poincaré-Transformationen gilt nach Gln. (4-50) und (4-70)

$$
\begin{aligned}
A(x) \longrightarrow A'(x') &= \overline{\psi}'(x') \mathbf{M} \psi'(x') \\
&= \overline{\psi}(\Lambda^{-1}(x' - a)) \mathbf{M}' \psi(\Lambda^{-1}(x' - a)),
\end{aligned}
\tag{4-73}
$$

wobei

$$
\mathbf{M}' = \mathbf{S}^{-1}(\Lambda) \mathbf{M} \mathbf{S}(\Lambda).
$$

Es gibt offenbar 16 linear unabhängige 4×4-Matrizen $\mathbf{M}$. Wir wollen 16 Basismatrizen wählen, die ein einfaches Transformationsverhalten unter den Lorentz-Transformationen $\mathbf{M} \longrightarrow \mathbf{M}'$ haben. Zunächst suchen wir invariante Matrizen. Die Einheitsmatrix $\mathbb{1}$ ist sicher invariant:

$$
\mathbb{1} \longrightarrow \mathbf{S}^{-1}(\Lambda) \mathbb{1} \mathbf{S}(\Lambda) = \mathbb{1}.
\tag{4-74}
$$

Es gibt aber noch eine weitere 4×4-Matrix, die bei eigentlichen Lorentz-Transformationen invariant ist, und zwar

$$\gamma_5 = i\,\gamma^0\,\gamma^1\,\gamma^2\,\gamma^3. \tag{4-75}$$

Da die γ-Matrizen mit verschiedenem Index antivertauschen, können wir γ_5 auch mit Hilfe des total antisymmetrischen Tensors $\epsilon_{\mu\nu\rho\sigma}$ schreiben als

$$\gamma_5 = \frac{i}{4!}\,\epsilon_{\mu\nu\rho\sigma}\,\gamma^\mu\,\gamma^\nu\,\gamma^\rho\,\gamma^\sigma. \tag{4-76}$$

Transformieren wir γ_5, so finden wir mit Hilfe der Gl. (4-48):

$$S^{-1}(\Lambda)\,\gamma_5\,S(\Lambda)$$

$$= \frac{i}{4!}\,\epsilon_{\mu\nu\rho\sigma}\,\Lambda^\mu{}_{\mu'}\,\Lambda^\nu{}_{\nu'}\,\Lambda^\rho{}_{\rho'}\,\Lambda^\sigma{}_{\sigma'}\,\gamma^{\mu'}\,\gamma^{\nu'}\,\gamma^{\rho'}\,\gamma^{\sigma'} \tag{4-77}$$

$$= (\det \Lambda)\,\gamma_5$$

Die Matrix γ_5 ist also bei *eigentlichen* Lorentz-Transformationen $(\det \Lambda = +1)$ invariant. Wie wir sehen werden, ändert sie bei Raumspiegelung ihr Vorzeichen. Die Matrix γ_5 verhält sich also wie eine pseudoskalare Größe. Man prüft leicht nach, daß sie mit allen Matrizen γ^μ antivertauscht:

$$\gamma^\mu\,\gamma_5 + \gamma_5\,\gamma^\mu = 0. \tag{4-78}$$

In unserer Standarddarstellung für die Matrizen γ^μ (Gl. (4-19)) hat γ_5 die Gestalt

$$\gamma_5 = \left(\begin{array}{c|c} 0 & 1 \\ \hline 1 & 0 \end{array}\right). \tag{4-79}$$

Nun ist es einfach, 16 geeignete Basismatrizen anzugeben. Wir wählen und bezeichnen sie wie folgt:

$$M = \begin{cases} \mathbb{1} & \text{Skalar} \\ \gamma^\mu & \text{Vektor} \\ \sigma^{\mu\nu} = \dfrac{i}{2}\,[\gamma^\mu, \gamma^\nu] & \text{antisymmetrischer Tensor} \\ \gamma^\mu\,\gamma_5 & \text{Pseudovektor} \\ i\,\gamma_5 & \text{Pseudoskalar} \end{cases} \tag{4-80}$$

Man prüft leicht nach, daß alle diese Matrizen die Realitätsforderung Gl. (4-72) erfüllen. Die mit diesen Matrizen gebildeten bilinearen Ausdrücke der Form $\overline{\psi}(x)\,M\,\psi(x)$ werden uns noch oft begegnen. Der Vektorausdruck $\overline{\psi}(x)\,\gamma^\mu\,\psi(x)$ ist zum Beispiel proportional zur elektromagnetischen Viererstromdichte des Elektronfeldes.

4.4 Quantisierung und Interpretation des Dirac-Feldes

Diracs ursprüngliche Motivation war, ein relativistisches Analogon der Schrödinger-Gleichung zu finden. Entsprechend versuchte man zunächst, den Dirac-Spinor im Sinne einer Schrödingerschen Wellenfunktion zu interpretieren. Sehr bald zeigte sich aber, daß eine solche Interpretation auf unüberwindliche Schwierigkeiten stieß. Die Ursache dafür war folgender physikalischer Sachverhalt:

Die Aufenthaltswahrscheinlichkeit für ein Teilchen im Ortsraum, die in der nicht-relativistischen Quantenmechanik eine so große Rolle spielt, kann kein tragfähiges Konzept in einer *relativistischen* Theorie sein. Machen wir nämlich eine Ortsmessung an einem Teilchen mit einer Unschärfe Δx, so erhält nach der Heisenbergschen Unschärferelation das Teilchen eine Impulsunschärfe

$$\Delta p \gtrsim \frac{1}{\Delta x} \, . \tag{4-81}$$

Wählen wir Δx klein genug, so wird die Impulsunschärfe und damit die Energieunschärfe ΔE groß genug, daß weitere Teilchen produziert werden können. Das passiert für

$$\Delta x \lesssim \frac{1}{m} \, , \tag{4-82}$$

wenn wir eine Ortsauflösung kleiner als die *Compton-Wellenlänge* $1/m$ der betrachteten Teilchen verlangen. Dann gilt nämlich

$$\Delta E \sim \Delta p \gtrsim \frac{1}{\Delta x} \gtrsim m, \tag{4-83}$$

und die Energieunschärfe ist größer als die Ruhenergie eines Teilchens. Damit wird eine Ortsmessung an *einem* Teilchen im allgemeinen zu einem Zustand mit *mehreren* Teilchen führen, so daß wir notwendigerweise die Ein-Teilchen-Theorie aufgeben und zur Vielteilchen-Theorie, das heißt, zur Quantenfeldtheorie übergehen müssen.

Wir betrachten daher den Dirac-Spinor als *Feldoperator*. Wie beim Mesonfeld entwickeln wir den Feldoperator nach ebenen Wellen, wobei die Entwicklungskoeffizienten Operatoren sein werden. Aus der Fourier-Entwicklung Gl. (4-42) erhalten wir mit den Ersetzungen $\alpha_s\,(p) \longrightarrow \mathbf{a}_s\,(p)$, $\beta_s^*\,(p) \longrightarrow \mathbf{b}_s^\dagger\,(p)$:

$$\psi\,(x) = \int \frac{\mathrm{d}^3 p}{(2\pi)^3} \, \frac{1}{2p^0} \, \sum_{s=\pm\frac{1}{2}} \left\{ \mathrm{e}^{\mathrm{i}px} \, v_s(p) \, \mathbf{b}_s^\dagger\,(p) + \mathrm{e}^{-\mathrm{i}px} \, u_s(p) \, \mathbf{a}_s(p) \right\} . \tag{4-84}$$

Die Natur der Operatoren $\mathbf{a}$ und $\mathbf{b}^\dagger$ werden wir zu klären haben. Wir wollen auch wieder die Gültigkeit der Heisenberg-Gleichungen fordern:

$$\frac{\partial \psi(x)}{\partial x^\mu} = \mathrm{i}\,[\mathbf{P}_\mu, \psi(x)] \, . \tag{4-85}$$

Wie für das Mesonfeld leiten wir hieraus ab:

$$\begin{aligned}
[\mathbf{P}_\mu, \mathbf{a}_s^\dagger\,(p)] &= p_\mu\,\mathbf{a}_s^\dagger\,(p), \\
[\mathbf{P}_\mu, \mathbf{b}_s^\dagger\,(p)] &= p_\mu\,\mathbf{b}_s^\dagger\,(p), \\
[\mathbf{P}_\mu, \mathbf{a}_s\,(p)] &= -\,p_\mu\,\mathbf{a}_s\,(p), \\
[\mathbf{P}_\mu, \mathbf{b}_s\,(p)] &= -\,p_\mu\,\mathbf{b}_s\,(p), \\
\left(s = \pm \tfrac{1}{2} \right) . &
\end{aligned} \tag{4-86}$$

Auch für die Operatoren $\mathbf{a}$ und $\mathbf{b}$ müssen wir daher fordern, daß sie auf den Vakuumzustand angewendet Null ergeben:

$$\begin{aligned}
\mathbf{a}_s\,(p)|0\rangle &= 0, \\
\mathbf{b}_s\,(p)|0\rangle &= 0.
\end{aligned} \tag{4-87}$$

An Stelle eines Satzes von Erzeugungsoperatoren haben wir hier deren vier. Entsprechend können wir zu jedem festen Impuls p vier Ein-Teilchen-Zustände aufbauen:

$$\mathbf{a}_s^\dagger\,(\mathbf{p})|\,0\rangle, \tag{4-88a}$$

$$\mathbf{b}_s^\dagger\,(\mathbf{p})|\,0\rangle, \tag{4-88b}$$

$$\left(s \;=\; \pm\,\frac{1}{2}\right).$$

Wie wir sehen werden, sind alle diese Zustände ungleich dem Nullvektor. Ein Elektron festen Impulses hat zwei linear unabhängige Spin-Zustände, und wir wollen sie versuchsweise mit den Zuständen (4-88a) identifizieren. Nehmen wir die Theorie ernst, so müssen wir auch die beiden Zustände (4-88b) betrachten und fordern, daß es ein weiteres Teilchen exakt gleicher Masse wie das Elektron gibt. Diese Folgerung aus Diracs Theorie (Dirac 1930, Oppenheimer 1930) wurde glänzend bestätigt durch die Entdeckung des Positrons (Anderson 1932, 1933). Die Zustände (4-88b) wollen wir daher mit Positron-Zuständen identifizieren. Wir werden auch sehen, daß in der Dirac-Theorie Elektronen und Positronen automatisch die umgekehrte Ladung haben.

Nun müssen wir uns überlegen, welche Algebra wir für die Erzeugungs- und Vernichtungsoperatoren des Dirac-Feldes fordern wollen. Wir könnten es mit denselben Vertauschungsregeln wie für das Mesonfeld versuchen:

$$\begin{aligned}
[\mathbf{a}_r(\mathbf{p}),\, \mathbf{a}_s^\dagger\,(\mathbf{p}')] &= \delta_{rs}\,(2\pi)^3\,2p^0\,\delta^3\,(\mathbf{p} - \mathbf{p}'),\\
[\mathbf{b}_r(\mathbf{p}),\, \mathbf{b}_s^\dagger\,(\mathbf{p}')] &= \delta_{rs}\,(2\pi)^3\,2p^0\,\delta^3\,(\mathbf{p} - \mathbf{p}'),
\end{aligned} \tag{4-89}$$

wobei alle anderen Kommutatoren gleich Null sind. Mit diesem Ansatz finden wir aber einen nichtverschwindenen Kommutator für raumartige Abstände. Es gälte etwa für gleiche Zeiten

$$[\psi\,(\mathbf{x}, t),\;\; \overline{\psi}\,(\mathbf{y}, t)] \neq 0$$
$$\text{für } \; \mathbf{x} \neq \mathbf{y}, \tag{4-90}$$

im Widerspruch zur Forderung der Mikrokausalität (s. Gl. (3-50)). Man könnte argumentieren, daß der Dirac-Spinor sowieso nicht direkt beobachtbar ist. Aber aus Gl. (4-90) folgt auch eine Verletzung der Mikrokausalität für die bilinearen Ausdrücke im Dirac-Feldoperator (Gl. (4-71)), die wir mit beobachtbaren Feldern identifizieren wollen. Wir schließen daher aus der Forderung der Mikrokausalität, daß die Elektronen *keine* Bosonen sein können. In der Tat wissen wir aus dem Experiment, daß die Elektronen dem *Paulischen Ausschließungsprinzip* und der *Fermi-Statistik* gehorchen.

Die richtigen algebraischen Regeln für die Erzeugungs- und Vernichtungsoperatoren des Dirac-Feldes stellten Jordan und Wigner (Jordan 1927, 1928a) auf. Wir fordern an Stelle der Gl. (4-89) die *Antivertauschungsregeln*

$$\begin{aligned}
\{\mathbf{a}_r(\mathbf{p}),\, \mathbf{a}_s^\dagger\,(\mathbf{p}')\} &= \delta_{rs}\,(2\pi)^3\,2p^0\,\delta^3\,(\mathbf{p} - \mathbf{p}'),\\
\{b_r(\mathbf{p}),\, b_s^\dagger\,(\mathbf{p}')\} &= \delta_{rs}\,(2\pi)^3\,2p^0\,\delta^3\,(\mathbf{p} - \mathbf{p}'),\\
\{\mathbf{a}_r^\dagger\,(\mathbf{p}),\, \mathbf{a}_s^\dagger\,(\mathbf{p}')\} &= \{\mathbf{a}_r(\mathbf{p}),\, \mathbf{a}_s(\mathbf{p}')\}\\
&= \{b_r^\dagger(\mathbf{p}),\, b_s^\dagger(\mathbf{p}')\} = \{b_r(\mathbf{p}),\, b_s(\mathbf{p}')\}\\
&= \{\mathbf{a}_r^\dagger\,(\mathbf{p}),\, \mathbf{b}_s(\mathbf{p}')\} = \{\mathbf{a}_r^\dagger\,(\mathbf{p}),\, \mathbf{b}_s^\dagger\,(\mathbf{p}')\} = 0.
\end{aligned} \tag{4-91}$$

Mit diesen Antivertauschungsregeln erhalten wir nach einfacher Rechnung:

$$\{\psi(x, t), \ \psi(y, t)\} = \{\overline{\psi}(x, t), \ \overline{\psi}(y, t)\} = 0, \tag{4-92a}$$

$$\{\psi(x, t), \ \overline{\psi}(y, t)\} = \gamma^0 \delta^3(x - y). \tag{4-92b}$$

Wir prüfen Gl. (4-92b) nach. Setzen wir die Entwicklung des Feldoperators, Gl. (4-84), ein, so ergibt sich:

$$\{\psi(x, t), \ \overline{\psi}(y, t)\} = \int \frac{\mathrm{d}^3 p \ \mathrm{d}^3 p'}{(2\pi)^6} \ \frac{1}{2p_0 \, 2p'_0} \cdot$$

$$\cdot \sum_{r, s} [e^{ipx} \, e^{-ip'y} \, v_r(p) \, \overline{v}_s(p') \, \{b_r^\dagger(p), b_s(p')\}$$

$$+ \ e^{-ipx} \, e^{ip'y} \, u_r(p) \, \overline{u}_s(p') \, \{a_r(p), a_s^\dagger(p')\}]$$

$$= \int \frac{\mathrm{d}^3 p}{(2\pi)^3} \ \frac{1}{2p^0} \cdot \left(e^{-ip(x-y)} \sum_s v_s(p) \, \overline{v}_s(p) \right.$$

$$\left. + \ e^{ip(x-y)} \sum_s u_s(p) \, \overline{u}_s(p) \right). \tag{4-93}$$

Hier begegnen uns zum ersten Mal die Spinsummen der Spinoren u und v, die wir noch sehr häufig benötigen werden. Aus den expliziten Ausdrücken, Gln. (4-38) und (4-41), finden wir:

$$\sum_{s=\pm\frac{1}{2}} u_s(p) \, \overline{u}_s(p) = \not{p} + m,$$

$$\sum_{s=\pm\frac{1}{2}} v_s(p) \, \overline{v}_s(p) = \not{p} - m. \tag{4-94}$$

Einsetzen in Gl. (4-93) liefert

$$\{\psi(x, t), \ \overline{\psi}(y, t)\} = \int \frac{\mathrm{d}^3 p}{(2\pi)^3} \ \frac{1}{2p^0} \, (e^{-ip(x-y)} \, (p^0 \gamma^0 - p\gamma - m)$$

$$+ \ e^{ip(x-y)} \, (p^0 \gamma^0 - p\gamma + m))$$

$$= \gamma_0 \int \frac{\mathrm{d}^3 p}{(2\pi)^3} \ e^{ip(x-y)} = \gamma_0 \, \delta^3(x - y). \tag{4-95}$$

Für beobachtbare Felder, wie sie in Gl. (4-71) angegeben sind, ergeben sich damit Vertauschungsregeln, die mit der *Mikrokausalitätsforderung* (Gl. (3-47)) in Einklang stehen. Mit beliebigen 4×4-Matrizen $\mathbf{M}_1$ und $\mathbf{M}_2$ finden wir beispielsweise

$$[\overline{\psi}(x, t)\mathbf{M}_1 \psi(x, t), \ \overline{\psi}(y, t)\mathbf{M}_2 \psi(y, t)] = 0 \tag{4-96}$$

für $x \neq y$.

Diese Gleichung folgt sofort aus Gl. (4-92) und der Identität

$$[AB, CD] = A\{B, C\}D - AC\{B, D\} \\ - C\{A, D\}B + \{C, A\}DB,$$

(4-97)

die für beliebige Operatoren A, B, C, D gilt.

Wir studieren als nächstes die Konsequenzen der Antivertauschungsregeln Gl. (4-91) für die Zustände. Für Ein-Elektron- und Ein-Positron-Zustände mit scharfem Impuls

$$|e^-(p, s)\rangle = a_s^\dagger(p)|0\rangle,$$
$$|e^+(p, s)\rangle = b_s^\dagger(p)|0\rangle$$

finden wir aus Gl. (4-91) wieder die Kontinuumsnormierung:

$$\langle e^-(p', r)|e^-(p, s)\rangle = \langle 0|\{a_r(p'), a_s^\dagger(p)\}|0\rangle \\ = \delta_{rs}(2\pi)^3 2p^0 \delta^3(p' - p),$$

(4-98)

$$\langle e^+(p', r)|e^+(p, s)\rangle = \delta_{rs}(2\pi)^3 2p^0 \delta^3(p' - p).$$

Für Zwei-Elektron-Zustände ergibt sich aus Gl. (4-91), daß der Zustandsvektor *antisymmetrisch* bei Vertauschung der beiden Teilchen ist:

$$a_r^\dagger(p_1) a_s^\dagger(p_2)|0\rangle = - a_s^\dagger(p_2) a_r^\dagger(p_1)|0\rangle, \\ |e^-(p_1, r) e^-(p_2, s)\rangle = - |e^-(p_2, s) e^-(p_1, r)\rangle.$$

(4-99)

Man vergleiche dazu das Verhalten des Zwei-Meson-Zustandes (Gl. (3-57)).

Wir betrachten nun einen beliebigen Ein-Elektron-Zustand, den wir als Superposition ebener Wellen aufbauen,

$$|f\rangle = \int \frac{d^3p}{(2\pi)^3 \sqrt{2p^0}} \sum_s f_s(p) a_s^\dagger(p)|0\rangle,$$

(4-100)

wobei $f_s(p)$ (mit $s = \pm\frac{1}{2}$) beliebige komplexwertige Funktionen sind. Ein Zustandsvektor mit zwei Elektronen im selben Quantenzustand hätte die Gestalt

$$|2f\rangle = \int \frac{d^3p_1\, d^3p_2}{(2\pi)^6 \sqrt{2p_1^0\, 2p_2^0}} \sum_{r, s} f_r(p_1) f_s(p_2) a_r^\dagger(p_1) a_s^\dagger(p_2)|0\rangle.$$

(4-101)

Dieser Zustand verschwindet aber identisch wegen Gl. (4-99)

$$|2f\rangle \equiv 0.$$

(4-102)

Damit haben wir das *Paulische Ausschließungsprinzip* gezeigt: Zwei Elektronen können nicht im selben Quantenzustand sein.

Die Mikrokausalitätsforderung für das freie Dirac-Feld führte uns auf das Pauli-Prinzip für die zugehörigen Teilchen. Wie man zeigen kann, gilt das auch für beliebig wechselwirkende Felder (Pauli 1936, 1940). Diese Aussage, zusammen mit dem in Kapitel 3 besprochenen Bose-Charakter von Teilchen mit ganzzahligem Spin, bildet den Inhalt des *Spin-Statistik-Theorems*, das aus ganz wenigen Axiomen abgeleitet werden kann (vgl. Streater 1964).

Als nächstes wollen wir den Drehimpuls studieren, den unsere Feldquanten tragen. Im Abschnitt 4.3 haben wir das Transformationsverhalten des Dirac-Feldes bei Drehungen kennengelernt. Wie aus den Resultaten von Kapitel 3 folgt (s. Aufgabe 3.8), ist der Zusammenhang zwischen Drehimpulsoperator und infinitesimalen Drehungen des Dirac-Feldes ganz analog dem zwischen Viererimpulsoperator und infinitesimalen Verschiebungen in Raum und Zeit. Nach der Heisenberg-Gleichung (4-85) erhalten wir für eine infinitesimale Translation, die durch einen Vierervektor δa parametrisiert ist:

$$\psi(x - \delta a) = \psi(x) - \delta a^\mu \frac{\partial}{\partial x^\mu} \psi(x)$$

$$= \psi(x) - \delta a^\mu \, \mathrm{i} \, [\mathbf{P}_\mu, \psi(x)]. \tag{4-103}$$

Die analoge Beziehung für die in Gl. (4-57) definierten infinitesimalen Drehungen lautet:

$$\mathbf{S}(\mathbf{R}) \, \psi(\mathbf{R}^{-1} x, t) = \psi(x, t) - \delta\varphi^j \, \mathrm{i} \, [\mathbf{J}^j, \psi(x, t)]; \tag{4-104}$$

dabei ist $\vec{\mathbf{J}}$ der Drehimpuls-Operator. Unter Benutzung der Gl. (4-60) folgt die „Heisenberg-Gleichung" für den Drehimpuls:

$$-\left\{ x \times \frac{1}{\mathrm{i}} \nabla + \begin{pmatrix} \frac{1}{2}\sigma & 0 \\ 0 & \frac{1}{2}\sigma \end{pmatrix} \right\} \psi(x, t) = [\vec{\mathbf{J}}, \psi(x, t)]. \tag{4-105}$$

Setzen wir hier die Entwicklung des Dirac-Feldes ein (Gl. (4-84)), so erhalten wir nach einiger Rechnung:

$$[\mathbf{J}^j, \mathbf{a}_s^+(p)] = \epsilon^{jkl} p^k \, \mathrm{i} \frac{\partial}{\partial p^l} \mathbf{a}_s^+(p) + \sum_r \mathbf{a}_r^+(p) \frac{1}{2} \sigma_{rs}^j, \tag{4-106a}$$

$$[\mathbf{J}^j, \mathbf{b}_s^+(p)] = \epsilon^{jkl} p^k \, \mathrm{i} \frac{\partial}{\partial p^l} \mathbf{b}_s^+(p) + \sum_r \mathbf{b}_r^+(p) \frac{1}{2} \sigma_{rs}^j. \tag{4-106b}$$

Der erste Term auf der rechten Seite der Gln. (4-106) beschreibt den Bahndrehimpuls; er wäre identisch für ein skalares Meson, wie wir es in Kapitel 3 behandelt haben. Der zweite Term beschreibt den Spin von Elektron bzw. Positron. Um das deutlich zu sehen, betrachten wir ein Elektron in Ruhe. Dann gilt:

$$|\mathrm{e}^-(p = 0, s)\rangle = \mathbf{a}_s^+(p = 0)|0\rangle,$$

$$\vec{\mathbf{J}} \, |\mathrm{e}^-(p = 0, s)\rangle = \sum_r |\mathrm{e}^-(p = 0, r)\rangle \tfrac{1}{2} \sigma_{rs}, \tag{4-107}$$

$$\mathbf{J}^3 \, |\mathrm{e}^-(p = 0, \pm\tfrac{1}{2})\rangle = \pm \tfrac{1}{2} \, |\mathrm{e}^-(p = 0, \pm\tfrac{1}{2})\rangle.$$

Der Operator $\mathbf{a}_s^+(p = 0)$ erzeugt also ein Elektron mit Spin in der positiven (negativen) z-Richtung für $s = +\frac{1}{2}$ ($s = -\frac{1}{2}$). Analog sieht man, daß $\mathbf{b}_s^+(p = 0)$, $s = \pm\frac{1}{2}$ ein Positron mit z-Komponente des Spins $\pm\frac{1}{2}$ erzeugt. Dabei erweist sich die spezielle Wahl der Lösungen $v_s(p)$ in Gl. (4-41) als nützlich, da mit ihr auch die Positronzustände mit $s = \pm\frac{1}{2}$ eine kanonische Basis für Spin $\frac{1}{2}$ bilden, d.h. denselben Relationen wie die Elektronzustände in Gl. (4-107) genügen.

4.5   Die Paritäts-, Ladungskonjugations- und Zeitumkehr-Transformation für das freie Dirac-Feld

4.5.1   Die Paritäts-Transformation P

Wir wollen einige weitere Invarianzeigenschaften des freien Dirac-Feldes kennen-lernen. Zunächst betrachten wir die Paritätsoperation P, den Übergang von einem räumlichen kartesischen Rechts- zu einem Linkssystem (Gl. (2-40)):

$$\text{P}: \quad t \longrightarrow t' = t,$$
$$x \longrightarrow x' = -x. \tag{4-108}$$

Wir untersuchen, ob und in welchem Sinn die Dirac-Gleichung invariant unter dieser Transformation ist. Nach unserer Erfahrung mit Lorentz-Transformationen machen wir für den Dirac-Spinor im gestrichenen System den Ansatz

$$\psi'(x', t') = \mathbf{S}(\text{P})\,\psi(x, t). \tag{4-109}$$

Wir fragen, ob wir $\mathbf{S}(\text{P})$ so wählen können, daß für ψ' die Dirac-Gleichung gilt:

$$\left\{ \mathrm{i}\,\gamma^\mu \frac{\partial}{\partial x'^\mu} - m \right\} \psi'(x', t') \overset{?}{=} 0,$$

$$\mathbf{S}^{-1}(\text{P}) \left\{ \mathrm{i}\,\gamma^0 \frac{\partial}{\partial t} + \mathrm{i}\,\gamma^j \frac{\partial}{\partial x'^j} - m \right\} \mathbf{S}(\text{P})\,\psi(x, t) \overset{?}{=} 0, \tag{4-110}$$

$$\mathbf{S}^{-1}(\text{P}) \left\{ \mathrm{i}\,\gamma^0 \frac{\partial}{\partial t} - \mathrm{i}\,\gamma^j \frac{\partial}{\partial x^j} - m \right\} \mathbf{S}(\text{P})\,\psi(x, t) \overset{?}{=} 0. \tag{4-111}$$

Die Gl. (4-111) reduziert sich auf die Dirac-Gleichung für $\psi(x, t)$, falls

$$\mathbf{S}^{-1}(\text{P})\,\gamma^0\,\mathbf{S}(\text{P}) = \gamma^0,$$
$$\mathbf{S}^{-1}(\text{P})\,\gamma^j\,\mathbf{S}(\text{P}) = -\gamma^j. \tag{4-112}$$

Das können wir leicht erreichen, wenn wir

$$\mathbf{S}(\text{P}) = \gamma^0 \tag{4-113}$$

setzen. Den paritätstransformierten Dirac-Spinor wählen wir daher wie folgt:

$$\begin{aligned}
\psi'(x', t') &= \gamma^0\,\psi(x, t) \\
&= \gamma^0\,\psi(-x', t').
\end{aligned} \tag{4-114}$$

Interpretieren wir den Dirac-Spinor als Quantenfeld, so sehen wir aus Gl. (4-114), daß $\psi'(x, t)$ dieselbe Bewegungsgleichung und, wie wir leicht nachprüfen, auch dieselben Antivertauschungsregeln (Gl. (4-92)) wie $\psi(x, t)$ erfüllt. Das legt die Vermutung nahe, daß die Operatoren $\psi(x, t)$ und $\psi'(x, t)$ äquivalent sind, d.h., durch eine unitäre Transformation im *Zustandsraum* auseinander hervorgehen. Wir suchen also einen unitären Operator $\mathbf{U}(\text{P})$, der die Gleichung

$$\mathbf{U}(\text{P})\,\psi(x, t)\,\mathbf{U}^{-1}(\text{P}) \overset{?}{=} \psi'(x, t) = \gamma_0\,\psi(-x, t) \tag{4-115}$$

erfüllt. Setzen wir hier die Entwicklung des Feldoperators (Gl. (4-84)) ein, so ergibt sich:

$$\int \frac{d^3p}{(2\pi)^3} \frac{1}{2p^0} \sum_s \left\{ e^{ipx} v_s(p) \, \mathsf{U}(P) \, \mathsf{b}_s^\dagger(p) \, \mathsf{U}^{-1}(P) \right.$$

$$\left. + e^{-ipx} u_s(p) \, \mathsf{U}(P) \, \mathsf{a}_s(p) \, \mathsf{U}^{-1}(P) \right\}$$

$$\overset{?}{=} \int \frac{d^3p}{(2\pi)^3} \frac{1}{2p_0} \sum_s \left\{ e^{ipx} \gamma_0 v_s(p') \mathsf{b}_s^\dagger(-p) + e^{-ipx} \gamma_0 u_s(p') \mathsf{a}_s(-p) \right\}, \quad (4\text{-}116)$$

wobei

$$p' = \begin{pmatrix} p^0 \\ -p \end{pmatrix}.$$

Aus der expliziten Gestalt der Spinoren u und v (Gln. (4-38), (4-41)) finden wir leicht

$$\begin{aligned} \gamma_0 \, u_s(p') &= u_s(p), \\ \gamma_0 \, v_s(p') &= -v_s(p). \end{aligned} \qquad (4\text{-}117)$$

Damit erhalten wir aus Gl. (4-116) als Bedingungen für den unitären Operator $\mathsf{U}(P)$ die Relationen

$$\begin{aligned} \mathsf{U}(P) \, \mathsf{a}_s^\dagger(p) \, \mathsf{U}^{-1}(P) &= \mathsf{a}_s^\dagger(-p), \\ \mathsf{U}(P) \, \mathsf{b}_s^\dagger(p) \, \mathsf{U}^{-1}(P) &= -\mathsf{b}_s^\dagger(-p). \end{aligned} \qquad (4\text{-}118)$$

Fordern wir noch die Invarianz des Vakuums bei Paritätstransformationen,

$$\mathsf{U}(P)|0\rangle = |0\rangle, \qquad (4\text{-}119)$$

so wird durch die Gln. (4-118) in der Tat ein unitärer Operator im Raum der Elektron-Positron-Zustände definiert, der die Gl. (4-115) erfüllt.

Für die Ein-Teilchen-Zustände haben wir nach Gl. (4-118)

$$\begin{aligned} \mathsf{U}(P) \, |e^-(p,s)\rangle &= |e^-(-p,s)\rangle, \\ \mathsf{U}(P) \, |e^+(p,s)\rangle &= -|e^+(-p,s)\rangle. \end{aligned} \qquad (4\text{-}120)$$

Zu beachten ist, daß nach der Dirac-Theorie Elektron und Positron *negative* Parität relativ zueinander haben. Das kann man experimentell direkt verifizieren, z.B. im Zerfall des wasserstoffähnlichen Bindungszustandes von e^+ und e^-, des Positroniums, in zwei Photonen.

Die physikalische Aussage, die wir aus unserem Resultat gewinnen, ist folgende: Zu jedem Zustand freier Elektronen und Positronen gibt es einen paritätstransformierten, in dem alle Impulse umgekehrt sind, die Spins ungeändert und für jedes Positron ein Faktor (-1) hinzugefügt ist (Bild 4-1). Der Dirac-Operator ψ verhält sich zum ursprünglichen Zustand so wie der Dirac-Operator ψ' zum transformierten Zustand. Sowohl ψ als auch ψ' erfüllen die Dirac-Gleichung. Durch Beobachtungen an einem System freier Elektronen und Positronen können wir daher ein räumliches kartesisches Rechtssystem von einem Linkssystem nicht unterscheiden. Wie wir später sehen werden, wird durch die schwache Wechselwirkung in der Natur die Äquivalenz von Rechts- und Linkssystemen aufgehoben.

4.5.2 Die Ladungskonjugations-Transformation C

Als nächstes wollen wir uns fragen, ob ein Beobachter, der die Rolle von Elektronen und Positronen vertauscht, andere Natugesetze für die freien Teilchen finden wird. Wir be-

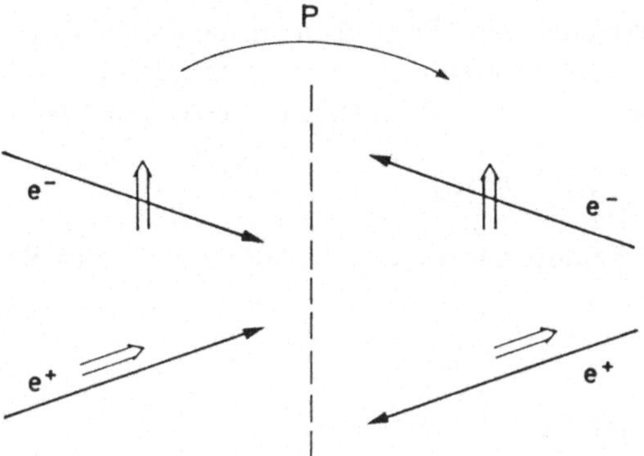

Bild 4-1
Paritätstransformation eines Elektron-Positron-Zustandes. Die einfachen Pfeile deuten die Impulsrichtungen, die Doppelpfeile die Spinorientierungen an.

haupten, daß es im Rahmen der freien Dirac-Theorie reine Konvention ist, was wir Elektronen, was Positronen nennen. Um dies zu zeigen, konstruieren wir die *Ladungskonjugations-Transformation*.

Wir betrachten die Entwicklung des Dirac-Feldoperators ψ (Gl. (4-84)) und des adjungierten Operators $\bar{\psi}$:

$$\bar{\psi}(x) = \int \frac{d^3p}{(2\pi)^3} \frac{1}{2p^0} \sum_{s=\pm\frac{1}{2}} \left\{ e^{ipx}\, \bar{u}_s(p)\, a_s^\dagger(p) + e^{-ipx}\, \bar{v}_s(p)\, b_s(p) \right\}. \tag{4-121}$$

Wir sehen, daß ψ Elektronen vernichtet und Positronen erzeugt, während es bei $\bar{\psi}$ gerade umgekehrt ist. Das legt nahe, nach einer Invarianz der Dirac-Gleichung zu suchen, die ψ mit $\bar{\psi}$ vertauscht. Wir finden zunächst aus der Dirac-Gleichung für $\psi(x)$ unter Benutzung der Gl. (4-67)

$$\left\{ i\,(-\gamma^\mu)^T \frac{\partial}{\partial x^\mu} - m \right\} \bar{\psi}^T(x) = 0. \tag{4-122}$$

Die Matrizen $\gamma'^\mu = (-\gamma^\mu)^T$ erfüllen, wie wir leicht nachprüfen, wieder die fundamentalen Antivertauschungsregeln Gl. (4-12). Nach früheren Überlegungen erwarten wir, daß es eine Äquivalenztransformation der Gestalt

$$\mathbf{S}^{-1}(C)\, \gamma^\mu\, \mathbf{S}(C) = (-\gamma^\mu)^T \tag{4-123}$$

gibt. Das ist in der Tat der Fall mit

$$\mathbf{S}(C) = i\, \gamma^2\, \gamma^0 = \left(\begin{array}{c|c} 0 & -\epsilon \\ \hline -\epsilon & 0 \end{array} \right). \tag{4-124}$$

Damit ergibt sich aus Gl. (4-122):

$$\mathbf{S}^{-1}(C) \left\{ i\, \gamma^\mu \frac{\partial}{\partial x^\mu} - m \right\} \mathbf{S}(C)\, \bar{\psi}^T(x) = 0. \tag{4-125}$$

Der sogenannte ladungskonjugierte Spinor

$$\psi^c(x) = \mathbf{S}(C)\, \bar{\psi}^T(x) \tag{4-126}$$

erfüllt also ebenfalls die Dirac-Gleichung und, wie man leicht nachprüft, auch dieselben Antivertauschungsregeln (Gl. (4-92)) wie $\psi(x)$.

Um die Äquivalenz von Elektronen und Positronen in der freien Dirac-Theorie zu zeigen, müssen wir noch einen unitären Operator $\mathbf{U}(C)$ im Zustandsraum suchen, der $\psi(x)$ in $\psi^c(x)$ transformiert. Wir fragen also, ob es einen Operator $\mathbf{U}(C)$ gibt, der folgendes leistet:

$$\mathbf{U}(C)\,\psi(x)\,\mathbf{U}^{-1}(C) \overset{?}{=} \psi^c(x) = \mathbf{S}(C)\,\overline{\psi}^{\mathrm{T}}(x). \tag{4-127}$$

Setzen wir hier die Entwicklung der Feldoperatoren ein, so finden wir unter Benutzung der Relationen

$$\mathbf{S}(C)\,\overline{u}_s^{\mathrm{T}}(p) = v_s(p),$$

$$\mathbf{S}(C)\,\overline{v}_s^{\mathrm{T}}(p) = u_s(p), \tag{4-128}$$

$$\left(s = \pm\frac{1}{2}\right),$$

die wir an Hand der expliziten Ausdrücke Gln. (4-38) und (4-41) nachprüfen, das gelten muß:

$$\mathbf{U}(C)\,\mathbf{a}_s^\dagger(p)\,\mathbf{U}^{-1}(C) = \mathbf{b}_s^\dagger(p),$$

$$\mathbf{U}(C)\,\mathbf{b}_s^\dagger(p)\,\mathbf{U}^{-1}(C) = \mathbf{a}_s^\dagger(p). \tag{4-129}$$

Dadurch und durch die Forderung der Invarianz des Vakuumzustandes

$$\mathbf{U}(C)|0\rangle = |0\rangle \tag{4-130}$$

wird in der Tat eine unitäre Transformation im Fock-Raum definiert, welche die Gl. (4-127) erfüllt. Bei dieser Ladungskonjugations-Transformation werden Elektronen mit Positronen vertauscht, Impuls- und Spinvariable ungeändert gelassen (Bild 4-2).

Auch die Ladungskonjugations-Invarianz, die wir hier für das *freie* Dirac-Feld gezeigt haben, ist in der Natur nicht streng gültig, sondern wird durch die schwache Wechselwirkung verletzt.

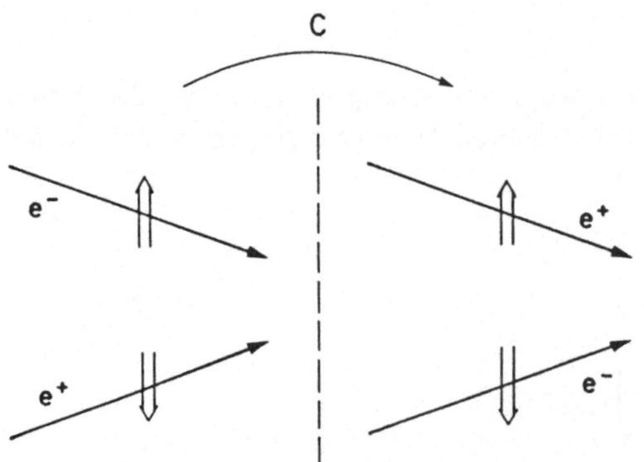

Bild 4-2
Ladungskonjugations-Transformation eines Elektron-Positron-Zustandes

4.5.3   Die Zeitumkehr-Transformation T

Wir wollen wieder eine physikalische Frage stellen: Können wir durch Beobachtungen an einem freien Dirac-Feld die positive von der negativen Zeitrichtung unterscheiden? Mit anderen Worten: Wenn wir einen Film von freien Dirac-Teilchen drehen und den Film rückwärts ablaufen lassen, sehen wir dann einen physikalischen möglichen oder unmöglichen Geschehnisablauf? Wir werden zeigen, daß das freie Dirac-Feld keine Zeitrichtung auszeichnet.

Wir gehen von der Zeitumkehr-Transformation der Koordinaten aus (Gl. (2-41)):

$$\text{T:} \quad t \longrightarrow t' = -t,$$
$$x \longrightarrow x' = x. \tag{4-131}$$

Der Dirac-Spinor mit umgekehrtem Zeitargument $\psi(x, -t)$ erfüllt die Differentialgleichung

$$\left\{ i(-\gamma^0) \frac{\partial}{\partial t} + i\gamma^j \frac{\partial}{\partial x^j} - m \right\} \psi(x, -t) = 0. \tag{4-132}$$

Wir finden unter Benutzung der Gln. (4-78) und (4-79) leicht eine Transformation, die γ^0 in $-\gamma^0$ überführt und γ ungeändert läßt, und zwar gilt mit der Matrix $S' = \gamma_5 \gamma^0$:

$$S'^{-1} \gamma^0 \, S' = -\gamma^0,$$
$$S'^{-1} \gamma \, S' = \gamma. \tag{4-133}$$

Wie früher schließen wir, daß der Spinor

$$\widetilde{\psi}(x, t) = S' \psi(x, -t) \tag{4-134}$$

die Dirac-Gleichung erfüllt. Wir haben damit eine weitere Invarianz der Dirac-Gleichung gefunden. Da wir bereits wissen, daß die Dirac-Gleichung bei Ladungskonjugation invariant ist, erfüllt auch der Spinor

$$\psi'(x, t) = S' \psi^c(x, -t)$$
$$= S(T) \, \overline{\psi}^T(x, -t), \tag{4-135}$$

wobei

$$S(T) = S' \cdot S(C) = i\gamma^2 \gamma_5,$$

die Dirac-Gleichung. Im folgenden wollen wir den Spinor ψ' (Gl. (4-135) als zeitumgekehrten Spinor bezeichnen. Er erfüllt, wie wir leicht nachprüfen, auch die Antivertauschungsregeln Gl. (4-92).

Können wir nun wieder eine unitäre Transformation $U(T)$ im Fock-Raum finden, die ψ in ψ' überführt?

$$U(T) \psi(x, t) U^{-1}(T) \overset{?}{=} \psi'(x, t) = S(T) \overline{\psi}^T(x, -t). \tag{4-136}$$

Durch Einsetzen der Entwicklungen der Feldoperatoren sehen wir leicht, daß ein unitärer Operator $U(T)$ Erzeugungs- in Vernichtungsoperatoren transformieren müßte. Das kann keine physikalische Äquivalenztransformation sein, und wie man zeigen kann, führt es auf einen mathematischen Widerspruch, wenn wir noch Invarianz des Vakuums unter $U(T)$ fordern.

Es gibt aber eine *antiunitäre* Transformation im Fock-Raum, die ψ in ψ' überführt. Wir bezeichnen allgemein einen Operator V als *antilinear*, wenn er für alle Zustände $|a\rangle$, $|b\rangle$ und alle komplexen Zahlen c_1, c_2 die Bedingung

$$V(c_1 |a\rangle + c_2 |b\rangle) = c_1^* V|a\rangle + c_2^* V|b\rangle \tag{4-137}$$

erfüllt. Den hermitesch konjugierten Operator $V^\dagger$ eines antilinearen Operators V definieren wir durch

$$\langle a | V^\dagger | b \rangle = \langle b | V | a \rangle. \tag{4-138}$$

$V^\dagger$ ist wieder ein antilinearer Operator. Man sieht leicht, daß damit die gewöhnlichen Regeln des hermitesch Konjugierens für beliebige Produkte linearer und antilinearer Operatoren erhalten bleiben. Einen Operator V bezeichnen wir als *antiunitär*, falls er antilinear ist und die Bedingung

$$V^\dagger V = V V^\dagger = 1 \tag{4-139}$$

erfüllt. Es gilt dann für Zustände $|a\rangle$, $|b\rangle$ und Zustände

$$\begin{aligned} |a'\rangle &= V|a\rangle \\ |b'\rangle &= V|b\rangle \end{aligned} \tag{4-140}$$

die Relation

$$\langle a'|b'\rangle = \langle b|a\rangle = \langle a|b\rangle^*. \tag{4-141}$$

Gegenüber einer unitären Transformation ist also zusätzlich komplex zu konjugieren bzw. der „bra"- mit dem „ket"-Vektor zu vertauschen. Physikalisch heißt das, daß bei Reaktionen Anfangs- mit Endzuständen zu vertauschen sind.

Sei A ein beliebiger linearer Operator, V sei antiunitär. Wir wollen den zu A antiunitär transformierten Operator A' definieren durch

$$A' := (V A V^{-1})^\dagger. \tag{4-142}$$

Gegenüber der unitären Transformation fügen wir ein hermitesches Konjugieren hinzu. Damit wird der Zusammenhang zwischen A und A' linear, d.h. es gilt für eine beliebige komplexe Zahl c

$$(c \cdot A)' = c\, A'. \tag{4-143}$$

Weiter gilt für die Matrixelemente

$$\langle a|A|b\rangle = \langle b'|A'|a'\rangle \tag{4-144}$$

mit den Zuständen wie in Gl. (4-140).

Wir behaupten nun, daß es eine antiunitäre Transformation $V(T)$ gibt, so daß gilt:

$$(V(T)\,\psi(x,t)\,V^{-1}(T))^\dagger = \psi'(x,t) = S(T)\,\overline{\psi}^{\,T}(x,-t). \tag{4-145}$$

Diese antiunitäre Transformation finden wir wieder, indem wir die Entwicklung der Feldoperatoren einsetzen und die folgenden Relationen benutzen, die wir leicht an Hand der expliziten Ausdrücke (Gln. (4-38) und (4-41)) nachrechnen:

$$S(T)\,\overline{u}_s^{\,T}(p) = (-1)^{s+\frac{1}{2}}\, u_{-s}(p'),$$

$$S(T)\,\overline{v}_s^{\,T}(p) = (-1)^{s+\frac{1}{2}}\, v_{-s}(p'), \tag{4-146}$$

wobei $s = \pm\frac{1}{2}$ und

$$p' = \begin{pmatrix} p^0 \\ -\boldsymbol{p} \end{pmatrix}.$$

Die antiunitäre Transformation $\mathbf{V}$ (T), die Gl. (4-144) erfüllt, wird dann durch die folgenden Relationen definiert:

$$\mathbf{V}\,(T)\,\mathbf{a}_s^{\dagger}\,(\boldsymbol{p})\,\mathbf{V}^{-1}\,(T) = (-1)^{s-\frac{1}{2}}\,\mathbf{a}_{-s}^{\dagger}\,(-\boldsymbol{p}),$$

$$\mathbf{V}\,(T)\,\mathbf{b}_s^{\dagger}\,(\boldsymbol{p})\,\mathbf{V}^{-1}\,(T) = (-1)^{s-\frac{1}{2}}\,\mathbf{b}_{-s}^{\dagger}\,(-\boldsymbol{p}), \tag{4-147}$$

$$\mathbf{V}\,(T)|0\rangle = |0\rangle.$$

Die Zeitumkehr-Transformation dreht also Impulse und Spins um (Bild 4-3).

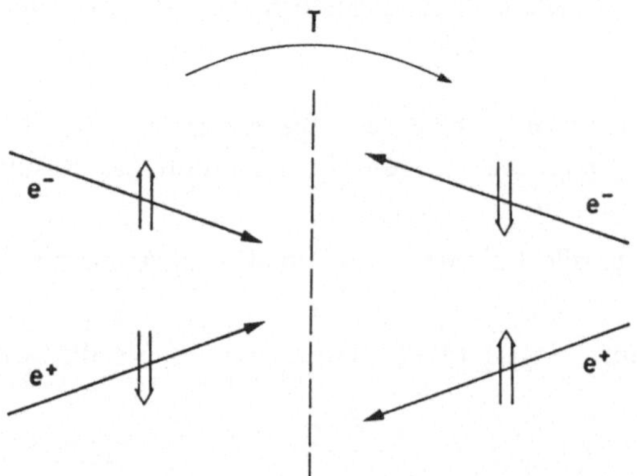

Bild 4-3
Zeitumkehr-Transformation eines
Elektron-Positron-Zustandes

    Ist die so konstruierte antiunitäre Transformation als physikalische Äquivalenzformation der Zeitumkehr brauchbar? Das ist in der Tat der Fall. Jedem Zustand $|a\rangle$ des ersten Beobachters kann der zweite Beobachter, der die Zeit umgekehrt zählt, den Zustand $|a'\rangle = \mathbf{V}\,(T)|a\rangle$ zuordnen. Jeder beobachtbaren Größe $\mathbf{A}$, die der erste Beobachter aus dem Feldoperator aufbaut, kann der zweite Beobachter die Größe $\mathbf{A}'$ nach Gl. (4-142) zuordnen, die aus ψ' (Gl. (4-145)) genau wie $\mathbf{A}$ aus ψ aufgebaut ist. Nach Gl. (4-144) gilt für die Erwartungswerte

$$\langle a|\mathbf{A}|a\rangle = \langle a'|\mathbf{A}'|a'\rangle, \tag{4-148}$$

d.h. die Meßresultate sind in entsprechenden Zuständen identisch!

    Für ein freies Dirac-Feld haben wir die Zeitumkehr-Invarianz nachgewiesen. In der Natur gilt die Zeitumkehr-Invarianz bei fast allen Reaktionen, die man bisher beobachtet hat. Dabei ist zu beachten, daß durch Zeitumkehr Anfangs- und Endzustand vertauscht werden. Erst bei der experimentellen Untersuchung der Zerfälle der neutralen K-Mesonen entdeckte man T-verletzende Effekte.

    In der Natur sind somit alle Invarianzen C, P und T einzeln verletzt. In einer relativistischen Feldtheorie mit beliebiger Wechselwirkung muß aber das Produkt $\Theta = CPT$ eine Invarianz-Transformation sein. Dieses Theorem wurde aus allgemeinen Axiomen hergeleitet (Lüders 1954, 1957, Pauli 1955, vgl. auch Streater 1964) und ist bisher im Experiment durchweg bestätigt worden.

Aufgaben

4.1   Beweisen Sie Gl. (4-55) sowie die folgende Identität von Jacobi

$$[[\mathbf{A},\mathbf{B}],\mathbf{C}] + [[\mathbf{B},\mathbf{C}],\mathbf{A}] + [[\mathbf{C},\mathbf{A}],\mathbf{B}] = 0, \qquad (4\text{-}149)$$

die für beliebige Operatoren $\mathbf{A}, \mathbf{B}, \mathbf{C}$ gilt. Beweisen Sie, daß gilt

$$e^{\mathbf{A}}\,\mathbf{B}\,e^{-\mathbf{A}} = \mathbf{B} + \frac{1}{1!}\,[\mathbf{A},\mathbf{B}] + \frac{1}{2!}\,[\mathbf{A},[\mathbf{A},\mathbf{B}]] + \dots \qquad (4\text{-}150)$$

4.2   Zeigen Sie die Existenz einer Matrix $\mathbf{S}(\Lambda)$, welche die Gl. (4-48) erfüllt für alle Lorentz-Transformationen Λ, die zur Komponente der Einheit gehören. *Anleitung:* Zeigen Sie Gl. (4-48) zunächst für alle Lorentz-Transformationen der Gestalt

$$\Lambda(\tau) = \exp(\mathbf{h}\tau),$$

wobei τ beliebig reell ist und $\mathbf{h} = (h^{\mu}{}_{\nu})$ eine beliebige Matrix ist, deren Elemente der Bedingung genügen $h_{\mu\nu} = h_{\nu\mu}$. Verwenden Sie daraufhin das Resultat von Aufgabe 2.1.

4.3   Beweisen Sie die Gl. (4-68) für alle Lorentz-Transformationen Λ, die zur Komponente der Einheit gehören.

4.4   Verifizieren Sie die Spinsummen in Gl. (4-94) und berechnen Sie die Ausdrücke

$$\bar{u}_r(p)\,\gamma^{\mu}\,u_s(p),$$
$$\bar{v}_r(p)\,\gamma^{\mu}\,v_s(p).$$

4.5   Leiten Sie die explizite Gestalt der CPT-Transformation des Dirac-Feldes her und diskutieren Sie sie analog wie die Zeitumkehr-Transformation. Wie sehen die zu Gln. (4-146) und (4-147) analogen Relationen für $\Theta = CPT$ aus?

5   Die Streumatrix und der Streuquerschnitt

Wir wollen in diesem Kapitel den Formalismus kennenlernen, mit dem wir Reaktionen in der Hochenergiephysik beschreiben. Dabei kann es sich um Streuprozesse, Teilchenzerfall oder Teilchenerzeugung handeln. Die zentrale Rolle spielt hier die Streumatrix $\mathbf{S}$, die von Wheeler und Heisenberg eingeführt wurde (Wheeler 1937, Heisenberg 1943, 1944). Bevor wir eine allgemeine Formulierung geben, studieren wir ein einfaches Beispiel.

5.1   Die Streuung von Elektronen an einem schweren Kern

Wir untersuchen die Streuung von Elektronen an einem schweren Kern, den wir als festes Streuzentrum betrachten. Die Kernladung sei Ze. Die Ladungsverteilung beschreiben wir durch die Dichtefunktion

$$Ze\rho(x),$$

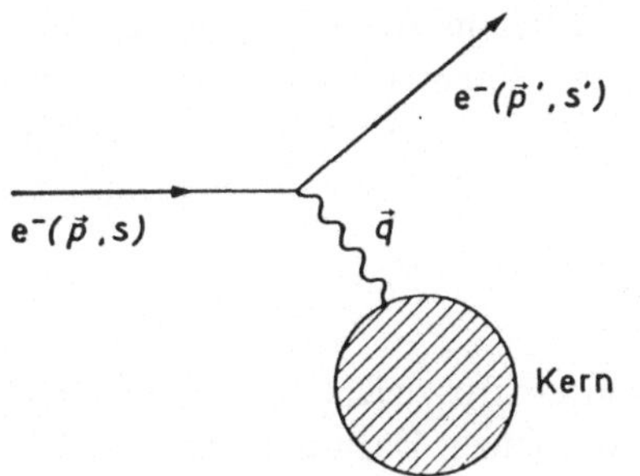

Bild 5-1

Streuung eines Elektrons an einem schweren
Kern der Ladung Ze

für deren Normierung also gilt:

$$\int d^3x\, \rho(x) = 1. \tag{5-1}$$

Nach den Gesetzen der Elektrostatik erzeugt die Ladungsverteilung ein Potential $V(x)$,
das der Poissonschen Gleichung

$$\Delta V(x) = -\,Ze\,\rho(x) \tag{5-2}$$

genügt. Wir wollen die Streuung der Elektronen an diesem Potential berechnen (Bild 5-1).
Dieses Problem ist die relativistische Verallgemeinerung der Rutherford-Streuung.

Um die Streuung im Rahmen der quantisierten Dirac-Theorie zu beschreiben,
wollen wir uns des Wechselwirkungs- oder Dirac-Bildes bedienen, das wir im Kapitel 3
eingeführt haben. Dann genügen die Operatoren den freien Bewegungsgleichungen, während die Zeitentwicklung der Zustände durch die Wechselwirkung gegeben ist (Gl. (3-8)),

$$i\frac{\partial}{\partial t}\,|t\rangle = \mathbf{H}'(t)|t\rangle. \tag{5-3}$$

Zur Zeit $t \to -\infty$ muß der Zustand in den einlaufenden Zustand übergehen, der in
unserem Fall ein Elektron mit Impuls p und Spin s enthalten soll

$$\lim_{t\to-\infty} |t\rangle = |e^-(p,s)\rangle. \tag{5-4}$$

Dies ist die Anfangsbedingung für die Differentialgleichung (5-3). Zur Zeit $t \to +\infty$ wird
der Zustand anders aussehen, er wird in unserem Beispiel eine gestreute Elektronenwelle
beinhalten. Da es sich bei der Gl. (5-3) um eine lineare Differentialgleichung für den Zustandsvektor handelt, muß der Zusammenhang zwischen den Zuständen zur Zeit $t = -\infty$
und $t = +\infty$ ebenfalls linear sein. Schreiben wir allgemein für den Anfangszustand i (initialer
Zustand)

$$\lim_{t\to-\infty} |t\rangle = |i\rangle, \tag{5-5}$$

so können wir setzen:

$$\lim_{t\to+\infty} |t\rangle = \mathbf{S}|i\rangle, \tag{5-6}$$

wobei $\mathbf{S}$ ein linearer Operator ist. Wollen wir wissen, welches die Wahrscheinlichkeitsamplitude dafür ist, einen bestimmten Zustand f (finaler Zustand) nach der Streuung vorzufinden,
so brauchen wir bloß das Matrixelement

$$\langle f\,|\,t = +\infty\rangle = \langle f|\mathbf{S}|i\rangle \equiv S_{fi} \tag{5-7}$$

zu bilden. Damit haben wir bereits die Streumatrix $\mathbf{S}$ eingeführt.

Um in unserem konkreten Problem die Streumatrix zu bestimmen, müssen wir die Wechselwirkung der Elektronen mit dem äußeren Potential kennen. Wir wollen hier die entsprechende Wechselwirkungs-Hamiltonfunktion $\mathbf{H}'$ nur angeben und für eine Begründung auf Teil II verweisen:

$$\mathbf{H}'(t) = - e \int d^3x\, \overline{\psi}(x,t)\,\gamma^0\,\psi(x,t)\,V(x). \tag{5-8}$$

Mit dieser Wechselwirkung läßt sich die Differentialgleichung (5-3) auch nicht leicht exakt lösen. Wir wollen daher eine Entwicklung versuchen. Dazu schreiben wir Gl. (5-3) in eine Integralgleichung um, in der die Anfangsbedingung inkorporiert ist,

$$|t\rangle = |i\rangle - i \int\limits_{-\infty}^{t} dt'\,\mathbf{H}'(t')|t'\rangle. \tag{5-9}$$

Betrachten wir hier $\mathbf{H}'$ als klein, so können wir den zweiten Term auf der rechten Seite als Korrekturglied auffassen, in dem wir den Zustandsvektor durch seinen Anfangswert ersetzen. Das ist die *erste Bornsche Näherung*. Wir erhalten dann

$$|t = +\infty\rangle \cong |i\rangle - i \int\limits_{-\infty}^{\infty} dt'\,\mathbf{H}'(t')|i\rangle,$$

$$\langle f|t = +\infty\rangle = \langle f|\mathbf{S}|i\rangle \equiv S_{fi} \tag{5-10}$$

$$\cong \delta_{fi} - i \int\limits_{-\infty}^{\infty} dt'\,\langle f|\mathbf{H}'(t')|i\rangle.$$

Nun setzen wir in unserem konkreten Beispiel $\mathbf{H}'$ von Gl. (5-8) ein sowie

$$\begin{aligned}
|i\rangle &= |e^-(\boldsymbol{p},s)\rangle = \mathbf{a}_s^{\dagger}(\boldsymbol{p})|0\rangle, \\
|f\rangle &= |e^-(\boldsymbol{p}',s')\rangle = \mathbf{a}_{s'}^{\dagger}(\boldsymbol{p}')|0\rangle.
\end{aligned} \tag{5-11}$$

Dabei interessieren wir uns nur für abgelenkte Elektronen, d.h. für $\boldsymbol{p}' \neq \boldsymbol{p}$. Wir erhalten dann:

$$S_{fi} = - i \int dt\, \langle e^-(\boldsymbol{p}',s')|\,(-e)\int d^3x\, \overline{\psi}(x,t)\,\gamma^0\,\psi(x,t)\,V(x)|e^-(\boldsymbol{p},s)\rangle. \tag{5-12}$$

Hier setzen wir wieder die Entwicklung der Feldoperatoren Gln. (4-84) und (4-121) ein und erhalten:

$$S_{fi} = i\,e \int dt\, d^3x\, V(x) \int \frac{d^3p_1\, d^3p_2}{(2\pi)^6} \frac{1}{2p_1^0\, 2p_2^0}$$

$$\sum_{r,\,r'} \langle 0|\mathbf{a}_{s'}(\boldsymbol{p}')\,\{e^{ip_2 x}\,\overline{u}_{r'}(\boldsymbol{p}_2)\,\mathbf{a}_{r'}^{\dagger}(\boldsymbol{p}_2) + e^{-ip_2 x}\,\overline{v}_{r'}(\boldsymbol{p}_2)\,\mathbf{b}_{r'}(\boldsymbol{p}_2)\}\,\gamma^0$$

$$\{e^{ip_1 x}\,v_r(\boldsymbol{p}_1)\,\mathbf{b}_r^{\dagger}(\boldsymbol{p}_1) + e^{-ip_1 x}\,u_r(\boldsymbol{p}_1)\,\mathbf{a}_r(\boldsymbol{p}_1)\}\,\mathbf{a}_s^{\dagger}(\boldsymbol{p})|0\rangle. \tag{5.13}$$

Unter Ausnutzung der Antivertauschungsregeln von Gl. (4-91) und der Gl. (4-87) finden wir leicht:

$$S_{fi} = i e \int dt\, d^3x\, V(x)\, e^{i((p'^0 - p^0)\,t - (p' - p)\,x)}\, \bar{u}_{s'}(p')\,\gamma^0\, u_s(p)$$

$$= i e\, 2\pi\, \delta(p'^0 - p^0) \int d^3x\, V(x)\, e^{-i(p' - p)\,x}\, \bar{u}_{s'}(p')\,\gamma^0\, u_s(p). \tag{5-14}$$

Für das ein- und das auslaufende Elektron stehen im S-Matrixelement die entsprechenden Dirac-Spinoren u und $\bar{u}$. Die δ-Funktion besagt, daß das gestreute Elektron die gleiche Energie wie das einlaufende Elektron haben muß, da das statische Potential weder Energie aufnehmen noch abgeben kann. Das Fourier-Integral des Potentials können wir mit Hilfe der Poisson-Gleichung umformen. Bezeichnen wir mit q den Impulsübertrag,

$$q = p - p', \tag{5-15}$$

so haben wir

$$\int d^3x\, V(x)\, e^{i\,qx} = -\frac{1}{q^2} \int d^3x\, V(x)\, \Delta e^{i\,qx}$$

$$= -\frac{1}{q^2} \int d^3x\, e^{i\,qx}\, \Delta V(x)$$

$$= \frac{1}{q^2} \int d^3x\, e^{i\,qx}\, Ze\, \rho(x). \tag{5-16}$$

Man bezeichnet die Fourier-Transformierte der normierten Ladungsverteilung als deren *Formfaktor*

$$F(q) = \int d^3x\, e^{i\,qx}\, \rho(x). \tag{5-17}$$

Setzen wir all das ein, so erhalten wir

$$S_{fi} = i e\, 2\pi\, \delta(p'^0 - p^0)\, \frac{Ze}{q^2}\, F(q)\, \bar{u}_{s'}(p')\,\gamma^0\, u_s(p). \tag{5-18}$$

Nun wollen wir daraus die Übergangswahrscheinlichkeit und den Streuquerschnitt bestimmen. Wir wollen annehmen, daß unser ursprüngliches Elektron unpolarisiert ist und daß wir die Polarisation der gestreuten Elektronen nicht beobachten. Dann erhalten wir für die Übergangswahrscheinlichkeit dw in die Endzustände in einem Impulsintervall d^3p':

$$dw = \frac{d^3p'}{(2\pi)^3\, 2p'^0} \sum_{s,\,s'}{}' |\langle e^-(p',s')|\mathbf{S}|e^-(p,s)\rangle|^2$$

$$= \frac{d^3p'}{(2\pi)^3\, 2p'^0}\, e^2\, (Ze)^2\, [2\pi\, \delta(p'^0 - p^0)]^2$$

$$\frac{1}{|q|^4}\, |F(q)|^2 \sum_{s,\,s'}{}' |\bar{u}_{s'}(p')\,\gamma^0\, u_s(p)|^2. \tag{5-19}$$

Dabei bedeutet Σ' Mittelung über die Polarisationsrichtungen im Anfangszustand und Summation über die Polarisationsrichtungen im Endzustand. Der Phasenraumfaktor $(2\pi)^3\, 2p'^0$ ergibt sich aus der Bedingung, daß die Summe über die Endzustände einen Projektionsoperator liefert (Aufgabe 5.1).

Es scheint Gl. (5-19) eine mathematische Katastrophe zu beinhalten, da wir das Quadrat einer δ-Funktion angeschrieben haben. Hier hilft uns Fermis Trick weiter. Wir schreiben für eine δ-Funktion eine Integraldarstellung und erhalten

$$(2\pi\,\delta(p'^0 - p^0))^2 = \int_{-\infty}^{\infty} dt\, e^{i(p'^0 - p^0)\,t} \cdot 2\pi\,\delta(p'^0 - p^0)$$

$$= \left(\int_{-\infty}^{\infty} dt\right) 2\pi\,\delta(p'^0 - p^0).$$

Nun stellen wir uns vor, daß wir das Potential ganz langsam, adiabatisch, ein- und ausschalten, so daß das Integral über alle Zeiten durch die Gesamtzeit T zu ersetzen ist, während der das Potential eingeschaltet ist. Diese Vorstellung ist durchaus physikalisch sinnvoll, denn kein Experiment läuft unendlich lang. Mit den Ersetzungen

$$\int_{-\infty}^{\infty} dt \longrightarrow T, \qquad (2\pi\,\delta(p'^0 - p^0))^2 \longrightarrow T\,2\pi\,\delta(p'^0 - p^0) \tag{5-20}$$

erhalten wir dann aus Gl. (5-19) ein mathematisch wohldefiniertes Resultat für die Übergangsrate dw/T:

$$\frac{dw}{T} = \frac{d^3p'}{(2\pi)^3\,2p'_0}\,e^2\,(Ze)^2\,2\pi\,\delta(p'^0 - p^0)$$

$$\frac{1}{|q|^4}\,|F(q)|^2 \sum_{s,\,s'}{}' |\bar{u}_{s'}(p')\gamma^0 u_s(p)|^2. \tag{5-21}$$

(Die Benutzung von Fermis Trick kann man vermeiden, wenn man an Stelle von Zuständen festen Impulses Wellenpakete betrachtet; s. Aufgabe 5.3.)

Den Streuquerschnitt σ erhalten wir ganz allgemein als Quotient von Übergangsrate und Fluß Φ der einlaufenden Teilchen. In Differentialform gilt:

$$d\sigma = \frac{dw/T}{\Phi}. \tag{5-22}$$

Wir müssen noch den Fluß bestimmen. Da unsere Zustände auf δ-Funktionen im Impuls normiert sind, wenden wir einen ähnlichen Trick wie in Gl. (5-20) an. Wir haben:

$$\langle e^-(\boldsymbol{p}_1, s_1) | e^-(\boldsymbol{p}_2, s_2)\rangle = \delta_{s_1 s_2}(2\pi)^3\,2p_1^0\,\delta^3(\boldsymbol{p}_1 - \boldsymbol{p}_2)$$

$$= \delta_{s_1 s_2}\,2p_1^0 \int d^3x\, e^{i(\boldsymbol{p}_1 - \boldsymbol{p}_2)\boldsymbol{x}}. \tag{5-23}$$

Das Integral in Gl. (5-23) ist über den ganzen Ortsraum zu erstrecken und divergiert für $\boldsymbol{p}_1 = \boldsymbol{p}_2$. Ein unendlich großes Volumen haben wir aber nie zur Verfügung. Es sei V das Volumen, das uns zur Verfügung steht. Dann können wir für die Normierung eines Zustands festen Impulses und fester Spinrichtung setzen:

$$\langle e^-(\boldsymbol{p}, s_1) | e^-(\boldsymbol{p}, s_2)\rangle\big|_{s_1 = s_2} = 2p^0 \cdot \int_V d^3x = 2p^0 V. \tag{5-24}$$

Die Wahrscheinlichkeitsdichte pro Volumeneinheit für diesen Zustand ist $2p^0$ und mit der Geschwindigkeit v der einlaufenden Elektronen erhalten wir für den Fluß

$$\Phi = |v| \cdot 2p^0 = \frac{|p|}{p^0} 2p^0 = 2|p|. \tag{5-25}$$

Für das Differential des Streuquerschnitts ergibt sich damit nach Gln. (5-21) und (5-22)

$$d\sigma = \frac{1}{2|p|} \frac{d^3 p'}{(2\pi)^3 2p_0'} e^2 (Ze)^2 2\pi \, \delta(p'^0 - p^0) \frac{1}{|q|^4} |F(q)|^2$$

$$\sum_{s,s'}' |\bar{u}_{s'}(p') \gamma^0 u_s(p)|^2. \tag{5-26}$$

Den differentiellen Streuquerschnitt bezüglich des Raumwinkels Ω des gestreuten Elektrons erhalten wir durch Integration über $|p'|$ als

$$\frac{d\sigma}{d\Omega} = \frac{1}{2|p|} e^2 (Ze)^2 \int_0^\infty \frac{d|p'| \, |p'|^2}{2p'^0 (2\pi)^3}$$

$$2\pi \, \delta(p'^0 - p^0) \frac{1}{|q|^4} |F(q)|^2 \sum_{s,s'}' |\bar{u}_{s'}(p') \gamma^0 u_s(p)|^2$$

$$= \frac{e^2 (Ze)^2}{(4\pi)^2} \frac{1}{|q|^4} |F(q)|^2 \sum_{s,s'}' |\bar{u}_{s'}(p') \gamma^0 u_s(p)|^2. \tag{5-27}$$

Nun sehen wir uns die Mittelung bzw. Summation über die Spinfreiheitsgrade an. Dabei begegnen wir wieder den Spinsummen (Gl. (4-94)). Es gilt:

$$\sum_{s,s'}' |\bar{u}_{s'}(p') \gamma^0 u_s(p)|^2 = \frac{1}{2} \sum_{s,s'} \bar{u}_{s'}(p') \gamma^0 u_s(p) \bar{u}_s(p) \gamma^0 u_{s'}(p')$$

$$= \frac{1}{2} \text{Sp} [(p\!\!\!/' + m) \gamma^0 (p\!\!\!/ + m) \gamma^0]. \tag{5-28}$$

Die in Gl. (5-28) auftretende Spur (Sp) von γ-Matrizen könnten wir beispielsweise dadurch ausrechnen, indem wir die expliziten Ausdrücke (Gl. (4-19)) einsetzen. Viel eleganter ist es, die Formeln für die Spuren von Produkten von γ-Matrizen zu verwenden, die wir im Anhang A zusammengestellt haben. Damit ergibt sich:

$$\sum_{s,s'}' |\bar{u}_{s'}(p') \gamma^0 u_s(p)|^2 = 2(p_0^2 + p'p + m^2)$$

$$= 4 \left(p^2 \cos^2 \frac{\vartheta}{2} + m^2 \right), \tag{5-29}$$

wobei ϑ der Streuwinkel ist:

$$\cos \vartheta = \frac{p' \cdot p}{|p'||p|}, \qquad (0 \leqslant \vartheta \leqslant \pi).$$

Setzen wir all dies in Gl. (5-27) ein und beachten wir, daß

$$|q|^2 = (p - p')^2 = 4|p|^2 \sin^2 \frac{\vartheta}{2}, \tag{5-30}$$

so erhalten wir schließlich

$$\frac{d\sigma}{d\Omega} = Z^2\left(\frac{e^2}{4\pi}\right)^2 \frac{1}{4|\boldsymbol{p}|^2} \frac{\cos^2\frac{\vartheta}{2} + \frac{m^2}{|\boldsymbol{p}|^2}}{\sin^4\frac{\vartheta}{2}} |F(\boldsymbol{q})|^2 .$$

(5-31)

Für eine Punktladung als Streuzentrum haben wir

$$\rho(\boldsymbol{x}) = \delta^3(\boldsymbol{x}),$$

$$F(\boldsymbol{q}) = \int d^3x\, e^{i\boldsymbol{q}\boldsymbol{x}}\, \delta^3(\boldsymbol{x}) = 1 .$$

(5-32)

Damit ergibt sich aus Gl. (5-31):

$$\frac{d\sigma}{d\Omega} = Z^2\left(\frac{e^2}{4\pi}\right)^2 \frac{\cos^2\frac{\vartheta}{2} + \frac{m^2}{|\boldsymbol{p}|^2}}{4|\boldsymbol{p}|^2 \sin^4\frac{\vartheta}{2}} .$$

(5-33)

Dies ist die *Mottsche Streuformel*, die relativistische Verallgemeinerung der Rutherford-schen Streuformel. In der Tat finden wir im nichtrelativistischen Grenzfall, d.h. für Impulse, die klein gegenüber der Ruhmasse des Elektrons sind:

$$\frac{d\sigma}{d\Omega} = Z^2\left(\frac{e^2}{4\pi}\right)^2 \frac{1}{(E_{\text{kin}})^2} \frac{1}{16\sin^4\frac{\vartheta}{2}}, \qquad (|\boldsymbol{p}| \ll m).$$

(5-34)

Dabei ist $E_{\text{kin}} = \boldsymbol{p}^2/(2m)$ die nichtrelativistische kinetische Energie.

Im extrem relativistischen Grenzfall ergibt sich andererseits:

$$\frac{d\sigma}{d\Omega} = Z^2\left(\frac{e^2}{4\pi}\right)^2 \frac{\cos^2\frac{\vartheta}{2}}{4|\boldsymbol{p}|^2 \sin^4\frac{\vartheta}{2}}, \qquad (|\boldsymbol{p}| \gg m).$$

(5-35)

Für eine Punktladung ist hier der Streuquerschnitt, da keine inneren Längenskalen vorhan-den sind, proportional zum Quadrat der „äußeren", kinematischen Längenskala $1/|\boldsymbol{p}|$. Der dimensionslos gemachte Streuquerschnitt

$$|\boldsymbol{p}|^2 \frac{d\sigma}{d\Omega} = Z^2\left(\frac{e^2}{4\pi}\right)^2 \frac{\cos^2\frac{\vartheta}{2}}{4\sin^4\frac{\vartheta}{2}}$$

(5-36)

hängt im Hochenergielimes überhaupt nicht mehr vom Impuls des einlaufenden Elektrons ab, er zeigt ein *Skalenverhalten*. Solche Beobachtungen waren bei der Erforschung der Nukleonstruktur durch tief inelastische Elektron-Nukleon-Streuung von großem Nutzen. Sie haben zum heutigen Bild des Nukleons als Bindungszustand punktförmiger Quarks und Gluonen wesentlich beigetragen. Man drehte dabei die Schlußweise um und folgerte aus beobachtetem Skalenverhalten von Streuquerschnitten, daß die Streuzentren punkt-förmig sein müssen.

5.2   Die allgemeine Definition von S- und T-Matrix

Wir wollen nun eine allgemeine Reaktion betrachten, bei der n Teilchen a_i mit Viererimpulsen p_i streuen und m Teilchen b_j mit Viererimpulsen p_j' ergeben,

$$a_1(p_1) + \ldots + a_n(p_n) \longrightarrow b_1(p_1') + \ldots + b_m(p_m'). \tag{5-37}$$

Wir normieren die Ein-Teilchen-Zustände wie in Gl. (3-69) und verwenden wieder das Wechselwirkungsbild. Dann ist die Zeitentwicklung des Zustandsvektors durch eine Differentialgleichung gegeben mit einem Hamilton-Operator, der die Wechselwirkung beschreibt:

$$i\frac{\partial}{\partial t}\,|t\rangle = \mathbf{H}'(t)|t\rangle. \tag{5-38}$$

Die Anfangsbedingung ist

$$\lim_{t \to -\infty} |t\rangle = |i\rangle = |a_1(p_1) \ldots a_n(p_n)\rangle. \tag{5-39}$$

Wie vorher definieren wir den S-Operator durch

$$\lim_{t \to +\infty} |t\rangle = \mathbf{S}|i\rangle. \tag{5-40}$$

Das entsprechende Übergangsmatrixelement für unseren Endzustand

$$|f\rangle = |b_1(p_1') \ldots b_m(p_m')\rangle \tag{5-41}$$

ist dann

$$S_{fi} = \langle b_1(p_1') \ldots b_m(p_m')|\mathbf{S}|a_1(p_1) \ldots a_n(p_n)\rangle. \tag{5-42}$$

Aus der S-Matrix wollen wir den Anteil, der den nicht reagierenden Teilchen entspricht, wie in Gl. (5-10) abspalten:

$$S_{fi} = \delta_{fi} + \text{Rest}.$$

Wir wollen hier den Fall betrachten, daß keine äußeren Potentiale vorliegen, so daß Viererimpulserhaltung gilt. Es ist dann plausibel, und man kann es auch allgemein zeigen, daß der Rest eine δ-Funktion der Viererimpulse enthält. Wir schreiben daher:

$$S_{fi} = \delta_{fi} + i(2\pi)^4\,\delta(P_f - P_i)\,\langle f|\mathbf{T}|i\rangle, \tag{5-43}$$

wobei

$$P_f = p_1' + \ldots + p_m'\,,$$

$$P_i = p_1 + \ldots + p_n\,,$$

$$\langle f|\mathbf{T}|i\rangle \equiv \langle b_1(p_1') \ldots b_m(p_m')|\mathbf{T}|a_1(p_1) \ldots a_n(p_n)\rangle. \tag{5-44}$$

Gleichung (5-43) stellt die Definition der T-Matrix dar. Die S- und T-Matrixelemente sind bei unserer Konvention Lorentz-invariante Funktionen. Dies werden wir in Teil II an Hand von Beispielen explizit sehen.

Nun betrachten wir eine Reaktion mit zwei Teilchen im Anfangszustand, wie man es häufig bei Streuprozessen hat:

$$a_1(p_1) + a_2(p_2) \longrightarrow b_1(p_1') + \ldots + b_m(p_m'). \tag{5-45}$$

Die Definition des Streuquerschnitts für diese Reaktion ist

$$\sigma = \frac{\text{Übergangsrate}}{\text{Fluß der einlaufenden Teilchen}} \cdot \tag{5-46}$$

Dabei muß man allerdings ein Lorentz-System angeben, in dem Übergangsrate und Fluß zu nehmen sind. Konventionellerweise bezieht man sich auf das Ruhsystem eines Teilchens im Anfangszustand. Das Resultat ist, wie wir sehen werden, unabhängig davon, welches Teilchen im Anfangszustand wir herausgreifen.

Wir berechnen zunächst allgemein die Übergangswahrscheinlichkeit dw für die Reaktion (5-45), wobei wir je ein Teilchen a_1 und ein Teilchen a_2 in einem Normierungsvolumen V voraussetzen. Beachten wir die Normierung unserer ebenen Wellenzustände Gl. (5-24), so erhalten wir aus Gl. (5-43):

$$dw_{fi} = [(2\pi)^4 \,\delta\,(p_1' + \dots + p_m' - p_1 - p_2)]^2 \,\frac{1}{2p_1^0 \, 2p_2^0} \left(\frac{1}{V}\right)^2$$

$$\prod_{i=1}^{m} \frac{d^3 p_i'}{(2\pi)^3 \, 2p_i'^{\,0}} \,|\langle b_1\,(p_1') \dots b_m\,(p_m')|\,\mathsf{T}\,|a_1\,(p_1)\,a_2\,(p_2)\rangle|^2 \,. \tag{5-47}$$

Für das Quadrat der δ-Funktion verwenden wir wieder Fermis Trick. Dabei stellen wir uns vor, daß die Wechselwirkung über das Volumen V und eine Zeit T eingeschaltet ist und setzen

$$[(2\pi)^4 \,\delta\,(p_1' + \dots + p_m' - p_1 - p_2)]^2$$

$$= \int_{VT} dx \, e^{i\,(p_1' + \dots + p_m' - p_1 - p_2)\,x} \cdot (2\pi)^4 \,\delta\,(p_1' + \dots + p_m' - p_1 - p_2)$$

$$= VT\,(2\pi)^4 \,\delta\,(p_1' + \dots + p_m' - p_1 - p_2). \tag{5-48}$$

Damit wird die Übergangsrate

$$\frac{dw_{fi}}{T} = \frac{1}{V}\,\frac{1}{2p_1^0 \, 2p_2^0}\,(2\pi)^4 \,\delta\,(p_1' + \dots + p_m' - p_1 - p_2)$$

$$\prod_{i=1}^{m} \frac{d^3 p_i'}{(2\pi)^3 \, 2p_i'^{\,0}} \,|\langle b_1\,(p_1') \dots b_m\,(p_m')|\,\mathsf{T}\,|a_1\,(p_1)\,a_2\,(p_2)\rangle|^2 \,. \tag{5-49}$$

Diese Formel ist noch ganz allgemein für jedes Bezugsystem richtig. Wir spezialisieren nun auf das Ruhsystem von a_2. Dann finden wir mit m_1, m_2 (den Massen von a_1 und a_2) und dem Fluß Φ der Teilchen a_1 die Relationen

$$p_2^0 = m_2,$$

$$\Phi = \frac{1}{V}\,\frac{|\boldsymbol{p}_1|}{p_1^0} = \frac{1}{V}\,\frac{1}{p_1^0}\,\frac{w\,(s, m_1^2, m_2^2)}{2m_2}, \tag{5-50}$$

$$s = (p_1 + p_2)^2 \,.$$

Dabei haben wir Gl. (2-71) für den Impuls von a_1 im Ruhsystem von a_2 benutzt. Damit erhalten wir für den Streuquerschnitt

$$
d\sigma = \frac{dw_{fi}/T}{\Phi}
$$

$$
= \frac{1}{2w(s, m_1^2, m_2^2)} \prod_{i=1}^{m} \frac{d^3 p_i'}{(2\pi)^3 \, 2p_i'^{\,0}} \, (2\pi)^4 \, \delta(p_1' + ... + p_m' - p_1 - p_2)
$$

$$
|\langle b_1(p_1') ... b_m(p_m') | \mathsf{T} | a_1(p_1) \, a_2(p_2) \rangle|^2 .
\tag{5-51}
$$

Wir sehen, daß hier die Teilchen a_1 und a_2 völlig symmetrisch eingehen, wie wir schon früher behauptet haben. Bei Teilchen mit Spin ist für jedes unpolarisiertes Teilchen im Anfangszustand eine Mittelung über die Spinzustände durchzuführen, für jeden nicht beobachteten Spin eines Teilchens im Endzustand eine Summation über die entsprechenden Spinzustände.

Aus Gl. (5-51) können wir leicht den totalen Streuquerschnitt σ_{tot} für unsere Reaktion berechnen. Dabei beachten wir, daß $d^3 p_i'/2p_i'^{\,0}$ ein Lorentz-invariantes Maß ist. Das sieht man leicht aus der Gleichung

$$
\frac{d^3 p_i'}{2p_i'^{\,0}} = dp_i' \, \delta_+(p_i'^2 - m_i'^2),
\tag{5-52}
$$

wobei

$$
\delta_+(p_i'^2 - m_i'^2) = \delta(p_i'^2 - m_i'^2) \; \theta(p_i'^0),
$$
$$
dp_i' = dp_i'^0 \, dp_i'^1 \, dp_i'^2 \, dp_i'^3 .
$$

Wir erhalten dann

$$
\sigma_{\text{tot}}(a_1 + a_2 \longrightarrow b_1' + ... + b_m') = \frac{1}{2w(s, m_1^2, m_2^2)}
$$

$$
\int \prod_{i=1}^{m} \left(\frac{dp_i'}{(2\pi)^3} \, \delta_+(p_i'^2 - m_i'^2) \right) (2\pi)^4 \; \delta(p_1' + ... + p_m' - p_1 - p_2)
$$

$$
|\langle b_1(p_1') ... b_m(p_m') | \mathsf{T} | a_1(p_1) \, a_2(p_2) \rangle|^2 .
\tag{5-53}
$$

Wie wir bemerkt haben, ist das T-Matrixelement eine Lorentz-invariante Funktion. Durch Gl. (5-53) haben wir den totalen Streuquerschnitt also in Lorentz-invarianter Gestalt geschrieben. Man darf sich aber dadurch nicht täuschen lassen und unbesehen die Übergangsrate in einem beliebigen System nach der Gl. (5-46) ausrechnen. Den korrekten Ausdruck für die Übergangsrate in einem beliebigen System erhalten wir vielmehr nach Gl. (5-49). Unter Benutzung der Gl. (5-51) können wir dafür nun auch schreiben:

$$
\frac{dw_{fi}}{T} = \frac{1}{V} \, \frac{w(s, m_1^2, m_2^2)}{2p_1^0 \, p_2^0} \, d\sigma .
\tag{5-54}
$$

Wir wollen dazu ein Beispiel von praktischer Bedeutung rechnen. Wir betrachten den Fall zweier sich kreuzender Teilchenstrahlen, wie er etwa im Proton-Proton-Speicherring ISR im CERN realisiert war (Bild 5-2). Einfachheitshalber betrachten wir homogene kontinuierliche Strahlen. Die Teilchendichten in den Strahlen seien n_1 und n_2. Die Über-

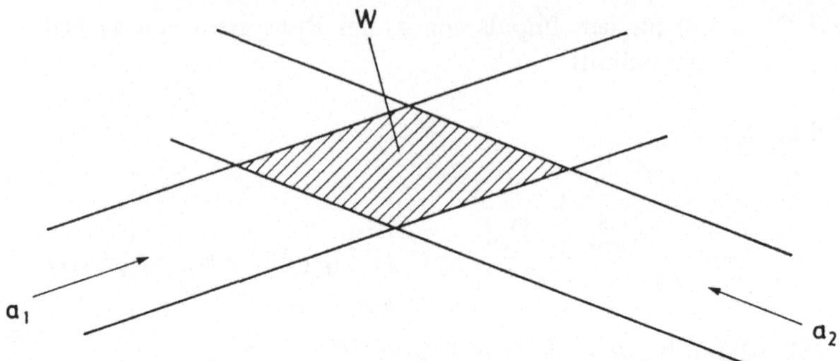

Bild 5-2 Zwei sich kreuzende Teilchenstrahlen mit Wechselwirkungsvolumen W (schraffiert)

gangsrate Gl. (5-54) bezieht sich auf Teilchendichten $1/V$. Für unseren Fall erhalten wir daher für die Übergangsrate pro Volumeneinheit

$$\frac{\mathrm{d}w_{fi}}{VT} = n_1 n_2 \; \frac{w(s, m_1^2, m_2^2)}{2p_1^0 p_2^0} \; \mathrm{d}\sigma. \tag{5-55}$$

Die Reaktionsrate $\mathrm{d}N$ für ein Wechselwirkungsvolumen W erhalten wir dann zu

$$\mathrm{d}N = L \cdot \mathrm{d}\sigma, \tag{5-56}$$

wobei

$$L = W \cdot n_1 n_2 \; \frac{w(s, m_1^2, m_2^2)}{2p_1^0 p_2^0}. \tag{5-57}$$

Man bezeichnet L als Luminosität. Für gleiche Strahlenergien haben wir im Hochenergielimes, d.h. für $s \gg m_1^2, m_2^2$:

$$p_1^0 \cong p_2^0 \cong \frac{\sqrt{s}}{2},$$

$$L \cong 2W \cdot n_1 \cdot n_2. \tag{5-58}$$

Die Dimension der Luminosität ist $\mathrm{s}^{-1}\,\mathrm{cm}^{-2}$. Seien F_1, F_2 die Querschnitte der Strahlen, dann sind die Teilchenströme I für Geschwindigkeiten $\cong 1$

$$\begin{aligned} I_1 &= n_1 F_1, \\ I_2 &= n_2 F_2. \end{aligned} \tag{5-59}$$

Für die Luminosität ergibt sich damit:

$$L \cong 2\,\frac{W}{F_1 F_2}\; I_1 I_2. \tag{5-60}$$

Bei gegebenen Teilchenströmen erreicht man daher große Luminosität durch möglichst große Fokussierung der Strahlen, da W mit der dritten Potenz, $F_1 \cdot F_2$ aber mit der vierten Potenz der Lineardimension abnimmt.

5.3 Die Unitaritätsrelation und das optische Theorem

Gehen wir von einem normierten Anfangszustand $|i\rangle$

$$\langle i\,|\,i\rangle = 1 \tag{5-61}$$

aus, so ist die Wahrscheinlichkeit, den Endzustand $|f\rangle$ für $t \to +\infty$ zu finden, durch das Absolutquadrat des S-Matrixelements

$$|\langle f\,|\,\mathsf{S}\,|\,i\rangle|^2$$

gegeben. Die Wahrscheinlichkeit, irgendeinen Endzustand zu finden, muß offenbar gleich eins sein. Also muß gelten:

$$\sum_f |\langle f\,|\,\mathsf{S}\,|\,i\rangle|^2$$

$$= \sum_f \langle i\,|\,\mathsf{S}^\dagger\,|\,f\rangle\,\langle f\,|\,\mathsf{S}\,|\,i\rangle$$

$$= \langle i\,|\,\mathsf{S}^\dagger\mathsf{S}\,|\,i\rangle$$

$$= 1. \tag{5-62}$$

Da diese Relation für beliebige normierte Zustände $|i\rangle$ gelten muß, folgt die Operatorbeziehung

$$\mathsf{S}^\dagger\mathsf{S} = 1. \tag{5-63}$$

Das ist die Unitaritätsrelation für die S-Matrix. Nehmen wir davon das Matrixelement mit beliebigen normierten Zuständen $|i\rangle$ und $|i'\rangle$, so ergibt sich:

$$\langle i'\,|\,\mathsf{S}^\dagger\mathsf{S}\,|\,i\rangle = \sum_f \langle f\,|\,\mathsf{S}\,|\,i'\rangle^* \,\langle f\,|\,\mathsf{S}\,|\,i\rangle = \delta_{i'i}. \tag{5-64}$$

Wir können nun in Gl. (5-64) die S-Matrix nach Gl. (5-43) durch die T-Matrix ausdrücken und erhalten für beliebige Zustände $|i\rangle$ und $|i'\rangle$ vom Typ der Gl. (5-39) mit *gleichen* Gesamtimpulsen $P_i = P_{i'}$:

$$\frac{1}{2i}\{\langle i'\,|\,\mathsf{T}\,|\,i\rangle - \langle i\,|\,\mathsf{T}\,|\,i'\rangle^*\}$$

$$= \frac{1}{2}\sum_f (2\pi)^4\,\delta(P_f - P_i)\,\langle f\,|\,\mathsf{T}\,|\,i'\rangle^*\,\langle f\,|\,\mathsf{T}\,|\,i\rangle. \tag{5-65}$$

Als wichtiger Spezialfall ergibt sich für

$$|i\rangle = |i'\rangle = |a_1(p_1)\,a_2(p_2)\rangle \tag{5-66}$$

unter Benutzung der Gl. (5-53) für den totalen Streuquerschnitt

$$\mathrm{Im}\,\langle i\,|\,\mathsf{T}\,|\,i\rangle = w(s, m_1^2, m_2^2)\cdot\sigma_{\mathrm{tot}}(a_1 + a_2 \to X), \tag{5-67}$$

wobei X für die Summe über alle möglichen Endzustände steht. Dies ist das *optische Theorem*, das den Imaginärteil der Vorwärtsstreuamplitude mit dem totalen Streuquerschnitt verknüpft.

5.4 Die Zerfallsrate eines instabilen Teilchens

Sehr häufig interessiert man sich in der Teilchenphysik für den Zerfall eines instabilen Teilchens, d.h. für eine Reaktion des Typs

$$a(p) \longrightarrow b_1(p'_1) + ... + b_m(p'_m). \tag{5-68}$$

Die S- und T-Matrixelemente für diesen Zerfall definieren wir nach der allgemeinen Vorschrift (Gl. (5-43)). Die differentielle Zerfallsrate, das ist die Rate für den Übergang des Teilchens a in die obigen Endzustände, erhalten wir aus einer Überlegung analog der zum Streuquerschnitt (Gl. (5-49)). Wir vereinbaren dabei, daß wir Zerfallsraten stets auf das Ruhsystem des zerfallenden Teilchens beziehen. Es ergibt sich dann:

$$d\Gamma(a(p) \longrightarrow b_1(p'_1) + ... + b_m(p'_m)) = \frac{1}{2m_a} (2\pi)^4 \, \delta(p'_1 + ... + p'_m - p)$$

$$\prod_{i=1}^{m} \frac{d^3 p'_i}{(2\pi)^3 \, 2p_i'^{\,0}} \, |\langle b_1(p'_1) ... b_m(p'_m) | T | a(p)\rangle|^2. \tag{5-69}$$

Die totale Zerfallsrate Γ_a erhalten wir daraus durch Integration über den gesamten Phasenraum und Summation über alle Zerfallskanäle.

Wir verweisen noch auf die Diskussion des Teilchenzerfalls im Rahmen der Wigner-Weisskopf-Methode in Anhang I.

Aufgaben

5.1   Zeigen Sie, daß der folgende Ausdruck einen Projektionsoperator darstellt:

$$P(B) = \int_B \frac{d^3 p}{(2\pi)^3 \, 2p^0} \sum_s |e^-(p, s)\rangle \langle e^-(p, s)|. \tag{5-70}$$

Dabei ist B ein beliebiger Bereich des dreidimensionalen Impulsraumes.

5.2   Betrachten Sie den Zerfall eines skalaren Higgs-Teilchens h mit Masse $m_h > 2m_e$ in ein Elektron-Positron-Paar. Die Hamilton-Funktion der Wechselwirkung sei mit dem Higgs-Feldoperator $\rho'(x, t)$, einer Konstanten ρ_0 und dem Dirac-Feldoperator $\psi(x, t)$

$$H'(t) = \int d^3x \, \frac{m_e}{\rho_0} \, \rho'(x, t) \, \bar{\psi}(x, t) \, \psi(x, t). \tag{5-71}$$

Berechnen Sie die Zerfallsrate $\Gamma(h \to e^+ e^-)$ in erster Bornscher Näherung. *Anleitung:* Setzen Sie für das Higgs-Feld eine Entwicklung wie in Gl. (3-30) an.

5.3   Betrachten Sie an Stelle der Gl. (5-11) als Zustände $|i\rangle$ und $|f\rangle$ normierbare Zustände, die Wellenpaketen mit Impulsmittelwerten p und p' entsprechen. Berechnen Sie den Streuquerschnitt für diese Zustände und zeigen Sie, daß sich für enge Wellenpakete dieselbe Gleichung (5-26) ergibt wie bei Benutzung von Fermis Trick.

II Quantenelektrodynamik

6 Einführende Bemerkungen

In diesem Teil wollen wir die Quantenelektrodynamik (QED), die Theorie von Photonen und Elektronen und ihrer Wechselwirkung, besprechen. Dabei soll das Hauptgewicht auf dem Erlernen der praktischen Behandlung von physikalischen Problemen liegen. Für formale Entwicklungen werden wir oft einfach auf die Literatur verweisen.

Die Grundgleichungen des elektromagnetischen Feldes sind im vorigen Jahrhundert von Maxwell aufgestellt worden. In rationalen Einheiten (Heavyside-Einheiten) lauten die Maxwell-Gleichungen wie folgt:

$$\operatorname{rot} \boldsymbol{B} = \boldsymbol{j} + \frac{\partial}{\partial t}\,\boldsymbol{E},$$

$$\operatorname{rot} \boldsymbol{E} = -\frac{\partial}{\partial t}\,\boldsymbol{B}, \tag{6-1}$$

$$\operatorname{div} \boldsymbol{B} = 0,$$

$$\operatorname{div} \boldsymbol{E} = \rho.$$

Dabei sind ρ, $\boldsymbol{j}$ die Ladungs- und Stromdichte; $\boldsymbol{E}$, $\boldsymbol{B}$ der elektrische und magnetische Feldvektor. Die Einheiten sind so gewählt, daß keine störenden Faktoren 4π in den Grundgleichungen auftreten. Die Coulomb-Energie zweier Elektronen, die eine Distanz r voneinander entfernt sind, wird dann

$$E_{\text{Coulomb}} = \frac{e^2}{4\pi r}. \tag{6-2}$$

Dabei wollen wir hier und im folgenden mit e den Betrag der Elektronladung bezeichnen. Die Elektronladung selbst ist daher bei uns $-e$. In unseren Einheiten, die in Kapitel 1 definiert sind, haben Energie und reziproke Länge dieselbe Dimension. Der Faktor $e^2/4\pi$ ist daher dimensionslos und charakterisiert die Stärke der Wechselwirkung zweier Elektronen. Dieser Faktor ist eine der fundamentalen Naturkonstanten, die Sommerfeldsche Feinstrukturkonstante α. Ihr heute gültiger experimenteller Wert ist

$$\frac{e^2}{4\pi} \equiv \alpha = 1/137{,}03604\,(11). \tag{6-3}$$

Die Kleinheit dieser Zahl hat sich als großer Segen für die Theorie erwiesen. Es zeigte sich nämlich, daß die Maxwell- und Dirac-Gleichungen zusammen mit den Quanten-Postulaten eine großartige Theorie des Elektromagnetismus liefern, eben die Quantenelektrodynamik. In dieser Theorie ist es aber ganz wesentlich, Reihenentwicklungen in α zu machen, und es ist klar, daß man auf diese Weise gute Resultate nur erwarten kann für einen kleinen Wert von α.

Die QED beschreibt, soviel wir wissen, die elektromagnetischen Erscheinungen von den längsten Radiowellen bis zu den höchsten heute erzielbaren Energien, die etwa Wellenlängen von 10^{-16} cm entsprechen (für eine Übersicht über Hochenergietests der QED vgl. Hepp 1981). Dabei ist die Theorie Präzisionstests unterworfen worden, die kaum in anderen Bereichen der Physik Vergleichbares finden. Als Beispiel erwähnen wir das anomale magnetische Moment des Elektrons.

Wie wir in Kapitel 8 näher besprechen werden, verhält sich ein freies Elektron wie ein kleiner magnetischer Dipol. Den Betrag μ_e des magnetischen Moments des Elektrons gibt man in Vielfachen des Bohr-Magnetons $e/2m_e$ an, dabei ist m_e die Masse des Elektrons. Wir schreiben:

$$\mu_e = \frac{1}{2}\, g_e\, \frac{e}{2m_e}\,, \tag{6-4}$$

wobei g_e der Landésche g-Faktor ist. Nach der Dirac-Theorie sollte g_e exakt gleich 2 sein. Experimentell findet man eine Abweichung des g-Faktors von 2. Die derzeit beste Messung für das Elektron liefert (Van Dyck 1979)

$$a_e^{\text{exp.}} = \frac{1}{2}\,(g_e - 2)^{\text{exp.}} = 1\ 159\ 652\ 200\ (40) \cdot 10^{-12}\,. \tag{6-5}$$

Im Rahmen der Quantenelektrodynamik wird in der Tat eine Abweichung des g-Faktors von 2 vorhergesagt. Die Theorie liefert für die Anomalie a_e eine Reihenentwicklung in α mit Entwicklungskoeffizienten C_j:

$$a_e = \frac{1}{2}\,\frac{\alpha}{\pi} + C_2\left(\frac{\alpha}{\pi}\right)^2 + C_3\left(\frac{\alpha}{\pi}\right)^3 + C_4\left(\frac{\alpha}{\pi}\right)^4 + \dots\,. \tag{6-6}$$

Die Berechnung des Terms erster Ordnung durch Schwinger 1949 war einer der ersten großen Triumphe der QED. Inzwischen kennt man alle Entwicklungskoeffizienten bis einschließlich C_4 (Kinoshita 1981). Damit ergibt sich der beste theoretische Wert zur Zeit als

$$a_e^{\text{theor.}} = 1\ 159\ 652\ 460\ (127)\ (75) \cdot 10^{-12}\,. \tag{6-7}$$

Der erste der angegebenen Fehler kommt dabei von dem experimentellen Fehler im Wert der Feinstrukturkonstanten α, der zweite von Fehlern in der numerischen Berechnung der Koeffizienten C_3 und C_4 in Gl. (6-6). Wie wir sehen, stimmen Theorie und Experiment innerhalb von 2 Standardabweichungen überein, d.h. die Theorie wird mit einer Genauigkeit von etwa 2 in 10^7 bestätigt.

An Hand dieses Beispiels wollen wir das physikalische Bild erläutern, daß der QED zugrunde liegt. Bereits aus der klassischen Elektrodynamik wissen wir, daß beschleunigte Elektronen elektromagnetische Strahlung aussenden (Bild 6-1). Ein Elektron in Ruhe oder in gradlinig gleichförmiger Bewegung kann klassisch schon aus Gründen der Energie-Impuls-Erhaltung kein Photon emittieren.

In der Quanten-Theorie gilt aber die Unschärfe-Relation zwischen Energie und Zeit

$$\Delta E \cdot \Delta t \gtrsim 1\,. \tag{6-8}$$

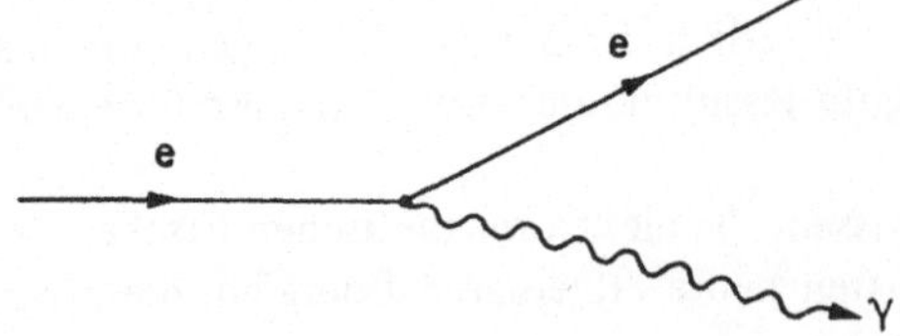

Bild 6-1
Emission eines Photons durch ein
beschleunigtes Elektron

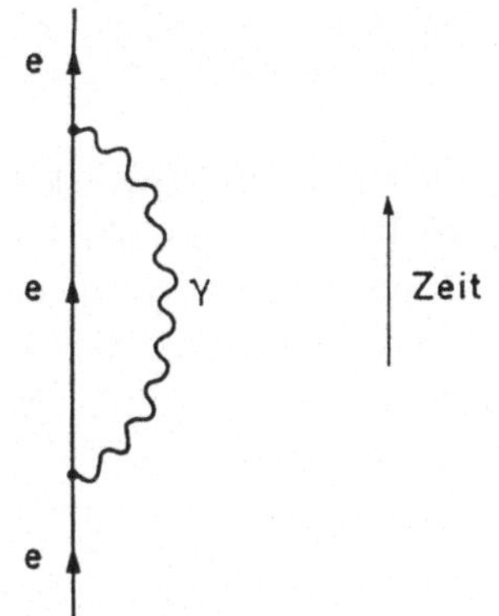

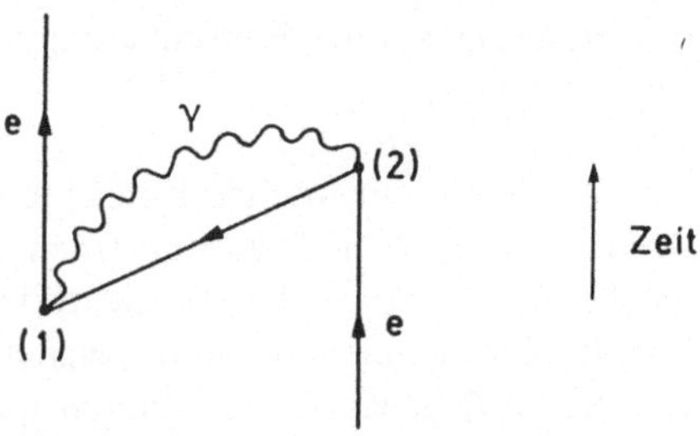

Bild 6-3 Emission und Reabsorption eines virutellen Photons mit in der Zeit zurück-laufendem Elektron

Bild 6-2 Emission und Reabsorption eines virtuellen Photons durch ein Elektron

Auch ein ruhendes Elektron kann daher ein Photon aussenden. Dabei wird zwar die Energie-erhaltung verletzt, aber das ist nach der Unschärfebeziehung erlaubt, falls das Photon nach einer Zeit $\Delta t \sim 1/\Delta E$ wieder absorbiert wird (Bild 6-2). Photonen mit einer solchen „Zwischenexistenz" bezeichnet man als *virtuelle Photonen*

Im Rahmen der QED stellt man sich vor, daß ein Elektron, allgemein jedes geladene Teilchen, von einer Wolke solcher virtueller Photonen umgeben ist. Die Amplitude für die Emission eines Photons ist dabei proportional zur Ladung e, die Wahrscheinlichkeit proportional zur Feinstrukturkonstanten α.

Diese virtuellen Photonen erlauben uns ein anschauliches Verständnis dafür, daß das magnetische Moment des Elektrons vom Dirac-Wert ($g_e = 2$) abweicht. Der Dirac-Wert entspräche einem „nackten" Elektron. Bei der Emission eines virtuellen Photons erleidet das Elektron einen Rückstoß. Da das Elektron geladen ist, entsteht dadurch eine Strom-verteilung. Berechnen wir nun das magnetische Moment eines physikalischen Elektrons, so liefert der Konvektionsstrom, der bei Emission eines virtuellen Photons auftritt, einen Zusatz zum Dirac-Wert. Die Anomalie a_e sollte dann (in erster Näherung) proportional zu α sein, da die Wahrscheinlichkeit, ein virtuelles Photon um das Elektron zu finden, proportional α ist. Das wird durch das explizite Resultat (Gl. (6-6)) bestätigt.

Bemerkenswert ist, daß der Rückstoß auch so sein kann, daß das Elektron in der Zeit zurückläuft (Bild 6-3). Eine konventionellere Deutung dieses Diagramms wäre wie folgt: Am Punkt (1) entsteht ein Elektron-Positron-Paar unter Aussendung eines virtuellen Photons. Das Elektron läuft ins Unendliche, während das Positron mit dem einlaufenden Elektron am Punkt (2) unter Re-Absorption des virtuellen Photons vernichtet wird.

Die Interpretation von Elektronlinien, die in der Zeit zurücklaufen als Positronen, wurde von Stueckelberg 1941 vorgeschlagen. Im Rahmen der Feynman-Regeln werden wir einen konsistenten kovarianten Formalismus finden, der diese Prozesse alle gemeinsam be-schreibt. Viele andere berühmte Effekte wie die Lamb-Verschiebung und der Casimir-Effekt lassen sich physikalisch verstehen als Einfluß der virtuellen Photonen. Ein Verfahren zur quantitativen Berechnung dieser Effekte aufzustellen, erwies sich aber als ziemlich schwierig. Man erhielt nämlich unendliche Resultate, wenn man einfach nach dem Muster der Störungs-theorie in der nichtrelativistischen Quantenmechanik vorging. Der Durchbruch auf diesem

Gebiet gelang mit der Renormierungstheorie, die von Feynman, Tomonaga, Schwinger und anderen Ende der vierziger Jahre entwickelt wurde. Eine Sammlung wichtiger Original-arbeiten dazu findet man in Schwinger 1958.

Die physikalischen Konzepte und die Rechenmethoden, die für die QED entwickelt wurden, haben sich als äußerst fruchtbar erwiesen, u.a. auch in der Festkörperphysik. Alle modernen Theorien der Elementarteilchen, wie die Quantenchromodynamik oder die Theorie der vereinigten elektromagnetischen und schwachen Wechselwirkung, sind ähnlich wie die QED gebaut. Das Studium der QED ist deshalb nicht nur für sich von Interesse, sondern dient auch als Einführung in die modernen Konzepte der Theorien der Elementar-teilchen.

7   Die Quantisierung des freien elektromagnetischen Feldes

7.1   Vertauschungsregeln und indefinite Metrik

In diesem Abschnitt wollen wir die Quantisierung des freien elektromagnetischen Feldes besprechen. Wie wir sehen werden, ergeben sich gegenüber dem freien Mesonfeld, das in Teil I behandelt wurde, einige Komplikationen.

Wir erinnern uns zunächst an die relativistische Gestalt der Maxwell-Gleichungen. Elektrische und magnetische Feldstärke werden zum Feldstärkentensor zusammengefaßt, Ladungs- und Stromdichte zur Viererstromdichte.

Feldstärkentensor:

$$(F^{\mu\nu}) = \begin{pmatrix} 0 & -E^1 & -E^2 & -E^3 \\ E^1 & 0 & -B^3 & B^2 \\ E^2 & B^3 & 0 & -B^1 \\ E^3 & -B^2 & B^1 & 0 \end{pmatrix},$$
(7-1)

Viererstromdichte:

$$(j^{\mu}) = \begin{pmatrix} \rho \\ j \end{pmatrix}.$$
(7-2)

Die Maxwell-Gleichungen lauten dann:

$$\partial_{\mu} F^{\mu\nu} = j^{\nu},$$
(7-3a)

$$\epsilon^{\mu\nu\rho\sigma} \partial_{\nu} F_{\rho\sigma} = 0.$$
(7-3b)

Die retardierten Potentiale V, A werden zum Viererpotential A^{μ} zusammengefaßt:

$$(A^{\mu}) = \begin{pmatrix} V \\ A \end{pmatrix}.$$
(7-4)

Durch den Ansatz

$$F^{\mu\nu} = \partial^{\mu} A^{\nu} - \partial^{\nu} A^{\mu},$$
(7-5)

der für die Feldstärken

$$E = -\nabla V - \dot{A},$$
$$B = \mathrm{rot}\, A \tag{7-6}$$

lautet, wird die zweite Maxwell-Gleichung (7-3b) identisch erfüllt.

Durch Gl. (7-5) wird A^μ nicht eindeutig festgelegt. Bei der Ersetzung

$$A^\mu(x) \longrightarrow A^\mu(x) + \partial^\mu \Lambda(x) \tag{7-7}$$

− hierbei ist $\Lambda(x)$ einer beliebigen Funktion von x − bleibt $F^{\mu\nu}$ ungeändert. Man bezeichnet eine solche Transformation als *Eichtransformation*. Diese Eichfreiheit können wir ausnutzen, um das Viererpotential einer Nebenbedingung zu unterwerfen, zum Beispiel der Lorentz-Bedingung

$$\partial_\mu A^\mu = 0. \tag{7-8}$$

Damit liefert die erste Maxwell-Gleichung (7-3a) für das Viererpotential die Gleichung

$$\Box A_\mu = j_\mu. \tag{7-9}$$

In diesem Kapitel studieren wir das freie Photonfeld, das Feld ohne äußere Quellen. Das Viererpotential erfüllt dann die d'Alembert-Gleichung

$$\Box A_\mu = 0. \tag{7-10}$$

In der Quantentheorie müssen die Komponenten des elektromagnetischen Feldstärkentensors als Observable durch hermitesche Operatoren beschrieben werden. Für das Vektorpotential A^μ ist das nicht so klar, da A^μ nicht direkt beobachtbar ist. Trotzdem ist es günstig, von A^μ auszugehen und die damit verbundenen Komplikationen indefiniter Metrik im Hilbert-Raum in Kauf zu nehmen.

Übernehmen wir die d'Alembert-Gleichung (7-10) in die Quantentheorie, so muß sie als Operatorgleichung gelten. Analog wie für das Mesonfeld in Kapitel 3, werden wir dann eine Fourier-Entwicklung für den Feldoperator $\mathbf{A}_\mu$ anschreiben können, mit operatorwertigen Entwicklungskoeffizienten:

$$\mathbf{A}_\mu(x) = \int \frac{\mathrm{d}^3 k}{(2\pi)^3 \, 2\omega} \{ e^{ikx}\, \mathbf{a}_\mu^\dagger(k) + e^{-ikx}\, \mathbf{a}_\mu(k) \}, \tag{7-11}$$

wobei

$$k = \begin{pmatrix} \omega \\ \boldsymbol{k} \end{pmatrix}, \qquad \omega = |\boldsymbol{k}|,$$

$$kx = k^\mu x_\mu = \omega t - \boldsymbol{k}\boldsymbol{x}.$$

Die Verallgemeinerung unserer Argumentation von Kapitel 3 (Gln. (3-55), (3-56), (3-61)) liefert uns hier die folgenden Vertauschungsregeln:

$$[\mathbf{a}_\mu^\dagger(k), \mathbf{a}_\nu^\dagger(k')] = 0, \tag{7-12}$$

$$[\mathbf{a}_\mu(k), \mathbf{a}_\nu(k')] = 0, \tag{7-13}$$

$$[\mathbf{a}_\mu(k), \mathbf{a}_\nu^\dagger(k')] = Z_{\mu\nu}(2\pi)^3\, 2\omega\, \delta^3(k - k'), \tag{7-14}$$

mit zunächst noch unbekannten Konstanten $Z_{\mu\nu}$.

Die Operatoren $\mathbf{a}$, $\mathbf{a}^\dagger$ wollen wir im Fock-Raum realisieren, für dessen Vakuum-Zustand wir analog zur Gl. (3-42) fordern:

$$\mathbf{a}_\mu(k)\,|\,0\rangle = 0 \qquad \text{für alle } \mu, k. \tag{7-15}$$

Die Indizes μ und ν in Gl. (7-14) sind Vierervektor-Indizes. Die Konstanten $Z_{\mu\nu}$ müssen daher einen Lorentz-Tensor zweiter Stufe bilden. Falls wir explizite Lorentz-Kovarianz der Theorie wollen, muß $Z_{\mu\nu}$ ein konstanter Tensor zweiter Stufe sein. Der einzige solche Tensor ist der metrische Tensor $g_{\mu\nu}$. Wir erhalten daher, eventuell nach einer Reskalierung analog Gl. (3-65):

$$(Z_{\mu\nu}) = \pm \, (g_{\mu\nu}) = \pm \begin{pmatrix} 1 & 0 & 0 & 0 \\ 0 & -1 & 0 & 0 \\ 0 & 0 & -1 & 0 \\ 0 & 0 & 0 & -1 \end{pmatrix}. \tag{7-16}$$

Das Vorzeichen der Konstanten Z in Kapitel 3 konnten wir aus der Positivität der Norm der Zustände erschließen. Hier ist es nicht so einfach, da $g_{\mu\nu}$ positive und negative Eigenwerte besitzt. Setzen wir, wie sich als richtig herausstellt[1]),

$$[\mathbf{a}_\mu(k), \, \mathbf{a}_\nu^\dagger(k')] = -\, g_{\mu\nu}\,(2\pi)^3\,2\omega\,\delta^3(k - k'), \tag{7-17}$$

so finden wir analog wie in Gln. (3-62), (3-63), daß die Operatoren $\mathbf{a}_\mu^\dagger$ mit $\mu = 1, 2, 3$ angewandt auf das Vakuum zu Zuständen positiver Norm führen, $\mathbf{a}_0^\dagger$ aufs Vakuum angewandt gibt einen Zustand negativer Norm. Mit dem anderen Vorzeichen in Gl. (7-16) wäre es umgekehrt. Der Zustandsraum hat daher in beiden Fällen indefinite Metrik. Zunächst scheint sich hier ein Desaster anzubahnen, da für Zustände mit negativer Norm die Wahrscheinlichkeits-Interpretation der Quantenmechanik zusammenbricht.

Unser Formalismus hat noch einen weiteren unphysikalischen Zug. Um das zu sehen, betrachten wir einen allgemeinen Zustand mit einem Photon definierten Wellenzahlvektors k. Ein solcher Zustand hat die Gestalt

$$|\,k, \epsilon\rangle = -\, \epsilon^\mu \, \mathbf{a}_\mu^\dagger(k)\,|\,0\rangle, \tag{7-18}$$

wobei ϵ ein beliebiger komplexer Vierervektor ist, der Vierer-Polarisationsvektor des Photons. Offenbar gibt es vier linear unabhängige Vektoren ϵ, wir erhalten also *vier* linear unabhängige ein-Photon Zustände zu festem k. Aus dem Experiment wissen wir aber, daß ein reelles Photon nur *zwei* physikalische Polarisations-Freiheitsgrade besitzt. Wir werden nun zeigen, wie wir die beiden unerwünschten Polarisations-Freiheitsgrade loswerden und gleichzeitig positive Norm für physikalische Zustände garantieren. Das Verfahren dafür wurde zuerst von Gupta und Bleuler angegeben (Gupta 1950, Bleuler 1950).

Wir erinnern uns, daß wir durch den Ansatz Gl. (7-11) bloß die d'Alembert-Gleichung (7-10) in Operatorform erfüllt haben. Die d'Alembert-Gleichung ist aber nur unter der Lorentzschen Nebenbedingung (7-8) äquivalent zu den Maxwell Gleichungen (7-3). Wir müssen also noch die Lorentz-Bedingung in die Quantentheorie übertragen.

Es ist nicht gelungen, diese Bedingung in Operatorform zu stellen und manifeste relativistische Invarianz im Formalismus zu haben. Der Ausweg, den Gupta und Bleuler vorgeschlagen haben, ist, die Lorentz-Bedingung als Nebenbedingung für *Zustände* zu for-

---

[1]) Nur bei dieser Vorzeichenwahl erhalten, wie wir zeigen werden, die physikalischen Zustände positive Norm.

dern. Nur einen Teil der Zustandsvektoren im Fock-Raum erklären wir für physikalisch, und zwar gerade diejenigen, die in gewisser Weise die Lorentz-Bedingung erfüllen. Genauer nehmen wir den Teil des Viererpotentials (Gl. (7-11)), der nur Annihilations-Operatoren enthält,

$$A_\mu^{(-)}(x) = \int \frac{d^3 k}{(2\pi)^3 \, 2\omega} \, e^{-ikx} \, a_\mu(k),$$

(7-19)

und fordern für physikalische Zustandsvektoren

$$\partial^\mu A_\mu^{(-)}(x) | \text{phys. Zust.} \rangle = 0,$$

(7-20)

oder durch Fourier-Komponenten ausgedrückt:

$$k^\mu a_\mu(k) | \text{phys. Zust.} \rangle = 0$$

(7-21)

für alle k. Durch diese Nebenbedingung ist garantiert, daß der *Erwartungswert* der Divergenz des kompletten Feldes $\partial^\mu A_\mu(x)$ für beliebige physikalische Zustandsvektoren verschwindet:

$$\langle \text{phys. Zust.} | \partial^\mu A_\mu(x) | \text{phys. Zust.} \rangle = 0.$$

(7-22)

Wir brauchen den Anteil in $\partial^\mu A_\mu(x)$ mit Erzeugungsoperatoren bloß nach links wirken lassen.

Der Unterraum der physikalischen Zustandsvektoren ist offenbar ein linearer Raum. Wir zeigen nun, daß er zwar keine positiv definite, wohl aber bereits eine positiv semidefinite Metrik hat. Wir behaupten:

$$\langle \text{phys. Zust.} | \text{phys. Zust.} \rangle \geqslant 0.$$

(7-23)

Wir werden aber auch Zustandsvektoren ungleich dem Nullvektor finden, die Gl. (7-21) erfüllen und Norm Null haben.

Zum Beweis der Gl. (7-23) wählen wir eine neue Basis für die Erzeugungs- und Vernichtungsoperatoren. Wir betrachten die Operatoren $a_\mu^\dagger(k)$ für festen Wellenzahlvektor k und wählen zwei Einheitsvektoren e_1, e_2 senkrecht zu k, so daß e_1, e_2 und $e_3 = \hat{k} = k/|k|$ ein orthonormales Dreibein bilden,

$$e_i e_j = \delta_{ij}.$$

(7-24)

Wir definieren Operatoren α wie folgt:

$$\alpha_0^\dagger(k) = \frac{1}{\sqrt{2}} \, (a_0^\dagger(k) - \hat{k} \, \vec{a}^{\dagger}(k)),$$

$$\alpha_1^\dagger(k) = e_1 \, \vec{a}^{\dagger}(k),$$

$$\alpha_2^\dagger(k) = e_2 \, \vec{a}^{\dagger}(k),$$

$$\alpha_3^\dagger(k) = \frac{1}{\sqrt{2}} \, (a_0^\dagger(k) + \hat{k} \, \vec{a}^{\dagger}(k)).$$

(7-25)

Die Vertauschungsregeln der Operatoren α folgen aus Gln. (7-12), (7-13) und (7-17):

$$[\alpha_0(k), \alpha_0^\dagger(k')] = [\alpha_3(k), \alpha_3^\dagger(k')] = 0,$$

$$[\alpha_0(k), \alpha_3^\dagger(k')] = [\alpha_3(k), \alpha_0^\dagger(k')] = -(2\pi)^3 \, 2\omega \, \delta^3(k-k'),$$

$$[\alpha_1(k), \alpha_1^\dagger(k')] = [\alpha_2(k), \alpha_2^\dagger(k')] = (2\pi)^3 \, 2\omega \, \delta^3(k-k').$$

(7-26)

Alle anderen Kommutatoren verschwinden. Die Nebenbedingung (Gl. (7-21)) lautet:

$$\alpha_0(k)|\text{phys. Zust.}\rangle = 0. \tag{7-27}$$

Wir betrachten nun einen Zustandsvektor im Hilbert-Raum der Gestalt

$$\alpha_1^\dagger(k_1)\,\alpha_1^\dagger(k_2)\,\ldots\,\alpha_2^\dagger\,\ldots\,\alpha_0^\dagger\,\ldots\,\alpha_3^\dagger\,\ldots\,|0\rangle, \tag{7-28}$$

d.h. ein beliebiges Produkt von Erzeugungsoperatoren angewandt auf das Vakuum. Wir sehen leicht, daß die Nebenbedingung (7-27) wegen der Vertauschungsregeln (7-26) dann und nur dann erfüllt ist, wenn in (7-28) kein Operator $\alpha_3^\dagger$ vorkommt. Zum Beispiel sind unter den Zustandsvektoren, die wir durch Anwenden eines Operators $\alpha^\dagger$ auf das Vakuum erhalten, nur die folgenden physikalisch:

$$\alpha_1^\dagger(k)|0\rangle, \quad \alpha_2^\dagger(k)|0\rangle, \quad \alpha_0^\dagger(k)|0\rangle. \tag{7-29}$$

Diese Vektoren sind orthogonal aufeinander und ihre Längenquadrate sind größer gleich Null:

$$\langle 0|\alpha_1(k)\,\alpha_1^\dagger(k')|0\rangle = (2\pi)^3\,2\omega\,\delta^3(k-k'),$$
$$\langle 0|\alpha_2(k)\,\alpha_2^\dagger(k')|0\rangle = (2\pi)^3\,2\omega\,\delta^3(k-k'),$$
$$\langle 0|\alpha_0(k)\,\alpha_0^\dagger(k')|0\rangle = 0. \tag{7-30}$$

Ein beliebiger physikalischer Zustandsvektor ist, wie man leicht sieht, eine Linear-kombination von Zustandsvektoren der Gestalt (7-28), die *kein* $\alpha_3^\dagger$ enthalten. In Verallgemeinerung von Gl. (7-30) überzeugt man sich leicht, daß die Längenquadrate der physikalischen Zustandsvektoren größer oder gleich Null sind. Damit ist Gl. (7-23) bewiesen.

Nun ist es ganz leicht, zu einem Hilbert-Raum mit positiv definiter Metrik zu gelangen, der eine Wahrscheinlichkeits-Interpretation im Sinne der Quantenmechanik zuläßt. Wir erklären zwei physikalische Zustandsvektoren $|1\rangle$, $|2\rangle$ für äquivalent, falls ihre Differenz die Länge Null hat:

$$|1\rangle \sim |2\rangle,$$

falls $\tag{7-31}$

$$(\langle 1| - \langle 2|)(|1\rangle - |2\rangle) = 0.$$

Die Äquivalenzklassen bilden dann, wie man leicht sieht, einen Hilbert-Raum bona fide im Sinne der Mathematik.

Die physikalische Interpretation unseres Formalismus ist folgende: Der Zustand eines Systems von Photonen wird durch eine ganze Klasse von äquivalenten Zustandsvektoren im Fock-Raum beschrieben. Physikalisch kann das nur sinnvoll sein, wenn der Erwartungswert von *beobachtbaren* Größen wie dem Feldstärkentensor, der Energie etc. identisch ist für äquivalente Zustandsvektoren. Das kann man allgemein beweisen, wir werden es an Beispielen verifizieren. In praktischen Anwendungen, bei der Berechnung von Matrixelementen kann man daher stets einen beliebigen Vertreter aus einer Äquivalenz-Klasse als Zustandsvektor nehmen.

Betrachten wir nun die Ein-Photon-Zustandsvektoren der Gl. (7-29) näher. Wegen Gl. (7-30) ist $\alpha_0^\dagger(k)|0\rangle$ äquivalent zum Nullvektor. Nur die Zustandsvektoren

$$|k,\epsilon_1\rangle = \alpha_1^\dagger(k)|0\rangle = \vec{e}_1\,\vec{a}^\dagger(k)|0\rangle,$$
$$|k,\epsilon_2\rangle = \alpha_2^\dagger(k)|0\rangle = e_2\,\vec{a}^\dagger(k)|0\rangle, \tag{7-32}$$

wobei

$$\epsilon_{1,2} = \begin{pmatrix} 0 \\ e_{1,2} \end{pmatrix},$$

entsprechen physikalischen Zuständen $\neq 0$. Im Einklang mit dem Experiment liefert unser Formalismus daher zu festem k *zwei* linear unabhängige Ein-Photon-Zustände. Einen allgemeinen physikalischen Ein-Photon-Zustand zu festem k können wir in der Gestalt

$$|k, \epsilon\rangle = -\epsilon^\mu \, a_\mu^\dagger(k)|0\rangle = \varepsilon \vec{a}^\dagger(k)|0\rangle \tag{7-33}$$

schreiben. Dabei genügen ϵ bzw. der Raumanteil ε den Transversalitäts- und Normierungsbedingungen

$$\begin{aligned}
\epsilon^0 &= 0, \\
\varepsilon\, k &= 0, \\
|\varepsilon| &= 1.
\end{aligned} \tag{7-34}$$

Daraus folgt insbesondere

$$\epsilon^\mu k_\mu = 0. \tag{7-35}$$

Die Zustände der Gl. (7-33) erfüllen die Kontinuumsnormierung

$$\langle k', \epsilon' \,|\, k, \epsilon \rangle = (\varepsilon'^* \cdot \varepsilon)\,(2\pi)^3\, 2\omega\, \delta^3(k' - k). \tag{7-36}$$

Wir erinnern noch daran, daß ein linear polarisiertes Photon durch einen reellen Polarisationsvektor $\varepsilon = \varepsilon^*$ beschrieben wird, während rechts- und linkszirkular polarisierten Photonen die Vektoren

$$\varepsilon_\pm = \mp\, \frac{1}{\sqrt{2}}\, (e_1 \pm i\, e_2) \tag{7-37}$$

entsprechen.

Man könnte sich fragen, warum wir uns nicht sofort auf die Zustandsvektoren der Gl. (7-33) beschränkt haben. Wir tun dies nicht, da eine Transversalitäts-Bedingung an den Polarisationsvektor nach Gl. (7-34) nicht Lorentz-invariant ist. Betrachten wir nämlich eine Lorentz-Transformation Λ, bei der der Viererimpuls k und der Polarisationsvektor ϵ eines Photons wie folgt transformiert werden:

$$k \longrightarrow k' = \Lambda k,$$

$$\epsilon = \begin{pmatrix} 0 \\ \varepsilon \end{pmatrix} \longrightarrow \epsilon' = \Lambda\epsilon,$$

so folgt aus Gl. (7-35)

$$\epsilon'^\mu k'_\mu = 0.$$

Hieraus ergibt sich leicht, daß wir ϵ' in der Gestalt

$$\epsilon' = \begin{pmatrix} \epsilon'^0 \\ e' + \epsilon'^0\, \hat{k}' \end{pmatrix}$$

schreiben können, wobei $e'\, k' = 0$. Aber im allgemeinen gilt $\epsilon'^0 \neq 0$, d.h., ϵ' erfüllt nicht mehr die Gl. (7-34). Der entsprechende Zustandsvektor ist aber äquivalent zu demjenigen eines rein transversalen Photons:

$$-\epsilon'^\mu a_\mu^\dagger(k')|0\rangle = \{ e' \vec{a}^\dagger(k') - \epsilon'^0 [a_0^\dagger(k') - \hat{k}' \vec{a}^\dagger(k')]\}\,|0\rangle \sim e' \vec{a}^\dagger(k')|0\rangle.$$

7.2 Normal- und zeitgeordnete Produkte

Wir wollen nun die Erwartungswerte einiger physikalisch beobachtbarer Größen angeben. $\langle\,\rangle$ bedeutet im folgenden den Erwartungswert in einem beliebigen physikalischen Zustand, e_1, e_2 sind wie in Gl. (7-25) und hängen natürlich von k ab. Für die Feldstärken finden wir nach Gl. (7-6):

$$\langle\vec{B}(x)\rangle = \int \frac{d^3k}{(2\pi)^3\,2\omega}$$

$$\{e^{ikx}\langle -ik \times [e_1\alpha_1^\dagger(k) + e_2\alpha_2^\dagger(k)]\rangle$$

$$+ e^{-ikx}\langle ik \times [e_1\alpha_1(k) + e_2\alpha_2(k)]\rangle\}, \tag{7-38}$$

$$\langle\vec{E}(x)\rangle = \int \frac{d^3k}{(2\pi)^3\,2\omega}$$

$$\{-i\omega e^{ikx}\langle e_1\alpha_1^\dagger(k) + e_2\alpha_2^\dagger(k)\rangle + i\omega e^{-ikx}\langle e_1\alpha_1(k) + e_2\alpha_2(k)\rangle\}. \tag{7-39}$$

Wir sehen, daß nur die transveralen Freiheitsgrade der Photonen beitragen, im Einklang mit dem Experiment.

Energie und Impuls von Photonen sind sicher beobachtbare Größen. Wie sehen die zugehörigen Operatoren aus? Die klassischen Ausdrücke für Energie P^0 und Impuls P eines elektromagnetischen Feldes sind in unseren Einheiten:

$$P^0 = \int_{t=\text{const.}} d^3x\,\frac{1}{2}\,[E^2(x) + B^2(x)],$$

$$P = \int_{t=\text{const.}} d^3x\,E(x) \times B(x). \tag{7-40}$$

Betrachten wir hier E und B als Feldoperatoren, so finden wir für die Erwartungswerte der Integrale in Gl. (7-40), die nun Operatoren $\mathbf{P}'^0$ und $\vec{\mathbf{P}}'$ darstellen, in einem beliebigen physikalischen Zustand:

$$\langle\mathbf{P}'^0\rangle = \frac{1}{2}\int\frac{d^3k}{(2\pi)^3\,2\omega}\,\omega\cdot\Big\langle\sum_{i=1}^{2}\{\alpha_i^\dagger(k)\alpha_i(k) + \alpha_i(k)\alpha_i^\dagger(k)\}\Big\rangle, \tag{7-41}$$

$$\langle\vec{\mathbf{P}}'\rangle = \frac{1}{2}\int\frac{d^3k}{(2\pi)^3\,2\omega}\,k\cdot\Big\langle\sum_{i=1}^{2}\{\alpha_i^\dagger(k)\alpha_i(k) + \alpha_i(k)\alpha_i^\dagger(k)\}\Big\rangle. \tag{7-42}$$

Wieder tragen nur die physikalischen Freiheitsgrade der Photonen bei, wie es auch sein muß.

Es ergibt sich aber eine neue Schwierigkeit. Betrachten wir die Vakuum-Erwartungswerte von Energie und Impuls, so finden wir nach Gln. (7-41) und (7-42) divergente Resultate!

$$\langle 0|\mathbf{P}'^0|0\rangle = \frac{1}{2}\int\frac{d^3k}{(2\pi)^3 2\omega}\,\omega\cdot\sum_{i=1}^{2}\langle 0|\alpha_i(k)\alpha_i^\dagger(k)|0\rangle$$

$$= \frac{1}{2}\int d^3k\,\omega\cdot 2\,\delta^3(0)$$

$$= \frac{1}{2}\int d^3k\,\omega\cdot 2\,\frac{V}{(2\pi)^3}\,, \tag{7-43}$$

$$\langle 0|\vec{\mathbf{P}}'|0\rangle = \frac{1}{2}\int d^3k\cdot k\cdot 2\,\delta^3(0)$$

$$= \frac{1}{2}\int d^3k\cdot k\cdot 2\,\frac{V}{(2\pi)^3}\,. \tag{7-44}$$

Dabei haben wir entsprechend Fermis Trick (Gl. (5-24)) $(2\pi)^3\,\delta^3(0)$ durch ein Normierungsvolumen V ersetzt, das wir uns beliebig groß vorstellen können. Das Integral in Gl. (7-44) ist relativ harmlos: Wenn wir symmetrisch über alle Impulse integrieren, verschwindet es. Das Integral in Gl. (7-43) können wir nicht so einfach wegdiskutieren. Es stellt die Nullpunktsenergie des elektromagnetischen Feldes in einem Volumen V dar. Wir argumentieren hier so, daß wir stets nur Energiedifferenzen messen können[2]. Dann können wir willkürlich die Vakuumenergie als Nullpunkt der Energiezählung wählen. Unseren bisherigen Energieoperator haben wir dann zu ersetzen durch

$$\mathbf{P}^0 = \mathbf{P}'^0 - \langle 0|\mathbf{P}'^0|0\rangle. \tag{7-45}$$

Für diesen neuen Energieoperator gilt dann, wie wir leicht sehen:

$$\langle \mathbf{P}^0\rangle = \int\frac{d^3k}{(2\pi)^3 2\omega}\,\omega\,\Big\langle\frac{1}{2}\sum_{i=1}^{2}\{\alpha_i^\dagger(k)\alpha_i(k)$$

$$+\,\alpha_i(k)\alpha_i^\dagger(k)-\langle 0|\alpha_i(k)\alpha_i^\dagger(k)|0\rangle\}\Big\rangle$$

$$= \int\frac{d^3k}{(2\pi)^3 2\omega}\,\omega\,\Big\langle\frac{1}{2}\sum_{i=1}^{2}\{\alpha_i^\dagger(k)\alpha_i(k)$$

$$+\,\alpha_i(k)\alpha_i^\dagger(k)-[\alpha_i(k),\alpha_i^\dagger(k)]\}\Big\rangle$$

$$= \int\frac{d^3k}{(2\pi)^3 2\omega}\,\omega\,\Big\langle\sum_{i=1}^{2}\alpha_i^\dagger(k)\alpha_i(k)\Big\rangle. \tag{7-46}$$

Hier stehen alle Erzeugungsoperatoren links von den Vernichtungsoperatoren, und das gibt einen wohldefinierten Operator ohne Divergenzen.

---

[2]) Es ist eine offene Frage, ob und wie die Nullpunktsenergie der Felder in der Gravitation zu berücksichtigen ist. Da sich die Nullpunktsenergie von Fermi-Feldern als negativ erweist, besteht die Möglichkeit, daß sich die Beiträge aller Felder gerade zu Null aufsummieren. Das ist in sogenannten supersymmetrischen Theorien der Fall.

Vom mathematischen Standpunkt hatten wir Divergenzprobleme, da sich Produkte von Feldoperatoren am selben Punkt wie etwa $(\vec{\mathbf{E}}(x))^2$ nach Gl. (7-40) als zu singulär erwiesen. Wir können die Subtraktion der Vakuumenergie automatisch bewirken, wenn wir eine neue Art Produkt von Feldoperatoren einführen, das *normalgeordnete Produkt* oder *Normalprodukt*. Wir vereinbaren, im Normalprodukt stets alle Erzeugungsoperatoren so wirken zu lassen, als stünden sie links von allen Vernichtungsoperatoren. Diese Vorschrift wollen wir durch Doppelpunkte andeuten. Wir setzen also durch Definition:

$$\begin{aligned}
: \mathbf{a}^{\dagger}\, \mathbf{a}'^{\dagger} : \;&= \mathbf{a}^{\dagger}\, \mathbf{a}'^{\dagger}, \\
: \mathbf{a}^{\dagger}\, \mathbf{a}' \; : \;&= \mathbf{a}^{\dagger}\, \mathbf{a}', \\
: \mathbf{a}'\, \mathbf{a}^{\dagger} \; : \;&= \mathbf{a}^{\dagger}\, \mathbf{a}', \\
: \mathbf{a}\; \mathbf{a}' \;\; : \;&= \mathbf{a}\; \mathbf{a}'.
\end{aligned} \qquad (7\text{-}47)$$

Dabei sind $\mathbf{a}$, $\mathbf{a}'$ beliebige Vernichtungsoperatoren von Bose-Feldern. Für Fermi-Felder tritt beim Vertauschen von Operatoren ein zusätzliches Minuszeichen auf, wie wir im nächsten Kapitel besprechen werden. Die Ausdehnung der Definition auf beliebige Produkte von Linearkombinationen von Erzeugern und Vernichtern ist offensichtlich. Schreiben wir zum Beispiel für den elektrischen Feldstärkenvektor schematisch

$$\vec{\mathbf{E}}(x) \sim \mathbf{a}^{\dagger} + \mathbf{a}, \qquad (7\text{-}48)$$

so gilt

$$\begin{aligned}
: \vec{\mathbf{E}}^{2}(x): \;\sim\; & : (\mathbf{a}^{\dagger} + \mathbf{a})(\mathbf{a}^{\dagger} + \mathbf{a}): \\
=\; & : \mathbf{a}^{\dagger}\mathbf{a}^{\dagger} + \mathbf{a}^{\dagger}\mathbf{a} + \mathbf{a}\mathbf{a}^{\dagger} + \mathbf{a}\mathbf{a}: \\
=\; & \;\; \mathbf{a}^{\dagger}\mathbf{a}^{\dagger} + 2\mathbf{a}^{\dagger}\mathbf{a} + \mathbf{a}\mathbf{a}.
\end{aligned} \qquad (7\text{-}49)$$

Die korrekten Ausdrücke für Energie und Impuls erhalten wir dann, indem wir die Produkte der klassischen Felder in Gl. (7-40) durch die Normalprodukte der Feldoperatoren ersetzen:

$$\mathbf{P}^{0} = \int\limits_{t\,=\,\text{const.}} \mathrm{d}^{3}x\,\frac{1}{2} : [\vec{\mathbf{E}}^{2}(x) + \vec{\mathbf{B}}^{2}(x)] :,$$

$$\vec{\mathbf{P}} = \int\limits_{t\,=\,\text{const.}} \mathrm{d}^{3}x : \vec{\mathbf{E}}(x) \times \vec{\mathbf{B}}(x) : . \qquad (7\text{-}50)$$

Wir berechnen noch Erwartungswerte des Viererpotentials, die wir für die Feynman-Regeln benötigen. Die folgenden Größen sind nicht direkt beobachtbar, daher sind die Erwartungswerte *nicht* identisch für alle Vertreter aus einer Äquivalenzklasse von Zustandsvektoren. Unter Benutzung der Gln. (7-11)–(7-17) finden wir für das gewöhnliche Produkt zweier Viererpotentiale:

$$\langle 0 | \mathbf{A}_{\mu}(x)\, \mathbf{A}_{\nu}(y) | 0 \rangle = -g_{\mu\nu} \int \frac{\mathrm{d}^{3}k}{(2\pi)^{3}}\,\frac{1}{2\omega}\, e^{-i k(x-y)}, \qquad (7\text{-}51)$$

wobei

$$k = \begin{pmatrix} |k| \\ k \end{pmatrix}.$$

Wir wollen nun das zeitgeordnete Produkt oder T-Produkt zweier Operatoren $\mathbf{A}_\mu(x)$ durch die Definition

$$T(\mathbf{A}_\mu(x)\,\mathbf{A}_\nu(y)) = \theta(x^0 - y^0)\,\mathbf{A}_\mu(x)\,\mathbf{A}_\nu(y) + \theta(y^0 - x^0)\,\mathbf{A}_\nu(y)\,\mathbf{A}_\mu(x) \qquad (7\text{-}52)$$

einführen. Analog definieren wir das T-Produkt für beliebige Bose-Operatoren, das sind Operatoren, die unter Lorentz-Transformationen wie ein Skalar, Vierervektor oder Tensor höherer Stufe transformieren. Unser T-Produkt macht nach Gl. (7-52) zunächst den Eindruck, als würde es von dem gewählten Bezugsystem abhängen, wir haben ja eine Zeitkoordinate ausgezeichnet. Das ist aber nur scheinbar so. Aus den Vertauschungsregeln (7-12)–(7-17) finden wir nämlich leicht, daß $\mathbf{A}_\mu(x)$ und $\mathbf{A}_\nu(y)$ für raumartige Abstände kommutieren (Mikrokausalität!):

$$[\mathbf{A}_\mu(x), \mathbf{A}_\nu(y)] = 0 \quad \text{für} \quad (x - y)^2 < 0. \qquad (7\text{-}53)$$

Daher legt das T-Produkt effektiv die Reihenfolge der Operatoren nur für x innerhalb des Vorwärts- und Rückwärtslichtkegels von y fest, was eine Lorentz-invariante Bedingung darstellt (Bild 7-1).

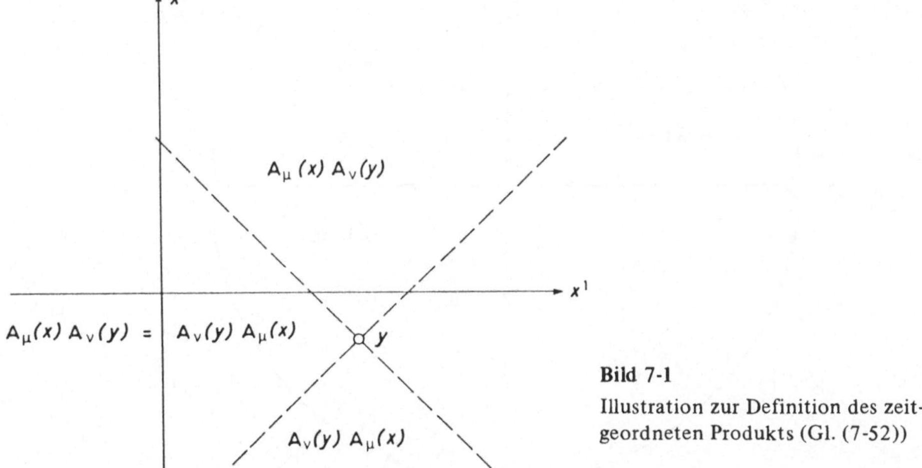

Bild 7-1

Illustration zur Definition des zeitgeordneten Produkts (Gl. (7-52))

Besonders wichtig ist der Vakuum-Erwartungswert des T-Produkts zweier Viererpotentiale, für den wir eine Integraldarstellung angeben wollen. Wir behaupten, daß gilt:

$$\langle 0 | T(\mathbf{A}_\mu(x)\,\mathbf{A}_\nu(y)) | 0 \rangle = i g_{\mu\nu} D_F(x - y), \qquad (7\text{-}54)$$

wobei die Funktion D_F definiert ist durch

$$i g_{\mu\nu} D_F(x - y) = \lim_{\epsilon \to +0} \int \frac{dk}{(2\pi)^4}\, e^{-ik(x-y)}\, \frac{-i g_{\mu\nu}}{k^2 + i\epsilon}. \qquad (7\text{-}55)$$

Das Integral in Gl. (7-55) ist über den gesamten vierdimensionalen Impulsraum zu erstrecken, mit dem Maß $dk = dk^0\, dk^1\, dk^2\, dk^3$. Wir vereinbaren, im folgenden bei Ausdrücken der obigen Gestalt das Limes-Zeichen nicht explizit anzuschreiben und unter ϵ eine positive Zahl zu verstehen, die gegen Null strebt. Zum Beweis der Gl. (7-54) sehen wir uns in Gl.

(7-55) zunächst das Integral über k^0 an, das wir als Integral in der komplexen k^0-Ebene auffassen:

$$\mathrm{i}g_{\mu\nu}\,D_{\mathrm{F}}(x-y)$$
$$= g_{\mu\nu}\int\frac{\mathrm{d}^3k}{(2\pi)^3}\,\mathrm{e}^{\mathrm{i}k(x-y)}\int_{-\infty}^{\infty}\frac{\mathrm{d}k^0}{2\pi\mathrm{i}}\,\mathrm{e}^{-\mathrm{i}k^0(x^0-y^0)}\cdot\frac{1}{(k^0)^2-k^2+\mathrm{i}\epsilon}.\qquad(7\text{-}56)$$

Die Pole des Integranden liegen bei

$$k^0 = \pm\sqrt{k^2-\mathrm{i}\epsilon}\ \longrightarrow\ \pm\,|\boldsymbol{k}|,$$

wie in Bild 7-2 illustriert. Für $x^0 > y^0$ gilt:

$$\mathrm{e}^{-\mathrm{i}k^0(x^0-y^0)}\longrightarrow 0$$
$$\text{für}\ \ \operatorname{Im} k^0 \to -\infty.\qquad(7\text{-}57)$$

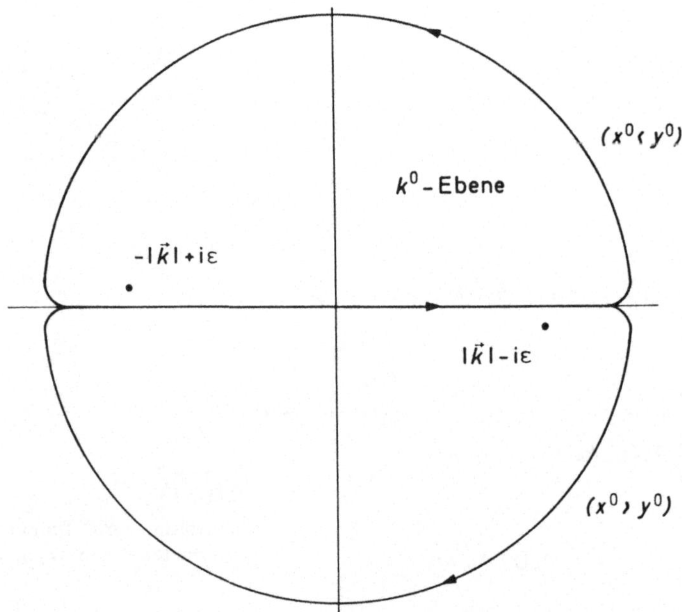

Bild 7-2 Lage der Pole und Integrationswege in der k^0-Ebene für das Integral in Gl. (7-56)

Wir können dann den Integrationsweg durch einen sehr großen Halbkreis in der unteren Hälfte der k^0-Ebene ergänzen und den Residuensatz anwenden. Wir finden:

$$\mathrm{i}g_{\mu\nu}\,D_{\mathrm{F}}(x-y) = -g_{\mu\nu}\int\frac{\mathrm{d}^3k}{(2\pi)^3}\,\frac{\mathrm{e}^{-\mathrm{i}[\,|\boldsymbol{k}|\,(x^0-y^0)-k(x-y)]}}{2|\boldsymbol{k}|}\qquad(7\text{-}58)$$

und durch Vergleich mit Gl. (7-51)

$$\mathrm{i}g_{\mu\nu}\,D_{\mathrm{F}}(x-y) = \langle 0|\mathbf{A}_\mu(x)\,\mathbf{A}_\nu(y)|0\rangle$$
$$\text{für}\ \ x^0 > y^0.\qquad(7\text{-}59)$$

Für $x^0 < y^0$ können wir den Integrationsweg in der oberen Halbebene schließen, und es ergibt sich

$$i g_{\mu\nu} D_F(x-y) = - g_{\mu\nu} \int \frac{d^3 k}{(2\pi)^3} \frac{e^{-i[|k|(y^0-x^0)-k(x-y)]}}{2|k|}$$

$$= \langle 0 | A_\nu(y) A_\mu(x) | 0 \rangle \tag{7-60}$$

$$\text{für} \quad x^0 < y^0 .$$

Damit ist Gl. (7-54) bewiesen. Man nennt die Funktion $i g_{\mu\nu} D_F(x-y)$ bzw. ihre Fourier-Transformierte $-i g_{\mu\nu}/(k^2 + i\epsilon)$ den Feynman-Propagator für das freie Photonfeld. Er spielt im Rahmen der Feynman-Regeln eine entscheidende Rolle.

Aufgaben

7.1   Eine physikalische Größe muß eichinvariant sein, d.h. sie muß ein Funktional F der Potentiale A_μ sein, das die Bedingung erfüllt (s. Gl. (7-7))

$$F[A_\mu] = F[A_\mu + \partial_\mu \Lambda]. \tag{7-61}$$

In der Quantentheorie ist $\mathbf{F}[\mathbf{A}_\mu]$ als Operator aufzufassen. Zeigen Sie, daß sein Erwartungswert für alle physikalischen Zustandsvektoren aus einer Äquivalenzklasse gleich ist.

7.2   Verifizieren Sie die Gln. (7-38) und (7-39).

7.3   Bei einer Poincaré-Transformation (Gl. (2-28)) mit $\Lambda^0{}_0 > 0$ transformiert der Operator des Viererpotentials wie folgt:

$$(\Lambda, a): \mathbf{A}^\mu(x) \longrightarrow \Lambda^\mu{}_\nu \mathbf{A}^\nu(\Lambda^{-1}(x-a)). \tag{7-62}$$

Zeigen Sie, daß dies zu einer unitären Transformation im Zustandsraum führt. Dabei setzen wir Invarianz des Vakuumzustands voraus. Wie transformieren die Ein-Photon-Zustände?

8   Ergänzungen zur Theorie des freien Dirac-Feldes

In diesem Kapitel wollen wir den Dirac-Strom und das magnetische Moment eines Elektrons nach der Dirac-Theorie besprechen. Wir stützen uns dabei auf die Resultate des Kapitels 4.

8.1   Der Dirac-Strom

Wie wir im Abschnitt 4.3 gezeigt haben, transformiert der Dirac-Strom

$$\bar{\psi}(x) \gamma^\mu \psi(x) \tag{8-1}$$

wie eine Viererstromdichte. Ursprünglich sah man das Dirac-Feld als relativistische Wahrscheinlichkeitsamplitude für ein Elektron an. Dabei wurde die Nullkomponente des Dirac-Stromes als Dichte der Aufenthaltswahrscheinlichkeit interpretiert. Klassisch ist ja diese Nullkomponente stets positiv:

$$\bar{\psi}(x)\,\gamma^0\,\psi(x) \;=\; \psi^\dagger(x)\,\psi(x) \;>\; 0$$
$$\text{für} \quad \psi(x) \neq 0.$$

(8-2)

Wir haben aber im Kapitel 4 gesehen, daß die Ein-Teilchen-Interpretation des Dirac-Spinors nicht haltbar ist. Welche Rolle spielt der Dirac-Strom in der Theorie des freien quantisierten Dirac-Feldes?

Die Ladungs- und Stromverteilung, d.h. die elektromagnetische Viererstromdichte $j^\mu(x)$ eines Systems von Elektronen und Positronen ist sicher eine beobachtbare Größe. Es liegt nahe, für den entsprechenden Operator anzusetzen:

$$\mathbf{j}^\mu(x) \;=\; -e\,\bar{\psi}(x)\,\gamma^\mu\,\psi(x).$$

(8-3)

Dabei erinnern wir uns, daß wir die Elektronladung mit $-e$ bezeichnen. Falls diese Interpretation richtig ist, wäre der Operator der Gesamtladung

$$\mathbf{Q}' \;=\; \int d^3x\,\mathbf{j}^0(x,t) \;=\; -e\int d^3x\,\bar{\psi}(x,t)\,\gamma^0\,\psi(x,t).$$

(8-4)

Durch Einsetzen der Entwicklung für den Dirac-Feldoperator (Gl. (4-84)) ergibt sich:

$$\mathbf{Q}' \;=\; -e\int\frac{d^3p}{(2\pi)^3\,2p_0}\sum_{s=\pm\frac{1}{2}}[\mathbf{a}_s^\dagger(p)\,\mathbf{a}_s(p) + \mathbf{b}_s(p)\,\mathbf{b}_s^\dagger(p)].$$

(8-5)

Nun tritt ein ähnliches Problem wie mit dem Nullpunkt der Energiezählung auf. Betrachten wir nämlich den Erwartungswert der Ladung im Vakuumzustand, so erhalten wir eine Unendlichkeit. Nach den Antivertauschungsregeln Gl. (4-91) finden wir

$$\langle 0|\mathbf{Q}'|0\rangle \;=\; -e\int\frac{d^3p}{(2\pi)^3\,2p_0}\sum_{s=\pm\frac{1}{2}}\langle 0|\mathbf{b}_s(p)\,\mathbf{b}_s^\dagger(p)|0\rangle$$

$$=\; -e\int\frac{d^3p}{(2\pi)^3\,2p_0}\sum_{s=\pm\frac{1}{2}}\{\mathbf{b}_s(p),\mathbf{b}_s^\dagger(p)\}$$

$$=\; -e\int d^3p\,2\cdot\delta^3(0) \;=\; \infty.$$

(8-6)

Das heißt wieder nur, daß wir den Nullpunkt der Ladungs-Zählung nicht geeignet gewählt haben. Wir erhalten einen „guten" Ladungsoperator $\mathbf{Q}$, wenn wir die Gesamtladung des Vakuums als Nullpunkt wählen. Dann gilt:

$$\mathbf{Q} \;=\; \mathbf{Q}' - \langle 0|\mathbf{Q}'|0\rangle$$

$$=\; -e\int\frac{d^3p}{(2\pi)^3\,2p_0}\sum_{s=\pm\frac{1}{2}}(\mathbf{a}_s^\dagger(p)\,\mathbf{a}_s(p) + \mathbf{b}_s(p)\,\mathbf{b}_s^\dagger(p) - \{\mathbf{b}_s(p),\mathbf{b}_s^\dagger(p)\})$$

$$=\; -e\int\frac{d^3p}{(2\pi)^3\,2p_0}\sum_{s=\pm\frac{1}{2}}(\mathbf{a}_s^\dagger(p)\,\mathbf{a}_s(p) - \mathbf{b}_s^\dagger(p)\,\mathbf{b}_s(p)).$$

(8-7)

Der Operator $\mathbf{Q}$ hat offenbar positive und negative Eigenwerte, Elektronen haben Ladung $-e$, Positronen $+e$ im Einklang mit dem Experiment.

Die unendliche Selbstladung des Vakuums rührt, mathematisch gesehen, wieder davon her, daß wir in Gl. (8-3) das Produkt zweier Feldoperatoren am selben Punkt niedergeschrieben haben. Wir vermeiden alle Unendlichkeiten, wenn wir wie für elektromagnetische Feldoperatoren eine Normalordnung definieren. Für jede Vertauschung von Fermi-Operatoren fügen wir dabei einen Faktor -1 hinzu, entsprechend ihren Antivertauschungsregeln. Also gilt nach Definition:

$$: \mathbf{a}_r(\boldsymbol{p})\, \mathbf{a}_s^\dagger(\boldsymbol{p}') : \ = \ -\mathbf{a}_s^\dagger(\boldsymbol{p}')\, \mathbf{a}_r(\boldsymbol{p}). \tag{8-8}$$

Wir erhalten einen Strom, der automatisch Gesamtladung Null für das Vakuum liefert, wenn wir an Stelle von Gl. (8-3) setzen:

$$\mathbf{j}^\mu(x) \ = \ -e : \overline{\psi}(x)\, \gamma^\mu\, \psi(x) : . \tag{8-9}$$

Zu beachten ist, daß das Normalprodukt $: \overline{\psi}\, \gamma^0\, \psi :$ keiner Positivitätsbedingung analog zur Gl. (8-2) genügt.

8.2 Das magnetische Moment des Elektrons nach der Dirac-Theorie

Wir wollen nun das magnetische Moment eines Elektrons nach der freien Dirac-Theorie berechnen. Allgemein ist der Operator des magnetischen Moments zur Zeit t gegeben durch

$$\vec{\mu}(t) \ = \ \frac{1}{2} \int d^3x \; \boldsymbol{x} \times \vec{\mathbf{j}}(\boldsymbol{x}, t). \tag{8-10}$$

Wir betrachten das Matrixelement dieses Operators zwischen Ein-Elektron-Zuständen festen Impulses zur Zeit $t = 0$. Setzen wir $\vec{\mu}(0) \equiv \vec{\mu}$ und

$$|\,\mathrm{e}\,(\boldsymbol{p}, s)\rangle \ = \ \mathbf{a}_s^\dagger(\boldsymbol{p})\,|0\rangle, \tag{8-11}$$

so ergibt sich

$$\langle\, \mathrm{e}\,(\boldsymbol{p}', r)\,|\,\vec{\mu}\,|\,\mathrm{e}\,(\boldsymbol{p}, s)\rangle$$

$$= -e\,\frac{1}{2} \int d^3x \; \boldsymbol{x} \times \langle\, \mathrm{e}\,(\boldsymbol{p}', r)\,|: \overline{\psi}(\boldsymbol{x}, 0)\, \gamma\, \psi(\boldsymbol{x}, 0):|\,\mathrm{e}\,(\boldsymbol{p}, s)\rangle. \tag{8-12}$$

Denken wir uns die Entwicklung der Feldoperatoren (Gl. (4-84)) eingesetzt, so erhalten wir einen Ausdruck der folgenden schematischen Gestalt:

$$\langle 0\,|\,\mathbf{a} : (\mathbf{b} + \mathbf{a}^\dagger)\,(\mathbf{b}^\dagger + \mathbf{a}) : \mathbf{a}^\dagger\,|0\rangle$$

$$= \langle 0\,|\,\mathbf{a}\,(-\mathbf{b}^\dagger \mathbf{b} + \mathbf{a}^\dagger \mathbf{b}^\dagger + \mathbf{b}\mathbf{a} + \mathbf{a}^\dagger \mathbf{a})\,\mathbf{a}^\dagger\,|0\rangle. \tag{8-13}$$

Einen solchen Ausdruck berechnen wir am besten, wenn wir alle Vernichtungsoperatoren unter Ausnutzen der Antivertauschungsregeln Gl. (4-91) nach rechts durchziehen, bis sie auf das Vakuum wirken und damit Null ergeben. Als Beispiel betrachten wir Vernichtungsoperatoren $\mathbf{a}_i$ (mit $i = 1, \dots, 4$), wobei der Index i kurz für Impuls- und Spinwerte stehen soll.

Wir finden dann unter Benutzung der Gl. (4-91)

$$\langle 0 | a_i \, a_j^\dagger | 0 \rangle = \{ a_i \, a_j^\dagger \}, \tag{8-14}$$

$$\begin{aligned}
\langle 0 | a_1 \, a_2^\dagger \, a_3 \, a_4^\dagger | 0 \rangle &= \langle 0 | (\{ a_1, a_2^\dagger \} - a_2^\dagger \, a_1) \, a_3 \, a_4^\dagger | 0 \rangle \\
&= \langle 0 | a_1 \, a_2^\dagger | 0 \rangle \cdot \langle 0 | a_3 \, a_4^\dagger | 0 \rangle - \langle 0 | a_2^\dagger \, a_1 \, a_3 \, a_4^\dagger | 0 \rangle \\
&= \langle 0 | a_1 \, a_2^\dagger | 0 \rangle \cdot \langle 0 | a_3 \, a_4^\dagger | 0 \rangle - \langle 0 | a_2^\dagger \, a_1 \, \{ a_3, a_4^\dagger \} | 0 \rangle \\
&= \langle 0 | a_1 \, a_2^\dagger | 0 \rangle \cdot \langle 0 | a_3 \, a_4^\dagger | 0 \rangle.
\end{aligned} \tag{8-15}$$

Den Vakuumerwartungswert zweier Operatoren **A**, **B** bezeichnet man auch als ihre *Kontraktion* und schreibt ihn wie folgt:

$$\underset{\llcorner\!\lrcorner}{\mathbf{A B}} \equiv \langle 0 | \mathbf{A B} | 0 \rangle. \tag{8-16}$$

Offenbar gibt die Kontraktion zweier Erzeuger oder zweier Vernichter Null. Die Kontraktion eines Vernichters mit einem Erzeuger ist nur dann ungleich Null, wenn der Erzeuger rechts vom Vernichter steht. Unser Resultat Gl. (8-15) lautet dann

$$\langle 0 | a_1 \, a_2^\dagger \, a_3 \, a_4^\dagger | 0 \rangle = \underset{\llcorner\!\lrcorner}{a_1 \, a_2^\dagger} \; \underset{\llcorner\!\lrcorner}{a_3 \, a_4^\dagger}. \tag{8-17}$$

Da dies der einzige Term ungleich Null unter allen möglichen Kontraktionen der Operatoren der linken Seite dieser Gleichung ist, können wir auch schreiben:

$$\langle 0 | a_1 \, a_2^\dagger \, a_3 \, a_4^\dagger | 0 \rangle = \text{Summe aller Kontraktionen.} \tag{8-18}$$

Man überlegt sich leicht, daß dieses Resultat allgemein für jeden Vakuumerwartungswert von beliebigen Produkten und Summen von Erzeugern und Vernichtern gilt (Wicksches Theorem, Wick 1950). Dabei ist zu beachten, daß zu kontrahierende Fermi-Operatoren jeweils durch Antikommutieren nebeneinander gebracht werden müssen, was zusätzliche Faktoren (-1) liefert. Es gilt zum Beispiel für Fermi-Operatoren:

$$\begin{aligned}
\langle 0 | a_1 \, a_2 \, a_3^\dagger \, a_4^\dagger | 0 \rangle &= \langle 0 | a_1 \, a_2 \, a_3^\dagger \, a_4^\dagger | 0 \rangle + \langle 0 | a_1 \, a_2 \, a_3^\dagger \, a_4^\dagger | 0 \rangle \\
&= - \; a_1 \, a_3^\dagger \; a_2 \, a_4^\dagger \; + \; a_1 \, a_4^\dagger \; a_2 \, a_3^\dagger \\
&= - \langle 0 | a_1 \, a_3^\dagger | 0 \rangle \langle 0 | a_2 \, a_4^\dagger | 0 \rangle + \langle 0 | a_1 \, a_4^\dagger | 0 \rangle \langle 0 | a_2 \, a_3^\dagger | 0 \rangle.
\end{aligned} \tag{8-19}$$

Nach diesen Vorbemerkungen können wir unseren Ausdruck für das magnetische Moment Gl. (8-12) leicht berechnen. Wir finden:

$$\langle e(\boldsymbol{p}', r) | \vec{\mu} | e(\boldsymbol{p}, s) \rangle$$

$$= -\frac{e}{2} \int d^3 x \; \boldsymbol{x} \times \mathbf{a}_r(\boldsymbol{p}') \, \bar{\psi}(x, 0) \, \gamma \, \psi(x, 0) \, \mathbf{a}_s^\dagger(\boldsymbol{p}), \tag{8-20}$$

$$\begin{aligned}
\psi(x, t) \, \mathbf{a}_s^\dagger(\boldsymbol{p}) &= \langle 0 | \psi(x, t) \, \mathbf{a}_s^\dagger(\boldsymbol{p}) | 0 \rangle \\
&= \int \frac{d^3 p_1}{(2\pi)^3 \, 2 p_1^0} \sum_{s' = \pm \frac{1}{2}} \langle 0 | [e^{i p_1 x} \, \mathbf{b}_{s'}^\dagger(\boldsymbol{p}_1) \, v_{s'}(\boldsymbol{p}_1) \\
&\quad + e^{-i p_1 x} \, \mathbf{a}_{s'}(\boldsymbol{p}_1) \, u_{s'}(\boldsymbol{p}_1)] \, \mathbf{a}_s^\dagger(\boldsymbol{p}) | 0 \rangle \\
&= u_s(p) \, e^{-i p x},
\end{aligned} \tag{8-21}$$

$$\langle e(\boldsymbol{p}',r)|\vec{\mu}|e(\boldsymbol{p},s)\rangle$$

$$= -\frac{e}{2}\int d^3x\ e^{i(p-p')x}\ \boldsymbol{x}\times\bar{u}_r(\boldsymbol{p}')\boldsymbol{\gamma}\,u_s(\boldsymbol{p}). \tag{8-22}$$

Wir spezialisieren nun für den nichtrelativistischen Grenzfall $|\boldsymbol{p}|\ll m$, $|\boldsymbol{p}'|\ll m$, in dem gilt:

$$u_s(\boldsymbol{p})\cong\sqrt{2m}\begin{pmatrix}\chi_s\\[2mm]\dfrac{\boldsymbol{\sigma p}}{2m}\chi_s\end{pmatrix}. \tag{8-23}$$

Mit dem analogen Ausdruck für $u_r(\boldsymbol{p}')$ finden wir:

$$\bar{u}_r(\boldsymbol{p}')\boldsymbol{\gamma}\,u_s(\boldsymbol{p})\cong\chi_r^\dagger\{\boldsymbol{p}+\boldsymbol{p}'+i\,\boldsymbol{\sigma}\times\boldsymbol{q}\}\chi_s, \tag{8-24}$$

wobei $\boldsymbol{q}=\boldsymbol{p}'-\boldsymbol{p}$. Aus Gl. (8-22) erhalten wir damit

$$\langle e(\boldsymbol{p}',r)|\vec{\mu}|e(\boldsymbol{p},s)\rangle$$

$$\cong -\frac{e}{2}\int d^3x\ e^{i(p-p')x}\ \chi_r^\dagger\ \boldsymbol{x}\times(\boldsymbol{p}+\boldsymbol{p}'+i\,\boldsymbol{\sigma}\times\boldsymbol{q})\chi_s. \tag{8-25}$$

Das ist immer noch nicht sehr anschaulich. Um ein durchsichtiges Resultat zu erhalten, betrachten wir Wellenpakete, d.h. normierte Ein-Elektron-Zustände der Gestalt

$$|f\rangle=\int\frac{d^3p}{(2\pi)^3\sqrt{2p^0}}\sum_{s=\pm\frac{1}{2}}f_s(\boldsymbol{p})\,\mathsf{a}_s^\dagger(\boldsymbol{p})|0\rangle, \tag{8-26}$$

wobei wir von den Funktionen $f_s(\boldsymbol{p})$ voraussetzen:

$$f_s(\boldsymbol{p})\neq 0\quad\text{nur für}\quad |\boldsymbol{p}|\ll m,$$

$$\int\frac{d^3p}{(2\pi)^3}\sum_{s=\pm\frac{1}{2}}|f_s(\boldsymbol{p})|^2=1. \tag{8-27}$$

Im nichtrelativistischen Bereich können wir $f_s(\boldsymbol{p})$ als Schrödinger-Funktionen im Impulsraum betrachten. Die Fourier-Transformierten

$$\psi_s(\boldsymbol{x})=\int\frac{d^3p}{(2\pi)^3}\,e^{ipx}f_s(\boldsymbol{p}) \tag{8-28}$$

sind dann nach Gln. (3-73) und (4-1) die Schrödinger-Funktionen eines „Pauli-Elektrons" im Ortsraum zur Zeit $t=0$. Aus Gl. (8-27) folgt auch die korrekte Normierung für ψ_s:

$$\int d^3x\sum_{s=\pm\frac{1}{2}}|\psi_s(\boldsymbol{x})|^2=1. \tag{8-29}$$

Eine einfache Rechnung liefert dann

$$\langle f|\vec{\mu}|f\rangle=\int\frac{d^3p'\,d^3p}{(2\pi)^6\,2m}\sum_{r,s}f_r^*(\boldsymbol{p}')f_s(\boldsymbol{p})\,\langle e(\boldsymbol{p}',r)|\vec{\mu}|e(\boldsymbol{p},s)\rangle$$

$$= -\frac{e}{2m}\int d^3x\sum_{r,s}\psi_r^*(\boldsymbol{x})\,(\delta_{rs}\,\boldsymbol{x}\times\frac{1}{i}\boldsymbol{\nabla}+\boldsymbol{\sigma}_{rs})\,\psi_s(\boldsymbol{x}),$$

oder anders dargestellt:

$$\langle f | \vec{\mu} | f \rangle = - \frac{e}{2m} \langle f | \vec{L} + \sigma | f \rangle, \tag{8-30}$$

wobei $\vec{L}$ der Operator des Bahndrehimpulses ist (Gl. (4-3)). Erinnern wir uns an den Operator des Gesamtdrehimpulses

$$\vec{J} = \vec{L} + \frac{1}{2}\, \sigma,$$

so sehen wir, daß im allgemeinen magnetisches Moment und Drehimpuls eines Elektrons nicht in dieselbe Richtung zeigen. Der Spindrehimpuls eines Elektrons trägt mit einem zusätzlichen Faktor 2 zum magnetischen Moment bei. Es ist ein großer Triumpf der Dirac-Theorie, diese Aussage zu liefern, die schon vorher empirisch erschlossen worden war.

Für ein Elektron *in Ruhe* gilt für die Erwartungswerte (s. Aufgabe 8.4)

$$\langle \vec{L} \rangle = 0,$$

$$\langle \vec{\mu} \rangle_{e^-} = - \frac{e}{2m} \langle \sigma \rangle. \tag{8-31}$$

Hier ist der nichtrelativistische Ausdruck natürlich exakt im Rahmen der Dirac-Theorie. Analog findet man für ein Positron in Ruhe

$$\langle \vec{\mu} \rangle_{e^+} = \frac{e}{2m} \langle \sigma \rangle. \tag{8-32}$$

Diese Beziehungen (Gln. (8-31), (8-32)) werden aber durch das Experiment nicht genau bestätigt. Im Experiment findet man

$$\langle \vec{\mu} \rangle_{e^-} = - \frac{e}{2m} \frac{1}{2}\, g_e \langle \sigma \rangle \tag{8-33}$$

mit $g_e \neq 2$, wie schon im Kapitel 6 besprochen.

8.3   Der freie Elektronpropagator

Zum Schluß wollen wir das zeitgeordnete Produkt zweier Dirac-Operatoren definieren und seinen Vakuumerwartungswert angeben. Wir indizieren mit α, β die vier Komponenten des Dirac-Spinors und definieren

$$T(\psi_\alpha(x)\bar{\psi}_\beta(y)) = \theta(x^0 - y^0)\,\psi_\alpha(x)\bar{\psi}_\beta(y) - \theta(y^0 - x^0)\,\bar{\psi}_\beta(y)\,\psi_\alpha(x). \tag{8-34}$$

Man beachte das Minuszeichen im Vergleich zum T-Produkt von Bose-Operatoren (Gl. (7-52)). Um den Vakuumerwartungswert dieses T-Produkts anzugeben, definieren wir eine Funktion $\mathbf{S}_F(z)$, die für festen Vierervektor z eine 4×4-Matrix darstellt, durch

$$\mathbf{S}_F(z) = - \int \frac{dp}{(2\pi)^4}\, e^{-ipz}\, \frac{1}{\not{p} - m + i\epsilon}. \tag{8-35}$$

Wir behaupten nun, daß gilt:

$$\langle 0 \,|\, T(\psi(x)\,\bar{\psi}(y))|0 \rangle = \frac{1}{i}\, \mathbf{S}_F(x-y)$$

$$= \int \frac{dp}{(2\pi)^4}\; e^{-ip(x-y)}\; \frac{i}{\not{p}-m+i\epsilon}$$

$$= \int \frac{dp}{(2\pi)^4}\; e^{-ip(x-y)}\; \frac{i(\not{p}+m)}{p^2-m^2+i\epsilon}\,. \tag{8-36}$$

Man nennt $-i\,\mathbf{S}_F(x-y)$ bzw. die Fourier-Transformierte $i/(\not{p}-m+i\epsilon)$ die Propagator-Funktion des freien Elektrons. Der Beweis der Gl. (8-36) läuft ganz analog wie für das Photonfeld (Gl. (7-54)).

Aufgaben

8.1 Verifizieren Sie die Gl. (8-5) unter Benutzung der Relationen aus Anhang A.

8.2 Berechnen Sie den folgenden Erwartungswert explizit und nach dem Wickschen Theorem:

$$\langle 0 \,|\, \mathbf{a}_1\, \mathbf{a}_2^\dagger\, \mathbf{a}_3\, \mathbf{a}_4\, \mathbf{a}_5^\dagger\, \mathbf{a}_6^\dagger \,|0\rangle.$$

Betrachten Sie dabei die $\mathbf{a}_i$ einmal als Fermi-, einmal als Bose-Operatoren.

8.3 Beweisen Sie die Gl. (8-30).

8.4 Betrachten Sie einen Elektronzustand wie in Gl. (8-26) mit Funktionen

$$f_s(\boldsymbol{p}) = c_s \cdot \sigma^{-3/2}(2\pi)^{3/4} \exp\left(-\frac{\boldsymbol{p}^2}{4\sigma^2}\right).$$

Dabei seien $\sigma > 0$ und c_s beliebig komplex mit

$$\sum_{s=\pm\frac{1}{2}} |c_s|^2 = 1.$$

Wir definieren ein Elektron in Ruhe als den Grenzfall für $\sigma \to 0$ der obigen Zustände. Zeigen Sie, daß dann die Gl. (8-31) gilt mit

$$\langle \sigma \rangle \equiv \sum_{r,\,s} c_r^*\, \sigma_{rs}\, c_s\,.$$

8.5 Beweisen Sie die Gl. (8-36).

9   Die elektromagnetische Kopplung und die Störungsentwicklung

9.1   Die elektromagnetische Kopplung des Dirac-Feldes

Ein elektrisch geladenes Teilchen wird im elektrischen und magnetischen Feld abgelenkt. Haben wir es mit einem klassischen, nicht-relativistischen Punktteilchen der Masse m und Ladung q zu tun, so wird die Kraft K durch den Lorentzschen Ausdruck gegeben. Die Bewegungsgleichungen lauten (s. etwa Jackson 1983)

$$m \, \ddot{z}(t) = K = q \, E(z, t) + q z(t) \times B(z, t). \tag{9-1}$$

Dabei sind $z(t)$ und $\dot{z}(t)$ Ort und Geschwindigkeit des Teilchens zur Zeit t. Die Lagrange-Funktion, die zu diesen Bewegungsgleichungen führt, ist

$$L = L_0 + L', \tag{9-2}$$

wobei

$$L_0 = \frac{m \, \dot{z}(t)^2}{2},$$

$$L' = - q \, (A^0(z(t), t) - \dot{z}(t) A(z(t), t)).$$

Den Wechselwirkungsterm L' können wir mit Hilfe der Viererstromdichte j^μ

$$(j^\mu(x, t)) = q \, \begin{pmatrix} 1 \\ z(t) \end{pmatrix} \delta^3(x - z(t)) \tag{9-3}$$

wie folgt schreiben:

$$L' = - \int d^3x \; j^\mu(x, t) A_\mu(x, t). \tag{9-4}$$

Es zeigt sich, daß diese Kopplung einfach in die quantisierte Feldtheorie übernommen werden kann, wobei wir für j^μ die Viererstromdichte des Dirac-Feldes (Gl. (8-9)) zu setzen haben.

Im Rahmen eines deduktiven Aufbaus der QED würden wir die Lagrange-Funktion des gekoppelten Maxwell-Dirac-Systems an die Spitze stellen, und zwar zunächst für die klassischen Felder. Diese Lagrange-Funktion L ist ein Integral über eine Lagrange-Dichte $\mathscr{L}$ (s. Abschnitt 3.3):

$$L = \int d^3x \; \mathscr{L}(x, t),$$

wobei

$$\mathscr{L}(x) = \mathscr{L}_0(x) + \mathscr{L}'(x)$$

$$\mathscr{L}_0(x) = - \frac{1}{4} F_{\mu\nu}(x) F^{\mu\nu}(x) + \overline{\psi}(x) (i \gamma^\mu \partial_\mu - m) \psi(x)$$

$$\mathscr{L}'(x) = - j^\mu(x) A_\mu(x) = e \, \overline{\psi}(x) \gamma^\mu A_\mu(x) \psi(x). \tag{9-5}$$

Der Term $\mathscr{L}'$ beschreibt die Wechselwirkung. Zu beachten ist, daß die gesamte Lagrange-Dichte $\mathscr{L}$ aus derjenigen der freien Felder ($\mathscr{L}_0$) durch die folgende Substitution hervorgeht:

$$i\partial_\mu \longrightarrow i\partial_\mu + eA_\mu(x). \tag{9-6}$$

Man nennt dies eine „minimale Substitution". Sie garantiert die *Eichinvarianz* der vollen Theorie. Wir können nämlich eine Transformation des Vektorpotentials nach Gl. (7-7) durch eine Phasentransformation des Dirac-Spinors ergänzen, so daß die Lagrange-Dichte invariant bleibt. Bei den Ersetzungen

$$A_\mu(x) \longrightarrow A_\mu(x) + \partial_\mu \Lambda(x),$$
$$\psi(x) \longrightarrow \exp(ie\Lambda(x)) \cdot \psi(x) \tag{9-7}$$

finden wir in der Tat

$$\mathscr{L}(x) \longrightarrow \mathscr{L}(x).$$

Dabei ist $\Lambda(x)$ wieder eine beliebige reelle Funktion von x. Diese von H. Weyl 1929 entdeckte Invarianz des gekoppelten Maxwell-Dirac-Systems bezeichnen wir in moderner Sprechweise als eine U(1)-Eichsymmetrie. Eichsymmetrien sind der Eckstein der modernen Theorien der Elementarteilchen. Wir werden sehen, daß sowohl die starke wie die schwache Wechselwirkung durch Eichsymmetrien beherrscht werden, die eine Verallgemeinerung der Eichsymmetrie der Quantenelektrodynamik darstellen.

Vernachlässigen wir in der Lagrange-Dichte $\mathscr{L}$ (Gl. (9-5)) den Kopplungsterm, d.h. setzen wir die elektrische Ladung $e = 0$, so erhalten wir als Bewegungsgleichungen nach dem Prinzip der stationären Wirkung (Abschnitt 3.3) die freien Maxwell- und Dirac-Gleichungen. Die Quantisierung der entsprechenden Felder haben wir in den Kapiteln 4, 7 und 8 besprochen. Die Idee ist nun, eine Reihenentwicklung in e zu machen, um die Kopplung zu berücksichtigen. Dazu werden wir im wesentlichen die Methoden der Störungstheorie benutzen, die wir aus der nichtrelativistischen Quantenmechanik kennen. Wir werden uns dabei des Dirac- oder Wechselwirkungsbildes bedienen, das wir schon im Kapitel 3 besprochen haben. Die Feldoperatoren genügen dann den freien Gleichungen, der Zustandsvektor genügt einer Schrödinger-Gleichung,

$$i\frac{\partial}{\partial t}\,|t\rangle = \mathbf{H}'(t)|t\rangle, \tag{9-8}$$

wobei an Stelle des gesamten Hamilton-Operators nur der Wechselwirkungsterm auftritt. Es zeigt sich nun, daß die Wechselwirkungsenergie $\mathbf{H}'(t)$ bis auf das Vorzeichen gleich dem Kopplungsterm in der Lagrange-Funktion ist:

$$\mathbf{H}'(t) = -\int d^3x\,\mathscr{L}'(x,t) = \int d^3x\,j^\mu(x,t)\,\mathbf{A}_\mu(x,t)$$

$$= -e\int d^3x : \bar\psi(x,t)\,\gamma^\mu\,\psi(x,t) : \mathbf{A}_\mu(x,t). \tag{9-9}$$

Das ist plausibel, da der Kopplungsterm in Gl. (9-5) keine Ableitungen nach der Zeit enthält. Eine formale Herleitung von Gl. (9-9) besprechen wir in Aufgabe 9.3. Hier wollen wir solche formale Überlegungen nicht weiter vertiefen, sondern die Gl. (9-9) axiomatisch als Gestalt der elektromagnetischen Wechselwirkung der Elektronen und Positronen an die Spitze stellen.

Die Gleichungen (9-8) und (9-9) sind das Fundament, auf dem wir die Feynman-Regeln der QED aufbauen werden.

9.2   Die Feynman-Regeln

Wir wollen in diesem Abschnitt die folgende physikalische Fragestellung behandeln. Zur Zeit $t \to -\infty$ sei eine gewisse Anzahl von Elektronen, Positronen und Photonen vorhanden, die alle weit voneinander separiert seien. Diese Teilchen können sich dann im Laufe der Zeit treffen, aneinander streuen, sich vernichten, neue Teilchen erzeugen. Wir fragen nach dem Zustand zur Zeit $t \to +\infty$, insbesondere nach der Übergangsamplitude in einen gegebenen Zustand mit gewisser Anzahl von Elektronen, Positronen und Photonen:

$$e^-(p_1) + \ldots + e^+(q_1) + \ldots + \gamma(k_1) + \ldots \longrightarrow e^-(p_1') + \ldots + e^+(q_1') + \ldots + \gamma(k_1') + \ldots$$

$$(9\text{-}10)$$

Ausgangspunkt der Überlegungen ist die Gleichung (9-8) für die Zeitentwicklung der Zustände im Dirac-Bild. Entwickeln wir in Gl. (9-9) $\bar{\psi}$, ψ und A_μ nach Erzeugungs- und Vernichtungsoperatoren, wobei wir schematisch setzen $\psi \sim b + a^\dagger$, $\bar{\psi} \sim b^\dagger + a$, $A_\mu \sim \alpha^\dagger + \alpha$, so erhalten wir die folgende Struktur für H':

$$H' \sim \; : (b + a^\dagger)(b^\dagger + a) : (\alpha^\dagger + \alpha)$$

$$\sim -\, b^\dagger b\,(\alpha^\dagger + \alpha) \; + \; a^\dagger b^\dagger (\alpha^\dagger + \alpha) \; + \; ba\,(\alpha^\dagger + \alpha) \; + \; a^\dagger a\,(\alpha^\dagger + \alpha). \qquad (9\text{-}11)$$

$$\quad\;\;(1) \qquad\qquad\quad (2) \qquad\qquad\quad (3) \qquad\qquad\quad (4)$$

Wenden wir H' auf einen beliebigen Zustand an, so bewirkt zum Beispiel der Term (4) folgendes: Durch a wird ein Elektron vernichtet, durch $a^\dagger$ wieder ein Elektron erzeugt mit im allgemeinen anderem Impuls. Dabei wird ein Photon entweder emittiert ($\alpha^\dagger$) oder absorbiert (α). Einen solchen „Elementarprozeß" können wir durch ein Diagramm veranschaulichen, wobei wir Elektronen durch gerade Linien mit Pfeilen, Photonen durch Wellenlinien symbolisieren (Bild 9-1). Eine analoge Interpretation gilt für die Terme (1)–(3).

(1)   Emission oder Absorption eines Photons durch ein Positron.

(2)   Erzeugung eines Elektron-Positron-Paares unter Emission oder Absorption eines Photons.

(3)   Vernichtung eines Elektron-Positron-Paares unter Emission oder Absorption eines Photons.

(4)   Emission oder Absorption eines Photons durch ein Elektron.

Wir können alle diese Prozesse durch ein einziges Diagramm darstellen, wenn wir vereinbaren, Positronen durch in der Zeit zurücklaufende Elektronlinien zu symbolisieren (Bild 9-1).

Wir wollen uns nun ein anschauliches Bild von der Zeitentwicklung eines beliebigen Zustands machen. Zur Zeit $t \to -\infty$ haben wir eine gewisse Anzahl Elektronen, Positronen und Photonen, die wir durch entsprechende Linien andeuten. Nach Gl. (9-8) besteht eine Wahrscheinlichkeit pro Zeiteinheit für den Übergang in einen anderen Zustand, wobei einer der Prozesse (1)–(4) geschehen kann. Das kann sich wiederholen. Entsprechend den Regeln der Quantenmechanik haben wir die Übergangs-*Amplituden* in einen bestimmten Endzustand kohärent zu addieren, unabhängig davon, wie die Zwischenschritte waren, die zu diesem Zustand führten. Die korrekte Superposition aller dieser Amplituden erhalten wir, indem wir die Differentialgleichung (9-8) mit entsprechender Anfangsbedingung für $t \to -\infty$

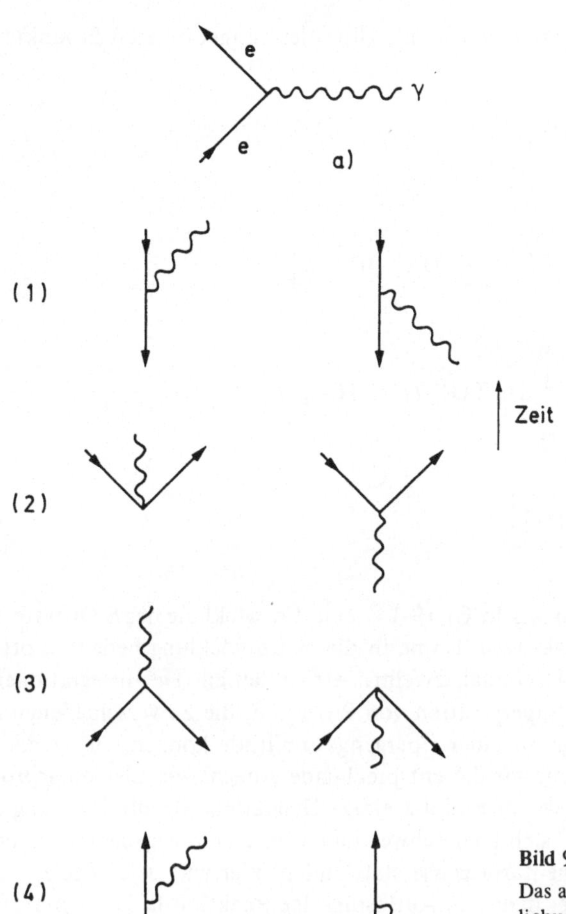

Bild 9-1

Das allgemeine Diagramm zur Veranschaulichung von $\mathbf{H}'$ (Gln. (9-9), (9-11)) (a). Interpretation des Diagramms (a) im Sinne der vier Terme von Gl. (9-11) (b)

lösen. Eine formale Lösung läßt sich leicht finden. Wie wir durch Nachrechnen überprüfen, gilt:

$$|t\rangle = \left\{ 1 + (-\mathrm{i}) \int_{-\infty}^{t} \mathrm{d}t'\, \mathbf{H}'(t') + (-\mathrm{i})^2 \int_{-\infty}^{t} \mathrm{d}t' \int_{-\infty}^{t'} \mathrm{d}t''\, \mathbf{H}'(t')\, \mathbf{H}'(t'') + \dots \right\} |t = -\infty\rangle.$$

$$(9\text{-}12)$$

Daraus erhalten wir den S-Operator, der die Zeitentwicklung der Zustände von $t \to -\infty$ nach $t \to +\infty$ beschreibt:

$$|t = +\infty\rangle = \mathbf{S}\, |t = -\infty\rangle$$

$$= \left\{ 1 + (-\mathrm{i}) \int_{-\infty}^{\infty} \mathrm{d}t'\, \mathbf{H}'(t') + (-\mathrm{i})^2 \int_{-\infty}^{\infty} \mathrm{d}t' \int_{-\infty}^{t'} \mathrm{d}t''\, \mathbf{H}'(t')\, \mathbf{H}'(t'') \right.$$

$$\left. + \dots \right\} |t = -\infty\rangle.$$

$$(9\text{-}13)$$

Den so konstruierten S-Operator können wir mit Hilfe des zeitgeordneten Produkts etwas schöner schreiben:

$$
\begin{aligned}
\mathbf{S} = \Big\{ & 1 + (-\mathrm{i}) \int\limits_{-\infty}^{\infty} \mathrm{d}t'\, \mathbf{H}'(t') \\
& + \frac{(-\mathrm{i})^2}{2!} \int\limits_{-\infty}^{\infty} \mathrm{d}t' \int\limits_{-\infty}^{\infty} \mathrm{d}t''\, \mathrm{T}\left(\mathbf{H}'(t')\,\mathbf{H}'(t'')\right) + \ldots \Big\} \\
= & \sum_{n=0}^{\infty} \frac{(-\mathrm{i})^n}{n!} \int\limits_{-\infty}^{\infty} \mathrm{d}t_1 \ldots \int\limits_{-\infty}^{\infty} \mathrm{d}t_n\, \mathrm{T}\left(\mathbf{H}'(t_1) \ldots \mathbf{H}'(t_n)\right) \\
= & \; \mathrm{T}\left\{ \exp\left[-\mathrm{i} \int\limits_{-\infty}^{\infty} \mathrm{d}t\, \mathbf{H}'(t) \right] \right\}.
\end{aligned}
\tag{9-14}
$$

Da $\mathbf{H}'$ proportional zu e ist, haben wir in Gl. (9-14) eine Entwicklung des S-Operators nach Potenzen von e vor uns. Die sukzessiven Terme in dieser Entwicklung bedeuten offenbar, daß die Elementarprozesse (1)–(4) einmal, zweimal etc. ablaufen. Die Integrationen über die Zeit stehen für die kohärente Superposition von Prozessen, die zu verschiedenen Zeiten stattfinden. Die einzelnen Beiträge zu einer Übergangsamplitude können wir wieder durch Diagramme veranschaulichen, indem wir die entsprechende Anzahl von Elementarprozessen kombinieren. Als Beispiel zeigen wir in Bild 9-2 einige Diagramme für die Streuung zweier Elektronen aneinander. Man muß sich aber schwer hüten, in einem gegebenen Experiment danach zu fragen, wann die Elementarprozesse stattfanden oder wie viele abgelaufen sind. Das wäre eine ganz *sinnlose* Frage, denn die Auflösung der Reaktion in Elementarprozesse ist bloß ein *theoretisches* Hilfsmittel zur Berechnung der Übergangsamplituden.

Es ist nun eine Frage der Mathematik, die Reihe für den S-Operator (Gl. (9-14)) zu analysieren und jedem Diagramm für eine Übergangsamplitude einen analytischen Ausdruck zuzuordnen. Das Resultat sind die allgemeinen Feynman-Regeln, die wir im Anhang B zusammengestellt haben. Die Methoden zur Ableitung dieser Regeln werden wir im nächsten Kapitel an Hand der Elektron-Elektron-Streuung näher erläutern.

Zur Berechnung der Übergangsamplitude für einen bestimmten Prozeß zeichnet man zuerst alle Diagramme mit äußeren Linien entsprechend den ein- und auslaufenden

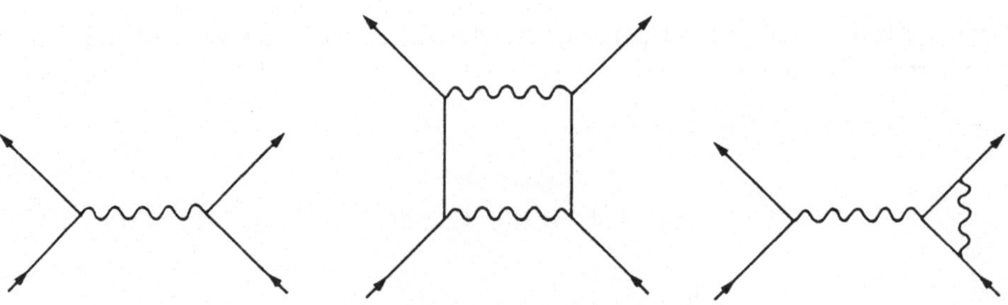

Bild 9-2 Einige Diagramme für die Reaktion $e^- + e^- \rightarrow e^- + e^-$

Teilchen. Im Innern der Diagramme sind beliebig viele Vertizes zugelassen. Jeder Vertex bringt aber einen Faktor $e = \sqrt{4\pi\alpha}$. Ordnen wir die Diagramme nach der Anzahl der vorkommenden Vertizes, so machen wir eine Entwicklung der Amplitude nach Potenzen von e. Praktisch muß man sich meist mit den Termen der niedrigsten Ordnungen begnügen. Das erweist sich als sinnvoll, da die Feinstrukturkonstante α sehr viel kleiner als 1 ist. Die Diagramme bis zu der Ordnung, die man betrachten will, übersetzt man dann entsprechend den im Anhang B angegebenen Regeln in analytische Sprache. Da man sich nur für echte Reaktionen interessiert, d.h. für Prozesse, bei denen alle beteiligten Teilchen in Wechselwirkung miteinander treten, genügt es, die zusammenhängenden Diagramme zu betrachten.

Aufgaben

9.1   Leiten Sie die Bewegungsgleichungen (9-1) aus der Lagrange-Funktion L (Gl. (9-2)) her.

9.2   Leiten Sie die Bewegungsgleichungen her, die nach dem Prinzip der stationären Wirkung aus der Lagrange-Dichte (9-5) folgen. Zeigen Sie, daß sich für $e = 0$ die freien Maxwell- und Dirac-Gleichungen ergeben.

9.3   Wir betrachten die Lagrange-Dichte $\mathscr{L}$ (Gl. (9-5)) des klassischen Maxwell-Dirac-Systems. Die zugehörige Lagrange-Funktion L fassen wir als Funktional der Felder wie folgt auf, wobei wir für $F^{\mu\nu}$ den Ausdruck von Gl. (7-5) einsetzen:

$$L\,[A_\mu(\boldsymbol{x},t),\, \dot{A}_\mu(\boldsymbol{x},t),\, \psi(\boldsymbol{x},t),\, \dot{\psi}(\boldsymbol{x},t), \overline{\psi}(\boldsymbol{x},t), \dot{\overline{\psi}}(\boldsymbol{x},t)] = \int \mathrm{d}^3x\,\mathscr{L}(\boldsymbol{x},t). \qquad (9\text{-}15)$$

Zeigen Sie, daß gilt:

$$\frac{\delta L}{\delta \dot{A}_0(\boldsymbol{x},t)} \equiv 0 \qquad (9\text{-}16)$$

und daß sich daher die kanonischen Quantisierungsregeln von Abschnitt 3.4 mit dieser Lagrange-Funktion nicht anwenden lassen. Ein Ausweg, der sich für die QED als gangbar erweist, ist wie folgt: Wir addieren zur Lagrange-Dichte $\mathscr{L}$ von Gl. (9-5) noch zwei Terme $\mathscr{L}_1$ und $\mathscr{L}_2$,

$$\mathscr{L}_1 = -\frac{1}{2}\,\partial_\mu\{A^\nu\,\partial_\nu\,A^\mu - A^\mu\,\partial_\nu\,A^\nu\} - \frac{1}{2}\,\partial_\mu\,(\overline{\psi}\,\mathrm{i}\,\gamma^\mu\,\psi), \qquad (9\text{-}17)$$

$$\mathscr{L}_2 = -\frac{1}{2}\,(\partial_\mu\,A^\mu)^2, \qquad (9\text{-}18)$$

und betrachten die Dichte $\widetilde{\mathscr{L}}$

$$\widetilde{\mathscr{L}} = \mathscr{L} + \mathscr{L}_1 + \mathscr{L}_2 \qquad (9\text{-}19)$$

als Ausgangspunkt für die QED. Dieser Weg wird z.B. bei Bogoliubov 1959 eingeschlagen. Die Addition von $\mathscr{L}_1$ ist völlig harmlos, da $\mathscr{L}_1$ eine totale Divergenz darstellt und daher die Bewegungsgleichungen nicht ändert. Die Addition von $\mathscr{L}_2$ motivieren wir durch die Resultate von Kapitel 7. Zeigen Sie, daß für alle physikalischen Zustände gilt:

$$\langle \text{phys. Zust.} |: (\partial_\mu\,\mathbf{A}^\mu(x))^2 : | \text{phys. Zust.} \rangle = 0 \qquad (9\text{-}20)$$

Auf dem quantisierten Niveau entspricht daher $\mathscr{L}_2$ einem Operator, der im physikalischen Zustandsraum äquivalent Null ist. Leiten Sie nach dem Prinzip der stationären Wirkung die Bewegungsgleichungen her, die mit $\widetilde{\mathscr{L}}$ als Lagrange-Dichte folgen. Wenden Sie die Quantisierungsregeln von Abschnitt 3.4 auf die Lagrange-Funktion $\widetilde{L}$

$$\widetilde{L} = \int d^3x \, \widetilde{\mathscr{L}} \tag{9-21}$$

an und zeigen Sie, daß die Hamilton-Funktion der Wechselwirkung durch Gl. (9-9) gegeben ist.

10 Einfache Reaktionen in der Quantenelektrodynamik

In diesem Kapitel wollen wir eine Reihe von einfachen Reaktionen in der QED besprechen. Zunächst werden wir an Hand der Elektron-Elektron-Streuung zeigen, wie die im Anhang B angegebenen Feynman-Regeln aus dem allgemeinen Ausdruck für den S-Operator Gl. (9-14) folgen.

10.1 Die Elektron-Elektron-Streuung (Møller-Streuung)

Trifft ein Elektron auf ein anderes Elektron, so kann es gestreut werden. Wir betrachten die Streuung im Schwerpunktsystem, die Impulse seien wie in Bild 10-1 angegeben, ϑ sei der Streuwinkel im Schwerpunktsystem. Es gilt natürlich

$$|\boldsymbol{p}| = |\boldsymbol{p}'|. \tag{10-1}$$

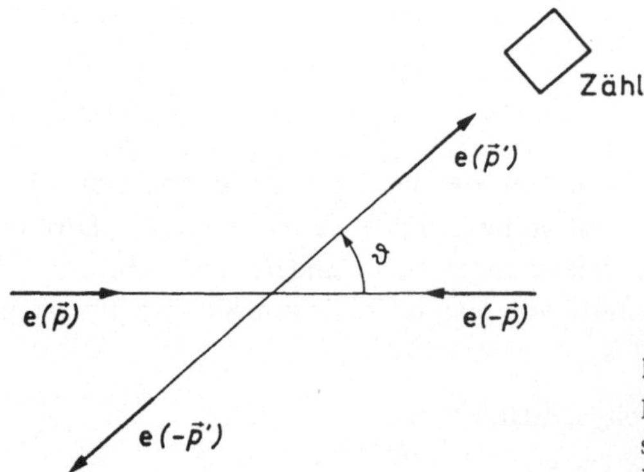

Bild 10-1
Elektron-Elektron-Streuung im Schwerpunktsystem. Die Impulse der Teilchen sind in Klammern angegeben.

Für klassische, nichtrelavistische Elektronen können wir den Streuquerschnitt nach der Methode von Rutherford berechnen. Die Bewegung zweier Teilchen umeinander ist ja mathematisch äquivalent zur Bewegung eines fiktiven Teilchens mit der reduzierten Masse um ein festes Zentrum. Beachten wir dies, so erhalten wir aus der klassischen Rutherford-Streuformel (s. Goldstein 1978)

$$\frac{d\sigma}{d\Omega}\bigg|_{\text{klassisch}} = \frac{\alpha^2 m^2}{16 |p|^4} \left\{ \frac{1}{\sin^4 \vartheta/2} + \frac{1}{\cos^4 \vartheta/2} \right\}, \tag{10-2}$$

wobei $d\Omega = \sin \vartheta \, d\vartheta \, d\varphi$ und der Wertebereich von ϑ und φ klassisch gegeben ist durch

$$\begin{aligned} 0 &\leqslant \vartheta \leqslant \pi, \\ 0 &\leqslant \varphi \leqslant 2\pi. \end{aligned} \tag{10-3}$$

Der Term proportional $\sin^{-4} \vartheta/2$ sollte geläufig sein. Der Term proportional $\cos^{-4} \vartheta/2$ tritt auf, weil beide Teilchen Elektronen sind. Beobachten wir unter einem gewissen Winkel ϑ die gestreuten Elektronen, so gibt es eine Wahrscheinlichkeit proportional $\sin^{-4} \vartheta/2$, dort das von links einlaufende Elektron anzutreffen. Aus Symmetriegründen ist dann die Wahrscheinlichkeit, das von rechts einlaufende Elektron dort anzutreffen, proportional zu

$$\sin^{-4}\left(\frac{\pi - \vartheta}{2} \right) = \cos^{-4}\left(\frac{\vartheta}{2} \right). \tag{10-4}$$

Klassisch haben wir diese beiden Wahrscheinlichkeiten einfach zu addieren.

Wir werden sehen, daß die quantenmechanische Streuformel selbst für beliebig langsame Elektronen *nicht* mit der klassischen Formel Gl. (10-2) übereinstimmt, weil wir quantenmechanisch nicht entscheiden können, ob das gestreute Elektron von rechts oder links kam. Es tritt ein Zusatzterm auf, der die Interferenz der beiden Elektronen beschreibt.

Das quantenmechanische Problem stellt sich folgendermaßen dar. Wir haben zwei einlaufende Elektronen mit Viererimpulsen p_1, p_2 und Spinorientierungen r_1, r_2. Wir fragen nach der Wahrscheinlichkeit, nach der Streuung zwei Elektronen mit Impulsen p_3, p_4 und Spinorientierungen r_3, r_4 zu finden:

$$e^-(p_1, r_1) + e^-(p_2, r_2) \longrightarrow e^-(p_3, r_3) + e^-(p_4, r_4). \tag{10-5}$$

Die Kinematik einer solchen Zwei-Teilchen-Reaktion haben wir in Kapitel 2 ausführlich besprochen, und wir wollen die dort eingeführten Variablen s, t, u auch hier benutzen:

$$\begin{aligned} s &= (p_1 + p_2)^2, \\ t &= (p_1 - p_3)^2, \\ u &= (p_1 - p_4)^2. \end{aligned} \tag{10-6}$$

Im Schwerpunktsystem haben wir:

$$p_1 = \begin{pmatrix} E \\ p \end{pmatrix}, \qquad p_2 = \begin{pmatrix} E \\ -p \end{pmatrix},$$

$$p_3 = \begin{pmatrix} E \\ p' \end{pmatrix}, \qquad p_4 = \begin{pmatrix} E \\ -p' \end{pmatrix},$$

$$E = \frac{\sqrt{s}}{2}, \tag{10-7}$$

$$|p'| = |p'| = \frac{1}{2}\sqrt{s - 4m^2},$$

$$t = -(p - p')^2 = -4|p|^2 \sin^2\frac{\vartheta}{2},$$

$$u = -(p + p')^2 = -4|p|^2 \cos^2\frac{\vartheta}{2}.$$

Vor der Streuung, zur Zeit $t = -\infty$, haben wir also folgenden Zustand:

$$|t = -\infty\rangle = a^\dagger_{r_1}(p_1)\, a^\dagger_{r_2}(p_2)|0\rangle. \tag{10-8}$$

Wir interessieren uns für die Amplitude, im Endzustand $|t = +\infty\rangle$ zwei Elektronen mit Impulsen p_3, p_4 und Spinorientierungen r_3, r_4 zu finden. Die entsprechende Übergangsamplitude ist

$$\begin{aligned}
S_{fi} &= \langle e(p_3, r_3)\, e(p_4, r_4)|\mathsf{S}|e(p_1, r_1)\, e(p_2, r_2)\rangle \\
&= \langle 0|a_{r_3}(p_3)\, a_{r_4}(p_4)\, \mathsf{S}\, a^\dagger_{r_1}(p_1)\, a^\dagger_{r_2}(p_2)|0\rangle.
\end{aligned} \tag{10-9}$$

Wir wollen nur den Fall betrachten, daß tatsächlich eine Streuung stattgefunden hat. Es sei also

$$(p_1, r_1),\ (p_2, r_2) \ne (p_3, r_3),\ (p_4, r_4). \tag{10-10}$$

Dann trägt in der Entwicklung des S-Operators Gl. (9-14) der Einheitsoperator nichts bei. Auch der erste Korrekturterm trägt nicht bei, wie wir sofort sehen. Drücken wir nämlich H' nach Gl. (9-11) durch Erzeugungs- und Vernichtungsoperatoren aus, so liefern die Photon-Erzeuger und Vernichter nach links bzw. rechts angewandt Null. Wir erhalten daher erst eine Streuung, wenn wir bis zur Ordnung e^2 entwickeln. Wir werden die Entwicklung auch hier abbrechen. Dann gilt:

$$S_{fi} = \frac{(-\mathrm{i})^2}{2!} \int\limits_{-\infty}^{\infty} \mathrm{d}t' \int\limits_{-\infty}^{\infty} \mathrm{d}t''$$

$$\langle e(p_3, r_3)\, e(p_4, r_4)|\mathsf{T}(\mathsf{H}'(t')\,\mathsf{H}'(t''))|e(p_1, r_1)\, e(p_2, r_2)\rangle. \tag{10-11}$$

Durch Einsetzen der expliziten Gestalt von H' (Gl. (9-9)) wird daraus:

$$S_{fi} = \frac{(\mathrm{i})^2}{2!}\, e^2 \int \mathrm{d}x'\, \mathrm{d}x''\, \langle 0|a_{r_3}(p_3)\, a_{r_4}(p_4)$$

$$\mathsf{T}\{:\overline{\psi}(x')\,\gamma^\mu\,\psi(x'):\ \mathsf{A}_\mu(x')\quad :\overline{\psi}(x'')\,\gamma^\nu\,\psi(x''):\ \mathsf{A}_\nu(x'')\}$$

$$a^\dagger_{r_1}(p_1)\, a^\dagger_{r_2}(p_2)|0\rangle. \tag{10-12}$$

Dieser Ausdruck sieht vielleicht zunächst kompliziert aus. Wir brauchen aber nur die Entwicklungen der Felder in Erzeugungs- und Vernichtungsoperatoren einzusetzen und das Wicksche Theorem benutzen, um diesen Ausdruck rasch auf eine einfache Gestalt zu bringen. Unser Matrixelement hat die folgende Struktur:

$$\langle 0|\mathsf{a}\mathsf{a} : (\mathsf{b} + \mathsf{a}^\dagger)(\mathsf{b}^\dagger + \mathsf{a}) : (\alpha + \alpha^\dagger)$$

$$: (\mathsf{b} + \mathsf{a}^\dagger)(\mathsf{b}^\dagger + \mathsf{a}) : (\alpha + \alpha^\dagger)\, \mathsf{a}^\dagger\, \mathsf{a}^\dagger\, |0\rangle. \tag{10-13}$$

Wir sehen, daß die Operatoren von $\mathbf{A}_\mu(x')$ nur mit denen aus $\mathbf{A}_\nu(x'')$ kontrahiert werden können. Kontrahieren wir weiter alle Fermi-Operatoren, so erhalten wir keinen Beitrag, falls ein Operator aus $\psi(x')$ mit einem aus $\overline{\psi}(x'')$ verbunden ist. Dann tritt nämlich auch mindestens eine Kontraktion eines einlaufenden mit einem auslaufenden Elektronoperator auf, die wegen der Voraussetzung Gl. (10-10) verschwindet. Den einzigen Beitrag ungleich Null erhalten wir daher, wenn wir alle Operatoren der ein- und auslaufenden Elektronen mit den Feldoperatoren ψ bzw. $\overline{\psi}$ kontrahieren. Wir müssen zum Beispiel $\mathbf{a}^\dagger_{r_1}(\boldsymbol{p}_1)$ in Gl. (10-12) mit $\psi(x')$ und $\psi(x'')$ der Reihe nach kontrahieren. Damit ergibt sich

$$\langle 0 \,|\, \mathbf{a}(\boldsymbol{p}_3)\,\mathbf{a}(\boldsymbol{p}_4) : \overline{\psi}(x')\,\gamma^\mu\,\psi(x') :\; : \overline{\psi}(x'')\,\gamma^\nu\,\psi(x'') : \mathbf{a}^\dagger(\boldsymbol{p}_1)\,\mathbf{a}^\dagger(\boldsymbol{p}_2)\,|\,0 \rangle$$

$$= \mathbf{a}(\boldsymbol{p}_3)\,\mathbf{a}(\boldsymbol{p}_4) : \overline{\psi}(x')\,\gamma^\mu\,\psi(x') :\; : \overline{\psi}(x'')\,\gamma^\nu\,\psi(x'') : \mathbf{a}^\dagger(\boldsymbol{p}_1)\,\mathbf{a}^\dagger(\boldsymbol{p}_2)$$

$$+ \mathbf{a}(\boldsymbol{p}_3)\,\mathbf{a}(\boldsymbol{p}_4) : \overline{\psi}(x')\,\gamma^\mu\,\psi(x') :\; : \overline{\psi}(x'')\,\gamma^\nu\,\psi(x'') : \mathbf{a}^\dagger(\boldsymbol{p}_1)\,\mathbf{a}^\dagger(\boldsymbol{p}_2)$$

$$+ \mathbf{a}(\boldsymbol{p}_3)\,\mathbf{a}(\boldsymbol{p}_4) : \overline{\psi}(x')\,\gamma^\mu\,\psi(x') :\; : \overline{\psi}(x'')\,\gamma^\nu\,\psi(x'') : \mathbf{a}^\dagger(\boldsymbol{p}_1)\,\mathbf{a}^\dagger(\boldsymbol{p}_2)$$

$$+ \mathbf{a}(\boldsymbol{p}_3)\,\mathbf{a}(\boldsymbol{p}_4) : \overline{\psi}(x')\,\gamma^\mu\,\psi(x') :\; : \overline{\psi}(x'')\,\gamma^\nu\,\psi(x'') : \mathbf{a}^\dagger(\boldsymbol{p}_1)\,\mathbf{a}^\dagger(\boldsymbol{p}_2)$$

$$= \{\overline{u}(p_4)\,e^{\mathrm{i}p_4 x'}\,\gamma^\mu\,u(p_1)\,e^{-\mathrm{i}p_1 x'}\cdot\overline{u}(p_3)\,e^{\mathrm{i}p_3 x''}\,\gamma^\nu\,u(p_2)\,e^{-\mathrm{i}p_2 x''}$$

$$- (1 \longleftrightarrow 2) - (3 \longleftrightarrow 4) + (1 \longleftrightarrow 2, 3 \longleftrightarrow 4)\}. \tag{10-14}$$

Dabei haben wir Gl. (8-21) benutzt und beachtet, daß zu kontrahierende Fermi-Operatoren durch Antikommutieren nebeneinander gebracht werden müssen, was im zweiten und dritten Term von Gl. (10-14) zu einem Faktor -1 führt. Die Spin-Indizes haben wir nicht explizit angeschrieben. Setzen wir dieses Resultat in Gl. (10-12) ein, so erhalten wir, da die Kontraktionen der Fermi-Operatoren für $x'_0 > x''_0$ und $x'_0 < x''_0$ dasselbe liefern:

$$S_{fi} = \frac{(\mathrm{i}e)^2}{2} \int \mathrm{d}x'\,\mathrm{d}x''$$

$$\{\theta(x'_0 - x''_0)\,\langle 0\,|\,\mathbf{A}_\mu(x')\,\mathbf{A}_\nu(x'')\,|\,0\rangle + \theta(x''_0 - x'_0)\,\langle 0\,|\,\mathbf{A}_\nu(x'')\,\mathbf{A}_\mu(x')\,|\,0\rangle\}\cdot$$

$$[\overline{u}(p_4)\,\gamma^\mu\,u(p_1)\,e^{\mathrm{i}(p_4 - p_1)x'}\cdot\overline{u}(p_3)\,\gamma^\nu\,u(p_2)\,e^{\mathrm{i}(p_3 - p_2)x''}$$

$$- (1 \longleftrightarrow 2) - (3 \longleftrightarrow 4) + (1 \longleftrightarrow 2, 3 \longleftrightarrow 4)]. \tag{10-15}$$

Zusammenfassen von Termen, die sich bloß durch die Bezeichnung der Integrations- und Summationsvariablen unterscheiden, liefert schließlich

$$S_{fi} = (\mathrm{i}e)^2 \int \mathrm{d}x'\,\mathrm{d}x''\,\langle 0\,|\,\mathrm{T}(\mathbf{A}_\mu(x')\,\mathbf{A}_\nu(x''))\,|\,0\rangle\cdot$$

$$\{\overline{u}(p_4)\,\gamma^\mu\,u(p_1)\,\overline{u}(p_3)\,\gamma^\nu\,u(p_2)\,e^{\mathrm{i}(p_4 - p_1)x'}\,e^{\mathrm{i}(p_3 - p_2)x''}$$

$$- \overline{u}(p_3)\,\gamma^\mu\,u(p_1)\,\overline{u}(p_4)\,\gamma^\nu\,u(p_2)\,e^{\mathrm{i}(p_3 - p_1)x'}\,e^{\mathrm{i}(p_4 - p_2)x''}\}. \tag{10-16}$$

Wir sehen, daß auf natürliche Weise die Propagatorfunktion des Photonfeldes auftritt. Setzen wir dessen Fourier-Darstellung (Gl. (7-55)) ein, so lassen sich die Integrale über x' und x'' leicht ausführen, sie liefern δ-Funktionen der Viererimpulse. Das endgültige Resultat für die Übergangsamplitude zur Ordnung e^2 wird dann

$$S_{fi} = \mathrm{i}(2\pi)^4\,\delta(p_4 + p_3 - p_2 - p_1)\,T_{fi}$$

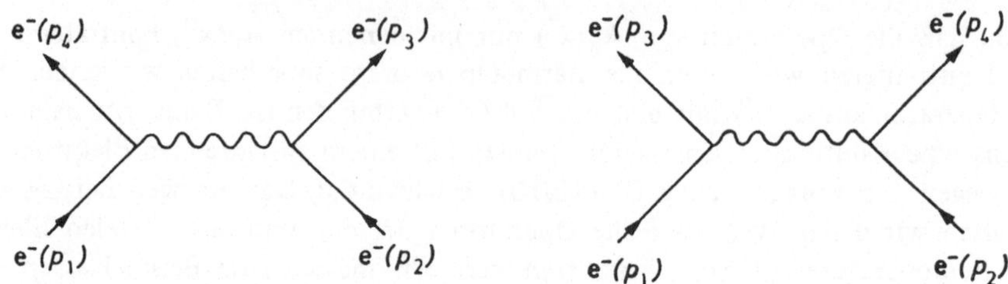

Bild 10-2 Die Feynman-Diagramme für die Elektron-Elektron-Streuung zur Ordnung e^2

wobei

$$T_{fi} = \frac{1}{i}\left\{ \bar{u}(p_4)\,(i\,e\,\gamma^\mu)\,u(p_1)\,\frac{-i\,g_{\mu\nu}}{(p_4-p_1)^2}\,\bar{u}(p_3)\,(i\,e\,\gamma^\nu)\,u(p_2) \right.$$

$$\left. -\,\bar{u}(p_3)\,(i\,e\,\gamma^\mu)\,u(p_1)\,\frac{-i\,g_{\mu\nu}}{(p_3-p_1)^2}\,\bar{u}(p_4)\,(i\,e\,\gamma^\nu)\,u(p_2) \right\}. \tag{10-17}$$

Dabei haben wir uns der Definition der T-Matrix aus Abschnitt 5.2 erinnert.

Wir vergleichen nun unser Ergebnis mit den allgemeinen Feynman-Regeln von Anhang B. Danach haben wir für die Elektron-Elektron-Streuung zur Ordnung e^2 die beiden in Bild 10-2 gezeigten Diagramme zu zeichnen. Übersetzen wir sie in analytische Sprache, so erhalten wir genau Gl. (10-17). Damit haben wir die Feynman-Regeln in diesem Fall explizit überprüft. Bei der Herleitung der Regeln für den allgemeinen Fall bedient man sich derselben Methoden.

Wir wollen nun den Streuquerschnitt aus der Amplitude berechnen. Wir betrachten unpolarisierte Elektronen im Anfangszustand und interessieren uns nicht für die Polarisation der Elektronen im Endzustand. Nach den allgemeinen Formeln von Kapitel 5 erhalten wir dann:

$$d\sigma = \frac{1}{2w(s,\,m_e^2,\,m_e^2)}\,\frac{d^3 p_3\,d^3 p_4}{(2\pi)^6\,2p_3^0\,2p_4^0}$$

$$(2\pi)^4\,\delta(p_1+p_2-p_3-p_4)\,\sum_{\text{Spins}}{}'\,|T_{fi}|^2. \tag{10-18}$$

Dabei bedeutet Σ' Mittelung (Summation) über die Spinrichtungen der Elektronen im Anfangszustand (Endzustand). Benutzen wir die Ausdrücke für die Spinsummen Gl. (4-94), so erhalten wir:

$$\sum_{\text{Spins}}{}'\,|T_{fi}|^2 = e^4\,\sum_{\text{Spins}}{}'\left\{ \frac{1}{(p_4-p_1)^2}\,\bar{u}(p_2)\,\gamma_\mu\,u(p_3)\,\bar{u}(p_1)\,\gamma^\mu\,u(p_4) \right.$$

$$\left. -\,\frac{1}{(p_3-p_1)^2}\,\bar{u}(p_1)\,\gamma_\mu\,u(p_3)\,\bar{u}(p_2)\,\gamma^\mu\,u(p_4) \right\}\cdot$$

$$\left\{ \frac{1}{(p_4-p_1)^2}\,\bar{u}(p_4)\,\gamma_\nu\,u(p_1)\,\bar{u}(p_3)\,\gamma^\nu\,u(p_2) \right.$$

$$\left. -\,\frac{1}{(p_3-p_1)^2}\,\bar{u}(p_4)\,\gamma_\nu\,u(p_2)\,\bar{u}(p_3)\,\gamma^\nu\,u(p_1) \right\}$$

$$
= \frac{e^4}{4} \left\{ \frac{1}{u^2} \, \mathrm{Sp} \left[(\not{p}_2 + m) \, \gamma_\mu \, (\not{p}_3 + m) \, \gamma_\nu \right] \cdot \right.
$$

$$
\mathrm{Sp} \left[(\not{p}_1 + m) \, \gamma^\mu \, (\not{p}_4 + m) \, \gamma^\nu \right]
$$

$$
\left. - \frac{1}{t\,u} \, \mathrm{Sp} \left[(\not{p}_2 + m) \, \gamma_\mu \, (\not{p}_3 + m) \, \gamma_\nu \, (\not{p}_1 + m) \, \gamma^\mu \, (\not{p}_4 + m) \, \gamma^\nu \right] + (3 \leftrightarrow 4) \right\}
$$

$$\tag{10-19}$$

Die Spuren lassen sich mit Hilfe der Formeln von Anhang A auswerten. Nach einiger Rechnung ergibt sich:

$$
\Sigma' |T_{fi}|^2 \;=\; \frac{64\pi^2\alpha^2}{t^2 u^2} \left\{ (s - 2m^2)^2 \, (t^2 + u^2) \;+\; ut\,(-4m^2 s + 12m^4 + ut) \right\}. \tag{10-20}
$$

Setzen wir dieses Resultat in Gl. (10-18) ein, so erhalten wir für den differentiellen Streuquerschnitt in Schwerpunktsvariablen (vgl. Bild 10-1 und Gl. (10-7))

$$
d\sigma \;=\; d\Omega \int_0^\infty d|\boldsymbol{p}_3| \, |\boldsymbol{p}_3|^2 \int d^3 p_4 \; \frac{1}{2\,[s\,(s - 4m^2)]^{1/2}}
$$

$$
\frac{1}{(2\pi)^2} \, \frac{1}{2p_3^0 \, 2p_4^0} \; \delta \left(\sqrt{s} - p_3^0 - p_4^0 \right) \, \delta^3 \, (\boldsymbol{p}_3 + \boldsymbol{p}_4) \sum_{\text{Spins}}' \, |T_{fi}|^2 \, ,
$$

$$
\frac{d\sigma}{d\Omega} \;=\; \frac{\alpha^2}{s\,t^2 u^2} \left\{ (s - 2m^2)^2 \, (t^2 + u^2) \;+\; ut\,(-4m^2 s + 12m^4 + ut) \right\}. \tag{10-21}
$$

Dabei sind t und u Funktionen des Streuwinkels ϑ, wie in Gl. (10-7) angegeben. Eine einfache Umrechnung liefert den differentiellen Streuquerschnitt bezüglich der invarianten Variablen t:

$$
\frac{d\sigma}{dt} \;=\; \frac{4\pi\alpha^2}{s\,(s - 4m^2)} \, \frac{1}{t^2 u^2} \; \cdot
$$

$$
\left\{ (s - 2m^2)^2 \, (t^2 + u^2) \;+\; ut\,(-4m^2 s + 12m^4 + ut) \right\}. \tag{10-22}
$$

Formeln äquivalent zu Gln. (10-21) und (10-22) wurden zuerst von Møller 1932 angegeben.

Wir müssen uns nun nochmals die kinematischen Grenzen von ϑ bzw. t überlegen. Dazu betrachten wir wieder das Bild 10-1. Quantenmechanisch sind die beiden Elektronen im Anfangs- und Endzustand als identische Teilchen anzusehen. Die Frage, ob das von rechts oder von links einlaufende Elektron den unter dem Winkel ϑ aufgestellten Zähler trifft, ist sinnlos. Wir können nur feststellen, daß ein Elektron unter dem Winkel ϑ, eins unter dem Winkel $\pi - \vartheta$ vom Wechselwirkungspunkt wegfliegt. Die *verschiedenen* Endzustände werden daher schon alle erfaßt, wenn ϑ in dem Intervall

$$
0 \leqslant \vartheta \leqslant \frac{\pi}{2} \tag{10-23}
$$

variiert. Für die Variable t bedeutet das den folgenden Bereich:

$$
0 \geqslant t \geqslant - \frac{1}{2} \, (s - 4m^2). \tag{10-24}
$$

Wir wollen nun den Streuquerschnitt im nichtrelativistischen und im extrem relativistischen Grenzfall betrachten. Im nichtrelativistischen Grenzfall erhalten wir:

$$\frac{d\sigma}{d\Omega} = \frac{\alpha^2 m^2}{16|p|^4} \left\{ \frac{1}{\sin^4 \vartheta/2} + \frac{1}{\cos^4 \vartheta/2} - \frac{1}{\sin^2 \vartheta/2 \cos^2 \vartheta/2} \right\} \qquad (10\text{-}25)$$

für $\quad |p| \ll m$.

Vergleichen wir mit dem klassischen Resultat Gl. (10-2), so sehen wir, daß ein Zusatzterm auftritt. Dieser Term kommt von der quantenmechanischen Interferenz der beiden Elektronen. Wir haben quantenmechanisch die *Amplituden*, die den beiden Feynman-Diagrammen (Bild 10-2) entsprechen, zu addieren und dann das Absolutquadrat zu bilden, um den Streuquerschnitt zu berechnen. Das Vorzeichen des Interferenzterms ist bestimmt durch die Fermi-Statistik der Elektronen. Für Bose-Teilchen wäre das Vorzeichen gerade umgekehrt. Die Formel (10-25) mit dem Interferenz-Term wurde zuerst abgeleitet von Mott 1930.

Im extrem relativistischen Grenzfall erhalten wir für den Streuquerschnitt:

$$\frac{d\sigma}{d\Omega} = \frac{\alpha^2}{s} \left\{ \frac{1}{\sin^4 \vartheta/2} + \frac{1}{\cos^4 \vartheta/2} + 1 \right\}$$

$$= \frac{\alpha^2}{s} \frac{(3 + \cos^2 \vartheta)^2}{\sin^4 \vartheta} \qquad (10\text{-}26)$$

für $\quad |p| \gg m$.

Bemerkenswert ist, daß der dimensionslos gemachte Streuquerschnitt $s \cdot d\sigma/d\Omega$ in diesem Hochenergielimes nicht weiter von s abhängt. Man bezeichnet dies als *Skalenverhalten* und deutet es als Anzeichen für die punktförmige Natur der Elektronen. Hätte nämlich das Elektron eine „Ausdehnung" der Größe $r = 1/\Lambda$, so würde man erwarten, daß $s \cdot d\sigma/d\Omega$ eine nichttriviale Funktion der dimensionslosen Variablen s/Λ^2 wäre, d.h. $s \cdot d\sigma/d\Omega$ wäre nicht unabhängig von s. Solchen Überlegungen werden wir bei der Besprechung der starken Wechselwirkung häufig begegnen.

Die Vorhersagen der Theorie für die Elektron-Elektron-Streuung wurden im Experiment durchweg bestätigt. Einige Referenzen dazu sind Mott 1965, Ashkin 1954, Barber 1966 und 1971. In neuerer Zeit ist aber die Elektron-Elektron-Streuung wenig untersucht worden, da das Hauptinteresse den Elektron-Positron-Reaktionen galt.

Im folgenden wollen wir die allgemeinen Feynman-Regeln anwenden, um einige einfache Prozesse zu berechnen. Dabei werden wir uns mit der Angabe der relevanten Diagramme und der Resultate begnügen. Die Zwischenrechnungen verlaufen genau nach denselben Prinzipien wie für die Elektron-Elektron-Streuung.

10.2 Die Elektron-Positron-Streuung (Bhabbha-Streuung)

Die Elektron-Positron-Streuung wird durch die Reaktionsgleichung

$$e^-(p_1) + e^+(p_2) \longrightarrow e^-(p_3) + e^+(p_4) \qquad (10\text{-}27)$$

beschrieben. Die Kinematik ist dieselbe wie bei der Elektron-Elektron-Streuung (Gln. (10-6), (10-7)). In niedrigster Ordnung haben wir die in Bild 10-3 gezeigten Diagramme zu berücksichtigen. Im „Streudiagramm" ist der Viererimpuls des virtuellen Photons raumartig oder Null, im „Annihilationsdiagramm" zeitartig:

$$(p_1 - p_3)^2 \leqslant 0,$$
$$(p_1 + p_2)^2 \geqslant 4m^2.$$

(10-28)

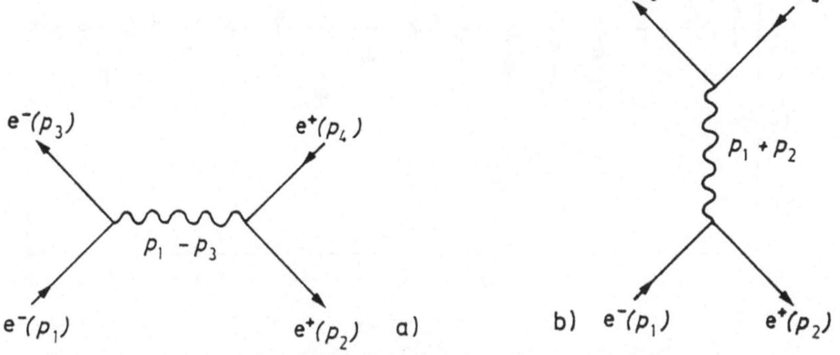

Bild 10-3 Die Feynman-Diagramme für die Elektron-Positron-Streuung zur Ordnung e^2. Streudiagramm (a) und Annihilationsdiagramm (b)

Für unpolarisierte Elektronen und Positronen finden wir im extrem relativistischen Grenzfall in Schwerpunktsvariablen:

$$\frac{d\sigma}{d\Omega} = \frac{\alpha^2}{s} \left\{ \frac{1}{2} \frac{1 + \cos^4 \vartheta/2}{\sin^4 \vartheta/2} + \frac{1}{4} (1 + \cos^2 \vartheta) - \frac{\cos^4 \vartheta/2}{\sin^2 \vartheta/2} \right\}$$

$$= \frac{\alpha^2}{16s} \frac{(3 + \cos^2 \vartheta)^2}{\sin^4 \vartheta/2}$$

(10-29)

für $s \gg 4m^2$.

Zum Unterschied von der Elektron-Elektron-Streuung haben wir es hier mit zwei unterscheidbaren Teilchen im Anfangs- und Endzustand zu tun. Der kinematische Bereich im Streuwinkel ϑ ist daher

$$0 \leqslant \vartheta \leqslant \pi.$$

(10-30)

Die Bhabba-Streuung wurde in letzter Zeit, zum Beispiel am Speicherring PETRA, ausführlich studiert. Die höchste Schwerpunktsenergie $\sqrt{s}$ war dabei etwa 45 GeV. Ein typisches Resultat, wie es von den verschiedenen bei PETRA arbeitenden Gruppen erzielt wurde, zeigen wir in Bild 10-4. Wie wir sehen, ist die Übereinstimmung von Experiment und Theorie sehr gut. Um daraus Grenzen für den Gültigkeitsbereich der QED abzuleiten, stellen wir folgende Überlegung an. Angenommen, die QED würde bei einer Energieskala Λ modifiziert, so erwarten wir für $s \ll \Lambda^2$:

$$\frac{d\sigma}{d\Omega} \bigg/ \frac{d\sigma^{\text{QED}}}{d\Omega} = 1 + O\left(\frac{s}{\Lambda^2}\right).$$

(10-31)

Aus Bild 10-4 schließen wir, daß für $s \cong 10^3 \, \text{GeV}^2$ gilt:

$$\frac{s}{\Lambda^2} \lesssim 0{,}05.$$

(10-32)

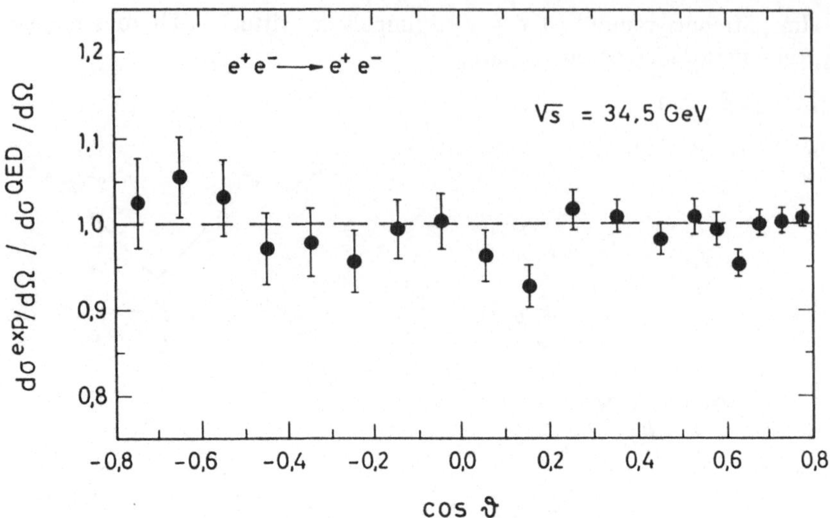

Bild 10-4 Daten der TASSO-Gruppe für den differentiellen Streuquerschnitt der Reaktion $e^-e^+ \to e^-e^+$, dividiert durch die Vorhersage der QED, Gl. (10-29). Die Schwerpunktsenergie ist $\sqrt{s}$ = 34,5 GeV. Korrekturen für Strahlungseffekte bis zur Ordnung α^3 sind berücksichtigt (nach Althoff 1984).

Daraus erhalten wir für die Energieskala Λ

$$\Lambda \gtrsim 150 \text{ GeV},$$

$$\frac{1}{\Lambda} \lesssim 1{,}3 \cdot 10^{-16} \text{ cm.} \tag{10-33}$$

In dieser Reaktion wird also die Gültigkeit der QED bis zu Abständen von etwa $1{,}3 \cdot 10^{-16}$ cm festgestellt. Wie wir in Teil IV sehen werden, muß aber die QED in dem obigen Energiebereich bereits als Teil einer umfassenderen Theorie der elektroschwachen Wechselwirkung betrachtet werden.

10.3 Die Compton-Streuung

Wir besprechen nun die Streuung eines Photons an einem freien Elektron:

$$\gamma(k) + e^-(p) \longrightarrow \gamma(k') + e^-(p'). \tag{10-34}$$

Historisch hat dieser Prozeß eine wichtige Rolle gespielt im Zusammenhang mit Einsteins Lichtquanten-Hypothese. Einstein hat in Arbeiten von 1905 und 1917 postuliert, daß eine elektromagnetische Welle auch Teilchencharakter haben kann; er hat die *Photonen* in die Physik eingeführt. Diese Vorstellungen wurden vom Großteil der damaligen Physiker, die an die Wellennatur des Lichts gewöhnt waren, mit großer Skepsis aufgenommen. Erst als Compton 1923 experimentell zeigte, daß bei der Streuung von Licht an Elektronen die Gesetze des elastischen Stoßes zweier Teilchen gelten, was den Vorhersagen der älteren Theorie widersprach, erlangte Einsteins Photon-Hypothese allgemeine Anerkennung (für die Historie vgl. Pais 1979).

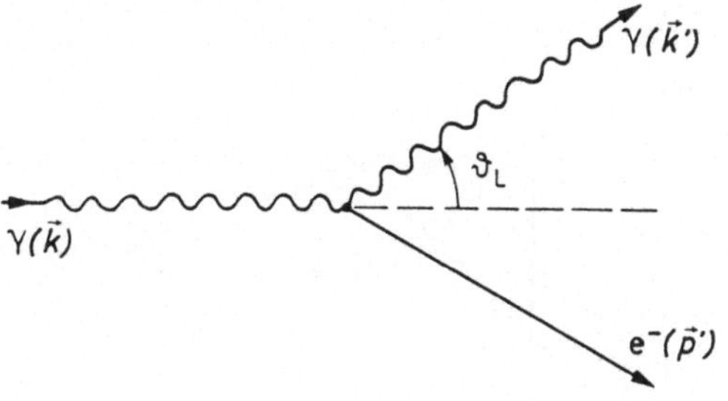

Bild 10-5
Compton-Streuung im Laborsystem

Die Gesetze des elastischen Stoßes verlangen Energie- und Impulserhaltung. Das sehen wir uns für die Reaktion (10-34) im Laborsystem an, in dem das Elektron vor dem Stoß ruht (Bild 10-5). Die Viererimpulse sind dann

$$p = \begin{pmatrix} m \\ 0 \end{pmatrix}, \qquad p' = \begin{pmatrix} \sqrt{m^2 + p'^2} \\ p' \end{pmatrix},$$

$$k = \begin{pmatrix} \omega \\ k \end{pmatrix}, \qquad k' = \begin{pmatrix} \omega' \\ k' \end{pmatrix}, \tag{10-35}$$

wobei $\omega = |k|$ und $\omega' = |k'|$. Die Erhaltungssätze für Energie und Impuls lauten

$$m + \omega = \sqrt{m^2 + p'^2} + \omega',$$
$$k = p' + k'. \tag{10-36}$$

Daraus folgt mit dem Streuwinkel ϑ_L (Bild 10-5)

$$m + \omega = \sqrt{m^2 + (k - k')^2} + \omega',$$

$$\frac{\omega - \omega'}{\omega\omega'} = \frac{1}{m}(1 - \cos\vartheta_L), \tag{10-37}$$

$$\omega' = \omega\left[1 + \frac{\omega}{m}(1 - \cos\vartheta_L)\right]^{-1}.$$

Bezeichnen wir mit λ und λ' die Wellenlängen des einfallenden und gestreuten Photons, so erhalten wir mit

$$\omega = \frac{2\pi}{\lambda}, \qquad \omega' = \frac{2\pi}{\lambda'} \tag{10-38}$$

aus Gl. (10-37)

$$\lambda' - \lambda = \frac{2\pi}{m}(1 - \cos\vartheta_L). \tag{10-39}$$

Das war die Gleichung, die Compton experimentell bestätigte. Auf der rechten Seite hat $1/m$ die Rolle einer Wellenlänge. Man bezeichnet daher $1/m$ als *Compton-Wellenlänge* des Elektrons. Es gilt experimentell:

$$m^{-1} = 3{,}861\ 590\ 5\,(64)\cdot 10^{-11}\ \text{cm}. \tag{10-40}$$

Um den Streuquerschnitt unserer Reaktion zu bestimmen, zeichnen wir die entsprechenden Feynman-Graphen niedrigster Ordnung (Bild 10-6). Durch Anwendung der

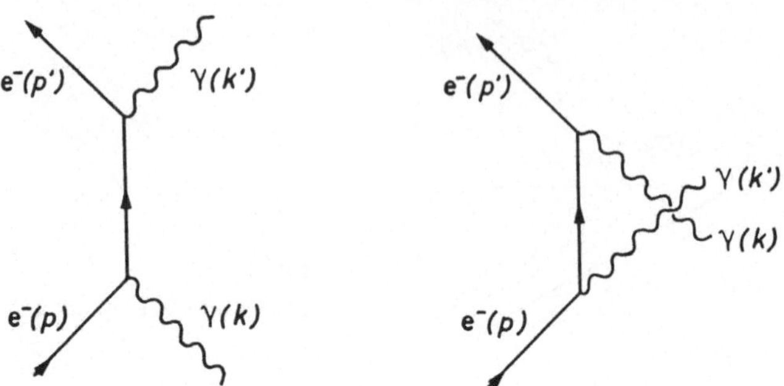

Bild 10-6 Die Feynman-Diagramme für die Compton-Streuung in niedrigster Ordnung

allgemeinen Feynman-Regeln erhalten wir für den Streuquerschnitt unpolarisierter Elektronen und Photonen folgenden Ausdruck:

$$\frac{d\sigma}{d\Omega_L} = \frac{\alpha^2}{2} \frac{1}{[m + \omega(1 - \cos\vartheta_L)]^2} \cdot \left\{ \frac{\omega^2 (1 - \cos\vartheta_L)^2}{m [m + \omega(1 - \cos\vartheta_L)]} + 1 + \cos^2\vartheta_L \right\}.$$

$$(10\text{-}41)$$

Dabei sind ϑ_L, Ω_L der Streuwinkel bzw. Raumwinkel der Streuung für das Photon im Laborsystem. Dieses Resultat wurde zuerst von Klein und Nishina 1929 abgeleitet.

Wir diskutieren zuerst den nichtrelativistischen Grenzfall

$$\omega \ll m. \qquad\qquad\qquad (10\text{-}42)$$

Dann finden wir aus Gln. (10-37) und (10-41) die Formeln, die auf klassische Weise von Thomson abgeleitet wurden:

$$\omega' = \omega,$$

$$\frac{d\sigma}{d\Omega_L} = \frac{\alpha^2}{m^2} \frac{1 + \cos^2\vartheta_L}{2}, \qquad\qquad (10\text{-}43)$$

$$\sigma_{tot} = \int d\Omega_L \frac{d\sigma}{d\Omega_L} = \frac{8\pi}{3} \frac{\alpha^2}{m^2}.$$

Im extrem relativistischen Fall, d.h. für

$$\omega \gg m \quad \text{bzw.} \quad \lambda \ll \frac{1}{m}, \qquad\qquad (10\text{-}44)$$

unterscheiden wir zwei Bereiche. In der extremen Vorwärtsrichtung

$$1 - \cos\vartheta_L \ll \left(\frac{m}{\omega}\right) \qquad\qquad (10\text{-}45)$$

folgen aus Gln. (10-39) und (10-41) für die Wellenlänge des gestreuten Photons und für den Streuquerschnitt die klassischen Werte

$$\lambda' \cong \lambda,$$

$$\frac{d\sigma}{d\Omega_L} \cong \frac{\alpha^2}{m^2}. \qquad\qquad (10\text{-}46)$$

Für große Winkel

$$1 - \cos \vartheta_{\mathrm{L}} \gg \frac{m}{\omega} = \frac{m\lambda}{2\pi} \tag{10-47}$$

finden wir andererseits

$$\lambda' \cong \frac{2\pi}{m} (1 - \cos \vartheta_{\mathrm{L}}), \tag{10-48}$$

$$\frac{d\sigma}{d\Omega_{\mathrm{L}}} \cong \frac{\alpha^2}{2m\,\omega\,(1 - \cos \vartheta_{\mathrm{L}})} . \tag{10-49}$$

In diesem Hochenergielimes ist also die Wellenlänge der unter großem Winkel gestreuten Photonen unabhängig von der Wellenlänge des einlaufenden Photons. Der entsprechende Streuquerschnitt nimmt mit der Photonenergie wie $1/\omega$ ab.

Eine experimentelle Überprüfung der Klein-Nishina-Formel (10-41) zeigen wir in Bild 10-7.

Von Interesse ist weiter der totale Streuquerschnitt. Durch Integration von Gl. (10-41) über alle Winkel erhalten wir:

$$\sigma_{\mathrm{tot}} = \frac{\pi\alpha^2}{\omega m} \left\{ \left[1 - 2\,\frac{m}{\omega} - 2\left(\frac{m}{\omega}\right)^2 \right] \ln \frac{2\omega + m}{m} \right.$$

$$\left. + \frac{1}{2} + 4\,\frac{m}{\omega} - \frac{m^2}{2(2\omega + m)^2} \right\}. \tag{10-50}$$

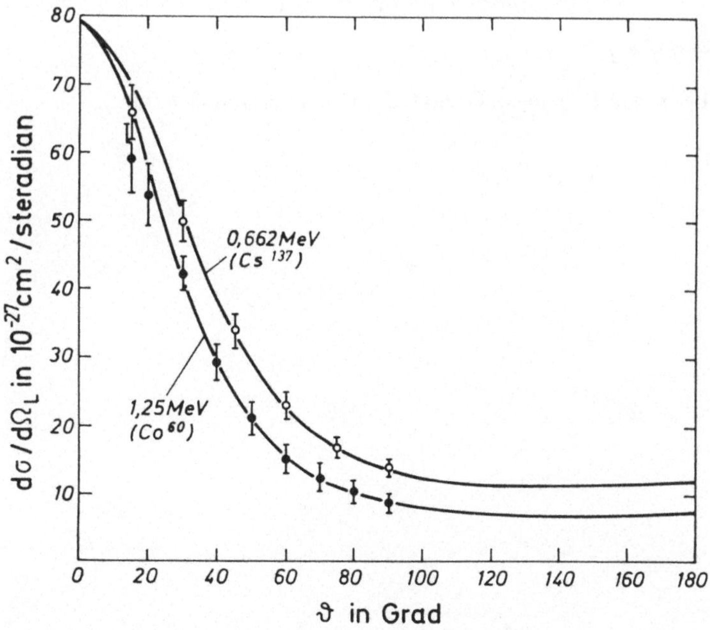

Bild 10-7 Experimentelle Ergebnisse für die Compton-Streuung. Die Kurven entsprechen der Klein-Nishina-Formel (Gl. (10-41)) für die Photonenergien $\omega = 0{,}662$ MeV und $\omega = 1{,}25$ MeV. Die experimentellen Werte stammen von Hofstadter 1949 und Bernstein 1956 (nach Evans 1958).

Für $\omega \gg m$ wird daraus

$$\sigma_{\text{tot}} = \frac{\pi \alpha^2}{\omega m} \left\{ \ln \frac{2\omega}{m} + \frac{1}{2} + O\left(\frac{1}{\omega}\right) \right\}, \tag{10-51}$$

d.h. der totale Streuquerschnitt nimmt für große Photonenergien ebenfalls wie $1/\omega$ ab.

Damit wollen wir unsere Besprechung des Compton-Effekts abschließen. Für eine weitere Diskussion verweisen wir zum Beispiel auf Evans 1958. Wir wollen noch erwähnen, daß bei den heutigen Elektron-Positron-Speicherringen die Reaktion

$$e^- + e^+ \longrightarrow \gamma + \gamma \tag{10-52}$$

ausführlich untersucht wurde. Diese Reaktion geht durch Hinüberkreuzen von Teilchen aus der Compton-Streuung hervor (vgl. Abschnitt 2.3). Die entsprechenden Feynman-Graphen niedrigster Ordnung sind wie in Bild 10-6, bloß die Interpretation der äußeren Linien ist eine andere. Die Gültigkeit der QED für die Elektron-Positron-Annihilation in zwei Photonen (Gl. (10-52)) wurde mit ähnlicher Güte wie für die Bhabba-Streuung nachgewiesen (vgl. Dittmann 1981, Bartel 1983).

Aufgaben

10.1   Verifizieren Sie Gln. (10-20) bis (10-22).

10.2   Berechnen Sie den Streuquerschnitt für die Bhabba-Streuung nach den Feynman-Regeln. Verifizieren Sie Gl. (10-29).

10.3   Berechnen Sie den Streuquerschnitt für die Compton-Streuung (Gl. (10-34)) nach den Feynman-Regeln.

10.4   Berechnen Sie den Streuquerschnitt für die $e^+ e^-$-Annihilation in zwei Photonen

$$e^+ + e^- \longrightarrow \gamma + \gamma$$

nach den Feynman-Regeln im Grenzfall hoher Energien ($s \gg m^2$).

11 Das Myon und die Myon-Paarproduktion in der Elektron-Positron-Vernichtung

11.1 Eigenschaften des Myons

Das Myon wurde 1937 in der Höhenstrahlung entdeckt (Anderson 1937, 1938, Street 1937). Es verhält sich im wesentlichen wie das Elektron, nur seine Masse ist etwa 200mal größer:

$$m_e = 0,511\ 003\ 4\ (14)\ \text{MeV},$$
$$m_\mu = 105,659\ 32\ (29)\ \text{MeV}. \tag{11-1}$$

Das Myon zerfällt mit einer mittleren Lebensdauer

$$\tau_\mu = 2,197\ 09\ (5) \cdot 10^{-6}\ \text{s}. \tag{11-2}$$

Der häufigste Zerfall mit einem Verzweigungsverhältnis von beinahe 100 % ist der in ein Elektron, ein Antielektronneutrino und ein Myonneutrino:

$$\mu^- \longrightarrow e^- + \bar{\nu}_e + \nu_\mu. \tag{11-3}$$

Bemerkenswert ist, daß der energetisch erlaubte Prozeß

$$\mu^- \longrightarrow e^- + \gamma \tag{11-4}$$

bisher nie beobachtet wurde. Daraus schließt man, daß es eine erhaltene Quantenzahl gibt, die diesen Prozeß verbietet, genau so, wie die Erhaltung der *Ladung* den Prozeß

$$e^- + e^- \longrightarrow e^- + e^- + e^- + e^- \tag{11-5}$$

verbietet. Man nennt diese neue Quantenzahl die *Myonzahl* L_μ. Analog dazu definiert man eine *Elektronzahl* L_e. Den Elementarteilchen ordnet man diese Quantenzahlen wie in Tabelle 11-1 angegeben zu. Die Aussage: „Die Elektronzahl ist eine erhaltene Quantenzahl" heißt nichts anderes, als daß bei allen bisher beobachteten Reaktionen stets die Summe der Elektronzahlen der Teilchen im Anfangszustand gleich der Summe der Elektronzahlen der Teilchen im Endzustand war. Dasselbe gilt für die Myonzahl. Dadurch „erklärt" man zum Beispiel, warum der ebenfalls energetisch mögliche Zerfall eines Protons in ein Positron und Photon bisher nicht beobachtet wurde:

$$p \not\longrightarrow e^+ + \gamma. \tag{11-6}$$

Tabelle 11-1 Die Elektron-, Myon- und Tauzahlen der Elementarteilchen. Die Leptonzahl L ergibt sich als $L = L_e + L_\mu + L_\tau$.

	L_e	L_μ	L_τ
e^-, ν_e	+ 1	0	0
$e^+, \bar{\nu}_e$	− 1	0	0
μ^-, ν_μ	0	+ 1	0
$\mu^+, \bar{\nu}_\mu$	0	− 1	0
τ^-, ν_τ	0	0	+ 1
$\tau^+, \bar{\nu}_\tau$	0	0	− 1
Hadronen (p, n, π, ...)	0	0	0
γ, W, Z	0	0	0

Im Jahre 1975 wurde noch ein weiteres Lepton, das Tau τ, entdeckt (Perl 1975). Die Tau-Masse beträgt

$$m_\tau = 1784,2 \pm 3,2 \text{ MeV}. \tag{11-7}$$

Allem Anschein nach besitzt das Tau sein eigenes masseloses Neutrino ν_τ, und es gibt eine erhaltene neue Quantenzahl L_τ, die Tauzahl in völliger Analogie zur Myonzahl (s. Teil IV). Die Summe von L_e, L_μ und L_τ bezeichnet man als Leptonzahl L.

Kehren wir zurück zum Myon. Betrachten wir nur die Wechselwirkung von Myonen, Elektronen und Photonen, so ist die Hamilton-Funktion der Wechselwirkung wie vorher (Gl. (9-9)), wir müssen bloß die Anteile der Elektronen und Myonen im elektromagnetischen Strom addieren. Das ergibt mit ψ_e und ψ_μ, den Feldoperatoren für Elektronen und Myonen,

$$\mathsf{H}'(t) = - e \int d^3 x \, (: \overline{\psi}_e(x, t) \, \gamma_\lambda \, \psi_e(x, t): \; + \; : \overline{\psi}_\mu(x, t) \, \gamma_\lambda \, \psi_\mu(x, t):) \, \mathsf{A}^\lambda(x, t). \tag{11-8}$$

In den Feynman-Graphen kommen dann zwei Arten von Fermionlinien vor, solche für Elektronen und Myonen. Eine Elektronlinie kann nicht in eine Myonlinie übergehen und umgekehrt, entsprechend der Erhaltung von Myon- und Elektronzahl. Die einzigen Vertizes der Theorie sind der Elektron-Photon- und der Myon-Photon-Vertex, die völlig identisch sind (Bild 11-1).

11.2 Die Reaktion $e^- e^+ \longrightarrow \mu^- \mu^+$

Für die Physik, die an Elektron-Positron-Speicherringen untersucht wird, ist die Reaktion $e^- + e^+ \longrightarrow \mu^- + \mu^+$ von großer Wichtigkeit geworden, da sie das einfachste Beispiel der Erzeugung zweier punktförmiger Teilchen mit Spin $\frac{1}{2}$ darstellt. Das Studium der Myon-Paarproduktion dient daher auch dazu, Standardresultate zu gewinnen für den Vergleich mit anderen Reaktionen, etwa der Produktion von Hadronen: $e^- + e^+ \longrightarrow$ Hadronen.

Wir studieren also die Reaktion

$$e^-(p_1) + e^+(p_2) \longrightarrow \mu^-(p_3) + \mu^+(p_4). \tag{11-9}$$

Es sei s wieder das Quadrat der Gesamtenergie, ϑ der Streuwinkel im Schwerpunktsystem (Bild 11-2):

$$s = (p_1 + p_2)^2,$$

$$\cos \vartheta = \frac{\boldsymbol{p}_1 \boldsymbol{p}_3}{|\boldsymbol{p}_1| |\boldsymbol{p}_3|} . \tag{11-10}$$

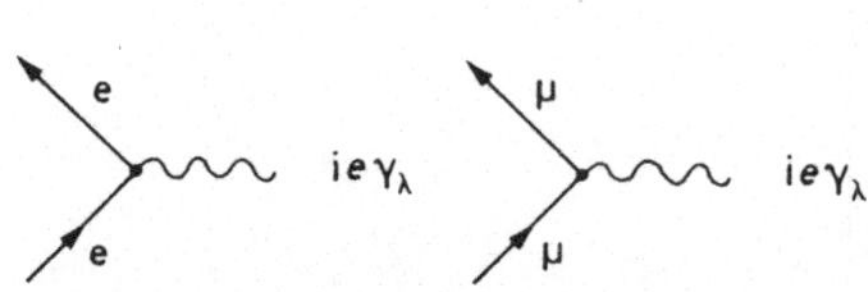

Bild 11-1 Der Elektron-Photon- und der Myon-Photon-Vertex in der QED sowie die entsprechenden analytischen Ausdrücke

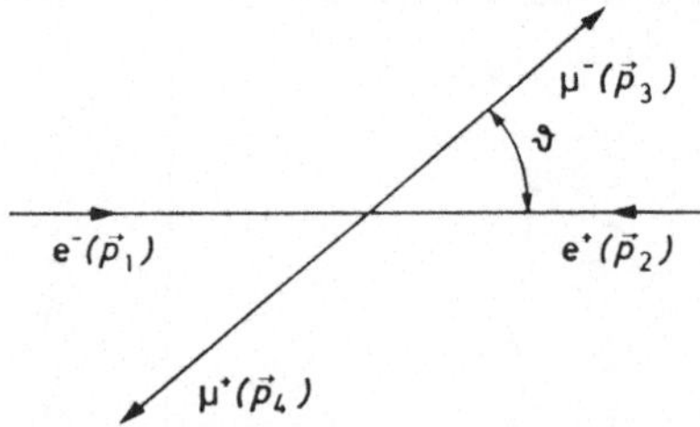

Bild 11-2 Die Reaktion $e^- e^+ \to \mu^- \mu^+$ im Schwerpunktsystem

Wir wollen den Streuquerschnitt für unsere Reaktion in niedrigster Ordnung in α bestimmen. Es trägt bloß ein Feynman-Diagramm bei (Bild 11-3). Nach den Feynman-Regeln erhalten wir das S-Matrixelement wie folgt:

$$\langle \mu^-(p_3)\,\mu^+(p_4)\,|\,\mathbf{S}\,|\,e^-(p_1)\,e^+(p_2)\rangle$$

$$= (2\pi)^4\,\delta(p_3 + p_4 - p_1 - p_2)\,\frac{-i\,g^{\rho\lambda}}{s} \cdot \bar{v}_e(p_2)\,i\,e\,\gamma_\lambda\,u_e(p_1) \cdot \bar{u}_\mu(p_3)\,i\,e\,\gamma_\rho\,v_\mu(p_4).$$

$$(11\text{-}11)$$

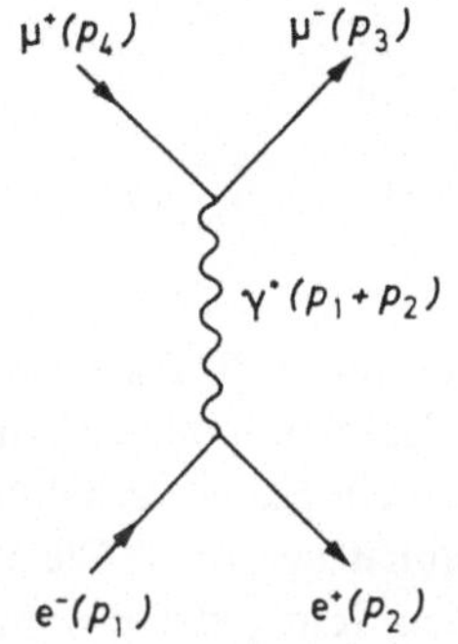

Bild 11-3

Das Feynman-Diagramm niedrigster Ordnung für die Reaktion $e^- e^+ \to \mu^- \mu^+$. Das virtuelle Photon ist mit γ^* bezeichnet.

Für den Streuquerschnitt erhalten wir nach den Formeln von Kapitel 5:

$$d\sigma = \frac{1}{2w(s, m_e^2, m_e^2)}\,\frac{1}{(2\pi)^6}\,\frac{d^3p_3\,d^3p_4}{2p_3^0\,2p_4^0} \cdot (2\pi)^4\,\delta(p_3 + p_4 - p_1 - p_2)\,\frac{e^4}{s^2}\,\cdot$$

$$\sideset{}{'}\sum_{\text{Spins}} |\,\bar{u}_\mu(p_3)\,\gamma^\lambda\,v_\mu(p_4)\,\bar{v}_e(p_2)\,\gamma_\lambda\,u_e(p_1)\,|^2. \tag{11-12}$$

Für unpolarisierte Teilchen im Anfangs- und Endzustand ergibt sich daraus:

$$d\sigma = \frac{2\alpha^2}{s^3\left(1 - \dfrac{4m_e^2}{s}\right)^{1/2}}\,\frac{d^3p_3\,d^3p_4}{2p_3^0\,2p_4^0}\,\delta(p_3 + p_4 - p_1 - p_2)\,\cdot$$

$$\frac{1}{4}\,\mathrm{Sp}\left[\gamma^\lambda\,(\not{p}_4 - m_\mu)\,\gamma^\rho\,(\not{p}_3 + m_\mu)\right] \cdot \mathrm{Sp}\left[\gamma_\lambda(\not{p}_1 + m_e)\,\gamma_\rho(\not{p}_2 - m_e)\right]. \tag{11-13}$$

Wir betrachten nur den extrem relativistischen Grenzfall

$$s \gg m_\mu^2,\ m_e^2. \tag{11-14}$$

Wir erhalten dann unter Benutzung der Formeln für die Spuren aus Anhang A für den differentiellen Streuquerschnitt bezüglich des Raumwinkelelements $d\Omega$ des produzierten μ^--Teilchens

$$\frac{d\sigma}{d\Omega} = \frac{\alpha^2}{2s^3}\int_0^\infty d|\boldsymbol{p}_3|\,|\boldsymbol{p}_3|\int \frac{d^3p_4}{|\boldsymbol{p}_4|} \cdot \delta(\sqrt{s} - |\boldsymbol{p}_3| - |\boldsymbol{p}_4|)\,\delta^3(\boldsymbol{p}_3 + \boldsymbol{p}_4)\,\cdot$$

$$4(p_4^\lambda\,p_3^\rho + p_3^\lambda\,p_4^\rho - (p_3 p_4)\,g^{\lambda\rho}) \cdot (p_{1\lambda}p_{2\rho} + p_{2\lambda}p_{1\rho} - (p_1 p_2)\,g_{\lambda\rho})$$

$$= \frac{2\alpha^2}{s^3}\,[(p_1 p_4)(p_2 p_3) + (p_2 p_4)(p_1 p_3)]. \tag{11-15}$$

Im Hochenergielimes gilt:

$$p_1 p_3 = p_2 p_4 = \frac{s}{4}\,(1 - \cos\vartheta),$$

$$p_1 p_4 = p_2 p_3 = \frac{s}{4}\,(1 + \cos\vartheta). \tag{11-16}$$

Damit erhalten wir für den differentiellen und den totalen Streuquerschnitt:

$$\frac{d\sigma}{d\Omega} = \frac{\alpha^2}{4s}\,(1 + \cos^2\vartheta), \tag{11-17}$$

$$\sigma_{tot}\,(e^- e^+ \longrightarrow \mu^- \mu^+) = \int d\Omega\,\frac{d\sigma}{d\Omega} = \frac{4\pi\alpha^2}{3s}\,. \tag{11-18}$$

Die Gleichungen (11-17) und (11-18) sind Standard-Resultate für die Produktion eines punktförmigen, d.h. strukturlosen Teilchen-Antiteilchen-Paares mit Masse Null und Spin $\frac{1}{2}$ in der Elektron-Positron-Vernichtung. Wir stellen wieder ein Skalenverhalten fest. Der dimensionslos gemachte Streuquerschnitt $s \cdot d\sigma/d\Omega$ ist unabhängig von s. Die Winkelverteilung proportional $1 + \cos^2\vartheta$ (Gl. (11-17)) ist typisch für den Spin $\frac{1}{2}$ der produzierten Teilchen. Betrachtet man zum Vergleich die Produktion von zwei Spin 0-Teilchen, etwa π-Mesonen,

$$e^- + e^+ \longrightarrow \pi^- + \pi^+, \tag{11-19}$$

so findet man eine Verteilung proportional zu $\sin^2\vartheta$:

$$\frac{d\sigma}{d\Omega}\,(e^- + e^+ \longrightarrow \pi^- + \pi^+) \propto \sin^2\vartheta. \tag{11-20}$$

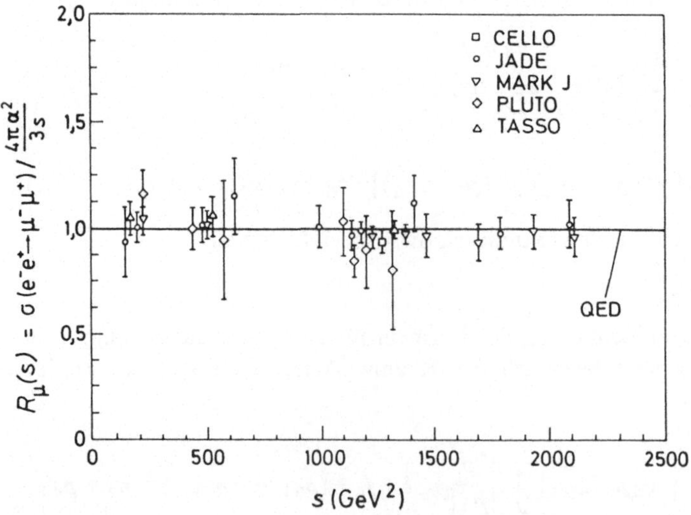

Bild 11-4 Daten für den totalen Streuquerschnitt der Reaktion $e^- e^+ \to \mu^- \mu^+$ als Funktion von s, dividiert durch die Vorhersage der QED (Gl. (11-18)). Die Kollaborationen, von denen die Daten stammen, sind ebenfalls angegeben (nach Haidt 1984).

Die Paarproduktion von Myonen wurde an den Elektron-Positron-Speicherringen ausführlich studiert. Die theoretischen Formeln wurden dabei gut bestätigt. In den Bildern 11-4 und 11-5 zeigen wir einige Resultate von bei PETRA arbeitenden Kollaborationen. Erst bei Schwerpunktsenergien $\sqrt{s} \gtrsim 30$ GeV fand man in der Winkelverteilung der Myonen Abweichungen von dem nach der QED (Gl. (11-17)) vorhergesagten Verhalten (Bartel 1982, Brandelik 1982, Aveda 1982, Behrend 1982, Berger 1983, Fernandez 1983). Dies deutet man heute als Anzeichen für den Austausch des schweren Z-Bosons ($m_Z \sim 90$ GeV), das einer der Träger der schwachen Wechselwirkung ist. Mit diesem Phänomen werden wir uns in Teil IV ausführlich beschäftigen.

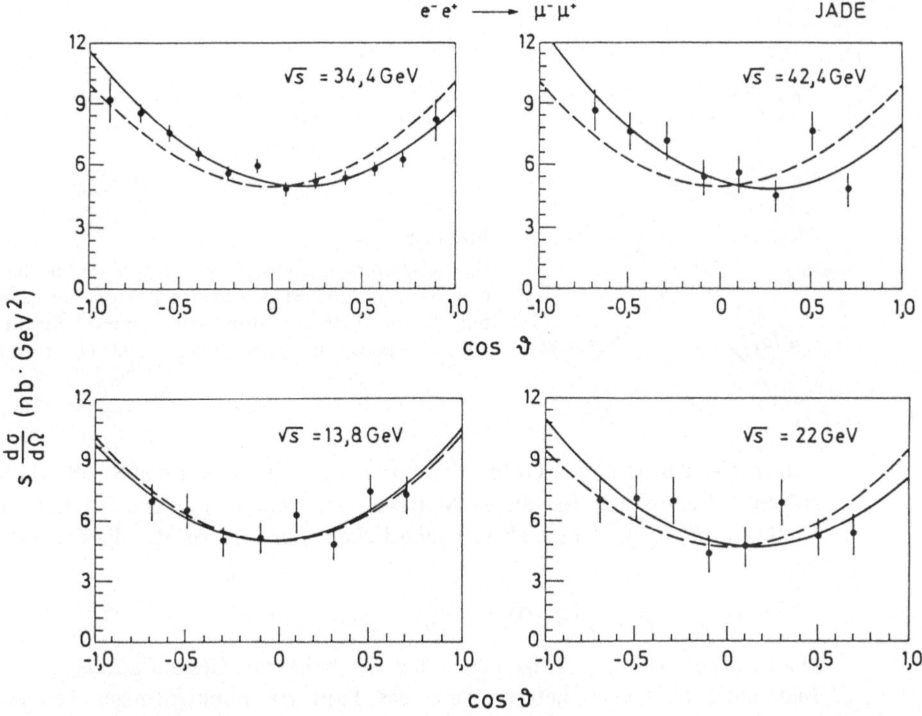

Bild 11-5 Die Winkelverteilung der Myonen in der Reaktion $e^- e^+ \to \mu^- \mu^+$. Daten der JADE-Gruppe bei den angegebenen Schwerpunktsenergien $\sqrt{s}$. Die gestrichelten Linien sind die Vorhersagen der QED (Gl. (11-17)). Die durchgezogenen Linien berücksichtigen die Effekte der schwachen Wechselwirkung (nach Bartel 1985).

Die Formeln (11-17) und (11-18) haben auch für die Theorie der starken Wechselwirkung fundamentale Bedeutung erlangt. Studiert man experimentell die Produktion von Hadronen in $e^+ e^-$-Speicherringen, so findet man bei hohen Energien einen Streuquerschnitt derselben Größenordnung und mit derselben s-Abhängigkeit wie für die Myon-Paarproduktion. Man findet auch überzeugende Anzeichen für eine Winkelabhängigkeit proportional zu $1 + \cos^2 \vartheta$ in der Analyse der Ereignisse. Diese und andere Tatsachen werden heute so gedeutet, daß der primäre Prozeß in der Hadron-Produktion die Erzeugung eines Paares punktförmiger Teilchen mit Spin $\frac{1}{2}$ ist, von sogenannten *Quarks*. Das wollen wir in Teil III ausführlich besprechen.

Aufgaben

11.1 Berechnen Sie den Streuquerschnitt für die Myon-Paarproduktion unter Berücksichtigung aller Massenterme in Gl. (11-13).

11.2 Berechnen Sie den differentiellen Streuquerschnitt für die Reaktion

$$e^-(p_1) + e^+(p_2) \longrightarrow \pi^-(p_3) + \pi^+(p_4) \tag{11-21}$$

nach dem Feynman-Diagramm von Bild 11-6. Dem Pion-Photon-Vertex entspricht das folgende Matrixelement des elektromagnetischen Stroms j_μ:

$$-i\langle \pi^+(p_4)\,\pi^-(p_3)|j_\mu(0)|0\rangle.$$

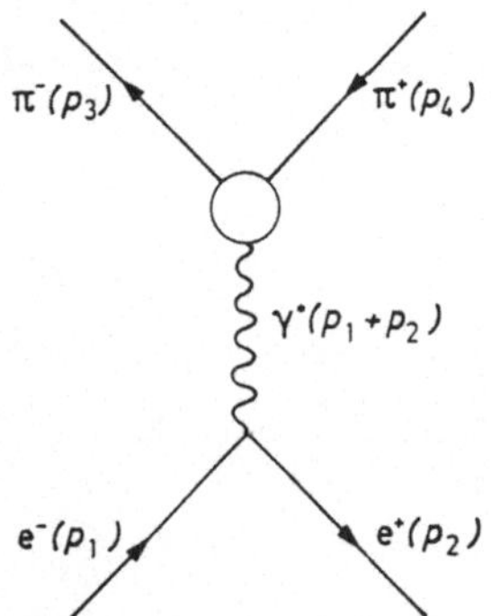

Bild 11-6
Das Diagramm niedrigster Ordnung in α für die Reaktion $e^- e^+ \to \pi^- \pi^+$. Die Blase am Pion-Photon Vertex soll andeuten, daß das Pion auf Grund seiner inneren Struktur (s. Teil III) keine punktförmige Kopplung an das Photon hat.

Zeigen Sie, daß man auf Grund der Lorentz-Invarianz und der Stromerhaltung die folgende Darstellung für dieses Matrixelement mit einer zunächst unbestimmten Funktion $F_\pi(q^2)$, dem elektromagnetischen Formfaktor des Pions, anschreiben kann:

$$-i\langle \pi^+(p_4)\,\pi^-(p_3)|j_\mu(0)|0\rangle = i\,e\,(p_3 - p_4)_\mu\,F_\pi(q^2). \tag{11-22}$$

Dabei ist $q = p_3 + p_4$. Zeigen Sie, daß die bekannte Gesamtladung des Pions die Bedingung $F_\pi(0) = 1$ liefert. Wäre das Pion ein punktförmiges Teilchen, gälte $F_\pi(q^2) \equiv 1$. Vergleichen Sie das theoretische Resultat für den Streuquerschnitt mit den experimentellen Ergebnissen in Quenzer 1978.

12   Probleme mit äußeren Feldern

Bisher haben wir Reaktionen behandelt, die im Vakuum ablaufen. In der Praxis ist man aber oft an Prozessen interessiert, die in einem vorgegebenen äußeren elektrischen oder magnetischen Feld ablaufen. Dabei kann das äußere Feld durch makroskopische Anordnungen, etwa Kondensatoren oder Elektromagneten, erzeugt sein, oder es kann sich um das Feld eines Atomkerns handeln. Typische Probleme, die in diesen Rahmen fallen, sind die folgenden:

(1) die Streuung eines Elektrons an einer vorgegebenen Ladungsverteilung, etwa an einem schweren Kern, dessen Rückstoß vernachlässigt werden kann;

(2) die Emission von Synchrotron-Strahlung durch ein in einem Speicherring umlaufendes Elektron;

(3) die Emission von Bremsstrahlung durch ein Elektron, das im Feld eines Kerns abgebremst wird. Dieser Prozeß wird zur Erzeugung von Röntgenstrahlung in Röntgenröhren ausgenützt;

(4) die Erzeugung eines Elektrons-Positron-Paares durch ein Photon im Feld eines schweren Kerns. Dieser Prozeß führte zur Entdeckung des Positrons durch Anderson im Jahre 1932. Der Prozeß dient heute in der Hochenergiephysik zum experimentellen Nachweis von Photonen.

Wir wollen in diesem Kapitel die allgemeinen Methoden, die zur Lösung solcher Probleme verwendet werden, angeben und einige Beispiele diskutieren. Der Ausgangspunkt ist wieder die Hamilton-Funktion der elektromagnetischen Wechselwirkung, die wir im Kapitel 9 an die Spitze unserer Überlegungen gestellt haben (Gl. (9-9)):

$$\mathbf{H}'(t) = \int d^3x \; \mathbf{j}^\mu(x, t) \; \mathbf{A}_\mu(x, t). \tag{12-1}$$

Hier wird sich aber das elektromagnetische Viererpotential als Summe des äußeren Potentials A_μ^{ext} und des Quantenfeldes $\mathbf{A}_\mu'$ darstellen:

$$\mathbf{A}_\mu = \mathbf{A}_\mu' + A_\mu^{\text{ext}}. \tag{12-2}$$

Im Dirac-Bild, das wir hier verwenden, werden wir für $\mathbf{A}_\mu'$ den uns aus Kapitel 7 bekannten freien Feldoperator zu setzen haben. Das äußere Potential $A_\mu^{\text{ext}}(x)$ hat als Quellen die äußeren Ladungen und Ströme, deren Viererstromdichte j_μ^{ext} sei. Wählen wir wieder die Lorentz-Bedingung (Gl. (7-8)), so gilt:

$$\square\, A_\mu^{\text{ext}}(x) = j_\mu^{\text{ext}}(x),$$
$$\partial^\mu A_\mu^{\text{ext}}(x) = 0. \tag{12-3}$$

Wir lassen zu, daß $A_\mu^{\text{ext}}(x)$ mit der Zeit variiert. In der Praxis hat man es aber oft mit zeitunabhängigen Feldern zu tun.

Um den Einfluß eines äußeren Potentials zu diskutieren, betrachten wir wieder die „Schrödinger-Gleichung" im Dirac-Bild (Gl. (9-8)). Denken wir uns die Entwicklung der Felder in Erzeugungs- und Vernichtungsoperatoren eingesetzt, so erhalten wir in Analogie zu Gl. (9-11) die folgende Struktur für den Anteil in $\mathbf{H}'$ mit dem äußeren Feld:

$$\mathbf{H}' \sim \; : (\mathbf{b} + \mathbf{a}^\dagger)(\mathbf{b}^\dagger + \mathbf{a}) : \; A^{\text{ext}}$$
$$\sim -\mathbf{b}^\dagger \mathbf{b}\, A^{\text{ext}} + \mathbf{a}^\dagger \mathbf{b}^\dagger\, A^{\text{ext}} + \mathbf{b}\mathbf{a}\, A^{\text{ext}} + \mathbf{a}^\dagger \mathbf{a}\, A^{\text{ext}}. \tag{12-4}$$
$$\quad\; (1') \qquad\qquad (2') \qquad\quad (3') \qquad\quad (4')$$

Die Interpretation dieser Terme ist wie in Kapitel 9, nur daß jetzt an die Stelle der Emission oder Absorption eines Photons die Wechselwirkung mit dem äußeren Feld tritt. Die einzelnen Terme in Gl. (12-4) beschreiben:

(1′) Streuung eines Positrons am äußeren Potential,
(2′) Erzeugung eines Elektron-Positron-Paares durch das äußere Potential,
(3′) Vernichtung eines Elektron-Positron-Paares durch das äußere Potential,
(4′) Streuung eines Elektrons am äußeren Potential.

Diese Elementarprozesse veranschaulichen wir wieder durch ein einziges Diagramm (Bild 12-1).

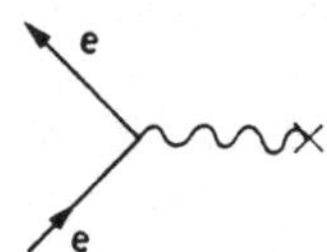

Bild 12-1 Das Diagramm für die elementare Wechselwirkung eines Elektrons oder Positrons mit einem äußeren Feld

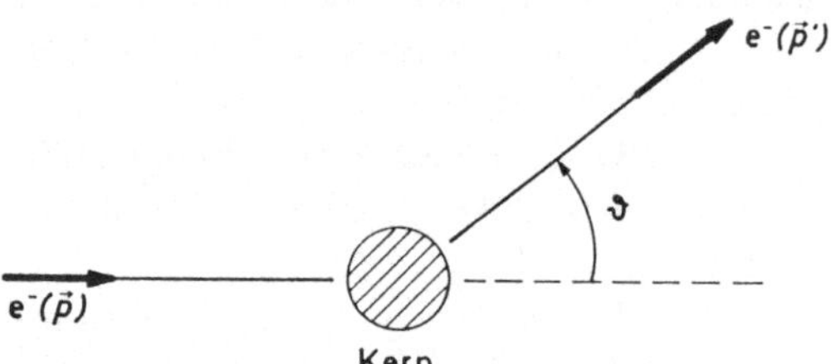

Bild 12-2 Streuung eines Elektrons an einem Kern

In der Zeitentwicklung unseres Zustands bzw. im S-Matrixelement müssen wir nun auch die Elementarprozesse mit dem äußeren Potential berücksichtigen und die Feynman-Regeln entsprechend ergänzen. Wir wollen dies im nächsten Abschnitt an Hand eines Beispiels diskutieren und dann die allgemeine Regel angeben.

12.1 Die Streuung von Elektronen an einem äußeren Potential

Wir betrachten die Streuung eines Elektrons an einem äußeren Potential. Das Potential kann zum Beispiel von einem Kern erzeugt sein, den wir als festgehalten voraussetzen, d.h. dessen Rückstoß wir vernachlässigen (Bild 12-2). Die Viererimpulse des ein- bzw. auslaufenden Elektrons seien p und p'.

Das S-Matrixelement erhalten wir in niedrigster beitragender Ordnung nach Gl. (9-14) wie folgt, wobei wir uns wieder nur für tatsächlich stattgefundene Streuung ($p \neq p'$) interessieren und Spinindizes nicht explizit anschreiben:

$$
\begin{aligned}
\langle e(p')|\mathsf{S}|e(p)\rangle &= \langle e(p')|\left\{1 - i \int_{-\infty}^{\infty} dt\, \mathsf{H}'(t)\right\}|e(p)\rangle \\[2mm]
&= \int dt\, d^3x\, A_\mu^{\mathrm{ext}}(x,t) \cdot \langle e(p')|:(ie)\,\bar{\psi}(x,t)\,\gamma^\mu\,\psi(x,t):|e(p)\rangle \\[2mm]
&= \int dt\, d^3x\, A_\mu^{\mathrm{ext}}(x,t)\, e^{i(p'^0 - p^0)t - i(p'-p)x} \cdot \bar{u}(p')\,ie\,\gamma^\mu\,u(p).
\end{aligned}
$$

$$(12\text{-}5)$$

Die Amplitude entspricht dem einmaligen Ablauf des Elementarprozesses mit äußerem Feld. Das zugehörige Feynman-Diagramm ist daher direkt durch das Bild 12-1 gegeben, mit den

Elektronlinien als ein- und auslaufende Elektronen interpretiert. Den äußeren Linien wollen wir wieder die in Anhang B angegebenen analytischen Ausdrücke zuordnen. Wir sehen dann aus Gl. (12-5), daß der Wechselwirkung des Elektrons mit dem äußeren Feld der Faktor

$$\mathrm{i}\, e\, \gamma^\mu \int \mathrm{d}x\ \mathrm{e}^{\mathrm{i}(p'-p)x}\, A_\mu^{\mathrm{ext}}(x) = -\mathrm{i}\, e\, \gamma^\mu\, \frac{1}{(p'-p)^2} \int \mathrm{d}x\ \mathrm{e}^{\mathrm{i}(p'-p)x}\, j_\mu^{\mathrm{ext}}(x) \qquad (12\text{-}6)$$

entspricht. Dabei haben wir Gl. (12-3) benutzt, um alles durch die äußere Ladungs- und Stromverteilung auszudrücken.

Eine Verallgemeinerung dieser Überlegungen liefert uns bereits die Feynman-Regeln für Probleme mit äußeren Feldern. Man zeichne alle möglichen Diagramme mit gegebenen ein- und auslaufenden Linien, wobei als Vertizes Wechselwirkungen mit dem Quantenfeld und mit dem äußeren Feld zu berücksichtigen sind. Jeder Wechselwirkung mit dem äußeren Feld entspricht ein Faktor wie in Gl. (12-6). Alle übrigen Linien und Vertizes sind wie früher in analytische Sprache zu übersetzen, bloß die δ-Funktion der Viererimpulserhaltung (Gl. (B-2)) ist wegzulassen.

Wir können unsere Lösung nun für den Fall der Streuung eines Elektrons an einem statischen Kern der Ladung Ze (Bild 12-2) spezialisieren. Dann haben wir als äußere Quellen bloß die zeitunabhängige Ladungsverteilung $Ze\,\rho(x)$ des Kerns:

$$\begin{aligned}
j_0^{\mathrm{ext}}(x, t) &= Ze\,\rho(x), \\
j^{\mathrm{ext}}(x, t) &= 0.
\end{aligned} \qquad (12\text{-}7)$$

Dieses Problem haben wir bereits in Abschnitt 5.1 behandelt. Wir haben hier die Ableitung der Hamilton-Funktion der Wechselwirkung nachgeholt.

12.2 Bremsstrahlung

Trifft ein Elektron auf einen Kern bzw. ein Atom, so wird es im allgemeinen abgelenkt. Schon nach den Gesetzen der klassischen Elektrodynamik muß es dann zur Aussendung von elektromagnetischer Strahlung kommen. Wir wollen die Abbremsung eines Elektrons in einem Kernfeld betrachten, das wir als äußeres Feld behandeln. Das entspricht der im Kernfeld ablaufenden Reaktion

$$e(p) + \text{Kern} \longrightarrow e(p') + \gamma(k) + \text{Kern}. \qquad (12\text{-}8)$$

Wir wollen den Kern als Punktladung im Koordinatenursprung ansehen. Das äußere Potential ist dann einfach das Coulomb-Potential der Kernladung Ze, und es gilt:

$$(j_{\mathrm{ext}}^\mu(x, t)) = \begin{pmatrix} Ze\,\delta^3(x) \\ 0 \\ 0 \\ 0 \end{pmatrix},$$

$$(A_{\mathrm{ext}}^\mu(x, t)) = \begin{pmatrix} \dfrac{Ze}{4\pi|x|} \\ 0 \\ 0 \\ 0 \end{pmatrix}. \qquad (12\text{-}9)$$

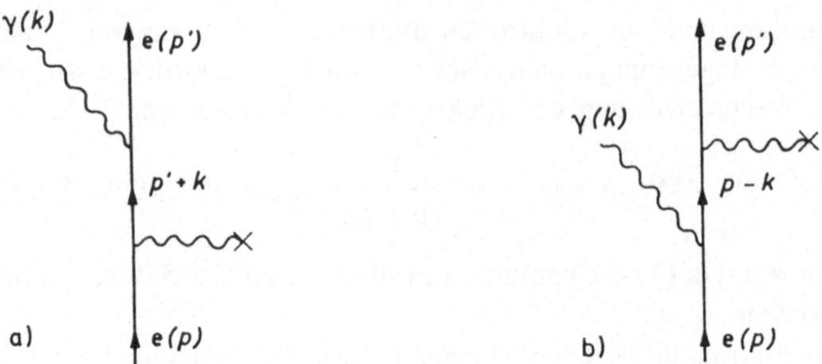

Bild 12-3 Die Feynman-Diagramme niedrigster Ordnung für die Aussendung von Bremsstrahlung durch ein Elektron im Feld eines Kerns

Nach der QED erhalten wir in niedrigster Ordnung die in Bild 12-3 gezeigten Diagramme, die die Aussendung eines Photons durch das Elektron beschreiben. Die Berechnung dieser Graphen führt auf komplizierte Ausdrücke. Wir werden uns hier auf einige qualitative Aussagen und auf die Angabe einiger Resultate beschränken. Zunächst einige Bemerkungen zur Kinematik. Die Viererimpulse bezeichnen wir wie folgt:

$$p = \begin{pmatrix} E \\ \boldsymbol{p} \end{pmatrix}, \qquad p' = \begin{pmatrix} E' \\ \boldsymbol{p}' \end{pmatrix}, \qquad k = \begin{pmatrix} \omega \\ \boldsymbol{k} \end{pmatrix}. \tag{12-10}$$

Nach den Feynman-Regeln von Anhang B entspricht der Wechselwirkung mit dem Coulomb-Feld des Kerns in den Diagrammen von Bild 12-3 ein Faktor

$$i e\, \gamma^0\, \frac{1}{|\boldsymbol{q}|^2} \int dt\, d^3x\; e^{i(E'-E+\omega)t}\, e^{i\boldsymbol{q}\boldsymbol{x}}\, Ze\, \delta^3(\boldsymbol{x})$$

$$= i e\, \gamma^0\, \frac{Ze}{|\boldsymbol{q}|^2}\, 2\pi\, \delta(E'-E+\omega), \tag{12-11}$$

wobei $\boldsymbol{q} = \boldsymbol{p} - \boldsymbol{p}' - \boldsymbol{k}$. Da wir das Kernfeld als statisch betrachten, gilt Energieerhaltung, ausgedrückt durch die δ-Funktion in Gl. (12-11). Es gilt aber keine Impulserhaltung für die ein- und auslaufenden Teilchen. Der statische Kern kann beliebigen Rückstoßimpuls $\boldsymbol{q}$ aufnehmen. Die Amplitude wird nach Gl. (12-11) groß für kleine Rückstoßimpulse. Wir interessieren uns für hohe Energien, genauer für den kinematischen Bereich

$$\begin{aligned} E, E', \omega &\gg m, \\ E', \omega &= O(E). \end{aligned} \tag{12-12}$$

Wir behaupten, daß dann $|\boldsymbol{q}|$ nur klein werden kann, falls das Photon und Elektron im Endzustand praktisch in dieselbe Richtung laufen wie das Elektron im Anfangszustand. Zum Beweis gehen wir von der Energieerhaltung aus, die bei Voraussetzung von Gl. (12-12) die Bedingung

$$|\boldsymbol{p}| \cong |\boldsymbol{p}'| + |\boldsymbol{k}| \tag{12-13}$$

liefert. Dann läßt sich die weitere Bedingung

$$q^2 = (\boldsymbol{p} - \boldsymbol{p}' - \boldsymbol{k})^2 \cong 0$$

nur für Impulse $\boldsymbol{p}, \boldsymbol{p}', \boldsymbol{k}$, die fast kollinear sind, erfüllen.

Wir sehen uns die Impulse genauer an. Wir wählen die Richtung des Impulses des einlaufenden Elektrons als z-Achse. Für hohe Energien und für Emission der Bremsquanten nahe der Vorwärtsrichtung gilt dann näherungsweise

$$p = \begin{pmatrix} 0 \\ 0 \\ E - \dfrac{m^2}{2E} \end{pmatrix} ,$$

$$p' = \begin{pmatrix} p'_\perp \\ E' - \dfrac{m^2 + p'^2_\perp}{2E'} \end{pmatrix} ,$$

$$k = \begin{pmatrix} k_\perp \\ \omega - \dfrac{k^2_\perp}{2\omega} \end{pmatrix} , \tag{12-14}$$

$$q^2 = (p'_\perp + k_\perp)^2 + O\left(\left(\dfrac{m^2}{E}\right)^2\right) . \tag{12-15}$$

Da der Streuquerschnitt proportional zu $1/(q^2)^2$ ist, liefert uns die Größenordnung der Korrekturterme in Gl. (12-15) das Maß für die Breite der Verteilung in $(p'_\perp + k_\perp)^2$. Die wesentlichen Beiträge zum Streuquerschnitt erwarten wir für

$$|p'_\perp + k_\perp| \lesssim O\left(\dfrac{m^2}{E}\right) , \tag{12-16}$$

d.h. die Summe der Transversalimpulse von Elektron und Photon im Endzustand ist sehr klein bei hohen Energien.

Wir wollen nun auch die Größenordnung der Transversalimpulse einzeln abschätzen. Dazu betrachten wir zunächst das Diagramm (b) von Bild 12-3. Die virtuelle Elektronlinie liefert nach Anhang B folgenden Faktor in der Amplitude:

$$\mathrm{i}\,\frac{\not{p} - \not{k} + m}{(p - k)^2 - m^2} = -\,\mathrm{i}\,\frac{\not{p} - \not{k} + m}{2\,p\,k}$$

$$= -\,\mathrm{i}\,\frac{\not{p} - \not{k} + m}{2\,(E\omega - p \cdot k)}$$

$$\cong -\,\mathrm{i}\,\frac{\not{p} - \not{k} + m}{\dfrac{E}{\omega}\left(k^2_\perp + \left(\dfrac{\omega}{E}\right)^2 m^2\right)} . \tag{12-17}$$

Für ω/E von der Ordnung 1 (Gl. (12-12)) finden wir daraus die wesentlichen Beiträge zur Reaktion für

$$|k_\perp| \lesssim O(m) . \tag{12-18}$$

Dann folgt wegen Gl. (12-16) auch

$$|p'_\perp| \lesssim O(m) . \tag{12-19}$$

Eine analoge Abschätzung für das Diagramm (a) von Bild 12-3 führt zum gleichen Ergebnis. Die typischen Winkel, unter denen die Bremsstrahlung von hochenergetischen Elektronen emittiert wird, sind also von der Größenordnung

$$\vartheta \cong \frac{|k_\perp|}{\omega} \lesssim \frac{m}{E} . \tag{12-20}$$

Wir können dieses Ergebnis benutzen, um auch die Größenordnung des Streuquerschnitts für unsere Reaktion (Gl. (12-8)) zu ermitteln. Ganz allgemein setzt sich ein Streuquerschnitt aus einem geometrischen Faktor und einem Wahrscheinlichkeitsfaktor („Graufaktor") zusammen. Der geometrische Faktor gibt an, welche Fläche das Projektil treffen muß, damit überhaupt etwas passieren kann. Selbst wenn die geometrischen Bedingungen erfüllt sind, muß aber nicht immer eine Reaktion stattfinden. Als klassisches Beispiel können wir an die Absorption von Licht an einer grauen Glaskugel denken. Je nach dem Grauton wird mehr oder weniger von dem Licht absorbiert, das auf die Kugel trifft. Eine schwarze Kugel würde alles auftreffende Licht absorbieren, was einem Wahrscheinlichkeitsfaktor gleich eins und einem Streuquerschnitt der Größe des geometrischen Querschnitts entspräche.

In unserem Fall mit Transversalimpulsen der Größenordnung m können wir den geometrischen Faktor nach der Unschärferelation zu $1/m^2$ abschätzen. Den Wahrscheinlichkeitsfaktor können wir durch die dimensionslosen Kopplungsparameter abschätzen, die nach den Diagrammen von Bild 12-3 auftreten:

$$\text{Wahrscheinlichkeitsfaktor} \propto (Ze^3)^2 \propto Z^2 \alpha^3 . \tag{12-21}$$

Dies ist für alle Kerne sehr viel kleiner als 1. Damit ergibt sich folgende Abschätzung für den totalen Streuquerschnitt:

$$\sigma_{\text{tot}} \cong \bar{\sigma} \equiv \frac{Z^2 \alpha^3}{m^2} . \tag{12-22}$$

Die hier definierte Größe $\bar{\sigma}$ erweist sich in der Tat als geeignete Einheit für Bremsstrahlungs- und ähnliche Streuquerschnitte.

Die explizite Rechnung liefert folgendes (vgl. Heitler 1970): Im Grenzfall hoher Energien für das ein- und auslaufende Elektron findet man aus den Diagrammen von Bild 12-3 zunächst den differentiellen Streuquerschnitt bezüglich der Energie der Photonen

$$d\sigma(\omega) = \frac{2}{3} \bar{\sigma} \frac{d\omega}{\omega} \left[4 - 4 \frac{\omega}{E} + 3\left(\frac{\omega}{E}\right)^2 \right] \cdot \left[2 \ln \frac{2E(E-\omega)}{m\,\omega} - 1 \right], \tag{12-23}$$

$$(E \gg m, \; E' = E - \omega \gg m).$$

Der differentielle Streuquerschnitt ist in der Tat von der Größenordnung $\bar{\sigma}$, zeigt aber für $\omega \to 0$ das für Bremsstrahlung charakteristische Verhalten proportional $d\omega/\omega$. Der totale Querschnitt scheint zu divergieren! Integrieren wir über alle Frequenzen oberhalb einer minimalen Frequenz ω_{min}, so finden wir:

$$\int_{\omega_{\text{min}}}^{E} d\sigma(\omega) \propto \bar{\sigma} \cdot \ln \frac{E}{\omega_{\text{min}}} \longrightarrow \infty \tag{12-24}$$

für $\omega_{\text{min}} \longrightarrow 0$.

Mit dieser Infrarot-Divergenz wollen wir uns in Kapitel 14 näher beschäftigen. Unsere Abschätzung in Gl. (12-22) ist übrigens konsistent mit Gl. (12-24), da wir dort $\omega \gg m$ vorausgesetzt haben (Gl. (12-12)).

Wichtiger als der Streuquerschnitt ist der Querschnitt für den Energieverlust des Elektrons durch Bremsstrahlung. Geht ein schnelles Elektron durch Materie, so verliert es Energie durch Zusammenstöße mit gebundenen Elektronen, die zu Anregung und Ionisation von Atomen führen, und durch Bremsstrahlung. Für genügend große Energien dominiert die Bremsstrahlung (s. Heitler 1970). Um die pro Einheit der Wegstrecke von einem Elektron im Mittel durch Bremsstrahlung abgegebene Energie zu berechnen, stellen wir uns folgendes Experiment vor (Bild 12-4): Ein Elektronstrahl des Flusses Φ und des Querschnitts F treffe senkrecht auf ein Stück Materie der Dicke Δx. Die Anzahl der Atome pro Volumeinheit im Target sei N. Nach Definition des Streuquerschnitts ist die Rate $d\Gamma$ für die Emission eines Bremsquants mit Energie zwischen ω und $\omega + d\omega$ gegeben durch

$$d\Gamma(\omega) = d\sigma(\omega)\, \Phi NF\, \Delta x.$$

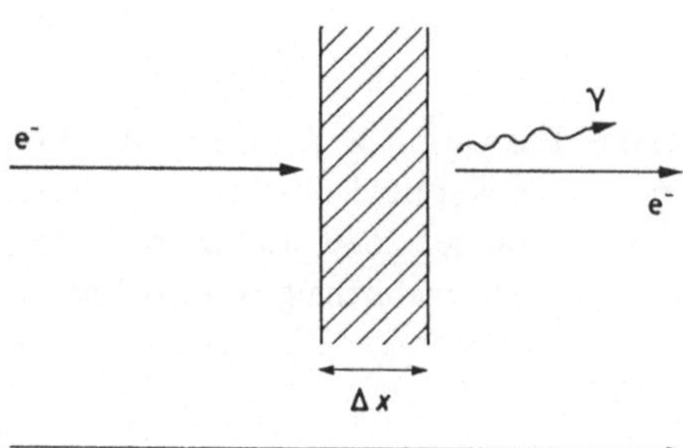

Bild 12-4

Schema einer Anordnung zur Messung des Energieverlusts von Elektronen, die durch ein Stück Materie der Dicke Δx gehen

Dabei haben wir berücksichtigt, daß wir $NF\,\Delta x$ Streuzentren haben. In einer Zeit T treten ΦFT Elektronen durch das Target. Für die im Mittel von einem Elektron abgestrahlte Energie $-\Delta E$, die natürlich den Energieverlust des Elektrons darstellt, finden wir daher:

$$-\Delta E = \frac{T \int\limits_0^E \omega\, d\Gamma(\omega)}{\Phi FT} = \int\limits_0^E \omega\, d\sigma(\omega)\, N\, \Delta x.$$

Die Abnahme der Energie eines durch Materie gehenden schnellen Elektrons wird also durch die folgende Differentialgleichung beschrieben, wobei x die Eindringtiefe ist:

$$-\frac{dE}{dx} = N \int\limits_0^E \omega\, d\sigma(\omega). \tag{12-25}$$

Wie wir aus Gl. (12-23) ablesen, ist die Frequenzverteilung der abgestrahlten Photonen im wesentlichen konstant:

$$\omega\, \frac{d\sigma(\omega)}{d\omega} \sim \text{const.} \tag{12-26}$$

für $0 \leqslant \omega \leqslant E$.

Daraus schließen wir, daß das Elektron im Mittel seine Energie durch Abstrahlung von wenigen harten Photonen verliert und daß das Integral in Gl. (12-25) proportional zur Primärenergie E wird. Das legt es nahe, einen Querschnitt σ_{rad} für den Energieverlust zu definieren durch

$$\sigma_{rad}(E) = \frac{1}{E} \int\limits_0^E \omega \, d\sigma(\omega). \tag{12-27}$$

Wir erhalten damit

$$-\frac{dE}{dx} = N \, \sigma_{rad}(E) \cdot E. \tag{12-28}$$

Die Größenordnung von σ_{rad} ist wieder durch $\bar{\sigma}$ (Gl. (12-22)) gegeben. Die Integration von Gl. (12-23) liefert in der Tat für $E \gg m$

$$\sigma_{rad} = 4 \left(\ln \frac{2E}{m} - \frac{1}{3} \right) \bar{\sigma}. \tag{12-29}$$

Diese Resultate gelten für nackte Kerne. Für wirkliche Atome ist der Einfluß der Elektronenhülle zu berücksichtigen, die einerseits das Kernfeld abschirmt, andererseits zusätzlich Bremsstrahlung durch Elektron-Elektron-Zusammenstöße produziert. In diesem Fall findet man, daß σ_{rad} im extrem relativistischen Bereich unabhängig von der Energie E wird (Heitler 1970):

$$\sigma_{rad} = \left\{ 4 \ln(183 \, Z^{-1/3}) + \frac{2}{9} \right\} \bar{\sigma} \tag{12-30}$$

für $E \gg m \, \alpha^{-1} Z^{-1/3}$.

Die Gleichung (12-28) läßt sich dann leicht integrieren und liefert eine exponentielle Abnahme für die Energie als Funktion der Eindringtiefe x. Entspricht $x = 0$ der Oberfläche der Materie und ist E_0 die ursprüngliche Energie des Elektrons, so gilt:

$$E(x) = E_0 \, e^{-x/L_{rad}}, \tag{12-31}$$

wobei

$$L_{rad} = (N \cdot \sigma_{rad})^{-1}. \tag{12-32}$$

Hier haben wir die *Strahlungslänge* L_{rad} eingeführt, die charakteristische Abklinglänge. Die Strahlungslängen einiger Materialien sind in Tabelle 12-1 zusammengestellt. Bei ihrer Berechnung wurden noch einige Korrekturen zu der Gleichung (12-30) berücksichtigt (Tsai 1974, s. auch Particle Data Group 1984).

Tabelle 12-1 Die Strahlungslängen einiger Materialien
(nach Particle Data Group 1984)

Material	Strahlungslänge L_{rad} (cm)
Fe	1,76
Pb	0,56
Luft (bei 20 °C, 1 atm.)	30420
H_2O	36,1

12.3 Die Paarerzeugung (Bethe-Heitler-Prozeß)

Als letztes in diesem Kapitel besprechen wir die Produktion eines Elektron-Positron-Paares durch ein Photon im Feld eines Atoms bzw. Kerns (Bethe 1934, Racah 1934, 1936; vgl. auch Tsai 1974):

$$\gamma(k) + \text{Kern} \longrightarrow e^-(p) + e^+(p') + \text{Kern}. \tag{12-33}$$

Die Reaktion kann offenbar nur ablaufen, wenn die Photonenergie ω größer oder gleich $2m$ ist:

$$\omega \geqslant 2m.$$

In niedrigster Ordnung haben wir wie bei der Bremsstrahlung zwei Diagramme zu berücksichtigen (Bild 12-5). Diese beiden Diagramme erhalten wir durch „Hinüberkreuzen" von Linien aus dem Anfangs- in den Endzustand aus den beiden Diagrammen für die Bremsstrahlung (Bild 12-3). Die kinematischen Verhältnisse für die beiden Reaktionen erweisen sich auch als sehr ähnlich. Insbesondere ist die Größenordnung des Streuquerschnitts wieder durch $\bar{\sigma}$ (Gl. (12-22)) gegeben. Genauer findet man im Hochenergielimes für nackte Kerne (s. Heitler 1970):

$$\sigma_{\text{Paar}} = \bar{\sigma}\left(\frac{28}{9}\ln\frac{2\omega}{m} - \frac{218}{27}\right) \tag{12-34}$$

für $\omega \gg m$.

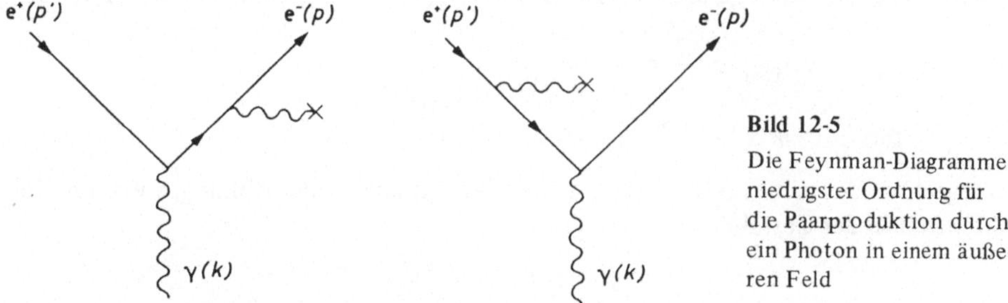

Bild 12-5
Die Feynman-Diagramme niedrigster Ordnung für die Paarproduktion durch ein Photon in einem äußeren Feld

Für Atome mit Elektronenhülle gilt:

$$\sigma_{\text{Paar}} = \bar{\sigma}\left[\frac{28}{9}\ln(183 \cdot Z^{-1/3}) - \frac{2}{27}\right] \tag{12-35}$$

für $\omega \gg m\,\alpha^{-1} Z^{-1/3}$.

Vergleichen wir diese Ergebnisse mit dem Streuquerschnitt für Compton-Streuung (Gl. (10-51)), der wie $1/\omega$ bei hohen Energien abfällt, so sehen wir, daß oberhalb einer gewissen Energie der im wesentlichen konstante Streuquerschnitt für Paarerzeugung dominiert.

Die Absorption von Photonen in Materie wird insgesamt durch drei Effekte beherrscht, nämlich durch den Photoneffekt, den Compton-Effekt und die Paarerzeugung. Die Intensität eines Photonenstrahls, der durch Materie geht, nimmt daher mit der Wegstrecke x nach dem Gesetz

$$-\,dI = \mu_\gamma\, I\, dx \tag{12-36}$$

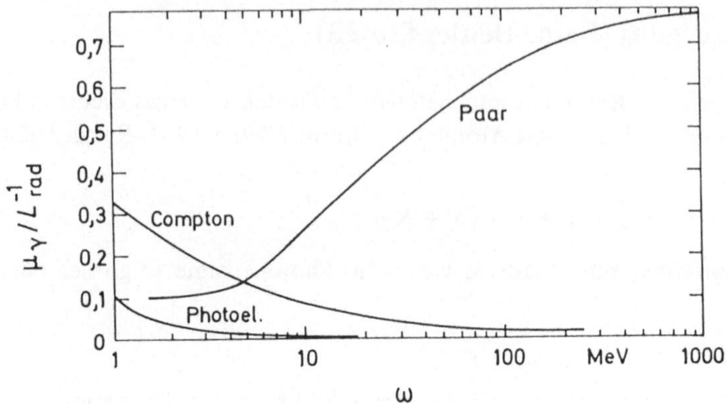

Bild 12-6 Die einzelnen Beiträge zum Photon-Absorptionskoeffizienten μ_γ für Blei als Funktion der Energie ω in Einheiten der inversen Strahlungslänge L_{rad}^{-1} (vgl. Tabelle 12-1) (nach Particle Data Group 1980)

ab, wobei der Absorptionskoeffizient μ_γ durch

$$\mu_\gamma = N(\sigma_{\text{Photoel.}} + \sigma_{\text{Compton}} + \sigma_{\text{Paar}})$$

gegeben ist und die Summe der Beiträge von allen drei Effekten darstellt. Hier ist N wieder die Anzahl der Atome pro cm^3. In Bild 12-6 zeigen wir für Blei die einzelnen Beiträge zum Absorptionskoeffizienten als Funktion der Photonenergie. Für hohe Energie spielt nur die Paarbildung eine Rolle. Durch Vergleich von Gl. (12-35) mit Gl. (12-30) finden wir:

$$\mu_\gamma \cong N \sigma_{\text{Paar}} \cong \frac{7}{9} N \sigma_{\text{rad}} = \frac{7}{9} \frac{1}{L_{\text{rad}}} \tag{12-37}$$

für $\omega \gg m\,\alpha^{-1} Z^{-1/3}$.

Integration der Gl. (12-36) liefert dann das exponentielle Abklinggesetz für die Photonintensität in der Gestalt

$$I(x) = I_0\, e^{-\frac{7}{9}\frac{x}{L_{\text{rad}}}}. \tag{12-38}$$

Aufgaben

12.1 Berechnen Sie den differentiellen Streuquerschnitt (Gl. (12-23)) für die Bremsstrahlung in niedrigster Ordnung nach den Diagrammen von Bild 12-3 im Grenzfall hoher Energien E, $E' \gg m$. Verifizieren Sie Gl. (12-29).

12.2 Berechnen Sie den totalen Querschnitt für den Bethe-Heitler-Prozeß aus den Diagrammen von Bild 12-5 im Hochenergie-Grenzfall und verifizieren Sie Gl. (12-34).

13 Das Positronium

13.1 Das Spektrum und allgemeine Eigenschaften des Positroniums

Ein Elektron und ein Positron können genau so wie ein Elektron und ein Proton Bindungszustände bilden. Man nennt die gebundenen Zustände von e^- und e^+ *Positronium-zustände*. Ihr Spektrum ist ähnlich dem des Wasserstoffs, da in beiden Fällen dieselbe Coulomb-Kraft wirkt. Das Proton im Wasserstoffatom können wir mit guter Näherung als festes Zentrum betrachten, um welches das leichte Elektron kreist. Im Positronium haben dagegen beide Partner dieselbe Masse. Wie immer entspricht mathematisch das Zwei-Körper-Problem einem Problem mit festem Zentrum, um das ein Teilchen mit der reduzierten Masse kreist. Für das Positronium hat die reduzierte Masse μ den Wert

$$\mu = \frac{m_e^2}{m_e + m_e} = \frac{1}{2}\, m_e. \tag{13-1}$$

Der Bohr-Radius r_b des Positroniums ist doppelt so groß wie für Wasserstoff (Bild 13-1):

$$r_b = \frac{1}{\alpha\mu} = \frac{2}{\alpha m_e}. \tag{13-2}$$

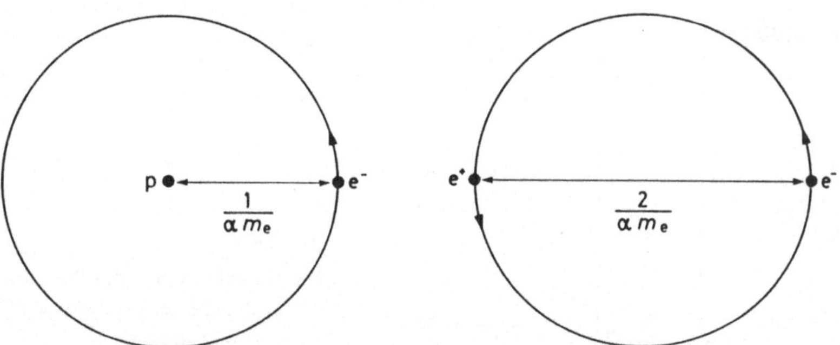

Bild 13-1 Das Wasserstoff- und das Positronium-System, charakterisiert durch die ersten Bohrschen Bahnen

Die Bewegung von Elektron und Positron im Positronium ist wie beim Wasserstoffatom nichrelativistisch. Das sieht man durch folgende Überlegung. Ein auf der ersten Bohrschen Bahn umlaufendes Elektron hat Bahndrehimpuls 1. Es gilt dann mit der Geschwindigkeit v:

$$m_e\, v\, r_b \cong \frac{v}{\alpha} \cong 1. \tag{13-3}$$

Die typischen Geschwindigkeiten sind daher von der Ordnung α, die typischen Impulse p von der Ordnung αm_e:

$$\begin{aligned} v &\cong \alpha \;\ll 1, \\ p &\cong \alpha m_e \;\ll m_e. \end{aligned} \tag{13-4}$$

Die Bindungsenergien der Positroniumzustände können wir in erster Näherung aus der Schrödinger-Gleichung mit Coulomb-Potential berechnen. Das führt zu folgender Balmer-Formel:

$$E_n = - \frac{\alpha^2 \mu}{2n^2} = - \frac{\alpha^2 m_e}{4n^2} = - \frac{Ry}{2n^2} \, , \tag{13-5}$$

wobei $Ry = 13{,}605\,804\,(36)$ eV die Rydberg-Konstante ist und $n = 1, 2, 3,\ldots$ die Hauptquantenzahl. Zu jeder Hauptquantenzahl n gehören Niveaus verschiedener Bahndrehimpuls-Quantenzahlen l, l_z, wobei $l = 0, 1, \ldots, n - 1$ oder in spektroskopischer Notation S, P, D etc. und $l_z = -l, \ldots, l$ (Bild 13-2).

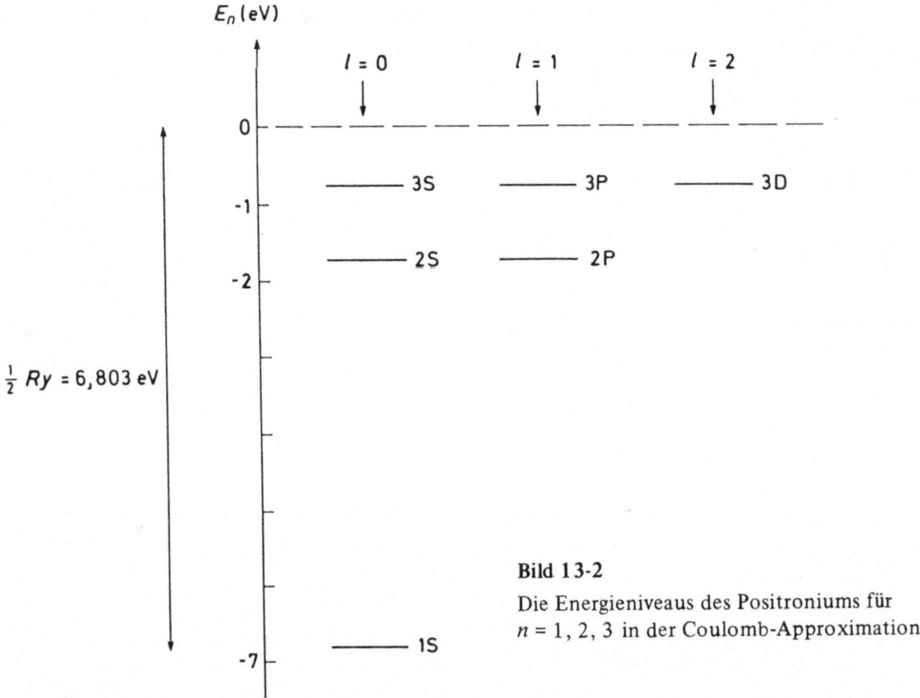

Bild 13-2

Die Energieniveaus des Positroniums für $n = 1, 2, 3$ in der Coulomb-Approximation

Elektron und Positron haben beide Spin $\frac{1}{2}$. Jedes Energieniveau ist daher für gegebenes n, l, l_z noch vierfach entartet, entsprechend den je zwei Einstellmöglichkeiten für den Elektron- und Positron-Spin. Wir können die beiden Spin-Drehimpulse zum Gesamtspin $s = 0$ oder 1 zusammensetzen. Die entsprechenden Basisvektoren im Spinraum mit fester z-Komponente des Gesamtspin sind nach den Regeln der Drehimpuls-Addition

$$|s = 0,\, s_z = 0\rangle \;\; = \frac{1}{\sqrt{2}}\,(e^-{\uparrow}\, e^+{\downarrow} - e^-{\downarrow}\, e^+{\uparrow}),$$

$$|s = 1,\, s_z = 1\rangle \;\; = \quad\quad e^-{\uparrow}\, e^+{\uparrow},$$

$$|s = 1,\, s_z = 0\rangle \;\; = \frac{1}{\sqrt{2}}\,(e^-{\uparrow}\, e^+{\downarrow} + e^-{\downarrow}\, e^+{\uparrow}),$$

$$|s = 1,\, s_z = -1\rangle \;\; = \quad\quad e^-{\downarrow}\, e^+{\downarrow}. \tag{13-6}$$

Dabei deuten wir die z-Komponenten des Spins von e^- und e^+ durch die aufgesetzten Pfeile an.

Die Entartung der Zustände verschiedenen Bahndrehimpulses und verschiedenen Gesamtspins gilt nur, wenn zwischen Elektron und Positron ein reines Coulomb-Potential wirkt. In Wirklichkeit gibt es aber Effekte höherer Ordnung, wie die Spin-Bahn- und die Spin-Spin-Wechselwirkung, die eine Aufspaltung zwischen den Zuständen mit verschiedenem Bahndrehimpuls und Gesamtspin bewirken. Man kennzeichnet die resultierenden Niveaus durch die Hauptquantenzahl n, den Bahndrehimpuls l, den Gesamtspin s und den Gesamtdrehimpuls j nach dem Schema

$$n^{2s+1}(l)_j. \tag{13-7}$$

Zustände mit $s = 0$ bezeichnet man als Singulett-, solche mit $s = 1$ als Triplett-Zustände. Der Grundzustand ($n = 1$, $l = 0$) spaltet auf in einen Singulett-Zustand $1\,^1S_0$ mit $j = 0$, das Parapositronium, und einen Triplett-Zustand $1\,^3S_1$ mit $j = 1$, das Orthopositronium (Bild 13-3).

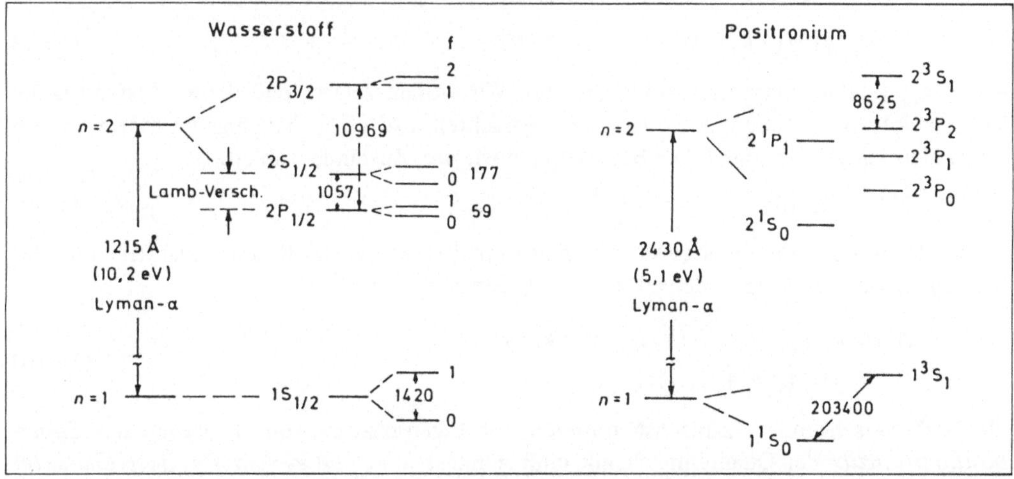

Bild 13-3 Das Schema der Aufspaltung des Grundzustands ($n = 1$) und des ersten angeregten Zustands ($n = 2$) von Positronium und Wasserstoff (nach Berko 1980). Die Energieaufspaltungen sind in MHz angegeben, $1\ \text{MHz} \cong 4{,}13 \cdot 10^{-9}$ eV. Die Energieaufspaltung im Grundzustand des Positroniums beträgt also $203\,400\ \text{MHz} \cong 8{,}4 \cdot 10^{-4}$ eV.

Wir diskutieren nun das Verhalten der Positroniumzustände bei Paritäts- und Ladungskonjugations-Transformationen. Eine Wellenfunktion mit Bahndrehimpuls l liefert bei Raumspiegelung den Eigenwert $(-1)^l$, der Spinzustand bleibt unverändert. Nach Kapitel 4 haben Elektron und Positron negative relative Parität. Beachten wir dies, so erhalten wir für die Positroniumzustände die in Tabelle 13-1 angegebenen Eigenwerte der Parität.

Tabelle 13-1 Die Eigenwerte der Parität P, der Ladungskongugation C und von CP für die Positroniumzustände

Positroniumzustand	P	C	CP
$n^{2s+1}(l)_j$	$(-1)^{l+1}$	$(-1)^{l+s}$	$(-1)^{s+1}$

Die Eigenwerte der Ladungskonjugation leitet man entsprechend aus Gl. (4-129) ab. Bemerkenswert ist, daß Singulett- und Triplett-Zustände Eigenzustände des Produkts CP mit Eigenwerten -1 und $+1$ sind.

13.2 Der Zerfall des Positroniums

Die beiden Grundzustände $1\,^1S_0$ und $1\,^3S_1$ sind natürlich nicht stabil, da das Elektron mit dem Positron in Photonen annihilieren kann. Wegen Energie- und Impulserhaltung ist die Annihilation in ein Photon unmöglich. Tatsächlich zerfällt der $1\,^1S_0$-Zustand fast ausschließlich in zwei Photonen. Der $1\,^3S_1$-Zustand kann nicht in zwei Photonen zerfallen, wie wir gleich zeigen werden; er zerfällt fast ausschließlich in drei Photonen.

Bevor wir das Positronium weiter besprechen, wollen wir die Gültigkeit des wichtigen Satzes zeigen: Zwei reelle Photonen können nicht in einem Zustand mit Drehimpuls 1 sein, bezogen auf ihr Schwerpunktsystem (Landau 1948, Yang 1950).

Zum Beweis betrachten wir einen beliebigen Zustand mit zwei Photonen im Schwerpunktsystem, wo sich ihre Impulse balancieren:

$$|\gamma(k, \varepsilon_1)\ \gamma(-k, \varepsilon_2)\rangle, \tag{13-8}$$

wobei ε_1, ε_2 die Polarisationsvektoren sind. Wir wollen zeigen, daß dieser Zustand keine Komponente mit Drehimpuls 1 hat. Wir betrachten also einen beliebigen Unterraum von Zuständen mit Drehimpuls 1. Als Basis können wir drei Zustände wählen:

$$|1\rangle,\ |2\rangle,\ |3\rangle, \tag{13-9}$$

die bei Drehungen wie die drei kartesischen Einheitsvektoren im Raum transformieren. Wir behaupten, daß der Amplitudenvektor A mit Komponenten

$$A^i(k, \varepsilon_1, \varepsilon_2) = \langle i|\gamma(k, \varepsilon_1)\ \gamma(-k, \varepsilon_2)\rangle$$
$$(i = 1, 2, 3) \tag{13-10}$$

identisch verschwindet. Zunächst notieren wir Eigenschaften von A. Wegen des *Superpositionsprinzips* der Quantenmechanik muß A linear in ε_1 und ε_2 sein. Der *Bose-Charakter* der Photonen verlangt die Symmetriebedingung

$$A(k, \varepsilon_1, \varepsilon_2) = A(-k, \varepsilon_2, \varepsilon_1). \tag{13-11}$$

Die Möglichkeiten für A sind nun schnell aufgezählt:

$$A \propto (\varepsilon_1 \cdot \varepsilon_2)\,k, \tag{a}$$

$$A \propto \varepsilon_1 \times \varepsilon_2, \tag{b}$$

$$A \propto (\varepsilon_1 \times \varepsilon_2) \times k = \varepsilon_2(\varepsilon_1 \cdot k) - \varepsilon_1(\varepsilon_2 \cdot k), \tag{c}$$

$$A \propto [(\varepsilon_1 \times \varepsilon_2) \cdot k]\,k, \tag{d}$$

$$A \propto (\varepsilon_1 \cdot k)\varepsilon_2 + (\varepsilon_2 \cdot k)\varepsilon_1, \tag{e}$$

$$A \propto (\varepsilon_1 \times k)(\varepsilon_2 \cdot k) + (\varepsilon_2 \times k)(\varepsilon_1 \cdot k), \tag{f}$$

$$A \propto (\varepsilon_1 \cdot k)(\varepsilon_2 \cdot k)\,k. \tag{g}$$

(13-12)

Weitere linear unabhängige Vektoren lassen sich aus ε_1, ε_2 und k nicht bilden, wie man mit ein wenig Theorie der Drehgruppe streng zeigen kann. Nun widersprechen aber die Ausdrücke (a), (b), (d), (e) und (g) der Bose-Symmetrie (Gl. (13-11)). Die Ausdrücke (c), (e), (f) und (g) verschwinden wegen der *Transversalität* der reellen Photonen:

$$\varepsilon_1 \cdot k = \varepsilon_2 \cdot k = 0. \tag{13-13}$$

Damit haben wir gezeigt, daß A gleich Null ist und unseren Satz bewiesen. Beim Beweis benutzten wir nur das Superpositionsprinzip, die Drehinvarianz sowie die Bose-Symmetrie und die Transversalität der Photonen.

Aus dem Landau-Yang-Theorem folgt nun sofort, daß der Zerfall des Orthopositroniums, eines Zustandes mit Gesamtdrehimpuls $j = 1$, in zwei Photonen strikt verboten ist:

$$1\,^3S_1 \;\not\longrightarrow\; 2\,\gamma. \tag{13-14}$$

Das Parapositronium dagegen kann in zwei Photonen zerfallen:

$$1\,^1S_0 \;\longrightarrow\; 2\,\gamma. \tag{13-15}$$

Wir wollen die Rate für diesen Prozeß berechnen. Das sieht zunächst nicht wie ein Problem aus, auf das wir die S-Matrix-Methoden und die Feynman-Regeln der vorhergehenden Kapitel anwenden können. In niedrigster Ordnung gelingt das aber doch sehr leicht. Wir fassen das Positronium als Wellenpaket ebener Elektron- und Positronwellen auf. Dann berechnen wir mit Hilfe der Feynman-Regeln die Amplitude für die Reaktion

$$e^- (p_1, r) + e^+ (p_2, s) \;\longrightarrow\; \gamma(k_1, \epsilon_1) + \gamma(k_2, \epsilon_2) \tag{13-16}$$

für Teilchen festen Impulses und fester Polarisation und falten das Resultat mit der Wellenfunktion des Positronium-Zustandes.

In seinem Ruhsystem können wir den $1\,^1S_0$-Positronium-Zustand wie folgt darstellen:

$$|1\,^1S_0\rangle = \frac{1}{\sqrt{V}} \int \frac{d^3p}{(2\pi)^3\,2p^0}\, f(p)\, \cdot$$

$$\cdot\, \frac{1}{\sqrt{2}}\, (a^\dagger_{1/2}(p)\, b^\dagger_{-1/2}(-p) \;-\; a^\dagger_{-1/2}(p)\, b^\dagger_{1/2}(-p)) |0\rangle. \tag{13-17}$$

Dabei ist V ein großes Normierungsvolumen, wie wir es in Kapitel 5 betrachtet haben; wir führen V ein, um unseren Zustand auf 1 normieren zu können. Fermis Trick (Gln. (5-23), (5-24)) liefert die Normierungsbedingung zu

$$\langle 1\,^1S_0 | 1\,^1S_0\rangle = \frac{1}{V} \int d^3p\, d^3p'\, f^*(p)\, f(p')\, [\delta^3(p - p')]^2$$

$$= \int \frac{d^3p}{(2\pi)^3}\, |f(p)|^2 = 1. \tag{13-18}$$

Die Funktion $f(p)$ ist die Wellenfunktion im Impulsraum, also die Fourier-Transformierte der gewöhnlichen Schrödinger-Funktion $\psi(x)$ bezüglich der Relativkoordinate x von e^- und e^+ (s. Gln. (3-71), (3-73)).

Es gelten die Relationen

$$\psi(x) = \int \frac{d^3 p}{(2\pi)^3} \, e^{ipx} f(p),$$

$$f(p) = \int d^3 x \, e^{-ipx} \, \psi(x), \tag{13-19}$$

$$\int d^3 x \, |\psi(x)|^2 = \int \frac{d^3 p}{(2\pi)^3} \, |f(p)|^2 = 1.$$

In unserem Fall ist $\psi(x)$ die bekannte Grundzustands-Wellenfunktion eines wasserstoffartigen Systems:

$$\psi(x) = \frac{1}{\sqrt{\pi} \, r_b^{3/2}} \, e^{-|x|/r_b}. \tag{13-20}$$

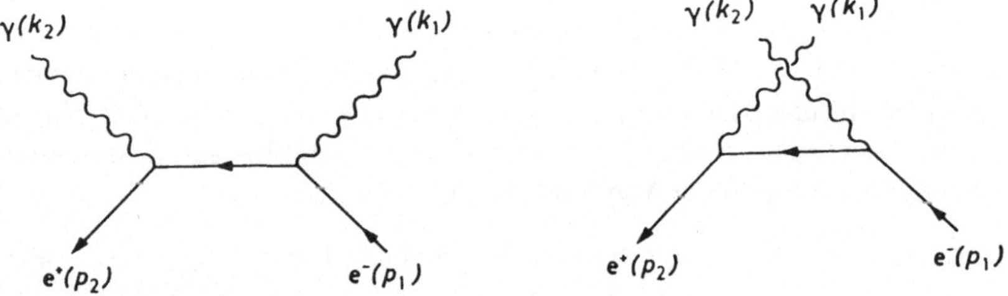

Bild 13-4 Die Diagramme niedrigster Ordnung für die Annihilation eines Elektron-Positron-Paares in zwei Photonen

Um die Amplitude für die Reaktion (13-16) zu bestimmen, zeichnen wir die entsprechenden Feynman-Diagramme niedrigster Ordnung (Bild 13-4). Das S-Matrixelement ist nach den Regeln in Anhang B:

$$\langle \gamma(k_1, \epsilon_1) \, \gamma(k_2, \epsilon_2) | S | e^-(p_1, r) \, e^+(p_2, s) \rangle$$

$$= (2\pi)^4 \, \delta(k_1 + k_2 - p_1 - p_2) \cdot \epsilon_1^{*\mu} \, \epsilon_2^{*\nu} \cdot \bar{v}_s(p_2) \left\{ (ie\gamma_\nu) \frac{i}{\not{p}_1 - \not{k}_1 - m_e} (ie\gamma_\mu) \right.$$

$$\left. + (ie\gamma_\mu) \frac{i}{\not{p}_1 - \not{k}_2 - m_e} (ie\gamma_\nu) \right\} u_r(p_1). \tag{13-21}$$

Elektron und Positron im Positronium haben sehr kleine Dreierimpulse (Gl. (13-4)). Wir werden daher das S-Matrixelement (Gl. (13-21)) nach diesen Impulsen entwickeln und nur den führenden Term mitnehmen, der einer Annihilation in Ruhe entspricht. Dann können wir im S-Matrixelement setzen:

$$p_1 \cong p_2 \cong \begin{pmatrix} m_e \\ 0 \\ 0 \\ 0 \end{pmatrix}, \tag{13-22}$$

$$u_r(p_1) \cong \sqrt{2m_e} \begin{pmatrix} \chi_r \\ 0 \end{pmatrix},$$

$$v_s(p_2) \cong -\sqrt{2m_e} \begin{pmatrix} 0 \\ \epsilon \chi_s \end{pmatrix}, \tag{13-23}$$

wobei χ_r und χ_s die Pauli-Spinoren für Elektron und Positron in Ruhe sind (Gln. (4-30), (4-41)). Mit diesen Näherungen erhalten wir

$$\langle \gamma(k_1, \epsilon_1)\, \gamma(k_2, \epsilon_2) | \mathbf{S} | e^-(p_1, r)\, e^+(p_2, s) \rangle$$

$$\cong i e^2 (2\pi)^4 \;\; \delta(k_1^0 + k_2^0 - 2m_e) \;\; \delta^3(k_1 + k_2) \cdot$$

$$\bar{v}_s(p_2) \left\{ \boldsymbol{\varepsilon}_2^* \frac{\boldsymbol{p}_1 - \boldsymbol{k}_1 + m_e}{2 p_1 k_1} \boldsymbol{\varepsilon}_1^* + \boldsymbol{\varepsilon}_1^* \frac{\boldsymbol{p}_1 - \boldsymbol{k}_2 + m_e}{2 p_1 k_2} \boldsymbol{\varepsilon}_2^* \right\} u_r(p_1)$$

$$\cong -i e^2 (2\pi)^4 \;\; \delta(k_1^0 + k_2^0 - 2m_e) \;\; \delta^3(k_1 + k_2) \cdot$$

$$\frac{1}{2 m_e^2} \bar{v}_s(p_2) \left\{ \boldsymbol{\varepsilon}_2^* \boldsymbol{k}_1 \boldsymbol{\varepsilon}_1^* + \boldsymbol{\varepsilon}_1^* \boldsymbol{k}_2 \boldsymbol{\varepsilon}_2^* \right\} u_r(p_1). \tag{13-24}$$

Nun setzen wir die expliziten Darstellungen der γ-Matrizen von Gl. (4-19) ein und führen die Matrixmultiplikation aus. Dabei beachten wir die Bedingungen

$$k_1 = -k_2$$
$$\varepsilon_1 \cdot k_1 = \varepsilon_2 \cdot k_2 = 0. \tag{13-25}$$

Das liefert in der Schreibweise mit 2×2-Untermatrizen:

$$\boldsymbol{\varepsilon}_2^* \boldsymbol{k}_1 \boldsymbol{\varepsilon}_1^* + \boldsymbol{\varepsilon}_1^* \boldsymbol{k}_2 \boldsymbol{\varepsilon}_2^*$$

$$= (\boldsymbol{\varepsilon}_1^* \cdot \boldsymbol{\varepsilon}_2^*)\, 2 k_1^0 \left(\begin{array}{c|c} 1 & 0 \\ \hline 0 & -1 \end{array} \right) + 2i (\boldsymbol{\varepsilon}_1^* \times \boldsymbol{\varepsilon}_2^*) \cdot \boldsymbol{k}_1 \left(\begin{array}{c|c} 0 & 1 \\ \hline -1 & 0 \end{array} \right). \tag{13-26}$$

Setzen wir dieses Resultat in Gl. (13-24) ein, so ergibt sich für das S-Matrixelement:

$$\langle \gamma(k_1, \epsilon_1)\, \gamma(k_2, \epsilon_2) | \mathbf{S} | e^-(p_1, r)\, e^+(p_2, s) \rangle$$

$$\cong \frac{4\alpha}{m_e} (2\pi)^5 \;\; \delta(k_1^0 + k_2^0 - 2m_e) \;\; \delta^3(k_1 + k_2) \;\; (\boldsymbol{\varepsilon}_1^* \times \boldsymbol{\varepsilon}_2^*) \cdot \boldsymbol{k}_1\, \epsilon_{sr}. \tag{13-27}$$

Dabei ist (ϵ_{sr}) die antisymmetrische 2×2-Matrix wie in Gl. (4-41).

Wir falten nun mit der Wellenfunktion des Positroniums und erhalten nach Gl. (13-17):

$$\langle \gamma(k_1, \epsilon_1)\, \gamma(k_2, \epsilon_2) | \mathbf{S} | 1\, {}^1 S_0 \rangle$$

$$= \frac{1}{\sqrt{V}} \int \frac{d^3 p}{(2\pi)^3\, 2 p^0} f(\boldsymbol{p}) \frac{1}{\sqrt{2}}$$

$$\{ \langle \gamma(k_1, \epsilon_1)\, \gamma(k_2, \epsilon_2) | \mathbf{S} | e^-(\boldsymbol{p}, +\tfrac{1}{2})\, e^+(-\boldsymbol{p}, -\tfrac{1}{2}) \rangle$$

$$- \langle \gamma(k_1, \epsilon_1)\, \gamma(k_2, \epsilon_2) | \mathbf{S} | e^-(\boldsymbol{p}, -\tfrac{1}{2})\, e^+(-\boldsymbol{p}, +\tfrac{1}{2}) \rangle \}$$

$$\cong - \sqrt{\frac{2}{V}} \frac{2\alpha}{m_e^2} (2\pi)^2 \;\; \delta(k_1^0 + k_2^0 - 2m_e) \;\; \delta^3(k_1 + k_2)$$

$$(\boldsymbol{\varepsilon}_1^* \times \boldsymbol{\varepsilon}_2^*) \cdot \boldsymbol{k}_1 \int d^3 p\, f(\boldsymbol{p}). \tag{13-28}$$

Dabei haben wir benutzt, daß das S-Matrixelement (Gl. (13-27)) in unserer Näherung nicht von $\boldsymbol{p}$ abhängt, so daß wir es vor das Integral ziehen können. Das Integral über die Wellenfunktion im Impulsraum gibt aber nach Gl. (13-19) im wesentlichen die Ortswellenfunktion am Ursprung, und wir finden:

$$\langle \gamma(k_1, \epsilon_1)\ \gamma(k_2, \epsilon_2)|\mathbf{S}|1\ {}^1S_0\rangle$$

$$= -\sqrt{\frac{2}{V}}\ \frac{2\alpha}{m_e^2}\ (2\pi)^5\ \delta(k_1^0 + k_2^0 - 2m_e)\ \delta^3(k_1 + k_2)$$

$$(\varepsilon_1^* \times \varepsilon_2^*)\cdot k_1\ \ \psi(0). \tag{13-29}$$

Daraus berechnen wir nun leicht die Zerfallsrate, das ist die Zerfallswahrscheinlichkeit pro Zeiteinheit. Wir verwenden wieder Fermis Trick von Kapitel 5 und finden:

$$\Gamma(1\ {}^1S_0 \longrightarrow 2\gamma)$$

$$= \frac{1}{2} \int d^3k_1\, d^3k_2\ \ \delta(k_1^0 + k_2^0 - 2m_e)\ \delta^3(k_1 + k_2)$$

$$\frac{2\alpha^2}{m_e^6}\ \sum_{\text{Spins}}\ |(\varepsilon_1^* \times \varepsilon_2^*)\cdot k_1|^2\ \ |\psi(0)|^2. \tag{13-30}$$

Die beiden Photonen im Endzustand sind ununterscheidbar. Lassen wir im Integral Gl. (13-30) k_1 und k_2 unabhängig voneinander über den gesamten Impulsraum variieren, so haben wir jeden Photonzustand in der Summe über Endzustände doppelt gezählt. Dies haben wir in Gl. (13-30) durch den expliziten Faktor $\frac{1}{2}$ vor dem Integral korrigiert. Beim Ausführen der Spinsumme haben wir die Transversalitätsbedingung für die Photonen (Gl. (13-25)) zu beachten. Summieren wir über linear polarisierte Photonzustände und legen wir die z-Achse in Richtung von k_1, so können ε_1 und ε_2 unabhängig voneinander in die x- und y-Richtung zeigen. Von diesen vier Spinzuständen geben aber nur zwei ein Matrixelement ungleich Null. Es folgt also mit e_x und e_y, den Einheitsvektoren in x- und y-Richtung:

$$\sum_{\text{Spins}}\ |(\varepsilon_1^* \times \varepsilon_2^*)\cdot k_1|^2 = |(e_x \times e_y)\cdot k_1|^2 + |(e_y \times e_x)\cdot k_1|^2$$

$$= 2|k_1|^2. \tag{13-31}$$

Ausführen des Integrals in Gl. (13-30) liefert schließlich

$$\Gamma(1\ {}^1S_0 \longrightarrow 2\gamma) = \frac{4\pi\alpha^2}{m_e^2}\ |\psi(0)|^2. \tag{13-32}$$

In diesem Resultat wurde noch nicht benutzt, daß e$^-$ und e$^+$ durch die Coulomb-Kraft im Positronium gebunden sind. Gleichung (13-32) gilt auch für beliebige andere Potentiale.

Wir wollen unser Resultat physikalisch interpretieren. Es besteht eine Wahrscheinlichkeit α, daß das Elektron (oder Positron) ein γ-Quant der Energie $\sim m_e$ aussendet. Dabei erhält das e$^-$ (bzw. e$^+$) einen Rückstoßimpuls der Ordnung m_e. Nach der Unschärfe-Relation kann eine solche Fluktuation in der Energie nur eine Zeit $1/m_e$ dauern. Das Photon kann also dann reell werden, wenn das e$^-$ in der Zeit $1/m_e$ das e$^+$ trifft. In der Zeit $1/m_e$ kann das e$^-$ eine Strecke $\lesssim 1/m_e$ laufen, das ist sehr viel kleiner als der „Atomdurchmesser" des Positroniums, r_b. Die Annihilation kann also nur vor sich gehen, wenn e$^-$ und e$^+$ beide in einem Volumen der Größe $(1/m_e)^3$ sind. Die Wahrscheinlichkeit dafür ist

$$|\psi(0)|^2 \left(\frac{1}{m_e}\right)^3. \tag{13-33}$$

Schließlich ist noch abzuschätzen, wie groß die Wahrscheinlichkeit ist, daß e^- und e^+ in ein Photon während der Zeit $1/m_e$ übergehen, selbst wenn sie nahe genug sind. Dies liefert noch einen Faktor α, da ein weiterer Elementarprozeß ablaufen muß. Insgesamt ergibt sich für die Übergangsrate = Übergangswahrscheinlichkeit/Lebensdauer der Fluktuation

$$\Gamma \propto \alpha^2 \, |\psi(0)|^2 \left(\frac{1}{m_e}\right)^3 \Big/ \frac{1}{m_e} \tag{13-34}$$

in Übereinstimmung mit Gl. (13-32).

Nun wollen wir in Gl. (13-32) die Coulomb-Wellenfunktion am Ursprung nach Gl. (13-20) einsetzen. Das ergibt für die Zerfallsrate bzw. für die mittlere Lebensdauer

$$\Gamma(1\,^1S_0 \longrightarrow 2\gamma) = \frac{1}{2}\,\alpha^5 m_e \cong 8{,}03 \cdot 10^9 \mathrm{s}^{-1},$$

$$\tau_{1\,^1S_0 \to 2\gamma} = \Gamma^{-1}(1\,^1S_0 \longrightarrow 2\gamma) \cong 1{,}24 \cdot 10^{-10}\,\mathrm{s}. \tag{13-35}$$

Das stimmt sehr gut mit dem experimentell beobachteten Wert überein (Theriot 1970):

$$\Gamma_{\exp}(1\,^1S_0 \longrightarrow 2\gamma) = 7{,}99(11) \cdot 10^9\,\mathrm{s}^{-1}. \tag{13-36}$$

Der $1\,^3S_1$-Zustand kann nur in drei oder mehr Photonen zerfallen. Jedes zusätzliche Photon bedeutet einen Faktor α in der Rate. In der Tat liefert die explizite Rechnung (Ore 1949):

$$\Gamma(1\,^3S_1 \longrightarrow 3\gamma) = \frac{16}{9}\,(\pi^2 - 9)\,\frac{\alpha^3}{m_e^2}\,|\psi(0)|^2. \tag{13-37}$$

Einsetzen der Coulomb-Wellenfunktion am Ursprung ergibt hier:

$$\Gamma(1\,^3S_1 \longrightarrow 3\gamma) = \frac{2\,(\pi^2 - 9)}{9\pi}\,\alpha^6 m_e \cong 7{,}21 \cdot 10^6\,\mathrm{s}^{-1},$$

$$\tau_{1\,^3S_1 \to 3\gamma} \cong 1{,}39 \cdot 10^{-7}\,\mathrm{s}. \tag{13-38}$$

Diese Werte werden bei Berücksichtigung von Korrekturen höherer Ordnung etwas geändert. Man erhält dann folgenden theoretischen Wert für die totale Zerfallsrate des Orthopositroniums (Rich 1981):

$$\Gamma(1\,^3S_1)_{\text{theor.}} = (7{,}0386 \pm 0{,}00016) \cdot 10^6\,\mathrm{s}^{-1}, \tag{13-39}$$

mit welchem der Mittelwert der experimentellen Resultate (Rich 1981),

$$\Gamma(1\,^3S_1)_{\exp.} = (7{,}050 \pm 0{,}004) \cdot 10^6\,\mathrm{s}^{-1}, \tag{13-40}$$

sehr gut übereinstimmt.

Wir kehren noch einmal zum S-Matrixelement für den Übergang $1\,^1S_0 \longrightarrow 2\gamma$ zurück (Gl. (13-29)). Wir lesen daraus ab, daß die beiden Zerfallsphotonen in einem Zustand negativer Parität $P = -1$ sind. Ihre Wellenfunktion ist ja proportional zu der pseudoskalaren Größe

$$(\varepsilon_1 \times \varepsilon_2) \cdot k_1.$$

Selbst wenn wir uns mit der Dirac-Gleichung nicht auskennen, können wir also durch Beobachtung der Korrelation der Polarisationsvektoren der beiden Zerfallsphotonen die Parität des $1\,^1S_0$-Positronium-Zustandes bestimmen (vgl. Tabelle 13-1). Dabei müssen wir freilich annehmen, daß die Parität beim Zerfall erhalten bleibt. Solche Überlegungen waren und sind von großer Wichtigkeit, wenn es darum geht, die inneren Quantenzahlen neuer Teilchen zu bestimmen.

Bei der Besprechung der starken Wechselwirkung werden wir Bindungszustände kennenlernen, die sich ganz ähnlich wie Positronium verhalten. Auch die Zerfälle in Photonen haben dort ihre Analoga. An die Stelle von Elektron und Positron werden Quark und Antiquark treten, an die Stelle der Photonen die Gluonen.

Aufgabe

13.1   Berechnen Sie die Rate für den Zerfall des Orthopositronium $1\,^3S_1$ in drei Photonen in niedrigster Ordnung.

14   Strahlungskorrekturen

In den vorhergegangenen Kapiteln haben wir eine Reihe von Reaktionen in der QED in niedrigster Ordnung berechnet. Die Resultate waren immer endlich und stimmten auch gut mit dem Experiment überein. Wir wissen aber, daß im Prinzip Terme höherer Ordnung in der Theorie vorhanden sind, und für Präzisionsvergleiche von Theorie und Experiment müssen wir diese Terme auch berücksichtigen. Es zeigte sich sehr bald nach Aufstellung der QED Ende der zwanziger Jahre, daß man bei Berechnung höherer Ordnungen, den sogenannten Strahlungskorrekturen, auf Unendlichkeiten geführt wurde. Es bedurfte der Arbeit vieler Physiker, bis man mit diesen Unendlichkeiten zurecht kam und ein systematisches Verfahren hatte, höhere Ordnungen mit endlichem Resultat zu berechnen. Dieses Verfahren bezeichnet man als *Renormierung*. Wichtige Originalarbeiten dazu sind bei Schwinger 1958 gesammelt. Wir wollen die Renormierungstheorie hier nicht eingehend studieren, sondern nur an Hand einiger Beispiele die Probleme und Lösungsmethoden aufzeigen.

14.1   Strahlungskorrekturen zur Streuung am äußeren Potential

Im Abschnitt 12.1 haben wir die Streuung eines Elektrons an einem äußeren Potential besprochen. Das Diagramm niedrigster Ordnung ist in Bild 12-1 angegeben. In der nächsten beitragenden Ordnung haben wir die in Bild 14-1 gezeigten Diagramme zu berücksichtigen. Dabei treten Schleifen auf.

Nehmen wir als Beispiel den Graphen von Bild 14-1 (c). Nach den Regeln von Anhang B ist über den Schleifenimpuls l zu integrieren. Schematisch ergibt sich für diese Amplitude:

$$A^{(c)} \sim \int d^4 l \; \frac{1}{l^2} \frac{\not{p}+\not{l}+m_e}{p^2 + 2pl + l^2 - m_e^2} \frac{\not{p}'-\not{l}+m_e}{p'^2 - 2p'l + l^2 - m_e^2}. \tag{14-1}$$

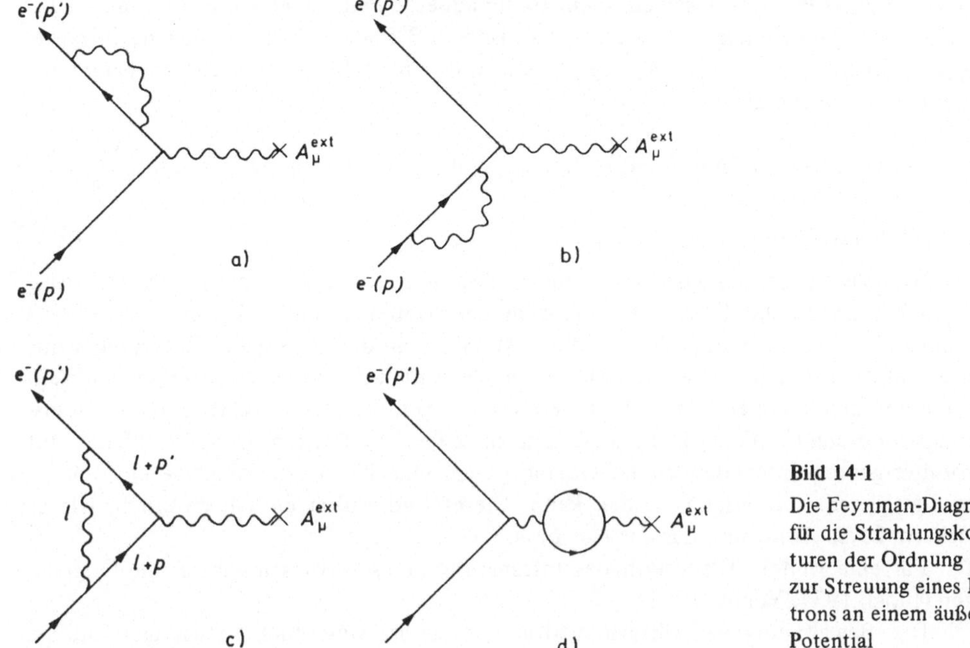

Bild 14-1
Die Feynman-Diagramme für die Strahlungskorrekturen der Ordnung α zur Streuung eines Elektrons an einem äußeren Potential

Wir sehen sofort, daß dieses Integral für große Impulse l logarithmisch divergiert. Das ist die *Ultraviolett-Katastrophe*. Das Integral divergiert sogar für kleine Schleifenimpulse ($l \to 0$). Wegen

$$p^2 = p'^2 = m_e^2 \tag{14-2}$$

folgt nämlich

$$A^{(c)} \sim \int \mathrm{d}^4 l \; \frac{1}{l^2} \, \frac{1}{p\,l} \, \frac{1}{p'\,l} \tag{14-3}$$

für $l \to 0$.

Das nennt man die *Infrarot-Katastrophe*.

Wir besprechen zuerst die Infrarot-Katastrophe. Sie kommt von den weichen Photonen. Zu ihrer Lösung stellen wir eine typisch quantenmechanische Überlegung an; wir fragen uns, was wir wirklich beobachtet haben, wenn wir sagen, ein Detektor hat ein Elektron angezeigt. Betrachten wir etwa eine Drahtkammer im Magnetfeld, mit deren Hilfe man den Impuls des Elektrons und damit seine Energie bestimmen kann. Auch das beste Nachweisgerät hat aber eine endliche Energieauflösung ΔE. Wir können dann experimentell nicht entscheiden, ob wir ein isoliertes Elektron beobachtet haben, oder ob das Elektron von einem sehr weichen Photon mit Energie $\omega \leqslant \Delta E$ begleitet war. Mit anderen Worten: Das experimentelle Resultat ist nicht der Streuquerschnitt für ein isoliertes Elektron im Endzustand, sondern für die Summe über die folgenden Endzustände:

$$
\begin{aligned}
\sigma_{\text{exp.}} \; &= \; \sigma\,(1\ \text{Elektron}) \; + \\
&= \; \sigma\,(1\ \text{Elektron} + 1\ \text{Photon der Energie } \omega \leqslant \Delta E) \; + \\
&= \; \sigma\,(1\ \text{Elektron} + 2\ \text{Photonen mit Gesamtenergie } \leqslant \Delta E) \; + \dots .
\end{aligned}
\tag{14-4}
$$

Die Emission eines Photons durch ein Elektron im äußeren Feld haben wir in Abschnitt 12.2 besprochen. Bei Berechnung der Graphen von Bild 12-3 finden wir ebenfalls eine Infrarot-Divergenz. Analog zur Gl. (12-24) ergibt sich mit einem Infrarot-Abschneideparameter ω_{min} für die Photonenergie

$$\sigma(1 \text{ Elektron} + 1 \text{ Photon mit Energie } \omega, \text{ wobei } \omega_{min} \leqslant \omega \leqslant \Delta E) \propto \bar{\sigma} \ln \frac{\Delta E}{\omega_{min}} \longrightarrow \infty$$

für $\omega_{min} \longrightarrow 0$. (14-5)

Wir müssen von der Theorie verlangen, daß sie endliche Resultate für *beobachtbare* Größen liefert. Das ist aber bereits der Fall, wenn der Streuquerschnitt, über die in Gl. (14-4) angegebenen Endzustände summiert, endlich ist. Wie man durch explizite Rechnung sieht, heben sich in der Tat in der betrachteten Ordnung von α die Infrarot-Divergenzen in $\sigma(1$ Elektron), die von den Graphen in Bild 14-1 herrühren, gegen die Infrarot-Divergenz im Bremsstrahlungs-Querschnitt (Gl. (14-5)) weg. Um in Zwischenschritten keine Probleme mit infrarot-divergenten Integralen zu haben, führt man eine kleine Photonmasse ein, die im Endresultat gleich Null gesetzt werden kann. Dieses Endresultat enthält natürlich, wie es auch sein muß, die Auflösung ΔE des Apparats.

Für eine weitere Diskussion des Infrarot-Problems verweisen wir auf die Originalarbeiten (Bloch 1937, Yennie 1961).

Die Bewältigung der Ultraviolett-Katastrophe ist wesentlich schwieriger und ist Inhalt der Renormierungstheorie. Die Grundideen sind etwa folgende: Zunächst kann man mit divergenten Integralen nichts anfangen. Irgendwie müssen wir die Integrale per Hand endlich machen, die Integrale müssen *regularisiert* werden. Verschiedene Regularisierungsverfahren sind vorgeschlagen worden. Man kann beispielsweise alle divergenten Integrale bei einem Abschneide-Parameter Λ abbrechen:

$$\int \mathrm{d}l \ \frac{1}{l^2} \ \frac{1}{\not{p}+\not{l}-m} \ \frac{1}{\not{p}'-\not{l}-m}$$

$$\longrightarrow \int\limits_{|l|\leqslant\Lambda} \mathrm{d}l \ \frac{1}{l^2} \ \frac{1}{\not{p}+\not{l}-m} \ \frac{1}{\not{p}'-\not{l}-m} . \tag{14-6}$$

Die Resultate, die man dann erhält, hängen logarithmisch von Λ ab. Dieses einfache Abschneideverfahren bewährt sich übrigens nicht sonderlich gut in der QED. Bessere Abschneideverfahren sind die Regularisierung nach Pauli-Villars und die dimensionale Regularisierung. Darauf wollen wir hier nicht weiter eingehen.

Nach der Regularisierung haben wir eine Theorie, in der alles endlich ist. Die Parameter der Theorie sind

$$e_0, \ m_0, \ \Lambda,$$

wobei wir e_0 und m_0 für den Ladungs- und den Massenparameter des Elektrons schreiben, wie sie in der Hamilton-Funktion bzw. den Feynman-Regeln, die wir daraus abgeleitet haben, auftreten. Die Grundlage der Renormierungstheorie ist die Bemerkung, daß diese Parameter e_0 und m_0 *nicht* identisch sind mit der beobachtbaren Ladung e und Masse m des Elektrons.

Wie können wir die Ladung des Elektrons messen? Wir können zum Beispiel die Kraft messen, die ein langsames Elektron in einem äußeren Magnetfeld B erfährt. Nach der Lorentzschen Formel gilt

$$K = (-e)\,(v \times B). \tag{14-7}$$

Im Rahmen der QED haben wir das Problem der Streuung eines Elektrons an einem äußeren Potential vor uns. Verwendet man die regularisierte Theorie zur Rechnung, so findet man in der Tat eine Kraft der Gestalt Gl. (14-7), aber es gilt $e \neq e_0$. Es ergibt sich in etwa mit Konstanten a_1, a_2 etc.:

$$e = e_0 \left(1 + a_1 e_0^2 \ln \frac{\Lambda}{m_0} + a_2 e_0^4 \left(\ln \frac{\Lambda}{m_0}\right)^2 + \dots\right). \tag{14-8}$$

Analog findet man für die beobachtbare Masse m mit Konstanten b_1, b_2 etc.:

$$m = m_0 \left(1 + b_1 e_0^2 \ln \frac{\Lambda}{m_0} + \dots\right). \tag{14-9}$$

Im Limes $\Lambda \to \infty$ scheinen die beobachtbaren Größen e und m zu divergieren, was ein sinnloses Resultat darstellt.

Der Ausweg ergibt sich durch die Bemerkung, daß e_0 und m_0 bloße mathematische Existenz haben. Wir können den Limes $\Lambda \to \infty$ auch so berechnen, daß wir die *beobachtbaren* Größen e, m festhalten und die mathematischen Parameter e_0 und m_0 mit Λ variieren. Die ursprünglichen Größen e_0 und m_0 werden dann zwar für $\Lambda \to \infty$ divergieren, aber das stört nicht allzu sehr, da sie sowieso nicht beobachtbar sind.

Im einzelnen sieht das Programm etwa so aus: Wir wollen irgendeine Übergangsamplitude A berechnen. Unsere Techniken erlauben uns eine Berechnung von A in der regularisierten Theorie als Funktion F der mathematischen oder „nackten" Parameter e_0, m_0 und des Abschneideparameters Λ,

$$A = F(e_0, m_0, \Lambda, \dots), \tag{14-10}$$

wobei die Punkte für äußere Impulse und Polarisationen stehen. Durch Inversion der Gln. (14-8) und (14-9) denken wir uns die nackten Parameter durch die physikalischen ausgedrückt:

$$\begin{aligned} e_0 &= e_0\,(e, m, \Lambda),\\ m_0 &= m_0\,(e, m, \Lambda). \end{aligned} \tag{14-11}$$

Setzen wir dies in Gl. (14-10) ein, so erhalten wir die Amplitude als Funktion der Parameter e, m, Λ:

$$A = F(e_0\,(e, m, \Lambda),\ m_0\,(e, m, \Lambda),\ \Lambda, \dots).$$

Jetzt lassen wir $\Lambda \to \infty$ gehen und halten dabei e und m fest. Das zentrale Theorem der Renormierungstheorie besagt, daß dieser Limes in allen Ordnungen der Entwicklung nach e existiert. Dabei muß im allgemeinen noch ein geeigneter Skalenfaktor Z abgespalten werden, der nicht von äußeren Impulsen abhängt[3].

---

[3] Die Faktoren Z sind im allgemeinen ein Produkt der sogenannten Wellenfunktions-Renormierungskonstanten. Eine Folge dieser Renormierung ist z.B., daß man Graphen des Typs von Bild 14-1 (a) und (b) bei Berechnung der renormierten Amplituden nicht berücksichtigen muß, da sich ihre Beiträge genau gegen die Z-Faktoren wegheben.

Wir definieren die renormierte Amplitude A' als Funktion F' der physikalischen Parameter e, m und der äußeren Variablen durch

$$A' = \lim_{\Lambda \to \infty} Z(e, m, \Lambda) \cdot F(e_0(e, m, \Lambda), m_0(e, m, \Lambda), \Lambda, \ldots)$$

$$= F'(e, m, \ldots). \tag{14-12}$$

Die Renormierungstheorie liefert eine Entwicklung der renormierten Amplituden nach Potenzen von e:

$$F'(e, m, \ldots) = F'_0(m, \ldots) + e F'_1(m, \ldots) + e^2 F'_2(m, \ldots) + \ldots, \tag{14-13}$$

wobei die Entwicklungskoeffizienten F'_i für alle i endlich sind.

Über die Konvergenz dieser unendlichen Reihe wird nichts ausgesagt. In der Tat sprechen alle Anzeichen dafür, daß es sich nicht um eine konvergente Potenzreihe, sondern nur um eine asymptotische Reihe handelt.

Die genaue mathematische Durchführung der oben skizzierten Ideen ist ziemlich verwickelt. Wir wollen daher nicht weiter darauf eingehen. Die Theorie ist in dieser Form durch das Experiment bisher glänzend bestätigt worden. Wir haben in der Einleitung bereits das anomale magnetische Moment des Elektrons besprochen. Wir wollen im nächsten Abschnitt noch einen anderen Präzisionstest der QED, die Lamb-Verschiebung, kurz besprechen.

14.2 Die Lamb-Verschiebung

Es handelt sich dabei um eine kleine Verschiebung von Energieniveaus in Atomen, die für wasserstoffartige Systeme mit großer Genauigkeit berechnet und gemessen wurde. Die gebundenen Zustände des Wasserstoffatoms können wir in nichtrelativistischer Näherung mit Hilfe der Schrödinger-Gleichung bestimmen. Die Energie-Niveaus sind durch die Balmer-Formel gegeben:

$$E_n = -\frac{\alpha^2 m_e}{2n^2},$$

$$n = 1, 2, 3, \ldots . \tag{14-14}$$

Die Zustände gleicher Hauptquantenzahl n, aber verschiedener Bahndrehimpuls-Quantenzahl l sind in der Coulomb-Näherung entartet. Insbesondere ist der 2S- mit dem 2P-Zustand entartet.

Nach der Entdeckung der Dirac-Gleichung konnte man den Spin des Elektrons und alle relativistischen Effekte exakt berücksichtigen. Die Dirac-Gleichung für ein Elektron im Coulomb-Feld mit potentieller Energie

$$V(r) = -\frac{e^2}{4\pi r} \tag{14-15}$$

konnte sogar analytisch streng gelöst werden (Darwin 1928, Gordon 1928). Die Energieniveaus für $l \neq 0$ spalten durch die Spin-Bahn-Wechselwirkung auf in Niveaus mit Gesamtdrehimpuls $j = l \pm 1/2$. Selbst in diesem Rahmen waren aber zum Beispiel die Zustände $2S_{1/2}$ und $2P_{1/2}$ entartet.

Im Experiment wurde allerdings gefunden, daß das $2S_{1/2}$-Niveau ein klein wenig höher liegt als das $2P_{1/2}$-Niveau (Lamb 1947). Eine theoretische Berechnung des Effekts gelang als erstem Bethe 1947. Die Energieverschiebung ist ein typischer Effekt der virtuellen Photonen. Wir wollen hier nicht in die Einzelheiten der Rechnung eingehen, sondern nur die Größenordnung abschätzen.

Ein Elektron sendet, auch wenn es allein gelassen wird, stets virtuelle Photonen aus und reabsorbiert sie wieder (Bild 6-2). Wird ein Photon der Frequenz $\omega \lesssim m$ ausgesendet, so erleidet das Elektron einen Rückstoßimpuls vom Betrag ω, entsprechend der Geschwindigkeit

$$v \cong \frac{\omega}{m} \,. \tag{14-16}$$

So ein Zustand kann aber nach der Unschärferelation nur eine Zeit $1/\omega$ leben. In dieser Zeit kann das Elektron eine Strecke

$$|\Delta x| = v \frac{1}{\omega} \sim \frac{1}{m} \tag{14-17}$$

zurücklegen. Die Photonen werden natürlich völlig statistisch verteilt in alle Richtungen ausgesendet. Daher gilt für den Mittelwert

$$\langle \Delta x \rangle = 0. \tag{14-18}$$

Der Mittelwert des Schwankungsquadrats wird aber nicht verschwinden. Da die Fluktuationen mit einer Wahrscheinlichkeit α auftreten und in den einzelnen Koordinatenrichtungen völlig unabhängig sind, erwarten wir:

$$\langle \Delta x^i \, \Delta x^j \rangle = \frac{1}{3} \delta_{ij} \langle (\Delta x)^2 \rangle,$$
$$\langle (\Delta x)^2 \rangle \cong \alpha (1/m)^2 \,. \tag{14-19}$$

Befindet sich nun ein Elektron in einem Potential, so wird es, klassisch betrachtet, ein wenig um seine Sollbahn herumzittern wegen Emission und Reabsorption der virtuellen Photonen (Bild 14-2).

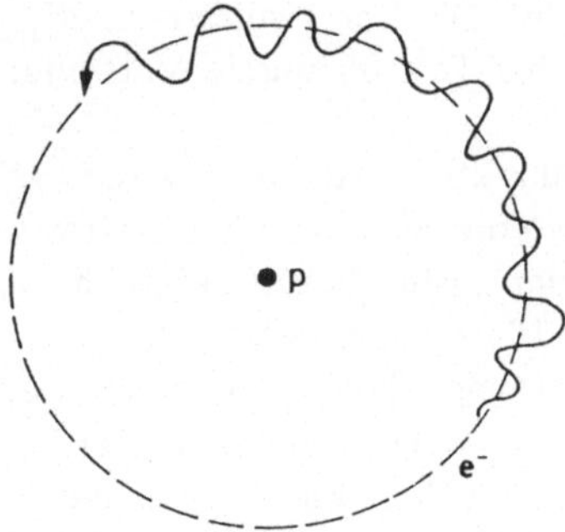

Bild 14-2
Fluktuationen des Elektrons um seine Sollbahn im Wasserstoffatom infolge Emission und Reabsorption virtueller Photonen

Das Elektron sieht dann nicht nur das Potential auf seiner Sollbahn, sondern es fühlt den Mittelwert über eine kleine Umgebung der Bahn. Nun gilt bei Entwicklung der potentiellen Energie

$$V(x + \Delta x) = V(x) + \Delta x^i \, \nabla_i \, V(x) + \frac{1}{2} \Delta x^i \Delta x^j \, \nabla_i \nabla_j \, V(x) + \mathrm{O}\left((\Delta x)^3 \right) \tag{14-20}$$

und für den Mittelwert über die Fluktuationen

$$\langle V(\boldsymbol{x} + \Delta \boldsymbol{x}) \rangle \cong V(\boldsymbol{x}) + \frac{1}{2} \langle \Delta x^i \, \Delta x^j \rangle \, \nabla_i \, \nabla_j \, V(\boldsymbol{x})$$

$$= V(\boldsymbol{x}) + \frac{1}{6} \langle (\Delta \boldsymbol{x})^2 \rangle (\boldsymbol{\nabla})^2 \, V(\boldsymbol{x}). \tag{14-21}$$

Als Energieverschiebung ΔE in einem Quantenzustand mit Wellenfunktion $\psi(\boldsymbol{x})$ erwarten wir daher

$$\Delta E \cong \frac{1}{6} \langle (\Delta \boldsymbol{x})^2 \rangle \int \mathrm{d}^3 x \, | \psi(\boldsymbol{x}) |^2 \, \Delta V(\boldsymbol{x}). \tag{14-22}$$

Für das Elektron im Coulomb-Feld haben wir nach Gl. (14-15)

$$\Delta V(\boldsymbol{x}) = e^2 \, \delta^3(\boldsymbol{x}) = 4 \pi \alpha \, \delta^3(\boldsymbol{x}). \tag{14-23}$$

Daraus ergibt sich für die Energieverschiebung

$$\Delta E \cong \frac{1}{6} \langle (\Delta \boldsymbol{x})^2 \rangle \, 4 \pi \alpha \, | \psi(0) |^2$$

$$\cong \frac{4 \pi \alpha^2}{6 m^2} \, | \psi(0) |^2. \tag{14-24}$$

In der Coulomb-Näherung haben nur die S-Zustände eine Wellenfunktion ungleich Null am Ursprung. Wir erhalten daher nur für diese Niveaus eine Verschiebung, und zwar nach oben. Setzen wir die Wellenfunktion am Ursprung für den 2S-Zustand ein, so erhalten wir

$$\Delta E_{2\mathrm{S}} \cong \frac{1}{12} \, \alpha^5 m \cong 2000 \text{ MHz}. \tag{14-25}$$

Wie wir weiter oben angegeben haben, sind nach der Dirac-Theorie die Niveaus $2\mathrm{S}_{1/2}$ und $2\mathrm{P}_{1/2}$ entartet. Nach unseren Überlegungen sollte diese Entartung im Rahmen der QED aufgehoben werden, da das $2\mathrm{S}_{1/2}$-Niveau nach Gl. (14-25) hinaufgeschoben wird, während das $2\mathrm{P}_{1/2}$-Niveau keine Verschiebung erleidet. Die Energiedifferenz $2\mathrm{S}_{1/2} - 2\mathrm{P}_{1/2}$ ist ein reiner QED-Effekt und somit ein empfindlicher Test für unsere Vorstellungen über virtuelle Photonen.

Im Experiment findet man in der Tat, daß das $2\mathrm{S}_{1/2}$-Niveau etwa 1057 MHz höher liegt als das $2\mathrm{P}_{1/2}$-Niveau (Bild 13-3). Das stimmt im Vorzeichen und in der Größenordnung mit unserer Abschätzung Gl. (14-25) überein. Für einen ausführlichen Vergleich von Theorie und Experiment verweisen wir zum Beispiel auf Drell 1979 und Kugel 1977.

Wir kehren noch einmal zu unserer Abschätzung Gl. (14-25) zurück. Darin haben wir nur den Einfluß von Photonen mit Frequenz $\omega \lesssim m$ berücksichtigt. Der Einfluß der hohen Frequenzen $\omega \gtrsim m$ führt zunächst auf divergente Beiträge. Es war die Erkenntnis Bethes, daß diese divergenten Beiträge bloß zur Renormierung der Masse des Elektrons beitragen. Dadurch konnte er ein endliches Resultat erhalten. Historisch war dies ein wichtiger Meilenstein auf dem Weg zu einer umfassenden Renormierungstheorie.

III Die starke Wechselwirkung

15 Historischer Überblick

Die Physik der starken Wechselwirkungen, die Hadronphysik, hat in den letzten 15 Jahren eine stürmische Entwicklung erlebt. Als einen Höhepunkt können wir die Aufstellung der Quantenchromodynamik (QCD) ansehen, die den Anspruch erhebt, eine fundamentale Theorie für dieses Gebiet der Physik zu sein. Wir werden in diesem Teil versuchen, den historischen Weg nachzuzeichnen, der zur QCD führte. Trotz der vorliegenden sehr eindrucksvollen Vergleiche von experimentellen Daten mit der QCD muß aber betont werden, daß diese Theorie noch keineswegs als ähnlich gut gesichert gelten kann wie etwa die Quantenelektrodynamik (QED).

Als starke Wechselwirkung bezeichnet man die Kräfte, die nur zwischen Hadronen wirken, d.h. zwischen Protonen, Neutronen, Pionen, Kaonen etc., und die von den Leptonen (e, μ, ...) nicht direkt verspürt werden. Eine ausführliche Liste der heute bekannten Hadronen haben wir in den Tabellen 1-1 und 1-2 gegeben. Einen Auszug aus diesen Listen mit einigen Hadronen, die uns näher beschäftigen werden, geben wir in Tabelle 15-1.

Die starke Wechselwirkung ist u.a. für die Kernkräfte verantwortlich. Eine „starke" Reaktion, der radioaktive α-Zerfall , ist schon lange bekannt. Die eigentliche Geschichte der starken Wechselwirkung beginnt aber mit einem Experiment zur Messung des magnetischen Moments des Protons durch Stern, Estermann und Frisch in den Jahren 1932-33 (Frisch 1933, Estermann 1933). Um die Bedeutung dieses Experiments zu verstehen, müssen wir uns die damaligen theoretischen Ansichten vom Aufbau der Materie vergegenwärtigen.

Man kannte vor 1932 als Elementarteilchen nur das Photon γ, das Elektron e und das Proton p. Nach Aufstellung der Quantenmechanik und der Entdeckung der Dirac-Gleichung schien es, als wären Photon und Elektron verstanden. Führende Physiker wie Max Born waren der Ansicht, das Proton werde man auch bald verstehen und dann sei die Physik abgeschlossen (Rabi 1975).

Einer der Triumphe der Dirac-Theorie war, daß sie den korrekten Wert für das magnetische Moment des Elektrons lieferte. In natürlichen Einheiten ($\hbar = c = 1$) ergab sich (Gl. (8-31))

$$\mu_e = - \frac{e}{2 m_e} \, \sigma. \tag{15-1}$$

Das stimmte damals mit dem Experiment innerhalb der Fehlergrenzen überein.

Man erwartete nun, daß das Proton ebenfalls der Dirac-Theorie folgen würde und ein magnetisches Moment

$$\mu_p = \frac{e}{2 m_p} \, \sigma \tag{15-2}$$

haben sollte; dabei ist m_p die Proton-Masse. Da das Proton 1836mal schwerer ist als das Elektron, sollte entsprechend das magnetische Moment 1836mal geringer und dadurch natürlich viel schwerer meßbar sein. Die Größe $e/2 m_p$ bezeichnet man als Kernmagneton.

Tabelle 15-1 Liste einiger Hadronen mit ihren Quantenzahlen
Spin und Parität sowie ihren Massenwerten, auf ganze Zahlen
in MeV gerundet.

Hadronen	(Spin)^{Parität}	Masse in MeV
$\pi^\pm$	0^-	140
π^0	0^-	135
$K^\pm$	0^-	494
$K^0, \overline{K}^0$	0^-	498
η	0^-	549
η'	0^-	958
$D^\pm$	0^-	1869
$D^0, \overline{D}^0$	0^-	1865
$F^\pm$	0^-	1971
$B^\pm$	0^-	5271
$B^0, \overline{B}^0$	0^-	5274
$\rho^\pm, \rho^0$	1^-	770
ω	1^-	783
$K^{*\pm}, K^{*0}, \overline{K}^{*0}$	1^-	892
φ	1^-	1020
J/ψ	1^-	3097
Υ	1^-	9460
p	$1/2^+$	938
n	$1/2^+$	940
Λ	$1/2^+$	1116
Σ^+	$1/2^+$	1189
Σ^0	$1/2^+$	1192
Σ^-	$1/2^+$	1197
Ξ^0	$1/2^+$	1315
Ξ^-	$1/2^+$	1321
Ω^-	$3/2^+$	1672

Die Experimente von O. Stern und Mitarbeitern waren mit molekularen Wasserstoff-
Strahlen durchgeführte Stern-Gerlach-Versuche. Sie ergaben das magnetische Moment des
Protons aber nicht wie erwartet zu einem Kernmagneton, sondern zu etwa 2,5 Kernmagne-
tonen. Der heutige genaue Wert ist

$$\mu_\text{p} = 2{,}792\,845\,6\,(11)\,\frac{e}{2\,m_\text{p}}\,\sigma. \tag{15-3}$$

Damit war gezeigt, daß das Proton Struktur besaß. Dafür mußte eine neue Wechselwirkung
verantwortlich sein. Zu den beiden damals bekannten Wechselwirkungen, der Gravitation
und dem Elektromagnetismus, kam nun die starke Wechselwirkung und wenig später mit
der Theorie des β-Zerfalls durch Fermi 1934 die schwache Wechselwirkung.

Einige Meilensteine in der Erforschung der starken Wechselwirkung wollen wir
nun anführen.

1932   Entdeckung des Neutrons durch Chadwick (Chadwick 1932)
1935   Vorhersage des π-Mesons als Träger der Kernkräfte durch Yukawa (Yukawa 1935).

Yukawas Schluß war etwa folgender: Die Wellengleichung der Elektrodynamik hat
die Form (Gl. (7-9))

$$\Box\, A_\mu(x) = j_\mu(x), \tag{15-4}$$

dabei ist A_μ das Viererpotential, j_μ die Viererstromdichte. Diese Gleichung beschreibt einerseits die freien Photonen als Lösungen der homogenen Gleichung

$$\Box\, A_\mu(x) = 0. \tag{15-5}$$

Andererseits erhält man das Coulomb-Potential als Lösung der inhomogenen Gleichung für eine statische Punktquelle. Für

$$(j^\mu(x, t)) = \begin{pmatrix} e\,\delta^3(x) \\ 0 \end{pmatrix}$$

lautet die Lösung von Gl. (15-4)

$$A^0(x, t) = \frac{e}{4\pi|x|}\,,$$
$$A^j(x, t) = 0. \qquad (j = 1, 2, 3) \tag{15-6}$$

Yukawa nahm nun an, daß auch die Kernkräfte durch ein Wellenfeld $U(x)$ zu beschreiben seien, das einer Wellengleichung genügen sollte. Als praktisch einzig mögliche Verallgemeinerung von Gl. (15-4) bot sich die Klein-Gordon-Gleichung an, bei der als wesentlich Neues ein Massenterm hinzukam. Damit ergab sich der Ansatz

$$(\Box + m^2)\, U(x) = g\,\rho(x), \tag{15-7}$$

wobei $\rho(x)$ so etwas wie die Nukleonendichte und g eine Kopplungskonstante sein sollten. Diese Gleichung hat einerseits für eine statische Punktquelle, d.h. für

$$\rho(x, t) = \delta^3(x),$$

das Yukawa-Potential als Lösung:

$$U(x, t) = g\,\frac{\mathrm{e}^{-m|x|}}{4\pi|x|}\,. \tag{15-8}$$

Andererseits besitzt die homogene Gleichung

$$(\Box + m^2)\, U(x) = 0 \tag{15-9}$$

als Lösungen ebene Wellen (Kapitel 3)

$$U(x) = \mathrm{e}^{-ikx}, \tag{15-10}$$

wobei $k^2 = m^2$. Damit wird die Bewegung freier Teilchen der Masse m beschrieben. So hat Yukawa die wichtige Beziehung aufgezeigt:

> Compton-Wellenlänge der Quanten des Kraftfeldes = 1/Masse = Reichweite des Kraftfeldes im statischen Fall.

Aus der Bindungsenergie des Deuterons und den Daten über Neutron-Proton-Streuung konnte Yukawa die Compton-Wellenlänge bzw. Masse seiner Quanten wie folgt abschätzen:

$$1/m \approx 10^{-12}\text{--}10^{-13}\,\text{cm},$$
$$m \approx 20\text{--}200\,\text{MeV}. \tag{15-11}$$

Tatsächlich beträgt die Masse der Yukawa-Teilchen, der π-Mesonen, etwa 140 MeV und die Radien der Hadronen sind von der Größenordnung 10^{-13} cm.

1947   Entdeckung der geladenen π-Mesonen in der Höhenstrahlung (Lattes 1947).

1947   Beobachtung von langlebigen neuen Teilchen (V-Teilchen) in der Höhenstrahlung (Rochester 1947). Damit hatte man die ersten Anzeichen für das, was wir heute seltsame (,,*strange*") Teilchen nennen (K-Mesonen, Λ-Hyperonen etc.). Der früher gebräuchliche Name V-Teilchen rührt von den charakteristischen Spuren in den Nebelkammern und Blasenkammern her, die beim Zerfall des K^0- und des Λ-Teilchens entstehen.

1950   Entdeckung des neutralen π-Mesons (Carlson 1950, Bjorkland 1950).

Die Existenz eines neutralen Partners für die von Yukawa betrachteten geladenen Mesonen war bereits 1938 von Kemmer vorhergesagt worden (Kemmer 1938), als er den von Heisenberg 1932 eingeführten Begriff des Isospins auf die Mesonen verallgemeinerte. Wir wollen an dieser Stelle gleich den Isospin etwas näher besprechen.

Wenn wir von Massendifferenzen in der Größenordnung 1–5 MeV absehen, so haben Proton und Neutron sowie π^+, π^- und π^0 dieselbe Masse, sind entartete Zustände. Die Analogie zum Wasserstoffatom, bei dem Entartung der Zustände, die sich nur durch die magnetische Quantenzahl unterscheiden, auf die Drehinvarianz zurückzuführen ist, legt es nahe, die beinahe Gleichheit der Massenwerte von Elementarteilchen auf eine Invarianzgruppe zurückzuführen. Diese Invarianzgruppe, die man in Analogie zum Spin die Isospingruppe nennt, hat keine anschauliche Interpretation, sondern wird als abstrakte Transformationsgruppe im Raum der Zustände definiert. Ein Proton und ein Neutron, beide im selben Bewegungs- und Spinzustand, können wir als Basisvektoren $|\mathrm{p}\rangle$ und $|\mathrm{n}\rangle$ in einem zweidimensionalen Zustandsraum auffassen. Wir definieren ein Isospin-Rotation als SU(2)-Transformation in diesem abstrakten Raum:

$$
\begin{aligned}
|\mathrm{p}\rangle &\longrightarrow |\mathrm{p}\rangle U_{11} + |\mathrm{n}\rangle U_{21}, \\
|\mathrm{n}\rangle &\longrightarrow |\mathrm{p}\rangle U_{12} + |\mathrm{n}\rangle U_{22}.
\end{aligned}
\tag{15-12}
$$

Dabei sei

$$
\mathbf{U} = \begin{pmatrix} U_{11} & U_{12} \\ U_{21} & U_{22} \end{pmatrix}
\tag{15-13}
$$

eine unitäre 2 × 2-Matrix mit Determinante 1, d.h. es gelte

$$
\begin{aligned}
\mathbf{U}\,\mathbf{U}^\dagger &= 1, \\
\det \mathbf{U} &= 1.
\end{aligned}
\tag{15-14}
$$

Die Transformation von Proton und Neutron unter den Isospindrehungen ist genau so wie die Transformation der Zustände eines Elektrons mit Spin in der positiven und negativen z-Richtung bei Drehungen im Raum. Proton und Neutron bilden ein Isodublett. Um dies im einzelnen zu sehen, ist es nützlich, wie in der Theorie der gewöhnlichen Drehgruppe infinitesimale Isospindrehungen zu betrachten und die Erzeugenden der Isospingruppe einzuführen, die den Drehimpuls-Operatoren entsprechen. Für unser Proton-Neutron-Dublett hat eine infinitesimale Isospin-Transformation die Gestalt

$$
\mathbf{U} = 1 + i \sum_{a=1}^{3} \delta\varphi_a \frac{\tau_a}{2}.
\tag{15-15}
$$

Dabei sind die $\delta\varphi_a$ infinitesimale Parameter und die τ_a (mit $a = 1, 2, 3$) die Pauli-Spin-Matrizen (Gl. (4-3)), die wir mit τ bezeichnen, wenn sie sich auf den Isospin beziehen.

Die Erzeugenden sind hier

$$I_a = \frac{1}{2}\,\tau_a \qquad (a = 1, 2, 3). \tag{15-16}$$

Aus Gl. (15-12) folgen die zu Gl. (4-107) analogen Relationen, beispielsweise

$$I_3|p\rangle = \frac{1}{2}|p\rangle,$$
$$I_3|n\rangle = -\frac{1}{2}|n\rangle. \tag{15-17}$$

So wie wir die Spins mehrerer Elektronen zu Zuständen mit höheren Gesamtdrehimpulsen zusammensetzen können, können wir aus mehreren Nukleonen höhere Isospinzustände aufbauen (Tabelle 15-2). Wir klassifizieren diese Zustände nach ihren Eigenwerten bezüglich der Operatoren I_3 und

$$\vec{I}^2 = \sum_{a=1}^{3} (I_a)^2. \tag{15-18}$$

Der Operator $\vec{I}^2$ entspricht dem Quadrat des Drehimpulses. Die möglichen Eigenwerte von $\vec{I}^2$ in allgemeinen Darstellungen der Isospingruppe sind daher von der Form $I(I+1)$ mit

$$I = 0, \frac{1}{2}, 1, \dots . \tag{15-19}$$

Man bezeichnet I als (Gesamt-)Isospin eines Zustands.

Das Verdienst Kemmers war es, den Begriff des Isospins auf die Mesonen ausgedehnt zu haben. Er postulierte, daß die Yukawa-Mesonen ein Isotriplett, d.h. ein System mit $I = 1$, bilden sollten (Tabelle 15-2). Nur so konnte er die damals bekannten Tatsachen über die Kernkräfte erklären. Diese Theorie benötigte aber neben den beiden geladenen auch ein ungeladenes Yukawa-Meson.

Tabelle 15-2 Der (Gesamt-)Isospin I und der Eigenwert I_3 der dritten Komponente des Isospin für Zwei-Nukleon-Zustände und für die π-Mesonen. Ein Beispiel für einen Zwei-Nukleon-Zustand mit $I = 0$ ist das Deuteron.

	I	I_3
pp	1	+ 1
$\frac{1}{\sqrt{2}}$ (pn + np)	1	0
nn	1	− 1
$\frac{1}{\sqrt{2}}$ (pn − np)	0	0
π^+	1	+ 1
π^0	1	0
π^-	1	− 1

Um einen weiteren wichtigen Schritt in der Entwicklung unserer Kenntnis der starken Wechselwirkung zu verstehen, müssen wir die Probleme besprechen, die die „V-Teilchen" dem theoretischen Verständnis boten. Diese V-Teilchen konnten ab 1953 an Beschleunigern hergestellt werden. Dabei fand man, daß V-Teilchen relativ häufig in Reaktionen wie

$$\pi^- + p \longrightarrow K^0 + \Lambda \tag{15-20}$$

produziert wurden. Für Pion-Energien $E_\pi \cong 1,5$ GeV ergab sich zum Beispiel

$$\sigma(\pi^- p \rightarrow K^0 \Lambda) \cong 1 \text{ mb} \equiv 10^{-27} \text{ cm}^2,$$
$$\sigma(\pi^- p, \text{total}) \cong 40 \text{ mb} \equiv 4 \cdot 10^{-26} \text{ cm}^2,$$
$$\frac{\sigma(\pi^- p \rightarrow K^0 \Lambda)}{\sigma(\pi^- p, \text{total})} \cong \frac{1}{40}. \tag{15-21}$$

Das waren Streuquerschnitte, die den geometrischen Querschnitten der Hadronen $\sim (10^{-13} \text{ cm})^2$ entsprachen. Also wurden K- und Λ-Teilchen durch eine starke Wechselwirkung produziert. Die beobachteten Zerfälle, etwa des Λ-Hyperons

$$\Lambda \longrightarrow p + \pi^-, \ n + \pi^0, \tag{15-22}$$

konnten aber unmöglich starke Reaktionen sein. Die natürliche Lebensdauer für ein stark zerfallendes Teilchen τ_{stark}, kann man mit der Beziehung $\tau_{\text{stark}} = $ Hadronradius/Lichtgeschwindigkeit abschätzen zu

$$\tau_{\text{stark}} \sim 10^{-13} \text{ cm}/3 \cdot 10^{10} \text{ cm s}^{-1} \sim 10^{-23} \text{ s}. \tag{15-23}$$

Im Gegensatz dazu beträgt die experimentelle Lebensdauer des Λ-Teilchens

$$\tau_\Lambda \cong 2,63 \cdot 10^{-10} \text{ s}. \tag{15-24}$$

Dieses Problem wurde dadurch gelöst, daß man den V-Teilchen eine neue additive Quantenzahl, die „Seltsamkeit" *(Strangeness)* S zuordnete, wie in Tabelle 15-3 angegeben (Gell-Mann 1953). Die starke und elektromagnetische Wechselwirkung sollten die Seltsamkeit erhalten. Damit konnte man sofort die schon früher gefundene Regel der assoziierten Produktion verstehen (Pais 1952). Ein Prozeß wie

$$\pi^- + p \longrightarrow K^0 + \Lambda,$$

Tabelle 15-3 Die Zuordnung der Quantenzahl Seltsamkeit (Strangeness) S für einige Hadronen

Hadronen	S
$p, n, \pi^+, \pi^0, \pi^-$	0
$\Lambda, \Sigma^+, \Sigma^0, \Sigma^-$	-1
Ξ^0, Ξ^-	-2
K^0, K^+	$+1$
$\overline{K}^0, K^-$	-1

bei dem 2 seltsame (strange) Teilchen auftraten, war erlaubt, d.h. konnte durch starke Wechselwirkung ablaufen, da die Summe der Quantenzahlen S für die Teilchen im Anfangs- und Endzustand dieselbe war. Prozesse wie

$$\pi^- + p \longrightarrow K^- + p \tag{15-26}$$

waren nie beobachtet worden, und als „Erklärung" konnte man nun anführen, daß sie durch starke Wechselwirkung nicht vermittelt werden konnten, da sie die Strangeness verletzten.

Nur die *schwache* Wechselwirkung, die auch für den β-Zerfall des Neutrons verantwortlich ist, sollte die Strangeness verletzen und Prozesse wie

$$\Lambda \longrightarrow p + \pi^- \tag{15-27}$$

gestatten, wodurch die geringe Übergangsrate für diesen Prozeß erklärt war.

Nach diesen Entdeckungen konnte man allen damals bekannten Hadronen eine Reihe von Quantenzahlen zuordnen, nämlich die äußeren Quantenzahlen: Spin und Parität sowie die inneren Quantenzahlen: Ladung Q, Baryonzahl B, Isospin (I, I_3), Strangeness S und Hyperladung Y. Dabei erhielt jedes Baryon die Baryonzahl $B = 1$, jedes Antibaryon $B = -1$, jedes Meson $B = 0$. Die Hyperladung wurde definiert als

$$Y = S + B. \tag{15-28}$$

Es galt weiter die Beziehung von Gell-Mann und Nishijima für die elektrische Ladung Q der Hadronen in Einheiten der Protonladung,

$$Q = I_3 + \frac{1}{2}\, Y. \tag{15-29}$$

Das Experiment zeigt, daß die Parität und diese inneren Quantenzahlen bei starken Wechselwirkungen erhalten sind. Der Elektromagnetismus verletzt den Gesamtisospin, läßt aber I_3 erhalten. Die schwache Wechselwirkung verletzt die Strangeness und, wie im Anschluß an die Arbeiten von Lee und Yang (Lee 1956) entdeckt wurde, auch die Parität. Nach neueren theoretischen Vorstellungen, den großen vereinheitlichten Theorien, erwartet man, daß auch die Baryonzahl sehr schwach verletzt ist und daß das Proton zerfällt, beispielsweise nach dem Schema

$$p \longrightarrow e^+ + \pi^0. \tag{15-30}$$

Bisher wurde aber kein Proton-Zerfall zweifelsfrei nachgewiesen (Fiorini 1983, Koshiba 1984).

Zurück zu den inneren Symmetrien der Hadronen. Mit Isospin und Hyperladung hatte man die Erzeugenden einer Invarianzgruppe der starken Wechselwirkung gefunden, die in mathematischer Sprache die Struktur eines direkten Produkts hatte, nämlich der Gruppe $SU(2) \times U(1)$. Das empfanden viele Physiker als unbefriedigend, da durch eine solche Invarianz z.B. kein Zusammenhang zwischen den Eigenschaften der K- und π-Mesonen, des Λ-Hyperons und der Nukleonen hergestellt wird. Der Wunsch der Physiker ist es aber stets, verschiedene Phänomene auf ein einheitliches Prinzip zurückzuführen.

Der entscheidende Durchbruch gelang hier Gell-Mann und Ne'eman (Gell-Mann 1961, 1964, Ne'eman 1961). Sie entwarfen ein Schema, alle damals bekannten Hadronen nach Darstellungen der $SU(3)$-Gruppe zu klassifizieren. Die Isospingruppe $SU(2)$ und die $U(1)$ der Hyperladung sollten beides Untergruppen dieser $SU(3)$ sein. Die bekanntesten Mesonen und Baryonen sollten zur 8-dimensionalen Darstellung der $SU(3)$ gehören, weshalb man von der „Theorie des achtfachen Weges" sprach (Bild 15-1). Für exakte $SU(3)$-Invarianz

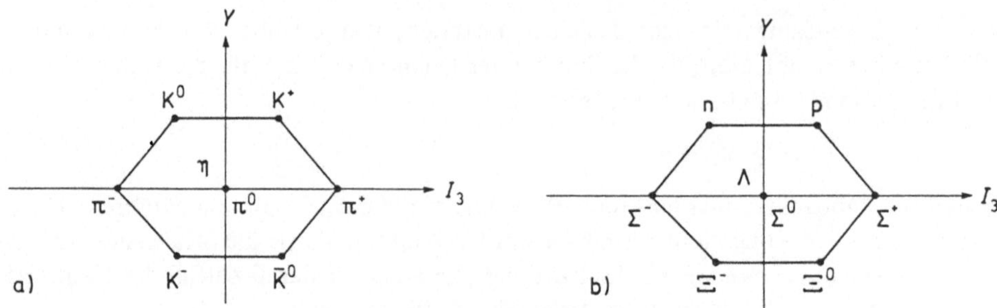

Bild 15-1 Die Anordnung der leichtesten SU(3)-Multipletts von Mesonen (a) und Baryonen (b) in der I_3-Y-Ebene nach der Theorie des achtfachen Weges

sollten alle Teilchen in einem SU(3)-Multiplett die gleiche Masse haben. Wie ein Blick auf Tabelle 15-1 lehrt, ist das sicher nicht der Fall. Diese SU(3)-Gruppe, die wir heute als „Flavor-SU(3)" bezeichnen, mußte also durch die starke Wechselwirkung selbst verletzt sein. Die Größenordnung der Symmetrieberechnung konnte man abschätzen zu

$$\frac{m_\Lambda - m_\mathrm{p}}{m_\mathrm{p}} \cong 20\ \%. \tag{15-31}$$

Das war klein genug, um Effekte dieser Symmetrieverletzung störungstheoretisch zu berücksichtigen.

Die Theorie des achtfachen Weges erlaubte es zum Beispiel, die Pion-Nukleon- und Kaon-Nukleon-Kopplungsstärken miteinander in Beziehung zu bringen. Der größte Erfolg war aber die Vorhersage des Ω^--Teilchens und seiner Masse. Dieses Teilchen wurde in der Tat 1964 gefunden (Barnes 1964), und zwar in der Reaktion

$$\mathrm{K}^- + \mathrm{p} \longrightarrow \Omega^- + \mathrm{K}^+ + \mathrm{K}^0. \tag{15-32}$$

Das Ω^- zerfiel dann schwach nach dem Schema

$$\Omega^- \longrightarrow \Xi^0 + \pi^- \\ \qquad\quad \hookrightarrow \Lambda + \pi^0 \\ \qquad\qquad\quad \hookrightarrow \pi^- + \mathrm{p}. \tag{15-33}$$

Aus der Produktionsreaktion (15-32), bei der die Strangeness erhalten sein sollte, konnte man sofort ablesen, daß das Ω^- die Strangeness $S = -3$ hatte.

Auffallend an dem SU(3)-Klassifikations-Schema war, daß keine damals bekannten Hadronen nach der einfachsten dreidimensionalen Darstellung der SU(3)-Gruppe klassifziert wurden. Das war ganz im Gegensatz zur Isospingruppe SU(2). Dort transformieren Proton und Neutron nach der einfachsten nichttrivialen Darstellung, der zweidimensionalen mit $I = \frac{1}{2}$. Alle anderen Isospin-Darstellungen mit $I = 0, 1, \frac{3}{2}, 2, \ldots$ lassen sich durch Kombination mehrerer Nukleonen aufbauen. Wir finden z.B. für das Deuteron d, da es Isospin $I = 0$ hat, folgende Wellenfunktion im Isospinraum (Tabelle 15-2)

$$\mathrm{d} \sim \mathrm{pn} - \mathrm{np}.$$

Im Fall der (Flavor-)SU(3) hatte man die Situation, daß alle Hadronen nach der Singulett- oder nach höheren SU(3)-Darstellungen, beispielsweise der 8-dimensionalen, transformierten. Das Analogon von p und n für die SU(3) fehlte.

Tabelle 15-4 Die inneren Quantenzahlen der Quarks u, d, s, wie
sie von Gell-Mann und Zweig postuliert wurden

	I	I_3	Y	S	B	Q
u	1/2	+ 1/2	+ 1/3	0	1/3	2/3
d	1/2	− 1/2	+ 1/3	0	1/3	− 1/3
s	0	0	− 2/3	− 1	1/3	− 1/3

Wenn Theoretiker Teilchen brauchen, die noch nicht beobachtet wurden, so postulieren sie diese. Gell-Mann und Zweig führten 1964 unabhängig voneinander Teilchen ein,
die nach der Fundamental-Darstellung der SU(3) transformieren sollten (Gell-Mann 1964a,
Zweig 1964). Der von Gell-Mann eingeführte Name *Quarks* für diese Teilchen hat sich allgemein durchgesetzt. Die Quarks sollten Spin-$\frac{1}{2}$-Teilchen sein und in drei Arten erscheinen,
als u, d, s für "up, down, strange". Die inneren Quantenzahlen sollten wie in Tabelle 15-4
angegeben sein. Unter Flavor-SU(3)-Transformationen sollten u, d, s, nach der Fundamentaldarstellung transformieren wie folgt:

$$|u\rangle \longrightarrow |u\rangle U_{11} + |d\rangle U_{21} + |s\rangle U_{31},$$
$$|d\rangle \longrightarrow |u\rangle U_{12} + |d\rangle U_{22} + |s\rangle U_{32}, \tag{15-34}$$
$$|s\rangle \longrightarrow |u\rangle U_{13} + |d\rangle U_{23} + |s\rangle U_{33}.$$

Dabei ist

$$\mathbf{U} = \begin{pmatrix} U_{11} & U_{12} & U_{13} \\ U_{21} & U_{22} & U_{23} \\ U_{31} & U_{32} & U_{33} \end{pmatrix} \tag{15-35}$$

eine unitäre 3 × 3-Matrix mit Determinante 1:

$$\mathbf{U}\,\mathbf{U}^\dagger = 1,$$
$$\det \mathbf{U} = 1. \tag{15-36}$$

In dieser Quark-Theorie ließen sich Mesonen und Baryonen als Zustände auffassen, die wie
Quark-Antiquark und 3-Quark-Zustände transformierten. Schematisch schrieb man

$$\text{Mesonen} \sim q\,\bar{q},$$
$$\text{Baryonen} \sim q\,q\,q.$$

Für die π- und K-Mesonen ergab sich zum Beispiel der Ansatz

$$\pi^+ \sim u\bar{d},$$
$$\pi^0 \sim \frac{1}{\sqrt{2}}\,(u\bar{u} - d\bar{d}),$$
$$\pi^- \sim d\bar{u}, \tag{15-37}$$
$$K^+ \sim u\bar{s},$$
$$K^0 \sim d\bar{s}.$$

Die Baryonen p, n, Λ faßte man als 3-Quark-Zustände wie folgt auf:

$$p \sim (uud)_8,$$
$$n \sim (ddu)_8, \tag{15-38}$$
$$\Lambda \sim (uds)_8,$$

wobei der Index 8 andeuten soll, daß man eine Oktett-Kombination der drei Quarks zu bilden hat, wie wir später noch genauer erläutern werden. Wenn man dem u- und d-Quark gleiche Masse zuschrieb, da sie ein Isodublett bildeten und der Isospin bei starken Wechselwirkungen erhalten war, und das s-Quark etwas schwerer machte, konnte man auch die Massenaufspaltungen innerhalb von SU(3)-Multipletts verstehen. Es war dann sofort klar, daß das K-Meson schwerer als das π-Meson, das Λ schwerer als das Nukleon sein sollte.

Das Revolutionäre an der Quark-Theorie waren aber die nicht ganzzahligen Ladungen der postulierten Teilchen. Es gab damals zwei Möglichkeiten:

(i)   Quarks sind in gewissem Sinn nur mathematische Objekte. In der Natur gibt es keine freien Quarks, keine freien Teilchen mit nicht ganzzahliger Ladung.

(ii)   In der Natur existieren Teilchen mit drittelzahliger Ladung.

Zwischen diesen Alternativen ist bis heute experimentell *nicht entschieden* worden. Es gab viele Experimente, bei denen nach Teilchen mit nicht ganzzahliger Ladung gesucht wurde. Der Großteil dieser Experimente ergab ein negatives Resultat (Morpurgo 1979). In neuerer Zeit behauptete aber wieder eine Gruppe, Evidenz für Teilchen mit nicht ganzzahliger Ladung gefunden zu haben (La Rue 1979). Es ist durchaus möglich, daß damit freie Quarks gefunden sind.

Mit der Quark-Hypothese hatte man ein Bild von Hadronen als Bindungszuständen von Konstituenten, das sich an der Erfahrung bewährte. Frühere Konstituentenmodelle, z.B. von Sakata 1956, waren durch Experimente widerlegt worden. Wir wollen auch erwähnen, daß in den Anfängen das Quark-Modell als Häresie galt. Die damals herrschende Lehrmeinung war die sogenannte Bootstrap-Hypothese, in der die Einführung von Konstituenten für die Hadronen sorgfältig vermieden wurde!

Sehr bald erkannte man, daß die Quarks, wenn man sie ernst nahm, ein weiteres Rätsel aufgaben. Betrachten wir etwa das Ω^--Teilchen, das ist ein Teilchen mit Spin $\frac{3}{2}$. Die z-Komponente des Spins hat dann als mögliche Eigenwerte $-\frac{3}{2}, -\frac{1}{2}, \frac{1}{2}, \frac{3}{2}$. Wir wollen uns die Wellenfunktion eines Ω^- im Quark-Schema näher ansehen. Als Baryon mit Strangeness $S = -3$ besteht das Ω^- aus drei s-Quarks. Jedes der s-Quarks hat Spin $\frac{1}{2}$. Der Gesamtspin des Ω^- wird sich im allgemeinen aus den Spins der drei s-Quarks und den Bahndrehimpulsen zusammensetzen (Bild 15-2). Das Ω^--Teilchen ist das leichteste Baryon mit $S = -3$, der Grundzustand der drei s-Quarks. Für vernünftige Potentiale erwartet man, daß im Grundzustand die Bahndrehimpulse Null sind und die Teilchen eine symmetrische Ortswellenfunktion haben. Dann müssen wir den Spin des Ω^- aus den Spins der Quarks aufbauen. Für ein Ω^- mit z-Komponente des Spin $\frac{3}{2}$ müssen alle Quark-Spins ausgerichtet sein. Wir erhalten dann für die Gesamtwellenfunktion den Ansatz

$$\Omega^-(\tfrac{3}{2}, \tfrac{3}{2}) \sim \overset{\uparrow\,\uparrow\,\uparrow}{s\,s\,s}\ \psi(x_1, x_2, x_3), \tag{15-39}$$

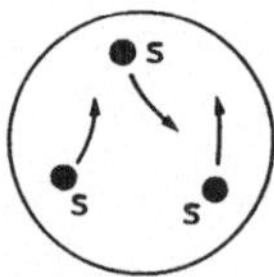

Bild 15-2
Schema des Ω^--Teilchens als
Bindungszustand von drei s-Quarks

wobei $\psi(x_1, x_2, x_3)$ total symmetrisch sein sollte. Damit haben wir aber eine total symmetrische Wellenfunktion für Teilchen mit Spin $\frac{1}{2}$. Für alle bekannten Fermionen widerspricht das dem Pauli-Prinzip. Wollte man keine komplizierte Dynamik für Quarks annehmen, so war der Ausweg aus diesem Dilemma entweder, die Quarks zu verwerfen oder ihnen sonderbare Eigenschaften, die sogenannte Parastatistik, zuzuschreiben (Greenberg 1964). Eine äquivalente Version ist, den Quarks einen neuen Freiheitsgrad, die „Farbe", zuzuschreiben (Gell-Mann 1972; Fritzsch 1973). Danach stellt man sich vor, daß jedes der Quarks u, d, s, die man als verschiedene „Quark-Flavors" bezeichnet, in drei Versionen oder „Farben" vorkommt:

$$u_1, u_2, u_3; \quad d_1, d_2, d_3; \quad s_1, s_2, s_3.$$

Mit Hilfe des Farb-Freiheitsgrades können wir dann leicht eine total antisymmetrische Wellenfunktion für das Ω^--Teilchen konstruieren:

$$\Omega^-\left(\tfrac{3}{2}, \tfrac{3}{2}\right) \sim \overset{\uparrow}{s_\alpha}\, \overset{\uparrow}{s_\beta}\, \overset{\uparrow}{s_\gamma}\, \epsilon_{\alpha\beta\gamma}\, \psi(x_1, x_2, x_3), \tag{15-40}$$

wobei wieder $\psi(x_1, x_2, x_3)$ total symmetrisch sein soll. Dieser Zustand ist invariant unter Drehungen im Farbraum, das sind Transformationen der Form

$$q_\alpha \longrightarrow \sum_{\beta=1}^{3} q_\beta\, U_{\beta\alpha}, \tag{15-41}$$

$$(q = u, d, s; \quad \alpha, \beta = 1, 2, 3).$$

Hier ist $\mathbf{U} = (U_{\beta\alpha})$ eine beliebige unitäre 3×3-Matrix mit Determinante 1. Diese Drehungen im Farbraum bilden wiederum eine SU(3)-Gruppe, die Farb-SU(3), die wir aber nicht mit der früher eingeführten Flavor-SU(3) verwechseln dürfen. In der modernen Theorie der starken Wechselwirkung, der Quantenchromodynamik, spielt die Farb-SU(3) die fundamentale Rolle.

Um mit dem Experiment in Einklang zu sein, mußte man annehmen, daß alle Hadronen durch Quarkzustände beschrieben werden, die invariant unter Farb-SU(3)-Transformationen sind. Ein π^+-Meson zum Beispiel stellen wir uns heute in Erweiterung des einfachen Schemas in Gl. (15-37) als Quarkzustand wie folgt vor:

$$\pi^+ \sim u_1 \bar{d}_1 + u_2 \bar{d}_2 + u_3 \bar{d}_3. \tag{15-42}$$

Es gibt noch weitere experimentelle Stützen für die Farbhypothese der Quarks aus der Elektron-Positron-Vernichtung in Hadronen und aus dem π^0-Zerfall. Darauf werden wir später näher eingehen.

Das Quark-Konstituenten-Schema erwies sich als sehr leistungsfähig in der Beschreibung des Spektrums und der statischen Eigenschaften der Mesonen und Baryonen. Ein weiterer, ganz anders gearteter Hinweis für Konstituenten in den Hadronen kam etwa 1969 durch Streuexperimente von Elektronen an Nukleonen. Das waren im Grunde Experimente, die ganz analog zu den Streuexperimenten von Rutherford waren, bei denen er Atome mit α-Teilchen beschoß. Aus der Tatsache, daß viele α-Teilchen unter großem Streuwinkel abgelenkt wurden, schloß Rutherford auf die Existenz eines Konstituenten im Atom, auf den Atomkern. Bei den Elektron-Nukleon-Streuversuchen

$$e + N \longrightarrow e + X, \tag{15-43}$$

die zunächst hauptsächlich in Stanford (USA) mit Elektronenenergie von $1-20$ GeV durchgeführt wurden, fand man, daß viele Elektronen unter großem Streuwinkel abgelenkt wurden. Das legte wiederum den Schluß nahe, sich Nukleonen vorzustellen als Bindungszustände von Konstituenten, die man nach Feynman Partonen nennt (Feynman 1969, 1972). Wie sich herausstellte, und wie wir noch eingehend besprechen werden, sind einige dieser Partonen nichts anderes als die schon vorher bekannten Quarks. Es ergab sich aber auch ein Hinweis, daß es noch andere Partonen als Quarks im Nukleon geben müßte. Auch das ist im Grunde nicht unerwartet gewesen, denn irgend etwas mußte die Quarks im Nukleon ja zusammenhalten. Wie wir in der Besprechung der Yukawa-Theorie gelernt haben, gehört zu jedem Kraftfeld ein Teilchen, ein Boson. Die Bosonen, die die Quarks zusammenhalten sollten, nannte man Gluonen, und man stellte sich vor, daß sie in Analogie zu den Photonen Vektorteilchen sein sollten. In den Jahren 1979–80 hat man in der Elektron-Positron-Annihilation neue und überzeugende Evidenz für die Gluonen gefunden (Brandelik 1979, Barber 1979, Berger 1979, Bartel 1980).

Bis zum Jahre 1972 konnte man nicht sagen, daß es eine Theorie der starken Wechselwirkung gab: Es gab Modelle, wie das Quark-Modell oder das Parton-Modell und noch eine Reihe anderer Modelle, die alle einen gewissen Teil der Experimente beschrieben — aber kein Modell erhob den Anspruch, alles zu beschreiben. Die Modelle besaßen im allgemeinen auch eine große Zahl freier Parameter (manche bis zu 40 und mehr), die alle an das Experiment angepaßt werden mußten, wodurch die Vorhersagekraft dieser Modelle sehr gering wurde.

Die Situation änderte sich entscheidend mit der Entdeckung der asymptotischen Freiheit (t'Hooft 1972, Gross 1973, Politzer 1973). Die mehr abstrakt orientierten Theoretiker hatten anfangs der 70er Jahre gelernt, mit den sogenannten nicht-abelschen Eichtheorien umzugehen. Solche Theorien waren schon 1954 durch Yang und Mills eingeführt worden (Yang 1954). Nun stellte sich heraus, daß die natürliche Kopplung von Quarks und Gluonen gerade auf so eine Yang-Mills-Theorie führte, und, noch bemerkenswerter, man konnte sogar quantitative Berechnungen durchführen (Gross 1973a, Politzer 1973a, Fritzsch 1973a).

Damit war die moderne Theorie der starken Wechselwirkung, die Quantenchromodynamik (QCD), geboren. Sie hat, ähnlich wie die Quantenelektrodynamik, nur eine kleine Zahl fundamentaler Parameter, die an das Experiment angepaßt werden müssen: nämlich einen Kopplungsparameter und die Massenparameter für die verschiedenen Quark-Flavors. In der Quantenelektrodynamik hat man analog dazu als Parameter die Feinstrukturkonstante α und die Massen der Leptonen. Das Ziel der Theoretiker ist es, mit Hilfe der Quantenchromodynamik alle Phänomene der starken Wechselwirkung quantitativ zu beschreiben. Von diesem Ziel sind wir allerdings heute noch weit entfernt. Durch die Entdeckung der asymptotischen Freiheit ist es aber immerhin gelungen, das obige Ziel für einen Teilbereich der starken Wechselwirkung zu erreichen. Wir können heute im wesentlichen alle Reaktionen quantitativ beschreiben, bei denen große Impulsüberträge auftreten, d.h. bei denen kurze Abstände, viel kleiner als der Hadronenradius, eine Rolle spielen. Wir werden daher auch das Hauptgewicht auf die Besprechung solcher Reaktionen legen.

Eine glänzende experimentelle Entdeckung, die des J/ψ-Teilchens (Aubert 1974, Augustin 1974), ergab für viele Hochenergiephysiker den entscheidenden Anstoß, die QCD ernst zu nehmen. Die sehr sonderbare Eigenschaft des J/ψ, bei einer Masse von etwa 3,1 GeV eine Breite von nur etwa 60 keV zu haben, konnte auf natürliche Weise im Rahmen der QCD erklärt werden. Dazu mußte man aber auch ein weiteres Quark, das „Charm"-Quark (c) einführen. Das J/ψ-Teilchen faßte man als c-$\bar{c}$-Bindungszustand

$$J/\psi \;\sim\; c_1\bar{c}_1 \;+\; c_2\bar{c}_2 \;+\; c_3\bar{c}_3 \tag{15-44}$$

auf und behandelte es als Quark-Analogon zum Orthopositronium (Kapitel 13).

Damit war die Zahl der bekannten Quark-Flavors auf vier gestiegen, u, d, s, c. Das Charm-Quark war mit seinen richtigen Eigenschaften, wie Ladung $Q = \frac{2}{3}$, vorhergesagt worden (Glashow 1970). Die Zahl der bekannten Quarks erhöhte sich noch einmal mit der Entdeckung des Υ-Teilchens (Herb 1977), das als Bindungszustand eines Quarks b mit seinem Antiquark $\bar{b}$ gedeutet wurde. Dabei steht b für "Bottom" oder "Beauty". Seit 1977 kannte man also fünf Quarks verschiedener Flavor. Die theoretischen Vorstellungen, die wir in Teil IV entwickeln werden, legten die Vermutung nahe, daß es auch noch ein sechstes Quark t ("Top" oder "Truth") gibt. Nach experimentellen Anzeichen für dieses t-Quark wurde eifrig gesucht. Erste experimentelle Hinweise auf die Existenz des t-Quarks wurden im Juni 1984 vorgestellt (Rubbia 1984). Sollte dies durch weitere Experimente bestätigt werden, wären alle drei Familien fundamentaler Fermionen vollständig, wie in Tabelle 1-3 angegeben.

16 Phänomenologie von hadronischen Reaktionen

Ein großer Teil unserer Kenntnisse von den Hadronen stammt aus Streuversuchen, die von verschiedener Art sein können, je nach dem Projektil, das wir verwenden. Wir können Lepton-Hadron-, Photon-Hadron- oder Hadron-Hadron-Streuung studieren. Beispiele dafür sind

$$
\begin{aligned}
e^- + N &\longrightarrow e^- + X, \\
\nu_\mu + N &\longrightarrow \mu^- + X, \\
\gamma + p &\longrightarrow \gamma + p, \\
\gamma + p &\longrightarrow \pi^0 + p, \\
\pi^- + p &\longrightarrow \pi^- + p, \\
\pi^+ + p &\longrightarrow \pi^+ + \pi^0 + p, \\
\pi^- + p &\longrightarrow K^0 + \Lambda.
\end{aligned}
$$

Dabei steht X für einen beliebigen Endzustand. In der Lepton-Hadron- und Photon-Hadron-Streuung haben wir ein Wechselspiel von elektroschwacher und starker Wechselwirkung. Diese Prozesse waren äußerst nützlich für die Entwicklung unserer Vorstellungen vom Aufbau der Nukleonen, und wir werden sie später ausführlich besprechen. In diesem Kapitel wollen wir einige einfache Tatsachen über Hadron-Hadron-Streuung kennenlernen.

Eine der bestuntersuchten Reaktionen ist die Pion-Nukleon-Streuung. Die einfachste Größe, die wir betrachten können, ist der totale Streuquerschnitt (Bild 16-1). Wie wir sehen, ist der totale Streuquerschnitt von der Größenordnung 30—100 mb, das sind 3—$10 \cdot 10^{-26}$ cm^2. Das entspricht dem geometrischen Querschnitt der Hadronen, wie wir schon früher bemerkt haben. Wir sehen weiter, daß beide Streuquerschnitte $\pi^+ p$ und $\pi^- p$ für kleine Laborimpulse, $p_L \lesssim 2$ GeV, ausgeprägte Maxima und Minima haben. Oberhalb von $p_L \sim 2$ GeV fallen beide Streuquerschnitte langsam mit zunehmendem Impuls ab, ohne auffallende Struktur zu zeigen. Die Streuquerschnitte für $\pi^+ p$ und $\pi^- p$ werden auch immer ähnlicher, d.h. die Ladung des Projektils spielt offenbar keine große Rolle mehr. Bei noch höheren Energien steigen die totalen Streuquerschnitte wieder langsam an. Ein ähnliches Verhalten zeigen auch andere totale hadronische Streuquerschnitte.

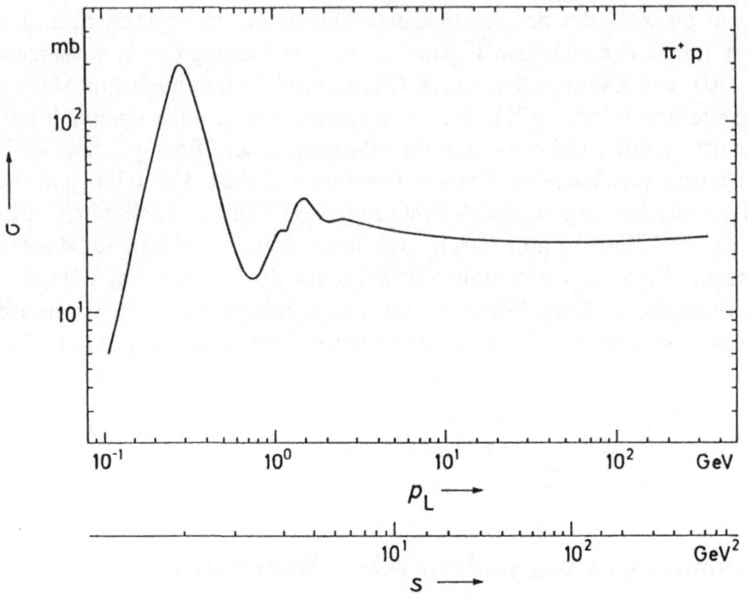

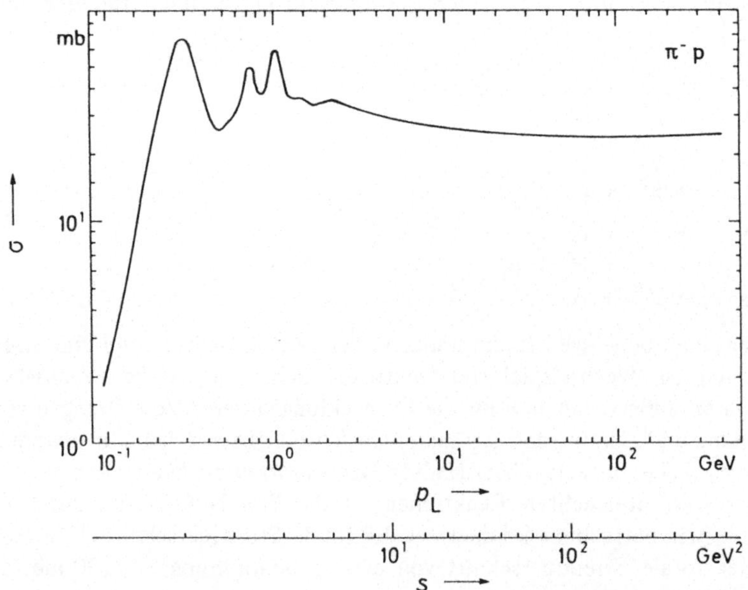

Bild 16-1 Die totalen π^+p- und π^-p-Streuquerschnitte (nach Particle Data Group 1984)

16.1 Resonanzphysik

Wir wollen zunächst den Bereich niedriger Energie betrachten. Die Maxima im totalen Streuquerschnitt werden als Resonanzen gedeutet, als Produktion instabiler Teilchen. Analoge Vorgänge sind aus Atom- und Kernphysik wohlbekannt. Denken wir nur an die Anregung eines höheren Atomniveaus durch Einstrahlung von Lichtquanten. Die Lage des Maximums gibt (etwa) die Masse des instabilen Teilchens an. Aus der Breite der Resonanz, die ja die Energieunschärfe ΔE des betrachteten Energieniveaus angibt, können wir wegen der Unschärfe-Relation

$$\Delta E \cdot \Delta t \sim 1 \tag{16-1}$$

die Lebensdauer der Resonanz ablesen.

Sehen wir etwa die erste große Resonanz in der π^+p-Streuung an. Wir betrachten den totalen Streuquerschnitt, also die Reaktion

$$\pi^+(p_1) + p(p_2) \longrightarrow X, \tag{16-2}$$

dabei sind p_1, p_2 die Viererimpulse von Pion und Proton und X steht für einen beliebigen Endzustand. Der Zusammenhang zwischen der Schwerpunktsenergie $\sqrt{s}$ und dem Laborimpuls des Pions p_L ergibt sich aus

$$s = (p_1 + p_2)^2 = 2\sqrt{p_L^2 + m_\pi^2}\, m_p + m_p^2 + m_\pi^2. \tag{16-3}$$

Der π^+p Streuquerschnitt hat sein Maximum bei $p_L \cong 0{,}3\,\text{GeV}$, entsprechend $\sqrt{s} \cong 1{,}23\,\text{GeV}$. Das ist die Masse unserer Resonanz, die man heute als $\Delta(1232)$-Resonanz bezeichnet.

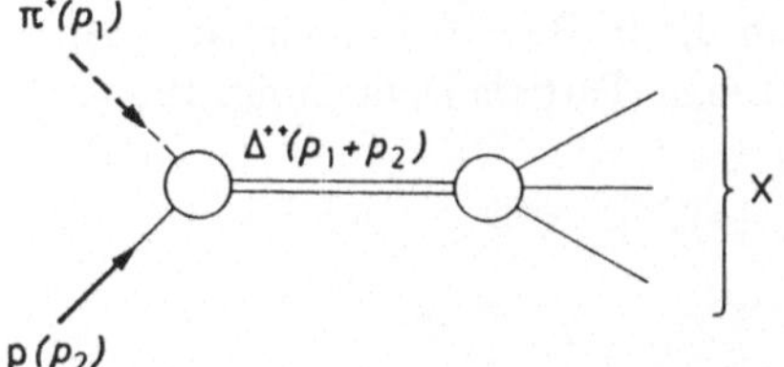

Bild 16-2
Diagramm für Produktion und Zerfall der Δ^{++}-Resonanz in der π^+p-Streuung. Der Endzustand X besteht zu fast 100 % wieder aus π^+ und p.

Ein einfaches Diagramm für die Produktion der Δ-Resonanz zeigen wir in Bild 16-2. Das entsprechende Matrixelement T_{fi} ist proportional zum Propagator des Δ-Teilchens. Wir wissen, wie der Propagator für ein freies stabiles Δ-Teilchen aussehen würde. Abgesehen von anderen Spin-Matrizen hätte er eine Gestalt ähnlich dem Elektron-Propagator (Gl. (8-36)), mit $m_e \longrightarrow m_\Delta$. Damit ergäbe sich

$$T_{fi} \propto \frac{1}{s - m_\Delta^2}\,. \tag{16-4}$$

Einem instabilen Δ-Teilchen können wir nach Anhang I einen komplexen Massenwert zuordnen, wobei der Realteil gleich der reellen Masse m_Δ, der Imaginärteil gleich dem Negativen der halben Zerfallsrate Γ_Δ ist. Wir ersetzen daher in Gl. (16-4) m_Δ durch $m_\Delta - \mathrm{i}\,\Gamma_\Delta/2$ und erhalten unter der Voraussetzung $m_\Delta^2 \gg \Gamma_\Delta^2$

$$T_{fi} \propto \frac{1}{s - m_\Delta^2 + \mathrm{i}\, m_\Delta\, \Gamma_\Delta}\,. \tag{16-5}$$

Der Streuquerschnitt, der proportional zum Absolutquadrat des Matrixelements ist, hat dann die Gestalt

$$\sigma \propto \frac{1}{(s - m_\Delta^2)^2 + m_\Delta^2\, \Gamma_\Delta^2}\,. \tag{16-6}$$

In der Elementarteilchenphysik sind Gln. (16-5) und (16-6) unter dem Namen „Breit-Wigner-Formeln" bekannt. Sie geben das schon aus der Mechanik bekannte typische Resonanzverhalten an. Die Zerfallsrate Γ_Δ gibt die Halbwertsbreite der Resonanzkurve im Energiemaßstab $\sqrt{s}$ an (Bild 16-3). Für s in der Nähe von m_Δ^2 haben wir nämlic

$$\sigma \propto \frac{1}{4\, m_\Delta^2\, [(\sqrt{s} - m_\Delta)^2 + \frac{1}{4}\, \Gamma_\Delta^2]}\,. \tag{16-7}$$

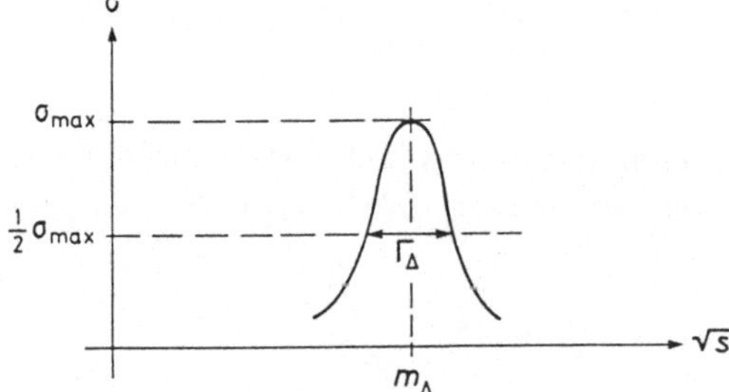

Bild 16-3

Resonanzkurve und Halbwertsbreite Γ_Δ entsprechend Gl. (16-7) (schematisch)

Damit ist in der Tat die Lebensdauer $\tau_\Delta = 1/\Gamma_\Delta$ durch das Reziproke der Energieunschärfe gegeben, in Übereinstimmung mit Gl. (16-1).

Paßt man die Parameter m_Δ und Γ_Δ an die in Bild 16-1 gezeigten experimentellen Werte für den π^+ p Streuquerschnitt an, so findet man (Particle Data Group 1984)

$$\begin{aligned} m_\Delta &= 1232\ \text{MeV}, \\ \Gamma_\Delta &= 115\ \text{MeV}. \end{aligned} \tag{16-8}$$

Die Lebensdauer der Δ-Resonanz ist daher

$$\tau_\Delta = \frac{1}{\Gamma_\Delta} = \frac{1}{115}\ \text{MeV}^{-1} = 0{,}57 \cdot 10^{-23}\ \text{s}. \tag{16-9}$$

Die Lebensdauer dieses stark zerfallenden Δ-Teilchens ist also von der Größenordnung einer starken Zerfallszeit, wie wir sie in Gl. (15-23) abgeschätzt haben.

Hat man eine Resonanz entdeckt, möchte man ihre Quantenzahlen wissen. Wie die Analyse der Daten zeigte, hat die Δ-Resonanz Spin $\frac{3}{2}$, Parität $+1$ und Isospin $\frac{3}{2}$. Der Isospin der Δ-Resonanz ergibt sich aus folgender Überlegung: Ein Pion ($I = 1$) und ein Nukleon ($I = \frac{1}{2}$) können Resonanz-Zustände mit Gesamtisospin $I = \frac{1}{2}$ und $I = \frac{3}{2}$ bilden. Für das Δ kommt aber nur $I = \frac{3}{2}$ in Frage, da es in der π^+-p-Streuung auftritt, wo der Anfangszustand nur $I = \frac{3}{2}$ enthält. Nach den Regeln der Isospin-Addition erhalten wir in der Notation $|I, I_3\rangle$ für die Zustände:

$$|\pi^+\rangle |\text{p}\rangle = |1,1\rangle |\tfrac{1}{2}, \tfrac{1}{2}\rangle = |\tfrac{3}{2}, \tfrac{3}{2}\rangle. \tag{16-10}$$

Da die Strangeness $S = 0$ und die Hyperladung $Y = S + B = 1$ ist, hat das Δ nach der Gell-Mann-Nishijima-Formel Gl. (15-29) die auch tatsächlich beobachteten Ladungszustände

$$\Delta^-,\ \Delta^0,\ \Delta^+,\ \Delta^{++}.$$

Zur Bestimmung von Spin und Parität der Δ-Resonanz genügt es nicht, nur den totalen Streuquerschnitt zu betrachten, wir brauchen auch Information über differentielle Streuquerschnitte, etwa der π^+-p elastischen Streuung. Das wollen wir in Abschnitt 16.3 näher besprechen.

Die Suche nach Hadron-Resonanzen und die Bestimmung ihrer Parameter: Masse, Halbwertsbreite, Quantenzahlen, Verzweigungsverhältnisse etc. hat viele Physiker seit den fünfziger Jahren beschäftigt. Die Resultate vieler Experimente sind in den Tabellen der Teilchen-Eigenschaften niedergelegt, die alle zwei Jahre als Veröffentlichung der "Particle Data Group" erscheinen. Unsere Tabellen 1-1 und 1-2 sind daraus entnommen. Sie sind analog zu einer Tabelle von Energieniveaus eines Atoms oder Kerns. Eine der Aufgaben der Theorie ist es, dieses Hadron-Spektrum zu erklären. Bisher haben sich Potentialmodelle gut bewährt, bei denen man Baryonen als 3-Quarkzustände, Mesonen als Quark-Antiquark-zustände auffaßt. Das einfachste Potentialmodell werden wir in Abschnitt 17.4 näher besprechen.

16.2 Eine Basis für die Hadronzustände und die Symmetrien C, P und T

In der Hadronphysik spielen eine Reihe von Symmetrien eine große Rolle. Symmetrien sind, wie schon in Abschnitt 3.3 besprochen, eng verknüpft mit Erhaltungsgrößen. Die Symmetrie der Theorie unter Poincaré-Transformationen führt zu den Erhaltungssätzen von Energie, Impuls und Drehimpuls. In der starken Wechselwirkung haben wir auch Invarianz unter Raumspiegelung (P), Zeitumkehr (T) und Ladungskonjugation (C). Wir wollen diese Operationen, die wir für freie Elektronen bereits in Kapitel 4 besprochen haben, hier auf die Hadronen ausdehnen. Dazu müssen wir eine geeignete Basis für die Hadronzustände angeben.

Wir setzen zunächst nur Poincaré-Invarianz der Hadron-Theorie voraus. Es ist dann kein Inertialsystem vor einem anderen physikalisch ausgezeichnet und jedes muß zur Beschreibung der physikalischen Vorgänge äquivalent sein. Mathematisch wird dies realisiert, indem die Poincaré-Transformationen (Λ, a) durch unitäre Operatoren $\mathbf{U}(\Lambda, a)$ im Zustandsraum dargestellt werden [4], für die gilt (s. Gln. (2-28), (2-29)):

$$\mathbf{U}(\Lambda, a)\,\mathbf{U}(\Lambda', a') = \mathbf{U}(\Lambda\Lambda', \Lambda a' + a). \tag{16-11}$$

Die infinitesimalen Erzeugenden dieser Transformationen können wir bei gegebener Lagrange-Dichte nach den in den Abschnitten 3.3 und 3.4 angegebenen Methoden konstruieren.

Eine infinitesimale Poincaré-Transformation hat nach Gln. (2-28), (4-52) und (4-53) die Gestalt

$$(\Lambda, \delta a): \quad x^\mu \longrightarrow x'^\mu = x^\mu + \delta h^\mu{}_\nu x^\nu + \delta a^\mu, \tag{16-12}$$

wobei $\delta h^{\mu\nu} + \delta h^{\nu\mu} = 0$. Die zugehörige unitäre Transformation $\mathbf{U}(\Lambda, \delta a)$ entwickeln wir bis zur ersten Ordnung in δh und δa,

$$\mathbf{U}(\Lambda, \delta a) = 1 + \frac{i}{2}\,\delta h^{\mu\nu}\,\mathbf{M}_{\mu\nu} + i\,\delta a^\mu\,\mathbf{P}_\mu. \tag{16-13}$$

---

[4] Die unitären Darstellungen der Poincaré-Gruppe wurden zuerst von Wigner systematisch untersucht und klassifiziert (Wigner 1939). Wir folgen hier im wesentlichen seinem Verfahren, um Basiszustände und damit explizite Realisierungen der Darstellungen anzugeben.

Die Entwicklungskoeffizienten $M_{\mu\nu}$ und P_μ sind natürlich Operatoren. Wegen der Antisymmetrie von $\delta h^{\mu\nu}$ ist $M_{\mu\nu}$ ebenfalls antisymmetrisch; da U unitär ist, müssen $M_{\mu\nu}$ und P_μ hermitesch sein. Es gilt also:

$$M_{\mu\nu} + M_{\nu\mu} = 0,$$
$$M_{\mu\nu} = M_{\mu\nu}^\dagger, \quad P_\mu = P_\mu^\dagger. \tag{16-14}$$

Aus der Struktur der Poincaré-Gruppe folgen die Vertauschungsregeln (Aufgabe 16.1)

$$[P_\mu, P_\nu] = 0,$$

$$[P_\mu, M_{\rho\sigma}] = \frac{1}{i} \, (g_{\mu\rho} \, P_\sigma - g_{\mu\sigma} \, P_\rho),$$

$$[M_{\mu\nu}, M_{\rho\sigma}] = \frac{1}{i} \, (g_{\mu\sigma} \, M_{\nu\rho} + g_{\nu\rho} \, M_{\mu\sigma} - g_{\mu\rho} \, M_{\nu\sigma} - g_{\nu\sigma} \, M_{\mu\rho}). \tag{16-15}$$

Die Größen P_μ und $M_{\mu\nu}$ sind von grundlegender physikalischer Bedeutung, da wir die Operatoren des Viererimpulses P und des Drehimpulses $\vec{J}$ per Definition wie folgt einführen können (s. Gln. (3-99), (3-109), Aufgabe 3.8):

$$P = (P^\mu),$$

$$J^i = -\frac{1}{2} \, \epsilon^{ijk} \, M^{jk}. \tag{16-16}$$

Aus Gl. (16-15) finden wir die Vertauschungsregeln, die wir für Drehimpulsoperatoren gewohnt sind:

$$[P^0, J^k] = 0,$$
$$[P^j, J^k] = i \, \epsilon^{jkl} \, P^l, \tag{16-17}$$
$$[J^j, J^k] = i \, \epsilon^{jkl} \, J^l.$$

Wir wollen diese Relationen nun benutzen, um eine Basis für die Hadronzustände anzugeben. Nach Gl. (16-15) vertauschen die Operatoren P_μ ($\mu = 0, \dots, 3$) miteinander. Daher können wir die Basiszustände so wählen, daß sie gleichzeitig Eigenzustände aller Komponenten P_μ des Viererimpulsoperators sind. Zunächst betrachten wir die Zustände eines einzelnen Hadrons a in Ruhe, d.h. für Impuls $p = 0$. Eine Basis dieser Zustände sei $|a(p = 0, r)\rangle$ (mit $r = 1, \dots, N$), der von ihnen aufgespannte Zustandsraum sei $\mathbb{R}_0$. Es gilt also:

$$\vec{P} \, |a(p = 0, r)\rangle = 0. \tag{16-18}$$

Drehen wir einen dieser Zustände im Raum, so erhalten wir wieder einen Zustand, der einem Teilchen a in Ruhe entspricht. Mathematisch folgern wir das aus Gl. (16-17), nach der die Anwendung eines Drehimpulsoperators auf $|a(p = 0, r)\rangle$ wieder einen Zustand mit Impuls $p = 0$ ergibt:

$$P^j \, (J^k \, |a(p = 0, r)\rangle) = [P^j, J^k] \, |a(p = 0, r)\rangle$$
$$= i \, \epsilon^{jkl} \, P^l \, |a(p = 0, r)\rangle$$
$$= 0. \tag{16-19}$$

Anwendung der Drehimpulsoperatoren führt also nicht aus dem Raum $\mathbb{R}_0$ heraus, der somit eine Darstellung der Drehgruppe trägt. Von den Zuständen *eines* Teilchens spricht man nun genauer dann, wenn diese Darstellung irreduzibel ist[5]. Den Gesamtdrehimpuls s im Ruhsystem bezeichnet man als Spin des Teilchens. Er kann die Werte annehmen $s = 0, \frac{1}{2},$ $1, \dots$. Eine Basis der Zustände des Teilchens a im Ruhsystem bilden die Eigenzustände der Komponente $\mathbf{J}^3$:

$$\mathbf{J}^3 \,|\,\mathrm{a}(p = 0, s_3)\rangle = s_3 \,|\,\mathrm{a}(p = 0, s_3)\rangle, \qquad (s_3 = -s, \dots, s),$$

$$\vec{\mathbf{J}}^2 \,|\,\mathrm{a}(p = 0, s_3)\rangle = s(s + 1)\,|\,\mathrm{a}(p = 0, s_3)\rangle. \tag{16-20}$$

Aus Gl. (16-17) folgern wir weiter, daß alle Zustände eines Teilchens im Ruhsystem denselben Eigenwert des Energieoperators $\mathbf{P}^0$, d.h. dieselbe Masse m_a haben, da $\vec{\mathbf{J}}$ mit $\mathbf{P}^0$ vertauscht:

$$\mathbf{P}^0 \,|\,\mathrm{a}(p = 0, s_3)\rangle = m_a \,|\,\mathrm{a}(p = 0, s_3)\rangle. \tag{16-21}$$

Im folgenden setzen wir $m_a > 0$ voraus. Das ist für alle Hadronen der Fall. Mit der kanonischen Phasenwahl für die Zustände $|\,\mathrm{a}(p = 0, s_3)\rangle$ (s. etwa Edmonds 1964) erhalten wir die Drehimpulsoperatoren im Raum $\mathbb{R}_0$ in der Standardform

$$\mathbf{J}^j \,|\,\mathrm{a}(p = 0, s_3)\rangle = \sum_{s_3' = -s}^{s} |\,\mathrm{a}(p = 0, s_3')\rangle S^j_{s_3', s_3}, \tag{16-22}$$

wobei für die Matrizen $\mathbf{S}^j = (S^j_{s_3', s_3})$ gilt: $\mathbf{S}^j = 0$ für Spin $s = 0$, $\mathbf{S}^j = \sigma^j/2$ für Spin $s = \frac{1}{2}$. Für höheren Spin sind die $\mathbf{S}^j$ in Anhang C angegeben.

Beispiele für Hadronen mit Spin $s = 0$ sind die Mesonen $\pi^\pm$ und π^0; Spin $s = 1$ haben die ρ-Mesonen, $s = \frac{1}{2}$ Proton und Neutron, $s = \frac{3}{2}$ das Δ-Teilchen und das Ω^--Teilchen.

Wir wollen nun eine Basis für alle Zustände eines isolierten Teilchens a konstruieren. Wir tun dies, indem wir die Zustände der Gl. (16-20) *drehungsfrei* auf beliebige Geschwindigkeiten Lorentz-transformieren ("boosten"). Eine drehungsfreie Lorentz-Transformation in der x^1-Richtung kennen wir bereits, nämlich $\Lambda(v)$ in Gl. (2-33); $\Lambda(v)$ transformiert ein Teilchen in Ruhe mit Impuls $p = 0$ in ein Teilchen mit Impuls p in der x^1-Richtung. Die entsprechenden Viererimpulse p_R und p sind

$$p_R = \begin{pmatrix} m_a \\ 0 \\ 0 \\ 0 \end{pmatrix},$$

$$p = \Lambda(v)\,p_R = \begin{pmatrix} \dfrac{m_a}{\sqrt{1 - v^2}} \\[2ex] \dfrac{m_a v}{\sqrt{1 - v^2}} \\[2ex] 0 \\ 0 \end{pmatrix}. \tag{16-23}$$

---

[5] Ist die Darstellung reduzibel, können wir sie stets in die irreduziblen Anteile zerlegen, die dann den einzelnen Teilchen entsprechen. Die Begriffe reduzible und irreduzible Darstellung sind in Anhang C erläutert.

Für allgemeinen Viererimpuls p hat die drehungsfreie Lorentz-Transformation, die p_R in p überführt, die Gestalt

$$(\Lambda_p{}^\mu{}_\nu) = \left(\begin{array}{c|c} p^0/m_a & p^j/m_a \\ \hline p^i/m_a & \delta^{ij} - \dfrac{p^i p^j}{p^2} + \dfrac{p^0}{m_a}\dfrac{p^i p^j}{p^2} \end{array} \right) . \tag{16-24}$$

Es gilt, wie wir leicht sehen, in der Tat

$$\Lambda_p\, p_R = p.$$

Wir definieren unsere Basiszustände $|a(p, s_3)\rangle$ zu allgemeinem Impuls p als Abbild der Ruhzustände unter den Lorentz-Transformationen Λ_p:

$$|a(p, s_3)\rangle = \mathbf{U}(\Lambda_p, 0)|a(p = 0, s_3)\rangle . \tag{16-25}$$

In dem allgemeinen Zustand $|a(p, s_3)\rangle$ ist also s_3 der Eigenwert der dritten Komponente des Drehimpulses nach drehungsfreier Transformation ins Ruhsystem des Teilchens. Wie man sich leicht überlegt, gilt

$$\mathbf{P}_\mu |a(p, s_3)\rangle = p_\mu |a(p, s_3)\rangle , \tag{16-26}$$

und man kann die Normierung der Zustände folgendermaßen wählen:

$$\langle a(p', s_3')|a(p, s_3)\rangle = (2\pi)^3\, 2p^0\, \delta^3(p' - p)\, \delta_{s_3', s_3} . \tag{16-27}$$

Eine Basis für alle Hadronenzustände erhalten wir wie üblich durch Bildung des Tensorprodukts beliebig vieler Einteilchen-Zustände. Natürlich ist diese eben konstruierte Basis nicht die einzig mögliche, und für manche Zwecke ist es günstiger, beispielsweise eine sogenannte Helizitäts-Basis zu wählen (s. Jacob 1959).

Wir wollen uns die Wirkung der Drehimpulsoperatoren $\vec{J}$ auf die Zustände $|a(p, s_3)\rangle$ überlegen. Dazu betrachten wir zunächst eine beliebige Rotation

$$\begin{aligned} t &\longrightarrow t' = t, \\ x^j &\longrightarrow x'^j = R^{jk} x^k, \end{aligned} \tag{16-28a}$$

wobei $\mathbf{R} = (R^{jk})$ eine orthogonale 3×3-Matrix ist ($\mathbf{R}^\mathrm{T}\mathbf{R} = 1$). Die Matrix der zugehörigen Lorentz-Transformation ist

$$\Lambda_R = \left(\begin{array}{c|c} 1 & 0 \\ \hline 0 & \mathbf{R} \end{array} \right) . \tag{16-28b}$$

Durch diese Rotation wird ein Viererimpuls p in p' übergeführt:

$$\Lambda_R\, p = p', \tag{16-29}$$

wobei $p'^0 = p^0$ und $p' = \mathbf{R}p$. Wir betrachten nun die drehungsfreien Transformationen Λ_p und $\Lambda_{p'}$, die den Viererimpuls p_R eines ruhenden Teilchens auf p bzw. p' transformieren. Offenbar gilt:

$$(\Lambda_{p'}^{-1}\, \Lambda_R\, \Lambda_p)\, p_R = p_R , \tag{16-30}$$

d.h. $\Lambda_{p'}^{-1}\, \Lambda_R\, \Lambda_p$ ist eine reine Drehung. Durch explizite Rechnung finden wir sogar

$$\Lambda_{p'}^{-1}\, \Lambda_R\, \Lambda_p = \Lambda_R . \tag{16-31}$$

Nun betrachten wir eine infinitesimale Rotation wie in Gl. (4-57), wobei

$$R^{jk} = \delta^{jk} + \epsilon^{jkl}\delta\varphi^l.\tag{16-32}$$

Es gilt nach Gln. (4-58) und (16-13):

$$\mathbf{U}(\Lambda_R, 0) = 1 + i\delta\varphi\,\vec{\mathbf{J}}.\tag{16-33}$$

Wenden wir diese Drehung auf den Zustand $|a(\boldsymbol{p}, s_3)\rangle$ an, so finden wir unter Benutzung von Gln. (16-11) und (16-22):

$$
\begin{aligned}
(1 + i\,&\delta\varphi\,\vec{\mathbf{J}})|a(\boldsymbol{p}, s_3)\rangle\\
&= \mathbf{U}(\Lambda_R, 0)\,\mathbf{U}(\Lambda_p, 0)|a(0, s_3)\rangle\\
&= \mathbf{U}(\Lambda_R\Lambda_p, 0)|a(0, s_3)\rangle\\
&= \mathbf{U}(\Lambda_{p'}\Lambda_R, 0)|a(0, s_3)\rangle\\
&= \mathbf{U}(\Lambda_{p'}, 0)\,\mathbf{U}(\Lambda_R, 0)|a(0, s_3)\rangle\\
&= \mathbf{U}(\Lambda_{p'}, 0)\,(1 + i\,\delta\varphi^j\,\mathbf{J}^j)|a(0, s_3)\rangle\\[2mm]
&= \mathbf{U}(\Lambda_{p'}, 0)\sum_{s_3'=-s}^{s}(\delta_{s_3's_3} + i\,\delta\varphi^j\,S^j_{s_3's_3})|a(0, s_3')\rangle\\[2mm]
&= \sum_{s_3'=-s}^{s}(\delta_{s_3's_3} + i\,\delta\varphi^j\,S^j_{s_3's_3})|a(\boldsymbol{p}', s_3')\rangle\\[2mm]
&= |a(\boldsymbol{p}, s_3)\rangle + i\,\delta\varphi^j\sum_{s_3'=-s}^{s}(\delta_{s_3's_3}\,\epsilon^{jkl}p^k\,i\frac{\partial}{\partial p^l} + S^j_{s_3's_3})|a(\boldsymbol{p}, s_3')\rangle.
\end{aligned}\tag{16-34}
$$

Im letzten Schritt haben wir die Beziehung

$$p'^j = R^{jk}p^k = p^j + \epsilon^{jkl}\delta\varphi^l p^k\tag{16-35}$$

benutzt und alles bis zur 1. Ordnung in $\delta\varphi$ entwickelt. Aus Gl. (16-34) erhalten wir für die Drehimpulsoperatoren, angewandt auf unsere Basiszustände

$$\mathbf{J}^j|a(\boldsymbol{p}, s_3)\rangle = \sum_{s_3'=-s}^{s}(\delta_{s_3's_3}\,\epsilon^{jkl}\,p^k\,i\frac{\partial}{\partial p^l} + S^j_{s_3's_3})|a(\boldsymbol{p}, s_3')\rangle.\tag{16-36}$$

Dieses Ergebnis werden wir bei der Diskussion der Partialwellen-Analyse benötigen.

Nun definieren wir den Paritätsoperator $\mathbf{U}(P)$. Durch $\mathbf{U}(P)$ wird der Impuls umgedreht, der Spin bleibt gleich. Weiter fügen wir einen Faktor $\eta_a = \pm 1$ hinzu, der die innere Parität des Teilchens a berücksichtigt:

$$\mathbf{U}(P)|a(\boldsymbol{p}, s_3)\rangle = \eta_a|a(-\boldsymbol{p}, s_3)\rangle.\tag{16-37}$$

Paritätserhaltung bei der starken Wechselwirkung heißt nun genauer folgendes: Man kann jedem Hadron eine innere Parität η_a so zuordnen, daß die Streuamplituden für jede Reaktion und ihre entsprechend Gl. (16-37) Paritätstransformierte identisch sind. Betrachten wir eine Reaktion und ihre Paritätstransformierte:

$$\sum_i a^{(i)}(\boldsymbol{p}^{(i)}, s_3^{(i)}) \longrightarrow \sum_f b^{(f)}(\boldsymbol{q}^{(f)}, r_3^{(f)}),$$

$$\sum_i a^{(i)}(-\boldsymbol{p}^{(i)}, s_3^{(i)}) \longrightarrow \sum_f b^{(f)}(-\boldsymbol{q}^{(f)}, r_3^{(f)}).$$

$$(16\text{-}38)$$

Handelt es sich um eine starke Reaktion, so gilt für die S-Matrix

$$\mathbf{U}(P)^{-1}\,\mathbf{S}\,\mathbf{U}(P) = \mathbf{S} \tag{16-39}$$

und für die S-Matrixelemente

$$\langle b^{(1)}(\boldsymbol{q}^{(1)}, r_3^{(1)}), \dots \,|\,\mathbf{S}\,|\,a^{(1)}(\boldsymbol{p}^{(1)}, s_3^{(1)}), \dots \rangle$$

$$= \langle b^{(1)}(\boldsymbol{q}^{(1)}, r_3^{(1)}), \dots \,|\,\mathbf{U}(P)^{-1}\,\mathbf{S}\,\mathbf{U}(P)\,|\,a^{(1)}(\boldsymbol{p}^{(1)}, s_3^{(1)}), \dots \rangle$$

$$= \left(\prod_{f,\,i}\eta_b^{(f)}\eta_a^{(i)}\right)\langle b^{(1)}(-\boldsymbol{q}^{(1)}, r_3^{(1)}), \dots \,|\,\mathbf{S}\,|\,a^{(1)}(-\boldsymbol{p}^{(1)}, s_3^{(1)}), \dots \rangle. \tag{16-40}$$

Wir erwähnen noch, daß die inneren Paritäten mancher Hadronen reine Konvention sind. Wir können zum Beispiel die Erhaltung des Operators $\mathbf{B}$ der Baryonzahl benutzen, um die innere Parität des Protons als $+1$ festzulegen. Haben wir nämlich zunächst einen Paritätsoperator $\mathbf{U}(P')$, bei dem das Proton innere Parität -1 hätte, so können wir an Stelle von $\mathbf{U}(P')$ den ebenfalls erhaltenen Operator

$$\mathbf{U}(P) = \mathbf{U}(P')\exp(i\pi\mathbf{B}) \tag{16-41}$$

als Paritätsoperator nehmen, bei dem das Proton innere Parität $+1$ erhält. Die relative Parität von Proton und Antiproton ist dagegen beobachtbar und gleich -1, in Übereinstimmung mit der Dirac-Gleichung. Auf ähnliche Weise kann man die Erhaltung der Strangeness bei starken Wechselwirkungen benutzen, um die innere Parität des Λ-Hyperons als $+1$ festzulegen.

Die Ladungskonjugation können wir nun auch ganz leicht diskutieren. Der Operator $\mathbf{U}(C)$ soll in jedem Zustand Teilchen und Antiteilchen vertauschen, Impuls und Spin ungeändert lassen:

$$\mathbf{U}(C)\,|\,a(\boldsymbol{p}, s_3)\rangle = \eta_a'\,|\,\bar{a}(\boldsymbol{p}, s_3)\rangle. \tag{16-42}$$

Dabei ist η_a' wieder ein Phasenfaktor. Experimentell stellt man Invarianz der starken Wechselwirkung bei Ladungskonjugation fest. Eine starke Reaktion und ihre Ladungskonjugierte, bei der alle Teilchen durch ihre Antiteilchen ersetzt sind, haben bis auf einen Phasenfaktor dieselbe Streuamplitude. In Operator-Schreibweise gilt für die Streumatrix

$$\mathbf{U}(C)^{-1}\,\mathbf{S}\,\mathbf{U}(C) = \mathbf{S}. \tag{16-43}$$

Ein Beispiel für ladungskonjugierte Reaktionen ist

$$p(\boldsymbol{p}, s_3) + \bar{p}(\boldsymbol{p}', s_3') \longrightarrow \pi^+(\boldsymbol{k}_1) + \pi^-(\boldsymbol{k}_2),$$

$$\bar{p}(\boldsymbol{p}, s_3) + p(\boldsymbol{p}', s_3') \longrightarrow \pi^-(\boldsymbol{k}_1) + \pi^+(\boldsymbol{k}_2).$$

$$(16\text{-}44)$$

Der Phasenfaktor η_a' in Gl. (16-42) ist vor allem wichtig für Teilchen, die identisch mit ihren Antiteilchen sind. Solche Teilchen sind Eigenzustände von $U\,(C)$ mit Eigenwert $\pm\,1$. So hat zum Beispiel das π^0-Meson Ladungskonjugation $C = +\,1$, das ρ^0-Meson und das Photon haben $C = -\,1$.

Etwas schwieriger ist der Zeitumkehr-Operator $V\,(T)$ zu diskutieren. Nach unseren Überlegungen in Abschnitt 4.5 definieren wir $V\,(T)$ als *antiunitären* Operator, der für 1-Teilchen-Zustände sowohl im Impuls als auch Spin umdreht (Wigner 1932):

$$V\,(T)\,|\,a(p, s_3)\rangle \;=\; \eta_a''\,|\,a(-p, -s_3)\rangle, \tag{16-45}$$

wobei η_a'' wieder ein Phasenfaktor ist.

Experimentell stellt man fest, daß starke Reaktionen und ihre Zeitumgekehrten, bei denen Anfangs- und Endzustand vertauscht und Impulse und Spins umgedreht sind, dieselbe Streumatrix haben. Zum Beispiel sind bei T-Invarianz die Streuamplituden für die beiden folgenden Reaktionen gleich, bis auf mögliche Phasenfaktoren:

$$\begin{aligned}
\mathrm{p}\,(p, s_3) + \pi^-(k) \quad &\longrightarrow\quad \mathrm{p}\,(p', s_3') + \pi^-(k'),\\
\mathrm{p}\,(-p', -s_3') + \pi^-(-k') &\longrightarrow\quad \mathrm{p}\,(-p, -s_3) + \pi^-(-k).
\end{aligned} \tag{16-46}$$

Für allgemeine starke Reaktionen gilt für die Streumatrix mit $|\alpha\rangle$, $|\beta\rangle$ beliebigen Hadron-zuständen (s. Gln. (4-142)–(4.144)):

$$\begin{aligned}
(V\,(T)^{-1}\,S\,V\,(T))^\dagger \;&=\; S,\\
\langle \alpha\,|\,S\,|\,\beta\rangle \;&=\; \langle V\,(T)\beta\,|\,S\,|\,V\,(T)\alpha\rangle.
\end{aligned} \tag{16-47}$$

Die Frage der Phasen in Gln. (16-37), (16-42) und (16-45) erscheint zunächst recht verwirrend, da, wie schon erwähnt, manche Phasen Konvention, manche dagegen meßbar sind (vgl. Streater 1964). In der Hadronphysik lassen sich diese Fragen aber stets leicht lösen. Wir müssen bloß das Transformationsverhalten für Quark-Felder unter P, C und T wissen, und das soll genau wie für freie Dirac-Felder sein (Abschnitt 4.5). Die Phasen, welche die Hadronzustände bei P-, C- und T-Transformationen erhalten, ergeben sich dann im Rahmen des Quarkmodells aus den Hadronwellenfunktionen, die wir in Abschnitt 17.4 besprechen werden.

Die Invarianz unter P-, C- und T-Transformationen gilt nur für starke und elektro-magnetische Prozesse. Schwache Prozesse verletzen P, C und T. Zum Beispiel zerfällt das K^+-Meson in 2 Pionen und in 3 Pionen:

$$\begin{aligned}
K^+ &\longrightarrow \pi^+\,\pi^0,\\
K^+ &\longrightarrow \pi^+\,\pi^-\,\pi^+.
\end{aligned} \tag{16-48}$$

Experimentell stellt man fest, daß die Pionen in beiden Fällen in S-Zuständen sind, d.h. Bahndrehimpuls Null tragen. Da die Pionen innere Parität -1 haben, hat der 2π-Zustand Parität $+1$, der 3π-Zustand Parität -1, und es ist unmöglich, im Rahmen der schwachen Wechselwirkungen eine erhaltene Paritätsoperation zu finden.

Aus ganz allgemeinen Axiomen der lokalen Feldtheorie folgt aber, daß alle Wech-selwirkungen unter dem Produkt $\Theta = CPT$ invariant sind, wie wir schon in Abschnitt 4.5 erwähnten. Diese CPT-Invarianz garantiert Gleichheit der Massen und totalen Lebensdauern von Teilchen und Antiteilchen. Zum Beispiel folgt:

$$\begin{aligned}
m_{\mathrm{p}} &= m_{\bar{\mathrm{p}}},\\
\tau_{K^+} &= \tau_{K^-}.
\end{aligned} \tag{16-49}$$

Die CPT-Invarianz ist bisher im Experiment durchweg bestätigt worden. Wir zitieren als Beispiel folgende experimentelle Werte (Particle Data Group 1984):

$$\frac{2(m_\mathrm{p} - m_{\bar{\mathrm{p}}})}{m_\mathrm{p} + m_{\bar{\mathrm{p}}}} = (7 \pm 4) \cdot 10^{-5},$$

$$\frac{2(\tau_{\mathrm{K}^+} - \tau_{\mathrm{K}^-})}{\tau_{\mathrm{K}^+} + \tau_{\mathrm{K}^-}} = (1{,}1 \pm 0{,}9) \cdot 10^{-3}. \tag{16-50}$$

Das ist verträglich mit Gl. (16-49).

Wir geben noch die P-, C-, T- und Θ = CPT-Transformierten einer einfachen Reaktion an:

$$
\begin{aligned}
& \mathrm{p}(\boldsymbol{p}, s_3) \quad + \pi^-(\boldsymbol{k}) \quad \longrightarrow \mathrm{n}(\boldsymbol{p}', s_3') \quad + \pi^0(\boldsymbol{k}'), \\
&\mathrm{P}:\ \mathrm{p}(-\boldsymbol{p}, s_3) + \pi^-(-\boldsymbol{k}) \longrightarrow \mathrm{n}(-\boldsymbol{p}', s_3') + \pi^0(-\boldsymbol{k}'), \\
&\mathrm{C}:\ \bar{\mathrm{p}}(\boldsymbol{p}, s_3) \quad + \pi^+(\boldsymbol{k}) \quad \longrightarrow \bar{\mathrm{n}}(\boldsymbol{p}', s_3') \quad + \pi^0(\boldsymbol{k}'), \\
&\mathrm{T}:\ \mathrm{n}(-\boldsymbol{p}', -s_3') + \pi^0(-\boldsymbol{k}') \longrightarrow \mathrm{p}(-\boldsymbol{p}, -s_3) + \pi^-(-\boldsymbol{k}), \\
&\Theta:\ \bar{\mathrm{n}}(\boldsymbol{p}', -s_3') + \pi^0(\boldsymbol{k}') \quad \longrightarrow \bar{\mathrm{p}}(\boldsymbol{p}, -s_3) + \pi^+(\boldsymbol{k}).
\end{aligned}
\tag{16-51}
$$

Die Zeitumkehr-Invarianz ist u.a. nützlich, da man bei Voraussetzung ihrer Gültigkeit gewisse Streuquerschnitte für Reaktionen mit zwei instabilen Teilchen im Anfangszustand messen kann, beispielsweise $\mathrm{n} + \pi^0 \longrightarrow \mathrm{p} + \pi^-$ nach Gl. (16-51).

16.3　Die Partialwellen-Analyse

Der Ausgangspunkt der Überlegungen ist, daß die S-Matrix wegen der Drehinvarianz mit dem Drehimpulsoperator vertauschen muß. Daher kann die S-Matrix nur Zustände gleichen Drehimpulses im Anfangs- und Endzustand miteinander verbinden. In der Basis der Drehimpuls-Eigenzustände zerfällt also die S-Matrix in Untermatrizen zu den einzelnen Drehimpuls-Eigenwerten. Die Entwicklung der S-Matrix in der Basis der Drehimpuls-Eigenzustände nennt man die Partialwellen-Analyse. Bei starken Reaktionen ist auch die Parität erhalten. Die S-Matrix zerfällt dann weiter in Untermatrizen zu den beiden Eigenwerten ± 1 der Parität. Die Partialwellen-Analyse ist die wichtigste Methode zur Bestimmung des Spins und der Parität von Resonanzen.

Wir wollen die Partialwellen-Analyse für die elastische π^+ p-Streuung ausführen, d.h. für die Reaktion

$$\pi^+(\boldsymbol{p}_1) + \mathrm{p}(\boldsymbol{p}_2, r) \longrightarrow \pi^+(\boldsymbol{p}_1') + \mathrm{p}(\boldsymbol{p}_2', r'), \tag{16-52}$$

wobei r, r' die Spinindizes des Protons sind. Als Anwendung werden wir Spin und Parität der Δ-Resonanz bestimmen. Die Wirkung des Drehimpulsoperators $\vec{\mathbf{J}}$ auf den Anfangszustand ist nach Gl. (16-36) wie folgt:

$$
\mathbf{J}^j \,|\, \pi^+(\boldsymbol{p}_1),\ \mathrm{p}(\boldsymbol{p}_2, r)\rangle = \sum_s \left\{ \delta_{sr}\, \epsilon^{jkl} \left(p_1^k\, \mathrm{i}\, \frac{\partial}{\partial p_1^l} + p_2^k\, \mathrm{i}\, \frac{\partial}{\partial p_2^l} \right) \right.
$$
$$
\left. + \frac{1}{2}\, \sigma_{sr}^j \right\} |\, \pi^+(\boldsymbol{p}_1)\, \mathrm{p}(\boldsymbol{p}_2, s)\rangle. \tag{16-53}
$$

Nun führen wir den Schwerpunktsimpuls p_s und den Relativimpuls p ein:

$$p_s = p_1 + p_2,$$
$$p = \tfrac{1}{2}(p_1 - p_2). \tag{16-54}$$

Damit ergibt sich

$$J^j \,|\, \pi^+(\tfrac{1}{2}\,p_s + p),\ \mathrm{p}(\tfrac{1}{2}\,p_s - p, r)\rangle = \sum_s \left\{ \delta_{sr}\, \epsilon^{jkl}\left(p_s^k\, \mathrm{i}\,\frac{\partial}{\partial p_s^l} + p^k\, \mathrm{i}\,\frac{\partial}{\partial p^l} \right) \right.$$

$$\left. + \tfrac{1}{2}\, \sigma_{sr}^{j} \right\} |\, \pi^+(\tfrac{1}{2}\,p_s + p),\ \mathrm{p}(\tfrac{1}{2}\,p_s - p, s)\rangle. \tag{16-55}$$

Im Schwerpunktsystem. d.h. für $p_s = 0$, erhalten wir

$$J^j \,|\, \pi^+(p),\ \mathrm{p}(-p, r)\rangle = \sum_s \{\delta_{sr}\, \mathsf{L}^j + \tfrac{1}{2}\,\sigma_{sr}^j\} \,|\, \pi^+(p),\ \mathrm{p}(-p, s)\rangle, \tag{16-56}$$

wobei wir den Operator $\vec{\mathsf{L}}$ des Bahndrehimpulses im Schwerpunktsystem wie folgt definieren:

$$\mathsf{L}^j \,|\, \pi^+(p),\ \mathrm{p}(-p, r)\rangle = \epsilon^{jkl}\, p^k\, \mathrm{i}\,\frac{\partial}{\partial p^l}\, |\, \pi^+(p),\ \mathrm{p}(-p, r)\rangle. \tag{16-57}$$

Wir suchen die Eigenzustände zum Gesamtdrehimpuls, d.h. zu $\vec{J}^2$ und J^3. Im ersten Schritt konstruieren wir die Eigenzustände zum Bahndrehimpuls, also zu $\vec{\mathsf{L}}^2$ und L^3, für feste Schwerpunktsenergie $\sqrt{s}$ bzw. festes $|p|$. Wir behaupten, daß wir diese Zustände mit Hilfe der Kugelfunktionen $Y_{l, l_3}(\hat{p})$ ($\hat{p} = p/|p|$) von Anhang C folgendermaßen definieren können:

$$|s;\ l, l_3;\ \tfrac{1}{2}, r\rangle = \int d\Omega_p\, Y_{l, l_3}(\hat{p})\,|\, \pi^+(p),\ \mathrm{p}(-p, r)\rangle,$$

$$(l = 0, 1, 2, \dots\,;\quad l_3 = -l, \dots, l). \tag{16-58}$$

Wie wir leicht nachrechnen, gilt in der Tat:

$$\vec{\mathsf{L}}^2 \,|s;\ l, l_3;\ \tfrac{1}{2}, r\rangle = l(l+1)\,|s;\ l, l_3;\ \tfrac{1}{2}, r\rangle,$$
$$\mathsf{L}^3 \,|s;\ l, l_3;\ \tfrac{1}{2}, r\rangle = l_3\,|s;\ l, l_3;\ \tfrac{1}{2}, r\rangle. \tag{16-59}$$

Nun fügen wir nach den Gesetzen der Drehimpuls-Addition den Spin des Protons zum Bahndrehimpuls hinzu, um die Eigenzustände des Gesamtdrehimpulses zu erhalten. Wir definieren sie mit Hilfe der Clebsch-Gordon-Koeffizienten $(l, l_3;\ \tfrac{1}{2}, r\,|\,j, j_3)$ als

$$|s;\ l;\ j, j_3\rangle = \sum_{l_3, r} (l, l_3;\ \tfrac{1}{2}, r\,|\,j, j_3)\,|s;\ l, l_3;\ \tfrac{1}{2}, r\rangle, \tag{16-60}$$

$$(|l - \tfrac{1}{2}| \leqslant j \leqslant l + \tfrac{1}{2};\quad j_3 = -j, \dots, j).$$

Es gilt:

$$\vec{J}^2 \,|s;\ l;\ j, j_3\rangle = j(j+1)\,|s;\ l;\ j, j_3\rangle,$$
$$J^3 \,|s;\ l;\ j, j_3\rangle = j_3\,|s;\ l;\ j, j_3\rangle. \tag{16-61}$$

Die Parität der Zustände von Gl. (16-60) ergibt sich wie folgt: Die innere Parität des Protons setzen wir nach Abschnitt 16.2 durch Definition gleich $+1$. Betrachten wir die innere Parität des Pions als bekannt zu -1, so finden wir nach Gln. (16-37), (16-58) und (C-37) von Anhang C:

$$\mathbf{U}(P)\,|s; l; j, j_3\rangle = (-1)^{l+1}\,|s; l; j, j_3\rangle. \tag{16-62}$$

Für die Normierung der Zustände von Gl. (16-60) ergibt sich mit Fermis Trick von Kapitel 5 aus Gl. (16-27):

$$\langle s'; l'; j', j_3'|s; l; j, j_3\rangle = (2\pi)^3\,V\,\frac{8\,s}{w(s, m_\pi^2, m_\mathrm{p}^2)}\,\delta_{l',l}\,\delta_{j',j}\,\delta_{j_3',j_3}\,\delta\,(\sqrt{s'} - \sqrt{s}). \tag{16-63}$$

Dabei ist V das Normierungsvolumen und $w(s, m_\pi^2, m_\mathrm{p}^2) = 2\sqrt{s}\,|\boldsymbol{p}|$ (Gln. (2-72), (2-76)).

Die Umkehrung der Gln. (16-58) und (16-60) liefert uns nun die Entwicklung des einlaufenden Zustands nach den Drehimpuls-Eigenzuständen (Aufgabe 16.4):

$$|\pi^+(\boldsymbol{p}), \mathrm{p}(-\boldsymbol{p}, r)\rangle = \sum_{l, l_3, j, j_3} Y_{l, l_3}^*(\hat{\boldsymbol{p}})\,(l, l_3; \tfrac{1}{2}, r|j, j_3)|s; l; j, j_3\rangle. \tag{16-64}$$

Die Summe läuft hier über die folgenden Werte des Gesamtdrehimpulses j und Bahndrehimpulses l:

$$j = \tfrac{1}{2}, \tfrac{3}{2}, \tfrac{5}{2}, \dots\,;$$
$$l = j \pm \tfrac{1}{2}.$$

Nach Gl. (16-62) haben die Zustände zu gleichem j aber verschiedenem l auch verschiedene Parität (Tabelle 16-1).

Wir betrachten nun die elastische π^+p-Streuung im Schwerpunktsystem (Bild 16-4). Es sei $\boldsymbol{p}'$ der Impuls des auslaufenden Pions, ϑ der Streuwinkel. Für den Endzustand $|\pi^+(\boldsymbol{p}'), \mathrm{p}(-\boldsymbol{p}', r')\rangle$ können wir eine Entwicklung ganz analog zur Gl. (16-64) anschreiben mit den Ersetzungen $\boldsymbol{p} \longrightarrow \boldsymbol{p}'$, $r \longrightarrow r'$. Wie schon erwähnt kann die S-Matrix Drehimpuls und Parität eines Zustands nicht ändern. Es gilt also

$$\langle s'; l'; j', j_3'|\mathbf{S}|s; l; j, j_3\rangle = 0, \tag{16-65}$$

ausgenommen für $l' = l$, $j' = j$, $j_3' = j_3$. Die Diagonalelemente hängen wegen der Drehinvarianz nicht von j_3 ab und wir parametrisieren sie durch ihre Beträge $\eta_{l,j}(s) \geqslant 0$ und die reellen Phasen $\delta_{l,j}(s)$ folgendermaßen:

$$\langle s'; l; j, j_3|\mathbf{S}|s; l; j, j_3\rangle = \eta_{l,j}(s)\cdot e^{2\,\mathrm{i}\,\delta_{l,j}(s)}\cdot\langle s'; l; j, j_3|s; l; j, j_3\rangle. \tag{16-66}$$

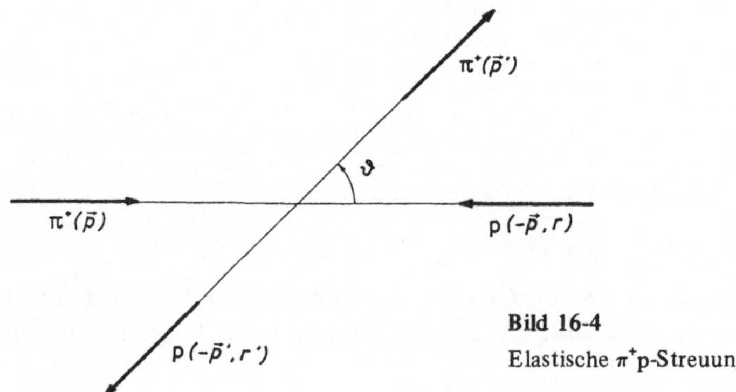

Bild 16-4
Elastische π^+p-Streuung im Schwerpunktsystem

Dabei benutzen wir, daß wegen der Energieerhaltung und nach Gl. (16-63) beide Seiten von Gl. (16-66) proportional $\delta(\sqrt{s'} - \sqrt{s})$ sind. Da S eine unitäre Matrix ist, müssen die normierten Diagonalelemente dem Betrag nach kleiner oder gleich eins sein, d.h. es gilt:

$$0 \leqslant \eta_{l,j}(s) \leqslant 1. \tag{16-67}$$

Man nennt $\delta_{l,j}$ die Streuphasen, $\eta_{l,j}$ die Absorptionsparameter. Rein elastische Streuung entspricht $\eta_{l,j} = 1$.

Wir benutzen nun diese Beziehungen, um das T-Matrixelement für unsere Reaktion (Gl. (16-52)) zu entwickeln, wobei wir

$$\langle \pi^+(p'),\ p(-p',r') | T | \pi^+(p),\ p(-p,r)\rangle \equiv T_{r',r}(p',p) \tag{16-68}$$

setzen. Zunächst erhalten wir mit Fermis Trick aus Gl. (5-43):

$$\langle \pi^+(p'),\ p(-p',r') | (S-1) | \pi^+(p),\ p(-p,r)\rangle$$
$$= i\,V\,2\pi\,\delta(\sqrt{s'} - \sqrt{s})\,T_{r',r}(p',p). \tag{16-69}$$

Setzen wir auf der linken Seite dieser Gleichung die Entwicklungen des Anfangs- und End-zustands nach Gl. (16-64) ein, so ergibt sich nach Gln. (16-63) bis (16-66):

$$T_{r',r}(p',p) = \frac{64\,\pi^2\,s}{w(s, m_\pi^2, m_{\rm p}^2)} \sum_{l,\,l_3',\,l_3,\,j,\,j_3} a_{l,j}(s)$$
$$Y_{l,l_3'}(\hat{p}')\,Y^*_{l,l_3}(\hat{p})\,(l,l_3';\tfrac{1}{2},r'|j,j_3)\,(l,l_3;\tfrac{1}{2},r|j,j_3), \tag{16-70}$$

wobei

$$a_{l,j}(s) = \frac{1}{2i}\,(\eta_{l,j}(s)\,e^{2i\delta_{l,j}(s)} - 1). \tag{16-71}$$

Die Gleichung (16-70) ist die Partialwellen-Entwicklung für die π^+ p-elastische Streuung. Die für ihre Ableitung benutzten Methoden lassen sich offenbar leicht auf die Streuung von Teilchen mit beliebigem Spin übertragen.

Die Entwicklung in Gl. (16-70) können wir mit Hilfe des Additionstheorems für die Kugelfunktionen (Anhang C) vereinfachen. Zunächst beachten wir, daß das T-Matrix-element (Gl. (16-68)) eine 2×2-Matrix im Spinraum darstellt, die sich daher als Linear-kombination der Einheitsmatrix und der Pauli-Matrizen schreiben läßt. Wegen der Dreh-invarianz können wir den Ansatz machen:

$$T_{r',r}(p',p) = 8\pi\sqrt{s}\,\{f(\vartheta)\,\delta_{r',r} + i\,g(\vartheta)\,\sigma_{r',r}\cdot c\}. \tag{16-72}$$

Dabei sind f und g für feste Schwerpunktsenergie $\sqrt{s}$ nur Funktionen des Streuwinkels ϑ,

$$\cos\vartheta = \hat{p}'\hat{p}, \tag{16-73}$$

und c ist ein Vektor, der sich aus den vorhandenen Vektoren $p,\,p'$ und dem Normalenvektor zur Reaktionsebene

$$n = \frac{p \times p'}{|p \times p'|} \tag{16-74}$$

aufbauen muß. Wegen der Paritätserhaltung bei unserer Reaktion muß c gerade bei gleich-zeitigem Vorzeichenwechsel von p und p' sein. Es kann c also nur proportional n sein. Den Proportionalitätsfaktor können wir in $g(\vartheta)$ absorbieren und schreiben:

$$T_{r',r}(p',p) = 8\pi\sqrt{s}\,\{f(\vartheta)\,\delta_{r',r} + i\,g(\vartheta)\,\sigma_{r',r}\cdot n\}. \tag{16-75}$$

Vergleichen wir nun mit Gl. (16-70), so finden wir durch Bildung der Spur unter Benutzung der Gl. (C-41) von Anhang C für die Clebsch-Gordan-Koeffizienten die folgende Entwicklung für $f(\vartheta)$:

$$f(\vartheta) = \frac{1}{16\pi\sqrt{s}} \sum_r T_{r,r}(\boldsymbol{p}',\boldsymbol{p})$$

$$= \frac{2\pi}{|\boldsymbol{p}|} \sum_{l,j} a_{l,j} \sum_{l_3',l_3} Y_{l,l_3'}(\hat{\boldsymbol{p}}') \, Y^*_{l,l_3}(\hat{\boldsymbol{p}}) \, \frac{2j+1}{2l+1} \, \delta_{l_3',l_3}$$

$$= \frac{1}{|\boldsymbol{p}|} \sum_{l=0}^{\infty} \left(\sum_{j=|l-\frac{1}{2}|}^{l+\frac{1}{2}} (j+\tfrac{1}{2}) a_{l,j} \right) P_l(\cos\vartheta). \tag{16-76}$$

Dabei sind die P_l die Legendre-Polynome. Auf ähnliche Weise erhalten wir durch Multiplikation von Gln. (16-70) und (16-75) mit $\sigma_{r,r'}$ und Bildung der Spur die Entwicklung für $g(\vartheta)$ in der Gestalt (Aufgabe 16.5)

$$g(\vartheta) = \frac{1}{|\boldsymbol{p}|} \sum_{l=1}^{\infty} (a_{l,l+\frac{1}{2}} - a_{l,l-\frac{1}{2}}) \sin\vartheta \, P_l'(\cos\vartheta). \tag{16-77}$$

Der differentielle Streuquerschnitt läßt sich nun aus Gln. (5-51) und (16-75) ebenfalls leicht berechnen. Für unpolarisierte Protonen im Anfangszustand und Summation über die Spinrichtungen der Protonen im Endzustand erhalten wir:

$$\frac{d\sigma}{d\Omega} = |f(\vartheta)|^2 + |g(\vartheta)|^2. \tag{16-78}$$

Dabei ist $d\Omega$ das Raumwinkelelement zum Impuls $\boldsymbol{p}'$ des auslaufenden Pions im Schwerpunktsystem.

Mit diesen Hilfsmitteln wollen wir nun Spin und Parität der $\Delta(1232)$-Resonanz bestimmen. Da diese Resonanz nach Bild 16-1 im totalen Streuquerschnitt so markant ist, können wir annehmen, daß in ihrem Energiebereich die Streuung von *einer* Partialwelle dominiert wird. Welche das ist, können wir aus der Winkelverteilung der Pionen im Endzustand ablesen. Die entsprechenden Werte von j und l ergeben dann Spin und Parität der Resonanz.

Wir wollen zwei Möglichkeiten durchspielen. Nehmen wir zunächst an, wir hätten es mit einer Resonanz von Spin $\frac{1}{2}$ und negativer Parität zu tun. Einen Zustand mit diesen Quantenzahlen können wir nach Tabelle 16-1 nur durch Pionen mit Bahndrehimpuls $l = 0$

Tabelle 16-1 Drehimpulse und Paritäten, die in der Entwicklung des π^+-p-Zustands im Schwerpunktsystem auftreten (Gl. (16-64))

Gesamtdrehimpuls j	Bahndrehimpuls l	Parität $(-1)^{l+1}$
1/2	0	-1
1/2	1	$+1$
3/2	1	$+1$
3/2	2	-1
5/2	2	-1
$\vdots$	$\vdots$	$\vdots$

produzieren. Dominiert eine solche Resonanz, trägt also hauptsächlich der Term mit $l = 0$, $j = \frac{1}{2}$ in Gl. (16-70) bei und wir erhalten eine isotrope Winkelverteilung für die Pionen im Endzustand:

$$\frac{d\sigma}{d\Omega} = \text{const.} \quad \text{für } j^P = \frac{1}{2}^- . \tag{16-79}$$

Betrachten wir andererseits die Produktion einer Resonanz mit Spin $\frac{3}{2}$ und positiver Parität, so muß nach Tabelle 16-1 der Bahndrehimpuls im Anfangs- und Endzustand $l = 1$ sein. Bei Dominanz der Partialwelle mit $l = 1$ und $j = \frac{3}{2}$ finden wir aus Gln. (16-76) bis (16-78):

$$f(\vartheta) = \frac{2}{|\boldsymbol{p}|}\, a_{1,3/2} \cos \vartheta,$$

$$g(\vartheta) = \frac{1}{|\boldsymbol{p}|}\, a_{1,3/2} \sin \vartheta, \tag{16-80}$$

$$\frac{d\sigma}{d\Omega} = \frac{1}{|\boldsymbol{p}|^2}\, |a_{1,3/2}|^2 (1 + 3 \cos^2 \vartheta). \tag{16-81}$$

In Bild 16-5 zeigen wir Daten für $d\sigma/d\Omega$ in Abhängigkeit von $\cos \vartheta$ für Schwerpunktsenergie $\sqrt{s} = 1235{,}4$ MeV, also genau auf der Δ-Resonanz (Bussey 1973). Wie man sieht, ist eine konstante Verteilung (Gl. (16-79)) ausgeschlossen. Ein $(1 + 3 \cos^2 \vartheta)$-Gesetz (Gl. (16-81)) beschreibt dagegen die Winkelverteilung recht gut. Ersichtlich tragen aber auch andere Partialwellen bei. Aus unserer einfachen Analyse erhalten wir daher den Hinweis, daß die Δ-Resonanz wahrscheinlich Spin $\frac{3}{2}$ und Parität $+1$ hat. Das wurde durch eingehende Studien gesichert (s. Höhler 1983).

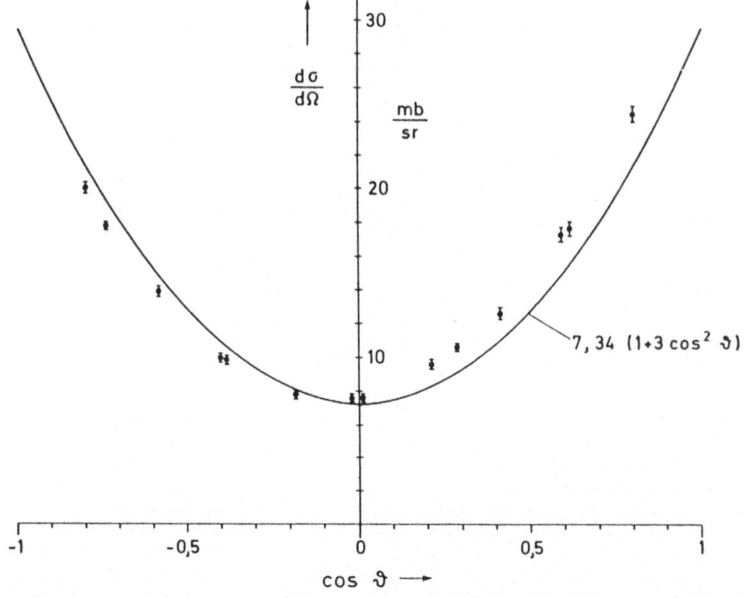

Bild 16-5 Winkelverteilung für elastische π^+p-Streuung bei Schwerpunktsenergie $\sqrt{s} = 1235{,}4$ MeV nach experimentellen Daten bei Bussey 1973. Die Kurve entspricht dem Maximum von $d\sigma/d\Omega$ unter der Annahme, daß nur die Partialwelle mit $l = 1$, $j = 3/2$ beiträgt (Gl. (16-82), (16-83)).

Wir wollen auch $a_{1,3/2}$ aus den Daten bestimmen. Für $\sqrt{s} = 1235{,}4$ MeV finden wir $|\boldsymbol{p}|^{-2} = (230{,}2 \text{ MeV})^{-2} = 7{,}34 \text{ mb}$ und bei Annahme der Dominanz der $l = 1$, $j = \frac{3}{2}$-Amplitude nach Gl. (16-81)

$$\frac{d\sigma}{d\Omega} = 7{,}34 \cdot |a_{1,3/2}|^2 (1 + 3 \cos^2 \vartheta) \text{ mb/sr}. \tag{16-82}$$

Nach Gln. (16-71) und (16.67) gilt andererseits:

$$|a_{1,3/2}|^2 = \left(\frac{1 - \eta_{1,3/2}}{2}\right)^2 + \eta_{1,3/2} \sin^2 \delta_{1,3/2} \leqslant 1, \tag{16-83}$$

und wir folgern aus Bild 16-5

$$\begin{aligned}
|a_{1,3/2}|^2 &\cong 1 \\
\eta_{1,3/2} &\cong 1, \qquad \delta_{1,3/2} \cong \frac{\pi}{2}.
\end{aligned} \tag{16-84}$$

Die Streuphase $\delta_{1,3/2}$ geht also für $\sqrt{s} = 1235{,}4$ MeV $\cong m_\Delta$ durch $\pi/2$, wie man es für eine Resonanz erwartet. Weiter finden wir, daß die π^+ p-Streuung im Bereich der Δ-Resonanz fast vollständig elastisch ist.

16.4   Die totalen Streuquerschnitte bei hohen Energien

Die totalen Querschnitte für die π^+ p- und π^- p-Streuung zeigen nach Bild 16-1 für hohe Energien einen sehr glatten Verlauf. Ähnliches gilt für die pp und $\bar{\text{p}}$p totalen Streuquerschnitte (Bild 16-6). Eine theoretische Berechnung dieser Streuquerschnitte aus der später zu besprechenden Quantenchromodynamik stellt ein ungelöstes Problem dar. In

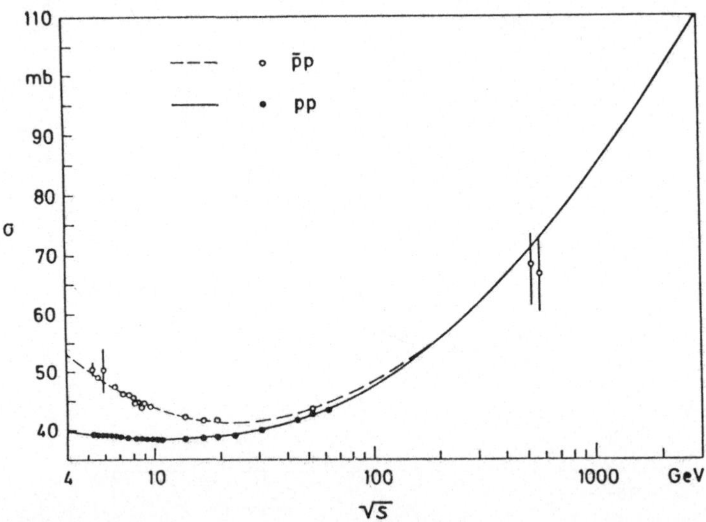

Bild 16-6 Die totalen Streuquerschnitte für $\bar{\text{p}}$p- und pp-Streuung bis zu den höchsten verfügbaren Energien. Die Kurven entsprechen Anpassungen mit einem Verhalten proportional $(\ln s)^2$ für $s \to \infty$. Für $\sqrt{s} \geqslant 150$ GeV sind die Kurven für $\bar{\text{p}}$p- und pp-Streuung auf der Skala des Bildes ununterscheidbar (nach Arnison 1983d).

diesem Abschnitt wollen wir daher nur zwei Theoreme besprechen, die aus allgemeinen Ansätzen abgeleitet wurden: die Froissart-Martin-Schranke (Froissart 1961, Martin 1963) und das Pomeranchuk-Theorem (Pomeranchuk 1958).

Wir wissen, daß die Hadronen ausgedehnte Objekte sind. Der Radius eines Hadrons ist durch die Ausdehnung des Yukawa-Potentials gegeben, ist also von der Größenordnung $1/m_\pi$. Das Yukawa-Potential kann man sich als Effekt einer Wolke von virtuellen π-Mesonen vorstellen, die jedes Hadron umgibt. Die Wahrscheinlichkeit, so ein virtuelles Pion anzutreffen, nimmt proportional zu $\exp(-m_\pi r)$ ab, wenn wir an den Rand des Hadrons gehen. Betrachten wir nun die Hadron-Hadron-Streuung bei sehr hohen Energien, so können wir annehmen, daß eine Streuung immer dann auftritt, wenn die Hadronen geometrisch aufeinander treffen. Naiv erwarten wir daher für den totalen Streuquerschnitt:

$$\sigma_{\text{tot}}(s) \xrightarrow[s \to \infty]{} \frac{1}{m_\pi^2} \cdot c \tag{16-85}$$

mit einem Zahlenfaktor c der Größenordnung 1.

Es ist einer der großen Triumpfe der axiomatischen Methoden, daß aus ganz wenigen Annahmen allgemeiner Natur eine obere Schranke für den totalen Streuquerschnitt abgeleitet werden konnte. Die Froissart-Martin-Schranke besagt:

$$\sigma_{\text{tot}}(s) \underset{s \to \infty}{\leqslant} \frac{\pi}{m_\pi^2} \left(\ln \frac{s}{s_0} \right)^2 . \tag{16-86}$$

Dieses Resultat kommt der naiven physikalischen Erwartung (Gl. (16-85)) recht nahe. Leider enthält Gl. (16-86) einen unbekannten Skalenfaktor s_0 und es wird keine Aussage gemacht, wann das asymptotische Verhalten einsetzen soll. Es ist möglich, daß man mit dem Ansteigen der totalen Streuquerschnitte in Bild 16-6 für $\sqrt{s} \gtrsim 40$ GeV bereits ein asymptotisches Verhalten entsprechend der Froissart-Martin-Schranke sieht.

Mit Hilfe axiomatischer Methoden wurden noch viele andere Schranken für Streuquerschnitte abgeleitet (s. Roy 1972 für einen Überblick). Wir wollen nur noch das Pomeranchuk-Theorem erwähnen. Dabei betrachtet man die Streuung von Teilchen a und Antiteilchen $\bar{\text{a}}$ an demselben Target b:

$$\begin{aligned} \text{a} + \text{b} &\longrightarrow X, \\ \bar{\text{a}} + \text{b} &\longrightarrow X. \end{aligned} \tag{16-87}$$

Aus ziemlich allgemeinen Annahmen kann man zeigen, daß die Differenz der totalen Streuquerschnitte für die beiden Reaktionen bei hohen Energien gegen Null gehen sollte:

$$\sigma_{\text{tot}}^{\text{ab}}(s) - \sigma_{\text{tot}}^{\bar{\text{a}}\text{b}}(s) \xrightarrow[s \to \infty]{} 0. \tag{16-88}$$

Auch dieses Theorem scheint durch die experimentellen Daten (Bilder 16-1, 16-6) nicht in Gefahr gebracht zu werden.

Wir erwähnen noch, daß das Hochenergie-Verhalten von Amplituden und Streuquerschnitten in den sechziger und siebziger Jahren ausführlich im Rahmen des sogenannten Regge-Pol-Modells diskutiert wurde, das halbempirische Regeln und Ansätze lieferte, die sich qualitativ bewährten (s. Collins 1977). Bisher ist es aber nicht gelungen, diese Ansätze aus der später zu besprechenden Quantenchromodynamik herzuleiten.

16.5   Vielteilchen-Produktion bei hohen Energien

Als letztes in diesem Kapitel besprechen wir einige Tatsachen der Teilchen-Produktion bei hohen Energien. Schießt man Hadronen mit hohen Energien aufeinander, so ist es energetisch möglich, viele neue Hadronen zu produzieren. Sehr ausführlich wurden zum Beispiel Proton-Proton-Kollisionen am Speicherring ISR im CERN untersucht (Giacomelli 1979). In Reaktionen mit Schwerpunktsenergie $\sqrt{s} \cong 50$ GeV werden im Mittel 12 geladene und 6 neutrale Teilchen produziert, in Proton-Antiproton-Kollisionen bei Schwerpunktsenergie $\sqrt{s} = 540$ GeV im Mittel bereits etwa 30 geladene Teilchen (Alpgård 1983). Die mittlere Multiplizität $\langle n_{ch} \rangle$ der geladenen Teilchen im Endzustand zeigen wir in Bild 16-7. Die Multiplizität wächst für große Energien an, vermutlich proportional zu einer Potenz von $\ln s$. Eine Anpassung an die Daten für sogenannte „nicht einfach diffraktive" Ereignisse liefert eine empirische Formel der Gestalt (Breakstone 1984)

$$\langle n_{ch} \rangle = 0{,}61 + 0{,}56 \ln s + 0{,}129 \ln^2 s \qquad (s \text{ in GeV}^2). \qquad (16\text{-}89)$$

Als einfach diffraktiv bezeichnet man ein Ereignis, bei dem eines der einlaufenden Teilchen nur wenig angeregt wird und entsprechend wenig Sekundärteilchen liefert.

In Bild 16-8 zeigen wir Daten von der pp-Streuung für die Multiplizitäten der verschiedenen produzierten Teilchenarten. Wir sehen, daß hauptsächlich Pionen produziert werden. Das ist verständlich, da die Pionen die leichtesten Teilchen sind. Man kann sich den in der Hadron-Hadron-Streuung entstehenden Zwischenzustand als sehr heißes Gas vorstellen, aus dem die Hadronen der Reihe nach abdampfen (Bild 16-9). Damit ist es klar, daß

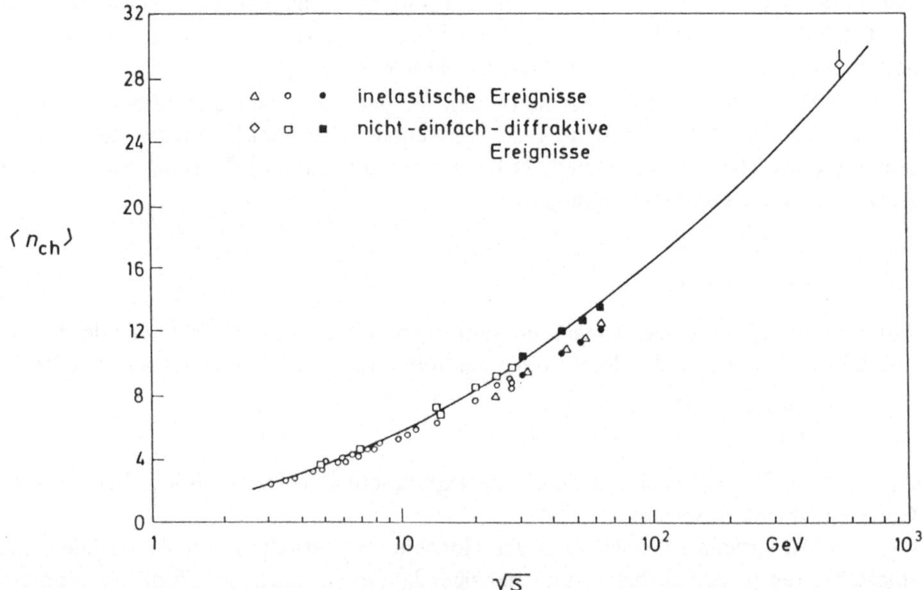

Bild 16-7 Die mittlere Multiplizität $\langle n_{ch} \rangle$ der in pp-Kollisionen produzierten geladenen Teilchen als Funktion der Schwerpunktsenergie $\sqrt{s}$. Der Punkt bei $\sqrt{s} = 540$ GeV bezieht sich auf $\bar{p}p$-Kollisionen. Es sind, wie angegeben, entweder alle inelastischen Ereignisse oder nur sogenannte „nicht-einfach-diffraktive" Ereignisse berücksichtigt. Die Kurve entspricht einer Anpassung an die letztere Ereignisklasse (Gl. (16-89)) (nach Breakstone 1984).

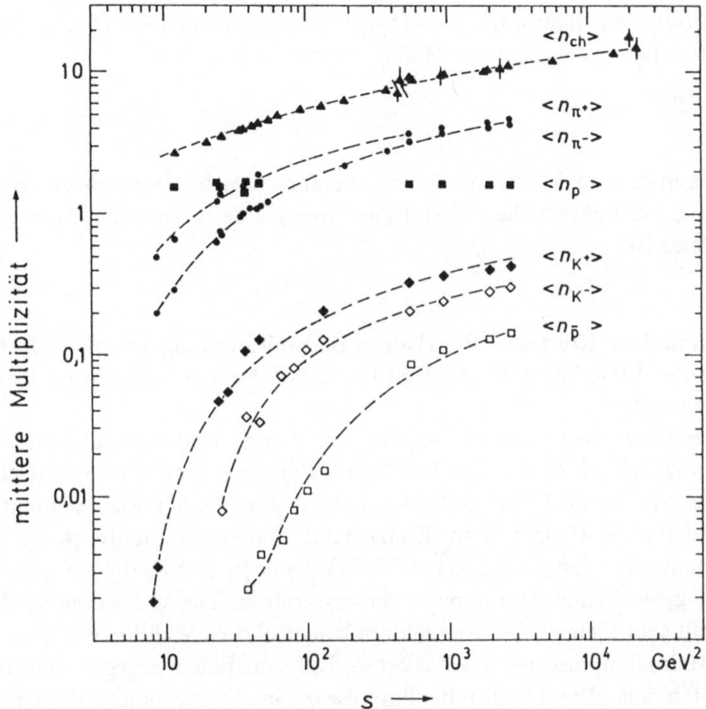

Bild 16-8 Mittlere Multiplizität für π^+, π^-, K^+, K^-, p, $\bar{p}$ und für die Summe aller geladenen Teilchen als Funktion von s in der pp-Streuung (nach Giacomelli 1979)

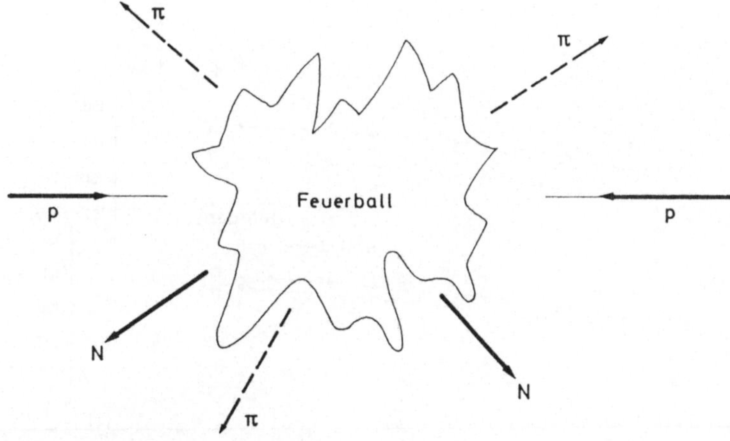

Bild 16-9 Abdampfen von Hadronen aus einem Feuerball, der durch pp-Kollision erzeugt wurde

die leichtesten Hadronen am häufigsten abdampfen werden. Allgemein erwartet man eine Art Boltzmann-Verteilung für die mittleren Multiplizitäten:

$$\langle n_\mathrm{a} \rangle \propto e^{-\frac{m_\mathrm{a}}{kT}}, \tag{16-90}$$

wobei k die Boltzmann-Konstante ist und T eine charakteristische Temperatur. Experimentell findet man, daß die charakterische „thermische" Energie des Feuerballs von der Größenordnung der Pion-Masse ist:

$$kT \cong m_\pi. \tag{16-91}$$

Solche thermodynamischen Konzepte für Hadron-Hadron-Streuung hatten einigen Erfolg in der Beschreibung der Vielteilchen-Produktion bei hohen Energien (Hagedorn 1968, 1983 und dort zitierte Referenzen).

Ein weiterer phänomenologischer Aspekt von Hadron-Hadron-Reaktionen sind die Transversal- und Longitudinalimpulse der bei hohen Energien produzierten Teilchen. Betrachten wir wieder als Beispiel Proton-Proton-Streuung bei einer Schwerpunktsenergie $\sqrt{s} \gg m_\mathrm{p}$. Dann sind für die Hadronen im Endzustand Transversalimpulse p_t der Größenordnung $\sqrt{s}/2$ kinematisch erlaubt. Für $\sqrt{s} \cong 50\,\mathrm{GeV}$ kann p_t maximal etwa 25 GeV sein. Tatsächlich sind so große Transversalimpulse äußerst selten. Die überwiegende Zahl von Teilchen erscheint mit sehr kleinem Transversalimpuls $p_\mathrm{t} \lesssim 0.4\,\mathrm{GeV}$ (Bild 16-10).

Die Longitudinalimpulse der produzierten Teilchen füllen dagegen den erlaubten kinematischen Bereich aus. Die Longitudinalimpulse p_l im Schwerpunktsytem mißt man günstigerweise in Vielfachen des maximalen Impulses, $\sqrt{s}/2$ und definiert die Größe

$$x_\mathrm{F} = \frac{2p_\mathrm{l}}{\sqrt{s}}, \tag{16-92}$$

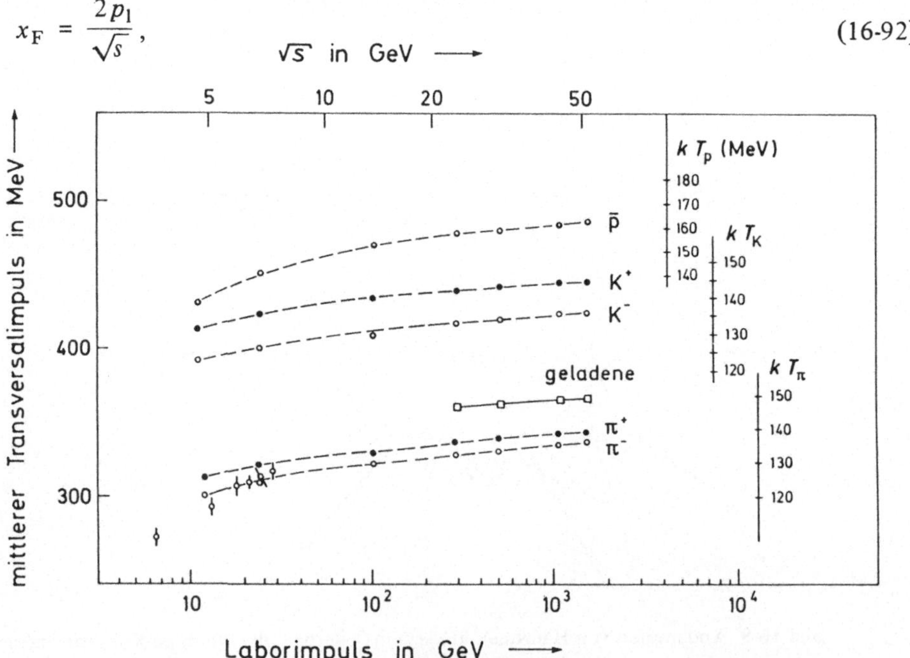

Bild 16-10 Mittlere Transversalimpulse in der pp-Streuung für die produzierten Teilchen π^+, π^-, K^+, K^-, $\bar{\mathrm{p}}$ und für die Summe aller geladenen Teilchen, aufgetragen als Funktion des Laborimpulses. Die Temperatur-Skalen auf der rechten Seite wurden im Rahmen eines thermodynamischen Modells berechnet (nach Giacomelli 1979).

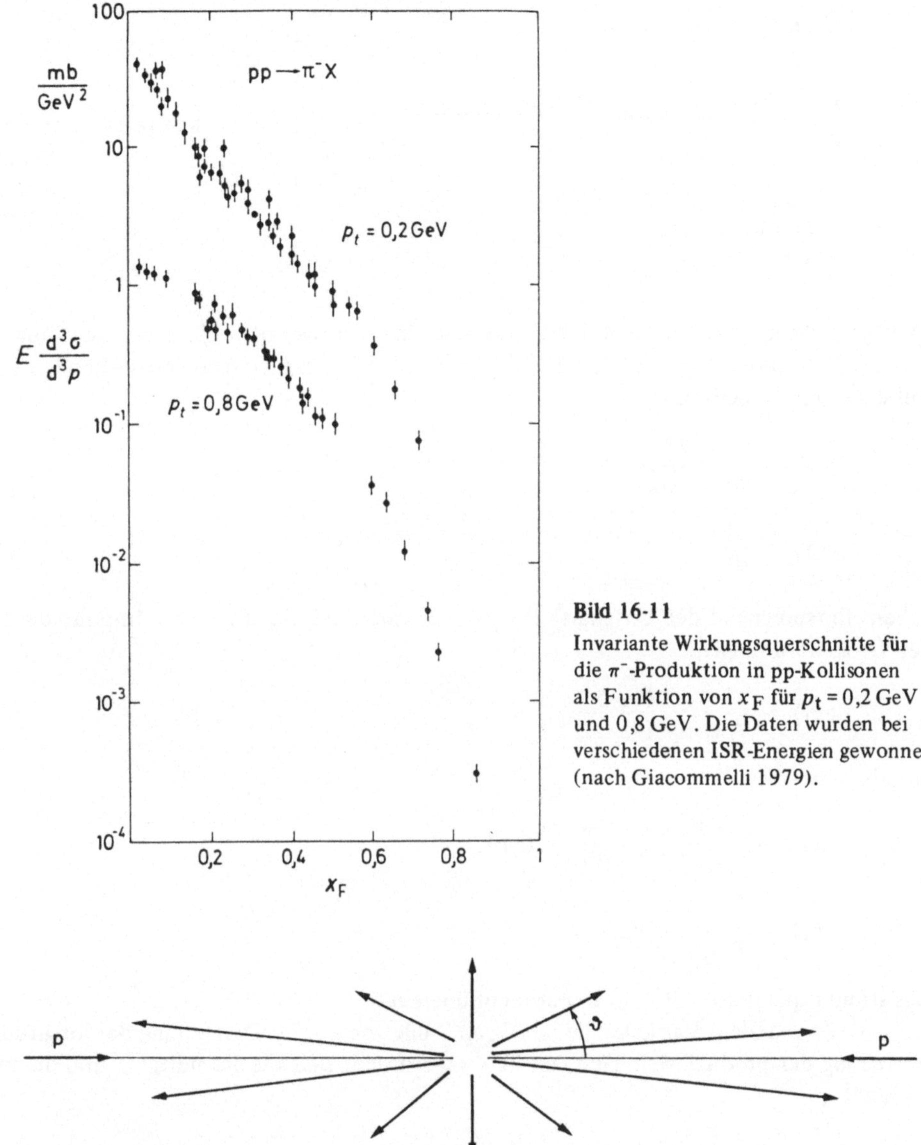

Bild 16-11

Invariante Wirkungsquerschnitte für die π^--Produktion in pp-Kollisonen als Funktion von x_F für p_t = 0,2 GeV und 0,8 GeV. Die Daten wurden bei verschiedenen ISR-Energien gewonnen (nach Giacommelli 1979).

Bild 16-12 Schematisches Bild einer Proton-Proton-Kollision bei hohen Energien. Die Pfeile symbolisieren die Impulse der produzierten Teilchen.

die man als Feynmans Skalenvariable bezeichnet. Teilchen-Verteilungen in x_F zeigen wir in Bild 16-11.

Ein schematisches Bild einer pp-Kollision im Schwerpunktsystem bei hohen Energien ist in Bild 16-12 gezeichnet. Die produzierten Teilchen kommen vorwiegend in Form zweier Bündel oder „Jets" heraus, die in Strahlenrichtung liegen. Qualitativ können wir diesen Sachverhalt mit Hilfe der Unschärfe-Relation verstehen (Heisenberg 1952). Die beiden Protonen im Anfangszustand sind infolge der Lorentz-Kontraktion in longitudinaler

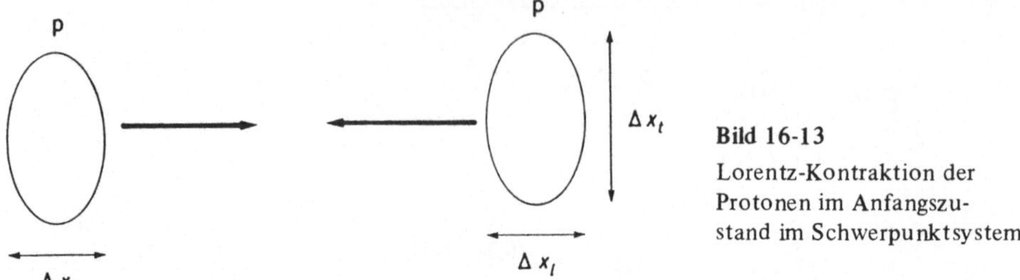

Bild 16-13

Lorentz-Kontraktion der
Protonen im Anfangszu-
stand im Schwerpunktsystem

Richtung stark zusammengedrückt, während die transversalen Dimensionen ungeändert
von der Größenordnung $1/m_\pi$ sind (Bild 16-13). Der in der Kollision entstehende Feuerball
sollte also die Dimensionen

$$\Delta x_1 \sim \frac{1}{m_\pi} \cdot \frac{2m_p}{\sqrt{s}},$$

$$\Delta x_t \sim \frac{1}{m_\pi} \tag{16-93}$$

haben. Entsprechend der Unschärfe-Relation erwarten wir dann mittlere Impulse der folgenden Größenordnungen:

$$\langle p_1 \rangle \sim \frac{1}{\Delta x_1} \sim \frac{m_\pi}{m_p} \frac{\sqrt{s}}{2},$$

beziehungsweise

$$\langle x_F \rangle = \left\langle \frac{2p_1}{\sqrt{s}} \right\rangle \sim \frac{m_\pi}{m_p} \sim 0{,}14,$$

$$\langle p_t \rangle \sim \frac{1}{\Delta x_t} \sim m_\pi. \tag{16-94}$$

Das stimmt qualitativ mit dem Experiment überein.

Zwei andere Variable, die häufig an Stelle von x_F zur Darstellung der longitudinalen
Verteilung der produzierten Teilchen benutzt werden, sind die Rapidität y und die Pseudorapidität η:

$$y = \frac{1}{2} \ln \frac{E + p_1}{E - p_1} = \ln \frac{E + p_1}{m^2 + p_t^2}, \tag{16-95}$$

$$\eta = \frac{1}{2} \ln \frac{|p| + p_1}{|p| - p_1} = -\ln \tan \frac{\vartheta}{2}. \tag{16-96}$$

Dabei sind m die Masse des produzierten Teilchens und E, $\boldsymbol{p}$, ϑ, $p_1 = |\boldsymbol{p}| \cos \vartheta$ Energie,
Impuls, Produktionswinkel und longitudinaler Impuls im Schwerpunktsystem (Bild 16-12).
Die Verteilung der in $\bar{p}p$-Kollisionen bei Schwerpunktsenergie $\sqrt{s} = 540$ GeV produzierten
geladenen Teilchen als Funktion von η zeigen wir in Bild 16-14. Wir bemerken ein Plateau
im zentralen Pseudorapiditätsbereich mit einer Teilchendichte (Arnison 1983b)

$$\left. \frac{dn}{d\eta} \right|_{\eta = 0} = 3{,}3 \pm 0{,}2. \tag{16-97}$$

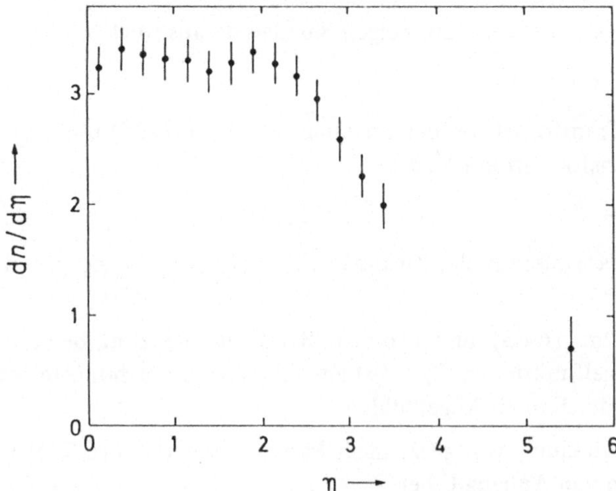

Bild 16-14 Die Verteilung der geladenen Teilchen, produziert in $\bar{p}p$-Kollisionen bei einer Schwerpunktsenergie $\sqrt{s}$ = 540 GeV, auftetragen gegen die Pseudorapidität η. Gezeigt ist nur der Bereich $\eta \geqslant 0$, da die Verteilung wegen der Ladungskonjugations-Invarianz symmetrisch um $\eta = 0$ ist. Einfach-diffraktive Ereignisse wurden nicht berücksichtigt (nach Arnison 1983b).

Die Verteilungen, die in pp-Kollisionen bei Schwerpunktsenergien $\sqrt{s} \cong 50{-}60$ GeV beobachtet wurden, zeigen dieselben qualitativen Züge, aber die Höhe des zentralen Plateaus ist geringer (Thomé 1977):

$$\frac{dn}{d\eta}\bigg|_{\eta=0} \cong 1{,}9 \qquad \text{für } \sqrt{s} = 63 \text{ GeV}. \tag{16-98}$$

Am Ende dieses Kapitels erwähnen wir noch, daß ziemlich selten auch Hadronen mit sehr hohem Transversalimpuls in Hadron-Hadron-Kollisionen produziert werden. Solche Ereignisse deutet man heute als mehr oder weniger direkte Manifestationen einer Streuung unter großem Winkel der Konstituenten der Hadronen aneinander. Diese Reaktionen werden wir in Kapitel 20 näher untersuchen.

Aufgaben

16.1   Beweisen Sie die Vertauschungsregeln in Gl. (16-15).
Anleitung: Betrachten Sie zwei infinitesimale Poincaré-Transformationen $(\Lambda, \delta a)$ und $(\Lambda', \delta a')$ wie in Gl. (16-12). Entwickeln Sie das Produkt

$(\Lambda', \delta a')^{-1} (\Lambda, \delta a)^{-1} (\Lambda', \delta a') (\Lambda, \delta a)$

sowie die entsprechende Darstellungstransformation bis zur 2. Ordnung in den infinitesimalen Parametern.

16.2   Beweisen Sie Gl. (16-26).
Anleitung: Betrachten Sie dazu eine infinitesimale Poincaré-Transformation $(\Lambda, \delta a)$ wie in Gl. (16-12) und eine beliebige Transformation (Λ', a'). Berechnen Sie das Produkt

$(\Lambda', a')^{-1} (\Lambda, \delta a) (\Lambda', a')$

und seine Darstellungstransformation. Zeigen Sie, daß daraus folgt:

$$\mathbf{U}^{-1}(\Lambda', a') \, \mathbf{P}^\mu \, \mathbf{U}(\Lambda', a') = \Lambda'^\mu_{\ \nu} \, \mathbf{P}^\nu. \tag{16-99}$$

16.3 Berechnen Sie die Transformation der Zustände von Gl. (16-25) unter einer allgemeinen Poincaré-Transformation (Λ', a')

$$\mathbf{U}(\Lambda', a') | \mathrm{a}(\boldsymbol{p}, s_3)\rangle = ?$$

Zeigen Sie, daß die Normierung der Zustände wie in Gl. (16-27) angegeben gewählt werden kann.

16.4 Beweisen Sie die Gln. (16-63) und (16-64). Benutzen Sie zum Beweis von Gl. (16-64), daß die Kugelfunktionen $Y_{l, l_3}(\hat{\boldsymbol{p}})$ ein vollständiges orthonormales System von Funktionen auf der Einheitskugel bilden.

16.5 Leiten Sie die Entwicklung von $g(\vartheta)$ nach Partialwellen (Gl. (16-77)) unter Benutzung der Formeln von Anhang C her.

16.6 Will man bloß die Winkelverteilung im Zerfall einer Resonanz herleiten, kann man wie folgt vorgehen: Wir betrachten die Entwicklung des Anfangszustands, Gl. (16-64), und legen die 3. Achse in die Richtung von $\boldsymbol{p}$. Zeigen Sie mit Hilfe der Eigenschaften der Kugelfunktionen, daß im Anfangszustand dann nur Terme mit $l_3 = 0$ und $j_3 = r = \pm \frac{1}{2}$ vorkommen. Eine Resonanz wird also nur im Spinzustand $j_3 = \pm \frac{1}{2}$ produziert. Konstruieren Sie nach Gl. (16-60) die Endzustände, die im Zerfall einer Resonanz mit $j^P = \frac{1}{2}^-, \frac{1}{2}^+, \frac{3}{2}^+$ oder $\frac{5}{2}^+$ auftreten, und leiten Sie die entsprechenden Winkelverteilungen für die Pionen her. Vergleichen Sie dies mit den allgemeinen Resultaten nach Gln. (16-76) bis (16-78).

16.7 Nach Gl. (16-5) verhält sich die Amplitude $a_{1,3/2}(s)$ für s in der Nähe von m_Δ^2 wie folgt:

$$a_{1,3/2}(s) \propto \frac{1}{s - m_\Delta^2 + i\, m_\Delta \Gamma_\Delta}.$$

Bestimmen Sie nach Gl. (16-84) die korrekte Normierung von $a_{1,3/2}(s)$ sowie das Verhalten der Phase $\delta_{1,3/2}(s)$ als Funktion von s.

16.8 Betrachten Sie die Kollision zweier Teilchen a, b in Bezugsystemen, die aus dem Schwerpunktsystem durch Lorentz-Transformationen längs der Achse, definiert durch die Impulse der einlaufenden Teilchen, hervorgehen. Definieren Sie für ein produziertes Teilchen c die Rapidität in diesen Systemen in Analogie zur Gl. (16-95) und diskutieren Sie das Transformationsverhalten der Rapidität.

17 Innere Symmetrien der starken Wechselwirkung und das Quarkmodell

Wir wenden uns nun den inneren Symmetrien der Hadronen zu. Den Isospin haben wir schon in Kapitel 15 kennengelernt. Unser Ziel ist nun, die SU(3)-Flavor-Gruppe von Gell-Mann und Ne'eman näher zu besprechen. Wir müssen uns aber zunächst mit den mathematischen Eigenschaften der SU(3)-Gruppe vertraut machen.

17.1 Mathematik der SU(3)-Gruppe

Wir betrachten einen dreidimensionalen Zustandsraum. Orthonormale Basiszustände seien

$$|1\rangle, \quad |2\rangle, \quad |3\rangle,$$

wobei

$$\langle i|j\rangle = \delta_{ij} \qquad (1 \leqslant i, j \leqslant 3).$$

Diese Zustände könnten wir etwa mit fiktiven 1-Quark-Zuständen identifizieren:

$$|1\rangle \equiv |u\rangle, \quad |2\rangle \equiv |d\rangle, \quad |3\rangle \equiv |s\rangle. \tag{17-1}$$

Die SU(3)-Gruppe ist die Gruppe der unitären Transformationen $\mathbf{U}$ mit Determinante 1 in unserem dreidimensionalen Zustandsraum. In der gewählten Basis haben wir:

$$\begin{aligned}
\mathbf{U}|i\rangle &= |j\rangle U_{ji}, \\
\mathbf{U}^\dagger \mathbf{U} &= 1, \\
\det \mathbf{U} &= 1.
\end{aligned} \tag{17-2}$$

Wie bei Drehungen im gewöhnlichen Raum oder im Isospin-Raum ist es nützlich, infinitesimale Transformationen zu betrachten, die wir folgendermaßen ansetzen:

$$\mathbf{U} = 1 + i\,\delta\varphi \cdot \mathbf{H}, \tag{17-3}$$

wobei $\delta\varphi$ reell und von 1. Ordnung klein und $\mathbf{H}$ eine Matrix seien. Einsetzen in Gl. (17-2) führt zu

$$\begin{aligned}
(1 + i\,\delta\varphi\,\mathbf{H})\,(1 - i\,\delta\varphi\,\mathbf{H}^\dagger) &= 1, \\
\det(1 + i\,\delta\varphi\,\mathbf{H}) &= 1 + i\,\delta\varphi(\mathrm{Sp}\,\mathbf{H}) = 1.
\end{aligned} \tag{17-4}$$

Daraus folgen die Bedingungen für $\mathbf{H}$:

$$\begin{aligned}
\mathbf{H} &= \mathbf{H}^\dagger, \\
\mathrm{Sp}\,\mathbf{H} &= 0.
\end{aligned} \tag{17-5}$$

Wir sehen, daß $\mathbf{H}$ eine hermitesche Matrix mit verschwindender Spur sein muß. Umgekehrt liefert jede solche Matrix $\mathbf{H}$ eine infinitesimale Transformation aus SU(3).

Die Anzahl der linear unabhängigen hermiteschen 3×3-Matrizen ist 9, da wir in der Hauptdiagonale jeweils eine reelle Zahl, oberhalb der Hauptdiagonale jeweils eine komplexe Zahl vorgeben können. Die Spurbedingung in Gl. (17-5) reduziert die Anzahl der linear unabhängigen Matrizen **H** auf 8. Eine geeignete Basis für die spurlosen hermiteschen 3×3-Matrizen bilden die Gell-Mann-λ-Matrizen (Gell-Mann 1964):

$$\lambda_1 = \begin{pmatrix} 0 & 1 & 0 \\ 1 & 0 & 0 \\ 0 & 0 & 0 \end{pmatrix}, \qquad \lambda_2 = \begin{pmatrix} 0 & -i & 0 \\ i & 0 & 0 \\ 0 & 0 & 0 \end{pmatrix}, \qquad \lambda_3 = \begin{pmatrix} 1 & 0 & 0 \\ 0 & -1 & 0 \\ 0 & 0 & 0 \end{pmatrix},$$

$$\lambda_4 = \begin{pmatrix} 0 & 0 & 1 \\ 0 & 0 & 0 \\ 1 & 0 & 0 \end{pmatrix}, \qquad \lambda_5 = \begin{pmatrix} 0 & 0 & -i \\ 0 & 0 & 0 \\ i & 0 & 0 \end{pmatrix}, \qquad \lambda_6 = \begin{pmatrix} 0 & 0 & 0 \\ 0 & 0 & 1 \\ 0 & 1 & 0 \end{pmatrix}, \quad (17\text{-}6)$$

$$\lambda_7 = \begin{pmatrix} 0 & 0 & 0 \\ 0 & 0 & -i \\ 0 & i & 0 \end{pmatrix}, \qquad \lambda_8 = \frac{1}{\sqrt{3}} \begin{pmatrix} 1 & 0 & 0 \\ 0 & 1 & 0 \\ 0 & 0 & -2 \end{pmatrix}.$$

Diese Matrizen sind die Verallgemeinerung der Isospin-Matrizen τ_1, τ_2, τ_3 auf den Fall der SU(3). Die Normierung ist so gewählt, daß gilt:

$$\mathrm{Sp}(\lambda_a \lambda_b) = 2\,\delta_{ab}. \tag{17-7}$$

Jede infinitesimale Transformation der SU(3)-Gruppe läßt sich dann in der Gestalt

$$\mathbf{U} = 1 + i\,\delta\varphi_a\, \frac{\lambda_a}{2} \tag{17-8}$$

schreiben. Dabei ist wie üblich über doppelt vorkommende Indizes zu summieren.

Die Matrizen $\frac{1}{2}\lambda$ bezeichnet man als die erzeugenden Operatoren der SU(3)-Gruppe. Sie erfüllen die folgenden Vertauschungs-Regeln:

$$\left[\frac{\lambda_a}{2}, \frac{\lambda_b}{2}\right] = i f_{abc} \frac{\lambda_c}{2}. \tag{17-9}$$

Die Größen f_{abc} nennt man die Strukturkonstanten der SU(3)-Gruppe. Sie charakterisieren diese Gruppe im wesentlichen genau so wie die Angabe aller endlichen Transformationen. Mit Hilfe der Gl. (17-7) finden wir für f_{abc}:

$$f_{abc} = \frac{1}{4i}\,\mathrm{Sp}\,[\lambda_a, \lambda_b]\,\lambda_c. \tag{17-10}$$

Daraus sieht man leicht, daß f_{abc} reell und total antisymmetrisch ist. Die explizite Gestalt der Strukturkonstanten und andere nützliche Relationen für λ-Matrizen sind im Anhang C angegeben.

Eine weitere interessante Größe ist der Antikommutator zweier λ-Matrizen:

$$\{\lambda_a, \lambda_b\} \equiv \lambda_a \lambda_b + \lambda_b \lambda_a. \tag{17-11}$$

Dieser Antikommutator ist selbst eine hermitesche Matrix und muß sich daher als Linearkombination der Einheitsmatrix und der acht λ-Matrizen darstellen lassen:

$$\{\lambda_a, \lambda_b\} = c_{ab}\,1 + 2 d_{abc}\,\lambda_c. \tag{17-12}$$

Bilden wir die Spur in Gl. (17-12), so finden wir leicht:

$$c_{ab} = \frac{4}{3}\,\delta_{ab}. \tag{17-13}$$

Multiplizieren wir Gl. (17-12) mit λ_c und bilden die Spur, so finden wir:

$$d_{abc} = \frac{1}{4} \, \mathrm{Sp} \, \{\lambda_a, \lambda_b\} \, \lambda_c. \tag{17-14}$$

Daraus sieht man leicht, daß d_{abc} reell und total symmetrisch ist. Die explizite Gestalt von d_{abc} ist im Anhang C angegeben.

Nun kommen wir zu den Darstellungen der SU(3)-Gruppe. Eine unitäre Darstellung der SU(3)-Gruppe ist eine Abbildung der 3×3-Matrizen $\mathbf{U}$ auf unitäre Matrizen $\mathbf{D}(\mathbf{U})$, die im allgemeinen in einem Raum anderer Dimension n wirken,

$$\mathbf{U} \longrightarrow \mathbf{D}(\mathbf{U}),$$
$$\mathbf{D}(\mathbf{U}): \; n \times n\text{-Matrix}, \tag{17-15}$$
$$\mathbf{D}^{\dagger}(\mathbf{U}) \, \mathbf{D}(\mathbf{U}) = 1.$$

Dabei muß die Gruppenrelation erhalten bleiben, d.h. für beliebige $\mathbf{U}, \mathbf{V} \in \mathrm{SU}(3)$ muß gelten:

$$\mathbf{D}(\mathbf{U}) \, \mathbf{D}(\mathbf{V}) = \mathbf{D}(\mathbf{UV}). \tag{17-16}$$

Wir können sofort einige Darstellungen angeben. Die triviale Darstellung ordnet jeder Matrix $\mathbf{U}$ die Eins zu:

$$\mathbf{U} \longrightarrow 1. \tag{17-17}$$

Da sie eindimensional ist, heißt sie auch die 1-Darstellung. Die Matrizen $\mathbf{U}$ selbst bilden auch eine Darstellung:

$$\mathbf{U} \longrightarrow \mathbf{U}. \tag{17-18}$$

Man bezeichnet sie als 3-Darstellung, da sie in einem dreidimensionalen Raum wirkt. Eine weitere dreidimensionale Darstellung erhalten wir durch die Zuordnung der komplex konjugierten Matrix

$$\mathbf{U} \longrightarrow \mathbf{U}^*. \tag{17-19}$$

Man bezeichnet dies als 3*-Darstellung.

Betrachten wir eine beliebige Darstellung, so werden infinitesimale SU(3)-Transformationen (Gl. (17-8)) Darstellungs-Transformationen zugeordnet, die wir nach $\delta\varphi_a$ entwickeln können:

$$\mathbf{U} = 1 + i \, \delta\varphi_a \, \frac{\lambda_a}{2} \longrightarrow \mathbf{D}(\mathbf{U}),$$
$$\mathbf{D}(\mathbf{U}) = 1 + i \, \delta\varphi_a \, \mathbf{F}_a. \tag{17-20}$$

Die durch obige Entwicklung definierten Matrizen $\mathbf{F}_a$ heißen die Erzeugenden der Darstellung. Sie sind hermitesche Matrizen und erfüllen, wie man leicht aus den Forderungen für eine Darstellung ableitet, dieselben Vertauschungsregeln wie die Matrizen $\lambda_a/2$:

$$[\mathbf{F}_a, \mathbf{F}_b] = i f_{abc} \, \mathbf{F}_c. \tag{17-21}$$

Umgekehrt führen alle hermiteschen Matrizen $\mathbf{F}_a$, die diese Vertauschungsregeln erfüllen, zu einer unitären Darstellung der SU(3)-Gruppe.

Wir wollen nun eine weitere Darstellung angeben. Dazu betrachten wir alle komplexen 3×3-Matrizen mit Spur Null als linearen Raum. Eine Basis in diesem Raum R bilden die λ-Matrizen, der Raum hat also Dimension 8. Ein allgemeines Element dieses Raumes können wir schreiben als

$$\mathbf{C} = c_a \frac{\lambda_a}{2}, \qquad (17\text{-}22)$$

wobei die c_a beliebige komplexe Zahlen sind. Genauer sollten wir die Matrix $\mathbf{C}$, aufgefaßt als Vektor im Raum R durch $|\mathbf{C}\rangle$ bezeichnen. Das Skalarprodukt in Raum R sei

$$\langle \mathbf{C}'|\mathbf{C}\rangle = 2\,\mathrm{Sp}(\mathbf{C}'^{\,\dagger}\mathbf{C}). \qquad (17\text{-}23)$$

Wir definieren die Transformationen $\mathbf{D}(\mathbf{U})$ der adjungierten oder 8-Darstellung durch

$$\mathbf{D}(\mathbf{U})\colon \ \mathbf{C} \longrightarrow \mathbf{U}\mathbf{C}\mathbf{U}^\dagger, \qquad (17\text{-}24)$$

wobei $\mathbf{U} \in \mathrm{SU}(3)$. Man überzeugt sich leicht, daß durch $\mathbf{D}(\mathbf{U})$ unitäre Transformationen im Raum R gegeben sind, welche die Darstellungsrelationen (Gl. (17-16)) erfüllen. Setzen wir für $\mathbf{U}$ in Gl. (17-24) eine infinitesimale Transformation (Gl. (17-8)), so erhalten wir die Erzeugenden der adjungierten Darstellung:

$$(1 + \mathrm{i}\,\delta\varphi_a\,\mathbf{F}_a)\colon \ \mathbf{C} \longrightarrow \left(1 + \mathrm{i}\,\delta\varphi_a\,\frac{\lambda_a}{2}\right)\mathbf{C}\left(1 - \mathrm{i}\,\delta\varphi_b\,\frac{\lambda_b}{2}\right),$$
$$\mathbf{F}_a\colon \ \mathbf{C} \longrightarrow \left[\frac{\lambda_a}{2},\mathbf{C}\right]. \qquad (17\text{-}25)$$

Insbesondere finden wir für $\mathbf{C} = \lambda_c/2$:

$$\mathbf{F}_a\colon \ \frac{\lambda_c}{2} \longrightarrow \left[\frac{\lambda_a}{2},\frac{\lambda_c}{2}\right] = \mathrm{i}f_{acb}\,\frac{\lambda_b}{2}. \qquad (17\text{-}26)$$

Als Transformationen im Raum R aufgefaßt schreiben wir Gl. (17-26) in der Gestalt

$$\mathbf{F}_a\left|\frac{\lambda_c}{2}\right\rangle = \left|\frac{\lambda_b}{2}\right\rangle(\mathbf{F}_a)_{bc} = \left|\frac{\lambda_b}{2}\right\rangle\mathrm{i}f_{acb}. \qquad (17\text{-}27)$$

In der Basis der Gell-Mann-Matrizen sind die Erzeugenden $\mathbf{F}_a$ der adjungierten Darstellung also 8×8-Matrizen, die durch die Strukturkonstanten der Gruppe gegeben sind:

$$(\mathbf{F}_a)_{bc} = \mathrm{i}f_{acb} = \frac{1}{\mathrm{i}}\,f_{abc}. \qquad (17\text{-}28)$$

Die Begriffe der reduziblen und irreduziblen Darstellung sind in Anhang C erläutert. Man überzeugt sich leicht davon, daß die Darstellungen 3, 3* und 8 irreduzibel sind.

Damit wollen wir die mathematische Behandlung der SU(3)-Gruppe zunächst abschließen und für weitere Diskussion auf die Literatur verweisen (vgl. z.B. Gell-Mann 1964, Lipkin 1967, Gourdin 1967).

17.2   Das Quarkmodell und die Flavor-SU (3)-Gruppe

Wir wollen in diesem Abschnitt die Theorie des „achtfachen Weges" ("eightfold way") von Gell-Mann und Ne'eman besprechen (Gell-Mann 1964). Wir machen das gleich im Rahmen des Quarkmodells, obwohl der „achtfache Weg" historisch vor dem Quarkmodell kam.

Die fundamentale Annahme des Quarkmodells für die Hadronen ist, Mesonen als Quark-Antiquark-Bindungszustände, Baryonen als 3-Quark-Zustände aufzufassen:

$$\text{Mesonen} \sim q\bar{q},$$
$$\text{Baryonen} \sim qqq. \tag{17-29}$$

Dabei haben wir die Spin- und Ortswellenfunktion nicht explizit hingeschrieben. Die beobachteten Hadronen sind die Eigenzustände des Hamilton-Operators der starken Wechselwirkung H_{st}. Die gruppentheoretischen Überlegungen, die wir bisher angestellt haben, werden jetzt sehr nützlich sein, weil sie uns erlauben, Aussagen über das Hadron-Spektrum zu machen, ohne eine Schrödinger-Gleichung wirklich zu lösen. Eine befriedigende Herleitung des Ansatzes Gl. (17-29) im Rahmen der später zu besprechenden Quantenchromodynamik stellt übrigens auch heute noch ein ungelöstes Problem dar.

Wir betrachten zunächst eine idealisierte Welt mit nur 3 Quarks u, d, s (Tabelle 15-4) und machen die folgenden Annahmen:

(i)   Flavor-Universalität der starken Kräfte, d.h. die starken Kräfte sollen auf Quarks jeder Flavor in gleicher Weise wirken. (Dies ist in demselben Sinn zu verstehen wie die Universalität der elektromagnetischen Kräfte für Elektronen und Myonen; s. Kapitel 11.)

(ii)   Gleichheit der Massen für u-, d- und s-Quarks,

$$m_u = m_d = m_s. \tag{17-30}$$

Dann ist der Hamilton-Operator der starken Wechselwirkung H_{st} invariant unter beliebigen SU (3)-Transformationen der Quarks u, d, s. Explizit heißt das folgendes: Der Zustandsraum im Quarkmodell besteht aus den Zuständen mit einem Quark, zwei Quarks, einem Antiquark, Quark-Antiquark etc. Zur bequemeren Schreibweise setzen wir

$$q_1 \equiv u, \quad q_2 \equiv d, \quad q_3 \equiv s. \tag{17-31}$$

Durch eine unitäre Transformation für die 1-Quark-Zustände

$$|q_i\rangle \longrightarrow |q_j\rangle U_{ji}, \tag{17-32}$$

wobei $U = (U_{ji})$ aus SU (3) sei, induzieren wir eine Darstellung $D(U)$ der SU (3)-Gruppe im gesamten Zustandsraum wie üblich. Die 2-Quark-Zustände werden zum Beispiel wie folgt transformiert:

$$D(U): \quad |q_i\rangle|q_j\rangle \longrightarrow |q_{i'}\rangle|q_{j'}\rangle U_{i'i}\, U_{j'j}. \tag{17-33}$$

Antiquarks werden mit der komplex konjugierten Matrix transformiert

$$D(U): \quad |\bar{q}_i\rangle \longrightarrow |\bar{q}_j\rangle U_{ji}^*. \tag{17-34}$$

Unter den Annahmen (i) und (ii) vertauschen diese Flavor SU (3)-Transformationen $D(U)$ bzw. ihre erzeugenden Operatoren F_a mit dem Hamilton-Operator. Es gilt

$$[H_{st}, D(U)] = 0 \tag{17-35}$$

für alle $U \in SU(3)$, bzw. für $a = 1, \dots, 8$

$$[H_{st}, F_a] = 0. \tag{17-36}$$

Den Operatoren F_a entsprechen also acht erhaltene additive Quantenzahlen.

Einige von diesen Erhaltungsgrößen sind uns schon bekannt. In Tabelle 15-4 haben wir bereits die Isospin- und Hyperladungs-Quantenzahlen der Quarks angegeben. Die Quarks u und d bilden ein Isodublett, s ein Isosingulett. Wir haben für die dritte Komponente des Isospins:

$$I_3 |u\rangle = \tfrac{1}{2} |u\rangle,$$
$$I_3 |d\rangle = -\tfrac{1}{2} |d\rangle, \qquad (17\text{-}37)$$
$$I_3 |s\rangle = 0.$$

Vergleichen wir das mit den Erzeugenden F_a, für die angewandt auf 1-Quark-Zustände gilt (Gln. (17-32), (17-8), (17-20)):

$$F_a |q_i\rangle = |q_j\rangle \left(\frac{\lambda_a}{2}\right)_{ji}, \qquad (17\text{-}38)$$

so sehen wir leicht aus der expliziten Gestalt der λ-Matrizen (Gl. (17-6)), daß wir F_3 mit I_3 identifizieren können. Analog finden wir, daß wir F_1 und F_2 mit den Isospin-Komponenten I_1 und I_2 identifizieren können und die Hyperladung Y mit $2 F_8/\sqrt{3}$:

$$I_1 = F_1, \quad I_2 = F_2, \quad I_3 = F_3, \quad Y = \frac{2}{\sqrt{3}} F_8. \qquad (17\text{-}39)$$

Dieselben Identifikationen gelten dann natürlich für den Raum aller Zustände, die aus Quarks und Antiquarks aufgebaut sind. Wir können auch leicht aus den Vertauschungsregeln der SU(3)-Gruppe (Gl. (17-21)) nachprüfen, daß gilt:

$$[I_a, I_b] = i\, \epsilon_{abc}\, I_c \quad (1 \leqslant a, b, c \leqslant 3),$$
$$[I_a, Y] = 0 \qquad (a = 1, 2, 3). \qquad (17\text{-}40)$$

Die Isospin-Generatoren und die Hyperladung erzeugen also eine Untergruppe $SU(2) \times U(1)$ der Flavor SU(3)-Gruppe:

$$SU(3) \supset SU(2) \times U(1).$$

Unser Modell kann also zumindest den beobachteten Erhaltungsgrößen Isospin und Hyperladung Rechnung tragen. Als Spezialfall von Gl. (17-40) finden wir:

$$[I_3, Y] = 0,$$

beziehungsweise

$$[F_3, F_8] = 0.$$

Man kann auch zeigen, daß es keine weiteren linear unabhängigen Erzeugenden der SU(3)-Gruppe gibt, die mit F_3 und F_8 kommutieren. Die SU(3)-Gruppe besitzt genau zwei linear unabhängige gleichzeitig diagonalisierbare Erzeugende. Man sagt, die Gruppe hat Rang 2. Wir können daher in jeder Darstellung Basisvektoren wählen, die gleichzeitig Eigenzustände von $F_3 = I_3$ und F_8 bzw. Y sind. Die Eigenwerte von I_3 und Y, die in einer Darstellung auftreten, markieren wir uns in der I_3-Y-Ebene. Dabei wählen wir günstigerweise die Einheit auf der Y-Achse um den Faktor $\sqrt{3}/2$ kürzer als auf der I_3-Achse.

Wir wollen gleich die Eigenwerte von I_3 und Y markieren, die für die Quarks auftreten. Wie wir sehen, bildet dieses sogenannte Gewichtsdiagramm ein gleichseitiges Dreieck (Bild 17-1).

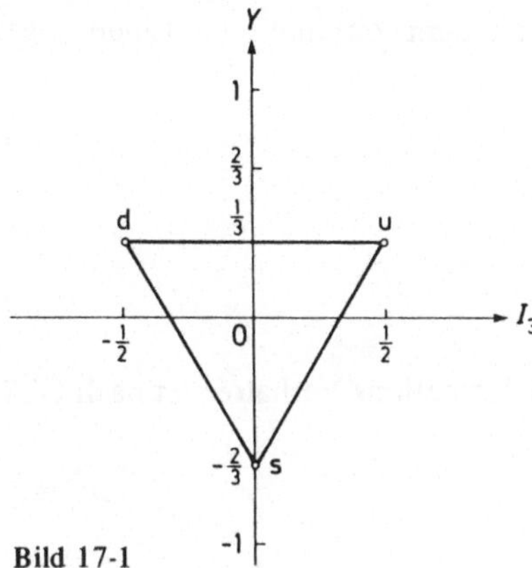

Bild 17-1

Gewichtsdiagramm für die
Quark-Darstellung (3)

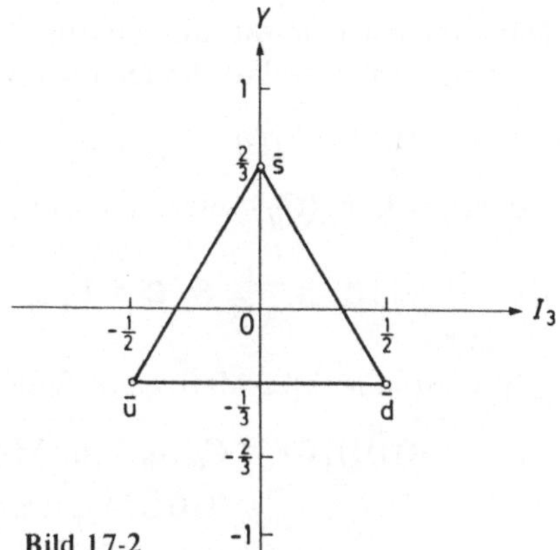

Bild 17-2

Gewichtsdiagramm für die
Antiquark-Darstellung (3*)

Als nächstes sehen wir uns die Antiquarks an, die unter der Flavor SU(3)-Gruppe
wie in Gl. (17-34) angegeben, mit der komplex konjugierten Matrix **U*** transformieren.
Für eine infinitesimale Transformation haben wir:

$$\mathbf{U}^* = \left(1 + i\,\delta\varphi_a\,\frac{\lambda_a}{2}\right)^* = 1 + i\,\delta\varphi_a\left(-\frac{\lambda_a^*}{2}\right)$$

$$= 1 + i\,\delta\varphi_a\left(-\frac{\lambda_a^{\mathrm{T}}}{2}\right). \tag{17-41}$$

Die Erzeugenden der Antiquark-Darstellung 3* sind also

$$\mathbf{F}_a = -\frac{\lambda_a^{\mathrm{T}}}{2}. \tag{17-42}$$

Die Eigenwerte von $\mathbf{I}_3$ und $\mathbf{Y}$, die in der Antiquark-Darstellung auftreten, erhalten wir daher
durch Spiegelung am Ursprung aus denen der Quark-Darstellung (Bild 17-2).

Nun sehen wir uns Zustände mit einem Quark und einem Antiquark an. Wir haben
drei Quarks und drei Antiquarks, der Zustandsraum ist also neundimensional, wenn wir alle
anderen Variablen wie Impuls und Spin der Quarks und Antiquarks festhalten. Die Transformation der Basiszustände ist wie folgt:

$$\mathbf{D}(\mathbf{U})\,(|q_i\rangle\,|\bar{q}_j\rangle) = |q_{i'}\rangle\,|\bar{q}_{j'}\rangle\,U_{i'i}\,U^*_{j'j}. \tag{17-43}$$

Wir können sofort einen invarianten Zustand angeben:

$$|1\rangle = \frac{1}{\sqrt{3}}\,|q_i\rangle\,|\bar{q}_i\rangle. \tag{17-44}$$

Es gilt in der Tat:

$$\mathbf{D}(\mathbf{U})|1\rangle = \frac{1}{\sqrt{3}}\,|q_{i'}\rangle\,|\bar{q}_{j'}\rangle\,U_{i'i}\,U^*_{j'i}$$

$$= \frac{1}{\sqrt{3}}\,|q_{i'}\rangle\,|\bar{q}_{j'}\rangle\,(\mathbf{U}\mathbf{U}^\dagger)_{i'j'}$$

$$= \frac{1}{\sqrt{3}}\,|q_{i'}\rangle\,|\bar{q}_{i'}\rangle = |1\rangle. \tag{17-45}$$

Nun untersuchen wir die Zustände orthogonal zu dem Zustand $|1\rangle$. Einen allgemeinen solchen Zustandsvektor können wir wie folgt schreiben:

$$|\mathbf{C}\rangle = C_{ij}\,|q_i\rangle\,|\bar{q}_j\rangle, \tag{17-46}$$

wobei wir $\mathbf{C} = (C_{ij})$ setzen und fordern

$$\langle 1\,|\,\mathbf{C}\rangle = \frac{1}{\sqrt{3}}\,\mathrm{Sp}\,\mathbf{C} = 0, \tag{17-47}$$

d.h. $\mathbf{C}$ ist eine 3×3-Matrix mit Spur 0. Das Transformations-Verhalten ist nach Gl. (17-43)

$$\begin{aligned}
\mathbf{D}(\mathbf{U})|\mathbf{C}\rangle &= C_{ij}\,|q_{i'}\rangle\,|\bar{q}_{j'}\rangle\,U_{i'i}\,U_{j'j}^{*}\\
&= (\mathbf{UCU}^{\dagger})_{i'j'}\,|q_{i'}\rangle\,|\bar{q}_{j'}\rangle\\
&= |\mathbf{C}'\rangle, \tag{17-48}
\end{aligned}$$

wobei

$$\mathbf{C}' = \mathbf{UCU}^{\dagger}. \tag{17-49}$$

Das ist aber genau das Transformationsgesetz der adjungierten Darstellung (Gl. (17-24)). Damit haben wir auch die Produkt-Darstellung von Quark und Antiquark nach irreduziblen Anteilen zerlegt. Unser Resultat ist

$$3 \times 3^* = 1 + 8. \tag{17-50}$$

Welche Konsequenzen ergeben sich aus diesen Überlegungen für Mesonen, die wir nach Gl. (17-29) als Quark-Antiquark-Bindungszustände auffassen? Bei unseren Annahmen (Gl. (17-36) haben wir exakte Flavor-SU(3)-Invarianz. Wir behaupten, daß wir dann alle Hadronen nach irreduziblen Darstellungen der Flavor-SU(3)-Gruppe klassifizieren können und alle Teilchen in einem SU(3)-Multiplett dieselbe Masse haben müssen. Zum Beweis dieser Behauptung benutzt man dieselben Methoden, mit denen man zeigt, daß die Drehinvarianz im gewöhnlichen Raum für alle Zustände eines Teilchens, unabhängig von der Spinorientierung, dieselbe Masse garantiert (s. Gl. (16-21) und die Diskussion des Schurschen Lemmas in Anhang C).

Wie wir gesehen haben, können wir aus einem Quark und einem Antiquark nur die triviale Darstellung 1 und die adjungierte Darstellung 8 aufbauen. Daher müssen in unserer Theorie alle Mesonen entweder als Flavor-SU(3)-Singuletts oder als Oktetts, d.h. in Gruppen von acht mit gleicher Masse, gleichem Spin und gleicher Parität auftreten.

Sehen wir uns an, wie das mit dem Experiment übereinstimmt. Nach Tabelle 15-1 ergibt sich das in Bild 17-3 gezeigte Niveauschema für die leichtesten Mesonen. Wir finden zwar eine Gruppe von acht pseudoskalaren Mesonen, die deutlich leichter sind als das η'-Meson, aber von einer Entartung der Massen von acht Teilchen kann weder für die 0^-- noch für die 1^--Mesonen die Rede sein. Wir wollen uns ansehen, ob zumindest die Isospin- und Hyperladungs-Quantenzahlen dem entsprechen, was wir von Flavor-Singuletts und Oktetts erwarten.

Die Werte der Hyperladung Y und des Isospins I, die für Mesonen im Quarkmodell auftreten können, finden wir am einfachsten mit Hilfe der Gewichtsdiagramme. Die Quantenzahlen Y und I_3 sind additiv, daher erhalten wir die Werte für einen $q\bar{q}$-Zustand, indem wir die Werte für q und $\bar{q}$ addieren. Die Punkte im Gewichtsdiagramm für die $3\times 3^*$-Darstellung ergeben sich also, indem wir auf jeden Punkt des Quark-Diagramms den Nullpunkt eines Antiquark-Diagramms legen. Die Multiplizitäten der Gewichte können wir auf diese

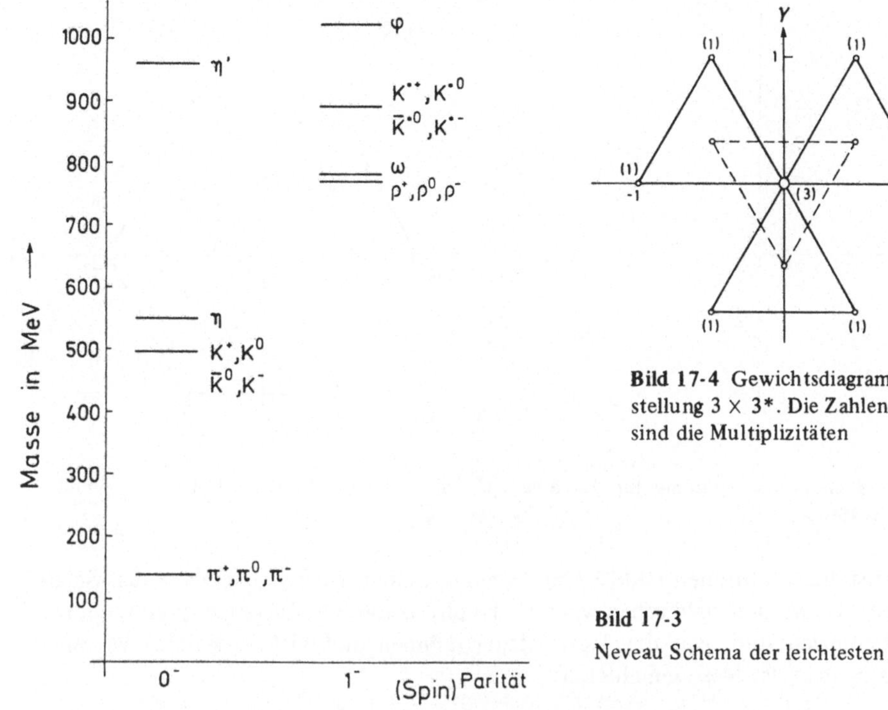

Bild 17-4 Gewichtsdiagramm für die Darstellung $3 \times 3^*$. Die Zahlen in Klammern sind die Multiplizitäten

Bild 17-3
Neveau Schema der leichtesten Mesonen

Weise auch leicht ablesen (Bild 17-4). Die Hyperladung vertauscht mit den Isospin-Erzeugenden (Gl. (17-40), also auch mit dem Quadrat des Gesamtisospin, $\vec{I}^2$. Die beiden Zustände mit $Y = +1$ müssen daher ein Isodublett bilden, ebenso die beiden Zustände mit $Y = -1$. Die beiden Zustände mit $Y = 0$ und $I_3 = \pm 1$ müssen zu einem Isotriplett gehören. Ziehen wir die neutrale Komponente mit $I_3 = 0$ von den Zuständen mit $Y = I_3 = 0$ ab, so bleiben noch zwei linear unabhängige Zustände übrig. Einer davon ist der SU(3)-Singulett-Zustand (Gl. (17-44)), ein anderer davon ein Oktett-Zustand mit $Y = I_3 = 0$. Da dieser letztere Zustand keinen Isospin-Partner mehr hat, muß er auch ein Isosingulett sein. Wir erhalten damit die in Tabelle 17-1 angegebenen Isospinwerte für die Singulett- und Oktett-Darstellungen der SU(3).

Dieses Schema paßt nun sehr gut zu den beobachteten Isospin- und Hyperladungs-Werten der Mesonen, wie wir für die pseudoskalaren Mesonen in Tabelle 17-1 angedeutet haben. Die Mesonen können wir dann auch in den Gewichtsdiagrammen für die Singulett-

Tabelle 17-1 Der Isospin- und Hyperladungsgehalt der SU(3)-Singulett (1) und Oktett (8) Darstellungen. Die entsprechenden pseudoskalaren Mesonen sind ebenfalls angegeben.

SU(3)-Darstellung	Isospin		Hyperladung	0^--Teilchen
	I	I_3	Y	
1	0	0	0	η'
	1/2	$\pm 1/2$	1	K^+, K^0
8	1	$+1,0,-1$	0	π^+, π^0, π^-
	0	0	0	η
	1/2	$\pm 1/2$	1	$\bar{K}^0, K^-$

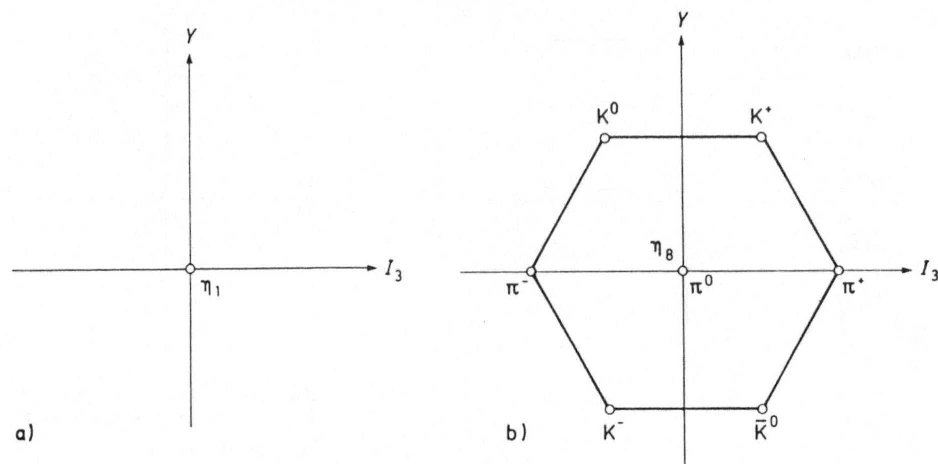

Bild 17-5 Gewichtsdiagramme für das Singulett- (a) und das Oktett-Multiplett der pseudoskalaren Mesonen (b)

und Oktett-Darstellung anordnen (Bild 17-5). Dabei schreiben wir η_1 und η_8 für das Singulett und Oktett, da, wie wir bald sehen werden, die physikalischen Zustände η' und η Singulett-Oktett-Mischungen sind. Aus den Gewichtsdiagrammen in Bild 17-5 können wir auch leicht den Quarkgehalt der Mesonen ablesen:

$$\pi^+ \sim u\bar{d}$$

$$\pi^0 \sim \frac{1}{\sqrt{2}}\,(u\bar{u} - d\bar{d})$$

$$\pi^- \sim d\bar{u}$$

$$K^+ \sim u\bar{s}$$

$$K^0 \sim d\bar{s}$$

$$\bar{K}^0 \sim s\bar{d}$$

$$K^- \sim s\bar{u}$$

$$\eta_8 \sim \frac{1}{\sqrt{6}}\,(u\bar{u} + d\bar{d} - 2s\bar{s})$$

$$\eta_1 \sim \frac{1}{\sqrt{3}}\,(u\bar{u} + d\bar{d} + s\bar{s}).$$

(17-51)

Es gilt als einer der Triumphe der Theorie des achtfachen Weges, daß alle bisher beobachteten Mesonen, soweit sie nur aus u-, d- und s-Quarks bestehen, in Singulett- und Oktett-Darstellungen der SU(3)-Gruppe passen. Nicht passende, sogenannte exotische Mesonen wie beispielsweise ein Meson mit Isospin $I = \frac{3}{2}$ und Hyperladung $Y = 1$ oder ein Meson mit $I = 2$ und $Y = 0$ wurden nie beobachtet.

Bevor wir diskutieren, wie die Massenaufspaltung zustande kommt, wollen wir uns das Spektrum der Baryonen im Limes exakter Flavor-SU(3)-Invarianz ansehen. Im Quark-Modell betrachten wir Baryonen als Bindungszustände dreier Quarks (Gl. (17-29)). Wir müssen also untersuchen, welche SU(3)-Zustände wir aus drei Quarks aufbauen können.

Wir haben siebenundzwanzig Basiszustände der Gestalt

$$|q_i\rangle |q_j\rangle |q_k\rangle,$$

wobei $1 \leqslant i, j, k \leqslant 3$. Wir klassifizieren zunächst 2-Quark-Zustände

$$|q_i\rangle |q_j\rangle$$

nach irreduziblen Darstellungen. Wie wir leicht sehen, brauchen wir dazu nur die symmetrischen und antisymmetrischen Kombinationen zu bilden:

$$(|q_i\rangle |q_j\rangle + |q_j\rangle |q_i\rangle),$$
$$\epsilon_{lij} |q_i\rangle |q_j\rangle,$$
$$(l = 1, 2, 3).$$

Wir haben sechs symmetrische Zustände, die entsprechende Darstellung ist die 6-Darstellung. Die drei antisymmetrischen Zustände bilden, wie man leicht sieht, eine Basis für die 3*-Darstellung. Damit haben wir die Ausreduktion

$$3 \times 3 = 3^* + 6. \tag{17-52}$$

Das Gewichtsdiagramm der 6-Darstellung kann man leicht mit derselben Methode, die wir bei der Ausreduktion der $3 \times 3^*$-Darstellung verwendet haben, auffinden.

Nun nehmen wir ein drittes Quark dazu, d.h. wir betrachten die Darstellung

$$3 \times 3 \times 3 = (3^* + 6) \times 3. \tag{17-53}$$

Die Darstellung $3^* \times 3$ haben wir bereits ausreduziert (Gl. (17-50)). Kombinieren wir die Zustände der 6-Darstellung mit einem weiteren Quark, so können wir zunächst total symmetrische Quark-Zustände bilden:

$$|q_i\rangle |q_j\rangle |q_k\rangle + \text{Permutationen}.$$

Man zählt leicht ab, daß es davon zehn linear unabhängige Zustände gibt. Diese Zustände bilden die Basis für die irreduzible 10-Darstellung. In der Produkt-Darstellung 6×3 bleiben dann noch acht linear unabhängige Zustände übrig, die, wie wir leicht sehen, zur Oktett-Darstellung gehören. Wir können nämlich die Basisvektoren wie folgt wählen:

$$|a\rangle = (|q_i\rangle |q_j\rangle + |q_j\rangle |q_i\rangle) |q_k\rangle \, \epsilon_{jkl} \, \lambda_{il}^a,$$
$$(a = 1, \ldots , 8). \tag{17-54}$$

Damit haben wir die Reduktionsformeln

$$6 \times 3 = 8 + 10,$$
$$3 \times 3 \times 3 = 1 + 8 + 8 + 10. \tag{17-55}$$

Daraus lesen wir nun ab, daß Baryonen in unserem Modell als SU(3)-Singuletts, Oktetts und Dekupletts auftreten können. Die beobachteten Baryonen passen wieder sehr gut in dieses Schema. Die leichtesten Baryonen mit $(\text{Spin})^{\text{Parität}} = \frac{1}{2}^+$, zu denen das Nukleon gehört, bilden ein Oktett, die leichtesten $(\frac{3}{2})^+$ Baryonen, zu denen die Δ-Resonanz und das Ω^- gehören, bilden ein Dekuplett. Die Gewichtsdiagramme sind in Bild 17-6 gezeigt. Dabei setzen wir (vgl. Tabelle 1-2) $\Delta \equiv \Delta(1232)$, $\Sigma^* \equiv \Sigma (1385)$, $\Xi^* \equiv \Xi (1530)$.

Wie bei den Mesonen findet man auch bei den Baryonen, daß sich zwar alle Zustände in SU(3)-Multipletts einordnen lassen, daß aber diese Zustände keineswegs entartet in der Masse sind, wie wir das bei unseren bisherigen Annahmen erwarten.

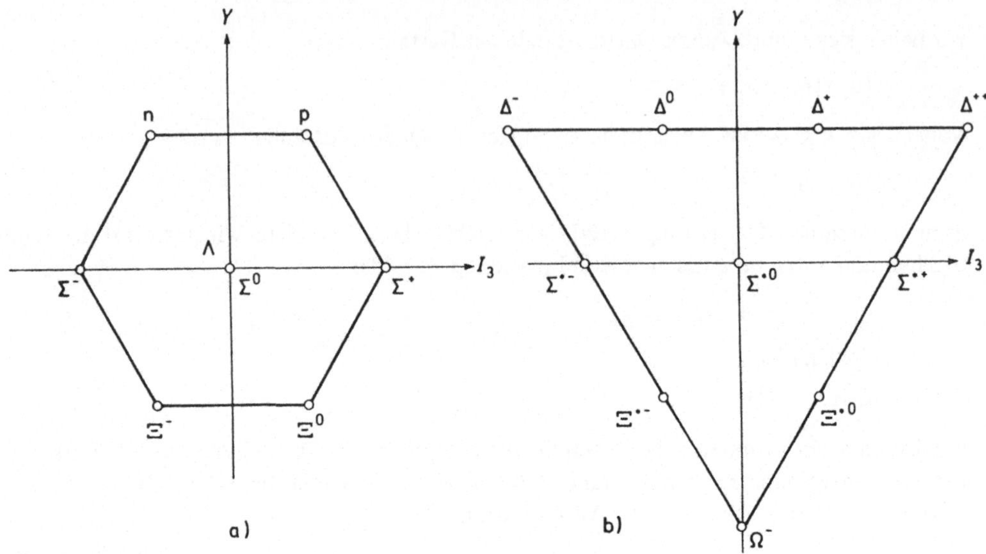

Bild 17-6 Gewichtsdiagramme für das leichteste Baryon-Oktett (a) und das leichteste Baryon-Dekuplett (b)

17.3   Die Gell-Mann-Okubo-Massenformel

Nun müssen wir besprechen, wie es zur Aufspaltung der Massen in einem $SU(3)$-Multiplett kommt. Die Annahmen (i) und (ii) am Anfang des Abschnitts 17.2, die zu exakter $SU(3)$-Invarianz geführt haben, sind offenbar zu stark. Wir glauben heute, daß die Annahme (i) richtig ist, da die Gluonen, die Träger der starken Kräfte, nicht zwischen Quarks verschiedener Flavor unterscheiden. Die Annahme (ii) (Gl. (17-30)) ist aber zu restriktiv. Wie wir sehen werden, kommt man in Einklang mit der Erfahrung, wenn man die Massen von u und d Quarks gleichsetzt, das s-Quark etwas schwerer macht. An Stelle von Gl. (17-30) setzen wir die Hypothese

$$m_u = m_d < m_s. \tag{17-56}$$

Nehmen wir hypothetische Quarks u, d, s in Ruhe, so wäre der Hamilton-Operator im dreidimensionalen Raum der Quark-Flavor-Freiheitsgrade

$$
(\langle q_i | \mathbf{H}_{st} | q_j \rangle) = \begin{pmatrix} m_u & 0 & 0 \\ 0 & m_d & 0 \\ 0 & 0 & m_s \end{pmatrix}
$$

$$
= \frac{2m_u + m_s}{3} \begin{pmatrix} 1 & 0 & 0 \\ 0 & 1 & 0 \\ 0 & 0 & 1 \end{pmatrix} + \frac{m_u - m_s}{3} \begin{pmatrix} 1 & 0 & 0 \\ 0 & 1 & 0 \\ 0 & 0 & -2 \end{pmatrix}
$$

$$
= \frac{2m_u + m_s}{3} \, 1 + \frac{m_u - m_s}{\sqrt{3}} \, \lambda_8. \tag{17-57}
$$

Der Hamilton-Operator in diesem Spezialfall setzt sich also aus einem $SU(3)$-invarianten Anteil und einem Anteil zusammen, der wie die achte Komponente eines Oktetts transformiert. Wie man mit Hilfe von ein wenig feldtheoretischem Formalismus sehen kann, gilt das bei unserer Annahme Gl. (17-56) ganz alllgemein für den Hamilton-Operator (siehe Anhang E). Wir schreiben also:

$$\mathbf{H}_{st} = \mathbf{H}_0 + \mathbf{H}_8. \tag{17-58}$$

Dabei soll $\mathbf{H}_0$ invariant sein und $\mathbf{H}_8$ wie die achte Komponente eines Oktetts unter der Flavor-SU(3)-Gruppe transformieren.

Wir machen nun die Annahme, daß $\mathbf{H}_8$ klein gegenüber $\mathbf{H}_0$ ist, so daß wir Störungstheorie nach $\mathbf{H}_8$ betreiben können. Diese Annahme ist natürlich dann am Experiment zu überprüfen. In nullter Ordnung haben wir entartete SU(3)-Multipletts. Wir betrachten etwa das Baryon-Oktett, zu dem das Nukleon gehört. Wir haben dann für die ungestörten Zustände $|B^{(0)}\rangle$ der Baryonen in Ruhe:

$$\mathbf{H}_0|B^{(0)}\rangle = m^{(0)}|B^{(0)}\rangle, \tag{17-59}$$

wobei $B = p, n, \Lambda, \Sigma^+, \Sigma^0, \Sigma^-, \Xi^0, \Xi^-$ und $m^{(0)}$ der gemeinsame Eigenwert ist. In der Störungstheorie erster Ordnung finden wir für die Massen-Eigenwerte m_B von $\mathbf{H}_{st}$:

$$m_B = m^{(0)} + \langle B^{(0)}|\mathbf{H}_8|B^{(0)}\rangle. \tag{17-60}$$

Das Matrixelement des Oktett-Operators $\mathbf{H}_8$ zwischen Oktett-Zuständen $|B^{(0)}\rangle$ läßt sich weiter mit Hilfe des sogenannten Wigner-Eckart-Theorems vereinfachen. Das besagt im wesentlichen, daß wir alle Matrizen über dem Raum der acht Baryon-Zustände aufsuchen müssen, die wie ein Oktett transformieren. Die Matrix

$$(\langle B'^{(0)}|\mathbf{H}_8|B^{(0)}\rangle)$$

ist dann eine Linearkombination dieser Matrizen.

Einen Satz von Matrizen, die wie ein Oktett transformieren, kennen wir schon, nämlich die Erzeugenden der Darstellung der SU(3)-Gruppe im Raum der Baryon-Zustände:

$$\mathbf{F}_a \quad (a = 1, \dots, 8).$$

Einen weiteren Satz von Oktett-Matrizen bilden wir mit Hilfe des total symmetrischen Symbols d_{abc} (Gl. (17-14)):

$$\mathbf{D}_a = d_{abc}\,\mathbf{F}_b\,\mathbf{F}_c. \tag{17-61}$$

Ohne Beweis wollen wir angeben, daß es für eine beliebige irreduzible Darstellung, insbesondere für die Oktett-Darstellung, keine weiteren linear unabhängigen Oktett-Matrizen gibt. Wohl aber kann es für spezielle Darstellungen vorkommen, daß auch die Matrizen $\mathbf{F}_a$ und $\mathbf{D}_a$ linear abhängig sind. Das passiert zum Beispiel für die Dekuplett-Darstellung. Für unsere Oktett-Baryonen können wir also den Ansatz machen:

$$\langle B'^{(0)}|\mathbf{H}_8|B^{(0)}\rangle = \langle B'^{(0)}|\delta m_1'\,\mathbf{F}_8 + \delta m_2' d_{8ab}\,\mathbf{F}_a\,\mathbf{F}_b|B^{(0)}\rangle, \tag{17-62}$$

wobei $\delta m_1'$ und $\delta m_2'$ zwei Konstanten sind.

Nun verwenden wir die explizite Gestalt von d_{abc} aus Anhang C und finden:

$$d_{8ab}\,\mathbf{F}_a\,\mathbf{F}_b = \frac{1}{\sqrt{3}}\,(\mathbf{F}_1^2 + \mathbf{F}_2^2 + \mathbf{F}_3^2) - \frac{1}{2\sqrt{3}}\,(\mathbf{F}_4^2 + \mathbf{F}_5^2 + \mathbf{F}_6^2 + \mathbf{F}_7^2) - \frac{1}{\sqrt{3}}\,\mathbf{F}_8^2$$

$$= -\frac{1}{2\sqrt{3}}\,(\mathbf{F}_a\,\mathbf{F}_a) + \frac{3}{2\sqrt{3}}\,(\mathbf{F}_1^2 + \mathbf{F}_2^2 + \mathbf{F}_3^2) - \frac{1}{2\sqrt{3}}\,\mathbf{F}_8^2. \tag{17-63}$$

Führen wir Isospin und Hyperladung entsprechend Gl. (17-39) ein, so erhalten wir mit anderen Konstanten δm_1 und δm_2:

$$\langle B'^{(0)} | H_8 | B^{(0)} \rangle = \langle B'^{(0)} | \delta m_1 Y + \delta m_2 \left[\vec{I}^2 - \frac{1}{4} Y^2 - \frac{1}{3} F_a F_a \right] | B^{(0)} \rangle. \tag{17-64}$$

Die Größe $F_a F_a$ ist, wie man leicht sieht, eine Invariante unter SU(3)-Drehungen. Sie hat daher in einer irreduziblen Darstellung einen festen Wert. Diesen Term von H_8 können wir zu $m^{(0)}$ schlagen. Die gestörten Eigenwerte erhalten wir damit nach Gl. (17-60) für ein Baryon B mit Hyperladung Y und Isospin I wie folgt:

$$m_B = \overline{m} + \delta m_1 Y + \delta m_2 \left(I(I+1) - \frac{1}{4} Y^2 \right). \tag{17-65}$$

Das ist die Gell-Mann-Okubo-Formel. Die drei Parameter $\overline{m}$, δm_1, δm_2 bleiben durch unsere rein gruppentheoretischen Überlegungen unbestimmt.

Wir wollen nun sehen, ob unsere Formel mit dem Experiment in Einklang ist. Die beobachteten Massen der $\frac{1}{2}^+$ Baryonen sind in Tabelle 17-2 angegeben. Da wir bei unseren Annahmen exakte Isospin-Symmetrie haben, sind Zustände in einem Isomultiplett weiterhin entartet. Experimentell ist das mit einer Genauigkeit von einigen MeV richtig (Tabelle 15-1). Wir haben nun nach unserer Theorie die vier Massenwerte von Tabelle 17-2 mit der 3-parametrigen Gell-Mann-Okubo-Formel zu beschreiben, d.h. unsere Theorie liefert eine lineare Beziehung zwischen den vier Massen, und zwar ($m_N = (m_p + m_n)/2$):

$$\frac{m_N + m_\Xi}{2} = \frac{3 m_\Lambda + m_\Sigma}{4} \tag{17-66}$$

$$1129 \text{ MeV (exp.)} \qquad 1135 \text{ MeV (exp.)}$$

Dabei haben wir die entsprechenden experimentellen Werte darunter geschrieben. Eine bessere Übereinstimmung dürfen wir für erste Ordnung Störungstheorie wirklich nicht erwarten.

Für das Baryon-Dekuplett ist die Aussagekraft der Gell-Mann-Okubo-Formel sogar noch größer. Wie man leicht sieht, indem man die expliziten Werte von I und Y in dieser Darstellung einsetzt (Bild 17-6b), wird in diesem Fall der dritte Term auf der rechten Seite von Gl. (17-65) ebenfalls proportional zu Y. Die Gell-Mann-Okubo-Formel nimmt dann die einfachere Gestalt

$$m_B = \overline{m} + \delta m \cdot Y$$

(für B aus einem Dekuplett)

$$\tag{17-67}$$

Tabelle 17-2 Die Hyperladung Y, der Isospin I und die mittleren Massen für die Isomultipletts des leichtesten Baryon-Oktetts

Baryonen	Y	I	mittlere Masse (MeV)
p, n	1	1/2	939
Λ	0	0	1116
Σ^+, Σ^0, Σ^-	0	1	1193
Ξ^0, Ξ^-	-1	1/2	1318

Tabelle 17-3 Die Hyperladung Y, der Isospin I und die mittleren Massen für die Isomultipletts des leichtesten Baryon-Dekupletts. In der letzten Spalte sind die Massendifferenzen benachbarter Isomultipletts angegeben.

Baryon-Isomultiplett	Y	I	mittlere Masse (MeV)	Massendifferenz δm (MeV)
Δ	1	3/2	1232	
Σ^*	0	1	1385	153
Ξ^*	-1	1/2	1530	145
Ω^-	-2	0	1672	142

an. Das bedeutet gleiche Abstände zwischen den Massen der Isomultipletts verschiedener Hyperladung (Tabelle 17-3).

Bei der Aufstellung der Theorie des achtfachen Weges war das Ω^--Teilchen noch nicht entdeckt. Seine Existenz wurde postuliert, da im Dekuplett noch ein Platz frei war. Seine Masse konnte auf Grund der Gl. (17-67) bis auf wenige MeV genau vorhergesagt werden. Über die experimentelle Entdeckung des Ω^- haben wir bereits in Kapitel 15 gesprochen.

Aus den Tabellen 17-2 und 17-3 sehen wir auch, daß die typische Größenordnung der Flavor-SU(3)-Symmetrie-Brechung gegeben ist durch

$$\frac{m_\Lambda - m_N}{m_N} \cong 20\,\%, \tag{17-68}$$

so daß die Anwendung der Störungstheorie 1. Ordnung einigermaßen gerechtfertigt erscheint. Die Ordnung der Niveaus läßt sich auch leicht verstehen. Zustände mit kleinerer Hyperladung enthalten mehr s-Quarks und sind daher nach Gl. (17-56) schwerer.

Wir besprechen noch kurz die Massenaufspaltung für die pseudoskalaren Mesonen. Da unser Hamilton-Operator Gl. (17-58) einen Oktett-Anteil enthält, wird es nichtverschwindende Matrixelemente zwischen Oktett- und Singulett-Zuständen geben. Sehen wir uns den Hamilton-Operator im Raum der neun Zustände (Gl. (17-51)) an und vernachlässigen alle Übergänge zu anderen Zuständen, so hat die zu diagonalisierende 9×9-Massenmatrix $\mathcal{M}$ die folgende Gestalt:

$$\mathcal{M} = (\langle \alpha | \mathbf{H}_{st} | \beta \rangle), \tag{17-69}$$

wobei wir α, β für die neun Mesonen π^+, π^0, ... , η_8, η_1 schreiben, die wir alle im Ruhzustand betrachten. Für die einezelnen Matrixelemente können wir mit Hilfe der Gruppentheorie — analog wie bei den Baryonen — die folgenden Relationen und Parametrisierungen ableiten:

$$\langle \eta_1 | \mathbf{H}_{st} | \eta_1 \rangle = \langle \eta_1 | \mathbf{H}_0 + \mathbf{H}_8 | \eta_1 \rangle = \langle \eta_1 | \mathbf{H}_0 | \eta_1 \rangle \equiv m_1, \tag{17-70}$$

$$\langle \alpha | \mathbf{H}_{st} | \eta_1 \rangle = \langle \alpha | \mathbf{H}_8 | \eta_1 \rangle = 0 \quad \text{für} \quad \alpha \neq \eta_8, \eta_1; \tag{17-71}$$

$$\langle \eta_8 | \mathbf{H}_{st} | \eta_1 \rangle = \langle \eta_8 | \mathbf{H}_8 | \eta_1 \rangle; \tag{17-72}$$

$$\langle \alpha | \mathbf{H}_{st} | \beta \rangle = \langle \alpha | \mathbf{H}_0 + \mathbf{H}_8 | \beta \rangle = \langle \alpha | \overline{m}_8 + \delta m \left(\vec{\mathbf{I}}^2 - \tfrac{1}{4} Y^2 \right) | \beta \rangle$$
$$\text{für} \quad \alpha \neq \eta_1, \ \beta \neq \eta_1. \tag{17-73}$$

Bei Mesonen sind Teilchen zusammen mit ihren Antiteilchen im gleichen SU(3)-Multiplett, beispielsweise K^+ und K^-, K^0 und $\overline{K}^0$ in unserem Meson-Oktett. Teilchen und Antiteilchen haben nach dem CPT-Theorem dieselbe Masse, aber umgekehrte Hyperladung Y. Daher tritt in der Massenformel Gl. (17-73) anders als beim Baryon-Oktett kein Term proportional Y auf. Die Gruppentheorie gestattet es uns also, die Massenmatrix $\mathcal{M}$ für unsere neun Mesonen durch die Größen $m_1, \overline{m}_8, \delta m$ und $\langle \eta_8 | \mathbf{H}_8 | \eta_1 \rangle$ zu parametrisieren.

Wie wir leicht sehen, ist die Matrix $\mathcal{M}$ in der obigen Basis bereits diagonal, ausgenommen in dem Unterraum, der von η_8 und η_1 aufgespannt wird. Dort müssen wir eine 2×2-Matrix $\mathcal{M}'$ diagonalisieren, um die Massen-Eigenwerte zu erhalten. Aus Gln. (17-70)–(17-73) finden wir für die Massen-Eigenwerte der π- und K-Mesonen und für $\mathcal{M}'$:

$$
\begin{aligned}
m_\pi &= \overline{m}_8 + 2\delta m, \\
m_K &= \overline{m}_8 + \tfrac{1}{2}\delta m, \\
\mathcal{M}' &= \begin{pmatrix} \overline{m}_8 & \langle \eta_8 | \mathbf{H}_8 | \eta_1 \rangle \\ \langle \eta_1 | \mathbf{H}_8 | \eta_8 \rangle & m_1 \end{pmatrix}.
\end{aligned}
\qquad (17\text{-}74)
$$

Durch geeignete Wahl der relativen Phase der Zustände $|\eta_8\rangle$ und $|\eta_1\rangle$ können wir dabei stets erreichen, daß gilt:

$$
\langle \eta_8 | \mathbf{H}_8 | \eta_1 \rangle \geqslant 0. \qquad (17\text{-}75)
$$

Die Eigenzustände und Eigenwerte von $\mathcal{M}'$ ergeben die physikalischen Teilchen η, η' mit ihren Massen $m_\eta, m_{\eta'}$. In der Konvention von Gl. (17-75) können wir den Ansatz machen:

$$
\begin{aligned}
|\eta\rangle &= \cos\vartheta \, |\eta_8\rangle + \sin\vartheta \, |\eta_1\rangle \\
|\eta'\rangle &= -\sin\vartheta \, |\eta_8\rangle + \cos\vartheta \, |\eta_1\rangle.
\end{aligned}
\qquad (17\text{-}76)
$$

Hier ist ϑ der Mischungswinkel, den wir nun leicht aus den beobachteten Massenwerten der neun pseudoskalaren Mesonen berechnen können (Aufgabe 17.7). Wir finden bloß eine geringe Oktett-Singulett-Mischung

$$
\vartheta \cong -24°. \qquad (17\text{-}77)
$$

Wendet man die obigen Überlegungen nicht auf die Massen, sondern auf die Massenquadrate an, ergibt sich sogar ein Mischungswinkel ϑ' von bloß $-11°$ (Dumbrajs 1983).

Für Vektormesonen ρ, K*, ω, ϕ ist, wie sich herausstellt, die Mischung extrem. Der Quark-Gehalt der beobachteten isoskalaren Vektormesonen ist in guter Näherung wie folgt:

$$
\begin{aligned}
\omega &\sim \frac{1}{\sqrt{2}} (u\overline{u} + d\overline{d}), \\[4pt]
\phi &\sim s\overline{s}.
\end{aligned}
\qquad (17\text{-}78)
$$

Warum wir beim Baryon-Oktett keine Mischung mit einem Singulett betrachtet haben, werden wir im nächsten Abschnitt verstehen, in dem wir die SU(6)-Theorie erläutern wollen.

17.4   Die SU (6)-Symmetrie

Sehen wir uns die Massen der Baryonen in den Tabellen 17-2 und 17-3 an, so finden wir, daß die Aufspaltung zwischen Δ und Nukleon auch nicht viel größer als zwischen Λ und Nukleon ist. Wie wir nun zeigen werden, deutet diese Tatsache darauf hin, daß die Kräfte zwischen den Quarks in erster Näherung Spin-unabhängig sind (Sakita 1964, Gürsey 1964; für einen Überblick siehe Dyson 1966).

Wir gehen aus von drei Quark-Flavors. Berücksichtigen wir auch den Spin, so ergeben sich sechs Freiheitsgrade für ein Quark im Spin $\times$ Flavor-Raum. Als Basis wählen wir

$$\overset{\uparrow}{u}, \overset{\downarrow}{u}, \overset{\uparrow}{d}, \overset{\downarrow}{d}, \overset{\uparrow}{s}, \overset{\downarrow}{s},$$

wobei die aufgesetzten Pfeile für Spin in positiver ($\uparrow$) und negativer ($\downarrow$) z-Richtung stehen. Wenn die Kräfte zwischen den Quarks Spin-unabhängig sind und u-, d- und s-Quarks die gleiche Masse haben, so muß die Hamilton-Funktion eine U(6)-Symmetrie zeigen. Eine allgemeine Phasentransformation entspricht der Baryonenzahl. Spalten wir diese ab, so bleibt eine SU(6)-Symmetrie.

Im Quark-Modell für das Hadron-Spektrum nimmt man an, daß sich die Quarks nichtrelativistisch bewegen. Man macht einen Potentialansatz, z.B. entsprechend harmonischen Kräften und löst eine Schrödinger-Gleichung. Wir wollen das für das Baryon-Spektrum diskutieren. Für vernünftige Potentiale haben wir eine symmetrische Ortswellenfunktion mit Bahndrehimpulsen Null im Grundzustand. Die Quarks als Fermionen müssen insgesamt in einem total antisymmetrischen Zustand sein. Wie wir schon in Kapitel 15 besprochen haben, tragen die Quarks auch Farbe. Die Baryonen haben eine total antisymmetrische Wellenfunktion bezüglich der Farbe:

$$B \sim q_\alpha \, q_\beta \, q_\gamma \, \epsilon_{\alpha\beta\gamma},$$
$$(\alpha, \beta, \gamma: \text{Farbindizes}). \tag{17-79}$$

Das Pauli-Prinzip verlangt dann totale Symmetrie für den Flavor-mal-Spin-Anteil der Baryon-Wellenfunktion, d.h. unsere Zustände müssen total symmetrische Kombinationen der sechs Basiszustände $\overset{\uparrow}{u}, \dots, \overset{\downarrow}{s}$ sein. Wie man leicht abzählt, gibt das 56 Zustände für ein 3-Quark-System (Aufgabe 17.8).

Wir sehen sofort, daß unter diesen Zuständen kein Flavor-SU(3)-Singulett sein kann. Die Singulett-SU(3)-Wellenfunktion wäre im Flavor Raum

$$(uds)_{\text{total antisymmetrisiert}}.$$

Entsprechend müßte auch die Spin-Wellenfunktion total antisymmetrisch sein. Das ist aber unmöglich für drei Teilchen mit Spin $\frac{1}{2}$. Im Grundzustand gibt es also kein SU(3)-Singulett, deshalb haben wir bei der Besprechung der Gell-Mann-Okubo-Formel keine Mischung Oktett-Singulett für Baryonen betrachtet.

Betrachtet man die 56 Zustände genauer, so findet man, daß sie ein Oktett mit Spin $\frac{1}{2}$ und ein Dekuplett mit Spin $\frac{3}{2}$ enthalten. Mit der Notation (Spin-Multiplizität SU(3)-Darstellung) ergibt sich:

$$56 = (2, 8) + (4, 10). \tag{17-80}$$

Experimentell findet man als tiefste Baryon-Niveaus genau diese Anzahl. Die SU(6)-Symmetrie gibt uns also ein Verständnis dieser Tatsache. Die Entartung der 56 Zustände wird durch die verschiedenen Quark-Massen (Gl. (17-56)) und durch Spin-Spin- und für höhere Zustände auch Spin-Bahn-Kopplungsterme aufgehoben. Im Verständnis dieser Terme gab es im Rahmen der Quantenchromodynamik einige Fortschritte (De Rujula 1975). Heute kann man sagen, daß es ein sehr gutes phänomenologisches Modell für das Baryon-Spektrum gibt, das zwar keineswegs aus ersten Prinzipien abgeleitet ist, aber doch durch die QCD inspiriert ist (Isgur 1978, 1979, Gromes 1980).

Wir geben nun einige Beispiele von Wellenfunktionen im einfachen SU(6)-Modell an, wobei wir nur den Flavor- und Spin-Anteil explizit anschreiben [Notation: Hadron (Spin, z-Komponente des Spins)]:

$$\Delta^{++}\left(\tfrac{3}{2},\tfrac{3}{2}\right) \sim \overset{\uparrow\,\uparrow\,\uparrow}{uuu},$$

$$\Omega^{-}\left(\tfrac{3}{2},\tfrac{3}{2}\right) \sim \overset{\uparrow\,\uparrow\,\uparrow}{ss\,s},$$

$$p\left(\tfrac{1}{2},\tfrac{1}{2}\right) \sim \frac{1}{\sqrt{18}}\,\{\overset{\uparrow}{u}(\overset{\uparrow\downarrow}{ud} - \overset{\downarrow\uparrow}{ud}) + \text{Permutationen}\},$$

$$= \frac{1}{\sqrt{18}}\,\{2\overset{\uparrow\uparrow\downarrow}{uud} + 2\overset{\uparrow\downarrow\uparrow}{udu} +$$

$$+ 2\overset{\downarrow\uparrow\uparrow}{duu} - \overset{\uparrow\downarrow\uparrow}{uud} - \overset{\downarrow\uparrow\uparrow}{uud} - \overset{\downarrow\uparrow\uparrow}{udu} - \overset{\uparrow\uparrow\downarrow}{udu} - \overset{\uparrow\uparrow\downarrow}{duu} - \overset{\uparrow\downarrow\uparrow}{duu}\},$$

$$n\left(\tfrac{1}{2},\tfrac{1}{2}\right) \sim \frac{1}{\sqrt{18}}\,\{2\overset{\uparrow\uparrow\downarrow}{ddu} + 2\overset{\uparrow\downarrow\uparrow}{dud} +$$

$$+ 2\overset{\downarrow\uparrow\uparrow}{udd} - \overset{\uparrow\downarrow\uparrow}{ddu} - \overset{\downarrow\uparrow\uparrow}{ddu} - \overset{\downarrow\uparrow\uparrow}{dud} - \overset{\uparrow\uparrow\downarrow}{dud} - \overset{\uparrow\uparrow\downarrow}{udd} - \overset{\uparrow\downarrow\uparrow}{udd}\}. \quad (17\text{-}81)$$

Eine ausführliche Tabelle solcher expliziten Wellenfunktionen findet man bei Thirring 1965. Man kann sie benutzen, um zum Beispiel statische Eigenschaften von Baryonen zu berechnen. Wir illustrieren das für das magnetische Moment von Proton und Neutron.

Für ein Grundzustands-Baryon muß das magnetische Moment die Summe der Quark-Momente sein, da keine Bahndrehimpulse vorhanden sind. Der Operator des magnetischen Moments ist dann

$$\mu = \frac{2}{3}\,\mu_u \sigma_u - \frac{1}{3}\,\mu_d\,\sigma_d - \frac{1}{3}\,\mu_s\,\sigma_s. \quad (17\text{-}82)$$

Dabei sind μ_u, μ_d, μ_s die Quark-Magnetone, die, falls die Quarks nur ein Dirac-magnetisches Moment haben, von der Gestalt

$$\mu_q = \frac{e}{2\,m_q} \qquad (q = u, d, s) \quad (17\text{-}83)$$

sind. Dann gilt insbesondere für gleiche u- und d-Quark-Massen:

$$\mu_u = \mu_d. \quad (17\text{-}84)$$

Bilden wir den Erwartungswert des Operators μ (Gl. (17-82)) für die Proton- und Neutron-Wellenfunktionen (Gl. (17-81)), so finden wir leicht für die magnetischen Momente $\mu_{p,n}$ von Proton und Neutron

$$\mu_p = \mu_u,$$

$$\mu_n = -\frac{2}{3}\,\mu_u. \quad (17\text{-}85)$$

Das Verhältnis ist damit absolut vorhergesagt:

$$\left.\frac{\mu_n}{\mu_p}\right|_{\text{Theorie}} = -\frac{2}{3}. \quad (17\text{-}86)$$

Das stimmt sehr gut mit dem Experiment überein:

$$\mu_{\mathrm{p}} = 2{,}793 \, \frac{e}{2\,m_{\mathrm{p}}} \, ,$$

$$\mu_{\mathrm{n}} = -\,1{,}913 \, \frac{e}{2\,m_{\mathrm{p}}} \, ,$$

$$\frac{\mu_{\mathrm{n}}}{\mu_{\mathrm{p}}}\bigg|_{\mathrm{Experiment}} = \frac{-1{,}913}{2{,}793} = -\,0{,}685. \tag{17-87}$$

Dies gilt als einer der Triumphe der SU (6)-Theorie.

Wenn wir dies ernst nehmen, können wir auch die Quark-Masse bestimmen. Aus Gln. (17-83) bis (17-87) folgt:

$$2{,}793 \, \frac{e}{2\,m_{\mathrm{p}}} = \frac{e}{2\,m_{\mathrm{u}}} \, ,$$

$$m_{\mathrm{u}} = \frac{m_{\mathrm{p}}}{2{,}793} = 336 \text{ MeV}. \tag{17-88}$$

Das ist genau die Größenordnung der Quark-Massen, wie man sie für die Potential-Modelle braucht, um das Spektrum zu beschreiben. Ganz grob findet man dort

$$m_{\mathrm{u}} \sim \frac{1}{3} \, m_{\mathrm{p}}. \tag{17-89}$$

Die SU (6)-Theorie wurde natürlich auch für Mesonen angewendet. Darauf wollen wir hier nicht näher eingehen. Wir erwähnen bloß, daß die 0^-- und 1^--Mesonen von Bild 17-3 in ein Singulett und ein 35-Multiplett der SU (6) eingeordnet werden. Für weitere Diskussion verweisen wir auf die Literatur (z.B. Rosner 1974).

Aufgaben

17.1   Zeigen Sie mit Hilfe der Gln. (17-10) und (17-14) die totale Antisymmetrie von f_{abc} bzw. die totale Symmetrie von d_{abc}.

17.2   Betrachten Sie eine Darstellung der SU (3)-Gruppe wie in Gln. (17-15), (17-16) mit den Erzeugenden $\mathbf{F}_a$ (Gl. (17-20)). Zeigen Sie, daß aus den Darstellungsrelationen der Gl. (17-16) die Vertauschungsregeln der Gl. (17-21) folgen und umgekehrt.

17.3   Berechnen Sie mit Hilfe der Jacobi-Identität den Kommutator $[\mathbf{F}_a, \mathbf{F}_b]$ für die Matrizen $\mathbf{F}_a, \mathbf{F}_b$, die in Gl. (17-25) definiert sind.

17.4   Diese Aufgabe soll die physikalische Bedeutung der Erzeugenden der Flavor-SU (3)-Gruppe $\mathbf{F}_a$ ($a = 1, \dots, 8$) deutlich machen. Betrachten Sie die Operatoren

$$\begin{aligned}
\mathbf{I}_\pm &= \mathbf{F}_1 \pm i\,\mathbf{F}_2, \\
\mathbf{U}_\pm &= \mathbf{F}_6 \pm i\,\mathbf{F}_7, \\
\mathbf{V}_\pm &= \mathbf{F}_4 \pm i\,\mathbf{F}_5.
\end{aligned} \tag{17-90}$$

Was bewirken diese Operatoren bei Anwendung auf die Quarkzustände $|u\rangle$, $|d\rangle$, $|s\rangle$ entsprechend Gl. (17-38)? Was bewirken sie in einer allgemeinen Darstellung der Flavor-SU (3)-Gruppe?

17.5   Konstruieren Sie die Gewichtsdiagramme für die 6- und 10-Darstellung der SU(3)-Gruppe.

17.6   Zeigen Sie mit Hilfe der Operatoren $I_\pm$, $U_\pm$, $V_\pm$ von Gl. (17-90) die Irreduzibilität der SU(3)-Darstellungen 3, 3*, 6, 8, 10.

17.7   Bestimmen Sie den Mischungswinkel der 0^--Mesonen in Gl. (17-76). Verwenden Sie als experimentelle Eingabewerte die Massen der physikalischen Teilchen η, η' und die Masse $\overline{m}_8$, die sich aus den Massen der π- und K-Mesonen ergibt. Führen Sie dieselbe Rechnung für die 1^--Mesonen aus und verifizieren Sie Gl. (17-78).

17.8   Zeigen Sie, daß es genau 56 linear unabhängige 3-Quark Zustände gibt, die total symmetrische Kombinationen der 6-Zustände $u^\uparrow, ..., s^\downarrow$ sind. Verifizieren Sie die Gl. (17-80).

17.9   Berechnen Sie die magnetischen Momente von Proton und Neutron im SU(6)-Modell und verifizieren Sie Gl. (17-85).

18   Das naive Parton-Modell

Im letzten Kapitel haben wir das nichtrelativistische Quark-Modell besprochen, das sich bei der Beschreibung des Hadron-Spektrums bis heute bestens bewährt. In diesem Kapitel wollen wir das Parton-Modell besprechen, das darauf zugeschnitten ist, sogenannte harte Reaktionen zu beschreiben. Auch in diesem Modell betrachten wir die Hadronen als aufgebaut aus Konstituenten, Partonen, von denen, wie sich herausstellen wird, ein Teil genau die Quark-Quantenzahlen trägt. Wir werden aber nicht wie früher Hadronen in Ruhe betrachten, sondern im Gegenteil schnell bewegte Hadronen. Wie man sich leicht überlegen kann, ist der Zusammenhang zwischen den Konstituenten-Wellenfunktionen eines Teilchens in Ruhe und in schneller Bewegung keineswegs einfach. Es soll daher nicht verwundern, wenn die Konstituenten-Bilder der Hadronen, die wir in diesem Kapitel entwerfen werden, einigermaßen anders aussehen als die statischen Ansichten des letzten Kapitels.

Das Parton-Modell wurde Ende der 60er Jahre von einer Reihe von Autoren eingeführt (Feynman 1969, 1972; Bjorken 1969a; Drell 1971; Landshoff 1971, 1971a). Der Erfolg des Modells war phänomenal. Durch die Aufstellung der Quantenchromodynamik ist das Modell keineswegs überflüssig geworden, im Gegenteil, bei den meisten Anwendungen der QCD muß man die Gültigkeit der Parton-Beschreibung der Hadronen annehmen, um einen Kontakt zwischen Theorie und Experiment herzustellen.

Wir geben nun einige Beispiele von Reaktionen, auf die das Parton-Modell angewendet wurde. Dabei steht X für Hadronen im Endzustand.

— Elektron-Positron-Vernichtung in Hadronen bei hohen Schwerpunktsenergien:

$$e^+ + e^- \longrightarrow X. \tag{18-1}$$

— Tief inelastische Elektron-Nukleon-Streuung, d.h. Streuung mit großem Energie- und Impuls-Übertrag:

$$e + N \longrightarrow e + X. \tag{18-2}$$

— Myon-Paar-Produktion in hochenergetischen Nukleon-Nukleon-Stößen, der sogenannte Drell-Yan-Prozeß (Drell 1970):

$$N + N \longrightarrow \mu^+ + \mu^- + X. \tag{18-3}$$

— Produktion von Hadronen mit großem Transversal-Impuls in hochenergetischen Hadron-Hadron-Stößen, zum Beispiel:

$$p + \bar{p} \longrightarrow \text{Jets mit großem } p_T + X. \tag{18-4}$$

Wir wollen nun die Grundannahmen des Parton-Modells einführen und dann sehen, wie wir mit ihrer Hilfe die obigen Reaktionen beschreiben können.

Annahme I: Ein schnell bewegtes Hadron sieht wie ein Bündel (Jet) von Partonen aus, die alle mehr oder weniger in dieselbe Richtung wie das Mutter-Hadron fliegen. Die Partonen teilen sich den Dreierimpuls des Hadrons (Bild 18-1).

Annahme II: Für harte Reaktionen wie die oben angeführten können wir die Impuls-Approximation verwenden. Die Vorschrift, um Reaktionsraten für Hadronen zu berechnen, ist wie folgt: Man berechne die Reaktionsrate für den zugrundeliegenden Prozeß mit freien Partonen und summiere inkohärent über die Beiträge aller Partonen in den Hadronen.

Diese Vorschriften können leider bis heute nicht aus fundamentaleren Prinzipien abgeleitet werden. Man kann allerdings einige mehr oder weniger plausible Überlegungen zu ihrer Begründung anstellen (Feynman 1969, siehe auch Nachtmann 1977). Wir wollen darauf nicht näher eingehen, sondern uns auf die Anwendungen dieser Annahmen konzentrieren.

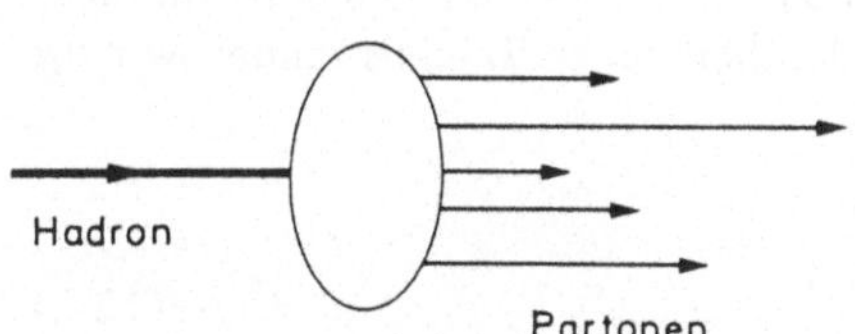

Bild 18-1 Partonen als Konstituenten eines schnell bewegten Hadrons

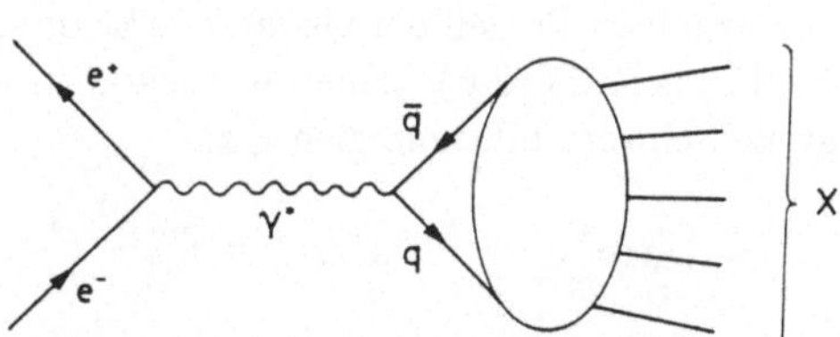

Bild 18-2 Die Reaktion $e^+e^- \to$ Hadronen im Parton-Modell

18.1 Elektron-Positron-Vernichtung in Hadronen

Im Parton-Modell stellen wir uns diese Reaktion folgendermaßen vor (Bild 18-2). Ein Elektron und ein Positron vernichten in ein virtuelles Photon, das primär in ein Parton-Antiparton-Paar $(q, \bar{q})$ materialisiert. Die Partonen sollen sich dann mit Wahrscheinlichkeit 1 in Hadronen umwandeln. Um den totalen Streuquerschnitt zu berechnen, brauchen wir also bloß die Reaktion

$$e^+ + e^- \longrightarrow q + \bar{q} \tag{18-5}$$

zu betrachten und über alle beitragenden Partonen q summieren (Cabibbo 1970).

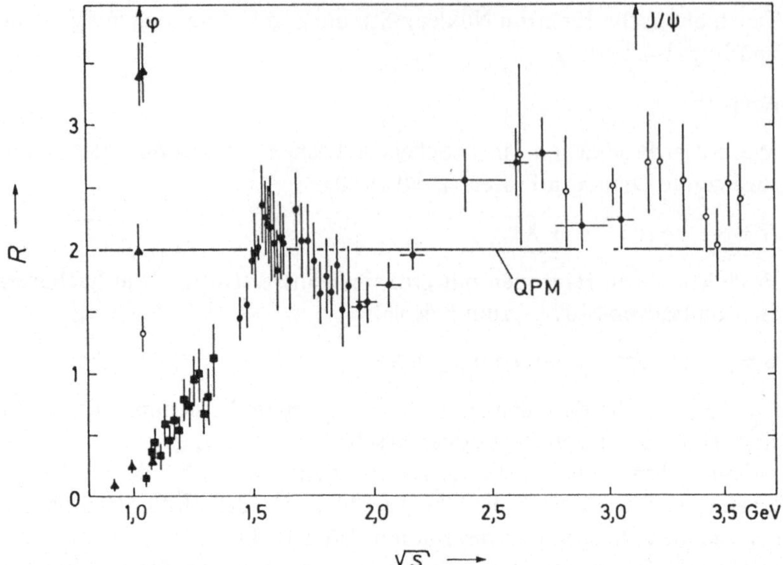

Bild 18-3 Daten für $R(s) = \sigma(e^+e^- \to \text{Hadronen})/\sigma(e^+e^- \to \mu^+\mu^-)$ bei Schwerpunktsenergien $\sqrt{s}$ unterhalb 3,5 GeV. Die Vorhersage des Quark-Parton-Modells (QPM) für diesen Energiebereich ist $R(s) = 2$ (nach Bacci 1979).

Die Produktion eines Parton-Paares (Gl. (18-5)) ist ganz ähnlich zur wohlbekannten Myon-Paarproduktion

$$e^+ + e^- \longrightarrow \mu^+ + \mu^-, \tag{18-6}$$

einem reinen Prozeß der Quantenelektrodynamik (Bild 11-3). Den Streuquerschnitt für diese Reaktion (Gl. (18-6)) haben wir schon in Abschnitt 11.2 berechnet. Damals fanden wir für große Schwerpunktsenergien $\sqrt{s}$:

$$\sigma(e^+e^- \longrightarrow \mu^+\mu^-) = \frac{4\pi\alpha^2}{3}\,\frac{1}{s},$$
$$(s \gg m_e^2, m_\mu^2). \tag{18-7}$$

Das Resultat ist einleuchtend. Die Potenz der Feinstruktur-Konstanten $\alpha = e^2/4\pi$ folgt durch Abzählen der Vertizes in Bild 11-3. Für große Energien, wo die Massen vernachlässigbar sind, bleibt als Längenskala bloß $1/\sqrt{s}$, daher muß der Streuquerschnitt proportional $1/s$ sein. Solche einfache Skalen-Argumente werden wir auch in der Diskussion des Parton-Modells des öfteren benutzen.

Gehen wir nun zur Parton-Reaktion, so muß der Streuquerschnitt für *Spin 1/2*-Partonen, deren Masse wir für gegebenes s vernachlässigen können, ebenfalls wie in Gl. (18-7) sein, multipliziert mit dem Quadrat der Parton-Ladung Q_q, die ja verschieden von der Myon-Ladung sein kann. Wir finden daher für das Verhältnis

$$\frac{\sigma(e^+e^- \longrightarrow q\bar{q})}{\sigma(e^+e^- \longrightarrow \mu^+\mu^-)} = Q_q^2,$$
$$(s \gg m_e^2, m_\mu^2, m_q^2; \quad q\!: \text{Spin-}\tfrac{1}{2}\text{-Parton}). \tag{18-8}$$

Für ein Spin 0-Parton findet man nach einfacher Rechnung nur $\frac{1}{4}$ des obigen Werts. Geladene Partonen mit Spin $> \frac{1}{2}$ wollen wir der Einfachheit halber ausschließen. Wir wenden dann unsere *Annahme II* an und erhalten für das Verhältnis $R(s)$ von hadronischem und myonischem Streuquerschnitt

$$R(s) = \frac{\sigma(e^+ e^- \longrightarrow \text{Hadronen})}{\sigma(e^+ e^- \longrightarrow \mu^+ \mu^-)} = \sum_q Q_q^2 + \frac{1}{4} \sum_{q'} Q_{q'}^2 ,$$

(18-9)

(q: Spin $\frac{1}{2}$-Partonen,   q': Spin 0-Partonen).

Wie wir im nächsten Abschnitt sehen werden, legen die Daten über tief inelastische Reaktionen die Annahme nahe, daß die geladenen Partonen ausschließlich Spin $\frac{1}{2}$ haben. Nehmen wir an, die Partonen sind identisch mit den uns schon bekannten Quarks u, d, s, so finden wir für Quarks *ohne Farbe*

$$R(s) = \left(\frac{2}{3}\right)^2 + \left(-\frac{1}{3}\right)^2 + \left(-\frac{1}{3}\right)^2 = \frac{2}{3}.$$

(18-10)

Für Quarks mit drei Farben haben wir dreimal mehr Endzustände, entsprechend

$$e^+ e^- \longrightarrow q_\alpha \bar{q}_\alpha ,$$

(18-11)

wobei $\alpha = 1, 2, 3$ der Farbindez ist und q = u, d, s. Wir erhalten daher für *drei Farben*

$$R(s) = 3 \cdot \frac{2}{3} = 2.$$

(18-12)

Diese theoretischen Vorhersagen müssen wir vergleichen mit experimentellen Daten bei Schwerpunktsenergien $\sqrt{s}$, die groß gegen die Massen von u, d und s-Quark sind, aber unterhalb des Bereichs, wo das Charm-Quark c ins Spiel kommt, liegen, etwa:

$$1\,\text{GeV} \lesssim \sqrt{s} \lesssim 3\,\text{GeV}.$$

(18-13)

Die Daten (Bild 18-3) zeigen in der Tat für $\sqrt{s} \gtrsim 1,5$ GeV ein angenähert konstantes $R(s)$ mit einem Wert von etwa 2. Ein Wert $R(s) \cong \frac{2}{3}$ scheidet sicher aus. Diese Daten gelten als eine der entscheidenden experimentellen Stützen für die Hypothese der drei Farben der Quarks.

An den $e^+ e^-$-Speicherringen PETRA im Hamburg und PEP in Stanford wurde das Verhältnis $R(s)$ (Gl. (18-9)) eingehend untersucht im Energiebereich

$$14\,\text{GeV} \lesssim \sqrt{s} \lesssim 45\,\text{GeV}.$$

(18-14)

In diesem Energiebereich tragen fünf Quarks bei; u, d, s, c, b. Vernachlässigen wir wieder alle Quarkmassen, so erhalten wir mit den in Tabelle 1-3 angegebenen Ladungen die theoretische Vorhersage

$$R(s) = 3 \left\{ 2 \cdot \left(\frac{2}{3}\right)^2 + 3 \cdot \left(-\frac{1}{3}\right)^2 \right\} = \frac{11}{3}.$$

(18-15)

In Bild 18-4 zeigen wir die verfügbaren experimentellen Daten für $R(s)$. In erster Näherung beschreibt das naive Parton-Modell-Resultat (Gl. (18-15)) die Daten oberhalb etwa 15 GeV ganz gut. Die Daten liegen aber deutlich über dem naiven Wert. Diese Diskrepanz werden wir in Abschnitt 20.2 als Effekt höherer Ordnung im Rahmen der Quantenchromodynamik deuten.

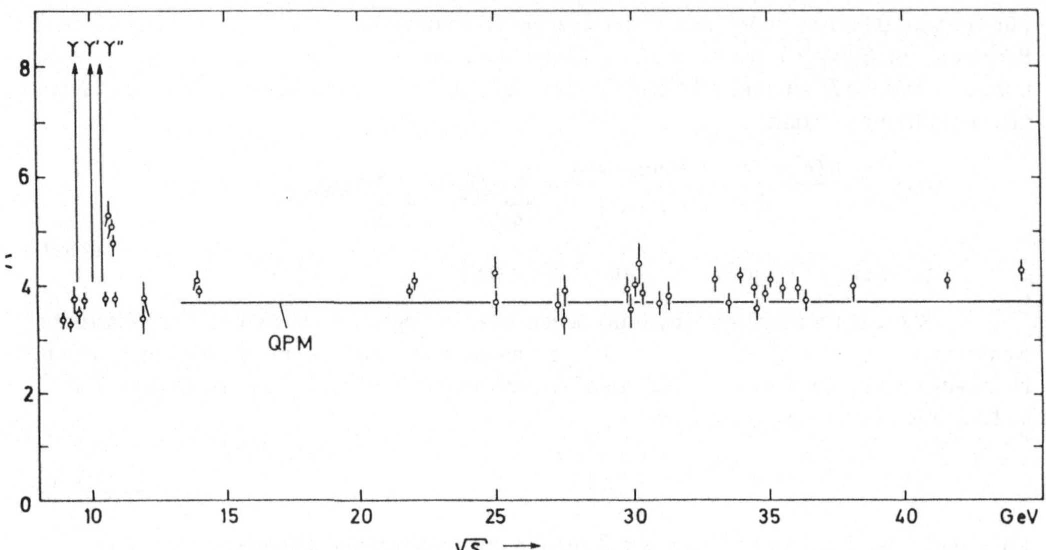

Bild 18-4 Experimentelle Daten für das Verhältnis $R(s) = \sigma(\mathrm{e^+e^-} \to \text{Hadronen})/\sigma_{\mu\mu}$ wobei $\sigma_{\mu\mu} = 4\pi\alpha^2/(3s)$ für Schwerpunktsenergien $8 \leqslant \sqrt{s} \leqslant 45\,\text{GeV}$. Die Vorhersage des Quark-Parton-Modells (QPM) für $\sqrt{s} \gtrsim 12\,\text{GeV}$ ist $R(s) = 11/3$ (nach Wu 1984).

18.2 Tief inelastische Lepton-Nukleon-Streuung

In diesem Abschnitt wollen wir die Lepton-Nukleon-Streuung besprechen, von der ein wesentlicher Beitrag zu unseren Vorstellungen vom Aufbau der Nukleonen stammt. Wir studieren zunächst Elektron-Nukleon-Streuung

$$\mathrm{e} + \mathrm{N} \longrightarrow \mathrm{e} + \mathrm{X}. \tag{18-16}$$

Das entsprechende Feynman-Diagramm ist in Bild 18-5 gezeigt, in dem wir auch die Viererimpulse der beteiligten Teilchen angeben. Wir betrachten nur die führende Ordnung in der Entwicklung nach Potenzen der Feinstrukturkonstanten α und vernachlässigen die Elektronmasse. Ein Elektron sendet ein virtuelles Photon aus, das vom Nukleon absorbiert wird. Das Nukleon zerplatzt dabei im allgemeinen in viele Hadronen. Wir sind hauptsächlich an großen Energie- und Impulsüberträgen interessiert, da sich dort eine Konstituenten-Struktur der

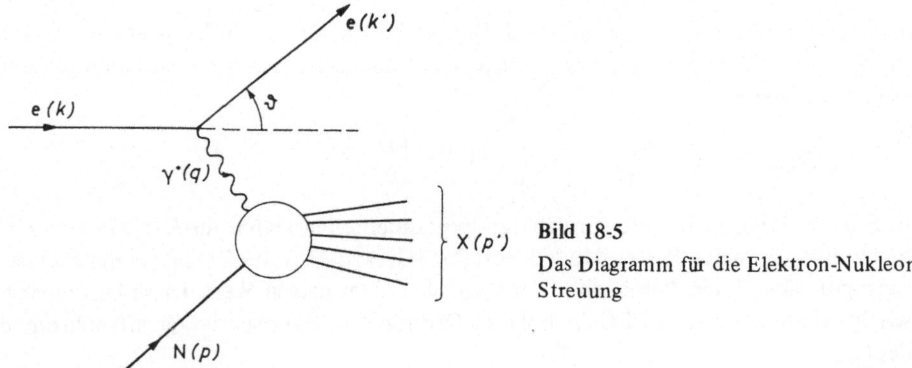

Bild 18-5

Das Diagramm für die Elektron-Nukleon Streuung

Tabelle 18-1 Kinematische Größen der Lepton-Nukleon-Streuung

Größe	Bezeichnung der Größe
M	Nukleonmasse
$E = \dfrac{pk}{M}$	Energie des einlaufenden Leptons im Laborsystem
$E' = \dfrac{pk'}{M}$	Energie des auslaufenden Leptons im Laborsystem
ϑ	Streuwinkel des Leptons im Laborsystem
$q = k - k'$	Viererimpuls-Übertrag
$Q^2 = -q^2 = 4EE'\sin^2\dfrac{\vartheta}{2}$	Quadrat des Viererimpuls-Übertrags
$v = pq/M$	Energieübertrag im Laborsystem
$W^2 = (p + q)^2$	Invariantes Massenquadrat der Hadronen im Endzustand
$x \equiv \omega^{-1} = Q^2/(2Mv)$	Bjorkens Skalenvariable $(0 \leqslant x \leqslant 1)$
$y = v/E$	Energieübertrag/maximaler Energieübertrag $(0 \leqslant y \leqslant 1)$
$P = Mv/Q = Q/(2x)$	Impuls des Nukleons im Breit-System

Nukleonen bemerkbar machen sollte. Analog hat ja die Streuung von α-Teilchen an Atomen, die von Rutherford studiert wurde, zur Entdeckung des Atomkerns als Konstituenten des Atoms geführt.

Die wichtigsten kinematischen Größen unserer Reaktion (Gl. (18-16)) sind in Tabelle 18-1 definiert.

Wegen der Erhaltung der Baryonenzahl muß die invariante Masse der Hadronen im Endzustand mindestens die Nukleon-Masse sein. Wir haben daher die kinematische Schranke

$$W^2 = (p + q)^2 = M^2 + 2Mv - Q^2 \geqslant M^2 ,$$
$$2Mv \geqslant Q^2 . \tag{18-17}$$

Dabei entspricht $2Mv = Q^2$ der elastischen Streuung. Der kinematisch erlaubte Bereich in der v-Q^2-Ebene ist in Bild 18-6 gezeigt. Die kinematischen Grenzen für die Variablen x und y (Tabelle 18-1) sind, wie man daraus leicht ableitet,

$$0 \leqslant x \leqslant 1,$$
$$0 \leqslant y \leqslant 1. \tag{18-18}$$

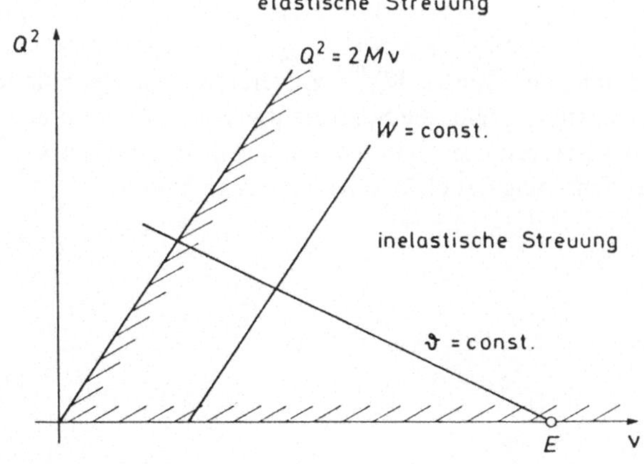

Bild 18-6
Kinematisch erlaubter Bereich in der v-Q^2-Ebene. Linie konstanter invarianter Masse der Hadronen im Endzustand: $W = $ const. Linie konstanten Streuwinkels bei vorgegebener Energie E des einlaufenden Elektrons: $\vartheta = $ const.

Die tief inelastische Elektron-Nukleon Streuung (Gl. (18-16)) wurde zunächst hauptsächlich in Stanford (USA) am dortigen Linearbeschleuniger untersucht. Die Elektron-Energien und Q^2-Werte waren dabei etwa

$$1\,\mathrm{GeV} \;\lesssim\; E \;\lesssim\; 30\,\mathrm{GeV},$$
$$0 \;\lesssim\; Q^2 \;\lesssim\; 20\,\mathrm{GeV}^2. \tag{18-19}$$

Später wurden die Untersuchungen mit Myonen an Stelle der Elektronen bei höheren Energien weitergeführt am FNAL und am CERN. Man erreicht heute etwa $E \sim 300\,\mathrm{GeV}$ und $Q^2 \sim 200\,\mathrm{GeV}^2$ (Drees 1983).

Das S-Matrixelement für die Reaktion der Gl. (18-16) hat die folgende Gestalt:

$$\langle e(k')\,X(p') \,|\,\mathbf{S}\,|\, e(k)\,N(p)\rangle =$$

$$- \,\mathrm{i}(2\pi)^4\,\delta(p'+k'-p-q)\,4\pi\alpha\,\bar{u}(k')\,\gamma_\mu\,u(k)\,\frac{1}{q^2}\,\langle X(p')\,|\,\mathscr{I}^\mu(0)\,|\,N(p)\rangle. \tag{18-20}$$

Dabei ist $e\,\mathscr{I}^\mu$ der hadronische Anteil des elektromagnetischen Stroms. Der Faktor $1/q^2$ kommt vom Photon-Propagator in Bild 18-5.

Wir werden uns für die Experimente interessieren, bei denen nur das Elektron im Endzustand beobachtet und nach Energie und Streuwinkel analysiert wird. Der entsprechende Streuquerschnitt für unpolarisierte Elektronen und Nukleonen läßt sich, wie man leicht aus Gl. (18-20) ableitet, als Produkt eines Lepton- und Hadron-Tensors darstellen:

$$\frac{\partial^2\sigma}{\partial E'\,\partial\Omega'} = \frac{2\alpha^2}{Q^4}\,\frac{E'}{E}\,l^{\lambda\rho}\,W^{(\mathrm{eN})}_{\rho\lambda}, \tag{18-21}$$

wobei

$$l^{\lambda\rho} = k'^{\lambda}\,k^{\rho} + k^{\lambda}\,k'^{\rho} - g^{\lambda\rho}\,(kk'),$$

$$W^{(\mathrm{eN})}_{\rho\lambda} = \sum_X \frac{1}{2M}\,(2\pi)^3\,\delta(p'-p-q)\cdot$$

$$\sideset{}{'}\sum_{\text{Spins}} \langle N(p)\,|\,\mathscr{I}_\rho(0)\,|\,X(p')\rangle\,\langle X(p')\,|\,\mathscr{I}_\lambda(0)\,|\,N(p)\rangle. \tag{18-22}$$

Da die $\mathscr{I}_\lambda$ hermitesche Operatoren sind, gilt:

$$W^{(\mathrm{eN})}_{\rho\lambda} = (W^{(\mathrm{eN})}_{\lambda\rho})^*. \tag{18-23}$$

Einige allgemeine Prinzipien helfen uns, den Tensor $W^{(\mathrm{eN})}_{\rho\lambda}$ zu vereinfachen. Bei Summation über alle Hadron-Endzustände und Mittelung über die Spinorientierungen des ursprünglichen Nukleons kann $W^{(\mathrm{eN})}_{\rho\lambda}$ nur von den Vierervektoren p und q abhängen. Weiter muß $W^{(\mathrm{eN})}_{\rho\lambda}$ ein Lorentz-Tensor sein, der wegen der Erhaltung des elektromagnetischen Stroms

$$\partial^\rho\,\mathscr{I}_\rho(x) = 0, \tag{18-24}$$

die Bedingungen

$$q^\rho\,W^{(\mathrm{eN})}_{\rho\lambda}(p,q) = 0,$$
$$q^\lambda\,W^{(\mathrm{eN})}_{\rho\lambda}(p,q) = 0 \tag{18-25}$$

erfüllen muß. Drei Tensoren, die diese Bedingungen erfüllen, können wir leicht angeben:

$$\left(-g_{\rho\lambda} + \frac{q_\rho\, q_\lambda}{q^2}\right),$$

$$\left(p_\rho - \frac{(pq)\, q_\rho}{q^2}\right)\ \left(p_\lambda - \frac{(pq)\, q_\lambda}{q^2}\right),$$

$$i\, \epsilon_{\rho\lambda\sigma\tau}\, p^\sigma\, q^\tau.$$

Wie man zeigen kann, gibt es auch keine weiteren aus p, q und invarianten Symbolen gebildeten Tensoren, die Gl. (18-25) erfüllen. Der dritte der obigen Tensoren scheidet auch noch aus, da der elektromagnetische Strom ein reiner Vektorstrom ist und daher keine paritätsungeraden Terme in $W^{(eN)}_{\rho\lambda}$ auftreten können. Damit können wir $W^{(eN)}_{\rho\lambda}$ als Summe der zwei verbleibenden Tensoren, mit unbekannten skalaren Funktionen multipliziert, darstellen. Die invarianten skalaren Funktionen können nur von den Invarianten abhängen, die wir aus p und q bilden können, nämlich $Q^2 = -q^2$ und $\nu = pq/M$. Wir können daher den Ansatz machen:

$$W^{(eN)}_{\rho\lambda} = \left(-g_{\rho\lambda} + \frac{q_\rho\, q_\lambda}{q^2}\right)\, W_1(\nu, Q^2)$$

$$+\left(p_\rho - \frac{(pq)\, q_\rho}{q^2}\right)\left(p_\lambda - \frac{(pq)\, q_\lambda}{q^2}\right)\frac{1}{M^2}\, W_2(\nu, Q^2). \tag{18-26}$$

Die Funktionen $W_1(\nu, Q^2)$ und $W_2(\nu, Q^2)$, die wegen Gl. (18-23) reell sind, heißen die Strukturfunktionen des Nukleons. Sie enthalten die Information über die Dynamik der starken Wechselwirkung in dem Prozeß.

Einsetzen von Gl. (18-26) in Gl. (18-21) liefert nun nach einfacher Rechnung:

$$\frac{\partial^2 \sigma^{(eN)}}{\partial E'\, \partial \Omega'} = \frac{4\alpha^2 E'^2}{Q^4}\left\{2\, W_1^{(eN)}(\nu, Q^2)\sin^2\frac{\vartheta}{2} + W_2^{(eN)}(\nu, Q^2)\cos^2\frac{\vartheta}{2}\right\}. \tag{18-27}$$

Daraus sehen wir, daß man bei kleinen Streuwinkeln hauptsächlich W_2, bei großen Winkeln W_1 mißt. Große Streuwinkel sind aber durch den Faktor $Q^4 \propto \sin^4 \vartheta/2$ im Nenner stark unterdrückt (vgl. Tabelle 18-1).

Wir wollen nun versuchen, das Parton-Modell auf unsere Reaktion anzuwenden. Dazu müssen wir ein Bezugssystem finden, in dem sich das Nukleon sehr rasch bewegt. Ein geeignetes System ist das sogenannte *Breit-System*, in dem das Elektron vor und nach der Streuung dieselbe Energie hat. Der Energieübertrag in diesem System ist dann Null, das virtuelle Photon überträgt nur Dreierimpuls. Wie man leicht sieht, kann man das Bezugsystem so wählen, daß die Dreierimpulse von Nukleon und virtuellem Photon antiparallel sind und in die positive bzw. negative x^3-Richtung zeigen. Die Viererimpulse p des Nukleons und q des virtuellen Photons sind dann von der Gestalt

$$p = \begin{pmatrix} \sqrt{P^2 + M^2} \\ 0 \\ 0 \\ P \end{pmatrix}, \qquad q = \begin{pmatrix} 0 \\ 0 \\ 0 \\ -Q \end{pmatrix}. \tag{18-28}$$

Dabei sind P und Q wie in Tabelle 18-1 angegeben, wodurch in der Tat für die Viererimpulse von Gl. (18-28) gilt:

$$q^2 = -Q^2, \qquad pq = PQ = Mv. \tag{18-29}$$

Nach Bjorken (Bjorken 1969) betrachten wir den Limes

$$Q^2 \longrightarrow \infty,$$

$$v \longrightarrow \infty,$$

$$x = \frac{Q^2}{2Mv} \qquad \text{festgehalten.} \tag{18-30}$$

In diesem Bjorken-Limes strebt die dritte Komponente des Impulses des Nukleons im Breit-System gegen Unendlich:

$$P = \frac{Q}{2x} \longrightarrow \infty.$$

Wir haben dann ein schnellbewegtes Nukleon vor uns und können es nach *Annahme I* des Parton-Modells als Strahl von Partonen auffassen, die alle mehr oder weniger in dieselbe Richtung fliegen wie das Nukleon. Vernachlässigen wir die Transversalimpulse der Partonen gänzlich, so ist der Dreierimpuls p_i eines Partons i ein Bruchteil ξ des Dreierimpulses des Nukleons:

$$p_i = \xi \begin{pmatrix} 0 \\ 0 \\ P \end{pmatrix}, \tag{18-31}$$

wobei $0 \leqslant \xi \leqslant 1$. Den Partongehalt des Nukleons werden wir durch Verteilungsfunktionen beschreiben. Für die j-te Partonart sei

$$N_j(\xi)\,\mathrm{d}\xi$$

die Anzahl der Partonen mit Impulsanteil zwischen ξ und $\xi + \mathrm{d}\xi$. Partonen und Antipartonen sind dabei separat zu zählen.

Wir wenden nun die *Annahme II* des Parton-Modells an. Wir haben dann die Streuung des Elektrons an den als frei betrachteten Partonen zu berechnen und über die Parton-Beiträge inkohärent zu summieren. Das Parton-Streudiagramm zeigen wir in Bild 18-7, eine diagrammatische Darstellung der Gesamtreaktion in Bild 18-8. Da wir die Reaktion im Breit-System betrachten, wo alle Teilchen vor dem Stoß in Bewegung sind, ist es günstig, mit Reaktionsraten an Stelle von Streuquerschnitten zu rechnen. Nach Gln. (5-54) und (18-21) erhalten wir für die Reaktionsrate der Elektron-Nukleon-Streuung in der Näherung $m_e = 0$

$$\mathrm{d}\Gamma(\mathrm{e}(k) + \mathrm{N}(p) \longrightarrow \mathrm{e}(k') + \mathrm{X})$$

$$= \frac{1}{V}\,\frac{w(s, M^2, 0)}{2k^0 p^0}\,\mathrm{d}\sigma(\mathrm{e}(k) + \mathrm{N}(p) \longrightarrow \mathrm{e}(k') + \mathrm{X})$$

$$= \frac{1}{V}\,\frac{w(s, M^2, 0)}{2k^0 p^0}\,\frac{\partial^2 \sigma}{E'\,\partial E'\,\partial \Omega'}\,\frac{\mathrm{d}^3 k'}{k'^0}$$

$$= \frac{1}{V}\,\frac{1}{k^0}\,\frac{2\alpha^2}{Q^4}\,l^{\lambda\rho}\,\Gamma_{\rho\lambda}\,\frac{\mathrm{d}^3 k'}{k'^0}, \tag{18-32}$$

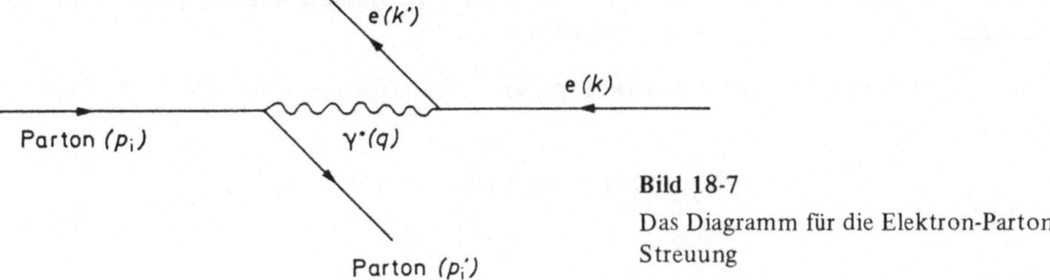

Bild 18-7

Das Diagramm für die Elektron-Parton Streuung

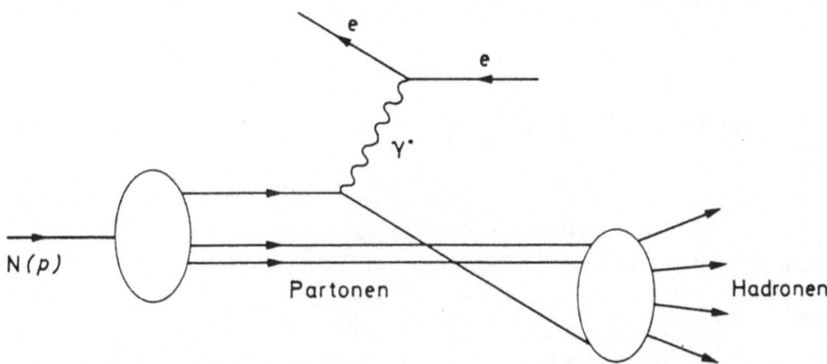

Bild 18-8 Die Elektron-Nukleon-Streuung im Parton-Modell

wobei wir setzen:

$$\Gamma_{\rho\lambda} = \frac{M}{p^0}\, W^{(eN)}_{\rho\lambda}.$$

Analog können wir die Reaktionsrate für ein Parton a_i mit Viererimpuls p_i definieren. Nach dem Diagramm von Bild 18-7 haben wir die elastische Elektron-Parton Streuung zu berechnen. Für ein Spin $\frac{1}{2}$-Parton mit Ladung Q_i und Masse m_i finden wir:

$$d\,\Gamma(e\,(k) + a_i\,(p_i) \longrightarrow e\,(k') + a_i\,(p_i'))$$

$$= \frac{1}{V}\,\frac{1}{k^0}\,\frac{2\alpha^2}{Q^4}\, l^{\lambda\rho}\,\Gamma^{(i)}_{\rho\lambda}\,\frac{d^3 k'}{k'^0}, \tag{18-33}$$

$$\Gamma^{(i)}_{\rho\lambda}(p_i, q) = \frac{Q_i^2}{p_i^0}\,\delta\,(2p_i q + q^2)$$

$$\left\{\left(-g_{\rho\lambda} + \frac{q_\rho q_\lambda}{q^2}\right)\left(-\frac{q^2}{2}\right) + \left(p_{i_\rho} - \frac{(p_i q) q_\rho}{q^2}\right)\left(p_{i_\lambda} - \frac{(p_i q) q_\lambda}{q^2}\right)2\right\}. \tag{18-34}$$

Die δ-Funktion kommt von der Annahme, daß wir die Partonen während der Streuung als frei betrachten können, d.h. daß die Partonen vor und nach der Streuung auf der Massenschale sind. Dann gilt:

$$m_i^2 = p_i^2 = p_i'^2 = (p_i + q)^2, \tag{18-35}$$

beziehungsweise

$$2p_i q + q^2 = 0.$$

Um die Reaktionsrate für das Nukleon zu erhalten, summieren wir über alle Parton-Beiträge gewichtet mit den Verteilungs-Funktionen:

$$d\Gamma(e(k) + N(p) \longrightarrow e(k') + X)$$

$$= \sum_i \int_0^1 d\xi\, N_i(\xi)\, d\Gamma(e(k) + a_i(p_i) \longrightarrow e(k') + a_i(p_i'))\big|_{p_i = \xi p}. \qquad (18\text{-}36)$$

Mit Gln. (18-32)–(18-34) erhalten wir daraus:

$$\Gamma_{\rho\lambda} = \frac{M}{p^0}\, W_{\rho\lambda}(p, q)$$

$$= \sum_i \int_0^1 d\xi\, N_i(\xi)\, \Gamma_{\rho\lambda}^{(i)}(p_i, q)\big|_{p_i = \xi p}. \qquad (18\text{-}37)$$

Wir vernachlässigen nun im Sinne einer Hochenergie-Approximation die Massen von Nukleon und Partonen und setzen auch für die Energien im Breit-System

$$p_i^0 \cong \xi p^0. \qquad (18\text{-}38)$$

Mit Hilfe der δ-Funktion in Gl. (18-34) läßt sich das Integral in Gl. (18-37) dann leicht auswerten, und wir finden für die Strukturfunktionen, falls alle geladenen Partonen Spin $\frac{1}{2}$ haben:

$$2MW_1(\nu, Q^2) = \sum_i Q_i^2\, N_i(x),$$

$$\nu W_2(\nu, Q^2) = x \sum_i Q_i^2\, N_i(x). \qquad (18\text{-}39)$$

Berücksichtigt man auch geladene Spin 0-Partonen, so ergibt sich

$$2MW_1(\nu, Q^2) = \sum_i Q_i^2 N_i(x),$$

$$\nu W_2(\nu, Q^2) = x \sum_i Q_i^2 N_i(x) + x \sum_{i'} Q_{i'}^2 N_{i'}(x), \qquad (18\text{-}40)$$

(i: Spin $\frac{1}{2}$-Partonen, i': Spin 0-Partonen).

Aus Gl. (18-40) sehen wir, daß für gegebenes ν und Q^2 gerade die Partonen mit Impulsanteil x zu den Strukturfunktionen beitragen. Das kann man leicht als Folge der Energie-Impuls-Erhaltung in der Elektron-Parton-Streuung im Breit-System verstehen (Aufgabe 18.1).

Das naive Parton-Modell liefert das sogenannte Bjorken-Skalenverhalten für die Strukturfunktionen. Aus abstrakteren Überlegungen hatte Bjorken schon vor Aufstellung des Parton-Modells abgeleitet, daß die Strukturfunktionen $2MW_1$ und νW_2 im Bjorken-Limes (Gl. (18-30)) gegen nicht-triviale Funktionen der einen Variablen x streben sollten (Bjorken 1969).

Genauer war seine Vorhersage:

$$2MW_1(\nu, Q^2) = F_1(x) + O\left(\frac{1}{Q^2}\right),$$

$$\nu W_2(\nu, Q^2) = F_2(x) + O\left(\frac{1}{Q^2}\right). \tag{18-41}$$

Das Parton-Modell liefert eine einfache Deutung für die Skalenfunktionen $F_{1,2}(x)$ (Gl. (18-40)). Terme der Ordnung $1/Q^2$ treten im Parton-Modell bei Berücksichtigung von Massen und Parton-Transversalimpulsen ebenfalls auf, sind aber in Gln. (18-39) und (18-40) vernachlässigt.

Die älteren Daten (Miller 1972, Bodek 1973) waren durchaus mit Gl. (18-41) verträglich, wobei es schien, als könne man für $Q^2 \gtrsim 2\,\text{GeV}^2$ die Terme der Ordnung $1/Q^2$ vernachlässigen. Selbst die neuesten Daten der tief inelastischen Myon-Proton-Streuung zeigen, daß die Bjorken-Skaleninvarianz eine recht gute Näherung an die Wirklichkeit darstellt (Bild 18-9a). Auch für die Strukturfunktionen des Neutrons, die aus den gemessenen Streudaten für das Deuteron mit Hilfe eines Modells für das Deuteron extrahiert wurden, findet man angenäherte Gültigkeit der Bjorken-Skaleninvarianz. Daten für das Verhältnis der Strukturfunktionen $W_2^{(\mu n)}$ und $W_2^{(\mu p)}$ zeigen wir in Bild 18-9b.

Ermutigt durch diesen Erfolg im Vergleich von Theorie und Experiment können wir darangehen, Gl. (18-40) auszunutzen, um den Spin der geladenen Partonen zu bestimmen. Dazu betrachten wir nach Callan und Gross (Callan 1969) das Verhältnis

$$R(x) = \frac{F_2(x) - xF_1(x)}{F_2(x)}. \tag{18-42}$$

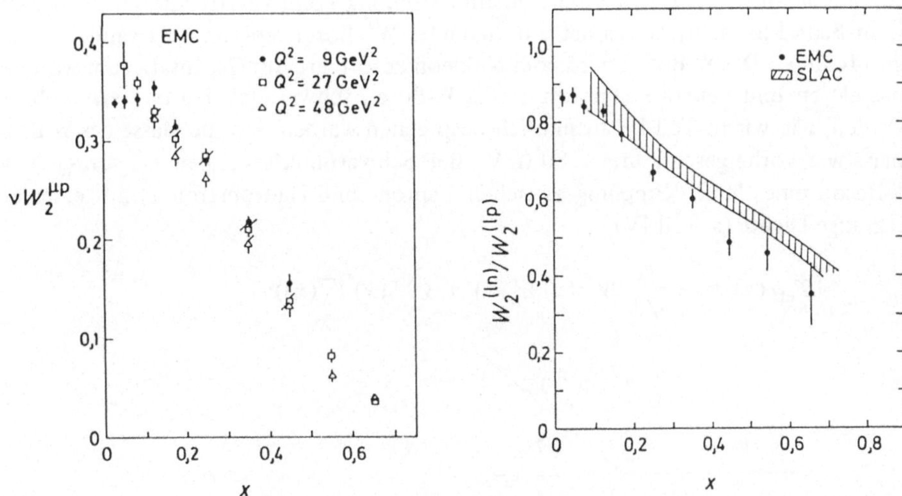

Bild 18-9 Daten der Europäischen Myon Kollaboration (EMC) für die Strukturfunktion $\nu W_2^{(\mu p)}(\nu, Q^2)$ des Protons als Funktion von $x = Q^2/(2M\nu)$ für verschiedene Q^2-Werte. Exakte Bjorken-Skaleninvarianz würde ein Aufeinanderfallen der Meßpunkte für gleiches x, aber verschiedene Q^2-Werte verlangen (a). Das Verhältnis der Strukturfunktionen der Neutrons und des Protons, $W_2^{(ln)}(\nu, Q^2)$ und $W_2^{(lp)}(\nu, Q^2)$ (l = e, μ), als Funktion von x. Das schraffierte Band repräsentiert die SLAC-Daten, die aus der Elektron-Streuung im Intervall $2 \leqslant Q^2 \leqslant 20\ \text{GeV}^2$ gewonnen wurden. Die Punkte entsprechen den vorläufigen EMC-Daten aus der Myon Streuung im Intervall $10 \leqslant Q^2 \leqslant 80\ \text{GeV}^2$ (b) (nach Drees 1983 und Dydak 1983).

Aus Gl. (18-40) sehen wir, daß $R(x)$ den Beitrag der Spin-0-Partonen mißt, wobei

$$R(x) = \begin{cases} 0, & \text{falls alle geladenen Partonen Spin } \tfrac{1}{2} \text{ haben,} \\ 1, & \text{falls alle geladenen Partonen Spin 0 haben.} \end{cases}$$

die neueren μ-p-Streuexperimente (Rith 1983) liefern für $R(x)$ bei einem mittleren Wert $\langle Q^2 \rangle = 22{,}5\ \text{GeV}^2$ und gemittelt über den ganzen x-Bereich

$$\langle R \rangle = -0{,}01 \pm 0{,}11. \tag{18-43}$$

Das ist verträglich mit $R = 0$ und ein starker Hinweis dafür, daß die geladenen Partonen ausschließlich Spin $\tfrac{1}{2}$ haben. Wir wollen dies im folgenden annehmen.

18.3 Die Flavor-Quantenzahlen der Partonen

In diesem Abschnitt wollen wir die Ladungs- und Isospin-Quantenzahlen der Partonen besprechen. Es zeigt sich, daß uns die tief inelastischen Prozesse, interpretiert im Rahmen des Parton-Modells, eindeutig zu nicht ganzzahligen Ladungen für die Partonen führen.

Eine der wichtigsten Zahlen in diesem Zusammenhang ist das Verhältnis der Streuquerschnitte für Elektron-Nukleon- und Neutrino-Nukleon-Streuung über geladene Ströme:

$$\begin{aligned} \nu_\mu + \text{N} &\longrightarrow \mu^- + \text{X}, \\ \bar{\nu}_\mu + \text{N} &\longrightarrow \mu^+ + \text{X}. \end{aligned} \tag{18-44}$$

Die Kinematik dieser Reaktionen ist ganz ähnlich derjenigen der Elektron-Nukleon-Streuung. Das Feynman-Diagramm für die Neutrino-Streuung (Bild 18-10) interpretieren wir folgendermaßen: Ein Neutrino sendet ein virtuelles W^+-Boson aus und verwandelt sich dabei in ein Myon μ^-. Das W-Boson wird vom Nukleon absorbiert. Im Gegensatz zum wohlbekannten masselosen und neutralen Photon ist das W-Boson schwer, geladen und erst 1983 entdeckt worden, wie wir in Teil IV ausführlich besprechen werden. Für die Masse des W-Bosons fand man, wie vorhergesagt, $m_\text{W} \cong 80\ \text{GeV}$. Bei Schwerpunktsenergien $\sqrt{s} \ll m_\text{W}$ bewirkt das W-Boson eine Punkt-Kopplung zwischen Lepton- und Hadronströmen mit einer effektiven Lagrange-Dichte (s. Teil IV)

$$\mathscr{L}_\text{eff}(x) = -\frac{G}{\sqrt{2}}\left(\ell^{\,\lambda}(x)\mathscr{I}_\lambda^+(x) + \ell^{\,\lambda+}(x)\mathscr{I}_\lambda^-(x) \right). \tag{18-45}$$

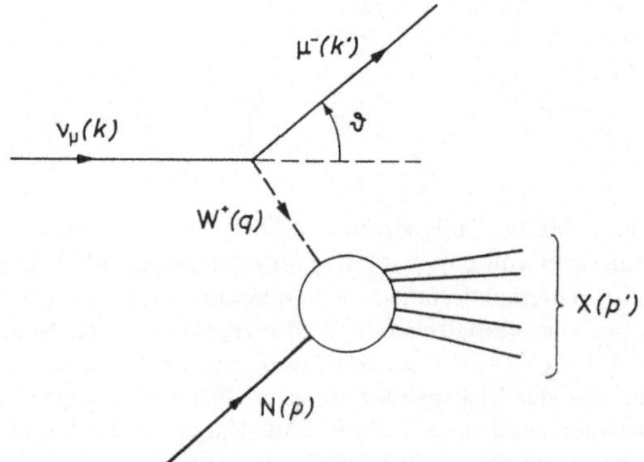

Bild 18-10

Das Feynman-Diagramm für die Neutrino-Nukleon-Streuung über geladene Ströme

Dabei ist $G \cong 1{,}16 \cdot 10^{-5} \, \mathrm{GeV}^{-2}$ Fermis Konstante und der Leptonstrom ℓ^λ ist folgendermaßen aus den Feldern μ, ν_μ des Myons und Neutrinos aufgebaut:

$$\ell^\lambda = \bar{\mu} \, \gamma^\lambda (1 - \gamma_5) \nu_\mu .$$

Weiter sind $\mathscr{I}_\lambda^\pm$ die geladenen schwachen Hadronströme, die zuerst im β-Zerfall des Neutrons und der Atomkerne untersucht wurden. Wir notieren zunächst die Relation

$$(\mathscr{I}_\lambda^+)^\dagger = \mathscr{I}_\lambda^- ,$$

die aus der Hermitezität der effektiven Lagrange-Dichte folgt.

Die Berechnung des Übergangs-Matrixelements und des Streuquerschnitts für die Reaktionen der Gl. (18-44) folgt nun ganz nach den in Abschnitt 18.2 dargelegten Methoden. Wir finden für Neutrino- bzw. Antineutrino-Streuung bei Vernachlässigung der Myon-Masse:

$$\frac{\partial^2 \sigma^{(\nu, \bar\nu)}}{\partial E' \, \partial \Omega'} = \frac{G^2}{2\pi^2} \, E'^2 \left\{ 2 \, W_1^{(\nu, \bar\nu)}(\nu, Q^2) \sin^2 \frac{\vartheta}{2} + W_2^{(\nu, \bar\nu)}(\nu, Q^2) \cos^2 \frac{\vartheta}{2} \right.$$

$$\left. \mp \, W_3^{(\nu, \bar\nu)}(\nu, Q^2) \frac{E + E'}{M} \sin^2 \frac{\vartheta}{2} \right\}. \tag{18-46}$$

Dabei sind $W_{1,2,3}^{(\nu, \bar\nu)}$ die schwachen Strukturfunktionen des Nukleons, die ganz analog zu den elektromagnetischen (Gl. (18-26)) über die Entwicklung hadronischer Tensoren $W_{\lambda\rho}^{(\nu, \bar\nu)}$ definiert sind:

$$W_{\lambda\rho}^{(\nu, \bar\nu)}(p, q) = \sum_X \frac{1}{2M} (2\pi)^3 \, \delta(p' - p - q)$$

$$\sum_{\text{Spins}}' \langle N(p) | \mathscr{I}_\lambda^\mp | X(p') \rangle \langle X(p') | \mathscr{I}_\rho^\pm | N(p) \rangle$$

$$= \left(-g_{\lambda\rho} + \frac{q_\lambda q_\rho}{q^2} \right) W_1^{(\nu, \bar\nu)}(\nu, Q^2)$$

$$+ \left(p_\lambda - \frac{(pq) q_\lambda}{q^2} \right) \left(p_\rho - \frac{(pq) q_\rho}{q^2} \right) \frac{1}{M^2} \, W_2^{(\nu, \bar\nu)}(\nu, Q^2)$$

$$- \frac{i}{2M^2} \, \epsilon_{\lambda\rho\alpha\beta} \, p^\alpha q^\beta \, W_3^{(\nu, \bar\nu)}(\nu, Q^2)$$

$$+ \frac{1}{M^2} \, q_\lambda q_\rho \, W_4^{(\nu, \bar\nu)}(\nu, Q^2)$$

$$+ \frac{1}{M^2} \, (p_\lambda q_\rho + q_\lambda p_\rho) \, W_5^{(\nu, \bar\nu)}(\nu, Q^2)$$

$$+ \frac{i}{M^2} \, (p_\lambda q_\rho - q_\lambda p_\rho) \, W_6^{(\nu, \bar\nu)}(\nu, Q^2). \tag{18-47}$$

Die schwachen Ströme $\mathscr{I}_\lambda^\mp$ sind im Gegensatz zum elektromagnetischen nicht erhalten und haben sowohl Vektor- als auch Axialvektor-Anteile. Daher treten in der Entwicklung der Tensoren $W_{\lambda\rho}^{(\nu, \bar\nu)}$ mehr invariante Funktionen auf als in Gl. (18-27), insbesondere ein paritätsungerader Term proportional zum ϵ-Tensor. Die Strukturfunktion W_6 verschwindet, wenn die Zeitumkehr-Invarianz gilt. Die Funktionen W_4, W_5 und W_6 sind aber sowieso kaum meßbar, da ihr Beitrag im Streuquerschnitt proportional zur Myon-Masse, dividiert durch die Energie des einlaufenden Neutrinos, ist. Für Neutrino-Energien in der GeV-Gegend können wir solche Terme vernachlässigen, was wir auch in Gl. (18-46) gemacht haben. Aus dem Vergleich der Streuquerschnitte Gln. (18-27) und (18-46) sehen wir weiter, daß wir im wesentlichen folgende Ersetzung zu machen haben:

$$\frac{\alpha}{Q^2} \longrightarrow \frac{G}{2\pi\sqrt{2}} \cdot$$

Feinstrukturkonstante mal Photon-Propagator wird durch die Fermi-Konstante ersetzt beim Übergang von Elektron- zu Neutrino-Streuung.

Nun wollen wir das Parton-Modell auf die Neutrino-Nukleon-Streuung anwenden. Dazu müssen wir eine Annahme über den Aufbau des schwachen Stroms durch Parton-Felder machen. Wir versuchen es, wie naheliegt, mit dem Quark-Modell. Betrachten wir nur u, d und s-Quarks und vernachlässigen wir den Cabibbo-Winkel, so legt die Erfahrung aus schwachen Meson- und Baryon-Zerfällen den Ansatz nahe (s. Teil IV):

$$\begin{aligned}
\mathscr{I}_\lambda^+ &= \bar{u}\,\gamma_\lambda\,(1-\gamma_5)\,d, \\
\mathscr{I}_\lambda^- &= \bar{d}\,\gamma_\lambda\,(1-\gamma_5)\,u.
\end{aligned} \tag{18-48}$$

Damit sind die fundamentalen Parton-Reaktionen, die den Reaktionen in Gl. (18-43) zu Grunde liegen, wie folgt (Bild 18-11):

$$\begin{aligned}
\nu_\mu + d &\longrightarrow \mu^- + u, \\
\nu_\mu + \bar{u} &\longrightarrow \mu^- + \bar{d},
\end{aligned} \tag{18-49}$$

$$\begin{aligned}
\bar{\nu}_\mu + u &\longrightarrow \mu^+ + d, \\
\bar{\nu}_\mu + \bar{d} &\longrightarrow \mu^+ + \bar{u}.
\end{aligned} \tag{18-50}$$

Nun ist es ein Leichtes, die Regeln des Parton-Modells anzuwenden, um den theoretischen Ausdruck für den Streuquerschnitt herzuleiten. Wir finden für die Strukturfunktionen der Neutrino-, Antineutrino- und Elektron-Nukleon-Streuung im Bjorken-Limes:

$$\begin{aligned}
2MW_1^{(\nu)}(\nu, Q^2) &\longrightarrow F_1^{(\nu)}(x) = 2N_d(x) + 2N_{\bar{u}}(x), \\
\nu W_2^{(\nu)}(\nu, Q^2) &\longrightarrow F_2^{(\nu)}(x) = x\,F_1^{(\nu)}(x), \\
\nu W_3^{(\nu)}(\nu, Q^2) &\longrightarrow F_3^{(\nu)}(x) = -2N_d(x) + 2N_{\bar{u}}(x);
\end{aligned} \tag{18-51}$$

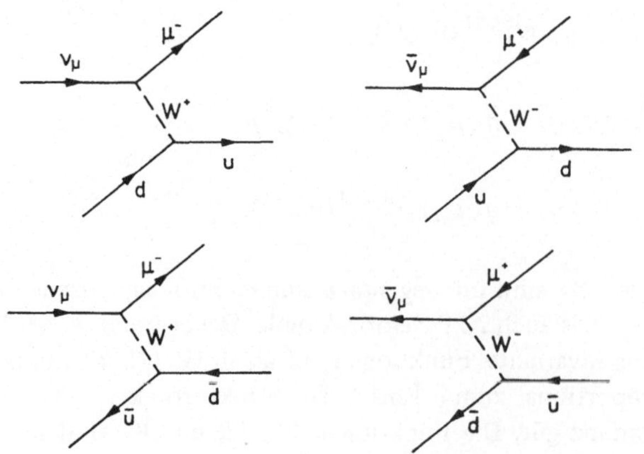

Bild 18-11

Die Diagramme für die fundamentalen Parton-Prozesse (Gln. (18-49), (18-50)), die der Neutrino- und Antineutrino-Nukleon-Streuung zu Grunde liegen

$$2MW_1^{(\bar{\nu})}(\nu, Q^2) \longrightarrow F_1^{(\bar{\nu})}(x) = 2N_u(x) + 2N_{\bar{d}}(x),$$

$$\nu W_2^{(\bar{\nu})}(\nu, Q^2) \longrightarrow F_2^{(\bar{\nu})}(x) = xF_1^{(\bar{\nu})}(x), \tag{18-52}$$

$$\nu W_3^{(\bar{\nu})}(\nu, Q^2) \longrightarrow F_3^{(\bar{\nu})}(x) = -2N_u(x) + 2N_{\bar{d}}(x);$$

$$2MW_1^{(e)}(\nu, Q^2) \longrightarrow F_1^{(e)}(x) = \frac{4}{9}N_u(x) + \frac{1}{9}N_d(x) + \frac{1}{9}N_s(x)$$

$$+ \frac{4}{9}N_{\bar{u}}(x) + \frac{1}{9}N_{\bar{d}}(x) + \frac{1}{9}N_{\bar{s}}(x), \tag{18-53}$$

$$\nu W_2^{(e)}(\nu, Q^2) \longrightarrow F_2^{(e)}(x) = xF_1^{(e)}(x).$$

Dies sind grundlegende Gleichungen im Rahmen des Quark-Parton-Modells. Dabei beziehen sich die Verteilungsfunktionen von Quarks und Antiquarks auf das jeweils betrachtete Nukleon-Target.

Die tief inelastische Neutrino-Nukleon-Streuung wurde eingehend zuerst mit Hilfe der Blasenkammer Gargamelle am CERN untersucht (Deden 1975). Dabei benutzte man als Target die Flüssigkeit Freon, CF_3Br, was etwa einer Mischung von gleich viel Protonen und Neutronen entspricht. Wie wir aus Bild 18-12 sehen, fand man für die über Proton und Neutron gemittelten Strukturfunktionen F_2 der Neutrino- und Elektron-Streuung:

$$\frac{F_2^{(\nu N)}(x)}{F_2^{(eN)}(x)} \cong 3{,}60.$$

Dieses Verhältnis hat nun eine ganz einfache Interpretation. Betrachten wir im einfachsten Modell Proton und Neutron als 3-Quark-Zustände:

$$\begin{aligned} p &\sim uud, \\ n &\sim ddu. \end{aligned} \tag{18-54}$$

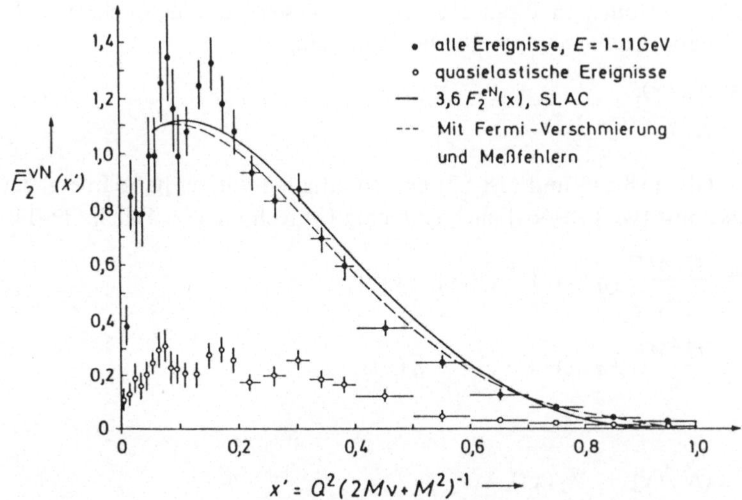

Bild 18-12 Daten für die Strukturfunktion $F_2^{(\nu N)}$) der Neutrino-Nukleon-Streuung, gemittelt über Proton und Neutron, als Funktion von $x' = Q^2/(2M\nu + M^2)$. Zum Vergleich ist das 3,6-fache der Strukturfunktion $F_2^{(eN)}$, ebenfalls gemittelt über Proton und Neutron eingezeichnet (durchgezogene und gestrichelte Kurven) (nach Deden 1975).

Wir schreiben dann für die elektromagnetische Strukturfunktion

$$F_2^{(eN)}(x) = \frac{1}{2}\left(F_2^{(ep)}(x) + F_2^{(en)}(x)\right)$$

$$= \frac{1}{2}\, x\left\{\frac{4}{9}\, N_u^p(x) + \frac{1}{9}\, N_d^p(x) + \frac{4}{9}\, N_u^n(x) + \frac{1}{9}\, N_d^n(x)\right\}$$

$$= \frac{5}{18}\, x\,(N_u^p(x) + N_d^p(x)). \tag{18-55}$$

Dabei haben wir die ganz allgemein gültigen Isospin-Symmetrierelationen benutzt (Aufgabe 18.5):

$$\begin{aligned} N_u^p(x) &= N_d^n(x),\\ N_d^p(x) &= N_u^n(x). \end{aligned} \tag{18-56}$$

Für die schwache Strukturfunktion finden wir aus Gl. (18-51)

$$F_2^{(\nu N)}(x) = \frac{1}{2}\, x\,\{2N_d^p(x) + 2N_d^n(x)\} = x\,(N_d^p(x) + N_u^p(x)). \tag{18-57}$$

Wir erhalten daher für das Verhältnis

$$\frac{F_2^{(\nu N)}(x)}{F_2^{(eN)}(x)} = \frac{18}{5} = 3{,}60, \tag{18-58}$$

in perfekter Übereinstimmung mit dem Experiment (Bild 18-12).

Bei einer genaueren Analyse müssen natürlich auch Antiquarks im Nukleon berücksichtigt werden. Die Antiquark-Verteilungen erhalten wir aus der Messung der Strukturfunktionen F_2 und F_3 nach Gln. (18-51), (18-52). Sehr ausführlich wurden die Neutrino- und die Antineutrino-Streuung an Eisen untersucht. Wir wollen von dem leichten Überschuß von Neutronen über Protonen in Eisen absehen und diesen Kern als isoskalares Target betrachten. Für die Quarkverteilungen pro Nukleon gilt dann:

$$\begin{aligned} N_u(x) &= N_d(x),\\ N_{\bar u}(x) &= N_{\bar d}(x). \end{aligned} \tag{18-59}$$

Setzen wir dies in Gln. (18-51) und (18-52) ein, so erhalten wir für hohe Energien ($E \gg M$) für den Streuquerschnitt (Gl. (18-46)) nach einfacher Umrechnung (s. Tabelle 18-1):

$$\frac{\partial \sigma^{(\nu N)}}{\partial x\, \partial y} = \frac{G^2 M E}{\pi}\,\{q(x) + \bar q(x)\,(1-y)^2\},$$

$$\frac{\partial \sigma^{(\bar\nu N)}}{\partial x\, \partial y} = \frac{G^2 M E}{\pi}\,\{q(x)\,(1-y)^2 + \bar q(x)\}, \tag{18-60}$$

wobei

$$\begin{aligned} q(x) &= x\,(N_u(x) + N_d(x)),\\ \bar q(x) &= x\,(N_{\bar u}(x) + N_{\bar d}(x)). \end{aligned}$$

Die Analyse der y-Verteilungen der Neutrino- und Antineutrino-Streuung liefert also im Prinzip zwei unabhängige Bestimmungen von $q(x)$ und $\bar q(x)$.

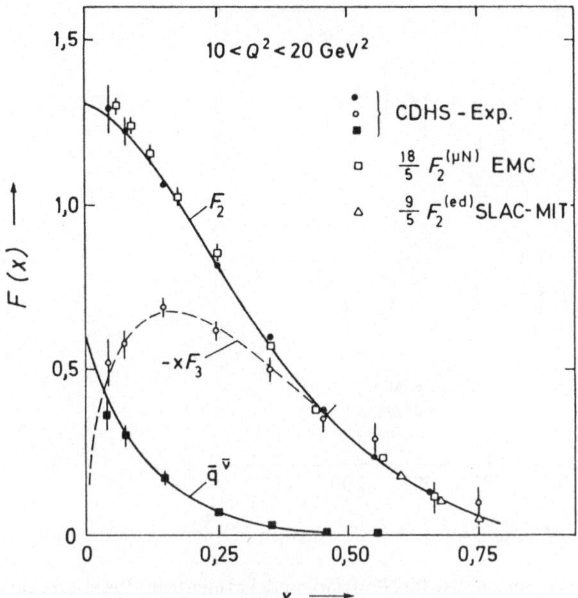

Bild 18-13 Die Strukturfunktionen $F_2(x) = q(x) + \bar{q}(x)$, $-xF_3(x) = q(x) - \bar{q}(x)$ und $\bar{q}(x)$, gemessen in Neutrino- und Antineutrino-Eisen-Streuung von der CDHS-Kollaboration. Zum Vergleich sind die in der μ-Fe-(EMC) und e-d-Streuung (SLAC-MIT) gemessenen Strukturfunktionen gezeigt, multipliziert mit den Faktoren, die das Quark-Parton-Modell liefert (nach Abramowicz 1983).

Neue experimentelle Resultate zeigen wir in Bild 18-13. Wir sehen, daß die Antiquarks bei kleinen Werten von x konzentriert sind. In Bild 18-13 sind auch die experimentellen Ergebnisse der μ-Fe-Streuung der Europäischen Myon Kollaboration (EMC) eingezeichnet, multipliziert mit dem Faktor 18/5. Die Vorhersage des Quark-Parton-Modells (Gl. (18-58)), die gültig sein sollte für x-Werte, wo Antiquarks vernachlässigbar sind, wird offenbar gut bestätigt.

Die totalen Streuquerschnitte der Neutrino- und Antineutrino-Nukleon-Streuung erhalten wir aus Gl. (18-60) durch Integration über x und y:

$$\sigma(\nu_\mu N \rightarrow \mu^- X) = \frac{G^2 ME}{\pi}\{\langle q\rangle + \tfrac{1}{3}\langle \bar{q}\rangle\},$$

$$\sigma(\bar{\nu}_\mu N \rightarrow \mu^+ X) = \frac{G^2 ME}{\pi}\{\tfrac{1}{3}\langle q\rangle + \langle \bar{q}\rangle\}, \tag{18-61}$$

$$(E \gg M).$$

Hier haben wir gesetzt:

$$\langle q\rangle = \int\limits_0^1 dx\, x\,(N_u(x) + N_d(x)),$$

$$\langle \bar{q}\rangle = \int\limits_0^1 dx\, x\,(N_{\bar{u}}(x) + N_{\bar{d}}(x)). \tag{18-62}$$

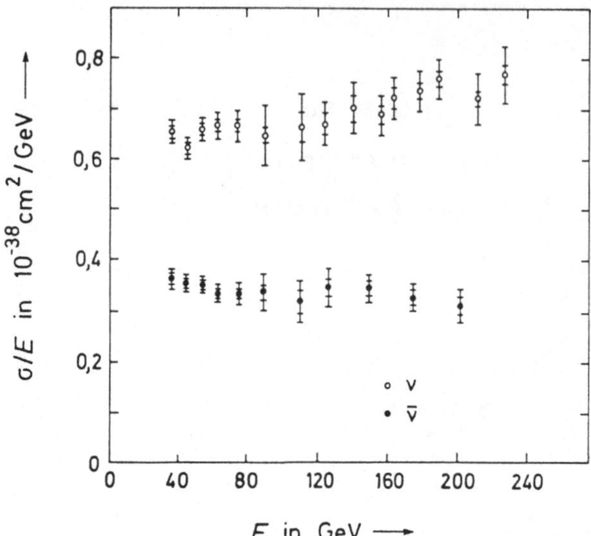

Bild 18-14 Die totalen Streuquerschnitte für Neutrino- und Antineutrino-Eisen-Streuung. Gezeigt sind die Streuquerschnitte pro Nukleon, geteilt durch die Neutrino-Energie, $\sigma(\nu_\mu N \to \mu^- X)/E$ und $\sigma(\bar{\nu}_\mu N \to \mu^+ X)/E$ in Abhängigkeit von E. Die Mittelwerte sind $\langle\sigma(\nu_\mu N \to \mu^- X)/E\rangle = (0{,}669 \pm 0{,}003 \pm 0{,}024) \cdot 10^{-38}\,\mathrm{cm}^2/\mathrm{GeV}$ und $\langle\sigma(\bar{\nu}_\mu N \to \mu^+ X)/E\rangle = (0{,}340 \pm 0{,}003 \pm 0.020) \cdot 10^{-38}\,\mathrm{cm}^2/\mathrm{GeV}$. Dabei ist der erste Fehler jeweils der statistische, der zweite der systematische (nach Blair 1983).

Das Parton-Modell sagt ein lineares Ansteigen der totalen Streuquerschnitte mit der Neutrino-Energie E voraus. Auch das wird vom Experiment gut bestätigt (Bild 18-14).

Wir bemerken noch, daß die Zahl 18/5 in Gl. (18-58) ganz wesentlich von den gebrochenzahligen Quark-Ladungen abhängt. Nehmen wir zum Vergleich etwa an, die Partonen seien „nackte" Nukleonen, d.h. punktförmige Teilchen p', n' mit den Quantenzahlen von Proton und Neutron. Ein einfaches Modell für die Nukleonen wäre dann wie folgt:

$$p \sim p' + \text{neutrale Partonen},$$
$$n \sim n' + \text{neutrale Partonen}.$$

Man sieht leicht, daß das zu der folgenden Vorhersage führt:

$$\frac{F_2^{(\nu N)}(x)}{F_2^{(eN)}(x)} = 2,$$

im Widerspruch zum Experiment.

Diese einfachen Überlegungen lassen sich in der Tat sehr weitgehend verallgemeinern. Man kann zeigen, daß die experimentellen Daten über Elektron- und Neutrino-Nukleon-Streuung, zusammen mit denen für die Elektron-Positron-Vernichtung und den π^0-Zerfall eindeutig alle Modelle von Partonen mit ganzzahligen Ladungen ausschließen (Kühnelt 1975). Dagegen sind drittelzahlige Ladungen für die Partonen entsprechend dem Quark-Modell gut mit allen Experimenten verträglich. Damit ist die Natur der Partonen, die an der schwachen und elektromagnetischen Wechselwirkung teilnehmen, aufgeklärt: Es sind die uns bereits bekannten Quarks. Im nächsten Abschnitt werden wir die Evidenz für Gluonen, die aus der tief inelastischen Streuung gewonnen wurde, besprechen.

18.4   Summenregeln und Evidenz für Flavor-neutrale Partonen, Gluonen

Eine der Grundannahmen des Parton-Modells war, daß sich die Partonen den Impuls des Nukleons teilen. Summieren wir daher die von den einzelnen Partonarten getragenen Impulsanteile auf, so muß sich Eins ergeben. Wir erhalten eine sogenannte Summenregel

$$\int_0^1 dx\, x \sum_j N_j(x) = 1. \tag{18-63}$$

Wir wissen bereits von den Quarks als Partonen. Nun summieren wir den Impuls auf, den die Quarks und Antiquarks tragen. Eine einfache Rechnung ergibt für ihren Anteil I am Impuls des Nukleons:

$$I = \sum_{q=u,d,s} \int_0^1 dx\, x (N_q(x) + N_{\bar q}(x))$$

$$= \int_0^1 dx\, \left(9\, F_2^{(eN)}(x) - \frac{3}{2}\, F_2^{(\nu N)}(x) \right). \tag{18-64}$$

Dieses Integral sollte gleich 1 sein, falls die Quarks den gesamten Impuls des Nukleons tragen. Aus den experimentellen Daten (Bild 18-13) findet man aber

$$I \cong 0{,}50.$$

Daraus müssen wir schließen, daß es noch andere Partonen als Quarks im Nukleon gibt, die etwa die Hälfte des Impulses tragen. Diese Partonen sind bezüglich der schwachen und elektromagnetischen Wechselwirkung neutral. Es war naheliegend, diese indirekt erschlossenen Partonen für die starke Wechselwirkung der Quarks verantwortlich zu machen, man nannte sie daher Gluonen. Sie sollen u.a. dafür verantwortlich sein, daß die Quarks nicht aus dem Nukleon herauszubekommen sind, permanent eingeschlossen sind. Im nächsten Kapitel werden wir sehen, daß die natürliche Theorie der Quarks, die Quantenchromodynamik, in der Tat die Existenz zusätzlicher Quanten, von Vektorteilchen fordert, die wir mit den oben eingeführten Gluonen identifizieren können. Später werden wir die neuere und direktere Evidenz für die Gluonen besprechen.

Eine weitere Summenregel erhalten wir, da sich bei Summation der von den einzelnen Partonarten getragenen Ladung die Gesamtladung Q_N des betrachteten Nukleons ergeben muß ($Q_N = 1$ für das Proton, $Q_N = 0$ für das Neutron)

$$\int_0^1 dx \sum_j Q_j\, N_j(x) = Q_N. \tag{18-65}$$

Schließlich führt auch die Erhaltung der Baryonenzahl, die für Quarks $\frac{1}{3}$ und für Antiquarks $-\frac{1}{3}$ ist, zu einer Summenregel. Die Baryonenzahl des Nukleons ist 1, daher muß gelten

$$\int_0^1 dx \sum_q \frac{1}{3} [N_q(x) - N_{\bar q}(x)] = 1. \tag{18-66}$$

Die Gleichung (18-65) ist − in der Sprache des Parton-Modells − Adlers Summenregel, die Adler schon vor Aufstellung des Parton-Modells mit Techniken der Stromalgebra herleiten konnte (Adler 1966). Historisch gab dies einen wichtigen Anstoß zur Entwicklung der Parton-Ideen (Bjorken 1966). Die Gleichung (18-66) wurde zuerst von Gross und Llewellyn Smith hergeleitet (Gross 1969). Die experimentelle Überprüfung dieser Summenregeln ist nicht einfach, da sehr gute Daten bei kleinen Werten von x erforderlich sind. Innerhalb der Fehler sind die vorhandenen Daten aber mit den Summenregeln verträglich (Eisele 1982, Bergsma 1983, MacFarlane 1984).

18.5 Der Drell-Yan-Prozeß

In diesem Abschnitt wollen wir die Produktion von $\mu^- \mu^+$-Paaren in Hadron-Hadron-Kollisionen besprechen. Wir betrachten etwa die Proton-Antiproton-Reaktion

$$p(p_1) + \bar{p}(p_2) \longrightarrow \mu^-(k_1) + \mu^+(k_2) + X, \qquad (18\text{-}67)$$

wobei X für die übrigen Teilchen im Endzustand steht. Nach Drell und Yan (Drell 1970) stellen wir uns vor, daß dieser Prozeß über die Annihilation eines Quark-Antiquark-Paares in ein virtuelles Photon abläuft (Bild 18-15):

$$q(p_1') + \bar{q}(p_2') \longrightarrow \mu^-(k_1) + \mu^+(k_2). \qquad (18\text{-}68)$$

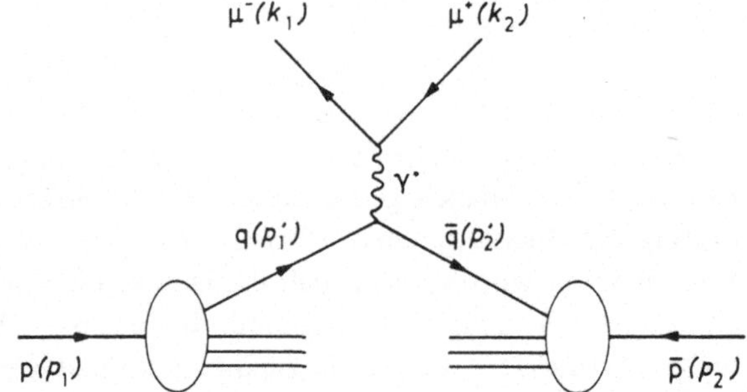

Bild 18-15

Das Diagramm für die Produktion eines $\mu^-\mu^+$-Paares in einer Proton-Antiproton-Kollision durch Quark-Antiquark-Annihilation

Um den Streuquerschnitt für die Reaktion Gl. (18-67) zu berechnen, arbeiten wir im Schwerpunktsystem der p-$\bar{p}$-Streuung und betrachten den Grenzfall hoher Energien:

$$s = (p_1 + p_2)^2 \longrightarrow \infty. \qquad (18\text{-}69)$$

Beide Hadronen in Bild 18-15 haben dann hohe Energie, und wir können die Regeln des Parton-Modells anwenden. Im folgenden wollen wir uns nur für die Verteilung in der invarianten Masse m des Myon-Paares interessieren.

Die Übergangsrate für den elementaren Parton-Prozeß (Gl. (18-68)) finden wir leicht zu

$$\frac{d\Gamma}{dm^2}\left(q(p_1') + \bar{q}(p_2') \longrightarrow \mu^-(k_1) + \mu^+(k_2)\right)$$

$$= \frac{1}{Vp_1'^0 p_2'^0} \frac{2\pi\alpha^2}{9} Q_q^2 \delta\left((p_1' + p_2')^2 - m^2\right), \qquad (18\text{-}70)$$

wobei
$$m^2 = (k_1 + k_2)^2.$$

Dabei ist Q_q die Ladung des Quarks q. Zu beachten ist, daß die Übergangsrate (Gl. (18-70)) für Quarks gilt, die *unpolarisiert* in der Farbe sind. Quark und Antiquark in Bild 18-15 haben jeweils drei Einstellmöglichkeiten für die Farbe, d.h. es gibt je drei Basiszustände im Farbraum,

$$\text{Quark-Basiszustände bez. Farbe:} \qquad R, G, B,$$
$$\text{Antiquark-Basiszustände bez. Farbe:} \quad \bar{R}, \bar{G}, \bar{B}.$$

Dabei schreiben wir R, G, B für rot, grün, blau, was natürlich nur symbolisch gemeint ist. Beim Zusammentreffen von Quark und Antiquark ergibt das neun mögliche Farbkombinationen, von denen aber nur drei ($R\bar{R}$, $G\bar{G}$, $B\bar{B}$) zu einem farbneutralen Zustand, dem virtuellen Photon, führen können. Bei Mittelung über die „Farbspins" des Anfangszustands erhalten wir einen Faktor $\frac{3}{9} = \frac{1}{3}$, der in Gl. (18-70) berücksichtigt ist.

Im nächsten Schritt summieren wir inkohärent über die Beiträge aller Parton-Reaktionen. Die Übergangsrate für die Proton-Antiproton-Reaktion wird dann

$$\frac{d\Gamma}{dm^2} (p(p_1) + \bar{p}(p_2) \longrightarrow \mu^- + \mu^+ + X)$$

$$= \sum_q \left\{ \int_0^1 dx_1 N_q^p(x_1) \int_0^1 dx_2 N_{\bar{q}}^{\bar{p}}(x_2) \right.$$

$$\left. \frac{d\Gamma}{dm^2} (q(x_1 p_1) + \bar{q}(x_2 p_2) \longrightarrow \mu^- + \mu^+) + (q \longleftrightarrow \bar{q}) \right\}. \qquad (18\text{-}71)$$

Dabei sind N_q^p, $N_{\bar{q}}^{\bar{p}}$ die Parton-Verteilungsfunktionen für Proton und Antiproton. Der Term $(q \longleftrightarrow \bar{q})$ berücksichtigt, daß natürlich die Rolle von Quark und Antiquark bezüglich p und $\bar{p}$ vertauscht sein kann. Der Streuquerschnitt ergibt sich jetzt nach Gl. (5-54) für $s \gg M^2$ zu

$$\frac{d\sigma}{dm^2} (p + \bar{p} \longrightarrow \mu^- + \mu^+ + X)$$

$$= \frac{4\pi\alpha^2}{9} \frac{1}{m^4} \cdot \sum_q \left\{ Q_q^2 \int_0^1 dx_1 \int_0^1 dx_2 \, x_1 N_q^p(x_1) \, x_2 N_{\bar{q}}^{\bar{p}}(x_2) \right.$$

$$\left. \delta\left(x_1 x_2 - \frac{m^2}{s}\right) + (q \longleftrightarrow \bar{q}) \right\}. \qquad (18\text{-}72)$$

Die Verallgemeinerung dieser Formel für beliebige Hadron-Hadron-Kollisionen ist offensichtlich.

Nach diesem Resultat sollte der dimensionslos gemachte Streuquerschnitt $m^4 \, d\sigma/dm^2$ bei festgehaltenem Verhältnis m^2/s unabhängig von s sein, d.h. ein Skalenverhalten zeigen. Dies wird durch die Daten ganz gut bestätigt (Cox 1982, Yan 1981). Um Gl. (18-72) quantitativ zu überprüfen, setzt man die Partonverteilungen ein, wie sie aus der tief inelastischen Streuung bestimmt wurden. Wegen Ladungskonjugations-Invarianz gilt natürlich

$$N_{\bar{q}}^{\bar{p}}(x) = N_q^p(x), \qquad\qquad N_q^{\bar{p}}(x) = N_{\bar{q}}^p(x). \qquad (18\text{-}73)$$

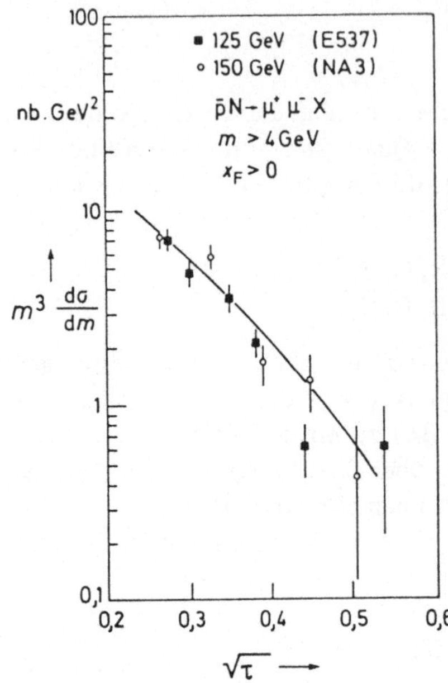

Bild 18-16

Der dimensionslos gemachte Streuquerschnitt $m^3 \cdot d\sigma/dm$ für die Produktion von Myon-Paaren der invarianten Masse m in der Anti-proton-Nukleon-Streuung als Funktion von $\sqrt{\tau} = m/\sqrt{s}$. Die eingezeichnete Kurve ist die Vorhersage des Drell-Yan-Modells (Gl. (18-72)), multipliziert mit dem Faktor $K = 2{,}3$ (nach Cox 1982).

Man findet dann, daß zwar die Gestalt der Verteilung gut reproduziert wird, die absolute Normierung jedoch nicht (Bild 18-16). Man definiert daher einen sogenannten „K-Faktor"

$$K = \frac{\left.\dfrac{d\sigma}{dm^2}\right|_{\text{exp.}}}{\left.\dfrac{d\sigma}{dm^2}\right|_{\text{theor.}}}. \tag{18-74}$$

Für die Antiproton-Nukleon-Kollisionen ergab sich nach Bild 18-16 ein K-Faktor von etwa 2,3. Ähnliche Resultate fand man für die Myon-Paarproduktion in allen bisher untersuchten Hadron-Hadron-Kollisionen (Cox 1982). Diesen K-Faktor hat man vermutlich als Effekt der Quantenchromodynamik zu verstehen (Altarelli 1979, Kubar-André 1979; für einen Über-blick s. Altarelli 1982; für eine unkonventionelle Deutung des K-Faktors s. Nachtmann 1984).

Der Drell-Yan-Prozeß erlangte besondere Wichtigkeit, da nach unseren heutigen Vorstellungen die Produktion von W- und Z-Bosonen eine ähnliche Reaktion darstellt (Bild 18-17):

$$\begin{aligned} \text{p} + \bar{\text{p}} &\longrightarrow \text{W}^{\pm} + \text{X}, \\ \text{p} + \bar{\text{p}} &\longrightarrow \text{Z} + \text{X}. \end{aligned} \tag{18-75}$$

Mit diesen Reaktionen, die zur Entdeckung der Zwischenbosonen führten, werden wir uns in Teil IV ausführlicher beschäftigen.

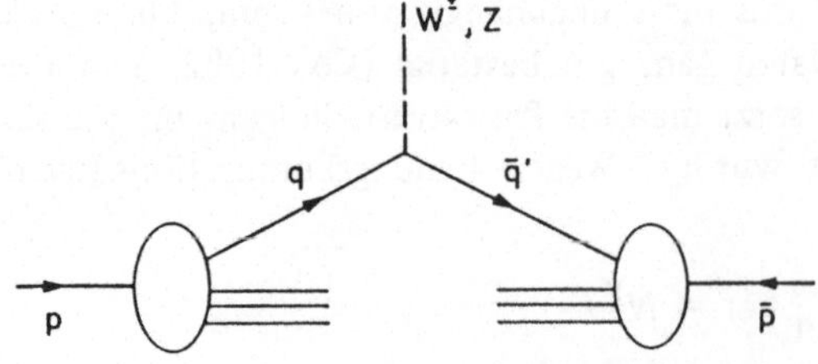

Bild 18-17

Die Produktion von W- und Z-Bosonen in pp̄-Kollisionen. Die wesentlichen Beiträge erhält man von der Annihilation folgender Quarks mit Antiquarks:
W⁺: q = u, q̄' = d̄;
W⁻: q = d, q̄' = ū;
Z: q = u, q̄' = ū und q = d, q̄' = d̄.

Aufgaben

18.1 Betrachten Sie die Elektron-Nukleon-Streuung nach dem Parton-Modell (Bild 18-8). Zeigen Sie, daß das angestoßene Parton im Breit-System (Gl. (18-28)) den Impulsanteil x des Nukleons trägt und seinen Longitudinalimpuls bei der Streuung umdreht. Benutzen Sie dazu Energie- und Impulserhaltung beim elastischen Elektron-Parton-Stoß.

18.2 Leiten Sie die Formeln für den Querschnitt der ν-N und $\bar{\nu}$-N-Streuung Gl. (18-46) aus der Lagrange-Dichte Gl. (18-45) her, wobei der Hamilton-Operator der Wechselwirkung $\mathbf{H}'$ gegeben ist durch

$$\mathbf{H}'(t) = - \int d^3 x\, \mathscr{L}_{\text{eff}}(\boldsymbol{x}, t). \tag{18-76}$$

18.3 Benutzen Sie das Parton-Modell, um aus dem Ansatz für die Ströme in Gl. (18-48) die Relationen der Gln. (18-51) und (18-52) herzuleiten.

18.4 Nehmen Sie ein Parton-Bild des Nukleons mit nackten Nukleonen p′, n′ als Partonen an. Setzen Sie für den schwachen Strom

$$\mathscr{I}_\lambda^+ = \bar{\mathrm{p}}'\, \gamma_\lambda (1 - \gamma_5)\, \mathrm{n}'. \tag{18-77}$$

Die Ladungen des Isodubletts p′ und n′ seien +1 und 0. Was folgt daraus für die über Proton und Neutron gemittelten Strukturfunktionen $F_2^{(\nu\mathrm{N})}(x)$ und $F_2^{(\mathrm{eN})}(x)$ und ihr Verhältnis?

18.5 Die Ladungssymmetrie-Transformation ist eine spezielle Isospin-Transformation, und zwar eine Drehung um den Winkel π um die zweite Achse im Isospin-Raum. Der entsprechende Operator im Zustandsraum ist

$$\mathbf{P}_I = \exp(i\,\pi\,\mathrm{I}_2). \tag{18-78}$$

Wie werden Proton, Neutron, u- und d-Quark durch $\mathbf{P}_I$ transformiert? Zeigen Sie, daß die Ladungssymmetrie allein bereits die Relationen der Gl. (18-56) liefert.

18.6 Es stellen $\langle q \rangle$ und $\langle \bar{q} \rangle$ (Gl. (18-62)) die Impulsanteile des Nukleons dar, die von den Quarks u und d bzw. von Antiquarks $\bar{\mathrm{u}}$ und $\bar{\mathrm{d}}$ getragen werden. Bestimmen Sie diese Größen numerisch aus den Daten von Bild 18-14. Da nach Bild 18-13 nur wenig s-Quarks und $\bar{\mathrm{s}}$-Antiquarks im Nukleon vorhanden sind, ergibt sich daraus wieder eine Abschätzung für das Integral I (Gl. (18-65)).

18.7 Zeigen Sie mit Hilfe der Resultate von Aufgabe 18.5, daß die Strukturfunktionen $F_2^{(\mathrm{ep})}$ und $F_2^{(\mathrm{en})}$ von Proton und Neutron im Rahmen des Quark-Parton-Modells durch die Verteilungsfunktionen des *Protons* wie folgt dargestellt werden können:

$$F_2^{(\mathrm{ep})}(x) = x \left\{ \frac{4}{9}\, N_\mathrm{u}^\mathrm{p}(x) + \frac{1}{9}\, N_\mathrm{d}^\mathrm{p}(x) + \frac{1}{9}\, N_\mathrm{s}^\mathrm{p}(x) + \frac{4}{9}\, N_{\bar{\mathrm{u}}}^\mathrm{p}(x) \right.$$

$$\left. + \frac{1}{9}\, N_{\bar{\mathrm{d}}}^\mathrm{p}(x) + \frac{1}{9}\, N_{\bar{\mathrm{s}}}^\mathrm{p}(x) \right\},$$

$$F_2^{(\mathrm{en})}(x) = x \left\{ \frac{1}{9}\, N_\mathrm{u}^\mathrm{p}(x) + \frac{4}{9}\, N_\mathrm{d}^\mathrm{p}(x) + \frac{1}{9}\, N_\mathrm{s}^\mathrm{p}(x) + \frac{1}{9}\, N_{\bar{\mathrm{u}}}^\mathrm{p}(x) \right.$$

$$\left. + \frac{4}{9}\, N_{\bar{\mathrm{d}}}^\mathrm{p}(x) + \frac{1}{9}\, N_{\bar{\mathrm{s}}}^\mathrm{p}(x) \right\}. \tag{18-79}$$

Zeigen Sie, daß daher im Quark-Parton-Modell das Verhältnis $F_2^{(en)}(x)/F_2^{(ep)}(x)$ als minimalen Wert $\frac{1}{4}$ annehmen kann (Nachtmann 1972, Majumdar 1971). Nach Bild 18-9b scheint das gemessene Verhältnis $W_2^{(en)}/W_2^{(ep)} = F_2^{(en)}/F_2^{(ep)}$ für $x \to 1$ nahe an $\frac{1}{4}$ zu kommen. Was folgern Sie daraus für das Verhalten der Verteilungsfunktionen des Protons für $x \to 1$?

18.8   Betrachten Sie Gl. (18-65) für Proton und Neutron und bilden Sie die Differenz. Drücken Sie das Resultat durch die Strukturfunktionen $W_2^{(\nu p)}$ und $W_2^{(\bar\nu p)}$ aus (s. Adler 1966).

18.9   Betrachten Sie Gl. (18-66) für Proton und Neutron und bilden Sie die Summe. Drücken Sie das Resultat durch die Strukturfunktionen $F_3^{(\nu)}$ und $F_3^{(\bar\nu)}$ aus (siehe Gross 1969).

19   Die Grundlagen der Quantenchromodynamik

19.1   Die Lagrange-Dichte der Quantenchromodynamik (QCD)

Wir haben in den vorherigen Kapiteln gelernt, daß die Hadronen am besten als Bindungszustände von Konstituenten, den Partonen, verstanden werden. Wir fanden, daß die Partonen, die an der elektromagnetischen und schwachen Wechselwirkung teilnehmen, Spin $\frac{1}{2}$ haben und die Quantenzahlen der Quarks, also gebrochenzahlige Ladungen tragen. Wir haben auch gelernt, daß die Quarks einen zusätzlichen Freiheitsgrad, die Farbe, besitzen, und daß die Experimente Flavor-neutrale Partonen, Gluonen, im Nukleon verlangen. Jetzt erhebt sich die Frage nach den Kräften, die diese Partonen in den Hadronen zusammenhalten.

Diese Frage ist beantwortet, wenn wir die Lagrange-Dichte kennen, die die Wechselwirkung zwischen Quarks und Gluonen beschreibt. Diese Lagrange-Dichte sollte sicher einen kinetischen Term für die Quarks enthalten:

$$\mathscr{L}_q^{(0)}(x) = \sum_{j=1}^{f} \bar{q}^j(x)\,(\mathrm{i}\,\gamma^\lambda\,\partial_\lambda - m_j)\,q^j(x). \tag{19-1}$$

Dabei numerieren wir mit $j = 1, \dots, f$ die verschiedenen Quark-Flavors durch, deren Massen m_j seien. Die Quark-Felder q^j haben drei Farbkomponenten

$$q^j = \begin{pmatrix} q_1^j \\ q_2^j \\ q_3^j \end{pmatrix}, \tag{19-2}$$

$$q^1 \equiv u, \quad q^2 \equiv d, \quad q^3 \equiv s, \quad q^4 \equiv c, \dots$$

Die Lagrange-Dichte $\mathscr{L}_q^{(0)}$ (Gl. (19-1)) kann uns nicht zufriedenstellen, denn $\mathscr{L}_q^{(0)}$ beschreibt nur die Bewegung freier Quarks. Wir werden jetzt aber einen tieferen Grund angeben, mit $\mathscr{L}_q^{(0)}$ als Lagrange-Dichte unzufrieden zu sein.

Wir haben früher gelernt, daß die Hadronen Farb-Singulett-Zustände sind. Ein π^+-Meson zum Beispiel können wir uns als Bindungszustand eines u- und $\bar{\text{d}}$-Quarks vorstellen:

$$\pi^+ \sim u_1 \bar{d}_1 + u_2 \bar{d}_2 + u_3 \bar{d}_3. \tag{19-3}$$

Das physikalische π^+-Meson ist invariant unter SU(3)-Rotationen im Farbraum. Dasselbe haben wir für Baryonen gefunden (s. Gln. (15-40)–(15.42) und Kapitel 17). Wenn die Bindungszustände eine Invarianz zeigen, sollte dies die Folge einer Invarianz der fundamentalen Lagrange-Dichte sein. In der Tat finden wir, daß die Lagrange-Dichte $\mathscr{L}_q^{(0)}$ invariant ist unter den folgenden Farb-SU(3)-Transformationen:

$$q^j(x) \longrightarrow U \cdot q^j(x), \qquad (j = 1, \dots, f), \tag{19-4}$$

wobei

$$U\,U^\dagger = 1,$$
$$\det U = 1,$$
$$U = \text{const., d.h. unabhängig von } x.$$

Dabei ist es ganz wesentlich, daß U eine *konstante* Matrix ist. Das heißt, mit $\mathscr{L}_q^{(0)}$ als Lagrange-Dichte können wir die unbeobachtbaren Achsenrichtungen im Farbraum beliebig wählen, wir müssen sie aber gleich wählen in Europa wie in Amerika wie hinter dem Mond. Das ist sehr unbefriedigend, da es der relativen Orientierung im Farbraum an verschiedenen Raum-Zeit-Punkten eine absolute Bedeutung geben würde, obwohl dem keinerlei physikalisch beobachtbare Effekte entsprächen.

Eine ähnliche Situation trat in der speziellen Relativitätstheorie auf, in der der relative Bewegungszustand von Beobachtern an verschiedenen Raum-Zeit-Punkten eine absolute Bedeutung hat. Nehmen wir ein Beobachtersystem mit relativ zueinander ruhenden Beobachtern, etwa ein Inertialsystem, und eines mit zueinander beschleunigten Beobachtern, so sehen speziell relativistische Bewegungsgleichungen in den beiden Systemen verschieden aus (Bild 19-1). Einstein erschien diese Situation höchst unbefriedigend, und er erhob es zum Prinzip, daß *alle* Beobachtersysteme für die Formulierung der Grundgleichungen der Theorie gleichwertig sein sollten. Durch dieses Prinzip wurde Einstein zur allgemeinen Relativitätstheorie geführt (Einstein 1916). Diese Theorie ließ sich nur unter Einbeziehung der Gravitation formulieren. Wir können das allgemeine Relativitätsprinzip als „Grund" für die Existenz des Gravitationsfeldes ansehen.

Für die Elektrodynamik hat H. Weyl (Weyl 1929) ein Prinzip entdeckt, das man als „Grund" für die Existenz des Photons ansehen kann. Der Ausgangspunkt ist die Lagrange-Dichte für ein freies Dirac-Elektron:

$$\mathscr{L}_e^{(0)}(x) = \bar{\psi}(x)\,(i\,\gamma^\lambda \partial_\lambda - m_e)\,\psi(x). \tag{19-5}$$

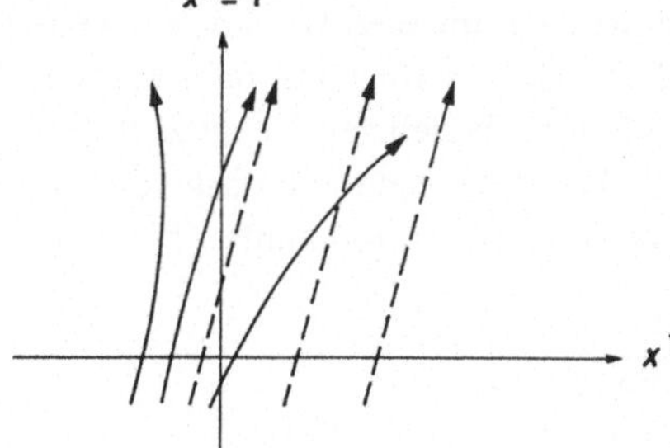

Bild 19-1

Beobachtersysteme im Minkowski-Raum. Gestrichelt: Inertialsystem; durchgezogene Linien: zueinander beschleunigte Beobachter.

Dabei ist ψ das Dirac-Feld, das selbst nicht beobachtbar ist; es ändert ja sein Vorzeichen bei einer Drehung um den Winkel 2π. Typische beobachtbare Größen sind bilineare Ausdrücke wie die Stromdichte

$$\mathscr{I}^\lambda(x) = \bar{\psi}(x)\,\gamma^\lambda\,\psi(x).$$

Diese Observablen sind ungeändert, wenn wir $\psi(x)$ mit einem Phasenfaktor multiplizieren, der beliebige x-Abhängigkeit haben kann, denn bei der Ersetzung

$$\psi(x) \longrightarrow e^{i\,\alpha(x)}\,\psi(x) \tag{19-6}$$

gilt

$$\bar{\psi}(x)\,\gamma^\lambda\,\psi(x) \longrightarrow \bar{\psi}(x)\,\gamma^\lambda\,\psi(x).$$

Es ist sehr plausibel, Invarianz der Theorie bezüglich der unbeobachtbaren Phasentransformation (Gl. (19-6)) zu verlangen. Wir sehen sofort, daß die freie Dirac-Lagrange-Dichte (Gl. (19-5)) nicht invariant ist. H. Weyl entdeckte, daß aber das gekoppelte System von Elektronen und Photonen, das durch die Maxwell-Diracsche Lagrange-Dichtefunktion beschrieben wird, invariant ist. Dabei muß das elektromagnetische Viererpotential $A_\mu(x)$ geeignet transformiert werden.

Die Maxwell-Diracsche Lagrange-Dichte haben wir schon in Kapitel 9 kennengelernt (Gl. (9-5)),

$$\mathscr{L}_{\mathrm{M.D.}}(x) = -\frac{1}{4}\,F_{\mu\nu}(x)\,F^{\mu\nu}(x) + \bar{\psi}(x)\,(i\,\gamma^\mu\,D_\mu - m_e)\,\psi(x). \tag{19-7}$$

Dabei ist $F_{\mu\nu}$ der Feldstärkentensor, D_μ ist die kovariante Ableitung:

$$F_{\mu\nu}(x) = \partial_\mu A_\nu(x) - \partial_\nu A_\mu(x),$$
$$D_\mu\,\psi(x) = (\partial_\mu - i\,e\,A_\mu(x))\,\psi(x), \tag{19-8}$$

und wir bezeichnen mit $(-e)$ die Elektronladung. Wir überprüfen leicht die Invarianz von $\mathscr{L}_{\mathrm{M.D.}}$ unter folgenden Transformationen, die H. Weyl *Eichtransformationen* nannte:

$$\psi(x) \longrightarrow e^{i\,\alpha(x)}\,\psi(x),$$
$$A_\mu(x) \longrightarrow A_\mu(x) + \frac{1}{e}\,\partial_\mu\,\alpha(x). \tag{19-9}$$

Dabei ist $\alpha(x)$ eine beliebige reelle Funktion von x. Diese Transformationen bilden, in heutiger Sprechweise, eine $U(1)$-Eichgruppe.

H. Weyl interpretierte sein Resultat in dem Sinne, daß das physikalische Postulat der Invarianz unter den Phasentransformationen des Dirac-Feldes (Gl. (19-6)) als „Grund" für die Existenz der Photonen angesehen werden kann.

Nun kehren wir zur Quantenchromodynamik zurück. Wir werden sehen, daß wir auch hier die Lagrange-Funktion nach ganz ähnlichen Prinzipien wie im Maxwell-Dirac-Fall konstruieren können. Als Ausgangspunkt wollen wir das folgende physikalische Postulat wählen: Die Achsenrichtungen im Farbraum sollen an beliebigen Raum-Zeit-Punkten ganz frei wählbar sein, da sie unbeobachtbar sind. Alle Hadronen sind ja Farbsinguletts. In mathematischer Sprache heißt das, wir verlangen Invarianz unter sogenannten lokalen Eichtransformationen im Farbraum:

$$\mathbf{q}^j(x) \longrightarrow \mathbf{U}(x)\,\mathbf{q}^j(x), \qquad (j = 1, \dots, f), \tag{19-10}$$

wobei $\mathbf{U}(x) \in \mathrm{SU}(3)$ für festes x, d.h. es soll gelten:

$$\begin{aligned}
\mathbf{U}(x)\,\mathbf{U}^{\dagger}(x) &= 1, \\
\det \mathbf{U}(x) &= 1.
\end{aligned} \qquad (19\text{-}11)$$

Abgesehen von diesen Bedingungen kann $\mathbf{U}(x)$ eine beliebige x-Abhängigkeit haben. Wir sehen leicht, daß die Lagrange-Dichte der freien Quark-Felder $\mathscr{L}_{\mathrm{q}}^{(0)}$ (Gl. (19-1)) nicht invariant ist bei der Ersetzung Gl. (19-10):

$$\begin{aligned}
\mathscr{L}_{\mathrm{q}}^{(0)}(x) &= \sum_{j=1}^{f} \bar{\mathbf{q}}^{j}(x)\,(\mathrm{i}\,\gamma^{\lambda}\,\partial_{\lambda} - m_{j})\,\mathbf{q}^{j}(x) \\
&\longrightarrow \sum_{j=1}^{f} \bar{\mathbf{q}}^{j}(x)\,(\mathrm{i}\,\gamma^{\lambda}\,\partial_{\lambda} - m_{j} + \mathrm{i}\,\gamma^{\lambda}\,\mathbf{U}^{\dagger}(x)\,\partial_{\lambda}\,\mathbf{U}(x))\,\mathbf{q}^{j}(x).
\end{aligned} \qquad (19\text{-}12)$$

Wie man in diesem Fall die Invarianz retten kann, wurde 1954 in einem etwas anderen Zusammenhang gezeigt (Yang 1954, Shaw 1954). Die damals eingeführten nichtabelschen Eichtheorien bilden die Grundlage unserer heutigen Theorie der Elementarteilchen. Zur Geschichte sei noch angemerkt, daß eine nichtabelsche Eichtheorie schon von O. Klein 1939 formuliert wurde (für einen historischen Überblick s. Veltmann 1974).

In der Elektrodynamik wird das Eichprinzip durch die Einführung der Photonen gerettet. Es zeigt sich, daß auch das Eichprinzip der Chromodynamik die Einführung von Vektorfeldern verlangt, die wir Gluonen nennen werden. Wir benötigen acht Gluonen entsprechend den acht linear unabhängigen Erzeugenden der SU(3)-Farbgruppe. Die acht reellen Gluon-Viererpotentiale $G_{\lambda}^{a}(x)$ (mit $a = 1, \ldots, 8$) fassen wir zu einer 3×3-hermiteschen spurlosen Matrix zusammen:

$$\begin{aligned}
\mathbf{G}_{\lambda}(x) &= G_{\lambda}^{a}(x)\,\frac{\lambda_{a}}{2} = \mathbf{G}_{\lambda}^{\dagger}(x), \\
\mathrm{Sp}\,\mathbf{G}_{\lambda}(x) &= 0.
\end{aligned} \qquad (19\text{-}13)$$

Dabei sind λ^{a} (mit $a = 1, \ldots, 8$) die Gell-Mann-λ-Matrizen (s. Anhang C), die aber jetzt im Farbraum wirken.

Für die Kopplung der Gluonen an die Quarks versuchen wir eine „minimale Substitution" wie in der Elektrodynamik, d.h. wir ersetzen alle gewöhnlichen Ableitungen ∂_{λ} wie folgt:

$$\partial_{\lambda} \longrightarrow \mathbf{D}_{\lambda} = \partial_{\lambda} + \mathrm{i}\,g_{\mathrm{s}}\,\mathbf{G}_{\lambda}(x). \qquad (19\text{-}14)$$

Dabei heißt $\mathbf{D}_{\lambda}$ die kovariante Ableitung und g_{s} ist eine dimensionslose Kopplungskonstante analog der elektrischen Ladung e. Mit dieser Substitution erhalten wir aus $\mathscr{L}_{\mathrm{q}}^{(0)}$ den folgenden Ausdruck:

$$\mathscr{L}_{\mathrm{q}}(x) = \sum_{j=1}^{f} \bar{\mathbf{q}}^{j}(x)\,(\mathrm{i}\,\gamma^{\lambda}\,\mathbf{D}_{\lambda} - m_{j})\,\mathbf{q}^{j}(x). \qquad (19\text{-}15)$$

Wir prüfen leicht nach, daß $\mathscr{L}_{\mathrm{q}}$ invariant ist unter den lokalen Eichtransformationen Gl. (19-10), wenn wir das Gluon-Potential wie folgt transformieren:

$$\mathbf{G}_{\lambda}(x) \longrightarrow \mathbf{G}_{\lambda}'(x) = \mathbf{U}(x)\,\mathbf{G}_{\lambda}(x)\,\mathbf{U}^{\dagger}(x) - \frac{\mathrm{i}}{g_{\mathrm{s}}}\,\mathbf{U}(x)\,\partial_{\lambda}\,\mathbf{U}^{\dagger}(x). \qquad (19\text{-}16)$$

Die Matrix $\mathbf{G}'_\lambda(x)$ ist wiederum hermitesch und hat Spur 0 für beliebiges $\mathbf{U}(x)$, das die Bedingungen der Gl. (19-11) erfüllt. Das prüfen wir leicht nach. Aus

$$\mathbf{U}(x)\,\mathbf{U}^\dagger(x) = 1$$

folgt

$$\mathbf{U}(x)\,(\partial_\lambda\,\mathbf{U}^\dagger(x)) + (\partial_\lambda\,\mathbf{U}(x))\,\mathbf{U}^\dagger(x) = 0,$$
$$\mathbf{G}'^{\,\dagger}_\lambda(x) = \mathbf{G}'_\lambda(x). \tag{19-17}$$

Aus der Bedingung

$$\det \mathbf{U}(x) = 1$$

folgt

$$\mathrm{Sp}\,(\mathbf{U}(x)\,\partial_\lambda\,\mathbf{U}^\dagger(x)) = 0,$$
$$\mathrm{Sp}\,\mathbf{G}'_\lambda(x) = 0. \tag{19-18}$$

Natürlich haben wir nichts gewonnen, solange das Gluon-Potential $\mathbf{G}_\lambda$ ein äußeres vorgegebenes Feld ist. Das Gluon-Feld muß selbst eine dynamische Variable werden. Um den Anteil der Lagrange-Dichte zu konstruieren, der die Gluon-Dynamik enthält, werden wir uns wieder die Elektrodynamik zum Muster nehmen. Wir führen einen Gluon-Feldstärken-Tensor $\mathbf{G}_{\lambda\rho}(x)$ ein,

$$\mathbf{G}_{\lambda\rho}(x) = \partial_\lambda\,\mathbf{G}_\rho(x) - \partial_\rho\,\mathbf{G}_\lambda(x) + i g_s\,[\mathbf{G}_\lambda(x), \mathbf{G}_\rho(x)], \tag{19-19}$$

der, wie wir leicht sehen, für festes x eine hermitesche, spurlose Matrix darstellt. Wir definieren daher seine Komponenten $G^a_{\lambda\rho}(x)$ (mit $a = 1, \ldots, 8$) durch

$$\mathbf{G}_{\lambda\rho}(x) = G^a_{\lambda\rho}(x)\,\frac{\lambda_a}{2},$$

wobei wir aus Gl. (19-19) finden:

$$G^a_{\lambda\rho}(x) = \partial_\lambda G^a_\rho(x) - \partial_\rho G^a_\lambda(x) - g_s f_{abc}\,G^b_\lambda(x)\,G^c_\rho(x). \tag{19-20}$$

Dabei sind die f_{abc} die Strukturkonstanten der SU(3)-Gruppe. Der Term quadratisch in den Gluon-Potentialen hat kein Analogon in der Elektrodynamik und ist typisch für den nicht-abelschen Charakter der Farbgruppe SU(3). Dieser Term ist nötig, um ein einfaches Transformationsverhalten des Feldstärken-Tensors unter den Eichtransformationen zu erreichen. In der Tat finden wir bei der Transformation der Gluonpotentiale nach Gl. (19-16):

$$\mathbf{G}_{\lambda\rho}(x) \longrightarrow \mathbf{U}(x)\,\mathbf{G}_{\lambda\rho}(x)\,\mathbf{U}^\dagger(x). \tag{19-21}$$

Nun ist es leicht, eine eichinvariante Lagrange-Dichte für Quarks und Gluonen hinzuschreiben:

$$\mathscr{L}_{\mathrm{QCD}}(x) = -\frac{1}{2}\,\mathrm{Sp}(\mathbf{G}_{\lambda\rho}(x)\,\mathbf{G}^{\lambda\rho}(x)) + \sum_{j=1}^{f} \bar{\mathbf{q}}^j(x)\,(i\,\gamma^\lambda\,\mathbf{D}_\lambda - m_j)\,\mathbf{q}^j(x)$$

$$= -\frac{1}{4}\,G^a_{\lambda\rho}(x)\,G^{\lambda\rho a}(x)$$

$$+ \sum_{j=1}^{f} \bar{\mathbf{q}}^j(x)\left[i\,\gamma^\lambda\left(\partial_\lambda + i g_s\,G^a_\lambda(x)\,\frac{\lambda_a}{2}\right) - m_j\right]\mathbf{q}^j(x). \tag{19-22}$$

Dies ist die grundlegende Lagrange-Dichte der Quantenchromodynamik. Die Struktur ist ganz ähnlich zur Lagrange-Dichte Gl. (19-7), die der Quantenelektrodynamik zugrunde liegt.

In der Tabelle 19-1 haben wir einige Analogien zwischen der Quantenelektrodynamik und Quantenchromodynamik aufgezeigt. Natürlich gibt es auch Unterschiede. Am auffallendsten ist, daß Elektronen und Photonen als freie Teilchen bekannt sind; dagegen scheint es, daß Quarks und Gluonen permanent in den Hadronen eingeschlossen sind. Zumindest hat die Mehrzahl der Experimente, bei denen nach Teilchen mit nicht ganzzahliger Ladung gesucht wurde, ein negatives Resultat ergeben (vgl. den Überblick bei Morpurgo 1979). Einige Experimentatoren behaupten aber, freie Teilchen mit nicht ganzzahliger Ladung gefunden zu haben (z.B. La Rue 1979). Es ist klar, daß weitere Experimente notwendig sind, um diese wichtige Frage zu entscheiden.

Um die wirkliche Hadronwelt zu beschreiben, müssen wir die Lagrange-Dichte (Gl. (19-22)) als Ausgangspunkt einer Quantenfeldtheorie der Quarks und Gluonen ansehen. Im Idealfall würden wir dann die Theorie lösen und nachsehen, ob sie tatsächlich Hadronen als Farb-Singulett-Bindungszustände enthält mit all den Eigenschaften, die wir in der wirklichen Welt beobachten. Es braucht nicht betont zu werden, daß wir noch weit von diesem Idealfall entfernt sind. Wir sind darauf angewiesen, Approximationsschemata zu entwerfen. Als erstes können wir versuchen, eine renormierte Störungsentwicklung für die QCD aufzustellen, da die analoge Entwicklung für die QED so erfolgreich ist. Eine konsistente Quantisierung und Störungsentwicklung für eine nichtabelsche Eichtheorie wie die QCD durchzuführen, ist kein leichtes Problem. Es wurde aber ganz allgemein gelöst. Besonders wichtige Beiträge dazu leistete 't Hooft ('t Hooft 1971, vgl. auch die Überblicksartikel 't Hooft 1973, Abers 1973, Politzer 1973a, Marciano 1978). Natürlich kann eine Störungsentwicklung nur Sinn machen, wenn der Entwicklungsparameter genügend klein ist. In der QCD ist dies, wie wir sehen werden, für gewisse Reaktionen mit großem Impulsübertrag in der Tat der Fall. Wir wollen hier die formale Ableitung der Störungsreihe nicht ausführlich behandeln, sondern bloß die Feynman-Regeln der QCD im Anhang D angeben.

Die Störungstheorie für die QCD hat aber einen schwerwiegenden Nachteil. In jeder *endlichen* Ordnung der Entwicklung sind die freien, asymptotischen Teilchen der Theorie die Quarks und Gluonen. In der wirklichen Welt sind aber die freien Teilchen die Hadronen, und Quarks und Gluonen sind vom physikalischen Spektrum verschwunden.

Tabelle 19-1 Vergleich zwischen der QED und der QCD

	QED	QCD
Quantenzahl	elektrische Ladung	Farbe
Fermionen	Elektronen	Quarks (Farb-Tripletts)
Vektor-Bosonen	Photon (ungeladen)	Gluonen (Farb-Oktett)
Eichgruppe	U (1) (abelsch)	SU (3) (nicht-abelsch)
Kopplungskonstante	e $\alpha = \dfrac{e^2}{4\pi}$	g_s $\alpha_s = \dfrac{g_s^2}{4\pi}$
Bindungszustände	Positronium	Hadronen
freie Teilchen (asymptotische Zustände)	Elektronen, Positronen, Photonen	nur Hadronen, Quarks und Gluonen sind permanent gebunden

Andere Approximationsschemata wurden vorgeschlagen, um diese Situation theoretisch zu behandeln, beispieslweise Gitter-Eichtheorien (Wilson 1974, 1975).

In der numerischen Behandlung von Problemen der Gitter-Eichtheorien gab es in den letzten Jahren einen großen Durchbruch durch die Einführung von Monte-Carlo-Methoden. In diesem, der Phänomenologie gewidmeten Buch wollen wir aber darauf nicht weiter eingehen, sondern auf einen neueren Übersichtsartikel verweisen (Creutz 1983). Wir werden das Hauptgewicht auf die Besprechung der Vorhersagen der QCD für Hochenergie-Reaktionen legen. Dabei werden wir mit einer Erweiterung des naiven Parton-Modells arbeiten, das die QCD-Effekte einschließt und den physikalischen Gehalt der Theorie durchsichtig macht (Kogut 1974).

19.2 Verletzungen der Bjorken-Skaleninvarianz in der tief inelastischen Streuung

Im Kapitel 18 haben wir die Bjorken-Skaleninvarianz und das naive Parton-Modell besprochen. In diesem Abschnitt wollen wir theoretische Argumente angeben, daß diese Skaleninvarianz in einer relativistischen Quantenfeldtheorie, insbesondere in der QCD, verletzt sein sollte.

Eine der erfolgreichsten Ideen in der Physik ist es, große Objekte aus kleineren aufgebaut zu denken. Die großen Objekte, für die wir uns hier interessieren, sind die Hadronen, und wir versuchen, sie als Bindungszustände von kleineren Objekten, Quarks und Gluonen, zu verstehen. Im naiven Parton-Modell betrachteten wir ein schnell bewegtes Hadron und beschrieben es durch eine Wellenfunktion für punktförmige Konstituenten. In der tief inelastischen Streuung benötigten wir nur die Verteilungsfunktionen der Konstituenten zur Beschreibung der Reaktion. Für die Strukturfunktion νW_2 in der tief inelastischen Elektron-Nukleon-Streuung zum Beispiel fanden wir (Gl. (18-39))

$$\nu W_2 (\nu, Q^2) = x \sum_i Q_i^2 N_i(x). \tag{19-23}$$

Die Verteilungsfunktionen $N_i(x)$ geben die Anzahl der Konstituenten vom Typ i mit longitudinalem Impulsanteil x im Nukleon an. Wie man zeigen kann, folgt die Parton-Beschreibung des Nukleons im wesentlichen aus der Quantenfeldtheorie, wenn man annimmt, daß die transversalen Impulse der Konstituenten beschränkt sind (Feynman 1969).

In einer ehrlichen relativistischen Quantenfeldtheorie gibt es aber keinen Abschneideparameter, der die Transversalimpulse einschränken kann, und die naive Parton-Beschreibung kann nicht richtig sein (Parisi 1973, Callan 1973). Kogut und Susskind (Kogut 1974) haben gezeigt, wie man die Effekte einer renormierbaren Quantenfeldtheorie im Rahmen von Parton-Vorstellungen verstehen kann. Sie beschreiben ein Nukleon nicht als Bindungszustand von punktförmigen Konstituenten, sondern durch eine Hierarchie von kleineren und kleineren effektiven Konstituenten. Die Konstituenten der verschiedenen Niveaus der Beschreibung sind jeweils durch eine Länge $1/K$ charakterisiert, die wir grob als „Größe" dieser effektiven Konstituenten bezeichnen können. Sehen wir ein Nukleon mit einem „Mikroskop" an, dessen Auflösungsvermögen $1/K$ ist, so sehen wir die entsprechenden effektiven Konstituenten. Erhöhen wir das Auflösungsvermögen, so sehen wir die Konstituenten dieser Konstituenten, usw. (Bild 19-2).

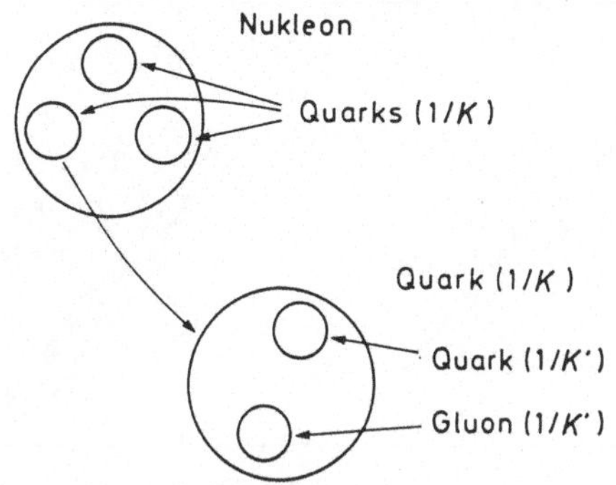

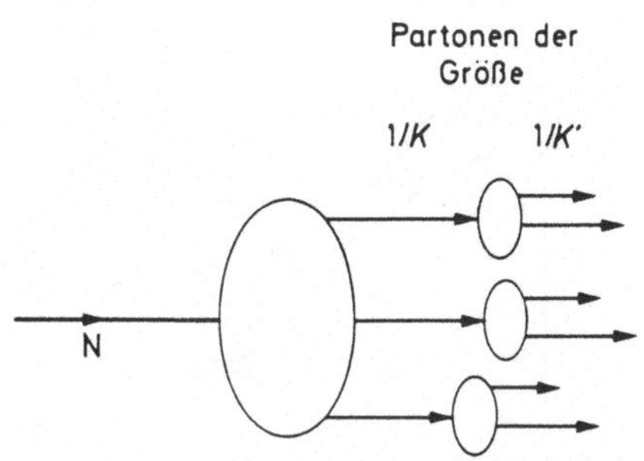

Bild 19-2 Ein Nukleon, aufgebaut aus einer Hierarchie von Konstituenten ($1/K > 1/K'$...)

Bild 19-3 Verteilung des Longitudinalimpulses eines Nukleons auf Konstituenten bzw. von großen Konstituenten auf kleine Konstituenten ($1/K > 1/K'$)

In der tief inelastischen Streuung betrachten wir ein Nukleon mit einem „Mikroskop", dessen Auflösungsvermögen proportional zu $1/Q$, der Wellenlänge des virtuellen Photons im Breit-System, ist (Gl. (18-28)). Verwenden wir zur Beschreibung der Reaktion effektive Konstituenten der „Größe" $1/K \sim 1/Q$, so können wir die Impulsapproximation verwenden und alle Formeln des Parton-Modells übernehmen. Wir müssen uns nur daran erinnern, daß sich die Verteilungsfunktionen jetzt auf effektive Konstituenten beziehen und daher auch von deren „Größe" und damit von Q abhängen werden. Für νW_2 beispielsweise erhalten wir

$$\nu W_2(\nu, Q^2) = x \sum_i Q_i^2 N_i(x, Q^2). \tag{19-24}$$

Die Verteilungsfunktionen $N_i(x, Q^2)$ für effektive Konstituenten verschiedener Größe werden im allgemeinen verschieden sein. Wir erwarten daher eine Q^2-Abhängigkeit in den Strukturfunktionen bei festem x, d.h. Verletzungen der Bjorken-Skaleninvarianz.

Sogar die allgemeinen Züge dieser Skaleninvarianz-Verletzungen, die die Quantenfeldtheorie fordert, können wir vorhersagen. Lösen wir einen großen Konstituenten in kleinere auf, so müssen die kleineren Konstituenten den Longitudinalimpuls des größeren teilen. Das bedeutet, daß die kleineren Konstituenten im Mittel einen kleineren Longitudinalimpuls haben werden. Ihre Anzahl wird aber größer sein, so daß der gesamte Longitudinalimpuls derselbe bleibt (Bild 19-3). Das Schema der Skalenverletzungen in den Strukturfunktionen, das aus diesen Überlegungen folgt, ist ein Anwachsen bei kleinem x und ein Absinken bei großem x mit zunehmendem Q^2 (Bild 19-4).

Dieses allgemeine Schema der Skalenverletzungen ist in der Tat in den Experimenten gesehen worden. In Bild 19-5 zeigen wir als Beispiel Daten von der Myon-Nukleon-Streuung. Es erhebt sich nun die Frage, ob wir diese Daten quantitativ im Rahmen einer Quantenfeldtheorie beschreiben können. Zur Zeit gibt es aber bloß ein einziges quantenfeldtheorietisches Modell für die starke Wechselwirkung, in dem man zuverlässige Berechnungen anstellen kann, das ist die QCD. Das magische Wort, das solche Rechnungen möglich macht, ist die *asymptotische Freiheit* ('t Hooft 1972, Politzer 1973, 1973a, Gross 1973, 1973a, 1974).

In unserem Bild können wir die asymptotische Freiheit wie folgt formulieren: Die Kopplung von Quarks und Gluonen der „Größe" $1/K \sim 1/Q$ ist charakterisiert durch eine

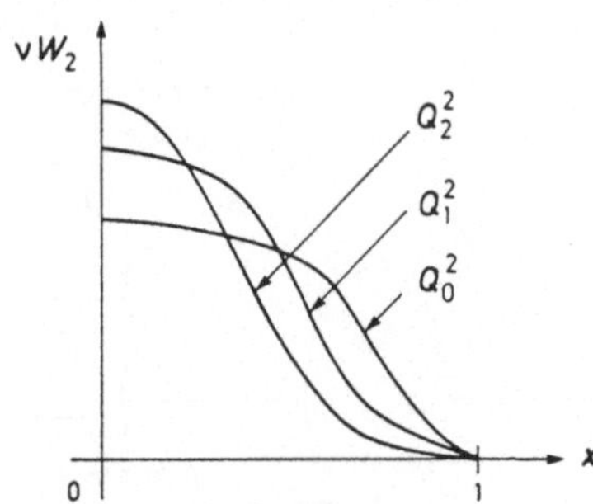

Bild 19-4 Die allgemeine Gestalt von Verletzungen der Bjorken-Skaleninvarianz, wie sie in der Quantenfeldtheorie erwartet wird. Aufgetragen ist die Strukturfunktion νW_2 für festes Q^2 als Funktion von x (mit $Q_0^2 < Q_1^2 < Q_2^2$).

Bild 19-5

Die Strukturfunktion $F_2 = \nu W_2$ des Protons als Funktion von x für verschiedene Q^2-Intervalle (nach Anderson 1977)

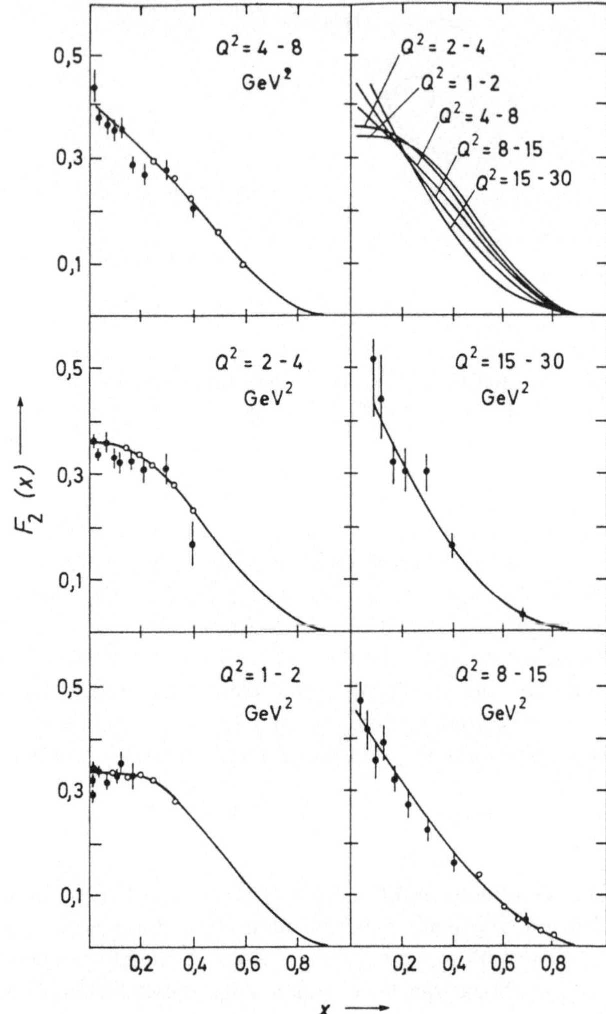

effektive Kopplungsstärke $g_s(Q^2)$. Die Abhängigkeit dieser Kopplungsstärke von Q^2 läßt sich im Rahmen der Störungstheorie mit Hilfe der Feynman-Regeln (s. Anhang D) berechnen. Die oben zitierten Autoren fanden das sehr interessante und wichtige Resultat, daß in der QCD die effektive Kopplungsstärke für $Q^2 \to \infty$ verschwindet, falls die Anzahl der Quark-Flavors kleiner oder gleich 16 ist:

$$\frac{g_s^2(Q^2)}{4\pi^2} \cong \frac{\alpha_s(Q^2)}{\pi} \xrightarrow[Q^2 \to \infty]{} \frac{12}{(33 - 2f)\ln(Q^2/\Lambda^2)} \tag{19-25}$$

(für $f \leqslant 16$).

Dabei ist Λ ein Parameter, der aus dem Experiment zu bestimmen ist. Wir sehen, daß sich in der QCD kleinere und kleinere effektive Konstituenten mehr und mehr wie freie Teilchen verhalten. Die laufende Kopplungsstärke (Gl. (19-25)) nimmt aber nur logarithmisch ab. Die Effekte der Wechselwirkung sind daher auch für sehr große Q^2 wichtig. Man kann zeigen, daß dieses asymptotisch freie Verhalten typisch für nichtabelsche Eichtheorien ist (Coleman 1973).

Welche Aussagen liefert nun die asymptotische Freiheit für die Verteilungsfunktionen $N_i(x, Q^2)$ der effektiven Quarks und Gluonen? Bisher ist es nicht gelungen, diese Verteilungsfunktionen selbst aus ersten Prinzipien zu berechnen. Da aber für $Q^2 \to \infty$ die effektive Kopplung klein wird (Gl. (19-25)), können wir die Störungstheorie anwenden, um die *Änderung* der Verteilungsfunktionen für große Q^2 zu bestimmen. Die Entwicklung der Verteilungsfunktionen wird durch eine Integro-Differentialgleichung beschrieben, die zuerst von Altarelli und Parisi aufgestellt wurde (Altarelli 1977). Die allgemeine Gestalt dieser Gleichung können wir aus einfachen Argumenten herleiten:

(i)   Die Änderung der Verteilungsfunktionen muß bei Verwendung der Störungstheorie erster Ordnung proportional $g_s^2(Q^2)$ sein.

(ii)   Da der longitudinale Impuls eines Tochterpartons stets kleiner oder gleich dem Longitudinalimpuls des Mutterpartons sein muß (Bild 19-3), kann die Änderung einer Verteilungsfunktion für longitudinalen Impulsanteil x nur von den Verteilungsfunktionen für Impulsanteile y mit y größer oder gleich x abhängen.

(iii)   Wenn wir die Quarkmassen vernachlässigen, sollte die Änderung der Verteilungsfunktionen, gemessen auf der dimensionslosen Skala $\ln Q^2$, abgesehen von dem Faktor $g_s^2(Q^2)$, nur von Verhältnissen von Longitudinalimpulsen abhängen.

Nach diesen Überlegungen können wir den folgenden Ansatz für die Altarelli-Parisi-Gleichung mit zunächst noch unbestimmten Funktionen P_{ij} hinschreiben:

$$\frac{\partial N_i(x, Q^2)}{\partial \ln Q^2} = \frac{g_s^2(Q^2)}{8\pi^2} \sum_j \int_x^1 \frac{dy}{y}\, P_{ij}\!\left(\frac{x}{y}\right) N_j(y, Q^2). \qquad (19\text{-}26)$$

Dabei laufen die Indizes i, j über alle Partonen der Theorie, Quarks, Antiquarks und Gluonen:

$$i, j = \mathrm{u}, \mathrm{d}, \mathrm{s}, \dots, \bar{\mathrm{u}}, \bar{\mathrm{d}}, \bar{\mathrm{s}}, \dots, \mathrm{G}. \qquad (19\text{-}27)$$

Unsere Bedingung (ii) haben wir in Gl. (19-26) durch das Integrationsintervall $x \leqslant y \leqslant 1$ berücksichtigt, die Bedingung (iii), indem wir die unbekannten Funktionen P_{ij} als Funktionen des Verhältnisses der Longitudinalimpulse x/y angesetzt haben. Die genaue Gestalt dieser Funktionen P_{ij} können wir aus allgemeinen Prinzipien nicht herleiten. Sie sind spezifisch für das betrachtete quantenfeldtheoretische Modell. Ihre Berechnung im Rahmen der QCD werden wir im nächsten Abschnitt besprechen. Zuvor wollen wir die Momente der Verteilungsfunktionen einführen:

$$M_i(n, Q^2) = \int_0^1 dx\, x^{n-1} N_i(x, Q^2), \qquad (19\text{-}28)$$

wobei $n = 2, 3, 4, \dots$. Diese Momente sind nützlich, da sie die Integro-Differentialgleichung (19-26) auf ein System von gewöhnlichen Differentialgleichungen reduzieren. Wir finden nach einfacher Rechnung:

$$\frac{\partial M_i(n, Q^2)}{\partial \ln Q^2} = -\frac{1}{\ln(Q^2/\Lambda^2)} \sum_j d_{ij}^n M_j(n, Q^2), \qquad (19\text{-}29)$$

$(n = 2, 3, \dots)$.

Dabei haben wir Gl. (19-25) für $g_s^2\,(Q^2)$ verwendet und die Matrix (d_{ij}^n) der anomalen Dimensionen wie folgt definiert:

$$d_{ij}^n = -\frac{6}{33-2f} \int\limits_0^1 \mathrm{d}z\; z^{n-1} P_{ij}\,(z).$$ (19-30)

Mit der Gl. (19-29) stellen wir auch den Zusammenhang zu den mehr formalen Methoden her, die die Operatorprodukt-Entwicklung (Wilson 1969, 1972) und die Analyse der Koeffizienten-Funktionen im Rahmen der Renormierungsgruppe benutzen (Christ 1972). Diese formalen Methoden führen direkt zu Vorhersagen für die Momente von Strukturfunktionen (vgl. Peterman 1979, Altarelli 1982).

19.3   Die Berechnung anomaler Dimensionen in der QCD

Die Berechnung der Funktionen P_{ij} in der Altarelli-Parisi-Gleichung (19-26) bzw. der anomalen Dimensionen d_{ij}^n (Gl. (19-30)) kann mit vielen Methoden durchgeführt werden. Wir wollen hier eine einfache Methode besprechen, die sich auf das in Abschnitt 19.2 entwickelte physikalische Bild von Kogut und Susskind stützt.

Wir betrachten der Einfachheit halber ein Modell mit f masselosen Quark-Flavors. Wir haben dann SU(f)-Flavor-Symmetrie. Zusammen mit der Ladungskonjugations-Invarianz reduziert das die Anzahl der unabhängigen Funktionen P_{ij} in Gl. (19-26) auf vier:

$$\begin{aligned}
P_{\mathrm{qq}} &\equiv P_{\mathrm{uu}} = P_{\mathrm{dd}} = \ldots = P_{\bar{\mathrm{u}}\bar{\mathrm{u}}} = P_{\bar{\mathrm{d}}\bar{\mathrm{d}}} = \ldots,\\
P_{\mathrm{qG}} &\equiv P_{\mathrm{uG}} = P_{\mathrm{dG}} = \ldots = P_{\bar{\mathrm{u}}\mathrm{G}} = P_{\bar{\mathrm{d}}\mathrm{G}} = \ldots,\\
P_{\mathrm{Gq}} &\equiv P_{\mathrm{Gu}} = P_{\mathrm{Gd}} = \ldots = P_{\mathrm{G}\bar{\mathrm{u}}} = P_{\mathrm{G}\bar{\mathrm{d}}} = \ldots,\\
P_{\mathrm{GG}}&.
\end{aligned}$$ (19-31)

Zu ihrer Berechnung werden wir im wesentlichen nur Konzepte verwenden, die aus der gewöhnlichen Quantenmechanik wohlbekannt sind.

Wir betrachten ein schnell bewegtes Nukleon mit Impuls p, $|p|\gg M$ und Zustandsvektor $|\mathrm{N}(p)\rangle$. Diesen Zustand würden wir gern als Eigenzustand des wahren Hamilton-Operators H der QCD berechnen. Aber die wahre Hamilton-Funktion der QCD ist viel zu kompliziert. Sie koppelt alle Impulskomponenten der Quark- und Gluonfelder miteinander. Da wir nicht alles auf einmal lösen können, versuchen wir es schrittweise. Wir konstruieren uns eine Folge von Hamilton-Operatoren H_K mit einem Abschneideparameter K in den transversalen Impulsen. Diese Hamilton-Operatoren H_K zerlegen wir weiter in einen Potentialterm V, der die permanente Bindung der Quarks beschreiben soll, und einen kinetischen Term $\mathsf{H}_K^{\mathrm{kin}}$, der auch die Kopplung der Komponenten großer Impulse untereinander bis zum Abschneideparameter K enthalten soll, den wir stets als genügend groß annehmen wollen:

$$\mathsf{H}_K = \mathsf{H}_K^{\mathrm{kin}} + \mathsf{V}.$$ (19-32)

Die effektiven Quarks und Gluonen von Abschnitt 19.2 können wir nun als Eigenzustände des kinetischen Terms $\mathsf{H}_K^{\mathrm{kin}}$ *definieren*. Für masselose Quarks und Gluonen wird dann gelten:

$$\begin{aligned}
\mathsf{H}_K^{\mathrm{kin}}\,|\mathrm{q}_K(p)\rangle &= |p|\,|\mathrm{q}_K(p)\rangle,\\
\mathsf{H}_K^{\mathrm{kin}}\,|\mathrm{G}_K(k)\rangle &= |k|\,|\mathrm{G}_K(k)\rangle.
\end{aligned}$$ (19-33)

Der Nukleonzustand muß sich als Superposition von solchen Quark- und Gluonzuständen darstellen lassen.

Wir diskutieren nun die geeignete Wahl für den transversalen Abschneideparameter K in der tief inelastischen Streuung. Wir arbeiten im Breit-System (Gl. (18-28)). Der maximale Transversalimpuls eines Hadrons im Endzustand der tief inelastischen Elektron-Nukleon-Streuung ist, wie man leicht sieht, von der Größenordnung Q:

$$|k_\perp|_{\mathrm{max}} \cong \frac{Q}{2}\left(\frac{1-x}{x}\right)^{\frac{1}{2}}.$$ (19-34)

Aber die transversalen Impulsverteilungen fallen sehr steil ab. Daher sollte es ausreichen, für die Beschreibung der Reaktion einen transversalen Abschneideparameter $K \ll Q$ zu wählen. Wir setzen daher

$$K = \epsilon Q,$$ (19-35)

wobei $0 < \epsilon \ll 1$. Die Größe ϵ halten wir im Verlauf der Rechnung fest. Das werden wir durch eine Betrachtung der höheren Ordnungen rechtfertigen. Die früher eingeführten Verteilungsfunktionen $N_i(x, Q^2)$ (Gl. (19-24)) identifizieren wir mit den Verteilungsfunktionen für die Eigenzustände von $\mathbf{H}_K^{\mathrm{kin}}$ (Gl. (19-33)).

Um nun etwa die Funktion P_{Gq} (Gl. (19-31)) zu berechnen, betrachten wir ein Quark transversaler „Größe" $1/K$ (Gl. (19-33)), d.h. einen Zustand

$$|\mathrm{q}_K(\boldsymbol{p})\rangle.$$

Dieser Zustand entspricht den folgenden Verteilungsfunktionen:

$$\begin{aligned} N_{\mathrm{q}}(y, Q^2) &= \delta(1-y), \\ N_{\mathrm{G}}(y, Q^2) &= 0. \end{aligned}$$ (19-36)

Wir erhöhen nun den Impulstransfer von Q nach $Q' > Q$, entsprechend den Abschneideparameter von K nach $K' > K$. Den Zustand $|\mathrm{q}_K(\boldsymbol{p})\rangle$, der nach Definition ein Eigenzustand von $\mathbf{H}_K^{\mathrm{kin}}$ ist, entwickeln wir nach Eigenzuständen von $\mathbf{H}_{K'}^{\mathrm{kin}}$. Wir schreiben:

$$\begin{aligned} K' &= K + \Delta K, \\ \mathbf{H}_{K'}^{\mathrm{kin}} &= \mathbf{H}_K^{\mathrm{kin}} + \mathbf{H}'_{\Delta K}. \end{aligned}$$ (19-37)

Dabei enthält $\mathbf{H}'_{\Delta K}$ die Kopplung der Impulskomponenten mit Transversalimpulsen zwischen K und K'.

Im Anhang D leiten wir einen Hamilton-Operator aus der Lagrange-Dichte (Gl. (19-22)) her unter Verwendung der Eichbedingung

$$G_0^a(x) = 0, \qquad (a = 1, \dots, 8).$$ (19-38)

Wir finden für die Zeit $t = 0$

$$\begin{aligned} \mathbf{H}'_{\Delta K} = -g_{\mathrm{s}}(Q^2) \int\limits_{K \leqslant |k_\perp| \leqslant K'} \mathrm{d}^3 x \Bigg\{ &\sum_{j=1}^{f} \bar{\mathrm{q}}^j(x)\, \vec{\mathbf{G}}^a(x)\, \gamma\, \frac{\lambda_a}{2}\, \mathrm{q}^j(x) \\ &- f_{abc}\, \mathbf{G}^{\alpha a}(x)\, \mathbf{G}^{\beta b}(x)\, \nabla_\alpha \mathbf{G}^{\beta c}(x) \Bigg\} + \mathrm{O}(g_{\mathrm{s}}^2(Q^2)), \end{aligned}$$ (19-39)

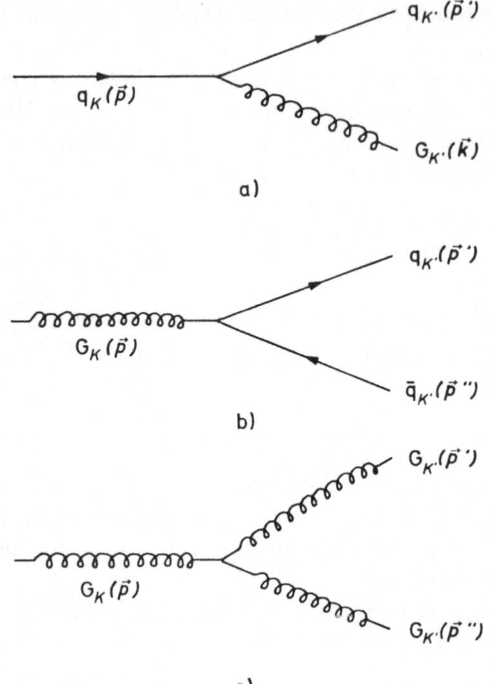

Bild 19-6

Die Aufspaltung von Partonen der transversalen „Größe" $1/K$ in zwei Partonen der „Größe" $1/K'$ ($K' > K$). Quark in Quark und Gluon (a), Gluon in Quark und Antiquark (b), Gluon in zwei Gluonen (c)

wobei wir hier mit α, β die räumlichen Indizes bezeichnen ($1 \leqslant \alpha, \beta \leqslant 3$). In der Ordnung g_s haben wir die Quark-Gluon-Kopplung und die 3-Gluon-Kopplung wie erwartet. Die Kopplungskonstante haben wir mit der laufenden Kopplungsstärke (Gl. (19-25)) identifiziert. Das können wir *a posteriori* rechtfertigen, da wir auf diese Weise dieselben Resultate finden werden, die mit den mehr formalen Methoden hergeleitet wurden (vgl. Peterman 1979, Altarelli 1982).

Wir verwenden nun die Störungstheorie 1. Ordnung, um den Quarkzustand $|q_K(p)\rangle$ nach Eigenzuständen von $H_{K'}^{kin}$ zu zerlegen. Das „große" Quark wird mit einer gewissen Amplitude ein „kleines" Quark vom selben Impuls enthalten und weiter eine Beimischung von Quark-Gluon-Zuständen erhalten (Bild 19-6). Wir können schreiben

$$|q_K(p)\rangle = C_q |q_{K'}(p)\rangle + \sum_{k,p'} C(k,p') |G_{K'}(k), q_{K'}(p')\rangle, \qquad (19\text{-}40)$$

wobei

$$C(k,p') = \frac{\langle G_{K'}(k), q_{K'}(p') | H'_{\Delta K} | q_K(p)\rangle}{|k| + |p'| - |p|} = O(g_s(Q^2)),$$

$$C_q = 1 + O(g_s^2(Q^2)).$$

Daraus erhalten wir für die Verteilungsfunktion eines Gluons $G_{K'}$ im Quark q_K:

$$N_G(x, Q'^2) = \sum_{\substack{k,p' \\ K \leqslant |k_\perp| \leqslant K'}} \delta\left(x - \frac{(kp)}{|p|^2}\right) \cdot |C(k,p')|^2. \qquad (19\text{-}41)$$

Wenn wir andererseits die Anfangsbedingungen Gl. (19-36) in die Altarelli-Parisi-Gleichung (19-26) einsetzen, erhalten wir

$$N_G(x, Q'^2) = N_G(x, Q^2) + \Delta N_G(x, Q^2)$$

$$= \frac{g_s^2(Q^2)}{8\pi^2} P_{Gq}(x)\, \Delta \ln Q^2. \qquad (19\text{-}42)$$

Wir brauchen nun bloß das Phasenraum-Integral in Gl. (19-41) auszuführen und mit Gl. (19-42) zu vergleichen, um P_{Gq} zu bestimmen. Diese einfache, aber etwas langwierige Rechnung ist im Anhang E dargestellt. Als Resultat finden wir

$$P_{Gq}(x) = \frac{4}{3} \frac{1+(1-x)^2}{x}. \qquad (19\text{-}43)$$

Der Faktor $1/x$ ist typisch für ein Bremsstrahlungsspektrum von Vektorteilchen, wie wir es aus der QED kennen (Abschnitt 12.2).

Aus Gl. (19-43) können wir ohne lange Rechnung die Änderung der Quark-Verteilungsfunktion $\Delta N_q(x)$ bestimmen. Der Impuls ist erhalten, daher muß in dem Zustand Gl. (19-40) stets gelten:

$$p' + k = p.$$

Daraus folgt, daß ein Quark $q_{K'}$ mit longitudinalem Impulsanteil $x < 1$ stets von einem Gluon mit longitudinalem Impulsanteil $1 - x$ begleitet sein muß. Für $x = 1$ erhalten wir den Beitrag einer δ-Funktion von dem Term $|q_{K'}(p)\rangle$ in Gl. (19-40). Insgesamt ergibt sich daher

$$\Delta N_q(x) = \Delta N_G(1-x) - c_q\,\delta(1-x), \qquad (19\text{-}44)$$

wobei $c_q = 1 - |C_q|^2$ die Abnahme der Amplitude für ein einzelnes Quark in Gl. (19-40) mißt. Aus der Erhaltung des Longitudinalimpulses folgt nun weiter die Summenregel

$$\int_0^1 \mathrm{d}x\, x\,[\Delta N_q(x) + \Delta N_G(x)] = 0, \qquad (19\text{-}45)$$

woraus wir c_q bestimmen können. Nach einfacher Rechnung finden wir

$$\Delta N_q(x) = \frac{g_s^2(Q^2)}{8\pi^2} P_{qq}(x)\, \Delta \ln Q^2,$$

$$P_{qq}(x) = -\frac{4}{3}(1+x) + 2\delta(1-x) \qquad (19\text{-}46)$$

$$+ \lim_{\eta \to +0} \frac{8}{3}\left[\frac{1}{1-x+\eta} - \delta(1-x)\int_0^1 \mathrm{d}z\, \frac{1}{1-z+\eta}\right].$$

Dabei ist der Limes im Sinne einer Distribution zu verstehen, d.h. er existiert nur, wenn wir $P_{qq}(x)$ zuerst mit einer braven Funktion integrieren und dann den Grenzübergang durchführen.

Auf ähnliche Weise können wir die Aufspaltung eines Gluons G_K in ein Quark-Antiquark-Paar und in zwei Gluonen berechnen. Daraus finden wir die Funktionen P_{qG} und P_{GG} von Gl. (19-31)

$$P_{qG}(x) = \frac{1}{2}\,[x^2 + (1-x)^2], \tag{19-47}$$

$$P_{GG}(x) = 6\left[\frac{1}{x} - 2 + x\,(1-x)\right] + \left(\frac{11}{2} - \frac{f}{3}\right)\delta\,(1-x)$$

$$+ \lim_{\eta \to +0} 6\left[\frac{1}{1-x+\eta} - \delta\,(1-x)\int_0^1 dz\,\frac{1}{1-z+\eta}\right]. \tag{19-48}$$

Für die anomalen Dimensionen d_{ij}^n (Gl. (19-30)) erhalten wir nun durch einfache Integrationen:

$$d_{qq}^n = \frac{4}{33-2f}\left\{1 - \frac{2}{n\,(n+1)} + 4\sum_{j=2}^{n}\frac{1}{j}\right\},$$

$$d_{Gq}^n = -\frac{8}{33-2f}\,\frac{n^2+n+2}{n\,(n^2-1)}\,,$$

$$d_{qG}^n = -\frac{3}{33-2f}\,\frac{n^2+n+2}{n\,(n+1)\,(n+2)}\,,$$

$$d_{GG}^n = \frac{9}{33-2f}\left\{\frac{1}{3} + \frac{2f}{9} - \frac{4}{n\,(n-1)} - \frac{4}{(n+1)\,(n+2)} + 4\sum_{j=2}^{n}\frac{1}{j}\right\}. \tag{19-49}$$

Damit haben wir alle Resultate zusammengestellt, die wir benötigen, um die tief inelastischen Streuexperimente mit der QCD in erster Ordnung zu vergleichen.

19.4 Vergleich der Daten über tief inelastische Streuung mit der QCD

Eine Reihe von Methoden wurde und wird benutzt, um die Altraelli-Parisi-Gleichung (19-26) oder die Momentengleichung (19-29) mit den Daten zu vergleichen. Wir besprechen zunächst einige Resultate von Momenten-Analysen.

Wir betrachten die Strukturfunktion $F_3^{(\nu N)}$ der Neutrino-Nukleon-Streuung (Gl. (18-51)), und zwar gemittelt über Proton und Neutron, sowie ihre Momente $\widetilde{M}(n, Q^2)$:

$$F_3^{(\nu N)} = \frac{1}{2}\,(F_3^{(\nu p)} + F_3^{(\nu n)}), \tag{19-50}$$

$$\widetilde{M}(n, Q^2) = \int_0^1 dx\,x^{n-2}\,[-x\,F_3^{(\nu N)}\,(x, Q^2)], \tag{19-51}$$

$(n = 2, 3, \ldots)$.

Wir drücken $F_3^{(\nu N)}(x, Q^2)$ durch die jetzt Q^2-abhängigen Quark-Verteilungsfunktionen entsprechend Gl. (18-51) aus, wobei wir die Ladungskonjugations-Relationen Gl. (18-56) benutzen, und erhalten

$$-F_3^{\nu N}(x, Q^2) = N_{\mathrm{u}}^{\mathrm{p}}(x, Q^2) + N_{\mathrm{d}}^{\mathrm{p}}(x, Q^2) - N_{\bar{\mathrm{u}}}^{\mathrm{p}}(x, Q^2) - N_{\bar{\mathrm{d}}}^{\mathrm{p}}(x, Q^2). \qquad (19\text{-}52)$$

Bilden wir die Momente (Gl. (19-51)) und benutzen die Differentialgleichung (19-29), so finden wir wegen der Relationen (19-31), die sich natürlich auch auf die anomalen Dimensionen d_{ij}^n übertragen:

$$\frac{\partial \widetilde{M}(n, Q^2)}{\partial \ln Q^2} = - \frac{d_{\mathrm{qq}}^n}{\ln (Q^2/\Lambda^2)} \, \widetilde{M}(n, Q^2). \qquad (19\text{-}53)$$

Die Gluon-Verteilungen spielen hier keine Rolle, da F_3 proportional zur Differenz von Quark- und Antiquark-Verteilungen ist.

Für die Momente $\widetilde{M}$ erhalten wir also einfache Differentialgleichungen, deren Lösungen wir leicht angeben können:

$$\widetilde{M}(n, Q^2) = C_n (\ln Q^2/\Lambda^2)^{-d_{\mathrm{qq}}^n}, \qquad (19\text{-}54)$$

wobei die C_n Integrationskonstanten sind. Gl. (19-54) können wir auch wie folgt schreiben:

$$(\widetilde{M}(n, Q^2))^{-1/d_{\mathrm{qq}}^n} = C_n' (\ln Q^2 - \ln \Lambda^2) \qquad (19\text{-}55)$$

mit anderen Konstanten C_n'. Die Störungstheorie 1. Ordnung in der QCD, die wir hier betrachten, sagt also eine lineare Abhängigkeit der Größen auf der rechten Seite der Gl. (19-55) von $\ln Q^2$ voraus. Die Experimente bestätigen dies sehr gut, wie wir aus Bild 19-7 sehen, wo wir Resultate der Neutrino-Eisen-Streuung zeigen. Diese Daten beziehen sich also auf das Mittel von im Kern gebundenen Protonen und Neutronen. In letzter Zeit hat man gefunden, daß selbst bei Q^2-Werten von 200 GeV^2 die Bindungseffekte in Kernen nicht vernachlässigbar sind (Aubert 1983). Auf die QCD-Analyse hat dies aber keinen Einfluß. Tatsächlich sind die in Bild 19-7 gezeigten Momente etwas komplizierter als in Gl. (19-51) angegeben;

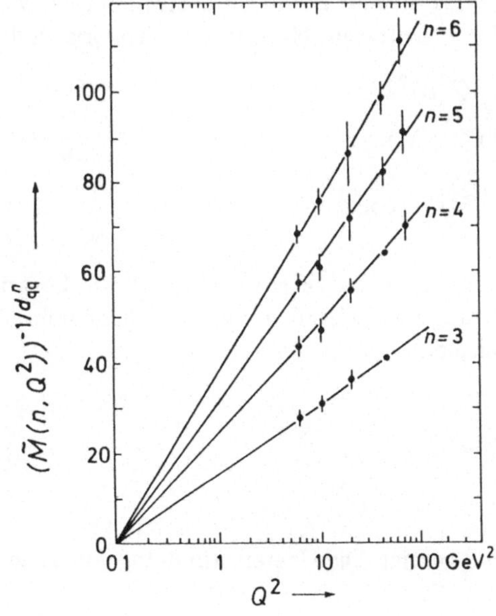

Bild 19-7

Die Momente der Strukturfunktion $F_3^{(\nu N)}$, gemessen in Neutrino-Eisen-Streuung (nach de Groot 1979)

sie enthalten Korrekturen für die endliche Nukleonmasse (Nachtmann 1973, De Rujula 1977, Wandzura 1977).

Der Schnittpunkt der Geraden in Bild 19-7 mit der Q^2-Achse sollte nach Gl. (19-55) den Parameter Λ bestimmen. Wir finden

$$\Lambda^2 \cong 0,1 \ \mathrm{GeV^2},$$
$$\Lambda \cong 300 \, \mathrm{MeV}. \tag{19-56}$$

Dem entspricht z.B. für $Q^2 = 5 \, \mathrm{GeV^2}$ nach Gl. (19-25) mit vier Flavors ($f = 4$) eine Kopplungsstärke

$$\frac{\alpha_s}{\pi} \, (5 \, \mathrm{GeV^2}) \cong 0,12. \tag{19-57}$$

Das ist klein genug, um die Anwendung der Störungstheorie 1. Ordnung in der QCD gerechtfertigt erscheinen zu lassen.

Der Parameter Λ ist in der Tat voller Tücken (Baće 1978), und streng genommen darf er im Rahmen der Störungstheorie 1. Ordnung nicht benutzt werden. Wir wollen aber hier auf diese subtilen Punkte nicht näher eingehen, sondern darauf hinweisen, daß die Angabe der effektiven Kopplungsstärke Gl. (19-57) auch in 1. Ordnung QCD sinnvoll und problemlos ist. Um einen Parameter Λ eindeutig zu definieren, muß man ein Renormierungsschema festlegen und die theoretischen Rechnungen für den betrachteten Prozeß bis zur 2. Ordnung in α_s durchführen. Heute benutzt man häufig das sogenannte $\overline{\mathrm{MS}}$-Schema (Bardeen 1978), in dem die laufende Kopplungsstärke die Gestalt

$$\frac{\alpha_s(Q^2)}{\pi} = \frac{12}{(33-2f)\,t} \left\{ 1 - \frac{918 - 114\,f}{(33-2f)^2} \, \frac{\ln t}{t} + O\left(\frac{1}{t^2}\right) \right\} \tag{19-58}$$

hat, wobei

$$t = \ln Q^2 / \Lambda^2_{\overline{\mathrm{MS}}} \ .$$

Im Grenzfall $t \to \infty$ erhalten wir natürlich wieder Gl. (19-25).

Eine andere Methode, die Gl. (19-55) an den Daten zu überprüfen, ist, Momente für verschiedene Werte von n gegeneinander aufzutragen. Nach unserer Theorie finden wir:

$$\ln \widetilde{M}(n, Q^2) = \ln C_n - d_{qq}^n \ln (\ln Q^2 / \Lambda^2),$$
$$\ln \widetilde{M}(m, Q^2) = \ln C_m - d_{qq}^m \ln (\ln Q^2 / \Lambda^2),$$
$$\frac{1}{d_{qq}^n} \ln \widetilde{M}(n, Q^2) - \frac{1}{d_{qq}^m} \ln \widetilde{M}(m, Q^2) = \mathrm{const.} \tag{19-59}$$

Die Vorhersage der Störungstheorie 1. Ordnung in der QCD ist also, daß die Logarithmen der Momente gegeneinander aufgetragen auf einer Geraden mit berechenbarem Anstieg liegen. Nach Gl. (19-49) finden wir zum Beispiel:

$$d_{qq}^5 / d_{qq}^3 = 1,456,$$
$$d_{qq}^6 / d_{qq}^4 = 1,290, \tag{19-60}$$
$$d_{qq}^7 / d_{qq}^3 = 1,761.$$

Der Vergleich mit den Daten ist in Bild 19-8 gezeigt. Die Übereinstimmung von Theorie und Experiment ist eindrucksvoll.

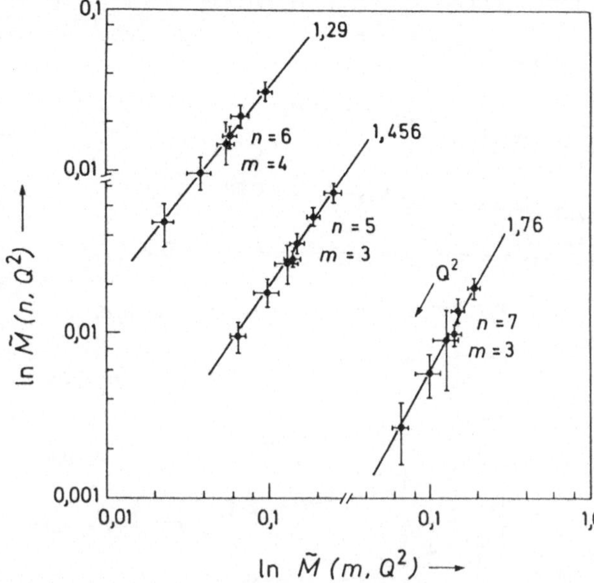

Bild 19-8
Logarithmen von Momenten der Strukturfunktion F_3 gegeneinander aufgetragen. Die QCD-Vorhersagen sind gerade Linien mit berechenbarem Anstieg, wie angegeben (nach Bosetti 1978).

Die Analyse der Strukturfunktion F_2 bzw. ihrer Momente ist etwas komplizierter. Eine Analyse von Neutrino-Streudaten mit Hilfe der Altarelli-Parisi-Gleichung (Gl. (19-26)) zeigen wir in Bild 19-9. Als Parameter, die an die beobachteten Skalenverletzungen angepaßt werden, hat man hier nicht nur Λ bzw. $\alpha_s (Q^2)$, sondern auch die gesamte Veteilungsfunktion der Gluonen im Nukleon. Um zu relevanten Aussagen zu kommen, muß man gleichzeitig die Antiquark-Verteilungen anpassen, die man über die Strukturfunktion F_3 erhält. Die so bestimmte Gluon-Verteilung zeigen wir in Bild 19-10.

Aus den neuesten QCD-Anpassungen an die Daten der tief inelastischen Lepton-Nukleon-Streuung findet man folgenden Wert für den QCD-Parameter $\Lambda_{\overline{MS}}$ (Dydak 1983):

$$\Lambda_{\overline{MS}} = 250 \pm 150 \text{ MeV}. \tag{19-61}$$

Der beträchtliche Fehler für $\Lambda_{\overline{MS}}$ kommt dabei hauptsächlich von theoretischen Unsicherheiten in der Analyse der Daten. Neben den logarithmischen Abweichungen vom Bjorken-Skalenverhalten, die durch $\Lambda_{\overline{MS}}$ bestimmt sind, erwartet man nämlich auch additive Terme in den Strukturfunktionen, die sich wie Potenzen von $1/Q^2$ für $Q^2 \to \infty$ verhalten. Solche „höhere Twist"-Terme sind theoretisch und experimentell sehr wenig unter Kontrolle und die Hauptquelle von Unsicherheiten in vielen QCD-Analysen.

Was haben wir aus der tief inelastischen Streuung über die Struktur der Nukleonen gelernt? Als wesentliches Resultat fanden wir, daß Nukleonen aus Quarks, Antiquarks und Gluonen aufgebaut sind, deren Impuls-Verteilungen im Nukleon durch Q^2-abhängige Verteilungsfunktionen beschrieben werden. Es liegt nahe, diese Verteilungsfunktionen aus einer allgemeinen Anpassung an die vorhandenen Daten im Bereich $4 \leqslant Q^2 \leqslant 200 \text{ GeV}^2$ zu bestimmen und mit Hilfe der Gl. (19-26) die von der QCD vorhergesagte Entwicklung der Verteilungsfunktionen für höhere Q^2 zu berechnen. Dies wurde z.B. von Duke und Owens getan (Duke 1984). Diese Autoren gaben auch geeignete Parametrisierungen der Verteilungsfunktionen des Protons an, die für viele Anwendungen nützlich sind. Eine ihrer Parametrisierungen besprechen wir in Anhang E. Die resultierenden Quark-, Antiquark- und Gluon-Verteilungen des Protons für $Q^2 = 4 \text{ GeV}^2$ und $Q^2 = 10^4 \text{ GeV}^2$ zeigen wir in

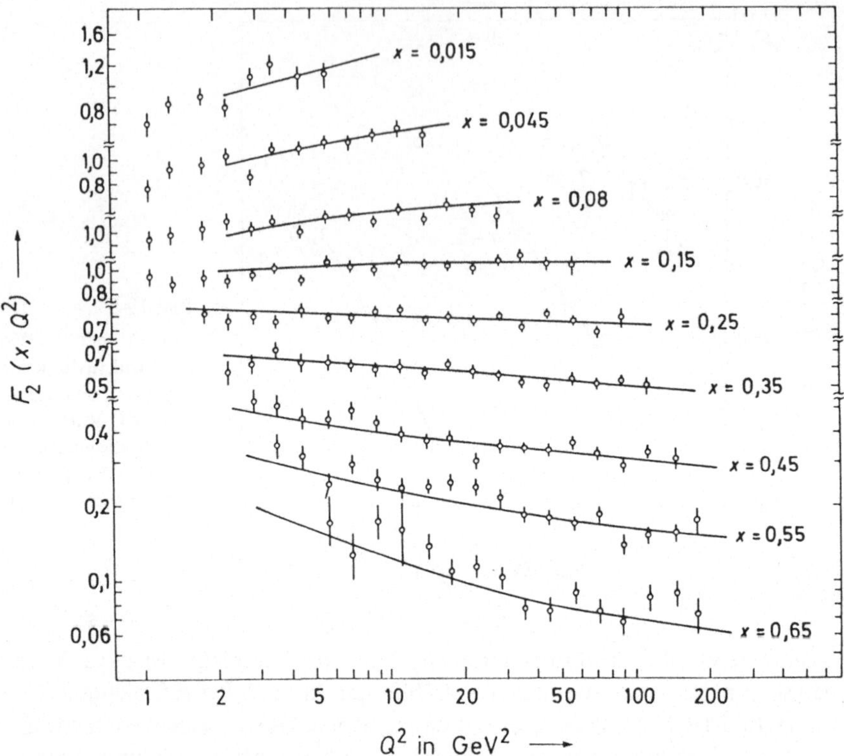

Bild 19-9 Die Strukturfunktion F_2 der Neutrino-Eisen-Streuung. Die Kurven sind Anpassungen im Rahmen der Störungstheorie 1. Ordnung in der QCD (nach Abramowicz 1983).

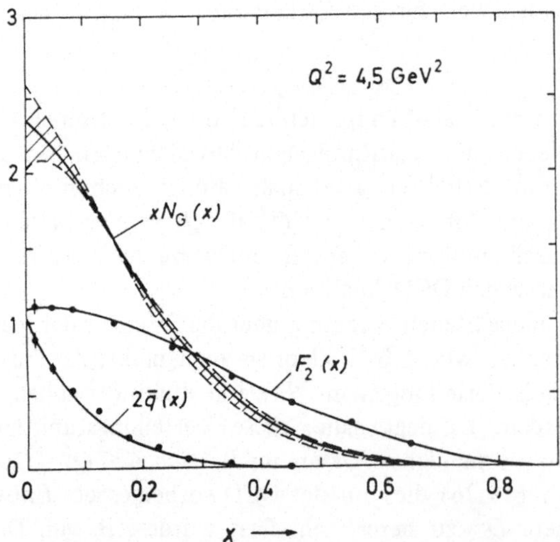

Bild 19-10 Die Strukturfunktionen $F_2(x)$ und $2\bar{q}(x)$ für Eisen, pro Nukleon gerechnet. Alle Daten sind für $Q^2 = 4,5$ GeV^2 umgerechnet. Die Linien sind die QCD-Anpassung. Die aus den Skalenverletzungen berechnete Gluonverteilung $x N_G(x)$ ist ebenfalls gezeigt. Das schraffierte Band gibt die Unsicherheit von einer Standardabweichung an (nach Abramowicz 1983).

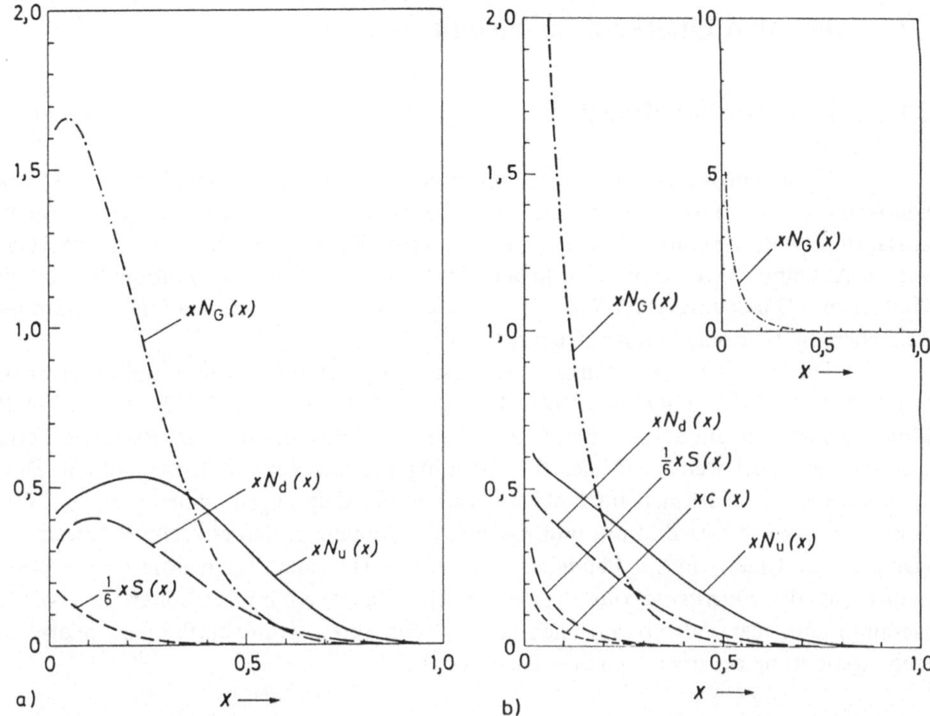

Bild 19-11 Die Verteilungsfunktionen des Protons nach einer Parametrisierung von Duke und Owens (s. Anhang E) für $Q^2 = 4\,\text{GeV}^2$ (a) und $Q^2 = 10^4\,\text{GeV}^2$ (b). Dabei ist $S(x) = 2\,(N_{\bar{u}}(x) + N_{\bar{d}}(x) + N_{\bar{s}}(x))$, $c(x) = N_c(x) + N_{\bar{c}}(x)$.

Bild 19-11. Wir bemerken, daß die d-Quark-Verteilung weicher ist, d.h. für $x \to 1$ stärker abfällt, als die des u-Quarks. Das beruht im wesentlichen auf den in Bild 18-9b gezeigten Daten (s. Aufgabe 18.7). Die Antiquark-Verteilung ist weicher als die Gluon-Verteilung, die wiederum weicher als die Quark-Verteilungen ist. Dies können wir verstehen, wenn wir annehmen, daß das Proton bei einem gewissen kleinen $Q^2 (Q^2 \lesssim 1\,\text{GeV}^2)$ nur aus drei Quarks aufgebaut erscheint und die Gluonen dann mit steigendem Q^2 entsprechend der Evolutionsgleichung (19-26) von den Quarks, die Antiquarks von den Gluonen produziert werden. Schließlich zeigt der Vergleich von Bild 19-11a mit Bild 19-11b die allgemeine Verschiebung der Verteilungen zu kleinen Werten von x mit steigendem Q^2 als Folge von Gl. (19-26).

Die Verteilungsfunktionen des Neutrons ergeben sich aus denen des Protons durch eine Ladungssymmetrie-Transformation (s. Aufgabe 18.5).

Aufgaben

19.1   Berechnen Sie nach den in Anhang E dargelegten Methoden alle Aufspaltungs-Funktionen P_{ij} in der Altarelli-Parisi-Gleichung (19-26). Verifizieren Sie die Ausdrücke für die anomalen Dimensionen, Gl. (19-49).

19.2   Berechnen Sie numerisch die Werte von $\alpha_s(Q^2)$ für $Q^2 = 1170\,\text{GeV}^2$ nach Gl. (19-25) mit $\Lambda = 300\,\text{MeV}$ und nach Gl. (19-58) für $\Lambda_{\overline{\text{MS}}} = 300\,\text{MeV}$. Setzen Sie dabei nacheinander $f = 4$ und $f = 5$. Vergleichen Sie diese Resultate 1. bzw. 2. Ordnung.

20   Jet- und Quarkonium-Physik

20.1   Das naive Jet-Modell

In diesem Kapitel wollen wir besprechen, was die Vorstellungen von Quarks und Gluonen, die wir entwickelt haben, über die hadronischen Endzustände von Reaktionen aussagen können. Nehmen wir etwa die Elektron-Positron-Annihilation in Hadronen, die wir im Abschnitt 18.1 besprochen haben. Im Quark-Bild (Bild 18-2) produziert das virtuelle Photon ein Quark-Antiquark-Paar. Im Laboratorium sehen wir aber nur Hadronen. Wie entstehen die Hadronen aus den Quarks?

Theoretische Vorstellungen zu dieser Frage wurden schon frühzeitig entwickelt (Drell 1969, 1970a, Polyakov 1971, Cabibbo 1970, Feynman 1972). Im naiven Parton-Modell haben wir ein schnell bewegtes Nukleon als Bündel (*Jet*) von Partonen betrachtet, die alle mehr oder weniger in dieselbe Richtung wie das Nukleon laufen sollten. Die Transversalimpulse der Partonen im Nukleon wurden als klein angenommen ($|\boldsymbol{p}_\mathrm{T}| \lesssim 300$ MeV). Nun drehen wir dieses Bild um und machen die Annahme, daß ein schnell bewegtes Parton (Quark oder Gluon) in ein Bündel, einen Jet von Hadronen fragmentiert (Bild 20-1). Man nennt das die *Fragmentations-Hypothese*. Die Hadronen im Jet sollen sich wieder den Gesamtimpuls des Partons aufteilen und beschränkten Transversalimpuls relativ zur Bewegungsrichtung des ursprünglichen Partons haben.

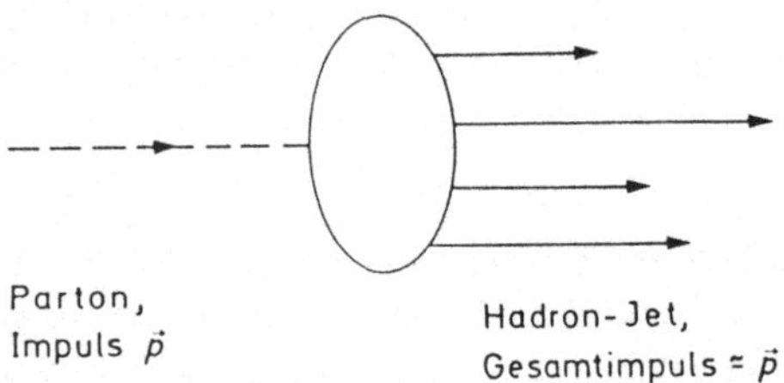

Bild 20-1

Fragmentation eines Partons (Quarks oder Gluons) in einen Hadron-Jet

Heute können wir die Richtigkeit dieser Jet-Vorstellungen durch experimentelle Befunde eindrucksvoll belegen. In der Elektron-Positron-Annihilation treten die produzierten Hadronen bei Schwerpunktsenergien $\sqrt{s} \gtrsim 10$ GeV in der Tat in Form von Jets auf. In Bild 20-2b, c zeigen wir Beispiele von 2- und 3-Jet Ereignissen, die mit dem Detektor JADE am großen Speicherring PETRA beobachtet wurden. Die Betrachtungsweise der Ereignisse ist in Bild 20-2a erläutert, in dem zwei wesentliche Elemente des JADE-Detektors gezeigt sind, die JET-Kammer und der Ring von Bleiglaszählern. Die JET-Kammer ist eine Drahtkammer, die dem Nachweis der geladenen Teilchen dient. In ihr herrscht ein axiales Magnetfeld, das die Krümmung der Spuren der geladenen Teilchen in Bild 20-2b, c bewirkt. Durch die Bleiglaszähler werden auch neutrale Teilchen erfaßt (s. Bartel 1979 für eine Beschreibung des Detektors). Am häufigsten treten 2-Jet-Ereignisse bei der $e^+ e^-$-Annihilation in Hadronen auf.

Wir wollen nun diese Jets quantitativ beschreiben. Im naiven Jet-Modell macht man folgende Hypothesen:

(i)   Ein Jet sieht gleich aus, unabhängig davon, wie das Mutter-Parton (Quark oder Gluon) produziert wurde.

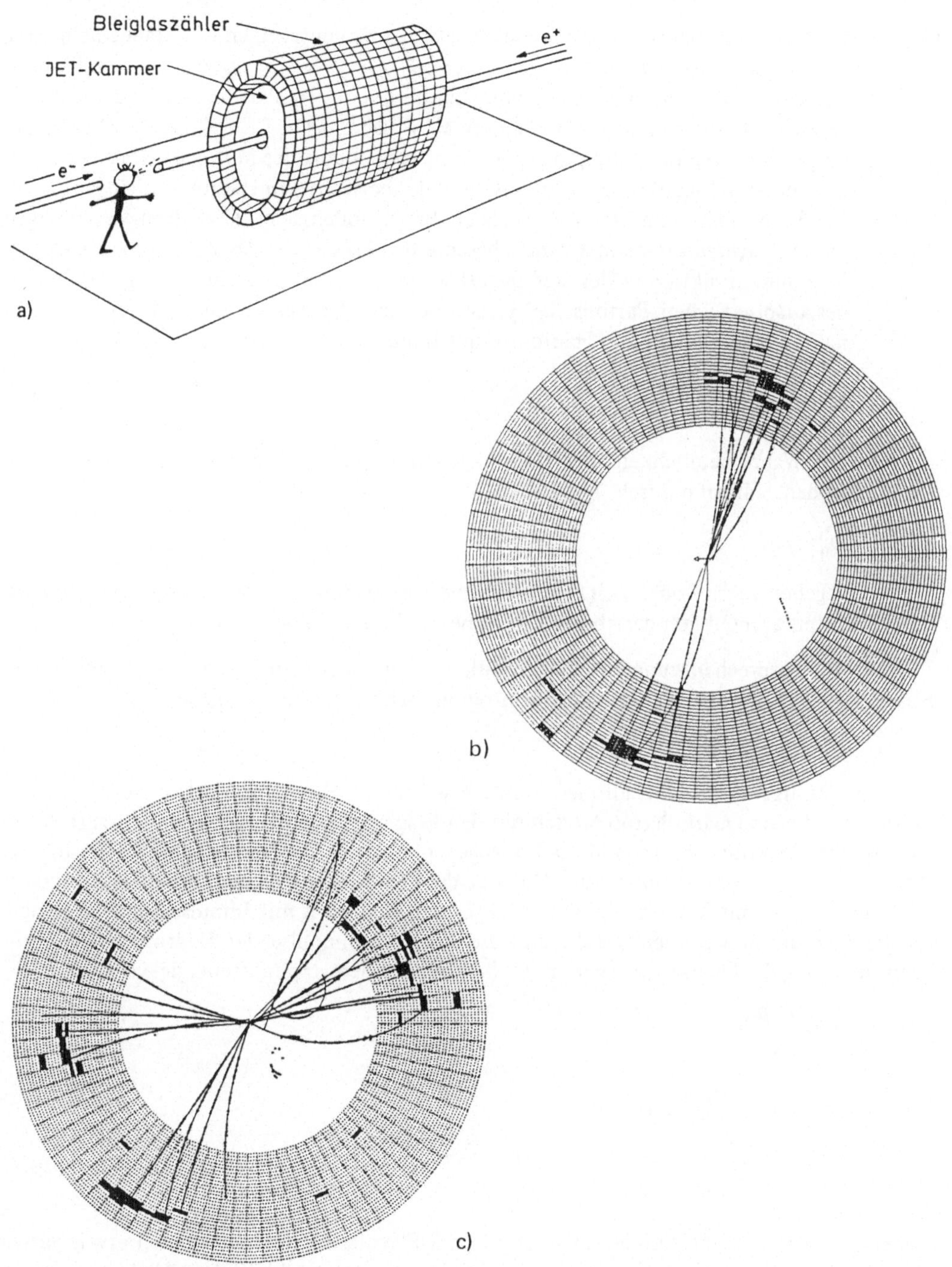

Bild 20-2 a) Skizze mit Standpunkt des Betrachters bei der perspektivischen Ansicht des JADE-Detektors (Originalzeichnung J. Heintze). b) Ein 2-Jet-Ereignis, beobachtet bei einer Schwerpunktsenergie $\sqrt{s}$ = 30 GeV. c) Ein 3-Jet-Ereignis bei $\sqrt{s}$ = 31 GeV. Gezeigt sind die Spuren der geladenen Teilchen in der zentralen JET-Kammer sowie die Bleiglaszähler, die angesprochen haben. Durch die letzteren werden auch neutrale Teilchen erfaßt, die ja keine Spuren in der JET-Kammer ergeben. (Die Ereignisbilder wurden von Herrn J. von Krogh zur Verfügung gestellt.)

(ii)   Die Verteilung der Hadronen in einem Jet folgt Skalengesetzen in Verallgemeinerung des Bjorken-Skalenverhaltens (Gln. (18-39) bis (18-41)). Die Transversalimpuls-Verteilungen sollen unabhängig vom Impuls des Mutter-Partons sein und wieder die typische Breite von wenigen hundert MeV haben ($|\boldsymbol{p}_\mathrm{T}| \lesssim 300$ MeV). Die Verteilungen im Longitudinalimpuls sollen mit dem Impuls des Mutter-Partons skalieren, d.h. nur vom longitudinalen Impuls*anteil* des betrachteten Hadrons abhängen.

(iii)   Bei Vernachlässigung der transversalen Breite sollen sich die Hadron-Verteilungen durch *Fragmentationsfunktionen* beschreiben lassen, die das Analogon der Quark-Verteilungsfunktionen der tief inelastischen Streuung darstellen. Sei $\boldsymbol{p}$ der Impuls des ursprünglichen Partons, beispielsweise eines Quarks q, dann ist der longitudinale Impulsanteil z eines Hadrons h mit Impuls $\boldsymbol{p}_\mathrm{h}$

$$z = \frac{\boldsymbol{p}_\mathrm{h} \cdot \boldsymbol{p}}{|\boldsymbol{p}|^2} . \tag{20-1}$$

Die Wahrscheinlichkeit, das Hadron h mit Impulsanteil zwischen z und $z + dz$ zu finden, soll dann durch

$$D_\mathrm{q}^\mathrm{h}(z)\, dz$$

gegeben sein, wobei $D_\mathrm{q}^\mathrm{h}(z)$ die Fragmentationsfunktion ist, die nur vom Impulsanteil z, nicht von der absoluten Größe des Impulses abhängen soll.

Wir besprechen zunächst die Produktion von Hadronen in der $\mathrm{e}^+\mathrm{e}^-$-Annihilation. Eine einfache Observable ist der inklusive Streuquerschnitt für die Reaktion

$$\mathrm{e}^+ + \mathrm{e}^- \longrightarrow \mathrm{h} + \mathrm{X}, \tag{20-2}$$

wobei h für irgendwelche Hadronen steht, etwa für π^+-Mesonen oder für alle geladenen Hadronen, etc. Im Quark-Parton-Modell mit den Fragmentations-Hypothesen (i)–(iii) stellen wir uns die Reaktion wie in Bild 20-3 angegeben vor. Ein Quark-Antiquark-Paar wird mit Wahrscheinlichkeit proportional zum Quadrat der Quarkladung Q_q produziert (s. Abschnitt 18.1) und ergibt mit Wahrscheinlichkeit $D_\mathrm{q}^\mathrm{h}(z)$ ein Hadron h mit Impulsanteil z. Vernachlässigen wir die Massen der Quarks und die Transversalimpulse der Hadronen relativ zur Impulsrichtung der Quarks, so erhalten wir hier mit der Schwerpunktsenergie $\sqrt{s}$

$$z = \frac{2\,|\boldsymbol{p}_\mathrm{h}|}{\sqrt{s}}, \tag{20-3}$$

$$\frac{d\sigma}{dz}\,(\mathrm{e}^+\mathrm{e}^- \longrightarrow \mathrm{h} + \mathrm{X})$$

$$= \sigma_\mathrm{tot}\,(\mathrm{e}^+\mathrm{e}^- \longrightarrow \text{Hadronen}) \cdot \left(\sum_\mathrm{q} Q_\mathrm{q}^2 \right)^{-1} \cdot \sum_\mathrm{q} Q_\mathrm{q}^2 \,(D_\mathrm{q}^\mathrm{h}(z) + D_\mathrm{\bar{q}}^\mathrm{h}(z)). \tag{20-4}$$

Dabei erstreckt sich die Summe über alle Quark-Flavors. In unserem Modell erwarten wir also ein Skalenverhalten für die Größe $\sigma_\mathrm{tot}^{-1}\, d\sigma/dz$. Das ist in Bild 20-4 an Hand von experimentellen Daten nachgeprüft.

Wie wir sehen, ist die Skalenhypothese für $z \gtrsim 0{,}2$ ganz gut erfüllt. Die Abweichungen für kleine z sind mindestens zum Teil auf Quark-Masseneffekte zurückzuführen. Es ergeben sich aber auch deutliche Anzeichen für skalenbrechende QCD-Effekte, ähnlich denen für die Strukturfunktionen in der tief inelastischen Streuung (Bild 19-5).

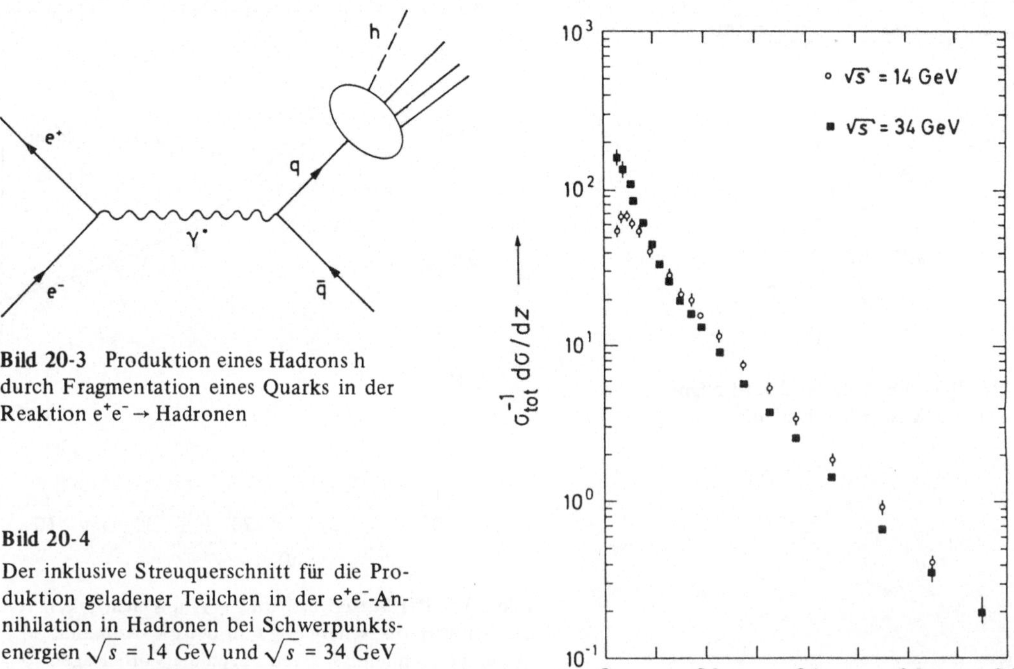

Bild 20-3 Produktion eines Hadrons h durch Fragmentation eines Quarks in der Reaktion e⁺e⁻ → Hadronen

Bild 20-4

Der inklusive Streuquerschnitt für die Produktion geladener Teilchen in der e⁺e⁻-Annihilation in Hadronen bei Schwerpunktsenergien $\sqrt{s}$ = 14 GeV und $\sqrt{s}$ = 34 GeV (nach Althoff 1984a)

Wir bleiben bei der e⁺e⁻-Annihilation. Wir wollen nun geeignete Größen definieren, die die Annäherung der wirklich beobachteten Jets (vgl. Bild 20-2) an die idealen Jets, wo alle Hadronen streng parallel laufen, quantitativ erfassen. Eine Reihe von Größen dieser Art wurde vorgeschlagen (vgl. die Übersicht in De Rujula 1978). Wir wollen hier nur die Größe „Thrust" besprechen (Brandt 1964, Farhi 1977), die folgendermaßen definiert ist. Sei $\hat{n}$ ein Einheitsvektor im Schwerpunktsystem, in dem wir im folgenden arbeiten. Für jedes Ereignis mit Hadronimpulsen p_i bilden wir die Größe

$$t(\hat{n}) = \frac{\sum_i |p_i \cdot \hat{n}|}{\sum_i |p_i|}. \tag{20-5}$$

Die Größe „Thrust" sei das Maximum von $t(\hat{n})$, wobei $\hat{n}$ die gesamte Einheitskugel durchläuft,

$$T = \max_{\hat{n}} \, t(\hat{n}). \tag{20-6}$$

Die zugehörige Richtung heißt die Thrustachse. Bezüglich dieser Achse sind also die longitudinalen Impulse maximiert.

Sehen wir uns an, welche Werte von Thrust wir in speziellen Fällen erhalten. Für zwei ideale Jets (Bild 20-5a) ergibt sich

$$T \,(2 \text{ ideale Jets}) = 1. \tag{20-7}$$

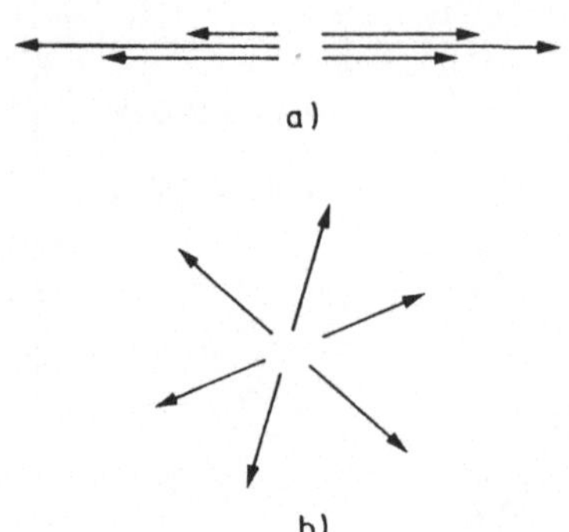

Bild 20-5 a) Ein ideales 2-Jet-Ereignis,
b) ein völlig isotropes Ereignis

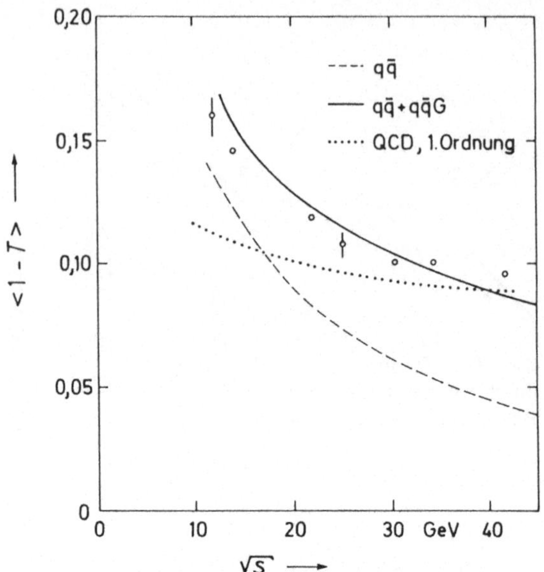

Bild 20-6 Der Mittelwert von $1 - T$ in Abhängigkeit von
der Schwerpunktsenergie $\sqrt{s}$ in der e^+e^--Annihilation.
Die eingezeichneten Kurven zeigen die Vorhersagen von
Jet-Modellen im Rahmen der QCD. Die durchgezogene
Linie entspricht einem Modell mit Berücksichtigung der
Gluon-Bremsstrahlung, die gestrichelte Linie, $q\bar{q}$, einem
reinen 2-Jet-Modell, jeweils mit Berücksichtigung der
Fragmentation. Die punktierte Kurve entspricht der
Vorhersage der QCD in 1. Ordnung (Gl. (20-15)) ohne
Fragmentationseffekte (nach Althoff 1984a).

Dabei stimmt die Jetachse mit der Thrustachse überein. Für ein völlig isotropes Ereignis
(Bild 20-5b) erhalten wir andererseits

$$T\,(\text{isotropes Ereignis}) \;=\; \frac{\int d\Omega_p\,|\boldsymbol{p}\cdot\hat{\boldsymbol{n}}|}{\int d\Omega_p\,|\boldsymbol{p}|} \;=\; \frac{1}{2}\,. \tag{20-8}$$

Wenn die Ereignisse in der e^+e^--Annihilation tatsächlich 2-Jet-Struktur haben,
sollte also der Mittelwert von $(1 - T)$ in der Nähe von Null liegen. Wie wir aus Bild 20-6
sehen, ist das tatsächlich für zunehmende Schwerpunktsenergien mit immer besserer Näherung der Fall.

Auch die Verteilung der Thrustachsen ist von großem Interesse. Wenn die Thrustachsen identisch mit den Impulsrichtungen der primär produzierten Quarks sind, so sollten
beide dieselbe Winkelabhängigkeit zeigen. Für masselose Quarks finden wir durch Berechnung des Diagramms von Bild 20-3 ohne Berücksichtigung der Hadronisierung

$$\frac{16\pi}{3}\,\frac{1}{\sigma}\,\frac{d\sigma}{d\Omega} \;=\; (1 + \cos^2\vartheta)\,. \tag{20-9}$$

Dabei ist ϑ der Winkel des Quarkimpulses relativ zur Strahlachse. Dieses Resultat ist uns
aus Abschnitt 11.2 bekannt, wo wir die Reaktion $e^+e^- \longrightarrow \mu^+\mu^-$ besprochen haben. Wie wir
dort gesehen haben, ist eine Winkelverteilung proportional $1 + \cos^2\vartheta$ typisch für die Produktion zweier masseloser Spin-1/2-Teilchen.

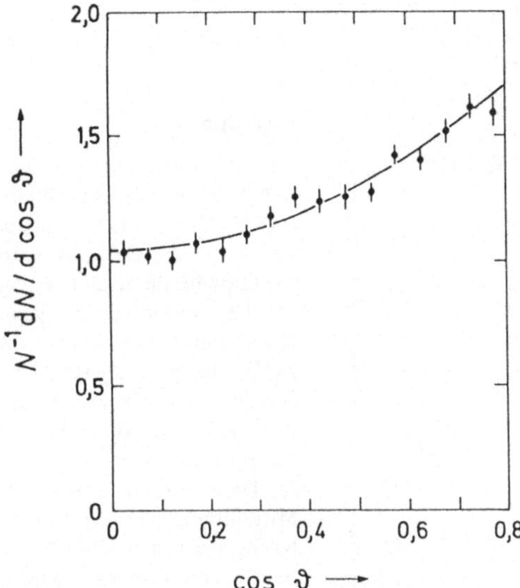

Bild 20-7

Die Winkelverteilung der Thrustachse in der e^+e^--Annihilation bei Schwerpunktsenergie $\sqrt{s}$ = 34 GeV. Die durchgezogene Linie ist proportional $(1 + \cos^2\vartheta)$ und entspricht der theoretischen Erwartung für Spin-1/2-Partonen (Gl. (20-9)). Die Daten und die Kurve sind bezüglich des Intervalls $0 \leqslant \cos\vartheta \leqslant 0{,}8$ auf Eins normiert (nach Althoff 1984a).

In den Experimenten findet man in der Tat, daß die Thrustachse einer Verteilung entsprechend Gl. (20-9) folgt (Bild 20-7). Dadurch erhalten wir eine starke Stütze unserer Annahme, daß primär in der e^+e^--Annihilation ein Paar von Spin-1/2-Teilchen produziert wird.

Man kann nun die Ereignisse weiter untersuchen, etwa bezüglich der Transversalimpulse der Hadronen relativ zur Thrustachse. Wie erwartet findet man im Mittel Transversalimpulse der Größenordnung 300 MeV (vgl. den Überblicksartikel Wu 1984).

Die Produktion von Hadronen in der tief inelastischen Lepton-Nukleon-Streuung können wir ähnlich wie für die e^+e^--Annihilation behandeln. Betrachten wir etwa die Myon-Proton-Streuung mit Nachweis eines Hadrons h im Endzustand, d.h. die inklusive Reaktion

$$\mu + p \longrightarrow \mu + h + X. \tag{20-10}$$

Nach den Bildern 18-7 und 18-8 wird dabei primär ein Quark angestoßen, das entsprechend dem naiven Jet-Modell anschließend in einen Hadron-Jet fragmentieren sollte. Es sei ν der Energieübertrag (Tabelle 18-1) und E_h die Energie des Hadrons h im Laborsystem. Bei Vernachlässigung der Massen und Transversalimpulse von Quarks und Hadronen hat das Quark im Laborsystem Impuls ν, und der Impulsanteil z des Hadrons ist

$$z = \frac{E_h}{\nu}. \tag{20-11}$$

Die z-Verteilung der Hadronen h ergibt sich analog zur Gl. (20-4) aus Gln. (18-27) und (18-39) als

$$\frac{1}{\sigma}\frac{d\sigma}{dz} = \frac{\sum\limits_q Q_q^2 (\langle N_q \rangle D_q^h(z) + \langle N_{\bar{q}} \rangle D_{\bar{q}}^h(z))}{\sum\limits_q Q_q^2 (\langle N_q \rangle + \langle N_{\bar{q}} \rangle)}. \tag{20-12}$$

Dabei läuft die Summe über alle beitragenden Quark-Flavors, und die Mittelwerte $\langle N_q \rangle$, $\langle N_{\bar{q}} \rangle$ der Anzahlen primär produzierter Quarks bzw. Antiquarks beziehen sich auf den in dem jeweiligen Experiment betrachteten kinematischen Bereich in x, Q^2 und ϑ.

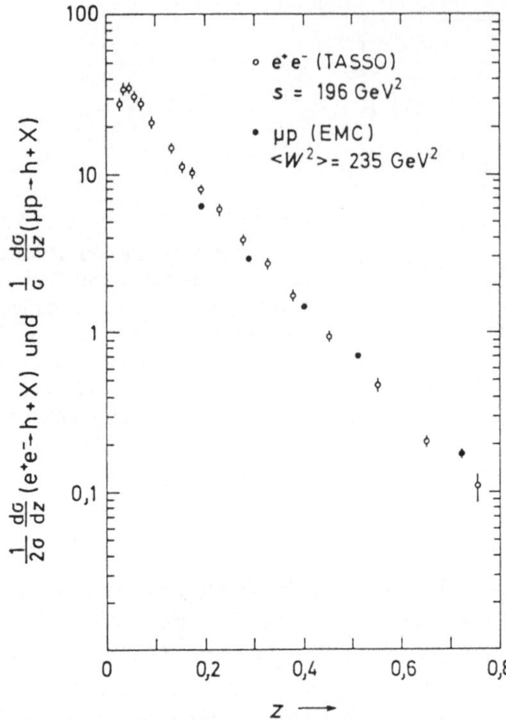

Bild 20-8

Die z-Verteilung der geladenen Hadronen h in der e^+e^--Annihilation bei $s = 196$ GeV² und in der μp-Streuung bei $\langle W^2 \rangle = 235$ GeV². Aufgetragen sind die Größen, die nach Gln. (20-4) und (20-12) jeweils einem gewichteten Mittel der Fragmentationsfunktionen $D_q^h(z)$ der produzierten Quarks entsprechen. Die e^+e^--Daten stammen von der TASSO-Gruppe (Althoff 1984a), die μp-Daten von der EMC-Gruppe (J. Drees und A. Schneider, private Mitteilung). Diese μp-Daten sind vorläufig. Ihr statistischer Fehler ist auf der Skala des Bildes nur für den Punkt mit dem höchsten z-Wert sichtbar, der systematische Fehler, der nicht eingezeichnet ist, beträgt überall weniger als 15 %.

Eine experimentelle z-Verteilung der geladenen Hadronen zeigen wir in Bild 20-8. Zur Überprüfung der Hypothese (i) des naiven Jet-Modells haben wir auch entsprechende Daten der e^+e^--Annihilation von Bild 20-4 eingezeichnet. Angesichts der verschiedenen Reaktionen und der verschiedenen Gewichte, mit denen die Quark-Flavors beitragen, kann man von einer ganz guten Bestätigung der Hypothese sprechen, daß die Fragmentation unabhängig von der Produktionsweise der Quarks ist.

Damit wollen wir die Besprechung des naiven Fragmentationsmodells abschließen.

20.2 Jets und QCD-Effekte in der Positron-Elektron-Annihilation in Hadronen

In diesem Abschnitt wollen wir einige Anwendungen der QCD in der Jet-Physik angeben. Das Problem ist wiederum, daß die QCD in jeder endlichen Ordnung der Störungstheorie Endzustände mit Quarks und Gluonen liefert, während wir in der wirklichen Welt bloß Hadronen beobachten. Von Sterman und Weinberg (Sterman 1977) wurde nun eine wichtige Hypothese formuliert, die es erlauben soll, gewisse Streuquerschnitte und Verteilungen, die für Quarks und Gluonen berechnet wurden, direkt für die entsprechenden hadronischen Größen zu übernehmen.

Das einfachste Beispiel einer solchen Größe kennen wir schon. Es ist der totale Streuquerschnitt für die e^+e^--Annihilation in Hadronen. Wir haben schon in Abschnitt 18.1 argumentiert, daß es genügen sollte, die Produktionsrate für die Partonen zu berechnen, da die Umwandlung der Partonen in Hadronen an der totalen Rate nichts ändern sollte. Im Rahmen der QCD haben wir aber neben der Produktion eines Quark-Antiquark-Paares, die im naiven Modell allein beitrug, auch die Produktion komplizierterer Endzustände von Quarks und Gluonen zu berücksichtigen. Wir erwarten zum Beispiel Endzustände bestehend

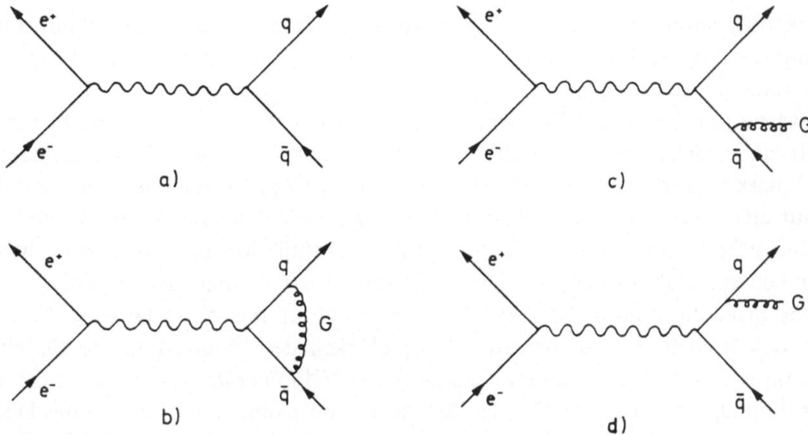

Bild 20-9 Die Diagramme, die zur totalen e^+e^--Annihilationsrate bis zur Ordnung g_s^2 beitragen: a) das Diagramm nullter Ordnung und b) die zugehörige Gluon-Korrektur; c) und d) die Diagramme für die Emission „reeller" Gluonen.

aus Quark, Antiquark und Gluon. Die entsprechenden Diagramme niedrigster Ordnung, die wir in Bild 20-9 zeigen, kann man nach den Feynman-Regeln der QCD auswerten (Appelquist 1973, Zee 1973). Heute kennen wir die Korrekturen zum totalen Streuquerschnitt bis zur Ordnung α_s^2 (Dine 1979, Chetyrkin 1979, Celmaster 1979). Im $\overline{\text{MS}}$-Schema erhält man mit α_s wie in Gl. (19-58):

$$\frac{\sigma_{\text{tot}}(e^+e^- \longrightarrow \text{Hadronen})}{\sigma(e^+e^- \longrightarrow \mu^+\mu^-)} = 3 \sum_{q=1}^{f} Q_q^2 \left(1 + \frac{\alpha_s(s)}{\pi} + C_2\left(\frac{\alpha_s(s)}{\pi}\right)^2 + O(\alpha_s^3)\right). \quad (20\text{-}13)$$

Dabei ist

$$C_2 = 1{,}98 - 0{,}115 \cdot f$$

und s das Quadrat der Schwerpunktsenergie. Die Quarkmassen haben wir gleich Null gesetzt, und die Summe läuft über alle Quark-Flavors, die in dem betrachteten Energiebereich beitragen.

Der totale Streuquerschnitt sollte also etwas größer als im naiven Parton-Modell sein; um etwa 10 % für Werte von α_s/π, wie wir sie in Abschnitt 19.4 gefunden haben (Gl. (19-57)). In der Tat sehen wir in Bild 18-4, daß die experimentellen Daten für Schwerpunktsenergien $\sqrt{s} \geqslant 20$ GeV etwa 10 % über dem naiven Parton-Modell-Wert 11/3 liegen. Eine quantitative Anpassung mit Hilfe der Gl. (20-13) liefert (Wolf 1983):

$$\alpha_s(s = 1170\ \text{GeV}^2) = 0{,}19 \pm 0{,}06. \quad (20\text{-}14)$$

Das ist innerhalb des recht großen Fehlers verträglich mit den Werten von α_s, die wir in Abschnitt 19.4 gefunden haben (s. Aufgabe 19.2).

Wir wollen nun das Resultat in Gl. (20-13) von der Theorie her näher durchleuchten. Wir stellen zunächst fest, daß das Resultat endlich ist. Das ist nicht selbstverständlich. Wie man durch explizite Rechnung leicht nachprüft, liefert beispielsweise das Diagramm von Bild 20-9b, da die Gluonen masselos sind, zunächst ein unendliches Resultat, eine sogenannte Infrarotsingularität. Die Infrarot-Katastrophe haben wir schon im Rahmen der

Quantenelektrodynamik besprochen. Infrarotsingularitäten treten immer dann auf, wenn wir eine unphysikalische Frage stellen, etwa nach der Produktionsrate für ein Quark-Antiquark-Paar ohne jegliche begleitende Gluonen. Jeder Meßapparat hat aber ein endliches Auflösungsvermögen ΔE in der Energie. Ein begleitendes Gluon mit Energie kleiner als ΔE können wir dann sicher nicht ausschließen, und sinnvoll ist bloß die Frage nach einem Quark-Antiquark-Paar zusammen mit Gluonen einer Energie kleiner als ΔE. Es zeigt sich, daß man auf eine solche physikalisch sinnvolle Frage auch stets eine Antwort *ohne* Infrarotsingularitäten erhält. Die Frage nach der totalen Annihilationsrate ist sicher physikalisch sinnvoll, und entsprechend treten in Gl. (20-13) keine Infrarotsingularitäten auf.

Der Streuquerschnitt Gl. (20-13) ist endlich für masselose Quarks. Auch das ist nicht selbstverständlich. Fragen wir zum Beispiel nach der Produktionsrate für ein Quark und ein Antiquark mit einem parallel dazu laufenden Gluon (Bild 20-10), so ist das Resultat keineswegs endlich für masselose Quarks. Sehen wir uns nämlich den Beitrag des Diagramms Bild 20-9c zur Amplitude dieses Prozesses an, so finden wir von der virtuellen Quarklinie einen Faktor

$$\frac{1}{(p' + k)^2 - m_q^2} = \frac{1}{2p' \cdot k}\,.$$

Dabei sind die Viererimpulse wie in Bild 20-10 angegeben. Für masselose Quarks und masselose Gluonen sind aber p' und k zwei parallele Null-Vierervektoren, und wir erhalten eine sogenannte Massensingularität in der Amplitude:

$$\frac{1}{2p' \cdot k} \longrightarrow \infty \qquad \text{für } m_q \to 0.$$

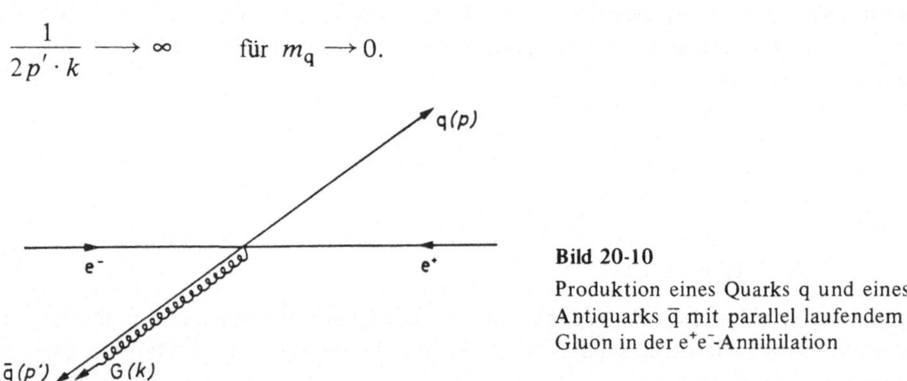

Bild 20-10

Produktion eines Quarks q und eines Antiquarks q̄ mit parallel laufendem Gluon in der e⁺e⁻-Annihilation

In der totalen Rate (Gl. (20-13)) tritt keine Singularität auf, da dort über alle kollinearen Zustände summiert wird.

Wie man zeigen kann, treten Massensingularitäten immer dann auf, wenn wir eine Frage stellen, bei der zwischen einem Parton und mehrere kollinearen Partonen desselben Gesamtimpulses unterschieden wird. Unsere Detektoren beobachten nun bloß Hadronen, und es ist schwer vorstellbar, wie man den Hadronen ansehen soll, ob sie aus einem oder zwei kollinearen Partonen entstanden sind. Es scheint also plausibel, von Größen, die man direkt von Quarks und Gluonen auf Hadronen übertragen will, zu verlangen, daß sie zwischen einem Parton und mehreren kollinearen Partonen desselben Gesamtimpulses nicht unterscheiden. In mathematischer Sprache heißt dies, daß sie frei von Massensingularitäten sein müssen.

Diese Überlegungen wurden von Sterman und Weinberg zu einer Hypothese zusammengefaßt (Sterman 1977). Danach sollen alle Größen, die frei von Infrarot- und Massensingularitäten sind, direkt von Quarks und Gluonen auf Hadronen übertragbar sein. Genauer lautet die Aussage, daß solche Größen durch die Hadronisierung nur Korrekturen erhalten, die wie inverse Potenzen der Schwerpunktsenergie $\sqrt{s}$ für $\sqrt{s} \to \infty$ verschwinden.

Die früher eingeführte Größe „Thrust" (Gl. (20-6)) ist nun eine „gute" Größe im Sinne von Sterman und Weinberg. Da Zähler und Nenner in Gl. (20-5) linear in den Impulsen sind, ist es offenbar gleichgültig, ob wir einen Impuls in zwei kollineare aufteilen. Wir erwarten daher keine Infrarot- und Massensingularitäten, und das wird durch die explizite Rechnung bestätigt. Es sollte also möglich sein, etwa den Mittelwert von $1 - T$ für Quarks und Gluonen zu berechnen und dann direkt mit den hadronischen Daten (Bild 20-6) zu vergleichen. Die Rechnung in niedrigster Ordnung, wobei nur die Diagramme von Bild 20-9 beitragen, liefert (De Rujula 1978)

$$\langle 1 - T \rangle = 1{,}57 \cdot \frac{2\,\alpha_{\mathrm{s}}\,(s)}{\pi}\,. \tag{20-15}$$

Nehmen wir Gl. (19-25) für α_{s} mit $\Lambda = 300$ MeV und $f = 5$, da bei PETRA-Energien bereits fünf Quark-Flavors beitragen, so finden wir die mit „QCD" markierte Kurve in Bild 20-6. Wie wir sehen, müssen für Schwerpunktsenergien $\sqrt{s} \lesssim 30$ GeV die in Gl. (20-15) vernachlässigten Terme der Ordnung $1/\sqrt{s}$ stark beitragen. Höhere Ordnungen in α_{s}, die in Gl. (20-15) ebenfalls vernachlässigt sind, wurden berechnet (Ellis 1981, Fabrizius 1981, Vermaseren 1981), ändern aber die Gestalt der QCD-Kurve in Bild 20-6 nicht wesentlich.

Wenn wir also die gegenwärtigen Daten mit der QCD vergleichen wollen, müssen wir die Hadronisierung irgendwie berücksichtigen, wir müssen dafür ein Modell machen. Eine einfache Vorstellung, wie aus dem in der e^+e^--Annihilation primär erzeugten Quark-Antiquark-Paar Hadronen entstehen können, ist wie folgt: Bei der Separation des Quark-Antiquark-Paares wird ein Gluonfeld entstehen, genauso wie bei der Separation eines Elektron-Positron-Paares ein elektromagnetisches Feld entsteht. Ein e^+e^--Paar erzeugt ein elektrisches Dipolfeld, das nach allen Richtungen im Raum ausgedehnt ist (Bild 20-11a). Ein solches Dipolfeld kann uns bekanntlich nicht daran hindern, Elektron und Positron mit endlichem Energieaufwand zu trennen. Für Quarks sollte die Situation zwar wegen der asymptotischen Freiheit bei geringen Abständen ähnlich sein wie in der Elektrodynamik. Für große Distanzen müssen die Verhältnisse aber radikal anders sein, wenn wir das Auftreten freier Quarks verhindern wollen. Man stellt sich vor, daß sich zwischen Quark und Antiquark eine dünne Flußröhre ausbildet. Sind Quark und Antiquark genügend weit voneinander entfernt ($\gtrsim 10^{-13}$ cm), so soll die Energie der Flußröhre proportional zu ihrer Länge L sein (Bild 20-11b). Ein solches linear ansteigendes Potential wurde von den früher erwähnten Gittereichtheorien nahegelegt. Es liefert offenbar permanente Bindung der Quarks.

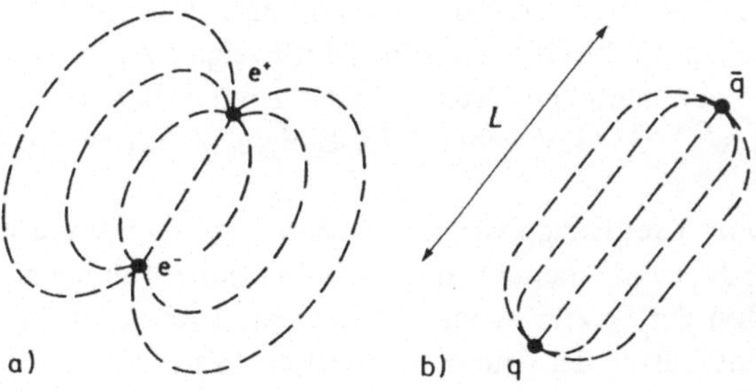

Bild 20-11
Elektrisches Dipolfeld um ein e^+e^--Paar (a) und Gluonfeld um ein $\bar{q}q$-Paar (b)

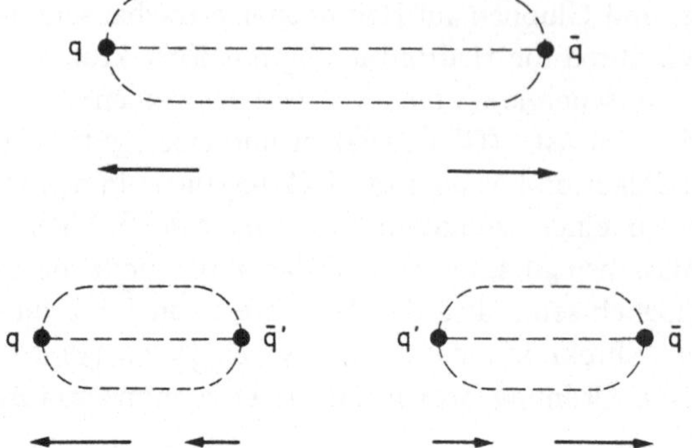

Bild 20-12

Teilung einer Gluon-Flußröhre durch Anlagerung eines Quark-Antiquark-Paares $q'\bar{q}'$. Die Pfeile deuten die Impulse der Quarks und Antiquarks an.

Das in der e^+e^--Annihilation primär erzeugte $q\bar{q}$-Paar wird nach diesen Vorstellungen seine kinetische Energie in potentielle Energie der Flußröhre umsetzen. Die Flußröhre wird dann an irgendeiner Stelle reißen, indem ein anderes Quark-Antiquark-Paar aus dem Vakuum angelagert wird. Die beiden nun getrennten Flußröhren können sich nochmals teilen, wenn ihr Energieinhalt groß genug ist, oder direkt Mesonen liefern (Bild 20-12). Durch solche Vorstellungen wird auch verständlich, warum die Hadronen, die aus einem schnellen Quark entstehen, alle etwa in dieselbe Richtung fliegen und einen Jet bilden werden. Detaillierte Modelle zur Fragmentation von Quarks und Gluonen in Hadronen, die auf der Vorstellung solcher rekursiv ablaufender Prozesse beruhen, wurden von einer Reihe von Autoren vorgeschlagen (Field 1978, Hoyer 1979, Andersson 1980, 1983, Jones 1981, Webber 1984). Natürlich enthalten die Modelle einige freie Parameter, die an das Experiment angepaßt werden müssen, dafür liefern sie aber ein komplettes Bild des Fragmentationsprozesses. Wir wollen darauf hier nicht näher eingehen. Wir merken aber an, daß es diese Modelle gestatten, aus Verteilungen für Quarks und Gluonen, die man etwa in der QCD-Störungstheorie berechnet hat, Verteilungen für Hadronen in allen Einzelheiten zu produzieren. Auf diese Weise wurden die Jet-Modell-Kurven in Bild 20-6 gewonnen.

Die vielleicht wichtigste Anwendung bisher haben die Fragmentationsmodelle bei der Diskussion der 3-Jet-Ereignisse in der e^+e^--Annihilation gefunden. Sehen wir uns die Diagramme von Bild 20-9 an, so bemerken wir, daß mit einer gewissen Wahrscheinlichkeit auch ein Bremsstrahlungsgluon unter großem Winkel zu dem Quark-Antiquark-Paar produziert werden sollte. Wenn unsere Vorstellungen von der Fragmentation richtig sind, wird ein solches Ereignis drei Jets von Hadronen liefern. Solche Ereignisse wurden tatsächlich beobachtet. In Bild 20-2c haben wir ein Beispiel davon gegeben. Nun ist es aber so, daß auch ein 2-Jet-Ereignis einmal durch eine statistische Fluktuation wie ein 3-Jet-Ereignis aussehen kann. Um also die Existenz von 3-Jet-Ereignissen schlüssig nachzuweisen, muß man wohl oder übel ein Fragmentationsmodell benutzen, um die Anzahl von 3-Jet-Ereignissen zu bestimmen, die man nach statistischen Fluktuationen von 2-Jet-Ereignissen erwartet. Nach vielen eingehenden Studien der experimentellen Daten ist man zu dem Schluß gekommen, daß es für Schwerpunktsenergien $\sqrt{s} \gtrsim 25$ GeV echte 3-Jet-Ereignisse gibt (s. Wu 1984 für einen Überblick).

Sehen wir die Existenz von 3-Jet-Ereignissen als bewiesen an, so müssen nach Bild 20-9 im Rahmen der QCD die drei Jets von einem Quark, einem Antiquark und einem Gluon herrühren. Da wir die Eigenschaften der Quarks schon gut kennen, ergibt sich die Möglichkeit, aus 3-Jet-Ereignissen die Eigenschaften der Gluonen empirisch zu bestimmen.

Wir wollen die Bestimmung des Gluon-Spins besprechen. Dazu betrachten wir wieder die Größe Thrust (Gl. (20-6)). Die Thrust-Verteilung der drei Partonen im Endzustand der Reaktion

$$e^+ + e^- \longrightarrow q + \bar{q} + G \qquad (20\text{-}16)$$

läßt sich aus den Diagrammen von Bild 20-9c, d mit Hilfe der Feynman-Regeln der QCD (Anhang D) leicht berechnen. Wir finden

$$\frac{1}{\sigma_{tot}} \frac{d\sigma}{dT} (e^+e^- \longrightarrow q\bar{q}G)$$

$$= \frac{2\,\alpha_s}{3\,\pi} \frac{1}{1-T} \left\{ \left(\frac{4}{T} - 6 + 6\,T\right) \ln \frac{2\,T-1}{1-T} - 3\,(2-T)\,(3\,T-2) \right\}, \qquad (20\text{-}17)$$

$$(\tfrac{2}{3} \leqslant T \leqslant 1).$$

Diese Verteilung ist in Bild 20-13 mit Daten der TASSO-Kollaboration verglichen. Dabei wurden die experimentellen Punkte auf Fragmentationseffekte korrigiert. Wir sehen, daß die QCD die Daten gut beschreibt. Der angepaßte Wert von $\alpha_s \cong 0{,}17$ ist mit anderen Bestimmungen dieser Größe gut verträglich (Gl. (20-14), s. auch Aufgabe 19.2). Eine Rechnung mit Abstrahlung „skalarer Gluonen" liefert dagegen keine Übereinstimmung mit dem Experiment.

Diese und ähnliche Untersuchungen können wir als direkten Nachweis für die Existenz von Gluonen mit dem von der Theorie geforderten Spin 1 ansehen. Was heute noch fehlt, ist ein direkter Nachweis dafür, daß die Gluonen auch Farbe tragen, d.h. eine Selbstkoppelung durch den 3- und 4-Gluon-Vertex in der QCD haben. Möglichkeiten zu einem solchen Nachweis wurden u.a. vorgeschlagen in Körner 1981, Nachtmann 1982.

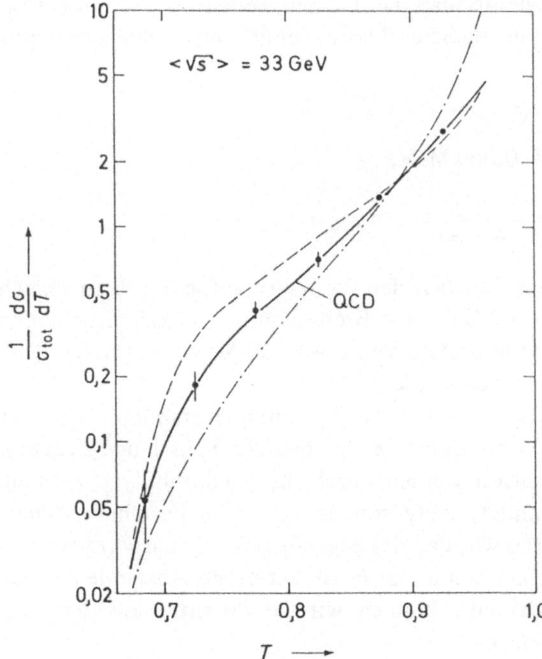

Bild 20-13
Die Thrust-Verteilung der beobachteten 3-Jet-Ereignisse in der e^+e^--Annihilation, korrigiert auf Effekte der Fragmentation. Die Daten stammen von der TASSO-Gruppe. Die volle Linie ist die Vorhersage der QCD in 1. Ordnung für $\alpha_s = 0{,}17$ (Gl. (20-17)). Die gestrichelte Linie entspricht der Abstrahlung skalarer Gluonen, die strichpunktierte Linie dem sogenannten „constituent interchange model" (nach Wolf 1982).

Neuere Bestimmungen von α_s aus der e^+e^--Annihilation in Hadronen liefern typisch einen Wertebereich

$$0,10 \leqslant \alpha_s(s) \leqslant 0,17$$

für $\sqrt{s} = 35$ GeV (s. etwa Wu 1984), wobei die Tendenz zu den kleineren Werten von α_s geht (J. von Krogh, private Mitteilung). Die beträchtliche Unsicherheit in α_s rührt hier von den theoretischen Unsicherheiten in der Beschreibung der Fragmentation her.

20.3 Quarkonium

In diesem Abschnitt wollen wir die Bindungszustände schwerer Quark-Antiquark-Paare besprechen. Bisher kennt man $c\bar{c}$- und $b\bar{b}$-Zustände, in Zukunft wird man auch $t\bar{t}$-Zustände studieren können. Dabei stehen c, b und t für Charm-, Bottom- und Top-Quark; die ungefähren Massen dieser Quarks sind

$$
\begin{aligned}
m_c &\cong 1,3 \text{ GeV,} \\
m_b &\cong 4,5 \text{ GeV,} \\
m_t &\cong 40 \text{ GeV.}
\end{aligned}
\tag{20-18}
$$

Der erste Quarkonium-Zustand, der entdeckt wurde, war das J/ψ-Teilchen, und zwar in den Reaktionen (Aubert 1974, Augustin 1974)

$$
\begin{array}{l}
p + p \longrightarrow J/\psi + X, \\
 \mathrel{\rule[0.5ex]{0.5pt}{1.5ex}\!\!\longrightarrow} e^+ e^-
\end{array}
\tag{20-19}
$$

$$e^+ + e^- \longrightarrow J/\psi.\tag{20-20}$$

Aus den Experimenten wissen wir heute, daß das J/ψ ein Teilchen mit Spin 1 sowie negativer Parität und Ladungskonjugation ist. Seine Masse, totale Zerfallsrate und leptonischen Verzweigungsverhältnisse sind

$$
\begin{aligned}
m_{J/\psi} &= 3096,9 \pm 0,1 \text{ MeV,} \\
\Gamma(J/\psi \longrightarrow \text{alle}) &= 0,063 \pm 0,009 \text{ MeV,} \\
\frac{\Gamma(J/\psi \longrightarrow e^+e^-)}{\Gamma(J/\psi \longrightarrow \text{alle})} &= \frac{\Gamma(J/\psi \longrightarrow \mu^+\mu^-)}{\Gamma(J/\psi \longrightarrow \text{alle})} = 7,4 \pm 1,2\,\%.
\end{aligned}
\tag{20-21}
$$

Ein großes Rätsel gab dieses Teilchen den Physikern auf, nämlich zu verstehen, wie ein Hadron mit einer Masse von etwa 3 GeV eine Breite von nur 63 keV haben konnte. Das ist viel kleiner als typische hadronische Breiten von etwa 100 MeV (Gl. (16-8)). Die Lösung des Rätsels lieferte die QCD, wie wir sehen werden.

Wir stellen uns heute das J/ψ-Teilchen als $c\bar{c}$-Bindungszustand vor, ganz analog zu dem e^-e^+-Bindungszustand Orthopositronium, der ja ebenfalls Spin 1 und negative Parität hat (Kapitel 13). Elektron und Positron werden durch die Coulomb-Kraft gebunden. Die Kraft, die Quark und Antiquark bindet, sollte von den Gluonen herrühren. Nach unserer Diskussion in Abschnitt 20.2 erwarten wir, daß das zugehörige Potential $V(r)$ zwar für kleine Abstände von Quark und Antiquark Coulomb-artig ist, für große Abstände aber linear anwächst (Bild 20-11). Für kleine Abstände können wir das Potential aus dem Ein-Gluon-Austausch berechnen (Aufgabe 20.4).

Das ergibt

$$V(r) \longrightarrow -\frac{4}{3}\frac{\alpha_s(r^{-2})}{r} = \frac{4}{3}\frac{1}{r}\frac{12\,\pi}{(33-2f)\ln\Lambda^2 r^2} \qquad \text{für } r \longrightarrow 0. \qquad (20\text{-}22)$$

Dabei ist $\frac{4}{3}$ ein Faktor, der von der Farb-SU(3)-Gruppe kommt. Für große Abstände machen wir einen linearen Ansatz

$$V(r) \longrightarrow k \cdot r \qquad \text{für } r \longrightarrow \infty, \qquad (20\text{-}23)$$

wobei k die sogenannte „Saitenspannung" (string tension) ist. Eine gute Theorie für das Potential bei mittleren Abständen hat man nicht. Es gibt aber sehr interessante Ansätze, die zwischen den Grenzfällen in Gln. (20-22) und (20-23) interpolieren, beispielsweise das Richardson-Potential, das von Buchmüller und Tye noch verbessert wurde (Richardson 1979, Buchmüller 1981). Es wurden aber auch andere Methoden zur Beschreibung des Charmonium-Systems vorgeschlagen, in deren Rahmen man keinen expliziten Potentialansatz macht (Novikov 1978, Reinders 1981, für einen Überblick s. Shifman 1981, Gottfried 1983).

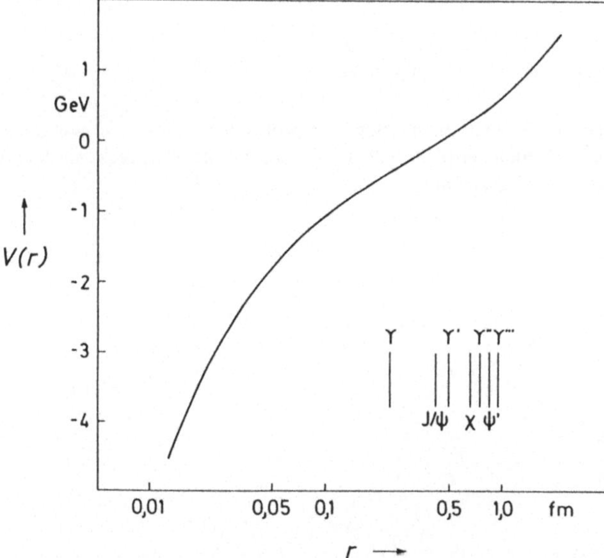

Bild 20-14
Beispiel eines Quark-Antiquark-Potentials, das die in Gln. (20-22) und (20-23) angegebenen Grenzwerte für $r \to 0$ und $r \to \infty$ besitzt. Die mittleren Radien $(\langle r^2 \rangle)^{1/2}$ einzelner Quarkonium-Zustände sind durch die senkrechten Striche Υ, J/ψ etc. angegeben (nach Buchmüller 1981).

Wir wollen im folgenden annehmen, daß es ein Potential zwischen Quark und Antiquark der allgemeinen Gestalt von Bild 20-14 gibt, dessen Parameter im einzelnen durch Vergleich mit den Daten zu bestimmen sind. Schwere Quarks werden sich in diesem Potential nichtrelativistisch bewegen, so daß wir eine Schrödinger-Gleichung für die Beschreibung der Zustände verwenden können.

In diesem Potentialbild erwarten wir ein ganzes Spektrum von Quarkonium-Zuständen mit Singuletts und Tripletts, S-, P-, D-Wellen, radialen Anregungen etc., genau wie beim Positronium (Bild 13-2, 13-3). Es sollte auch Photon-Übergänge zwischen den einzelnen Niveaus geben. Alle diese Erwartungen wurden vom Experiment glänzend bestätigt. In Bild 20-15 zeigen wir das beobachtete Niveauschema des $c\bar{c}$-Systems. Die Theorie sagt die Existenz genau eines weiteren Zustands, des $1\,^1P_1$-Niveaus, unterhalb der später zu erläuternden $D\bar{D}$-Schwelle voraus. Das $1\,^1P_1$-Niveau ist aber schwer zu produzieren, weshalb es

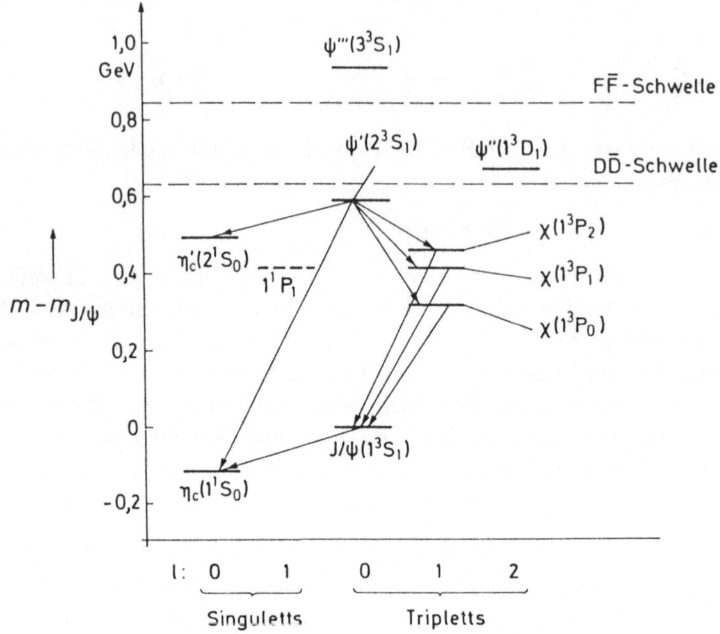

Bild 20-15 Das beobachtete Niveauschema des Charmonium-Systems und die beobachteten Photon-Übergänge. Das noch nicht entdeckte 1^1P_1-Niveau wurde entsprechend der Vorhersage bei Reinders 1981 gestrichelt eingezeichnet.

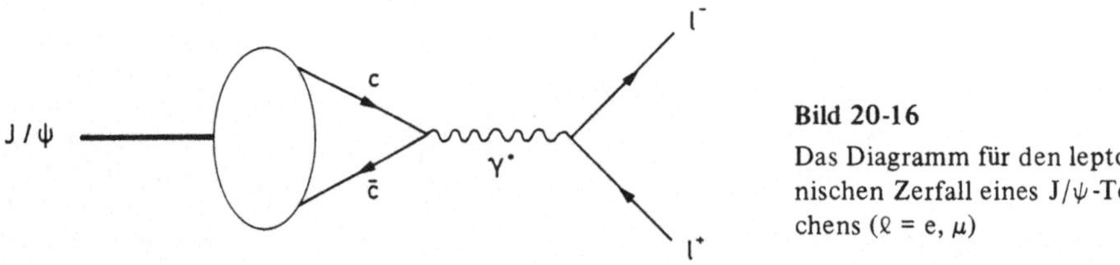

Bild 20-16

Das Diagramm für den leptonischen Zerfall eines J/ψ-Teilchens ($l = e, \mu$)

nicht verwunderlich ist, daß es noch nicht entdeckt wurde. Die beobachteten Photon-Übergänge haben wir in Bild 20-15 ebenfalls eingezeichnet (s. Scharre 1981 für einen Überblick).

Wir wenden uns nun den Zerfällen des J/ψ-Teilchens zu. Quark und Antiquark können in ein virtuelles Photon annihilieren, das wieder in ein e^+e^-- oder ein $\mu^+\mu^-$-Paar materialisieren kann (Bild 20-16). Auf diese Weise erhalten wir die leptonischen Zerfälle

$$J/\psi \longrightarrow e^+e^-, \mu^+\mu^-.$$

Um diese Zerfälle zu berechnen, schreiben wir die Wellenfunktion des J/ψ auf, genau wie wir dies für Positronium in Gl. (13-17) getan haben. Dabei müssen wir beachten, daß das J/ψ ein Triplett-Zustand ist und die Quarks Farbe tragen. Im Ruhsystem des J/ψ ergibt sich:

$$|J/\psi(\lambda)\rangle = \frac{1}{\sqrt{V}} \int \frac{d^3p}{(2\pi)^3 2p^0} \, f(p) \, \frac{1}{\sqrt{6}} \, a^\dagger_{sA}(p) \, \lambda(\sigma\epsilon)_{ss'} \, b^\dagger_{s'A}(-p)|0\rangle. \tag{20-24}$$

Dabei ist λ der Polarisationsvektor des J/ψ ($|\lambda| = 1$), σ ist der Vektor der Pauli-Spinmatrizen und ϵ die antisymmetrische 2×2-Matrix (Gl. (C-11)). Die Quark- und Antiquark-Erzeugungsoperatoren sind a^{+}_{sA} und $b^{+}_{s'A}$ mit Spinindizes s, s' und Farbindex A ($A = 1, 2, 3$). Die Funktion $f(p)$ ist die Fourier-Transformierte der gewöhnlichen Schrödinger-Wellenfunktion $\psi(x)$,

$$\psi(x) = \int \frac{d^3 p}{(2\pi)^3}\, e^{ipx}\, f(p). \tag{20-25}$$

Damit ist der Zustand in Gl. (20-24) auf Eins normiert:

$$\langle J/\psi(\lambda) | J/\psi(\lambda) \rangle = |\lambda|^2 = 1.$$

Die weitere Strategie folgt nun genau den Rechnungen zum Positronium-Zerfall. Wir berechnen zuerst die Amplitude für den Übergang

$$c + \bar{c} \longrightarrow \ell^- + \ell^+,$$

wobei $\ell = e, \mu$ und falten darauf mit der Wellenfunktion des $c\bar{c}$-Systems im Charmoniumzustand J/ψ. Auf diese Weise erhalten wir für die Zerfallsrate bei Vernachlässigung der Lepton-Massen in der nichtrelativistischen Näherung für die Bewegung von c und $\bar{c}$:

$$\Gamma(J/\psi \to \ell^- \ell^+) = \frac{16\pi \alpha^2 Q_c^2 |\psi(0)|^2}{(m_{J/\psi})^2}. \tag{20-26}$$

Dabei ist $Q_c = \frac{2}{3}$ die Ladung des c-Quarks. Die Wellenfunktion am Ursprung, $\psi(0)$, wollen wir hier als freien Parameter betrachten, da wir die genaue Gestalt des Potentials nicht festgelegt haben.

Wie sehen nun die hadronischen Zerfälle des J/ψ aus? Da das J/ψ für das $c\bar{c}$-System den tiefsten Zustand mit parallelen Spins darstellt, sollte es nicht in ein „freies" $c\bar{c}$-Paar zerfallen können. Freie $c\bar{c}$-Paare gibt es natürlich nicht, aber es gibt Mesonen, die nur ein c-Quark und ein $\bar{u}$-, $\bar{d}$- oder $\bar{s}$-Antiquark enthalten (Tabelle 15-1) und zwar

$$\begin{aligned} D^0 &\sim c\bar{u}, \\ D^+ &\sim c\bar{d}, \\ F^+ &\sim c\bar{s}. \end{aligned} \tag{20-27}$$

Wir erwarten also, daß die Schwellen für $D\bar{D}$- und $F\bar{F}$-Produktion höher als die J/ψ-Masse sind, und das ist in der Tat der Fall (Bild 20-15). Wenn das J/ψ-Teilchen hadronisch zerfallen will, können c- und $\bar{c}$-Quark nur annihilieren.

Ein möglicher Annihilationsprozeß, der Hadronen im Endzustand ergibt, führt über ein virtuelles Photon. Wir brauchen in Bild 20-16 bloß das Leptonpaar $\ell^- \ell^+$ durch ein Quarkpaar $u\bar{u}$, $d\bar{d}$ oder $s\bar{s}$ zu ersetzen. Wegen des Farb-Freiheitsgrades der Quarks erhalten wir (vgl. Abschnitt 18.1)

$$\frac{\Gamma(J/\psi \to \gamma^* \to \text{Hadronen})}{\Gamma(J/\psi \to e^- e^+)} \cong 3 \sum_{q = u, d, s} Q_q^2 = 2. \tag{20-28}$$

Eine zweite Möglichkeit ist die Annihilation des $c\bar{c}$-Paares in Gluonen. Da schwere Quarkonia relativ kleine Objekte sind (Bild 20-14), sollte diese Annihilation ein Prozeß bei kurzen Abständen sein. Wir wollen daher die asymptotische Freiheit der QCD heranziehen und die Zerfallsrate so berechnen, als wären die Gluonen freie masselose Teilchen.

Zunächst überlegen wir uns, daß auf Grund des Landau-Yang-Theorems (Kapitel 13) der Zerfall des Spin-1-Quarkonium-Zustands J/ψ in zwei Gluonen nicht möglich ist:

$$J/\psi \;\not\longrightarrow\; 2\ \text{Gluonen.} \tag{20-29}$$

Der Beweis ist wie in Kapitel 13, wir brauchen nur zu beachten, daß die beiden Gluonen auch Farbe tragen. Ihre Wellenfunktion muß ein Farbsingulett bilden, da auch das J/ψ ein Farbsingulett ist. Die einzige Farbsingulett-Kombination zweier Gluonen mit Farbindizes a, b ($a, b = 1, \dots, 8$) ist aber proportional δ_{ab}, also symmetrisch bei Austausch der beiden Gluonen. Damit sind die Bedingungen für den Rest der Wellenfunktion der beiden Gluonen wie für zwei Photonen (Gln. (13-11)–(13-13)), und es folgt die Gl. (20-29).

Das J/ψ-Teilchen muß daher mindestens in drei Gluonen zerfallen (Bild 20-17), da wegen der Farberhaltung auch eine Annihilation über ein virtuelles Gluon unmöglich ist:

$$J/\psi \;\longrightarrow\; 3\ \text{Gluonen.} \tag{20-30}$$

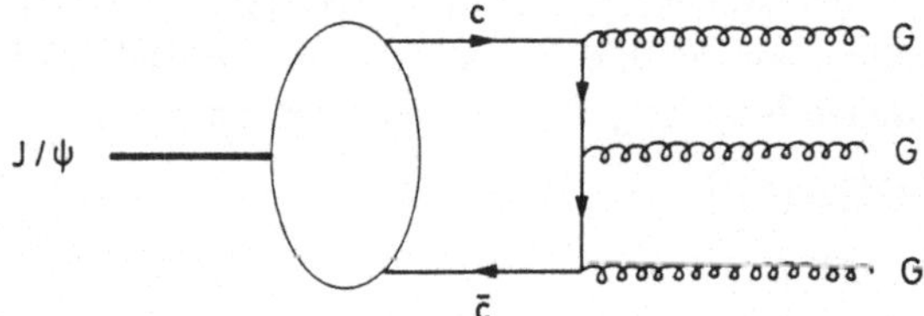

Bild 20-17

Das Diagramm für den Zerfall eines J/ψ-Teilchens in drei Gluonen

Dieser Prozeß läßt sich wie der Zerfall des Orthopositroniums in drei Photonen berechnen, und man findet

$$\Gamma(J/\psi \to 3\,G) = \frac{160}{81}\,(\pi^2 - 9)\,(\alpha_s(m^2_{J/\psi}))^3\,\frac{|\psi(0)|^2}{(m_{J/\psi})^2}\,. \tag{20-31}$$

Der entscheidende Punkt, der das Rätsel der kleinen Zerfallsbreite des J/ψ löst, ist die Beobachtung, daß dieser Prozeß bei kurzen Abständen abläuft, der entsprechende Kopplungsparameter α_s für die Gluonen wegen der asymptotischen Freiheit also klein sein sollte. Eine Abschätzung ähnlich der für den Positronium-Zerfall nach Gl. (13-32) zeigt uns in der Tat, daß c- und c̄-Quark nur annihilieren können, wenn ihr Abstand kleiner als etwa $1/m_c$ ist. Deshalb haben wir in Gl. (20-31) als Argument von α_s $m^2_{J/\psi} \sim (2m_c)^2$ geschrieben, was nach Gln. (19-25) und (19-56) einen kleinen Wert für α_s liefert. Ein Prozeß der Ordnung α_s^3 ist dann stark unterdrückt, das J/ψ-Teilchen lebt verhältnismäßig lange. Diese Überlegung wurde von Appelquist und Politzer schon vor der Entdeckung des J/ψ-Teilchens angestellt (Appelquist 1975) und vom Experiment glänzend bestätigt.

Die Gln. (20-26) und (20-31) liefern offenbar eine Möglichkeit, α_s zu bestimmen, da im Verhältnis der Raten die Wellenfunktion am Ursprung herausfällt. Berücksichtigen wir auch Gl. (20-28), so ergibt sich:

$$\Gamma(J/\psi \to \text{alle}) = \Gamma(J/\psi \to 3\,G) + 4\,\Gamma(J/\psi \to e^+e^-),$$

$$\frac{\Gamma(J/\psi \to 3\,G)}{\Gamma(J/\psi \to e^+e^-)} = \frac{1 - 4\,B_{ee}}{B_{ee}} = \frac{10\,(\pi^2 - 9)\,\alpha_s^3}{81\,\pi\,\alpha^2\,Q_c^2}\,, \tag{20-32}$$

wobei B_{ee} das elektronische Verzweigungsverhältnis ist,

$$B_{ee} = \frac{\Gamma(J/\psi \to e^+e^-)}{\Gamma(J/\psi \to \text{alle})}\,.$$

Setzen wir dafür den beobachteten Wert ein (Gl. (20-21)), so finden wir

$$\alpha_s(m_{J/\psi}^2) \cong 0{,}19. \tag{20-33}$$

Das ist wesentlich kleiner als Werte von α_s, die aus der tief inelastischen Streuung, extrahiert wurden (Gl. (19-57)). Auch eine genauere Analyse unter Berücksichtigung der Korrekturen der nächsten Ordnung in α_s bestätigt dieses Resultat (Mackenzie 1981). Vermutlich sind nicht berücksichtigte relativistische Korrekturen in der Beschreibung des J/ψ als $c\bar{c}$-Bindungszustand die Ursache dieser Diskrepanz.

Das ϕ-Meson wird im Quarkmodell als $s\bar{s}$-Zustand angesehen (Gl. (17-78)) und ist mit einer Masse $m_\phi = 1020\ \text{MeV}$ der Grenzfall eines „schweren" Quarkonium-Zustandes. Viele Überlegungen dieses Abschnitts bleiben auch für das ϕ qualitativ gültig. Allerdings sind die Zerfälle $\phi \to K^+K^-$ und $\phi \to K^0\bar{K}^0$, wobei die K-Mesonen je ein „schweres" Quark s bzw. $\bar{s}$ enthalten, energetisch gerade noch möglich, und sie sind sogar die häufigsten Zerfälle. Die Zerfälle $\phi \to \pi^+\pi^-\pi^0$, die mit einem Verzweigungsverhältnis von etwa 15 % auftreten, kann man − zumindest qualitativ − als $s\bar{s}$-Annihilation in Gluonen mit anschließender Fragmentation in Pionen verstehen.

Im Jahre 1977 wurden die ersten Niveaus des $b\bar{b}$-Quarkonium-Systems entdeckt, das Υ-Teilchen mit seinen radialen Anregungen (Herb 1977). Diese Zustände wurden seither ausführlich untersucht, besonders in der Elektron-Positron-Annihilation (vgl. Berkelman 1983). Die theoretische Beschreibung des Bottonium-Systems ist ganz ähnlich zu der des Charmonium-Systems. Aus den gluonischen und leptonischen Verzweigungsverhältnissen des Υ läßt sich wieder ein Wert für α_s bzw. $\Lambda_{\overline{MS}}$ extrahieren. Man findet (Mackenzie 1981)

$$\alpha_s(20{,}6\ \text{GeV}^2) = 0{,}158 \begin{Bmatrix} +0{,}012 \\ -0{,}010 \end{Bmatrix},$$

$$\Lambda_{\overline{MS}} = 100 \begin{Bmatrix} +34 \\ -25 \end{Bmatrix}\ \text{MeV}, \tag{20-34}$$

wobei die Anzahl der aktiven Quark-Flavors vier ist[6]. Dieser Wert von $\Lambda_{\overline{MS}}$ ist an der unteren Grenze des nach den Daten der tief inelastischen Streuung erlaubten Intervalls (Gl. (19-61)).

Nach unseren Vorstellungen über die Fragmentation von Partonen in Hadronen sollte der Zerfall eines schweren $^3S_1$-Quarkoniums in drei Gluonen zu drei Hadronjets führen. Das J/ψ-Teilchen ist mit $3{,}1\ \text{GeV}$ Masse zu leicht, um eine 3-Jet-Struktur im hadronischen Endzustand des Zerfalls feststellen zu können. Im Zerfall des Υ-Teilchens mit einer Masse von etwa $9{,}5\ \text{GeV}$ hat man aber Anzeichen für eine 3-Jet-Struktur beobachtet (Berger 1978, s. auch Berkelman 1983). Die Masse des Υ ist aber immer noch relativ niedrig, so daß drei deutlich isolierte Jets kaum sichtbar sind. Das sollte aber der Fall sein für die hadronischen Zerfälle der $^3S_1$-Zustände des Toponium-Systems, die bei einer Masse von etwa $80\ \text{GeV}$ erwartet werden.

---

[6] Der Parameter $\Lambda_{\overline{MS}}$ hängt von der Anzahl der aktiven Quark-Flavors (f) ab. Wir sollten also genauer schreiben $\Lambda_{\overline{MS}}^{(4)}$ für den Wert in Gl. (20-34) und beispielsweise $\Lambda_{\overline{MS}}^{(5)}$ für den bei PETRA-Energien relevanten Λ-Parameter, wo $f = 5$ ist. Der Zusammenhang dieser verschiedenen Λ-Parameter läßt sich theoretisch berechnen (Weinberg 1980, Bernreuther 1982).

20.4   Jets in Hadron-Hadron-Kollisionen

In hochenergetischen Hadron-Hadron-Kollisionen treffen die Konstituenten der Hadronen, die Quarks und Gluonen, aufeinander. Dabei kann es auch zu einer Streuung von zwei energiereichen Konstituenten unter großem Winkel kommen. Als Beispiel zeigen wir in Bild 20-18 eine Proton-Antiproton-Kollision, bei der ein Quark und ein Antiquark durch Austausch eines Gluons aneinander streuen. Dieser Prozeß ist ganz analog zu Bhabba-Streuung in der QED (Abschnitt 10.2). Im Endzustand der in Bild 20-18 gezeigten Kollision erwarten wir als Fragmentationsprodukte der gestreuten Quarks zwei Jets von Hadronen mit großem Transversalimpuls sowie aus der Fragmentation der Spektator-Partonen zwei Jets in der Strahlachse. Ereignisse dieses Typs wurden in der Tat in pp-Kollisionen am Speicherring ISR bei Schwerpunktsenergien $\sqrt{s} \gtrsim 60\,\mathrm{GeV}$ beobachtet (Åkesson 1984, Breakstone 1984a), sowie in $\mathrm{p\bar{p}}$-Kollisionen bei Schwerpunktsenergie $\sqrt{s} = 540\,\mathrm{GeV}$ (Banner 1982, Arnison 1983f, g, 1984b, Bagnaia 1984a, b, c, d).

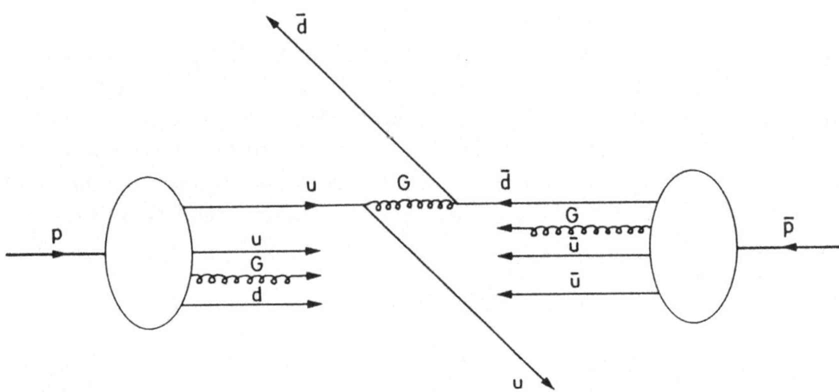

Bild 20-18 Das Diagramm für die Streuung eines Quarks u an einem Antiquark $\bar{\mathrm{d}}$ unter Austausch eines Gluons in einer $\mathrm{p\bar{p}}$-Kollision

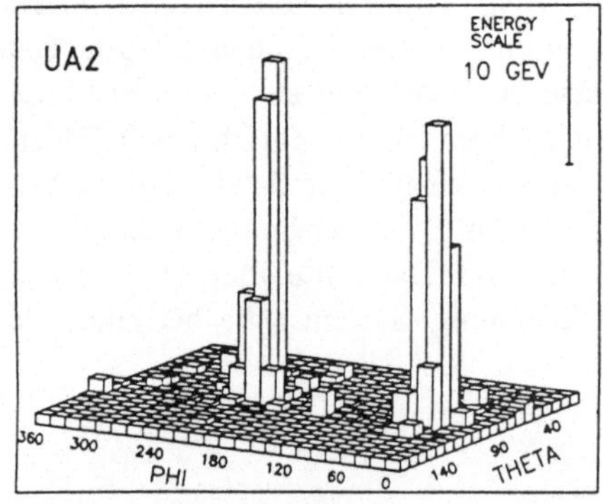

Bild 20-19

Lego-Plot eines Ereignisses mit zwei Jets großen Transversalimpulses in einer $\mathrm{p\bar{p}}$-Kollision bei Schwerpunktsenergie $\sqrt{s} = 540\,\mathrm{GeV}$, beobachtet mit dem UA2-Detektor am Speicherring $\mathrm{Sp\bar{p}S}$. Aufgetragen ist die beobachtete transversale Energie E_T über einem Raster von Polarwinkel ϑ (THETA) und Azimuth φ (PHI). Die Skala für E_T ist als „ENERGY SCALE" in GeV angegeben. (Dieses Bild hat Herr A. Putzer von der UA2 Koll. zur Verfügung gestellt.)

In Bild 20-19 zeigen wir ein Beispiel eines solchen Ereignisses beobachtet im UA2-Detektor und dargestellt in einem sog. „Lego-Plot". Dabei ist in räumlicher Ansicht ein Raster von Intervallen im Azimuth φ und Polarwinkel ϑ bezüglich des Schwerpunktsystems gezeichnet. Darüber ist die in den einzelnen Intervallen gemessene transversale Energie E_T

in Form eines „Lego-Turms" eingetragen. Ist dabei E die unter einem Polarwinkel ϑ gemessene Energie, so ist $E_T = E \sin \vartheta$. Die Teilchen der Spektator-Jets haben kleine transversale Energien ($E_T \lesssim 2\,\mathrm{GeV}$), so daß auf der Skala des Bildes fast nur die beiden Jets mit großem p_T aufscheinen. Beachtlich ist die klare Isolierung und enge Kollimation dieser Jets.

Um diese Reaktionen theoretisch zu beschreiben, betrachten wir zunächst die möglichen „harten" Streuprozesse von Partonen aneinander. In führender Ordnung in α_s gibt es die in Tabelle 20-1 aufgeführten Reaktionen mit zwei Partonen im Endzustand. Dort geben wir auch die Streuquerschnitte an, die für masselose Partonen gelten, die unpolarisiert in Spin und Farbe sind (Combridge 1977). Wir verwenden dabei invariante Variable $\hat{s}, \hat{t}, \hat{u}$, die für eine allgemeine Parton-Reaktion

$$a(k_1) + b(k_2) \longrightarrow a'(k) + b'(k') \tag{20-35}$$

wie folgt definiert sind:

$$\begin{aligned}
\hat{s} &= (k_1 + k_2)^2, \\
\hat{t} &= (k_1 - k)^2, \\
\hat{u} &= (k_2 - k)^2.
\end{aligned} \tag{20-36}$$

Tabelle 20-1 Die Querschnitte für die möglichen Parton-Parton-2-Teilchen-Reaktionen in führender Ordnung in α_s. Dabei numerieren wir mit i, j ($1 \leqslant i,\ j \leqslant f$) die verschiedenen Quark-Flavors durch (s. Gl. (19-2)).

Reaktion	Streuquerschnitt $\dfrac{\hat{s}^2}{\pi \alpha_s^2} \dfrac{\mathrm{d}\sigma}{\mathrm{d}\hat{t}}$
$q^i + q^j \longrightarrow q^i + q^j \ (i \neq j)$ $q^i + \bar{q}^j \longrightarrow q^i + \bar{q}^j \ (i \neq j)$	$\dfrac{4}{9} \dfrac{\hat{s}^2 + \hat{u}^2}{\hat{t}^2}$
$q^i + q^i \longrightarrow q^i + q^i$	$\dfrac{4}{9} \left(\dfrac{\hat{s}^2 + \hat{u}^2}{\hat{t}^2} + \dfrac{\hat{s}^2 + \hat{t}^2}{\hat{u}^2} \right) - \dfrac{8}{27} \dfrac{\hat{s}^2}{\hat{u}\hat{t}}$
$q^i + \bar{q}^i \longrightarrow q^j + \bar{q}^j \ (i \neq j)$	$\dfrac{4}{9} \dfrac{\hat{t}^2 + \hat{u}^2}{\hat{s}^2}$
$q^i + \bar{q}^i \longrightarrow q^i + \bar{q}^i$	$\dfrac{4}{9} \left(\dfrac{\hat{s}^2 + \hat{u}^2}{\hat{t}^2} + \dfrac{\hat{t}^2 + \hat{u}^2}{\hat{s}^2} \right) - \dfrac{8}{27} \dfrac{\hat{u}^2}{\hat{s}\hat{t}}$
$q^i + \bar{q}^i \longrightarrow G + G$	$\dfrac{32}{27} \dfrac{\hat{u}^2 + \hat{t}^2}{\hat{u}\hat{t}} - \dfrac{8}{3} \dfrac{\hat{u}^2 + \hat{t}^2}{\hat{s}^2}$
$G + G \longrightarrow q^i + \bar{q}^i$	$\dfrac{1}{6} \dfrac{\hat{u}^2 + \hat{t}^2}{\hat{u}\hat{t}} - \dfrac{3}{8} \dfrac{\hat{u}^2 + \hat{t}^2}{\hat{s}^2}$
$q^i + G \longrightarrow q^i + G$ $\bar{q}^i + G \longrightarrow \bar{q}^i + G$	$-\dfrac{4}{9} \dfrac{\hat{u}^2 + \hat{s}^2}{\hat{u}\hat{s}} + \dfrac{\hat{u}^2 + \hat{s}^2}{\hat{t}^2}$
$G + G \longrightarrow G + G$	$\dfrac{9}{2} \left(3 - \dfrac{\hat{u}\hat{t}}{\hat{s}^2} - \dfrac{\hat{u}\hat{s}}{\hat{t}^2} - \dfrac{\hat{s}\hat{t}}{\hat{u}^2} \right)$

Das Diagramm für die Reaktion u + $\bar{\text{d}}$ $\longrightarrow$ u + $\bar{\text{d}}$ ist in Bild 20-18 gezeigt. Die Diagramme für die anderen Reaktionen von Tabelle 20-1 lassen sich nach den Feynman-Regeln der QCD (Anhang D) leicht angeben (Aufgabe 20.7).

Um nun den Streuquerschnitt für die Produktion von Jets in einer Hadron-Hadron-Kollision zu berechnen, müssen wir die Parton-Streuquerschnitte mit den entsprechenden Parton-Verteilungsfunktionen (Kapitel 19) falten. Als Beispiel berechnen wir den inklusiven Querschnitt für die Produktion von Jets mit transversaler Energie E_{T} und Pseudorapidität $\eta = -\ln\tan(\vartheta/2)$ in p$\bar{\text{p}}$-Kollisionen (Bild 20-20)

$$\text{p}(p_1) + \bar{\text{p}}(p_2) \longrightarrow \text{Jet}(E_{\text{T}}, \eta) + \text{X}. \tag{20-37}$$

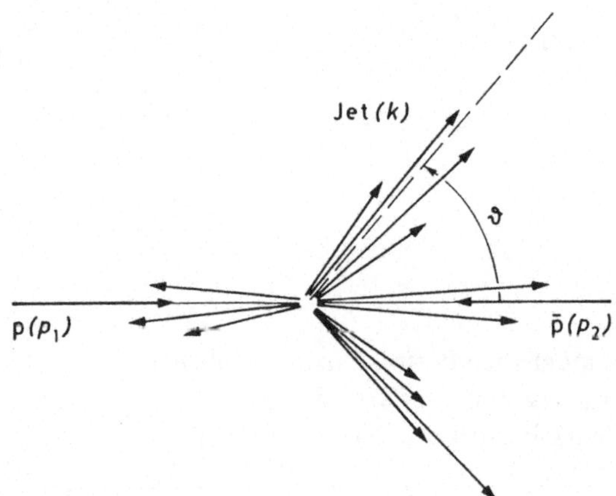

Bild 20-20

Schema einer Proton-Antiproton-Kollision, bei der zwei Jets mit großem E_{T} und zwei Jets in der Strahlachse produziert werden. Für den herausgegriffenen Jet ist k der Viererimpuls und ϑ der Produktionswinkel im Schwerpunktsystem.

Wir arbeiten im folgenden im Schwerpunktsystem der p$\bar{\text{p}}$-Kollision. Die Schwerpunktsenergie sei $\sqrt{s}$. Weiter sei a ein Parton des Protons mit Impulsanteil x_1, b ein Parton des Antiprotons mit Impulsanteil x_2. Wir betrachten eine Reaktion a + b $\longrightarrow$ a$'$ + b$'$ entsprechend Gl. (20-35). Die Viererimpulse im Anfangszustand sind dann

$$\begin{aligned} k_1 &= x_1 p_1, \\ k_2 &= x_2 p_2. \end{aligned} \tag{20-38}$$

Aus der Fragmentation des Partons a$'$ erhalten wir einen Jet mit Viererimpuls k. Die invarianten Massen der Jets und von Proton und Antiproton vernachlässigen wir. Es gilt dann mit ϑ und φ (dem Polarwinkel bzw. Azimuth von k) sowie mit $E \equiv k^0$:

$$E_{\text{T}} = E \sin\vartheta,$$

$$\frac{\text{d}^3 k}{2k^0} = \frac{E_{\text{T}}}{2\sin\vartheta}\, \text{d}E_{\text{T}}\, \text{d}\vartheta\, \text{d}\varphi = \frac{E_{\text{T}}}{2}\, \text{d}E_{\text{T}}\, \text{d}\eta\, \text{d}\varphi. \tag{20-39}$$

Für die invarianten Variablen der Parton-Parton-Reaktion finden wir:

$$\hat{s} = (x_1 p_1 + x_2 p_2)^2 = x_1 x_2 s,$$

$$\hat{t} = (x_1 p_1 - k)^2 = -x_1 \sqrt{s}\, E_{\text{T}}\, \frac{1-\cos\vartheta}{\sin\vartheta}, \tag{20-40}$$

$$\hat{u} = (x_2 p_2 - k)^2 = -x_2 \sqrt{s}\, E_{\text{T}}\, \frac{1+\cos\vartheta}{\sin\vartheta}.$$

Nun drücken wir die Übergangsrate $d\Gamma \equiv dw/T$ (Gl. (5-54)) für die Parton-Parton-Reaktion durch den differentiellen Streuquerschnitt $d\sigma/d\hat{t}$ aus. Das ergibt nach Gln. (5-49) bis (5-54):

$$d\Gamma(a(k_1) + b(k_2) \longrightarrow a'(k) + b'(k'))$$

$$= \frac{\hat{s}^2}{V\pi k_1^0 k_2^0} \frac{d^3k \, d^3k'}{2k^0 \, 2k'^0} \, \delta(k_1 + k_2 - k - k') \frac{d\sigma}{d\hat{t}}(ab \longrightarrow a'b'). \tag{20-41}$$

Die Reaktionsrate für die $p\bar{p}$-Kollision (Gl. (20-37)) erhalten wir durch Aufsummieren der Beiträge aller Partonen a, b, mit beliebigen Impulsanteilen x_1, x_2 im Anfangszustand und aller Partonen a' im Endzustand. Eine Summation über b' erübrigt sich, da durch a, b und a' der Typ des Partons b' bereits festgelegt ist (s. Tabelle 20-1). Damit ergibt sich:

$$d\Gamma(p(p_1) + \bar{p}(p_2) \longrightarrow \mathrm{Jet}(k) + X)$$

$$= \sum_{a,b,a'} \int_0^1 dx_1 \, N_a^p(x_1, E_T^2) \int_0^1 dx_2 \, N_b^{\bar{p}}(x_2, E_T^2)$$

$$d\Gamma(a(x_1 p_1) + b(x_2 p_2) \longrightarrow a'(k) + b'(k')). \tag{20-42}$$

Hier sind $N_a^p(x_1, E_T^2)$ die Verteilungsfunktionen für Partonen des Typs a im Proton bzw. $N_b^{\bar{p}}(x_2, E_T^2)$ die Verteilungsfunktionen für Partonen des Typs b im Antiproton, wobei wir E_T^2 als Auflösungsskala im Sinne von Abschnitt 19.2 gewählt haben. Wegen der Ladungskonjugations-Invarianz gilt:

$$N_b^{\bar{p}}(x, E_T^2) = N_{\bar{b}}^p(x, E_T^2), \tag{20-43}$$

so daß wir alle auftretenden Verteilungsfunktionen aus der tief inelastischen Lepton-Proton-Streuung kennen. Eine geeignete Parametrisierung dieser Verteilungsfunktionen ist bei Duke 1984 angegeben (s. Anhang E).

Nun setzen wir die Übergangsrate für die Parton-Reaktion (Gl. (20-41)) ein und integrieren über die Impulsrichtungen des Partons b', da wir am 1-Jet inklusiven Streuquerschnitt interessiert sind. Integrieren wir auch über den Azimuth φ des beobachteten Jets, so erhalten wir für den Streuquerschnitt aus Gln. (20-42) und (5-54):

$$\frac{\partial^2\sigma}{\partial E_T \, \partial\eta}(p(p_1) + \bar{p}(p_2) \longrightarrow \mathrm{Jet}(E_T, \eta) + X)$$

$$= \sum_{a,b,a'} \int_0^1 dx_1 \, x_1 \, N_a^p(x_1, E_T^2) \int_0^1 dx_2 \, x_2 \, N_b^{\bar{p}}(x_2, E_T^2)$$

$$\theta\left(x_1 + x_2 - \frac{2E_T}{\sqrt{s}\sin\vartheta}\right)$$

$$\delta\left(x_1 x_2 - \frac{E_T}{\sqrt{s}} \frac{x_1(1-\cos\vartheta) + x_2(1+\cos\vartheta)}{\sin\vartheta}\right)$$

$$2E_T \frac{d\sigma}{d\hat{t}} [a(x_1 p_1) + b(x_2 p_2) \longrightarrow a'(k) + b'(k')]. \tag{20-44}$$

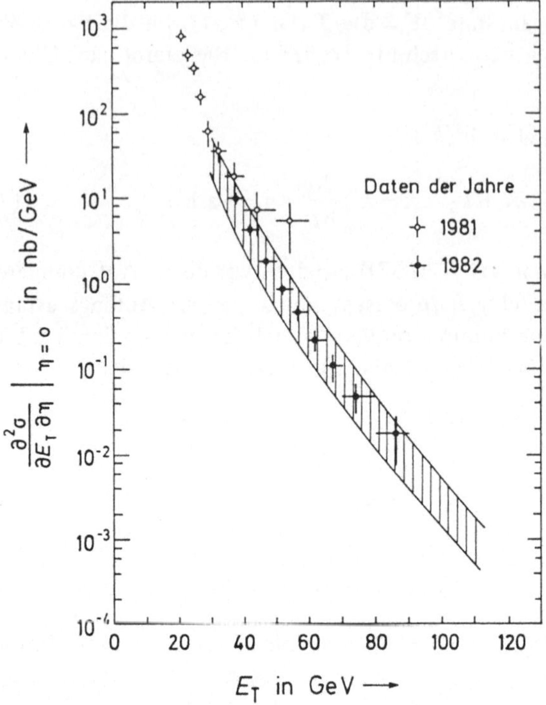

Bild 20-21

Der 1-Jet inklusive Streuquerschnitt $\partial^2\sigma/\partial E_T\partial\eta$ für $\eta = 0$ als Funktion von E_T für p$\bar{\text{p}}$-Kollisionen bei Schwerpunktsenergie $\sqrt{s} = 540\,\text{GeV}$. Das schraffierte Band entspricht der QCD-Vorhersage (nach Arnison 1983f; für die Berechnung der theoretischen Kurven s. Horgan 1981 und Kunszt 1983).

In Bild 20-21 zeigen wir Daten für den 1-Jet-inklusiven Querschnitt bei Schwerpunktsenergie $\sqrt{s} = 540$ GeV, zusammen mit dem Resultat einer numerischen Auswertung der Gl. (20-44). Das Fehlerband des theoretischen Resultats rührt von Unsicherheiten in den experimentell bestimmten Verteilungsfunktionen und in der Kopplungskonstanten α_s her, sowie von vernachlässigten Korrekturen höherer Ordnung in α_s. Man kann jedenfalls sagen, daß die QCD-Rechnung und das Experiment innerhalb der Fehler übereinstimmen. Unsere Theorie sagt weiter voraus, daß Jets mit großem E_T stets paarweise auftreten sollten (Bild 20-18). Das ist in der Tat für 80–90 % der betrachteten Ereignisse der Fall (Banner 1982, Arnison 1983f). In den restlichen 10–20 % der Ereignisse treten mehr als zwei Jets mit großem E_T auf. Dies können wir zwanglos als Manifestationen von Prozessen höherer Ordnung in α_s verstehen.

Damit wollen wir die Besprechung der Produktion von Jets in Hadron-Hadron-Kollisionen abschließen. Die experimentellen Untersuchungen sind hier erst in der Anfangsphase. Als Prüfstein der QCD könnten diese Reaktionen in Zukunft sehr wichtig werden.

Aufgaben

20.1   Berechnen Sie den Minimalwert der Größe Thrust (Gl. (20-6)) für planare Ereignisse mit beliebig vielen Hadronen und für Ereignisse mit nur drei Hadronen. Vernachlässigen Sie dabei die Massen der Hadronen.

20.2   Berechnen Sie den Streuquerschnitt für die inklusive Hadron-Produktion in der tief inelastischen Myon-Proton-Streuung (Gl. (20-10)). Wie sehen die expliziten Ausdrücke für $\langle N_q \rangle$ und $\langle N_{\bar{q}} \rangle$ (Gl. (20-12)) aus, wenn die z-Verteilung dem Mittelwert über einen bestimmten Bereich in x, Q^2 und ϑ entspricht?

20.3   Berechnen Sie den Streuquerschnitt für die Reaktion $e^+ + e^- \longrightarrow q + \bar{q} + G$ in niedrigster Ordnung in α_s. Verifizieren Sie die Resultate in Gln. (20-17) und (20-15). Wie sehen die entsprechenden Gleichungen für skalare Gluonen aus?

20.4   Betrachten Sie die Streuung eines schweren Quarks an einem schweren Antiquark. In niedrigster Ordnung in α_s trägt nach den Regeln von Anhang D nur der Ein-Gluon-Austausch bei. Die Streumatrix liefert im Grenzfall sehr langsamer Quarks und Antiquarks den Ausdruck für das nichtrelativistische Potential. Dies sieht man nach Gl. (5-14), wenn man beispielsweise für das Antiquark ein Wellenpaket betrachtet, das am Ursprung konzentriert ist. Zeigen Sie, daß dieses Potential für einen $q\bar{q}$-Farbsingulett-Zustand von der Gestalt

$$V(r) = -\frac{4}{3} \left.\frac{\alpha_s(Q^2)}{r}\right|_{Q^2 = r^{-2}} \tag{20-45}$$

ist.

20.5   Das von Richardson vorgeschlagene Quark-Antiquark-Potential lautet:

$$V(r) = \int \frac{d^3q}{(2\pi)^3}\, e^{i\,qx}\, \widetilde{V}(q), \tag{20-46}$$

wobei

$$\widetilde{V}(q) = -\frac{4}{3}\,\frac{12\pi}{33 - 2f}\,\frac{4\pi}{q^2 \ln(1 + q^2/\Lambda^2)}\,. \tag{20-47}$$

Zeigen Sie, daß dieses Potential die Grenzfälle, wie in Gln. (20-22), (20-23) angegeben, besitzt.

20.6   Berechnen Sie den Zerfall der $^3S_1$-Quarkonium-Zustände in drei Gluonen. Benutzen Sie dabei die Resultate von Aufgabe 13.1

20.7   Berechnen Sie die Streuquerschnitte für die in Tabelle 20-1 angegebenen Reaktionen in führender Ordnung in α_s nach den Feynman-Regeln der QCD.

IV Die elektroschwache Wechselwirkung

21 Vom β-Zerfall zum W-Boson. Ein historischer Überblick

21.1 Frühzeit, Neutrinohypothese, Vier-Fermion-Kopplung

Die Geschichte der schwachen Wechselwirkungen können wir am 1. März 1896 beginnen lassen. An diesem Tag hat Henri Becquerel die Radioaktivität entdeckt (Becquerel 1896). Der Großteil der von ihm entdeckten Strahlen stammte, wie wir heute wissen, aus dem β-Zerfall von schweren Kernen. Die Unterscheidung von α- und β-Strahlen machte erst Rutherford 1899. Die Natur und der Ursprung der radioaktiven Strahlen gaben lange Zeit Rätsel auf. Das ist nicht verwunderlich, denn erst 1911 entdeckte Rutherford den Atomkern (Rutherford 1911, 1911a). Niels Bohr war der erste, der als Ursprung der β-Strahlen den Kern ansah (Bohr 1913). James Chadwick, der spätere Entdecker des Neutrons, hat 1914 als erster gefunden, daß die β-Strahlen ein kontinuierliches Energiespektrum zeigen (Chadwick 1914). Daß sich dahinter ein großes Problem verbarg, zeigten Ellis und Wooster 13 Jahre später. Sie studierten einen β-Übergang, der von einem Anfangskern zu einem Endkern wohldefinierter Energie führte:

$$^{210}_{83}\text{Bi} \xrightarrow{\ \beta^-\ } {}^{210}_{84}\text{Po}.$$

(In der älteren Literatur findet man die Bezeichnung RaE für das Isotop $^{210}_{83}\text{Bi}$.) Sie fanden, daß die mit einem Kalorimeter gemessene mittlere Energietönung des Zerfalls *nicht* der *maximalen*, sondern der *mittleren* Energie der β-Strahlen entsprach. Die maximale β-Energie war damals bekannt zu $\Delta E \cong 1050$ keV, die mittlere Energie der β-Strahlen zu $\langle E_\beta \rangle \cong 390$ keV. Die im Kalorimeter gemessene mittlere Energie pro Zerfall betrug $\langle E_{\text{cal}} \rangle \cong 350$ keV (Ellis 1927).

Die Folgerung schien klar zu sein. Entweder war die Energie nicht erhalten, oder Energie wurde durch ein anderes Teilchen weggetragen, das im Kalorimeter nicht absorbiert wurde. Die erste Meinung wurde von Niels Bohr vertreten. Es dauerte noch drei Jahre, bis W. Pauli es wagte, ein neues Teilchen zu postulieren, das wir heute Neutrino nennen. Er tat dies 1930 in einem berühmten Brief an Physiker, die zu einer Tagung in Tübingen versammelt waren. Er entschuldigte sich darin auch, daß er wegen eines Balls in Zürich nicht selbst kommen konnte (Pauli 1964). Das Neutrino sollte wie das Elektron Spin $\frac{1}{2}$ haben. (Viele historische Zusammenhänge aus dieser Zeit sind erläutert in Pais 1977.)

Der nächste Meilenstein in der Geschichte der schwachen Wechselwirkung ist Fermis monumentale Arbeit, in der er die erste Theorie des β-Zerfalls entwickelte (Fermi 1933, 1934). Seine Theorie ist nach dem Muster der Quantenelektrodynamik gebaut. Damals und noch für lange Zeit betrachtete man das Proton und das gerade erst entdeckte Neutron als elementare Teilchen. Die Wechselwirkung des Protons mit dem elektromagnetischen Feld ist dann nach der QED (Gl. (9-9)) gegeben durch

$$\mathbf{H}'_{\text{em}} = e \int \mathrm{d}^3 x \ \bar{\mathbf{p}}(x) \, \gamma^\mu \, \mathbf{p}(x) \, \mathbf{A}_\mu(x). \tag{21-1}$$

Dabei ist $\mathbf{A}_\mu(x)$ das elektromagnetische Viererpotential, und $\mathbf{p}(x)$ ist der Dirac-Feldoperator des Protons. Um den β-Zerfall der Kerne zu beschreiben, machte Fermi für den elementaren β-Zerfall des Neutrons

$$n \longrightarrow p + e^- + \bar{\nu}_e \tag{21-2}$$

einen Ansatz analog zur Gl. (21-1). Fermi ersetzte das Viererpotential $\mathbf{A}_\mu(x)$ durch ein zusammengesetztes Vektorfeld, gebildet aus dem Elektron- und Neutrinofeld. Der Übergang eines Neutrons in ein Proton ließ sich ebenfalls leicht einbauen, wenn man nach Heisenberg Proton und Neutron als zwei Isospinzustände eines schweren Teilchens ansah. Die von Fermi postulierte Wechselwirkung lautete [7]

$$\mathbf{H}'_\beta = G \int d^3x \, (\bar{\mathbf{p}}(x) \, \gamma^\mu \mathbf{n}(x)) \, (\bar{\mathbf{e}}(x) \, \gamma_\mu \, \nu(x)) + \text{h.c.} \tag{21-3}$$

Dabei war G eine neue Fundamentalkonstante, die wir heute die *Fermi-Konstante* nennen. Ihre Dimension ist $(\text{Masse})^{-2}$. Aus dem Vergleich seiner Theorie mit den Daten der β-Zerfälle konnte Fermi schließen, daß die Neutrinomasse Null oder sehr klein sein mußte. Er erhielt auch eine Abschätzung für die Kopplungskonstante G:

$$G \cong 4 \cdot 10^{-50} \, \text{cm}^3 \text{erg} \doteq 0,3 \cdot 10^{-5} \, \text{GeV}^{-2},$$

die in der Größenordnung mit dem heute gültigen Wert

$$G \cong 1,1 \cdot 10^{-5} \, \text{GeV}^{-2}$$

übereinstimmt.

Der direkte experimentelle Nachweis des Antineutrinos als freiem Teilchen gelang erst viel später Reines und Mitarbeitern (Reines 1953, 1956, 1959). Sie hatten als Antineutrino-Quelle einen großen Reaktor zur Verfügung. Die bei der Kernspaltung entstehenden Spaltprodukte sind reich an Neutronen und erleiden häufig β-Zerfälle. Die dabei auftretenden Antineutrinos verlassen den Reaktor und können außerhalb nachgewiesen werden. Als Detektor diente ein großer Tank, gefüllt mit Wasser, dem verschiedene Salze beigemischt waren. Beobachtet wurde die zum β-Zerfall inverse Reaktion

$$\bar{\nu}_e + p \longrightarrow n + e^+. \tag{21-4}$$

Fermis Ansatz für die schwache Wechselwirkung als lokale Kopplung von vier Spin-$\frac{1}{2}$-Feldern war äußerst erfolgreich. Mit einigen Ergänzungen, die wir noch im einzelnen besprechen werden, beschreibt die Vier-Fermion-Kopplung bis heute fast alle Experimente zur schwachen Wechselwirkung!

Doch folgen wir weiter der historischen Entwicklung. Man sah sehr bald, daß Fermis Ansatz verallgemeinert werden mußte, um alle beobachteten β-Zerfälle zu beschreiben (Gamow 1936). Wenn wir bei der lokalen Vier-Fermion-Kopplung bleiben und Ableitungskopplungen der Einfachheit halber ausschließen, ergibt sich das Problem, auf wie viele Arten wir aus vier Fermi-Feldern eine Lagrange-Dichte $\mathscr{L}'$ der schwachen Wechselwirkung bilden können. Nach den Regeln von Abschnitt 3.4 erhalten wir dann $\mathbf{H}'_\beta$ als

$$\mathbf{H}'_\beta = - \int d^3x \, \mathscr{L}'(x).$$

---

[7] Hier und im folgenden bezeichnen wir mit $\mathbf{p}(x)$, $\mathbf{n}(x)$, $\mathbf{e}(x)$ ... die Feldoperatoren der entsprechenden Teilchen $p, n, e, \ldots$.

Von der Lagrange-Dichte müssen wir verlangen, daß sie sich wie ein Skalar bei Lorentz-Transformationen verhält. Unser Problem können wir daher mit Hilfe der Dirac-Kovariation (Abschnitt 4.3) leicht lösen. Das Elektron- und Neutrinofeld können zusammen einen Skalar-, Vektor-, Tensor-, Axialvektor- oder Pseudoskalarstrom (Gl. (4-80)) der allgemeinen Gestalt

$$\bar{\mathbf{e}}(x) \, \mathbf{M} \, \nu(x)$$

geben, wobei

$$\mathbf{M} = \mathbb{1}, \ \gamma^\mu, \ \sigma^{\mu\nu}, \ \gamma^\mu\gamma_5, \ \gamma_5. \tag{21-5}$$

Analoges gilt für Proton und Neutron. Ein Kandidat für die Lagrange-Dichte $\mathscr{L}'$ ist Fermis Ansatz, bei dem der p-n-Vektor mit dem e-ν-Vektor kontrahiert wird:

$$\mathscr{L}'(x) \propto (\bar{\mathbf{p}}(x) \, \gamma^\mu \mathbf{n}(x)) \, (\bar{\mathbf{e}}(x) \, \gamma_\mu \, \nu(x)). \tag{21-6}$$

Die allgemeinste Lagrange-Dichte, die sich wie ein Skalar bei eigentlichen orthochronen Lorentz-Transformationen verhält, ergibt sich durch Kontraktion des pn-Skalars mit dem eν-Skalar oder Pseudoskalar, des pn-Vektors mit dem eν-Vektor oder Axialvektor etc.:

$$\mathscr{L}'(x) = \sum_{j=1}^{5} \{g_j \, \bar{\mathbf{p}}(x) \, \mathbf{M}_j \, \mathbf{n}(x) \, \bar{\mathbf{e}}(x) \, \mathbf{M}_j' \, \nu(x)$$

$$+ \, g_j' \, \bar{\mathbf{p}}(x) \, \mathbf{M}_j \mathbf{n}(x) \, \bar{\mathbf{e}}(x) \, \mathbf{M}_j' \, \gamma_5 \, \nu(x)\} \, + \, \text{h.c.} \tag{21-7}$$

Dabei setzen wir für $j = 1, \ldots, 5$

$$\mathbf{M}_j \otimes \mathbf{M}_j' = \mathbb{1} \otimes \mathbb{1}, \ \gamma^\mu \otimes \gamma_\mu, \ \sigma^{\mu\nu} \otimes \sigma_{\mu\nu}, \ \gamma^\mu\gamma_5 \otimes \gamma_\mu\gamma_5, \ \gamma_5 \otimes \gamma_5, \tag{21-8}$$

und g_j, g_j' sind noch beliebig komplexe Kopplungskonstanten. Das entspricht zwanzig reellen Parametern. Man könnte fragen, ob eine andere Zusammenfassung der Felder, etwa die Kombination

$$(\bar{\mathbf{p}}(x) \, \nu(x)) \, (\bar{\mathbf{e}}(x) \, \mathbf{n}(x))$$

etwas Neues liefert. Wie sich zeigt, läßt sich diese Kopplung durch eine sogenannte Fierz-Transformation auf die in Gl. (21-7) angegebene Form bringen (Fierz 1937). Die explizite Gestalt der Fierz-Transformation geben wir in Anhang F an.

Wir diskutieren nun das Verhalten der Lagrange-Dichte Gl. (21-7) bei der Paritäts- und Zeitumkehr-Transformation. Unter Benutzung der Formeln von Abschnitt 4.5 findet man leicht, daß die Zeitumkehr-Invarianz reelle Kopplungskonstanten g_j und g_j' fordert. Verlangen wir auch Paritätsinvarianz, so dürfen keine Kopplungen der Form (Skalar mal Pseudoskalar), (Vektor mal Axialvektor) etc. auftreten, d.h. alle Konstanten g_j' müssen verschwinden.

Lange Zeit dachte man, daß die Parität eine erhaltene Quantenzahl auch bei schwachen Wechselwirkungen sei, und setzte $g_j' = 0$. Welche Kombination von Vektor-(V), Axialvektor-(A), Skalar-(S), Tensor-(T) und Pseudoskalarströmen (P) die Wechselwirkung koppelt, läßt sich experimentell durch das Studium der β-Zerfälle entscheiden. Durch einige falsche experimentelle Resultate schien es zunächst so, als würden Tensorströme (T) eine wichtige Rolle spielen.

21.2 Die Paritätsverletzung und die (V−A)-Theorie

Erst die Entdeckung der Paritätsverletzung und die darauffolgenden theoretischen und experimentellen Entwicklungen brachten Klarheit über die Struktur der Wechselwirkung im β-Zerfall. Der Anstoß hierzu kam aber nicht vom β-Zerfall selbst, sondern aus der Physik der seltsamen Teilchen. Man hatte zwei Teilchen entdeckt, die man damals τ und ϑ nannte, die in drei und zwei Pionen zerfielen:

$$\tau^+ \longrightarrow \pi^+\,\pi^+\,\pi^-\,,$$
$$\vartheta^+ \longrightarrow \pi^+\,\pi^0\,. \tag{21-9}$$

Aus der experimentellen Analyse folgte, daß der Endzustand im τ-Zerfall negative, der im ϑ-Zerfall positive Parität hatte. Kurioserweise ergab das Experiment für τ und ϑ gleiche Masse und gleiche Lebensdauer. Dieses Rätsel wurde von Lee und Yang genial gelöst, indem sie die Möglichkeit diskutierten, daß bei schwachen Reaktionen die Parität nicht erhalten ist (Lee 1956). Dem τ- und ϑ-Teilchen entsprechen dann bloß verschiedene Zerfallskanäle ein und desselben Teilchens, das wir heute K^+-Meson nennen,

$$K^+ \longrightarrow \pi^+\pi^+\pi^-,\ \pi^+\pi^0\,. \tag{21-10}$$

Lee und Yang konnten auch zeigen, daß alle bis dahin durchgeführten Experimente zum β-Zerfall eine mögliche Paritätsverletzung nicht ausschlossen. Sie schlugen neue Experimente vor, um die Frage der Paritätsverletzung im β-Zerfall zu klären. In der Tat zeigte sich, daß die Parität im β-Zerfall, allgemeiner bei schwachen Prozessen, nicht erhalten ist. Die Natur unterscheidet Rechts- von Linkssystemen (Wu 1957, Garwin 1957).

Diese Entwicklungen führten nun rasch zu einer Aufklärung der β-Zerfalls-Wechselwirkung. Die Lagrange-Dichte des β-Zerfalls läßt sich als Produkt eines $(V-A)$-Stroms für Elektron und Neutrino mit einem V- und A-Strom für Proton und Neutron schreiben:

$$\mathscr{L}'_\beta(x) = -\frac{G_\beta}{\sqrt{2}}\ \bar{\mathsf{p}}(x)\,\gamma^\lambda\left(1-\frac{g_A}{g_V}\,\gamma_5\right)\mathsf{n}(x)\,\bar{\mathsf{e}}(x)\,\gamma_\lambda\,(1-\gamma_5)\,\nu(x) + \text{h.c.} \tag{21-11}$$

Die zugehörige Hamilton-Funktion der Wechselwirkung ist

$$\mathsf{H}'_\beta = -\int \mathrm{d}^3x\,\mathscr{L}'_\beta(x).$$

Dabei sind G_β und g_A/g_V experimentell zu bestimmende Kopplungskonstanten. Ihre heute gültigen Werte sind (Wilkinson 1978, 1980)

$$\begin{aligned} G_\beta &= (1{,}14730 \pm 0{,}00064)\cdot 10^{-5}\,\text{GeV}^{-2}\,,\\ g_A/g_V &= 1{,}255 \pm 0{,}006\,. \end{aligned} \tag{21-12}$$

Wir sehen, daß Fermis ursprünglicher Ansatz (Gl. (21-3)) der Wirklichkeit schon recht nahe kam, wenn er auch noch keine Axialvektorströme enthielt und keine die Parität verletzenden Terme. Die in Gl. (21-11) auftretende Fermi-Konstante haben wir aus Gründen, die wir weiter unten näher besprechen wollen, mit dem Index β versehen. Die Form des Leptonstromes wurde in theoretischen Arbeiten von Salam, Landau und Lee und Yang postuliert (Salam 1957, Landau 1956a, b, Lee 1957). Die Kombination von Vektor und Axialvektor für den Neutron-Proton-Strom wurde von Feynman und Gell-Mann, Sudarshan und Marshak sowie Theis vorgeschlagen (Feynman 1958, Sudarshan 1957, Theis 1958). Diese Autoren postulierten sogar für die Hadronströme wie für die Leptonströme eine reine $(V-A)$-Struktur. Wie wir sehen werden, ist dies auf dem Niveau der Quarks tatsächlich der Fall.

Dem Leser, der Genaueres über die Geschichte der schwachen Wechselwirkung bis 1957 erfahren möchte, sei ein damals geschriebener Artikel von W. Pauli empfohlen (Pauli 1984).

Wir wollen uns den Leptonstrom näher ansehen. Dieser Strom ist bei einer Multiplikation des Neutrinofeldes (oder des Elektronfeldes) mit $-\gamma_5$ invariant. Bei der Ersetzung

$$\nu(x) \longrightarrow (-\gamma_5)\,\nu(x), \tag{21-13}$$

die wir heute eine chirale Transformation nennen, gilt

$$\bar{e}(x)\,\gamma_\lambda(1-\gamma_5)\,\nu(x) \longrightarrow \bar{e}(x)\,\gamma_\lambda(1-\gamma_5)\,\nu(x).$$

Transformationen mit γ_5, allerdings für Elektron- und Neutrinofeld gleichzeitig sind zuerst von Stech und Jensen betrachtet worden (Stech 1955). Man sieht leicht, daß Fermion-Massenterme bei solchen Transformationen nicht invariant sind. Es war ein wichtiger Schritt, der sich in der Folge vielfach bewährt hat, Invarianzen zu diskutieren, die der Theorie nur im Grenzfall verschwindender Massen zukamen.

Die strikte $(V-A)$-Form des Leptonstroms hat drastische Konsequenzen für die Neutrinos, die wir als masselos ansehen wollen. Das werden wir nun mit Hilfe der obigen γ_5-Transformation zeigen. Dazu betrachten wir die Dirac-Gleichung ohne Massenterm, zunächst für einen klassischen Dirac-Spinor $\psi(x)$:

$$i\gamma^\mu\partial_\mu\,\psi(x) = 0. \tag{21-14}$$

Wir sehen leicht, daß mit $\psi(x)$ auch $\gamma_5\,\psi(x)$ eine Lösung dieser Dirac-Gleichung ist,

$$i\gamma^\mu\partial_\mu\gamma_5\,\psi(x) = -\gamma_5\,i\gamma^\mu\partial_\mu\,\psi(x) = 0. \tag{21-15}$$

Für Masse Null können wir daher die Lösungen nach ihrem Verhalten bei Multiplikation mit γ_5 klassifizieren. Da

$$(\gamma_5)^2 = 1$$

ist, kommen als Eigenwerte nur ± 1 in Frage. Die entsprechenden Lösungen bezeichnen wir mit $\psi_\pm(x)$:

$$\gamma_5\,\psi_\pm(x) = \pm\,\psi_\pm(x). \tag{21-16}$$

Wie wir nun zeigen wollen, entsprechen diese Lösungen Teilchen bzw. Antiteilchen, deren Spins parallel oder antiparallel zur Impulsrichtung sind. Die Eigenwerte des Spins in der Impulsrichtung bezeichnet man als die *Helizität*. Zustände positiver und negativer Helizität kann man anschaulich als rechts- und linksschraubende Systeme betrachten (vgl. Bild 2-7).

Wir sehen uns die Lösungen der Dirac-Gleichung vom u-Typ (Gl. (4-38)) für Masse Null näher an. Ihre allgemeine Gestalt ist

$$\psi(x) = e^{-ipx}\,u(p), \tag{21-17}$$

wobei

$$u(p) = \sqrt{|\boldsymbol{p}|}\begin{pmatrix} \xi \\ \sigma\cdot\hat{\boldsymbol{p}}\,\xi \end{pmatrix}, \tag{21-18}$$

$$\hat{\boldsymbol{p}} = \frac{\boldsymbol{p}}{|\boldsymbol{p}|}$$

und ξ ein beliebiger Zweier-Spinor ist. Die Eigenzustände des Spins in der Impulsrichtung erhalten wir, wenn wir für ξ die Eigenvektoren von $\sigma\hat{p}$ wählen, die wir mit $\xi_{R,L}$ bezeichnen:

$$(\sigma\hat{p})\,\xi_{R,L} = \pm\,\xi_{R,L}. \tag{21-19}$$

Die Dirac-Spinoren mit $\xi = \xi_{R,L}$ in Gl. (21-18) seien $u_\pm(p)$. Man prüft leicht nach, daß dann gilt:

$$u_\pm(p) = \sqrt{|p|}\begin{pmatrix} \xi_{R,L} \\ \pm\,\xi_{R,L} \end{pmatrix},$$

$$\gamma_5\,u_\pm(p) = \pm\,u_\pm(p). \tag{21-20}$$

Die Spinoren $u_\pm(p)$ sind also Eigenzustände von γ_5. Für die Lösungen vom v-Typ finden wir nach Gl. (4-41), daß die Eigenzustände $v_\pm(p)$ von γ_5 die Gestalt

$$v_\pm(p) = -\sqrt{|p|}\begin{pmatrix} \pm\,\epsilon\,\xi^{*}_{L,R} \\ \epsilon\,\xi^{*}_{L,R} \end{pmatrix} \tag{21-21}$$

haben, wobei

$$\gamma_5\,v_\pm(p) = \pm\,v_\pm(p).$$

Nach unseren Überlegungen in Abschnitt 4.4, entspricht die Lösung u_- einem Teilchen mit Spin entgegengesetzt zur Bewegungsrichtung, einem *linkshändigen* Teilchen. Die Lösung v_- enthält aber nach Gl. (21-21) ξ^{*}_{R}. Das entspricht einem Antiteilchen mit Spin in der Bewegungsrichtung, d.h. einem *rechtshändigen* Antiteilchen. Bei den Lösungen zum Eigenwert $+1$ von γ_5, u_+ und v_+ ist es gerade umgekehrt.

Wir wollen noch kurz zeigen, daß für masselose Teilchen die Helizität eine Lorentz-invariante Eigenschaft ist, während dies für Teilchen mit Masse nicht gilt. Ein massives Teilchen können wir einholen, das heißt, auf Ruhe transformieren, sogar überholen, so daß es in umgekehrte Richtung läuft. Dabei ändert die Helizität ihr Vorzeichen, wenn wir drehungsfrei transformieren (Bild 21-1). Ein *masseloses* Teilchen können wir aber nie überholen. Seine Helizität bleibt erhalten.

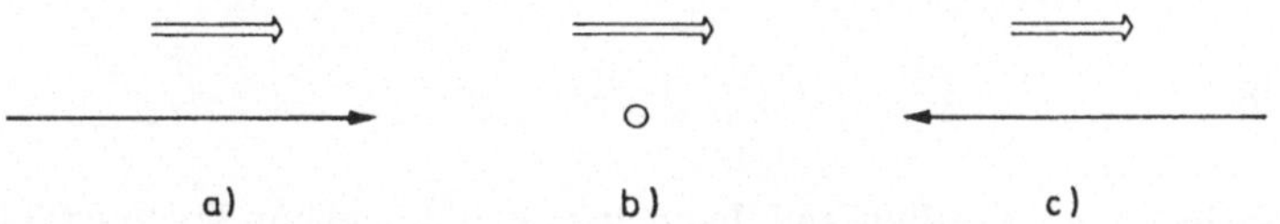

Bild 21-1 Drehungsfreie Lorentz-Transformation a) eines massiven Teilchens mit Helizität $+1/2$, b) auf Ruhe und c) auf entgegengesetzte Bewegungsrichtung, wobei sich die Helizität umkehrt. Die einfachen Pfeile deuten die Impulse, die Doppelpfeile die Spinrichtung an.

Wir kehren nun zur Lagrange-Dichte des β-Zerfalls (Gl. (21-11)) zurück und denken uns den Neutrino-Feldoperator nach Erzeugungs- und Vernichtungsoperatoren entwickelt. Dabei verwenden wir an Stelle der Basis u_s, v_s von Kapitel 4 die Helizitätsbasis $u_\pm$, $v_\pm$. Der Faktor $(1-\gamma_5)$ projiziert dann offenbar u_- und v_- heraus und wir erhalten:

$$\frac{1}{2}(1-\gamma_5)\,\nu(x) \equiv \nu_L(x)$$

$$= \int \frac{d^3p}{(2\pi)^3}\,\frac{1}{2p_0}\,\{e^{ipx}v_-(p)\,b^\dagger_R(p) + e^{-ipx}u_-(p)\,a_L(p)\}. \tag{21-22}$$

Dabei haben wir die Erzeugungs- und Vernichtungsoperatoren für rechtshändige Antineutrinos und linkshändige Neutrinos mit $b_R^\dagger$ und a_L bezeichnet. Den zugehörigen Feldoperator nennt man konventionellerweise ν_L. Im β-Zerfall treten also nach der Lagrange-Dichte (Gl. (21-11)) nur linkshändige Neutrinos oder rechtshändige Antineutrinos auf. Experimentelle Beweise dieser Tatsache werden wir bei der Besprechung des Pion-Zerfalls kennenlernen.

21.3 Die Universalität der schwachen Wechselwirkung und die Cabibbo-Theorie

Wir wollen nun eine andere Eigenschaft der schwachen Wechselwirkung besprechen, ihre *Universalität*. Das Myon war 1937 entdeckt und zunächst für das Yukawa-Teilchen, verantwortlich für die Kernkräfte, gehalten worden. Um 1947 wurde aber klar, daß das Myon keine starke Wechselwirkung zeigt und durch einen schwachen Prozeß zerfällt. Die hauptsächliche Zerfallsmode des μ^- ist

$$\mu^- \longrightarrow e^- + \bar{\nu}_e + \nu_\mu.$$

Dabei haben wir zwei Neutrinosorten ν_e und ν_μ eingeführt. Der experimentelle Nachweis der Existenz zweier Neutrinos gelang 1962 in Brookhaven in den USA (Danby 1962).

Aus der Lebensdauer des Myons konnte Puppi 1948 auf eine angenäherte Gleichheit der Kopplungskonstanten für den μ-Zerfall und den β-Zerfall schließen, auf eine Universalität der schwachen Wechselwirkung. Heute glauben wir, daß der μ-Zerfall durch folgende Wechselwirkungs-Lagrange-Dichte beschrieben wird:

$$\mathscr{L}'_\mu(x) = -\frac{G_\mu}{\sqrt{2}} \, \bar{\nu}_\mu(x) \, \gamma^\lambda (1 - \gamma_5) \, \mu(x) \, \bar{e}(x) \, \gamma_\lambda (1 - \gamma_5) \, \nu_e(x) + \text{h.c.} \qquad (21\text{-}23)$$

Der Wert für die Kopplungskonstante G_μ erweist sich experimentell als fast gleich dem Wert für G_β in Gl. (21-12). Eine neuere Analyse liefert (Bég 1982)

$$G_\mu = (1,16632 \pm 0,00002) \cdot 10^{-5} \, \text{GeV}^{-2},$$
$$\frac{G_\beta}{G_\mu} \cong 0,98. \qquad (21\text{-}24)$$

Diese Tatsache ist recht verblüffend, handelt es sich doch beim Myon um ein Punktteilchen, beim Neutron um ein Hadron mit innerer Struktur und einer Ausdehnung von etwa 10^{-13} cm. Etwas Analoges ist uns aber von der elektrischen Ladung her bekannt. Myon, Elektron und Proton haben bis aufs Vorzeichen dieselbe elektrische Gesamtladung, obwohl die Ladungsverteilungen ganz andere sind. Diese Analogie führte zu der Vorstellung, daß der hadronische Vektorstrom im β-Zerfall ähnliche Eigenschaften wie der elektromagnetische Strom haben sollte, zur Hypothese vom erhaltenen Vektorstrom (Conserved Vector Current-, CVC-Hypothese) (Gershtein 1956, Feynman 1958). Wir wollen hier diese Entwicklungen nicht näher verfolgen, sondern das Problem der Universalität gleich vom modernen Standpunkt betrachten.

In den fünfziger und sechziger Jahren entdeckte man eine Fülle neuer Hadronen, darunter auch viele, die durch schwache Wechselwirkung zerfielen. Wir geben einige Beispiele.

(i)   Schwache Zerfälle von Hadronen, bei denen Leptonen auftreten (semileptonische Prozesse)

$$\pi^+ \longrightarrow \mu^+ + \nu_\mu, \; e^+ + \nu_e$$
$$\pi^+ \longrightarrow \pi^0 + e^+ + \nu_e$$
$$K^+ \longrightarrow \mu^+ + \nu_\mu, \; e^+ + \nu_e \tag{21-25}$$
$$\Lambda \longrightarrow p + e^- + \bar{\nu}_e$$
$$\Sigma^+ \longrightarrow \Lambda + e^+ + \nu_e$$

(ii)   Schwache Zerfälle von Hadronen in Hadronen (nichtleptonische Prozesse)

$$K^+ \longrightarrow \pi^+ + \pi^+ + \pi^-, \; \; \pi^+ + \pi^0$$
$$K^0 \longrightarrow \pi^+ + \pi^-$$
$$\Lambda \longrightarrow p + \pi^-, \; \; n + \pi^0 \tag{21-26}$$
$$\Sigma^+ \longrightarrow p + \pi^0, \; \; n + \pi^+.$$

Es erhebt sich die Frage, ob wir für jedes neue Hadron einen neuen Term in der β-Zerfalls-Wechselwirkung mit entsprechenden Hadronfeldern einführen wollen. Das würde uns offensichtlich eine unübersehbare Fülle von Kopplungskonstanten liefern. Schon frühzeitig erkannte man aber, daß in der schwachen Wechselwirkung nur einige Hadron*ströme* mit ganz bestimmten Quantenzahlen eine Rolle spielen (Feynman 1958). Damals mußten aber die Existenz und die Eigenschaften dieser Ströme postuliert werden, da man noch keine zu Grunde liegende Theorie der Hadronen besaß. Der wirkliche Fortschritt im physikalischen Verständnis der schwachen Prozesse, bei denen Hadronen beteiligt waren, kam erst, als man begann, die Hadronen als Bindungszustände von Konstituenten, von Quarks, aufzufassen. Damit ließen sich die β-Zerfälle der Hadronen zurückführen auf elementare Quarkreaktionen, ganz ähnlich wie man die β-Zerfälle der Kerne auf die Zerfälle der gebundenen Nukleonen zurückführte. Nach diesen Vorstellungen ist die elementare Quarkreaktion, die zum Beispiel dem β-Zerfall des Neutrons zu Grunde liegt, der Übergang eines d- in ein u-Quark unter Aussendung eines Elektron-Neutrino-Paares

$$d \longrightarrow u + e^- + \bar{\nu}_e. \tag{21-27}$$

Im Neutronzerfall findet diese Reaktion für ein gebundenes d-Quark statt,

$$n \sim (d\,d\,u) \longrightarrow (p \sim (d\,u\,u)) + e^- + \bar{\nu}_e. \tag{21-28}$$

Derselbe Quark-Prozeß (Gl. (21-27)) beschreibt nach Hinüberkreuzen des u-Quarks in den Anfangszustand auch den Zerfall $\pi^- \longrightarrow e^- + \bar{\nu}_e$,

$$\pi^- \sim (\bar{u}\,d) \longrightarrow e^- + \bar{\nu}_e. \tag{21-29}$$

Die Lagrange-Dichte für diese β-Prozesse kennen wir heute recht gut aus dem detaillierten Studium von Zerfällen und besonders von Neutrino-Reaktionen. Sie hat die Gestalt

$$\mathscr{L}'_\beta(x) = -\frac{G_\beta}{\sqrt{2}}\, \bar{u}(x)\, \gamma^\lambda (1 - \gamma_5)\, d(x)$$

$$\cdot [\bar{e}(x)\, \gamma_\lambda (1 - \gamma_5)\, \nu_e(x) + \bar{\mu}(x)\, \gamma_\lambda (1 - \gamma_5)\, \nu_\mu(x)] + \text{h.c.} \tag{21-30}$$

Dabei haben wir auch gleich die Kopplung an das Myon und sein Neutrino dazugenommen. Wie sich herausstellt, koppeln der myonische und elektronische Strom mit gleicher Stärke (μ-e-Universalität).

Das Quarkbild erlaubt es uns, eine einfache Wechselwirkung für die Vielfalt der hadronischen schwachen Zerfälle anzuschreiben und direkt mit der Wechselwirkung des Myonzerfalls zu vergleichen (Gl. (21-23)). Die Analogie ist in der Tat beinahe vollkommen bis auf die kleine Diskrepanz in den Kopplungskonstanten (Gl. (21-24)).

Unsere Wechselwirkung (Gl. (21-30)) kann noch nicht die ganze Wahrheit sein, denn durch sie wird die Strangeness nicht geändert. Mit dem Elementarprozeß Gl. (21-27) können wir zum Beispiel den Zerfall des K^+-Mesons

$$K^+ \longrightarrow \mu^+ + \nu_\mu \tag{21-31}$$

nicht erklären. Nach dem Vorschlag von Cabibbo bauen wir die Zerfälle der seltsamen Teilchen dadurch ein, daß wir – in der heutigen Sprechweise – das d-Quarkfeld in Gl. (21-30) durch eine Linearkombination von d- und s-Quarkfeldern ersetzen:

$$\mathbf{d} \longrightarrow \mathbf{d}' = \cos \vartheta_C \, \mathbf{d} + \sin \vartheta_C \, \mathbf{s}. \tag{21-32}$$

Dabei ist ϑ_C der aus dem Experiment zu bestimmende Cabibbo-Winkel (Cabibbo 1963). (Cabibbo hat die obige Hypothese natürlich mit Hilfe der Ströme formuliert. Das Quarkmodell wurde ja erst 1964 eingeführt.) Das Cabibbo-gedrehte Quark $\mathbf{d}'$ soll dann mit derselben Stärke wie das Myon in seinem Zerfall koppeln. Damit ergibt sich der Ansatz

$$\mathscr{L}'(x) = -\frac{G_\mu}{\sqrt{2}} \, \bar{\mathbf{u}}(x) \, \gamma^\lambda \, (1-\gamma_5) \, [\cos \vartheta_C \, \mathbf{d}(x) + \sin \vartheta_C \, \mathbf{s}(x)]$$

$$\cdot \, [\bar{\mathbf{e}}(x) \, \gamma_\lambda (1-\gamma_5) \, \nu_e(x) + \bar{\mu}(x) \, \gamma_\lambda (1-\gamma_5) \, \nu_\mu(x)] + \text{h.c.} \tag{21-33}$$

Als neuen Elementarprozeß haben wir nun den Übergang eines s- in ein u-Quark unter Emission eines Leptonpaares mit einer Amplitude proportional $\sin \vartheta_C$,

$$\mathbf{s} \longrightarrow \mathbf{u} + \ell^- + \bar{\nu}_\ell, \qquad (\ell = e, \mu). \tag{21-34}$$

Diese Kopplung erlaubt beispielsweise den folgenden K-Zerfall:

$$K^- \sim (\mathbf{s}\bar{\mathbf{u}}) \longrightarrow \mu^- + \bar{\nu}_\mu. \tag{21-35}$$

Durch den Cabibbo-Ansatz (Gl. (21-33)) wurden die Zerfälle der seltsamen Teilchen und die Abweichung der Werte der Konstanten G_β und G_μ in Beziehung gesetzt. Experimentell bewährt sich das gut. Aus Gl. (21-24) folgern wir:

$$\frac{G_\beta}{G_\mu} = \cos \vartheta_C \cong 0{,}98. \tag{21-36}$$

Aus der Analyse der Zerfälle der K-Mesonen und der Baryonen mit Strangeness ergibt sich andererseits, wie wir in Abschnitt 23.4 sehen werden

$$\begin{aligned} \sin \vartheta_C &\cong 0{,}21, \\ \cos \vartheta_C &= \sqrt{1 - \sin^2 \vartheta_C} \cong 0{,}98, \end{aligned} \tag{21-37}$$

in sehr guter Übereinstimmung mit Gl. (21-36).

21.4 Die neutralen Ströme, die W- und Z-Bosonen und die Glashow-Weinberg-Salam-Theorie

Die Cabibbo-Gestalt der Wechselwirkung (Gl. (21-33)) war sehr erfolgreich. Sie beschrieb alle bis 1973 bekannten semileptonischen Zerfälle und Reaktionen. Wie man die nichtleptonischen Zerfälle zu beschreiben hatte, wurde heftig diskutiert. Da die Berechnungen dort aber sehr schwierig sind, ist diese Frage im Grunde bis heute nicht ganz geklärt. Im Jahre 1973 wurden aber in Neutrino-Reaktionen die sogenannten *neutralen Ströme* entdeckt (Hasert 1973a, b, 1974). Dabei handelte es sich sowohl um einen rein leptonischen Prozeß

$$\bar{\nu}_\mu + e^- \longrightarrow \bar{\nu}_\mu + e^-, \tag{21-38}$$

als auch um semileptonische Prozesse, die im Quarkbild der elastischen Streuung eines Neutrinos oder Antineutrinos an einem Quark entsprechen,

$$\begin{aligned}
\nu_\mu + u &\longrightarrow \nu_\mu + u, \\
\nu_\mu + d &\longrightarrow \nu_\mu + d, \\
\bar{\nu}_\mu + u &\longrightarrow \bar{\nu}_\mu + u, \\
\bar{\nu}_\mu + d &\longrightarrow \bar{\nu}_\mu + d
\end{aligned} \tag{21-39}$$

und den analogen Reaktionen für Antiquarks. Dabei wird die Quarkladung, allgemeiner die Flavor der beteiligten Quarks und Leptonen nicht geändert, weshalb man von Reaktionen über neutrale Ströme spricht.

Bei den früher betrachteten Reaktionen (Gln. (21-27), (21-34)) wird dagegen die Quarkladung geändert. Man spricht dort von Reaktionen über geladene Ströme. Wenig später wurde mit der Entdeckung des J/ψ-Teilchens (Aubert 1974, Augustin 1974) und der Charm-Teilchen (Cazzoli 1975, Goldhaber 1976) das Quarkbild um das vierte Quark, das c-Quark, bereichert.

Diese Entdeckungen waren in der Tat von der Theorie vorhergesagt worden und führten zu einem großen Fortschritt in unserem Verständnis der Kräfte, die zwischen den Elementarteilchen wirken. Insbesondere gelang es, ein einheitliches Bild der schwachen und elektromagnetischen Wechselwirkung zu schaffen.

Der Ausgangspunkt dieser Überlegungen ist wieder sehr alt. In der schwachen Wechselwirkung haben wir eine Strom-Strom-Kopplung, wie sie schon Fermi betrachtet hat (Gl. (21-3)). In der QED andererseits koppelt der Strom an ein Bose-Feld (Gl. (21-1)). Es war Yukawa, der als erster die Möglichkeit diskutierte, daß die schwache Wechselwirkung ebenfalls primär durch die Kopplung eines Stroms an ein Boson beschrieben werden könnte, das nun im Gegensatz zur QED massiv sein mußte (Yukawa 1935). Sein Schluß war etwa folgender: Betrachten wir die Elektron-Elektron-Streuung. Nach der QED wird sie durch den Austausch eines Photons beschrieben (Bild 21-2a). Für nichtrelativistische Elektronen liefert der Ein-Photon-Austausch das Coulomb-Potential mit unendlicher Reichweite

$$V_{\text{Coul.}}(r) = \frac{e^2}{4\pi r}. \tag{21-40}$$

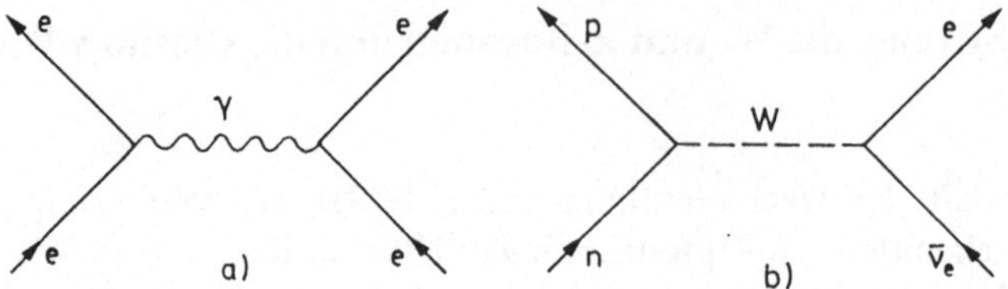

Bild 21-2 Die Graphen a) für die Elektron-Elektron-Streuung über den Austausch eines Photons
und b) für den β-Zerfall des Neutrons über Austausch eines W-Bosons

Ersetzen wir für die schwache Wechselwirkung das Photon durch ein massives Boson, das
wir W-Boson nennen wollen (Bild 21-2b), so wird aus dem Coulomb-Potential das Yukawa-
Potential

$$V_{\text{Yuk.}}(r) = \frac{g^2}{4\pi r}\, e^{-m_{\text{W}} r}. \tag{21-41}$$

Dabei ist g wieder eine dimensionslose Kopplungskonstante analog zur elektromagnetischen
Kopplungskonstanten e. Machen wir das W-Boson sehr schwer, so können wir das Yukawa-
Potential durch eine δ-Funktion approximieren:

$$\frac{g^2}{4\pi r}\, e^{-m_{\text{W}} r} \xrightarrow[m_{\text{W}} \to \infty]{} \frac{g^2}{m_{\text{W}}^2}\, \delta^3(x). \tag{21-42}$$

Aus dem Diagramm in Bild 21-2b wird dann eine Punktkopplung zweier Ströme, genau wie
sie Fermi betrachtete. Für die Fermi-Konstante ergibt sich

$$G \propto \frac{g^2}{m_{\text{W}}^2}. \tag{21-43}$$

Nehmen wir weiter an, daß die fundamentale Kopplung für das W-Boson und das Photon
von derselben Größe ist,

$$g^2 \cong e^2 = 4\pi\alpha, \tag{21-44}$$

so erhalten wir auch eine Abschätzung für die Masse der schweren Bosonen

$$m_{\text{W}} \cong \sqrt{4\pi\alpha/G} \cong 90\,\text{GeV}. \tag{21-45}$$

In der Tat hat das W-Boson, wie wir heute wissen, eine Masse von etwa 80 GeV. Es nimmt
Yukawas Idee nichts von ihrer Bedeutung, daß er Kernkräfte und schwache Kräfte durch
Austausch desselben Bosons beschreiben wollte. Wie weit er vorausblickte, läßt sich daran
ermessen, daß die Suche nach den Bosonen der schwachen Wechselwirkung erst 1983 durch
Experimente am Proton-Antiproton-Speicherring Sp$\bar{\text{p}}$S im CERN Erfolg hatte, wie wir noch
ausführlich diskutieren wollen.

Die Entwicklung des Gedankens, Bosonen für die schwache Wechselwirkung verantwortlich zu machen, war dann lange Zeit eine eher esoterische Beschäftigung von Theoreti-
kern. Bemerkenswert ist, daß O. Klein schon 1938 eine Theorie der β-Prozesse niederschrieb,
die mit selbstgekoppelten Vektorfeldern, die wir heute Yang-Mills-Felder nennen, arbeitete
(Klein 1939). Die moderne Version der Theorie wurde in Arbeiten von Glashow 1961, Weinberg 1967 und Salam 1968 niedergeschrieben. Dabei wurden aber viele wichtige Ideen
anderer Physiker mit verwertet. Der Einbau der Quarks in die Theorie gelang nach einem

Vorschlag von Glashow, Iliopoulos und Maiani (Glashow 1970, Weinberg 1972). Diese Entwicklungen führten dazu, daß wir heute eine renormierbare Theorie haben, welche die schwache und die elektromagnetische Wechselwirkung gemeinsam beschreibt, die Quantenflavordynamik (QFD). Als Theorie der starken Wechselwirkung haben wir in Teil III die QCD kennengelernt. Die QFD und die QCD zusammen bilden eine Theorie aller bekannten elementaren Wechselwirkungen außer der Gravitation. Diese Theorie bezeichnen wir als das *Standardmodell* der Elementarteilchen-Physik. Ein Ziel dieses Teils ist es, das Standardmodell vorzustellen und zu zeigen, wie es sich im Vergleich mit dem Experiment bewährt.

Aufgabe

21.1   Leiten Sie die Einschränkungen für die Kopplungskonstanten g_j, g_j' in Gl. (21-7) her, die bei Annahme der Invarianz der schwachen Wechselwirkung unter der Paritäts-, Ladungskonjugations- oder Zeitumkehr-Transformation folgen. Zeigen Sie, daß die CPT-Invarianz stets gültig ist und keine Einschränkungen für g_j und g_j' liefert.

22   Die Lagrange-Dichten der Quantenflavordynamik und des Standardmodells

22.1   Die Eichgruppen der elektroschwachen Wechselwirkung

Wir betrachten heute Leptonen und Quarks als fundamentale Fermionen und ordnen sie in drei Familien an (Tabelle 22-1). Erste experimentelle Evidenz für das Top-Quark (t) mit einer Masse von etwa 40 GeV wurde 1984 bekanntgegeben (Arnison 1984e). Die Leptonen und Quarks von Tabelle 22-1 bezeichnet man als verschiedene Flavor-Spezies. Die Quarks tragen zusätzlich noch den Farbfreiheitsgrad. Die Massen dieser Fundamentalteilchen haben wir ebenfalls angegeben. Für die genaue Definition von Massen für Quarks, die wir ja nicht als freie Teilchen kennen, verweisen wir auf Gasser 1982. Die Neutrinomassen wollen wir zu Null annehmen, obwohl die experimentellen oberen Grenzen außer für das Elektronneutrino keineswegs besonders niedrig sind.

Wir erinnern nun daran, daß wir in Teil III zur Aufstellung der Lagrange-Dichten der Quantenelektrodynamik und der Quantenchromodynamik Eichprinzipien herangezogen haben. Ganz ähnlich wollen wir hier vorgehen. Wir betrachten zunächst bloß das Elektron und sein Neutrino. Jedem dieser Teilchen entspricht ein Dirac-Feldoperator. Vom Neutrino wissen wir bereits, daß im β-Zerfall nur der linkshändige Anteil ν_{e_L} koppelt (Gl. (21-22)).

Tabelle 22-1 Die fundamentalen Teilchen in der Quantenflavordynamik. Die Leptonen und Quarks, die fundamentalen Fermionen, werden in drei Familien angeordnet. Die Fermionen einer Spalte bilden je eine Familie. Die Massen der Teilchen in MeV bzw. die Massenschranken sind ebenfalls angegeben. Die Werte für die Leptonen und Eichbosonen sind zitiert nach Particle Data Group 1984. Die Werte für die Quarks u, d, s entsprechen den „laufenden Quarkmassen" beim Normierungspunkt 1 GeV, die Werte für das c- und b-Quark haben als Normierungspunkt die jeweilige Quarkmasse und sind zitiert nach Gasser 1982. Die t-Quarkmasse ist zitiert nach Arnison 1984e. Die untere Schranke für die Masse des Higgs-Bosons ist aus einer experimentellen oberen Schranke für den Zerfall $\eta' \longrightarrow \eta\,\mu^+\mu^-$ bei Dzhelyadin 1981 abgeleitet.

	Teilchen, Masse in MeV						Ladung
Leptonen	ν_e	$< 0{,}000046$	ν_μ	$< 0{,}50$	ν_τ	< 164	0
	e	$0{,}5110034$ $\pm\, 0{,}0000014$	μ	$105{,}65932$ $\pm\, 0{,}00029$	τ	$1784{,}2$ $\pm\, 3{,}2$	-1
Quarks	u	$4{,}5 \pm 1{,}4$	c	1270 $\pm\, 50$	t	$40\,000$ $\pm\, 10\,000$	$+2/3$
	d	$7{,}9 \pm 2{,}4$	s	155 ± 50	b	$4\,250$ $\pm\, 100$	$-1/3$
Eichbosonen	γ	$< 3 \cdot 10^{-33}$					0
	$W^\pm$	$80\,800$ $\pm\, 2\,700$					± 1
	Z	$92\,900$ $\pm\, 1\,600$					0
Higgs-Boson	?	> 409					0

Auch den Dirac-Feldoperator für das Elektron können wir in einen „linkshändigen" und „rechtshändigen" Anteil zerlegen, indem wir setzen:

$$\mathbf{e}(x) = \mathbf{e}_L(x) + \mathbf{e}_R(x), \tag{22-1}$$

wobei

$$\mathbf{e}_L(x) = \frac{1}{2}(1 - \gamma_5)\,\mathbf{e}(x),$$

$$\mathbf{e}_R(x) = \frac{1}{2}(1 + \gamma_5)\,\mathbf{e}(x). \tag{22-2}$$

Für das massive Elektron sind natürlich $\mathbf{e}_L$ und $\mathbf{e}_R$ *nicht* Lösungen der Dirac-Gleichung, und der strikte Zusammenhang zwischen Helizität und Eigenwert von γ_5 gilt nicht.

Nun ist die Elektronmasse aber sehr klein im Vergleich zu typischen Energieskalen der Hochenergiephysik von einigen GeV. Es liegt nahe, eine Approximation an die wirkliche Welt zu betrachten, bei der das Elektron masselos ist. Wir wollen uns gleich noch vorstellen, daß wir auch die elektromagnetische und schwache Kopplung „abschalten". Wir verbleiben dann mit drei Feldern

$$\nu_{e_L}, \quad \mathbf{e}_L, \quad \mathbf{e}_R.$$

Die Lagrange-Dichte für diese freien Dirac-Felder ist

$$\mathscr{L}_0(x) = (\bar{\nu}_{e_L}(x),\ \bar{e}_L(x))\ (i\gamma^\lambda \partial_\lambda)\ \begin{pmatrix} \nu_{e_L}(x) \\ e_L(x) \end{pmatrix} + \bar{e}_R(x)\, i\gamma^\lambda \partial_\lambda\, e_R(x). \qquad (22\text{-}3)$$

Wir haben weitgehende Symmetrie zwischen dem linkshändigen Neutrino- und Elektronfeld, während das rechtshändige Elektronfeld sein Eigenleben führt. Physikalisch können wir in der betrachteten Approximationswelt nicht zwischen einem linkshändigen Neutrino und linkshändigen Elektron unterscheiden. Mathematisch gesehen ist die Lagrange-Dichte (Gl. (22-3)) invariant bei beliebigen SU(2)-Drehungen im Raum von ν_{e_L} und e_L. Machen wir die Ersetzung

$$\begin{pmatrix} \nu_{e_L}(x) \\ e_L(x) \end{pmatrix} \longrightarrow U \begin{pmatrix} \nu_{e_L}(x) \\ e_L(x) \end{pmatrix}, \qquad (22\text{-}4)$$

wobei U eine beliebige von x unabhängige Matrix aus der Gruppe SU(2) ist, so gilt:

$$\mathscr{L}_0(x) \longrightarrow \mathscr{L}_0(x).$$

Wir wollen nun wieder den Gesichtspunkt der Lokalität ins Spiel bringen. Die Lagrange-Dichte $\mathscr{L}_0$ ist bloß invariant, wenn wir Neutrino und Elektron an allen Orten und zu allen Zeiten gleicherweise redefinieren. Die Konsequenz wäre, daß die Grundgleichungen für Elektron und Neutrino auf der Erde davon abhingen, was ein Beobachter im Andromedanebel als Elektron, was als Neutrino anspricht. Wie wir diese unphysikalisch anmutende Situation vermeiden können, haben wir schon im Rahmen der QCD diskutiert. Wir postulieren Invarianz der Theorie unter *lokalen* SU(2)-Transformationen:

$$\begin{pmatrix} \nu_{e_L}(x) \\ e_L(x) \end{pmatrix} \longrightarrow U(x) \begin{pmatrix} \nu_{e_L}(x) \\ e_L(x) \end{pmatrix}, \qquad (22\text{-}5)$$

wobei $U(x) \in SU(2)$ für alle x gelte. Dann ist die Lagrange-Dichte $\mathscr{L}_0$ (Gl. (22-3)) zwar nicht mehr invariant, aber wir können die Invarianz durch Einführen von Vektorfeldern retten. Wir brauchen soviel reelle Vektorfelder, wie die Invarianzgruppe Erzeugende hat, im Fall der SU(2)-Gruppe also drei. Die resultierende Lagrange-Dichte können wir ebenfalls aus Teil III, Abschnitt 19.1, abschreiben.

Als Erzeugende der SU(2)-Gruppe für die Fundamentaldarstellung haben wir die Pauli-Matrizen τ_1, τ_2, τ_3. Die zugehörigen Vektorfelder bezeichnen wir mit W_λ^1, W_λ^2, W_λ^3 und fassen sie zu einer hermiteschen spurlosen 2×2-Matrix

$$W_\lambda(x) = W_\lambda^a(x)\, \frac{\tau_a}{2} \qquad (22\text{-}6)$$

zusammen. Die Matrix der Feldstärken definieren wir als

$$W_{\lambda\rho}(x) = \partial_\lambda W_\rho(x) - \partial_\rho W_\lambda(x) + ig\,[W_\lambda(x), W_\rho(x)]$$

$$= W_{\lambda\rho}^a(x)\, \frac{\tau_a}{2}, \qquad (22\text{-}7a)$$

wobei

$$W_{\lambda\rho}^a(x) = \partial_\lambda W_\rho^a(x) - \partial_\rho W_\lambda^a(x) - g\,\epsilon_{abc}\, W_\lambda^b(x)\, W_\rho^c(x). \qquad (22\text{-}7b)$$

Hier sind ϵ_{abc} die Strukturkonstanten der SU(2)-Gruppe, und g ist eine Eichkopplungskonstante. Die Lagrange-Dichte für Elektron-, Neutrino- und W-Felder wäre dann (s. Gl. (19-22))

$$\mathscr{L}(x) = -\frac{1}{2}\,\mathrm{Sp}\,(\mathbf{W}_{\lambda\rho}(x)\,\mathbf{W}^{\lambda\rho}(x))$$

$$+ (\bar{\nu}_{e_L}(x),\ \bar{e}_L(x))\,i\gamma^\lambda\,(\partial_\lambda + ig\mathbf{W}_\lambda)\begin{pmatrix}\nu_{e_L}(x)\\ e_L(x)\end{pmatrix}$$

$$+ \bar{e}_R(x)\,i\gamma^\lambda\partial_\lambda\,e_R(x). \tag{22-8}$$

Genau wie in Teil III überzeugt man sich, daß diese Lagrange-Dichte invariant bei SU(2)-Eichtransformationen ist, d.h. bei allen Ersetzungen der Gestalt

$$\mathbf{W}_\lambda(x) \longrightarrow \mathbf{U}(x)\,\mathbf{W}_\lambda(x)\,\mathbf{U}^+(x) - \frac{i}{g}\,\mathbf{U}(x)\,\partial_\lambda\,\mathbf{U}^+(x),$$

$$\begin{pmatrix}\nu_{e_L}(x)\\ e_L(x)\end{pmatrix} \longrightarrow \mathbf{U}(x)\begin{pmatrix}\nu_{e_L}(x)\\ e_L(x)\end{pmatrix}, \tag{22-9}$$

$$e_R(x) \longrightarrow e_R(x),$$

wobei $\mathbf{U}(x) \in SU(2)$ für alle x verlangt wird, gilt:

$$\mathscr{L}(x) \longrightarrow \mathscr{L}(x).$$

Die Eichgruppe, die wir eben eingeführt haben, bezeichnen wir als schwache Isospingruppe. Die Felder ν_{e_L}, e_L bilden ein schwaches Dublett, das Feld e_R ein Singulett. Physikalisch hat diese Gruppe *nichts* mit dem Isospin der starken Wechselwirkung zu tun.

Sehen wir uns nun die $\nu - e - W$-Kopplung näher an, die uns die Forderung der SU(2)-Eichinvarianz beschert hat. Wir setzen

$$\mathbf{W}_\lambda^\pm = \frac{1}{\sqrt{2}}\,(\mathbf{W}_\lambda^1 \mp i\mathbf{W}_\lambda^2) \tag{22-10}$$

und erhalten aus Gl. (22-8) für den Kopplungsterm

$$\mathscr{L}_{\nu eW} = -g\,(\bar{\nu}_{e_L},\bar{e}_L)\,\gamma^\lambda\,\mathbf{W}_\lambda^a\,\frac{\tau_a}{2}\begin{pmatrix}\nu_{e_L}\\ e_L\end{pmatrix}$$

$$= -g\,(\bar{\nu}_{e_L},\bar{e}_L)\,\gamma^\lambda\,\frac{1}{2}\begin{pmatrix}\mathbf{W}_\lambda^3 & \sqrt{2}\,\mathbf{W}_\lambda^+\\ \sqrt{2}\,\mathbf{W}_\lambda^- & -\mathbf{W}_\lambda^3\end{pmatrix}\begin{pmatrix}\nu_{e_L}\\ e_L\end{pmatrix}$$

$$= -\frac{g}{2}\,\{\mathbf{W}_\lambda^3\,(\bar{\nu}_{e_L}\,\gamma^\lambda\,\nu_{e_L} - \bar{e}_L\,\gamma^\lambda\,e_L) + \sqrt{2}\,\mathbf{W}_\lambda^+\,\bar{\nu}_{e_L}\,\gamma^\lambda\,e_L$$

$$+ \sqrt{2}\,\mathbf{W}_\lambda^-\,\bar{e}_L\,\gamma^\lambda\,\nu_{e_L}\}. \tag{22-11}$$

Wir wollen zunächst die Terme mit $\mathbf{W}_\lambda^\pm$ interpretieren. Die Felder $\mathbf{W}_\lambda^a$ ($a = 1, 2, 3$) waren reell, bzw. in der quantisierten Version hermitesch. Es gilt daher:

$$\mathbf{W}_\lambda^+ = (\mathbf{W}_\lambda^-)^+. \tag{22-12}$$

Ausgedrückt durch Erzeugungs- und Vernichtungsoperatoren bewirkt das Feld $\mathbf{W}_\lambda^-\,(\mathbf{W}_\lambda^+)$ die Vernichtung von $W^-\,(W^+)$-Teilchen und Erzeugung von $W^+\,(W^-)$-Teilchen. In der Sprache der Feynman-Diagramme beschreibt die Kopplung Gl. (22-11) die Umwandlung eines Neu-

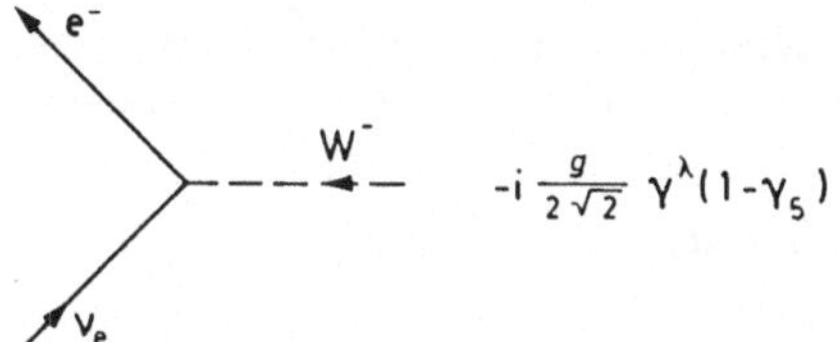

Bild 22-1 Die elementare Kopplung Elektron, Elektronneutrino und W-Boson nach Gl. (22-11); Feynman-Diagramm und analytischer Ausdruck

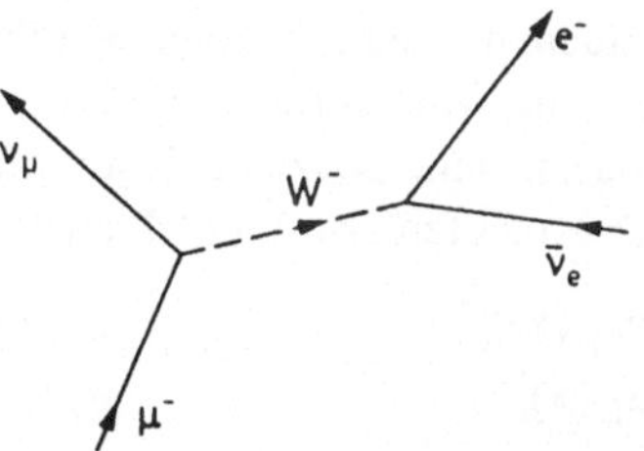

Bild 22-2 Der Graph für den Zerfall $\mu^- \to e^- + \bar{\nu}_e + \nu_\mu$ mit Zwischenboson W

trinos in ein Elektron unter Absorption eines W^--Teilchens bzw. alle gekreuzten Elementarprozesse (Bild 22-1). Wir bemerken, daß der auftretende ν_e-e-Strom bereits die $\gamma^\lambda(1-\gamma_5)$-Struktur hat, die wir bei der Besprechung des β-Zerfalls und des μ-Zerfalls gefunden haben (Gln. (21-11), (21-23)). Nehmen wir weiter Elektron-Myon-Universalität an, so koppeln das Myon und sein Neutrino genauso wie das Elektron und sein Neutrino an das W-Boson. Wir erhalten dann für den μ-Zerfall den in Bild 22-2 gezeigten Graphen in niedrigster Ordnung von g.

Dies sieht auf den ersten Blick schon recht gut aus. Das SU(2)-Eichprinzip scheint uns auf natürliche Weise zu schwachen Prozessen zu führen, bei denen die beteiligten Ströme auch die richtige $(V - A)$-Struktur haben. Wir müssen nur noch das W-Boson sehr massiv machen, dann erhalten wir mit Yukawas Überlegung (Gl. (21-42)) bei niederen Energien effektiv eine punktförmige Vier-Fermion-Kopplung.

Leider ist in der Lagrange-Dichte Gl. (22-8) noch nichts in Sicht, das dem W-Boson Masse geben könnte. Auch der Elektromagnetismus fehlt noch. Das Boson W_λ^3 koppelt nach Gl. (22-11) an das linkshändige Neutrino ν_{e_L} und das linkshändige Elektron e_L, aber nicht ans rechthändige Elektron e_R. Wir können daher W_λ^3 *nicht* mit dem Photonfeld identifizieren. Das Photon koppelt ja *nicht* an das Neutrino, sondern an das links- und rechtshändige Elektron. Die entsprechende Lagrange-Dichte der Wechselwirkung ist nach Gl. (9-5)

$$\mathcal{L}'_{em} = e \cdot \bar{e}(x)\,\gamma^\lambda\,e(x)\,A_\lambda(x)$$

$$= e \cdot \{\bar{e}_R(x)\,\gamma^\lambda\,e_R(x) + \bar{e}_L(x)\,\gamma^\lambda\,e_L(x)\}\,A_\lambda(x). \tag{22-13}$$

Dabei ist e die Positronladung $(e > 0)$.

Wir wollen zuerst besprechen, wie wir den Elektromagnetismus einbauen. Dazu gehen wir zur Lagrange-Dichte der freien Felder (Gl. (22-3)) zurück. Wir haben bisher nur die Invarianz unter SU(2)-Transformationen betrachtet, $\mathcal{L}_0(x)$ ist aber auch noch invariant unter zwei Phasentransformationen, entsprechend zwei U(1)-Gruppen. Machen wir nämlich die Ersetzungen

$$\begin{pmatrix} \nu_{e_L}(x) \\ e_L(x) \end{pmatrix} \longrightarrow e^{+i\varphi'} \cdot \begin{pmatrix} \nu_{e_L}(x) \\ e_L(x) \end{pmatrix},$$

$$e_R(x) \longrightarrow e^{+i\varphi}\,e_R(x), \tag{22-14}$$

wobei φ und φ' konstante Phasen sind, so gilt $\mathcal{L}_0(x) \to \mathcal{L}_0(x)$. Es wäre nun sehr befriedigend, diese beiden U(1)-Gruppen in Analogie zur Weylschen Überlegung in der Quantenelektrodynamik zu eichen. Das würde uns aber *zwei* weitere Eichbosonen liefern, die, wie sich zeigt, auch masselos bleiben würden. Wir hätten dann zwei photonartige Bosonen in der Theorie — im Widerspruch zum Experiment. Da wir in der Natur bloß ein Photon finden, wird es genügen, eine spezielle Kombination der Phasentransformationen (Gl. (22-14)) zu eichen. Wir betrachten also U(1)-Transformationen der Gestalt

$$\begin{pmatrix} \nu_{e_L}(x) \\ e_L(x) \end{pmatrix} \longrightarrow e^{+iy_L \chi} \begin{pmatrix} \nu_{e_L}(x) \\ e_L(x) \end{pmatrix},$$

$$e_R(x) \longrightarrow e^{+iy_R \chi} e_R(x), \tag{22-15}$$

wobei y_L und y_R feste Zahlen sein sollen, über die wir später verfügen werden. Den erzeugenden Operator dieser Gruppe bezeichnen wir als die *schwache Hyperladung* **Y**. Diese hat natürlich wieder nichts mit der Hyperladung der starken Wechselwirkung zu tun. Die willkürliche Auswahl der obigen Phasentransformation ist ein sehr unbefriedigender Zug in der Flavordynamik. Erst im Rahmen der großen Vereinigung wird versucht, den Eichgedanken radikal durchzuführen.

Wir geben somit den Feldern ν_{e_L} und e_L die Hyperladung y_L, dem Feld e_R die Hyperladung y_R. Fassen wir alle Fermionen zu einem Spinor $\psi(x)$ zusammen, so können wir die Transformationen der U(1)-Hyperladungsgruppe schreiben als

$$\psi(x) = \begin{pmatrix} \nu_{e_L}(x) \\ e_L(x) \\ e_R(x) \end{pmatrix} \longrightarrow e^{i\chi \mathbf{Y}} \begin{pmatrix} \nu_{e_L}(x) \\ e_L(x) \\ e_R(x) \end{pmatrix} = e^{i\chi \mathbf{Y}} \cdot \psi(x), \tag{22-16}$$

wobei

$$\mathbf{Y} = \begin{pmatrix} y_L & 0 & 0 \\ 0 & y_L & 0 \\ 0 & 0 & y_R \end{pmatrix}.$$

Diese U(1)-Gruppe zu einer Eichgruppe zu machen, gelingt genau wie in der Quantenelektrodynamik. Dabei tritt an die Stelle der Ladung **Q** die Hyperladung **Y**. Wir haben ein reelles Vektorfeld $\mathbf{B}_\lambda$ und eine zugehörige Eichkopplungskonstante g' einzuführen. Der Feldstärkentensor ist für dieses abelsche Eichfeld genau wie in der Elektrodynamik

$$\mathbf{B}_{\lambda\rho} = \partial_\lambda \mathbf{B}_\rho - \partial_\rho \mathbf{B}_\lambda. \tag{22-17}$$

Die Lagrange-Dichte mit geeichter SU(2)-Gruppe und geeichter U(1)-Gruppe der Hyperladung erhalten wir als

$$\mathscr{L}(x) = -\frac{1}{2} \operatorname{Sp}(\mathbf{W}_{\lambda\rho}(x)\,\mathbf{W}^{\lambda\rho}(x)) - \frac{1}{4}\,\mathbf{B}_{\lambda\rho}(x)\,\mathbf{B}^{\lambda\rho}(x)$$

$$+ \bar{\psi}(x)\,i\,\gamma^\lambda\,\mathbf{D}_\lambda\,\psi(x), \tag{22-18}$$

wobei

$$\mathbf{D}_\lambda\,\psi(x) = (\partial_\lambda + ig\,\mathbf{W}_\lambda^a(x)\,\mathbf{T}_a + ig'\,\mathbf{B}_\lambda(x)\,\mathbf{Y})\,\psi(x)$$

wie in Teil III die kovariante Ableitung ist. Die Matrizen $\mathbf{T}_a\,(a=1,2,3)$ haben die Gestalt

$$\mathbf{T}_a = \left(\begin{array}{c|c} \frac{1}{2}\,\tau_a & 0 \\ \hline 0 & 0 \end{array} \right) \tag{22-19}$$

und bilden zusammen mit der Hyperladungsmatrix $\mathbf{Y}$ eine Darstellung der Erzeugenden der Gruppe SU(2) $\times$ U(1), da sie die folgenden Vertauschungsregeln erfüllen:

$$[\mathbf{T}_a, \mathbf{T}_b] = i\,\epsilon_{abc}\,\mathbf{T}_c,$$
$$[\mathbf{T}_a, \mathbf{Y}] = 0.$$

(22-20)

Wir sehen uns wieder den Kopplungsterm in Gl. (22-18) explizit an:

$$\mathcal{L}' = -\overline{\psi}\,\gamma^\lambda(g\,\mathbf{W}^a_\lambda\,\mathbf{T}_a + g'\,\mathbf{B}_\lambda\,\mathbf{Y})\,\psi$$

$$= -\frac{g}{\sqrt{2}}\,(\mathbf{W}^+_\lambda\,\overline{\nu}_{e_L}\,\gamma^\lambda e_L + \mathbf{W}^-_\lambda\,\overline{e}_L\,\gamma^\lambda \nu_{e_L})$$

$$-\frac{1}{2}\,(g\,\mathbf{W}^3_\lambda + 2\,y_L\,g'\,\mathbf{B}_\lambda)\,\overline{\nu}_{e_L}\,\gamma^\lambda \nu_{e_L}$$

$$+\frac{1}{2}\,(g\,\mathbf{W}^3_\lambda - 2\,y_L\,g'\,\mathbf{B}_\lambda)\,\overline{e}_L\,\gamma^\lambda e_L - y_R\,g'\,\mathbf{B}_\lambda\,\overline{e}_R\,\gamma^\lambda e_R.$$

(22-21)

Eine mögliche Interpretation der Terme mit $\mathbf{W}^\pm_\lambda$ haben wir schon besprochen. Die Terme mit $\mathbf{W}^3_\lambda$ und $\mathbf{B}_\lambda$ wollen wir nun so arrangieren, daß die elektromagnetische Kopplung (Gl. (22-13)) im Resultat enthalten ist. Wir bemerken noch, daß wir eine der Konstanten y_L und y_R willkürlich wählen können, da wir auch g' als freien Parameter haben. Wir setzen daher durch Konvention

$$y_L = -\frac{1}{2}.$$

(22-22)

Wir haben nun zwei neutrale Vektorfelder $\mathbf{W}^3_\lambda$ und $\mathbf{B}_\lambda$, die auf dem bisherigen Niveau der Besprechung beide masselos sind. Zwei beliebige aufeinander orthogonale Linearkombinationen dieser Felder bilden daher eine äquivalente Basis. Als ein solches neues Basisfeld bietet sich die Linearkombination an, die an den Neutrinostrom koppelt. Wir nennen das entsprechende normierte Feld $\mathbf{Z}_\lambda$:

$$\mathbf{Z}_\lambda = \frac{1}{\sqrt{g^2 + g'^2}}\,(g\,\mathbf{W}^3_\lambda - g'\,\mathbf{B}_\lambda).$$

(22-23)

Da das Neutrino ungeladen ist, kann $\mathbf{Z}_\lambda$ keine Komponente des Photonfelds enthalten. Als Kandidat für das letztere bietet sich daher die zu $\mathbf{Z}_\lambda$ orthogonale Linearkombination

$$\mathbf{A}_\lambda = \frac{1}{\sqrt{g^2 + g'^2}}\,(g'\,\mathbf{W}^3_\lambda + g\,\mathbf{B}_\lambda)$$

(22-24)

an. Setzen wir

$$\sin\vartheta_W = \frac{g'}{\sqrt{g^2 + g'^2}},$$

$$\cos\vartheta_W = \frac{g}{\sqrt{g^2 + g'^2}},$$

(22-25)

so können wir schreiben:

$$\mathbf{Z}_\lambda = \cos\vartheta_W\,\mathbf{W}^3_\lambda - \sin\vartheta_W\,\mathbf{B}_\lambda,$$

$$\mathbf{A}_\lambda = \sin\vartheta_W\,\mathbf{W}^3_\lambda + \cos\vartheta_W\,\mathbf{B}_\lambda.$$

(22-26)

Man bezeichnet ϑ_W als den schwachen Winkel (Glashow 1961). Ersetzen wir $\mathbf{W}^3_\lambda$ und $\mathbf{B}_\lambda$ in $\mathscr{L}'$ (Gl. (22-21)) durch $\mathbf{Z}_\lambda$ und $\mathbf{A}_\lambda$, so erhalten wir:

$$\mathscr{L}' = - \frac{g}{\sqrt{2}} \left(\mathbf{W}^+_\lambda \, \bar{\nu}_{e_L} \gamma^\lambda \mathbf{e}_L + \mathbf{W}^-_\lambda \, \bar{\mathbf{e}}_L \gamma^\lambda \nu_{e_L}\right)$$

$$- \sqrt{g^2 + g'^2} \, \mathbf{Z}_\lambda \left\{ \frac{1}{2} \bar{\nu}_{e_L} \gamma^\lambda \nu_{e_L} - \frac{1}{2} \bar{\mathbf{e}}_L \gamma^\lambda \mathbf{e}_L \right.$$

$$- \sin^2 \vartheta_W \cdot (-\bar{\mathbf{e}}_L \gamma^\lambda \mathbf{e}_L + y_R \bar{\mathbf{e}}_R \gamma^\lambda \mathbf{e}_R) \Big\}$$

$$- \frac{gg'}{\sqrt{g^2 + g'^2}} \, \mathbf{A}_\lambda (-\bar{\mathbf{e}}_L \gamma^\lambda \mathbf{e}_L + y_R \bar{\mathbf{e}}_R \gamma^\lambda \mathbf{e}_R). \tag{22-27}$$

Wir können daher die richtige Gestalt der elektromagnetischen Kopplung (Gl. (22-13)) erzielen, wenn wir setzen:

$$y_R = -1, \qquad \frac{gg'}{\sqrt{g^2 + g'^2}} = e. \tag{22-28}$$

Damit erhalten wir nach Gl. (22-25) die Beziehungen

$$e = g \sin \vartheta_W = g' \cos \vartheta_W = \sqrt{g^2 + g'^2} \, \sin \vartheta_W \cos \vartheta_W. \tag{22-29}$$

Die Lagrange-Dichte $\mathscr{L}'$ können wir wie folgt schreiben:

$$\mathscr{L}' = -e \left\{ \mathbf{A}_\lambda \, \mathscr{J}^\lambda_{em} + \frac{1}{\sqrt{2} \sin \vartheta_W} \left(\mathbf{W}^+_\lambda \, \bar{\nu}_{e_L} \gamma^\lambda \mathbf{e}_L + \mathbf{W}^-_\lambda \, \bar{\mathbf{e}}_L \gamma^\lambda \nu_{e_L}\right) \right.$$

$$+ \frac{1}{\sin \vartheta_W \cos \vartheta_W} \mathbf{Z}_\lambda \, \mathscr{J}^\lambda_{NC} \Big\}, \tag{22-30}$$

wobei

$$\mathscr{J}^\lambda_{em} = -\bar{\mathbf{e}}_L \gamma^\lambda \mathbf{e}_L - \bar{\mathbf{e}}_R \gamma^\lambda \mathbf{e}_R = -\bar{\mathbf{e}} \gamma^\lambda \mathbf{e}, \tag{22-31}$$

$$\mathscr{J}^\lambda_{NC} = \frac{1}{2} \bar{\nu}_{e_L} \gamma^\lambda \nu_{e_L} - \frac{1}{2} \bar{\mathbf{e}}_L \gamma^\lambda \mathbf{e}_L - \sin^2 \vartheta_W \, \mathscr{J}^\lambda_{em}. \tag{22-32}$$

Mit $\mathscr{J}^\lambda_{em}$ haben wir elektromagnetischen Strom bezeichnet, und $\mathscr{J}^\lambda_{NC}$ ist der neutrale Strom, der an das Z-Boson koppelt.

Wir diskutieren nun unser Resultat. Wir haben durch die Eichung der Gruppe $SU(2) \times U(1)$ eine Kopplungsstruktur erreicht, welche die elektromagnetische und die schwache Wechselwirkung über geladene Vektorbosonen beschreiben könnte. Wir haben aber noch ein zusätzliches neutrales Boson Z erhalten. Das ist nicht unwillkommen, da wir seit 1973 von der Existenz neutraler schwacher Ströme wissen. Die Notwendigkeit des Z-Bosons ergab sich im wesentlichen aus der Forderung, die geladenen schwachen Ströme mit ihrer $(V - A)$-Struktur und den elektromagnetischen Strom mit reiner Vektorstruktur in ein einheitliches System zu bringen. Diese „Vereinigung" der schwachen und elektromagnetischen Wechselwirkung geschieht aber von Hand. Wir mußten ja y_R geeignet wählen! Das neutrale Bose-Feld $\mathbf{Z}_\lambda$ und das Photonfeld $\mathbf{A}_\lambda$ sind Linearkombinationen von $\mathbf{W}^3_\lambda$ und $\mathbf{B}_\lambda$. Dabei ist $\mathbf{W}^3_\lambda$ der dritte Isospinpartner der geladenen Felder $\mathbf{W}^\pm_\lambda$ und $\mathbf{B}_\lambda$ ist das Feld des Hyperladungsbosons. Der schwache Mischungswinkel ϑ_W bleibt im Rahmen dieser Theorie ebenfalls ein freier Parameter, der an das Experiment angepaßt werden muß.

So weit war im wesentlichen Glashow 1961 gekommen. Unsere Theorie ist aber noch nicht realistisch. Wir müssen das Elektron und die Bosonen $W^\pm$ und Z massiv machen. Die Massen der Bosonen $W^\pm$ und Z müssen sogar sehr groß sein, damit wir eine fast punktförmige Vier-Fermion-Kopplung bei niederen Energien erhalten. Man könnte versuchen, einfach explizite Massenterme für das Elektron und die Bosonen in der Lagrange-Dichte zu addieren. Das verletzt allerdings die Eichinvarianz und führt, wie sich zeigt, zu einer ganz bösen Theorie, die nicht renormierbar ist. Eine solche Theorie enthält unendlich viele Parameter, die an das Experiment angepaßt werden müssen. Sie verdient also kaum den Namen Theorie.

Ein möglicher Ausweg wurde in den Arbeiten von Weinberg 1967 und Salam 1968 gezeigt. Sie benutzten das Phänomen der spontanen Symmetriebrechung. Das wollen wir im nächsten Abschnitt erläutern.

22.2 Das Higgs-Feld und die spontane Symmetriebrechung

Man spricht von spontaner Symmetriebrechung, wenn die *Grundgleichungen* eines Systems eine Symmetrie besitzen, die der *Grundzustand* nicht zeigt. Dieses Phänomen spielt in vielen Zweigen der Physik eine wichtige Rolle.

Ein einfaches Beispiel aus der Mechanik zeigt uns schon die wesentlichen Gesichtspunkte. Wir betrachten ein Punktteilchen, das sich auf einer Achse in einem Potential bewegen kann. Die Koordinate längs der Achse sei ρ, das Potential sei

$$V(\rho) = -\frac{1}{2}\,\mu^2 \rho^2 + \frac{1}{4}\,\lambda\rho^4, \tag{22-33}$$

wobei wir $\mu^2 > 0$ und $\lambda > 0$ voraussetzen (Bild 22-3). Das Potential ist offenbar symmetrisch bei Vertauschung von ρ und $-\rho$,

$$V(-\rho) = V(\rho). \tag{22-34}$$

Die Gleichgewichtslagen des Massenpunktes erhalten wir aus der Bedingung

$$\frac{\partial V(\rho)}{\partial \rho} = -\mu^2\rho + \lambda\rho^3 = 0, \tag{22-35}$$

die durch $\rho = 0$ und $\rho = \pm\rho_0$ erfüllt wird, wobei

$$\rho_0 = \sqrt{\frac{\mu^2}{\lambda}}. \tag{22-36}$$

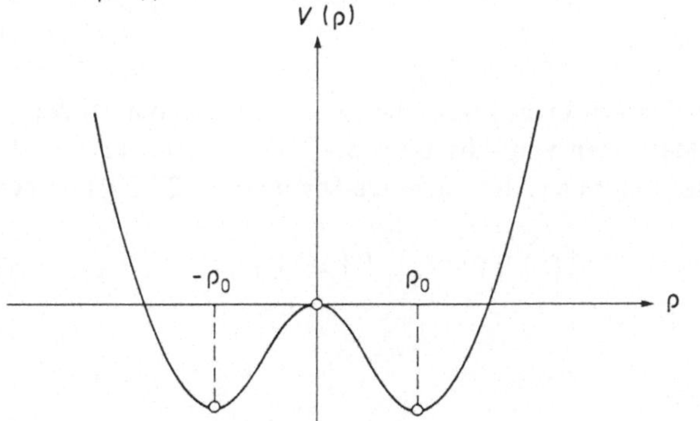

Bild 22-3

Ein Potential $V(\rho)$ mit zwei stabilen Gleichgewichtslagen, ρ_0 und $-\rho_0$, das die spontane Symmetriebrechung zeigt

Wie wir aus Bild 22-3 sofort sehen, liegen die *stabilen* Gleichgewichtslagen bei $\rho = \pm\,\rho_0$. Im Grundzustand befindet sich das Teilchen entweder bei $\rho = \rho_0$ *oder* bei $\rho = -\rho_0$. Keine dieser Gleichgewichtslagen für sich genommen zeigt die Symmetrie des Potentials bei Vertauschung von ρ und $-\rho$. Die Symmetrie ist spontan gebrochen. Wohl aber können wir aus der Symmetrie des Potentials schließen, daß mit $\rho = \rho_0$ auch $\rho = -\rho_0$ eine stabile Gleichgewichtslage sein muß. Man überlegt sich leicht, daß ganz allgemein spontane Symmetriebrechung mit Entartung des Grundzustands verbunden ist.

Andere bekannte Phänomene, die man als spontane Symmetriebrechung versteht, sind die spontane Magnetisierung eines Festkörpers und die Kondensation von Wasserdampf.

Eine Möglichkeit, mit Hilfe der spontanen Symmetriebrechung den Bosonen $W^\pm$ und Z eine Masse zu geben, wurde von Weinberg (1967) und Salam (1968) diskutiert. Sie stützten sich dabei auf Arbeiten anderer Autoren (Higgs 1964, 1964a, 1966, Englert 1964, Guralnik 1964, Kibble 1967). Der von Weinberg und Salam vorgeschlagene Mechanismus verlangt zusätzlich zu den in Abschnitt 22.1 betrachteten Fermion- und Vektorfeldern skalare Felder, sogenannte Higgs-Felder. In der einfachsten Version genügt es, zwei komplexe skalare Felder ϕ_1, ϕ_2 einzuführen. Wir setzen

$$\phi(x) = \begin{pmatrix} \phi_1(x) \\ \phi_2(x) \end{pmatrix} \tag{22-37}$$

und verlangen, daß diese Felder bei den Transformationen der schwachen Isospingruppe ein Dublett bilden. Betrachten wir zunächst konstante SU(2)-Transformationen $\mathbf{U}$ wie in Gl. (22-4), so soll gelten:

$$\phi(x) \longrightarrow \mathbf{U}\,\phi(x). \tag{22-38}$$

Wir suchen nun eine Lagrange-Dichte, zunächst für das ϕ-Feld allein, die bei diesen SU(2)-Transformationen invariant ist. Wie man leicht sieht, muß diese Lagrange-Dichte folgende Gestalt haben, wenn die Theorie renormierbar sein soll:

$$\mathscr{L}_\phi = (\partial_\mu \phi^\dagger)\,(\partial^\mu \phi) - V(\phi), \tag{22-39}$$

wobei

$$V(\phi) = \kappa\,\phi^\dagger\phi + \lambda(\phi^\dagger\phi)^2\,.$$

Hier muß $\lambda > 0$ sein, damit die Theorie stabil ist, während das Vorzeichen von κ zunächst beliebig ist. Wir wählen $\kappa < 0$, da dies, wie wir sehen werden, zu spontaner Symmetriebrechung und zu massiven W- und Z-Bosonen führt. Unsere Voraussetzungen sind also:

$$\begin{aligned} \kappa &= -\mu^2 < 0, \\ \lambda &> 0. \end{aligned} \tag{22-40}$$

Wir betrachten nun das Feld $\phi(x)$ als klassisches Feld und fragen nach dem Zustand tiefster Energie. Mit Hilfe der Methoden von Abschnitt 3.4 (Gln. (3-104) bis (3-107)) können wir die Gesamtenergie H des Feldes aus der Lagrange-Dichte (Gl. (22-39)) berechnen als

$$H = \int d^3x\,\{\dot\phi^\dagger(x)\,\dot\phi(x) + \nabla\phi^\dagger(x)\,\nabla\phi(x) + V(\phi(x))\}. \tag{22-41}$$

Da die Ableitungsterme positiv definit sind, erhalten wir den tiefsten Energiezustand für ein konstantes Feld $\phi(x) \equiv \phi = $ const., das die Potentialfunktion $V(\phi)$ minimiert. Setzen wir $\rho/\sqrt{2}$ für die „Länge" des Feldes ϕ,

$$\frac{\rho}{\sqrt{2}} = {}_+\sqrt{\phi^\dagger \phi}, \qquad (22\text{-}42)$$

so haben wir das Minimum der Funktion

$$V(\phi) = -\frac{1}{2}\mu^2\rho^2 + \frac{1}{4}\lambda\rho^4 \qquad (22\text{-}43)$$

zu suchen. $V(\phi)$ ist genau die in Bild 22-3 gezeigte Funktion, eingeschränkt auf $\rho \geqslant 0$. Das Minimum des Potentials und damit der Gesamtenergie (Gl. (22-41)) wird daher erreicht für

$$\rho = \rho_0 = \sqrt{\frac{\mu^2}{\lambda}}\,. \qquad (22\text{-}44)$$

Das entspricht allen Feldern mit „Länge" $\rho_0/\sqrt{2}$. Die Orientierung des Grundzustandsfeldes im zweidimensionalen Isospinraum ist *nicht* festgelegt. Wie man leicht sieht, lassen sich alle Felder ϕ mit Länge $\rho_0/\sqrt{2}$ wie folgt parametrisieren, wobei wir uns der gewöhnlichen Drehungen und ihrer Darstellung im Spinraum erinnern:

$$\phi = e^{i\frac{\tau}{2}\,\varphi}\begin{pmatrix} 0 \\ \frac{1}{\sqrt{2}}\,\rho_0 \end{pmatrix}. \qquad (22\text{-}45)$$

Hier ist φ ein Vektor im Isospinraum mit $|\varphi| < 2\pi$. Der Grundzustand ist also unendlich oft entartet. Jeder einzelne dieser äquivalenten Grundzustände, zum Beispiel die Feldkonfiguration

$$\phi = \begin{pmatrix} 0 \\ \frac{1}{\sqrt{2}}\,\rho_0 \end{pmatrix} \qquad (22\text{-}46)$$

ist *nicht* invariant bei SU(2)-Transformationen. Die SU(2)-Gruppe, die eine Symmetrie der Lagrange-Dichte ist, wird durch den Grundzustand spontan gebrochen.

Gehen wir zur Quantentheorie des Feldes $\phi(x)$ über, so zeigt sich, daß der klassische Grundzustand in erster Näherung dem *Vakuumerwartungswert* des Quantenfeldes entspricht. Ein möglicher Vakuumerwartungswert wäre also nach Gl. (22-46)

$$\langle 0|\phi(x)|0\rangle = \begin{pmatrix} 0 \\ \frac{1}{\sqrt{2}}\,\rho_0 \end{pmatrix}. \qquad (22\text{-}47)$$

Die Analogie zur spontanen Magnetisierung eines Festkörpers soll uns dieses Resultat verständlich machen. In der Theorie der Magneten entspricht die Magnetisierung M unserem Feld ϕ. Bei spontaner Magnetisierung ist der Erwartungswert von M im Grundzustand ungleich Null. Dabei ist nur der Betrag der Magnetisierung, $|M|$, festgelegt, die Richtung ist beliebig. Obwohl die Theorie Drehinvarianz zeigt, ist der Grundzustand nicht drehinvariant, da die Magnetisierung eine Richtung auszeichnet.

Wie betreiben wir Störungstheorie im Fall von spontaner Symmetriebrechung? Der Standard-Trick ist hier, ein neues Feld $\phi'(x)$ zu definieren durch

$$\phi'(x) = \phi(x) - \langle 0|\phi(x)|0\rangle, \qquad (22\text{-}48)$$

womit nach Konstruktion sein Vakuumerwartungswert verschwindet:

$$\langle 0 | \phi'(x) | 0 \rangle = 0.$$

Wie man zeigen kann, läßt sich die Störungstheorie mit Hilfe des Feldes $\phi'(x)$ wie gewohnt formulieren.

Wir wollen nun das Higgs-Feld in Wechselwirkung mit den Eichbosonen und Fermionen treten lassen. Die Kopplungsstruktur soll natürlich die Eichinvarianz unter der $SU(2) \times U(1)$-Gruppe von schwachem Isospin und schwacher Hyperladung respektieren. Weiter wollen wir eine renormierbare Theorie. Das Feld $\phi(x)$ war ein schwaches Isodublett. Wir können daher eine Isospin-invariante Kopplung zwischen ϕ, dem linkshändigen Fermiondublett, und dem rechtshändigen Elektron-Singulett bilden. Den entsprechenden Term in der Lagrange-Dichte setzen wir daher wie folgt an:

$$\mathscr{L}_{\text{Yuk}} = - c_e \, \bar{e}_R \, \phi^\dagger \begin{pmatrix} \nu_{e_L} \\ e_L \end{pmatrix} + \text{h.c.}$$

$$= - c_e (\phi_1^\dagger \, \bar{e}_R \, \nu_{e_L} + \phi_2^\dagger \, \bar{e}_R \, e_L) + \text{h.c.} \qquad (22\text{-}49)$$

Dabei ist c_e eine Kopplungskonstante, die zunächst komplex sein könnte. Wir merken an, daß diese Kopplung des Higgs-Bosons an die Fermionen renormierbar und von demselben Typ ist, den Yukawa für die Kopplung der Pionen ans Nukleon betrachtete.

Wie wir leicht verifizieren, ist die Kopplung Gl. (22-49) auch bei geeichten Isospin-Transformationen invariant. Wir fordern nun, daß diese Kopplung auch bei den Hyperladungs-Transformationen invariant ist. Dazu müssen wir dem Higgs-Feld ϕ eine Hyperladung y_H geeignet zuordnen. Die durch Gl. (22-49) beschriebenen Elementarprozesse, zum Beispiel die Reaktion

$$e_L \longrightarrow e_R + \phi_2, \qquad (22\text{-}50)$$

sollen die Hyperladung erhalten. Das liefert als Bedingung:

$$y_H = y_L - y_R = \frac{1}{2}. \qquad (22\text{-}51)$$

Damit ist auch bereits alles festgelegt. Wir erhalten eine eichinvariante Lagrange-Dichte, wenn wir zu unserem früheren Ausdruck (Gl. (22-18)) noch den Yukawa-Term (Gl. (22-49)) und die Lagrange-Dichte für das Higgs-Feld (Gl. (22-39)) addieren. Dabei müssen wir wieder die Ableitungen des Higgs-Feldes durch die kovarianten Ableitungen ersetzen:

$$\partial_\lambda \phi \longrightarrow D_\lambda \phi = \left(\partial_\lambda + i g \, W_\lambda^a \, \frac{\tau_a}{2} + i g' \, B_\lambda \, y_H \right) \phi, \qquad (22\text{-}52)$$

da diese Regel stets eichinvariante Ausdrücke liefert. Insgesamt erhalten wir als Lagrange-Dichte

$$\mathscr{L} = - \frac{1}{2} \, \text{Sp} \, (W_{\lambda\rho} W^{\lambda\rho}) - \frac{1}{4} \, B_{\lambda\rho} B^{\lambda\rho} + (\bar{\nu}_{e_L}, \bar{e}_L) \, i \gamma^\lambda D_\lambda \begin{pmatrix} \nu_{e_L} \\ e_L \end{pmatrix}$$

$$+ \bar{e}_R \, i \gamma^\lambda D_\lambda e_R - c_e \, \bar{e}_R \, \phi^\dagger \begin{pmatrix} \nu_{e_L} \\ e_L \end{pmatrix} - c_e^* \, (\bar{\nu}_{e_L}, \bar{e}_L) \, \phi \, e_R$$

$$+ (D_\lambda \phi^\dagger) \, (D^\lambda \phi) - V(\phi). \qquad (22\text{-}53)$$

Wir bemerken, daß rechts- und linkshändige Fermi-Felder nur im Yukawa-Term gekoppelt sind. Nun steht es uns frei, das Feld e_R durch Multiplikation mit einem konstanten Phasenfaktor wie folgt zu redefinieren:

$$e_R \longrightarrow e^{i\varphi}\, e_R. \tag{22-54}$$

Dabei wird in Gl. (22-53) nur der Parameter c_e durch $c_e \exp(-i\varphi)$ ersetzt. Die Phase von c_e ist daher beliebig und hat keine physikalische Bedeutung. Ohne Beschränkung der Allgemeinheit können wir $c_e \geqslant 0$ voraussetzen. Zählen wir nun die Anzahl der reellen Parameter in unserer Lagrange-Dichte, so finden wir fünf:

$$g,\ g',\ c_e,\ \mu^2,\ \lambda.$$

Die Lagrange-Dichte Gl. (22-53) ist bei Eichtransformationen der $SU(2) \times U(1)$-Gruppe invariant. Wir geben noch einmal die explizite Gestalt dieser Transformationen an, da wir sie gleich brauchen werden.

$SU(2)$-Eichtransformationen:

$$
\begin{aligned}
\mathbf{W}_\lambda(x) &\longrightarrow \mathbf{U}(x)\, \mathbf{W}_\lambda(x)\, \mathbf{U}^\dagger(x) - \frac{i}{g}\, \mathbf{U}(x)\, \partial_\lambda \mathbf{U}^\dagger(x), \\
\mathbf{B}_\lambda(x) &\longrightarrow \mathbf{B}_\lambda(x), \\
\begin{pmatrix} \nu_{e_L}(x) \\ e_L(x) \end{pmatrix} &\longrightarrow \mathbf{U}(x) \begin{pmatrix} \nu_{e_L}(x) \\ e_L(x) \end{pmatrix}, \\
e_R(x) &\longrightarrow e_R(x), \\
\begin{pmatrix} \phi_1(x) \\ \phi_2(x) \end{pmatrix} &\longrightarrow \mathbf{U}(x) \begin{pmatrix} \phi_1(x) \\ \phi_2(x) \end{pmatrix}.
\end{aligned}
\tag{22-55}
$$

Dabei ist

$$\mathbf{U}(x) = e^{\,i\frac{\tau_a}{2}\varphi^a(x)}, \tag{22-56}$$

und die $\varphi^a(x)$ (mit $a = 1, 2, 3$) sind beliebige Funktionen von x.

$U(1)$-Eichtransformationen:

$$
\begin{aligned}
\mathbf{W}_\lambda(x) &\longrightarrow \mathbf{W}_\lambda(x), \\
\mathbf{B}_\lambda(x) &\longrightarrow \mathbf{B}_\lambda(x) - \frac{1}{g'}\, \partial_\lambda \chi(x), \\
\begin{pmatrix} \nu_{e_L}(x) \\ e_L(x) \end{pmatrix} &\longrightarrow e^{i y_L \chi(x)} \begin{pmatrix} \nu_{e_L}(x) \\ e_L(x) \end{pmatrix}, \\
e_R(x) &\longrightarrow e^{i y_R \chi(x)}\, e_R(x), \\
\phi(x) &\longrightarrow e^{i y_H \chi(x)}\, \phi(x).
\end{aligned}
\tag{22-57}
$$

Dabei ist $\chi(x)$ eine beliebige Funktion von x.

Durch eine Eichtransformation können wir also das Higgs-Feld ϕ in eine beliebige Richtung im Isospin-Raum drehen, und zwar an allen Punkten von Raum und Zeit unabhängig voneinander. Es gibt daher nach Gl. (22-45) stets eine $SU(2)$-Eichtransformation $\mathbf{U}(x)$, die folgendes leistet:

$$\mathbf{U}(x)\, \phi(x) = \begin{pmatrix} 0 \\ \dfrac{1}{\sqrt{2}}\, \rho(x) \end{pmatrix}, \tag{22-58}$$

wobei $\rho(x) \geqslant 0$. Wir können mit anderen Worten als *Eichbedingung* fordern, daß das Higgs-Feld die Gestalt der rechten Seite von Gl. (22-58) hat.

Wir fragen nun nach dem Vakuumerwartungswert des Higgs-Feldes $\rho(x)$. Wie man leicht sieht, bleiben alle Überlegungen, die wir für das Higgs-Feld allein angestellt haben, auch hier gültig. Der Vakuumerwartungswert des Higgs-Feldes ist daher (in erster Näherung) gegeben durch das Minimum des Potentials V. Nach Gl. (22-47) gilt also:

$$\langle 0|\rho(x)|0\rangle = \rho_0$$

$$\langle 0|\phi(x)|0\rangle = \begin{pmatrix} 0 \\ \frac{1}{\sqrt{2}}\,\rho_0 \end{pmatrix}. \tag{22-59}$$

Offenbar ist dieser Vakuumerwartungswert nicht invariant unter der vollen $SU(2) \times U(1)$-Eichgruppe. Nur die von $\mathbf{T}_3 + \mathbf{Y}$ erzeugte $U(1)$-Untergruppe läßt den Vakuumerwartungswert von ϕ invariant:

$$e^{i\chi(x)\left(\frac{\tau_3}{2}+y_{\mathrm{H}}\right)} \begin{pmatrix} 0 \\ \frac{1}{\sqrt{2}}\,\rho_0 \end{pmatrix} = \begin{pmatrix} 0 \\ \frac{1}{\sqrt{2}}\,\rho_0 \end{pmatrix}. \tag{22-60}$$

Diese $U(1)$-Eichgruppe ist nicht identisch mit der Hyperladungsgruppe. Sie entspricht, wie wir bald sehen werden, genau der Eichgruppe des Elektromagnetismus.

Die weitere Strategie ist jetzt vorgezeichnet. Wir verschieben das Feld $\rho(x)$ um seinen Vakuumerwartungswert ρ_0, d.h. wir führen ein neues Feld ρ' mit Vakuumerwartungswert Null ein:

$$\rho'(x) = \rho(x) - \rho_0,$$
$$\langle 0|\rho'(x)|0\rangle = 0. \tag{22-61}$$

Mit Hilfe des Feldes ρ' können wir wie gewohnt Feldtheorie betreiben, insbesondere Störungstheorie, und Feynman-Regeln ableiten. Bei der Umschreibung der Lagrange-Dichte auf das Feld ρ' erhalten wir von der kovarianten Ableitung des Higgs-Feldes Terme der folgenden Gestalt (Gln. (22-52), (22-53)):

$$\langle 0|\phi^\dagger|0\rangle \left(-ig\,\mathbf{W}_\lambda^a\,\frac{\tau_a}{2} - ig'\,\mathbf{B}_\lambda\,y_{\mathrm{H}}\right)\left(ig\,\mathbf{W}^{\lambda a}\,\frac{\tau_a}{2} + ig'\,\mathbf{B}^\lambda\,y_{\mathrm{H}}\right)\langle 0|\phi|0\rangle$$

$$= \left(0,\frac{1}{\sqrt{2}}\,\rho_0\right)\cdot \begin{pmatrix} \dfrac{2gg'\,\mathbf{A}_\lambda + (g^2-g'^2)\mathbf{Z}_\lambda}{2\sqrt{g^2+g'^2}} & \dfrac{g}{\sqrt{2}}\,\mathbf{W}_\lambda^+ \\[2em] \dfrac{g}{\sqrt{2}}\,\mathbf{W}_\lambda^- & -\dfrac{\sqrt{g^2+g'^2}}{2}\,\mathbf{Z}_\lambda \end{pmatrix}$$

$$\begin{pmatrix} \dfrac{2gg'\,\mathbf{A}^\lambda + (g^2-g'^2)\mathbf{Z}^\lambda}{2\sqrt{g^2+g'^2}} & \dfrac{g}{\sqrt{2}}\,\mathbf{W}^{\lambda+} \\[2em] \dfrac{g}{\sqrt{2}}\,\mathbf{W}^{\lambda-} & -\dfrac{\sqrt{g^2+g'^2}}{2}\,\mathbf{Z}^\lambda \end{pmatrix} \begin{pmatrix} 0 \\ \frac{1}{\sqrt{2}}\,\rho_0 \end{pmatrix}$$

$$= \frac{g^2\rho_0^2}{4}\,\mathbf{W}_\lambda^-\,\mathbf{W}^{\lambda+} + \frac{(g^2+g'^2)\rho_0^2}{8}\,\mathbf{Z}_\lambda\,\mathbf{Z}^\lambda. \tag{22-62}$$

Das liefert offenbar einen Massenterm für die Bosonen $W^\pm$ und Z, während das Photon masselos bleibt, genau wie es sein soll. Die Bosonmassen lesen wir ab zu:

$$m_W^2 = \frac{g^2 \rho_0^2}{4} = \frac{e^2 \rho_0^2}{4 \sin^2 \vartheta_W},$$

$$m_Z^2 = \frac{(g^2 + g'^2) \rho_0^2}{4} = \frac{e^2 \rho_0^2}{4 \sin^2 \vartheta_W \cos^2 \vartheta_W}. \tag{22-63}$$

Wenn also der Vakuumerwartungswert ρ_0 des Higgs-Feldes groß genug ist, so werden die W- und Z-Bosonen beliebig schwer.

Wie steht es mit den Fermionmassen? Aus der Yukawa-Kopplung der Higgs-Bosonen an die Fermionen in Gl. (22-53) erhalten wir einen Term der Gestalt

$$- c_e \left[\bar{e}_R \langle 0|\phi^\dagger|0\rangle \binom{\nu_{e_L}}{e_L} + (\bar{\nu}_{e_L}, \bar{e}_L) \langle 0|\phi|0\rangle\, e_R \right]$$

$$= - c_e \left[\bar{e}_R \frac{1}{\sqrt{2}} \rho_0\, e_L + \bar{e}_L \frac{1}{\sqrt{2}} \rho_0\, e_R \right]$$

$$= - c_e \frac{\rho_0}{\sqrt{2}} (\bar{e}_R\, e_L + \bar{e}_L\, e_R)$$

$$= - c_e \frac{\rho_0}{\sqrt{2}} \bar{e}e. \tag{22-64}$$

Das ist genau ein Massenterm für das Elektron entsprechend der Elektronmasse

$$m_e = c_e \frac{\rho_0}{\sqrt{2}}. \tag{22-65}$$

Damit ist es uns auch gelungen, dem Elektron Masse zu geben und das Neutrino masselos zu halten, obwohl die linkshändigen Komponenten ν_{e_L}, e_L in den Grundgleichungen völlig symmetrisch eingehen. Dies wurde durch die spontane Symmetriebrechung erreicht. Der Grundzustand, das ist in der Feldtheorie der Vakuumzustand, zeichnet eine Richtung im Isospinraum, aufgespannt von ν_{e_L} und e_L, aus.

Die gesamte Lagrange-Dichte nach Einführen des Feldes $\rho'(x)$ (Gl. (22-61)) hat folgende Gestalt:

$$\mathscr{L} = - \frac{1}{2} \mathrm{Sp}(W_{\lambda\rho} W^{\lambda\rho}) - \frac{1}{4} B_{\lambda\rho} B^{\lambda\rho} + \bar{\nu}_{e_L} i\gamma^\lambda \partial_\lambda \nu_{e_L} + \bar{e} i\gamma^\lambda \partial_\lambda e$$

$$+ W_\lambda^+ W^{-\lambda} m_W^2 \left(1 + \frac{\rho'}{\rho_0}\right)^2 + \frac{1}{2} Z_\lambda Z^\lambda m_Z^2 \left(1 + \frac{\rho'}{\rho_0}\right)^2$$

$$- m_e \bar{e}e \left(1 + \frac{\rho'}{\rho_0}\right) + \frac{1}{2} \partial_\lambda \rho' \partial^\lambda \rho'$$

$$- \frac{1}{2} m_{\rho'}^2 (\rho')^2 \left[1 + \frac{\rho'}{\rho_0} + \frac{1}{4}\left(\frac{\rho'}{\rho_0}\right)^2\right] + \mathscr{L}'. \tag{22-66}$$

Dabei ist $\mathscr{L}'$ der Kopplungsterm der Fermionen an die Vektorbosonen wie in Gln. (22-30)–(22-32). In den beiden ersten Termen von $\mathscr{L}$ denken wir uns W_λ^3 und B_λ durch Z_λ und A_λ nach Gl. (22-26) ausgedrückt. Weiter haben wir

$$m_{\rho'}^2 = 2\lambda \rho_0^2 \tag{22-67}$$

gesetzt. Betrachten wir die Lagrange-Dichte Gl. (22-66), so können wir den Teilchengehalt unserer Theorie ablesen. Wir erhalten ein masseloses Vektorboson: das Photon mit Feld $\mathbf{A}_\lambda$; drei massive Vektorbosonen: $W^\pm$, Z; ein masseloses linkshändiges Fermion: das Neutrino; ein massives Fermion: das Elektron; ein massives neutrales Boson mit Spin Null und Masse $m_{\rho'}$: das physikalische Higgs-Teilchen. Das zugehörige Feld des Higgs-Teilchens ist ρ'. Dieses Higgs-Teilchen hat nach Gl. (22-66) eine Selbstkopplung. Es koppelt auch an die W- und Z-Bosonen und an das Elektron, mit Kopplungsstärken proportional zu den Massen dieser Teilchen.

Bis 1982 kannten wir von den Teilchen dieser Theorie nur das Photon, das Neutrino und das Elektron. Die Entdeckung der Vektorbosonen $W^\pm$ und Z gelang 1983 durch Experimente am Proton-Antiproton-Speicherring im CERN, wie wir noch besprechen werden. Es fehlt also nur noch der experimentelle Nachweis des Higgs-Teilchens.

Die Gestalt der Lagrange-Dichte in Gl. (22-66) legt es nahe, an Stelle der ursprünglichen Parameter des Modells (Gl. (22-53)) fünf neue Größen als Parameter zu nehmen, zum Beispiel

$$e, \ \sin\vartheta_W, \ m_e, \ m_W^2, \ m_{\rho'}^2.$$

Die Z-Masse und der Vakuumerwartungswert ρ_0 sind dann bereits durch Gl. (22-63) festgelegt:

$$m_Z^2 = \frac{m_W^2}{\cos^2\vartheta_W}, \tag{22-68}$$

$$\rho_0 = 2\,m_W\sqrt{\frac{\sin^2\vartheta_W}{e^2}}. \tag{22-69}$$

Im nächsten Abschnitt werden wir sehen, wie sich die Fermi-Konstante G durch diese Parameter ausdrückt und welche numerischen Werte sich daraus für die W- und Z-Massen und für ρ_0 ergeben.

22.3   Die Ausdehnung der Quantenflavordynamik auf mehr Fermionen und die effektive Lagrange-Dichte bei niederen Energien

In der Natur kennen wir nicht nur Elektron und Elektronneutrino, sondern eine ganze Reihe von fundamentalen Fermionen (Tabelle 22-1). Alle diese Leptonen und Quarks nehmen an der schwachen Wechselwirkung teil. In der QFD ordnen wir alle linkshändigen Fermionen in schwachen Isodubletts an, alle rechtshändigen Fermionen bilden Singuletts. Die Quantenzahlen der Hyperladung werden dann per Hand so gewählt, daß die experimentell beobachteten elektrischen Ladungen der Fermionen herauskommen. So hatten wir das ja auch für das Elektron gemacht. Diese Flavor-Quantenzahlen der Leptonen und Quarks haben wir in Tabelle 22-2 zusammengestellt. Wie wir sehen werden, sind die Quarks d$'$, s$'$, b$'$, die mit u, c, t linkshändige Dubletts bilden, nicht identisch mit den Quarks d, s, b definierter Masse, sondern Linearkombinationen von ihnen. Wir sehen auch, daß das Standardschema die Existenz eines Top-Quarks t verlangt.

Tabelle 22-2 Die Flavor-Quantenzahlen der Leptonen und Quarks. Dabei ist T der schwache Isospin, T_3 seine dritte Komponente, Y die schwache Hyperladung und Q die elektrische Ladung. Die schwachen Isodubletts sind durch Klammern zusammengefaßt. Die Quarks d', s', b' gehen durch eine verallgemeinerte Cabibbo-Rotation aus den Quarks definierter Masse d, s, b hervor.

			T	T_3	Y	Q
$\begin{pmatrix}\nu_{e_L}\\ e_L\end{pmatrix}$	$\begin{pmatrix}\nu_{\mu_L}\\ \mu_L\end{pmatrix}$	$\begin{pmatrix}\nu_{\tau_L}\\ \tau_L\end{pmatrix}$	$1/2$ $1/2$	$1/2$ $-1/2$	$-1/2$ $-1/2$	0 -1
e_R	μ_R	τ_R	0	0	-1	-1
$\begin{pmatrix}u_L\\ d'_L\end{pmatrix}$	$\begin{pmatrix}c_L\\ s'_L\end{pmatrix}$	$\begin{pmatrix}t_L\\ b'_L\end{pmatrix}$	$1/2$ $1/2$	$1/2$ $-1/2$	$1/6$ $1/6$	$2/3$ $-1/3$
u_R	c_R	t_R	0	0	$2/3$	$2/3$
d_R	s_R	b_R	0	0	$-1/3$	$-1/3$

Wir wollen nun alle diese Fermionen in die Lagrange-Dichte der QFD einbeziehen. Dazu fassen wir alle Fermi-Felder zu einem Gesamtspinor ψ zusammen,

$$\psi = \begin{pmatrix} \nu_{e_L} \\ e_L \\ e_R \\ \vdots \\ b_R \end{pmatrix} . \tag{22-70}$$

Die entsprechenden Darstellungsmatrizen der $SU(2) \times U(1)$-Algebra seien wieder $\mathbf{T}_a$ (mit $a = 1, 2, 3$) und $\mathbf{Y}$. Die kovariante Ableitung der Fermi-Felder ergibt sich dann nach der Regel der minimalen Substitution als

$$\mathbf{D}_\lambda \psi = (\partial_\lambda + i g \mathbf{W}_\lambda^a \mathbf{T}_a + i g' \mathbf{B}_\lambda \mathbf{Y}) \psi . \tag{22-71}$$

In der minimalen Version des Modells begnügt man sich mit einem Higgs-Dublett ϕ. Die Kopplung des Higgs-Feldes mit sich selbst und an die Eichbosonen bleibt wie in Gl. (22-53). Die Yukawa-Kopplung der Fermionen an das Higgs-Feld wird aber komplizierter. Der allgemeinste Ansatz für diese Kopplung, der mit der Erhaltung der Fermionzahl verträglich ist, lautet

$$\mathscr{L}_{\text{Yuk}}(x) = \overline{\psi}(x)\, \phi_i(x)\, \mathbf{C}_i\, \psi(x) + \text{h.c.}, \tag{22-72}$$

wobei die $\mathbf{C}_i$ (mit $i = 1, 2$) beliebige komplexe Matrizen über dem Raum der Spinoren ψ sind. Wir verlangen natürlich, daß die Yukawa-Kopplung invariant unter $SU(2) \times U(1)$-Transformationen ist. Welche Gestalt dies für die Matrizen $\mathbf{C}_i$ liefert, werden wir weiter unten besprechen.

Nach diesen Vorbereitungen können wir die Lagrange-Dichte der QFD in Verallgemeinerung von Gl. (22-53) bereits hinschreiben:

$$\mathscr{L} = -\frac{1}{2}\, \text{Sp}(\mathbf{W}_{\lambda\rho}\mathbf{W}^{\lambda\rho}) - \frac{1}{4}\, \mathbf{B}_{\lambda\rho}\mathbf{B}^{\lambda\rho} + \overline{\psi}\, i\, \gamma^\lambda \mathbf{D}_\lambda \psi + \mathscr{L}_{\text{Yuk}}$$

$$+ \mathbf{D}_\lambda \phi^\dagger \mathbf{D}^\lambda \phi - V(\phi). \tag{22-73}$$

Mit der Eichbedingung Gl. (22-58) und nach Einführung des Feldes ρ' (Gl. (22-61)) wird daraus:

$$
\begin{aligned}
\mathscr{L}_{\text{QFD}} = &-\frac{1}{2}\,\text{Sp}\,(\mathbf{W}_{\lambda\rho}\,\mathbf{W}^{\lambda\rho}) - \frac{1}{4}\,\mathbf{B}_{\lambda\rho}\,\mathbf{B}^{\lambda\rho} \\[2mm]
&+ \mathbf{W}_\lambda^+\,\mathbf{W}^{-\lambda}\,m_W^2\left(1+\frac{\rho'}{\rho_0}\right)^2 + \frac{1}{2}\,\mathbf{Z}_\lambda\mathbf{Z}^\lambda\,m_Z^2\left(1+\frac{\rho'}{\rho_0}\right)^2 \\[2mm]
&+ \overline{\psi}\,i\,\gamma^\lambda\mathbf{D}_\lambda\,\psi - \overline{\psi}\,\mathbf{M}\,\psi\left(1+\frac{\rho'}{\rho_0}\right) \\[2mm]
&+ \frac{1}{2}\,\partial_\lambda\rho'\,\partial^\lambda\rho' - \frac{1}{2}\,m_{\rho'}^2\,\rho'^2\left[1+\frac{\rho'}{\rho_0}+\frac{1}{4}\left(\frac{\rho'}{\rho_0}\right)^2\right],
\end{aligned}
\tag{22-74}
$$

wobei

$$
\mathbf{M} = -\,(\mathbf{C}_2 + \mathbf{C}_2^+)\,\frac{\rho_0}{\sqrt{2}}
\tag{22-75}
$$

im wesentlichen die Massenmatrix für die Fermionen ist, in Verallgemeinerung von Gl. (22-65). Wir werden aber sehen, daß hier auch auf natürliche Weise Cabibbo-Winkel ins Spiel kommen.

Aus der Lagrange-Dichte Gl. (22-74) lesen wir leicht den Teilchengehalt der QFD ab, den wir bereits in Tabelle 22-1 angegeben haben. Die Fermionen und ihre Anordnung in Darstellungen der Gruppe $SU(2)\times U(1)$ können wir dabei als „Eingabe" betrachten. Das Postulat der lokalen Eichinvarianz lieferte als Vorhersage der Theorie die Existenz der Eichbosonen. Die spontane Symmetriebrechung, deren Notwendigkeit sich allerdings bloß aus dem Experiment ergab und für die wir keinen tieferen Grund angeben konnten, lieferte die Vorhersage der Existenz eines Higgs-Bosons. Alle von der Theorie verlangten Teilchen wurden bereits entdeckt, ausgenommen das Higgs-Boson.

Wir sehen uns nun einige Terme der Lagrange-Dichte Gl. (22-74) näher an. Die Kopplung der Fermionen an die Eichbosonen wird durch die kovariante Ableitung der Fermionen (Gl. (22-71)) geliefert. Sie ist daher durch die Eichgruppe $SU(2)\times U(1)$ und die Flavor-Quantenzahlen der Fermionen bis auf die Kopplungskonstanten festgelegt. Den entsprechenden Term in der Lagrange-Dichte bezeichnen wir mit $\mathscr{L}_{\text{Int}}$, wobei wir setzen:

$$
\begin{aligned}
\overline{\psi}\,i\,\gamma^\lambda\mathbf{D}_\lambda\,\psi &= \overline{\psi}\,i\,\gamma^\lambda\partial_\lambda\,\psi + \mathscr{L}_{\text{Int}} \\
\mathscr{L}_{\text{Int}} &= -\,\overline{\psi}\,\gamma^\lambda\,(g\,\mathbf{W}_\lambda^a\,\mathbf{T}_a + g'\,\mathbf{B}_\lambda\,\mathbf{Y})\,\psi.
\end{aligned}
\tag{22-76}
$$

Ausgedrückt durch die physikalischen Bosonfelder $\mathbf{W}_\lambda^\pm$, $\mathbf{Z}_\lambda$ und $\mathbf{A}_\lambda$ ergibt das

$$
\begin{aligned}
\mathscr{L}_{\text{Int}} = -\,e\Bigg\{ &\mathbf{A}_\lambda\,\mathscr{J}_{\text{em}}^\lambda + \frac{1}{\sin\vartheta_W\cos\vartheta_W}\,\mathbf{Z}_\lambda\,\mathscr{J}_{\text{NC}}^\lambda \\[2mm]
&+ \frac{1}{\sqrt{2}\,\sin\vartheta_W}\,(\mathbf{W}_\lambda^+\,\mathscr{J}_{\text{CC}}^\lambda + \mathbf{W}_\lambda^-\,\mathscr{J}_{\text{CC}}^{\lambda+})\Bigg\},
\end{aligned}
\tag{22-77}
$$

wobei

$$
\begin{aligned}
\mathscr{J}_{\text{em}}^\lambda &= \overline{\psi}\,\gamma^\lambda\,(\mathbf{T}_3 + \mathbf{Y})\,\psi, \\[2mm]
\mathscr{J}_{\text{NC}}^\lambda &= \overline{\psi}\,\gamma^\lambda\,(\mathbf{T}_3 - \sin^2\vartheta_W\,(\mathbf{T}_3 + \mathbf{Y}))\,\psi = \overline{\psi}\,\gamma^\lambda\mathbf{T}_3\,\psi - \sin^2\vartheta_W\,\mathscr{J}_{\text{em}}^\lambda, \\[2mm]
\mathscr{J}_{\text{CC}}^\lambda &= \overline{\psi}\,\gamma^\lambda\,(\mathbf{T}_1 + i\,\mathbf{T}_2)\,\psi.
\end{aligned}
\tag{22-78}
$$

Die hier auftretenden Ströme, der elektromagnetische Strom $\mathscr{J}^{\lambda}_{em}$, der neutrale Strom $\mathscr{J}^{\lambda}_{NC}$ und der geladene Strom $\mathscr{J}^{\lambda}_{CC}$, sind fundamental für die Beschreibung der elektroschwachen Wechselwirkung bei niederen Energien. Die Matrix der elektrischen Ladung $\mathbf{Q}$ der Fermionen ergibt sich als

$$\mathbf{Q} = \mathbf{T}_3 + \mathbf{Y}. \tag{22-79}$$

Daraus sehen wir, daß die Eichgruppe des Elektromagnetismus genau die $U(1)$-Eichgruppe ist, die nach Gl. (22-60) den Vakuumerwartungswert von ϕ invariant läßt und daher nicht gebrochen ist. Die Hyperladungswerte der Fermionen in Tabelle 22-2 sind so *gewählt*, daß

Tabelle 22-3 Die Fermion-Eichboson-Vertizes in der Quantenflavordynamik

Diagrammteil	analytischer Ausdruck
ψ γ ψ	$-\,\mathrm{i}\,e\,\mathbf{Q}\,\gamma^{\lambda}$
ψ W ψ	$-\,\mathrm{i}\,\dfrac{e}{\sqrt{2}\,\sin\vartheta_{W}}\,(\mathbf{T}_1 + \mathrm{i}\,\mathbf{T}_2)\,\gamma^{\lambda}$
ψ Z ψ	$-\,\mathrm{i}\,\dfrac{e}{\sin\vartheta_{W}\cos\vartheta_{W}}\,(\mathbf{T}_3 - \sin^2\vartheta_{W}\,\mathbf{Q})\,\gamma^{\lambda}$

Tabelle 22-4 Die inneren Linien für die Eichbosonen in der Quantenflavordynamik. Angegeben sind die entsprechenden analytischen Ausdrücke für die Propagatoren, wobei q der über die innere Linie laufende Viererimpuls ist.

Diagrammteil	analytischer Ausdruck
$\gamma\,(q)$	$\dfrac{-\,\mathrm{i}\,g_{\rho\lambda}}{q^2}$
W (q)	$\dfrac{-\,\mathrm{i}\left(g_{\rho\lambda} - \dfrac{q_\rho q_\lambda}{m_W^2}\right)}{q^2 - m_W^2} \xrightarrow{q^2 \ll m_W^2} \dfrac{\mathrm{i}\,g_{\rho\lambda}}{m_W^2}$
Z (q)	$\dfrac{-\,\mathrm{i}\left(g_{\rho\lambda} - \dfrac{q_\rho q_\lambda}{m_Z^2}\right)}{q^2 - m_Z^2} \xrightarrow{q^2 \ll m_Z^2} \dfrac{\mathrm{i}\,g_{\rho\lambda}}{m_Z^2}$

der elektromagnetische Strom ein reiner Vektorstrom ist und die experimentell beobachteten Ladungen liefert. Dieses Arrangieren von Parametern ohne zu Grunde liegendes physikalisches Postulat ist einer der vielen unbefriedigenden Züge in der QFD.

Wir können nun – wie für die QED – Feynman-Regeln für die QFD entwickeln. Den Kopplungstermen in Gl. (22-77) entsprechen Fermion-Boson-Vertizes (Tabelle 22-3). Eichbosonen im Anfangs- und Endzustand beziehungsweise dem Austausch virtueller Eichbosonen entsprechen äußere und innere Eichboson-Linien. In Tabelle 22-4 haben wir die analytischen Ausdrücke für die inneren Linien angegeben, die man leicht in Verallgemeinerung des Photonpropagators in der QED findet. Die kompletten Feynman-Regeln der QFD in der sogenannten unitären Eichung haben wir in Anhang G zusammengestellt.

Wir betrachten nun Fermion-Fermion-Streuung und gekreuzte Reaktionen, also Prozesse vom Typ

$$
\begin{aligned}
e^- + e^- &\longrightarrow e^- + e^-, \\
e^- + e^+ &\longrightarrow \mu^- + \mu^+, \\
\nu_e + e &\longrightarrow \nu_e + e, \\
\nu_\mu + e &\longrightarrow \nu_\mu + e, \\
\nu_\mu + d &\longrightarrow \mu^- + u, \\
\mu^- &\longrightarrow e^- + \bar{\nu}_e + \nu_\mu \quad \text{(usw.)}
\end{aligned}
\tag{22-80}
$$

Dabei sind uns die Elektron-Elektron-Streuung und die Myon-Paarproduktion aus der QED vertraut. Neutrino-Reaktionen haben wir in Teil III besprochen. Im Rahmen unserer jetzigen Theorie werden Reaktionen dieses Typs in niedrigster Ordnung durch den Austausch der Bosonen γ, $W^\pm$ und Z beschrieben (Bild 22-4).

Sind nun die Impulsüberträge q sehr klein gegen die W- und Z-Massen, so können wir die W- und Z-Propagatoren, wie in Tabelle 22-4 angegeben, durch Konstanten ersetzen.

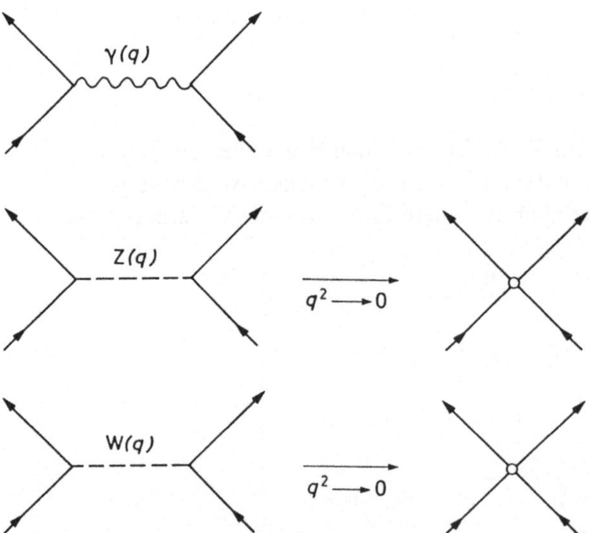

Bild 22-4 Dieagramme für Fermion-Fermion-Streuung im Standardmodell. Dabei sind die Fermionlinien entsprechend der jeweils betrachteten Reaktion zu interpretieren, zum Beispiel als ein- und auslaufende Elektronlinien im Fall der Elektron-Elektron-Streuung. Im Niederenergiebereich ($q^2 \ll m_W^2$, m_Z^2) ergeben der W- und Z-Austausch punktförmige 4-Fermion-Kopplungen.

Ein konstanter Propagator im Impulsraum entspricht einer δ-Funktion im Ortsraum. Aus den Austauschdiagrammen in Bild 22-4 werden dann Punktkopplungen von vier Fermionen. Wie man leicht sieht, lassen sich diese Diagramme aus einer *effektiven* Lagrange-Dichte mit Strom-Strom-Kopplung

$$\mathscr{L}_{\text{eff}} = - \frac{e^2}{2\,m_Z^2 \sin^2 \vartheta_W \cos^2 \vartheta_W} \, \mathscr{J}^\lambda_{\text{NC}} g_{\lambda\rho} \, \mathscr{J}^\rho_{\text{NC}}$$

$$- \frac{e^2}{2\,m_W^2 \sin^2 \vartheta_W} \, \mathscr{J}^\lambda_{\text{CC}} g_{\lambda\rho} \mathscr{J}^{\dagger\rho}_{\text{CC}} \tag{22-81}$$

erzeugen. Das ist folgendermaßen zu verstehen: Die Diagramme *2. Ordnung* von Bild 22-4 mit W- und Z-Austausch ergeben im Grenzfall $q^2 \ll m_W^2$, m_Z^2 analytische Ausdrücke für die S-Matrixelemente, die identisch sind mit den Matrixelementen des S-Operators

$$\mathbf{S} = 1 + i \int dx \, \mathscr{L}_{\text{eff}}(x), \tag{22-82}$$

bei dem $\mathscr{L}_{\text{eff}}$ in *1. Ordnung* nach den Regeln der Störungstheorie verwendet wird.

Mit dieser Gestalt der schwachen Kopplung haben wir den Anschluß an die phänomenologische 4-Fermion-Kopplung erreicht, die wir in Kapitel 21 besprochen haben. Die Lagrange-Dichte $\mathscr{L}'_\mu$ für den Myon-Zerfall ist in Gl. (22-81) in der Kopplung der geladenen Ströme enthalten, wir müssen nur den Term heraussuchen, der Myon-, Elektron- und Neutrinofelder verkoppelt. Das ergibt:

$$\mathscr{L}'_\mu = - \frac{e^2}{2\,m_W^2 \sin^2 \vartheta_W} \left[(\bar{\nu}_{\mu_L} \gamma^\lambda \mu_L)\,(\bar{e}_L \gamma_\lambda \nu_{e_L}) + \text{h.c.} \right]$$

$$= - \frac{e^2}{8\,m_W^2 \sin^2 \vartheta_W} \left[\bar{\nu}_\mu \gamma^\lambda (1 - \gamma_5)\,\mu\,\bar{e}\,\gamma_\lambda (1 - \gamma_5)\,\nu_e + \text{h.c.} \right]. \tag{22-83}$$

Vergleichen wir dies mit Gl. (21-23), so finden wir für die Fermi-Konstante $G \equiv G_\mu$:

$$\frac{1}{\sqrt{2}}\,G = \frac{e^2}{8\,m_W^2 \sin^2 \vartheta_W}, \tag{22-84a}$$

oder durch Auflösen nach m_W^2:

$$m_W^2 = \frac{e^2}{4\sqrt{2}\,G \cdot \sin^2 \vartheta_W}. \tag{22-84b}$$

Wie wir in den folgenden Kapiteln sehen werden, kann man G und $\sin^2 \vartheta_W$ durch Experimente bei niederen Energien bestimmen. Man findet:

$$G \cong 1{,}17 \cdot 10^{-5}\,\text{GeV}^{-2},$$
$$\sin^2 \vartheta_W \cong 0{,}23.$$

Es ergeben sich damit unter Benutzung der Gl. (22-69) die folgenden Vorhersagen für die Massenwerte der W- und Z-Bosonen sowie für den Vakuumerwartungswert ρ_0 des Higgs-Feldes:

$$m_W \cong 77{,}7\,\text{GeV},$$
$$m_Z \cong 88{,}6\,\text{GeV},$$
$$\rho_0 \cong 2^{-1/4}\,G^{-1/2} = 246\,\text{GeV}. \tag{22-85}$$

Für die effektive Lagrange-Dichte Gl. (22-81) können wir schließlich schreiben:

$$\mathscr{L}_{\text{eff}} = - \frac{4G}{\sqrt{2}} \left\{ \mathscr{I}^{\lambda}_{\text{CC}} \mathscr{I}^{+}_{\text{CC}\lambda} + \mathscr{I}^{\lambda}_{\text{NC}} \mathscr{I}_{\text{NC}\lambda} \right\}. \tag{22-86}$$

In den folgenden Kapiteln werden wir einige Tests dieser schwachen Kopplung besprechen. Hier wollen wir nur erwähnen, daß die *Universalität* der schwachen Wechselwirkung, die wir in Kapitel 21 besprochen haben, in der QFD automatisch erfüllt ist. In dem Diagramm mit W-Austausch in Bild 22-4 muß nämlich *jedes* Fermiondublett mit gleicher Stärke an das W-Boson koppeln. Das verlangt die Isospin-Invarianz. Da es auch nur *ein* $W^{\pm}$-Bosonpaar in der QFD gibt, muß die effektive 4-Fermion-Kopplung über W-Austausch für beliebige zwei Dubletts gleich sein.

Bevor wir phänomenologische Anwendungen in der QFD diskutieren, wollen wir im nächsten Abschnitt die Yukawa-Kopplung näher ansehen.

22.4   Die Massenmatrix und die Cabibbo-Winkel

Wir studieren in diesem Abschnitt die Yukawa-Kopplung (Gl. (22-72)). Die rechtshändigen Fermionen sind in der QFD alle Singuletts, die linkshändigen sind Dubletts. Um eine $SU(2) \times U(1)$-invariante Yukawa-Kopplung zu konstruieren, bilden wir zunächst aus dem Higgs-Dublett und den linkshändigen Fermiondubletts Singuletts. Es sei

$$\begin{pmatrix} \psi_{1L} \\ \psi_{2L} \end{pmatrix}$$

ein beliebiges Fermiondublett. Wir können je eine Isospin-invariante Kombination mit ϕ und ϕ^{+} anschreiben, die ja beide Isodubletts darstellen:

$$\phi^{+} \begin{pmatrix} \psi_{1L} \\ \psi_{2L} \end{pmatrix} = \phi_{1}^{+} \psi_{1L} + \phi_{2}^{+} \psi_{2L},$$

$$\phi^{T} \epsilon \begin{pmatrix} \psi_{1L} \\ \psi_{2L} \end{pmatrix} = \phi_{1} \psi_{2L} - \phi_{2} \psi_{1L}. \tag{22-87}$$

Dabei ist ϵ die antisymmetrische 2×2-Matrix (Gl. (C-11)). Diese Invarianten müssen wir dann auf alle möglichen Arten mit den rechtshändigen Singuletts kombinieren. Dabei müssen wir aber darauf achten, daß auch die Hyperladung erhalten ist. Die resultierende Kopplung ist

$$\mathscr{L}_{\text{Yuk}} = - (\overline{e}_{R}, \overline{\mu}_{R}, \overline{\tau}_{R}) \, \mathbf{C}_{\ell} \begin{pmatrix} \phi^{+} \begin{pmatrix} \nu_{eL} \\ e_{L} \end{pmatrix} \\ \phi^{+} \begin{pmatrix} \nu_{\mu L} \\ \mu_{L} \end{pmatrix} \\ \phi^{+} \begin{pmatrix} \nu_{\tau L} \\ \tau_{L} \end{pmatrix} \end{pmatrix}$$

$$+ (\bar{u}_R, \bar{c}_R, \bar{t}_R)\, C_q' \begin{pmatrix} \phi^T \epsilon \begin{pmatrix} u_L \\ d_L' \end{pmatrix} \\[2ex] \phi^T \epsilon \begin{pmatrix} c_L \\ s_L' \end{pmatrix} \\[2ex] \phi^T \epsilon \begin{pmatrix} t_L \\ b_L' \end{pmatrix} \end{pmatrix}$$

$$- (\bar{d}_R', \bar{s}_R', \bar{b}_R')\, C_q \begin{pmatrix} \phi^+ \begin{pmatrix} u_L \\ d_L' \end{pmatrix} \\[2ex] \phi^+ \begin{pmatrix} c_L \\ s_L' \end{pmatrix} \\[2ex] \phi^+ \begin{pmatrix} t_L \\ b_L' \end{pmatrix} \end{pmatrix}$$

$$+ \text{ h.c.} \tag{22-88}$$

Dabei sind C_ϱ, C_q' und C_q zunächst beliebige komplexe 3×3-Matrizen. Wir werden aber gleich sehen, daß wir sie ohne Beschränkung der Allgemeinheit in einer gewissen Standardgestalt ansetzen können. Zu bemerken ist weiter, daß für die Quarks beide Kopplungstypen an das Higgs-Feld auftreten, für die Leptonen bloß einer. Das beruht darauf, daß wir die Neutrinos als masselos angenommen und rechtshändige Neutrinofelder weggelassen haben.

Nicht alle verschiedenen Matrizen C_ϱ, C_q' und C_q führen zu verschiedenen physikalischen Theorien. Wir können zum Beispiel eine beliebige Basisänderung für die rechtshändigen Leptonfelder durchführen, d.h. eine Ersetzung

$$\begin{pmatrix} e_R \\ \mu_R \\ \tau_R \end{pmatrix} \longrightarrow U_1 \begin{pmatrix} e_R \\ \mu_R \\ \tau_R \end{pmatrix}, \tag{22-89}$$

wobei U_1 eine beliebige konstante unitäre 3×3-Matrix ist ($U_1 \in U(3)$). Da die Felder e_R, μ_R und τ_R dieselben Quantenzahlen tragen, bleiben dabei alle Terme in der Lagrange-Dichte Gl. (22-73) ungeändert, mit Ausnahme des Yukawa-Terms $\mathscr{L}_{Yuk}$. In dem letzteren erhalten wir für die Matrix C_ϱ die Ersetzung

$$C_\varrho \longrightarrow U_1^\dagger\, C_\varrho. \tag{22-90}$$

Analog kann man Basisänderungen für die Leptondubletts, die Quarkdubletts und die Quarksinguletts mit jeweils denselben Quantenzahlen durchführen. Die Matrizen C_ϱ, C_q', C_q werden dabei wie folgt transformiert:

$$\begin{aligned} C_\varrho &\longrightarrow U_1^\dagger\, C_\varrho V_1, \\ C_q' &\longrightarrow U_2^\dagger\, C_q' V_2, \\ C_q &\longrightarrow U_3^\dagger\, C_q V_2, \end{aligned} \tag{22-91}$$

wobei $U_1, U_2, U_3, V_1, V_2 \in U(3)$ gelten muß. Wir haben also die Freiheit, die Matrizen C_ϱ, C_q' und C_q mit konstanten unitären 3×3-Matrizen wie oben angegeben zu multiplizieren. Die Physik ändert sich dadurch nicht, da wir bloß die Basis für äquivalente Felder ändern. Zu beachten ist, daß wir die Matrizen C_q' und C_q für die Quarks mit *derselben* Matrix V_2 von rechts multiplizieren müssen, da in Gl. (22-88) dieselben Quarkdubletts auf der rechten Seite von C_q' und C_q stehen.

Wir betrachten zunächst die Lepton-Matrix $\mathbf{C}_\varrho$. Die Matrix $\mathbf{C}_\varrho \mathbf{C}_\varrho^\dagger$ ist hermitesch und nichtnegativ. Bei den Transformationen Gl. (22-91) gilt:

$$\mathbf{C}_\varrho \mathbf{C}_\varrho^\dagger \longrightarrow \mathbf{U}_1^\dagger \mathbf{C}_\varrho \mathbf{C}_\varrho^\dagger \mathbf{U}_1 . \tag{22-92}$$

Durch geeignete Wahl von $\mathbf{U}_1$ können wir erreichen, daß $\mathbf{C}_\varrho \mathbf{C}_\varrho^\dagger$ diagonal wird, also die Gestalt

$$\mathbf{C}_\varrho \mathbf{C}_\varrho^\dagger = \begin{pmatrix} c_e^2 & 0 & 0 \\ 0 & c_\mu^2 & 0 \\ 0 & 0 & c_\tau^2 \end{pmatrix} , \tag{22-93}$$

annimmt, wobei c_e, c_μ, $c_\tau \geqslant 0$ sind. Es gilt dann offenbar mit einer unitären Matrix $\mathbf{W}$ $(\mathbf{W} \in \mathrm{U}(3))$

$$\mathbf{C}_\varrho = \begin{pmatrix} c_e & 0 & 0 \\ 0 & c_\mu & 0 \\ 0 & 0 & c_\tau \end{pmatrix} \mathbf{W} . \tag{22-94}$$

Setzen wir in Gl. (22-91) nun

$$\mathbf{V}_1 = \mathbf{W}^\dagger , \tag{22-95}$$

so können wir $\mathbf{C}_\varrho$ auf Diagonalgestalt mit nichtnegativen Diagonalelementen bringen:

$$\mathbf{C}_\varrho = \begin{pmatrix} c_e & 0 & 0 \\ 0 & c_\mu & 0 \\ 0 & 0 & c_\tau \end{pmatrix} . \tag{22-96}$$

Für die Quarks können wir zunächst ganz analog die Matrix $\mathbf{C}_q'$ auf Diagonalform bringen:

$$\mathbf{C}_q' = \begin{pmatrix} c_u & 0 & 0 \\ 0 & c_c & 0 \\ 0 & 0 & c_t \end{pmatrix} , \tag{22-97}$$

wobei c_u, c_c, $c_t \geqslant 0$ sind. Die Matrix $\mathbf{C}_q$ können wir dann nach Gl. (22-91) aber nur noch mit einer beliebigen Matrix $\mathbf{U}_3^\dagger$ von links multiplizieren. Analog wie in Gl. (22-94) können wir erreichen, daß

$$\mathbf{C}_q = \begin{pmatrix} c_d & 0 & 0 \\ 0 & c_s & 0 \\ 0 & 0 & c_b \end{pmatrix} \mathbf{V}^\dagger \tag{22-98}$$

wird, wobei $c_d, c_s, c_b \geqslant 0$ sind und $\mathbf{V}^\dagger \in \mathrm{U}(3)$ ist. Transformieren wir nochmals entsprechend Gl. (22-91) mit

$$\mathbf{U}_3 = \mathbf{V}^\dagger$$

von links, so erreichen wir, daß $\mathbf{C}_q$ hermitesch wird. Als Standardgestalt für $\mathbf{C}_q$ fordern wir also

$$\mathbf{C}_q = \mathbf{V} \begin{pmatrix} c_d & 0 & 0 \\ 0 & c_s & 0 \\ 0 & 0 & c_b \end{pmatrix} \mathbf{V}^\dagger . \tag{22-99}$$

Die Matrix $\mathbf{V}$ ist die sogenannte *Kobayashi-Maskawa-Matrix* (Kobayashi 1973).

Damit haben wir im wesentlichen die Freiheit, die uns die Transformationen Gl. (22-91) lassen, ausgenutzt. Die Gestalten von $\mathbf{C}_q'$ und $\mathbf{C}_q$ (Gln. (22-97), (22-99)) bleiben nur noch bei Transformationen mit einer unitären Diagonalmatrix erhalten. Setzen wir nämlich in Gl. (22-91)

$$\mathbf{V}_2 = \mathbf{U}_2 = \mathbf{U}_3 = \mathbf{U}_\varphi \equiv \begin{pmatrix} e^{i\varphi_1} & 0 & 0 \\ 0 & e^{i\varphi_2} & 0 \\ 0 & 0 & e^{i\varphi_3} \end{pmatrix},$$

wobei $\varphi_1, \varphi_2, \varphi_3$ beliebige Phasen sind, so gilt:

$$\mathbf{C}_q' = \begin{pmatrix} c_u & 0 & 0 \\ 0 & c_c & 0 \\ 0 & 0 & c_t \end{pmatrix} \longrightarrow \mathbf{U}_\varphi^\dagger \mathbf{C}_q' \mathbf{U}_\varphi = \mathbf{C}_q',$$

$$\mathbf{C}_q = \mathbf{V} \begin{pmatrix} c_d & 0 & 0 \\ 0 & c_s & 0 \\ 0 & 0 & c_b \end{pmatrix} \mathbf{V}^\dagger \longrightarrow \mathbf{V}' \begin{pmatrix} c_d & 0 & 0 \\ 0 & c_s & 0 \\ 0 & 0 & c_b \end{pmatrix} \mathbf{V}'^\dagger, \tag{22-100}$$

wobei $\mathbf{V}' = \mathbf{U}_\varphi^\dagger \mathbf{V}$. Die Gestalt von $\mathbf{C}_q$ (Gl. (22-99)) bleibt offenbar auch erhalten, wenn wir die Matrix $\mathbf{V}$ von rechts mit einer unitären Diagonalmatrix $\mathbf{U}_\chi$

$$\mathbf{U}_\chi = \begin{pmatrix} e^{i\chi_1} & 0 & 0 \\ 0 & e^{i\chi_2} & 0 \\ 0 & 0 & e^{i\chi_3} \end{pmatrix}, \tag{22-101}$$

multiplizieren, wobei χ_1, χ_2, χ_3 wieder beliebige Phasen sind. Unsere Standardforderungen für $\mathbf{C}_q'$ und $\mathbf{C}_q$ (Gln. (22-97) und (22-99)) lassen uns daher für die unitäre Matrix $\mathbf{V}$ noch die Freiheit der folgenden Ersetzungen:

$$\mathbf{V} \longrightarrow \mathbf{U}_\varphi^\dagger \mathbf{V} \mathbf{U}_\chi, \tag{22-102}$$

wobei $\mathbf{U}_\varphi$, $\mathbf{U}_\chi$ Diagonalmatrizen aus U(3) sein müssen. Das benutzen wir, um auch $\mathbf{V}$ auf eine Standardgestalt zu bringen.

Wir betrachten zunächst den einfacheren Fall von zwei Familien an Stelle von drei. Dann laufen alle Überlegungen genauso. Die Matrix $\mathbf{V}$ ist aber bloß eine unitäre 2 × 2-Matrix, für die wir nach Gl. (22-102) die Freiheit der folgenden Transformation haben:

$$\mathbf{V} = \begin{pmatrix} V_{11} & V_{12} \\ V_{21} & V_{22} \end{pmatrix} \longrightarrow \begin{pmatrix} e^{-i\varphi_1} & 0 \\ 0 & e^{-i\varphi_2} \end{pmatrix} \begin{pmatrix} V_{11} & V_{12} \\ V_{21} & V_{22} \end{pmatrix} \begin{pmatrix} e^{i\chi_1} & 0 \\ 0 & e^{i\chi_2} \end{pmatrix}$$

$$= \begin{pmatrix} e^{-i(\varphi_1 - \chi_1)} V_{11} & e^{-i(\varphi_1 - \chi_2)} V_{12} \\ e^{-i(\varphi_2 - \chi_1)} V_{21} & e^{-i(\varphi_2 - \chi_2)} V_{22} \end{pmatrix}. \tag{22-103}$$

Dabei können wir drei Phasendifferenzen, beispielsweise

$$\varphi_1 - \chi_1, \quad \varphi_1 - \chi_2, \quad \varphi_2 - \chi_1$$

frei wählen, während die vierte dann festgelegt ist, da

$$\varphi_2 - \chi_2 = (\varphi_2 - \chi_1) + (\varphi_1 - \chi_2) - (\varphi_1 - \chi_1).$$

Wir nutzen dies aus, um als kanonische Gestalt für $\mathbf{V}$ zu fordern:

$$V_{11} \geqslant 0, \tag{a}$$
$$V_{12} \geqslant 0, \tag{b}$$
$$V_{21} \leqslant 0. \tag{c}$$

(22-104)

Die Unitarität von $\mathbf{V}$ verlangt weiter:

$$|V_{11}|^2 + |V_{12}|^2 = 1, \qquad\qquad\qquad\qquad (a)$$

$$V_{11}^* V_{21} + V_{12}^* V_{22} = 0, \qquad\qquad\qquad\qquad (b) \quad (22\text{-}105)$$

$$|V_{21}|^2 + |V_{22}|^2 = 1. \qquad\qquad\qquad\qquad (c)$$

Wir können die Gln. (22-104a, 22-104b) und (22-105a) identisch erfüllen, wenn wir

$$
\begin{aligned}
V_{11} &= \cos\vartheta_C, \\
V_{12} &= \sin\vartheta_C
\end{aligned}
\qquad\qquad\qquad (22\text{-}106)
$$

setzen, wobei $0 \leqslant \vartheta_C \leqslant \pi/2$. Die übrigen Gleichungen und Ungleichungen liefern dann leicht die kanonische Form für $\mathbf{V}$ bei zwei Familien als

$$
\mathbf{V} = \begin{pmatrix} \cos\vartheta_C & \sin\vartheta_C \\ -\sin\vartheta_C & \cos\vartheta_C \end{pmatrix}. \qquad\qquad\qquad (22\text{-}107)
$$

Der Winkel ϑ_C ist, wie wir gleich sehen werden, der gewöhnliche Cabibbo-Winkel. Zu beachten ist, daß wir im Fall von zwei Familien *alle* komplexen Phasen in $\mathbf{V}$ wegrotieren können.

Für den realistischen Fall von drei Familien zeigt eine ganz analoge Überlegung, daß wir die Matrix $\mathbf{V}$ auf eine Standardgestalt bringen können, die sich durch drei Winkel ϑ_i (mit $i = 1, 2, 3$) und eine Phase δ parametrisieren läßt:

$$
\mathbf{V} = \begin{pmatrix} c_1 & s_1 c_3 & s_1 s_3 \\ -s_1 c_2 & c_1 c_2 c_3 - s_2 s_3 \, e^{i\delta} & c_1 c_2 s_3 + s_2 c_3 \, e^{i\delta} \\ -s_1 s_2 & c_1 s_2 c_3 + c_2 s_3 \, e^{i\delta} & c_1 s_2 s_3 - c_2 c_3 \, e^{i\delta} \end{pmatrix}. \qquad (22\text{-}108)
$$

Hier haben wir

$$
\begin{aligned}
c_i &= \cos\vartheta_i, \\
s_i &= \sin\vartheta_i, \\
(i &= 1, 2, 3)
\end{aligned}
$$

gesetzt, und die Parameter-Intervalle sind

$$
\begin{aligned}
0 &\leqslant \vartheta_i \leqslant \pi/2, \\
0 &\leqslant \delta \leqslant 2\pi.
\end{aligned}
$$

Die Herleitung dieser Gestalt für die Kobayashi-Maskawa-Matrix besprechen wir im Anhang H. Wie sich zeigt, lassen sich im Fall von drei Familien *nicht* alle komplexen Phasen in der Matrix $\mathbf{V}$ wegrotieren. Das wird sich bei der Besprechung der CP-Verletzung als wesentlich erweisen.

Wir sammeln nun unsere Resultate zusammen, setzen in die Yukawa-Kopplung Gl. (22-88) ein und wählen wieder wie früher die Eichbedingung Gl. (22-58) für das Higgs-Feld. Mit ρ', dem physikalischen Higgs-Feld wie in Gl. (22-61), erhalten wir:

$$
\mathscr{L}_{\text{Yuk}} = \Bigg\{ -(\bar{e}_R, \bar{\mu}_R, \bar{\tau}_R) \begin{pmatrix} c_e & 0 & 0 \\ 0 & c_\mu & 0 \\ 0 & 0 & c_\tau \end{pmatrix} \begin{pmatrix} e_L \\ \mu_L \\ \tau_L \end{pmatrix}
$$

$$
-(\bar{u}_R, \bar{c}_R, \bar{t}_R) \begin{pmatrix} c_u & 0 & 0 \\ 0 & c_c & 0 \\ 0 & 0 & c_t \end{pmatrix} \begin{pmatrix} u_L \\ c_L \\ t_L \end{pmatrix}
$$

$$- (\bar{d}'_R, \bar{s}'_R, \bar{b}'_R)\, V \begin{pmatrix} c_d & 0 & 0 \\ 0 & c_s & 0 \\ 0 & 0 & c_b \end{pmatrix} V^\dagger \begin{pmatrix} d'_L \\ s'_L \\ b'_L \end{pmatrix} + \text{h.c.} \Bigg\} \frac{\rho_0}{\sqrt{2}} \left(1 + \frac{\rho'}{\rho_0}\right)$$

$$= \Bigg\{ - (\bar{e}, \bar{\mu}, \bar{\tau}) \begin{pmatrix} m_e & 0 & 0 \\ 0 & m_\mu & 0 \\ 0 & 0 & m_\tau \end{pmatrix} \begin{pmatrix} e \\ \mu \\ \tau \end{pmatrix}$$

$$- (\bar{u}, \bar{c}, \bar{t}) \begin{pmatrix} m_u & 0 & 0 \\ 0 & m_c & 0 \\ 0 & 0 & m_t \end{pmatrix} \begin{pmatrix} u \\ c \\ t \end{pmatrix}$$

$$- (\bar{d}', \bar{s}', \bar{b}')\, V \begin{pmatrix} m_d & 0 & 0 \\ 0 & m_s & 0 \\ 0 & 0 & m_b \end{pmatrix} V^\dagger \begin{pmatrix} d' \\ s' \\ b' \end{pmatrix} \Bigg\} \left(1 + \frac{\rho'}{\rho_0}\right). \qquad (22\text{-}109)$$

Dabei haben wir gesetzt:

$$m_e = c_e \frac{\rho_0}{\sqrt{2}}, \dots, m_b = c_b \frac{\rho_0}{\sqrt{2}}. \qquad (22\text{-}110)$$

Die Größen $m_e, m_\mu, m_\tau, m_u, m_c, m_t$ identifizieren wir sofort als die Massen der entsprechenden Leptonen und Quarks. Wir sehen aber, daß für eine Kobayashi-Maskawa-Matrix V ungleich der Einheitsmatrix die Quarkfelder d', s', b' *nicht* Teilchen definierter Masse entsprechen. Die Felder d', s', b' waren als Isospinpartner der Felder u, c, t definiert. Die Felder d, s, b, die Quarks definierter Masse entsprechen, sind nach Gl. (22-109) gegeben durch

$$\begin{pmatrix} d \\ s \\ b \end{pmatrix} = V^\dagger \begin{pmatrix} d' \\ s' \\ b' \end{pmatrix}. \qquad (22\text{-}111)$$

Welche pyhsikalischen Konsequenzen hat diese verallgemeinerte Cabibbo-Rotation? Dazu betrachten wir die geladenen und neutralen Ströme (Gl. (22-78)). Da im geladenen Strom der Isospin-Aufsteigeoperator steht, sind hier die Felder u, c, t mit ihren Isospinpartnern d', s', b' verknüpft, und wir finden:

$$\mathscr{I}^\lambda_{CC} = (\bar{\nu}_{e_L}, \bar{\nu}_{\mu_L}, \bar{\nu}_{\tau_L})\, \gamma^\lambda \begin{pmatrix} e_L \\ \mu_L \\ \tau_L \end{pmatrix} + (\bar{u}_L, \bar{c}_L, \bar{t}_L)\, \gamma^\lambda \begin{pmatrix} d'_L \\ s'_L \\ b'_L \end{pmatrix}$$

$$= (\bar{\nu}_{e_L}, \bar{\nu}_{\mu_L}, \bar{\nu}_{\tau_L})\, \gamma^\lambda \begin{pmatrix} e_L \\ \mu_L \\ \tau_L \end{pmatrix} + (\bar{u}_L, \bar{c}_L, \bar{t}_L)\, \gamma^\lambda V \begin{pmatrix} d_L \\ s_L \\ b_L \end{pmatrix}. \qquad (22\text{-}112)$$

Die Matrix V tritt also im geladenen Strom auf und bewirkt zum Beispiel, daß es die folgende Serie von Übergängen in das u-Quark gibt, wobei die Amplituden proportional den in Klammern angegebenen Matrixelementen von V sind:

$$\begin{aligned} d &\longrightarrow u + W^- \quad (V_{11}) \\ s &\longrightarrow u + W^- \quad (V_{12}) \\ b &\longrightarrow u + W^- \quad (V_{13}) \end{aligned} \qquad (22\text{-}113)$$

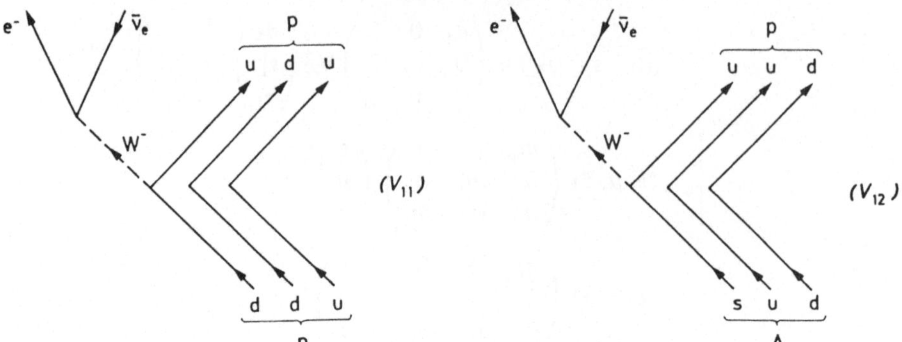

Bild 22-5 Die Zerfälle $n \to p\,e^-\bar{\nu}_e$ und $\Lambda \to p\,e^-\bar{\nu}_e$ im Quarkbild. Die Amplituden sind proportional zu den Elementen V_{11} bzw. V_{12} der Kobayashi-Maskawa-Matrix.

Der Übergang $d \to u$ ist zum Beispiel für den Zerfall des Neutrons, der Übergang $s \to u$ für den des Λ-Hyperons verantwortlich (Bild 22-5). Wir bemerken noch, daß im Leptonanteil des geladenen Stroms nach Gl. (22-112) keine Mischungsmatrix auftritt. Das hängt, wie wir gesehen haben, damit zusammen, daß wir alle Neutrinos als masselos angenommen haben. Für massive Neutrinos ergäbe sich im allgemeinen auch für die Leptonen eine Mischungsmatrix. Das würde unter anderem zu Neutrino-Oszillationen Anlaß geben.

Wir sehen noch den neutralen Strom an. Wegen der *Unitarität* der Kobayashi-Maskawa-Matrix **V** finden wir aus Gl. (22-78)

$$
\mathscr{J}^\lambda_{\mathrm{NC}} = (\bar{\nu}_e, \bar{\nu}_\mu, \bar{\nu}_\tau)\, \gamma^\lambda\, \frac{1}{2}\, \frac{1-\gamma_5}{2} \begin{pmatrix} \nu_e \\ \nu_\mu \\ \nu_\tau \end{pmatrix}
$$

$$
+ (\bar{e}, \bar{\mu}, \bar{\tau})\, \gamma^\lambda \left(-\frac{1}{2}\, \frac{1-\gamma_5}{2} + \sin^2 \vartheta_W \right) \begin{pmatrix} e \\ \mu \\ \tau \end{pmatrix}
$$

$$
+ (\bar{u}, \bar{c}, \bar{t})\, \gamma^\lambda \left(\frac{1}{2}\, \frac{1-\gamma_5}{2} - \frac{2}{3} \sin^2 \vartheta_W \right) \begin{pmatrix} u \\ c \\ t \end{pmatrix}
$$

$$
+ (\bar{d}, \bar{s}, \bar{b})\, \gamma^\lambda \left(-\frac{1}{2}\, \frac{1-\gamma_5}{2} + \frac{1}{3} \sin^2 \vartheta_W \right) \begin{pmatrix} d \\ s \\ b \end{pmatrix}. \tag{22-114}
$$

Bemerkenswert ist, daß hier keine Flavor-ändernden Terme auftreten. Zum Beispiel gibt es keinen Übergang

$$
s \longrightarrow d + Z. \tag{22-115}
$$

Ein solcher Übergang könnte etwa den folgenden Zerfall des langlebigen K-Mesons bewirken:

$$
K_L \sim (s\bar{d} + \bar{s}d) \longrightarrow \mu^+ + \mu^-. \tag{22-116}
$$

Experimentell ist dieser Zerfall extrem stark unterdrückt. Vergleichen wir mit dem kinematisch ähnlichen Zerfall des positiven K-Mesons

$$K^+ \longrightarrow \mu^+ + \nu_\mu,\qquad(22\text{-}117)$$

so finden wir:

$$\frac{\Gamma(K_L \longrightarrow \mu^+\mu^-)}{\Gamma(K^+ \longrightarrow \mu^+\nu_\mu)} = (3{,}42 \pm 0{,}71)\cdot 10^{-9}.\qquad(22\text{-}118)$$

Es ist einer der großen Triumphe der QFD, die Abwesenheit neutraler Flavor-ändernder Ströme auf natürliche Weise zu erklären. Historisch hat dies eine große Rolle gespielt, da Glashow, Iliopoulos und Maiani umgekehrt aus der Abwesenheit neutraler Flavor-ändernder Ströme die Existenz des Charm-Quarks c vorhergesagt haben (Glashow 1970). Ihre Beobachtung war im wesentlichen, daß die Mischungsmatrix V des geladenen Stroms nur dann aus dem neutralen Strom herausfallen kann, wenn sie unitär ist. Das verlangt insbesondere gleich viele Quarks mit Ladung 2/3 und Ladung $-1/3$. Damal kannte man die Quarks u, d, s — also folgerten sie, daß es ein weiteres Quark mit Ladung 2/3, das c-Quark, geben müsse. Bis Juni 1984 kannten wir drei Quarks der Ladung $-1/3$, aber nur zwei Quarks der Ladung $+2/3$. Wir waren daher recht zuversichtlich, daß es noch ein weiteres Quark vom u-Typ, das t-Quark, geben würde — und das hat sich allem Anschein nach bewahrheitet (Arnison 1984e).

22.5 Die Lagrange-Dichte des Standardmodells

In diesem Kapitel haben wir bisher nur die elektroschwache Wechselwirkung betrachtet und von den starken Kräften abgesehen. Nun wollen wir die entsprechenden Theorien QFD und QCD zum *Standardmodell* zusammenfassen.

Wir gehen wieder von den fundamentalen Fermionen in Tabelle 22-2 aus und fassen sie nach Gl. (22-70) zu einem Gesamtspinor ψ zusammen. Neben der SU(2)$\times$U(1)-Gruppe der elektroschwachen Wechselwirkung betrachten wir nun auch die Farb-SU(3)-Gruppe der starken Wechselwirkung (Kapitel 19). Bezüglich dieser SU(3)-Gruppe sind alle Leptonen Singuletts — sie haben ja keine starke Wechselwirkung — und alle Quarks Tripletts. Der Raum der Spinoren ψ trägt daher auch eine Darstellung der Farb-SU(3)-Gruppe. Die erzeugenden Operatoren dieser — hochgradig reduziblen — Darstellung wollen wir mit $\mathbf{F}_a$ ($a = 1, \ldots, 8$) bezeichnen. Dabei multipliziert $\mathbf{F}_a$, angewendet auf den Spinor ψ (Gl. (22-70)) alle Leptonfelder mit Null, alle Quarkfelder mit $\lambda_a/2$:

$$\mathbf{F}_a \begin{pmatrix} \nu_{e\,L} \\ \vdots \\ \tau_R \\ \mathbf{u}_L \\ \vdots \\ \mathbf{b}_R \end{pmatrix} = \begin{pmatrix} 0 \\ \vdots \\ 0 \\ \dfrac{\lambda_a}{2}\,\mathbf{u}_L \\ \vdots \\ \dfrac{\lambda_a}{2}\,\mathbf{b}_R \end{pmatrix}.\qquad(22\text{-}119)$$

Die Erzeugenden der Farb-SU(3)-Gruppe vertauschen offenbar mit den Erzeugenden $\mathbf{T}_a$ ($a = 1, 2, 3$) und $\mathbf{Y}$ der SU(2)$\times$U(1)-Gruppe der elektroschwachen Wechselwirkung.

Zusammen erzeugen $\mathbf{F}_a$, $\mathbf{T}_a$ und $\mathbf{Y}$ die Gruppe

$$\mathscr{F} = \mathrm{SU}(3) \times \mathrm{SU}(2) \times \mathrm{U}(1), \tag{22-120}$$

das direkte Produkt der Farbgruppe $\mathrm{SU}(3)$, der Gruppe $\mathrm{SU}(2)$ des schwachen Isospins und der Gruppe $\mathrm{U}(1)$ der schwachen Hyperladung.

Diese Gruppe $\mathscr{F}$ ist die fundamentale Gruppe, die im Standardmodell geeicht wird und damit für die starken und elektroschwachen Kräfte verantwortlich ist. Da wir es mit einem direkten Produkt zu tun haben, ergeben sich dabei keinerlei Komplikationen, aber auch keinerlei Querverbindungen zwischen starken und elektroschwachen Kräften. Wir können nun ohne weiteres die Lagrange-Dichte der QFD (Gln. (22-73), (22-74)) entsprechend den Regeln von Abschnitt 19.1 zu einer Eichtheorie bezüglich der Farb-$\mathrm{SU}(3)$-Gruppe erweitern. Die resultierende Lagrange-Dichte — zunächst in der manifest eichinvarianten Gestalt — ist wie folgt:

$$\mathscr{L} = -\frac{1}{2}\,\mathrm{Sp}\,(\mathbf{G}_{\lambda\rho}\mathbf{G}^{\lambda\rho}) - \frac{1}{2}\,\mathrm{Sp}\,(\mathbf{W}_{\lambda\rho}\mathbf{W}^{\lambda\rho}) - \frac{1}{4}\,\mathbf{B}_{\lambda\rho}\mathbf{B}^{\lambda\rho}$$

$$+ \bar{\psi}\,i\,\gamma^\lambda \mathbf{D}_\lambda\,\psi + \mathscr{L}_{\mathrm{Yuk}} + \mathbf{D}_\lambda\phi^\dagger\mathbf{D}^\lambda\phi - V(\phi). \tag{22-121}$$

Dabei ist $\mathbf{G}_{\lambda\rho}$ der Gluon-Feldstärken-Tensor (Gl. (19-19)), und die kovariante Ableitung des Spinors lautet nun nach Gln. (19-14) und (22-71)

$$\mathbf{D}_\lambda\psi = (\partial_\lambda + i g_s \mathbf{G}^a_\lambda \mathbf{F}_a + i g \mathbf{W}^a_\lambda \mathbf{T}_a + i g' \mathbf{B}_\lambda \mathbf{Y})\,\psi. \tag{22-122}$$

Das Higgs-Feld ϕ betrachten wir als Farb-Singulett. Daher sind der Higgs-Anteil von $\mathscr{L}$ und der Yukawa-Term $\mathscr{L}_{\mathrm{Yuk}}$ hier identisch mit denen von Gl. (22-73).

Der Mechanismus der spontanen Symmetriebrechung der $\mathrm{SU}(2)\times\mathrm{U}(1)$-Eichgruppe läuft nun genau so wie für die QFD allein. Die Gluonen spielen dabei keine Rolle, die Farb-$\mathrm{SU}(3)$-Gruppe bleibt ungebrochen. Die resultierende Lagrange-Dichte wollen wir explizit in der Basis der physikalischen Felder anschreiben:

$$\mathscr{L} = -\frac{1}{2}\,\mathrm{Sp}\,(\mathbf{G}_{\lambda\rho}\mathbf{G}^{\lambda\rho}) - \frac{1}{2}\,\mathrm{Sp}\,(\mathbf{W}_{\lambda\rho}\mathbf{W}^{\lambda\rho}) - \frac{1}{4}\,\mathbf{B}_{\lambda\rho}\mathbf{B}^{\lambda\rho}$$

$$+ \mathbf{W}^+_\lambda \mathbf{W}^{-\lambda}\, m^2_\mathrm{W} \left(1 + \frac{\rho'}{\rho_0}\right)^2 + \frac{1}{2}\,\mathbf{Z}_\lambda \mathbf{Z}^\lambda\, m^2_\mathrm{Z} \left(1 + \frac{\rho'}{\rho_0}\right)^2$$

$$+ \sum_\ell \left\{ \bar{\nu}_{\ell\mathrm{L}}\,i\,\gamma^\lambda \partial_\lambda \nu_{\ell\mathrm{L}} + \bar{\ell}\left[i\,\gamma^\lambda \partial_\lambda - m_\ell \left(1 + \frac{\rho'}{\rho_0}\right)\right]\ell \right\}$$

$$+ \sum_q \bar{\mathbf{q}}\left[i\,\gamma^\lambda\left(\partial_\lambda + i g_s \mathbf{G}^a_\lambda \frac{\lambda_a}{2}\right) - m_\mathrm{q}\left(1 + \frac{\rho'}{\rho_0}\right)\right]\mathbf{q}$$

$$+ \mathscr{L}_{\mathrm{Int}} + \frac{1}{2}\,\partial_\lambda \rho'\,\partial^\lambda \rho' - \frac{1}{2}\,m^2_{\rho'}\,\rho'^2 \left[1 + \frac{\rho'}{\rho_0} + \frac{1}{4}\left(\frac{\rho'}{\rho_0}\right)^2\right]. \tag{22-123}$$

Dabei ist über $\ell = e,\ \mu,\ \tau$ und $q = u,\ c,\ t,\ d,\ s,\ b$ zu summieren. Der Term $\mathscr{L}_{\mathrm{Int}}$ ist wie in Gl. (22-77). Die dort auftretenden Ströme $\mathscr{J}^\lambda_{\mathrm{CC}}$ und $\mathscr{J}^\lambda_{\mathrm{NC}}$ sind nach Gln. (22-112) und (22-114) einzusetzen, der elektromagnetische Strom ist

$$\mathscr{J}^\lambda_{\mathrm{em}} = \sum_\ell -\bar{\ell}\,\gamma^\lambda \ell + \sum_q Q_\mathrm{q}\,\bar{\mathbf{q}}\,\gamma^\lambda \mathbf{q}, \tag{22-124}$$

wobei Q_q die Quarkladungen sind. Schließlich wollen wir uns in Gl. (22-123) die Feldstärken-Tensoren $W_{\lambda\rho}$ und $B_{\lambda\rho}$ durch die physikalischen Bosonfelder $W_\lambda^\pm$, Z_λ und A_λ nach Gln. (22-7), (22-17) und (22-26) ausgedrückt denken.

Die in Gl. (22-123) manifeste Eichsymmetrie entspricht dem ungebrochenen Anteil $SU(3) \times U_{em}(1)$ der vollen Eichgruppe $\mathscr{F}$. Die typischen Terme, die wir von der spontanen Symmetriebrechung erhalten haben, sind die Massenterme für die W- und Z-Bosonen. Für sehr große Energien, $E \gg m_W \cong m_Z \cong 100\,\text{GeV}$ können wir diese Bosonmassen aber vernachlässigen. Dann werden die Streuquerschnitte die von der vollen Eichgruppe $\mathscr{F}$ geforderten Symmetrierelationen bis auf kleine Korrekturen der Ordnung m_W/E erfüllen. Wir können von einer direkten Manifestation der vollen Symmetriegruppe $\mathscr{F}$ bei hohen Energien sprechen. Für Energien $E \ll m_W$, m_Z sehen wir dagegen nur den ungebrochenen Anteil von $\mathscr{F}$ als manifeste Symmetriegruppe an den Streuquerschnitten und Zerfallsraten. Diesen Zusammenhang stellen wir wie folgt schematisch dar:

$$\mathscr{F} = SU(3) \times SU(2) \times U(1) \xrightarrow[m_Z \cong 100\,\text{GeV}]{} SU(3) \times U_{em}(1), \qquad (22\text{-}125)$$

wobei der Pfeil die spontane Symmetriebrechung andeutet und die typische damit verbundene Massenskala darunter geschrieben ist.

Damit haben wir alle Eigenschaften des Standardmodells kennengelernt, die wir brauchen, um Phänomenologie zu betreiben. Eine unserer Aufgaben wird es dabei sein zu zeigen, wie die Parameter des Standardmodells bestimmt werden, soweit wir dies nicht in Teil III besprochen haben. Wir stellen diese Parameter noch einmal zusammen. Es sind dies

3 Kopplungskonstanten
g_s, e, $\sin\vartheta_W$

2 Bosonmassen
m_W, $m_{\rho'}$

3 Leptonmassen
m_e, m_μ, m_τ

6 Quarkmassen
m_u, m_d, m_c, m_s, m_t, m_b

4 Parameter der Kobayashi-Maskawa-Matrix
ϑ_1, ϑ_2, ϑ_3, δ

Die Z-Bosonmasse ist durch Gl. (22-68) gegeben. Zusammen ergeben sich also 18 Parameter, wobei wir die Neutrinomassen, die wir zu Null angenommen haben, nicht mitzählen. Eine solche Zahl von Parametern scheint sehr hoch für eine wirklich fundamentale Theorie zu sein. Sollte sich experimentell herausstellen, daß auch die Neutrinos Massen haben, würde sich die Anzahl der Parameter weiter drastisch erhöhen, da man dann nicht nur eine Kobayashi-Maskawa-Matrix im Lepton-Sektor zu betrachten hätte, sondern auch die Möglichkeit von sog. „Majorana-Massentermen" für die Neutrinos (für einen Überblick siehe Frampton 1982).

Aufgaben

22.1   Betrachten Sie die Lagrange-Dichte $\mathscr{L}_\phi$ (Gl. (22-39)) für das klassische Feld ϕ. Berechnen Sie mit Hilfe der Gln. (3-104)–(3-107) die zugehörige Hamilton-Funktion.

22.2   Betrachten Sie die Eichtransformationen, die zu dem erzeugenden Operator $\mathbf{T}_3 + \mathbf{Y}$ der SU(2) × U(1)-Gruppe gehören (s. Gl. (22-60)). Zeigen Sie, daß diese Transformationen die U(1)-Eichgruppe des Elektromagnetismus liefern (Gl. (9-7)).

22.3   Betrachten Sie die Lagrange-Dichte (Gl. (22-77)) beziehungsweise die daraus folgenden Feynman-Regeln der Tabellen 22-3 und 22-4. Zeigen Sie, daß die Diagramme für die Fermion-Fermion-Streuung mit Austausch von W- oder Z-Bosonen von Bild 22-4 bei niederen Energien auf folgende S-Matrix führen:

$$\mathbf{S} = 1 + i \int dx \, \mathscr{L}_{\mathrm{eff}}(x). \tag{22-126}$$

Dabei ist $\mathscr{L}_{\mathrm{eff}}(x)$ in Gl. (22-81) angegeben.

23   Zerfallsreaktionen im Standardmodell und die Bestimmung der Quarkmischungen im geladenen Strom

23.1   Der Zerfall des Myons

Das Myon zerfällt mit einem Verzweigungsverhältnis von fast 100 % in ein Elektron, ein Elektronneutrino und ein Myonneutrino:

$$\mu^- \longrightarrow e^- + \bar{\nu}_e + \nu_\mu.$$

In führender Ordnung der Störungsentwicklung im Standardmodell kann das Myon nur über diesen Prozeß zerfallen, der durch den Graphen von Bild 23-1 beschrieben wird. Übersetzen wir diesen Graphen gemäß den Feynman-Regeln der QFD (Anhang G) in analytische Sprache, so erhalten wir für das S-Matrixelement

$$S_{fi} = (2\pi)^4 \, \delta(p_1 - p_2 - p_3 - p_4) \left(-i \frac{e}{\sqrt{2}\sin\vartheta_W}\right)^2$$

$$\bar{u}(p_2) \frac{1+\gamma_5}{2} \gamma^\lambda \frac{1-\gamma_5}{2} u(p_1) \frac{ig_{\lambda\rho}}{m_W^2}$$

$$\bar{u}(p_3) \frac{1+\gamma_5}{2} \gamma^\rho \frac{1-\gamma_5}{2} v(p_4)$$

$$= (2\pi)^4 \, \delta(p_1 - p_2 - p_3 - p_4) \left(-i \frac{G}{\sqrt{2}}\right) \bar{u}(p_2) \gamma^\lambda (1-\gamma_5) u(p_1)$$

$$\bar{u}(p_3) \gamma_\lambda (1-\gamma_5) v(p_4). \tag{23-1}$$

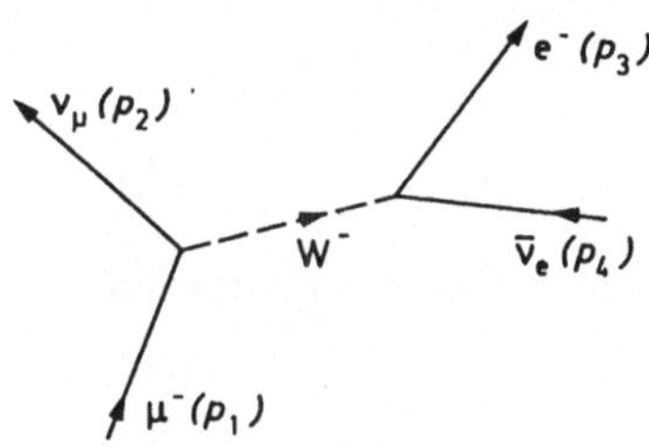

Bild 23-1 Der Graph niedrigster Ordnung für den Myonzerfall. Die Viererimpulse der Teilchen sind p_j (mit $j = 1, \ldots, 4$)

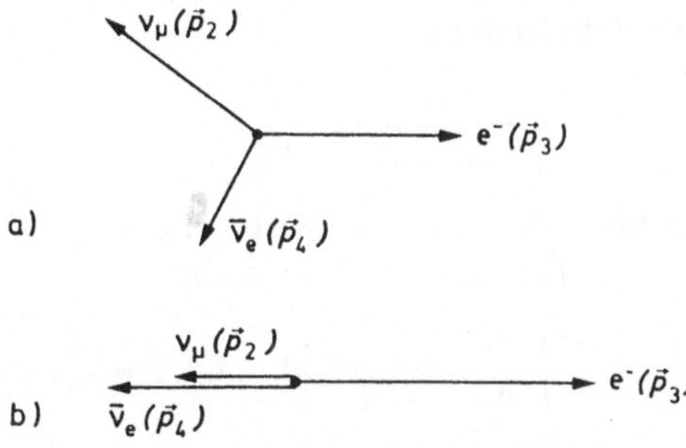

Bild 23-2 Eine allgemeine Impulskonfiguration (a) und die Konfiguration mit maximaler Elektronenergie (b) im Zerfall eines ruhenden Myons

Dabei haben wir für den W-Boson-Propagator die Näherungsform bei niederen Energien eingesetzt (Tabelle 22-4). Da alle vorkommenden Impulsüberträge höchstens von der Größenordnung der Myonmasse sind, entspricht dies einer Vernachlässigung von Termen der Ordnung m_μ^2/m_W^2.

Nach den Formeln von Abschnitt 5.4 erhalten wir aus Gl. (23-1) für die inverse Lebensdauer τ_μ^{-1} des Myons den folgenden Ausdruck:

$$\tau_\mu^{-1} = \Gamma(\mu^- \longrightarrow e^- + \bar{\nu}_e + \nu_\mu) = \frac{G^2 m_\mu^5}{192\,\pi^3}. \tag{23-2a}$$

Hier haben wir auch die Elektronmasse im Vergleich zur Myonmasse vernachlässigt. Die genauere Formel, bei der auch Strahlungskorrekturen berücksichtigt sind, lautet (s. Bég 1982)

$$\tau_\mu^{-1} = \frac{G^2 m_\mu^5}{192\,\pi^3} \left(1 - 8\,\frac{m_e^2}{m_\mu^2}\right)\left(1 + \frac{\alpha}{2\pi}\left(\frac{25}{4} - \pi^2\right)\right). \tag{23-2b}$$

Aus der gemessenen Lebensdauer des Myons

$$\tau_\mu = 2{,}19709\,(5) \cdot 10^{-6}\,\text{s}$$

leitet man unter Verwendung von Gl. (23-2b) den zur Zeit genauesten Wert für die Fermi-Konstante ab:

$$G = 1{,}16632\,(2) \cdot 10^{-5}\,\text{GeV}^{-2}. \tag{23-3}$$

Wir studieren nun die Energieverteilung des emittierten Elektrons im Ruhsystem des zerfallenden Myons (Bild 23-2). Eine einfache kinematische Überlegung liefert für die invariante Masse W des Neutrino-Paares und für die Elektronenergie E_e die Beziehungen

$$W^2 = (p_2 + p_4)^2,$$
$$E_e = \frac{m_\mu^2 - W^2}{2\,m_\mu}. \tag{23-4}$$

Die maximale Elektronenergie ergibt sich daher für $W = 0$, das entspricht der Konfiguration von Bild 23-2b, zu

$$E_{e\,\text{max}} = \frac{m_\mu}{2}. \tag{23-5}$$

Wir definieren nun

$$x = \frac{E_e}{E_{e\,\mathrm{max}}} = \frac{2E_e}{m_\mu},$$

(23-6)

wobei $0 \leqslant x \leqslant 1$. Die Verteilung in x läßt sich ebenfalls leicht aus dem S-Matrixelement Gl. (23-1) berechnen. Man findet:

$$\frac{1}{\Gamma}\frac{d\Gamma}{dx} = 12x^2\left[1 - x + \frac{2}{3}\rho\left(\frac{4}{3}x - 1\right)\right],$$

$$\rho = \frac{3}{4}.$$

(23-7)

Dabei ist ρ der Michel-Parameter. Wie Michel 1950 für Paritäts-erhaltende Kopplungen und zusammen mit Bouchiat (Bouchiat 1957) für den allgemeinen Fall gezeigt hat, führt jede Vier-Fermionkopplung mit V-, A-, S-, P-, T-Termen, wie wir sie in Gl. (21-7) betrachtet haben, zu einem Elektron-Energiespektrum der Gestalt Gl. (23-7), aber mit im allgemeinen verschiedenen ρ-Parametern.

Nehmen wir zum Beispiel an, daß das Myon an sein Neutrino über einen rechts-händigen (V + A)-Strom koppelt, das Elektron an sein Neutrino wie vorher über einen (V − A)-Strom, so liefert eine einfache Rechnung für den Michel-Parameter $\rho = 0$. In diesem Fall hat das Energiespektrum Gl. (23-7) eine Nullstelle für $x = 1$, d.h. die Konfiguration mit maximaler Elektronenergie (Bild 23-2b) wäre verboten. Dies versteht man leicht aus Gründen der Drehimpulserhaltung. Bei der obigen Kopplung hätten ν_μ und $\bar{\nu}_e$ Helizität $+1/2$, das Elektron Helizität $-1/2$. In der Konfiguration von Bild 23-2b führt das zu Drehimpuls $-3/2$, bezogen auf die Flugrichtung des Elektrons. Das wäre verboten, da das zerfallende Myon Spin 1/2 hat.

Die Messung des Michel-Parameters ist daher ein guter Test der Standardtheorie, in der bloß linkshändige Ströme an das W-Boson koppeln. Die Experimente ergeben

$$\rho = 0{,}752 \pm 0{,}003$$

(23-8)

in sehr guter Übereinstimmung mit $\rho = 3/4$, dem vom Standardmodell verlangten Wert.

Damit wollen wir unsere kurze Besprechung des Myon-Zerfalls abschließen. Weitere Diskussionen und Literatur findet man zum Beispiel bei Scheck 1978. Korrekturen höherer Ordnung sind berechnet bei Sirlin 1980.

23.2   Der Zerfall des τ-Leptons

Das schwere Lepton τ wurde 1975 am Speicherring SPEAR in Stanford entdeckt und bald danach auch am DORIS-Ring in Hamburg beobachtet (Perl 1975, Feldman 1976, Burmester 1977, 1977a). Die τ-Masse beträgt

$$m_\tau = 1784{,}2 \pm 3{,}2 \text{ MeV}.$$

(23-9)

Wir kennen heute eine große Zahl von Zerfallsmoden des τ-Leptons, rein leptonische und semihadronische:

$$\tau^- \longrightarrow \nu_\tau + e^- + \bar{\nu}_e, \qquad \nu_\tau + \mu^- + \bar{\nu}_\mu,$$

(23-10a)

$$\tau^- \longrightarrow \nu_\tau + \text{Hadronen}.$$

(23-10b)

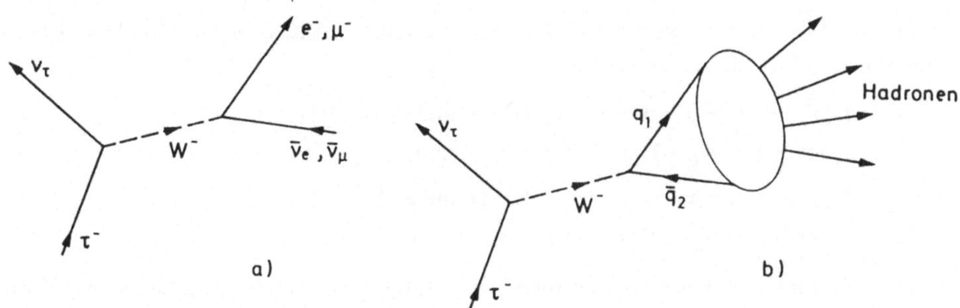

Bild 23-3 Die Diagramme für den Zerfall des τ-Leptons in Leptonen (a) und in ν_τ + Hadronen (b) im Standardmodell in führender Ordnung der Störungsentwicklung der elektroschwachen Wechselwirkung

Im Standardmodell werden diese Zerfälle durch die in Bild 23-3 gezeigten Graphen beschrieben. Dabei sollen die Quarks im Sinne des Partonmodells in Hadronen fragmentieren.

Im Standardmodell koppelt das τ-Lepton genauso wie das Myon und Elektron ans W-Boson. Wir können daher die Zerfallsraten für die rein leptonischen Zerfälle sofort aus Abschnitt 23.1 übernehmen. Unter Vernachlässigung der Myon- und Elektronmassen gegen die τ-Masse finden wir

$$\Gamma(\tau^- \longrightarrow \nu_\tau + e^- + \bar{\nu}_e) = \Gamma(\tau^- \longrightarrow \nu_\tau + \mu^- + \bar{\nu}_\mu) = \frac{G^2 m_\tau^5}{192\,\pi^3}. \tag{23-11}$$

Eine Messung des Elektron- oder Myonspektrums gibt uns wie beim Myon-Zerfall Auskunft darüber, ob das τ an sein Neutrino über einen $(V-A)$-Strom koppelt. Für den Michel-Parameter des τ im elektronischen Zerfall fand man experimentell (Bacino 1979)

$$\rho = 0{,}72 \pm 0{,}15. \tag{23-12}$$

Das ist gut mit dem Standardmodell verträglich und schließt eine rein rechtshändige $\tau - \nu_\tau - $ W-Kopplung mit $\rho = 0$ aus.

Wir schätzen nun die Rate für den Zerfall des τ in ein Neutrino und Hadronen ab (Bild 23-3b). Dazu bedienen wir uns des Partonmodells. Wir argumentieren, daß die Transformation des Quarkpaares in Hadronen mit Wahrscheinlichkeit eins vor sich geht. Die Rate für den Zerfall $\tau^- \longrightarrow \nu_\tau$ + Hadronen ergibt sich dann als Rate für den Zerfall $\tau^- \longrightarrow \nu_\tau + $ Quark-Antiquark-Paare,

$$\tau^- \longrightarrow \nu_\tau + q_1 + \bar{q}_2. \tag{23-13}$$

Da das c- und t-Quark zu schwer sind, kommen aus energetischen Gründen nur die Zerfälle

$$\tau^- \longrightarrow \nu_\tau + d + \bar{u}, \qquad (V_{11} \cong \cos\vartheta_C);$$
$$\tau^- \longrightarrow \nu_\tau + s + \bar{u}, \qquad (V_{12} \cong \sin\vartheta_C) \tag{23-14}$$

in Frage. Die Amplituden für diese beiden Reaktionen sind proportional zu den in Klammern angegebenen Matrixelementen der Kobayashi-Maskawa-Matrix V_{11} und V_{12}, die wir mit guter Näherung gleich $\cos\vartheta_C$ und $\sin\vartheta_C$ setzen können. Der Quark-Endzustand $d\bar{u}$ $(s\bar{u})$ führt zu einem Hadronzustand mit Strangeness $S = 0$ $(S = -1)$. Vernachlässigen wir nun die Massen von u-, d- und s-Quark gegen die Masse des τ, so ist das Matrixelement für den Zerfall des τ in ν_τ + Quarks genau wie für den rein leptonischen Zerfall zu berechnen. Wir müssen aber beachten, daß die Quarks in drei Farben erscheinen, d.h. drei verschiedene Endzustände haben. Das liefert für die Zerfallsraten:

$$\Gamma(\tau^- \longrightarrow \nu_\tau + d + \bar{u} \longrightarrow \nu_\tau + \text{Hadronen } (S = 0))$$
$$\cong 3\cos^2\vartheta_C \cdot \Gamma(\tau^- \longrightarrow \nu_\tau + e^- + \bar{\nu}_e),$$
$$\Gamma(\tau^- \longrightarrow \nu_\tau + s + \bar{u} \longrightarrow \nu_\tau + \text{Hadronen } (S = -1))$$
$$\cong 3\sin^2\vartheta_C \cdot \Gamma(\tau^- \longrightarrow \nu_\tau + e^- + \bar{\nu}_e). \tag{23-15}$$

Sammeln wir alles zusammen, so erhalten wir die folgenden naiven Vorhersagen für das τ-Lepton im Standardmodell, die wir in Tabelle 23-1 mit den experimentellen Resultaten vergleichen. Die Übereinstimmung von Theorie und Experiment ist recht gut — daß sie perfekt ist, können wir nach unserer groben Behandlung der semihadronischen Zerfälle für die ersten drei Zeilen von Tabelle 23-1 nicht erwarten. Die leptonischen Zerfalls*raten* $\Gamma(\tau \longrightarrow \nu_\tau \ell \bar{\nu}_e)$ ($\ell = e, \mu$) können aber theoretisch sehr genau vorhergesagt werden, da bei ihnen die starke Wechselwirkung keine Rolle spielt. Experimentell erhält man sie aus der Messung der totalen Lebensdauer τ_τ und der leptonischen Verzweigungsverhältnisse. Wie wir aus den letzten beiden Zeilen von Tabelle 23-1 sehen, sind die Messungen hier innerhalb ihres noch beträchtlichen Fehlers mit der Theorie verträglich.

Damit wollen wir unsere Besprechung des τ-Leptons beenden.

Tabelle 23-1 Theoretische Vorhersagen und experimentelle Werte für einige Zerfallsparameter des τ-Leptons im Standardmodell. Bei den theoretischen Werten der ersten drei Zeilen sind sowohl gluonische als auch elektroschwache Korrekturen vernachlässigt. Bei den theoretischen Werten der letzten beiden Zeilen sind nur elektroschwache Korrekturen vernachlässigt.

	Theorie	Experiment
Lebensdauer τ_τ	$\left[5 \cdot \dfrac{G^2 m_\tau^5}{192\,\pi^3}\right]^{-1} = 3{,}19 \cdot 10^{-13}$ s	$(3{,}4 \pm 0{,}5) \cdot 10^{-13}$ s
$B_e \equiv \dfrac{\Gamma(\tau \to \nu_\tau e\,\bar{\nu}_e)}{\Gamma(\tau \to \text{alle})}$	$20\,\%$	$(16{,}2 \pm 0{,}9)\,\%$
$B_\mu \equiv \dfrac{\Gamma(\tau \to \nu_\tau \mu\,\bar{\nu}_\mu)}{\Gamma(\tau \to \text{alle})}$	$20\,\%$	$(18{,}5 \pm 1{,}1)\,\%$
$\Gamma^{-1}(\tau \to \nu_\tau e\,\bar{\nu}_e) = B_e^{-1}\tau_\tau$	$\left[\dfrac{G^2 m_\tau^5}{192\,\pi^3}\left(1 - 8\dfrac{m_e^2}{m_\tau^2}\right)\right]^{-1}$ $= (1{,}593 \pm 0{,}014) \cdot 10^{-12}$ s	$(2{,}06 \pm 0{,}32) \cdot 10^{-12}$ s
$\Gamma^{-1}(\tau \to \nu_\tau \mu\,\bar{\nu}_\mu) = B_\mu^{-1}\tau_\tau$	$\left[\dfrac{G^2 m_\tau^5}{192\,\pi^3}\left(1 - 8\dfrac{m_\mu^2}{m_\tau^2}\right)\right]^{-1}$ $= (1{,}638 \pm 0{,}014) \cdot 10^{-12}$ s	$(1{,}84 \pm 0{,}29) \cdot 10^{-12}$ s

23.3 Der β-Zerfall des Neutrons und die Bestimmung des Kobayashi-Maskawa-Matrixelements V_{11}

Als Beispiel für die Zerfälle der konventionellen Hadronen besprechen wir in diesem Abschnitt den β-Zerfall des Neutrons:

$$n(p_1) \longrightarrow p(p_2) + e^-(p_3) + \bar{\nu}_e(p_4). \tag{23-16}$$

Dabei haben wir unsere Impulsbezeichnungen in Klammern angegeben. Dieser Prozeß bietet eine Möglichkeit zur Bestimmung des Elements V_{11} in der Kobayashi-Maskawa-Matrix.

Den Graphen für den Neutronzerfall im Standardmodell haben wir schon in Bild 22-5 angegeben. Um das S-Matrixelement anzuschreiben, gehen wir von der effektiven Lagrange-Dichte Gl. (22-86) aus, mit dem geladenen Strom $\mathscr{J}^\lambda_{CC}$ wie in Gl. (22-112). Wir finden:

$$S_{fi} = (2\pi)^4 \, \delta(p_1 - p_2 - p_3 - p_4) \left(-i \frac{G}{\sqrt{2}} V_{11} \right)$$

$$\bar{u}_e(p_3) \gamma^\lambda (1 - \gamma_5) v_{\nu_e}(p_4) \langle p(p_2)| \bar{u}(0) \gamma_\lambda (1 - \gamma_5) d(0) |n(p_1)\rangle. \tag{23-17}$$

Es tritt hier das Matrixelement V_{11} der Kobayashi-Maskawa-Matrix auf, da sich ein d- in ein u-Quark unter Aussendung eines W^--Bosons verwandelt (Bild 22-5). In Gl. (23-17) steht aber auch das zunächst unbekannte Matrixelement des Quarkstroms zwischen Nukleonzuständen. Glücklicherweise läßt sich ein Teil dieses hadronischen Matrixelements aus Symmetrieüberlegungen angeben.

Die Energietönung beim Neutron-β-Zerfall ist sehr gering verglichen mit der Ruhmasse der Nukleonen:

$$m_n - m_p = 1{,}29 \text{ MeV}. \tag{23-18}$$

Das Nukleon erleidet daher im β-Zerfall nur einen geringen Rückstoß. Wir können für die Berechnung des Matrixelements den Rückstoß vernachlässigen und setzen

$$p_1 \cong p_2 \cong p. \tag{23-19}$$

Weiter nehmen wir exakte Isospininvarianz der starken Wechselwirkung an. Das hadronische Matrixelement spalten wir in den Vektor- und Axialvektoranteil auf. Wir können allgemein schreiben:

$$\langle p(p)| \bar{u}(0) \gamma^\lambda d(0) |n(p)\rangle = \bar{u}_p(p) \Gamma^\lambda_V(p) u_n(p), \tag{23-20}$$

$$\langle p(p)| \bar{u}(0) \gamma^\lambda \gamma_5 d(0) |n(p)\rangle = \bar{u}_p(p) \Gamma^\lambda_A(p) u_n(p). \tag{23-21}$$

Dabei sind $u_{p,n}$ die Dirac-Spinoren für Proton und Neutron und $\Gamma^\lambda_V(p)$, $\Gamma^\lambda_A(p)$ Matrizen im Dirac-Raum. Wegen der Paritätsinvarianz der *starken* Wechselwirkung muß Γ^λ_V ein polarer Vierervektor sein, Γ^λ_A ein axialer. Einfache Möglichkeiten wären

$$\begin{aligned} \Gamma^\lambda_V(p) &= g_V \, \gamma^\lambda, \\ \Gamma^\lambda_A(p) &= g_A \, \gamma^\lambda \gamma_5, \end{aligned} \tag{23-22}$$

wobei g_V und g_A Konstante sind. Es zeigt sich, daß dies auch schon die allgemeinsten linear unabhängigen Möglichkeiten darstellen bei unserer Approximation (Gl. (23-19)). Zum Beispiel bringt der Ansatz

$$\Gamma^\lambda_V(p) = p^\lambda \tag{23-23}$$

nichts Neues, da für die Dirac-Spinoren gilt:

$$\bar{u}(p)\, p^\lambda u(p) = m\,\bar{u}(p)\,\gamma^\lambda u(p). \tag{23-24}$$

Wir zeigen nun, daß die Vektor-Kopplungskonstante g_V durch die Isospinsymmetrie der starken Wechselwirkung bestimmt ist. Dazu gehen wir ins Ruhsystem der Nukleonen und erinnern uns daran, daß die Nullkomponenten des Vektorstroms, integriert über den Raum, die Isospin-Ladungen ergeben:

$$I_1 + i\,I_2 = \int d^3 x\, \bar{\mathbf{u}}(x)\, \gamma_0\, \mathbf{d}(x). \tag{23-25}$$

Da Neutron und Proton ein (starkes) Isodublett bilden, folgt im Ruhsystem der Nukleonen mit s_1, s_2 den Spinindizes

$$\langle \mathrm{p}(p, s_2)\,|\,I_1 + i\,I_2\,|\,\mathrm{n}(p, s_1)\rangle = \langle \mathrm{p}(p, s_2)\,|\,\mathrm{p}(p, s_1)\rangle,$$

$$\int d^3 x\, \langle \mathrm{p}(p, s_2)\,|\,\bar{\mathbf{u}}(0)\,\gamma_0\,\mathbf{d}(0)\,|\,\mathrm{n}(p, s_1)\rangle = \delta_{s_2 s_1}\, 2p^0 V,$$

$$V g_V\, \bar{u}(p, s_2)\, \gamma_0\, u(p, s_1) = \delta_{s_2 s_1}\, 2p^0 V,$$

woraus wir die wichtige Beziehung

$$g_V = 1 \tag{23-26}$$

erhalten. Dabei haben wir, um mit Zuständen scharfen Impulses rechnen zu können, wieder ein Normierungsvolumen V eingeführt und die Normierung der Zustände nach Gl. (5-24) beachtet.

Die Kopplungskonstante g_A kann man nicht aus einfachen Symmetrieüberlegungen ableiten. Sie läßt sich mit gewissen Postulaten über die Algebra von Strömen (Gell-Mann 1964a, b) und über die Natur der Pionen, die in der QCD gelten[8], mit anderen experimentell meßbaren Größen in der sogenannten Adler-Weisberger-Summenregel in Verbindung bringen (Adler 1965, Weisberger 1966). Darauf wollen wir hier nicht näher eingehen, sondern g_A als freien Parameter lassen. Das Matrixelement für den Neutron-β-Zerfall hat dann noch den zweiten unbekannten Parameter V_{11}, wenn wir die Fermi-Konstante als aus dem Myonzerfall bekannt annehmen (Gl. (23-3)). Einsetzen der Ausdrücke von Gln. (23-20) bis (23-22) in Gl. (23-17) liefert für das S-Matrixelement

$$S_{fi} = (2\pi)^4\, \delta(p_1 - p_2 - p_3 - p_4)\left(-i\,\frac{G}{\sqrt{2}}\, V_{11}\right)$$

$$\bar{u}_e(p_3)\, \gamma^\lambda(1 - \gamma_5)\, v_{\nu_e}(p_4)\, \bar{u}_\mathrm{p}(p_2)\, (g_V\, \gamma_\lambda - g_A\, \gamma_\lambda \gamma_5)\, u_\mathrm{n}(p_1), \tag{23-27}$$

wobei wir nach Gl. (23-26) $g_V = 1$ setzen können.

Der Neutronzerfall bietet genügend unabhängig meßbare Größen, um beide Parameter g_A und V_{11} zu bestimmen. Sehen wir uns den Zerfall im Ruhsystem des Neutrons an, so können wir zum Beispiel die Energie des Elektrons (E_e) und die kinetische Energie des Rückstoßprotons ($E_\mathrm{p}^{\mathrm{kin}}$) messen (Bild 23-4). Konventionellerweise rechnet man aus der Protonenergie den Winkel ϑ zwischem dem Elektron und dem unbeobachteten Antineutrino

---

[8] Mit Hilfe der Postulate der Stromalgebra wurden im Laufe der sechziger Jahre viele interessante Relationen abgeleitet. Wir verweisen auf die ausgezeichnete Einführung in dieses Gebiet und die Zusammenstellung wichtiger Originalarbeiten bei Adler 1968. Viele der Stromalgebra-Resultate sind auch im Rahmen der QCD exakt gültig, bei manchen gibt es berechenbare Korrekturen.

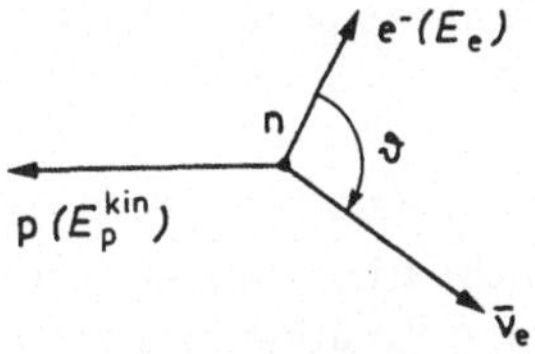

Bild 23-4

Zerfall des Neutrons in seinem
Ruhsystem, $n \to p + e^- + \bar\nu_e$

aus und nimmt E_e und ϑ als unabhängige Variable. Aus Energie- und Impulserhaltung finden wir unter Vernachlässigung der Rückstoßenergie des Protons in der Energiebilanz:

$$E_e + E_\nu = E_0 \equiv m_n - m_p, \tag{23-28}$$

$$\boldsymbol{p}_e + \boldsymbol{p}_\nu = \boldsymbol{p}_p, \tag{23-29}$$

$$E_p^{kin} = \frac{1}{2\,m_p}\,\boldsymbol{p}_p^2 = \frac{1}{2\,m_p}\left\{E_e^2 - m_e^2 + (E_0 - E_e)^2 + 2\sqrt{E_e^2 - m_e^2}\,(E_0 - E_e)\cos\vartheta\right\}. \tag{23-30}$$

Das S-Matrixelement (Gl. (23-27)) liefert für die differentielle Zerfallsrate des Neutrons

$$d\Gamma(n \to p + e^- + \bar\nu_e)$$

$$= (G\cdot V_{11})^2\,\frac{1}{4\pi^3}\,(E_0 - E_e)^2\,E_e\,\sqrt{E_e^2 - m_e^2}\left(1 + 3\left(\frac{g_A}{g_V}\right)^2\right)$$

$$\left\{1 + \frac{\sqrt{E_e^2 - m_e^2}}{E_e}\,a\cos\vartheta\right\}dE_e\,d\cos\vartheta, \tag{23-31}$$

wobei

$$a = \frac{\left(1 - \dfrac{g_A}{g_V}\right)^2}{1 + 3\left(\dfrac{g_A}{g_V}\right)^2}\;.$$

Identifizieren wir G mit der Fermi-Konstanten des μ-Zerfalls (Gl. (23-3)), so müssen wir zwei Größen messen, um V_{11} und g_A/g_V zu bestimmen, zum Beispiel den Winkelkorrelations-Parameter a und die totale Lebensdauer τ_n des Neutrons, die ja gleich dem Inversen der totalen Zerfallsrate ist. Bei der tatsächlichen Ausführung einer solchen Analyse muß man allerdings verschiedene Korrekturen berücksichtigen. In Gl. (23-31) ist zum Beispiel nicht berücksichtigt, daß sich das emittierte Elektron im Coulomb-Feld des Protons befindet. Man muß auch die Approximation von Gl. (23-19) aufgeben und weitere Terme in der Entwicklung von Γ_V^λ und Γ_A^λ (Gln. (23-20)–(23-22)) berücksichtigen, den sogenannten schwachen Magnetismus und den induzierten Pseudoskalar. Eine Zusammenstellung dieser Korrekturen findet man bei Wilkinson 1982, wo auch weitere Referenzen angegeben sind.

Die Experimente liefern für die Lebensdauer τ_n des Neutrons

$$\tau_n = 898 \pm 16\,\text{s} \tag{23-32a}$$

und für das Verhältnis der Konstanten g_A und g_V

$$\frac{g_A}{g_V} = 1{,}254 \pm 0{,}006. \tag{23-32b}$$

Da die Fehler an diesen Größen in der Ordnung von Prozent sind, läßt sich aus dem Zerfall des freien Neutrons V_{11} ebenfalls nur mit dieser Genauigkeit bestimmen. Eine bessere Bestimmung erhält man aus supererlaubten Kern-β-Zerfällen, d.h. aus dem Zerfall gebundener Neutronen (Bég 1982, Wilkinson 1978, 1980, Paschos 1982a):

$$V_{11} = 0{,}973 \pm 0{,}002. \tag{23-33}$$

Die Tatsache, daß V_{11} kleiner als eins herauskommt, ist nicht trivial und eine notwendige Bedingung, damit das Konzept der verallgemeinerten Cabibbo-Rotation phänomenologisch sinnvoll sein kann.

23.4 Hyperonzerfälle und die Bestimmung von V_{12}

Man kennt eine Reihe von Hyperonen, das sind Baryonen mit Strangeness. Im Quarkbild enthalten diese Teilchen das s-Quark (Kapitel 17). Viele der Hyperonen haben semileptonische Zerfälle (Tabelle 23-2), die zur Bestimmung des Matrixelements V_{12} der Kobayashi-Maskawa-Matrix herangezogen werden können.

Betrachten wir als Beispiel den Zerfall $\Lambda \longrightarrow p e^- \bar{\nu}_e$. Die Kinematik dieses Prozesses ist ganz ähnlich wie für den Neutron-β-Zerfall. Den Zerfallsgraphen haben wir auch schon in Bild 22-5 angegeben. Es wandelt sich ein s- in ein u-Quark unter Emission eines W^--Teilchens um, daher ist die Amplitude proportional V_{12}. Gehen wir von der effektiven Lagrange-Dichte (Gl. (22-86)) aus, so finden wir:

$$\langle p(p_2)\, e^-(p_3)\, \bar{\nu}_e(p_4) | S | \Lambda(p_1) \rangle$$

$$= (2\pi)^4\, \delta(p_1 - p_2 - p_3 - p_4)\, \left(-i\,\frac{G}{\sqrt{2}}\, V_{12} \right)$$

$$\bar{u}(p_3)\, \gamma^\lambda (1 - \gamma_5)\, v_{\nu_e}(p_4)$$

$$\langle p(p_2) | \bar{u}(0)\, \gamma_\lambda (1 - \gamma_5)\, s(0) | \Lambda(p_1) \rangle. \tag{23-34}$$

Tabelle 23-2 Die nach dem Standardmodell erlaubten semileptonischen Zerfälle von Hyperonen. Alle diese Zerfälle, ausgenommen der Zerfall $\Xi^- \to \Sigma^0 + \mu^- + \bar{\nu}_\mu$, wurden bereits beobachtet. Bei dem letzteren ist die experimentelle obere Grenze für die Zerfallsrate mit der Vorhersage des Standardmodells verträglich. Bisher wurde kein semileptonischer Zerfall eines Hyperons beobachtet, der nach dem Standardmodell verboten wäre, beispielsweise ein Zerfall $\Sigma^+ \to n + e^+ + \nu_e$.

Hyperon	Quark-Gehalt	beobachtete semileptonische Zerfallsmoden
Λ	s u d	$p + e^- + \bar{\nu}_e$ $p + \mu^- + \bar{\nu}_\mu$
Σ^+	s u u	$\Lambda + e^+ + \nu_e$
Σ^-	s d d	$n + e^- + \bar{\nu}_e$ $n + \mu^- + \bar{\nu}_\mu$ $\Lambda + e^- + \bar{\nu}_e$
Ξ^-	s s d	$\Lambda + e^- + \bar{\nu}_e$ $\Lambda + \mu^- + \bar{\nu}_\mu$ $\Sigma^0 + e^- + \bar{\nu}_e$ $\Sigma^0 + \mu^- + \bar{\nu}_\mu$
Ω^-	s s s	$\Xi^0 + e^- + \bar{\nu}_e$

Um das Element V_{12} zu bestimmen, müssen wir wieder einige Kenntnisse des hadronischen Matrixelements haben. Die Energietönung dieser Reaktion ist immer noch relativ niedrig im Vergleich zur Masse der Nukleonen:

$$m_\Lambda - m_p = 177{,}3 \text{ MeV}, \tag{23-35}$$

so daß man in erster Näherung den Rückstoß des Protons vernachlässigen kann. Wir haben dann wieder

$$p_2 \cong p_1 \equiv p,$$

$$\langle p(p) | \bar{u}(0) \, \gamma_\lambda (1 - \gamma_5) \, s(0) | \Lambda(p) \rangle = \bar{u}(p) \, (\tilde{g}_V \, \gamma_\lambda - \tilde{g}_A \, \gamma_\lambda \gamma_5) \, u(p), \tag{23-36}$$

wobei $\tilde{g}_V$ und $\tilde{g}_A$ Konstanten sind.

An Stelle der Isospin-Symmetrie können wir nun die Flavour-SU(3)-Symmetrie von Gell-Mann und Ne'eman heranziehen, um das Matrixelement $\tilde{g}_V$ des Vektorstroms zu bestimmen. Wie wir in Kapitel 17 besprochen haben, sind p und Λ Mitglieder des Baryon-Oktetts, die Ladung

$$\mathbf{F}_4 + i\,\mathbf{F}_5 = \int d^3x \, \bar{u}(x) \, \gamma_0 \, s(x)$$

ist ein erzeugender Operator der Flavor-SU(3)-Gruppe. Im Grenzfall exakter SU(3)-Symmetrie findet man die zu Gl. (23-26) analoge Beziehung

$$\tilde{g}_V = \sqrt{\frac{3}{2}}. \tag{23-37}$$

Damit können wir ganz ähnlich wie beim Neutronzerfall die Konstante V_{12} bestimmen. In Wirklichkeit muß man natürlich berücksichtigen, daß die SU(3)-Symmetrie relativ stark gebrochen ist. Die Massendifferenz $m_\Lambda - m_p$ ist ja nicht sonderlich klein. Die zur Zeit genaueste experimentelle und theoretische Analyse der Hyperonzerfälle liefert (Bourquin 1983)

$$V_{12} = 0{,}231 \pm 0{,}003. \tag{23-38}$$

Eine andere Möglichkeit zur Bestimmung des Matrixelements V_{12} bieten die Zerfälle der K-Mesonen. Die neuste Analyse der Daten mit Hilfe der besten verfügbaren theoretischen Methoden liefert hier (Leutwyler 1984)

$$V_{12} = 0{,}220 \pm 0{,}002. \tag{23-39}$$

Die Aufklärung der Diskrepanz zu Gl. (23-38) stellt ein Problem für weitere experimentelle und theoretische Untersuchungen dar.

Wir können nun die Unitaritätsrelation heranziehen, um nachzusehen, wie groß die Kopplung des b-Quarks an das u-Quark nach der Theorie sein kann. Aus

$$|V_{11}|^2 + |V_{12}|^2 + |V_{13}|^2 = 1 \tag{23-40}$$

finden wir mit den Werten von Gln. (23-33) und (23-39) für V_{11} und V_{12}

$$|V_{13}|^2 \leq 0{,}010. \tag{23-41}$$

Hätten wir Gl. (23-38) für V_{12} benutzt, wäre die obere Schranke für V_{13} noch kleiner. Der Übergang $b \to u$ sollte also nach der Theorie stark unterdrückt sein, es ist sogar möglich, daß er verschwindet. Beobachtungen an Teilchen, die ein b-Quark enthalten, werden hier Klarheit schaffen.

23.5   Die Zerfälle der geladenen Pionen

Die Zerfälle der Mesonen $\pi^{\pm}$ haben historisch eine große Rolle gespielt, da sie einen Beweis für die (V − A)-Struktur der leptonischen Anteile im geladenen Strom lieferten. Wir wollen sie daher kurz besprechen.

Die geladenen Pionen zerfallen mit einer mittleren Lebensdauer

$$\tau = (2{,}6030 \pm 0{,}0023) \cdot 10^{-8}\,\text{s}.$$

Die bekannten Zerfallskanäle mit ihren Verzweigungsverhältnissen geben wir in Tabelle 23-3 an.

Wir sehen uns nur die leptonischen Zerfälle an, etwa die des π^- :

$$\pi^-(p) \longrightarrow \ell^-(p_1) + \bar{\nu}_\varrho(p_2), \tag{23-42}$$

wobei $\ell = e, \mu$. Die Viererimpulse der Teilchen seien p, p_1, p_2. Auffallend ist nach Tabelle 23-3, daß der elektronische Kanal sehr stark unterdrückt ist im Vergleich zum myonischen, obwohl der Phasenraum im elektronischen Zerfall größer ist.

Den Graphen für diese Zerfälle im Standardmodell zeigen wir in Bild 23-5. Die Übergangsamplitude für unsere Reaktion ist nach der effektiven Lagrange-Dichte Gl. (22-86) gegeben durch

$$\langle \ell^-(p_1)\,\bar{\nu}_\varrho(p_2)\,|\,\mathsf{S}\,|\,\pi^-(p)\rangle$$

$$= (2\pi)^4\,\delta(p - p_1 - p_2)\left(-\mathrm{i}\,\frac{G}{\sqrt{2}}\,V_{11}\right)$$

$$\bar{u}_\varrho(p_1)\,\gamma^\lambda(1-\gamma_5)\,v_{\nu_\varrho}(p_2)\,\langle 0\,|\,\bar{\mathsf{u}}(0)\,\gamma_\lambda(1-\gamma_5)\,\mathsf{d}(0)\,|\,\pi^-(p)\rangle. \tag{23-43}$$

Das hadronische Matrixelement läßt sich wieder nicht aus ersten Prinzipien berechnen. Wir müssen uns mit einer allgemeinen Analyse unter Benutzung der Lorentz- und Paritätsinvarianz der starken Wechselwirkung begnügen.

Das Matrixelement des Quarkstroms in Gl. (23-43) transformiert wie ein Vierervektor. Als einzigen Vierervektor haben wir den Impuls des Pions zur Verfügung. Folglich

Tabelle 23-3 Die beobachteten Zerfallsmoden der Mesonen
$\pi^{\pm}$ und die gemessenen Verzweigungsverhältnisse

Zerfallskanal	Verzweigungsverhältnis
$\pi^{\pm} \to \mu^{\pm} + \nu_\mu\,(\bar{\nu}_\mu)$	100 %
$e^{\pm} + \nu_e\,(\bar{\nu}_e)$	$(1{,}232 \pm 0{,}024) \cdot 10^{-4}$
$\mu^{\pm} + \nu_\mu\,(\bar{\nu}_\mu) + \gamma$	$(1{,}24\ \pm 0{,}25) \cdot 10^{-4}$
$e^{\pm} + \nu_e\,(\bar{\nu}_e) + \gamma$	$(5{,}6\ \ \pm 0{,}7) \cdot 10^{-8}$
$\pi^0 + e^{\pm} + \nu_e\,(\bar{\nu}_e)$	$(1{,}033 \pm 0{,}034) \cdot 10^{-8}$

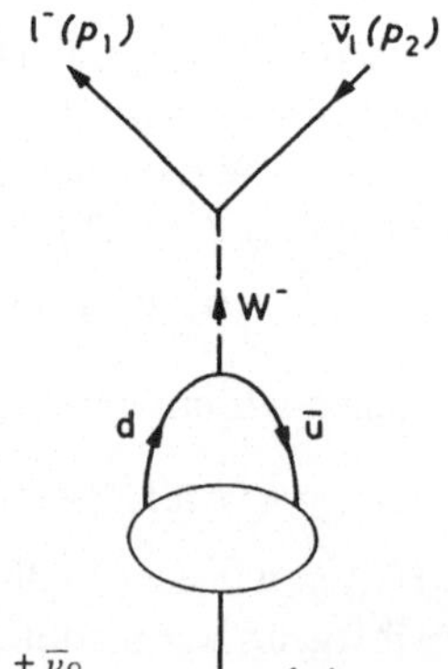

Bild 23-5

Der Graph für die Zerfälle $\pi^- \to \ell^- + \bar{\nu}_\varrho$
im Standardmodell ($\ell = \mu$, e)

muß bei Beachtung der Normierung unserer Zustände für den Vektor- und Axialvektorstrom
gelten:

$$\langle 0 | \bar{u}(0)\, \gamma_\lambda\, d(0) | \pi^-(p) \rangle = i\, p_\lambda \cdot \tilde{f}_\pi, \tag{23-44}$$

$$\langle 0 | \bar{u}(0)\, \gamma_\lambda\, \gamma_5\, d(0) | \pi^-(p) \rangle = i\, p_\lambda\, f_\pi, \tag{23-45}$$

wobei $\tilde{f}_\pi$ und f_π Konstanten sind. Da das Pion negative innere Parität hat, muß das Matrixelement des Vektorstroms wie ein Pseudovektor, das des Axialvektorstroms wie ein polarer
Vektor transformieren. Der Impuls p_λ ist ein polarer Vektor, folglich verschwindet das
Matrixelement des Vektorstroms, d.h. es gilt

$$\tilde{f}_\pi \equiv 0. \tag{23-46}$$

Die Zerfallskonstante f_π in Gl. (23-45) verschwindet nicht und muß experimentell bestimmt
werden.

Wir setzen nun das hadronische Matrixelement in Gl. (23-43) ein. Unter Benutzung
der folgenden Beziehung für die Lepton-Spinoren

$$\bar{u}_\varrho(p_1)\, \not{p}(1 - \gamma_5)\, v_{\nu_\varrho}(p_2) = \bar{u}_\varrho(p_1)\, (\not{p}_1 + \not{p}_2)\, (1 - \gamma_5)\, v_{\nu_\varrho}(p_2)$$
$$= m_\varrho\, \bar{u}_\varrho(p_1)\, (1 - \gamma_5)\, v_{\nu_\varrho}(p_2) \tag{23-47}$$

erhalten wir für das S-Matrixelement

$$\langle \ell^-(p_1)\, \bar{\nu}_\varrho(p_2) | S | \pi^-(p) \rangle$$
$$= (2\pi)^4\, \delta(p - p_1 - p_2)\left(-i\frac{G}{\sqrt{2}}\, V_{11}\right) \cdot f_\pi \cdot i\, m_\varrho\, \bar{u}_\varrho(p_1)\, (1 - \gamma_5)\, v_{\nu_\varrho}(p_2). \tag{23-48}$$

Daraus berechnen wir leicht die Zerfallsrate:

$$\Gamma(\pi^- \longrightarrow \ell^- + \bar{\nu}_\varrho) = (G\, V_{11}\, f_\pi)^2\, \frac{m_\pi\, m_\varrho^2}{8\pi}\left(1 - \frac{m_\varrho^2}{m_\pi^2}\right)^2. \tag{23-49}$$

Bemerkenswert an diesen Resultaten ist, daß das S-Matrixelement proportional zur
Leptonmasse m_ϱ, die Zerfallsrate proportional zu m_ϱ^2 ist. Wir können dies durch eine einfache Überlegung verstehen: Wir betrachten den π^--Zerfall im Schwerpunktsystem. Dort
laufen ℓ^- und $\bar{\nu}_\varrho$ diametral auseinander. Das masselose Antineutrino muß stets positive
Helizität haben für (V − A)-Kopplung, wie wir in Kapitel 21 besprochen haben. Das Pion hat
Spin 0, daher muß wegen der Erhaltung des Drehimpulses auch das Lepton ℓ^- mit *positiver*
Helizität emittiert werden (Bild 23-6). Nur so erhalten wir einen Endzustand mit Drehimpulskomponente Null bezogen auf die Flugrichtung der Leptonen. Wäre nun auch das Lepton ℓ^-
masselos, so müßte es im Rahmen der (V − A)-Theorie stets *negative* Helizität haben. Die
Komponente des Drehimpulses in Flugrichtung des Neutrinos wäre dann + 1. In einen solchen
Zustand kann aber das Pion mit Spin 0 nicht zerfallen. Folglich muß die Amplitude für

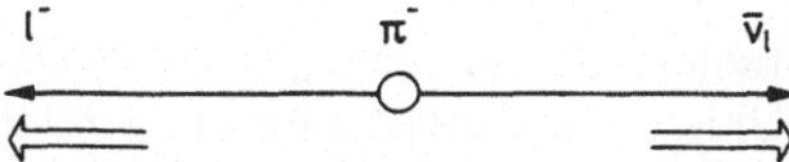

Bild 23-6 Der Zerfall $\pi^- \to \ell^- + \bar{\nu}_\varrho$ im Schwerpunktsystem, wobei ℓ = e oder μ. Für masselose
Neutrinos, die über einen (V − A)-Strom koppeln, muß die Helizität der Zerfallsteilchen wie
durch die Doppelpfeile angedeutet sein.

$m_\varrho = 0$ verschwinden, was durch das Resultat unserer expliziten Rechnung (Gl. (23-48)) bestätigt wird.

Die Theorie macht daher eine bemerkenswerte Vorhersage für das Verhältnis von elektronischer zu myonischer Zerfallsrate:

$$\left.\frac{\Gamma(\pi^- \longrightarrow e^- \bar{\nu}_e)}{\Gamma(\pi^- \longrightarrow \mu^- \bar{\nu}_\mu)}\right|_{\text{theor.}} = \frac{m_e^2}{m_\mu^2} \frac{\left(1 - \dfrac{m_e^2}{m_\pi^2}\right)^2}{\left(1 - \dfrac{m_\mu^2}{m_\pi^2}\right)^2} = 1{,}284 \cdot 10^{-4}. \tag{23-50}$$

Durch Strahlungskorrekturen wird dieser theoretische Wert etwas geändert (Marciano 1976, Goldman 1977).

$$\left.\frac{\Gamma(\pi^- \longrightarrow e^- \bar{\nu}_e)}{\Gamma(\pi^- \longrightarrow \mu^- \bar{\nu}_\mu)}\right|_{\text{theor.}} = 1{,}233 \cdot 10^{-4}. \tag{23-51}$$

Das stimmt mit dem Experiment sehr gut überein (Tabelle 23-3). Aus der Rate für den myonischen Zerfall und der Kenntnis von G und V_{11} erhält man auch einen experimentellen Wert für die Pion-Zerfallskonstante f_π (Dumbrajs 1983):

$$f_\pi = 0{,}94\, m_{\text{\tiny II}}. \tag{23-52}$$

Eine einfache Analyse zeigt, daß wir zur Herleitung von Gl. (23-50) bloß die folgenden Annahmen benötigen:

(i)   Masse Null für die Neutrinos.
(ii) Leptonströme mit reinem Vektor- und Axialvektor-Charakter, aber mit beliebiger relativer Stärke von V und A.
(iii) Elektron-Myon-Universalität.

S-, P- und T-Kopplungen im Leptonstrom verletzen die Gl. (23-50). Die experimentelle Bestätigung der Gl. (23-50) ist daher ein Anzeichen für die weitgehende Abwesenheit solcher Kopplungen.

Ein spezifischer Test für die $(V - A)$-Struktur des Leptonstroms ergibt sich aus Bild 23-6. Das Lepton $\ell^- (\ell^+)$ hat stets positive (netative) Helizität im $\pi^- (\pi^+)$-Zerfall. Die Experimente haben dies innerhalb der Fehlergrenzen bestätigt (Alikanov 1960, Backenstoss 1961, Bardon 1961). Das Resultat von Backenstoss et al. für die Helizität des μ^- war zum Beispiel

$$2 \cdot h(\mu^-) = + 1{,}17 \pm 0{,}32 \tag{23-53}$$

verträglich mit dem erwarteten Wert von $+1$. Allerdings sind die Fehlergrenzen dieser Messungen beträchtlich.

23.6   Die Zerfälle von Teilchen mit einem schweren Quark c oder b

Im Kapitel 17 haben wir Hadronen studiert, die aus den „leichten" Quarks u, d und s aufgebaut sind. Da die Bindung durch Gluonen vermittelt wird, die von der Quark-Flavor nichts spüren, sollte es auch Bindungszustände von leichten mit „schweren" Quarks c, b, t und schweren mit schweren Quarks geben. Bindungszustände des Typs $c\bar{c}$ und $b\bar{b}$ haben wir in Abschnitt 20.3 besprochen. Hier wollen wir uns mit Teilchen beschäftigen, die ein schweres Quark c oder b und leichte Quarks enthalten. Wir beschränken uns dabei auf eine Diskussion der pseudoskalaren Mesonen dieses Typs (Tabelle 23-4).

Die starke und die elektromagnetische Wechselwirkung ändern die Quark-Flavor nicht. Die in Tabelle 23-4 aufgeführten Grundzustände der Mesonen mit c- und b-Quarks können daher nur schwach zerfallen. Hätten wir an Stelle der Mesonen freie Quarks, könnten beispielsweise für das c-Quark folgende Zerfallsreaktionen ablaufen:

$$\begin{aligned} c \longrightarrow \ &s + \ell^+ + \nu_\ell, & &(V_{22}^*) \\ &d + \ell^+ + \nu_\ell, & &(V_{21}^*) \\ &s + \bar{d} + u, & &(V_{22}^* \, V_{11}) \\ &d + \bar{d} + u, & &(V_{21}^* \, V_{11}) \\ &s + \bar{s} + u, & &(V_{22}^* \, V_{12}) \\ &d + \bar{s} + u, & &(V_{21}^* \, V_{12}) \end{aligned} \qquad (23\text{-}54)$$

Tabelle 23-4 Die pseudoskalaren Mesonen mit einem schweren Quark c oder b und einem leichten Antiquark $\bar{u}$, $\bar{d}$ oder $\bar{s}$. Die entsprechenden Antiteilchen D^-, $\bar{D}^0$ etc. enthalten ein schweres Antiquark $\bar{c}$ oder $\bar{b}$ und ein leichtes Quark u, d oder s. Alle Teilchen, ausgenommen $\bar{B}_s^0$, B_s^0 wurden bereits beobachtet. Die angegebenen Massenwerte sind zitiert nach Particle Data Group 1984. Die angegebenen Werte für die Lebensdauern sind die bei Schubert 1984 berechneten Mittelwerte aus den experimentellen Resultaten. Die Lebensdauern für B^- und $\bar{B}^0$ getrennt sind nicht bekannt. Der angegebene Wert entspricht einem Mittel der Lebensdauern von B^- und $\bar{B}^0$ mit (vermutlich) etwa gleichen Gewichten.

Teilchen	Quarkgehalt	Masse in MeV	Lebensdauer τ in s
D^+	$c\bar{d}$	$1869{,}4 \pm 0{,}6$	$(8{,}3 \pm 1{,}0) \cdot 10^{-13}$
D^0	$c\bar{u}$	$1864{,}7 \pm 0{,}6$	$(3{,}60 \pm 0{,}35) \cdot 10^{-13}$
F^+	$c\bar{s}$	1971 ± 6	$2{,}80\,{}^{+1{,}1}_{-0{,}7} \cdot 10^{-13}$
B^-	$b\bar{u}$	$5270{,}8 \pm 3{,}0$	
$\bar{B}^0$	$b\bar{d}$	$5274{,}2 \pm 2{,}8$	$(11 \pm 4) \cdot 10^{-13}$
$\bar{B}_s^0$	$b\bar{s}$	?	

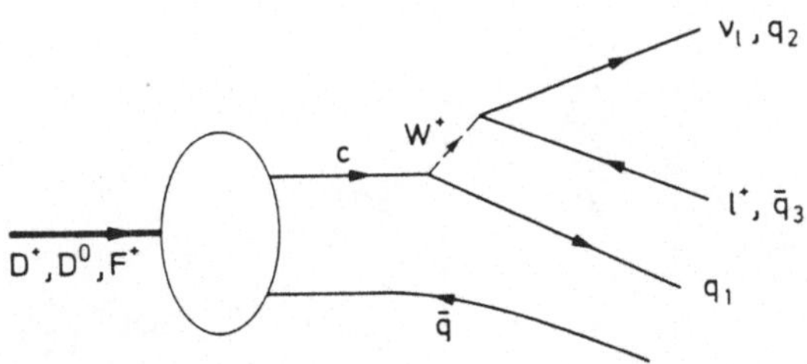

Bild 23-7 Die Zerfälle der Mesonen mit Charm im Spektatormodell. Dabei steht $\bar{q}$ für das Quark $\bar{d}\,(\bar{u}, \bar{s})$, wenn wir das Meson $D^+ (D^0, F^+)$ betrachten. Nach Gl. (23-54) haben wir zu setzen $\ell = e, \mu$; $q_1 = s, d$; $q_2 = u$; $q_3 = \bar{d}, \bar{s}$.

Dabei ist $\ell = $ e, μ, und wir haben in Klammern die Kobayashi-Maskawa-Matrixelemente angegeben, wie sie in den Amplituden auftreten. Diese Zerfälle für freie Quarks wären ganz analog zu den μ- und τ-Zerfällen von Abschnitt 23.1 und 23.2. Wir hätten eine ideale Möglichkeit, viele der Matrixelemente V_{ij} zu bestimmen. In Wirklichkeit ist das aber nicht so einfach, da die Quarks stets in Hadronen gebunden sind.

Wir wollen zunächst die Zerfälle der Mesonen mit Charm, D^+, D^0 und F^+ besprechen. Im einfachsten Modell nahm man an, daß der Zerfall des c-Quarks durch die Antiquarks $\bar{u}$, $\bar{d}$, $\bar{s}$ im Meson nicht wesentlich verändert würde. Die Antiquarks im Meson sollten nur Zuschauer, Spektatoren, sein, wie in Bild 23-7 gezeigt (Gaillard 1975, Ellis 1975). Die Vorhersagen dieses Spektatormodells können wir leicht aus den Resultaten von Abschnitt 23.1 und 23.2 ablesen. Dabei vernachlässigen wir die Massen der leichten Quarks u, d, s und berücksichtigen die Unitaritätsrelation Gl. (23-40), die durch V_{11} und V_{12} bereits annähernd erfüllt ist. Es ergeben sich dann zum Beispiel folgende Relationen:

$$\Gamma(D^+ \longrightarrow \ell^+ \nu_\ell X) \cong \Gamma(D^0 \longrightarrow \ell^+ \nu_\ell X)$$

$$\cong (|V_{22}|^2 + |V_{21}|^2) \frac{G^2 m_c^5}{192\,\pi^3},$$

$$\Gamma(D^+ \longrightarrow \text{Hadronen}) \cong \Gamma(D^0 \longrightarrow \text{Hadronen})$$

$$\cong 3(|V_{22}|^2 + |V_{21}|^2) \frac{G^2 m_c^5}{192\,\pi^3}.$$

(23-55)

Einige weitere typische Vorhersagen des Spektatormodells sind in Tabelle 23-5 angegeben[9].

Es war eine Überraschung, als die experimentellen Ergebnisse große Abweichungen von den Vorhersagen des Spektatormodells zeigten (Tabelle 23-5). Die Ursache der Dis-

Tabelle 23-5 Vorhersagen des einfachsten Spektatormodells und des im Text diskutierten Annihilationsmodells für einige Zerfallsparameter der Mesonen mit Charm. Die experimentellen Werte sind zitiert nach Schubert 1984.

	Spektatormodell	Annihilationsmodell	$r = 2{,}2$	Experiment
$\dfrac{\Gamma(D^+ \to \ell^+ \nu_\ell X)}{\Gamma(D^+ \to \text{alle})}$	20 %	20 %	20 %	(14 ± 3) %
$\dfrac{\Gamma(D^0 \to \ell^+ \nu_\ell X)}{\Gamma(D^0 \to \text{alle})}$	20 %	$\dfrac{1}{5 + 3r}$	8,6 %	(6 ± 1) %
τ_{D^+}/τ_{D^0}	1	$\dfrac{5 + 3r}{5}$	2,3	$2{,}3 \pm 0{,}3$
$\dfrac{\Gamma(F^+ \to \ell^+ \nu_\ell X)}{\Gamma(F^+ \to \text{alle})}$	20 %	20 %	20 %	?
τ_{D^+}/τ_{F^+}	$\cong 1$	$\cong 1 + r$	3,2	$3{,}0\,^{+\,0{,}8}_{-\,1{,}2}$

---

[9] Auch exklusive Zerfallskanäle wurden im Rahmen des Spektatormodells berechnet, zum Beispiel bei Fakirov 1978, Cabibbo 1978, 1978a, Suzuki 1978.

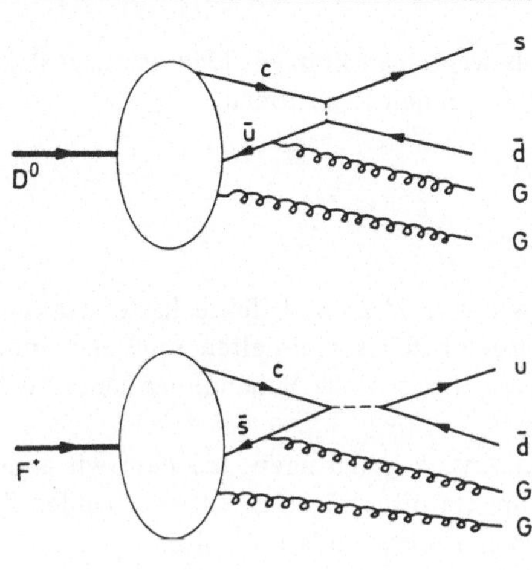

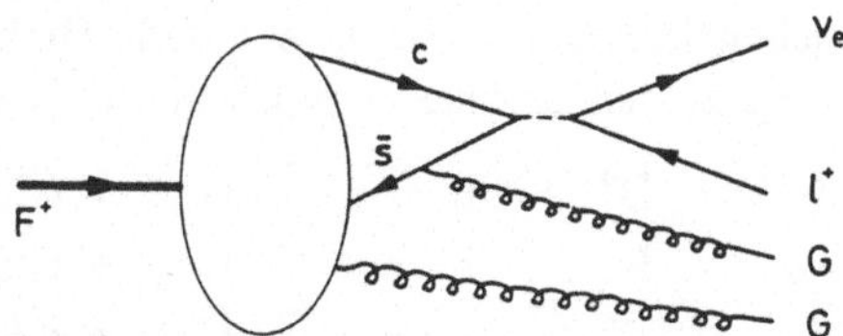

Bild 23-8

Typische Diagramme mit Emission von Gluonen G, die nach dem Annihilations-Mechanismus zu den Zerfällen der Mesonen D^0 und F^+ beitragen können (Gl.(25-58)). Ähnliche Diagramme gibt es für die Emission einer beliebigen Anzahl (0, 1, 2, 3, ...) von Gluonen. Die Diagramme ohne Emission von Gluonen entsprechen den Reaktionen der Gl. (23-57). Das ausgetauschte W-Boson ist jeweils durch die kurze gestrichelte Linie angedeutet.

krepanz zwischen der naiven Theorie und den experimentellen Ergebnissen wird heute allgemein auf die Effekte der Bindung der Quarks in den Hadronen, also auf die starke Wechselwirkung zurückgeführt. Offenbar sind die Antiquarks in den Mesonen doch sehr aktiv beim Zerfall beteiligt, und die Vorstellung eines Mesons als reinem Quark-Antiquark-Zustand ist wohl auch zu naiv. Wir wissen ja aus Abschnitt 18.4, daß die Gluonen in den Hadronen eine wichtige Rolle spielen. Man kann aber nicht ausschließen, daß doch die schwache Wechselwirkung anders aussieht, als es das Standardmodell verlangt.

Wir wollen kurz das Annihilationsmodell besprechen, das die bisher vorliegenden Daten ganz gut beschreiben kann (Bander 1980, Bernreuther 1980, Fritzsch 1980, Rosen 1980). Für die Diskussion hier werden wir die Kobayashi-Maskawa-Matrix **V** gleich der Einheitsmatrix setzen. Wie wir am Ende dieses Abschnitts sehen werden, ist das eine gute Näherung. Das c-Quark hat dann bloß die Zerfallsmöglichkeiten

$$c \longrightarrow s + \ell^+ + \nu_\ell,$$
$$c \longrightarrow s + \bar{d} + u, \tag{23-56}$$

wobei $\ell = e, \mu$. Durch Hinüberkreuzen von Quarks aus dem End- in den Anfangszustand erhalten wir daraus 2-Teilchen-Reaktionen, die zu den Zerfällen der Mesonen D^0 und F^+, aber nicht des Mesons D^+ beitragen können (Bild 23-8):

$$D^0 \sim c\bar{u} \longrightarrow \bar{d} + s,$$
$$F^+ \sim c\bar{s} \longrightarrow \ell^+ + \nu_\ell, \tag{23-57}$$
$$F^+ \sim c\bar{s} \longrightarrow \bar{d} + u.$$

Diese Möglichkeiten waren bei der Aufstellung des Spektatormodells zwar diskutiert worden, man hielt ihre Beiträge zu den Zerfallsraten aber für unwesentlich. Das Argument kennen wir schon vom π^--Zerfall (Abschnitt 23.5). Betrachten wir etwa den Zerfall des Spin-0-Teilchens D^0 in ein Antiquark-Quark-Paar $\bar{d}$ und s. Vernachlässigen wir die Quarkmassen und alle Bindungs- und Gluoneffekte, so ist dieser Zerfall wegen der $(V-A)$-Struktur des geladenen Stroms verboten, genau wie der Zerfall $\pi^- \longrightarrow e^- \bar{\nu}_e$ für masselose Elektronen. Die Autoren des Annihilationsmodells bemerkten nun zu Recht, daß Gluonen in den Mesonen diese Unterdrückung, die auf der Erhaltung des Drehimpulses beruht, aufheben können, da sie ja ebenfalls Drehimpuls wegtragen können. Man erwartet daher Beiträge zu den Zerfällen von D^0 und F^+ von den folgenden Reaktionen

$$D^0 \sim c\bar{u} \longrightarrow \bar{d} + s + \text{Gluonen},$$

$$F^+ \sim c\bar{s} \longrightarrow \ell^+ + \nu_\ell + \text{Gluonen}, \qquad (23\text{-}58)$$

$$F^+ \sim c\bar{s} \longrightarrow \bar{d} + u + \text{Gluonen}.$$

Typische Diagramme dazu zeigen wir in Bild 23-8. Effekte harter Gluonen sind aber nur von der Ordnung α_s, also klein. Um große Effekte zu erhalten, muß man annehmen, daß weiche Gluonen abgestrahlt werden, deren theoretische Behandlung heute noch nicht von ersten Prinzipien ausgehend möglich ist.

Wir wollen hier nur einen einfachen Ansatz diskutieren, bei dem wir annehmen, daß die Verhältnisse von Annihilations- und Spektatorbeiträgen in entsprechenden Zerfallsraten der Mesonen D^0 und F^+ alle gleich einem gemeinsamen Wert r sind:

$$\frac{\Gamma(D^0 \longrightarrow \bar{d}s\,\text{Gluonen})}{\Gamma(D^0 \longrightarrow s\bar{d}u\bar{u})} = \frac{\Gamma(F^+ \longrightarrow \bar{d}u\,\text{Gluonen})}{\Gamma(F^+ \longrightarrow s\bar{d}u\bar{s})}$$

$$= \frac{\Gamma(F^+ \longrightarrow \ell^+\nu_\ell\,\text{Gluonen})}{\Gamma(F^+ \longrightarrow \ell^+\nu_\ell\,s\bar{s})} = r. \qquad (23\text{-}59)$$

Betrachten wir r als freien Parameter, so erhalten wir die in Tabelle 23-5 angegebenen Vorhersagen. Wie wir sehen, beschreibt unser einfaches Modell mit $r = 2{,}2$ die Daten ganz gut. Ein kritischer Test der Annihilations-Idee ist das semileptonische Verzweigungsverhältnis des F^+-Mesons, das noch nicht gemessen wurde. Ist nämlich der Annihilationsmechanismus für die kurzen Lebensdauern von D^0 und F^+ relativ zum D^+ verantwortlich, so erwarten wir $\Gamma(F^+ \longrightarrow \ell^+\nu_\ell X)/\Gamma(F^+ \longrightarrow \text{alle}) \cong 20\,\%$ wie in Tabelle 23-5 vermerkt. Entstehen aber die kurzen Lebensdauern von D^0 und F^+ auf Grund anderer Effekte, die nur die nichtleptonischen Zerfälle betreffen, so erwarten wir eher

$$\frac{\Gamma(F^+ \longrightarrow \ell^+\nu_\ell X)}{\Gamma(F^+ \longrightarrow \text{alle})} \cong \frac{\Gamma(D^0 \longrightarrow \ell^+\nu_\ell X)}{\Gamma(D^0 \longrightarrow \text{alle})} \cong 6\,\%.$$

Für eine weitere Diskussion und weitere Referenzen zu den Zerfällen der Charm-Teilchen verweisen wir auf Rückl 1984, Bauer 1985.

Wir wollen auch die Zerfälle der Mesonen mit einem b-Quark kurz besprechen. Erwarten wir dort ähnlich große Abweichungen vom einfachen Spektatormodell? Um diese Frage zu beantworten, überlegen wir uns, wie die Raten für Spektator- und Annihilationsprozesse (Bild 23-7, 23-8) von der Masse des zerfallenden Quarks abhängen werden. Einen klassischen Annihilationsprozeß haben wir in Abschnitt 23.5 mit dem Zerfall $\pi^- \to \ell^-\nu_\ell$ behandelt. Dabei trat im Matrixelement die Pion-Zerfallskonstante f_π auf, die im wesentlichen die Amplitude für das Aufeinandertreffen von d- und $\bar{u}$-Quark im π^--Meson darstellt (Bild 23-5). Da die räumliche Ausdehnung der Mesonen D, F, B durch die leichten Quarks bestimmt sein wird und daher nicht sehr verschieden von derjenigen eines Pions sein kann, erwarten wir aus Dimensionsgründen für die Raten von Annihilations- und Spektatorprozessen

$$\Gamma(\text{Ann.};\ D, F) \quad \propto \quad G^2 m_c^3 f_\pi^2,$$

$$\Gamma(\text{Spekt.};\ D, F) \quad \propto \quad G^2 m_c^5,$$

$$\Gamma(\text{Ann.};\ B) \qquad \propto \quad G^2 m_b^3 f_\pi^2,$$

$$\Gamma(\text{Spekt.};\ B) \qquad \propto \quad G^2 m_b^5.$$

Daraus erhalten wir die folgende Abschätzung:

$$\frac{\Gamma(\text{Ann.; B})}{\Gamma(\text{Spekt.; B})} \cong \frac{\Gamma(\text{Ann.; D, F})}{\Gamma(\text{Spekt.; D, F})} \left(\frac{m_c}{m_b}\right)^2 \cong r \cdot 0,09 \cong 0,20. \tag{23-60}$$

Für B-Mesonen sollte also das Spektatormodell eine gute Näherung darstellen. Die möglichen Zerfälle des b-Quarks sind

$$\begin{aligned} b &\longrightarrow c\,\ell^-\,\bar\nu_\varrho, \qquad c q \bar{q}', \\ b &\longrightarrow u\,\ell^-\,\bar\nu_\varrho, \qquad u q \bar{q}', \end{aligned} \tag{23-61}$$

wobei $\ell = e, \mu, \tau$, $q = d, s$ und $q' = u, c$. Die totale Zerfallsrate der B-Mesonen wird daher im wesentlichen durch die Stärke der Übergänge $b \longrightarrow c$ und $b \longrightarrow u$, d.h. durch die Kobayashi-Maskawa-Matrixelemente V_{23} und V_{13} bestimmt. Berücksichtigt man die unterschiedlichen Massen von c- und u-Quark, so findet man für die Lebensdauer der B-Mesonen die theoretische Vorhersage (Gaillard 1980)

$$\tau_B = \frac{1}{\Gamma(B \longrightarrow \text{alle})} = (3,68\,|V_{23}|^2 + 7,8\,|V_{13}|^2)^{-1} \cdot 10^{-14}\ \text{s}. \tag{23-62}$$

Dabei sind die numerischen Werte für die Phasenraum-Faktoren eingesetzt, die bei Kleinknecht 1984 zitiert werden.

Die Lebensdauer der B-Mesonen wurde vor kurzem erstmals gemessen (Hanson 1983, Chadwick 1983). Aus den zur Zeit vorliegenden Resultaten findet man folgenden Mittelwert (Schubert 1984):

$$\tau_B = (11 \pm 4) \cdot 10^{-13}\ \text{s}. \tag{23-63}$$

Damit ergibt sich nach Gl. (23-62):

$$(|V_{23}|^2 + 2,1\,|V_{13}|^2)^{1/2} = 0,05 \pm 0,01. \tag{23-64}$$

Unabhängig von Gl. (23-41) schließen wir daraus, daß beide Übergänge $b \to u$ und $b \to c$ nicht sonderlich stark sind. Im Rahmen des Kobayashi-Maskawa-Schemas mit sechs Quarks muß dann der Übergang $b \to t$, der im Zerfall der B-Mesonen natürlich nicht beitragen kann, etwa die Stärke 1 haben:

$$|V_{33}| \cong 1. \tag{23-65}$$

Das wird man beim experimentellen Studium der Zerfälle des W-Bosons überprüfen können (s. Kapitel 25).

Information über V_{13} und V_{23} getrennt erhält man beispielsweise aus den semileptonischen Zerfällen des b-Quarks:

$$\begin{aligned} b &\longrightarrow c\,\ell^-\,\bar\nu_\varrho, \qquad (V_{23}) \\ b &\longrightarrow u\,\ell^-\,\bar\nu_\varrho. \qquad (V_{13}) \end{aligned} \tag{23-66}$$

Dabei sind die Amplituden wieder proportional zu den in Klammern angegebenen Matrixelementen V_{ij}. Auf dem Quark-Niveau können wir die beiden Zerfälle bereits durch die Kinematik der Reaktionen unterscheiden, da die Masse des c-Quarks wesentlich größer als die des u-Quarks ist (Tabelle 22-1). Dies hat zur Folge, daß das Lepton-Energiespektrum beim Übergang $b \to c$ weicher ist als beim Übergang $b \to u$ (Aufgabe 23.6). Das Studium des Lepton-Energiespektrums im semileptonischen Zerfall der B-Mesonen

$$B \sim b\bar{q} \longrightarrow \ell^- + \nu_\varrho + X$$

Tabelle 23-6 Die Absolutbeträge $|V_{ij}|$ der Elemente der Kobayashi-Maskawa-Matrix, wie sie in einer allgemeinen Anpassung an die experimentellen Resultate bei Kleinknecht 1983 bestimmt wurden. Die angegebenen Intervalle entsprechen einer Standardabweichung.

i \ j (q \ q')	1 d	2 s	3 b
1 u	0,9723–0,9737	0,228 –0,234	0,000 –0,008
2 c	0,228 –0,234	0,9704–0,9726	0,042 –0,067
3 t	0,003 –0,016	0,041 –0,066	0,9977–0,9991

erlaubt daher im Prinzip eine Aussage über das Verhältnis V_{13}/V_{23}. Natürlich muß man wieder die Frage stellen, inwieweit Bindungs- und Gluoneffekte unser naives Argument, das für freie Quarks gilt, modifizieren. Dies haben zum Beispiel Altarelli et al. (Altarelli 1982a) ausführlich untersucht und gezeigt, daß in der Tat das Lepton-Energiespektrum sehr empfindlich auf das Verhältnis V_{13}/V_{23} ist. Die vorliegenden Daten (Chen 1984, Klopfenstein 1984) wurden auf diese Weise analysiert und zeigen, daß der Übergang b $\to$ u gegenüber b $\to$ c stark unterdrückt ist, vielleicht sogar Null ist. Man erhält nur eine obere Schranke (Schubert 1984)

$$\left| \frac{V_{13}}{V_{23}} \right| < 0{,}19. \tag{23-67}$$

Es liegt nun nahe, alle experimentellen Informationen über die Kobayashi-Maskawa-Matrix zu sammeln und eine allgemeine Anpassung der Parameter zu versuchen. Dies wurde zum Beispiel von Kleinknecht und Renk getan (Kleinknecht 1983). Sie benutzten neben den in diesem Kapitel besprochenen Daten auch Information von Neutrino-Reaktionen und vom K^0-$\bar{K}^0$-System. Ihr Resultat für die Absolutbeträge $|V_{ij}|$ ist in Tabelle 23-6 angegeben. Für die Phase δ geben sie noch einen sehr weiten erlaubten Bereich an[10])

$$2^0 < \delta < 178^0. \tag{23-68}$$

Auffallend an dem experimentellen Resultat ist, daß die Quarks verschiedener Familien nicht stark miteinander mischen. Der Versuch einer theoretischen Berechnung der Kobayashi-Maskawa-Matrix führt notwendigerweise über den Rahmen des Standardmodells hinaus. Ansätze dazu sind zum Beispiel bei Stech 1983, 1984 diskutiert.

Aufgaben

23.1   Berechnen Sie die Zerfallsrate des Myons und das Energiespektrum des Zerfalls-Elektrons für eine allgemeine Lagrange-Dichte der Gestalt

$$\mathscr{L}'_\mu = -\frac{G}{\sqrt{2}}\, \bar{\nu}_\mu\, \gamma^\lambda (a - b\,\gamma_5)\, \mu\, \bar{e}\,\gamma_\lambda (1 - \gamma_5)\, \nu_e + \text{h.c.} \tag{23-69}$$

wobei

$$|a|^2 + |b|^2 = 2.$$

Wie hängt der Michel-Parameter ρ von a und b ab?

---

[10]) Die bei Kleinknecht 1983 verwendete Parametrisierung der Kobayashi-Maskawa-Matrix entspricht unserer Gl. (22-108). Ihre Tabelle 1 enthält Druckfehler (K. Kleinknecht, private Mitteilung).

23.2 Wir betrachten die Lagrange-Dichte der QCD (Gl. (19-22)) für zwei Flavors u und d, deren Massen wir gleich setzen:

$$m_{\mathrm{u}} = m_{\mathrm{d}}. \tag{23-70}$$

Diese Lagrange-Dichte ist invariant unter der starken Isospin-Gruppe

$$\begin{pmatrix} \mathbf{u}(x) \\ \mathbf{d}(x) \end{pmatrix} \longrightarrow \mathbf{U} \begin{pmatrix} \mathbf{u}(x) \\ \mathbf{d}(x) \end{pmatrix}, \tag{23-71}$$

wobei $\mathbf{U} \in \mathrm{SU}(2)$. Konstruieren Sie die zugehörigen Ströme und Ladungen mit Hilfe der Noether-Theoreme von Abschnitt 3.3.

23.3 Betrachten Sie die Isospin-Ladungen nach Aufgabe 23.2

$$\mathbf{I}_a = \int \mathrm{d}^3 x \, (\bar{\mathbf{u}}(x), \bar{\mathbf{d}}(x)) \frac{1}{2} \tau_a \gamma^0 \begin{pmatrix} \mathbf{u}(x) \\ \mathbf{d}(x) \end{pmatrix}, \quad (a = 1, 2, 3). \tag{23-72}$$

Leiten Sie die Vertauschungsregeln der Isospin-Ladungen mit Hilfe der kanonischen Antivertauschungs-Regeln der Quarkfelder ab (s. Gl. (4-92)).

23.4 Berechnen Sie die Konstante $\tilde{g}_{\mathrm{V}}$ in Gl. (23-36) im Grenzfall exakter Flavor-SU(3)-Invarianz.

23.5 Berechnen Sie die Raten für die leptonischen Zerfälle der geladenen Pionen (Gl. (23-42)) bei Annahme folgender Lagrange-Dichten der Wechselwirkung ($\ell = \mathrm{e}, \mu$):

$$\text{(i)} \quad \mathscr{L}' = -\frac{G}{\sqrt{2}} \bar{\ell} \gamma^\lambda (a - b \gamma_5) \nu_\ell \, \mathscr{A}_\lambda + \text{h.c.}, \tag{23-73}$$

$$\text{(ii)} \quad \mathscr{L}' = -\frac{G}{\sqrt{2}} \bar{\ell} (a - b \gamma_5) \nu_\ell \, \mathscr{S} + \text{h.c.}. \tag{23-74}$$

Dabei seien a, b beliebig mit

$$|a|^2 + |b|^2 = 2 \tag{23-75}$$

und $\mathscr{A}_\lambda \, (\mathscr{S})$ sei ein hadronischer Axialvektor-(Pseudoskalar-)Strom.

23.6 Berechnen Sie die Raten für die Zerfälle in Gl. (23-66) für $\ell = \mathrm{e}, \mu$ in der Näherung $m_\ell = m_{\mathrm{u}} = 0$, setzen Sie aber $m_{\mathrm{c}} \neq 0$. Diskutieren Sie die resultierenden Energiespektren der Leptonen ℓ^-.

23.7 Berechnen Sie die totale Zerfallsbreite der B-Mesonen im Spektatormodell unter Berücksichtigung der Zerfälle in Gl. (23-61). Setzen Sie dabei

$$m_{\mathrm{e}} = m_\mu = m_{\mathrm{u}} = m_{\mathrm{d}} = m_{\mathrm{s}} = 0,$$

aber $m_{\mathrm{c}} \neq 0$, $m_\tau \neq 0$.

24 Der neutrale Strom und die Bestimmung von $\sin^2 \vartheta_W$

In diesem Kapitel besprechen wir einige Möglichkeiten zur Bestimmung des schwachen Winkels ϑ_W, der die Struktur des neutralen Stroms im Standardmodell festlegt (Gl. (22-78)). Im Prinzip kann dazu jede Reaktion herangezogen werden, bei der der neutrale Strom beiträgt. Wir werden uns auf die Besprechung der Neutrino-Elektron-, Neutrino-Nukleon-Streuung und Elektron-Positron-Annihilation beschränken. Einen Überblick über andere Reaktionen findet man z.B. bei Kim 1981.

24.1 Die Neutrino-Elektron-Streuung

Beobachtet wurden bisher in Experimenten an Beschleunigern die folgenden Neutrino-Elektron-Streuungen:

$$
\begin{aligned}
\nu_\mu + e &\longrightarrow \nu_\mu + e, \\
\bar{\nu}_\mu + e &\longrightarrow \bar{\nu}_\mu + e, \\
\nu_e + e &\longrightarrow \nu_e + e.
\end{aligned}
\tag{24-1}
$$

An Reaktoren, die eine intensive Quelle niederenergetischer Antielektronneutrinos sind, wurde die Reaktion

$$
\bar{\nu}_e + e \longrightarrow \bar{\nu}_e + e
\tag{24-2}
$$

beobachtet.

Zur theoretischen Analyse dieser Prozesse gehen wir von Gl. (22-86) aus. Der für uns relevante Teil der effektiven Lagrange-Dichte ist

$$
\mathscr{L}_{eff} = -\frac{4G}{\sqrt{2}} \{ \bar{\nu}_{e_L} \gamma^\lambda e_L \, \bar{e}_L \gamma_\lambda \nu_{e_L} + \mathscr{I}^\lambda_{NC} \mathscr{I}_{NC\,\lambda} \}.
\tag{24-3}
$$

Der neutrale Strom hat die Gestalt

$$
\mathscr{I}^\lambda_{NC} = \frac{1}{2} \bar{\nu}_{e_L} \gamma^\lambda \nu_{e_L} + \frac{1}{2} \bar{\nu}_{\mu_L} \gamma^\lambda \nu_{\mu_L} + \frac{1}{2} \bar{e}(g_V^e \gamma^\lambda - g_A^e \gamma^\lambda \gamma_5) e + \dots ,
\tag{24-4}
$$

wobei die Punkte für Anteile stehen, die bei der Neutrino-Elektron-Streuung keine Rolle spielen. Im Standardmodell gilt

$$
g_V^e = -\frac{1}{2} + 2 \sin^2 \vartheta_W ,
$$

$$
g_A^e = -\frac{1}{2} .
\tag{24-5}
$$

Wir lassen in diesem Abschnitt aber g_V^e *und* g_A^e als freie Parameter, die ans Experiment angepaßt werden. Zu beachten ist, daß in der ν_μ e und $\bar{\nu}_\mu$ e-Streuung bloß der neutrale Strom, in der ν_e e und $\bar{\nu}_e$ e-Streuung neutrale und geladene Ströme beitragen (Bild 24-1).

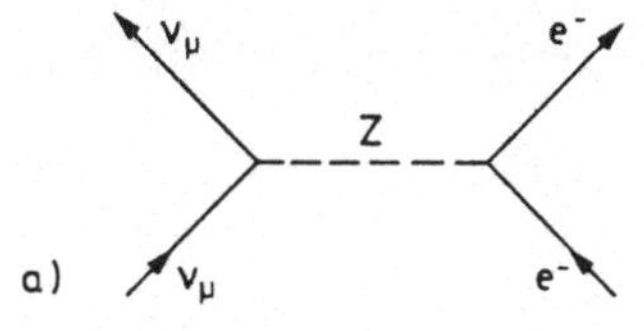

Bild 24-1

Die Diagramme für die ν_μe-Streuung (a) und die ν_ee-Streuung (b). Die Diagramme für die $\bar\nu_\mu$e-Streuung und die $\bar\nu_e$e-Streuung erhält man durch entsprechende Uminterpretation der Neutrinolinien aus (a) bzw. (b).

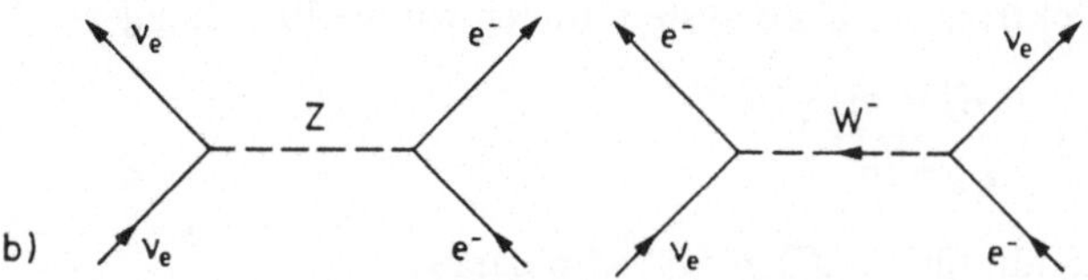

Zur praktischen Berechnung ist es günstig, das Produkt der geladenen Ströme in Gl. (24-3) durch eine Fierz-Transformation umzuordnen, so daß es ebenfalls als Produkt neutraler Ströme erscheint. Nach den Formeln von Anhang F erhalten wir

$$\mathcal{L}_{\text{eff}} = - \frac{G}{\sqrt{2}} \{\bar\nu_e \gamma^\lambda (1 - \gamma_5) \nu_e \, \bar{e}(G_V \gamma_\lambda - G_A \gamma_\lambda \gamma_5) e$$

$$+ \bar\nu_\mu \gamma^\lambda (1 - \gamma_5) \nu_\mu \, \bar{e}(g_V^e \gamma_\lambda - g_A^e \gamma_\lambda \gamma_5) e\}, \tag{24-6}$$

wobei

$$G_V = g_V^e + 1, \qquad G_A = g_A^e + 1.$$

Hier haben wir wieder alle für unsere Zwecke unwesentlichen Terme in $\mathcal{L}_{\text{eff}}$ weggelassen.

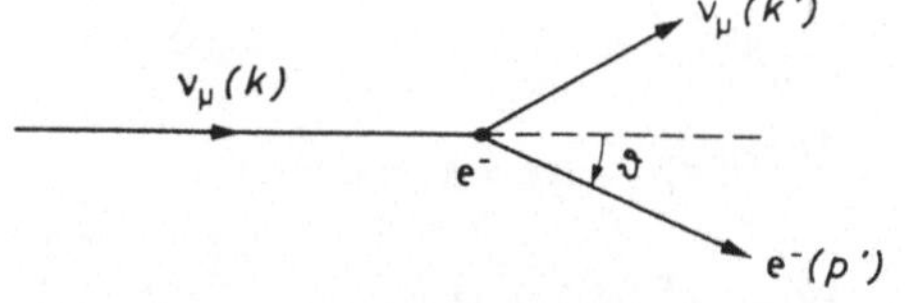

Bild 24-2

Die ν_μe-Streuung im Laborsystem, wobei ϑ der Streuwinkel des Elektrons ist

Wir studieren nun die ν_μ e-Streuung (Bild 24-2)

$$\nu_\mu(k) + e^-(p) \longrightarrow \nu_\mu(k') + e^-(p') \tag{24-7}$$

genauer, wobei wir die folgenden kinematischen Variablen definieren:

$$s = (k + p)^2 = (k' + p')^2,$$

$$E_\nu = \frac{pk}{m_e},$$

$$E_e' = \frac{pp'}{m_e}, \tag{24-8}$$

$$y = \frac{E_e' - m_e}{E_\nu}.$$

Es sind $\sqrt{s}$ die Schwerpunktsenergie, E_ν die ursprüngliche Neutrinoenergie und E_e' die Energie des gestreuten Elektrons im Laborsystem. Die dimensionslose Variable y gibt den

Anteil der Neutrinoenergie an, der in kinetische Energie des gestreuten Elektrons umgesetzt wird. Die kinematischen Grenzen für y ergeben sich zu

$$0 \leqslant y \leqslant \left(1 + \frac{m_e}{2 E_\nu}\right)^{-1}. \tag{24-9}$$

Für den Streuwinkel ϑ des Elektrons im Laborsystem finden wir die Beziehung

$$\cos \vartheta = \left(1 + \frac{m_e}{E_\nu}\right) \left(\frac{E_e' - m_e}{E_e' + m_e}\right)^{1/2}. \tag{24-10}$$

Im Grenzfall hoher Energien, d.h. für $E_\nu, E_e' \gg m_e$, wird daraus

$$\vartheta^2 \cong 2 m_e \frac{E_\nu - E_e'}{E_\nu E_e'} = \frac{2 m_e}{E_\nu} \frac{1 - y}{y}. \tag{24-11}$$

Die typischen Streuwinkel bei hohen Energien sind daher von der Größenordnung

$$\vartheta \cong \sqrt{\frac{m_e}{E_\nu}}. \tag{24-12}$$

Für Neutrinoenergie $E_\nu = 10$ GeV bedeutet das zum Beispiel

$$\vartheta \cong 7 \cdot 10^{-3} \text{ rad} \cong 0,4°. \tag{24-13}$$

Diese extreme Bündelung der gestreuten Elektronen in Vorwärtsrichtung wird im Experiment ausgenutzt, um die Neutrino-Elektron-Streuung von Untergrundreaktionen abzutrennen.

Das S-Matrixelement und den Streuquerschnitt für die Reaktion Gl. (24-7) erhalten wir aus der effektiven Lagrange-Dichte Gl. (24-6) als

$$\langle \nu_\mu (k') \, e(p') | S | \nu_\mu (k) \, e(p) \rangle = - \, i \frac{G}{\sqrt{2}} \, (2 \pi)^4 \; \delta (p' + k' - p - k)$$

$$\bar{u}_\nu(k') \, \gamma^\lambda (1 - \gamma_5) \, u_\nu(k) \, \bar{u}_e(p') \, \gamma_\lambda (g_V^e - g_A^e \, \gamma_5) \, u_e(p), \tag{24-14}$$

$$\frac{d \sigma^{(\nu_\mu e)}}{dy} = \frac{G^2}{\pi} \, 2 m_e E_\nu$$

$$\left\{ \left(\frac{g_V^e + g_A^e}{2}\right)^2 + \left(\frac{g_V^e - g_A^e}{2}\right)^2 (1 - y)^2 \right.$$

$$\left. - \frac{1}{4} \left[(g_V^e)^2 - (g_A^e)^2\right] \frac{m_e}{E_\nu} y \right\}. \tag{24-15}$$

Für die $\bar{\nu}_\mu$ e-Streuung ergibt sich auf analoge Weise

$$\frac{d \sigma^{(\bar{\nu}_\mu e)}}{dy} = \frac{G^2}{\pi} \, 2 m_e E_{\bar{\nu}}$$

$$\left\{ \left(\frac{g_V^e - g_A^e}{2}\right)^2 + \left(\frac{g_V^e + g_A^e}{2}\right)^2 (1 - y)^2 \right.$$

$$\left. - \frac{1}{4} \left[(g_V^e)^2 - (g_A^e)^2\right] \frac{m_e}{E_\nu} y \right\}. \tag{24-16}$$

Für die ν_e e- und $\bar\nu_e$ e-Streuung brauchen wir bloß g_V^e und g_A^e durch G_V und G_A zu ersetzen. Die Gln. (24-15), (24-16) wurden zuerst abgeleitet bei 't Hooft 1971a.

Integration über y liefert uns die totalen Streuquerschnitte. Im Grenzfall hoher Energien ($E_\nu \gg m_e$) ergibt sich

$$\sigma(\nu_\mu e) = \frac{G^2}{\pi}\, 2\, m_e E_\nu \left\{ \left(\frac{g_V^e + g_A^e}{2} \right)^2 + \frac{1}{3} \left(\frac{g_V^e - g_A^e}{2} \right)^2 \right\},$$

$$\sigma(\bar\nu_\mu e) = \frac{G^2}{\pi}\, 2\, m_e E_{\bar\nu} \left\{ \left(\frac{g_V^e - g_A^e}{2} \right)^2 + \frac{1}{3} \left(\frac{g_V^e + g_A^e}{2} \right)^2 \right\}. \tag{24-17}$$

Die Größenordnung der Streuquerschnitte ist gegeben durch

$$\frac{G^2}{\pi}\, m_e E_\nu = 8{,}62 \cdot 10^{-42} \left(\frac{E_\nu}{1\ \text{GeV}} \right) \text{cm}^2.$$

Diese totalen Streuquerschnitte wurden trotz ihrer Kleinheit bereits in einer Reihe von Experimenten bestimmt. Das zur Zeit genaueste Experiment (Bergsma 1984) ergab

$$\frac{\sigma(\nu_\mu e)}{E_\nu} = [1{,}9 \pm 0{,}4\ (\text{stat.}) \pm 0{,}4\ (\text{syst.})] \cdot 10^{-42}\ \frac{\text{cm}^2}{\text{GeV}},$$

$$\frac{\sigma(\bar\nu_\mu e)}{E_{\bar\nu}} = [1{,}5 \pm 0{,}3\ (\text{stat.}) \pm 0{,}4\ (\text{syst.})] \cdot 10^{-42}\ \frac{\text{cm}^2}{\text{GeV}}. \tag{24-18}$$

Dabei sind statistische und systematische Fehler angegeben. Diese Resultate lassen noch vier Lösungen für g_V^e und g_A^e zu (Bild 24-3). Das ist verständlich, da die Gln. (24-17) ungeändert bei den Ersetzungen

$$g_V^e \longrightarrow -g_V^e, \qquad g_A^e \longrightarrow -g_A^e$$

und

$$g_V^e \longrightarrow g_A^e, \qquad g_A^e \longrightarrow g_V^e$$

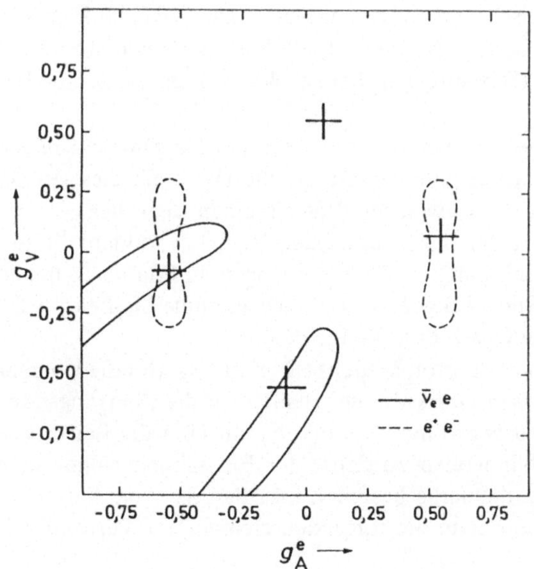

Bild 24-3

Die experimentelle Bestimmung der schwachen Kopplungskonstanten g_V^e und g_A^e des Elektrons. Die zur Zeit genauesten Werte für $\sigma(\nu_\mu e)$ und $\sigma(\bar\nu_\mu e)$ (Gl. (24-18)) liefern die vier durch die Kreuze angegebenen Lösungen. Die nach den Resultaten der $\bar\nu_e$e-Streuung (Reines 1976) und der e^+e^--Annihilation (Panman 1984) erlaubten Bereiche sind mit durchgezogenen bzw. gestrichelten Linien begrenzt. Zusammen ergeben die drei Typen von Experimenten eine eindeutige Lösung für g_V^e und g_A^e (nach Bergsma 1984).

gelten. Die Experimente zur $\bar{\nu}_e\,e$ und $\nu_e\,e$-Streuung sind im Prinzip in der Lage, diese Mehrdeutigkeit zu beheben. Bei der gegenwärtigen Genauigkeit der Experimente muß man aber noch Ergebnisse der e^+e^--Annihilation in Leptonen hinzunehmen (Abschnitt 24.3), um eine eindeutige Lösung zu erhalten. Nach Bergsma 1984 ergibt sich auf diese Weise

$$
\begin{aligned}
g_V^e &= -\ 0{,}08 \pm 0{,}07 \ (\text{stat.}) \pm 0{,}03 \ (\text{syst.}),\\
g_A^e &= -\ 0{,}54 \pm 0{,}05 \ (\text{stat.}) \pm 0{,}06 \ (\text{syst.}).
\end{aligned}
\tag{24-19}
$$

Das Resultat von Gl. (24-19) ist sehr gut mit dem Standardmodell (Gl. (24-5)) verträglich, das $g_A^e = -0{,}5$ verlangt. Setzen wir nun das Standardmodell voraus, so haben wir aus den Daten bloß einen Parameter, und zwar $\sin^2 \vartheta_W$, zu bestimmen. Dazu ist es günstig, das Verhältnis $R = \sigma(\nu_\mu e)/\sigma(\bar{\nu}_\mu e)$ zu betrachten, das experimentell mit weniger systematischen Fehlern behaftet ist und daher genauer als die einzelnen Streuquerschnitte gemessen werden kann. Die Theorie liefert nach den Gln. (24-5) und (24-17)

$$
R = \frac{\sigma(\nu_\mu e)}{\sigma(\bar{\nu}_\mu e)} = 3\ \frac{1 - 4\sin^2\vartheta_W + \dfrac{16}{3}\sin^4\vartheta_W}{1 - 4\sin^2\vartheta_W + 16\sin^4\vartheta_W}\ .
\tag{24-20}
$$

Das oben zitierte Experiment ergab

$$
\sin^2\vartheta_W = 0{,}215 \pm 0{,}032 \ (\text{stat.}) \pm 0{,}012 \ (\text{syst.}).
\tag{24-21}
$$

24.2 Die Neutrino-Nukleon-Streuung

Eine der besten Möglichkeiten zur Bestimmung des schwachen Winkels ϑ_W bietet die Neutrino-Nukleon-Streuung. Wir beschränken uns hier auf die Besprechung der totalen Querschnitte für die Streuung von Myon-Neutrinos und -Antineutrinos an Nukleonen:

$$
\begin{aligned}
\nu_\mu(k) + N(p) &\longrightarrow \nu_\mu(k') + X,\\
\bar{\nu}_\mu(k) + N(p) &\longrightarrow \bar{\nu}_\mu(k') + X.
\end{aligned}
\tag{24-22}
$$

Dabei haben wir auch unsere Impulsbezeichnung angegeben. Die Kinematik dieser Reaktionen ist ganz ähnlich wie für die Elektron-Nukleon- und Neutrino-Nukleon-Streuung über geladene Ströme, die wir in Kapitel 18 besprochen haben. Wir werden wieder die Variablen von Tabelle 18-1 benutzen.

Die Reaktionen von Gl. (24-22) wurden zuerst von der Gargamelle-Kollaboration beobachtet (Hasert 1973b). Heute gibt es gute experimentelle Daten für diese Reaktionen, besonders im tief-inelastischen Bereich (s. Geweniger 1984 für einen Überblick).

Die theoretische Behandlung der tief-inelastischen Neutrino-Nukleon-Streuung benutzt das Parton-Modell. Dieses Modell hat sich für die analogen, in Kapitel 18 behandelten Reaktionen ja glänzend bewährt. In Bild 24-4 geben wir die Diagramme für die ν_μ N-Streuung über geladene und neutrale Ströme im Quark-Parton-Modell an.

Wir erinnern uns der Regeln des Parton-Modells (Kapitel 18). Um die Übergangsrate für die Neutrino-Streuung an Nukleonen zu bestimmen, haben wir die Übergangsrate an den einzelnen punktförmigen Partonen zu berechnen und inkohärent über die Beiträge der Partonen im Nukleon zu summieren. Wir wollen zunächst der Einfachheit halber annehmen, daß die Nukleonen bloß aus u- und d-Quarks bestehen und Beiträge von Antiquarks oder Quarks s, c, b vernachlässigen. Es sind dann die folgenden elementaren Parton-Reaktionen zu berücksichtigen.

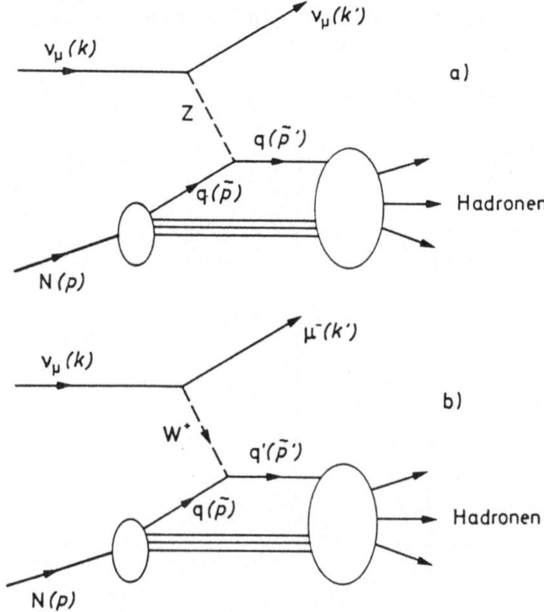

Bild 24-4

Neutrino-Nukleon-Streuung im Quark-Parton-Modell über neutrale Ströme (a) und geladene Ströme (b). An Stelle eines Quarks q kann natürlich auch ein Antiquark q̄ als elementarer Streupartner der Leptonen treten.

Bei Streuung über neutrale Ströme:

$$\nu_\mu (\bar\nu_\mu) + u \longrightarrow \nu_\mu (\bar\nu_\mu) + u,$$
$$\nu_\mu (\bar\nu_\mu) + d \longrightarrow \nu_\mu (\bar\nu_\mu) + d. \tag{24-23}$$

Bei Streuung über geladene Ströme:

$$\nu_\mu + d \longrightarrow \mu^- + u,$$
$$\bar\nu_\mu + u \longrightarrow \mu^+ + d. \tag{24-24}$$

Die Streuquerschnitte für diese Parton-Reaktionen können wir direkt von der Neutrino-Elektron-Streuung übernehmen, da wir die Quark-Partonen wie das Elektron als punktförmig ansehen und die Myon-Masse in diesen Reaktionen vernachlässigen. Wir müssen natürlich g_V^e und g_A^e durch die entsprechenden Kopplungskonstanten für Quarks im geladenen und neutralen Strom ersetzen. Der relevante Teil der effektiven Lagrange-Dichte Gl. (22-86) für unsere Reaktionen ist

$$\mathscr{L}_{\text{eff}} = -\frac{G}{\sqrt{2}} \{\bar\nu_\mu \gamma^\lambda (1-\gamma_5)\nu_\mu [\bar{u}\gamma_\lambda (g_V^u - g_A^u \gamma_5)u + \bar{d}\gamma_\lambda (g_V^d - g_A^d \gamma_5)d]$$
$$+ \bar\mu \gamma^\lambda (1-\gamma_5)\nu_\mu \, \bar{u}\gamma_\lambda (1-\gamma_5)d$$
$$+ \bar\nu_\mu \gamma^\lambda (1-\gamma_5)\mu \, \bar{d}\gamma_\lambda (1-\gamma_5)u \}. \tag{24-25}$$

Dabei haben wir im geladenen Strom das Element V_{11} der Kobayashi-Maskawa-Matrix gleich 1 gesetzt. Im Rahmen des Standardmodells gilt für die Kopplungskonstanten im neutralen Strom

$$g_V^u = \frac{1}{2} - \frac{4}{3} z, \qquad g_A^u = +\frac{1}{2},$$
$$g_V^d = -\frac{1}{2} + \frac{2}{3} z, \qquad g_A^d = -\frac{1}{2}. \tag{24-26}$$

Tabelle 24-1 Die totalen Streuquerschnitte σ der angegebenen Neutrino-Quark-Reaktionen nach dem Standardmodell. Dabei ist $z \equiv \sin^2 \vartheta_{\mathrm{W}}$.

Reaktion	$\dfrac{\sigma}{2\, G^2\, (k\tilde{p})\, \pi^{-1}}$
$\nu_\mu \mathrm{d} \longrightarrow \mu^- \mathrm{u}$	1
$\nu_\mu \mathrm{u} \longrightarrow \nu_\mu \mathrm{u}$	$\dfrac{1}{4} - \dfrac{2}{3} z + \dfrac{16}{27} z^2$
$\nu_\mu \mathrm{d} \longrightarrow \nu_\mu \mathrm{d}$	$\dfrac{1}{4} - \dfrac{1}{3} z + \dfrac{4}{27} z^2$
$\bar{\nu}_\mu \mathrm{u} \longrightarrow \mu^+ \mathrm{d}$	$\dfrac{1}{3}$
$\bar{\nu}_\mu \mathrm{u} \longrightarrow \bar{\nu}_\mu \mathrm{u}$	$\dfrac{1}{12} - \dfrac{2}{9} z + \dfrac{16}{27} z^2$
$\bar{\nu}_\mu \mathrm{d} \longrightarrow \bar{\nu}_\mu \mathrm{d}$	$\dfrac{1}{12} - \dfrac{1}{9} z + \dfrac{4}{27} z^2$

Hier und im folgenden setzen wir als Abkürzung

$$z \equiv \sin^2 \vartheta_{\mathrm{W}}. \tag{24-27}$$

Für hohe Energien können wir die Quarkmassen vernachlässigen und wir erhalten aus Gl. (24-17) durch entsprechende Ersetzungen die in Tabelle 24-1 angegebenen totalen Streuquerschnitte für die Neutrino-Quark-Streuung. Dabei ist $\tilde{p}$ der Viererimpuls des Quarks vor der Streuung (vgl. Bild 24-4).

Zur Berechnung des Streuquerschnitts für die Neutrino-Nukelon-Streuung müssen wir inkohärent über die Beiträge der Quarks im Nukleon summieren. Wir bezeichnen, wie in Kapitel 18, mit x den Impulsanteil eines Quarks, mit $N_{\mathrm{u,d}}(x)$ die Verteilungsfunktionen der u- und d-Quarks im betrachteten Nukleon. Nach Kapitel 18 finden wir zum Beispiel für die Reaktion

$$\nu_\mu + \mathrm{N} \longrightarrow \mu^- + \mathrm{X} \tag{24-28}$$

den folgenden totalen Streuquerschnitt

$$\sigma(\nu_\mu \mathrm{N} \to \mu^- \mathrm{X}) = \int_0^1 \mathrm{d}x\, N_{\mathrm{d}}(x)\, \sigma(\nu_\mu \mathrm{d} \to \mu^- \mathrm{u})\big|_{\tilde{p}=xp}$$

$$= \frac{G^2}{\pi} M E \cdot 2 \int_0^1 \mathrm{d}x\, x N_{\mathrm{d}}(x). \tag{24-29}$$

Dabei ist E die Energie des einlaufenden Neutrinos im Laborsystem. Analog berechnen wir die anderen Neutrino-Nukleon-Streuquerschnitte.

Experimentell wurde vor allem die Streuung an schweren Kernen untersucht. Als Targetmaterialien verwendete man z.B. Eisen und Marmor. Die gemessenen Streuquerschnitte sind daher im wesentlichen die Mittelwerte für Proton und Neutron. Es seien $N_{\mathrm{u}}(x)$, $N_{\mathrm{d}}(x)$ und $N(x)$ die Verteilungsfunktionen für u-Quarks, d-Quarks und ihre Summe, jeweils gemittelt über Proton und Neutron. Es gilt dann nach Definition und infolge der Isospin-Invarianz

$$N(x) = N_u(x) + N_d(x) = 2 N_u(x) = 2 N_d(x). \tag{24-30}$$

Hiermit erhalten wir aus Tabelle 24-1 die folgenden Streuquerschnitte, gemittelt über Proton und Neutron:

$$\sigma(\nu_\mu N \to \mu^- X) = \frac{G^2}{\pi} M E \cdot \int_0^1 dx \; x N(x),$$

$$\sigma(\nu_\mu N \to \nu_\mu X) = \frac{G^2}{\pi} M E \cdot \int_0^1 dx \; x N(x) \cdot \left\{ \frac{1}{2} - z + \frac{20}{27} z^2 \right\},$$

$$\sigma(\bar\nu_\mu N \to \mu^+ X) = \frac{G^2}{\pi} M E \cdot \int_0^1 dx \; x N(x) \frac{1}{3},$$

$$\sigma(\bar\nu_\mu N \to \bar\nu_\mu X) = \frac{G^2}{\pi} M E \cdot \int_0^1 dx \; x N(x) \cdot \frac{1}{3} \left\{ \frac{1}{2} - z + \frac{20}{9} z^2 \right\}.$$

$$\tag{24-31}$$

Für die Verhältnisse R_ν und $R_{\bar\nu}$ der totalen Querschnitte für Neutrino-Nukleon- und Anti-neutrino-Nukleon-Streuung über neutrale und geladene Ströme ergibt sich daraus

$$R_\nu = \frac{\sigma(\nu_\mu N \to \nu_\mu X)}{\sigma(\nu_\mu N \to \mu^- X)} = \frac{1}{2} - z + \frac{20}{27} z^2,$$

$$R_{\bar\nu} = \frac{\sigma(\bar\nu_\mu N \to \bar\nu_\mu X)}{\sigma(\bar\nu_\mu N \to \mu^+ X)} = \frac{1}{2} - z + \frac{20}{9} z^2.$$

$$\tag{24-32}$$

Dabei kann $z \equiv \sin^2\vartheta_W$ zwischen Null und Eins variieren. Sehen wir uns diese Relationen in der R_ν-$R_{\bar\nu}$-Ebene an, so muß nach dem Standardmodell der experimentelle Punkt auf einer gewissen Linie liegen, der sogenannten „Weinberg-Nase" (Bild 24-5). Dabei nehmen wir allerdings die Gültigkeit des einfachsten Quark-Parton-Modells für die Nukleonen an. Die Lage des experimentellen Punktes auf der „Nase" sollte den Parameter $\sin^2\vartheta_W$ bestimmen.

Die experimentellen Ergebnisse wurden zuletzt bei Geweniger 1984 zusammengefaßt. Als Beispiel zitieren wir die von der CDHS- und der CHARM-Kollaboration angegebenen Werte:

$$\left. \begin{array}{l} R_\nu = 0{,}301 \pm 0{,}007 \\ R_{\bar\nu} = 0{,}363 \pm 0{,}015 \end{array} \right\} \text{CDHS, Fe-Target (Geweniger 1984),}$$

$$\left. \begin{array}{l} R_\nu = 0{,}320 \pm 0{,}010 \\ R_{\bar\nu} = 0{,}377 \pm 0{,}020 \end{array} \right\} \text{CHARM, Marmor-Target (Jonker 1981).}$$

$$\tag{24-33}$$

Wie wir aus Bild 24-5 sehen, kann das Standardmodell mit einem Wert für $\sin^2\vartheta_W$ von etwa 0,23 zusammen mit dem naivsten Parton-Modell die Daten erstaunlich gut beschreiben. Für eine Präzisionsbestimmung von $\sin^2\vartheta_W$ muß man natürlich einige Korrekturen

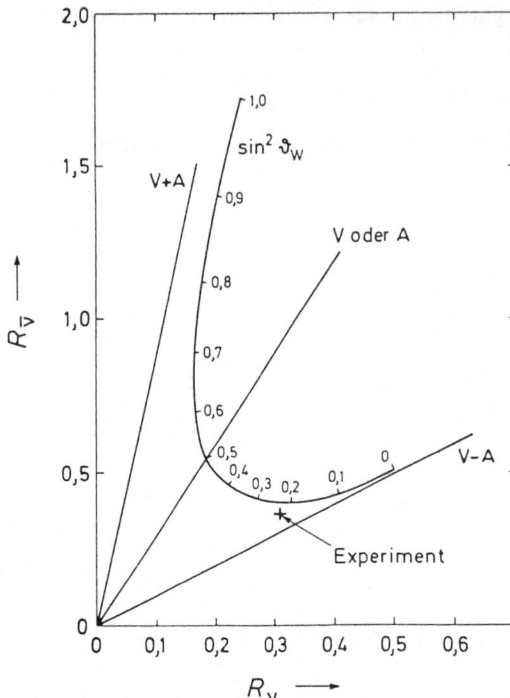

Bild 24-5
Die Vorhersage des Standardmodells
für $R_\nu = \sigma(\nu_\mu N \to \nu_\mu X)/\sigma(\nu_\mu N \to \mu^- X)$
und $R_{\bar\nu} = \sigma(\bar\nu_\mu N \to \bar\nu_\mu X)/\sigma(\bar\nu_\mu N \to \mu^+ X)$
als Funktion von $\sin^2 \vartheta_W$. Die Geraden
für reinen $(V-A)$-, V-, A- und $(V+A)$-
neutralen Quarkstrom sind ebenfalls eingezeichnet. Als experimentelle Werte
sind die Mittelwerte für R_ν und $R_{\bar\nu}$
nach Gl. (24-33) angegeben.

zur obigen Theorie berücksichtigen, zum Beispiel die Anwesenheit von Antiquarks im
Nukleon (Kapitel 19) und elektroschwache Strahlungskorrekturen (Sirlin 1981). Dabei
muß auch genau angegeben werden, wie man $\sin^2 \vartheta_W$ in höheren Ordnungen der Störungstheorie definiert. Eine Möglichkeit, auf die wir im folgenden zurückgreifen wollen besteht
darin, $\sin^2 \vartheta_W$ in allen Ordnungen durch die physikalischen Massen der W- und Z-Bosonen
entsprechend Gl. (22-68) zu definieren (Sirlin 1980) als

$$\sin^2 \vartheta_W = 1 - \frac{m_W^2}{m_Z^2}. \tag{24-34}$$

Mit dieser Konvention ergeben die Experimente zur Neutrino-Nukleon-Streuung nach
Geweniger 1984 als zur Zeit besten Wert

$$\sin^2 \vartheta_W = 0{,}225 \pm 0{,}007 \,(\text{exp.}) \pm 0{,}006 \,(\text{theor.}). \tag{24-35}$$

Dabei sind die experimentelle und die theoretische Unsicherheit angegeben.

24.3 Effekte der schwachen Wechselwirkung in der Elektron-Positron-Annihilation

Die Reaktion

$$e^+ + e^- \longrightarrow \mu^+ + \mu^-$$

über den Austausch eines virtuellen Photons (Bild 24-6a) haben wir bereits in Kapitel 11
besprochen. Im Rahmen des Standardmodells der elektroschwachen Wechselwirkung gibt

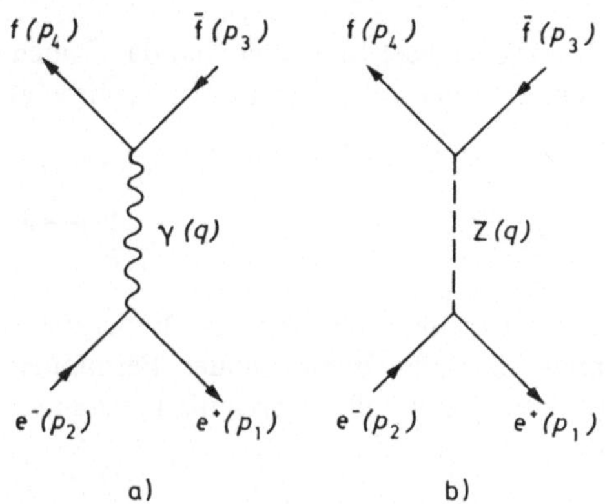

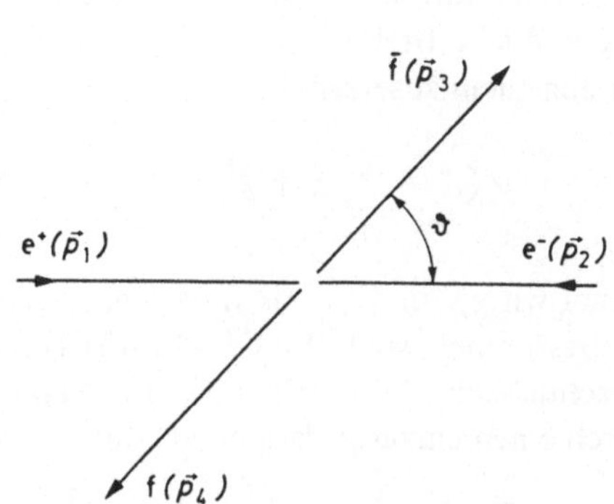

Bild 24-6 Die Annihilation eines e^+e^--Paares mit Produktion eines Fermion-Antifermion-Paares $f\bar{f}$ ($f \neq e$). In niedrigster Ordnung läuft die Reaktion über ein virtuelles Photon γ (a) oder ein virtuelles Z-Boson (b).

Bild 24-7 Die Reaktion $e^+e^- \to f\bar{f}$ im Schwerpunktsystem, wobei ϑ der Streuwinkel ist

es noch ein weiteres Diagramm niedrigster Ordnung, das zu dieser Reaktion beiträgt. An die Stelle des virtuellen Photons kann ein virtuelles Z-Boson treten (Bild 24-6b). Wir wollen hier gleich allgemein die e^+e^--Annihilation mit Produktion eines Fermion-Antifermion-Paares besprechen:

$$
\begin{aligned}
&e^+ (p_1) + e^- (p_2) \longrightarrow \bar{f}(p_3) + f(p_4) \\
&(f = \mu, \tau, u, d, s, c, b, \dots ;\quad f \neq e).
\end{aligned}
\tag{24-36}
$$

Dabei kann f ein beliebiges fundamentales Fermion, Lepton oder Quark sein, ungleich dem Elektron. Die entsprechenden Diagramme sind in Bild 24-6 gezeigt. Die Reaktion

$$
e^+ + e^- \longrightarrow e^+ + e^-
\tag{24-37}
$$

muß gesondert behandelt werden, da dort auch Bosonen im t-Kanal ausgetauscht werden können (s. Abschnitt 10.2).

Wird ein Quark-Antiquark-Paar emittiert, so sehen wir im Endzustand zwei Hadron-Jets, wie wir das in Kapitel 20 besprochen haben. Die Impulsrichtung der Quarks muß dann aus den Jet-Achsen bestimmt werden, zum Beispiel mit Hilfe der Größe Thrust (Gl. (20-6)).

Die kinematischen Variablen für unsere Reaktion sind das Quadrat der Gesamtenergie und der Streuwinkel im Schwerpunktsystem (Bild 24-7):

$$
\begin{aligned}
s &= (p_1 + p_2)^2, \\
\cos\vartheta &= \frac{\boldsymbol{p}_1 \cdot \boldsymbol{p}_3}{|\boldsymbol{p}_1|\,|\boldsymbol{p}_3|}.
\end{aligned}
\tag{24-38}
$$

Als Ausgangspunkt der theoretischen Rechnung wählen wir hier die Wechselwirkungs-Lagrange-Dichte der Eichbosonen mit den Fermionen (Gl. (22-77))

$$
\mathscr{L}_{\text{Int}} = -e\left\{ A_\lambda \mathscr{J}^\lambda_{\text{em}} + \frac{1}{\sin\vartheta_W \cos\vartheta_W} Z_\lambda \mathscr{J}^\lambda_{\text{NC}} \right.
$$

$$
\left. + \frac{1}{\sqrt{2}\sin\vartheta_W} (W^+_\lambda \mathscr{J}^\lambda_{\text{CC}} + W^-_\lambda \mathscr{J}^{\lambda+}_{\text{CC}}) \right\}.
\tag{24-39}
$$

Wir wollen mit einer endlichen Z-Masse rechnen. Wie wir bald sehen werden, hat das Z auch eine endliche Breite Γ_Z, es ist ein instabiles Teilchen. Den neutralen Strom wollen wir wieder allgemein ansetzen als

$$\mathscr{J}_{NC}^{\lambda} = \sum_f \frac{1}{2} \, \overline{f} \, (g_V^f \, \gamma^{\lambda} - g_A^f \, \gamma^{\lambda} \gamma_5) \, f, \tag{24-40}$$

wobei wir g_V^f und g_A^f als freie Kopplungskonstanten betrachten, die durch das Experiment zu bestimmen sind. In Gl. (24-40) läuft die Summe über alle fundamentalen Fermionen einschließlich des Elektrons. Im Standardmodell lassen sich alle Kopplungskonstanten durch einen einzigen Parameter, $\sin^2 \vartheta_W$, ausdrücken:

$$\begin{aligned}
g_V^f &= T_{3L}^f + T_{3R}^f - 2 \sin^2 \vartheta_W \, Q_f, \\
g_A^f &= T_{3L}^f - T_{3R}^f.
\end{aligned} \tag{24-41}$$

Dabei sind $T_{3L,R}^f$ die dritten Komponenten des schwachen Isospins des linkshändigen und rechtshändigen Anteils des Fermions f und Q_f seine elektrische Ladung. Die aus Gl. (24-41) resultierenden Werte der Kopplungskonstanten der Fermionen sind in Tabelle 24-2 zusammengestellt. Bei der Berechnung der Diagramme von Bild 24-6 vernachlässigen wir alle Fermionmassen. Für das S-Matrixelement ergibt sich dann bei Berücksichtigung der endlichen Breite Γ_Z des Z-Bosons in dessen Propagator (vgl. Abschnitt 16.1):

$$\begin{aligned}
S_{fi} = \; &\mathrm{i}\, e^2 \, (2\pi)^4 \; \delta \, (p_1 + p_2 - p_3 - p_4) \\
&\left\{ \overline{u}_f(p_4) \, Q_f \, \gamma^{\lambda} \, v_f(p_3) \, \frac{1}{s} \, \overline{v}_e(p_1) \, (-\gamma_{\lambda}) \, u_e(p_2) \right. \\
&+ \frac{1}{4} \left(\frac{1}{\sin \vartheta_W \, \cos \vartheta_W} \right)^2 \overline{u}_f(p_4) \, (g_V^f \, \gamma^{\lambda} - g_A^f \, \gamma^{\lambda} \gamma_5) \, v_f(p_3) \\
&\left. \cdot \frac{1}{s - m_Z^2 + \mathrm{i}\, m_Z \Gamma_Z} \, \overline{v}_e(p_1) \, (g_V^e \, \gamma_{\lambda} - g_A^e \, \gamma_{\lambda} \gamma_5) \, u_e(p_2) \right\}.
\end{aligned} \tag{24-42}$$

Tabelle 24-2 Die Werte der Kopplungskonstanten g_V^f und g_A^f des neutralen Stroms für die fundamentalen Fermionen f nach dem Standardmodell ($z \equiv \sin^2 \vartheta_W$)

f	g_V^f	g_A^f
$\nu_e, \, \nu_\mu, \, \nu_\tau$	$\dfrac{1}{2}$	$\dfrac{1}{2}$
$e, \; \mu, \; \tau$	$-\dfrac{1}{2} + 2z$	$-\dfrac{1}{2}$
$u, \; c, \; t$	$\dfrac{1}{2} - \dfrac{4}{3} z$	$\dfrac{1}{2}$
$d, \; s, \; b$	$-\dfrac{1}{2} + \dfrac{2}{3} z$	$-\dfrac{1}{2}$

Daraus erhalten wir durch einfache Rechnung den differentiellen Streuquerschnitt, wobei wir unpolarisierte Elektronstrahlen im Anfangszustand und keine Beobachtung von Polarisationen im Endzustand voraussetzen:

$$\frac{d\sigma}{d\Omega_3} = \frac{\alpha^2}{4s} \{R_f(s)(1 + \cos^2\vartheta) + I_f(s)\cos\vartheta\}. \tag{24-43}$$

Dabei ist Ω_3 der Raumwinkel zu p_3 und

$$\begin{aligned}
R_f(s) &= N_c^f \{Q_f^2 + 2\,Q_f\,g_V^e\,g_V^f\,\mathrm{Re}\,K(s) \\
&\quad + [(g_V^e)^2 + (g_A^e)^2]\,[(g_V^f)^2 + (g_A^f)^2]\,|K(s)|^2\}, \\
I_f(s) &= N_c^f \{4\,Q_f\,g_A^e\,g_A^f\,\mathrm{Re}\,K(s) + 8\,g_V^e\,g_A^e\,g_V^f\,g_A^f\,|K(s)|^2\},
\end{aligned} \tag{24-44}$$

$$K(s) = \frac{-s}{4(\sin\vartheta_W\cos\vartheta_W)^2\,(s - m_Z^2 + i\,m_Z\Gamma_Z)}, \tag{24-45}$$

$$N_c^f = \begin{cases} 1 & \text{für Leptonen,} \\ 3 & \text{für Quarks.} \end{cases} \tag{24-46}$$

Der Faktor N_c^f berücksichtigt, daß Quarks in drei Farben auftreten. Mit Hilfe der Gln. (22-68) und (22-84a) können wir $K(s)$ auch folgendermaßen schreiben:

$$K(s) = \frac{Gs}{2\sqrt{2}\,\pi\alpha}\,\frac{-m_Z^2}{s - m_Z^2 + i\,m_Z\Gamma_Z}. \tag{24-47}$$

Für $s \ll m_Z^2$ ist daher $K(s)$ allein durch die Fermi-Konstante G und die Feinstrukturkonstante α ausdrückbar:

$$K(s) \xrightarrow[s \ll m_Z^2]{} \frac{Gs}{2\sqrt{2}\,\pi\alpha} = 0{,}220 \left(\frac{\sqrt{s}}{35\,\text{GeV}}\right)^2. \tag{24-48}$$

Dabei verwenden wir für die Numerik Gl. (23-3).

Wir diskutieren nun unser Resultat. Für $s \to 0$ erhalten wir den reinen Ein-Photon-Austausch, der das Resultat der Quantenelektrodynamik (Kapitel 11) liefert:

$$\begin{aligned}
R_f(s) &\xrightarrow[s \to 0]{} N_c^f\,Q_f^2, \\
I_f(s) &\xrightarrow[s \to 0]{} 0.
\end{aligned} \tag{24-49}$$

Die Winkelverteilung ist dann nach Gl. (24-43) vorwärts-rückwärts-symmetrisch, d.h. es werden genausoviele Fermionen f mit $\vartheta < 90°$ wie mit $\vartheta > 90°$ produziert. Für den totalen Produktionsquerschnitt erhalten wir das Standardresultat

$$\sigma(e^+e^- \longrightarrow \bar{f}f) = \frac{4\pi\alpha^2}{3s}\,N_c^f\,Q_f^2. \tag{24-50}$$

Berücksichtigen wir nun auch den Z-Boson-Austausch, so wird die Winkelverteilung asymmetrisch bezüglich $\vartheta = 90°$. Wir definieren die (vorwärts-rückwärts-)Asymmetrie als

$$A_f(s) = \frac{\sigma(\vartheta < 90°) - \sigma(\vartheta > 90°)}{\sigma(\vartheta < 90°) + \sigma(\vartheta > 90°)}. \tag{24-51}$$

Eine einfache Rechnung liefert

$$A_f(s) = \frac{3}{8} \frac{I_f(s)}{R_f(s)}. \qquad (24\text{-}52)$$

Auch der totale Streuquerschnitt wird geändert:

$$\sigma(e^+ e^- \longrightarrow \bar{f}f) = \frac{4\pi\alpha^2}{3s} R_f(s),$$

$$R_f(s) = N_c^f Q_f^2 + \delta R_f(s). \qquad (24\text{-}53)$$

Für Streupunktsenergien viel kleiner als die Z-Masse erhalten wir nach Gl. (24-44) bei Vernachlässigung von Γ_Z und von Termen der Ordnung $K^2(s)$:

$$\delta R_f(s) = 2 N_c^f Q_f g_V^e g_V^f \cdot \frac{Gs}{2\sqrt{2}\,\pi\alpha} \cdot \frac{m_Z^2}{m_Z^2 - s},$$

$$A_f(s) = \frac{3}{2} \cdot \frac{g_A^e g_A^f}{Q_f} \cdot \frac{Gs}{2\sqrt{2}\,\pi\alpha} \cdot \frac{m_Z^2}{m_Z^2 - s}. \qquad (24\text{-}54)$$

Die Abweichung des totalen Querschnitts vom Standardwert und die Asymmetrie nehmen bei niederen Energien im wesentlichen linear mit dem Quadrat der Schwerpunktsenergie zu. Bei $\sqrt{s} = 35$ GeV sollten die Asymmetrien nach Gl. (24-48) von der Größenordnung 10–20 % sein.

Wir besprechen nun die Reaktion $e^+ e^- \longrightarrow \mu^+ \mu^-$, die experimentell am genauesten untersucht ist. Daten für den totalen Streuquerschnitt beziehungsweise für $R_\mu(s)$ von PETRA-Experimenten haben wir bereits in Bild 11-4 zusammengestellt. Bis zu den höchsten verfügbaren Schwerpunktsenergien ist in $R_\mu(s)$ keine Abweichung von der Vorhersage der QED erkennbar. Aus Bild 11-4 schließen wir, daß

$$|\delta R_\mu(s)| \lesssim 0,1 \quad \text{für} \quad s < 2000 \text{ GeV}^2. \qquad (24\text{-}55)$$

Nach Gln. (24-48) und (24-54) ergibt sich damit für das Produkt der Vektor-Kopplungskonstanten von e und μ:

$$|g_V^e g_V^\mu| \lesssim 0,11. \qquad (24\text{-}56)$$

Als nächstes sehen wir uns die Winkelverteilung der Myonen in der Reaktion $e^+ e^- \longrightarrow \mu^+ \mu^-$ an. Daten der JADE-Gruppe dazu haben wir ebenfalls schon früher, in Bild 11-5, gezeigt. Bei Schwerpunktsenergien $\sqrt{s} \gtrsim 30$ GeV erkennt man eine deutliche Abweichung von der symmetrischen QED-Verteilung. Die Mittelwerte der beobachteten Asymmetrien haben wir in Tabelle 24-3 zusammengestellt. Vergleichen wir mit dem theoretischen Ausdruck in Gl. (24-54), so erhalten wir einen Wert für das Produkt der Axialvektor-Kopplungskonstanten:

$$g_A^e g_A^\mu = \begin{cases} 0,25 \pm 0,04 & (\sqrt{s} = 29 \text{ GeV}) \\ 0,29 \pm 0,03 & (\sqrt{s} = 34,5 \text{ GeV}) \\ 0,28 \pm 0,03 & (\text{Mittelwert}) \end{cases} \qquad (24\text{-}57)$$

Dabei haben wir $m_Z = 92,9$ GeV verwendet (Tabelle 22-1).

Tabelle 24-3 Die Werte für den Asymmetrieparameter A_μ in der Reaktion $e^+e^- \to \mu^+\mu^-$ (Gl. (24-51)). Die experimentellen Werte sind Mittelwerte aus mehreren Experimenten (für $\sqrt{s} = 29$ GeV und 34,5 GeV nach Naroska 1983, für $\sqrt{s} = 42,5$ GeV nach Bowdery 1984). Die theoretischen Werte für das Standardmodell sind nach Gl. (24-54) berechnet.

$\sqrt{s}$ in GeV	A_μ in %	
	experimentelle Werte	theoretische Werte nach dem Standardmodell (Gl. (24-54), $g_A^e = g_A^\mu = -1/2$)
29,0	$-6,3 \pm 0,9$	$-6,3$
34,5	$-10,8 \pm 1,1$	$-9,3$
42,5	$-17,6 \pm 2,7$	$-15,4$

Diese Resultate verwenden wir nun, um Einschränkungen für die Kopplungskonstanten g_V^e und g_A^e des Elektrons zu gewinnen. Dazu müssen wir allerdings e-μ-Universalität, d.h. gleiche Kopplungskonstanten für e und μ *voraussetzen*:

$$g_V^e = g_V^\mu, \quad g_A^e = g_A^\mu. \tag{24-58}$$

Die Gln. (24-56) und (24-57) verlangen dann

$$|g_V^e| \lesssim 0,33, \quad |g_A^e| = 0,52 \pm 0,02. \tag{24-59}$$

Nimmt man noch Resultate der Reaktion $e^+e^- \to e^+e^-$ hinzu, so ergeben sich auf diese Weise die in Bild 24-3 mit e^+e^- markierten erlaubten Bereiche. Diese sind nur mit einer einzigen der nach den Resultaten der ν_μ e-, $\bar\nu_\mu$ e- und $\bar\nu_e$ e-Streuung zulässigen Lösungen für g_V^e und g_A^e verträglich (Gl. (24-19)).

Messungen des Asymmetrieparameters gibt es auch für die $\tau^+\tau^-$-Produktion und für die Produktion von schweren Quark-Antiquark-Paaren, $\bar{c}c$ und $\bar{b}b$. Bei den letzteren sieht man natürlich zwei Jets im Endzustand (Kapitel 20), und es entsteht das Problem, die Jets als Fragmentationsprodukte einer bestimmten Quark-Flavor-Art zu identifizieren. Das gelingt aber, indem man zum Beispiel Jets betrachtet, die von einem Myon begleitet sind (Bild 24-8). Myonen mit großem Transversalimpuls relativ zur Jetachse stammen über-

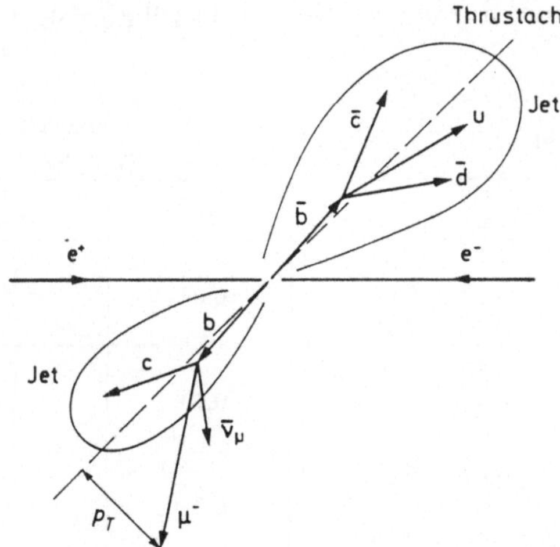

Bild 24-8

Schema einer Reaktion $e^+e^- \to \bar{b}b$, bei der das b-Quark semileptonisch, das $\bar{b}$-Antiquark nichtleptonisch zerfallen. Ein großer Transversalimpuls p_T des μ^- relativ zur Thrustachse kann als Hinweis für die Produktion des $b\bar{b}$-Paares dienen.

wiegend aus dem semileptonischen Zerfall eines schweren Quarks, das natürlich in einem entsprechenden Hadron gebunden ist (Abschnitt 23.6), wie

$$
\begin{aligned}
b &\longrightarrow \mu^- + \bar\nu_\mu + c, \\
\bar b &\longrightarrow \mu^+ + \nu_\mu + \bar c, \\
c &\longrightarrow \mu^+ + \nu_\mu + s, \\
\bar c &\longrightarrow \mu^- + \bar\nu_\mu + \bar s.
\end{aligned}
\tag{24-60}
$$

Der Transversalimpuls des Myons ist dabei aus einfachen kinematischen Gründen von der Größenordnung der halben Masse des zerfallenden Quarks, also nach Tabelle 22-1 etwa 2 GeV für den b-Zerfall und 0,6 GeV für den c-Zerfall. Über den Transversalimpuls des Myons kann man damit die Flavor des ursprünglichen Quarks — zumindest auf einer statistischen Basis — feststellen.

Die Mittelwerte der in PETRA-Experimenten bei $\sqrt{s} = 34{,}5$ GeV gemessenen Asymmetrien sind (Bowdery 1984, Wicklund 1984)

$$
\begin{aligned}
A_\tau &= -\ 7{,}7 \pm 1{,}9\,\%, \\
A_c &= -14{,}2 \pm 5{,}2\,\%, \\
A_b &= -23{,}5 \pm 5{,}5\,\%.
\end{aligned}
\tag{24-61}
$$

Mit Hilfe von Gl. (24-54) können wir daraus g_A^τ, g_A^c und g_A^b bestimmen, da wir g_A^e bereits kennen. In Tabelle 24-4 haben wir die resultierenden Kopplungskonstanten angegeben. Dort haben wir auch die verfügbare Information über die Kopplungskonstanten aller fundamentalen Fermionen zusammengestellt. Die Ergebnisse stimmen innerhalb der Fehler mit

Tabelle 24-4 Eine Zusammenstellung der Ergebnisse für die Kopplungskonstanten des neutralen Stroms. Dabei haben wir folgendes benutzt:
für g_V^e, g_A^e die Gln. (24-19) und (24-59);
für g_A^μ Gl. (24-57) und e-μ-Universalität;
für g_A^τ, g_A^c, g_A^b Gln. (24-61) und (24-54) und g_A^e wie oben bestimmt;
für g_V^u, g_A^u, g_V^d, g_A^d die bei Panman 1984 zitierten Werte für die sogenannten chiralen Kopplungskonstanten q_L, q_R $(q = u, d)$, die aus Analysen der Experimente zur νN-, eD-Streuung und Paritätsverletzung in Atomen gewonnen wurden. Es gilt $g_V^q = q_L + q_R$, $g_A^q = q_L - q_R$.

Fermion f	Experiment		Standardmodell, $\sin^2 \vartheta_W = 0{,}23$	
	g_V^f	g_A^f	g_V^f	g_A^f
e	$-\ 0{,}08 \pm 0{,}08$	$-\ 0{,}52 \pm 0{,}02$		
μ		$-\ 0{,}52 \pm 0{,}02$	$-\ 0{,}04$	$-\dfrac{1}{2}$
τ		$-\ 0{,}40 \pm 0{,}10$		
u	$0{,}22 \pm 0{,}02$	$0{,}56 \pm 0{,}02$		
c		$0{,}49 \pm 0{,}18$	$0{,}19$	$\dfrac{1}{2}$
t				
d	$-\ 0{,}33 \pm 0{,}03$	$-\ 0{,}41 \pm 0{,}03$		
s			$-\ 0{,}35$	$-\dfrac{1}{2}$
b		$-\ 0{,}40 \pm 0{,}09$		

dem Standardmodell überein. Auffallend ist aber der Mangel an Information über das s-Quark und über die Vektor-Kopplungskonstanten.

Für den Rest dieses Abschnitts wollen wir das Standardmodell als gültig annehmen. Der exakte Ausdruck für die Aymmetrie (Gl. (24-52)) hängt dann bei Benutzung der Gl. (24-45) für $K(s)$ nur von m_Z, Γ_Z und $\sin^2 \vartheta_W$ ab. Da wir heute m_Z aus direkten Messungen kennen und Γ_Z im Rahmen des Standardmodells berechnen können (Kapitel 25), bleibt als einziger freier Parameter noch $\sin^2 \vartheta_W$. Durch eine Messung der Asymmetrie – zum Beispiel von $A_\mu (s)$ – können wir also $\sin^2 \vartheta_W$ bestimmen (Böhm, A. 1984). Den entsprechenden Wert haben wir zusammen mit den anderen Präzisionsbestimmungen von $\sin^2 \vartheta_W$ in Tabelle 24-5 angegeben. Dabei sind auch die typischen Energieskalen der Experimente vermerkt. Die Übereinstimmung der bei ganz unterschiedlichen Energien gemessenen Werte für $\sin^2 \vartheta_W$ ist beeindruckend und stellt einen Triumph des Standardmodells dar. Der nächste Schritt wird es sein, die elektroschwache Wechselwirkung auf dem Niveau der Diagramme mit einer Schleife zu überprüfen. Für die Berechnung solcher elektroschwacher Strahlungskorrekturen verweisen wir auf den Überblick bei Bég 1982. Die typische Größenordnung der elektroschwachen Korrekturen bei Bestimmungen von $\sin^2 \vartheta_W$ ist

$$\frac{\delta \sin^2 \vartheta_W}{\sin^2 \vartheta_W} \cong \alpha \ln \left(\frac{m_Z}{\mu} \right)^2 . \tag{24-62}$$

Tabelle 24-5 Eine Zusammenstellung von Bestimmungen des Parameters $\sin^2 \vartheta_W$ aus Experimenten bei verschiedenen Energien. Wir verwenden hier die Definition $\sin^2 \vartheta_W = 1 - m_W^2/m_Z^2$ (Gl. (24-34)). Die angegebenen Energieskalen beziehen sich auf typische Schwerpunktenergien oder Energie- und Impulsüberträge. Für Experimente zur Paritätsverletzung in Atomen ist die Bindungsenergie des Elektrons im Grundzustand des Wasserstoffatoms als Energieskala gewählt. Der erste angegebene Fehler ist der experimentelle (statistischer und systematischer quadratisch addiert), der zweite ist eine Abschätzung der jeweiligen theoretischen Unsicherheit. Keine oder nur eine vernachlässigbare theoretische Unsicherheit gibt es bei der Bestimmung von $\sin^2 \vartheta_W$ aus den Reaktionen $\nu e \longrightarrow \nu e$, $e^+ e^- \to \mu^+ \mu^-$ und (nach Definition) aus m_W und m_Z. Elektroschwache Strahlungskorrekturen sind berücksichtigt (s. Marciano 1980, 1981, 1983; Bég 1982; Llewellyn Smith 1982; Paschos 1982; Wetzel 1983, 1983a; Böhm, M. 1984 sowie die dort zitierten Referenzen).

Meßgrößen bzw. Reaktionen	typische Energieskala in GeV	$\sin^2 \vartheta_W$	Referenz
Paritätsverletzung in Atomen	10^{-8}	$0{,}207 \pm 0{,}043 \pm 0{,}045$	Piketty 1984
$\nu e \to \nu e$	10^{-1}	$0{,}215 \pm 0{,}034$	Gl. (24-21)
$eD \to eX$	1	$0{,}223 \pm 0{,}015 \pm 0{,}020$	Prescott 1978, 1979
$\nu N \to \nu X, \mu X$	5	$0{,}225 \pm 0{,}007 \pm 0{,}006$	Gl. (24-35)
$\mu N \to \mu X$	10	$0{,}23 \ \pm 0{,}08 \ \pm 0{,}02$	Argento 1983
$e^+ e^- \to \mu^+ \mu^-$	35	$0{,}18 \ \pm 0{,}02$	Böhm, A. 1984
$1 - \dfrac{m_W^2}{m_Z^2}$	85	$0{,}24 \ \pm 0{,}06$	m_W und m_Z nach Tabelle 22-1

Dabei ist μ die Energieskala der Messung, ausgenommen für Experimente zur Paritätsverletzung in Atomen, wo μ eine typische hadronische Skala ist, $\mu \cong 0{,}3$ GeV. Die radiativen Verschiebungen für die Werte von $\sin^2 \vartheta_W$ in Tabelle 24-5 sind daher etwa 5 %. Zur Verifizierung solcher Verschiebungen braucht man mindestens *zwei* Experimente, die eine Genauigkeit von $1-2\,\%$ in der Bestimmung von $\sin^2 \vartheta_W$ erreichen. Dieses Ziel sollte bald erreicht werden.

Aufgaben

24.1   Berechnen Sie die kinematischen Grenzen für die Variable y in Gl. (24-8).

24.2   Berechnen Sie den differentiellen Streuquerschnitt $d\sigma/d\Omega_3$ und die Asymmetrie A_f für die Reaktionen der Gl. (24-36) bei Annahme folgender Wechselwirkung mit zwei Z-Bosonen (s. etwa de Groot 1980):

$$\mathscr{L}_{\text{Int}} = -e \left\{ \mathsf{A}_\lambda \, \mathscr{J}^\lambda_{\text{em}} + \frac{1}{\sin \vartheta_W \cos \vartheta_W} \left(\mathsf{Z}_\lambda \, \mathscr{J}^\lambda_{\text{NC}} + \frac{\sqrt{C}\, m_{Z'}}{m_Z} \, \mathsf{Z}'_\lambda \, \mathscr{J}^\lambda_{\text{em}} \right) \right\}, \quad (24\text{-}63)$$

wobei C eine Konstante ist, $C \geqslant 0$. Wie sieht die effektive Lagrange-Dichte für niedere Energien ($s \ll m_Z^2,\ m_{Z'}^2$) aus? Schätzen Sie die obere Schranke für C aus den experimentellen Daten von Bild 11-4 ab.

24.3   Berechnen Sie den differentiellen Streuquerschnitt für die Reaktion $e^+ e^- \longrightarrow e^+ e^-$ bei Berücksichtigung der Graphen niedrigster Ordnung für den Austausch eines Photons oder eines Z-Bosons.

25   Physik der Z-, W- und Higgs-Bosonen

Mit dem Proton-Antiproton-Speicherring Sp$\bar{\text{p}}$S im CERN und den in Bau befindlichen Anlagen LEP, SLC and HERA stößt man in Energiebereiche vor, in denen die Produktion von Z- und W-Bosonen möglich ist. In der Tat wurden diese Bosonen 1983 in Experimenten am Sp$\bar{\text{p}}$S-Ring im CERN entdeckt. Wir wollen in diesem Kapitel zunächst die einfachsten Eigenschaften der Z- und W-Bosonen zusammenstellen und dann ihre Produktion in p$\bar{\text{p}}$-Kollisionen besprechen. Für das noch nicht entdeckte Higgs-Boson geben wir einige Vorhersagen im Rahmen des Standardmodells an.

25.1   Das Z-Boson

Im Standardmodell gibt es ein Z-Boson, dessen Masse wir nach Gln. (22-84) und (22-68) berechnen können:

$$m_Z = \left(\frac{\pi \alpha}{\sqrt{2}\, G} \right)^{1/2} \frac{1}{\sin \vartheta_W \cdot \cos \vartheta_W} . \qquad (25\text{-}1a)$$

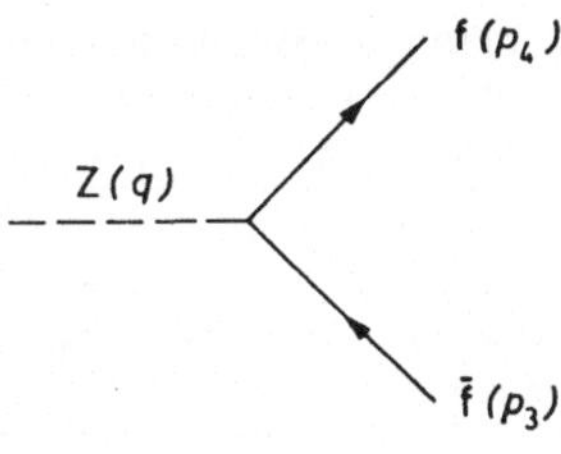

Bild 25-1

Der Graph niedrigster Ordnung für den Zerfall des Z-Bosons in ein Fermion-Antifermion-Paar. Dabei ist f eines der fundamentalen Fermione, $f = \nu_e, \nu_\mu, \nu_\tau, e, \mu, \tau, u, c, t, d, s, b$.

Mit G von Gl. (23-3) und $\sin^2 \vartheta_W = 0{,}225$ (Gl. (24-35)) ergibt das

$$m_Z = 89{,}3 \text{ GeV}. \tag{25-1b}$$

Das Z-Boson ist aber kein stabiles Teilchen. Wie wir in Kapitel 22 gesehen haben, koppelt es u.a. an alle fundamentalen Fermionen f (Gln. (22-77), (24-39)). Über diese Kopplung kann das Z-Boson in ein Fermion-Antifermion-Paar zerfallen:

$$Z \longrightarrow f + \bar{f} \tag{25-2}$$

und erhält damit eine endliche Breite Γ_Z. In Bild 25-1 zeigen wir den entsprechenden Graphen niedrigster Ordnung. Man überlegt sich leicht, daß im Standardmodell alle weiteren Zerfälle des Z-Bosons von höherer Ordnung in den Eichkopplungen der elektroschwachen oder starken Wechselwirkung sind.

Unser erstes Ziel ist die Berechnung der totalen Breite und der Verzweigungsverhältnisse des Z in führender Ordnung. Eine Abschätzung für die Zerfallsbreite können wir leicht geben. Da die Kopplung in Gl. (24-39) proportional e ist, muß die Breite proportional α sein. Als einzige dimensionsbehaftete Größe bleibt die Z-Masse, falls wir alle Fermionmassen vernachlässigen. Folglich erwarten wir

$$\Gamma_Z \cong \alpha\, m_Z \cong \frac{90 \text{ GeV}}{137} \cong 1 \text{ GeV}. \tag{25-3}$$

Wir sehen uns dies nun genauer an. Das S-Matrixelement für den Zerfall $Z \to f + \bar{f}$ erhalten wir aus der Lagrange-Dichte Gl. (24-39), wobei wir für den neutralen Strom $\mathscr{J}_{NC}$ wieder den allgemeinen Ansatz Gl. (24-40) machen wollen:

$$\langle \bar{f}(p_3)\, f(p_4) | \mathbf{S} | Z(q) \rangle$$

$$= -\,i\,e\, \frac{1}{2 \sin \vartheta_W \cos \vartheta_W}\, (2\pi)^4\, \delta(q - p_3 - p_4)$$

$$\bar{u}(p_4)\, \gamma^\lambda (g_V^f - g_A^f\, \gamma_5)\, v(p_3)\, \epsilon_\lambda. \tag{25-4}$$

Dabei ist ϵ der Polarisationsvektor des Z-Bosons. Daraus finden wir die Breite für den Zerfall $Z \to f\bar{f}$ zu

$$\Gamma(Z \to f\bar{f}) = \frac{\alpha\, m_Z (1 - 4\, m_f^2/m_Z^2)^{1/2}}{12 \sin^2 \vartheta_W \cos^2 \vartheta_W} \cdot$$

$$\cdot N_c^f \left\{ (g_V^f)^2 \left(1 + \frac{2\, m_f^2}{m_Z^2}\right) + (g_A^f)^2 \left(1 - \frac{4\, m_f^2}{m_Z^2}\right) \right\}. \tag{25-5}$$

Hier ist wieder $N_c^f = 1$ für Leptonen, $N_c^f = 3$ für Quarks. Quarks im Endzustand werden natürlich in Hadronen fragmentieren.

Tabelle 25-1 Die Zerfallsbreiten des Z-Bosons, berechnet in niedrigster Ordnung nach Gl. (25-5). Dabei ist $z \equiv \sin^2 \vartheta_W$ und alle Lepton- und Quarkmassen außer m_t sind vernachlässigt. Die numerischen Werte sind für $m_Z = 89,3$ GeV (Gl. (25-1b)), $m_t = 40$ GeV und $\sin^2 \vartheta_W = 0,225$ (Gl. (24-35)).

f	$\Gamma(Z \to f\bar{f})/\Gamma(Z \to \nu_e \bar{\nu}_e)$	$\Gamma(Z \to f\bar{f})$ (MeV)	$\Gamma(Z \to f\bar{f})/\Gamma_Z$
	$z = 0,225; \quad m_t = 40$ GeV		
ν_e, ν_μ, ν_τ	1	1 156	6,7 %
e, μ, τ	$\dfrac{1}{2}\left[1 + (1 - 4z)^2\right]$	0,51 79	3,4 %
u, c	$\dfrac{3}{2}\left[1 + \left(1 - \dfrac{8}{3}z\right)^2\right]$	1,74 271	11,6 %
t	$\dfrac{3}{2}\left(1 - \dfrac{4m_t^2}{m_Z^2}\right)^{1/2}\left[1 - \dfrac{4m_t^2}{m_Z^2} + \left(1 - \dfrac{8}{3}z\right)^2\left(1 + \dfrac{2m_t^2}{m_Z^2}\right)\right]$	0,28 44	1,9 %
d, s, b	$\dfrac{3}{2}\left[1 + \left(1 - \dfrac{4}{3}z\right)^2\right]$	2,24 348	14,9 %

Wir setzen nun die Werte für g_V^f und g_A^f nach dem Standardmodell ein (Tabelle 24-2). Damit ergibt sich z.B. die Breite für den Zerfall in ein $\nu_e \bar{\nu}_e$-Paar als

$$\Gamma(Z \to \nu_e + \bar{\nu}_e) = \frac{\alpha\, m_Z}{24 \sin^2 \vartheta_W \cos^2 \vartheta_W}. \tag{25-6}$$

Der numerische Wert dafür ist zusammen mit den Zerfallsbreiten der anderen Kanäle in Tabelle 25-1 angegeben. Für die totale Zerfallsbreite finden wir daraus

$$\Gamma_Z = 2,3 \text{ GeV}. \tag{25-7}$$

Für Präzisionsvergleiche von Theorie und Experiment, wie sie bald möglich sein werden, ist es wichtig, elektroschwache und gluonische Strahlungskorrekturen zu berücksichtigen (Marciano 1979, Albert 1980, Wetzel 1983, Böhm, M. 1984, Bég 1982, und dort zitierte Referenzen). Diese Korrekturen bewirken zunächst, daß die erwartete Z-Masse nicht genau durch Gl. (25-1a) gegeben ist, sondern durch eine kompliziertere Relation, wobei auch der noch unbekannte Massenwerte $m_{\rho'}$ des Higgs-Teilchens eine Rolle spielt. Dies ist in Bild 25-2 dargestellt. Mit dem Wert für $\sin^2 \vartheta_W$ nach Gl. (24-35)

$$\sin^2 \vartheta_W = 0,225 \pm 0,009, \tag{25-8}$$

wobei wir die experimentellen und theoretischen Fehler quadratisch addiert haben, ergibt sich als Vorhersage des Standardmodells für die Z-Masse

$$m_Z = 92,6 \, {}^{+\,1,9}_{-\,1,6} \text{ GeV}. \tag{25-9}$$

Hier nehmen wir an, daß die noch unbekannte Higgs-Masse zwischen 10 und 1000 GeV liegt. Wir sehen durch Vergleich mit Gl. (25-1b), daß die Strahlungskorrekturen die Z-Masse um etwa 3 GeV − einen durchaus meßbaren Betrag − verschieben.

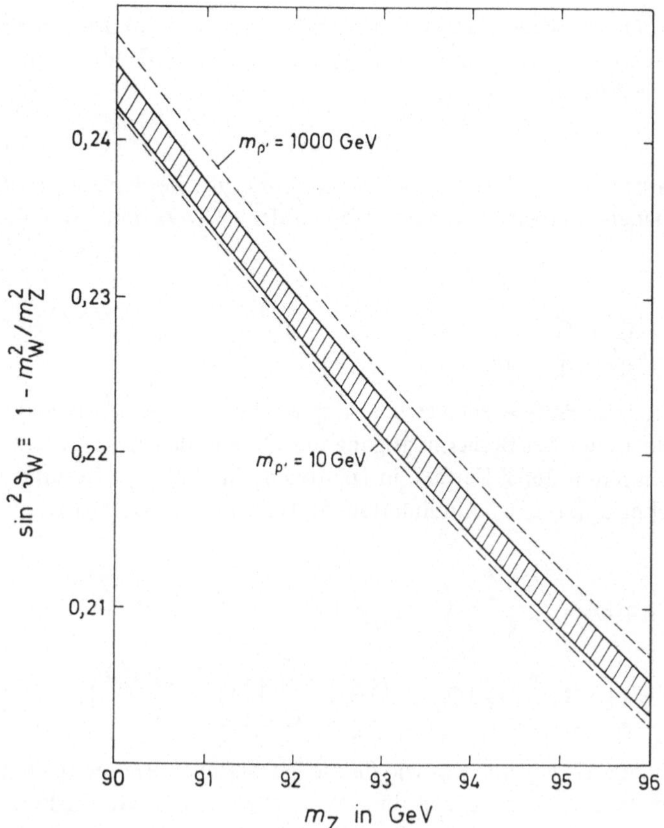

Bild 25-2 Der Zusammenhang zwischen $\sin^2 \vartheta_W \equiv 1 - m_W^2/m_Z^2$ und der Z-Masse m_Z im Standardmodell bei Berücksichtigung von elektroschwachen und hadronischen Korrekturen zur Gl. (25-1a). Das schraffierte Band entspricht einer Higgs-Masse $m_{\rho'} = 40$ GeV und einer t-Quark-Masse $m_t = 40 \pm 10$ GeV. Eine zusätzliche Unsicherheit von $\pm 0{,}1$ GeV in m_Z von den hadronischen Korrekturen ist berücksichtigt. Die Kurven für $m_t = 40$ GeV und $m_{\rho'} = 10$ GeV sowie 1000 GeV sind ebenfalls eingezeichnet (W. Wetzel, private Mitteilung).

Auch die Partialbreiten des Z-Bosons werden durch Strahlungskorrekturen beeinflußt. Die Größe dieser Korrekturen hängt davon ab, durch welche Parameter wir die in niedrigster Ordnung berechneten Partialbreiten (Gl. (25-5)) ausdrücken. An Stelle von α, m_Z und ϑ_W können wir z.B. bei Benutzung der Gln. (22-84) und (24-34) die Fermi-Konstante G, m_Z und ϑ_W verwenden. Genauer sollen dabei G durch Gl. (23-2b) und ϑ_W durch Gl. (24-34) *definiert* sein, d.h. in diesen Beziehungen sollen durch Definition keine weiteren Strahlungskorrekturen auftreten. Mit dieser neuen Wahl der Parameter erweisen sich auch die elektroschwachen Strahlungskorrekturen zu den Partialbreiten des Z als sehr klein (Wetzel 1983). Für Leptonen gilt mit einer Genauigkeit von etwa 1 ‰:

$$\Gamma(Z \to f\bar{f}) = \frac{G m_Z^3}{12\sqrt{2}\,\pi} \left(1 - \frac{4\,m_f^2}{m_Z^2}\right)^{1/2} \frac{1}{2} \left[1 - \frac{4\,m_f^2}{m_Z^2} + (1 - 4\sin^2\vartheta_W|Q_f|)^2 \right.$$
$$\left. \cdot \left(1 + \frac{2\,m_f^2}{m_Z^2}\right)\right], \tag{25-10}$$

$$(f = \nu_e, \nu_\mu, \nu_\tau, e, \mu, \tau).$$

Die Z-Zerfälle in Quarks bzw. Hadronen stellen Prozesse dar, die ganz analog sind zu „Zerfällen" in Hadronen eines virtuellen Photons, das in einer $e^+ e^-$-Kollision produziert wurde (Kapitel 18, 20). Die Zerfälle

$$Z \longrightarrow q + \bar{q}, \tag{25-11}$$

wobei q für eines der Quarks u, d, s, c, b steht, für die $m_q \ll m_Z$ gilt, werden zwei Hadronjets im Endzustand liefern. Daneben erwarten wir im Rahmen der QCD Zerfälle in 3, 4, ... Jets von den Prozessen

$$\begin{aligned} Z \longrightarrow \ &q + \bar{q} + G, \\ &q + \bar{q} + G + G, \\ &q + \bar{q} + q' + q', \quad \text{etc.} \end{aligned} \tag{25-12}$$

Die Berechnung dieser Prozesse läuft wieder ganz analog wie bei der $e^+ e^-$-Annihilation über ein virtuelles Photon. Man findet bei Berücksichtigung der gluonischen Korrekturen bis zur Ordnung α_s für die Partialbreiten der Z-Zerfälle in Hadronen ein ähnliches Resultat wie für den totalen Streuquerschnitt der $e^+ e^-$-Annihilation in Hadronen (Gl. (20-13)). Genauer ergibt sich

$$\Gamma(Z \to q\bar{q} \text{ und } q\bar{q}G) = \frac{G\, m_Z^3}{12\sqrt{2}\,\pi} \left(1 - \frac{4\, m_q^2}{m_Z^2}\right)^{1/2}$$

$$\frac{3}{2}\left[1 - \frac{4\, m_q^2}{m_Z^2} + (1 - 4\sin^2\vartheta_W |Q_q|)^2 \left(1 + 2\,\frac{m_q^2}{m_Z^2}\right)\right]\left(1 + \frac{\alpha_s(m_Z^2)}{\pi}\right), \tag{25-13}$$

wobei wir dieselben Parameter G, m_Z und ϑ_W wie für die leptonischen Breiten in Gl. (25-10) verwenden. Dadurch erreichen wir wieder, daß die elektroschwachen Strahlungskorrekturen zu Gl. (25-13) für Zerfälle mit Auftreten der Quarks q = u, d, s, c sehr klein sind, $\lesssim 1\,‰$ (Wetzel 1983). Die entsprechenden Korrekturen für die Zerfälle $Z \to b\bar{b}$ und $b\bar{b}G$ sind noch nicht vollständig berechnet.

Der Z-Zerfall in Hadronen über ein $t\bar{t}$-Paar könnte wesentlich komplexer sein, da die Schwelle für die Produktion zweier Teilchen mit je einem t-Quark etwa $2\, m_t = 80 \pm 20$ GeV beträgt und damit recht nahe bei der Z-Masse, vielleicht sogar oberhalb liegt. Man muß dann mit Interferenzphänomenen zwischen dem Z und gebundenen $t\bar{t}$-Zuständen rechnen (s. etwa Kühn 1985). Auch unsere Rechnung für $\Gamma(Z \to t\bar{t})$ nach Gl. (25-5), wobei wir die Quarks wie freie Teilchen behandelt haben, könnte wesentliche Korrekturen erfordern (Horgan 1982). Wir wollen dennoch Gl. (25-13) als Abschätzung für $\Gamma(Z \to t\bar{t}$ und $t\bar{t}G)$ verwenden. Die nach Gln. (25-10) und (25-13) berechneten Partialbreiten und Verzweigungsverhältnisse haben wir in Tabelle 25-2 zusammengestellt. Als Vorhersage für die totale Breite Γ_Z erhalten wir daraus

$$\Gamma_Z = 2{,}7 \pm 0{,}2 \text{ GeV.} \tag{25-14}$$

Seltene Zerfälle des Z-Bosons, die in höheren Ordnungen der elektroschwachen Wechselwirkung auftreten, sind ebenfalls berechnet worden (s. Marciano 1979, Guberina 1980, Pietschmann 1982).

Nachdem wir einen Überblick von den Zerfällen des Z-Bosons gewonnen haben, wollen wir die Produktion des Z in der $e^+ e^-$-Annihilation besprechen. Dazu betrachten wir zunächst wie in Abschnitt 24.3 die Reaktion

$$e^+ + e^- \longrightarrow \mu^+ + \mu^-. \tag{25-15}$$

Tabelle 25-2 Die Vorhersagen für die Partialbreiten des Z-Bosons im Standardmodell nach Gln. (25-10) und (25-13). Dabei verwenden wir $m_Z = 92{,}6 \pm 1{,}9$ GeV, $m_t = 40 \pm 10$ GeV, $\sin^2 \vartheta_W = 0{,}225 \pm 0{,}009$ und $\alpha_s(m_Z^2)/\pi = 0{,}04 \pm 0{,}01$. Die Fehler in den Partialbreiten rühren, außer für $Z \to t\bar{t} + t\bar{t}G$, hauptsächlich von der Unsicherheit in m_Z her. Elektroschwache und gluonische Strahlungskorrekturen sind wie im Text beschrieben berücksichtigt.

Endzustand X	$\Gamma(Z \to X)$ (MeV)	$\Gamma(Z \to X)/\Gamma_Z$ (%)
$\nu_e \bar{\nu}_e$ $\;\;$ $\nu_\mu \bar{\nu}_\mu$ $\;\;$ $\nu_\tau \bar{\nu}_\tau$	174 ± 11	$6{,}5 \pm 0{,}3$
$e^- e^+$ $\;\;$ $\mu^- \mu^+$ $\;\;$ $\tau^- \tau^+$	88 ± 6	$3{,}3 \pm 0{,}2$
$u\bar{u} + u\bar{u}G$ $\;\;$ $c\bar{c} + c\bar{c}G$	314 ± 21	$11{,}7 \pm 0{,}6$
$t\bar{t} + t\bar{t}G$	$63\,{}^{+100}_{-63}$	$2{,}3\,{}^{+4,2}_{-2,3}$
$d\bar{d} + d\bar{d}G$ $\;\;$ $s\bar{s} + s\bar{s}G$	404 ± 29	$15{,}1 \pm 0{,}7$
$b\bar{b} + b\bar{b}G$	400 ± 29	$14{,}9 \pm 0{,}7$
alle	2685 ± 200	

Die entsprechenden Diagramme haben wir bereits in Bild 24-6 gezeigt. Nähern wir uns mit der Schwerpunktsenergie $\sqrt{s}$ der Z-Masse m_Z, so wird der Beitrag des virtuellen Photons sehr klein gegen den Z-Beitrag, und der Streuquerschnitt zeigt das typische Resonanzverhalten (vgl. Abschnitt 16.1). Aus Gln. (24-43) bis (24-51) und (25-5) finden wir für den Beitrag des Z-Bosons

$$\sigma(e^+ e^- \to Z \to \mu^+ \mu^-) = 12\pi \, \frac{\Gamma(Z \to e^+ e^-)\, \Gamma(Z \to \mu^+ \mu^-)}{(s - m_Z^2)^2 + m_Z^2 \Gamma_Z^2}. \tag{25-16}$$

Das Z-Boson wird also in der Elektron-Positron-Annihilation als prominente Resonanz bei etwa 90 GeV auftreten (Bild 25-3).

Wir betrachten nun die Produktion des Z-Bosons in der $e^+ e^-$-Annihilation mit seinem anschließenden Zerfall in einen allgemeinen Endzustand X. Wie wir aus dem Diagramm von Bild 25-4 leicht ablesen, gilt dann für den Streuquerschnitt, falls durch den Endzustand X keine Richtung im Raum ausgezeichnet wird

$$\sigma(e^+ e^- \to Z \to X) = 12\pi \, \frac{\Gamma(Z \to e^+ e^-)\, \Gamma(Z \to X)}{(s - m_Z^2)^2 + m_Z^2 \Gamma_Z^2}. \tag{25-17}$$

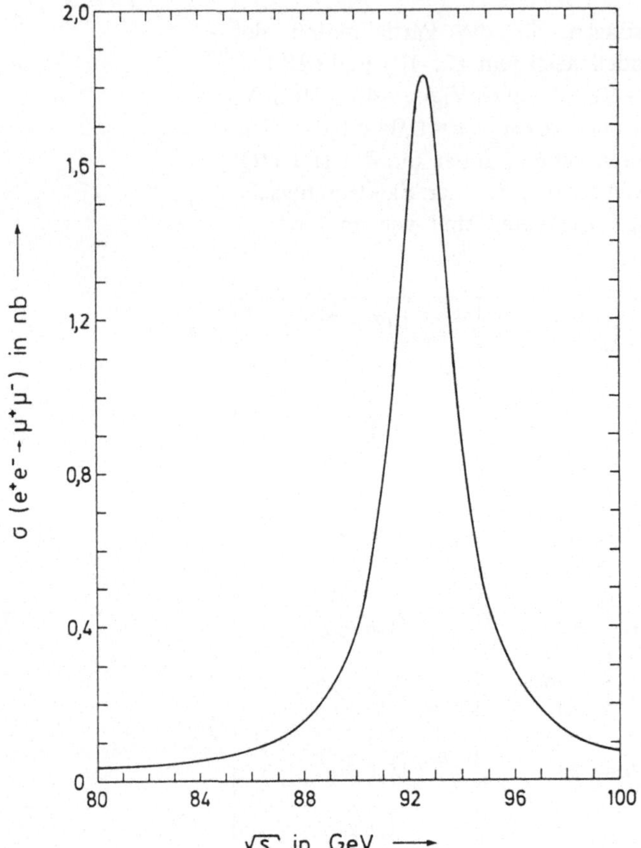

Bild 25-3 Der totale Querschnitt für die Reaktion $e^+e^- \rightarrow \mu^+\mu^-$ für Schwerpunktsenergien $\sqrt{s}$ in der Nähe der Z-Masse nach Gl. (25-16).
Dabei verwenden wir m_Z = 92,6 GeV, $\Gamma(Z \rightarrow e^+e^-) = \Gamma(Z \rightarrow \mu^+\mu^-)$ = 88 MeV.

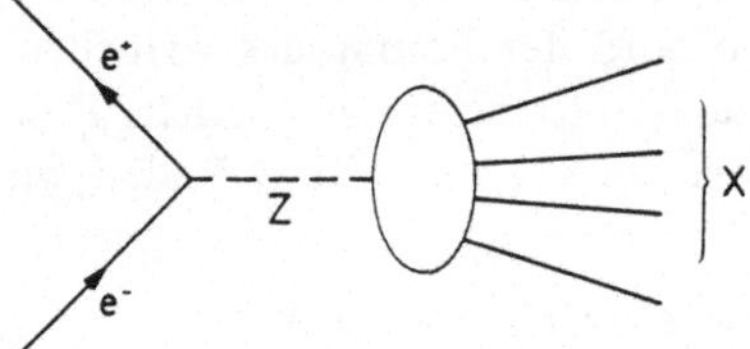

Bild 25-4

Der Graph für die Produktion eines Z-Bosons in der e^+e^--Annihilation mit seinem anschließenden Zerfall in einen Endzustand X

Daraus erhalten wir z.B. die totale Produktionsrate für das Z-Boson in der e^+e^--Annihilation als

$$\sigma(e^+e^- \rightarrow Z) = 12\pi \frac{\Gamma(Z \rightarrow e^+e^-)\,\Gamma_Z}{(s - m_Z^2)^2 + m_Z^2\,\Gamma_Z^2}. \tag{25-18}$$

Für das Maximum des Produktionsquerschnitts, das bei $\sqrt{s} = m_Z$ erreicht wird, finden wir

$$\sigma(e^+e^- \rightarrow Z)|_{\sqrt{s}=m_Z} = 12\pi \frac{\Gamma(Z \rightarrow e^+e^-)}{m_Z^2\,\Gamma_Z} \cong 5 \cdot 10^{-32}\,\text{cm}^2. \tag{25-19}$$

Die Luminosität des Speicherrings LEP soll etwa $10^{32}\,\mathrm{cm}^{-2}\mathrm{s}^{-1}$ betragen. Die erwartete Produktionsrate von Z-Bosonen bei LEP ist also etwa 5 pro Sekunde!

Ein wichtiger Punkt der für LEP geplanten Experimente ist eine genaue Überprüfung der Vorhersagen des Standardmodells für die Masse und die Partialbreiten des Z. Besonderes Interesse hat dabei die Partialbreite des Z für Zerfälle in Neutrinopaare. Nehmen wir an, es gäbe nicht nur drei, sondern $n \geqslant 3$ Neutrino-Arten. Es könnte z.B. eine vierte Familie von Fermionen geben, bei der Quarks und Leptonen, ausgenommen das entsprechende Neutrino, sehr schwer wären. Nach Tabelle 25-2 gilt, falls alle Neutrinos universell an das Z koppeln:

$$\Gamma(Z \longrightarrow \text{Neutrinos}) = n\,(174 \pm 11)\,\text{MeV}. \tag{25-20}$$

Durch eine Messung dieser Partialbreite kann man also die Anzahl n der Neutrino-Arten zählen. Die Partialbreite $\Gamma(Z \to \text{Neutrinos})$ läßt sich z.B. in der e^+e^--Annihilation bei $\sqrt{s} > m_Z$ messen. Dazu betrachtet man die Reaktion

$$e^+ + e^- \longrightarrow \gamma + Z \atop {\llcorner\!\!\longrightarrow \text{Neutrinos}} \tag{25-21}$$

Dabei ist die experimentelle Signatur ein Photon im Endzustand, aus dessen Energie man die Z-Masse rekonstruieren kann, begleitet von viel „fehlender Energie", die von den im Detektor unbeobachteten Neutrinos weggetragen wird.

25.2 Die W-Bosonen

Im Standardmodell erwarten wir die Bosonen $W^\pm$ nach Gl. (22-84) bei einer Masse

$$m_W = \left(\frac{\pi\alpha}{\sqrt{2}\,G} \right)^{1/2} \frac{1}{\sin\vartheta_W} = 78{,}6\,\text{GeV} \tag{25-22}$$

für $\sin^2\vartheta_W = 0{,}225$. Durch Strahlungskorrekturen wird dieses Resultat wieder etwas geändert. Aus Bild 25-2 bzw. Gl. (25-9) können wir die genaue Vorhersage für m_W ablesen:

$$m_W = 81{,}5\, ^{+2{,}2}_{-1{,}9}\,\text{GeV}. \tag{25-23}$$

Die W-Bosonen koppeln nach Gl. (22-77) an den geladenen Fermionstrom $\mathscr{I}^\lambda_{CC}$, in dem der Aufsteige-Operator $T_1 + iT_2$ des schwachen Isospin steht. Die Kopplung der W-Bosonen an die Fermionen ist daher universell, d.h. von gleicher Stärke für alle schwachen Isodubletts (Tabelle 22-2):

$$\begin{pmatrix} \nu_{e\,L} \\ e_L \end{pmatrix}, \begin{pmatrix} \nu_{\mu\,L} \\ \mu_L \end{pmatrix}, \begin{pmatrix} \nu_{\tau\,L} \\ \tau_L \end{pmatrix}, \begin{pmatrix} u_L \\ d'_L \end{pmatrix}, \begin{pmatrix} c_L \\ s'_L \end{pmatrix}, \begin{pmatrix} t_L \\ b'_L \end{pmatrix}. \tag{25-24}$$

Wie wir in Abschnitt 22.4 gesehen haben, sind die Quarks d', s', b' — die Eigenzustände des schwachen Isospin — durch die Kobayashi-Maskawa-Matrix mit den Quarks d, s, b definierter Masse verknüpft. Beachten wir dies, so erhalten wir in führender Ordnung in den Eichkopplungen die folgenden Zerfälle für das W^+ (Bild 25-5):

$$W^+ \longrightarrow \nu_\ell + \ell^+, \tag{25-25}$$

wobei $\ell = e, \mu, \tau$, sowie

$$W^+ \longrightarrow q_i + \bar{q}_j, \tag{25-26}$$

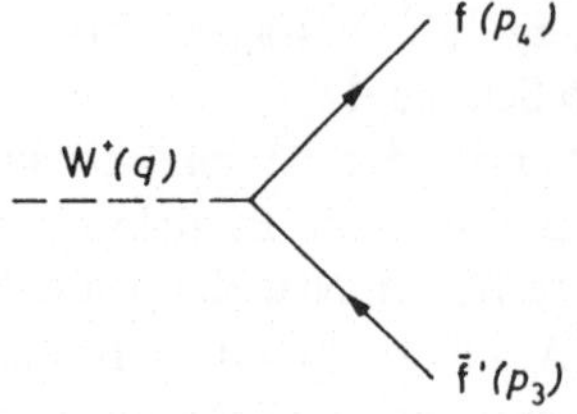

Bild 25-5
Der Graph niedrigster Ordnung für den Zerfall eines W^+-Bosons. Hier steht (f, f′) für (ν_ϱ, ℓ), wobei ℓ = e, μ, τ, oder für (q_i, q_j), wobei q_i = u, c, t, q_j = d, s, b.

wobei q_i = u, c, t, q_j = d, s, b und die Amplitude proportional dem jeweiligen Element V_{ij} der Kobayashi-Maskawa-Matrix ist. Die Zerfälle des W^- ergeben sich analog.

Wir diskutieren als Beispiel den leptonischen W-Zerfall näher:

$$W^\pm(q, \epsilon) \longrightarrow \ell^\pm(p_3) + \nu_\varrho(p_4) \quad \text{bzw.} \quad \bar{\nu}_\varrho(p_4). \tag{25-27}$$

Dabei ist ϵ der Polarisationsvektor des W und q, p_3, p_4 sind die Viererimpulse. Das S-Matrixelement ergibt sich nach den Feynman-Regeln der QFD (Anhang G) als

$$\langle \ell^\pm(p_3), \nu_\varrho(p_4) \quad \text{bzw.} \quad \bar{\nu}_\varrho(p_4) | S | W^\pm(q, \epsilon)\rangle$$

$$= - i \frac{e}{\sqrt{2} \sin \vartheta_W} (2\pi)^4 \delta(q - p_3 - p_4) \bar{u}(p_{4,3}) \not{\epsilon} \frac{1 - \gamma_5}{2} v(p_{3,4}). \tag{25-28}$$

Für spätere Anwendungen wollen wir die Rate für den Zerfall eines polarisierten W-Bosons berechnen, wobei das Lepton ℓ mit Impuls $\boldsymbol{p}_3$ in ein Raumwinkelelement $d\Omega_3$ emittiert wird, alles bezogen auf das Ruhsystem des W. Lepton-Polarisationen sollen nicht beobachtet werden. Nach einfacher Rechnung finden wir bei Vernachlässigung der Leptonmassen

$$d\Gamma(W^\pm(q, \epsilon) \longrightarrow \ell^\pm(p_3) + \nu_\varrho(p_4) \quad \text{bzw.} \quad \bar{\nu}_\varrho(p_4))$$

$$= d\Omega_3 \frac{\alpha m_W}{32\pi \sin^2\vartheta_W} \{1 - (\hat{\boldsymbol{p}}_3\varepsilon)(\hat{\boldsymbol{p}}_3 \varepsilon^*) \pm i(\varepsilon \times \varepsilon^*)\cdot\hat{\boldsymbol{p}}_3\} \tag{25-29}$$

$$(\hat{\boldsymbol{p}}_3 = \boldsymbol{p}_3/|\boldsymbol{p}_3|).$$

Man beachte dabei den Paritäts-verletzenden Term $(\varepsilon \times \varepsilon^*)\cdot\hat{\boldsymbol{p}}_3$, der von der $(V - A)$-Kopplung der W-Bosonen herrührt und bei Übergang von W^+ zu W^- das Vorzeichen wechselt.

Die totale Zerfallsrate für $W \to \ell\nu_\varrho$ ergibt sich aus Gl. (25-29) durch Integration über alle Richtungen von $\hat{\boldsymbol{p}}_3$ als

$$\Gamma(W^+ \longrightarrow \nu_\varrho \ell^+) = \Gamma(W^- \longrightarrow \bar{\nu}_\varrho \ell^-) = \frac{\alpha m_W}{12 \sin^2\vartheta_W}. \tag{25-30}$$

Für die W-Zerfälle in Quarks finden wir auf ähnliche Weise

$$\Gamma(W^+ \longrightarrow q_i \bar{q}_j) = \Gamma(W^- \longrightarrow \bar{q}_i q_j) = \frac{\alpha m_W}{4 \sin^2\vartheta_W} |V_{ij}|^2, \tag{25-31}$$

für q_i = u, c; q_j = d, s, b und

$$\Gamma(W^+ \longrightarrow t\bar{q}_j) = \Gamma(W^- \longrightarrow \bar{t}q_j)$$

$$= \frac{\alpha m_W}{4 \sin^2\vartheta_W} |V_{3j}|^2 \left(1 - \frac{m_t^2}{m_W^2}\right) \left(1 - \frac{m_t^2}{2 m_W^2} - \frac{m_t^4}{2 m_W^4}\right) \tag{25-32}$$

für q_j = d, s, b. Hier haben wir auch alle Quarkmassen außer m_t vernachlässigt.

Für Präzisionsvergleiche von Theorie und Experiment müßte man wieder elektroschwache und gluonische Strahlungskorrekturen berücksichtigen. Die gluonischen Korrekturen ergeben sich wie für die Z-Zerfälle. Eine Berechnung der elektroschwachen Korrekturen wurde aber für die Partialbreiten der W-Bosonen noch nicht durchgeführt. Aus ähnlichen Gründen wie bei den Z-Zerfällen erwarten wir jedoch nur kleine Korrekturen dieser Art, wenn wir als Parameter in der Formel niedrigster Ordnung G, m_W und ϑ_W verwenden (W. Wetzel, private Mitteilung). Damit ergeben sich die Vorhersagen

$$\Gamma(\mathrm{W}^+ \longrightarrow \nu_\varrho\, \ell^+) \;=\; \Gamma(\mathrm{W}^- \longrightarrow \bar{\nu}_\varrho\, \ell^-) \;=\; \frac{G\, m_\mathrm{W}^3}{6\sqrt{2}\,\pi}, \tag{25-33}$$

$$\Gamma(\mathrm{W}^+ \longrightarrow \mathrm{q}_i\,\bar{\mathrm{q}}_j \;\; \text{und} \;\; \mathrm{q}_i\,\bar{\mathrm{q}}_j\,\mathrm{G}) \;=\; \Gamma(\mathrm{W}^- \longrightarrow \bar{\mathrm{q}}_i\,\mathrm{q}_j \;\; \text{und} \;\; \bar{\mathrm{q}}_i\,\mathrm{q}_j\,\mathrm{G})$$

$$= \frac{G\, m_\mathrm{W}^3}{2\sqrt{2}\,\pi}\, |V_{ij}|^2 \left(1 - \frac{(m_{\mathrm{q}_i}+m_{\mathrm{q}_j})^2}{m_\mathrm{W}^2}\right)^{1/2} \left(1 - \frac{(m_{\mathrm{q}_i}-m_{\mathrm{q}_j})^2}{m_\mathrm{W}^2}\right)^{1/2}$$

$$\left(1 - \frac{m_{\mathrm{q}_i}^2 + m_{\mathrm{q}_j}^2}{2\,m_\mathrm{W}^2} - \frac{(m_{\mathrm{q}_i}^2 - m_{\mathrm{q}_j}^2)^2}{2\,m_\mathrm{W}^4}\right) \left(1 + \frac{\alpha_\mathrm{s}(m_\mathrm{W}^2)}{\pi}\right). \tag{25-34}$$

Die numerischen Werte für diese Zerfallsraten sind in Tabelle 25-3 angegeben. Hier sollte auch die Rechnung für Zerfälle in Endzustände mit einem t-Quark problemlos sein, da die Schwellen für die Produktion eines $\mathrm{t}\bar{\mathrm{d}}$-, $\mathrm{t}\bar{\mathrm{s}}$- oder $\mathrm{t}\bar{\mathrm{b}}$-Paares weit genug von der W-Masse entfernt sind.

Eine genaue experimentelle Bestimmung der Partialbreiten wird für die W-Bosonen voraussichtlich sehr viel schwieriger als für das Z-Boson sein.

Tabelle 25-3 Die Partialbreiten und die Verzweigungsverhältnisse des W^+ nach dem Standardmodell (Gln. (25-33), (25-34)). Wir verwenden dabei $m_\mathrm{W} = 81{,}5 \pm 2{,}1$ GeV, $m_\mathrm{t} = 40 \pm 10$ GeV, $\alpha_\mathrm{s}(m_\mathrm{W}^2)/\pi = 0{,}04 \pm 0{,}01$ und die Kobayashi-Maskawa-Matrixelemente V_{ij} von Tabelle 23-6.

Endzustand X	$\Gamma(\mathrm{W}^+ \to \mathrm{X})$ (MeV)	$\Gamma(\mathrm{W}^+ \to \mathrm{X})/\Gamma_\mathrm{W}$
$\mathrm{e}^+\,\nu_\mathrm{e}$	237 ± 18	$(8{,}9 \pm 0{,}4)\,\%$
$\mu^+\,\nu_\mu$	237 ± 18	$(8{,}9 \pm 0{,}4)\,\%$
$\tau^+\,\nu_\tau$	237 ± 18	$(8{,}9 \pm 0{,}4)\,\%$
$\mathrm{u}\bar{\mathrm{d}} + \mathrm{u}\bar{\mathrm{d}}\mathrm{G}$	700 ± 55	$(26{,}4 \pm 1{,}2)\,\%$
$\mathrm{c}\bar{\mathrm{s}} + \mathrm{c}\bar{\mathrm{s}}\mathrm{G}$	698 ± 54	$(26{,}3 \pm 1{,}2)\,\%$
$\mathrm{t}\bar{\mathrm{b}} + \mathrm{t}\bar{\mathrm{b}}\mathrm{G}$	475 ± 120	$(18 \pm 5)\,\%$
$\mathrm{u}\bar{\mathrm{s}} + \mathrm{u}\bar{\mathrm{s}}\mathrm{G}$	40 ± 3	$(1{,}5 \pm 0{,}1)\,\%$
$\mathrm{c}\bar{\mathrm{d}} + \mathrm{c}\bar{\mathrm{d}}\mathrm{G}$	40 ± 3	$(1{,}5 \pm 0{,}1)\,\%$
$\mathrm{c}\bar{\mathrm{b}} + \mathrm{c}\bar{\mathrm{b}}\mathrm{G}$	2 ± 1	$(9 \pm 4) \cdot 10^{-4}$
$\mathrm{u}\bar{\mathrm{b}} + \mathrm{u}\bar{\mathrm{b}}\mathrm{G}$	$0{,}02 \pm 0{,}02$	$(1 \pm 1) \cdot 10^{-5}$
$\mathrm{t}\bar{\mathrm{d}} + \mathrm{t}\bar{\mathrm{d}}\mathrm{G}$	$0{,}1 \pm 0{,}1$	$(3 \pm 3) \cdot 10^{-5}$
$\mathrm{t}\bar{\mathrm{s}} + \mathrm{t}\bar{\mathrm{s}}\mathrm{G}$	$1{,}4 \pm 1{,}2$	$(5 \pm 4) \cdot 10^{-4}$
alle	2653 ± 240	

25.3 Die Produktion von W- und Z-Bosonen in $p\bar{p}$-Kollisionen

Wie kann man die W- und Z-Bosonen produzieren? Die Möglichkeit, das Z-Boson in der e^+e^--Annihilation über die Reaktion

$$e^+ + e^- \longrightarrow Z \tag{25-35}$$

zu erzeugen, haben wir schon in Abschnitt 25.1 besprochen. Die entsprechenden Speicherringe – SLC und LEP – sind aber erst in Bau. Um die zur Gl. (25-35) analogen Reaktionen für W-Bosonen:

$$\begin{aligned}
\nu_e + e^+ &\longrightarrow W^+, \\
\bar{\nu}_e + e^- &\longrightarrow W^-,
\end{aligned} \tag{25-36}$$

zu deren Produktion auszunutzen, müßte man Neutrino-Elektron-Speicherringe bauen, was natürlich unmöglich ist. Wir können aber die Zerfälle der Z- und W-Bosonen in Quarks umdrehen und als Produktionsreaktionen benutzen. Betrachten wir z.B. nur u- und d-Quarks, so sind dies die Prozesse

$$\begin{aligned}
u + \bar{u} &\longrightarrow Z, & u + \bar{d} &\longrightarrow W^+, \\
d + \bar{d} &\longrightarrow Z, & d + \bar{u} &\longrightarrow W^-.
\end{aligned} \tag{25-37}$$

Man könnte einwenden, daß es ja auch keine Quark-Speicherringe gibt. Wie wir nun diskutieren wollen, kann man aber Hadron-Speicherringe praktisch als Quark-Speicherringe ansehen.

Nach dem naiven Partonmodell, das hier ganz wesentlich benutzt wird, betrachten wir ein schnell bewegtes Hadron als einen „Strahl" von Partonen, d.h. von Quarks, Antiquarks und Gluonen (Kapitel 18, 19). Es entspricht z.B. in einem hochenergetischen Proton-Antiproton-Speicherring das Proton im wesentlichen einem Strahl von u-, d-Quarks und Gluonen, das Antiproton einem Strahl von $\bar{u}$-, $\bar{d}$-Quarks und Gluonen (Bild 25-6). Die Quark- und Gluonverteilungen des Protons kennen wir aus der tief inelastischen Lepton-Nukleon-Streuung (Abschnitt 19.4). Die Antiquarkverteilungen im Antiproton sind wegen der Ladungskonjugations-Invarianz der starken Wechselwirkung identisch mit den Quarkverteilungen im Proton. Dasselbe gilt für die Gluonverteilungen. Aus Abschnitt 18.4 wissen wir auch, daß die Quarks im Proton bzw. Antiquarks im Antiproton etwa 50 % des Gesamtimpulses tragen. Rechnen wir mit drei Quarks im Proton, so trägt ein Quark typisch einen Impulsanteil $x_q \cong 1/6$, und ebenso gilt für ein Antiquark im Antiproton $x_{\bar{q}} \cong 1/6$. Betrachten wir nun eine $p\bar{p}$-Kollision bei Schwerpunktsenergie $\sqrt{s} \gg m_p$. Die typische Schwerpunktsenergie $\sqrt{\hat{s}}$ einer Quark-Antiquark-Kollision ist dann (s. Abschnitt 18.5)

$$\sqrt{\hat{s}} = \sqrt{x_q\, x_{\bar{q}}\, s} \cong \frac{1}{6}\sqrt{s}. \tag{25-38}$$

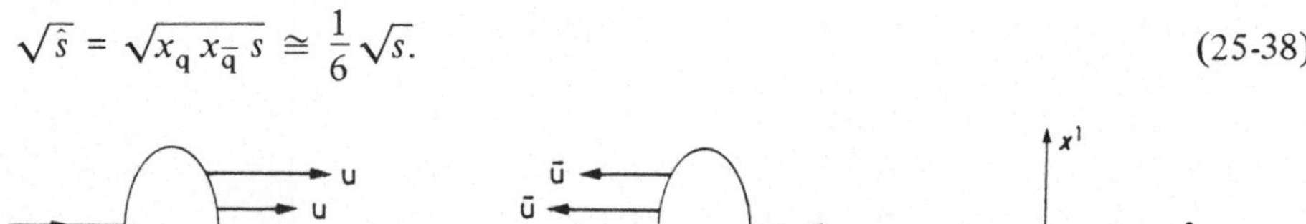

Bild 25-6 Das Parton-Bild eines Protons und eines Antiprotons, die mit großer Energie aufeinander zufliegen, z.B. in einem $p\bar{p}$-Speicherring. Der Hauptteil des Proton-Impulses wird von zwei u-Quarks, einem d-Quark und (einer unbekannten Anzahl) von Gluonen G getragen. Beim Antiproton sind es zwei $\bar{u}$-Quarks, ein $\bar{d}$-Quark und Gluonen G. Die Wahl der später benutzten Koordinaten-Richtungen ist ebenfalls angegeben.

Will man also W- und Z-Bosonen mit einer Masse von etwa 100 GeV produzieren, braucht man in der p$\bar{\text{p}}$-Kollision Schwerpunktsenergien $\sqrt{s} \cong 600$ GeV.

Nach diesen Überlegungen wurde von C. Rubbia 1976 der Vorschlag gemacht, den damals bestehenden Proton-Beschleuniger SPS im CERN in einen p$\bar{\text{p}}$-Speicherring mit einer Strahlenergie von 270 GeV, entsprechend $\sqrt{s} = 540$ GeV, umzubauen (Rubbia 1977). Wesentlich für die Realisierung dieses Projekts war die Möglichkeit, intensive Strahlen von Antiprotonen herzustellen, die durch die Erfindung der „stochastischen Kühlmethode" durch S. van der Meer gegeben war (van der Meer 1972, Möhl 1980). Mit diesem Speicherring (Sp$\bar{\text{p}}$S) wurden die W- und Z-Bosonen 1983 tatsächlich entdeckt (Arnison 1983a, c, Banner 1983, Bagnaia 1983).

Wir wollen nun die Theorie der Z- und W-Produktion in p$\bar{\text{p}}$-Kollisionen besprechen. Diese Reaktionen sind ganz analog zum Drell-Yan-Prozeß (Abschnitt 18.5). Die Diagramme für die Produktion der W- und Z-Bosonen haben wir auch bereits in Bild 18-17 angegeben.

Betrachten wir zunächst die Produktion des Z-Bosons in einer p$\bar{\text{p}}$-Kollision genauer:

$$\text{p}(p_1) + \bar{\text{p}}(p_2) \longrightarrow Z(q, \epsilon) + \text{X}. \tag{25-39}$$

Hier stehen X für den restlichen Endzustand und ϵ für den Polarisationsvektor des Z. Die elementaren Parton-Reaktionen sind die Quark-Antiquark-Annihilationen

$$\text{q}_A(p_1') + \bar{\text{q}}_B(p_2') \longrightarrow Z(q, \epsilon), \tag{25-40}$$

wobei q = u, d, ... und A, B $(1 \leqslant A, B \leqslant 3)$ die Farbindizes sind. Nach der Kopplung des Z an die Quarks (Gln. (24-39), (24-40)) erhalten wir das S-Matrixelement für diese Reaktion als

$$\langle Z(q, \epsilon) \,|\, \mathbf{S} \,|\, \text{q}_A(p_1'), \bar{\text{q}}_B(p_2') \rangle$$

$$= - \,\text{i}\, \frac{e}{\sin \vartheta_W \cos \vartheta_W}\, (2\pi)^4\, \delta(q - p_1' - p_2')$$

$$\delta_{AB}\, \frac{1}{2}\, \bar{v}(p_2')\, \varepsilon^*\, (g_V^q - g_A^q\, \gamma_5)\, u(p_1'). \tag{25-41}$$

Hier betrachten wir das Z als „stabiles" Teilchen, d.h. wir vernachlässigen seine Breite. Das können wir tun, da wir später über sehr breite Impulsverteilungen für Quarks und Antiquarks integrieren werden (Aufgabe 25.5). Wie immer bei Rechnungen im Parton-Modell ist es günstig, die Übergangs*raten* zu betrachten. Aus Gl. (25-41) finden wir für Farb-unpolarisierte Quarks und Antiquarks im Anfangszustand, deren Massen wir vernachlässigen, unter Benutzung von Gl. (25-5):

$$d\Gamma(\text{q}(p_1') + \bar{\text{q}}(p_2') \longrightarrow Z(q, \epsilon)) = \frac{1}{V p_1'^0 p_2'^0}\, \frac{d^3 q}{q^0}$$

$$m_Z\, \Gamma(Z \to \text{q}\bar{\text{q}})\, \frac{\pi^2}{3}\, \delta(q - p_1' - p_2')$$

$$\frac{1}{m_Z^2} \left\{ p_{2\mu}' p_{1\nu}' + p_{1\mu}' p_{2\nu}' - g_{\mu\nu}(p_1' p_2') \right.$$

$$\left. - \frac{2 g_V^q g_A^q}{(g_V^q)^2 + (g_A^q)^2}\, \text{i}\, \epsilon_{\alpha\mu\beta\nu}\, p_2'^\alpha p_1'^\beta \right\} \epsilon^{*\mu} \epsilon^\nu. \tag{25-42}$$

Der Faktor 1/3 kommt wie beim Drell-Yan-Prozeß vom Abzählen der Farbkombinationen von q und $\bar{\text{q}}$, die zur Produktion des Z, eines Farbsinguletts, führen können. Summieren wir über die Polarisationszustände des Z, so ergibt sich die gesamte Z-Produktionsrate als

$$d\Gamma(q(p_1') + \bar{q}(p_2') \longrightarrow Z(q))$$

$$= \frac{1}{V p_1'^0 p_2'^0} \frac{d^3 q}{q^0} m_Z \, \Gamma(Z \to q\bar{q}) \frac{\pi^2}{3} \delta(q - p_1' - p_2'). \tag{25-43}$$

Die weitere Strategie folgt genau der Rechnung für den Drell-Yan-Prozeß in Abschnitt 18.5. Wir falten das Resultat für die Parton-Reaktion mit den Verteilungsfunktionen der Quarks und Antiquarks in Proton und Antiproton. Dabei berücksichtigen wir der Einfachheit halber nur u- und d-Quarks im Proton bzw. $\bar{\text{u}}$- und $\bar{\text{d}}$-Antiquarks im Antiproton, was nach Abschnitt 19.4 eine gute Näherung darstellt. Wir setzen nun

$$\begin{aligned} p_1' &= x_1 p_1, \\ p_2' &= x_2 p_2, \\ \hat{s} &= (p_1' + p_2')^2 = x_1 x_2 s. \end{aligned} \tag{25-44}$$

Die Verteilungsfunktionen der Quarks q im Proton und Antiquarks $\bar{\text{q}}$ im Antiproton bezeichnen wir wie in Kapitel 18 mit $N_q^p(x)$, $N_{\bar{q}}^{\bar{p}}(x)$. Wie schon erwähnt, gilt

$$N_q^p(x) = N_{\bar{q}}^{\bar{p}}(x). \tag{25-45}$$

Für den Z-Produktionsquerschnitt in $p\bar{p}$-Kollisionen finden wir damit

$$d\sigma(p(p_1) + \bar{p}(p_2) \longrightarrow Z(q) + X)$$

$$= \frac{2\pi^2}{3s} \frac{d^3 q}{q^0} \sum_{q = u,d}' m_Z \, \Gamma(Z \to q\bar{q})$$

$$\int_0^1 dx_1 \, N_q^p(x_1) \int_0^1 dx_2 \, N_{\bar{q}}^{\bar{p}}(x_2) \frac{1}{x_1 x_2} \delta(q - x_1 p_1 - x_2 p_2). \tag{25-46}$$

Hier steht X für die Fragmentationsprodukte der Spektator-Partonen.

Wir diskutieren nun unser Resultat. Dabei betrachten wir — wie die Experimentatoren am Sp$\bar{\text{p}}$S-Speicherring — die $p\bar{p}$-Kollision in ihrem Schwerpunktsystem. Die x^3-Achse legen wir in die Richtung des Proton-Strahls (Bild 25-6). Aus der δ-Funktion der Energie-Impuls-Erhaltung in Gl. (25-46) finden wir für den Viererimpuls des produzierten Z-Bosons:

$$q = \begin{pmatrix} q^0 \\ q^1 \\ q^2 \\ q^3 \end{pmatrix} = \begin{pmatrix} (x_1 + x_2) \dfrac{\sqrt{s}}{2} \\ 0 \\ 0 \\ (x_1 - x_2) \dfrac{\sqrt{s}}{2} \end{pmatrix}. \tag{25-47}$$

Nach unserer Rechnung sollte daher das Z mit Transversalimpuls Null produziert werden. Das liegt natürlich daran, daß wir die Transversalimpulse der Quarks im Rahmen des naiven Partonmodells vernachlässigt haben. Der Longitudinalimpuls q^3 und die Energie q^0 des Z erlauben nach Gl. (25-47) die Impulsanteile x_1 und x_2 der Partonen, von denen das Z produziert wurde, zu rekonstruieren.

Für die Verteilung in q^3 finden wir aus Gl. (25-46):

$$\frac{d\sigma}{dq^3}\left(\text{p}\,(p_1) + \bar{\text{p}}\,(p_2) \longrightarrow Z\,(q) + X\right)$$

$$= \frac{4\pi^2}{3s} \sum_{q=u,d} \frac{\Gamma(Z \to q\bar{q})}{m_Z\sqrt{m_Z^2 + (q^3)^2}}\, N_q^{\text{p}}(x_1)\, N_{\bar{q}}^{\bar{\text{p}}}(x_2), \qquad (25\text{-}48)$$

wobei $x_{1,2} = (q^0 \pm q^3)/\sqrt{s}$. Der totale Produktionsquerschnitt ist

$$\sigma\left(\text{p}\,(p_1) + \bar{\text{p}}\,(p_2) \longrightarrow Z + X\right)$$

$$= \frac{4\pi^2}{3s} \sum_{q=u,d} m_Z^{-1}\, \Gamma(Z \to q\bar{q})$$

$$\int_0^1 dx_1\, N_q^{\text{p}}(x_1) \int_0^1 dx_2\, N_{\bar{q}}^{\bar{\text{p}}}(x_2)\, \delta\left(x_1 x_2 - \frac{m_Z^2}{s}\right). \qquad (25\text{-}49)$$

Für die Produktion der $W^{\pm}$-Bosonen in p$\bar{\text{p}}$-Kollisionen verlaufen die Rechnungen ganz ähnlich. Berücksichtigen wir wieder nur die wesentlichen Reaktionen (Gl. (25-37)), so erhalten wir z.B. für die totalen Produktionsquerschnitte:

$$\sigma\left(\text{p}\,(p_1) + \bar{\text{p}}\,(p_2) \longrightarrow W^+ + X\right)$$

$$= \frac{4\pi^2}{3s}\, m_W^{-1}\, \Gamma(W^+ \to u\bar{d})$$

$$\int_0^1 dx_1\, N_u^{\text{p}}(x_1) \int_0^1 dx_2\, N_{\bar{d}}^{\bar{\text{p}}}(x_2)\, \delta\left(x_1 x_2 - \frac{m_W^2}{s}\right), \qquad (25\text{-}50)$$

$$\sigma\left(\text{p}\,(p_1) + \bar{\text{p}}\,(p_2) \longrightarrow W^- + X\right)$$

$$= \frac{4\pi^2}{3s}\, m_W^{-1}\, \Gamma(W^- \to d\bar{u})$$

$$\int_0^1 dx_1\, N_d^{\text{p}}(x_1) \int_0^1 dx_2\, N_{\bar{u}}^{\bar{\text{p}}}(x_2)\, \delta\left(x_1 x_2 - \frac{m_W^2}{s}\right). \qquad (25\text{-}51)$$

Zur numerischen Auswertung dieser Ergebnisse verwenden wir die in Anhang E angegebene Parametrisierung der Verteilungsfunktionen, wobei wir $Q^2 \cong m_W^2 \cong m_Z^2 \cong 10^4\,\text{GeV}^2$ setzen. Betrachten wir eine Schwerpunktsenergie $\sqrt{s} = 540\,\text{GeV}$ entsprechend $m_Z^2/s = 0,03$, $m_W^2/s = 0,02$, so ergibt sich

$$\int_0^1 dx_1\, N_q^{\text{p}}(x_1) \int_0^1 dx_2\, N_{\bar{q}}^{\bar{\text{p}}}(x_2)\, \delta\left(x_1 x_2 - \frac{m_Z^2}{s}\right) = \begin{cases} 12,18 & \text{für } q = u, \\ 4,18 & \text{für } q = d, \end{cases} \qquad (25\text{-}52)$$

$$\int_0^1 dx_1\, N_u^{\text{p}}(x_1) \int_0^1 dx_2\, N_{\bar{d}}^{\bar{\text{p}}}(x_2)\, \delta\left(x_1 x_2 - \frac{m_W^2}{s}\right) = 11,67. \qquad (25\text{-}53)$$

Damit finden wir für die Produktionsquerschnitte

$$\sigma(p + \bar{p} \longrightarrow Z + X) \quad = \; 1{,}0 \text{ nbarn},$$
$$\sigma(p + \bar{p} \longrightarrow W^+ + X) = \sigma(p + \bar{p} \longrightarrow W^- + X) = 1{,}7 \text{ nbarn}. \tag{25-54}$$

Diese Ergebnisse entsprechen dem naiven Drell-Yan-Modell. Bei einer genaueren Rechnung muß man natürlich Korrekturen dazu im Rahmen der QCD berücksichtigen. Wir erwarten z.B. wieder das Auftreten eines „K-Faktor" (Abschnitt 18.4). Durch QCD-Effekte erhalten die produzierten W- und Z-Bosonen im allgemeinen auch einen Transversalimpuls ungleich Null. Für eine eingehende Diskussion dieser Effekte verweisen wir z.B. auf Altarelli 1984. Die dort angegebenen totalen Produktionsquerschnitte für $\sqrt{s}$ = 540 GeV sind:

$$\sigma(p + \bar{p} \longrightarrow Z + X) \quad = \left(1{,}3 \, {}^{+\,0{,}4}_{-\,0{,}2}\right) \text{nbarn},$$

$$\sigma(p + \bar{p} \longrightarrow W^+ + X) = \sigma(p + \bar{p} \longrightarrow W^- + X) = \left(2{,}1 \, {}^{+\,0{,}7}_{-\,0{,}3}\right) \text{nbarn} \tag{25-55}$$

und nicht wesentlich von unserer naiven Abschätzung, Gl. (25-54), verschieden.

Die W- und Z-Bosonen wurden, wie schon erwähnt, 1983 in $p\bar{p}$-Kollisionen erstmals produziert und über die folgenden leptonischen Zerfälle nachgewiesen (Arnison 1983a, c, e, 1984a, d, Banner 1983, Bagnaia 1983, 1984e):

$$p + \bar{p} \longrightarrow W^+ + X \atop \hookrightarrow e^+ \nu_e, \; \mu^+ \nu_\mu \,, \tag{25-56}$$

$$p + \bar{p} \longrightarrow W^- + X \atop \hookrightarrow e^- \bar{\nu}_e, \; \mu^- \bar{\nu}_\mu \,, \tag{25-57}$$

$$p + \bar{p} \longrightarrow Z + X \atop \hookrightarrow e^+ e^-, \; \mu^+ \mu^- \,. \tag{25-58}$$

Dabei steht X stets für die Fragmentationsprodukte der Spektatoren, die bloß Hadronen mit geringem Transversalimpuls ($|\boldsymbol{p}_T| \lesssim 1$ GeV) ergeben. Bei der W-Produktion sollte man ein

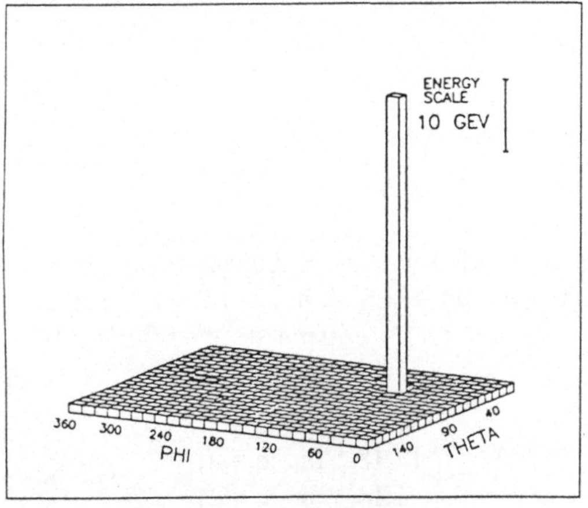

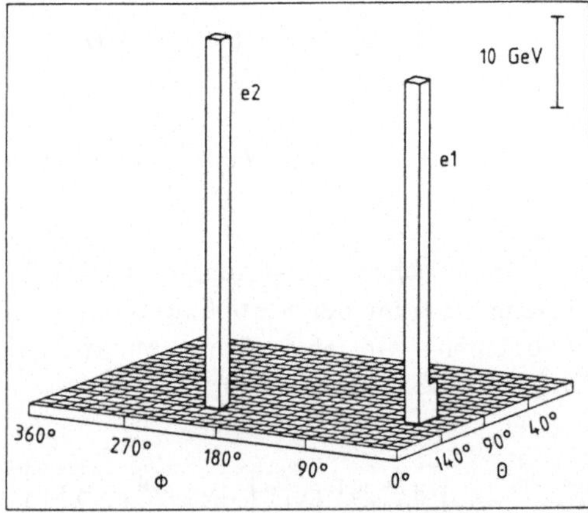

Bild 25-7 Lego-Plot eines Ereignisses, in dem in einer $p\bar{p}$-Kollision bei $\sqrt{s}$ = 540 GeV ein W-Boson produziert wurde, das anschließend in ein $e\nu$-Paar zerfiel (a). Ein Ereignis mit Produktion eines Z-Bosons, das in ein e^+e^--Paar zerfiel (b). Die Darstellung ist wie in Bild 20-19. (Diese Bilder hat Herr A. Putzer von der UA2-Koll. zur Verfügung gestellt.)

isoliertes Elektron oder Myon und „fehlende" Energie, die von dem entsprechenden Neutrino weggetragen wird, sehen. Solche Ereignisse wurden tatsächlich beobachtet (Bild 25-7a). Hätte man einen idealen Detektor, könnte man auch Energie und Impuls des Neutrinos aus der Energie-Impuls-Bilanz rekonstruieren. In wirklichen Detektoren läßt sich bloß der transversale Impuls p_T^ν des Neutrinos gut rekonstruieren. Energie und Longitudinalimpuls des Neutrinos sind nicht so gut meßbar, da entlang der Strahlröhre Teilchen unbeobachtet entweichen können. (Für eine Beschreibung der UA1 und UA2 Detektoren s. Radermacher 1984, Banner 1982 und dort angegebene Referenzen.) Zur Bestimmung der Masse des W-Bosons kann man daher in der Praxis nicht die invariante Masse des $\ell\nu$-Paares ($\ell = e, \mu$) heranziehen. Man betrachtet statt dessen z.B. die Verteilung in der „transversalen" Masse m_T :

$$m_T \equiv [2(|p_T^\ell| \, |p_T^\nu| - p_T^\ell \cdot p_T^\nu)]^{1/2} \tag{25-59}$$

und paßt die theoretisch erwartete Verteilung mit m_W als freiem Parameter an die Daten an (Bild 25-8). Der auf diese Weise aus allen vorhandenen Daten gewonnene Mittelwert für die W-Masse ist (Particle Data Group 1984):

$$m_W = 80{,}8 \pm 2{,}7 \text{ GeV}, \tag{25-60}$$

in glänzender Übereinstimmung mit der theoretischen Vorhersage (Gl. (25-23)).

Bei der Z-Produktion sieht man beide geladenen Leptonen e^+e^- bzw. $\mu^+\mu^-$ (Bild 25-7b) und kann somit direkt die invariante Masse rekonstruieren. Wie wir aus Bild 25-9 sehen, läßt sich das Z damit praktisch ohne Untergrund nachweisen. Die gemessene Z-Masse ist (Particle Data Group 1984):

$$m_Z = 92{,}9 \pm 1{,}6 \text{ GeV}, \tag{25-61}$$

wieder in glänzender Übereinstimmung mit der Theorie (Gl. (25-9)). Auch die mit den leptonischen Verzweigungsverhältnissen multiplizierten Produktionsquerschnitte wurden für die W- und Z-Bosonen gemessen und zeigen eine gute Übereinstimmung mit der Theorie (Tabelle 25-4).

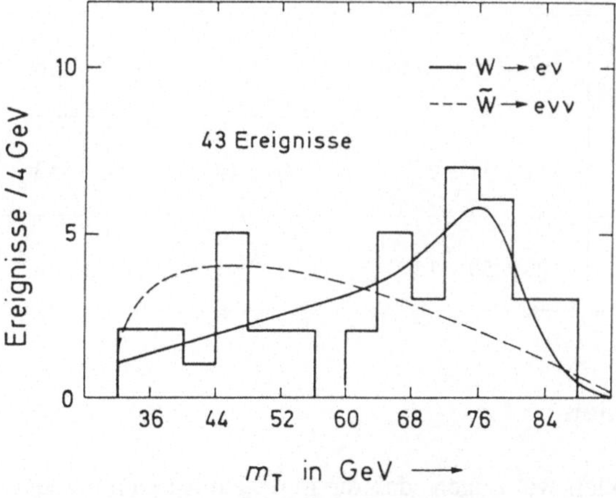

Bild 25-8 Verteilung der transversalen Masse $m_T = (2(|p_T^e| \, |p_T^\nu| - p_T^e \cdot p_T^\nu))^{1/2}$ des Elektron-Neutrino-Paares vom W-Zerfall. Die volle Kurve ist die theoretische Erwartung mit einer angepaßten W-Masse $m_W = 80{,}3$ GeV. Die gestrichelte Kurve zeigt zum Vergleich die theoretische Erwartung für die Produktion eines hypothetischen Teilchens W̃, das einen 3-Körper-Zerfall erleidet (nach Arnison 1983e).

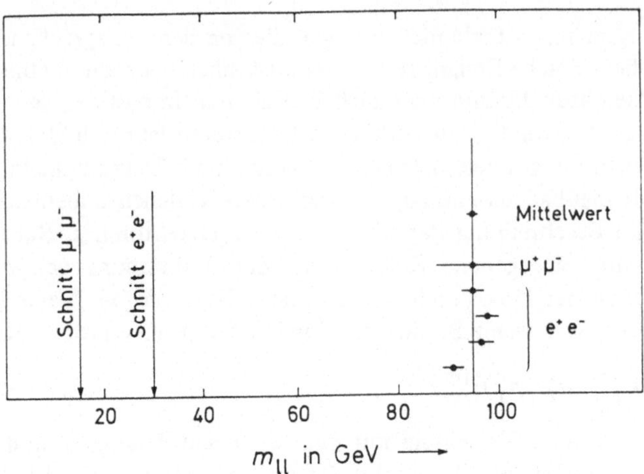

m_{ll} in GeV ⟶

Bild 25-9 Die invariante Masse $m_{\varrho\varrho}$ der Lepton-Paare $\varrho^+\varrho^-$ (ϱ = e, μ) von den bei UA1 beobachteten Z-Zerfällen (nach Arnison 1983c).

Tabelle 25-4 Die Produktionsquerschnitte für W- und Z-Bosonen in p$\bar{\text{p}}$-Kollisionen bei
$\sqrt{s}$ = 540 GeV, multiplizieren mit den leptonischen Verzweigungsverhältnissen. Die
experimentellen Werte sind nach Eggert 1984 (UA1) und Bagnaia 1984e (UA2). Dabei
ist der erste Fehler der statistische, der zweite der systematische. Die theoretischen Werte
sind nach Gl. (25-55) und den Tabellen 25-2, 25-3 berechnet. Alle Produktionsquerschnitte sind in picobarn (1 pbarn = 10^{-33} cm^2) angegeben.

	Experiment		Theorie
	UA1	UA2	
$\sigma(\text{p}+\bar{\text{p}} \to \text{W}^\pm + \text{X})\dfrac{\Gamma(\text{W}^\pm \to \text{e}^\pm \nu_e)}{\Gamma_{\text{W}^\pm}}$	$530 \pm 80 \pm 90$	$530 \pm 100 \pm 100$	$370\,^{+\,110}_{-\,60}$
$\sigma(\text{p}+\bar{\text{p}} \to \text{W}^\pm + \text{X})\dfrac{\Gamma(\text{W}^\pm \to \mu^\pm \nu_\mu)}{\Gamma_{\text{W}^\pm}}$	$670 \pm 170 \pm 150$		$370\,^{+\,110}_{-\,60}$
$\sigma(\text{p}+\bar{\text{p}} \to \text{Z} + \text{X})\dfrac{\Gamma(\text{Z} \to \text{e}^+ \text{e}^-)}{\Gamma_{\text{Z}}}$	$41 \pm 21 \pm 7$	$110 \pm 40 \pm 20$	$43\,^{+\,13}_{-\,7}$
$\sigma(\text{p}+\bar{\text{p}} \to \text{Z} + \text{X})\dfrac{\Gamma(\text{Z} \to \mu^+ \mu^-)}{\Gamma_{\text{Z}}}$	$100 \pm 50 \pm 15$		$43\,^{+\,13}_{-\,7}$

25.4 Der Spin der W-Bosonen

In diesem Abschnitt wollen wir zeigen, daß die in p$\bar{\text{p}}$-Kollisionen erzeugten W- und
Z-Bosonen polarisiert sind, wodurch die Winkelverteilung der Leptonen in den Zerfällen
$\text{W} \to \ell\nu_\varrho$, $\text{Z} \to \ell^+\ell^-$, ($\ell$ = e, μ, τ) asymmetrisch wird. Beobachtet wurde dies für die W-
Bosonen, woraus man Hinweise sowohl auf den Spin des W als auch auf die Paritätsverletzung
bei seiner Produktion und bei seinem Zerfall erhält.

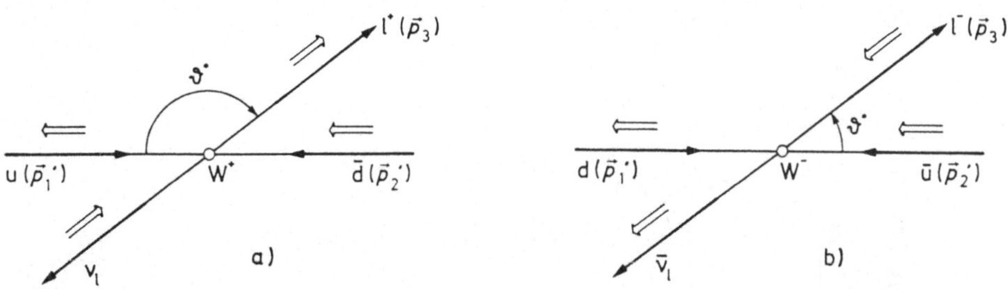

Bild 25-10 Produktion eines W⁺-Bosons mit einer ud̄-Annihilation (a) und eines W⁻-Bosons in einer d̄u-Annihilation (b) mit anschließendem Zerfall in ein Leptonpaar. Alles ist im Ruhsystem des W⁺ bzw. W⁻ betrachtet. Die Helizitäten der Teilchen sind durch die Doppelpfeile angedeutet. Der in Gl. (25-64) verwendete Winkel ϑ^* ist ebenfalls angegeben.

Wir betrachten zunächst die Produktion eines W⁺-Bosons durch Annihilation eines u-Quarks aus dem Proton mit einem d̄-Antiquark aus dem Antiproton im Ruhsystem des produzierten W (Bild 25-10). Im Standardmodell hat der geladene Strom $\mathscr{J}^{\lambda}_{CC}$, an den das W koppelt, eine reine (V − A)-Struktur, er ist nur aus linkshändigen Quark- und Leptonfeldern aufgebaut (Gln. (22-77), (22-112)). Wie wir bereits aus Abschnitt 21.3 wissen, entsprechen die linkshändigen Felder — bei Vernachlässigung der Fermionmassen — linkshändigen Teilchen und rechtshändigen Antiteilchen. Um ein W⁺ produzieren zu können, müssen daher die Helizitäten des u-Quarks und d̄-Antiquarks wie in Bild 25-10a angegeben sein. Daraus folgt sofort, daß das W⁺ mit Helizität −1 produziert wird, d.h. sein Drehimpuls steht antiparallel zur Impulsrichtung des u-Quarks, die bei Vernachlässigung des Transversalimpulses des Quarks gleich der Impulsrichtung des Protons ist. Der Polarisationsvektor des W⁺ ist daher :

$$\varepsilon_{-1} = \frac{1}{\sqrt{2}} \begin{pmatrix} 1 \\ -i \\ 0 \end{pmatrix}. \tag{25-62}$$

Ganz analog sieht man, daß auch das W⁻ stets mit Helizität −1 produziert wird (Bild 25-10b). Diese Resultate gelten bei Vernachlässigung der kleinen Beiträge von der Annihilation eines Antiquarks im Proton mit einem Quark im Antiproton für alle in p$\bar{\text{p}}$-Kollisionen erzeugten W-Bosonen.

Wir betrachten nun die leptonischen Zerfälle dieser polarisierten W-Bosonen, stets in ihrem Ruhsystem:

$$W^{\pm}(q, \epsilon_{-1}) \longrightarrow \ell^{\pm}(p_3) + \nu_{\varrho} \text{ bzw. } \bar{\nu}_{\varrho}, \quad (\ell = e, \mu, \tau). \tag{25-63}$$

Mit ϑ^* bezeichnen wir den Winkel zwischen dem Impuls des auslaufenden geladenen Leptons und der Richtung des Protonstrahls für ℓ^- bzw. Antiprotonstrahls für ℓ^+ (Bild 25-10). Nach Gl. (25-29) erhalten wir dann in beiden Fällen eine Winkelverteilung der Gestalt

$$\frac{d\Gamma}{d\Omega_3}(W^{\pm}(q, \epsilon_{-1}) \longrightarrow \ell^{\pm}(p_3) + \nu_{\varrho} \text{ bzw. } \bar{\nu}_{\varrho}) \propto (1 + \cos\vartheta^*)^2. \tag{25-64}$$

In Bild 25-11 zeigen wir experimentelle Daten für diese Winkelverteilung. Wie wir sehen, wird die Vorhersage des Standardmodells bestätigt.

Um die Aussagekraft dieses Results besser zu verstehen, analysieren wir den Spinzustand der in p$\bar{\text{p}}$-Kollisionen erzeugten Vektorbosonen von einem allgemeineren Stand-

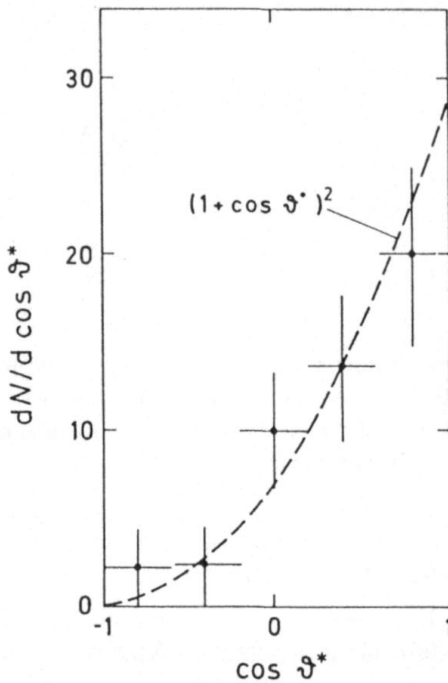

Bild 25-11

Experimentelle Daten für die Winkelverteilung
der geladenen Leptonen $\ell^{\pm}$ (ℓ = e, μ) vom Zerfall
der Bosonen W$^{\pm}$, bezogen auf deren Ruhsystem.
Die Kurve entspricht der theoretischen Vorhersage (Gl. (25-64)) (nach Arnison 1983e).

punkt. Wir betrachten zunächst ein Z-Boson in seinem Ruhsystem. Das Z ist ein Vektorteilchen. Um seinen Zustand zu charakterisieren, müssen wir seine Polarisation angeben.
Ein reiner Zustand des Z wird durch einen Polarisationsvektor ε charakterisiert. Einen
solchen Zustand erhalten wir z.B., wenn wir in der Reaktion Gl. (25-39) von Proton und
Antiproton mit wohldefinierten Spinorientierungen ausgehen und einen bis in alle Einzelheiten festgelegten Zustand X der neben dem Z produzierten Teilchen im Endzustand herausgreifen. Im allgemeinen ist aber unsere Kenntnis sowohl des Anfangszustandes als auch
des Endzustandes X unvollständig. Man arbeitet mit unpolarisierten Protonen und Antiprotonen und summiert über Endzustände X. Der Spinzustand des Z wird dann durch eine
sog. Spin-Dichtematrix ρ beschrieben. Wir definieren ρ als diejenige 3 × 3-Matrix, deren
Matrixelement, genommen für einen beliebigen Polarisationsvektor ε, die Wahrscheinlichkeit des Auftretens dieses Polarisationsvektor ergibt:

$$\rho = (\rho_{ij}),$$
$$\varepsilon^{*i} \rho_{ij} \varepsilon^{j} = \text{die Wahrscheinlichkeit, } \varepsilon \text{ zu finden.} \tag{25-65}$$

Dadurch ist, wie man leicht sieht, ρ eindeutig definiert. Die Wahrscheinlichkeit, *irgendeinen*
Spinzustand zu finden, muß gleich eins sein, d.h. die Wahrscheinlichkeiten für die Polarisationsvektoren jedes orthonormalen Basissystems im Spinraum müssen addiert eins ergeben. Wählen wir als Basis die Einheitsvektoren in den Koordinationsrichtungen, so liefert
diese Bedingung:

$$\rho_{ii} = \text{Sp}\,\rho = 1, \tag{25-66}$$

d.h., die Spur der Dichtematrix ergibt eins. Im folgenden werden wir auch die sog. Helizitäts-
basis, d.h. die Basis gebildet von den Eigenvektoren zur Drehimpulskomponente $\mathbf{J}^3$, verwenden (s. Abschnitt 16.2 und Anhang C):

$$|1, \pm 1\rangle \equiv \varepsilon_{\pm 1} = \mp \frac{1}{\sqrt{2}} \begin{pmatrix} 1 \\ \pm i \\ 0 \end{pmatrix}, \quad |1, 0\rangle \equiv \varepsilon_0 = \begin{pmatrix} 0 \\ 0 \\ 1 \end{pmatrix}. \tag{25-67}$$

Es gilt

$$J^3 | 1, m \rangle = m | 1, m \rangle, \qquad (m = 0, \pm 1). \tag{25-68}$$

Für ein unpolarisiertes Z ist nach Definition die Wahrscheinlichkeit des Auftretens für jeden Polarisationsvektor ε gleich groß, die entsprechende Dichtematrix ist daher proportional der Einheitsmatrix. Bei Beachtung der Spurbedingung (Gl. (25-66)) ergibt sich:

$$\rho \, (\text{unpol. } Z) = \frac{1}{3} \, \mathbb{1} \, . \tag{25-69}$$

Wir betrachten nun die Produktion eines Z-Bosons in einer $q\bar{q}$-Annihilation (Gl. (25-40)). Die Spin-Dichtematrix des produzierten Z können wir leicht aus Gl. (25-42) ablesen:

$$\rho_{ij} = \frac{1}{2} \left\{ \delta_{ij} - e_3^i \, e_3^j + \frac{2 \, g_V^q \, g_A^q}{(g_V^q)^2 + (g_A^q)^2} \, i \, \epsilon_{ijk} \, e_3^k \right\}. \tag{25-70}$$

Dabei ist e_3 der Einheitsvektor in x^3-Richtung, d.h. in Richtung des Protonstrahls (Bild 25-6). Eine einfache Rechnung liefert uns ρ in der Basis von Gl. (25-67):

$$\langle 1, m | \rho | 1, n \rangle = \begin{cases} \dfrac{1}{2} \dfrac{(g_V^q \mp g_A^q)^2}{(g_V^q)^2 + (g_A^q)^2} & \text{für } m = n = \pm 1, \\[3mm] 0 & \text{sonst.} \end{cases} \tag{25-71}$$

Das Z wird also in der $q\bar{q}$-Annihilation polarisiert erzeugt. Wir nehmen nun an, das so produzierte Z zerfalle leptonisch

$$Z \longrightarrow \ell^+ \, (p_3) + \ell^- \, (p_4).$$

Eine einfache Rechnung wie für das W-Boson in Gln. (25-29), (25-64) liefert für die Winkelverteilung des ℓ^+ im Ruhsystem des Z:

$$\frac{1}{\Gamma} \, \frac{d\Gamma}{d\Omega_3} \, (Z \longrightarrow \ell^+ \, (p_3) + \ell^- \, (p_4))$$

$$= \frac{3}{16\pi} \left\{ 1 + \cos^2 \vartheta^* - \frac{8 g_V^q \, g_A^q \, g_V^\ell \, g_A^\ell}{[(g_V^q)^2 + (g_A^q)^2] \, [(g_V^\ell)^2 + (g_A^\ell)^2]} \, \cos \vartheta^* \right\}. \tag{25-72}$$

Dabei bezeichnen wir mit ϑ^* den Polarwinkel von p_3:

$$\cos \vartheta^* = \frac{p_3 \cdot e_3}{|p_3|} \, . \tag{25-73}$$

Betrachten wir die Z-Produktion in $p\bar{p}$-Kollisionen, so haben wir in Gln. (25-71) und (25-72) in geeigneter Weise über die Beiträge der $u\bar{u}$- und $d\bar{d}$-Annihilation zu mitteln.

Die Gl. (25-72) zeigt uns, daß wir eine bezüglich $\vartheta^* = \pi/2$ asymmetrische Winkelverteilung des ℓ^+ im Z-Zerfall nur erhalten, wenn *alle* Kopplungskonstanten g_V^q, g_A^q, g_V^ℓ, g_A^ℓ ungleich Null sind, d.h. wenn die Parität sowohl bei der Produktion als auch beim Zerfall des Z verletzt wird. Derselbe Schluß gilt für die W-Bosonen. Aus Bild 25-11 schließen wir daher, daß die Kopplungen W-u-d, W-e-ν_e und W-μ-ν_μ die Parität verletzen. Wir sehen aber aus Gl. (25-72) auch, daß die Verteilung in $\cos \vartheta^*$ ungeändert bleibt, wenn wir die Vorzeichen von g_A^q *und* g_A^ℓ umkehren, und dasselbe gilt wiederum für die W-Bosonen. Die beobachtete Verteilung in Bild 25-11 ist daher sowohl mit einer $(V - A)$- als auch mit einer

(V + A)-Kopplung der Quarks und Leptonen an das W-Boson verträglich. Um zwischen diesen Alternativen experimentell zu entscheiden, kann man z.B. Polarisationsmessungen an τ-Leptonen im Zerfall $W \longrightarrow \tau\, \nu_\tau$ heranziehen.

Wir bemerken noch, daß die in diesem Abschnitt angestellten Überlegungen ganz analog zu denen von Abschnitt 24.3 sind.

25.5 Das Higgs-Boson

Im Standardmodell gibt es ein physikalisches Higgs-Boson ρ', welches ein neutrales Spin-0-Teilchen darstellt. Dieses Teilchen ist *essentiell*, um die spontane Symmetriebrechung zu bewerkstelligen (Abschnitt 22.2). Der experimentelle Nachweis der Existenz des Higgs-Bosons steht noch aus. Nach dem oben gesagten ist er entscheidend für die Bestätigung des Standardmodells. In diesem Abschnitt wollen wir einige Vorhersagen für die Zerfälle und Produktionsweisen des Higgs-Bosons besprechen.

Nach der Lagrange-Dichte des Standardmodells (Gl. (22-123)) koppelt das Higgs-Teilchen an die W- und Z-Bosonen, an alle Fermionen und an sich selbst. Wir erwarten daher auf dem Niveau der Baum-Diagramme die folgenden Zerfälle des ρ', falls sie energetisch möglich sind:

$$\rho' \longrightarrow W^+ W^-, \qquad \left(\frac{2\, m_W^2}{\rho_0} \right);$$

$$\rho' \longrightarrow ZZ, \qquad \left(\frac{m_Z^2}{\rho_0} \right); \tag{25-74}$$

$$\rho' \longrightarrow f\bar{f}, \qquad \left(\frac{m_f}{\rho_0} \right).$$

Hier geben wir in Klammern die jeweilige Kopplungsstärke an, wobei

$$\rho_0 = 2^{-1/4}\, G^{-1/2} = 246\ \text{GeV}. \tag{25-75}$$

Diese Kopplungsstärken sind proportional den Massen bzw. Massenquadraten. Wie wir aus Kapitel 22 wissen, ist das eine notwendige Folge der Massenerzeugung über die spontane Symmetriebrechung. Wir erwarten daher als grobe Richtlinie, daß das Higgs-Boson hauptsächlich in die jeweils schwersten Teilchen zerfallen wird, in die es aus energetischen Gründen zerfallen kann. Auch für seine Erzeugung wird man am besten von möglichst schweren Teilchen ausgehen.

Die Diagramme für die in Gl. (25-74) angegebenen Zerfälle zeigen wir in Bild 25-12.

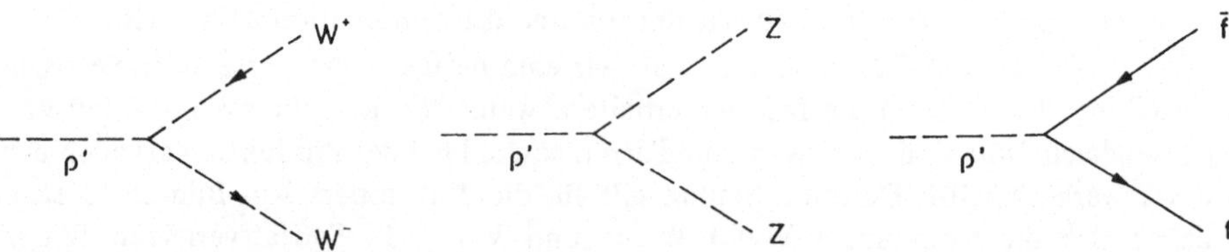

Bild 25-12 Die Diagramme für die Zerfälle des Higgs-Bosons in führender Ordnung der Kopplungen (f = ν_e, ν_μ, ν_τ, e, μ, τ, u, c, t, d, s, b)

Daraus finden wir nach einfacher Rechnung die folgenden Zerfallsraten:

$$\Gamma(\rho' \to W^+W^-) = \frac{m_{\rho'}}{16\pi}\left(\frac{m_{\rho'}}{\rho_0}\right)^2 \left(1 - \frac{4\,m_W^2}{m_{\rho'}^2}\right)^{1/2} \left(1 - 4\,\frac{m_W^2}{m_{\rho'}^2} + 12\,\frac{m_W^4}{m_{\rho'}^4}\right), \qquad (25\text{-}76)$$

(für $m_{\rho'} > 2\,m_W$);

$$\Gamma(\rho' \to ZZ) = \frac{m_{\rho'}}{32\pi}\left(\frac{m_{\rho'}}{\rho_0}\right)^2 \left(1 - \frac{4\,m_Z^2}{m_{\rho'}^2}\right)^{1/2} \left(1 - 4\,\frac{m_Z^2}{m_{\rho'}^2} + 12\,\frac{m_Z^4}{m_{\rho'}^4}\right), \qquad (25\text{-}77)$$

(für $m_{\rho'} > 2\,m_Z$);

$$\Gamma(\rho' \to f\bar{f}) = \frac{m_{\rho'}}{8\pi}\left(\frac{m_f}{\rho_0}\right)^2 \left(1 - \frac{4\,m_f^2}{m_{\rho'}^2}\right)^{3/2}, \qquad (25\text{-}78)$$

(für $m_{\rho'} > 2\,m_f$).

Dabei ist f eines der fundamentalen Fermionen. Ist also das Higgs-Boson leichter als die doppelte W-Masse ($m_{\rho'} < 2\,m_W$), so zerfällt es hauptsächlich in das schwerste Fermion f mit $2\,m_f < m_{\rho'}$. Für $m_{\rho'} > 2\,m_W$ bzw. $m_{\rho'} > 2\,m_Z$ übernehmen die Zerfälle in Z- und W-Bosonen die führende Rolle, falls es keine weiteren Quarks oder Leptonen schwerer als das t-Quark gibt.

Im Standardmodell ist die Higgs-Masse $m_{\rho'}$ zunächst beliebig. Wir können nun aber durch einfache physikalische Argumente eine obere Schranke für $m_{\rho'}$ ableiten. Dazu betrachten wir den Fall $m_{\rho'} \gg m_W, m_Z$. Aus Gln. (25-76) und (25-77) finden wir dann für die totale Breite $\Gamma_{\rho'}$ des Higgs-Bosons:

$$\Gamma_{\rho'} \cong \Gamma(\rho' \to W^+W^-) + \Gamma(\rho' \to ZZ) \cong \frac{3}{32\pi}\frac{m_{\rho'}^3}{\rho_0^2}. \qquad (25\text{-}79)$$

Wir können sinnvollerweise nur von einem „Teilchen" sprechen, wenn seine Breite kleiner als seine Masse ist, d.h. wenn gilt

$$\Gamma_{\rho'} < m_{\rho'}. \qquad (25\text{-}80)$$

Mit Gl. (25-79) folgt

$$m_{\rho'} < \sqrt{\frac{32\pi}{3}}\,\rho_0 \cong 1400\ \text{GeV}. \qquad (25\text{-}81)$$

Ein Blick auf die Lagrange-Dichte in Gl. (22-123) zeigt, daß für derartig große Higgs-Massen auch ihre Selbstkopplung sehr groß wird, womit die Anwendung der Störungstheorie ungerechtfertigt erscheint. Fordern wir, daß die Kopplungskonstante des $(\rho')^4$-Terms in Gl. (22-123) nicht größer als eins werden soll, so erhalten wir eine zu Gl. (25-81) ähnliche Schranke (Veltman 1977, Lee 1977):

$$m_{\rho'} < \sqrt{8}\,\rho_0 \cong 700\ \text{GeV}. \qquad (25\text{-}82)$$

Für größere Higgs-Massen hätten wir also eine neue *starke* Wechselwirkung im Higgs-Sektor. An Stelle *eines* Higgs-Teilchens erwarten wir dann viele Resonanzen, vielleicht solche mit sehr großer Breite. Auf jeden Fall sollte das naive Bild des Standardmodells drastisch geändert werden.

Man kann auch eine theoretische untere Schranke für die Higgs-Masse ableiten (Weinberg 1976, Linde 1976). Wird nämlich $m_{\rho'}$ zu klein, so werden Quantenkorrekturen zum Higgs-Potential $V(\phi)$ (Gl. (22-43)) wichtiger als die ursprünglich angesetzten Terme. Man findet auf diese Weise, daß $m_{\rho'}$ größer als etwa 7 GeV sein sollte:

$$m_{\rho'} \geqslant \frac{(6\,m_{\mathrm{W}}^4 + 3\,m_{\mathrm{Z}}^4)^{1/2}}{4\,\pi\,\rho_0} = 7{,}1 \text{ GeV}. \tag{25-83}$$

Die experimentelle untere Schranke für die Higgs-Masse ist mit $m_{\rho'} > 0{,}4$ GeV noch recht weit davon entfernt (Tabelle 22-1).

Am Schluß dieses Abschnitts besprechen wir noch eine Möglichkeit zur Beobachtung des Higgs-Teilchens im Zerfall eines $^3\mathrm{S}_1$-Quarkonium-Zustandes, den wir generisch mit V bezeichnen wollen:

$$V \equiv {}^3\mathrm{S}_1\,(q\bar{q}).$$

Dabei steht q für das c-, b- oder t-Quark. Beispiele für solche Teilchen, das J/ψ und das Υ, kennen wir aus Abschnitt 20.3. Es wurde vorgeschlagen, nach dem folgenden Zerfall zu suchen (Wilczek 1977):

$$V \longrightarrow \gamma + \rho'. \tag{25-84}$$

Als Signatur kann dabei das monochromatische Photon dienen. Die Diagramme für diese Reaktion zeigen wir in Bild 25-13. Die Rechnung, die ganz analog wie für den Positronium-Zerfall in zwei Photonen verläuft (Abschnitt 13.2), liefert für die Zerfallsrate:

$$\Gamma(V \rightarrow \gamma\rho') = 2\sqrt{2}\,G\,\alpha Q_{\mathrm{q}}^2 \left(1 - \frac{m_{\rho'}^2}{m_{\mathrm{V}}^2}\right) |\psi(0)|^2. \tag{25-85}$$

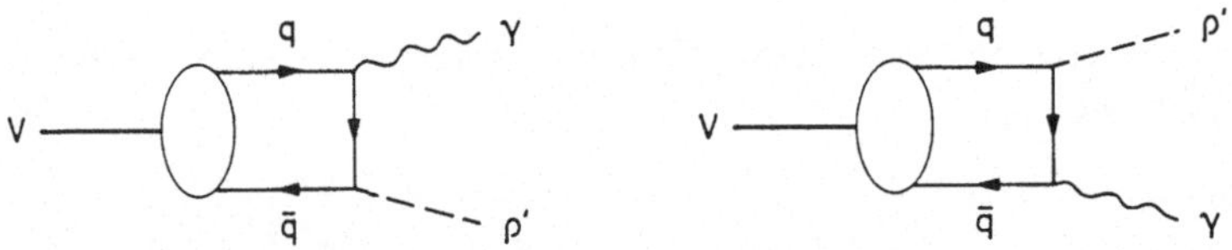

Bild 25-13 Die Diagramme für den Zerfall eines $^3\mathrm{S}_1$-Quarkonium-Zustandes V in ein Photon und ein Higgs-Boson

Dabei sind m_{V} die Masse des Teilchens V und Q_{q} die Ladung des Quarks q. Vergleichen wir mit der Zerfallsrate des Quarkonium-Zustandes in ein Lepton-Paar (Gl. (20-26)), so finden wir

$$\frac{\Gamma(V \rightarrow \gamma\rho')}{\Gamma(V \rightarrow \ell^+\ell^-)} = \frac{G\,m_{\mathrm{V}}^2}{4\sqrt{2}\,\pi\,\alpha} \left(1 - \frac{m_{\rho'}^2}{m_{\mathrm{V}}^2}\right). \tag{25-86}$$

Numerisch ergibt sich daraus z.B. für das Υ mit den gemessenen Werten für seine Masse und sein elektronisches Verzweigungsverhältnis:

$$m_{\Upsilon} = 9{,}46 \text{ GeV},$$
$$\frac{\Gamma(\Upsilon \rightarrow e^+e^-)}{\Gamma(\Upsilon \rightarrow \text{alle})} = 2{,}5\ \%, \tag{25-87}$$

als erwartetes Verzweigungsverhältnis für den Zerfall in Higgs und Photon:

$$\frac{\Gamma(\Upsilon \rightarrow \gamma \rho')}{\Gamma(\Upsilon \rightarrow \text{alle})} = 2,0 \cdot 10^{-4} \left(1 - \frac{m_{\rho'}^2}{m_V^2}\right). \tag{25-88}$$

Die Experimente haben diese Genauigkeit noch nicht erreicht.

Damit wollen wir die Besprechung des Higgs-Bosons abschließen. Weitere Untersuchungen der erwarteten Eigenschaften dieses Teilchens findet man z.B. bei Ellis 1976.

Aufgaben

25.1   Berechnen Sie numerisch den Beitrag des Ein-Photon-Austausches zum totalen Querschnitt $\sigma(e^+e^- \rightarrow \mu^+\mu^-)$ für $\sqrt{s} \cong m_Z$.

25.2   Führen Sie für die Amplitude der Reaktion $e^+e^- \rightarrow \mu^+\mu^-$ (Gl. (24-42)) die Partialwellen-Analyse nach Abschnitt 16-3 durch. In welchen Partialwellen erscheint das Z-Boson?

25.3   Zeichnen Sie die Diagramme niedrigster Ordnung für die Reaktion von Gl. (25-21) und berechnen Sie den Streuquerschnitt sowie die Winkelverteilung des Photons.

25.4   Berechnen Sie $\alpha_s(m_Z^2)$ und $\alpha_s(m_W^2)$ nach Gl. (19-25) für $f = 5$ unter der Annahme $\alpha_s(35^2 \text{ GeV}^2) = 0,10$ bis $0,17$, wie es aus den e^+e^--Daten gefunden wurde (Abschnitt 20.2).

25.5   Berechnen Sie die Reaktionsrate für die Produktion eines Z in der $q\bar{q}$-Annihilation mit darauffolgendem Zerfall in einen beliebigen rotationssymmetrischen Zustand X' (z.B. $X' = \mu^-\mu^+, e^-e^+$ etc.):

$$q(p_1') + \bar{q}(p_2') \longrightarrow Z \longrightarrow X', \tag{25-89}$$

ähnlich wie für die Reaktion $e^+e^- \rightarrow \mu^+\mu^-$ in Abschnitt 24.3. Berücksichtigen Sie dabei die endliche Breite Γ_Z des Z wie in Gln. (25-16), (25-17). Falten Sie darauf mit den Quark- und Antiquark-Verteilungen in Proton und Antiproton und berechnen Sie den Streuquerschnitt für die Reaktion:

$$p(p_1) + \bar{p}(p_2) \longrightarrow Z + X \atop \llcorner\!\!\longrightarrow X' \tag{25-90}$$

Vergleichen Sie das Resultat mit Gl. (25-46), das $\Gamma_Z = 0$ entspricht, und schätzen Sie die Größe der Korrekturen durch die endliche Z-Breite ab.

25.6   Berechnen Sie den Erwartungswert des Drehimpulsoperators $\vec{J}$ in dem durch die Dichtematrix ρ von Gl. (25-70) gegebenen Zustand des Z in seinem Ruhsystem.

25.7   Verifizieren Sie die Gl. (25-72).

25.8   Berechnen Sie für die Reaktion

$$q(p_1') + \bar{q}(p_2') \rightarrow Z \rightarrow \ell^+(p_3) + \ell^-(p_4)$$

den Erwartungswert der Helizität, d.h. der Drehimpulskomponente $(\hat{p}_3 \vec{J})$ des erzeugten Leptonpaares für festes $\hat{p}_3$, stets bezogen auf das Ruhsystem des Z.

Berechnen Sie weiter den Mittelwert von $\cos\vartheta^*$ für die Verteilung von Gl. (25-72) und zeigen Sie, daß gilt

$$\langle\cos\vartheta^*\rangle = \frac{\langle \mathbf{J}^3\rangle_Z \,\langle \hat{\boldsymbol{p}}_3\,\vec{\mathbf{J}}\rangle_{\varrho^+\varrho^-}}{s\,(s+1)}\,.\tag{25-91}$$

Dabei ist $\langle \mathbf{J}^3\rangle_Z$ der Erwartungswert von $\mathbf{J}^3$ für das produzierte Z und $s = 1$ der Spin des Z. Dieses Resultat gilt ganz allgemein für beliebigen Spin (Jacob 1958).

25.9   Berechnen Sie die erwartete Verteilung in $\cos\vartheta^*$ für die Produktion des Z in $p\bar{p}$-Kollisionen. Dabei ist in Gl. (25-72) über die Beiträge von u- und d-Quarks geeignet zu mitteln.

25.10   Zeigen Sie, daß eine Matrix ρ über einem komplexen Raum $\mathbb{R}$ durch Angabe der Diagonal-Matrixelemente $\langle a|\rho|a\rangle$ für *alle* Vektoren $|a\rangle$ des Raums $\mathbb{R}$ eindeutig bestimmt ist.

25.11   Verifizieren Sie die Gln. (25-76) bis (25-78) und (25-85), (25-86).

26   Das System der neutralen K-Mesonen und die CP-Verletzung

Seit dem Jahre 1957 wissen wir, daß die schwache Wechselwirkung weder Paritäts- noch Ladungskonjugations-Invarianz zeigt. Weder der Paritätsoperator **P** noch der Ladungs-konjugationsoperator **C** sind erhalten[11]. Bis 1964 dachte man aber, daß der Produkt-operator **CP** erhalten sei. Wegen des CPT-Theorems wäre dann auch der Zeitumkehroperator **T** erhalten. Durch die fundamentale Arbeit von Christensen, Cronin, Fitch und Turlay (Christensen 1964, 1965) wissen wir, daß im Zerfall der neutralen K-Mesonen die CP-Symmetrie verletzt wird. Im Laufe der weiteren experimentellen und theoretischen Unter-suchungen der K-Mesonen konnte gezeigt werden, daß die CP-Verletzung mit einer Ver-letzung der Zeitumkehr-Invarianz T verbunden ist, wogegen es keine Anzeichen für eine Verletzung der CPT-Invarianz gibt (Schubert 1970; s. auch Casella 1969). In der Natur sind also auch auf dem *mikroskopischen Niveau* Zukunft und Vergangenheit voneinander unter-scheidbar.

Bisher wurden Effekte der CP- und T-Verletzung nur im System der neutralen K-Mesonen beobachtet, weshalb wir mit einer Besprechung dieses Systems beginnen wollen. Dabei werden wir die CPT-Invarianz voraussetzen, wie sie vom CPT-Theorem gefordert wird.

---

[11] In diesem Kapitel und in Anhang I schreiben wir der Kürze halber für den Paritäts-, den Ladungs-konjugations- und den Zeitumkehroperator **P**, **C** und **T** an Stelle von **U**(P), **U**(C) und **V**(T) in den Kapiteln 4 und 16.

26.1 Phänomenologie der neutralen K-Mesonen

Die neutralen K-Mesonen wurden in starken Reaktionen entdeckt, in der assoziierten Produktion (Kapitel 15). Eine typische Produktionsreaktion war:

$$\pi^- + p \longrightarrow K^0 + \Lambda. \tag{26-1}$$

Da man dem K^0 die Strangeness $S = +1$ zuschrieb, konnte das K^0 nicht sein eigenes Antiteilchen sein. Es mußte gelten:

$$\overline{K}^0 \neq K^0 \tag{26-2}$$

und somit zwei Zustände des neutralen K-Mesons geben. Dies wurde von Gell-Mann und Pais theoretisch vorhergesagt (Gell-Mann 1955) und von Landé et al. experimentell bestätigt (Landé 1956). Die Zustände $|K^0\rangle$ und $|\overline{K}^0\rangle$ sind durch die starken Prozesse eindeutig definiert. Zum Beispiel kann ein in der Reaktion Gl. (26-1) produziertes K^0-Meson in unmittelbarer Nähe seines Produktionspunktes wieder stark wechselwirken, etwa in der Reaktion:

$$K^0 + p \longrightarrow n + K^+. \tag{26-3}$$

Dieselbe Reaktion ist aber für $\overline{K}^0$ wegen der Erhaltung der Strangeness nicht möglich:

$$\overline{K}^0 + p \not\longrightarrow n + K^+. \tag{26-4}$$

Dagegen kann ein $\overline{K}^0$ durch Ladungsaustausch an einem Nukleon ein K^- produzieren:

$$\overline{K}^0 + n \longrightarrow p + K^-. \tag{26-5}$$

Aus dem Studium der starken Prozesse konnte man ableiten, daß K^0 und $\overline{K}^0$ pseudoskalare Teilchen sind. Es gilt also mit dem Paritätsoperator $\mathbf{P}$:

$$\begin{aligned} \mathbf{P}|K^0\rangle &= -|K^0\rangle, \\ \mathbf{P}|\overline{K}^0\rangle &= -|\overline{K}^0\rangle. \end{aligned} \tag{26-6}$$

Eine Ladungskonjugations-Transformation C führt ein K^0 in ein $\overline{K}^0$ über. Wir können die relativen Phasen von K^0 und $\overline{K}^0$ so wählen, daß gilt

$$\begin{aligned} \mathbf{C}|K^0\rangle &= |\overline{K}^0\rangle, \\ \mathbf{C}|\overline{K}^0\rangle &= |K^0\rangle. \end{aligned} \tag{26-7}$$

Es folgt dann für das Produkt CP

$$\begin{aligned} \mathbf{CP}|K^0\rangle &= -|\overline{K}^0\rangle, \\ \mathbf{CP}|\overline{K}^0\rangle &= -|K^0\rangle. \end{aligned} \tag{26-8}$$

Der Zerfall der K-Mesonen ist ein schwacher Prozeß. Wir wissen, daß die schwache Wechselwirkung weder die Strangeness S noch die Parität P noch die Ladungskonjugation C respektiert. Der häufigste Zerfall der neutralen K-Mesonen führt zu zwei Pionen. Dabei können *sowohl* K^0 *als auch* $\overline{K}^0$ denselben Endzustand liefern:

$$\begin{aligned} K^0 &\longrightarrow \pi^+\pi^-, \ \pi^0\pi^0, \\ \overline{K}^0 &\longrightarrow \pi^+\pi^-, \ \pi^0\pi^0. \end{aligned} \tag{26-9}$$

Damit ist klar, daß die schwache Wechselwirkung in höherer Ordnung auch Übergänge zwischen K^0 und $\overline{K}^0$ induzieren kann (Bild 26-1). Der Zerfall von K^0 und $\overline{K}^0$ kann daher nicht separat betrachtet werden, sondern wir müssen das Zweizustandssystem K^0-$\overline{K}^0$ als Ganzes behandeln.

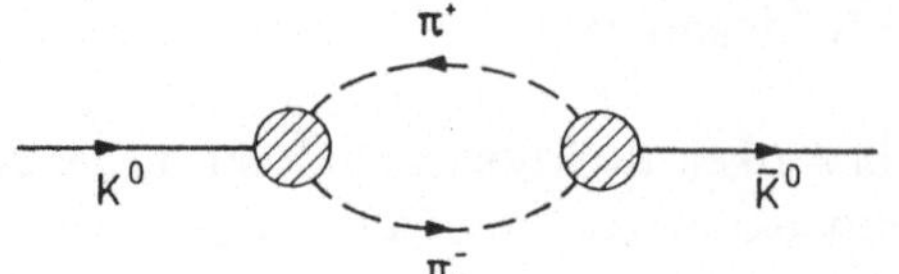

Bild 26-1
Der Übergang K^0-$\overline{K}^0$, vermittelt durch ein
intermediäres $\pi^+\pi^-$-Paar. Die Pionen können
dabei reell oder virtuell sein.

Ein geeigneter Formalismus, um den Zerfall eines Mehrzustandssystems zu beschreiben, wurde von Weisskopf und Wigner entwickelt (Weisskopf 1930). Wir wollen uns hier mit einer plausiblen Überlegung begnügen. Eine eingehende Besprechung geben wir in Anhang I.

Wir betrachten ein instabiles Teilchen in seinem Ruhsystem, zum Beispiel ein π^+-Meson. Wir nehmen an, zur Zeit $t = 0$ hätten wir genau ein Teilchen produziert. Für den Zustandsvektor des Pions zur Zeit $t = 0$ können wir schreiben:

$$|\psi(0)\rangle = |\pi^+\rangle, \tag{26-10}$$

wobei wir die Normierungsbedingung fordern:

$$\langle\psi(0)|\psi(0)\rangle = 1. \tag{26-11}$$

Ein plausibler Ansatz für den Zustandsvektor der *unzerfallenen* Pionen zu einem späteren Zeitpunkt $t > 0$ ist dann:

$$|\psi(t)\rangle = e^{-i\,(m_\pi - i\frac{1}{2}\,\Gamma_\pi)\,t}\,|\psi(0)\rangle. \tag{26-12}$$

Dabei sind m_π und Γ_π die Masse und totale Zerfallsrate des Teilchens, t die Eigenzeit. Damit erhalten wir nämlich einerseits ein exponentielles Abklingen der Wahrscheinlichkeit, ein unzerfallenes Teilchen zu finden:

$$\langle\psi(t)|\psi(t)\rangle = e^{-\Gamma_\pi t}. \tag{26-13}$$

Andererseits ist die Phase des Zustands $|\psi(t)\rangle$ durch die Masse — den Energie-Eigenwert im Ruhsystem — gegeben. Der Zustandsvektor des unzerfallenen Teilchens genügt also einer effektiven Schrödinger-Gleichung mit der komplexen „Masse" $(m_\pi - i\,\Gamma_\pi/2)$:

$$i\frac{\partial}{\partial t}\,|\psi(t)\rangle = \left(m_\pi - \frac{i}{2}\,\Gamma_\pi\right)|\psi(t)\rangle. \tag{26-14}$$

Gehen wir nun zu den K-Mesonen über, so müssen wir der Tatsache Rechnung tragen, daß Übergänge zwischen K^0 und $\overline{K}^0$ auftreten können. Der Zustand eines neutralen K-Mesons zu einer gewissen Zeit t ist im allgemeinen die Superposition eines K^0- und eines $\overline{K}^0$-Teilchens. Den entsprechenden Zustandsvektor müssen wir wie folgt ansetzen:

$$|\psi(t)\rangle = \psi_1(t)|K^0\rangle + \psi_2(t)|\overline{K}^0\rangle. \tag{26-15}$$

Dabei sind $\psi_1(t)$ $(\psi_2(t))$ die Amplitude und $|\psi_1(t)|^2$ $(|\psi_2(t)|^2)$ die Wahrscheinlichkeit, zur Zeit t ein K^0-$(\overline{K}^0$-)Meson anzutreffen. Der Zustandsraum eines ruhenden neutralen K-Mesons ist zweidimensional. Wie wir in Anhang I zeigen, genügt der Zustandsvektor in Gl. (26-15) einer effektiven Schrödinger-Gleichung ganz analog zur Gl. (26-14):

$$i\frac{\partial}{\partial t}\,|\psi(t)\rangle = \mathcal{M}\,|\psi(t)\rangle. \tag{26-16}$$

Dabei ist $\mathcal{M}$ ein Operator in dem obigen zweidimensionalen Zustandsraum, bei gegebener Basis also eine 2×2-Matrix, die im allgemeinen nichthermitesche Massenmatrix. Wir können aber $\mathcal{M}$, wie jede Matrix, in einen hermiteschen und einen antihermiteschen Anteil zerlegen. Dazu machen wir den Ansatz:

$$\mathcal{M} = \mathbf{M} - \frac{i}{2}\,\Gamma, \tag{26-17}$$

wobei wir $\mathbf{M} = \mathbf{M}^\dagger$ und $\Gamma = \Gamma^\dagger$ fordern, woraus wir leicht finden

$$\mathbf{M} = \frac{1}{2}\,(\mathcal{M} + \mathcal{M}^\dagger), \tag{26-18a}$$

$$\Gamma = i\,(\mathcal{M} - \mathcal{M}^\dagger). \tag{26-18b}$$

Man nennt $\mathbf{M}$ die hermitesche Massenmatrix und Γ die Zerfallsmatrix. Diese Matrizen sind die Verallgemeinerung von Masse und Zerfallsbreite eines ohne Zustandsmischung zerfallenden Teilchens (Gl. (26-14)).

Wir betrachten nun das Eigenwert-Problem für $\mathcal{M}$. Die Eigenvektoren bezeichnen wir mit $|K_S\rangle$, $|K_L\rangle$, die Eigenwerte mit M_S, M_L:

$$\begin{aligned}
\mathcal{M}\,|K_S\rangle &= M_S\,|K_S\rangle, \\
\mathcal{M}\,|K_L\rangle &= M_L\,|K_L\rangle.
\end{aligned} \tag{26-19}$$

Da $\mathcal{M}$ nicht hermitesch ist, sind weder die Eigenwerte reell noch die Eigenzustände orthogonal aufeinander. Wir setzen daher

$$\begin{aligned}
M_S &= \left(m_S - \frac{i}{2}\,\Gamma_S\right), \\
M_L &= \left(m_L - \frac{i}{2}\,\Gamma_L\right),
\end{aligned} \tag{26-20}$$

wobei m_S, m_L, Γ_S, Γ_L reell seien. Wie wir in Anhang I zeigen, gilt $\Gamma_S \geqslant 0$, $\Gamma_L \geqslant 0$. Weiter wollen wir die Normierung und die relative Phase von $|K_S\rangle$ und $|K_L\rangle$ so wählen, daß gilt

$$\langle K_S|K_S\rangle = \langle K_L|K_L\rangle = 1, \tag{26-21}$$

$$\langle K_S|K_L\rangle = \langle K_S|K_L\rangle^* \geqslant 0. \tag{26-22}$$

Da sich experimentell $\langle K_S|K_L\rangle$ als ungleich Null erweist, ist durch Gl. (26-22) die relative Phase von $|K_S\rangle$ und $|K_L\rangle$ festgelegt.

Es werde nun in einem Experiment zur Zeit $t = 0$ eine beliebige Superposition der Teilchen K^0 und $\bar{K}^0$ hergestellt, der Zustandsvektor sei

$$|\psi(0)\rangle = \psi_1|K^0\rangle + \psi_2|\bar{K}^0\rangle. \tag{26-23}$$

Die Zeitentwicklung dieses Zustands erhalten wir durch Lösung der Differentialgleichung (26-16). Dazu ist es günstig, $|\psi(0)\rangle$ nach den Zuständen $|K_S\rangle$ und $|K_L\rangle$ zu entwickeln. Das ergibt mit gewissen Konstanten c_S, c_L

$$|\psi(0)\rangle = c_S|K_S\rangle + c_L|K_L\rangle. \tag{26-24}$$

Die gesuchte Lösung ist dann, wie wir mit Hilfe der Gl. (26-19) leicht nachrechnen:

$$|\psi(t)\rangle = e^{-i\left(m_S - \frac{i}{2}\Gamma_S\right)t}\,c_S|K_S\rangle + e^{-i\left(m_L - \frac{i}{2}\Gamma_L\right)t}\,c_L|K_L\rangle. \tag{26-25}$$

Das zeitliche Abklingen der Wahrscheinlichkeit, ein unzerfallenes K-Meson zu finden, ist gegeben durch

$$\langle \psi(t) | \psi(t) \rangle = |c_S|^2 e^{-\Gamma_S t} + |c_L|^2 e^{-\Gamma_L t}$$

$$+ 2 \operatorname{Re} \left[c_S^* c_L \langle K_S | K_L \rangle e^{-i(m_L - m_S)t} \right] e^{-\frac{1}{2}(\Gamma_S + \Gamma_L)t} . \tag{26-26}$$

Dieser Ausdruck ist im allgemeinen recht kompliziert und enthält Information über die zwei Zerfallsraten Γ_S und Γ_L und über die Massendifferenz $m_L - m_S$. Ein rein exponentielles Zerfallsgesetz erhalten wir für die Zustände $|K_S\rangle$ und $|K_L\rangle$, d.h. wenn wir setzen $c_S = 1$, $c_L = 0$ oder $c_S = 0$, $c_L = 1$. Dabei sei durch Konvention $|K_S\rangle$ der kurzlebige Zustand (S steht für "short"), $|K_L\rangle$ der langlebige Zustand, d.h., wir wählen die Bezeichnung so, daß gilt $\Gamma_S \geqslant \Gamma_L$.

Welche Aussagen ergeben sich, wenn CP-Invarianz gilt? Nach Gl. (26-8) können wir die Eigenzustände des CP-Operators leicht angeben. Es sind dies

$$|K_1^0\rangle = \frac{1}{\sqrt{2}} (|K^0\rangle - |\bar{K}^0\rangle),$$

$$|K_2^0\rangle = \frac{1}{\sqrt{2}} (|K^0\rangle + |\bar{K}^0\rangle), \tag{26-27}$$

wobei

$$\mathbf{CP} |K_1^0\rangle = |K_1^0\rangle,$$
$$\mathbf{CP} |K_2^0\rangle = - |K_2^0\rangle. \tag{26-28}$$

Gilt CP-Invarianz, so kann die Massenmatrix $\mathscr{M}$ keine Übergänge zwischen K_1^0 und K_2^0 bewirken, diese Zustände haben dann rein exponentielles Zerfallsverhalten. Nun wußte man vor 1964, daß das kurzlebige neutrale K-Meson in zwei Pionen zerfiel:

$$K_S \longrightarrow \pi^+ \pi^-, \ \pi^0 \pi^0 . \tag{26-29}$$

Die zwei Pionen müssen in einem Zustand mit Drehimpuls $l = 0$ sein, da die K-Mesonen Spin 0 haben. Es folgt dann sofort, daß der Zwei-Pion-Zustand ein CP-Eigenzustand mit Eigenwert $+1$ ist:

$$\mathbf{CP} |\pi\pi(l=0)\rangle = |\pi\pi(l=0)\rangle. \tag{26-30}$$

Also schloß man

$$K_S = K_1^0 . \tag{26-31}$$

Damit folgt, falls CP-Invarianz gilt

$$K_L = K_2^0 \nrightarrow \pi\pi. \tag{26-32}$$

In der Tat zerfällt das langlebige neutrale K-Meson hauptsächlich wie folgt:

$$K_L \longrightarrow \pi^+ \pi^- \pi^0, \ \pi^0 \pi^0 \pi^0, \ \pi^\pm \mu^\mp \nu, \ \pi^\pm e^\mp \nu. \tag{26-33}$$

Die Lebensdauern sind

$$\tau_S = \Gamma_S^{-1} = (0{,}8923 \pm 0{,}0022) \cdot 10^{-10}\,\text{s},$$
$$\tau_L = \Gamma_L^{-1} = (5{,}183 \pm 0{,}040) \cdot 10^{-8}\,\text{s}. \tag{26-34}$$

In dem fundamentalen Experiment von Christensen et al. wurde aber gefunden, daß auch das langlebige K-Meson in zwei Pionen zerfällt, allerdings bloß mit einem geringen Verzweigungsverhältnis. Die heute gültigen Werte sind:

$$\frac{\Gamma(K_L \longrightarrow \pi^+\pi^-)}{\Gamma_L} = (2{,}03 \pm 0{,}05) \cdot 10^{-3},$$

$$\frac{\Gamma(K_L \longrightarrow \pi^0\pi^0)}{\Gamma_L} = (0{,}94 \pm 0{,}18) \cdot 10^{-3}. \tag{26-35}$$

Damit war die CP-Verletzung entdeckt, ein Resultat von fundamentaler Bedeutung. Die CP-Verletzung spielt zum Beispiel eine wichtige Rolle im Rahmen moderner kosmologischer Theorien, die eine Erklärung für die beobachtete Baryon-Antibaryon-Asymmetrie im Universum liefern wollen (s. Gibbons 1983, Linde 1984 und dort zitierte Referenzen).

Einen besonders klaren Beweis für die CP-Verletzung findet man aus den Zerfällen

$$K_L \longrightarrow \pi^\pm \ell^\mp \nu, \tag{26-36}$$

wobei $\ell = e, \mu$. Falls das langlebige K-Meson ein Eigenzustand des CP-Operators ist, müssen die totalen Raten für den ℓ^-- und ℓ^+-Zerfall gleich sein:

$$\Gamma(K_L \to \pi^+ \ell^- \nu) = \Gamma(K_L \to \pi^- \ell^+ \nu) \quad \text{(bei CP-Invarianz).} \tag{26-37}$$

Experimentell findet man stattdessen:

$$\delta = \frac{\Gamma(K_L \to \pi^- \ell^+ \nu) - \Gamma(K_L \to \pi^+ \ell^- \nu)}{\Gamma(K_L \to \pi^- \ell^+ \nu) + \Gamma(K_L \to \pi^+ \ell^- \nu)} = (0{,}330 \pm 0{,}012) \cdot 10^{-2}. \tag{26-38}$$

Dabei geben wir den Mittelwert der Resultate für $\ell = e$ und $\ell = \mu$ an, die miteinander innerhalb der Fehler verträglich sind.

Wir analysieren nun die Zerfälle

$$K_{S,L} \longrightarrow \pi^+\pi^-, \ \pi^0\pi^0 \tag{26-39}$$

genauer. Die beiden Pionen müssen, wie schon erwähnt, in einem Zustand mit Bahndrehimpuls $l = 0$ sein, bezogen auf ihr Schwerpunktsystem. Diese Zustände können wir nach den Methoden von Abschnitt 16.3 konstruieren. Für allgemeine Schwerpunktsenergie $\sqrt{s}$ definieren wir (s. Gl. (16-58))

$$|\pi^+\pi^-; s; l = 0\rangle = \int d\Omega_k \ \frac{1}{\sqrt{4\pi}} \ |\pi^+(k)\, \pi^-(-k)\rangle, \tag{26-40}$$

$$|\pi^0\pi^0; s; l = 0\rangle = \int d\Omega_k \ \frac{1}{\sqrt{4\pi}} \frac{1}{\sqrt{2}} \ |\pi^0(k)\, \pi^0(-k)\rangle, \tag{26-41}$$

wobei $\sqrt{s} = 2k^0 = 2\sqrt{k^2 + m_\pi^2}$. Die Zustände in Gln. (26-40) und (26-41) sind gleich normiert. Der extra Faktor $1/\sqrt{2}$ auf der rechten Seite von Gl. (26-41) berücksichtigt die Ununterscheidbarkeit der beiden π^0-Mesonen. Wir untersuchen nun diese Zustände bezüglich des (starken) Isospins I. Ein Pion hat $I = 1$, zwei Pionen können daher Zustände mit $I = 0, 1$ und 2 bilden. Für Drehimpuls $l = 0$ sind die beiden Pionen in einem symmetrischen Impulszustand. Wegen der Bose-Symmetrie muß dann ihr Zustand auch bezüglich des Isospin symmetrisch sein, womit als Gesamtisospin nur $I = 0$ und $I = 2$ in Frage kommen. Die Isospin-Eigenzustände für zwei Pionen entgegengesetzter Impulsrichtung konstruieren wir leicht mit Hilfe der Clebsch-Gordan-Koeffizienten. Uns interessieren die Zustände mit $I = 0$ und 2 sowie dritter Komponente $I_3 = 0$:

$$|\pi(k)\,\pi(-k);\ I = 0, I_3 = 0\rangle$$

$$= \frac{1}{\sqrt{3}}\{|\pi^+(k)\,\pi^-(-k)\rangle - |\pi^0(k)\,\pi^0(-k)\rangle + |\pi^-(k)\,\pi^+(-k)\rangle\},$$

$$|\pi(k)\,\pi(-k);\ I = 2, I_3 = 0\rangle$$

$$= \frac{1}{\sqrt{6}}\{|\pi^+(k)\,\pi^-(-k)\rangle + 2|\pi^0(k)\,\pi^0(-k)\rangle + |\pi^-(k)\,\pi^+(-k)\rangle\}. \qquad (26\text{-}42)$$

Die entsprechenden Zustände mit Drehimpuls $l = 0$ definieren wir als

$$|\pi\pi;\ s;\ l = 0;\ I, I_3 = 0\rangle$$

$$= \int d\Omega_k\ \frac{1}{\sqrt{4\pi}}\ \frac{1}{\sqrt{2}}\ |\pi(k)\,\pi(-k);\ I, I_3 = 0\rangle. \qquad (26\text{-}43)$$

Die Normierung dieser Zustände ist dieselbe wie für die Zustände der Gln. (26-40), (26-41). Im folgenden setzen wir

$$|\pi^+\pi^-;\ s = m_K^2;\ l = 0\rangle \equiv |\pi^+\pi^-\rangle,$$
$$|\pi^0\pi^0;\ s = m_K^2;\ l = 0\rangle \equiv |\pi^0\pi^0\rangle, \qquad (26\text{-}44)$$
$$|\pi\pi;\ s = m_K^2;\ l = 0;\ I, I_3 = 0\rangle \equiv |\pi\pi, I\rangle.$$

Aus Gln. (26-40) bis (26-42) ergibt sich dann

$$|\pi^+\pi^-\rangle = \sqrt{\frac{2}{3}}\,|\pi\pi, 0\rangle + \sqrt{\frac{1}{3}}\,|\pi\pi, 2\rangle,$$

$$|\pi^0\pi^0\rangle = -\sqrt{\frac{1}{3}}\,|\pi\pi, 0\rangle + \sqrt{\frac{2}{3}}\,|\pi\pi, 2\rangle. \qquad (26\text{-}45)$$

Wir betrachten nun die Amplituden, d.h. die T-Matrixelemente für die Zerfälle $K_{S,L} \longrightarrow \pi\pi$ und definieren die folgenden Größen

$$\omega = \frac{\langle \pi\pi, 2|\mathbf{T}|K_S\rangle}{\langle \pi\pi, 0|\mathbf{T}|K_S\rangle}, \qquad (26\text{-}46)$$

$$\eta_{+-} = \frac{\langle \pi^+\pi^-|\mathbf{T}|K_L\rangle}{\langle \pi^+\pi^-|\mathbf{T}|K_S\rangle}, \qquad (26\text{-}47)$$

$$\eta_{00} = \frac{\langle \pi^0\pi^0|\mathbf{T}|K_L\rangle}{\langle \pi^0\pi^0|\mathbf{T}|K_S\rangle}. \qquad (26\text{-}48)$$

Weiter setzen wir

$$\varphi_{+-} \equiv \arg \eta_{+-},$$
$$\varphi_{00} \equiv \arg \eta_{00}. \qquad (26\text{-}49)$$

Auf Grund unserer Konvention (Gl. (26-22)) sind die Phasen eindeutig bestimmte und beobachtbare Größen.

Das Amplitudenverhältnis ω hat nichts mit der CP-Verletzung zu tun, sondern mißt den Anteil von $I = 2$ relativ zu $I = 0$ im Endzustand des Zerfalls $K_S \longrightarrow \pi\pi$. In Anhang I zei-

Tabelle 26-1 Experimentelle Werte für Parameter des K^0-$\bar{K}^0$-Systems. Die Werte für ϵ'/ϵ sind nach Black 1985 (a) und Bernstein 1985 (b). Der Wert für ω ist nach der in Anhang I angegebenen Methode berechnet (s. Schubert 1970).

Größe	experimenteller Wert
$m_{K^0} = (m_L + m_S)/2$	$497{,}67 \pm 0{,}13$ MeV
$m_L - m_S$	$(3{,}521 \pm 0{,}014) \cdot 10^{-12}$ MeV $\hat{=}$ $(0{,}5349 \pm 0{,}0022) \cdot 10^{10}$ s^{-1}
$\Gamma_S \equiv \Gamma(K_S \to \text{alle})$	$(1{,}121 \pm 0{,}003) \cdot 10^{10}$ s^{-1}
$\Gamma_L \equiv \Gamma(K_L \to \text{alle})$	$(1{,}929 \pm 0{,}015) \cdot 10^7$ s^{-1}
$\Gamma(K_S \to \pi^+ \pi^-)/\Gamma_S$	$(68{,}61 \pm 0{,}24)$ %
$\Gamma(K_S \to \pi^0 \pi^0)/\Gamma_S$	$(31{,}39 \pm 0{,}24)$ %
$\Gamma(K_L \to \pi^0 \pi^0 \pi^0)/\Gamma_L$	$(21{,}5 \pm 1{,}0)$ %
$\Gamma(K_L \to \pi^+ \pi^- \pi^0)/\Gamma_L$	$(12{,}39 \pm 0{,}20)$ %
$\Gamma(K_L \to \pi^\pm \mu^\mp \nu)/\Gamma_L$	$(27{,}1 \pm 0{,}4)$ %
$\Gamma(K_L \to \pi^\pm e^\mp \nu)/\Gamma_L$	$(38{,}7 \pm 0{,}5)$ %
$\lvert \eta_{+-} \rvert$	$(2{,}274 \pm 0{,}022) \cdot 10^{-3}$
φ_{+-}	$(44{,}6 \pm 1{,}2)^0$
$\lvert \eta_{00} \rvert$	$(2{,}33 \pm 0{,}08) \cdot 10^{-3}$
φ_{00}	$(54 \pm 5)^0$
$e^{i0{,}05\pi}\dfrac{\epsilon'}{\epsilon}$	$\left\{ \begin{array}{l} 0{,}0017 \pm 0{,}0082 \ \ (a) \\ -0{,}0046 \pm 0{,}0058 \ \ (b) \end{array} \right.$
ω	$(0{,}044 \pm 0{,}013)\, \exp i\,(-39^0 \pm 18^0)$

gen wir, wie sich ω aus dem Verhältnis $\Gamma(K_S \to \pi^+\pi^-)/\Gamma(K_S \to \pi^0\pi^0)$ bestimmen läßt. Experimentell erweist sich ω als klein (Tabelle 26-1). Diese Tatsache bildet zusammen mit einigen Resultaten von nichtleptonischen Hyperon-Zerfällen den Inhalt der sogenannten $\Delta I = 1/2$-Regel, deren theoretische Ableitung im Rahmen des Standardmodells ein offenes Problem darstellt.

Die Größen η_{+-} und η_{00} sind nach Gl. (26-32) ein direktes Maß für die CP-Verletzung. Ihre Absolutbeträge erhält man aus den Relationen:

$$\frac{\Gamma(K_L \to \pi^+\pi^-)}{\Gamma(K_S \to \pi^+\pi^-)} = \lvert \eta_{+-} \rvert^2,$$

$$\frac{\Gamma(K_L \to \pi^0\pi^0)}{\Gamma(K_S \to \pi^0\pi^0)} = \lvert \eta_{00} \rvert^2. \tag{26-50}$$

Zur Bestimmung der Phasen φ_{+-}, φ_{00} muß man den gesamten zeitlichen Verlauf des $\pi^+\pi^-$ bzw. $\pi^0\pi^0$-Zerfalls eines zur Zeit $t = 0$ vorgegebenen K-Zustands analysieren. Es ist üblich, noch zwei weitere Parameter, ϵ und ϵ', einzuführen, die aber von den obigen abhängig sind:

$$\epsilon = \frac{\langle \pi\pi, 0 \lvert \mathbf{T} \rvert K_L \rangle}{\langle \pi\pi, 0 \lvert \mathbf{T} \rvert K_S \rangle}, \tag{26-51}$$

$$\epsilon' = \frac{1}{\sqrt{2}} \left\{ \frac{\langle \pi\pi, 2 \lvert \mathbf{T} \rvert K_L \rangle}{\langle \pi\pi, 0 \lvert \mathbf{T} \rvert K_L \rangle} - \frac{\langle \pi\pi, 2 \lvert \mathbf{T} \rvert K_S \rangle}{\langle \pi\pi, 0 \lvert \mathbf{T} \rvert K_S \rangle} \right\} \epsilon. \tag{26-52}$$

Eine einfache Rechnung liefert:

$$\epsilon = \frac{1}{3}\left\{2\eta_{+-} + \eta_{00} + \sqrt{2}\,\omega\,(\eta_{+-} - \eta_{00})\right\}, \tag{26-53}$$

$$\epsilon' = \frac{1}{3}\,(\eta_{+-} - \eta_{00})\left(1 - \frac{1}{\sqrt{2}}\,\omega - \omega^2\right). \tag{26-54}$$

Die experimentellen Werte für diese und einige andere Parameter von Interesse stellen wir in Tabelle 26-1 zusammen. Für die Methoden der Bestimmung verweisen wir auf Anhang I und auf die einschlägigen Überblicksartikel (z.B. Lee 1966, Kleinknecht 1976, Cronin 1981, Buras 1984).

Schon bald nach der Entdeckung der CP-Verletzung wurde ein einfaches phänomenologisches Modell vorgeschlagen, das „superweak"-Modell, um die Beobachtungen zu erklären (Wolfenstein 1964). Dabei wird die Existenz einer superschwachen Kraft postuliert, welche Übergänge zwischen den CP-Eigenzuständen $|K_1^0\rangle$ und $|K_2^0\rangle$ (Gl. (26-27)) vermitteln, sonst aber nirgends in Erscheinung treten soll. Um die Konsequenzen dieser Annahme zu analysieren, betrachten wir die Massenmatrix $\mathcal{M}$ für die neutralen K-Mesonen in der Basis $|K_1^0\rangle$, $|K_2^0\rangle$:

$$\mathcal{M} = \begin{pmatrix} \mathcal{M}_{11} & \mathcal{M}_{12} \\ \mathcal{M}_{21} & \mathcal{M}_{22} \end{pmatrix}, \tag{26-55}$$

wobei $\mathcal{M}_{ij} = \langle K_i^0 | \mathcal{M} | K_j^0 \rangle$. Ist $\mathbf{H}'_{sw}$ der Hamilton-Operator der superschwachen Wechselwirkung, so gilt nach Gln. (I-37) und (I-38) von Anhang I bei Vernachlässigung von Termen quadratisch in $\mathbf{H}' \equiv \mathbf{H}'_{sw}$:

$$\mathcal{M}_{12} = \langle K_1^0 | \mathbf{H}'_{sw} | K_2^0 \rangle. \tag{26-56}$$

Die Hermitezität von $\mathbf{H}'_{sw}$ und die CPT-Invarianz (Gl. (I-66)) liefern weiter:

$$\mathcal{M}_{12} = \mathcal{M}_{21}^*, \tag{26-57}$$

$$\mathcal{M}_{12} + \mathcal{M}_{21} = 0. \tag{26-58}$$

Es muß also im „superweak"-Modell $\mathcal{M}_{12}$ rein imaginär sein, $\mathcal{M}_{12} = \pm\,i\,|\mathcal{M}_{12}|$. Nun können wir leicht die Eigenwerte und Eigenzustände von $\mathcal{M}$ bestimmen. Begnügen wir uns damit, die führenden Terme in einer Entwicklung nach dem Parameter $\mathcal{M}_{12}/(\mathcal{M}_{11} - \mathcal{M}_{22})$ anzugeben, so finden wir

$$\begin{aligned} M_S &= \mathcal{M}_{11}, \\ M_L &= \mathcal{M}_{22}, \end{aligned} \tag{26-59}$$

$$\begin{aligned} |K_S\rangle &= |K_1^0\rangle + \epsilon_S\,|K_2^0\rangle, \\ |K_L\rangle &= |K_2^0\rangle + \epsilon_L\,|K_1^0\rangle. \end{aligned} \tag{26-60}$$

Dabei ist

$$\epsilon_S = \epsilon_L = \frac{\mathcal{M}_{12}}{M_L - M_S} = \frac{\pm\,i\,|\mathcal{M}_{12}|}{m_L - m_S - \frac{i}{2}\,(\Gamma_L - \Gamma_S)} \tag{26-61}$$

und die relative Phase der Zustände $|K_L\rangle$, $|K_S\rangle$ ist entsprechend der Gl. (26-22) gewählt (s. Anhang I).

Im „superweak"-Modell ist nach Definition die einzige Quelle der CP-Verletzung die in Gl. (26-60) angegebene „CP-Unreinheit" der Zustände $|K_S\rangle$ und $|K_L\rangle$. Die Zerfallsamplituden selbst sollen keine CP-Verletzung induzieren. Insbesondere soll in diesem Modell der CP-Eigenzustand $|K_2^0\rangle$ mit Eigenwert -1 nicht in zwei Pionen zerfallen:

$$K_2^0 \not\rightarrow \pi^+\pi^-, \ \pi^0\pi^0.$$

Damit folgt bei Vernachlässigung von Termen der Ordnung ϵ_L^2:

$$\begin{aligned}
\langle \pi^+\pi^- |T|K_L\rangle &= \epsilon_L \langle \pi^+\pi^- |T|K_1^0\rangle = \epsilon_L \langle \pi^+\pi^- |T|K_S\rangle, \\
\langle \pi^0\pi^0 |T|K_L\rangle &= \epsilon_L \langle \pi^0\pi^0 |T|K_1^0\rangle = \epsilon_L \langle \pi^0\pi^0 |T|K_S\rangle.
\end{aligned} \tag{26-62}$$

Die Vorhersagen des „superweak"-Modells für die Parameter der CP-Verletzung im Zerfall $K \rightarrow \pi\pi$ sind also:

$$\eta_{+-} = \eta_{00} = \epsilon = \epsilon_L = \frac{\mathscr{M}_{12}}{m_L - m_S - \dfrac{i}{2}(\Gamma_L - \Gamma_S)}, \tag{26-61}$$

$$\frac{\epsilon'}{\epsilon} = 0, \tag{26-62}$$

$$\varphi_{+-} = \varphi_{00} = \arctan\left(2\,\frac{m_L - m_S}{\Gamma_S - \Gamma_L}\right) + \arg\mathscr{M}_{12} - \frac{\pi}{2}, \tag{26-63}$$

$$\left(\arg\mathscr{M}_{12} = \pm\frac{\pi}{2}\right).$$

Setzen wir hier die experimentellen Werte für $m_L - m_S$ und $\Gamma_S - \Gamma_L$ ein, so ergibt sich:

$$\varphi_{+-} = \varphi_{00} = 43{,}7° \pm 0{,}1° + \arg\mathscr{M}_{12} - 90°. \tag{26-64}$$

Vergleichen wir diese Vorhersagen mit den gemessenen Werten von $|\eta_{+-}|$, $|\eta_{00}|$, φ_{+-}, φ_{00} und ϵ'/ϵ (Tabelle 26-1), so finden wir, daß das „superweak"-Modell mit dem Experiment gut verträglich ist, falls $\mathscr{M}_{12}$ positiv imaginär ist. In der Tat ist es den Experimentalphysikern trotz intensiver Bemühungen bisher nicht gelungen, irgendeine Abweichung von den Vorhersagen des „superweak"-Modells zu entdecken. Für den einzigen freien Parameter des Modells, $\mathscr{M}_{12}$, erhalten wir:

$$\mathscr{M}_{12} = i\,|\eta_{+-}|\left[(m_L - m_S)^2 + \frac{1}{4}(\Gamma_S - \Gamma_L)^2\right]^{1/2},$$

$$|\mathscr{M}_{12}| \cong 3\cdot 10^{-3}\,(m_L - m_S) \cong 10^{-14}\,\text{MeV}. \tag{26-65}$$

Die superschwache Wechselwirkungsenergie $\mathscr{M}_{12}$ ist also noch etwa um einen Faktor 1000 kleiner als die von der schwachen Wechselwirkung herrührende Massendifferenz $m_L - m_S$. Die beobachtete CP-Verletzung könnte in der Tat von einer solchen superschwachen Kraft verursacht sein.

26.2 CP-Verletzung und CPT-Invarianz im Standardmodell

26.2.1 Die CP-Verletzung in der Lagrange-Dichte

Wir gehen von der Lagrange-Dichte $\mathscr{L}$ des Standardmodells in der Gestalt von Gl. (22-123) aus und fragen, wann wir Invarianz unter einer CP-Transformation haben.

Eine solche CP-Transformation muß jedenfalls Dirac-Felder definierter Masse in sich transformieren. Wir machen daher den folgenden Ansatz in der Basis der physikalischen Felder (vgl. Abschnitt 4.5):

$$\text{CP:}\quad \nu_{\ell L}(x) \longrightarrow e^{i\varphi_{\nu_\ell}}\,\gamma_0\,\mathbf{S}(C)\,\bar{\nu}_{\ell L}^{T}(x'),$$
$$\ell(x) \longrightarrow e^{i\varphi_\ell}\,\gamma_0\,\mathbf{S}(C)\,\bar{\ell}^{T}(x'),$$
$$\mathbf{q}(x) \longrightarrow e^{i\varphi_q}\,\gamma_0\,\mathbf{S}(C)\,\bar{\mathbf{q}}^{T}(x'),$$
$$\tag{26-66}$$

wobei $\ell = e, \mu, \tau$ und $q = u, c, t, d, s, b$. Weiter ist

$$x = \begin{pmatrix} t \\ x \end{pmatrix}, \qquad x' = \begin{pmatrix} t \\ -x \end{pmatrix}$$

und $\mathbf{S}(C)$ ist die Matrix der Ladungskonguation (Gl. (4-124)). Wir lassen noch beliebige Phasen φ_{ν_ℓ}, φ_ℓ, φ_q für die verschiedenen fundamentalen Fermionen zu. Wie wir bereits aus Abschnitt 4.5 wissen, sind bei den Ersetzungen von Gl. (26-66) die kinetischen Terme und die Massenterme für die Dirac-Felder in $\mathscr{L}$ invariant.

Wir studieren nun, ob wir diese Transformation der Dirac-Felder durch eine geeignete Transformation der Bose-Felder ergänzen können, so daß die Lagrange-Dichte in Gl. (22-123) invariant ist.

Invarianz der Yukawa-Kopplungen und des Higgs-Teils von $\mathscr{L}$ erzielen wir, wenn wir setzen:

$$\text{CP:}\quad \rho'(x) \longrightarrow \rho'(x'). \tag{26-67}$$

Wir betrachten als nächstes den Wechselwirkungsterm $\mathscr{L}_{Int}$ (Gl. (22-77)), wobei die Ströme durch Gln. (22-112), (22-114) und (22-124) gegeben sind. Bei der Transformation Gl. (26-66) erhalten wir für den elektromagnetischen Strom:

$$\text{CP:}\quad \mathscr{I}^{\lambda}_{em}(x) \longrightarrow - \mathscr{I}_{\lambda,em}(x'). \tag{26-68}$$

Dabei benutzen wir, daß die Ladungsmatrix $\mathbf{Q}$ in der physikalischen Basis für die Dirac-Felder diagonal ist. Analog finden wir für den neutralen schwachen Strom, der ja in der physikalischen Basis ebenfalls diagonal ist (Gl. (22-114)):

$$\text{CP:}\quad \mathscr{I}^{\lambda}_{NC}(x) \longrightarrow - \mathscr{I}_{\lambda,NC}(x'). \tag{26-69}$$

Für den geladenen schwachen Strom (Gl. (22-112)) ergibt sich andererseits:

$$\text{CP:}\quad \mathscr{I}^{\lambda}_{CC}(x) = (\bar{\nu}_{e_L}(x),\, \bar{\nu}_{\mu_L}(x),\, \bar{\nu}_{\tau_L}(x))\,\gamma^{\lambda} \begin{pmatrix} \mathbf{e}_L(x) \\ \mu_L(x) \\ \tau_L(x) \end{pmatrix}$$

$$+ (\bar{\mathbf{u}}_L(x),\, \bar{\mathbf{c}}_L(x),\, \bar{\mathbf{t}}_L(x))\,\gamma^{\lambda}\mathbf{V} \begin{pmatrix} \mathbf{d}_L(x) \\ \mathbf{s}_L(x) \\ \mathbf{b}_L(x) \end{pmatrix}$$

$$\longrightarrow -(e^{i\varphi_e}\bar{\mathbf{e}}_L(x'),\, e^{i\varphi_\mu}\bar{\mu}_L(x'),\, e^{i\varphi_\tau}\bar{\tau}_L(x'))\,\gamma_\lambda \begin{pmatrix} e^{-i\varphi_{\nu_e}} & \nu_{e_L}(x') \\ e^{-i\varphi_{\nu_\mu}} & \nu_{\mu_L}(x') \\ e^{-i\varphi_{\nu_\tau}} & \nu_{\tau_L}(x') \end{pmatrix}$$

$$- (e^{i\varphi_d}\bar{\mathbf{d}}_L(x'),\, e^{i\varphi_s}\bar{\mathbf{s}}_L(x'),\, e^{i\varphi_b}\bar{\mathbf{b}}_L(x'))\,\gamma_\lambda\mathbf{V}^{T} \begin{pmatrix} e^{-i\varphi_u} & \mathbf{u}_L(x') \\ e^{-i\varphi_c} & \mathbf{c}_L(x') \\ e^{-i\varphi_t} & \mathbf{t}_L(x') \end{pmatrix} . \tag{26-70}$$

Soll diese CP-Transformation zu einer Invarianz der Lagrange-Dichte $\mathscr{L}$ des Standardmodells führen, muß der transformierte geladene Strom wieder in $\mathscr{L}$ vorkommen oder einem dort vorkommenden Strom äquivalent sein. Als einziger Strom bietet sich der hermitesch konjugierte Strom $\mathscr{J}^{\dagger}_{CC}$ an. Wir müssen also fordern:

$$\text{CP:} \quad \mathscr{J}^{\lambda}_{CC}(x) \longrightarrow -e^{i\chi}\, \mathscr{J}^{\dagger}_{CC\,\lambda}(x'), \tag{26-71}$$

wobei χ eine noch beliebige Phase ist. Können wir diese Forderung durch geeignete Wahl der Phasen φ_{ν_ϱ}, φ_ϱ, φ_q in Gl. (26-66) erfüllen? Wir erhalten aus Gln. (26-70) und (26-71) die Bedingungen:

$$\begin{aligned}
\varphi_e - \varphi_{\nu_e} &= \chi, \\
\varphi_\mu - \varphi_{\nu_\mu} &= \chi, \\
\varphi_\tau - \varphi_{\nu_\tau} &= \chi,
\end{aligned} \tag{26-72}$$

$$\begin{pmatrix} e^{i\varphi_d} & 0 & 0 \\ 0 & e^{i\varphi_s} & 0 \\ 0 & 0 & e^{i\varphi_b} \end{pmatrix} \mathbf{V}^T \begin{pmatrix} e^{-i\varphi_u} & 0 & 0 \\ 0 & e^{-i\varphi_c} & 0 \\ 0 & 0 & e^{-i\varphi_t} \end{pmatrix} = e^{i\chi}\,\mathbf{V}^\dagger. \tag{26-73}$$

Die Gl. (26-73) können wir auch so schreiben:

$$\begin{pmatrix} e^{-i\varphi_u} & 0 & 0 \\ 0 & e^{-i\varphi_c} & 0 \\ 0 & 0 & e^{-i\varphi_t} \end{pmatrix} \mathbf{V} \begin{pmatrix} e^{i(\varphi_d - \chi)} & 0 & 0 \\ 0 & e^{i(\varphi_s - \chi)} & 0 \\ 0 & 0 & e^{i(\varphi_b - \chi)} \end{pmatrix} = \mathbf{V}^*. \tag{26-74}$$

In Abschnitt 22.4 und Anhang H haben wir genau solche Transformationen betrachtet, um $\mathbf{V}$ auf eine Normalgestalt zu bringen. Wir erhalten daher als *notwendige Bedingung* für CP-Invarianz, daß die Kobayashi-Maskawa-Matrix $\mathbf{V}$ und ihr komplex konjugiertes $\mathbf{V}^*$ dieselbe Normalgestalt haben, d.h., daß $\mathbf{V}$ in der Normalform reell ist (Kobayashi 1973):

$$\mathbf{V} = \mathbf{V}^*. \tag{26-75}$$

Für *zwei* Familien ist diese Bedingung nach Gl. (22-107) *stets* erfüllt. Für *drei* Familien ist diese Bedingung *nur* erfüllt, falls für die Phase in der Standardparametrisierung von $\mathbf{V}$ (Gl. (22-108)) gilt:

$$\delta = 0 \quad \text{oder} \quad \pi. \tag{26-76}$$

Es bleibt noch zu untersuchen, ob die Bedingung $\mathbf{V} = \mathbf{V}^*$ auch hinreichend für die CP-Invarianz im Standardmodell ist. Das ist in der Tat der Fall. Gilt $\mathbf{V} = \mathbf{V}^*$, so ist die Lagrange-Dichte $\mathscr{L}$ von Gl. (22-123) bei der folgenden Transformation bis auf die Addition einer totalen Divergenz invariant:

$$\begin{aligned}
\text{CP:} \quad \psi(x) &\longrightarrow \gamma_0\, \mathbf{S}(C)\, \overline{\psi}^T(x') \quad \text{(für alle Dirac-Felder } \psi = \nu_{\varrho_L}, \ell, \mathbf{q}), \\
\rho'(x) &\longrightarrow \rho'(x'), \\
\mathbf{G}^\mu(x) &\longrightarrow -\mathbf{G}^T_\mu(x'), \\
\mathbf{W}^\mu(x) &\longrightarrow -\mathbf{W}^T_\mu(x'), \\
\mathbf{B}^\mu(x) &\longrightarrow -\mathbf{B}_\mu(x').
\end{aligned} \tag{26-77}$$

Aus diesem Ergebnis folgt zum Beispiel, daß es unmöglich ist, im Rahmen des Standardmodells mit nur einem Higgs-Dublett und *zwei* Familien die CP-Invarianz zu brechen. Aus der beobachteten CP-Verletzung zogen Kobayashi und Maskawa 1973 den Schluß, es müsse entweder mehr Higgs-Teilchen oder mehr als zwei Familien geben. Die darauffolgenden Entdeckungen des τ-Leptons und des b-Quarks haben ihren Schluß glänzend bestätigt.

Eine Phase $\delta \neq 0$ oder π in der Kobayashi-Maskawa-Matrix ist also eine Quelle für die CP-Verletzung im Standardmodell. Eine weitere mögliche Quelle der CP-Verletzung sieht man der Lagrange-Dichte $\mathscr{L}$ (Gl. (22-123)) nicht direkt an. Wie einige Autoren gezeigt haben, können nicht-störungstheoretische Effekte im Rahmen der QCD zu einer CP-Verletzung führen ('t Hooft 1976a, b, Jackiw 1976, Callan 1976). Dies läuft darauf hinaus, daß die Lagrange-Dichte $\mathscr{L}$ (Gl. (22-123)) durch eine effektive Lagrange-Dichte $\mathscr{L}_{\text{eff}}$ ersetzt wird, die einen zusätzlichen freien Parameter, den dimensionslosen Winkel ϑ, enthält:

$$\mathscr{L}_{\text{eff}}(x) = \mathscr{L}(x) + \mathscr{L}_\vartheta(x), \tag{26-78}$$

wobei

$$\mathscr{L}_\vartheta(x) = \frac{\vartheta g_s^2}{32\pi^2} \, \text{Sp}(\epsilon^{\mu\nu\rho\lambda} \, \mathbf{G}_{\mu\nu}(x) \, \mathbf{G}_{\rho\lambda}(x)). \tag{26-79}$$

Der Zusatzterm $\mathscr{L}_\vartheta$ hat offenbar ungerade Parität P und ist, wie wir leicht nachrechnen, auch ungerade bei der CP-Transformation (Gl. (26-77)). Es ist daher $\mathscr{L}_\vartheta$ gerade bei der Ladungskonjugations-Transformation C, verletzt aber nach dem CPT-Theorem (s. unten) für $\vartheta \neq 0$ die Zeitumkehr-Invarianz T. Wie man zeigen kann, wird durch $\mathscr{L}_\vartheta$ ein *elektrisches* Dipolmoment d_n für das Neutron induziert — eine Größe, die nur bei P- und T-Verletzung ungleich Null sein kann. Die experimentelle obere Schranke für ein mögliches elektrisches Dipolmoment des Neutrons ist aber extrem niedrig (Altarev 1981):

$$|d_n| < 6 \cdot 10^{-25} \, e \cdot \text{cm.} \tag{26-80}$$

Daraus kann man auf $|\vartheta| < 10^{-9}$ schließen (Baluni 1979, Crewther 1980). Der Winkel ϑ, der a priori ganz beliebig sein könnte, muß also tatsächlich sehr klein sein. Dieser Sachverhalt wird das „starke CP-Problem" genannt. Die Lösung dieses Problems, d.h. das Auffinden eines „natürlichen" Grundes für die Kleinheit von ϑ, muß sehr wahrscheinlich außerhalb des Standardmodells gesucht werden. Eine mögliche Lösung ergibt sich bei Einführung zusätzlicher Higgs-Teilchen und einer zusätzlichen Symmetrie (Peccei 1977). Dies führte zur Vorhersage von sehr leichten pseudoskalaren Teilchen, von „Axionen" (Weinberg 1978, Wilczek 1978), die aber bisher im Experiment nicht gefunden wurden. Es scheint, daß diese Teilchen, wenn sie in der Natur vorkommen, nur äußerst schwach an Materie koppeln dürfen. Sie müßten sogenannte „unsichtbare Axionen" sein (Kim 1979, Shifman 1980, Dine 1981, Wise 1981).

Für die beobachtete CP-Verletzung im System der K-Mesonen ist $\mathscr{L}_\vartheta$ ziemlich sicher irrelevant. Denken wir uns nämlich zunächst die gewöhnliche schwache Wechselwirkung „abgeschaltet", so sind die CP-Eigenzustände $|K_1^0\rangle$ und $|K_2^0\rangle$ (Gl. (26-28)) auch Eigenzustände von C mit Eigenwerten -1 und $+1$. Da $\mathscr{L}_\vartheta$ bei Ladungskonjugation gerade ist, kann es daher keine Übergänge zwischen K_1^0 und K_2^0 und damit keine Zustandsmischung wie in Gl. (26-60) induzieren. Dies könnte erst durch ein Zusammenwirken der schwachen Wechselwirkung mit $\mathscr{L}_\vartheta$ geschehen. Dann würden wir aber erwarten:

$$|\langle K_1^0 | \mathscr{M} | K_2^0 \rangle| \sim |\vartheta|(m_L - m_S) \lesssim 10^{-9}(m_L - m_S), \tag{26-81}$$

wodurch die beobachtete Stärke der CP-Verletzung (Gl. (26-65)) nicht erklärt werden könnte.

26.2.2 Die CPT-Invarianz

Wir haben bereits öfters auf das CPT-Theorem hingewiesen. In diesem Abschnitt wollen wir explizit die CPT-Invarianz der Lagrange-Dichten $\mathcal{L}$ (Gl. (22-123)) bzw. $\mathcal{L}_{\mathrm{eff}}$ (Gl. (26-78)) nachprüfen. Wir setzen $\Theta \equiv$ CPT und erwarten nach den Resultaten von Abschnitt 4.5, daß Θ bestenfalls durch eine *antiunitäre* Symmetrie-Transformation $\mathbf{V}(\Theta)$ dargestellt sein kann. Wir erinnern uns weiter, daß nach Gl. (4-142) der antiunitär transformierte Operator $\mathbf{A}'$ eines beliebigen Operators $\mathbf{A}$ definiert ist als:

$$\mathbf{A}' = (\mathbf{V}(\Theta)\,\mathbf{A}\,\mathbf{V}^{-1}(\Theta))^\dagger. \tag{26-82}$$

Daraus folgt für den hermitesch konjugierten Operator $\mathbf{A}^\dagger$ und für das Produkt zweier Operatoren $\mathbf{A}, \mathbf{B}$:

$$\begin{aligned}
(\mathbf{A}^\dagger)' &= (\mathbf{A}')^\dagger, \\
(\mathbf{AB})' &= \mathbf{B}'\mathbf{A}'.
\end{aligned} \tag{26-83}$$

Wir suchen also eine Transformation der in der Lagrange-Dichte $\mathcal{L}$ vorkommenden Felder, die bei Beachtung der Gln. (26-83) $\mathcal{L}$ invariant läßt. Diese Transformation setzen wir für die Dirac-Felder wie folgt an (vgl. Aufgabe 4.5):

$$\Theta: \quad \psi(x) \longrightarrow \psi'(x) = \gamma_5\,\psi(-x) \quad (\text{für } \psi = \nu_{\varrho_{\mathrm{L}}}, \ell, \mathbf{q}). \tag{26-84}$$

Daraus folgt für $\bar{\psi}$ und für die Ströme

$$\begin{aligned}
\Theta: \quad \bar{\psi}(x) &\longrightarrow -\bar{\psi}(-x)\,\gamma_5, \\
\mathcal{I}^\lambda_{\mathrm{em}}(x) &\longrightarrow -\mathcal{I}^\lambda_{\mathrm{em}}(-x), \\
\mathcal{I}^\lambda_{\mathrm{NC}}(x) &\longrightarrow -\mathcal{I}^\lambda_{\mathrm{NC}}(-x), \\
\mathcal{I}^\lambda_{\mathrm{CC}}(x) &\longrightarrow -\mathcal{I}^\lambda_{\mathrm{CC}}(-x).
\end{aligned} \tag{26-85}$$

Transformieren wir nun die Bose-Felder wie folgt

$$\begin{aligned}
\Theta: \quad \rho'(x) &\longrightarrow \rho'(-x), \\
\mathbf{G}^\mu(x) &\longrightarrow -\mathbf{G}^\mu(-x), \\
\mathbf{W}^\mu(x) &\longrightarrow -\mathbf{W}^\mu(-x), \\
\mathbf{B}^\mu(x) &\longrightarrow -\mathbf{B}^\mu(-x),
\end{aligned} \tag{26-86}$$

so finden wir tatsächlich Invarianz der Lagrange-Dichte $\mathcal{L}_{\mathrm{eff}}$ (Gl. (26-78)):

$$\Theta: \quad \mathcal{L}_{\mathrm{eff}}(x) \longrightarrow \mathcal{L}_{\mathrm{eff}}(-x). \tag{26-87}$$

Es wäre nun noch nachzuprüfen, ob es zu den Ersetzungen der Felder in Gln. (26-84) und (26-86) auch eine antunitäre Transformation $\mathbf{V}(\Theta)$ im Zustandsraum gibt, so daß

$$\begin{aligned}
(\mathbf{V}(\Theta)\,\psi(x)\,\mathbf{V}^{-1}(\Theta))^\dagger &= \gamma_5\,\psi(-x), \\
(\mathbf{V}(\Theta)\,\rho'(x)\,\mathbf{V}^{-1}(\Theta))^\dagger &= \rho'(-x),
\end{aligned} \tag{26-88}$$

etc.

Dies ist aber unter sehr allgemeinen mathematischen Voraussetzungen der Fall (s. Streater 1964).

Aus Gln. (26-84) und (26-86) folgt nun sehr einfach das Transformationsverhalten aller aus den fundamentalen Feldern aufgebauten Operatoren. Betrachten wir z.B. Skalar- oder Pseudoskalarströme $\mathbf{S}(x)$, Vektor- oder Axialvektorströme $\mathcal{I}_\lambda(x)$ und Tensorströme

$T_{\lambda\rho}(x)$, die aus den Feldern und ihren Ableitungen am selben Punkt x zusammengesetzt sind, so finden wir:

$$\Theta: \quad S(x) \longrightarrow S(-x)$$
$$\mathscr{S}_\lambda(x) \longrightarrow -\mathscr{S}_\lambda(-x) \tag{26-89}$$
$$T_{\lambda\rho}(x) \longrightarrow T_{\lambda\rho}(-x)$$

Daraus ergibt sich, daß jeder verallgemeinerte Ladungsoperator $E(0)$ der Gestalt:

$$E(0) = \int\limits_{t=0} d^3x \; \mathscr{S}_0(x,t), \tag{26-90}$$

wobei $\mathscr{S}_\lambda(x)$ ein erhaltener oder nicht erhaltener Strom ist, wie folgt transformiert wird:

$$\Theta: \quad E(0) \longrightarrow (V(\Theta)\, E(0)\, V^{-1}(\Theta))^\dagger = -E(0). \tag{26-91}$$

Analog finden wir für den Viererimpuls-Operator P_μ, der nach Gl. (3-100) als Integral über den Energie-Impuls-Tensor geschrieben werden kann, das Transformationsverhalten:

$$\Theta: \quad P_\mu \longrightarrow (V(\Theta)\, P_\mu\, V^{-1}(\Theta))^\dagger = P_\mu. \tag{26-92}$$

Wir können nun aus Gln. (26-91) und (26-92) folgendes für die Teilchenphysik ableiten: Hat irgendein (erhaltener oder nicht erhaltener) hermitescher Ladungsoperator $E(0) = E^\dagger(0)$ einen Eigenwert $\kappa \neq 0$, so ist auch $-\kappa$ ein Eigenwert, und zwar mit derselben Multiplizität. Zum Beweis nehmen wir an, $|\kappa\rangle$ sei ein Eigenvektor zum Eigenwert κ

$$E(0)\,|\kappa\rangle = \kappa\,|\kappa\rangle. \tag{26-93}$$

Bei Benutzung der Gl. (26-91) folgt

$$E(0)\, V(\Theta)|\kappa\rangle = -\kappa\, V(\Theta)|\kappa\rangle. \tag{26-94}$$

Daher ist

$$|-\kappa\rangle \equiv V(\Theta)|\kappa\rangle \tag{26-95}$$

Eigenvektor zum Eigenwert $-\kappa$. Weiter folgt aus Gl. (26-92) für die Matrixelemente des Viererimpuls-Operators zwischen Eigenzuständen $|\kappa_1\rangle$, $|\kappa_2\rangle$ von $E(0)$:

$$\langle \kappa_1|P_\mu|\kappa_2\rangle = \langle -\kappa_2|P_\mu|-\kappa_1\rangle. \tag{26-96}$$

Betrachten wir als Beispiel für E die elektrische Ladung Q und nehmen wir die Existenz des Protons mit Ladung $+1$ als gegeben an, so folgern wir aus dem obigen, daß es ein Antiproton mit Ladung -1 geben muß. Ist weiter das Proton stabil, d.h. ist es ein Eigenzustand von P_μ, so muß nach Gl. (26-96) auch das Antiproton stabil sein und genau dieselbe Ruhmasse wie das Proton haben. Wie gut dies vom Experiment bestätigt wird, haben wir schon in Gl. (16-50) angegeben. Die Konsequenzen der CPT-Invarianz für instabile Teilchen, insbesondere für die K-Mesonen, besprechen wir in Anhang I.

26.2.3 Die CP-Verletzung im System der neutralen K-Mesonen nach dem Standardmodell

Es bleibt noch zu diskutieren, ob die CP-Verletzung durch eine Phase $\delta \neq 0$ oder π in der Kobayashi-Maskawa-Matrix ausreicht, die beobachtete CP-Verletzung im K^0-$\bar{K}^0$-System zu erklären. Entsprechende Rechnungen wurden im Rahmen des Standardmodells von einer Reihe von Autoren durchgeführt (z.B. Ellis 1976a, Hagelin 1981, Ginsparg 1983; s. Buras 1984 für einen Überblick). Leider enthalten die Resultate noch viele Unsicherheiten, die von unserer mangelhaften Kenntnis des Aufbaus der K-Mesonen aus Quarks und Gluonen herrühren. Die Ableitung einer detaillierten Wellenfunktion für die K-Mesonen oder andere leichte Hadronen aus den ersten Prinzipien der QCD ist bis heute noch nicht gelungen. Wir wollen uns daher mit einigen qualitativen Bemerkungen zu den oben zitierten Rechnungen begnügen.

Wir betrachten zunächst die Massenmatrix $\mathcal{M}$ der K-Mesonen wie in Gl. (26-55). Es gilt nach Gl. (26-27)

$$\mathcal{M}_{22} - \mathcal{M}_{11} = \langle K^0 | \mathcal{M} | \bar{K}^0 \rangle + \langle \bar{K}^0 | \mathcal{M} | K^0 \rangle,$$

$$\mathcal{M}_{12} = \frac{1}{2}\left(\langle K^0 | \mathcal{M} | \bar{K}^0 \rangle - \langle \bar{K}^0 | \mathcal{M} | K^0 \rangle\right). \tag{26-97}$$

Dabei benutzen wir auch Gl. (I-66a) von Anhang I. Zur Berechnung der Massenaufspaltung $m_L - m_S$, die im wesentlichen durch $\mathcal{M}_{22} - \mathcal{M}_{11}$ gegeben ist, und der „falschen" CP-Beimischungen der Zustände $|K_S\rangle$, $|K_L\rangle$, die durch $\mathcal{M}_{12}$ bestimmt sind, müssen wir also nach Diagrammen suchen, welche Übergänge $K^0 \longleftrightarrow \bar{K}^0$ bewirken. Im einfachsten Quarkmodell sind K^0 und $\bar{K}^0$ Quark-Antiquark-Bindungszustände des folgenden Typs (s. Kapitel 17)

$$K^0 \sim d\bar{s}, \qquad \bar{K}^0 \sim s\bar{d}. \tag{26-98}$$

In niedrigster Ordnung in den Eichkopplungen werden die Übergänge $d\bar{s} \longleftrightarrow s\bar{d}$ durch die „Box-Diagramme" von Bild 26-2 bewirkt (Gaillard 1974). Wären die Quarks in den K-Mesonen bloß schwach gebunden, könnten wir uns mit diesen Diagrammen begnügen. In Wirklichkeit sind die Quarks in den K-Mesonen stark gebunden und gluonische Korrekturen zu den Diagrammen von Bild 26-2 sind sehr wichtig, doch leider auch schwer berechenbar.

Wir schätzen nun die Größenordnung der Box-Diagramme ab. Zunächst überlegen wir uns, daß diese Diagramme keinen Beitrag liefern würden, wenn die Kobayashi-Maskawa-Matrix $\mathbf{V}$ gleich der Einheitsmatrix wäre. Das d-Quark würde dann nur an das u-Quark, das s-Quark nur an das c-Quark koppeln und die Diagramme von Bild 26-2 ergäben Null. Dasselbe gilt für den Fall, daß die Massen von u-, c- und t-Quark gleich wären. Dann könnten wir nämlich genau wie im Leptonsektor die Matrix $\mathbf{V}$ zur Einheitsmatrix machen (s. Abschnitt 22.4) und wie oben argumentieren. Die Summe der Diagramme von Bild 26-2a bzw. 26-2b muß daher proportional den Abweichungen der Matrix $\mathbf{V}$ von der Einheitsmatrix und proportional den Massendifferenzen der Quarks vom u-Typ sein. Wir setzen im folgenden $u_1 \equiv u$, $u_2 \equiv c$, $u_3 \equiv t$, $m_1^2 = m_u^2$, $m_2^2 = m_c^2$, $m_3^2 = m_t^2$. Die Amplitude $A_{ij}^{(b)}$, die z.B. einem Diagramm von Bild 26-2b mit Austausch eines Quarks u_i und Antiquarks $\bar{u}_j$ entspricht, hat dann die folgende Struktur:

$$A_{ij}^{(b)} = V_{i2}^* \, V_{i1} \, V_{j2}^* \, V_{j1} \, F^{(b)}\,(m_W^2, m_i^2, m_j^2), \tag{26-99}$$

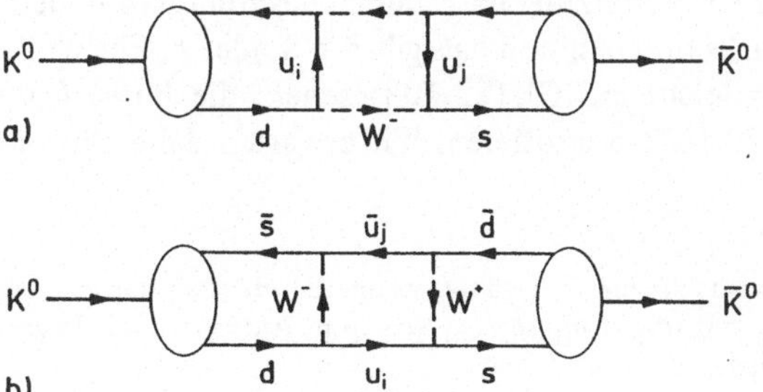

Bild 26-2

Die Diagramme niedrigster Ordnung in den Eichkopplungen, die Übergänge $\bar{s}d \longleftrightarrow \bar{d}s$ bzw. $K^0 \longleftrightarrow \bar{K}^0$ bewirken. Dabei numerieren wir die Quarks vom u-Typ durch, $u_1 \equiv u$, $u_2 \equiv c$, $u_3 \equiv t$.

wobei $F^{(b)}$ eine zu berechnende Funktion ist, deren Verhalten für $m_W \longrightarrow \infty$ wir leicht erraten können. Betrachten wir zunächst den Grenzfall unendlich schwerer W-Bosonen, so treten zwei Vier-Fermion-Kopplungen auf, die jeweils eine Fermi-Konstante G in der Amplitude liefern. Das Schleifenintegral des Diagramms von Bild 26-2b ist dann aber quadratisch divergent, wie wir durch Abzählen der Impulspotenzen der Propagatoren leicht sehen. Auf ähnliche Weise finden wir, daß das Integral für *endliche* W-Masse konvergiert. Daher wird die quadratische Divergenz effektiv bei m_W abgeschnitten. Wir erwarten also, da im divergenten Teil die Quarkmassen keine Rolle spielen, für m_i, $m_j \ll m_W$ eine Entwicklung der Form

$$F^{(b)} (m_W^2, m_i^2, m_j^2)$$
$$= m_K^3 \, G^2 \, \{f_0 \, m_W^2 + f_1 \, m_i^2 + f_2 \, m_j^2 + f_3 \, m_i \, m_j + O(m_W^{-2})\}, \tag{26-100}$$

wobei f_0, f_1, f_2, f_3 dimensionslose Konstanten sind[12]. Wir haben noch einen Faktor m_K^3 hinzugefügt, um die allgemeine Dimension richtig zu machen. Als zweite Größe der Dimension Masse stünde uns der inverse Radius des K-Mesons zur Verfügung, der aber in der Größenordnung mit m_K übereinstimmt. Summieren wir nun über die Beiträge der Quarks u_i und $\bar{u}_j$, so ergibt sich bei Benutzung der Unitaritätsrelationen für die Matrix V:

$$\sum_{i,j} A_{ij}^{(b)} = \sum_{i,j} V_{i2}^* \, V_{i1} \, V_{j2}^* \, V_{j1} \, m_K^3 \, G^2$$
$$\{f_0 \, m_W^2 + f_1 \, m_i^2 + f_2 \, m_j^2 + f_3 \, m_i \, m_j + O(m_W^{-2})\}$$
$$= m_K^3 \, G^2 \sum_{i,j} V_{i2}^* \, V_{i1} \, V_{j2}^* \, V_{j1} \, \{f_3 \, m_i \, m_j + O(m_W^{-2})\}. \tag{26-101}$$

Eine ganz analoge Abschätzung gilt für die Diagramme von Bild 26-2a. Mit der expliziten Parametrisierung der Matrix V in Gl. (22-108) finden wir, daß alle in Gl. (26-101) auftretenden Summanden proportional zu $\sin^2 \vartheta_1$ sind.

Wir betrachten nun die K_L-K_S-Massendifferenz. Diese Größe bleibt auch für nur zwei Familien ungleich Null. Vernachlässigen wir hier also die dritte Generation, die sowieso nur sehr wenig mit den ersten beiden Generationen mischt (Tabelle 23-6), so erhalten wir wegen $m_u \cong 0$ die Abschätzung

$$\frac{m_L - m_S}{m_K} \sim \frac{\langle K^0 | \mathcal{M} | \bar{K}^0 \rangle}{m_K} \sim \sin^2 \vartheta_1 \, G^2 \, m_K^2 \, m_c^2 \cong 2 \cdot 10^{-12}. \tag{26-102}$$

Angesichts unserer groben Rechnung paßt dies gar nicht schlecht zum experimentellen Wert (Tabelle 26-1).

Wie sieht es mit den Parametern der CP-Verletzung aus? Wie wir bereits diskutiert haben, ist es für die Möglichkeit der CP-Verletzung im Rahmen des Standardmodells wesentlich, daß *alle drei* Familien von Quarks mischen und daß gilt $\delta \neq 0$ oder π. Für Winkel $\vartheta_2 = 0$ oder $\vartheta_3 = 0$ läßt sich aber, wie wir leicht aus Gl. (22-108) sehen, die Phase δ durch eine Transformation vom Typ der Gl. (22-102) wegrotieren. Wir erwarten daher für das Matrix-

---

[12]) Unsere Diskussion ist hier stark vereinfacht und nur gültig, wenn alle m_i etwa von derselben Größe sind. In Wirklichkeit muß man $m_u \cong 0$, $m_c \ll m_t$ setzen, was zum Auftreten von Logarithmen in der Entwicklung der Amplituden führt.

element $\mathcal{M}_{12}$, das die CP-Mischung bewirkt, verglichen zu $m_L - m_S$ noch zusätzliche Faktoren $\sin\vartheta_2$, $\sin\vartheta_3$ und $\sin\delta$:

$$\frac{\mathcal{M}_{12}}{m_L - m_S} \sim \sin\vartheta_2 \cdot \sin\vartheta_3 \cdot \sin\delta. \tag{26-103}$$

Experimentell sind die Winkel ϑ_2 und ϑ_3 sehr klein, wie wir an den Werten von $|V_{13}|$ und $|V_{31}|$ in Tabelle 23-6 sehen. Nach Kleinknecht 1983 gilt

$$\begin{aligned} 0{,}015 &< \sin\vartheta_2 < 0{,}09, \\ \sin\vartheta_3 &< 0{,}04. \end{aligned} \tag{26-104}$$

Damit erhalten wir die folgende Abschätzung für η_{+-} und η_{00} (Gln. (26-47), (26-48)):

$$|\eta_{+-}| \sim |\eta_{00}| \sim |\epsilon| \sim \left|\frac{\mathcal{M}_{12}}{m_L - m_S}\right| \sim \sin\vartheta_2 \cdot \sin\vartheta_3 \cdot \sin\delta \lesssim 3 \cdot 10^{-3} \cdot \sin\delta \tag{26-105}$$

Die beobachtete Stärke der CP-Verletzung, $|\eta_{+-}| \cong |\eta_{00}| \cong 2 \cdot 10^{-3}$ könnte daher im Standardmodell durch die geringe Mischung der drei Quarkfamilien „erklärt" werden. Die CP-verletzende Phase δ müßte dabei keineswegs nahe bei 0 oder 1 liegen. Im Gegenteil, es sieht so aus, als müßte δ nahe bei $\pi/2$ liegen. Der Winkel ϑ_3 ist nämlich durch die Größe des Matrixelements V_{13}, d.h. durch die Stärke des Übergangs $b \longrightarrow u$ bestimmt. Dieser Übergang wurde aber bisher noch nicht beobachtet (Abschnitt 23.6). Sollte die experimentelle obere Schranke für $|V_{13}/V_{23}|$ in Gl. (23-67) noch kleiner werden, so ist es möglich, daß selbst für $\sin\delta = 1$ der experimentelle Wert von $|\epsilon|$ im Standardmodell nicht erreicht werden kann. Es könnte eine „ϵ-Krise" im Standardmodell auftreten (siehe z.B. Stech 1984).

Ein wichtiger Punkt ist noch, daß es im Standardmodell keinen speziellen Grund für den Parameter ϵ'/ϵ gibt, gleich null zu sein. Hier unterscheidet sich das Standardmodell wesentlich vom „superweak"-Modell der CP-Verletzung (Gl. (26-62)). Die oben zitierten Rechnungen im Rahmen des Standardmodells ergeben für ϵ'/ϵ einen Wert von etwa 10^{-2}. Leider sind die theoretischen Unsicherheiten hier ebenfalls beträchtlich. In laufenden Experimenten wird nun versucht, ϵ'/ϵ mit einer Genauigkeit von etwa 10^{-3} zu messen. Die bereits vorliegenden Resultate (Tabelle 26-1) zeigen, daß ϵ'/ϵ nahezu null ist. Sie sind aber noch marginal mit der im Standardmodell vorhergesagten Größenordnung verträglich. Hier könnte sich eine „ϵ'/ϵ-Krise" für das Standardmodell anbahnen, weshalb diesen Messungen in letzter Zeit auch große Beachtung geschenkt wurde.

Am Schluß dieses Kapitels erwähnen wir noch, daß ähnliche Phänomene wie im K^0-$\bar{K}^0$-System auch in den folgenden Systemen von Mesonen mit c-, b- oder t-Quarks auftreten sollten:

$$\begin{aligned} D^0 &\,(\sim c\bar{u}) - \bar{D}^0\,(\sim u\bar{c}), \\ B^0 &\,(\sim d\bar{b}) - \bar{B}^0\,(\sim b\bar{d}), \\ B_s^0 &\,(\sim s\bar{b}) - \bar{B}_s^0\,(\sim b\bar{s}), \\ T_u^0 &\,(\sim t\bar{u}) - \bar{T}_u^0\,(\sim u\bar{t}), \\ T_c^0 &\,(\sim t\bar{c}) - \bar{T}_c^0\,(\sim c\bar{t}). \end{aligned}$$

Eine einfache Überlegung zeigt aber, daß die Effekte bei diesen Systemen kleiner als bei den K-Mesonen sein sollten. Dazu betrachten wir als Beispiel das D^0-$\bar{D}^0$-System. Welche Endzustände können sowohl im Zerfall des D^0 als auch des $\bar{D}^0$ auftreten? Rechnen wir im einfachen Spektatormodell (Abschnitt 23.6) auf dem Niveau der Quarks, so induzieren die in Gl. (23-54) angegebenen Zerfälle des c-Quarks eine Reihe von Zerfallsarten des D^0-Mesons. Davon führen nur die folgenden zu Endzuständen im D^0-Zerfall, die auch im $\bar{D}^0$-Zerfall auftreten:

$$D^0 \sim c\bar{u} \longrightarrow d\bar{d}u\bar{u},\ s\bar{s}u\bar{u},$$
$$\bar{D}^0 \sim u\bar{c} \longrightarrow d\bar{d}u\bar{u},\ s\bar{s}u\bar{u}. \qquad (26\text{-}106)$$

Diese Kanäle sind aber nach Gl. (23-54) durch die dabei auftretenden Kobayashi-Maskawa-Matrixelemente stark unterdrückt. Die „Kommunikation" zwischen D^0 und $\bar{D}^0$ sollte also sehr gering sein. Wir erwarten daher, daß die Zerfallszeit eines D^0 bzw. $\bar{D}^0$ sehr viel kürzer ist als die Oszillationszeit für die Übergänge $D^0 \longleftrightarrow \bar{D}^0$. In der Tat ist es bisher experimentell nicht gelungen, D^0-$\bar{D}^0$-Oszillationen zu beobachten. Dies wäre aber eine Voraussetzung für das Studium der Frage, ob die Eigenzustände der Massenmatrix des D^0-$\bar{D}^0$-Systems auch CP-Eigenzustände sind oder nicht. Auch ein direkter Vergleich von Zerfallsarten des D^0 mit den entsprechenden CP-transformierten Zerfallsarten des $\bar{D}^0$ ergab bisher keinen experimentellen Hinweis auf eine CP-Verletzung.

Für die B-Mesonen erwartet man eine größere Zustandsmischung (s. etwa Paschos 1983, 1984, Wolfenstein 1984). Beispielsweise haben die Mesonen B_s^0 und $\bar{B}_s^0$ auf dem Niveau der Quarks die folgenden Zerfallskanäle gemeinsam, die zu ihren wichtigsten Zerfallsarten gehören (s. Gl. (23-61)):

$$B_s^0 \sim s\bar{b} \longrightarrow s\bar{c}c\bar{s},$$
$$\bar{B}_s^0 \sim b\bar{s} \longrightarrow c\bar{c}s\bar{s}. \qquad (26\text{-}107)$$

Die Zerfalls- und Oszillationszeiten dieser Mesonen sollten daher etwa von gleicher Größe sein. Trotzdem wird es als sehr schwierig eingeschätzt, Effekte der CP-Verletzung in diesen Systemen zu beobachten.

Aufgaben

26.1   Berechnen Sie die Normierung der in Gln. (26-40), (26-41) und (26-43) definierten Zustände (s. auch Gl. (16-63)).

26.2   Am System der neutralen K-Mesonen läßt sich auch die Frage studieren, ob K^0 und $\bar{K}^0$ gleich schnell im Gravitationsfeld fallen, wie es das Äquivalenzprinzip der allgemeinen Relativitätstheorie fordert (Good 1961; für eine detaillierte Analyse und weitere Referenzen siehe Nachtmann 1969). Nehmen Sie an, ein K^0-Teilchen erhielte in einem Gravitationspotential U wie üblich eine zusätzliche Energie $m_K \cdot U$, ein $\bar{K}^0$-Teilchen aber eine Energie $(1-\eta)\,m_K\,U$, wobei η ein Parameter ist. Für $\eta = 2$ wäre die potentielle Energie eines $\bar{K}^0$-Teilchens im Gravitationsfeld gerade umgekehrt zu der eines K^0-Teilchens, das $\bar{K}^0$ würde „aufwärts fallen". Setzen Sie für U der Reihe nach das Gravitationspotential der Erde und das der Sonne ein und bestimmen Sie Grenzen für η aus den Beobachtungen im K^0-$\bar{K}^0$-System.

26.3   Zeigen Sie, daß bei der Transformation nach Gl. (26-66) die linkshändigen Neutrinofelder wieder in linkshändige Felder überführt werden.

26.4   Betrachten Sie Skalarströme $\mathbf{S}(x)$, Vektorströme $\mathscr{S}_\lambda(x)$ und Tensorströme $\mathbf{T}_{\lambda\rho}(x)$, $\mathbf{M}_{\lambda\rho\sigma}(x)$ etc., die aus den fundamentalen Feldern und deren Ableitungen am

Punkt x aufgebaut sind, z.B. $\mathbf{S}(x) = \overline{\psi}(x)\,\psi(x)$, $\overline{\psi}(x)\,\gamma_5\,\psi(x)$, $\mathrm{Sp}\,(\mathbf{G}_{\mu\nu}(x)\,\mathbf{G}^{\mu\nu}(x))$, $\mathscr{I}_\lambda(x) = \overline{\psi}(x)\,\gamma_\lambda\,\psi(x)$, $\overline{\psi}(x)\,\gamma_\lambda\,\gamma_5\,\psi(x)$, $\mathrm{Sp}\,(\mathbf{G}_{\mu\nu}\,\partial_\lambda\,\mathbf{G}^{\mu\nu}(x))$ etc. Beweisen Sie die Gl. (26-89) für solche Ströme und diskutieren Sie das Transformationsverhalten von Tensorströmen höherer Stufe.

26.5   Nach den Resultaten der Aufgabe 3.8 lassen sich die Drehimpuls-Operatoren als Integrale über Tensorströme 3. Stufe darstellen. Was folgt daraus für ihr Verhalten bei der CPT-Transformation? Zeigen Sie, daß daraus und aus Gl. (26-96) das in Abschnitt 16.2 *postulierte* CPT-Transformationsverhalten der Zustände folgt.

27   Ordnung und Unordnung in der Elementarteilchenphysik

Wir haben in den vorangegangenen Kapiteln einen Überblick über die Prinzipien des Standardmodells und über seine Erfolge im Vergleich mit dem Experiment gewonnen. Fast alle zur Zeit vorliegenden experimentellen Ergebnisse sind mit dem Standardmodell verträglich. Mögliche Ausnahmen sind: (i) die Präzisionsmessungen des Parameters ϵ'/ϵ im Zerfall der neutralen K-Mesonen (Kapitel 26). Hier würde man im Standardmodell einen etwas größeren Wert erwarten. (ii) Mögliche Anzeichen von nicht verschwindenden Massen der Neutrinos und von Neutrino-Oszillationen (s. Ljubimov 1984, Dore 1984), (iii) exotische Ereignisse, die am CERN-Speicherring Sp$\overline{\mathrm{p}}$S in p$\overline{\mathrm{p}}$-Kollisionen bei Schwerpunktsenergie von 540 GeV beobachtet wurden (Arnison 1984c). Sehen wir von diesen drei Punkten ab, so ergibt das Standardmodell allem Anschein nach die richtige Beschreibung der Teilchenphysik zumindest bis zu Schwerpunktsenergien von etwa 100 GeV. Was lernen wir daraus? Wo sind die offenen Fragen?

Das Standardmodell brachte uns Ordnung im Bereich der *Kräfte*, die zwischen den Teilchen wirken. Als wesentliche Erkenntis fanden wir, daß starke, elektromagnetische und schwache Kräfte aus dem Postulat von Eichsymmetrien herleitbar sind. Die entsprechende Eichgruppe $\mathscr{F} = \mathrm{SU}(3) \times \mathrm{SU}(2) \times \mathrm{U}(1)$ erkannten wir als eine fundamentale Symmetriegruppe der Natur (s. Abschnitt 22.5). Drei Kopplungskonstanten, entsprechend den drei Faktoren von $\mathscr{F}$, bestimmen die Stärke dieser Kräfte:

$$
\begin{aligned}
\mathrm{SU}(3)&: \quad g_3 \equiv g_s, \\
\mathrm{SU}(2)&: \quad g_2 \equiv g = e/\sin\vartheta_{\mathrm{W}}, \\
\mathrm{U}(1)&: \quad g_1 \equiv g' = e/\cos\vartheta_{\mathrm{W}}.
\end{aligned}
\tag{27-1}
$$

Dabei fanden wir experimentell bei einer Skala von etwa 5 GeV (s. Gln. (20-34), (24-35)):

$$\frac{g_3^2}{4\pi} \cong 0{,}16,$$

$$\frac{g_2^2}{4\pi} = \frac{\alpha}{\sin^2 \vartheta_W} \cong 0{,}032, \tag{27-2}$$

$$\frac{g_1^2}{4\pi} = \frac{\alpha}{\cos^2 \vartheta_W} \cong 0{,}009.$$

Eine der Hauptfragen der gegenwärtigen Elementarteilchenphysik ist die Frage nach dem Ursprung der Symmetriegruppe $\mathscr{F}$. Ist $\mathscr{F}$ eine wirklich fundamentale Symmetriegruppe, die nicht aus einfacheren Prinzipien herleitbar ist? Dann ließen sich die beobachteten Werte für g_1, g_2, g_3 nicht weiter erklären. Vielleicht ist aber $\mathscr{F}$ Teil einer größeren Symmetriegruppe, die bei höheren Energien sichtbar werden wird und in deren Rahmen g_1, g_2, g_3, miteinander verknüpft sind? Allgemein können wir nach den Symmetrien fragen, die die Physik bei Schwerpunktsenergien viel größer als 100 GeV beherrschen. Läßt sich schließlich auch die Gravitationskraft mit den anderen Kräften in ein einheitliches Schema bringen? Bei welcher Energieskala spielt überhaupt die Gravitation für Wechselwirkungen zwischen *einzelnen* Elementarteilchen eine Rolle? Diese letzte Frage wollen wir näher diskutieren.

Wir stellen uns die Aufgabe, Strukturen einer vorgegebenen Lineardimension Δx in einem Elementarteilchen – etwa einem Proton – aufzulösen. Dazu müssen wir einen Probestrahl auf das Teilchen senden, dessen Wellenlänge kleiner oder gleich Δx ist. Konkret könnten wir an die tief inelastische Elektron-Proton-Streuung denken (Kapitel 18). Für den Impuls p und die Energie E der Probeteilchen gilt dann

$$E \cong p \gtrsim \frac{1}{\Delta x}. \tag{27-3}$$

Dabei rechnen wir im extrem relativistischen Grenzfall, da wir an sehr kleinen Abständen Δx, entsprechend sehr hohen Impulsen, interessiert sind. Ein solches Probeteilchen erzeugt aber auch ein Gravitationspotential U der Größe

$$U \sim \frac{G_N E}{\Delta x} \gtrsim \frac{G_N}{(\Delta x)^2}. \tag{27-4}$$

Hier ist G_N Newtons Gravitationskonstante. Nach der allgemeinen Relativitätstheorie wird aber dadurch die Metrik im Raum-Zeit-Kontinuum geändert. Zum Beispiel gilt für die Komponente g_{00} des metrischen Tensors (s. etwa Sexl 1983)

$$g_{00} \cong 1 + 2U. \tag{27-5}$$

Unsere Probe beeinflußt die Metrik am Ort des untersuchten Teilchens wesentlich, falls U von der Größenordnung 1 wird, d.h. für

$$U \sim \frac{G_N}{(\Delta x)^2} \sim 1,$$

$$\Delta x \sim (G_N)^{1/2}. \tag{27-6}$$

Durch die Gravitationskonstante wird daher eine Länge bzw. Masse definiert, die man als Planck-Länge und Planck-Masse bezeichnet:

$$l_{\text{Planck}} = (m_{\text{Planck}})^{-1} = (G_N)^{1/2}. \tag{27-7}$$

Aus dem numerischen Wert für G_N in konventionellen Einheiten:

$$G_N = 6{,}67 \cdot 10^{-8} \, \text{cm}^3 \text{g}^{-1} \text{s}^{-2} \tag{27-8}$$

erhält man nach einfacher Umrechnung in unsere Einheiten (s. Kapitel 1)

$$\begin{aligned} l_{\text{Planck}} &= 1{,}61 \cdot 10^{-33} \, \text{cm}, \\ m_{\text{Planck}} &= 1{,}22 \cdot 10^{19} \, \text{GeV}. \end{aligned} \tag{27-9}$$

Spätestens bei diesen Abständen bzw. Energien muß die Gravitation auf dem Niveau der einzelnen Elementarteilchen berücksichtigt werden.

Wir kehren zurück zum Standardmodell. Bei den Kräften wurde, wenn noch keine völlig befriedigende, so doch eine recht weitgehende Ordnung erzielt. Ganz anders sieht es für das Spektrum der Leptonen und Quarks und für ihre Eigenschaften aus, ganz zu schweigen vom Higgs-Sektor, wo unser theoretisches Verständnis am geringsten ist. Viele Fragen sind hier ungelöst: Warum gibt es Leptonen *und* Quarks und warum drei Familien davon? Wie können wir die Hyperladungen Y der Fermionen verstehen, die wir ja in Kapitel 22 von Hand adjustiert haben, um die beobachteten elektrischen Ladungen Q zu erhalten? Das Standardmodell liefert z.B. *keine* Erklärung für die Gleichheit der Beträge der Ladungen des Elektrons und Protons, die experimentell mit einer Genauigkeit von 1 in 10^{21} verifiziert wurde (Dylla 1973). Kann man die beobachteten Massen der Leptonen und Quarks und die Werte der Kobayashi-Maskawa-Matrixelemente theoretisch herleiten? Hier hat das Standardmodell fast keine Vorhersagekraft.

Eine Konsistenzbedingung für die Quantenzahlen der Fermionen liefert auch das Standardmodell, wie wir nun besprechen wollen (Bouchiat 1972, Korthals Altes 1972, Gross 1972). Dazu betrachten wir z.B. den $Z\gamma\gamma$-Vertex. Einen elementaren Vertex dafür gibt es nach den Feyman-Regeln der QFD nicht (s. Anhang G). Aber bereits Diagramme mit nur einer Schleife, sogenannte Dreiecksdiagramme (Bild 27-1) führen zu einer solchen Kopplung. Diese Dreiecksdiagramme haben „sonderbare" Eigenschaften, sie führen zu sogenannten Anomalien (Adler 1969, Bell 1969). Bei unserem Problem können wir qualitativ folgendermaßen argumentieren: Die Kopplung dreier Eichbosonen aneinander ist nach Kapitel 22 durch die Eichsymmetrie festgelegt. Nun verschwindet zwar das Diagramm von Bild 27-1 für ein reelles Z und reelle Photonen, da das Z als Spin-1-Teilchen nicht in zwei reelle Photonen zerfallen kann (s. Kapitel 13). Aber bereits für den Zerfall eines virtuellen Z-Bosons in zwei reelle Photonen liefert das Diagramm von Bild 27-1 im allgemeinen einen nicht

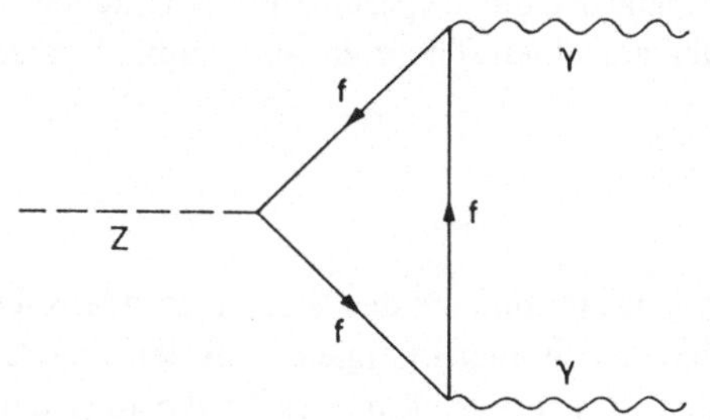

Bild 27-1

Das Dreiecksdiagramm, das zu einer $Z\gamma\gamma$-Kopplung führt. Dabei müssen alle fundamentalen Fermionen f in der Schleife berücksichtigt werden.

verschwindenden Beitrag, der von der *Axialvektor*-Kopplung des Z herrührt. Nun zeigt sich, daß dadurch die Theorie empfindlich gestört wird, und zwar geht die Renormierbarkeit der Theorie verloren. Im wesentlichen würde uns ein nicht verschwindender Beitrag der Diagramme von Bild 27-1 einen $Z\gamma\gamma$-Vertex bescheren, der mit der Eichsymmetrie unverträglich wäre und – wieder in andere Diagramme eingesetzt – zu neuen und neuen Unendlichkeiten führen würde. Der einzige Ausweg, der bisher vorgeschlagen wurde, ist zu verlangen, daß die *Summe* der Beiträge aller Fermionen f in dem Dreiecksdiagramm verschwindet. Verwenden wir für die Kopplung der Fermionen an das Z-Boson die Notation von Gl. (24-40), so lautet diese Bedingung, wie man zeigen kann

$$\sum_f g^f_A \, Q^2_f \, N^f_c = 0, \tag{27-10}$$

wobei N^f_c die Anzahl der Farben ist ($N^f_c = 1$ für Leptonen, $N^f_c = 3$ für Quarks). Wir setzen nun nach dem Standardmodell $g^f_A = T^f_{3L}$ und $Q_f = T^f_{3L} + Y^f_L$, wobei T^f_{3L} und Y^f_L die Eigenwerte der dritten Komponente des Isospin und der Hyperladung für die linkshändigen Anteile der Fermionen sind. Damit ergibt sich

$$\sum_f g^f_A \, Q^2_f N^f_c = \sum_f T^f_{3L} \, (T^f_{3L} + Y^f_L)^2 N^f_c = \sum_f 2(T^f_{3L})^2 \, Q_f N^f_c = 0. \tag{27-11}$$

Hier benutzen wir, daß für jedes Isomultiplett Y^f_L einen festen Wert hat und die Summen über T^f_{3L} und $(T^f_{3L})^3$ verschwinden. Im Standardmodell sind alle linkshändigen Fermionen in Isodubletts angeordnet, es gilt daher $T^f_{3L} = \pm \frac{1}{2}$, und die Gl. (27-11) schreibt sich in der einfachen Form

$$\sum_f Q_f N^f_c = 0. \tag{27-12}$$

Die Summe der Ladungen der Fermionen, gewichtet mit ihrer Multiplizität im Farbraum, muß Null ergeben. Wie wir leicht nachprüfen, ist Gl. (27-12) für jede Familie von Fermionen separat erfüllt. Betrachten wir etwa die erste Familie (Tabelle 22-1), ν_e, e, u, d, so finden wir

$$Q_{\nu_e} + Q_e + 3\,(Q_u + Q_d) = 0 + (-1) + 3\left(\frac{2}{3} - \frac{1}{3}\right) = 0.$$

Im Rahmen des Standardmodells ist auch das ein „Zufall", da Gl. (27-12) nur bei Summation über die Fermionen *aller* Familien gelten muß.

Im folgenden wollen wir kurz einige Theorien besprechen, die als Erweiterungen des Standardmodells vorgeschlagen wurden. Diesen Theorien ist gemeinsam, daß sie bei Schwerpunktsenergien $\sqrt{s} \lesssim 100\,\text{GeV}$ die Vorhersagen des Standardmodells ausreichend genau reproduzieren, so daß sie mit den gegenwärtigen Experimenten verträglich sind. Bei höheren Energien sind die Vorhersagen der einzelnen Theorien aber radikal verschieden.

27.1 Die große Vereinigung

Hier nimmt man an, daß die Symmetriegruppe $\mathcal{F}$ des Standardmodells Teil einer großen, einfachen Gruppe $\mathcal{G}$ ist, die erst bei sehr hohen Energien – in den meisten Theorien erst bei Energien von 10^{15} bis 10^{19} GeV – sichtbar wird. Das ist die Idee der *großen*

Vereinigung (grand unified theories: GUT) (Pati 1973, Georgi 1974). Die große Gruppe $\mathcal{G}$ soll durch spontane Symmetriebrechung bei einer Massenskala m_X zur Gruppe $\mathcal{F}$ reduziert werden, die − wie im Standardmodell − bei einer Massenskala $m_Z \cong 100\,\text{GeV}$ zur Gruppe $SU(3) \times U_{em}(1)$ heruntergebrochen wird (vgl. Abschnitt 22.5):

$$
\begin{aligned}
&\mathcal{G} \\
&\downarrow\ m_X \gtrsim 10^{15}\,\text{GeV} \\
&\mathcal{F} = SU(3) \times SU(2) \times U(1) \\
&\downarrow\ m_Z \cong 10^2\,\text{GeV} \\
&SU(3) \times U_{em}(1)
\end{aligned}
$$

In diesem „Szenario" wäre die Gruppe $\mathcal{F}$ die manifeste Symmetriegruppe von $m_Z \cong 10^2$ GeV bis zu $m_X \cong 10^{15}$ GeV. In diesem Bereich sollte es keine „neue" Physik geben, dort wäre eine „Wüste".

Das einfachste und eleganteste Modell dieser Art ist das $SU(5)$-Modell von Georgi und Glashow (Georgi 1974), das zunächst einige Erfolge hatte. Es wurden z.B. die drei Kopplungsparameter g_1, g_2, g_3 auf *einen* reduziert, und einige Verhältnisse von Quark- und Leptonmassen konnten richtig berechnet werden. Die Überlegungen für die Kopplungsparameter sind etwa folgendermaßen: Nehmen wir an, bei Energien $E \gtrsim m_X$ wären alle Kräfte vereinigt und durch *einen* Kopplungsparameter g_{GUT} charakterisiert. Bei m_X soll spontane Symmetriebrechung eintreten, wobei wir einen Higgs-Mechanismus ganz analog wie im Standardmodell postulieren. Unterhalb von m_X ist $\mathcal{F}$ die manifeste Symmetriegruppe und die Stärken der Kräfte werden durch drei Parameter g_1, g_2, g_3 charakterisiert. Nun haben wir schon in Kapitel 19 gesehen, daß der Kopplungsparameter g_3 als effektiver Parameter aufzufassen ist, der von der Energie abhängt (Gl. (19-25)). Ganz analog findet man, daß auch g_1 und g_2 als energieabhängige effektive Kopplungsparameter aufzufassen sind, deren Entwicklung mit der Energie sich im Rahmen der Störungstheorie berechnen läßt. Bei einer Skala m_X sollen nun alle drei Kopplungsstärken g_1, g_2, g_3 durch g_{GUT} ausdrückbar sein, wobei die genaue Relation natürlich von der angenommenen großen Gruppe $\mathcal{G}$ abhängt. Im Rahmen des $SU(5)$-Modells soll gelten

$$
\frac{5}{3}\,\frac{g_1^2\,(m_X^2)}{4\pi} = \frac{g_2^2\,(m_X^2)}{4\pi} = \frac{g_3^2\,(m_X^2)}{4\pi} = \frac{g_{GUT}^2\,(m_X^2)}{4\pi}. \tag{27-13}
$$

Man muß nun sehen, ob man eine Energieskala m_X und einen Wert g_{GUT} finden kann, für die sich die beobachteten Werte für $g_i^2/4\pi$ ($i = 1, 2, 3$) ergeben (Gl. (27-2)). Im Rahmen des $SU(5)$-Modells ist das tatsächlich möglich für $m_X \cong 10^{14}$ bis 10^{15} GeV und $g_{GUT}^2\,(m_X^2)/4\pi \cong 1/45$. Die entsprechende Entwicklung der Kopplungsparameter zeigen wir in Bild 27-2. Zu beachten ist, daß g_3 und g_2 für zunehmende Energie abnehmen − die zugehörigen Theorien sind asymptotisch frei −, während g_1 zunimmt. Dies liefert eine natürliche Erklärung für die beobachtete Ordnung der Kopplungsstärken in Gl. (27-2). Der große Wert von m_X erklärt sich durch die bloß logarithmische Variation der Kopplungsparameter (s. Gl. (19-25)), so daß erst bei sehr hohen Energien die starken und elektroschwachen Kräfte von derselben Stärke werden.

Im Rahmen dieser Theorie werden also g_1, g_2, g_3 durch zwei Parameter (m_X und g_{GUT}) beschrieben, wir erhalten daher *eine* Relation zwischen ihnen als Vorhersage. Üblicherweise berechnet man $\sin^2 \vartheta_W$ aus der Theorie und findet (s. Ross 1984 und dort zitierte Referenzen)

$$
\sin^2 \vartheta_W = 0{,}214\ {}^{+\,0{,}006}_{-\,0{,}004}. \tag{27-14}
$$

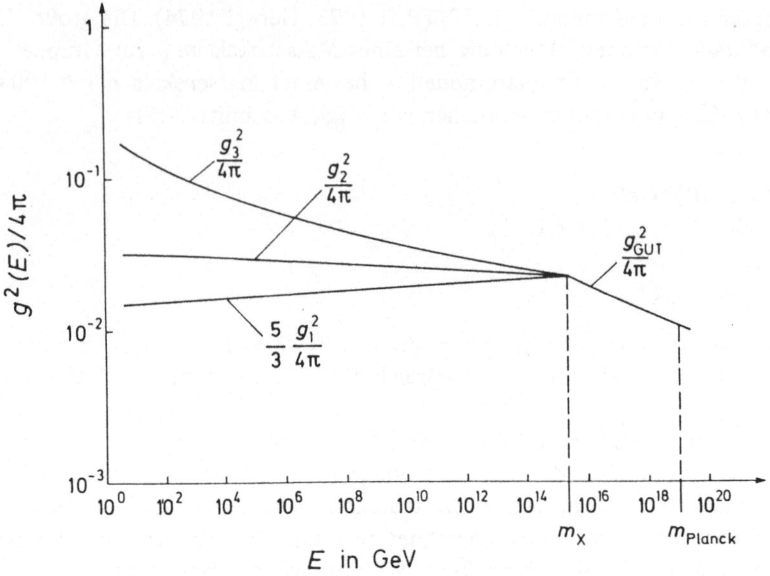

Bild 27-2 Die effektiven Kopplungsparameter $g_i^2\,(E^2)/4\,\pi$ $(i = 1, 2, 3)$ und $g_{GUT}^2\,(E^2)/4\,\pi$ als Funktion der Energie E nach dem SU(5)-Modell (schematisch).

Das stimmt verblüffend gut mit dem experimentellen Wert (Gl. (24-35)) überein und gilt als einer der großen Triumpfe des SU(5)-Modells.

Im SU(5)-Modell wurden Leptonen und Quarks in gemeinsamen SU(5)-Multipletts angeordnet. Bei der Eichung der SU(5)-Gruppe mit anschließender spontaner Symmetriebrechung erhielt man Eichbosonen einer Masse von etwa m_X, durch deren Emission ein Quark in ein Lepton übergehen sollte. Auf diese Weise ergab sich die spektakulärste Vorhersage des SU(5)-Modells, die der Instabilität des Protons. Insbesondere konnte die Zerfallsrate für den Kanal

$$p \longrightarrow e^+ + \pi^0$$

recht zuverlässig abgeschätzt werden (s. Langacker 1981, Berezinsky 1981, Brodsky 1984):

$$\Gamma^{-1}\,(p \longrightarrow e^+\,\pi^0)\big|_{\text{theor.}} \cong 10^{28 \pm 1,3}\ \text{Jahre.} \tag{27-15}$$

Die Experimente zeigen aber eine viel größere partielle Lebensdauer für das Proton (Jones 1984, Koshiba 1984):

$$\Gamma^{-1}\,(p \longrightarrow e^+\,\pi^0)\big|_{\text{exp.}} > 1,5 \cdot 10^{32}\ \text{Jahre.} \tag{27-16}$$

Damit ist nach Ansicht der meisten Teilchenphysiker das einfache SU(5)-Modell gestorben. Die Idee der großen Vereinigung kann trotzdem richtig sein. Es bietet sich aber zur Zeit kein einfaches, attraktives Modell an, das den vorliegenden Daten über die Stabilität des Protons Rechnung trägt. Darüber hinaus haben die großen vereinigten Theorien theoretische Probleme. Zum Beispiel werden die Hierarchie der Symmetriebrechungen, d.h. $m_Z \ll m_X$ und die Existenz der drei Familien nicht erklärt.

27.2 Weitere Symmetrien bei mittleren Energien

Es besteht die Möglichkeit, daß die Gruppe $\mathscr{F}$ schon bei niedrigeren Energien als 10^{15} GeV in einer höheren Symmetriegruppe aufgeht. Modelle dieser Art sind z.B. die sogenannten rechts-links symmetrischen Modelle, bei denen das Schema der Symmetriebrechung wie folgt aussieht (Pati 1975, Mohapatra 1975, Senjanović 1975):

$$\downarrow\ ?$$
$$SU(3) \times SU_R(2) \times SU_L(2) \times U(1)$$
$$\downarrow\ m_{W_R} \cong 10^4 \text{ GeV}$$
$$\mathscr{F} = SU(3) \times SU_L(2) \times U(1)$$
$$\downarrow\ m_{W_L} \cong m_Z \cong 10^2 \text{ GeV}$$
$$SU(3) \times U_{em}(1).$$

Dabei bezeichnen wir die Isospingruppe und die W-Bosonen des Standardmodells mit $SU_L(2)$ und W_L, da dort nur die linkshändigen Fermionen nicht verschwindenden Isospin tragen und die gewöhnlichen W-Bosonen an einen rein linkshändigen Strom koppeln. In den rechts-links symmetrischen Modellen wird die Existenz einer Gruppe $SU_R(2)$ angenommen, bezüglich derer die rechtshändigen Fermionen nicht verschwindende Ladung haben. Entsprechend gibt es Bosonen W_R, die an rechtshändige geladene Ströme koppeln. Die Gruppe $SU_R(2)$ soll bei einer Skala der Größenordnung der Masse m_{W_R} der W_R-Bosonen spontan gebrochen werden. Im allgemeinen wird wieder ein geeigneter Higgs-Mechanismus postuliert. Es muß m_{W_R} genügend groß sein, so daß die entsprechende Fermi-Konstante $G_R \sim \alpha/m_{W_R}^2 \sim G m_{W_L}^2/m_{W_R}^2$ genügend klein wird, um mit den experimentellen oberen Schranken für rechtshändige geladene Ströme verträglich zu sein.

Bertrachten wir z.B. den μ-Zerfall (Abschnitt 23.1). Bei Anwesenheit rechtshändiger Ströme würden wir für den Michel-Parameter ρ typischerweise (aber nicht notwendigerweise) Abweichungen vom Wert $\frac{3}{4}$ erwarten:

$$\rho = \frac{3}{4} + O\left(\frac{G_R^2}{G^2}\right). \tag{27-17}$$

Experimentell gilt nach Gl. (23-8)

$$\left|\rho - \frac{3}{4}\right| \leqslant 0{,}005. \tag{27-18}$$

Daraus schließen wir

$$\frac{G_R^2}{G^2} \cong \left(\frac{m_{W_L}}{m_{W_R}}\right)^4 \lesssim 0{,}005,$$
$$\tag{27-19}$$
$$m_{W_R} \gtrsim 3{,}8\, m_{W_L} \cong 300\,\text{GeV}.$$

Eine genauere Analyse vieler Experimente bestätigt die Größenordnung dieser unteren Schranke (s. Bég 1982 für einen Überblick). Eine wesentlich höhere Schranke,

$$m_{W_R} \gtrsim 21\, m_{W_L} \cong 1700\,\text{GeV}$$

wird allerdings durch eine Analyse des K^0-$\bar{K}^0$-Systems im Rahmen dieser Modelle nahegelegt (Beall 1982).

Ein bemerkenswerter Zug von rechts-links-symmetrischen Modellen ist die Möglichkeit, in ihnen die beobachtete Paritäts-Verletzung spontan zu erzeugen. Das wäre vom ästhetischen Standpunkt recht befriedigend. Die Grundgleichungen wären völlig symmetrisch, nur der Vakuumzustand würde − über den nicht verschwindenden Vakuumerwartungswert eines geeigneten Higgs-Feldes − rechts vor links auszeichnen. Auch C- und CP-Verletzungen könnten auf diese Weise spontan erzeugt werden. In Modellen dieser Art werden auch interessante Vorhersagen für das elektrische Dipolmoment des Neutrons gemacht (Ecker 1983).

Eine andere Art von Theorien mit neuen Symmetrien bei mittleren Energien sind Modelle mit zusammengesetzten Quarks und Leptonen. Die Grundidee ist dabei, daß wir heute schon zu viele Leptonen und Quarks kennen, um annehmen zu können, daß sie wirklich alle fundamentale Teilchen sind. Es liegt nahe, wieder eine neue Ebene von *Subteilchen* zu postulieren, deren Bindungszustände Quarks und Leptonen sind. Ein detailliertes Modell dazu ist z.B. das Harari-Shupe-Modell (Harari 1979, 1981, Shupe 1979). Die Bindung der Subteilchen sollte durch eine völlig neue starke Wechselwirkung bewirkt werden. Die zugehörige neue Eichgruppe wird meist als *„Metafarb"*- oder *„Hypercolor"*-Gruppe bezeichnet. Die Skala dieser Wechselwirkung könnte auch bereits in der Gegend von 200−300 GeV liegen. Im Rahmen solcher Theorien sind oft auch die W- und Z-Bosonen zusammengesetzt. Die Eichgruppe $SU_L(2) \times U(1)$ der elektroschwachen Wechselwirkung ist dann bloß eine angenäherte, keine fundamentale Symmetriegruppe. Solche Modelle sagen − meist nur geringe − Abweichungen der Eigenschaften der W- und Z-Bosonen von den im Standardmodell erwarteten vorher (s. Harari 1984 für einen Überblick). Daher sind für die Theoretiker dieser Richtung die genauen Untersuchungen der Eigenschaften des Z-Bosons, die man mit den in Bau befindlichen Speicherringen SLC und LEP anstellen wird, von großem Interesse.

27.3   Supersymmetrie

Die Supersymmetrie (SUSY) wurde von Akulov, Volkov, Wess und Zumino in die Teilchenphysik eingeführt (Akulov 1972, Wess 1974a, b). Durch SUSY wird eine Symmetrie zwischen Bosonen und Fermionen hergestellt, Bosonen und Fermionen werden in Supermultipletts zusammengefaßt. Wir kennen nun in der Natur eine Reihe von fundamentalen Fermionen und Bosonen (Tabelle 22-1). Es wäre sehr befriedigend, wenn man durch SUSY einige dieser Teilchen zu einem Supermultiplett zusammenfassen könnte. Leider ist das nicht der Fall. Im Rahmen der gegenwärtigen SUSY-Modelle muß − grob gesagt − die Anzahl der Teilchen *verdoppelt* werden. Zu jedem bekannten fundamentalen Fermion (Lepton oder Quark) soll es noch zu entdeckende Spin-0-Partner, sogenannte Sfermionen (Sleptonen, Squarks) geben. Analog sollen die bekannten Bosonen (Photon, Gluonen, W-, Z- und Higgs-Teilchen) von Spin-$\frac{1}{2}$-Partnern, sogenannten „Bosinos" (Photinos, Gluinos, Winos, Zinos, Higgsinos), begleitet sein. Wäre SUSY exakt, müßten die Teilchen und ihre jeweiligen Superpartner entartet in der Masse sein. Das ist experimentell nicht der Fall, also muß die SUSY gebrochen sein. Die Massenskala m_{SUSY}, bei der die SUSY gebrochen ist, sollte auch grob angeben, wo die Massen der Superteilchen zu finden sind. Leider wird m_{SUSY} durch die Theorie bisher nicht bestimmt. Wir sind auf die Experimente angewiesen, die allerdings noch keine eindeutigen Anzeichen für SUSY ergaben. Es ist aber möglich, daß einige exotische Ereignisse, die am $Sp\bar{p}S$-Speicherring beobachtet wurden (Arnison 1984c) auf SUSY hindeuten (s. z.B. Reya 1984a, b, Ellis 1984, Nachtmann 1985).

Obwohl es nicht klar ist, ob und wann sich SUSY im Experiment zeigen wird, ist das Studium von SUSY-Modellen zur Zeit sehr populär. Solche Modelle haben auch viele attraktive Züge, z.B. sind in ihnen das Hochenergie-Verhalten und die Renormierungs-Eigenschaften oft besser als in konventionellen Theorien. Es besteht sogar die Aussicht, Feldtheorien ohne alle Divergenzen zu konstruieren. Schließlich eröffnen Theorien mit geeichter SUSY einen natürlichen Weg, auch die Gravitation mit den übrigen Wechselwirkungen zu vereinheitlichen. Das Endziel einer solchen Supergravitations-Theorie wäre es, alle Phänomene aus einer Theorie mit nur einem Parameter — der Planck-Masse (Gl. (27-7)) herzuleiten. Die Erreichung dieses Ziels scheint aber noch nicht bald in Sicht zu sein. Für weiteres Studium der SUSY und ihrer Anwendungen verweisen wir auf Wess 1983, Haber 1985, Ross 1984 und dort zitierte Referenzen.

27.4 Ordnung aus dem Chaos

Bei den Möglichkeiten für eine Erweiterung des Standardmodells, die wir bisher diskutiert haben wurde stets angenommen, daß die effektive Symmetrie bei höheren Energien *größer* wird. Es ist aber auch das Konträre denkbar, daß wir bei hohen Energien völlig *chaotische* Verhältnisse vorfinden werden, die uns Symmetrien bei niederen Energien bloß vortäuschen. Diese Situation ist uns aus der Festkörperphysik wohl vertraut. Denken wir nur an ein amorphes Stück Materie, z.B. ein Glas. Sehen wir das Stück auf atomaren Dimensionen an, haben wir weder Translations- noch Rotationssymmetrien. Auf einer makroskopischen Skala erscheint das Stück aber homogen und isotrop, Symmetrien erscheinen als „Infrarot-Phänomene".

Ähnlich könnte es in der Teilchenwelt sein. Solche Ideen, Symmetrien der Teilchenphysik als Infrarot-Phänomene zu verstehen, sind schon vor längerer Zeit diskutiert worden (s. Wilson 1974). In letzter Zeit hat besonders H. B. Nielsen in Kopenhagen diese Forschungsrichtung verfolgt (Nielsen 1983). In der Tat konnte er zeigen, daß gewisse Modelle die oben geschilderten Eigenschaften haben. Das Ziel dieser Bemühungen wäre es, alle beobachteten Symmetrien — auch die Lorentz-Invarianz der speziellen Relativitätstheorie — *herzuleiten*. Das Grundpostulat auf dem alles aufzubauen wäre, könnte dann vielleicht so lauten: *Am Anfang war das Chaos*.

Die weitere Entwicklung der Elementarteilchenphysik ist also keineswegs festgelegt, wie wir hoffen, gezeigt zu haben. Sie kann in eine „Wüste", zu neuen Symmetrien oder ins Chaos führen. Wir können gespannt sein, welche Phänomene die Natur uns bei der Erforschung der Elementarteilchen bei immer höheren Energien oder kürzeren Abständen in Zukunft zeigen wird.

Anhang A: Rechenregeln für Dirac-Matrizen und Spinoren

Definierende Relation:

$$\gamma^\mu \gamma^\nu + \gamma^\nu \gamma^\mu = 2 g^{\mu\nu}. \tag{A-1}$$

Definitionen:

$$\not{a} = a^\mu \gamma_\mu, \tag{A-2}$$

$$\gamma_5 = i \gamma^0 \gamma^1 \gamma^2 \gamma^3, \tag{A-3}$$

$$\sigma^{\mu\nu} = \frac{i}{2} (\gamma^\mu \gamma^\nu - \gamma^\nu \gamma^\mu). \tag{A-4}$$

Relationen:

$$\gamma^\mu \gamma_\mu = 4, \tag{A-5}$$

$$\gamma^\mu \not{a} \gamma_\mu = - 2 \not{a}, \tag{A-6}$$

$$\gamma^\mu \not{a}\not{b} \gamma_\mu = 4 (a, b), \tag{A-7}$$

$$\gamma^\mu \not{a}\not{b}\not{c} \gamma_\mu = - 2 \not{c}\not{b}\not{a}, \tag{A-8}$$

$$\gamma^\mu \gamma_5 + \gamma_5 \gamma^\mu = 0, \tag{A-9}$$

$$\gamma_5 \gamma_5 = 1. \tag{A-10}$$

Aus Gl. (A-1) folgt sofort für die Spur

$$\mathrm{Sp}(\gamma^\mu \gamma^\nu) = 4 g^{\mu\nu}. \tag{A-11}$$

Die Spur einer ungeraden Anzahl von γ-Matrizen verschwindet,

$$\mathrm{Sp}(\not{a}_1 \not{a}_2 \ldots \not{a}_{2n+1}) = 0. \tag{A-12}$$

Zum Beweis benutzen wir die Matrix γ_5, mit der nach Gln. (A-9) und (A-10) folgt

$$\mathrm{Sp}(\not{a}_1 \not{a}_2 \ldots \not{a}_{2n+1}) = \mathrm{Sp}(\gamma_5 \not{a}_1 \gamma_5 \gamma_5 \not{a}_2 \gamma_5 \ldots \gamma_5 \not{a}_{2n+1} \gamma_5)$$

$$= (-1)^{2n+1} \mathrm{Sp}(\not{a}_1 \not{a}_2 \ldots \not{a}_{2n+1}). \tag{A-13}$$

Es gilt

$$\mathrm{Sp}(\not{a}_1 \ldots \not{a}_n) = \mathrm{Sp}(\not{a}_n \ldots \not{a}_1). \tag{A-14}$$

Der Beweis läuft ähnlich wie in Gl. (A-13), aber mit der Matrix $\mathbf{S}(C)$ (Gl. (4-124)) an Stelle von γ_5.

Relationen, die γ_5 betreffen:

$$\gamma_\mu \gamma_5 = \frac{i}{6} \epsilon_{\mu\nu\rho\sigma} \gamma^\nu \gamma^\rho \gamma^\sigma, \tag{A-15}$$

$$\mathrm{Sp}\,\gamma_5 = \mathrm{Sp}(\gamma^\mu \gamma_5) = \mathrm{Sp}(\gamma^\mu \gamma^\nu \gamma_5) = \mathrm{Sp}(\gamma^\mu \gamma^\nu \gamma^\rho \gamma_5) = 0, \tag{A-16}$$

$$\mathrm{Sp}(\gamma^\mu \gamma^\nu \gamma^\rho \gamma^\sigma \gamma_5) = 4 i \epsilon^{\mu\nu\rho\sigma}. \tag{A-17}$$

Die Spur des Produkts einer geraden Anzahl $(2n)$ von γ-Matrizen läßt sich durch Spuren über $2(n-1)$ γ-Matrizen ausdrücken:

$$\mathrm{Sp}\,(\not a_1 \not a_2 \ldots \not a_{2n}) = \sum_{k=2}^{2n} (-1)^k (a_1, a_k)\,\mathrm{Sp}\,(\not a_2 \ldots \not a_{k-1} \not a_{k+1} \ldots \not a_{2n}). \tag{A-18}$$

Zum Beweis antikommutieren wir $\not a_1$ nach rechts durch, bis es ganz am Ende steht:

$$\begin{aligned}
\mathrm{Sp}\,(\not a_1 \not a_2 \ldots \not a_{2n}) &= \mathrm{Sp}\,((\{\not a_1, \not a_2\} - \not a_2 \not a_1)\,\not a_3 \ldots \not a_{2n}) \\
&= 2\,(a_1, a_2)\,\mathrm{Sp}\,(\not a_3 \ldots \not a_{2n}) - \mathrm{Sp}\,(\not a_2 \not a_1 \not a_3 \ldots \not a_{2n}) \\
&= 2 \sum_{k=2}^{2n} (-1)^k (a_1, a_k)\,\mathrm{Sp}\,(\not a_2 \ldots \not a_{k-1} \not a_{k+1} \ldots \not a_{2n}) \\
&\quad + (-1)^{2n-1}\,\mathrm{Sp}\,(\not a_2 \not a_3 \ldots \not a_{2n} \not a_1). \tag{A-19}
\end{aligned}$$

Da die Matrizen in der Spur zyklisch vertauscht werden können, folgt Gl. (A-18).

Für die Spur von vier γ-Matrizen erhalten wir aus Gl. (A-18)

$$\mathrm{Sp}\,(\gamma^\lambda \gamma^\mu \gamma^\nu \gamma^\rho) = 4\,\{g^{\lambda\mu}g^{\nu\rho} + g^{\lambda\rho}g^{\mu\nu} - g^{\lambda\nu}g^{\mu\rho}\}. \tag{A-20}$$

Wichtige Relationen für die Lösungen der Dirac-Gleichung (Gln. (4-38), (4-41)) sind wie folgt, wobei $s, r = \pm\frac{1}{2}$ die Spinindizes sind:

$$\begin{aligned}
(\not p - m)\,u_s(p) &= 0, \\
(\not p + m)\,v_s(p) &= 0,
\end{aligned} \tag{A-21}$$

$$\begin{aligned}
\sum_{s=\pm 1/2} u_s(p)\,\bar u_s(p) &= \not p + m, \\
\sum_{s=\pm 1/2} v_s(p)\,\bar v_s(p) &= \not p - m,
\end{aligned} \tag{A-22}$$

$$\begin{aligned}
\bar u_r(p)\,u_s(p) &= 2m\,\delta_{rs}, \\
\bar v_r(p)\,v_s(p) &= -2m\,\delta_{rs},
\end{aligned} \tag{A-23}$$

$$\begin{aligned}
\bar u_r(p)\,\gamma^\mu u_s(p) &= 2p^\mu \delta_{rs}, \\
\bar v_r(p)\,\gamma^\mu v_s(p) &= 2p^\mu \delta_{rs},
\end{aligned} \tag{A-24}$$

$$\begin{aligned}
\bar u_r(p')\,\{2m\gamma^\mu - (p'+p)^\mu - i\sigma^{\mu\nu}(p'-p)_\nu\}\,u_s(p) &= 0, \\
\bar v_r(p')\,\{2m\gamma^\mu + (p'+p)^\mu + i\sigma^{\mu\nu}(p'-p)_\nu\}\,v_s(p) &= 0.
\end{aligned} \tag{A-25}$$

Anhang B: Die Feynman-Regeln der QED

Wir vereinbaren die folgenden Entsprechungen zwischen physikalischen Gegebenheiten, Diagrammteilen und analytischen Ausdrücken. Spinindizes für Dirac-Spinoren schreiben wir dabei nicht explizit an.

Elektron im Anfangszustand — einlaufende Elektronlinie
$u(p)$ $e^-(p)$

Elektron im Endzustand   — auslaufende Elektronlinie
$\bar{u}(p)$ $e^-(p)$

Positron im Anfangszustand — auslaufende Elektronlinie
$\bar{v}(q)$ $e^+(q)$

Positron im Endzustand   — einlaufende Elektronlinie
$v(q)$ $e^+(q)$

Photon im Anfangszustand   — einlaufende Photonlinie
ϵ^μ $\gamma(k)$

Photon im Endzustand   — auslaufende Photonlinie
$\epsilon^{\mu*}$ $\gamma(k)$

virtuelles Photon   — innere Photonlinie

$$\frac{-i\,g_{\mu\nu}}{k^2 + i\epsilon}$$

$\mu \qquad \qquad \nu$, $\quad k$

virtuelles Elektron   — innere Elektronlinie

$$i\,\frac{\not{p} + m}{p^2 - m^2 + i\epsilon}$$

p

Elementarprozeß   — Vertex

$i\,e\,\gamma^\mu$

Die Übergangsamplitude für eine bestimmte Reaktion ergibt sich als Summe aller Diagramme mit vorgegebenen ein- und auslaufenden Linien. Im Inneren der Diagramme sind beliebig viele Vertizes zugelassen. An jedem Vertex gilt die Viererimpuls-Erhaltung. Das garantiert auch die Viererimpuls-Erhaltung im Ganzen, d.h., die Summe der einlaufenden Viererimpulse ist gleich der Summe der auslaufenden Viererimpulse. Die Viererimpulse fließen durch die Diagramme wie elektrische Ströme durch ein Netzwerk elektrischer Leiter. Innere Ströme entsprechen Schleifenimpulsen.

In Bild B-1 zeigen wir ein Beispiel für ein Diagramm mit einer Schleife. Die Reaktion ist $\gamma(k_1) + \gamma(k_2) \longrightarrow \gamma(k_3) + \gamma(k_4)$, der Schleifenimpuls ist l.

Über Schleifenimpulse ist stets zu integrieren mit einem Maß

$$\int \frac{dl}{(2\pi)^4} . \tag{B-1}$$

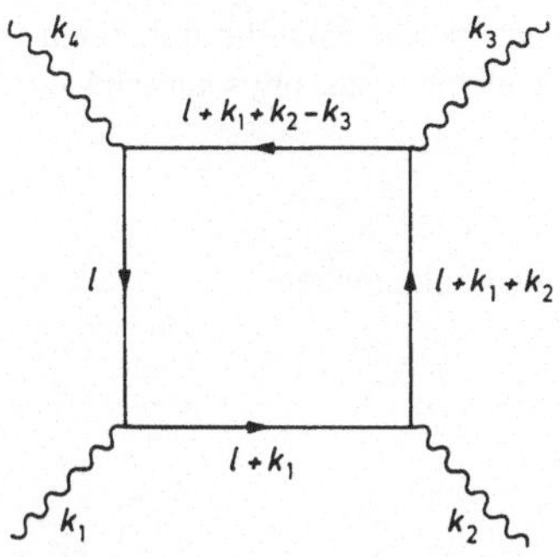

Bild B-1

Ein Diagramm zur Photon-Photon-Streuung
mit einer Schleife

Um das S-Matrixelement zu erhalten, ist noch ein Faktor für die Energie-Impuls-Erhaltung hinzuzufügen:

$$(2\pi)^4 \delta \left(\sum_f p_f - \sum_i p_i \right),\tag{B-2}$$

wobei $p_i\,(p_f)$ die Impulse der einlaufenden (auslaufenden) Teilchen sind.

Einige weitere Regeln sind zu beachten. Für jede geschlossene Fermionschleife ist ein Faktor (-1) hinzuzufügen. Diagramme, die sich nur durch Permutation äußerer Impulse von Fermi-Teilchen unterscheiden, erhalten als relatives Vorzeichen das Signum der Permutation. Diagramme, bei denen dieselben äußeren Linien von Fermionen miteinander verbunden sind, erhalten relatives Vorzeichen $+1$. Beispiele dazu zeigen wir in Bild B-2.

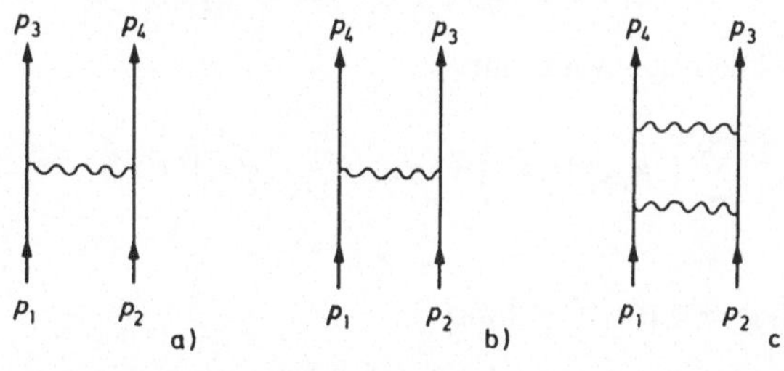

Bild B-2

Beispiele von Diagrammen zur Elektron-Elektron-Streuung. Die Diagramme (b) und (c) erhalten ein Minuszeichen relativ zu (a).

Der Wechselwirkung mit einem äußeren elektromagnetischen Feld entspricht folgender analytischer Ausdruck bzw. Vertex:

$$i e \gamma^\mu \int dx\, e^{i(p'-p)x} A_\mu^{\text{ext}}(x)$$

$$= - i e \gamma^\mu \frac{1}{(p'-p)^2} \int dx\, e^{i(p'-p)x} j_\mu^{\text{ext}}(x).$$

Tritt ein solcher Vertex in einem Diagramm auf, ist die δ-Funktion der Energie-Impuls-Erhaltung (Gl. (B-2)) im S-Matrixelement wegzulassen.

Bei der Berechnung von Streuquerschnitten für unpolarisierte Teilchen im Anfangszustand (Endzustand) ist über die entsprechenden Spinorientierungen zu mitteln (summieren). Die Spinsummen für Dirac-Spinoren sind in Gl. (A-22) angegeben. Die Spinsumme für Photonen bedarf noch einer Erläuterung.

Betrachten wir etwa eine Reaktion, bei der ein unpolarisiertes Photon mit Viererimpuls k einläuft. Die Feynman-Regeln liefern uns zunächst die Amplitude für ein Photon mit Polarisationsvektor ϵ in der allgemeinen Gestalt

$$\langle \dots |\mathbf{T}| \dots \gamma(k, \epsilon) \rangle = \mathcal{M}_\mu(k)\, \epsilon^\mu.\tag{B-3}$$

Nun können wir aber nach der Diskussion in Kapitel 7 den Photonzustand durch einen äquivalenten ersetzen (Gln. (7-31)). Dabei darf sich das T-Matrixelement als physikalische Größe nicht ändern. Es sei c beliebig komplex und

$$\epsilon' = \epsilon + ck. \tag{B-4}$$

Man sieht leicht, daß ϵ und ϵ' äquivalenten Photonzuständen entsprechen.

$$\epsilon^\mu \, \mathbf{a}_\mu^\dagger(k)\,|0\rangle \sim \epsilon'^\mu \, \mathbf{a}_\mu^\dagger(k)\,|0\rangle. \tag{B-5}$$

Daher muß gelten

$$\mathcal{M}_\mu(k)\,\epsilon^\mu = \mathcal{M}_\mu(k)\,\epsilon'^\mu, \tag{B-6}$$

woraus folgt

$$\mathcal{M}_\mu(k)\,k^\mu = 0. \tag{B-7}$$

Bei der Berechnung des Streuquerschnitts σ für ein unpolarisiertes Photon müssen wir über die physikalischen Polarisationsrichtungen des Photons im Anfangszustand mitteln:

$$\sigma \propto \sideset{}{'}\sum_{\text{phys.}\,\epsilon} |\mathcal{M}_\mu(k)\,\epsilon^\mu|^2. \tag{B-8}$$

Zur Auswertung dieser Summe bedienen wir uns des in Gl. (7-24) definierten Koordinatensystems. Als physikalische Polarisationsvektoren können wir $\epsilon_1 = (0, e_1)$ und $\epsilon_2 = (0, e_2)$ wählen. Die Gl. (B-7) liefert

$$\mathcal{M}_\mu(k)\,k^\mu = k^0\,(\mathcal{M}_0(k) - \vec{\mathcal{M}}(k)\,e_3) = 0,$$
$$\mathcal{M}_0(k) = \vec{\mathcal{M}}(k)\,e_3. \tag{B-9}$$

Für den Streuquerschnitt in Gl. (B-8) erhalten wir damit:

$$\sigma \propto \sideset{}{'}\sum_{\text{phys.}\,\epsilon} |\mathcal{M}_\mu\,\epsilon^\mu|^2 = \frac{1}{2}\sum_{i=1}^{2} |\mathcal{M}_\mu\,\epsilon_i^\mu|^2 = \frac{1}{2}\{|\vec{\mathcal{M}}e_1|^2 + |\vec{\mathcal{M}}e_2|^2\}$$

$$= \frac{1}{2}\{|\vec{\mathcal{M}}e_1|^2 + |\vec{\mathcal{M}}e_2|^2 + |\vec{\mathcal{M}}e_3|^2 - |\mathcal{M}_0|^2\}$$

$$= \frac{1}{2}\mathcal{M}_\mu(-g^{\mu\nu})\mathcal{M}_\nu^*. \tag{B-10}$$

Eine analoge Überlegung gilt für ein unpolarisiertes Photon im Endzustand. Wir können daher bei der Berechnung von Streuquerschnitten in der QED die Ersetzung machen

$$\sideset{}{'}\sum_{\text{phys.}\,\epsilon} \epsilon^\mu\,\epsilon^{\nu*} \longrightarrow -g^{\mu\nu}. \tag{B-11}$$

Wir geben noch eine Formel für Phasenraum-Integrale, auf die man oft bei der Berechnung von Streuquerschnitten stößt, an:

$$\int dq_1 \int dq_2 \,\delta_+(q_1^2 - m_1^2)\,\delta_+(q_2^2 - m_2^2)\,\delta(p - q_1 - q_2)$$

$$\{a + b^\mu(q_1 - q_2)_\mu + c^{\mu\nu}(q_1 - q_2)_\mu(q_1 - q_2)_\nu\}$$

$$= \theta(p^0)\,\theta(p^2 - (m_1 + m_2)^2)\,\frac{\pi}{2p^2}\,w(p^2, m_1^2, m_2^2)\left\{ a + b^\mu p_\mu\,\frac{m_1^2 - m_2^2}{p^2} \right.$$

$$\left. + c^{\mu\nu}\left[(4p_\mu p_\nu - g_{\mu\nu}p^2)\,\frac{1}{3p^4}\,w^2(p^2, m_1^2, m_2^2) - p_\mu p_\nu\,\frac{1}{p^2}(p^2 - 2m_1^2 - 2m_2^2)\right]\right\}. \tag{B-12}$$

Dabei sind p ein äußerer Viererimpuls, $m_1 \geqslant 0$, $m_2 \geqslant 0$ Massen und $a, b^\mu, c^{\mu\nu}$ beliebige Konstanten. Die Funktion w ist in Gl. (2-72) definiert und

$$\delta_+(q^2 - m^2) \equiv \theta(q^0)\, \delta(q^2 - m^2) = \frac{1}{2q^0}\, \delta(q_0 - {}_+\sqrt{q^2 + m^2}). \tag{B-13}$$

Zum Beweis von Gl. (B-12) überlegt man sich zunächst, daß das Integral nur für $p^2 \geqslant 0$, $p^0 \geqslant 0$ ungleich Null ist und die einzelnen Teile invariant bzw. kovariant bei Lorentz-Transformationen sind. Damit kann man das Integral für $p^2 > 0$ im Ruhsystem des Vierervektors p berechnen, was ohne Mühe gelingt. Für $p^2 = 0$ ergibt das Integral Null außer für $m_1 = m_2 = 0$. In dem letzteren Fall *definieren* wir es als Grenzwert für $p^2 \longrightarrow + 0$.

Anhang C: Die Gruppen SU (2) und SU (3)

C1   Die Gruppe SU (2)

Die Gruppe SU(2) ist die Gruppe aller unitären 2×2-Matrizen $\mathbf{U}$ mit Determinante 1:

$$\mathbf{U}\mathbf{U}^\dagger = 1,$$
$$\det \mathbf{U} = 1. \tag{C-1}$$

Diese Gruppe spielt in der Teilchenphysik eine sehr wichtige Rolle, da sowohl die Drehungen im Raum als auch die Gruppen des starken und schwachen Isospin die mathematische Struktur der SU(2)-Gruppe haben. Wir verwenden hier die Notation entsprechend den räumlichen Drehungen.

Infinitesimale Transformationen:

$$\mathbf{U} = 1 + i\delta\varphi^j\, \frac{1}{2}\, \sigma^j. \tag{C-2}$$

Dabei sind die $\delta\varphi^j$ infinitesimale Parameter und die σ^j ($j = 1, 2, 3$) die Pauli-Matrizen:

$$\sigma^1 = \begin{pmatrix} 0 & 1 \\ 1 & 0 \end{pmatrix}, \quad \sigma^2 = \begin{pmatrix} 0 & -i \\ i & 0 \end{pmatrix}, \quad \sigma^3 = \begin{pmatrix} 1 & 0 \\ 0 & -1 \end{pmatrix}. \tag{C-3}$$

Relationen für Pauli-Matrizen:

$$[\sigma^i, \sigma^j] = 2i\epsilon^{ijk}\sigma^k, \tag{C-4}$$
$$\{\sigma^i, \sigma^j\} = 2\delta^{ij}, \tag{C-5}$$
$$\mathrm{Sp}(\sigma^i \sigma^j) = 2\delta^{ij}, \tag{C-6}$$
$$(a\sigma)(b\sigma) = (a, b) + i(a \times b)\sigma, \tag{C-7}$$
$$\sigma^j \sigma^k \sigma^j = -\sigma^k, \tag{C-8}$$
$$\sigma^i_{sr}\, \sigma^i_{s'r'} = 2\delta_{sr'}\, \delta_{s'r} - \delta_{sr}\, \delta_{s'r'}, \tag{C-9}$$
$$\epsilon\sigma^i \epsilon^{\mathrm{T}} = -\sigma^{i\mathrm{T}}. \tag{C-10}$$

Hier sind a, b zwei beliebige Vektoren und ϵ ist die antisymmetrische 2×2-Matrix

$$\epsilon = \begin{pmatrix} 0 & 1 \\ -1 & 0 \end{pmatrix}. \tag{C-11}$$

Unter einer unitären Darstellung einer allgemeinen Gruppe G mit Elementen $\mathbf{U}$, $\mathbf{V}$, ... verstehen wir eine Abbildung von $\mathbf{G}$ auf unitäre Matrizen $\mathbf{D(U)}$, $\mathbf{D(V)}$ über einem Raum R der Dimension n, so daß die Gruppenrelation erhalten bleibt:

$$\mathbf{U} \longrightarrow \mathbf{D(U)},$$
$$\mathbf{D(U)\,D^{\dagger}(U)} = 1,$$
$$\mathbf{D(U)\,D(V)} = \mathbf{D(U \cdot V)}. \tag{C-12}$$

Eine Darstellung heißt *reduzibel*, falls wir bei geeigneter Basiswahl alle Matrizen $\mathbf{D(U)}$ *gleichzeitig* auf Kästchenform bringen können:

$$\mathbf{D(U)} = \left(\begin{array}{c|c} \mathbf{D_1(U)} & 0 \\ \hline 0 & \mathbf{D_2(U)} \end{array} \right). \tag{C-13}$$

Dabei sind

$\mathbf{D(U)}$ $n \times n$-Matrizen,

$\mathbf{D_1(U)}$ $n_1 \times n_1$-Matrizen,

$\mathbf{D_2(U)}$ $n_2 \times n_2$-Matrizen,

und es muß gelten

$$n_1 + n_2 = n, \quad n_1 \geqslant 1, \quad n_2 \geqslant 1. \tag{C-14}$$

Eine Darstellung heißt *irreduzibel*, wenn diese Gestalt der Matrizen $\mathbf{D(U)}$ für keine Basiswahl möglich ist. Wie man leicht nachweist, ist eine Darstellung genau dann irreduzibel, falls für jeden Zustand $|\alpha\rangle \neq 0$ aus dem Darstellungsraum R die Zustände, die wir durch Anwendung der Darstellungsmatrizen $\mathbf{D(U)}$ auf $|\alpha\rangle$ erhalten, den gesamten Raum R aufspannen.

Zwei Darstellungen

$$\mathbf{U} \to \mathbf{D_1(U)},$$
$$\mathbf{U} \to \mathbf{D_2(U)}, \tag{C-15}$$

heißen *äquivalent*, falls es eine nichtsinguläre Matrix $\mathbf{S}$ gibt, so daß gilt

$$\mathbf{S^{-1}\,D_1(U)\,S} = \mathbf{D_2(U)}. \tag{C-16}$$

Eine für die Physik sehr wichtige Aussage liefert das *Schursche Lemma*. Es seien

$$\mathbf{U} \to \mathbf{D_1(U)},$$
$$\mathbf{U} \to \mathbf{D_2(U)}, \tag{C-17}$$

zwei irreduzible Darstellungen einer Gruppe G in Räumen der Dimensionen n_1 bzw. n_2. Es gelte mit einer Matrix $\mathbf{S}$ für alle $\mathbf{U} \in G$

$$\mathbf{D_1(U)\,S} = \mathbf{S\,D_2(U)}. \tag{C-18}$$

Dann ist entweder $\mathbf{S} \equiv 0$ oder $n_1 = n_2$ und $\det \mathbf{S} \neq 0$, und die beiden Darstellungen sind äquivalent (Beweis s. etwa Weyl 1977). Als wichtiger Spezialfall ergibt sich, daß eine Matrix $\mathbf{S}$, die bei den Transformationen einer *irreduziblen* Darstellung $\mathbf{U} \to \mathbf{D(U)}$ invariant ist, ein Vielfaches der Einheitsmatrix sein muß. Gilt für alle $\mathbf{U} \in G$

$$\mathbf{D^{-1}(U)\,S\,D(U)} = \mathbf{S} \tag{C-19}$$

so folgt mit λ einer komplexen Zahl:

$$\mathbf{S} = \lambda \cdot 1. \tag{C-20}$$

Diese Aussage können wir auch mit elementaren Mitteln beweisen. Zu jeder Matrix $\mathbf{S}$ gibt es mindestens einen Eigenwert λ und einen Eigenvektor $|\lambda\rangle \neq 0$:

$$\mathbf{S}|\lambda\rangle = \lambda|\lambda\rangle. \tag{C-21}$$

Nach Gl. (C-19) gilt

$$\mathbf{S}\,\mathbf{D}(\mathbf{U})\,|\lambda\rangle \;=\; \mathbf{D}(\mathbf{U})\,\mathbf{S}\,|\lambda\rangle \;=\; \lambda\,\mathbf{D}(\mathbf{U})\,|\lambda\rangle. \tag{C-22}$$

Da für eine irreduzible Darstellung die Vektoren $\mathbf{D}(\mathbf{U})\,|\lambda\rangle$ mit $\mathbf{U}\in G$ den gesamten Raum aufspannen, folgt Gl. (C-20).

Wir besprechen nun Darstellungen der Gruppe SU(2) (s. etwa Edmonds 1964). Ist

$$\mathbf{U} \;\longrightarrow\; \mathbf{D}(\mathbf{U})$$

eine Darstellung, so definieren wir die erzeugenden Operatoren $\mathbf{J}^i$ ($i=1,2,3$), die Drehimpulsoperatoren, durch die Darstellungstransformationen der infinitesimalen Gruppenelemente (Gl. (C-2))

$$\mathbf{D}\left(1+\mathrm{i}\,\delta\varphi^i\,\frac{1}{2}\,\sigma^i\right) \;=\; 1+\mathrm{i}\,\delta\varphi^i\,\mathbf{J}^i. \tag{C-23}$$

Weiter sei

$$\vec{\mathbf{J}}^2 \;=\; (\mathbf{J}^1)^2 \;+\; (\mathbf{J}^2)^2 \;+\; (\mathbf{J}^3)^2. \tag{C-24}$$

Die irreduziblen Darstellungen $\mathrm{D}(j)$ der Gruppe SU(2) sind durch Zahlen $j=0, 1/2, 1, \dots$ charakterisiert. Die Darstellung $\mathrm{D}(j)$ wird in einem Raum der Dimension $2j+1$ mit orthonormalen Basisvektoren

$$|j,j_3\rangle \qquad (j_3 = -j, \dots, j)$$

realisiert. Die Wirkung der erzeugenden Operatoren ist

$$\begin{aligned}
\mathbf{J}^3\,|j,j_3\rangle &= j_3\,|j,j_3\rangle,\\
(\mathbf{J}^1\pm\mathrm{i}\,\mathbf{J}^2)\,|j,j_3\rangle &= \sqrt{(j\mp j_3)(j\pm j_3+1)}\;|j,j_3\pm 1\rangle,
\end{aligned} \tag{C-25}$$

$$\vec{\mathbf{J}}^2\,|j,j_3\rangle \;=\; j(j+1)\,|j,j_3\rangle. \tag{C-26}$$

Durch Gl. (C-25) werden auch die Matrizen $\mathbf{S}^i$ ($i=1,2,3$) von Gl. (16-22) für allgemeinen Spin s definiert:

$$\mathbf{S}^i_{s_3',\,s_3} \;=\; \langle s,s_3'\,|\,\mathbf{J}^i\,|\,s,s_3\rangle \qquad (s_3',s_3 = -s, \dots, s). \tag{C-27}$$

Das Produkt zweier irreduzibler Darstellungen $\mathrm{D}(k)$, $\mathrm{D}(s)$ wird durch die Clebsch-Gordan-Reihe ausreduziert

$$\mathrm{D}(k)\otimes\mathrm{D}(s) \;=\; \sum_{j=|k-s|}^{k+s} \mathrm{D}(j). \tag{C-28}$$

Die Konstruktion der Basiszustände der $\mathrm{D}(j)$ geschieht mit Hilfe der Clebsch-Gordan-Koeffizienten (s. Edmonds 1964)

$$|j,j_3\rangle \;=\; \sum_{k_3,s_3} (k,k_3;\,s,s_3\,|\,j,j_3)\,|k,k_3\rangle\,|s,s_3\rangle. \tag{C-29}$$

Es gelten folgende Relationen:

$$\sum_{j,\,j_3} (k,k_3;\,s,s_3\,|\,j,j_3)\,(k,k_3';\,s,s_3'\,|\,j,j_3) \;=\; \delta_{k_3 k_3'}\,\delta_{s_3 s_3'}, \tag{C-30}$$

$$\sum_{k_3,\,s_3} (k,k_3;\,s,s_3\,|\,j,j_3)\,(k,k_3;\,s,s_3\,|\,j',j_3') \;=\; \delta_{jj'}\,\delta_{j_3 j_3'}. \tag{C-31}$$

Eine Basis für die Darstellungen $\mathrm{D}(l)$ ($l=0,1,2,\dots$) bilden die Kugelfunktionen, deren wichtigste Eigenschaften wir nun zusammenstellen. Dabei bezeichnen wir die erzeugenden Operatoren mit $\vec{\mathbf{L}}$ an Stelle von $\vec{\mathbf{J}}$.

Legendre-Polynome:

$$P_l(z) = \frac{1}{2^l\, l!}\, \frac{d^l}{dz^l}\, (z^2 - 1)^l \qquad (l = 0, 1, 2, \ldots). \tag{C-32}$$

Einheitsvektor:

$$\hat{x} = \begin{pmatrix} \sin\vartheta\,\cos\varphi \\ \sin\vartheta\,\sin\varphi \\ \cos\vartheta \end{pmatrix} \qquad (0 \leqslant \vartheta \leqslant \pi,\; 0 \leqslant \varphi \leqslant 2\pi). \tag{C-33}$$

Kugelfunktionen:

$$Y_{l,\,l_3}(\hat{x}) = \left(\frac{2l+1}{4\pi}\right)^{1/2} \left(\frac{(l-|l_3|)!}{(l+|l_3|)!}\right)^{1/2} (-1)^{1/2\,(l_3 + |l_3|)}$$

$$e^{i\,l_3\,\varphi}\,(\sin\vartheta)^{|l_3|} \left(\frac{d}{d\cos\vartheta}\right)^{|l_3|} P_l(\cos\vartheta) \tag{C-36}$$

$$(l = 0, 1, 2, \ldots\;;\;\; l_3 = -l, \ldots, l)$$

Relationen:

$$\begin{aligned} Y_{l,\,l_3}(-\hat{x}) &= (-1)^l\, Y_{l,\,l_3}(\hat{x}), \\ Y^{*}_{l,\,l_3}(\hat{x}) &= (-1)^{l_3}\, Y_{l,\,-l_3}(\hat{x}). \end{aligned} \tag{C-37}$$

$$x \times \frac{1}{i}\, \nabla Y_{l,\,l_3}(\hat{x}) = \sum_{l'_3} Y_{l,\,l'_3}(\hat{x})\, \langle l,\, l'_3 |\, \vec{L}\, | l,\, l_3 \rangle. \tag{C-38}$$

Dabei sind die Matrixelemente von $\vec{L}$ durch Gl. (C-25) gegeben.

Additionstheorem:

$$\sum_{l_3 = -l}^{l} Y_{l,\,l_3}(\hat{x})\, Y^{*}_{l,\,l_3}(\hat{x}') = \frac{2l+1}{4\pi}\, P_l(\hat{x}\hat{x}'). \tag{C-39}$$

Wir berechnen nun die in Abschnitt 16.3 benötigte Summe von Clebsch-Gordan-Koeffizienten. Dabei seien $l = 0, 1, 2, \ldots$, $j = l \pm 1/2$ und

$$\vec{J} = \vec{L} + \frac{1}{2}\,\sigma,$$

$$j' = l \mp \frac{1}{2} \quad \text{für } j = l \pm \frac{1}{2}. \tag{C-40}$$

Es gilt

$$\sum_{j_3} (l, l'_3;\, \tfrac{1}{2}, s'_3 | j, j_3)\, (l, l_3;\, \tfrac{1}{2}, s_3 | j, j_3)$$

$$= (\langle l, l'_3 | \langle \tfrac{1}{2}, s'_3 |) \left(\sum_{j_3} | j, j_3 \rangle \langle j, j_3 | \right) (| l, l_3 \rangle | \tfrac{1}{2}, s_3 \rangle)$$

$$= (\langle l, l'_3 | \langle \tfrac{1}{2}, s'_3 |) \left(\frac{\vec{J}^2 - j'(j'+1)}{j(j+1) - j'(j'+1)} \right) (| l, l_3 \rangle | \tfrac{1}{2}, s_3 \rangle)$$

$$= (j(j+1) - j'(j'+1))^{-1}\, (\langle l, l'_3 | \langle \tfrac{1}{2}, s'_3 |)$$

$$\{ \vec{L}^2 + \vec{L}\sigma + \tfrac{3}{4} - j'(j'+1) \} (| l, l_3 \rangle | \tfrac{1}{2}, s_3 \rangle)$$

$$= (j(j+1) - j'(j'+1))^{-1}\, \{ (l(l+1) + \tfrac{3}{4} - j'(j'+1))\, \delta_{l'_3 l_3}\, \delta_{s'_3 s_3}$$

$$+ \langle l, l'_3 |\, \vec{L}\, | l, l_3 \rangle\, \sigma_{s'_3,\, s_3} \}$$

$$= (2l+1)^{-1}\, \{ (j + \tfrac{1}{2})\, \delta_{l'_3 l_3}\, \delta_{s'_3 s_3} + 2(j - l)\, \langle l, l'_3 |\, \vec{L}\, | l, l_3 \rangle\, \sigma_{s'_3,\, s_3} \}. \tag{C-41}$$

C2   Die Gruppe SU (3)

Die Gruppe $SU(3)$ ist die Gruppe aller unitären 3×3-Matrizen $\mathbf{U}$ mit Determinante 1:

$$\mathbf{U}\mathbf{U}^\dagger = 1,$$
$$\det \mathbf{U} = 1. \tag{C-42}$$

Infinitesimale Transformationen:

$$\mathbf{U} = 1 + i\delta\varphi_a \tfrac{1}{2} \lambda_a. \tag{C-43}$$

Dabei benutzen wir die Summenkonvention, die $\delta\varphi_a$ sind infinitesimale Parameter, die λ_a ($a = 1, \dots, 8$) die Gell-Mann-Matrizen:

$$\lambda_1 = \begin{pmatrix} 0 & 1 & 0 \\ 1 & 0 & 0 \\ 0 & 0 & 0 \end{pmatrix}, \qquad \lambda_2 = \begin{pmatrix} 0 & -i & 0 \\ i & 0 & 0 \\ 0 & 0 & 0 \end{pmatrix}, \qquad \lambda_3 = \begin{pmatrix} 1 & 0 & 0 \\ 0 & -1 & 0 \\ 0 & 0 & 0 \end{pmatrix},$$

$$\lambda_4 = \begin{pmatrix} 0 & 0 & 1 \\ 0 & 0 & 0 \\ 1 & 0 & 0 \end{pmatrix}, \qquad \lambda_5 = \begin{pmatrix} 0 & 0 & -i \\ 0 & 0 & 0 \\ i & 0 & 0 \end{pmatrix}, \qquad \lambda_6 = \begin{pmatrix} 0 & 0 & 0 \\ 0 & 0 & 1 \\ 0 & 1 & 0 \end{pmatrix}, \tag{C-44}$$

$$\lambda_7 = \begin{pmatrix} 0 & 0 & 0 \\ 0 & 0 & -i \\ 0 & i & 0 \end{pmatrix}, \qquad \lambda_8 = \frac{1}{\sqrt{3}} \begin{pmatrix} 1 & 0 & 0 \\ 0 & 1 & 0 \\ 0 & 0 & -2 \end{pmatrix}.$$

Relationen:

$$\mathrm{Sp}\,\lambda_a = 0, \tag{C-45}$$
$$\mathrm{Sp}(\lambda_a \lambda_b) = 2\delta_{ab}, \tag{C-46}$$
$$[\lambda_a, \lambda_b] = 2i f_{abc} \lambda_c, \tag{C-47}$$
$$\{\lambda_a, \lambda_b\} = \tfrac{4}{3}\delta_{ab} + 2 d_{abc}\lambda_c, \tag{C-48}$$

dabei ist f_{abc} total antisymmetrisch, d_{abc} total symmetrisch, und die numerischen Werte sind in Tabelle C-1 angegeben.

$$f_{abr} f_{rcs} + f_{bcr} f_{ras} + f_{car} f_{rbs} = 0, \tag{C-49}$$
$$f_{abr} d_{rcs} + f_{cbr} d_{ras} = d_{acr} f_{rbs}, \tag{C-50}$$
$$f_{ars} f_{brs} = 3\delta_{ab}, \tag{C-51}$$
$$d_{aab} = 0, \tag{C-52}$$
$$d_{ars} d_{brs} = \tfrac{5}{3}\delta_{ab}, \tag{C-53}$$
$$f_{abc} \lambda_b \lambda_c = 3 i \lambda_a, \tag{C-54}$$
$$\lambda_a \lambda_a = \tfrac{16}{3}, \tag{C-55}$$
$$\lambda_a \lambda_b \lambda_a = -\tfrac{2}{3}\lambda_b, \tag{C-56}$$
$$(\lambda_a)_{\alpha\beta}(\lambda_a)_{\alpha'\beta'} = -\tfrac{2}{3}\delta_{\alpha\beta}\delta_{\alpha'\beta'} + 2\delta_{\alpha\beta'}\delta_{\alpha'\beta}. \tag{C-57}$$

Die wichtigsten Darstellungen der SU (3)-Gruppe sind in Abschnitt 17.1 diskutiert.

Tabelle C-1 Die unabhängigen, nicht verschwindenden Komponenten von f_{abc} und d_{abc}

(a, b, c)	f_{abc}	(a, b, c)	d_{abc}
123	1	118	$1/\sqrt{3}$
147	1/2	146	1/2
156	$-1/2$	157	1/2
246	1/2	228	$1/\sqrt{3}$
257	1/2	247	$-1/2$
345	1/2	256	1/2
367	$-1/2$	338	$1/\sqrt{3}$
458	$\sqrt{3}/2$	344	1/2
678	$\sqrt{3}/2$	355	1/2
		366	$-1/2$
		377	$-1/2$
		448	$-1/(2\sqrt{3})$
		558	$-1/(2\sqrt{3})$
		668	$-1/(2\sqrt{3})$
		778	$-1/(2\sqrt{3})$
		888	$-1/\sqrt{3}$

Anhang D: Die Feynman-Regeln der QCD

In diesem Anhang wollen wir die Feynman-Regeln der QCD angeben. Die Ableitung dieser Regeln aus der Lagrange-Dichte Gl. (19-22) erfolgt am besten mit Hilfe des Pfadintegral-Formalismus. Darauf können wir aber hier nicht näher eingehen.

Die Feynman-Diagramme der QCD werden aus drei Arten von Linien aufgebaut, solchen für Quarks, Gluonen und sogenannten Fadeev-Popov-Geistern. Im Rahmen der QCD können dabei die Linien für verschiedene Quark-Flavors nie ineinander übergehen. Die Geister sind wie ein komplexes skalares Teilchen mit Masse null zu behandeln. Es ist also zwischen Geist und Antigeist zu unterscheiden. Die entsprechenden Linien sind wie die Quarklinien mit einem Pfeil versehen. Die Geister transformieren nach der adjungierten Darstellung der Farbgruppe SU(3), tragen also einen Farbindex a ($a = 1, \ldots, 8$).

Wir vereinbaren die folgenden Entsprechungen zwischen physikalischen Gegebenheiten, Diagrammteilen und analytischen Ausdrücken.

Quark im Anfangszustand — einlaufende Quarklinie

$u(p)$ $\qquad$ $q(p)$

Quark im Endzustand — auslaufende Quarklinie

$\bar{u}(p)$ $\qquad$ $q(p)$

Antiquark im Anfangszustand — auslaufende Quarklinie

$\bar{v}(p)$ $\qquad$ $\bar{q}(p)$

Antiquark im Endzustand $v(p)$	— einlaufende Quarklinie $\bar{q}(p)$
Geist im Anfangszustand oder Antigeist im Endzustand 1	— einlaufende Geistlinie
Geist im Endzustand oder Antigeist im Anfangszustand 1	— auslaufende Geistlinie
virtuelles Quark mit Flavor j $\dfrac{i}{\not{p} - m_j + i\epsilon}$	— innere Quarklinie p
Gluon im Anfangszustand ϵ^{μ}	— einlaufende Gluonlinie
Gluon im Endzustand $\epsilon^{*\,\mu}$	— auslaufende Gluonlinie
virtuelles Gluon $i\,\delta^{ab}\left\{ \dfrac{-g_{\mu\nu}}{k^2 + i\epsilon} + \dfrac{(1-\xi)\,k_\mu k_\nu}{(k^2 + i\epsilon)^2} \right\}$	— innere Gluonlinie
virtueller Geist $i\,\dfrac{\delta^{ab}}{p^2 + i\epsilon}$	— innere Geistlinie

Den Elementarprozessen der QCD entsprechen die folgenden Vertizes:

3-Gluon-Vertex $\left(\displaystyle\sum_{j=1}^{3} k_j = 0, \ \text{alle Impulse einlaufend} \right)$

$-g_s\, f_{a_1 a_2 a_3}$

$\{ (k_1 - k_2)_{\mu_3} g_{\mu_1 \mu_2}$

$+ (k_2 - k_3)_{\mu_1} g_{\mu_2 \mu_3}$

$+ (k_3 - k_1)_{\mu_2} g_{\mu_3 \mu_1} \}$

4-Gluon-Vertex $\left(\displaystyle\sum_{j=1}^{4} k_j = 0, \ \text{alle Impulse einlaufend} \right)$

$i g_s^2\, f_{a_1 a_2 b}\, f_{a_3 a_4 b}$

$\left(g_{\mu_2 \mu_3} g_{\mu_1 \mu_4} - g_{\mu_1 \mu_3} g_{\mu_2 \mu_4} \right)$

$+$ zykl. vert. in 1, 2, 3

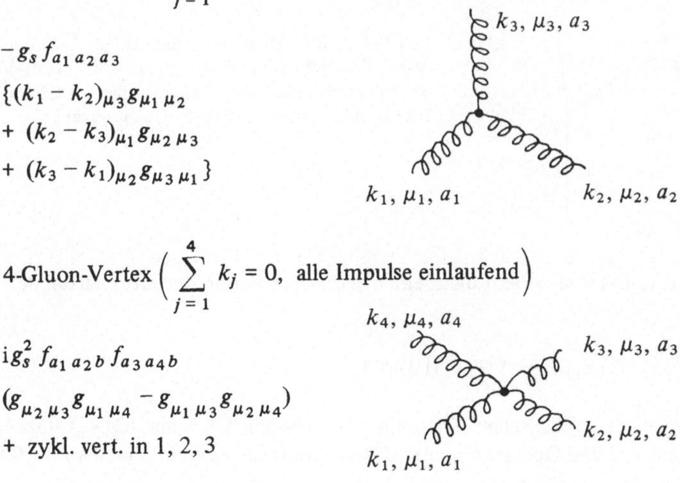

Geist-Gluon-Vertex (p, k einlaufend, p' auslaufend, $p + k = p'$)

$$g_s f_{abc}\, p'_\mu$$

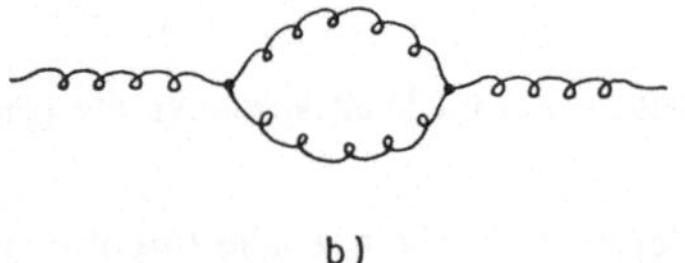

Quark-Gluon-Vertex (p, k einlaufend, p' auslaufend, $p + k = p'$)

$$-\,\mathrm{i}\,g_s\,\gamma_\mu\,\frac{1}{2}\,\lambda_a$$

Die Parameter, die in den obigen Feynman-Regeln auftreten, sind die Kopplungskonstante g_s, die Quarkmassen m_j ($j = 1, \dots, f$) und der beliebig wählbare Eichparameter ξ, der bei allen Ausdrücken für beobachtbare Größen herausfallen muß. Meist ist es am günstigsten, $\xi = 1$ zu setzen, die sogenannte Feynman-Eichung zu wählen. Das haben wir bei der Besprechung der QED, wo man einen analogen Eichparameter einführen kann, stets getan.

Die Regeln für Schleifen und für die δ-Funktion der Energie-Impuls-Erhaltung sind wie für die QED (Anhang B). Für jede geschlossene Fermionschleife und jede Geisterschleife ist ein Faktor (-1) hinzuzufügen. Für geschlossene Gluonschleifen ist der sogenannte statistische Faktor zu beachten. Man erhält ihn durch Abzählen aller möglichen Kontraktionen von Feldoperatoren in der Störungsentwicklung, die auch für die QCD wie in Gl. (9-14) ist. Das Diagramm in Bild D-1a hat zum Beispiel den statistischen Faktor 1, das Diagramm im Bild D-1b den Faktor $\frac{1}{2}$. Um dies zu sehen, schreiben wir die 3-Gluon-Kopplung schematisch mit $\mathbf{G}(x)$ dem Gluon-Feldoperator als

$$\frac{1}{3!} : \mathbf{G}^3(x):$$

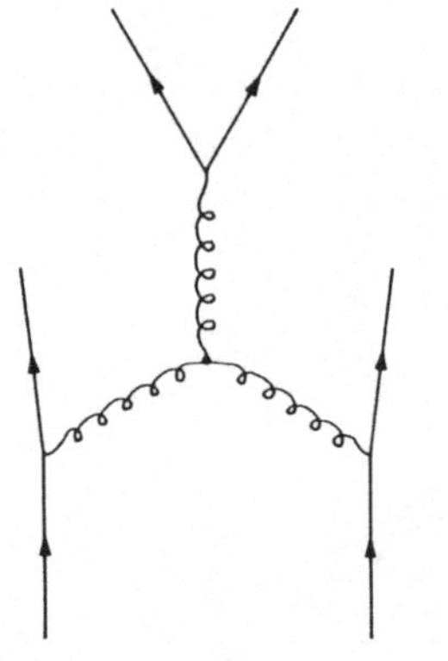

b)

Bild D-1 a) Ein Diagramm mit einem 3-Gluon-Vertex, in dem keine Schleife auftritt, so daß der statistische Faktor 1 ist, b) ein Selbstenergie-Diagramm für den Gluonpropagator. Hier ist der statistische Faktor 1/2 zu setzen.

a)

Das Diagramm von Bild D-1a entspricht dann einer gewissen Fourier-Transformierten des Vakuumerwartungswerts

$$\langle 0 |\, \frac{1}{3!} : \mathbf{G}^3(x): \mathbf{G}(x_1)\,\mathbf{G}(x_2)\,\mathbf{G}(x_3)\,|0\rangle \propto 1. \qquad (\text{D-1})$$

Dabei werten wir nach dem Wickschen Theorem von Abschnitt 8.2 aus. $\mathbf{G}(x_1)$ müssen wir der Reihe nach mit jedem der drei Operatoren aus: $\mathbf{G}^3(x):$ kontrahieren, dann bleiben für $\mathbf{G}(x_2)$ noch zwei Möglichkeiten, für $\mathbf{G}(x_3)$ noch eine. Insgesamt wird gerade der Faktor 1/3! weggekürzt. Gehen wir aber jetzt zu dem Diagramm von Bild D-1b über, so ist der entsprechende Vakuumerwartungswert bei Beachtung eines Faktors 1/2! von der Exponentialreihe in Gl. (9-14)

$$\frac{1}{2!} \langle 0| \frac{1}{3!} : \mathbf{G}^3(x) : \frac{1}{3!} : \mathbf{G}^3(y) : \mathbf{G}(x_1)\, \mathbf{G}(x_2)|0\rangle \propto \frac{1}{2}. \tag{D-2}$$

Dieser Faktor $\frac{1}{2}$ läßt sich auch deuten als Phasenraumfaktor für die beiden Gluonen im Zwischenzustand, die ja ununterscheidbar sind.

Bei Berechnung von Polarisationssummen für Gluonen im Anfangs- oder Endzustand muß man ebenfalls einige Punkte beachten. Man kann stets nichtkovariant arbeiten und nur die transversalen Polarisationen der Gluonen mitnehmen (vgl. Anhang E). Will man kovariant arbeiten, so kann man für die Polarisationssumme eines Gluons im Anfangs- oder Endzustand setzen

$$\sum_{\text{Spins}} \epsilon_\mu\, \epsilon_\nu^* = -\, g_{\mu\nu}. \tag{D-3}$$

Man muß dann aber auch einlaufende Geister bzw. die Produktion von Geistern in der entsprechenden Ordnung berücksichtigen und ihnen eine *negative* Wahrscheinlichkeit zuordnen (s. etwa Cutler 1978).

Diese Regeln reichen aus, um alle Baumgraphen, das sind Graphen ohne Schleifen, zu berechnen. Auf Regularisierungs- und Renormierungs-Verfahren wollen wir hier nicht eingehen.

Anhang E: Die Berechnung anomaler Dimensionen und die Entwicklung der Verteilungsfunktionen der Nukleonen in der QCD

Zunächst wollen wir eine Hamilton-Funktion für die QCD herleiten. Dabei ist es günstig, eine totale Divergenz zu der in Gl. (19-22) angegebenen Lagrange-Dichte zu addieren, was wir ja stets machen können. Wir gehen also von der folgenden Lagrange-Dichte aus:

$$\widetilde{\mathscr{L}} = -\frac{1}{4}\, G_{\lambda\rho}^a\, G^{\lambda\rho a} + \sum_{j=1}^{f} \bar{\mathbf{q}}^j(\mathrm{i}\,\gamma^\lambda \mathbf{D}_\lambda - m_j)\,\mathbf{q}^j$$

$$+ \partial_\lambda \left\{ \frac{1}{2}\, (G^{\lambda a}\, \partial_\rho G^{\rho a} - G^{\rho a}\, \partial_\rho G^{\lambda a}) - \sum_{j=1}^{f} \bar{\mathbf{q}}^j\, \frac{\mathrm{i}}{2}\, \gamma^\lambda \mathbf{q}^j \right\}, \tag{E-1}$$

wobei wir zunächst die Felder als klassische Größen betrachten. Die Eichfreiheit benutzen wir, um die Zeitkomponenten der Gluon-Potentiale gleich Null zu setzen:

$$G_0^a = 0 \qquad (a = 1, \dots, 8). \tag{E-2}$$

Mit dieser Eichbedingung lautet die Lagrange-Funktion

$$
L = \int d^3x\, \widetilde{\mathscr{L}} = \int d^3x \left\{ \frac{1}{2}\, \dot{G}^a\, \dot{G}^a - \frac{1}{2}\, \nabla_\alpha G^{\beta a}\, \nabla_\alpha G^{\beta a} \right.
$$

$$
+ \frac{1}{2}\, (\nabla G^a)(\nabla G^a) - g_s f_{abc}\, G^{\alpha a} G^{\beta b}\, \nabla_\alpha G^{\beta c}
$$

$$
- \frac{g_s^2}{4}\, f_{abc} f_{ars}\, G^{\alpha b}\, G^{\beta c}\, G^{\alpha r}\, G^{\beta s}
$$

$$
+ \sum_{j=1}^{f} \left[\bar{\mathbf{q}}^j\, \frac{i}{2}\, \gamma^0\, \dot{\mathbf{q}}^j - \dot{\bar{\mathbf{q}}}^j\, \frac{i}{2}\, \gamma^0\, \mathbf{q}^j \right.
$$

$$
\left. \left. + \bar{\mathbf{q}}^j \left(\frac{i}{2}\, \gamma\, \vec{\nabla} - \frac{i}{2}\, \gamma\, \overleftarrow{\nabla} - m_j + g_s \gamma\, G^a\, \frac{\lambda_a}{2} \right) \mathbf{q}^j \right] \right\}. \tag{E-3}
$$

Dabei sind α, β räumliche Indizes ($\alpha, \beta = 1, 2, 3$). Nach Gl. (3-105) erhalten wir die zu den Gluon-Potentialen $G^{\alpha a}$ konjugiert-kanonischen Impulse $\Pi^{\alpha a}$ durch Funktionalableitung von L nach $\dot{G}^{\alpha a}$:

$$
\Pi^{\alpha a} = \frac{\delta L}{\delta \dot{G}^{\alpha a}} = \dot{G}^{\alpha a}. \tag{E-4}
$$

Weiter finden wir

$$
\frac{\delta L}{\delta \dot{\mathbf{q}}^j} = \bar{\mathbf{q}}^j\, \frac{i}{2}\, \gamma^0, \qquad \frac{\delta L}{\delta \dot{\bar{\mathbf{q}}}^j} = -\frac{i}{2}\, \gamma^0\, \mathbf{q}^j. \tag{E-5}
$$

Die Hamilton-Funktion ergibt sich nach der allgemeinen Vorschrift von Gl. (3-107) als

$$
H = \int d^3x \left\{ \frac{\delta L}{\delta \dot{G}^{\alpha a}}\, \dot{G}^{\alpha a} + \sum_{j=1}^{f} \left(\frac{\delta L}{\delta \dot{\mathbf{q}}^j}\, \dot{\mathbf{q}}^j + \dot{\bar{\mathbf{q}}}^j\, \frac{\delta L}{\delta \dot{\bar{\mathbf{q}}}^j} \right) \right\} - L
$$

$$
= \int d^3x \left\{ \frac{1}{2}\, \Pi^a \Pi^a + \frac{1}{2}\, \nabla_\beta G^{\alpha a}\, \nabla_\beta G^{\alpha a} - \frac{1}{2}\, (\nabla G^a)(\nabla G^a) \right.
$$

$$
+ g_s f_{abc}\, G^{\alpha a} G^{\beta b}\, \nabla_\alpha G^{\beta c} + \frac{g_s^2}{4}\, f_{abc} f_{ars}\, G^{\alpha b}\, G^{\beta c}\, G^{\alpha r}\, G^{\beta s}
$$

$$
\left. + \sum_{j=1}^{f} \left[\bar{\mathbf{q}}^j \left(-\frac{i}{2}\, \gamma\, \vec{\nabla} + \frac{i}{2}\, \gamma\, \overleftarrow{\nabla} + m_j - g_s \gamma\, G^a\, \frac{\lambda_a}{2} \right) \mathbf{q}^j \right] \right\}. \tag{E-6}
$$

Nun können wir zur Quantenfeldtheorie übergehen und die kanonischen Vertauschungs-regeln von Abschnitt 3.4 für die Gluonfelder fordern. Dabei ist die Wahl der Eichung (Gl. (E-2)) wesentlich, da mit ihr keiner der kanonischen Impulse $\Pi^{\alpha a}$ identisch verschwindet (vgl. Aufgabe 9.3). Für die Quarkfelder fordern wir die kanonischen Antivertauschungsregeln wie in Gl. (4-92). Damit wird aus der Hamilton-Funktion von Gl. (E-6) der Hamilton-Operator.

Betrachten wir nur die Flavors u, d, s ($f = 3$), so sehen wir, daß der Hamilton-Operator (Gl. (E-6)) SU(3)-Flavor-invariant ist bis auf den Massenterm. Dieser läßt sich bei Voraussetzung von Gl. (17-56) genau wie in Gl. (17-57) in einen Flavor-Singulett- und Flavor-Oktett-Anteil zerlegen. Damit haben wir Gl. (17-58) aus der QCD begründet.

Wir berechnen nun die in Gl. (19-40) auftretenden Entwicklungskoeffizienten $C(k, p')$. Dabei normieren wir unsere Zustände auf 1 in einem Normierungsvolumen V. Wir erhalten nach Einsetzen entsprechender Wellenfunktionen für Quarks und Gluonen

$$
\langle G_K^a{}'(k, \varepsilon),\, \mathrm{q}_{K'}(p') | \mathsf{H}'_{\Delta K} | \mathrm{q}_K(p) \rangle
$$

$$
= -g_s (2\pi)^3\, \delta^3(k + p' - p)\, \frac{1}{\sqrt{2Vk_0\, 2Vp_0'\, 2Vp_0}}\, \bar{u}(p')\, (\varepsilon^* \cdot \gamma)\, \frac{\lambda_a}{2}\, u(p). \tag{E-7}
$$

Bei der Auswertung des Phasenraumintegrals (Gl. (19-41)) beachten wir noch folgende Punkte.
In der nicht-kovarianten Hamiltonschen Störungstheorie, die wir hier benutzen, gilt Impuls-, aber nicht Energieerhaltung an den Vertizes von Bild 19-6. Für die Impulse schreiben wir daher

$$
p = \begin{pmatrix} 0 \\ 0 \\ |\boldsymbol{p}| \end{pmatrix}, \qquad
k = \begin{pmatrix} k_\perp \\ x\,|\boldsymbol{p}| \end{pmatrix}, \qquad
p' = \begin{pmatrix} -k_\perp \\ (1-x)\,|\boldsymbol{p}| \end{pmatrix}
\tag{E-8}
$$

und setzen wegen Gl. (19-35) stets voraus

$$
|\boldsymbol{p}|, \quad x\,|\boldsymbol{p}|, \quad (1-x)\,|\boldsymbol{p}| \gg |k_\perp| .
\tag{E-9}
$$

Mit dieser Annahme erhalten wir z.B. näherungsweise

$$
|\boldsymbol{k}| + |\boldsymbol{p}'| - |\boldsymbol{p}| \cong \frac{k_\perp^2}{2|\boldsymbol{p}|}\,\frac{1}{x(1-x)} .
\tag{E-10}
$$

Die Summe über die Impulse in Gl. (19-41) ist stets als Integral über den Phasenraum zu verstehen:

$$
\frac{1}{V}\sum_{p'} \longrightarrow \int \frac{d^3 p'}{(2\pi)^3} , \qquad
\frac{1}{V}\sum_{k} \longrightarrow \int \frac{d^3 k}{(2\pi)^3} .
\tag{E-11}
$$

Diese Ersetzungen erhält man durch Abzählen der stationären Zustände in einem Würfel des Volumens V, wobei periodische Randbedingungen vorausgesetzt werden.
Setzen wir nun Gl. (E-7) in Gl. (19-41) ein und nähern alles entsprechend Gl. (E-9), so erhalten wir

$$
N_G(x, Q'^2) = g_s^2 \int\limits_{K \leqslant |k_\perp| \leqslant K'} \frac{d^3 k\, d^3 p'}{(2\pi)^3}\,\frac{1}{8 k_0 p_0' p_0}\,\delta\!\left(x - \frac{\boldsymbol{k}\cdot\boldsymbol{p}}{|\boldsymbol{p}|^2}\right)\delta^3(\boldsymbol{k}+\boldsymbol{p}'-\boldsymbol{p})
$$

$$
\frac{4|\boldsymbol{p}|^2 x^2 (1-x)^2}{|k_\perp|^4}\,{\sum_{\substack{\text{Spins,}\\ \text{Farbe}}}}'\,|\bar{u}(p')\,\varepsilon^*\cdot\gamma\,\frac{\lambda_a}{2}\,u(p)|^2
$$

$$
= \frac{g_s^2}{(2\pi)^3}\,\frac{1}{2}\int\limits_{K \leqslant |k_\perp| \leqslant K'} \frac{d^2 k_\perp}{|k_\perp|^4}\,x(1-x)\,{\sum_{\substack{\text{Spins,}\\ \text{Farbe}}}}'\,|\bar{u}(p')\,\varepsilon^*\cdot\gamma\,\frac{\lambda_a}{2}\,u(p)|^2 . \tag{E-12}
$$

In Gl. (E-12) müssen wir eine Summe über Gluon-Polarisationen ausführen. Diese Summe ist nur über transversale Gluonen zu erstrecken, da die anderen Polarisationen der Gluonen nur Eichfreiheitsgrade sind. Wir haben daher zu setzen

$$
\sum_{\text{Spins}} \epsilon^\alpha \epsilon^{*\beta} = \delta^{\alpha\beta} - \frac{k^\alpha k^\beta}{|\boldsymbol{k}|^2} .
\tag{E-13}
$$

Nach Mittelung über Spin und Farbe des Quarks im Anfangszustand und Summation über Spin und Farbe von Quark und Gluon im Endzustand erhalten wir

$$
{\sum_{\substack{\text{Spins,}\\ \text{Farbe}}}}'\,|\bar{u}(p')\,\varepsilon^*\cdot\gamma\,\frac{\lambda_a}{2}\,u(p)|^2
$$

$$
= \frac{16}{3|\boldsymbol{k}|^2}\,\{|\boldsymbol{k}|^2\,|\boldsymbol{p}|\,|\boldsymbol{p}'| - (\boldsymbol{p}\cdot\boldsymbol{k})(\boldsymbol{p}'\cdot\boldsymbol{k})\}
$$

$$
\cong \frac{16}{3x^2}\,k_\perp^2\left\{1 + \frac{x^2}{2(1-x)}\right\} .
\tag{E-14}
$$

Einsetzen dieses Resultats in Gl. (E-12) liefert nun

$$
N_G(x, Q'^2) = \frac{g_s^2}{(2\pi)^3} \int\limits_{K \leqslant |k_\perp| \leqslant K'} \frac{d^2 k_\perp}{|k_\perp|^2} \frac{4}{3} \frac{1 + (1-x)^2}{x}
$$

$$
= \frac{g_s^2}{8\pi^2} \frac{4}{3} \frac{1 + (1-x)^2}{x} \Delta \ln K^2 . \tag{E-15}
$$

Wegen Gl. (19-35) gilt aber bei konstantem ϵ

$$
\Delta \ln K^2 = \Delta \ln Q^2 . \tag{E-16}
$$

Daraus folgt durch Vergleich mit Gl. (19-42) der Ausdruck für $P_{Gq}(x)$ in Gl. (19-43).

Am Schluß dieses Anhangs geben wir eine explizite Parametrisierung der Verteilungsfunktionen des Protons an, die von Duke und Owens (Duke 1984) vorgeschlagen wurde. Diese Autoren machten eine allgemeine Anpassung an die Daten der tief inelastischen Lepton-Nukleon-Streuung und verwandter Prozesse im Intervall $4 \leqslant Q^2 \leqslant 200\,\mathrm{GeV}^2$ und entwickelten die Verteilungsfunktionen nach der Altarelli-Parisi-Gleichung für höhere Q^2. Die so gewonnenen Funktionen wurden angenähert in einfacher funktionaler Form dargestellt. Weitere Näherungen waren die Beschränkung auf nur vier Quark-Flavors u, d, s, c, die als masselos angenommen wurden, und die Annahmen:

$$
\begin{aligned}
N_{\bar{u}}^p(x) &= N_{\bar{d}}^p(x) = N_{\bar{s}}^p(x) = N_s^p(x), \\
N_c^p(x) &= N_{\bar{c}}^p(x).
\end{aligned} \tag{E-17}
$$

Als Startpunkt der Evolutionsrechnungen wurde $Q_0^2 = 4\,\mathrm{GeV}^2$ gewählt und dort die Verteilung von c-Quarks im Proton identisch Null gesetzt.

Eine der so gewonnenen Parametrisierungen der Verteilungsfunktionen des Protons ist nun wie folgt:

$$
x V_{ud}(x) \equiv x\,[N_u^p(x) + N_d^p(x) - N_{\bar{u}}^p(x) - N_{\bar{d}}^p(x)]
$$

$$
= \frac{3 x^{\eta_1} (1-x)^{\eta_2} (1 + \gamma_{ud}\,x)}{[1 + \gamma_{ud}\,\eta_1 (1 + \eta_1 + \eta_2)^{-1}]\,B(\eta_1, \eta_2 + 1)} , \tag{E-18}
$$

$$
x V_d(x) \equiv x\,[N_d^p(x) - N_{\bar{d}}^p(x)]
$$

$$
= \frac{x^{\eta_3} (1-x)^{\eta_4} (1 + \gamma_d\,x)}{[1 + \gamma_d\,\eta_3 (1 + \eta_3 + \eta_4)^{-1}]\,B(\eta_3, \eta_4 + 1)} , \tag{E-19}
$$

$$
x S(x) \equiv 2x\,[N_{\bar{u}}^p(x) + N_{\bar{d}}^p(x) + N_{\bar{s}}^p(x)]
$$

$$
= A_S\,x^{a_S} (1-x)^{b_S} (1 + \alpha_S\,x + \beta_S\,x^2 + \gamma_S\,x^3), \tag{E-20}
$$

$$
x N_G(x) = A_G\,x^{a_G} (1-x)^{b_G} (1 + \alpha_G\,x + \beta_G\,x^2 + \gamma_G\,x^3), \tag{E-21}
$$

$$
x\,[N_c^p(x) + N_{\bar{c}}^p(x)] = A_c\,x^{a_c} (1-x)^{b_c} (1 + \alpha_c\,x + \beta_c\,x^2 + \gamma_c\,x^3). \tag{E-22}
$$

Die hier auftretenden Parameter η_1, η_2 etc. sind die in Tabelle E-1 angegebenen Funktionen der Variablen

$$
s = \ln \frac{\ln \dfrac{Q^2}{\Lambda^2}}{\ln \dfrac{Q_0^2}{\Lambda^2}} , \tag{E-23}
$$

Tabelle E-1 Die funktionale Form der Parameter η_1, η_2 etc. von Gln. (E-18) bis (E-22)

$\eta_1 = 0{,}419 + 0{,}004\,s - 0{,}007\,s^2$	$\eta_3 = 0{,}763 - 0{,}237\,s + 0{,}026\,s^2$
$\eta_2 = 3{,}46 + 0{,}724\,s - 0{,}066\,s^2$	$\eta_4 = 4{,}00 + 0{,}627\,s - 0{,}019\,s^2$
$\gamma_{ud} = 4{,}40 - 4{,}86\,s + 1{,}33\,s^2$	$\gamma_d = -\,0{,}421\,s + 0{,}033\,s^2$
$A_S = 1{,}265 - 1{,}132\,s + 0{,}293\,s^2$	$\alpha_S = 6{,}31\,s - 0{,}273\,s^2$
$a_S = -\,0{,}372\,s - 0{,}029\,s^2$	$\beta_S = -\,10{,}5\,s - 3{,}17\,s^2$
$b_S = 8{,}05 + 1{,}59\,s - 0{,}153\,s^2$	$\gamma_S = 14{,}7\,s + 9{,}80\,s^2$
$A_c = 0{,}135\,s - 0{,}075\,s^2$	$\alpha_c = -\,3{,}03\,s + 1{,}50\,s^2$
$a_c = -\,0{,}036 - 0{,}222\,s - 0{,}058\,s^2$	$\beta_c = 17{,}4\,s - 11{,}3\,s^2$
$b_c = 6{,}35 + 3{,}26\,s - 0{,}909\,s^2$	$\gamma_c = -\,17{,}9\,s + 15{,}6\,s^2$
$A_G = 1{,}56 - 1{,}71\,s + 0{,}638\,s^2$	$\alpha_G = 9{,}0 - 7{,}19\,s + 0{,}255\,s^2$
$a_G = -\,0{,}949\,s + 0{,}325\,s^2$	$\beta_G = -\,16{,}5\,s + 10{,}9\,s^2$
$b_G = 6{,}0 + 1{,}44\,s - 1{,}05\,s^2$	$\gamma_G = 15{,}3\,s - 10{,}1\,s^2$

wobei $Q_0^2 = 4\,\text{GeV}^2$ und $\Lambda = 0{,}200\,\text{GeV}$ zu setzen ist. Damit wird die Q^2-Abhängigkeit der Verteilungsfunktionen berücksichtigt. Weiter ist $B(\eta, \eta')$ die Eulersche Betafunktion

$$B(\eta, \eta') = \frac{\Gamma(\eta)\,\Gamma(\eta')}{\Gamma(\eta + \eta')}. \tag{E-24}$$

Die obige Parametrisierung ist zuverlässig (Fehler etwa $\pm\,1\,\%$) für $Q_0^2 \leqslant Q^2 \leqslant 10^6\,\text{GeV}^2$ im Bereich $x \geqslant 0{,}05$. Die resultierenden Verteilungsfunktionen für $Q^2 = 4\,\text{GeV}^2$ und $Q^2 = 10^4\,\text{GeV}^2$ sind in Bild 19-11 gezeigt.

Die in Gln. (E-18) und (E-19) betrachteten Funktionen $V_{ud}(x)$ und $V_d(x)$ sind die sogenannten Valenzquark-Verteilungen für u- und d-Quarks bzw. für das d-Quark. Die Normierungen dieser Verteilungsfunktionen sind durch die Summenregeln für die Baryonenzahl und die elektrische Ladung festgelegt (Gln. (18-65), (18-66)).

$$\int_0^1 dx\, V_{ud}(x) = 3, \tag{E-25}$$

$$\int_0^1 dx\, V_d(x) = 1. \tag{E-26}$$

Diese Relationen sind durch die expliziten Ansätze in Gln. (E-18) und (E-19) erfüllt. Von Interesse sind auch die von den einzelnen Partonarten getragenen Impulsanteile, die wir in Tabelle E-2 für $Q^2 = 4\,\text{GeV}^2$ und $Q^2 = 10^4\,\text{GeV}^2$ angeben.

Tabelle E-2 Die von den einzelnen Partonarten im Proton getragenen Impulsanteile nach der Parametrisierung von Gln. (E-18) bis (E-22). Die Impuls-Summenregel (Gl. (18-63)) ist dabei nicht exakt berücksichtigt. (Der Bereich kleiner x-Werte wird nicht genau genug beschrieben!)

Partonart j	$\int_0^1 \mathrm{d}x\, x\, N_j(x)$	
	$Q^2 = 4\ \mathrm{GeV}^2$	$Q^2 = 10^4\ \mathrm{GeV}^2$
u	0,28	0,20
d	0,16	0,12
G	0,48	0,59
$\bar{u} + \bar{d} + \bar{s} + s$	0,09	0,13
$c + \bar{c}$	0	0,02
alle	1,01	1,06

Anhang F: Die Fierz-Transformation

Es seien ψ_1, ψ_2, ψ_3, ψ_4 vier beliebige Dirac-Feldoperatoren. Wir betrachten in Tabelle F-1 fünf Lagrange-Dichten, die echte Skalare bei Raumspiegelungen sind. Wir behaupten, daß alle Lagrange-Dichten, die daraus durch Vertauschung von ψ_2 und ψ_4 oder ψ_1 und ψ_3 hervorgehen, Linearkombinationen der alten Lagrange-Dichten sind:

$$\mathcal{L}_i\left(\bar{\psi}_1, \psi_4, \bar{\psi}_3, \psi_2\right) = \sum_j C_{ij}\, \mathcal{L}_j\left(\bar{\psi}_1, \psi_2, \bar{\psi}_3, \psi_4\right), \tag{F-1}$$

wobei die C_{ij} in Tabelle F-2 angegeben sind. Es gilt weiter

$$\sum_j C_{ij}\, C_{jk} = \delta_{ik}. \tag{F-2}$$

Tabelle F-1

Echt skalare Lagrange-Dichten, gebildet aus vier Dirac-Feldoperatoren. Die Doppelpunkte symbolisieren Normalordnung.

i	$\mathcal{L}_i\left(\bar{\psi}_1, \psi_2, \bar{\psi}_3, \psi_4\right)$
S	$:(\bar{\psi}_1 \psi_2)\,(\bar{\psi}_3 \psi_4):$
V	$:(\bar{\psi}_1 \gamma_\mu \psi_2)\,(\bar{\psi}_3 \gamma^\mu \psi_4):$
T	$:(\bar{\psi}_1 \sigma_{\mu\nu} \psi_2)\,(\bar{\psi}_3 \sigma^{\mu\nu} \psi_4):$
A	$:(\bar{\psi}_1 \gamma_\mu \gamma_5 \psi_2)\,(\bar{\psi}_3 \gamma^\mu \gamma_5 \psi_4):$
P	$:(\bar{\psi}_1 \gamma_5 \psi_2)\,(\bar{\psi}_3 \gamma_5 \psi_4):$

Tabelle F-2

Die Werte für die Koeffizienten C_{ij} in Gl. (F-1)

i \ j	S	V	T	A	P
S	$-1/4$	$-1/4$	$-1/8$	$1/4$	$-1/4$
V	-1	$1/2$	0	$1/2$	1
T	-3	0	$1/2$	0	-3
A	1	$1/2$	0	$1/2$	-1
P	$-1/4$	$1/4$	$-1/8$	$-1/4$	$-1/4$

Zum Beweis betrachten wir etwa die Lagrange-Dichte $i = S$ in Gl. (F-1) und schreiben die Dirac-Indizes $(\alpha, \dots, \delta)$ aus

$$: (\overline{\psi}_1 \psi_4)(\overline{\psi}_3 \psi_2) : \; = \; : \overline{\psi}_{1\alpha} \delta_{\alpha\delta} \psi_{4\delta} \; \overline{\psi}_{3\beta} \delta_{\beta\gamma} \psi_{2\gamma} :$$

$$= \; : \overline{\psi}_{1\alpha} \overline{\psi}_{3\beta} M_{\alpha\beta,\gamma\delta} \psi_{2\gamma} \psi_{4\delta} : \, , \tag{F-3}$$

wobei

$$M_{\alpha\beta,\gamma\delta} = \delta_{\alpha\delta}\, \delta_{\beta\gamma}. \tag{F-4}$$

Bei festgehaltenen Indizes α und γ ist $M_{\alpha\beta,\gamma\delta}$ eine 4×4-Matrix in den Indizes β und δ. Diese läßt sich nach der Basis der 4×4-Matrizen gebildet von

$$\mathbb{1}, \quad \gamma^\mu, \quad \sigma^{\mu\nu}, \quad \gamma^\mu \gamma_5, \quad \gamma_5 \tag{F-5}$$

entwickeln, mit zunächst unbekannten Koeffizienten A^i

$$M_{\alpha\beta,\gamma\delta} = A^1_{\alpha\gamma} \cdot (\mathbb{1})_{\beta\delta} + (A^2_\mu)_{\alpha\gamma} \cdot (\gamma^\mu)_{\beta\delta}$$

$$+ (A^3_{\mu\nu})_{\alpha\gamma} \cdot (\sigma^{\mu\nu})_{\beta\delta} + (A^4_\mu)_{\alpha\gamma} \cdot (\gamma^\mu \gamma_5)_{\beta\delta} + A^5_{\alpha\gamma} \cdot (\gamma_5)_{\beta\delta}. \tag{F-6}$$

Zur Bestimmung der Koeffizienten A^i multiplizieren wir Gl. (F-6) nacheinander mit den Basismatrizen (Gl. (F-5)) von rechts und nehmen die Spur. Die Indizes α und γ werden dabei nach wie vor festgehalten. Wie wir leicht sehen, wird dann auf der rechten Seite von Gl. (F-6) jeweils der entsprechende Koeffizient A^i herausprojiziert. Wir erhalten zum Beispiel

$$M_{\alpha\beta,\gamma\delta} \, (\mathbb{1})_{\delta\beta} = A^1_{\alpha\gamma} (\mathbb{1})_{\beta\delta} (\mathbb{1})_{\delta\beta} = A^1_{\alpha\gamma} \cdot 4,$$

$$A^1_{\alpha\gamma} = \frac{1}{4}\, M_{\alpha\beta,\gamma\delta}\, \delta_{\delta\beta} = \frac{1}{4}\, \delta_{\alpha\delta}\, \delta_{\beta\gamma}\, \delta_{\delta\beta} = \frac{1}{4}\, \delta_{\alpha\gamma}. \tag{F-7}$$

$$M_{\alpha\beta,\gamma\delta} \, (\gamma_\nu)_{\delta\beta} = (A^2_\mu)_{\alpha\gamma}\, \mathrm{Sp}(\gamma^\mu \gamma_\nu) = (A^2_\nu)_{\alpha\gamma} \cdot 4,$$

$$(A^2_\nu)_{\alpha\gamma} = \frac{1}{4}\, (\gamma_\nu)_{\alpha\gamma}. \tag{F-8}$$

Unter Beachtung der Antivertauschungsregeln der Dirac-Feldoperatoren erhalten wir daher

$$: (\overline{\psi}_1 \psi_4)(\overline{\psi}_3 \psi_2) :$$

$$= \; : \overline{\psi}_{1\alpha} \overline{\psi}_{3\beta} \left\{ \frac{1}{4}\, \delta_{\alpha\gamma}\, \delta_{\beta\delta} + \frac{1}{4}\, (\gamma_\mu)_{\alpha\gamma}\, (\gamma^\mu)_{\beta\delta} + \dots \right\} \psi_{2\gamma} \psi_{4\delta} :$$

$$= -\frac{1}{4} : (\overline{\psi}_1 \psi_2)(\overline{\psi}_3 \psi_4) : \; - \frac{1}{4} : (\overline{\psi}_1 \gamma_\mu \psi_2)(\overline{\psi}_3 \gamma^\mu \psi_4) : \; + \dots . \tag{F-9}$$

Damit haben wir die Koeffizienten C_{SS} und C_{SV} von Tabelle F-2 berechnet. Alle übrigen Koeffizienten bestimmt man auf analoge Weise. Die Gl. (F-2) prüft man leicht explizit nach. Sie muß gelten, da wir durch zweimaliges Vertauschen von ψ_2 und ψ_4 natürlich wieder die ursprüngliche Lagrange-Dichte erhalten.

Alle pseudoskalaren Lagrange-Dichten erhalten wir aus denen der Tabelle F-1, indem wir einen der Feldoperatoren mit γ_5 multiplizieren. Wir können etwa die Ersetzung

$$\psi_4 \; \longrightarrow \; \gamma_5 \psi_4 \tag{F-10}$$

machen. Mit dieser Ersetzung liefert Gl. (F-1) auch die Formeln der Fierz-Transformation für pseudoskalare Lagrange-Dichten.

Anhang G: Die Feynman-Regeln für das Standardmodell in der unitären Eichung

Wir betrachten zunächst ein freies massives Vektorboson, etwa das Z-Boson. Die entsprechende Lagrange-Dichte $\mathscr{L}_Z^{(0)}$ ist

$$\mathscr{L}_Z^{(0)} = -\frac{1}{4} (\partial_\mu Z_\nu - \partial_\nu Z_\mu)(\partial^\mu Z^\nu - \partial^\nu Z^\mu) + \frac{1}{2} m_Z^2 Z_\mu Z^\mu. \tag{G-1}$$

Dabei seien $Z_\mu = Z_\mu^*$ zunächst klassische reelle Felder und es sei $m_Z \neq 0$. Die Bewegungsgleichungen lauten dann:

$$\{g^{\mu\nu}(\Box + m_Z^2) - \partial^\mu \partial^\nu\} Z_\nu(x) = 0. \tag{G-2}$$

Bilden wir die Divergenz, so folgt

$$m_Z^2 \partial^\mu Z_\mu(x) = 0 \tag{G-3}$$

und daher wegen $m_Z \neq 0$

$$\partial^\mu Z_\mu(x) = 0. \tag{G-4}$$

Eine äquivalente Gestalt der Bewegungsgleichungen ist also:

$$\begin{aligned} (\Box + m_Z^2) Z_\mu(x) &= 0, \\ \partial^\mu Z_\mu(x) &= 0. \end{aligned} \tag{G-5}$$

Die Lösungen negativer Frequenz, die ebenen Wellen entsprechen, sind von der Form

$$Z_\mu(x) \propto e^{-ikx} \epsilon^\mu(k), \tag{G-6}$$

wobei

$$k = \begin{pmatrix} k^0 \\ \mathbf{k} \end{pmatrix}, \qquad k^0 = \omega \equiv {}_+\sqrt{m_Z^2 + \mathbf{k}^2}$$

und $\epsilon(k)$ der Polarisationsvektor ist, der die Bedingung

$$k^\mu \epsilon_\mu(k) = 0 \tag{G-7}$$

erfüllen muß. Eine Basis $\epsilon_1, \epsilon_2, \epsilon_3$ für die Polarisationsvektoren zu festem k erhalten wir wie folgt. Wir wählen drei Einheitsvektoren $\mathbf{e}_1, \mathbf{e}_2, \mathbf{e}_3$, wobei $\mathbf{e}_3 = \hat{\mathbf{k}} \equiv \mathbf{k}/|\mathbf{k}|$ und

$$\mathbf{e}_i^* \cdot \mathbf{e}_j = \delta_{ij}, \qquad (1 \leqslant i, j \leqslant 3). \tag{G-8}$$

Wir setzen dann

$$\epsilon_1(k) = \begin{pmatrix} 0 \\ \mathbf{e}_1 \end{pmatrix}, \quad \epsilon_2(k) = \begin{pmatrix} 0 \\ \mathbf{e}_2 \end{pmatrix}, \quad \epsilon_3(k) = \frac{1}{m_Z} \begin{pmatrix} |\mathbf{k}| \\ \omega \hat{\mathbf{k}} \end{pmatrix} \tag{G-9}$$

und erhalten

$$\begin{aligned} \epsilon_i^{*\,\mu}(k)\, \epsilon_{j\mu}(k) &= -\delta_{ij}, \\ k^\mu \epsilon_{i\mu}(k) &= 0, \\ \sum_{i=1}^3 \epsilon_i^\mu(k)\, \epsilon_i^{*\,\nu}(k) &= -g^{\mu\nu} + \frac{k^\mu k^\nu}{m_Z^2}. \end{aligned} \tag{G-10}$$

Ein beliebiger Polarisationsvektor $\epsilon(k)$ des Z-Bosons, d.h. die allgemeine Lösung von Gl. (G-7), hat die Gestalt

$$\epsilon(k) = \sum_{i=1}^{3} c_i \, \epsilon_i^{\mu}(k), \qquad (G\text{-}11)$$

wobei die c_i beliebige komplexe Zahlen sind. Wir wollen die Normierungsbedingung fordern

$$\epsilon^*(k)\,\epsilon(k) = -\sum_{i=1}^{3} |c_i|^2 = -1. \qquad (G\text{-}12)$$

Wir gehen nun zur Quantenfeldtheorie über und betrachten an Stelle der klassischen reellen Felder $Z_\mu = Z_\mu^*$ hermitesche Feldoperatoren $\mathbf{Z}_\mu = \mathbf{Z}_\mu^\dagger$, die den Gln. (G-5) genügen sollen. Nach denselben Methoden wie in Kapitel 3 ergeben sich die Entwicklungen der Feldoperatoren $\mathbf{Z}_\mu(x)$ nach Erzeugungs- und Vernichtungsoperatoren, $\mathbf{a}_i^\dagger(k)$ und $\mathbf{a}_i(k)$, und deren Vertauschungsregeln:

$$\mathbf{Z}_\mu(x) = \int \frac{\mathrm{d}^3 k}{(2\pi)^3\, 2\omega} \sum_{j=1}^{3} \{ \mathrm{e}^{\mathrm{i}kx}\, \epsilon_{j\mu}^*(k)\, \mathbf{a}_j^\dagger(k) + \mathrm{e}^{-\mathrm{i}kx}\, \epsilon_{j\mu}(k)\, \mathbf{a}_j(k) \}, \qquad (G\text{-}13)$$

$$[\mathbf{a}_i(k),\, \mathbf{a}_j^\dagger(k')] = \delta_{ij}\,(2\pi)^3\, 2\omega\delta^3(k-k'). \qquad (G\text{-}14)$$

Der Vakuum-Erwartungswert des T-Produkts zweier Feldoperatoren liefert den Feynman-Propagator (s. Abschnitt 7.2). Das eigentliche T-Produkt ist aber hier nicht kovariant und es ist günstig, ein kovariant gemachtes zeitgeordnetes Produkt, das T*-Produkt, einzuführen und den Feynman-Propagator zu *definieren* als (s. Weinberg 1973)

$$\langle 0 | T^*(\mathbf{Z}_\mu(x)\,\mathbf{Z}_\nu(y)) | 0 \rangle$$

$$= \int \frac{\mathrm{d}k}{(2\pi)^4}\, \mathrm{e}^{-\mathrm{i}k(x-y)}\, \frac{\mathrm{i}\left(-g_{\mu\nu} + \dfrac{k_\mu k_\nu}{m_Z^2}\right)}{k^2 - m_Z^2 + \mathrm{i}\epsilon}. \qquad (G\text{-}15)$$

Für die W-Bosonen sind die Formeln ähnlich, es ist nur zu beachten, daß die zugehörigen Feldoperatoren $\mathbf{W}_\mu^\pm$ nicht hermitesch sind, sondern die Bedingungen erfüllen

$$(\mathbf{W}_\mu^-)^\dagger = \mathbf{W}_\mu^+. \qquad (G\text{-}16)$$

Die Entwicklungen von $\mathbf{W}_\mu^-$ lauten

$$\mathbf{W}_\mu^-(x) = \int \frac{\mathrm{d}^3 k}{(2\pi)^3\, 2\omega} \sum_{j=1}^{3} \{ \mathrm{e}^{\mathrm{i}kx}\, \epsilon_{j\mu}^*(k)\, \mathbf{b}_j^\dagger(k) + \mathrm{e}^{-\mathrm{i}kx}\, \epsilon_{j\mu}(k)\, \mathbf{a}_j(k) \}, \qquad (G\text{-}17)$$

wobei nun $k^0 = \omega \equiv {}_+\sqrt{m_W^2 + k^2}$. Weiter erfüllen $\mathbf{a}_j(k)$ und $\mathbf{b}_j(k)$, die Vernichtungsoperatoren von W^- und W^+-Teilchen, die Vertauschungsregeln:

$$[\mathbf{a}_i(k),\, \mathbf{a}_j^\dagger(k')] = [\mathbf{b}_i(k),\, \mathbf{b}_j^\dagger(k')] = \delta_{ij}\,(2\pi)^3\, 2\omega\delta^3(k-k'). \qquad (G\text{-}18)$$

Der Ausgangspunkt für eine Ableitung der Feynman-Regeln für das Standardmodell in der unitären Eichung ist die Lagrange-Dichte von Gl. (22-123). Man kann nun entweder den kanonischen Formalismus (s. Weinberg 1973) oder die Pfadintegral-Methoden (s. etwa Itzykson 1980) verwenden, um die gesuchten Regeln zu gewinnen. Wir geben nur das Resultat an.

Die Regeln für ein- und auslaufende sowie virtuelle Fermionen, Photonen und Gluonen bleiben wie in der QED und QCD (Anhänge B, D). Es ist allerdings zu beachten, daß im Standardmodell bloß linkshändige Neutrinofelder auftreten, womit als äußere Dirac-Spinoren für Neutrinos nur u_-, für Antineutrinos nur v_- (Gln. (21-20), (21-21)) zugelassen sind.

Alle die Gluonen betreffenden Vertizes und Regeln bleiben wie in der QCD.

Die folgenden Regeln — typisch für die QFD — kommen neu hinzu:

W^- im Anfangszustand — einlaufende W-Linie

$\epsilon(k)$

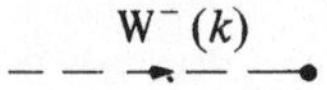

W^- im Endzustand — auslaufende W-Linie

$\epsilon^*(k)$

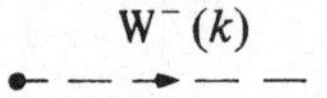

W^+ im Anfangszustand — auslaufende W-Linie

$\epsilon(k)$

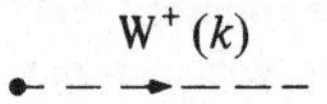

W^+ im Endzustand — einlaufende W-Linie

$\epsilon^*(k)$

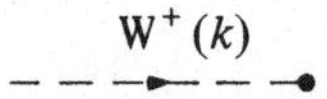

Z im Anfangs-(End-)zustand — äußere Z-Linie

$\epsilon(k)\,(\epsilon^*(k))$

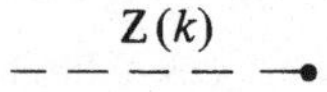

Higgs-Teilchen im Anfangs-(End-)zustand — äußere ρ'-Linie

1

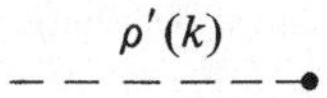

virtuelles W-Boson — innere W-Linie

$$\frac{i\left(-g^{\mu\nu}+\dfrac{k^\mu k^\nu}{m_W^2}\right)}{k^2-m_W^2+i\epsilon}$$

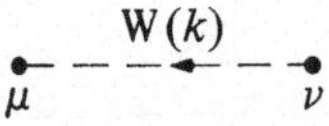

virtuelles Z-Boson — innere Z-Linie

$$\frac{i\left(-g^{\mu\nu}+\dfrac{k^\mu k^\nu}{m_Z^2}\right)}{k^2-m_Z^2+i\epsilon}$$

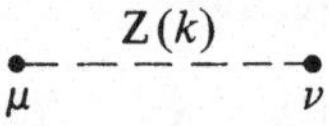

virtuelles Higgs-Teilchen — innere ρ'-Linie

$$\frac{i}{k^2-m_{\rho'}^2+i\epsilon}$$

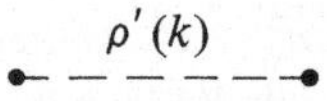

Vertizes für 3 Vektorbosonen $\left(\sum_{j=1}^{3} k_j = 0,\ \text{alle Impulse einlaufend} \right)$:

$$i\,e\,\{(k_1 - k_2)_{\mu_3}\, g_{\mu_1 \mu_2}$$
$$+\ (k_2 - k_3)_{\mu_1}\, g_{\mu_2 \mu_3}$$
$$+\ (k_3 - k_1)_{\mu_2}\, g_{\mu_3 \mu_1}\}$$

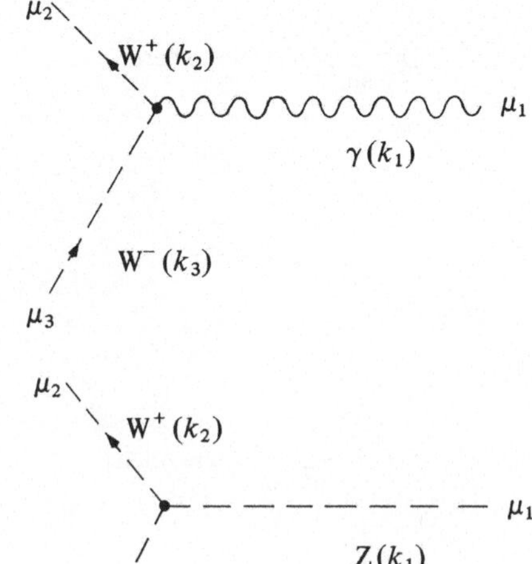

$$i\,e\,\frac{\cos\vartheta_W}{\sin\vartheta_W}\ \{\text{wie oben}\}$$

Vertizes für 4 Vektorbosonen $\left(\sum_{j=1}^{4} k_j = 0,\ \text{alle Impulse einlaufend} \right)$:

$$i\,e^2\,\{g_{\mu_1 \mu_3}\, g_{\mu_2 \mu_4}$$
$$+\ g_{\mu_1 \mu_4}\, g_{\mu_2 \mu_3}$$
$$-\ 2 g_{\mu_1 \mu_2}\, g_{\mu_3 \mu_4}\}$$

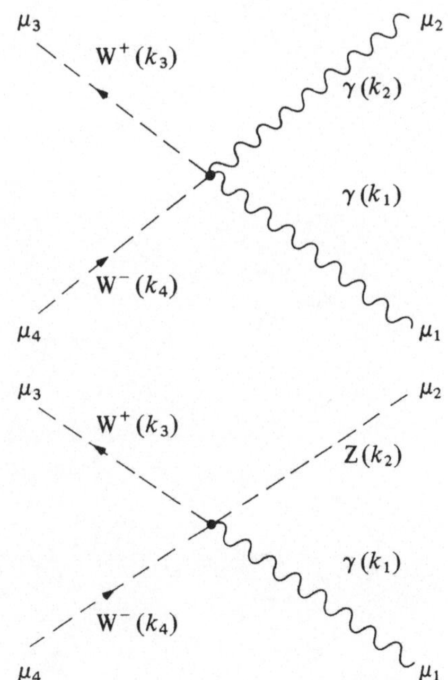

$$i\,e^2\,\frac{\cos\vartheta_W}{\sin\vartheta_W}\ \{\text{wie oben}\}$$

$$\mathrm{i}\,e^2\,\frac{\cos^2\vartheta_\mathrm{W}}{\sin^2\vartheta_\mathrm{W}}\ \{\text{wie oben}\}$$

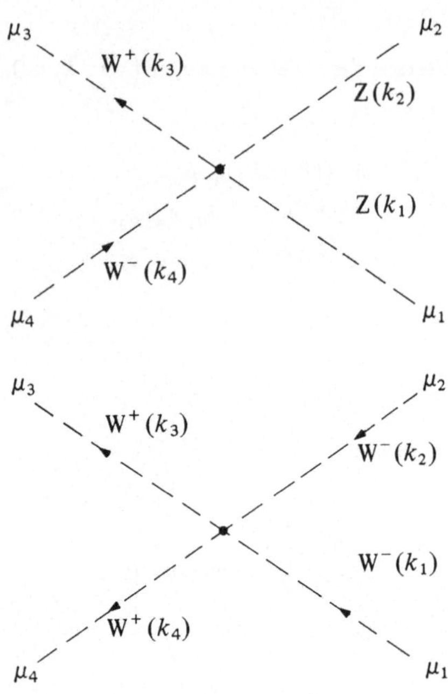

$$-\,\mathrm{i}\,e^2\,\frac{1}{\sin^2\vartheta_\mathrm{W}}\ \{\text{wie oben}\}$$

Vertizes mit Higgs-Bosonen:

$$\mathrm{i}g_{\mu\nu}\,\frac{2\,m_\mathrm{W}^2}{\rho_0}$$

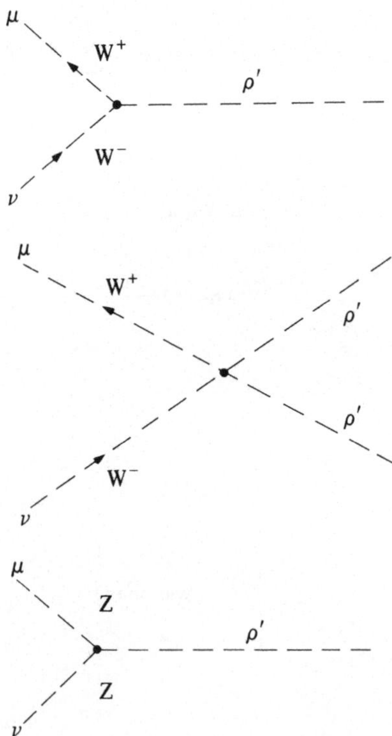

$$\mathrm{i}g_{\mu\nu}\,\frac{2\,m_\mathrm{W}^2}{\rho_0^2}$$

$$\mathrm{i}g_{\mu\nu}\,\frac{2\,m_\mathrm{Z}^2}{\rho_0}$$

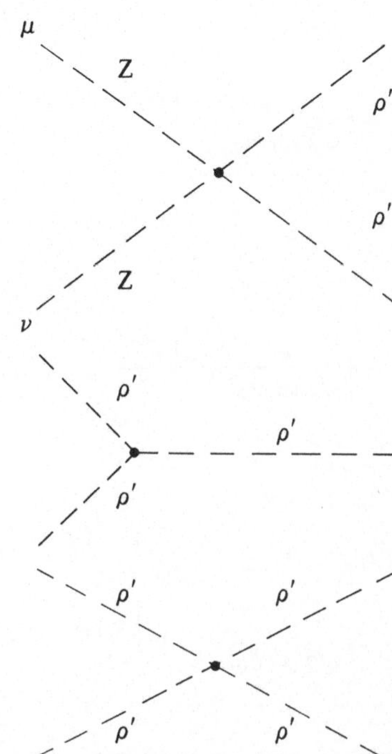

$$i g_{\mu\nu} \frac{2 m_Z^2}{\rho_0^2}$$

$$-3 i \frac{m_{\rho'}^2}{\rho_0}$$

$$-3 i \frac{m_{\rho'}^2}{\rho_0^2}$$

Im folgenden numerieren wir die Leptonen und Quarks der verschiedenen Familien durch, d.h. wir setzen

$$\nu_1 \equiv \nu_e, \qquad \nu_2 \equiv \nu_\mu, \qquad \nu_3 \equiv \nu_\tau;$$
$$\ell_1 \equiv e, \qquad \ell_2 \equiv \mu, \qquad \ell_3 \equiv \tau;$$
$$u_1 \equiv u, \qquad u_2 \equiv c, \qquad u_3 \equiv t;$$
$$d_1 \equiv d, \qquad d_2 \equiv s, \qquad d_3 \equiv b.$$

Für eines dieser Teilchen schreiben wir generisch f, für seine Ladung Q_f und T_3^f für den Eigenwert der dritten Komponente des schwachen Isospin des *linkshändigen* Anteils von f. Wir erhalten dann aus Gln. (22-123), (22-77), (22-112) bis (22-114) die folgenden Vertizes.

Fermion — Boson — Vertizes:

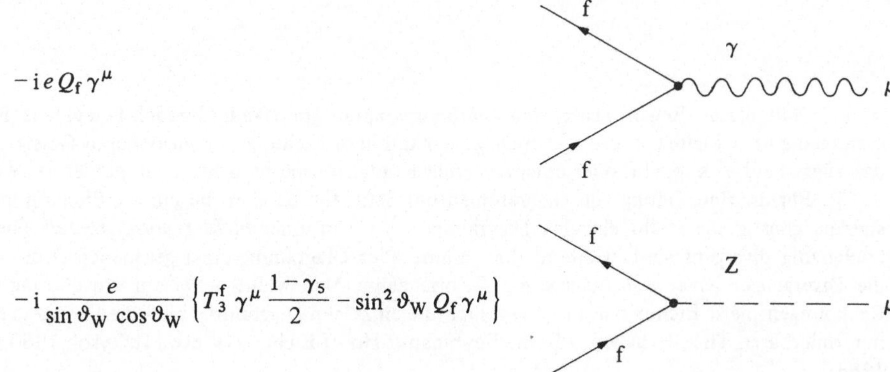

$$-i e Q_f \gamma^\mu$$

$$-i \frac{e}{\sin\vartheta_W \cos\vartheta_W} \left\{ T_3^f \gamma^\mu \frac{1-\gamma_5}{2} - \sin^2\vartheta_W Q_f \gamma^\mu \right\}$$

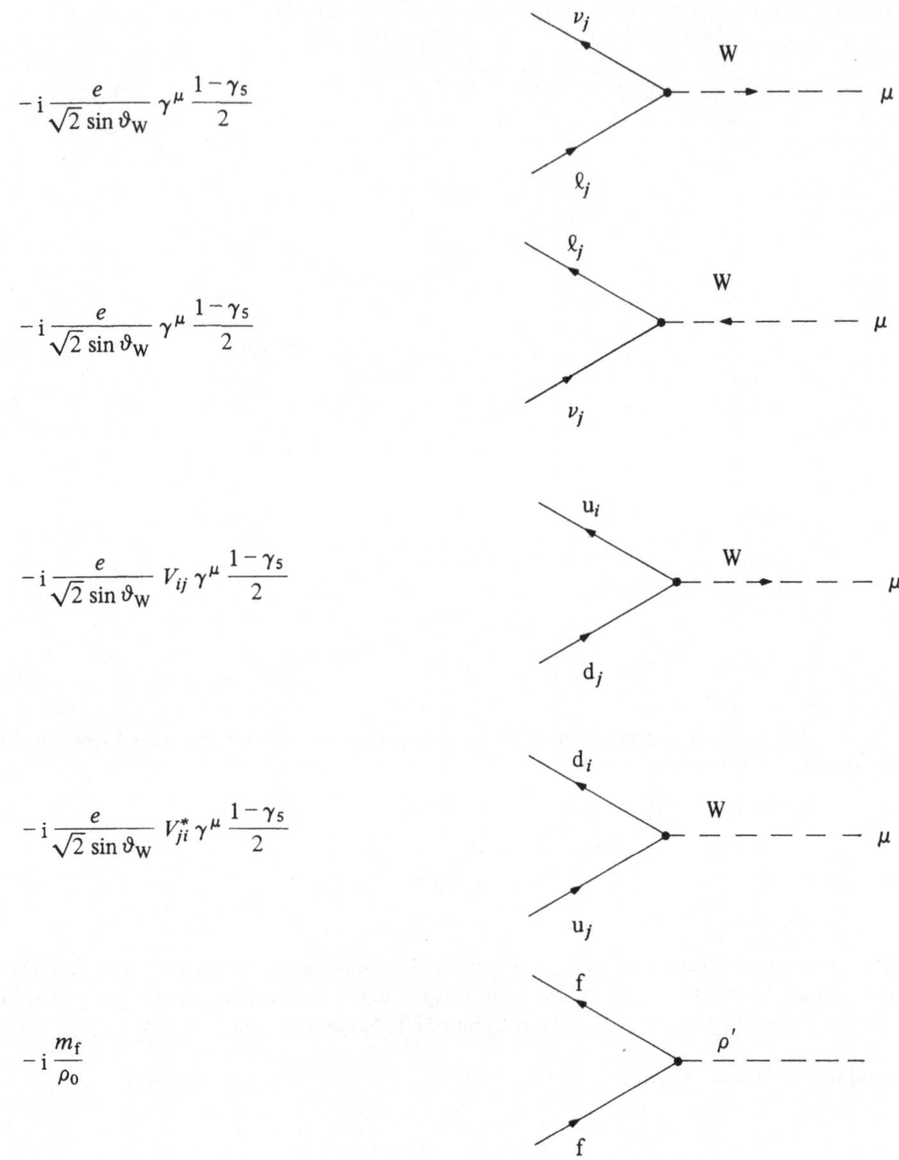

$$-\mathrm{i}\,\frac{e}{\sqrt{2}\,\sin\vartheta_\mathrm{W}}\,\gamma^\mu\,\frac{1-\gamma_5}{2}$$

$$-\mathrm{i}\,\frac{e}{\sqrt{2}\,\sin\vartheta_\mathrm{W}}\,\gamma^\mu\,\frac{1-\gamma_5}{2}$$

$$-\mathrm{i}\,\frac{e}{\sqrt{2}\,\sin\vartheta_\mathrm{W}}\,V_{ij}\,\gamma^\mu\,\frac{1-\gamma_5}{2}$$

$$-\mathrm{i}\,\frac{e}{\sqrt{2}\,\sin\vartheta_\mathrm{W}}\,V_{ji}^*\,\gamma^\mu\,\frac{1-\gamma_5}{2}$$

$$-\mathrm{i}\,\frac{m_\mathrm{f}}{\rho_0}$$

Mit diesen Regeln lassen sich alle Baumgraphen im Standardmodell berechnen. Bei Diagrammen mit Schleifen müssen – auch in der unitären Eichung – Fadeev-Popov-Geister, die an das Higgs-Feld ρ' koppeln, oder entsprechende Kontaktterme berücksichtigt werden (s. Weinberg 1973). Für die Berechnung von Diagrammen mit Schleifen ist aber die unitäre Eichung nicht besonders günstig, da in ihr einzelne Diagramme – wie in einer *nicht renormierbaren* Theorie – hochgradig divergent sind, während die Summe aller Diagramme einer gegebenen Ordnung bloß die Divergenzen einer *renormierbaren* Theorie zeigt. Man wählt daher zur Ausführung solcher Rechnungen meist Eichungen, in denen auch die einzelnen Diagramme bloß die Divergenzen einer renormierbaren Theorie haben, z.B. die Feynman-'t Hooft-Eichung (s. etwa Itzkyson 1980, Becher 1983).

Anhang H: Die Standardgestalt der Kobayashi-Maskawa-Matrix für drei Familien

Wir betrachten die Kobayashi-Maskawa-Matrix $\mathbf{V}$ für drei Familien. Nach Abschnitt 22.4 ist $\mathbf{V}$ unitär:

$$\mathbf{V} = \begin{pmatrix} V_{11} & V_{12} & V_{13} \\ V_{21} & V_{22} & V_{23} \\ V_{31} & V_{32} & V_{33} \end{pmatrix}, \tag{H-1}$$

$$\mathbf{V}\mathbf{V}^{+} = \mathbf{1}. \tag{H-2}$$

Wir haben nach Gl. (22-102) die Freiheit, $\mathbf{V}$ mit unitären Diagonalmatrizen von rechts und links zu multiplizieren:

$$\mathbf{V} \rightarrow \begin{pmatrix} e^{-i\varphi_1} & 0 & 0 \\ 0 & e^{-i\varphi_2} & 0 \\ 0 & 0 & e^{-i\varphi_3} \end{pmatrix} \mathbf{V} \begin{pmatrix} e^{i\chi_1} & 0 & 0 \\ 0 & e^{i\chi_2} & 0 \\ 0 & 0 & e^{i\chi_3} \end{pmatrix}$$

$$= \begin{pmatrix} e^{-i(\varphi_1-\chi_1)}\,V_{11} & e^{-i(\varphi_1-\chi_2)}\,V_{12} & e^{-i(\varphi_1-\chi_3)}\,V_{13} \\ e^{-i(\varphi_2-\chi_1)}\,V_{21} & e^{-i(\varphi_2-\chi_2)}\,V_{22} & e^{-i(\varphi_2-\chi_3)}\,V_{23} \\ e^{-i(\varphi_3-\chi_1)}\,V_{31} & e^{-i(\varphi_3-\chi_2)}\,V_{32} & e^{-i(\varphi_3-\chi_3)}\,V_{33} \end{pmatrix}. \tag{H-3}$$

Von den Phasendifferenzen $\varphi_i - \chi_j$ sind fünf linear unabhängig, die wir frei wählen können. Wir können daher die Phasen von fünf der Matrixelemente V_{ij} vorschreiben. Wir verlangen als Standardbedingung

$$\begin{aligned} V_{11} &\geqslant 0, \\ V_{12} &\geqslant 0, \\ V_{13} &\geqslant 0, \\ V_{21} &\leqslant 0, \\ V_{31} &\leqslant 0. \end{aligned} \tag{H-4}$$

Die Aufgabe ist es nun, alle unitären Matrizen $\mathbf{V}$, die den Bedingungen (H-4) unterworfen sind, geeignet zu parametrisieren. Da $\mathbf{V}$ unitär ist, gilt

$$\begin{aligned} (V_{11})^2 + (V_{12})^2 + (V_{13})^2 &= 1, \\ (V_{11})^2 + (V_{21})^2 + (V_{31})^2 &= 1. \end{aligned} \tag{H-5}$$

Diese Gleichungen und die Ungleichungen (H-4) erfüllen wir identisch, indem wir Winkel ϑ_1, ϑ_2, ϑ_3 einführen mit

$$0 \leqslant \vartheta_i \leqslant \frac{\pi}{2}, \qquad (i = 1, 2, 3) \tag{H-6}$$

und setzen

$$\begin{aligned} V_{11} &= c_1, \\ V_{12} &= s_1 c_3, \\ V_{13} &= s_1 s_3, \\ V_{21} &= -s_1 c_2, \\ V_{31} &= -s_1 s_2, \end{aligned} \tag{H-7}$$

wobei $c_i \equiv \cos \vartheta_i$ und $s_i \equiv \sin \vartheta_i$. Wir haben weiter die Unitaritätsrelationen

$$V_{11} V_{21} + V_{12} V_{22} + V_{13} V_{23} = 0, \tag{H-8}$$

$$(V_{21})^2 + |V_{22}|^2 + |V_{23}|^2 = 1. \tag{H-9}$$

Aus Gl. (H-8) folgt

$$c_3 V_{22} + s_3 V_{23} = c_1 c_2 \tag{H-10}$$

mit der allgemeinen Lösung

$$\begin{aligned} V_{22} &= c_1 c_2 c_3 + \lambda s_2 s_3, \\ V_{23} &= c_1 c_2 s_3 - \lambda s_2 c_3, \end{aligned} \tag{H-11}$$

wobei λ komplex ist. Gleichung (H-9) liefert weiter $|\lambda| = 1$, d.h. wir können setzen

$$\lambda = -e^{i\delta}, \tag{H-12}$$

wobei $0 \leqslant \delta < 2\pi$. Aus den Relationen

$$\begin{aligned} V_{11} V_{31} + V_{12} V_{32} + V_{13} V_{33} &= 0, \\ (V_{31})^2 + |V_{32}|^2 + |V_{33}|^2 &= 1, \end{aligned} \tag{H-13}$$

folgt auf analoge Weise

$$\begin{aligned} V_{32} &= c_1 s_2 c_3 - \lambda' c_2 s_3, \\ V_{33} &= c_1 s_2 s_3 + \lambda' c_2 c_3, \\ |\lambda'| &= 1. \end{aligned} \tag{H-14}$$

Die Relation

$$V_{21}^* V_{31} + V_{22}^* V_{32} + V_{23}^* V_{33} = 0 \tag{H-15}$$

liefert schließlich

$$\lambda = \lambda'. \tag{H-16}$$

Sammeln wir alles zusammen, so erhalten wir die folgende Standardgestalt von $\mathbf{V}$:

$$\mathbf{V} = \begin{pmatrix} c_1 & s_1 c_3 & s_1 s_3 \\ -s_1 c_2 & c_1 c_2 c_3 - e^{i\delta} s_2 s_3 & c_1 c_2 s_3 + e^{i\delta} s_2 c_3 \\ -s_1 s_2 & c_1 s_2 c_3 + e^{i\delta} c_2 s_3 & c_1 s_2 s_3 - e^{i\delta} c_2 c_3 \end{pmatrix}, \tag{H-17}$$

wobei

$$\begin{aligned} c_i &\equiv \cos \vartheta_i, \\ s_i &\equiv \sin \vartheta_i, \\ 0 &\leqslant \vartheta_i \leqslant \frac{\pi}{2}, \\ 0 &\leqslant \delta < 2\pi. \end{aligned} \tag{H-18}$$

Eine andere häufig verwendete Konvention für die Matrix $\mathbf{V}$ wurde bei Maiani 1977 angegeben.

Anhang I: Die Wigner-Weisskopf-Näherung zur Beschreibung des Zerfalls instabiler Teilchen und das K^0 - $\bar{K}^0$-System

I.1 Allgemeiner Formalismus

Das Problem ist die Berechnung des zeitlichen Verhaltens der Wellenfunktion instabiler Zustände, zum Beispiel der Mesonen K^0 und $\bar{K}^0$.

Wir betrachten ein System, das durch einen Hamilton-Operator $\mathbf{H}$:

$$\mathbf{H} = \mathbf{H}_0 + \mathbf{H}' \tag{I-1}$$

beschrieben wird, wobei $\mathbf{H}_0$ der ungestörte Hamilton-Operator und $\mathbf{H}'$ eine kleine Störung seien. Im Fall der K-Mesonen seien $\mathbf{H}_0$ der Hamilton-Operator der starken und $\mathbf{H}'$ derjenige der schwachen Wechselwirkung. Die Eigenzustände von $\mathbf{H}_0$ seien n energieentartete diskrete Zustände $|\alpha\rangle$ und eine Reihe von Kontinuumszuständen $|\beta\rangle$:

$$\mathbf{H}_0 \,|\alpha\rangle = E_0 \,|\alpha\rangle, \qquad (\alpha = 1, \dots, n) \tag{I-2}$$

$$\mathbf{H}_0 \,|\beta\rangle = E_\beta \,|\beta\rangle. \tag{I-3}$$

Bei Einschalten von $\mathbf{H}'$ sollen die Zustände $|\alpha\rangle$ in die Kontinuumszustände $|\beta\rangle$ zerfallen können.

Wir arbeiten zunächst im Schrödinger-Bild. Jeden Zustandsvektor $|t\rangle_S$ zur Zeit t können wir nach den Zuständen $|\alpha\rangle$ und $|\beta\rangle$, den Eigenzuständen von $\mathbf{H}_0$, entwickeln:

$$|t\rangle_S = \sum_{\alpha=1}^{n} \psi_\alpha(t)\,|\alpha\rangle + \sum_\beta c_\beta(t)\,|\beta\rangle. \tag{I-4}$$

Wir betrachten nun als Anfangszustand zur Zeit $t = 0$ eine Superposition der diskreten Zustände $|\alpha\rangle$:

$$|t = 0\rangle_S = \sum_{\alpha=1}^{n} \psi_\alpha^{(0)} \,|\alpha\rangle. \tag{I-5}$$

Das Problem ist, die zeitliche Entwicklung eines solchen Zustands zu berechnen. Wir erwarten ein exponentielles Abklingen der Amplituden der diskreten Zustände $|\alpha\rangle$ und ein entsprechendes Anwachsen der Amplituden der Kontinuumszustände $|\beta\rangle$. Die Wigner-Weisskopf-Methode zeigt, daß dies im Rahmen gewisser Näherungen in der Tat der Fall ist.

Die zeitliche Entwicklung von Zustandsvektoren wird durch die Schrödinger-Gleichung beschrieben:

$$i\frac{\partial}{\partial t}\,|t\rangle_S = \mathbf{H}\,|t\rangle_S. \tag{I-6}$$

Es erweist sich als günstig, nun zum Wechselwirkungsbild überzugehen. Wir setzen

$$|t = 0\rangle_W = |t = 0\rangle_S,$$

$$|t\rangle_W = e^{i\,\mathbf{H}_0\,t}\,|t\rangle_S = \sum_{\alpha=1}^{n} a_\alpha(t)\,|\alpha\rangle + \sum_\beta b_\beta(t)\,|\beta\rangle. \tag{I-7}$$

Die Bewegungsgleichung wird dann

$$i\frac{\partial}{\partial t}\,|t\rangle_W = \mathbf{H}'(t)\,|t\rangle_W, \tag{I-8}$$

wobei

$$\mathbf{H}'(t) = e^{i\,\mathbf{H}_0\,t}\,\mathbf{H}'\,e^{-i\,\mathbf{H}_0\,t}. \tag{I-9}$$

In Komponenten ausgeschrieben lautet die Gl. (I-8):

$$\mathrm{i}\,\frac{\partial a_\alpha(t)}{\partial t} = \sum_{\alpha'} \langle\alpha|\mathsf{H}'|\alpha'\rangle\, a_{\alpha'}(t) + \sum_{\beta} \mathrm{e}^{\mathrm{i}\,(E_0 - E_\beta)\,t}\, \langle\alpha|\mathsf{H}'|\beta\rangle\, b_\beta(t), \tag{I-10}$$

$$\mathrm{i}\,\frac{\partial b_\beta(t)}{\partial t} = \sum_{\alpha'} \mathrm{e}^{\mathrm{i}\,(E_\beta - E_0)t}\, \langle\beta|\mathsf{H}'|\alpha'\rangle\, a_{\alpha'}(t)$$

$$+ \sum_{\beta'} \mathrm{e}^{\mathrm{i}\,(E_\beta - E_{\beta'})t}\, \langle\beta|\mathsf{H}'|\beta'\rangle\, b_{\beta'}(t). \tag{I-11}$$

Die erste Näherung im Rahmen der Wigner-Weisskopf-Methode ist es nun, die zweite Summe auf der rechten Seite der Gl. (I-11) zu vernachlässigen. In unserem Beispiel des Zerfalls der K-Mesonen bedeutet dies die Vernachlässigung der schwachen Wechselwirkung für die Teilchen, in die die K-Mesonen zerfallen. Insbesondere betrachten wir damit die im K-Zerfall auftretenden π-Mesonen und Myonen als stabile Teilchen.

Die Gln. (I-10) und (I-11) lassen sich in dieser Näherung lösen. Wir finden mit den Anfangsbedingungen

$$a_\alpha(0) = \psi_\alpha^{(0)},$$
$$b_\beta(0) = 0 \tag{I-12}$$

zunächst die Integralgleichungen

$$b_\beta(t) = -\mathrm{i} \sum_{\alpha'} \int_0^t \mathrm{d}t'\, \mathrm{e}^{\mathrm{i}\,(E_\beta - E_0)\,t'}\langle\beta|\mathsf{H}'|\alpha'\rangle a_{\alpha'}(t'), \tag{I-13}$$

$$a_\alpha(t) = \psi_\alpha^{(0)} - \mathrm{i} \int_0^t \mathrm{d}t' \sum_{\alpha'} \langle\alpha|\mathsf{H}'|\alpha'\rangle a_{\alpha'}(t')$$

$$- \sum_{\alpha',\beta} \int_0^t \mathrm{d}t' \int_0^{t'} \mathrm{d}t''\, \mathrm{e}^{\mathrm{i}\,(E_0 - E_\beta)\,(t' - t'')}\, \langle\alpha|\mathsf{H}'|\beta\rangle\langle\beta|\mathsf{H}'|\alpha'\rangle a_{\alpha'}(t''). \tag{I-14}$$

Im Gegensatz zu den Gln. (I-10) und (I-11), in denen die Amplituden a_α und b_β stets gekoppelt auftreten, scheinen in Gl. (I-14) nur die endlich vielen Amplituden a_α auf. Durch eine Laplace-Transformation können wir Gl. (I-14) lösen. Wir setzen

$$\tilde{a}_\alpha(\sigma) = \int_0^\infty \mathrm{d}t\, \mathrm{e}^{-\sigma t}\, a_\alpha(t) \tag{I-15}$$

und erhalten

$$\tilde{a}_\alpha(\sigma) = \frac{1}{\sigma}\, \psi_\alpha^{(0)} - \frac{\mathrm{i}}{\sigma} \sum_{\alpha'} W_{\alpha\alpha'}(\sigma)\, \tilde{a}_{\alpha'}(\sigma), \tag{I-16}$$

wobei

$$W_{\alpha\alpha'}(\sigma) = \langle\alpha|\mathsf{H}'|\alpha'\rangle + \sum_\beta \frac{\langle\alpha|\mathsf{H}'|\beta\rangle\langle\beta|\mathsf{H}'|\alpha'\rangle}{E_0 - E_\beta + \mathrm{i}\,\sigma}. \tag{I-17}$$

Wir gehen zur Matrix-Schreibweise über und setzen

$$\psi^{(0)} = \begin{pmatrix} \psi_1^{(0)} \\ \vdots \\ \psi_n^{(0)} \end{pmatrix}, \qquad a(t) = \begin{pmatrix} a_1(t) \\ \vdots \\ a_n(t) \end{pmatrix}, \qquad \tilde{a}(\sigma) = \begin{pmatrix} \tilde{a}_1(\sigma) \\ \vdots \\ \tilde{a}_n(\sigma) \end{pmatrix},$$

$$\mathbf{W}(\sigma) = (W_{\alpha\alpha'}(\sigma)). \tag{I-18}$$

Damit erhalten wir aus Gl. (I-16)

$$(\sigma + i\,\mathbf{W}(\sigma)) \cdot \tilde{a}(\sigma) = \psi^{(0)}, \tag{I-19}$$

$$\tilde{a}(\sigma) = (\sigma + i\,\mathbf{W}(\sigma))^{-1} \cdot \psi^{(0)}. \tag{I-20}$$

Die Anwendung der inversen Laplace-Transformation liefert

$$a(t) = \frac{1}{2\pi i} \int\limits_{\sigma_0 - i\infty}^{\sigma_0 + i\infty} d\sigma\, e^{\sigma t}\, \tilde{a}(\sigma) = \frac{1}{2\pi i} \int\limits_{\sigma_0 - i\infty}^{\sigma_0 + i\infty} d\sigma\, e^{\sigma t} (\sigma + i\,\mathbf{W}(\sigma))^{-1}\, \psi^{(0)}. \tag{I-21}$$

Dabei muß σ_0 so gewählt werden, daß der Integrationsweg in der komplexen σ-Ebene rechts von allen Singularitäten von $(\sigma + i\,\mathbf{W}(\sigma))^{-1}$ liegt (Bild I-1).

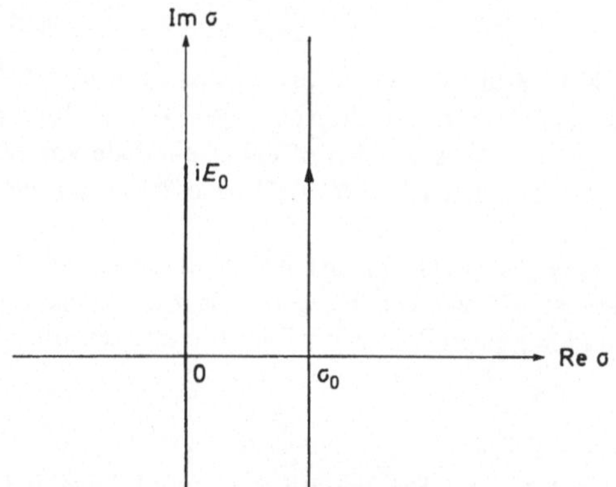

Bild I-1

Der Integrationsweg in der komplexen σ-Ebene für das Integral in Gl. (I-21). Die Lage der Schnitte von $\mathbf{W}(\sigma)$ und $(\sigma + i\,\mathbf{W}(\sigma))^{-1}$ ist durch die dicke Linie angedeutet.

Wir diskutieren nun die Eigenschaften der Matrixfunktion $\mathbf{W}(\sigma)$ in der komplexen σ-Ebene. Nach Gl. (I-17) ist $\mathbf{W}(\sigma)$ analytisch in σ, ausgenommen es gilt für ein β:

$$E_0 - E_\beta + i\,\sigma = 0. \tag{I-22}$$

Wir nehmen dabei an, daß das Integral über die Kontinuumszustände $|\beta\rangle$ genügend gut konvergiert. Wir setzen nun

$$E_0' = E_0 - \min_{\beta} E_\beta.$$

Wie man leicht sieht, hat dann die Matrixfunktion $\mathbf{W}(\sigma)$ einen Schnitt von $-i\infty$ bis iE_0' längs der imaginären Achse (Bild I-1). Wir zeigen nun, daß $\sigma + i\,\mathbf{W}(\sigma)$ für Re $\sigma \neq 0$ nichtverschwindende Determinante und daher ein Inverses besitzt. Wir setzen dabei

$$\begin{aligned} \sigma_1 &= \text{Re }\sigma, \\ \sigma_2 &= \text{Im }\sigma. \end{aligned} \tag{I-23}$$

Nach Gl. (I-17) können wir schreiben

$$\sigma + i\,\mathbf{W}(\sigma) = \mathbf{X} + i\,\mathbf{Y}, \tag{I-24}$$

wobei $X = (X_{\alpha\alpha'})$, $Y = (Y_{\alpha\alpha'})$ und

$$X_{\alpha\alpha'} = \sigma_1 \left[\delta_{\alpha\alpha'} + \sum_\beta \frac{\langle\alpha|H'|\beta\rangle\langle\beta|H'|\alpha'\rangle}{(E_0 - E_\beta - \sigma_2)^2 + \sigma_1^2} \right],$$

$$Y_{\alpha\alpha'} = \sigma_2 \delta_{\alpha\alpha'} + \langle\alpha|H'|\alpha'\rangle + \sum_\beta \langle\alpha|H'|\beta\rangle\langle\beta|H'|\alpha'\rangle \frac{E_0 - E_\beta - \sigma_2}{(E_0 - E_\beta - \sigma_2)^2 + \sigma_1^2}. \qquad (I\text{-}25)$$

Offenbar gilt

$$\begin{aligned} X &= X^\dagger, \\ Y &= Y^\dagger. \end{aligned} \qquad (I\text{-}26)$$

Wir betrachten zunächst den Fall $\sigma_1 > 0$. Es folgt dann sofort aus Gl. (I-25), daß X eine positiv definite Matrix ist:

$$X > 0. \qquad (I\text{-}27)$$

Daher hat X ein Inverses und es gilt

$$(X + iY)X^{-1}(X - iY) = X + YX^{-1}Y > 0. \qquad (I\text{-}28)$$

Daraus folgt

$$\begin{aligned} &|\det(X + iY)|^2 (\det X)^{-1} > 0, \\ &\det(X + iY) \neq 0. \end{aligned} \qquad (I\text{-}29)$$

Damit haben wir gezeigt, daß die Matrix $X + iY$ für $\sigma_1 > 0$ ein Inverses hat. Für $\sigma_1 < 0$ läuft der Beweis ganz analog. Nach Gl. (I-24) ist daher die Matrixfunktion $(\sigma + iW(\sigma))^{-1}$ für Re $\sigma \neq 0$ regulär. Ihre Singularitäten liegen auf der imaginären Achse, wobei offenbar oberhalb von iE_0' höchstens Pole auftreten können. Unterhalb von iE_0' hat $(\sigma + iW(\sigma))^{-1}$, wie $W(\sigma)$, im allgemeinen einen Schnitt.

Wir können nun den Integrationsweg in Gl. (I-21) fast bis an die imaginäre Achse von rechts heranschieben (Bild I-1). Die Frage ist, wo wir den Hauptbeitrag zum Integral erwarten.

Für $H' = 0$ haben wir $W(\sigma) = 0$ und nur einen Pol bei $\sigma = 0$ im Integranden von Gl. (I-21). In diesem Fall erhalten wir sofort

$$a(t) = \psi^{(0)} \quad \text{für } t \geq 0, \qquad (I\text{-}30)$$

wie es sein muß, da die Zustände $|\alpha\rangle$ dann stabil sind. Der Hauptbeitrag zum Integral in Gl. (I-21) kommt hier natürlich aus dem Bereich des Pols bei $\sigma = 0$. Wir erwarten, daß bei Einschalten von H' dieser Pol ins zweite Blatt wandert, aber für kleine Störungen nicht weit weg von der imaginären Achse. Dieser Pol sollte weiterhin den Hauptbeitrag zum Integral (Gl. (I-21)) liefern. Die zweite Näherung im Rahmen der Wigner-Weisskopf-Methode ist es, nur diesen Polbeitrag mitzunehmen und $W(\sigma)$ in der Nähe von $\sigma = 0$, Re $\sigma > 0$ durch eine Konstante zu ersetzen:

$$W(\sigma) \longrightarrow W \equiv \lim_{\sigma \to +0} W(\sigma). \qquad (I\text{-}31)$$

Nach Gl. (I-17) gilt dann

$$W_{\alpha\alpha'} = \langle\alpha|H'|\alpha'\rangle + \sum_\beta \frac{\langle\alpha|H'|\beta\rangle\langle\beta|H'|\alpha'\rangle}{(E_0 - E_\beta)_\mathrm{P}}$$

$$- i\pi \sum_\beta \delta(E_0 - E_\beta) \langle\alpha|H'|\beta\rangle\langle\beta|H'|\alpha'\rangle. \qquad (I\text{-}32)$$

Damit erhalten wir aus Gl. (I-21) nach dem Residuensatz für $t > 0$

$$a(t) = \frac{1}{2\pi i} \oint d\sigma\, e^{\sigma t} \frac{1}{\sigma + iW} \psi^{(0)} = e^{-iWt} \psi^{(0)}. \qquad (I\text{-}33)$$

Kehren wir zurück zum Schrödinger-Bild (Gl. (I-7)), so finden wir den zeitlichen Verlauf der Amplituden $\psi_\alpha(t)$ der diskreten Zustände in Gl. (I-4) aus

$$\psi(t) \equiv (\psi_\alpha(t)) = e^{-i\mathcal{M}t}\,\psi^{(0)}, \tag{I-34}$$

wobei

$$\mathcal{M} = E_0 + \mathbf{W}. \tag{I-35}$$

Man nennt $\mathcal{M}$ die nichthermitesche Massen- oder Energiematrix. Wir definieren den hermiteschen Teil $\mathbf{M} = \mathbf{M}^+$ der Massenmatrix und die Zerfallsmatrix $\Gamma = \Gamma^+$ durch

$$\begin{aligned}
\mathbf{M} &= \frac{1}{2}(\mathcal{M} + \mathcal{M}^+), \\
\Gamma &= i(\mathcal{M} - \mathcal{M}^+).
\end{aligned} \tag{I-36}$$

Dann folgt

$$\mathcal{M} = \mathbf{M} - \frac{i}{2}\Gamma \tag{I-37}$$

und nach Gl. (I-32) gilt

$$M_{\alpha\alpha'} = E_0\,\delta_{\alpha\alpha'} + \langle\alpha|\mathbf{H}'|\alpha'\rangle + \sum_\beta \frac{\langle\alpha|\mathbf{H}'|\beta\rangle\langle\beta|\mathbf{H}'|\alpha'\rangle}{(E_0 - E_\beta)_P},$$

$$\Gamma_{\alpha\alpha'} = \sum_\beta 2\pi\,\delta(E_0 - E_\beta)\,\langle\alpha|\mathbf{H}'|\beta\rangle\langle\beta|\mathbf{H}'|\alpha'\rangle. \tag{I-38}$$

Damit haben wir das Verhalten der Amplituden der unzerfallenen Teilchen berechnet. Wir zeigen nun, daß $\psi(t)$ (Gl. (I-34)) mit der Zeit t exponentiell abklingt. Dazu führen wir die rechten und linken Eigenvektoren $\varphi_j = (\varphi_{\alpha j})$ und $\widetilde{\varphi}_j = (\widetilde{\varphi}_{\alpha j})$ ($\alpha = 1, \ldots, n$; $j = 1, \ldots, n$) der im allgemeinen nichthermiteschen Matrix $\mathcal{M}$ ein. Wie man leicht sieht, sind die Eigenwerte M_j für die rechten und linken Eigenvektoren identisch und wir haben

$$\begin{aligned}
\mathcal{M}\varphi_j &= M_j\,\varphi_j, \\
\widetilde{\varphi}_j^{\,+}\mathcal{M} &= \widetilde{\varphi}_j^{\,+}\,M_j.
\end{aligned} \tag{I-39}$$

($j = 1, \ldots, n$; keine Summation über j).

Dabei nehmen wir an, daß $\mathcal{M}$ n linear unabhängige Eigenvektoren hat, wie es z.B. der Fall ist, wenn alle Eigenwerte M_j ($j = 1, \ldots, n$) verschieden sind. Wie man leicht sieht, kann man dann für die Eigenvektoren die folgende Normierungsbedingung fordern:

$$\widetilde{\varphi}_j^{\,+}\varphi_k = \delta_{jk}. \tag{I-40}$$

Die im allgemeinen komplexen Eigenwerte schreiben wir als

$$M_j = m_j - \frac{i}{2}\Gamma_j, \tag{I-41}$$

wobei m_j und Γ_j reell seien. Wir zeigen, daß gilt

$$\Gamma_j \geqslant 0. \tag{I-42}$$

Zum Beweis gehen wir davon aus, daß die Zerfallsmatrix Γ nach Gl. (I-38) zumindest positiv semi-definit ist, $\Gamma \geqslant 0$. Daraus folgt mit Gl. (I-36):

$$\varphi_j^+\,\Gamma\,\varphi_j = \varphi_j^+\,i(\mathcal{M} - \mathcal{M}^+)\,\varphi_j = \Gamma_j\,\varphi_j^+\,\varphi_j \geqslant 0 \tag{I-43}$$

und damit Gl. (I-42).

Haben wir nun einen beliebigen Anfangszustandsvektor $\psi^{(0)}$, so können wir ihn nach den Basisvektoren φ_j entwickeln:

$$\psi^{(0)} = \sum_{j=1}^{n} h_j \, \varphi_j \, , \tag{I-44}$$

wobei

$$h_j = \widetilde{\varphi}_j^{\dagger} \, \psi^{(0)} . \tag{I-45}$$

Die Wellenfunktion $\psi(t)$ ist dann nach Gl. (I-34)

$$\psi(t) = e^{-i \mathcal{M} t} \, \psi^{(0)} = \sum_{j=1}^{n} e^{\left(-i m_j t - \frac{1}{2} \Gamma_j t\right)} h_j \, \varphi_j \, . \tag{I-46}$$

Die Amplitude der unzerfallenen Teilchen nimmt entsprechend einer Superposition von Exponentialfunktionen ab. Die Zustände mit einfach exponentiellem Zerfall sind die Eigenzustände φ_j der nichthermiteschen Massenmatrix $\mathcal{M}$. Ist nämlich

$$\psi^{(0)} = \varphi_j \, , \tag{I-47}$$

so gilt

$$\psi(t) = e^{\left(-i m_j t - \frac{1}{2} \Gamma_j t\right)} \varphi_j \, . \tag{I-48}$$

In diesem Fall nimmt die Wahrscheinlichkeit, ein unzerfallenes Teilchen zu finden, entsprechend

$$|\psi(t)|^2 = e^{-\Gamma_j t} \, \varphi_j^{\dagger} \, \varphi_j \tag{I-49}$$

mit t ab. Die Größen Γ_j sind also die Zerfallsraten der Eigenzustände φ_j von $\mathcal{M}$.

Unter Benutzung der Gl. (I-13) läßt sich auch leicht der zeitliche Verlauf der Kontinuumsamplituden $b_\beta(t)$ in Gl. (I-7) bzw. $c_\beta(t)$ in Gl. (I-4) berechnen. Wir finden

$$c_\beta(t) = \sum_{\alpha, \alpha'} \langle \beta | \mathbf{H}' | \alpha \rangle \, \left[\left(e^{-i \mathcal{M} t} - e^{-i E_\beta t} \right) \left(\mathcal{M} - E_\beta \right)^{-1} \right]_{\alpha \alpha'} \psi_{\alpha'}^{(0)} . \tag{I-50}$$

Das exponentielle Zerfallsgesetz für $\psi(t)$ (Gl. (I-46)) stellt nur eine Näherung dar. Wie man zeigen kann, muß sie sowohl für sehr kleine als auch für sehr große Zeiten t zusammenbrechen, wenn das Spektrum des Hamilton-Operators $\mathbf{H}$ nach unten beschränkt ist (Khalfin 1957, 1968, Fonda 1978). Solche Abweichungen vom exponentiellen Zerfallsverhalten wurden in letzter Zeit im Zusammenhang mit dem Proton-Zerfall und dem doppelten β-Zerfall diskutiert (Khalfin 1982, Fleming 1983, Chiu 1982, Klapdor 1984). Darauf wollen wir aber hier nicht weiter eingehen.

Die n-dimensionalen Vektoren $\psi(t)$, φ_j und $\widetilde{\varphi}_j$ können wir nun mit Zustandsvektoren im Unterraum $\mathcal{H}_n$, der von den Zuständen $|\alpha\rangle$ ($\alpha = 1, \ldots, n$) aufgespannt wird, identifizieren, indem wir setzen

$$|\psi(t)\rangle = \sum_{\alpha=1}^{n} \psi_\alpha(t) |\alpha\rangle,$$

$$|\varphi_j\rangle = \sum_{\alpha=1}^{n} \varphi_{\alpha j} |\alpha\rangle, \tag{I-51}$$

$$|\widetilde{\varphi}_j\rangle = \sum_{\alpha=1}^{n} \widetilde{\varphi}_{\alpha j} |\alpha\rangle.$$

Analog fassen wir $\mathcal{M}$ als Operator in $\mathcal{H}_n$ auf. Wie man leicht nachprüft, läßt sich $\mathcal{M}$ dann in der Gestalt schreiben:

$$\mathcal{M} = \sum_{j=1}^{n} M_j \, |\varphi_j\rangle\langle\widetilde{\varphi_j}| \,. \tag{I-52}$$

Wir wollen noch betonen, daß $|\psi(t)\rangle$ (Gl. (I-51)) nur die Projektion des gesamten Zustandsvektors $|t\rangle_S$ von Gl. (I-4) auf den Unterraum $\mathcal{H}_n$ ist. Die Norm des *gesamten* Zustandsvektors $|t\rangle_S$ in Gl. (I-4) ist erhalten. Was an Norm aus dem Unterraum $\mathcal{H}_n$ der diskreten Zustände durch das Abklingen der Amplituden $\psi_\alpha(t)$ nach Gl. (I-46) verschwindet, erscheint — wie man leicht überprüft — als Zunahme der Norm im Unterraum der Kontinuumszustände $|\beta\rangle$.

Unsere bisherigen Überlegungen waren gänzlich unabhängig von möglichen diskreten oder kontinuierlichen Symmetrien des Hamilton-Operators $\mathbf{H}$ in Gl. (I-1). Wir wollen nun aber die CPT-Invarianz voraussetzen, wie dies für Elementarteilchen-Systeme, die keinen äußeren Feldern unterworfen sind, der Fall ist (Abschnitt 26.2.2). Es gelte also nach Gl. (26-92), da $\mathbf{H} \equiv \mathbf{P_0}$:

$$(\mathbf{V}(\Theta)\,\mathbf{H}\,\mathbf{V}^{-1}(\Theta))^\dagger = \mathbf{H}. \tag{I-53}$$

Daraus folgt

$$(\mathbf{V}(\Theta)\,e^{-i\,\mathbf{H}t}\,\mathbf{V}^{-1}(\Theta))^\dagger = e^{-i\,\mathbf{H}t}. \tag{I-54}$$

Auf ähnliche Weise leitet man die Invarianz der S-Matrix her (vgl. Abschnitt 16.2):

$$(\mathbf{V}(\Theta)\,\mathbf{S}\,\mathbf{V}^{-1}(\Theta))^\dagger = \mathbf{S}. \tag{I-55}$$

Nun haben wir mit Hilfe der Massenmatrix $\mathcal{M}$ eine Lösung der Schrödinger-Gleichung (I-6) konstruiert. Es gilt daher mit den oben erwähnten Näherungen für (diskrete) Zustände $|\alpha_1\rangle$, $|\alpha_2\rangle$

$$\langle\alpha_1|e^{-i\,\mathbf{H}t}|\alpha_2\rangle = \langle\alpha_1|e^{-i\,\mathcal{M}t}|\alpha_2\rangle. \tag{I-56}$$

Wir betrachten nun die CPT-Transformierten der Zustände $|\alpha\rangle$ und setzen

$$|\alpha'\rangle = \mathbf{V}(\Theta)|\alpha\rangle, \qquad (\alpha = 1, \dots, n). \tag{I-57}$$

Die Zustände $|\alpha'\rangle$ sind zunächst nicht notwendig Elemente des Unterraums $\mathcal{H}_n$. Wir können dies aber stets erreichen, indem wir als neue Zustände $|\alpha\rangle$ die Vereinigungsmenge der alten Zustände $|\alpha\rangle$ und $|\alpha'\rangle$ betrachten. Aus der CPT-Invarianz folgern wir nun nach Gl. (I-54):

$$\langle\alpha_1|e^{-i\,\mathbf{H}t}|\alpha_2\rangle = \langle\alpha_2'|e^{-i\,\mathbf{H}t}|\alpha_1'\rangle,$$
$$\langle\alpha_1|\mathcal{M}|\alpha_2\rangle = \langle\alpha_2'|\mathcal{M}|\alpha_1'\rangle. \tag{I-58}$$

Bei CPT-Invarianz muß also $\mathcal{M}$ diese Symmetrie-Bedingung erfüllen. Setzen wir insbesondere $|\alpha_1\rangle = |\alpha_2\rangle = |\alpha\rangle$, so folgt bei Benutzung der Gl. (I-37):

$$\langle\alpha|\mathcal{M}|\alpha\rangle = \langle\alpha'|\mathcal{M}|\alpha'\rangle,$$
$$\langle\alpha|\mathbf{M}|\alpha\rangle = \langle\alpha'|\mathbf{M}|\alpha'\rangle,$$
$$\langle\alpha|\Gamma|\alpha\rangle = \langle\alpha'|\Gamma|\alpha'\rangle. \tag{I-59}$$

Die (reelle) Massen und die totalen Zerfallsbreiten von Teilchen und Antiteilchen, die ja durch eine CPT-Transformation auseinander hervorgehen, müssen gleich sein (s. Gl. (16-50)).

I.2   Anwendung auf das System der neutralen K-Mesonen

Wir wenden nun den obigen Formalismus auf den Zerfall der neutralen K-Mesonen an, wobei in Gl. (I-1) H_0 und H' die Hamilton-Operatoren der starken und schwachen Wechselwirkung seien. Als ungestörte diskrete Zustände $|\alpha\rangle$ in Gl. (I-2) betrachten wir die Eigenzustände $|K_1^0\rangle$ und $|K_2^0\rangle$ des CP-Operators (Gl. (26-27)). Da es keinen streng erhaltenen CP-Operator gibt, müssen wir ihn durch Konvention festlegen. Unser CP-Operator sei durch Gl. (26-77) definiert. (Für eine andere Konvention s. Lee 1966.) Bei „Einschalten" der schwachen Wechselwirkung zerfallen die K-Mesonen in Kontinuumszustände $|\beta\rangle = |\pi\pi\rangle$, $|\pi\pi\pi\rangle$, $|\pi\ell\nu\rangle$ etc. Die Massenmatrix $\mathscr{M}$ ist eine 2×2-Matrix (Gl. (26-55)) bzw. ein Operator in dem Unterraum, der von den Zuständen $|K_1^0\rangle$, $|K_2^0\rangle$ aufgespannt wird. Die Eigenwerte von $\mathscr{M}$ haben wir mit $M_{L,S}$, die *rechten* Eigenvektoren mit $|K_{L,S}\rangle$ bezeichnet (Gl. (26-19)). Dabei identifizieren wir Zustandsvektoren und Eigenvektoren von $\mathscr{M}$ im Sinne der Gl. (I-51). Ganz allgemein können wir bei Beachtung der Normierungsbedingungen Gl. (26-21), ansetzen:

$$|K_S\rangle = (1 + |\epsilon_S|^2)^{-\frac{1}{2}}(|K_1^0\rangle + \epsilon_S|K_2^0\rangle),$$
$$|K_L\rangle = e^{i\varphi}(1 + |\epsilon_L|^2)^{-\frac{1}{2}}(|K_2^0\rangle + \epsilon_L|K_1^0\rangle), \tag{I-60}$$

wobei ϵ_S und ϵ_L komplexe Zahlen und φ eine Phase sind. Die Ungleichung (26-22) liefert die Bedingung

$$e^{i\varphi}(\epsilon_L + \epsilon_S^*) \geqslant 0. \tag{I-61}$$

Die *linken* Eigenvektoren von $\mathscr{M}$ bezeichnen wir mit $|\widetilde{K}_{S,L}\rangle$. Nach Gl. (I-40) müssen sie die folgenden Gleichungen erfüllen:

$$\langle\widetilde{K}_S|K_S\rangle = \langle\widetilde{K}_L|K_L\rangle = 1,$$
$$\langle\widetilde{K}_S|K_L\rangle = \langle\widetilde{K}_L|K_S\rangle = 0. \tag{I-62}$$

Daraus finden wir

$$|\widetilde{K}_S\rangle = \frac{(1 + |\epsilon_S|^2)^{\frac{1}{2}}}{1 - \epsilon_L^*\,\epsilon_S^*}(|K_1^0\rangle - \epsilon_L^*|K_2^0\rangle),$$

$$|\widetilde{K}_L\rangle = e^{i\varphi}\frac{(1 + |\epsilon_L|^2)^{\frac{1}{2}}}{1 - \epsilon_L^*\,\epsilon_S^*}(|K_2^0\rangle - \epsilon_S^*|K_1^0\rangle). \tag{I-63}$$

Weiter gilt nach Gl. (I-52)

$$\mathscr{M} = M_S|K_S\rangle\langle\widetilde{K}_S| + M_L|K_L\rangle\langle\widetilde{K}_L|. \tag{I-64}$$

Wir leiten nun Konsequenzen der CPT-Invarianz her. Die Zustände $|K^0\rangle$ und $|\bar{K}^0\rangle$ sind als Eigenzustände des Strangeness-Operators S definiert, den wir als Ladungsoperator im Sinne der Gl. (26-90) auffassen können. Nach den Überlegungen von Abschnitt 26.2.2 folgt dann, daß die CPT-Transformation $|K^0\rangle$ in $|\bar{K}^0\rangle$ überführt. Bei geeigneter Wahl der Phasen der Zustandsvektoren gilt:

$$V(\Theta)|K^0\rangle = |\bar{K}^0\rangle,$$
$$V(\Theta)|\bar{K}^0\rangle = |K^0\rangle. \tag{I-65}$$

Daraus ergibt sich nach Gl. (I-57) als Konsequenz der CPT-Invarianz für die Massenmatrix

$$\langle K^0|\mathscr{M}|K^0\rangle = \langle\bar{K}^0|\mathscr{M}|\bar{K}^0\rangle \tag{I-66a}$$

oder in der Basis $|K^0_{1,2}\rangle$

$$\langle K^0_1 | \mathcal{M} | K^0_2 \rangle + \langle K^0_2 | \mathcal{M} | K^0_1 \rangle = 0. \tag{I-66b}$$

Dies haben wir in Gl. (26-58) benützt. Setzen wir in Gl. (I-66b) die Massenmatrix $\mathcal{M}$ nach Gl. (I-64) ein, so finden wir als Konsequenz der CPT-Invarianz für die Zustände $|K_S\rangle$, $|K_L\rangle$:

$$\epsilon_S = \epsilon_L. \tag{I-67}$$

Um die Phase φ in Gl. (I-60) zu bestimmen, betrachten wir die semileptonischen Zerfälle von K_L (Gl. (26-36)). Im Standardmodell zerfällt dabei – in führender Ordnung der schwachen Wechselwirkung – ein s-Quark oder $\bar{s}$-Antiquark im K-Meson wie folgt:

$$\begin{aligned} s &\longrightarrow u + \ell^- + \bar{\nu}_\varrho, \\ \bar{s} &\longrightarrow \bar{u} + \ell^+ + \nu_\varrho. \end{aligned} \tag{I-68}$$

Die Ladung und die Strangeness der Quarks werden dabei in gleicher Richtung um eine Einheit geändert ($\Delta S = \Delta Q$-Regel). In führender Ordnung der schwachen Wechselwirkung können daher im Zerfall eines K^0-Mesons nur ℓ^+-Leptonen und in dem eines $\bar{K}^0$-Mesons nur ℓ^--Leptonen auftreten. Die umgekehrten Zerfälle sind verboten:

$$\begin{aligned} K^0 &\not\longrightarrow \pi^+ \ell^- \bar{\nu}_\varrho, \\ \bar{K}^0 &\not\longrightarrow \pi^- \ell^+ \nu_\varrho. \end{aligned} \tag{I-69}$$

Auf Grund der CPT-Invarianz der S-Matrix (Gl. (I-55)) gilt weiter

$$|\langle \ell^- \bar{\nu}_\varrho \pi^+ | \mathsf{T} | K^0 \rangle| = |\langle \bar{K}^0 | \mathsf{T} | \ell^+ \nu_\varrho \pi^- \rangle| = |\langle \ell^+ \nu_\varrho \pi^- | \mathsf{T}^\dagger | \bar{K}^0 \rangle|. \tag{I-70}$$

Vernachlässigen wir die – nur elektromagnetische – Wechselwirkung im Endzustand, d.h. setzen wir $\mathsf{T} = \mathsf{T}^\dagger$ (s. Gl. (5-65)), so folgt

$$\Gamma(K^0 \longrightarrow \ell^- \bar{\nu}_\varrho \pi^+) = \Gamma(\bar{K}^0 \longrightarrow \ell^+ \nu_\varrho \pi^-). \tag{I-71}$$

Damit erhalten wir

$$\Gamma(K_L \longrightarrow \ell^- \bar{\nu}_\varrho \pi^+) = \frac{1}{2} \frac{|1 - \epsilon_L|^2}{1 + |\epsilon_L|^2} \Gamma(\bar{K}^0 \longrightarrow \ell^- \bar{\nu}_\varrho \pi^+),$$

$$\Gamma(K_L \longrightarrow \ell^+ \nu_\varrho \pi^-) = \frac{1}{2} \frac{|1 + \epsilon_L|^2}{1 + |\epsilon_L|^2} \Gamma(K^0 \longrightarrow \ell^+ \nu_\varrho \pi^-) \tag{I-72}$$

und für die Asymmetrie (Gl. (26-38))

$$\delta = \frac{2 \, \mathrm{Re} \, \epsilon_L}{1 + |\epsilon_L|^2}. \tag{I-73}$$

Da experimentell gilt $\delta > 0$, folgt $\mathrm{Re} \, \epsilon_L > 0$ und nach Gln. (I-67) und (I-61)

$$e^{i\varphi} = 1, \tag{I-74}$$

womit die Phase von $|K_L\rangle$ in Gl. (I-60) bestimmt ist.

Als nächstes besprechen wir die Unitaritätsrelation von Bell und Steinberger (Bell 1966), durch die die Phase von ϵ (Gl. (26-51)) bestimmt wird. Aus Gln. (I-36) und (I-38) folgt

$$i \langle K_S | \mathcal{M} - \mathcal{M}^\dagger | K_L \rangle = \langle K_S | \Gamma | K_L \rangle,$$

$$i (M_L - M_S^*) \langle K_S | K_L \rangle = \sum_f \langle f | \mathsf{T} | K_S \rangle^* \langle f | \mathsf{T} | K_L \rangle. \tag{I-75}$$

Die in Gl. (I-38) auftretenden Matrixelemente $\langle \beta | \mathbf{H'} | \alpha' \rangle$ sind dabei mit den T-Matrixelementen $\langle f | \mathbf{T} | \mathrm{K_L} \rangle$ etc. zu identifizieren. In Abschnitt I.1 war nämlich $\mathbf{H_0}$ der Hamilton-Operator der gesamten starken Wechselwirkung, *nicht* derjenige der freien Teilchen. Vom Standpunkt des Wechselwirkungsbildes sind in der Amplitude $\langle \beta | \mathbf{H'} | \alpha' \rangle$ ein schwacher und beliebig viele starke Elementarprozesse zu berücksichtigen, d.h. wir haben das T-Matrixelement in erster Ordnung der schwachen Wechselwirkung vor uns.

Das $\mathrm{K_S}$-Meson zerfällt hauptsächlich in den $\pi\pi$-Zustand mit $I = 0$ ($\Delta I = 1/2$-Regel, s. unten). Wir erwarten daher, daß der Zustand $|f\rangle = |\pi\pi, I = 0\rangle$ einen wichtigen Beitrag auf der rechten Seite von Gl. (I-75) liefert. Betrachten wir *nur* diesen Zustand, so ergibt sich aus Gl. (I-75)

$$\mathrm{i}\,(M_\mathrm{L} - M_\mathrm{S}^*)\,\langle \mathrm{K_S} | \mathrm{K_L} \rangle = \langle \pi\pi, 0 | \mathbf{T} | \mathrm{K_S} \rangle^* \langle \pi\pi, 0 | \mathbf{T} | \mathrm{K_L} \rangle = \epsilon\,\Gamma(\mathrm{K_S} \longrightarrow \pi\pi(I = 0)). \quad \text{(I-76)}$$

Die Berücksichtigung der anderen Endzustände ändert diese Relation höchstens um $\pm\, 10\,\%$ (Schubert 1970). Mit dieser Genauigkeit folgt

$$\epsilon = \mathrm{i}\,\frac{m_\mathrm{L} - m_\mathrm{S} - \dfrac{\mathrm{i}}{2}\,(\Gamma_\mathrm{L} + \Gamma_\mathrm{S})}{\Gamma(\mathrm{K_S} \longrightarrow \pi\pi(I = 0))}\,\langle \mathrm{K_S} | \mathrm{K_L} \rangle. \qquad\qquad \text{(I-77)}$$

Experimentell gilt $\Gamma_\mathrm{L} \ll \Gamma_\mathrm{S} \cong \Gamma(\mathrm{K_S} \longrightarrow \pi\pi\,(I = 0))$ und $m_\mathrm{L} - m_\mathrm{S} \cong \Gamma_\mathrm{S}/2$. Somit ergibt sich

$$\epsilon \cong e^{\mathrm{i}\frac{\pi}{4}}\,\frac{1}{\sqrt{2}}\,\langle \mathrm{K_S} | \mathrm{K_L} \rangle, \qquad\qquad\qquad\qquad \text{(I-78)}$$

womit wegen Gl. (26-22) die Phase von ϵ auf $\pm\, 10\,\%$ bestimmt ist.

Nun bestimmen wir aus der CPT-Invarianz und dem verallgemeinerten optischen Theorem (Gl. (5-65)) die Phase von ϵ' modulo π. Aus Gl. (I-65) folgt

$$\begin{aligned}
\mathbf{V}\,(\Theta) | \mathrm{K_1^0} \rangle &= -\,| \mathrm{K_1^0} \rangle, \\
\mathbf{V}\,(\Theta) | \mathrm{K_2^0} \rangle &= | \mathrm{K_2^0} \rangle.
\end{aligned} \qquad\qquad\qquad \text{(I-79)}$$

Die Phasen der $\pi\pi$-Zustände können wir so wählen, daß gilt

$$\mathbf{V}\,(\Theta) | \pi\pi, I \rangle = | \pi\pi, I \rangle. \qquad\qquad\qquad\qquad \text{(I-80)}$$

Aus der CPT-Invarianz folgt dann

$$\langle \mathrm{K_{1,2}^0} | \mathbf{T} | \pi\pi, I \rangle = \mp\,\langle \pi\pi, I | \mathbf{T} | \mathrm{K_{1,2}^0} \rangle. \qquad\qquad\qquad \text{(I-81)}$$

Die Unitaritätsrelation (Gl. (5-65)) liefert weiter

$$\begin{aligned}
\frac{1}{2\mathrm{i}}\,&\{\langle \pi\pi, I | \mathbf{T} | \mathrm{K_{1,2}^0} \rangle - \langle \mathrm{K_{1,2}^0} | \mathbf{T} | \pi\pi, I \rangle^*\} \\[2mm]
&= \frac{1}{2}\,\sum_f (2\pi)^4\,\delta\,(P_f - P_i)\,\langle f | \mathbf{T} | \pi\pi, I \rangle^*\,\langle f | \mathbf{T} | \mathrm{K_{1,2}^0} \rangle \\[2mm]
&= -\frac{1}{2\mathrm{i}}\,\sum_f \langle f | (\mathbf{S} - 1) | \pi\pi, I \rangle^*\,\langle f | \mathbf{T} | \mathrm{K_{1,2}^0} \rangle.
\end{aligned} \qquad \text{(I-82)}$$

Die K-Mesonen sind bezüglich der starken und elektromagnetischen Wechselwirkung stabil, daher sind $\langle f | \mathbf{T} | \mathrm{K_{1,2}^0} \rangle$ und $\langle \pi\pi, I | \mathbf{T} | \mathrm{K_{1,2}^0} \rangle$ Übergangsmatrixelemente der schwachen Wechselwirkung. Vernachlässigen wir nun in Gl. (I-82) quadratische Terme in den schwachen Übergangsamplituden und elektromagnetische Korrekturen, so können wir $\langle f | \mathbf{S} - 1 | \pi\pi, I \rangle$ als starke Amplituden, d.h. $\mathbf{S}$ als S-Operator der starken Wechselwirkung, ansehen. Nun können zwei Pionen bei Schwerpunktsenergie $\sqrt{s} = m_\mathrm{K}$ nur elastisch streuen. Wir erhalten daher nach den in Abschnitt 16.3 dargelegten Methoden:

$$\mathbf{S} | \pi\pi, I \rangle = e^{2\mathrm{i}\delta_I} | \pi\pi, I \rangle, \qquad\qquad\qquad\qquad \text{(I-83)}$$

wobei δ_I ($I = 0, 2$) die S-Wellen Streuphasen für Schwerpunktsenergie $\sqrt{s} = m_K$ sind. Einsetzen in Gl. (I-82) liefert nach einiger Rechnung

$$\langle \pi\pi, I \,|\, \mathbf{T} \,|\, K_1^0 \rangle = e^{i\delta_I} A_1^I,$$

$$\langle \pi\pi, I \,|\, \mathbf{T} \,|\, K_2^0 \rangle = e^{i(\delta_I + \frac{1}{2}\pi)} A_2^I. \tag{I-84}$$

Hier sind $A_{1,2}^I$ *reelle* Amplituden, deren Vorzeichen aber nicht festgelegt sind[13]). Berechnen wir nun ϵ und ϵ', so ergibt sich bei Vernachlässigung von Termen der Ordnung ϵ_L^2:

$$\epsilon = \epsilon_L + i\,\frac{A_2^0}{A_1^0}\,,$$

$$\epsilon' = e^{i(\delta_2 - \delta_0 + \frac{1}{2}\pi)}\,\frac{A_1^0 A_2^2 - A_2^0 A_1^2}{\sqrt{2}\,(A_1^0)^2}\,. \tag{I-85}$$

Aus den gemessenen Streuphasen (s. Martin 1976)

$$\delta_2 - \delta_0 = -(0{,}29 \pm 0{,}03)\,\pi, \tag{I-86}$$

sowie aus Gl. (I-78) erhält man damit

$$\arg\frac{\epsilon'}{\epsilon} \cong -0{,}05\,\pi \quad \text{oder} \quad (1 - 0{,}05)\,\pi. \tag{I-87}$$

Es ist also $\exp(i\,0{,}05\pi)\,\epsilon'/\epsilon$ eine reelle Größe, deren Vorzeichen durch die obigen Überlegungen nicht festgelegt und im Experiment meßbar ist.

Zuletzt besprechen wir die Bestimmung von ω (Gl. (26-46)). Dabei spielt die CP-Verletzung keine Rolle. Wir setzen daher $|K_S\rangle \cong |K_1^0\rangle$. Aus Gl. (I-84) folgt dann

$$\omega = e^{i(\delta_2 - \delta_0)}\,\frac{A_1^2}{A_1^0}\,. \tag{I-88}$$

Die Phase von ω ist also modulo π festgelegt. Eine einfache Rechnung liefert weiter

$$\frac{\Gamma(K_S \to \pi^+ \pi^-)}{\Gamma(K_S \to \pi^0 \pi^0)} = 2\left|\frac{1 + \dfrac{1}{\sqrt{2}}\,\omega}{1 - \sqrt{2}\,\omega}\right|^2. \tag{I-89}$$

Aus dem experimentellen Wert für dieses Verhältnis, das nahe bei zwei ist (s. Tabelle 26-1), folgen nach Gln. (I-88) und (I-89) zwei Lösungen für ω. Die Lösung mit kleinem $|\omega|$ ist in Tabelle 26-1 angegeben. Die Lösung mit großem $|\omega|$ kann durch Vergleich mit den Zerfällen $K^\pm \to \pi^\pm \pi^0$ ausgeschlossen werden, wenn man annimmt, daß die schwache Wechselwirkung keine Übergänge mit Änderung des starken Isospin um $\Delta I = 5/2$ produziert. Dies ist im Rahmen des Standardmodells in führender Ordnung der schwachen Wechselwirkung richtig.

---

[13]) In der Literatur setzt man oft $A^I \equiv (A_1^I + i A_2^I)/\sqrt{2}$. Dann hat man $\langle \pi\pi, I \,|\, \mathbf{T} \,|\, K^0 \rangle = e^{i\delta_I} A^I$ und $\langle \pi\pi, I \,|\, \mathbf{T} \,|\, \bar{K}^0 \rangle = -e^{i\delta_I}(A^I)^*$.

Anhang J: Die Lösungen ausgewählter Aufgaben

Soweit Lösungen von Aufgaben bereits im Text angegeben sind oder unmittelbar aus dem Text hervorgehen, werden sie im folgenden nicht erwähnt.

2.1   Betrachtet man die Wirkung einer den Bedingungen (2-39) genügenden Lorentz-Transformation Λ auf den Vierervektor x von Gl. (2-36), so findet man leicht für Λ die Darstellung $\Lambda = \Lambda(\mathbf{R})\,\Lambda(v)\,\Lambda(\mathbf{R}')$. Dabei sind $\Lambda(\mathbf{R})$ und $\Lambda(\mathbf{R}')$ eigentliche Drehungen (wie in Gl. (2-32) mit det $\mathbf{R} = 1$ und det $\mathbf{R}' = 1$) und $\Lambda(v)$ ist eine spezielle Lorentz-Transformation in der x^1-Richtung (Gl. (2-33)). Durch stetige Variationen von $\mathbf{R}$, v und $\mathbf{R}'$ kann Λ in die Einheitstransformation übergeführt werden.

2.2 $E_{\mathrm{L}} = 1496{,}40\ \mathrm{GeV}$; $\qquad\qquad u = -2804{,}14\ \mathrm{GeV}^2$; $\qquad\qquad \vartheta_{\mathrm{L}} = 2{,}66'$.

3.2   Es sei $\varphi(x,t)$ eine beliebige reelle Lösung von Gl. (3-14). Wir wählen einen beliebigen Zeitpunkt t_0 und setzen

$$\alpha(k) = e^{i\omega t_0} \int d^3x\, e^{-ikx}\, [\omega\varphi(x,t_0) + i\,\dot\varphi(x,t_0)],$$

$$\widetilde{\varphi}(x,t) = \int \frac{d^3k}{(2\pi)^3}\,\frac{1}{2\omega}\,[e^{ikx}\,\alpha^*(k) + e^{-ikx}\,\alpha(k)].$$

Es ist $\widetilde{\varphi}(x,t)$ eine Lösung von Gl. (3-14) und es gilt: $\widetilde{\varphi}(x,t_0) = \varphi(x,t_0)$, $\dot{\widetilde{\varphi}}(x,t_0) = \dot\varphi(x,t_0)$. Nach dem Cauchyschen Existenz- und Eindeutigkeitstheorem für Differentialgleichungen vom hyperbolischen Typ folgt dann $\widetilde{\varphi}(x,t) = \varphi(x,t)$ für alle t.

3.3   Für $|x| > |t|$ gilt

$$\psi(x,t) = \frac{i m^4 t}{2\pi^2 z^2}\, K_2(z) \xrightarrow[z \gg 1]{} \frac{i m^4 t}{2\pi^2 z^2}\left(\frac{\pi}{2z}\right)^{1/2} e^{-z},$$

wobei $z = m(x^2 - t^2)^{1/2}$ und $K_2(z)$ eine modifizierte Bessel-Funktion ist (s. Bateman 1953).

3.4   Es seien $m \geqslant 0$, $k^0 = \omega = {}_+\sqrt{k^2 + m^2}$, $k = (k^\mu)$. Unterwerfen wir k einer Lorentz-Transformation $\Lambda = (\Lambda^\mu{}_\nu)$, d.h. setzen wir $k^\mu = \Lambda^\mu{}_\nu\,\widetilde{k}^\nu$, so folgt aus Gl. (2.26)

$$\det[\Lambda^i{}_j + \Lambda^i{}_0\,\widetilde{k}^j\,(\widetilde{k}^0)^{-1}] = (\det\Lambda)\cdot[\Lambda^0{}_0 + \Lambda^0{}_j\,\widetilde{k}^j\,(\widetilde{k}^0)^{-1}].$$

Mit Hilfe dieser Relation ist der gesuchte Beweis leicht zu führen.

3.5   Es sei $x' = \Lambda x + a$ eine Poincaré-Transformation mit Λ aus der Komponente der Einheit. Bei *festgehaltenen* Zuständen im Hilbert-Raum gilt für die Feldoperatoren im gestrichenen und ungestrichenen System $\Phi'(x') = \Phi(x)$. Sollen die beiden Systeme äquivalent sein, muß aber die *Gesamtheit* der Zustände und Observablen für beide Beobachtersysteme identisch sein. Es sollte dann eine unitäre Transformation $\mathbf{U}(\Lambda,a)$ im Zustandsraum geben, so daß der ursprüngliche Feldoperator Φ bezüglich der transformierten Zustände so wirkt, wie der Feldoperator Φ' bezüglich der untransformierten:

$$\mathbf{U}^{-1}(\Lambda,a)\,\Phi(x')\,\mathbf{U}(\Lambda,a) = \Phi'(x') = \Phi(x) = \Phi(\Lambda^{-1}(x'-a)).$$

Diese Transformation existiert tatsächlich. Sie wird durch

$$\mathbf{U}(\Lambda,a)\,\mathbf{a}^\dagger(k)\,\mathbf{U}^{-1}(\Lambda,a) = e^{ik'a}\,\mathbf{a}^\dagger(k'),$$

$$\mathbf{U}(\Lambda,a)|0\rangle = |0\rangle,$$

definiert, wobei $k' = \Lambda k$. Es gilt dann für die Ein-Meson-Zustände von Gl. (3-68)

$$\mathbf{U}(\Lambda,a)|k\rangle = \exp(ik'a)|k'\rangle.$$

3.6 $L\,[\varphi,\dot\varphi] \;=\; \int d^3x\,\frac{1}{2}\,\{(\dot\varphi(x,t))^2 \;-\; (\nabla\varphi(x,t))^2 \;-\; m^2\,(\varphi(x,t))^2\},$

$\Pi(x,t) \;=\; \dot\varphi(x,t),$

$H\,[\varphi,\Pi] \;=\; \int d^3x\,\frac{1}{2}\,\{(\Pi(x,t))^2 \;+\; (\nabla\varphi(x,t))^2 \;+\; m^2\,(\varphi(x,t))^2\}.$

3.8   Die Lagrange-Dichte $\mathscr{L}$ sei wie in Gl. (3-82). Wir setzen Drehinvarianz voraus, d.h. $\mathscr{L}$ sei bei den infinitesimalen Transformationen

$t \;\longrightarrow\; t' \;=\; t,$

$x^j \;\longrightarrow\; x'^j \;=\; x^j \;+\; \epsilon^{jkl}\,x^k\,\delta\eta^l,$

$\varphi_r(x) \;\longrightarrow\; \varphi_r'(x') \;=\; \varphi_r(x)$

invariant. Dabei ist $\delta\boldsymbol{\eta} = (\delta\eta^l)$ der infinitesimale Drehvektor. Der erhaltene Strom (Gl. (3-90)) liefert hier den Drehimpulstensor $M^\lambda{}_{jk} = T^\lambda{}_j\,x_k - T^\lambda{}_k\,x_j$, dessen Integral den erhaltenen Drehimpulsvektor $\boldsymbol{J}$ ergibt, wobei

$$J^l \;=\; -\frac{1}{2}\,\epsilon^{ljk}\int d^3x\,M^0{}_{jk}.$$

Drehinvarianz der Lagrange-Dichte liefert als Erhaltungsgröße den Drehimpuls.

4.2   Die eigentlichen Drehungen $\Lambda(\mathbf{R})$ (mit det $\mathbf{R} = +1$) und speziellen Lorentz-Transformationen $\Lambda(v)$ (Gl. (2-33)) lassen sich leicht in der Gestalt $\Lambda = \exp(\mathbf{h}\tau)$ darstellen. Für ein solches Λ erfüllt $\mathbf{S}(\Lambda) = \exp(-\frac{1}{4}\,i\tau h^{\mu\nu}\sigma_{\mu\nu})$ die Gl. (4-48).

4.3   Für $\Lambda = \exp(\mathbf{h}\tau)$ folgt nach Aufgabe 4.2 $\mathbf{S}^{-1}(\Lambda) = \exp(\frac{1}{4}\,i\tau h^{\mu\nu}\sigma_{\mu\nu})$ und $\overline{\mathbf{S}}(\Lambda) = \exp(\frac{1}{4}\,i\tau h^{\mu\nu}\overline\sigma_{\mu\nu}) = \mathbf{S}^{-1}(\Lambda)$, wegen $\overline\sigma_{\mu\nu} = \sigma_{\mu\nu}$. Die Ausdehnung des Resultats auf alle Λ aus der Komponente der Einheit gelingt wie in Aufgabe 4.2.

4.5   Es gilt

$(\mathbf{V}(\Theta)\,\psi(x)\,\mathbf{V}^{-1}(\Theta))^\dagger \;=\; -\gamma_5\,\psi(-x),$

$-\gamma_5\,u_s(p) \;=\; (-1)^{s-\frac{1}{2}}\,v_{-s}(p),$

$-\gamma_5\,v_s(p) \;=\; (-1)^{s+\frac{1}{2}}\,u_{-s}(p),$

$\mathbf{V}(\Theta)\,\mathbf{a}_s^\dagger(p)\,\mathbf{V}^{-1}(\Theta) \;=\; (-1)^{s-\frac{1}{2}}\,\mathbf{b}_{-s}^\dagger(p),$

$\mathbf{V}(\Theta)\,\mathbf{b}_s^\dagger(p)\,\mathbf{V}^{-1}(\Theta) \;=\; (-1)^{s+\frac{1}{2}}\,\mathbf{a}_{-s}^\dagger(p).$

Dabei ist $\mathbf{V}(\Theta)$ antiunitär und $s = \pm\frac{1}{2}$.

5.2 $\Gamma(\mathrm{h}\longrightarrow \mathrm{e}^+\mathrm{e}^-) \;=\; \dfrac{m_\mathrm{h}}{8\pi}\left(\dfrac{m_\mathrm{e}}{\rho_0}\right)^2\left(1 - \dfrac{4m_\mathrm{e}^2}{m_\mathrm{h}^2}\right)^{3/2}$

5.3   Wir machen den Ansatz

$$|i\rangle \;=\; \int\frac{d^3\widetilde{p}}{(2\pi)^3\,\sqrt{2\widetilde{p_0}}}\,f_p(\widetilde{p})\,|\mathrm{e}^-(\widetilde{p},s)\rangle,$$

$$|f\rangle \;=\; \int\frac{d^3\widetilde{p}'}{(2\pi)^3\,\sqrt{2\widetilde{p_0'}}}\,f_{p'}'(\widetilde{p}')\,|\mathrm{e}^-(\widetilde{p}',s')\rangle,$$

wobei wir voraussetzen:

$$\langle i|i\rangle \;=\; \int\frac{d^3\widetilde{p}}{(2\pi)^3}\,|f_p(\widetilde{p})|^2 \;=\; 1,$$

$$\langle f|f\rangle \;=\; \int\frac{d^3\widetilde{p}'}{(2\pi)^3}\,|f_{p'}'(\widetilde{p}')|^2 \;=\; 1.$$

Weiter habe $|f_p(\widetilde{p})|$ $(|f'_{p'}(\widetilde{p}')|)$ das Maximum an der Stelle p $(p' \neq p)$ und hänge – der Einfachheit halber – nur von $|\widetilde{p}-p|(|\widetilde{p}'-p'|)$ ab. Für enge Wellenpakete können wir daher um $p(p')$ wie folgt entwickeln:

$$f_p(\widetilde{p}) \cong (2\pi)^{\frac{3}{4}} (2\sigma_i)^{\frac{3}{2}} \exp[-\mathrm{i}(\widetilde{p}-p)\,x_i^0 - (\widetilde{p}-p)^2\,\sigma_i^2],$$

$$f'_{p'}(\widetilde{p}') \cong (2\pi)^{\frac{3}{4}} (2\sigma_f)^{\frac{3}{2}} \exp[-\mathrm{i}(\widetilde{p}'-p')\,x_f^0 - (\widetilde{p}'-p')^2\,\sigma_f^2].$$

Dabei sind $\sigma_i > 0$, $\sigma_f > 0$, x_i^0, x_f^0 Konstante, und irrelevante konstante Phasen sind weggelassen. Im Ortsraum erhalten wir damit

$$\langle 0|\psi(x)|i\rangle \cong (2\pi)^{-\frac{3}{4}}\,\sigma_i^{-\frac{3}{2}}\,(2p_0)^{-\frac{1}{2}}\,u_s(p)\exp\left[\mathrm{i}(px-p_0t) - \frac{1}{4}\sigma_i^{-2}\left(x-x_i^0-\frac{p}{p_0}t\right)^2\right].$$

Die Erwartungswerte beobachtbarer Größen, beispielsweise von $\overline{\psi}(x)\,\gamma^\mu\,\psi(x)$ haben dann das Verhalten:

$$\langle i|\overline{\psi}(x)\gamma^\mu\psi(x)|i\rangle = \langle i|\overline{\psi}(x)|0\rangle\,\gamma^\mu\,\langle 0|\psi(x)|i\rangle$$

$$\propto \exp\left[-\frac{1}{2}\sigma_i^{-2}\left(x-x^0-\frac{p}{p_0}t\right)^2\right].$$

Es stellt also $|i\rangle$ ein Gaußsches Wellenpaket der linearen Ausdehnung σ_i dar, das sich mit der Geschwindigkeit p/p_0 bewegt. Analoges gilt für $|f\rangle$. Wir setzen nun voraus, daß das Zentrum des einlaufenden Wellenpakets zur Zeit t_0 bei $x = 0$, dem Ort des Streuzentrums, eintrifft. Das Zentrum des auslaufenden Wellenpakets, dessen Gestalt und zeitliche Ausdehnung durch die Meßanordnung für die gestreuten Teilchen bestimmt ist, sei zur Zeit t_0' bei $x = 0$. Wir setzen $T_i = \sigma_i\,p_0/|p|$, $T_f = \sigma_f\,p_0'/|p'|$ und machen die Annahmen:

$$t_0 - \frac{1}{2}T_i \ll t_0' - \frac{1}{2}T_f \ll t_0' + \frac{1}{2}T_f \ll t_0 + \frac{1}{2}T_i,$$

d.h. die zeitliche Ausdehnung der einlaufenden Welle sei viel größer als die Beobachtungszeit der Streuwelle. Wir setzen nun für das S-Matrixelement für $\widetilde{p}' \neq \widetilde{p}$:

$$\langle \mathrm{e}^-(\widetilde{p}',s')|\mathbf{S}|\mathrm{e}^-(\widetilde{p},s)\rangle = 2\pi\mathrm{i}\,\delta(\widetilde{p}_0'-\widetilde{p}_0)\,\widetilde{T}_{s's}(\widetilde{p}',\widetilde{p}).$$

Näherungsweise ergibt sich dann für $\sigma_i \longrightarrow \infty$, $\sigma_f \longrightarrow \infty$, $\sigma_i \gg \sigma_f$ für das S-Matrixelement:

$$\langle f|\mathbf{S}|i\rangle \cong (2\pi)^{-1}\,\sigma_f^{-3/2}\,\sigma_i^{-3/2}\,(2p_0'\,2p_0)^{-1/2}\,\mathrm{i}\widetilde{T}_{s's}(p',p)\,\sqrt{2}\,T_f$$

$$\exp[\mathrm{i}(p_0'-p_0)\,t_0' - (p_0'-p_0)^2\,T_f^2],$$

für die Übergangswahrscheinlichkeit w_{fi}:

$$w_{fi} \cong (2\pi)^{-2}\,\sigma_f^{-3}\,\sigma_i^{-3}\,(2p_0'\,2p_0)^{-1}\,|\widetilde{T}_{s's}(p',p)|^2\,2T_f^2\,\exp[-2(p_0'-p_0)^2\,T_f^2],$$

für den Fluß der einlaufenden Teilchen:

$$\Phi \cong (2\pi)^{-3/2}\,\sigma_i^{-3}\,|p|p_0^{-1}$$

und für den auslaufenden Zustand:

$$|f\rangle \xrightarrow[\sigma_f \longrightarrow \infty]{} (2\pi)^{-3/4}(2p_0')^{-1/2}\,\sigma_f^{-3/2}\,|\mathrm{e}^-(p',s')\rangle.$$

Ist t_1 der Zeitpunkt des Eintreffens des Zentrums des gestreuten Wellenpakets bei der Meßanordnung, $\Gamma_{fi}(t_1)$ die entsprechende Übergangs*rate*, so muß gelten:

$$w_{fi} \cong \int \mathrm{d}t\,\Gamma_{fi}(t_1)\exp\left[-\frac{1}{2}T_f^{-2}(t-t_1)^2\right].$$

Damit ergibt sich für den Streuquerschnitt:

$$d\sigma = \frac{d^3 p'}{(2\pi)^3 2p'_0} \lim_{\sigma_f \to \infty} (2\pi)^{3/2} 2p'_0 \, \sigma_f^3 \, \Phi^{-1} \, \Gamma_{fi}(t_1)$$

in Übereinstimmung mit Gl. (5-26).

7.1 Es sei $F[A_\mu]$ zunächst ein klassisches Funktional der klassischen Felder $A_\mu(x)$ der allgemeinen Gestalt

$$F[A_\mu] = \sum_{n=0}^{\infty} \int dx_1 \dots \int dx_n \, f_n^{\mu_1 \dots \mu_n}(x_1, \dots, x_n) \, A_{\mu_1}(x_1) \dots A_{\mu_n}(x_n).$$

Ohne Beschränkung der Allgemeinheit können wir die f_n als symmetrisch bei beliebigen Vertauschungen $(\mu_i, x_i) \longleftrightarrow (\mu_j, x_j)$ voraussetzen. Die Gl. (7-61) liefert die Bedingung

$$\frac{\partial}{\partial x_1^{\mu_1}} \, f_n^{\mu_1 \dots \mu_n}(x_1, \dots, x_n) = 0$$

für $n \geqslant 1$. In der Quantentheorie haben wir zu setzen:

$$\mathbf{F}[\mathbf{A}_\mu] = \sum_{n=0}^{\infty} \int dx_1 \dots \int dx_n f_n^{\mu_1 \dots \mu_n}(x_1, \dots, x_n) : \mathbf{A}_{\mu_1}(x_1) \dots \mathbf{A}_{\mu_n}(x_n) : .$$

Setzt man hier die Entwicklung von $\mathbf{A}_\mu(x)$ (Gl. (7-11)) ein und drückt alles durch die Operatoren α (Gl. (7-25)) aus, so findet man, daß $\mathbf{F}[\mathbf{A}_\mu]$ keine Operatoren α_3 und $\alpha_3^\dagger$ enthält. Es gilt daher nach Gl. (7-26)

$$[\alpha_0(k), \, \mathbf{F}[\mathbf{A}_\mu]] = [\alpha_0(k), \, \mathbf{F}^\dagger[\mathbf{A}_\mu]] = 0.$$

Daraus folgt nach Gl. (7-27), daß mit $|Z\rangle$ auch $\mathbf{F}|Z\rangle$ und $\mathbf{F}^\dagger|Z\rangle$ physikalische Zustandsvektoren sind. Sind nun $|Z_1\rangle$ und $|Z_2\rangle$ zwei äquivalente Zustandsvektoren, so gilt für alle physikalischen Zustandsvektoren $|Z\rangle$:

$$\langle Z|(|Z_1\rangle - |Z_2\rangle) = 0,$$

daher mit der Ersetzung $\langle Z| \longrightarrow \langle Z|\mathbf{F}$:

$$\langle Z|\mathbf{F}(|Z_1\rangle - |Z_2\rangle) = 0$$

und damit sind $\mathbf{F}|Z_1\rangle$ und $\mathbf{F}|Z_2\rangle$ äquivalent, was zu beweisen war.

7.3 Ist (Λ, a) eine Poincaré-Transformation wie in Gl. (2-28) mit $\Lambda^0{}_0 > 0$, so definieren wir eine unitäre Transformation $\mathbf{U}(\Lambda, a)$ im Zustandsraum durch

$$\mathbf{U}(\Lambda, a) \, \mathbf{a}_\mu^\dagger(k) \, \mathbf{U}^{-1}(\Lambda, a) = \exp(ik'a) \, \mathbf{a}_\nu^\dagger(k') \, \Lambda^\nu{}_\mu$$

$$\mathbf{U}(\Lambda, a)|0\rangle = |0\rangle,$$

wobei $k' = \Lambda k$. Damit gilt für $\mathbf{A}^\mu(x)$

$$\mathbf{U}^{-1}(\Lambda, a) \, \mathbf{A}^\mu(x) \, \mathbf{U}(\Lambda, a) = \Lambda^\mu{}_\nu \, \mathbf{A}^\nu(\Lambda^{-1}(x - a))$$

und für die Zustände der Gl. (7-33)

$$\mathbf{U}(\Lambda, a)|k, \epsilon\rangle = \exp(ik'a)|k', \epsilon'\rangle$$

wobei $\epsilon' = \Lambda\epsilon$.

9.2 Aus der Lagrange-Dichte $\mathscr{L}$ in Gl. (9-5) folgen die Bewegungsgleichungen

$$\partial_\lambda F^{\lambda\mu}(x) = -e\,\bar{\psi}(x)\,\gamma^\mu\,\psi(x),$$

$$(i\gamma^\mu \partial_\mu + e\gamma^\mu A_\mu - m)\,\psi(x) = 0.$$

9.3   Es gilt

$$\widetilde{\mathscr{L}} = -\frac{1}{2}\,(\partial_\mu A_\nu)\,(\partial^\mu A^\nu) - \frac{1}{2}\,(\partial_\mu \overline{\psi})\,i\gamma^\mu\,\psi + \frac{1}{2}\,\overline{\psi}\,i\gamma^\mu\,\partial_\mu\,\psi$$

$$- m\,\overline{\psi}\,\psi + e\,\overline{\psi}\,\gamma^\mu A_\mu\,\psi,$$

$$\widetilde{L} = \int d^3x\,\widetilde{\mathscr{L}},$$

$$\Pi^0 = \frac{\delta \widetilde{L}}{\delta \dot{A}^0} = -\dot{A}^0,$$

$$\Pi^j = \frac{\delta \widetilde{L}}{\delta \dot{A}^j} = \dot{A}^j$$

$$H = \int d^3x\,\left\{\Pi^0\,\dot{A}^0 + \Pi^j\,\dot{A}^j + \dot{\overline{\psi}}\,\frac{\delta L}{\delta \dot{\overline{\psi}}} + \frac{\delta L}{\delta \dot{\psi}}\,\dot{\psi}\right\} - \widetilde{L}$$

$$= \int d^3x\,\left\{-\frac{1}{2}\,\Pi^0\,\Pi^0 - \frac{1}{2}\,(\nabla A^0)\,(\nabla A^0) + \frac{1}{2}\,\Pi^j\,\Pi^j + \frac{1}{2}\,(\nabla A^j)\,(\nabla A^j)\right.$$

$$\left. + \frac{1}{2}\,(\nabla \overline{\psi})\,i\gamma\,\psi - \frac{1}{2}\,\overline{\psi}\,i\gamma\nabla\,\psi + m\,\overline{\psi}\,\psi - e\,\overline{\psi}\,\gamma^\mu A_\mu\,\psi\right\}.$$

10.2   Aus den Diagrammen von Bild 10-3 ergibt sich der invariante Streuquerschnitt für die Bhabba-Streuung als

$$\frac{d\sigma}{dt} = \frac{4\pi\alpha^2}{s(s-4m^2)}\,\frac{1}{t^2 s^2}\,\{(2m^2 - u)^2\,(s^2 + t^2) + st\,(-4m^2 u + 12m^4 + st)\}.$$

Man beachte, daß das Quadrat des invarianten Matrixelements aus demjenigen der Møller-Streuung durch die Ersetzung $s \longleftrightarrow u$ hervorgeht, wie es nach der Kreuzungssymmetrie sein muß.

10.4   Der differentielle Streuquerschnitt für die Reaktion

$$e^-(p_1) + e^+(p_2) \longrightarrow \gamma(k_1) + \gamma(k_2)$$

ergibt sich für unpolarisierte Teilchen in führender Ordnung von α unter der Voraussetzung $s, t, u \gg m_e^2$ als

$$\frac{d\sigma}{d\Omega} = \frac{\alpha^2}{2s}\,\frac{t^2 + u^2}{t\,u} = \frac{\alpha^2}{s}\,\frac{1 + \cos^2\vartheta}{\sin^2\vartheta}.$$

Dabei ist $s = (p_1 + p_2)^2$, $t = (p_1 - k_1)^2$, $u = (p_1 - k_2)^2$ und es sind ϑ der Streuwinkel ($\cos\vartheta = p_1 k_1/(|p_1||k_1|)$), sowie $d\Omega$ das Raumwinkelelement zu k_1 im Schwerpunktsystem. Da die beiden Photonen im Endzustand ununterscheidbar sind, ist der physikalische Bereich für ϑ durch $0 \leqslant \vartheta \leqslant \pi/2$ gegeben.

11.1   Berücksichtigt man alle Massenterme in Gl. (11-13) so ergibt sich

$$\frac{d\sigma}{d\Omega} = \frac{\alpha^2}{4s}\left(1 - \frac{4m_e^2}{s}\right)^{-1/2}\left(1 - \frac{4m_\mu^2}{s}\right)^{1/2}\left\{1 + 4\,\frac{m_e^2 + m_\mu^2}{s} + \left(1 - \frac{4m_e^2}{s}\right)\left(1 - \frac{4m_\mu^2}{s}\right)\cos^2\vartheta\right\}$$

$$\sigma_{\text{tot}}(e^-e^+ \to \mu^-\mu^+) = \frac{4\pi\alpha^2}{3s}\left(1 - \frac{4m_e^2}{s}\right)^{-1/2}\left(1 - \frac{4m_\mu^2}{s}\right)^{1/2}\left\{1 + 2\,\frac{m_e^2 + m_\mu^2}{s} + 4\,\frac{m_e^2 m_\mu^2}{s^2}\right\}.$$

11.2   Es sei $s = (p_1 + p_2)^2$ und ϑ sei der Streuwinkel im Schwerpunktsystem ($\cos \vartheta = p_1 p_3 / (|p_1||p_3|)$). Bei Vernachlässigung von Termen der Ordnung m_e^2/s ergeben sich der differentielle und der totale Streuquerschnitt als

$$\frac{d\sigma}{d\Omega} (e^- e^+ \to \pi^- \pi^+) = \frac{\alpha^2}{8s} \left(1 - \frac{4 m_\pi^2}{s}\right)^{3/2} \sin^2 \vartheta \, |F_\pi(s)|^2 ,$$

$$\sigma_{\text{tot}} (e^- e^+ \to \pi^- \pi^+) = \frac{4\pi\alpha^2}{3s} \frac{1}{4} \left(1 - \frac{4 m_\pi^2}{s}\right)^{3/2} |F_\pi(s)|^2 .$$

Wegen der Kreuzungssymmetrie folgt aus Gl. (11-22)

$$\langle \pi^+(p_4)|j_\mu(0)|\pi^+(p_3)\rangle = e(p_3 + p_4)_\mu \, F_\pi((p_3 - p_4)^2).$$

Andererseits gilt mit dem Ladungsoperator $\mathbf{Q}$:

$$\langle \pi^+(p_4)|\mathbf{Q}|\pi^+(p_3)\rangle = e\langle \pi^+(p_4)|\pi^+(p_3)\rangle = \int\limits_{t=\text{const.}} d^3x \, \langle \pi^+(p_4)|j^0(x)|\pi^+(p_3)\rangle$$

$$= \int\limits_{t=\text{const.}} d^3x \, \exp[i(p_4 - p_3)x] \, \langle \pi^+(p_4)|j^0(0)|\pi^+(p_3)\rangle$$

$$= e F_\pi(0) \, 2 p_3^0 \, (2\pi)^3 \, \delta^3(p_4 - p_3).$$

Beachten wir die Normierung der Zustände (Gl. (3-69)), so folgt $F_\pi(0) = 1$. Ohne Beweis geben wir noch an, daß $F_\pi(s)$ eine analytische Funktion in der komplexen s-Ebene ist und einen Schnitt längs der positiven reellen Achse für $s \geqslant 4 m_\pi^2$ hat. In der Reaktion $e^- e^+ \to \pi^- \pi^+$ mißt man $F_\pi(s)$ auf dem oberen Ufer des Schnitts.

13.1   Der auf Eins normierte Zustandsvektor des $1^3 S_1$ Positroniums in Ruhe mit Polarisationsvektor λ ($|\lambda| = 1$) ist

$$|1^3 S_1, \lambda\rangle = \frac{1}{\sqrt{V}} \int \frac{d^3 p}{(2\pi)^3 2 p^0} f(p) \, 2^{-1/2} (\lambda \, \sigma \epsilon)_{ss'} \, a_s^\dagger(p) \, b_{s'}^\dagger(-p)|0\rangle .$$

Dabei sind $f(p)$ wie in Gl. (13-19) und ϵ wie in Gl. (C-11). In führender Ordnung in α ergibt sich das S-Matrixelement für die Annihilation in drei Photonen als

$$\langle \gamma(k_1, \epsilon_1), \, \gamma(k_2, \epsilon_2), \, \gamma(k_3, \epsilon_3)|\mathbf{S}|1^3 S_1, \lambda\rangle$$

$$= -i e^3 \frac{1}{\sqrt{2V}} \frac{\psi(0)}{m_e^2} (2\pi)^4 \delta^3(k_1 + k_2 + k_3) \, \delta(2 m_e - |k_1| - |k_2| - |k_3|)$$

$$\{(\epsilon_1^* \cdot \epsilon_2^*)(\epsilon_3^* \cdot \lambda) - (\hat{k}_1 \times \epsilon_1^*) \cdot (\hat{k}_2 \times \epsilon_2^*)(\epsilon_3^* \cdot \lambda)$$
$$+ (\hat{k}_1 \times \epsilon_1^* \cdot \epsilon_2^*)(\hat{k}_3 \times \epsilon_3^* \cdot \lambda) + (\hat{k}_2 \times \epsilon_2^* \cdot \epsilon_1^*)(\hat{k}_3 \times \epsilon_3^* \cdot \lambda) + \text{zykl. Perm.}\}.$$

Dabei ist $\hat{k}_i = k_i/|k_i|$. Durch Quadrieren und Integrieren über den Phasenraum der drei Photonen ergibt sich Gl. (13-37).

16.3   Es sei (Λ', a') eine Poincaré-Transformation mit Λ' aus der Komponente der Einheit, weiter seien $p' = \Lambda' p$, $\Lambda_R = \Lambda_p^{-1} \Lambda' \Lambda_p$. Es ist Λ_R eine eigentliche Drehung, die zugehörige Drehmatrix sei $\mathbf{R}(\Lambda', p)$. Es gilt

$$\mathbf{U}(\Lambda', a')|a(p, s_3)\rangle = \exp(i p' a')|a(p', s_3')\rangle D_{s_3' s_3}(\mathbf{R}(\Lambda', p)),$$

wobei $\mathbf{D}(\mathbf{R}) = (D_{s_3' s_3}(\mathbf{R}))$ die Darstellungsmatrizen der Drehgruppe zum Spin s sind (s. Edmonds 1964). Die Normierung der Zustände ergibt sich aus folgender Überlegung. Wegen Gl. (16-26) müssen die Zustandsvektoren einer Kontinuumsnormierung

$$\langle a(\tilde{p}, r_3)|a(p, s_3)\rangle = N_{r_3 s_3}(p) (2\pi)^3 2 p_0 \delta^3(\tilde{p} - p)$$

genügen, wobei $\mathbf{N}(p) = (N_{r_3 s_3}(p))$ eine zu bestimmende Matrix ist. Durch Anwendung einer Transformation $\mathbf{U}(\Lambda', 0)$ finden wir

$$\mathbf{D}^+(\mathbf{R}(\Lambda', p)) \, \mathbf{N}(p') \, \mathbf{D}(\mathbf{R}(\Lambda', p)) \;=\; \mathbf{N}(p),$$

wobei $p' = \Lambda' p$. Setzen wir für Λ' eine eigentliche Drehung $\Lambda(\mathbf{R}_0)$, so ergibt sich $\mathbf{R}(\Lambda', p = 0) = \mathbf{R}_0$ und wegen der Irreduzibilität der Darstellung der Drehgruppe zum Spin s, daß $\mathbf{N}(p = 0)$ ein Vielfaches der Einheitsmatrix ist: $\mathbf{N}(p = 0) = \lambda \,\mathbb{1}$. Wegen der Positivität der Norm der Zustände folgt $\lambda > 0$ und durch Reskalieren erreichen wir $\lambda = 1$. Setzen wir nun $\Lambda' = \Lambda_p^{-1}$ so folgt $\mathbf{N}(p) = \mathbb{1}$ für alle p.

16.6 Betrachten wir beispielsweise eine Resonanz bei $s = s_0$ mit $j^P = \tfrac{3}{2}^+$. Nach Tabelle 16-1 muß dann $l = 1$ sein und die produzierten Resonanzzustände sind $|s_0; 1; 3/2; \pm 1/2\rangle$. Stellen wir diese Zustände entsprechend Gln. (16-60) und (16-58) durch die $\pi^+ \mathrm{p}$ Endzustände dar, so ergibt sich

$$|s_0; 1; \tfrac{3}{2}, \pm\tfrac{1}{2}\rangle = \sum_{l_3, r} \left(1, l_3; \tfrac{1}{2}, r \,\Big|\, \tfrac{3}{2}, \pm\tfrac{1}{2}\right) \int d\Omega_{p'} \, Y_{1, l_3}(\hat{p}') \, |\pi^+(p'), \; \mathrm{p}(-p', r)\rangle$$

$$= \int d\Omega_{p'} \left\{ \sqrt{\tfrac{2}{3}} \, Y_{1,0}(\hat{p}') \, |\pi^+(p'), \mathrm{p}(-p', \pm\tfrac{1}{2})\rangle \right.$$

$$\left. + \sqrt{\tfrac{1}{3}} \cdot Y_{1,\pm 1}(\hat{p}') \, |\pi^+(p'), \; \mathrm{p}(-p', \mp\tfrac{1}{2})\rangle \right\},$$

$$\frac{d\sigma}{d\Omega} \propto \tfrac{2}{3} \, |Y_{1,0}(\hat{p}')|^2 + \tfrac{1}{3} \, |Y_{1,\pm 1}(\hat{p}')|^2 \propto 1 + 3 \cos^2 \vartheta.$$

Dies ist in Übereinstimmung mit Gl. (16-81).

16.7 $$a_{1,3/2}(s) = -\frac{m_\Delta \Gamma_\Delta}{s - m_\Delta^2 + i m_\Delta \Gamma_\Delta},$$

$$\delta_{1,3/2}(s) = \arctan\left(\frac{m_\Delta \Gamma_\Delta}{m_\Delta^2 - s}\right).$$

16.8 Wir nehmen die Kollisionsachse als x^1-Achse und definieren für ein beliebiges Bezugsystem aus der betrachteten Klasse die Rapidität y_c eines Teilchens c mit Viererimpuls p_c als

$$y_c = \frac{1}{2} \ln \frac{p_c^0 + p_c^1}{p_c^0 - p_c^1}.$$

Drehungen um die Kollisionsachse ändern y_c nicht. Die drehungsfreien Lorentz-Transformationen längs der Kollisionsachse sind gerade durch $\Lambda(v)$ (Gl. (2-33)) gegeben. Setzen wir $p_c' = \Lambda(v) p_c$ so gilt

$$y_c' = y_c + \frac{1}{2} \ln \frac{1 + v}{1 - v}.$$

Alle Rapiditäten werden also bei einer Lorentz-Transformation längs der Kollisionsachse um einen konstanten Betrag verschoben.

17.2 Den Beweis, daß aus Gl. (17-16) die Gl. (17-21) folgt, führt man nach dem Muster der Aufgabe 16.1. Nun zur Umkehrung: Wir behaupten zunächst, daß für beliebige $n \times n$ Matrizen $\mathbf{A}, \mathbf{B}$ der folgende Hilfssatz

$$\exp(\mathbf{A} + \epsilon \mathbf{B}) \cdot \exp(-\mathbf{A}) = 1 + \epsilon \left\{ \frac{1}{1!} \mathbf{B} + \frac{1}{2!} [\mathbf{A}, \mathbf{B}] + \frac{1}{3!} [\mathbf{A}, [\mathbf{A}, \mathbf{B}]] + \dots \right\} + O(\epsilon^2)$$

gilt. Zum Beweis entwickeln wir $\mathbf{F}(t, \epsilon) = \exp(t(\mathbf{A} + \epsilon\mathbf{B})) \cdot \exp(-t\,\mathbf{A})$, wobei t beliebig komplex ist, in eine Potenzreihe nach t:

$$\mathbf{F}(t, \epsilon) = \sum_{n=0}^{\infty} \frac{t^n}{n!}\, \mathbf{C}_n(\epsilon).$$

Es gilt $\mathbf{C}_0(\epsilon) = 1$ und

$$\mathbf{C}_n(\epsilon) = \left(\frac{\mathrm{d}}{\mathrm{d}t}\right)^n \exp(t(\mathbf{A} + \epsilon\mathbf{B})) \cdot \exp(-t\,\mathbf{A})\big|_{t=0}$$

$$= \frac{\mathrm{d}}{\mathrm{d}t} \exp(t(\mathbf{A} + \epsilon\mathbf{B})) \cdot \mathbf{C}_{n-1}(\epsilon) \cdot \exp(-t\,\mathbf{A})\big|_{t=0}$$

$$= (\mathbf{A} + \epsilon\mathbf{B})\,\mathbf{C}_{n-1}(\epsilon) - \mathbf{C}_{n-1}(\epsilon)\,\mathbf{A} = [\mathbf{A}, \mathbf{C}_{n-1}(\epsilon)] + \epsilon\,\mathbf{B}\,\mathbf{C}_{n-1}(\epsilon)$$

für $n \geqslant 1$, woraus sofort der Beweis des Hilfssatzes folgt. Nun läßt sich jedes $\mathbf{U} \in \mathrm{SU}(3)$ in der Gestalt $\mathbf{U} = \exp(\mathrm{i}\,\varphi_a\,\tfrac{1}{2}\,\lambda_a)$ mit reellen φ_a darstellen. Es seien $\mathbf{U} = \exp(\mathrm{i}\,\varphi_a\,\tfrac{1}{2}\,\lambda_a)$ und $\mathbf{V} = \exp(\mathrm{i}\,\psi_a\,\tfrac{1}{2}\,\lambda_a)$ beliebige Matrizen aus $\mathrm{SU}(3)$. Wir setzen

$$\mathbf{U}(\tau) = \exp(\mathrm{i}\tau\varphi_a\,\tfrac{1}{2}\,\lambda_a), \quad \mathbf{W}(\tau) = \mathbf{U}(\tau)\,\mathbf{V} = \exp(\mathrm{i}\chi_a(\tau)\,\tfrac{1}{2}\,\lambda_a),$$

wobei $0 \leqslant \tau \leqslant 1$. Es gilt dann

$$\frac{\mathrm{d}}{\mathrm{d}\tau}\,\mathbf{W}(\tau) = \mathrm{i}\,\varphi_a\,\tfrac{1}{2}\,\lambda_a\,\mathbf{W}(\tau).$$

Es seien nun $\mathbf{F}_a$ hermitesche Matrizen, die die Gl. (17-21) erfüllen. Wir setzen

$$\mathbf{D}(\mathbf{U}(\tau)) = \exp(\mathrm{i}\tau\varphi_a\,\mathbf{F}_a), \qquad \mathbf{D}(\mathbf{V}) = \exp(\mathrm{i}\,\psi_a\,\mathbf{F}_a),$$
$$\mathbf{D}(\mathbf{W}(\tau)) = \exp(\mathrm{i}\chi_a(\tau)\,\mathbf{F}_a).$$

Offenbar gilt:

$$\frac{\mathrm{d}}{\mathrm{d}\tau}\,\mathbf{D}(\mathbf{U}(\tau))\,\mathbf{D}(\mathbf{V}) = \mathrm{i}\,\varphi_a\,\mathbf{F}_a\,\mathbf{D}(\mathbf{U}(\tau))\,\mathbf{D}(\mathbf{V}),$$

$$\mathbf{D}(\mathbf{U}(\tau))\,\mathbf{D}(\mathbf{V})\big|_{\tau=0} = \mathbf{D}(\mathbf{W}(\tau))\big|_{\tau=0} = \mathbf{D}(\mathbf{V}).$$

Andererseits brauchen wir zur Berechnung von $\mathrm{d}\mathbf{W}(\tau)/\mathrm{d}\tau \cdot \mathbf{W}^{-1}(\tau)$ sowie $\mathrm{d}\mathbf{D}(\mathbf{W}(\tau))/\mathrm{d}\tau \cdot \mathbf{D}^{-1}(\mathbf{W}(\tau))$ nach dem anfangs gezeigten Hilfssatz nur die Kommutationsregeln der Matrizen $\tfrac{1}{2}\,\lambda_a$ bzw. $\mathbf{F}_a$ zu kennen, die aber nach Voraussetzung identisch sind. Es folgt

$$\frac{\mathrm{d}}{\mathrm{d}\tau}\,\mathbf{D}(\mathbf{W}(\tau)) = \mathrm{i}\,\varphi_a\,\mathbf{F}_a\,\mathbf{D}(\mathbf{W}(\tau)),$$

womit die Gleichheit von $\mathbf{D}(\mathbf{U}(\tau)) \cdot \mathbf{D}(\mathbf{V})$ und $\mathbf{D}(\mathbf{W}(\tau))$ gezeigt ist, da sie dieselbe Differentialgleichung mit derselben Anfangsbedingung erfüllen. Damit ist die Darstellungsrelation, Gl. (17-16), bewiesen.

17.4   Die Operatoren $\mathbf{I}_\pm$, $\mathbf{I}_3 = \mathbf{F}_3$; $\mathbf{U}_\pm$, $\mathbf{U}_3 = \tfrac{1}{2}(\sqrt{3}\,\mathbf{F}_8 - \mathbf{F}_3)$ sowie $\mathbf{V}_\pm$, $\mathbf{V}_3 = \tfrac{1}{2}(\sqrt{3}\,\mathbf{F}_8 + \mathbf{F}_3)$ sind jeweils die Erzeugenden einer $\mathrm{SU}(2)$-Untergruppe der $\mathrm{SU}(3)$: der Isospin-, der U-Spin- sowie der V-Spingruppe. Bezüglich des Isospin bilden u- und d-Quark ein Dublett, das s-Quark ein Singulett, bezüglich des U-Spins bilden d und s ein Dublett, u ein Singulett, bezüglich des V-Spins bilden u und s ein Dublett, d ein Singulett. Teilchen, die nach einer allgemeinen Darstellung der Gruppe $\mathrm{SU}(3)$ transformieren, kann man nach Isospin- oder U-Spin- oder V-Spin-Multipletts ordnen, die in dem entsprechenden Gewichtsdiagramm auf Geraden parallel zur u-d-, d-s- beziehungsweise u-s-Linie liegen.

17.6   Wir betrachten als Basiszustände in einer der angegebenen Darstellungen die gemeinsamen Eigenzustände von I_3, $\vec{I}^2$ und Y, entsprechend dem zugehörigen Gewichtsdiagramm. Man zeigt zunächst, daß man durch geeignete wiederholte Anwendung der Operatoren $I_\pm$, $U_\pm$, $V_\pm$ auf den Zustand mit maximalem Eigenwert von I_3 alle Basiszustände erzeugen kann. Hat man einen beliebigen Zustand (nicht notwendig einen Basiszustand), so kann man ihn durch geeignete wiederholte Anwendung von $I_\pm$, $U_\pm$, $V_\pm$ in ein Vielfaches ($\neq 0$) des Zustands mit maximalem Eigenwert von I_3 überführen. Daher spannen die Zustände, die man aus einem beliebigen Zustand durch wiederholte Anwendung der Erzeugenden der SU(3)-Gruppe erhält, stets den gesamten Darstellungsraum auf. Die betrachteten Darstellungen sind also irreduzibel.

17.7   Es ergibt sich $\overline{m}_8 = \frac{4}{3} m_K - \frac{1}{3} m_\pi$, $m_1 = m_\eta + m_{\eta'} - \overline{m}_8$, $\tan \vartheta = (m_\eta - \overline{m}_8)\,(\overline{m}_8\, m_1 - m_\eta\, m_{\eta'})^{-1/2}$ für die 0^--Mesonen. Setzt man hier die in Tabelle 15.1 angegebenen Massenwerte ein, so erhält man Gl. (17-77). Wendet man dasselbe Verfahren auf die 1^--Mesonen ρ, K^*, ω, ϕ an, so ergibt sich $\tan \vartheta = -1{,}31$, $\vartheta = -52{,}6°$. Für „ideale" Mischung (Gl. (17-78)) wäre $\tan \vartheta = -\sqrt{2}$.

17.8   Wir schreiben generisch a, b ... für einen der Zustände $\overset{\uparrow}{u}, \dots, \overset{\downarrow}{s}$. Die linear unabhängigen symmetrischen Kombinationen dreier solcher Zustände zählen wir wie folgt ab: Es gibt 6 Zustände vom Typ aaa; $6 \cdot 5 = 30$ Zustände vom Typ aab mit $a \neq b$; $6 \cdot 5 \cdot 4/3! = 20$ Zustände vom Typ abc mit $a \neq b \neq c \neq a$. Setzen wir nun alle Quarks in räumliche S-Wellen-Zustände, so enthält diese 56-Darstellung der SU(6)-Gruppe offenbar nur Zustände mit Gesamtdrehimpuls 1/2 und 3/2, sowie nach Gl. (17-55) die SU(3)-Darstellungen 8 und 10. (Die 1-Darstellung kommt nicht in Frage, wie im Text erläutert.) Das Dekuplett mit Spin 3/2 hat eine total symmetrische Wellenfunktion im Flavor-Raum und im Spin-Raum, gehört daher sicher zur 56-Darstellung der SU(6) und liefert $10 \cdot 4 = 40$ Zustände. Die verbleibenden 16 Zustände müssen daher ein Oktett mit Spin 1/2 bilden, womit Gl. (17-80) bewiesen ist.

18.4   Sind $N_{p'}(x)$ etc. die über Proton und Neutron gemittelten Verteilungsfunktionen, so ergibt sich im Modell mit nackten Nukleonen als Partonen

$$F_2^{(eN)}(x) = x(N_{p'}(x) + N_{\overline{p}'}(x)),$$
$$F_2^{(\nu N)}(x) = 2x(N_{n'}(x) + N_{\overline{p}'}(x)).$$

Wegen der Isospin-Symmetrie gilt $N_{p'}(x) = N_{n'}(x)$ und damit $F_2^{(\nu N)}(x)/F_2^{(eN)}(x) = 2$.

18.5 $P_I\,|p\rangle = -|n\rangle$, $P_I\,|n\rangle = |p\rangle$,

       $P_I\,|u\rangle = -|d\rangle$, $P_I\,|d\rangle = |u\rangle$.

18.6   Mit $G = 1{,}16 \cdot 10^{-5}\,\text{GeV}^{-2}$ gilt $G^2 M/\pi = 1{,}56 \cdot 10^{-38}\,\text{cm}^2\,\text{GeV}^{-1}$ und nach Bild 18-14 folgt $\langle q \rangle = 0{,}40 \pm 0{,}02$; $\langle \overline{q} \rangle = 0{,}08 \pm 0{,}02$; sowie $I \cong \langle q \rangle + \langle \overline{q} \rangle = 0{,}48 \pm 0{,}02$.

18.7   Mit Hilfe der Isospin-Symmetrie leitet man folgende Ungleichungen für die Verteilungsfunktionen des *Protons* her:

$$2N_u(x) - N_d(x) \geqslant 0, \quad N_d(x) \geqslant 0, \quad N_s(x) \geqslant 0,$$
$$2N_{\overline{d}}(x) - N_{\overline{u}}(x) \geqslant 0, \quad N_{\overline{u}}(x) \geqslant 0, \quad N_{\overline{s}}(x) \geqslant 0.$$

Zur Bestimmung der Extremalwerte von $F_2^{(en)}(x)/F_2^{(ep)}(x)$ braucht man nur die Fälle zu betrachten, wo alle der obigen Ungleichungen bis auf eine zu einer Gleichung werden. Auf diese Weise sieht man, daß das Minimum von $F_2^{(en)}(x)/F_2^{(ep)}(x)$ gleich 1/4 ist und dieser Wert nur an einer Stelle erreicht werden kann, wo die Verteilungsfunktionen $N_d(x)$, $N_s(x)$, $N_{\overline{u}}(x)$, $N_{\overline{d}}(x)$ und $N_{\overline{s}}(x)$ relativ zu $N_u(x)$ verschwinden.

18.8 Das Resultat ist Adlers-Summenregel:

$$\int_0^\infty d\nu \, [W_2^{(\bar{\nu}p)}(\nu, Q^2) - W_2^{(\nu p)}(\nu, Q^2)] = 2.$$

18.9 Das Resultat ist die Gross-Llewellyn-Smith-Summenregel:

$$\int_0^1 dx \, [F_3^{(\bar{\nu}p)}(x) + F_3^{(\nu p)}(x)] = -6.$$

20.1 Der Minimalwert von T für planare Ereignisse ist $T = 2/\pi$ und ergibt sich für planar-isotrope Ereignisse. Für Ereignisse mit nur drei masselosen Hadronen ist $T_{\min} = 2/3$.

20.3 Wir betrachten hypothetische skalare Gluonen $\widetilde{G}$ und setzen für die Lagrange-Dichte ihrer Wechselwirkung mit den Quarks $\mathscr{L}'(x) = \widetilde{g}\,\bar{q}(x)\,q(x)\,\widetilde{G}(x)$. Dabei ist $\widetilde{g}$ die Kopplungskonstante. In führender Ordnung in $\widetilde{g}$ erhalten wir dann (mit $\frac{2}{3} \leqslant T \leqslant 1$):

$$\frac{1}{\sigma_{\text{tot}}} \frac{d\sigma}{dT}(e^+ e^- \rightarrow q\bar{q}\widetilde{G}) = \left(\frac{\widetilde{g}}{4\pi}\right)^2 [(1-T)^{-1} - 9(1-T) - 2\ln(1-T) + 2\ln(2T-1)],$$

$$\langle 1 - T \rangle = \left(\frac{\widetilde{g}}{4\pi}\right)^2 \frac{1}{36}(2 + 9\ln 3).$$

20.6 Wir betrachten den Zerfall $J/\psi \rightarrow G^a G^b G^c$, wobei a, b, c die Farbindizes der Gluonen sind. Das J/ψ-Teilchen ist ein Farb-Singulett mit Ladungskonjugation $C = -1$ (vgl. Tabelle 13-1). Wegen der Farberhaltung kann die Wellenfunktion der drei Gluonen im Endzustand daher nur proportional f_{abc} und d_{abc} sein. Durch explizite Rechnung, oder durch Ausnützen der Ladungskonjugations-Invarianz der QCD sieht man, daß nur d_{abc} in Frage kommt. Die Ladungskonjugations-Transformation C wirkt auf die Quark-Feldoperatoren entsprechend Gl. (4-126)

$$C: q(x) \rightarrow S(C)\,\bar{q}^T(x).$$

Ergänzen wir dies durch ein Transformation der Gluon-Potentiale (Kapitel 19)

$$C: G_\lambda(x) \rightarrow -G_\lambda^T(x),$$

so bleibt $\mathscr{L}_{\text{QCD}}$ (Gl. (19-22)) invariant. Eine Wellenfunktion dreier Gluonen proportional d_{abc} ist daher ungerade bezüglich C:

$$C: d_{abc} = \frac{1}{4} \text{Sp}\{\lambda_a, \lambda_b\}\lambda_c \rightarrow \frac{1}{4}\text{Sp}\{-\lambda_a^T, -\lambda_b^T\}(-\lambda_c^T) = -d_{abc}.$$

Analog sieht man, daß f_{abc} gerade bezüglich C ist und daher im Zerfall des J/ψ mit $C = -1$ nicht auftreten kann. Die Amplitude für den Zerfall $J/\psi \rightarrow G^a G^b G^c$ erhält man daher aus derjenigen des Orthopositronium-Zerfalls von Aufgabe 13.1 durch die Ersetzungen:

$$e^3 \rightarrow g_{\text{s}}^3 \frac{1}{\sqrt{3}} \text{Sp}\left(\frac{\lambda_a}{2}\frac{\lambda_b}{2}\frac{\lambda_c}{2}\right)\bigg|_{\text{symm. Anteil}} = g_{\text{s}}^3 \frac{1}{4\sqrt{3}} d_{abc},$$

$$m_{\text{e}} \rightarrow m_{\text{c}} \cong \frac{1}{2} m_{J/\psi}.$$

Damit liefert Gl. (13-37) nach Summation über die Farbfreiheitsgrade der Gluonen die Gl. (20-31).

21.1   Paritäts-Invarianz verlangt $g_j' = 0$; Ladungskonjugations-Invarianz verlangt $g_j = g_j^*$, $g_j' = -g_j'^*$; Zeitumkehr-Invarianz verlangt $g_j = g_j^*$, $g_j = g_j'^*$, wobei jeweils $j = 1, \dots, 5$.

23.1   Aus der Lagrange-Dichte von Gl. (23-69) leiten wir bei Vernachlässigung der Elektronmasse für die totale Myon-Zerfallsrate weiterhin die Gl. (23-2a) ab, während wir für den Michel-Parameter $\rho = \frac{3}{8}\,\mathrm{Re}\,(1 + ab^*)$ finden.

23.2   Die Noether-Ströme sind in diesem Fall

$$\mathbf{J}_a^\mu = (\overline{\mathbf{u}}(x), \overline{\mathbf{d}}(x))\, \frac{1}{2}\, \tau_a\, \gamma^\mu \begin{pmatrix} \mathbf{u}(x) \\ \mathbf{d}(x) \end{pmatrix}$$

wobei $a = 1, 2, 3$.

23.5   Aus der Lorentz-Invarianz folgt

$$\langle 0 | \mathbf{J}_\lambda(0) | \pi^-(p) \rangle = i p_\lambda f_\pi' \quad \text{und} \quad \langle 0 | \mathbf{J}(0) | \pi^-(p) \rangle = g_\pi,$$

wobei f_π' und g_π Konstante sind. Die leptonischen Zerfallsraten ergeben sich damit aus Gl. (23-49) durch die Ersetzungen $V_{11} f_\pi \longrightarrow |f_\pi'|$ für den Fall (i) und $V_{11} f_\pi \longrightarrow |g_\pi|/m_\varrho$ für den Fall (ii).

23.6   Wir betrachten im einfachsten Spektatormodell das b-Quark in einem B-Meson als ruhend und setzen für die Massen $m_\mathrm{b} \cong m_\mathrm{B}$. Es seien E die Energie des Leptons ℓ^- im Ruhsystem des B-Mesons und $x = 2E/m_\mathrm{B}$. Es ergibt sich dann für die differentielle Zerfallsrate im semileptonischen Zerfall:

$$\frac{d\Gamma}{dx} = \frac{\widetilde{G}^2 m_\mathrm{B}^5}{16\pi^3}\, x^2 (1 - x - \eta)^2 (1 - x)^{-3} \left[(1 - x)\left(\frac{1}{2} - \frac{x}{3}\right) + \left(\frac{1}{2} - \frac{x}{6}\right)\eta \right],$$

wobei $0 \leqslant x \leqslant 1 - \eta$. Für den Übergang $b \longrightarrow c\ell^- \bar{\nu}_\varrho$ ist $\widetilde{G} = GV_{23}$, $\eta = m_\mathrm{c}^2/m_\mathrm{b}^2$, für den Übergang $b \longrightarrow u\ell^- \bar{\nu}_\varrho$ ist $\widetilde{G} = GV_{13}$, $\eta = 0$ zu setzen.

24.2   Wir setzen

$$\widetilde{Q}_\mathrm{f}(s) = Q_\mathrm{f} \left[1 + C \frac{s m_{Z'}^2}{(\sin\vartheta_\mathrm{W} \cos\vartheta_\mathrm{W}\, m_Z)^2\, (s - m_{Z'}^2 + i\, m_{Z'}\, \Gamma_{Z'})} \right].$$

Der differentielle Streuquerschnitt für die Reaktion $e^+ e^- \longrightarrow \overline{f}f$ ist wie in Gl. (24-43), aber mit

$$R_\mathrm{f}(s) = N_\mathrm{c}^\mathrm{f} \{ |\widetilde{Q}_\mathrm{f}(s)|^2 + 2 g_\mathrm{V}^\mathrm{e} g_\mathrm{V}^\mathrm{f}\, \mathrm{Re}\,[K(s)\, \widetilde{Q}_\mathrm{f}^*(s)]$$
$$+ [(g_\mathrm{V}^\mathrm{e})^2 + (g_\mathrm{A}^\mathrm{e})^2]\,[(g_\mathrm{V}^\mathrm{f})^2 + (g_\mathrm{A}^\mathrm{f})^2]\,|K(s)|^2 \},$$

$$I_\mathrm{f}(s) = N_\mathrm{c}^\mathrm{f} \{ 4 g_\mathrm{A}^\mathrm{e} g_\mathrm{A}^\mathrm{f}\, \mathrm{Re}\,[K(s)\widetilde{Q}_\mathrm{f}^*(s)] + 8 g_\mathrm{V}^\mathrm{e} g_\mathrm{A}^\mathrm{e} g_\mathrm{V}^\mathrm{f} g_\mathrm{A}^\mathrm{f}\, |K(s)|^2 \}.$$

Für $s \ll m_Z^2, m_{Z'}^2$, ergibt sich daraus $A_\mathrm{f}(s)$ wie in Gl. (24-54), dagegen

$$\delta R_\mathrm{f}(s) = N_\mathrm{c}^\mathrm{f}\, [-Q_\mathrm{f}^2\, 8C + 2 Q_\mathrm{f} g_\mathrm{V}^\mathrm{e} g_\mathrm{V}^\mathrm{f}]\, \frac{Gs}{2\sqrt{2}\pi\alpha}.$$

Damit erhalten wir aus Gln. (24-48) und (24-55) die experimentelle obere Schranke $C \lesssim 0{,}035$. Die genauere Analyse der Daten bestätigt diese Schranke (vgl. Wu 1984).

24.3   Wir betrachten die Reaktion $e^+(p_1) + e^-(p_2) \longrightarrow e^+(p_3) + e^-(p_4)$ und setzen $s = (p_1 + p_2)^2$, $t = (p_1 - p_3)^2$, $u = (p_1 - p_4)^2$. Bei Berücksichtigung aller Diagramme mit Austausch eines Bosons ergibt sich der differentielle Streuquerschnitt zu

$$\frac{d\sigma}{dt} = \frac{\pi\alpha^2}{s^2}\, \{(t^2 + u^2)\, A(s, t) + 2 s^2 B(s, t) + 2 s(t - u)\, C(s, t)\},$$

wobei (mit $\eta = \pm 1$)

$$A(s,t) = \sum_\eta (|C_V^\eta|^2 + |C_A^\eta|^2),$$

$$B(s,t) = t^{-2} |1 - K(t) [(g_V^e)^2 + (g_A^e)^2]|^2,$$

$$C(s,t) = \sum_\eta \mathrm{Re}(C_V^\eta C_A^{\eta*}),$$

$$C_V^\eta = (2t)^{-1} + s^{-1} - (2t)^{-1} K(t) (g_V^e - \eta g_A^e)^2 - s^{-1} K(s) (g_V^e - \eta g_A^e) g_V^e,$$

$$C_A^\eta = (2t)^{-1} - (2t)^{-1} K(t) (g_V^e - \eta g_A^e)^2 + s^{-1} K(s) (g_V^e - \eta g_A^e) \eta g_A^e.$$

Die Funktion K ist durch Gl. (24-45) gegeben.

25.2   Wir betrachten $e^+ e^-$-Zustände im Schwerpunktsystem und definieren Zustände mit Gesamtspin S und Bahndrehimpuls l mit Hilfe der Clebsch-Gordan-Koeffizienten durch

$$|e^+ e^-; l, l_3; S, S_3\rangle = \sum_{r, r'} \int d\Omega_p \, Y_{l, l_3}(\hat{p}) \, (\tfrac{1}{2}, r; \tfrac{1}{2} r' | S, S_3) | e^+(p, r), e^-(-p, r')\rangle.$$

Dabei ist $S = 0,1$ und $l = 0, 1, 2, \dots$. Ein geeigneter Satz von Eigenzuständen zum Gesamtdrehimpuls j ist dann

$$|e^+ e^-; S; l; j, j_3\rangle = \sum_{l_3, S_3} (l, l_3; S, S_3 | j, j_3) | e^+ e^-; l, l_3; S, S_3\rangle.$$

Das Z-Boson erscheint über die Vektorkopplung $(g_V^{e,\mu})$ in den Partialwellen mit $j = 1$, $S = 1$, $l = 0$ und 2; über die Axialvektorkopplung $(g_A^{e,\mu})$ in der Partialwelle mit $j = 1$, $S = 1$, $l = 1$.

25.3   Wir betrachten die Reaktion $e^+(p_1) + e^-(p_2) \longrightarrow \gamma(k_1) + Z(k_2)$ im Schwerpunktsystem und setzen

$$s = (p_1 + p_2)^2, \quad \cos\vartheta = p_1 k_1 / (|p_1||k_1|), \quad E_\gamma = k_1^0 = (s - m_Z^2)/(2\sqrt{s}).$$

Der differentielle Streuquerschnitt ist bei Vernachlässigung der Elektronmasse durch

$$\frac{d\sigma}{d\Omega}(e^+ e^- \longrightarrow \gamma Z) = \frac{1}{2s} \left(\frac{\alpha}{\sin\vartheta_W \cos\vartheta_W}\right)^2 [(g_V^e)^2 + (g_A^e)^2] \frac{(\sqrt{s} - E_\gamma)^2 + E_\gamma^2 \cos^2\vartheta}{\sqrt{s} \, E_\gamma \sin^2\vartheta}$$

gegeben, wobei $d\Omega$ das Raumwinkelelement zu k_1 ist. Für die Reaktion der Gl. (25-21) hat man das obige Resultat noch mit dem Verzweigungsverhältnis $\Gamma(Z \longrightarrow \text{Neutrinos})/\Gamma_Z$ zu multiplizieren.

25.5   Bei Berücksichtigung der endlichen Breite des Z ergibt sich für die Reaktion der Gl. (25-90)

$$\sigma = \frac{4\pi s}{3 m_Z^2} \sum_{q = u, d} \frac{\Gamma(Z \longrightarrow q\bar{q})}{m_Z} \int_0^1 dx_1 x_1 N_q^p(x_1) \int_0^1 dx_2 x_2 N_{\bar{q}}^{\bar{p}}(x_2)$$

$$\frac{m_Z \, \Gamma(Z \longrightarrow X')}{(x_1 x_2 s - m_Z^2)^2 + m_Z^2 \Gamma_Z^2}.$$

Numerisch ergibt sich damit für den totalen Z-Produktionsquerschnitt im Vergleich zu Gl. (25-49) für $\sqrt{s} = 540$ GeV eine Änderung um $+ 1\%$.

26.2   Für im Gravitationsfeld *ruhende* K-Mesonen würde der angenommene Gravitationseffekt folgende Änderung der Massenmatrix bringen:

$$\mathcal{M} \rightarrow \mathcal{M} + \left(1 - \frac{1}{2}\,\eta\right) m_K\, U \cdot \mathbb{1} + \mathcal{M}',$$

wobei

$$\mathcal{M}' = \frac{1}{2}\,\eta\, m_K\, U\,(\,|K^0\rangle\langle K^0| - |\bar{K}^0\rangle\langle\bar{K}^0|\,).$$

Der Term $\mathcal{M}'$ wäre CP- und CPT-verletzend, aber T-erhaltend. Wäre die Quelle der CP-Verletzung bloß in $\mathcal{M}'$, so ergäbe sich

$$\eta_{+-} = \eta_{00} \cong \eta\, m_K\, U\, 2^{-1/2}\, \Gamma_S^{-1}\, \exp\left(-\,\mathrm{i}\,\tfrac{1}{4}\,\pi\right).$$

Diese Phase von η_{+-} bzw. η_{00} ist aber mit dem Experiment nicht verträglich (siehe Tabelle 26.1). Lassen wir als obere Grenze 20 % Beitrag von Termen der „falschen" Phase zu, so ergibt sich $|\eta| \lesssim 6 \cdot 10^{-4}\, \Gamma_S/|m_K\, U|$. (Die genauere Analyse möglicher CPT-verletzender Terme nach Schubert 1970 ergibt dieselbe Größenordnung; siehe Kleinknecht 1976.)

Setzen wir hier für U das Gravitationspotential der Erde ein, so finden wir:

$$|m_K\, U| \cong 0{,}4\,\mathrm{eV} \cong 5 \cdot 10^4\, \Gamma_S, \quad |\eta| \lesssim 1{,}4 \cdot 10^{-8}.$$

Für das Potential der Sonne ergibt sich analog:

$$|m_K\, U| \cong 6\,\mathrm{eV} \cong 8 \cdot 10^5\, \Gamma_S, \quad |\eta| \lesssim 9 \cdot 10^{-10}.$$

Für K-Mesonen, die sich im Gravitationsfeld bewegen — etwa in einem Teilchenstrahl im Laboratorium — ist die obige Analyse nicht direkt anwendbar. Man würde dann im allgemeinen eine Geschwindigkeits-Abhängigkeit der Parameter der CP-Verletzung bei Einfluß kosmologischer Felder, wie des Gravitationsfeldes, erwarten (siehe Nachtmann 1969, Fischbach 1982).

Literaturverzeichnis *

Abers, E. S. und B. W. Lee, Phys. Rep. 9C, 1 (1973)

Abramowicz, H. et al. (CDHS Koll.), Z. Phys. C17, 283 (1983)

Adler, S. L., Phys. Rev. 140, B736 (1965)

Adler, S. L., Phys. Rev. 143, 1144 (1966)

Adler, S. L. und R. F. Dashen, "Current Algebras" (W. A. Benjamin, New York und Amsterdam 1968)

Adler, S. L., Phys. Rev. 177, 2426 (1969)

Åkesson, T. et al., (AFS Koll.), Z. Phys. C25, 13 (1984)

Akulov, D. V. und V. P. Volkov, JETP Lett. 16, 438 (1972)

Albert, D., W. Marciano, D. Wyler und Z. Parsa, Nucl. Phys. B166, 460 (1980)

Alikanov, A. I. et al., Soviet Phys. J.E.T.P. 11, 1380 (1960)

Alpgård, K. et al., (UA5 Koll.) Phys. Lett. 121B, 209 (1983)

Altarelli, G. und G. Parisi, Nucl. Phys. B126, 298 (1977)

Altarelli, G., R. K. Ellis und G. Martinelli, Nucl. Phys. B157, 461 (1979)

Altarelli, G., Phys. Rep. C81, 1 (1982)

Altarelli, G., N. Cabibbo, G. Corbo, L. Maiani und G. Martinelli, Nucl. Phys. B208, 365 (1982a)

Altarelli, G., R. K. Ellis, M. Greco und G. Martinelli, Nucl. Phys. B246, 12 (1984)

Altarev, I. S. et al., Phys. Lett. 102B, 13 (1981)

Althoff, M. et al., (TASSO Koll.), Z. Phys. C22, 13 (1984)

Althoff, M. et al., (TASSO Koll.), Z. Phys. C22, 307 (1984a)

Anderson, C. D., Science 76, 238 (1932)

Anderson, C. D., Phys. Rev. 43, 491 (1933)

Anderson, C. D., Phys. Rev. 51, 884 (1937)

Anderson, C. D. und S. Neddermeyer, Phys. Rev. 54, 88 (1938)

Anderson, H. L. et al., Phys. Rev. Lett. 38, 1450 (1977)

Andersson, B., G. Gustafson und T. Sjöstrand, Z. Phys. C6, 235 (1980)

Andersson, B., G. Gustafson, G. Ingelman und T. Sjöstrand, Phys. Rep. C97, 31 (1983)

Appelquist, Th. und H. Georgi, Phys. Rev. D8, 4000 (1973)

Appelquist, Th. und H. D. Politzer, Phys. Rev. Lett. 34, 43 (1975)

Argento, W. et al., Phys. Lett. 120B, 245 (1983)

Arnison, G. et al., (UA1 Koll.), Phys. Lett. 122B, 103 (1983a)

Arnison, G. et al., (UA1 Koll.), Phys. Lett. 123B, 108 (1983b)

Arnison, G. et al., (UA1 Koll.), Phys. Lett. 126B, 398 (1983c)

Arnison, G. et al., (UA1 Koll.), Phys. Lett. 128B, 336 (1983d)

Arnison, G. et al., (UA1 Koll.), Phys. Lett. 129B, 273 (1983e)

Arnison, G. et al., (UA1 Koll.), Phys. Lett. 132B, 214 (1983f)

Arnison, G. et al., (UA1 Koll.), Phys. Lett. 132B, 223 (1983g)

Arnison, G. et al., (UA1 Koll.), Phys. Lett. 134B, 469 (1984a)

Arnison, G. et al., (UA1 Koll.), Phys. Lett. 136B, 423 (1984b)

Arnison, G. et al., (UA1 Koll.), Phys. Lett. 139B, 115 (1984c)

Arnison, G. et al., (UA1 Koll.), Phys. Lett. 147B, 241 (1984d)

Arnison, G. et al., (UA1 Koll.), Phys. Lett. 147B, 493 (1984e)

Ashkin, A. et al., Phys. Rev. 94, 357 (1954)

Aubert, J. J. et al., Phys. Rev. Lett. 33, 1404 (1974)

Aubert, J. J. et al., (European Myon Collaboration), Phys. Lett. 123B, 275 (1983)

Augustin, J. E. et al., Phys. Rev. Lett. 33, 1406 (1974)

Aveda, B. et al., (MARK J. Koll.), Phys. Rev. Lett. 48, 1701 (1982)

---

* Buchstaben, die der Jahrgangsangabe nachgestellt sind, entsprechen dem Quellenverweis im Text; sie haben keine bibliographische Bedeutung.

Bacci, C. et al., Phys. Lett. **86B**, 234 (1979)

Baće, M., Phys. Lett. **78B**, 132 (1978)

Bacino, W. et al., Phys. Rev. Lett. **42**, 749 (1979)

Backenstoss, G. et al., Phys. Rev. Lett. **6**, 415 (1961)

Bagnaia, P. et al., (UA2 Koll.), Phys. Lett. **129B**, 130 (1983)

Bagnaia, P. et al., (UA2 Koll.), Phys. Lett. **138B**, 430 (1984a)

Bagnaia, P. et al., (UA2 Koll.), Z. Phys. **C20**, 117 (1984b)

Bagnaia, P. et al., (UA2 Koll.), Phys. Lett. **144B**, 283 (1984c)

Bagnaia, P. et al., (UA2 Koll.), Phys. Lett. **144B**, 291 (1984d)

Bagnaia, P. et al., (UA2 Koll.), Z. Phys. **C24**, 1 (1984e)

Baluni, V., Phys. Rev. **D19**, 2227 (1979)

Bander, M., D. Silverman und A. Soni, Phys. Rev. Lett. **44**, 7 und E. 962 (1980)

Banner, M. et al., (UA2 Koll.), Phys. Lett. **118B**, 203 (1982)

Banner, M. et al., (UA2 Koll.), Phys. Lett. **122B**, 476 (1983)

Barber, D. P. et al., (MARJ J Koll.), Phys. Rev. Lett. **43**, 830 (1979)

Barber, W. C. et al., Phys. Rev. Lett. **16**, 1127 (1966)

Barber, W. C. et al., Phys. Rev. **D3**, 2796 (1971)

Bardeen, W. A., A. J. Buras, D. W. Duke und T. Muta, Phys. Rev. **D18**, 3998 (1978)

Bardon, M. et al., Phys. Rev. Lett. **7**, 23 (1961)

Barnes, V. E. et al., Phys. Rev. Lett. **12**, 204 (1964)

Bartel, W. et al., (JADE Koll.), Phys. Lett. **88B**, 171 (1979)

Bartel, W. et al., (JADE Koll.), Phys. Lett. **91B**, 142 (1980)

Bartel, W. et al., (JADE Koll.), Phys. Lett. **108B**, 140 (1982)

Bartel, W. et al., (JADE Koll.), Z. Phys. **C19**, 197 (1983)

Bartel, W. et al., (JADE Koll.), Z. Phys. **C26**, 507 (1985)

Bateman Manuskript Projekt, "Higher Transcendental Functions" Vol. 2 (McGraw-Hill, N.Y., 1953)

Bauer, M. und B. Stech, Phys. Lett. **152B**, 380 (1985)

Beall, G., M. Bander und A. Soni, Phys. Rev. Lett. **48**, 848 (1982)

Becher, P., M. Böhm und H. Joos, „Eichtheoren der starken und elektroschwachen Wechselwirkung"
    (Teubner, Stuttgart 1983)

Becquerel, H., C. R. Acad. Sci. (Paris) **122**, 501 (1896)

Bég, M. A. B. und A. Sirlin, Phys. Rep. **88**, 1 (1982)

Behrend, H. J. et al., (CELLO Koll.), Z. Phys. **C14**, 283 (1982)

Bell, J. S. und J. Steinberger, Proc. Int. Conf. on Elementary Particles, Oxford 1965, Hrsg. T. R. Walsh
    (Rutherford Lab., 1966)

Bell, J. S. und R. Jackiw, Nuovo Cim. **51**, 47 (1969)

Berezinsky, V. S., B. L. Joffe und Ya. I. Kogan, Phys. Lett. **105B**, 33 (1981)

Berger, Ch. et al., (PLUTO Koll.), Phys. Lett. **78B**, 176 (1978)

Berger, Ch. et al., (PLUTO Koll.), Phys. Lett. **86B**, 418 (1979)

Berger, Ch. et al., (PLUTO Koll.), Z. Phys. **C21**, 53 (1983)

Bergsma, F. et al., (CHARM Koll.), Phys. Lett. **123B**, 269 (1983)

Bergsma, F. et al., (CHARM Koll.), Phys. Lett. **147B**, 481 (1984)

Berkelman, K., Phys. Rep. **C98**, 145 (1983)

Berko, S. und H. N. Pendleton, Ann. Rev. Nucl. Part. Sci. **30**, 543 (1980)

Bernreuther, W., O. Nachtmann und B. Stech, Z. Phys. **C4**, 257 (1980)

Bernreuther, W. und W. Wetzel, Nucl. Phys. **B197**, 228 (1982)

Bernstein, A. und A. K. Mann, Amer. J. Phys. **24**, 445 (1956)

Bernstein, R. H. et al., Phys. Rev. Lett. **15**, 1631 (1985)

Bethe, H. und W. Heitler, Proc. Roy. Soc. **A146**, 83 (1934)

Bethe, H., Phys. Rev. **72**, 339 (1947)

Bjorken, J. D. und S. D. Drell, „Relativistische Quantenfeldtheorie" (Bibliographisches Institut, Mann-
    heim 1965)

Bjorken, J. D., Phys. Rev. Lett. **16**, 408 (1966)

Bjorken, J. D., Phys. Rev. **179**, 1547 (1969)

Bjorken, J. D. und E. A. Paschos, Phys. Rev. **185**, 1975 (1969a)

Bjorkland, R. et al., Phys. Rev. **77**, 213 (1950)

Black, J. K. et al., Phys. Rev. Lett. **54**, 1628 (1985)

Blair, R. et al., Phys. Rev. Lett. **51**, 343 (1983)

Bleuler, K., Helv. Phys. Acta **23**, 567 (1950)

Bloch, F. und A. Nordsiek, Phys. Rev. **52**, 54 (1937)

Bodek, A. et al., Phys. Rev. Lett. **30**, 1087 (1973)

Böhm, A., "Testing the Standard Model, a summary of the Moriond Conference". Bericht, Univ. Aachen PITHA 84/13 (1984)

Böhm, M. und W. Hollik, Z. Phys. **C23**, 31 (1984)

Bogoliubov, N. N. und D. V. Shirkov, "Introduction to the Theory of Quantized Fields" (Interscience Publishers, Inc., New York 1959)

Bohr, N., Phil. Mag. **26**, 476 (1913)

Bohr, N. und L. Rosenfeld, Dansk. Vid. Sels. Mat.-fys. Med. **12**, 1 (1933)

Bosetti, B. C. et al., Nucl. Phys. **B142**, 1 (1978)

Bouchiat, C. und L. Michel, Phys. Rev. **106**, 170 (1957)

Bouchiat, C., J. Iliopoulos und Ph. Meyer, Phys. Lett. **38B**, 519 (1972)

Bourquin, M. et al., Z. Phys. **C21**, 27 (1983)

Bowdery, C. K., "New Lepton Asymmetry Results from PETRA", Proc. 22nd Int. Conf. on High Energy Physics, Leipzig 1984, Hrsg. A. Meyer und E. Wieczorek (Akademie der Wiss. der DDR, Zeuthen 1984)

Brandelik, R. et al., (TASSO Koll.), Phys. Lett. **86B**, 243 (1979)

Brandelik, R. et al., (TASSO Koll.), Phys. Lett. **110B**, 173 (1982)

Brandt, S., Ch. Peyrou, R. Sosnowski und A. Wroblewski, Phys. Lett. **12**, 57 (1964)

Breakstone, A. et al., Phys. Rev. **D30**, 528 (1984)

Breakstone, A. et al., Z. Phys. **C23**, 9; **C25**, 21 (1984a)

Brodsky, S. J., J. Ellis, J. S. Hagelin und C. T. Sachrajda, Nucl. Phys. **B238**, 561 (1984)

Buchmüller, W. und S.-H. H. Tye, Phys. Rev. **D24**, 132 (1981)

Buras, A. J., "CP-violation in the standard model and beyond", in: Proc. Workshop on the Future of Intermediate Energy Physics in Europe, Hrsg. H. Koch und F. Scheck (Kernforschungsgesellschaft Karlsruhe 1984)

Burmester, J. et al., Phys. Lett. **68B**, 297 (1977)

Burmester, J. et al., Phys. Lett. **68B**, 301 (1977a)

Bussey, P. J. et al., Nucl. Phys. **B58**, 363 (1973)

Cabibbo, N., Phys. Rev. Lett. **10**, 531 (1963)

Cabibbo, N., G. Parisi und M. Testa, Lett. Nuovo Cim. **4**, 35 (1970)

Cabibbo, N. und L. Maiani, Phys. Lett. **73B**, 418 (1978)

Cabibbo, N. und L. Maiani, Phys. Lett. **79B**, 109 (1978a)

Callan, C. G. Jr. und D. J. Gross, Phys. Rev. Lett. **22**, 156 (1969)

Callan, C. G. Jr. und D. J. Gross, Phys. Rev. **D8**, 4383 (1973)

Callan, C. G. Jr., R. F. Dashen und D. J. Gross, Phys. Lett. **63B**, 334 (1976)

Carlson, A. G. et al., Phil. Mag. **41**, 701 (1950)

Casella, R., Phys. Rev. Lett. **22**, 554 (1969)

Cazzoli, E. G. et al., Phys. Rev. Lett. **34**, 1125 (1975)

Celmaster, W. und R. J. Gonsalves, Phys. Rev. Lett. **44**, 560 (1979)

Chadwick, J., Verh. Dtsch. Phys. Ges. **16**, 383 (1914)

Chadwick, J., Proc. Roy. Soc. London **A136**, 692 (1932)

Chadwick, G., in: Proc. of the Int. Europhysics Conf. on High Energy Physics, Brighton 1983, Hrsg. J. Guy und C. Costain (Rutherford Appleton Lab., 1983)

Chen, A. et al., Phys. Rev. Lett. **52**, 1084 (1984)

Chetyrkin, K. G., A. L. Kataev und F. V. Tkachev, Phys. Lett. **85B**, 277 (1979)

Chiu, C. B., B. Misra und E. C. G. Sudarshan, Phys. Lett. **117B**, 34 (1982)

Christ, N., B. Hasslacher und A. H. Mueller, Phys. Rev. **D6**, 3543 (1972)

Christensen, J. H., J. W. Cronin, V. L. Fitch und R. Turlay, Phys. Rev. Lett. **13**, 138 (1964)

Christensen, J. H., J. W. Cronin, V. L. Fitch und R. Turlay, Phys. Rev. **140**, B74 (1965)

Coleman, S. und D. J. Gross, Phys. Rev. Lett. **31**, 851 (1973)

Collins, P. D. B., "Regge Theroy and High Energy Physics", (Cambridge University Press, Cambridge, U.K. 1977)

Combridge, B. L., J. Kripfganz und J. Ranft, Phys. Lett. **70B**, 234 (1977)

Compton, A. H., Phys. Rev. **21**, 483 (1923)

Cox, B., Journ. de Physique, Colloques **43**, C3-140 (1982)

Creutz, M., L. Jacobs und C. Rebbi, Phys. Rep. **C95**, 201 (1983)

Crewther, R., P. Di Vecchia, G. Veneziano und E. Witten, Phys. Lett. **88B**, 123 (1979), E. **91B**, 487 (1980)

Cronin, J. W., Rev. Mod. Phys. **53**, 373 (1981)

Cutler, R. und D. Sivers, Phys. Rev. **D17**, 196 (1978)

Danby, G., J. M. Gaillard, K. Goulianos, L. M. Lederman, N. Mistry, M. Schwartz und J. Steinberger, Phys. Rev. Lett. **9**, 36 (1962)

Darwin, C. G., Proc. Roy. Soc. (London) **A118**, 654 (1928)

Davisson, C. J. und L. H. Germer, Phys. Rev. **30**, 705 (1927)

Deden, H. et al., Nucl. Phys. **B85**, 269 (1975)

de Groot, J. G. H. et al., Phys. Lett. **82B**, 292 (1979)

de Groot, E. H., G. J. Gounaris und D. Schildknecht, Z. Phys. **C5**, 127 (1980)

de Kerret, H. et al., Phys. Lett. **68B**, 374 (1977)

De Rujula, A., H. Georgi und S. L. Glashow, Phys. Rev. **D12**, 147 (1975)

De Rujula, A., H. Georgi und H. D. Politzer, Ann. Phys. (N.Y.) **103**, 315 (1977)

De Rujula, A., J. Ellis, E. G. Floratos und M. K. Gaillard, Nuc. Phys. **B138**, 387 (1978)

Dine, M. und J. Sapirstein, Phys. Rev. Lett. **43**, 668 (1979)

Dine, M., W. Fischler und M. Srednicki, Phys. Lett. **104B**, 199 (1981)

Dirac, P. A. M., Proc. Roy. Soc. (London) **A114**, 243, 710 (1927)

Dirac, P. A. M., Proc. Roy. Soc. (London) **A117**, 610 (1928)

Dirac, P. A. M., Proc. Roy. Soc. (London) **A126**, 360 (1930)

Dirac, P. A. M., "The Principles of Quantum Mechanics" (Oxford Univ. Press, 4. Aufl., Oxford 1958)

Dittmann, P. und V. Hepp, Z. Phys. **C10**, 283 (1981)

Dore, U., Proc. 22nd Int. Conf. on High Energy Physics, Leipzig 1984, Vol. I, S. 265, Hrsg. A. Meyer und E. Wieczorek (Akad. d. Wiss. DDR, Zeuthen 1984)

Drees, J. und H. E. Montgomery, Ann. Rev. Nucl. Part. Sci. **33**, 383 (1983)

Drell, S. D., D. J. Levy und T. M. Yan, Phys. Rev. **187**, 2159 (1969)

Drell, S. D. und T. M. Yan, Phys. Rev. Lett. **25**, 316 (1970)

Drell, S. D., D. J. Levy und T. M. Yan, Phys. Rev. **D1**, 1617 (1970a)

Drell, S. D. und T. M. Yan, Ann. Phys. (N.Y.) **66**, 578 (1971) und darin zitierte Referenzen

Drell, S. D., Physica **A96**, 3 (1979)

Duke, D. W. und J. F. Owens, Phys. Rev. **D30**, 49 (1984)

Dumbrajs, O. et al., Nucl. Phys. **B216**, 277 (1983)

Dydak, F., "Experimental Results from Lepton-Hadron and Photon-Hadron Scattering: Structure Functions and Final States", in: Proc. 1983 Int. Symp. on Lepton and Photon Interactions at High Energies, Hrsg. D. G. Cassel und D. L. Kreinick (Cornell Univ., Ithaca, N.Y., 1983)

Dylla, H. F. und J. G. King, Phys. Rev. **A7**, 1224 (1973)

Dyson, F. J., "Symmetry Groups in Nuclear and Particle Physics" (W. A. Benjamin Inc., New York und Amsterdam 1966)

Dzhelyadin, R. I. et al., Phys. Lett. **105B**, 239 (1981)

Ecker, G., W. Grimus und H. Neufeld, Nucl. Phys. **B229**, 421 (1983)

Edmonds, A. R., „Drehimpulse in der Quantenmechanik" (B. I., Mannheim 1964)

Eggert, K., "W, Z^0 and then", Bericht Univ. Aachen, PITHA 84/21 (1984)

Einstein, A., Ann. Phys. (Leipzig) **17**, 132 (1905)

Einstein, A., Ann. Phys. (Leipzig) **17**, 891 (1905a)

Einstein, A., Ann. Phys. (Leipzig) **18**, 639 (1905b)

Einstein, A., Ann. d. Phys. (Leipzig) **49**, 769 (1916)

Einstein, A., Phys. Z. **18**, 121 (1917)

Eisele, F., "Structure Functions", Journ. de Physique, Colloques **43**, C3-337 (1982)

Ellis, C. D. und W. A. Wooster, Proc. Roy. Soc. London **A117**, 109 (1927)

Ellis, J., M. K. Gaillard und D. V. Nanopoulos, Nucl. Phys. **B100**, 313 (1975)

Ellis, J., M. K. Gaillard und D. V. Nanopoulos, Nucl. Phys. **B106**, 292 (1976)

Ellis, J., M. K. Gaillard und D. V. Nanopoulos, Nucl. Phys. **B109**, 213 (1976a)

Ellis, R. K., D. A. Ross und A. E. Terrano, Nucl. Phys. **B178**, 421 (1981)
Ellis, J. und H. Kowalski, Phys. Lett. **142B**, 441 (1984)
Englert, F. und R. Brout, Phys. Rev. Lett. **13**, 321 (1964)
Estermann, I. und O. Stern, Z. Phys. **85**, 17 (1933)
Evans, R. D., Handbuch der Physik **34**, 2, Hrsg. S. Flügge (Springer, Berlin 1958)

Fabrizius, K., I. Schmitt, G. Kramer und G. Schierholz, Z. Phys. **C6**, 315 (1981)
Fakirov, D. und B. Stech, Nucl. Phys. **B133**, 315 (1978)
Farhi, E., Phys. Rev. Lett. **39**, 1587 (1977)
Feldman, G. J. et al., Phys. Rev. Lett. **38**, 117 (1976)
Fermi, E., Ricera Scient. **2**, Heft 12 (1933)
Fermi, E., Z. Phys. **88**, 161 (1934)
Fernandez, E. et al. (MAC Koll.), Phys. Rev. Lett. **50**, 1238 (1983)
Feynman, R. P. und M. Gell-Mann, Phys. Rev. **109**, 193 und **111**, 362 (1958)
Feynman, R. P., Phys. Rev. Lett. **23**, 1415 (1969)
Feynman, R. P., "Photon-Hadron Interactions" (W. A. Benjamin, New York 1972)
Field, R. D. und R. P. Feynman, Nucl. Phys. **B136**, 1 (1978)
Fierz, M., Z. Phys. **104**, 553 (1937)
Fiorini, E., "Nucleon Decay Experiments", in: Proc. Int. Europhys. Conf. on High Energy Physics, Brighton 1983, Hrsg. J. Guy, C. Costain (Rutherford Appleton Lab., Chilton, Didcot 1983)
Fischbach, E. et al., Phys. Lett. **116B**, 73 (1982)
Fleming, G. N., Phys. Lett. **125B**, 287 (1983)
Fock, V., Z. Physik **75**, 622 (1932)
Fonda, L., G. C. Ghirardi und A. Rimini, Rep. Progr. Phys. **41**, 587 (1978)
Frampton, P. H. und P. Vogel, Phys. Rep. **C82**, 339 (1982)
Frisch, R. und O. Stern, Z. Phys. **85**, 4 (1933)
Fritzsch, H. und M. Gell-Mann, in: Proc. XVth Intern. Conf. on High Energy Physics, Chicago-Batavia 1973 (NAL, Batavia 1973)
Fritzsch, H., M. Gell-Mann und H. Leutwyler, Phys. Lett. **B47**, 365 (1973a)
Fritzsch, H. und P. Minkowski, Phys. Lett. **90B**, 455 (1980)
Froissart, M., Phys. Rev. **123**, 1053 (1961)

Gaillard, M. K. und B. W. Lee, Phys. Rev. **D10**, 897 (1974)
Gaillard, M. K., B. W. Lee und J. L. Rosner, Rev. Mod. Phys. **47**, 277 (1975)
Gaillard, M. K. und L. Maiani, in: Proc. Summer Inst. on Quarks and Leptons, Cargèse 1979 (Plenum Press, N.Y. 1980)
Gamow, G. und E. Teller, Phys. Rev. **49**, 895 (1936)
Garwin, R. L., L. M. Lederman und M. Weinrich, Phys. Rev. **105**, 1415 (1957)
Gasser, J. und H. Leutwyler, Phys. Rep. **87**, 77 (1982)
Gell-Mann, M., Phys. Rev. **92**, 833 (1953)
Gell-Mann, M. und A. Pais, Phys. Rev. **97**, 1387 (1955)
Gell-Mann, M., "The Eightfold Way: A Theory of Strong Interaction Symmetry", California Institute of Technology Synchroton Laboratory Report CTSL-20 (1961) (unpubliziert)
Gell-Mann, M. und Y. Ne'eman, "The Eightfold Way" (W. A. Benjamin Inc., New York und Amsterdam 1964)
Gell-Mann, M., Phys. Lett. **8**, 214 (1964a)
Gell-Mann, M., Physics **1**, 63 (1964b)
Gell-Mann, M., Acta Physica Austriaca, Suppl. **9**, 733 (1972)
Georgi, H. und S. L. Glashow, Phys. Rev. Lett. **32**, 438 (1974)
Gershtein, S. S. und Ya. B. Zeldovich, Sov. Phys. J.E.T.P. **2**, 596 (1956)
Geweniger, C., "Measurement of $\sin^2 \vartheta_W$ from Neutrino-Nucleon Scattering", in: Proc. 11th Int. Conf. on Neutrino Physics and Astrophysics, Nordkirchen 1984, Hrsg. K. Kleinknecht und E. A. Paschos (Wolrd Scientific, Singapur 1984)
Giacomelli, G. und M. Jacob, Phys. Rep. **C55**, 1 (1979)
Gibbons, G. W., S. W. Hawking und S. Siklos (Hrsg.), "The very early universe" (Cambridge University Press, Cambridge 1983)
Ginsparg, P. H. und M. B. Wise, Phys. Lett. **127B**, 265 (1983)

Glashow, S. L., Nucl. Phys. **22**, 579 (1961)

Glashow, S. L., J. Iliopoulos und L. Maiani, Phys. Rev. **D2**, 1285 (1970)

Goldhaber, G. et al., Phys. Rev. Lett. **37**, 255 (1976)

Goldman, T. und W. Wilson, Phys. Rev. **D15**, 709 (1977)

Goldstein, H., „Klassische Mechanik", 5. Aufl. (Akademische Verlagsgesellschaft, Wiesbaden 1978)

Good, M. L., Phys. Rev. **121**, 311 (1961)

Gordon, W., Z. Physik **40**, 117 (1927)

Gordon, W., Z. Phys. **48**, 11 (1928)

Gottfried, K., "Hadronic Spectroscopy", in: Proc. Int. Europhysics Conf. on High Energy Physics, Brighton 1983, Hrsg. J. Guy und C. Costain (Rutherford Appleton Lab. 1983)

Gourdin, M., "Unitary Symmetries" (North Holland, Amsterdam 1967)

Gröbner, W., „Matrizenrechnung" (B. I. Mannheim 1966)

Grawert, G., „Quantenmechanik I" (Akad. Verlagsges., Frankfurt und Vieweg, Braunschweig 1969)

Greenberg, O. W., Phys. Rev. Lett. **13**, 598 (1964)

Gromes, D., "Hyperfine Interactions in Baryons", Proc. of the IVth Int. Conf. on Baryon Resonances (University of Toronto, 1980)

Gross, D. J. und C. H. Llewellyn Smith, Nucl. Phys. **B14**, 337 (1969)

Gross, D. J. und R. Jackiw, Phys. Rev. **D6**, 477 (1972)

Gross, D. J. und F. Wilczek, Phys. Rev. Lett. **30**, 1343 (1973)

Gross, D. J. und F. Wilczek, Phys. Rev. **D8**, 3633 (1973a)

Gross, D. J. und F. Wilczek, Phys. Rev. **D9**, 980 (1974)

Guberina, B., J. J. Kühn, R. D. Peccei und R. Rückl, Nucl. Phys. **B174**, 317 (1980)

Gupta, S. N., Proc. Phys. Soc. (London) **A63**, 681 (1950)

Guralnik, G. S., C. R. Hagen und T. W. B. Kibble, Phys. Rev. Lett. **13**, 585 (1964)

Gürsey, F. und L. A. Radicati, Phys. Rev. Lett. **13**, 173 (1964)

Haber, H. E. und G. L. Kane, Phys. Rep. **C117**, 75 (1985)

Hagedorn, R. und J. Ranft, Suppl. Nuovo Cim. **6**, 169 (1968)

Hagedorn, R., "Multiplicities, p_T Distributions and the expected Hadron Quark-Gluon Phase Transition", Bericht CERN-TH-3684 (1983)

Hagelin, J. S., Nucl. Phys. **B193**, 123 (1981)

Haidt, D., Experimental Tests of Gauge Theories, Bericht DESY 84-108 (1984)

Hanson, G., in: Proc. of the Int. Europhysics Conf. on High Energy Physics, Brigthon 1983, Hrsg. J. Guy und C. Costain (Rutherford Appleton Lab., 1983)

Harari, H., Phys. Lett. **86B**, 83 (1979)

Harari, H. und N. Seiberg, Phys. Lett. **98B**, 269 (1981)

Harari, H., Phys. Rep. **C104**, 159 (1984)

Hasert, F. J. et al., Phys. Lett. **46B**, 121 (1973a)

Hasert, F. J. et al., Phys. Lett. **46B**, 138 (1973b)

Hasert, F. J. et al., Nucl. Phys. **B73** (1974)

Hegerfeld, G. C., Phys. Rev. **D10**, 3320 (1974)

Heisenberg, W. und W. Pauli, Z. Phys. **56**, 1 (1929)

Heisenberg, W. und W. Pauli, Z. Phys. **59**, 169 (1930)

Heisenberg, W., Z. Phys. **77**, 1 (1932)

Heisenberg, W., Z. Phys. **120**, 513 und 673 (1943)

Heisenberg, W., Z. Phys. **123**, 93 (1944)

Heisenberg, W., Z. Phys. **133**, 65 (1952)

Heitler, W., "The Quantum Theory of Radiation" (Oxford University Press, 3. Aufl., Oxford 1970)

Hepp, V., in: "Present Status and Aims of Quantum Electrodynamics", Lecture Notes in Physics, **143**, Hrsg. G. Gräff, E. Klempt, G. Werth (Springer, Berlin, Heidelberg und New York 1981)

Herb, S. W. et al., Phys. Rev. Lett. **39**, 252 (1977)

Higgs, P. W., Phys. Lett. **12**, 132 (1964)

Higgs, P. W., Phys. Rev. Lett. **13**, 508 (1964a)

Higgs, P. W., Phys. Rev. **145**, 1156 (1966)

Hofstadter, R. und J. A. McIntyre, Phys. Rev. **76**, 1269 (1949)

Höhler, G., "Pion-Nucleon-Scattering", Landolt-Börnstein, Vol. I/9b, Hrsg. H. Schopper (Springer, Berlin, Heidelberg und New York 1983)

Horgan, R. R. und M. Jacob, Nucl. Phys. **B179**, 441 (1981)
Horgan, R. R. und P. V. Landshoff, Phys. Lett. **110B**, 493 (1982)
Hoyer, P., P. Osland, H. G. Sander, T. F. Walsh und P. M. Zerwas, Nucl. Phys. **B161**, 349 (1979)
Hung, P. Q. und J. J. Sakurai, Ann. Rev. Nucl. Part. Sci. **31**, 375 (1981)

Isgur, N. und G. Karl, Phys. Rev. **D18**, 4187 (1978)
Isgur, N. und G. Karl, Phys. Rev. **D19**, 2653 (1979)
Itzykson, Cl. und J.-B. Zuber, "Quantum Field Theory" (Mc Graw-Hill, N.Y. 1980)

Jackiw, R. und C. Rebbi, Phys. Rev. Lett. **37**, 172 (1976)
Jackson, J. D., „Klassische Elektrodynamik" (W. de Gruyter, 2. Aufl., Berlin 1983)
Jacob, M., Nuovo Cim. **9**, 826 (1958)
Jacob, M. und G. C. Wick, Ann. Phys. (N.Y.) **7**, 404 (1959)
Jauch, J. M. und F. Rohrlich, "The Theory of Photons and Electrons" (Addison-Wesley, Cambridge, Ma. 1955)
Jones, L. M., K. E. Lassila, U. Sukhatme und D. E. Willen, Phys. Rev. **D23**, 717 (1981)
Jones, T. W., "Results from the IMB Detector", in: Proc. 11th Int. Conf. on Neutrino Physics and Astrophysics, Nordkirchen 1984, Hrsg. K. Kleinknecht und E. A. Paschos (World Scientific, Singapur 1984)
Jonker, M. et al., Phys. Lett. **99B**, 265 (1981)
Jordan, P., Z. Physik **44**, 473 (1927)
Jordan, P. und O. Klein, Z. Physik **45**, 751 (1927a)
Jordan, P., Z. Physik **45**, 766 (1927b)
Jordan, P. und W. Pauli, Z. Phys. **47**, 151 (1928)
Jordan, P. und E. Wigner, Z. Physik **47**, 631 (1928a)

Källen, G., „Elementarteilchenphysik" (B. I., 2. Aufl., Mannheim 1974)
Kemmer, N., Proc. Cambridge Phil. Soc. **34**, 354 (1938)
Khalfin, L. A., Dokl. Akad. Nauk. USSR **115**, 277 (1957); Engl. Übersetzung: Soviet Phys. Dokl. **2**, 340 (1957)
Khalfin, L. A., Pis'ma Zh. Eksp. Teor. Fiz. **8**, 106 (1968)
Khalfin, L. A., Phys. Lett. **112B**, 223 (1982)
Kibble, T. W., Phys. Rev. **155**, 1554 (1967)
Kim, J. E., Phys. Rev. Lett. **43**, 103 (1979)
Kim, J. E., P. Langacker, M. Levine und H. H. Williams, Rev. Mod. Phys. **53**, 211 (1981)
Kinoshita, T. und W. B. Lindquist, Phys. Rev. Lett. **47**, 1573 (1981)
Klapdor, H. V. und K. Grotz, Phys. Rev. **C30**, 2098 (1984)
Klein, O., Z. Physik **41**, 407 (1927)
Klein, O. und Y. Nishina, Z. Phys. **52**, 853 (1929)
Klein, O., "New Theories in Physics" (Intern. Institute of Intellectual Cooperation, Paris 1939)
Kleinknecht, K., Ann. Rev. Nucl. Sci. **26**, 1 (1976)
Kleinknecht, K. und B. Renk, Phys. Lett. **130B**, 459 (1983)
Kleinknecht, K., Comm. Nucl. Part. Phys. **13**, 219 (1984)
Kleinknecht, K., „Detektoren für Teilchenstrahlung" (Teubner, Stuttgart 1984a)
Klopfenstein, C. et al., Phys. Lett. **130B**, 444 (1984)
Kobayashi, M. und T. Maskawa, Progr. Theor. Phys. **49**, 652 (1973)
Kogut, J. und L. Susskind, Phys. Rev. **D9**, 697, 3391 (1974)
Körner, J. G., G. Schierholz und J. Willrodt, Nucl. Phys. **B185**, 365 (1981)
Korthals Altes, C. P. und M. Perrottet, Phys. Lett. **39B**, 546 (1972)
Koshiba, M., "Experiments on Baryon Number Nonconservation", in: Proc. XXII Int. Conf. on High Energy Physics, Leipzig 1984, Hrsg. A. Meyer und E. Wieczorek (Akad. d. Wiss. der DDR, Zeuthen 1984)
Kubar-André, J. und F. E. Paige, Phys. Rev. **D19**, 221 (1979)
Kugel, H. W. und D. E. Murnick, Rep. Prog. Phys. **40**, 297 (1977)
Kühn, J. H. und P. M. Zerwas, Bericht CERN-TH 4089 85 (1985)
Kühnelt, H. und O. Nachtmann, Nucl. Phys. **B88**, 41 (1975)
Kunszt, Z. und E. Pietarinen, Phys. Lett. **132B**, 453 (1983)

La Rue, G. S., W. M. Fairbank und J. D. Phillips, Phys. Rev. Lett. **42**, 142, 1019 (E) (1979)

Lamb, W. E. und R. C. Retherford, Phys. Rev. **72**, 241 (1947)

Landau, L. D., Dokl. Akad. Nauk USSR **60**, 207 (1948)

Landau, L. D. und E. M. Lifschitz, "The Classical Theory of Fields" (Pergamon Press, 4. Aufl., Oxford 1975)

Landau, L. D., J.E.T.P. **32**, 405 (1956a)

Landau, L. D., J.E.T.P. **32**, 407 (1956b)

Landé, E., E. T. Booth, J. Impeduglia, L. Lederman und W. Chinowsky, Phys. Rev. **103**, 1901 (1956)

Landshoff, P. V., J. C. Polkinghorne und R. D. Short, Nucl. Phys. **B28**, 225 (1971)

Landshoff, P. V. und J. C. Polkinghorne, Nucl. Phys. **B28**, 240 (1971a)

Langacker, P., Phys. Rep. **C72**, 186 (1981)

Lattes, C. M. G., H. Muirhead, C. F. Powell und G. P. Occhialini, Nature **159**, 694 (1947)

v. Laue, M., „Die Relativitätstheorie", Band 1 (Vieweg, Braunschweig 1952)

Lee, T. D. und C. N. Yang, Phys. Rev. **104**, 254 (1956)

Lee, T. D. und C. N. Yang, Phys. Rev. **105**, 1671 (1957)

Lee, T. D. und C. S. Wu, Ann. Rev. Nucl. Sci. **16**, 511 (1966)

Lee, B. W., C. Quigg und H. B. Thacker, Phys. Rev. **D16**, 1519 (1977)

Leutwyler, H. und M. Roos, Bericht CERN TH 3830 (1984)

Linde, A. D., JETP Lett. **23**, 64 (1976)

Linde, A. D., "Elementary particles and cosmology", in: Proc. 22. Int. Conf. on High Energy Physcis, Leipzig 1984, Hrsg. A. Meyer und E. Wieczorek (Akad. d. Wiss. DDR, Zeuthen 1984)

Lipkin, H. J., „Anwendungen von Lieschen Gruppen in der Physik" (Bibliographisches Institut, Mannheim 1967)

Ljubimov, V., Proc. 22nd Int. Conf. on High Energy Physics, Leipzig 1984, Vol. I, S. 259, Hrsg. A. Meyer und E. Wieczorek (Akad. d. Wiss. DDR, Zeuthen 1984)

Llewellyn Smith, C. H. und J. F. Wheater, Nucl. Phys. **B208**, 27 (1982)

Lohrmann, E., „Hochenergiephysik" (Teubner, 2. Aufl., Stuttgart 1981)

Lüders, G., Dan. Mat. Fys. Medd. **28**, 5 (1954)

Lüders, G., Ann. Phys. (N.Y.) **2**, 1 (1957)

Mac Farlane, D. B. et al., Z. Phys. **C26**, 1 (1984)

Mackenzie, P. B. und G. P. Lepage, Phys. Rev. Lett. **47**, 1244 (1981)

Maiani, L., "New Currents", in Proc. 1977 Int. Symp. on Lepton and Photon Int. at High Energies, Hrsg. F. Gutbrod (DESY, Hamburg 1977)

Majumdar, D. P., Phys. Rev. **D3**, 2869 (1971)

Mandelstam, S., Phys. Rev. **112**, 1344 (1958)

Marciano, W. und A. Sirlin, Phys. Rev. Lett. **36**, 1425 (1976)

Marciano, W. und H. Pagels, Phys. Rep. **36C**, 137 (1978)

Marciano, W. und L. Wyler, Z. Phys. **C3**, 181 (1979)

Marciano, W. J. und A. Sirlin, Phys. Rev. **D22**, 2695 (1980)

Marciano, W. J. und A. Sirlin, Nucl. Phys. **B189**, 442 (1981)

Marciano, W. J. und A. Sirlin, Phys. Rev. **D27**, 52 (1983)

Martin, A., Phys. Rev. **129**, 1432 (1963)

Martin, B. R., D. Morgan und G. Shaw, "Pion-Pion Interaction in Particle Physics" (Akad. Press, N.Y. 1976)

Michelson, A. A., Sill. Journ. **22**, 120 (1881)

Michelson, A. A. und E. W. Miller, Sill. Journ. **34**, 333 (1887)

Michel, L., Proc. Phys. Soc. London **A63**, 514 (1950)

Miller, G. et al., Phys. Rev. **D5**, 528 (1972)

Minkowski, H., Phys. Zs. **10**, 104 (1909)

Mohapatra, R. N. und J. C. Pati, Phys. Rev. **D11**, 566, 2558 (1975)

Möhl, D., G. Petrucci, L. Thorndahl und S. van der Meer, Phys. Rep. **58**, 73 (1980)

Møller, C., Ann. Phys. (Leipzig) **14**, 531 (1932)

Morpurgo, G., Acta Physica Austriaca, Suppl. **21**, 5 (1979)

Mott, N. F., Proc. Roy. Soc. (London) **A126**, 259 (1930)

Mott, N. F. und H. S. W. Massey, "Theory of Atomic Collisions", S. 302 und 818 (Oxford University Press, 3. Aufl., Oxford 1965)

Nachtmann, O., Acta Phys. Austriaca Suppl. VI, 485 (1969)

Nachtmann, O., Nucl. Phys. B38, 397 (1972)

Nachtmann, O., Nucl. Phys. B63, 237 (1973)

Nachtmann, O., in: "Weak Interactions", Hrsg. M. K. Gaillard und M. Nicolic (Institut National de Physique Nucleaire et de Physique de Particules, Paris 1977)

Nachtmann, O. und A. Reiter, Z. Phys. C16, 45 (1982)

Nachtmann, O. und A. Reiter, Z. Phys. C24, 283 (1984)

Nachtmann, O., A. Reiter und M. Wirbel, Z. Phys. C27, 577 (1985)

Naroska, B., in: Proc. 1983 Int. Symp. on Lepton and Photon Int. at High Energies, Hrsg. D. G. Cassel und D. L. Kreinick (Cornell Univ., Ithaca, N.Y. 1983)

Ne'eman, Y., Nucl. Phys. 26, 222 (1961)

Nielsen, H. B., "Field Theories without fundamental (gauge) symmetries", Bericht NBI-HE-83–41, Univ. Kopenhagen (1983)

Nishijima, K., Prog. Theor. Phys. 13, 285 (1955)

Noether, E., Kgl. Ges. d. Wiss. Nachrichten, Math.-phys. Klasse, Göttingen, S. 235 (1918)

Novikov, V. A., L. B. Okun, M. A. Shifman, A. I. Vainshtein, M. B. Voloshin und V. I. Zakharov, Phys. Rep. C41, 1 (1978)

Oppenheimer, J. R., Phys. Rev. 35, 939 (1930)

Ore, A. und J. L. Powell, Phys. Rev. 75, 1696 (1949)

Pais, A., Phys. Rev. 86, 663 (1952)

Pais, A., Rev. Mod. Phys. 49, 925 (1977)

Pais, A., Rev. Mod. Phys. 51, 863 (1979)

Panman, J., in: Proc. 11th Int. Conf. on Neutrino Physics and Astrophysics, Nordkirchen 1984, Hrsg. K. Kleinknecht und E. A. Paschos (World Scientific, Singapur 1984)

Parisi, G., Nucl. Phys. B59, 641 (1973)

Particle Data Group, Rev. Mod. Phys. 52, 2, Part II (1980)

Particle Data Group, Rev. Mod. Phys. 56, No. 2, Part II (1984)

Paschos, E. A. und M. Wirbel, Nucl. Phys. B194, 189 (1982)

Paschos, E. A. und U. Türke, Phys. Lett. 116B, 360 (1982a)

Paschos, E. A., B. Stech und U. Türke, Phys. Lett. 128B, 240 (1983)

Paschos, E. A. und U. Türke, Nucl. Phys. B243, 29 (1984)

Pati, J. C. und A. Salam, Phys. Rev. D8, 1240 (1973)

Pati, J. C. und A. Salam, Phys. Rev. D10, 275 (1975)

Pauli, W., Z. Physik 43, 601 (1927)

Pauli, W., Ann. Inst. Henri Poincaré 6, 137 (1936)

Pauli, W., Phys. Rev. 58, 716 (1940)

Pauli, W., in: "Niels Bohr and the development of physics", Hrsg. W. Pauli, L. Rosenfeld und V. Weisskopf (McGraw-Hill, New York und Pergamon Press Ltd., London 1955)

Pauli, W., Collected Scientific Papers Vol. 2, S. 1313 (Interscience, New York 1964)

Pauli, W., „Zur älteren und neueren Geschichte des Neutrinos", in: W. Pauli, Physik und Erkenntnistheorie, Hrsg. R. U. Sexl (Vieweg, Braunschweig 1984)

Peccei, R. D. und H. R. Quinn, Phys. Rev. Lett. 38, 1440 (1977)

Perkins, D. H., "Introduction to High Energy Physics", 2. Aufl. (Addison-Wesley, Reading, Mass., 1982)

Perl, M. L., "High Energy Hadron Physics" (John Wiley, New York 1974)

Perl, M. L. et al., Phys. Rev. Lett. 35, 1489 (1975)

Peterman, A., Phys. Rep. 53C, 157 (1979)

Pietschmann, H., H. Rupertsberger und K. Svozil, Z. Phys. C12, 367 (1982)

Piketty, C. A., "Parity Violation in Atoms", in: Proc. 11th Int. Conf. on Neutrino Physics and Astrophysics, Nordkirchen 1984, Hrsg. K. Kleinknecht und E. A. Paschos (World Scientific, Singapur 1984)

Politzer, H. D., Phys. Rev. Lett. 30, 1346 (1973)

Politzer, H. D., Phys. Rep. 14C, 129 (1973a)

Polyakov, A. M., Soviet Phys. JETP 32, 296 (1971)

Pomeranchuk, I. J., Soviet Phys. JETP 7, 499 (1958)

Prescott, Ch. et al., Phys. Lett. **77B**, 347 (1978)
Prescott, Ch. et al., Phys. Lett. **84B**, 524 (1979)
Puppi, G., Nuovo Cim. **5**, 587 (1948)

Quenzer, A. et al., Phys. Lett. **76B**, 512 (1978)

Rabi, I. I., Vortrag auf der EPS Int. Conf. on High Energy Physics, Palermo, Juni 1975
Racah, G., Nuovo Cimento **11**, 7 (1934)
Racah, G., Nuovo Cimento **13**, 69 (1936)
Radermacher, E., "The Experimental discovery of the intermediate vector bosons W^+, W^- and Z^0 at the CERN $p\bar{p}$ collider", Bericht CERN-EP/84–41 (1984)
Rauch, H. et al., Phys. Lett. **54A**, 425 (1975)
Reinders, L. J., H. R. Rubinstein und S. Yazaki, Nucl. Phys. **B186**, 109 (1981)
Reines, F. und C. L. Cowan, Jr., Phys. Rev. **92**, 830 (1953)
Reines, F., C. L. Cowan, Jr., F. B. Harrison, A. D. McGuire und H. W. Kruse, Science **124**, 103 (1956)
Reines, F. und C. L. Cowan, Jr., Phys. Rev. **113**, 273 (1959)
Reines, F., H. S. Gurr und H. W. Sobel, Phys. Rev. Lett. **37**, 315 (1976)
Reya, E. und D. P. Roy, Phys. Lett. **141B**, 442 (1984a)
Reya, E. und D. P. Roy, Phys. Rev. Lett. **52**, 881 (1984b)
Rich, A., Rev. Mod. Phys. **53**, 127 (1981)
Richardson, J. L., Phys. Lett. **82B**, 272 (1979)
Rith, K., "Review of present structure function data", in: Proc. Int. Conf. on High Energy Physics, Brighton, Hrsg. J. Guy und C. Costain (Rutherford Lab., 1983)
Rochester, G. D. und C. C. Butler, Nature **160**, 855 (1947)
Rosen, S. P., Phys. Rev. Lett. **44**, 4 (1980)
Rosner, J. L., Phys. Rep. **11C**, 189 (1974)
Ross, G. G., in: Proc. 11th Int. Conf. on Neutrino Physics and Astrophysics, Nordkirchen 1984, Hrsg. K. Kleinknecht und E. A. Paschos (World Scientific, Singapur 1984)
Roy, S. M., Phys. Rep. **C5**, 125 (1972)
Rubbia, C., P. McIntyre und D. Cline, in: Proc. Int. Neutrino Conf. Aachen 1976, Hrsg. H. Faissner, H. Reithler, P. Zerwas (Vieweg, Braunschweig 1977)
Rubbia, C., "Physics-Results of the UA1 Collaboration at the CERN Proton-Antiproton Collider", in: Proc. 11th. Int. Conf. on Neutrino Physics and Astrophysics, Nordkirchen 1984, Hrsg. K. Kleinknecht und E. A. Paschos (World Scientific, Singapur 1984)
Rückl, R., "Weak decays of heavy flavors", CERN-Bericht (1984)
Rutherford, E., Phil. Mag. **47**, 109 (1899)
Rutherford, E., Phil. Mag. **21**, 669 (1911)
Rutherford, E., Proc. Manchester Lit. Philos. Soc. **55**, 18 (1911a)
Rutherford, E., Phil. Mag. **37**, 581 (1919)

Sakata, S., Progr. Theor. Phys. **16**, 686 (1956)
Sakita, B., Phys. Rev. **136B**, 1756 (1964)
Salam, A., Nuovo Cim. **5**, 299 (1957)
Salam, A., Proc. 8th Nobel Symposium, Hrsg. N. Svartholm (Almquist und Wiskell, Stockholm 1968)
Scharre, D. L., "SPEAR results 1981", in: Proc. 1981 Int. Symp. on Lepton and Photon Interactions at High Energies, Hrsg. W. Pfeil (Universität Bonn 1981)
Scheck, F., Phys. Rep. **44**, 187 (1978)
Schrödinger, E., Ann. Phys. (Leipzig) **81**, 109 (1926)
Schubert, K. R., "Weak Decays of Heavy Mesons", in: Proc. 11th Int. Conf. on Neutrino Phys. and Astrophys., Nordkirchen 1984, Hrsg. K. Kleinknecht und E. A. Paschos (World Scientific, Singapur 1984)
Schubert, K. R. et al., Phys. Lett. **31B**, 662 (1970)
Schwinger, J., Phys. Rev. **75**, 898 (1949)
Schwinger, J. (Hrsg.), "Quantum Electrodynamics" (Dover Publications Inc., New York 1958)
Senjanović, G. und R. N. Mohapatra, Phys. Rev. **D12**, 1502 (1975)
Sexl, R. U. und H. K. Schmidt, „Raum-Zeit-Relativität" (Vieweg, Braunschweig 1979)

Sexl, R. U. und H. Urbantke, „Relativität, Gruppen, Teilchen" (Springer, 2. Aufl., Wien und New York 1982)

Sexl, R. U. und H. Urbantke, „Gravitation und Kosmologie" (B.I., 2. Aufl., Mannheim 1983)

Shaw, R., Ph. D. Thesis, Cambridge, unpubliziert (1954)

Shifman, M. A., A. I. Vainshtein und V. I. Zakharov, Nucl. Phys. **B166**, 493 (1980)

Shifman, M. A., "Theory of heavy quark antiquark states", in: Proc. 1981 Int. Symp. on Lepton and Photon Interactions at High Energies, Hrsg. W. Pfeil (Universität Bonn 1981)

Shupe, M. A., Phys. Lett. **86B**, 87 (1979)

Sirlin, A., Phys. Rev. **D22**, 971 (1980)

Sirlin, A. und W. J. Marciano, Nucl. Phys. **B189**, 442 (1981)

Sommerfeld, A., „Mechanik" (Harri Deutsch, Nachdruck der 8. durchgesehenen Auflage, Thun und Frankfurt/Main 1977)

Stech, B. und J. H. D. Jensen, Z. Phys. **141**, 175 (1955)

Stech, B., Phys. Lett. **130B**, 189 (1983)

Stech, B., "Theoretical Status of Flavor Mixing", in: Proc. Europhys. Conf. on Flavor Mixing in Weak Interactions, Erice 1984, Hrsg. L. L. Chau (Plenum Press, N.Y. 1984)

Sterman, G. und S. Weinberg, Phys. Rev. Lett. **39**, 1436 (1977)

Streater, R. F. und A. S. Wightman, "PCT, Spin and Statistics and all that" (W. A. Benjamin Inc., New York und Amsterdam 1964)

Street, J. C. und E. C. Stevenson, Phys. Rev. **52**, 1003 (1937)

Stueckelberg, E. C. G., Helv. Phys. Acta **14**, 322, 588 (1941)

Sudarshan, E. C. G. und R. E. Marshak, Proc. Padua Conf. on Mesons and Recently Discovered Particles, p. 14 (1957)

Suzuki, M., Nucl. Phys. **145B**, 420 (1978)

Theis, W. R., Z. Phys. **150**, 590 (1958)

Theriot, E. D. Jr., et al., Phys. Rev. **A2**, 707 (1970)

Thirring, W., Acta Physica Austriaca, Suppl. II, 205 (1965)

Thomson, J. J., Phil. Mag. **44**, 269 (1897)

Thomson, G. P. und A. Reid, Nature **119**, 890 (1927)

Thomé, W. et al., Nucl. Phys. **B129**, 365 (1977)

't Hooft, G., Nucl. Phys. **B33**, 173 (1971)

't Hooft, G., Phys. Lett. **37B**, 195 (1971a)

't Hooft, G., unpublizierte Bemerkungen bei einer Konferenz in Marseille (1972)

't Hooft, G. und M. Veltman, Diagrammar, CERN-Bericht 73-9 (1973)

't Hooft, G., Phys. Rev. Lett. **37**, 8 (1976a)

't Hooft, G., Phys. Rev. **D14**, 3432 (1976b)

Tsai, Y. S., Rev. Mod. Phys. **46**, 815 (1974)

van der Meer, S., Bericht CERN ISR Po/72−31 (1972)

van Dyck, R. S. Jr., P. B. Schwinberg und H. G. Dehmelt, Bull. Am. Phys. Soc. **24**, 758 (1979)

Veltman, M., "Gauge Field Theories", in: Proc. 6th Int. Symp. on Electron and Photon Interactions at High Energies, Bonn 1973, Hrsg. H. Rollnick und W. Pfeil (North-Holland, Amsterdam und London 1974)

Veltman, M., Acta Phys. Polon. **B8**, 475 (1977)

Vermaseren, J., J. Gaemers und S. Oldham, Nucl. Phys. **B187**, 301 (1981)

Wandzura, S., Nucl. Phys. **B122**, 412 (1977)

Webber, B. R., Nucl. Phys. **B238**, 492 (1984)

Weinberg, S., Phys. Rev. Lett. **19**, 1264 (1967)

Weinberg, S., Phys. Rev. **D5**, 1412 (1972)

Weinberg, S., Phys. Rev. **D7**, 1068 (1973)

Weinberg, S., Phys. Rev. Lett. **36**, 294 (1976)

Weinberg, S., Phys. Rev. Lett. **40**, 223 (1978)

Weinberg, S., Phys. Lett. **91B**, 51 (1980)

Weisberger, W. I., Phys. Rev. **143**, 1302 (1966)

Weisskopf, V. F. und E. P. Wigner, Z. Phys. **63**, 54 und **65**, 18 (1930)

Werner, S. A. et al., Phys. Rev. Lett. **35**, 1053 (1975)

Wess, J. und B. Zumino, Phys. Lett. **49B**, 52 (1974a)

Wess, J. und B. Zumino, Nucl. Phys. **B70**, 39 (1974b)

Wess, J. und J. Bagger, "Supersymmetry and Supergravity" (Princeton Univ. Press, Princeton, N.J. 1983)

Wetzel, W., Nucl. Phys. **B227**, 1 (1983)

Wetzel, W., "Electroweak radiative corrections for $e^+ e^- \longrightarrow \mu^+ \mu^-$ at PETRA energies", Bericht, Univ. Heidelberg, HD-THEP-83-9 (1983a)

Weyl, H., Z. Phys. **56**, 330 (1929)

Weyl, H., „Gruppentheorie und Quantenmechanik", unveränd. reprogr. Nachdruck der 2. umgearb. Aufl., Leipzig 1931 (Wissenschaftliche Buchgesellschaft, Darmstadt 1977)

Wheeler, J. A., Phys. Rev. **52**, 1107 (1937)

Wick, G. C., Phys. Rev. **80**, 268 (1950)

Wicklund, E., "Weak-electromagnetic interference effects in $e^+ e^-$ annihilation to hadronic final states at PETRA", in: Proc. 22nd Int. Conf. on High Energy Physics, Leipzig 1984, Hrsg. A. Meyer und E. Wieczorek (Akademie der Wiss. der DDR, Zeuthen 1984)

Wigner, E. P., Gött. Nach. **31**, 546 (1932)

Wigner, E. P., Ann. Math. **40**, 149 (1939)

Wilczek, F., Phys. Rev. Lett. **39**, 1304 (1977)

Wilczek, F., Phys. Rev. Lett. **40**, 279 (1978)

Wilkinson, D. H., in: "Symmetries and Nuclei, Nuclear Physics with Heavy Ions and Mesons", Vol. II, Hrsg. R. Balian, M. Rho und G. Ripka (North-Holland, Amsterdam 1978)

Wilkonson, D. H., Progr. in Particle and Nuclear Physics **6**, 325 (1980)

Wilkonson, D. H., Nucl. Phys. **A377**, 474 (1982)

Wilson, K. G., Phys. Rev. **179**, 1499 (1969)

Wilson, K. G., "Products of Currents", in: Proc. 1971 Intern. Symp. on Electron and Photon Interaction at High Energie, Hrsg. N. B. Mistry (Cornell Univ., Ithaca, N.Y. 1972)

Wilson, K. G., Phys. Rev. **D10**, 2445 (1974)

Wilson, K. G. und J. Kogut, Phys. Rep. **C12**, 75 (1974a)

Wilson, K. G., Rev. Mod. Phys. **47**, 773 (1975)

Wise, M. B., H. Georgi und S. L. Glashow, Phys. Rev. Lett. **47**, 402 (1981)

Wolf, G., Journ. de Physique, Colloques **43**, C3-525 (1982)

Wolf, G., "The Determination of α_s in $e^+ e^-$ Annihilation", Bericht DESY 83-096 (1983)

Wolfenstein, L., Phys. Rev. Lett. **13**, 562 (1964)

Wolfenstein, L., Nucl. Phys. **B246**, 45 (1984)

Wu, S. L., Phys. Rep. **C107**, 59 (1984)

Wu, C. S., E. Ambler, R. Hayward, D. Hoppes und R. Hudson, Phys. Rev. **105**, 1413 (1957)

Yan, T. M., in: "Lepton Pair Production", S. 369 ff., Hrsg. J. Tranh Than Van (Editions Frontieres, Paris 1981)

Yang, C. N., Phys. Rev. **77**, 242 (1950)

Yang, C. N. und R. Mills, Phys. Rev. **96**, 191 (1954)

Yennie, D., S. Frautschi und H. Suura, Ann. Phys. (N.Y.) **13**, 379 (1961)

Yukawa, H., Proc. Phys. Math. Soc. Japan **17**, 48 (1935)

Zee, A., Phys. Rev. **D8**, 4038 (1973)

Zweig, G., CERN-Berichte TH-401 (1964) und TH-412 (1964), publiziert in "Developments in the Quark Theory of Hadrons, A Reprint Collection", Vol. I: 1964–1978. Hrsg. D. B. Lichtenberg und S. P. Rosen (Hadronic Press, Inc., Nonamtum, Mass., 1980)

Sachwortverzeichnis*

Absorptionskoeffizient für Photonen 136
Altarelli-Parisi-Gleichung 243, 251
Annihilationsmodell 335
Asymmetrie in e^+e^--Annihilation 351
Axionen 392

Baryonzahl 159
Bjorkens Skalenvariable 215
Bornsche Näherung 70
Box-Diagramme 395
Breit-System 217

Cabibbo-Winkel 286, 306, 314
Clebsch-Gordan-Koeffizienten 177, 386
Compton-Wellenlänge 56, 117
CP-Problem, starkes 392
CPT-Invarianz 67, 175, 380, 393
CVC-Hypothese 284

Dipolmoment des Neutrons, elektrisches 392, 406
Dirac-Adjunktion 53
Dreiecksdiagramme 401

Eichtransformationen 85, 103, 236, 238, 292
Eigenzeit 15
Elektronzahl 121
Energie-Impuls-Tensor 40
Erzeugungsoperatoren 33

Farb-SU(3) 163, 235
Fermi-Konstante 279
Fermis Trick 72, 76
Feynmans Skalenvariable 187
Fierz-Transformation 280, 341
Flavor-SU(3) 160, 163, 329
Fock-Raum 38
Fragmentationsfunktionen 256
Fragmentations-Hypothese 254
Freiheit, asymptotische 241
Froissart-Martin-Schranke 183

Gell-Mann-Matrizen 192
Gell-Mann-Nishijima-Beziehung 159
Gell-Mann-Okubo-Massenformel 202

Halbwertsbreite 168
Helizität 282

Higgs-Felder 298
Hyperladung, schwache 294
Hyperladung, starke 159

Infrarot-Katastrophe 147
Infrarotsingularitäten 261
Isospin, schwacher 292
Isospin, starker 156

„K-Faktor" im Drell-Yan-Prozeß 232, 370
Kobayashi-Maskawa-Matrix 312
Kontraktion 98
Kreuzungssymmetrie 23
Kühlmethode, stochastische 367

Ladungskonjugation 62, 174
Landau-Yang-Theorem 141, 270
Lego-Plot 272, 370
Leptonzahl 122
Lorentz-Gruppe, inhomogene 10
–, homogene 11
–, eigentliche orthochrone 12
Lorentz-Transformation, drehungsfreie 171 f.

Massenschale 17
Massensingularitäten 262
Majorana-Massenterme 319
Mikrokausalität 34, 57 f.
Minkowski-Raum 6
Modell, „superweak-" 388
Mottsche Streuformel 74
$\overline{MS}$-Schema 250
Myonzahl 121

Normalordnung 97
Normalprodukt 92, 97

Oktett-Singulett-Mischung 206
Operatorprodukt-Entwicklung 244

Paritäts-Transformation 13, 61, 173
Pauli-Metrik 8
Paulisches Ausschließungsprinzip 59
Photonen, virtuelle 83
Planck-Länge 401
Planck-Masse 401
Poincaré-Gruppe 10
– -Transformationen 10, 42, 169

---

* Im allgemeinen sind nur die Nummern derjenigen Seiten angegeben, in denen die entsprechenden Begriffe eingeführt und erläutert werden.

Pomeranchuk-Theorem 183
Prinzip der stationären Wirkung 39
Produktion, assoziierte 158
Propagator, Elektron- 100
–, Photon- 95
Pseudorapidität 188

Rapidität 188, 190
Regularisierung 148
Renormierung 146
Rydberg-Konstante 138

Saitenspannung („string tension") 267
Skalenverhalten 74, 114, 212, 220
Spektatormodell 334
Spin-Dichtematrix 374
Spin-Statistik-Theorem 59
Sterman-Weinberg-Hypothese 262
Strahlungslänge 134
Strangeness 158
Strukturfunktionen des Nukleons, elektro-
    magnetische 217
– – –, schwache 223
Substitutionsregel 23
Substitution, minimale 103
Symmetrien, innere 42

Tauzahl 122
Tensor, metrischer 8
Theorie des „achtfachen Weges" 159, 194
Thrust 257, 263, 265, 349
Transformation, antilineare 65
–, antinunitäre 65
–, chirale 282
„Twist", höherer 251

Ultraviolett-Katastrophe 147
Universalität, μ-e- 285, 353

V-Teilchen 156, 158
Vakuumzustand 32
Vernichtungsoperatoren 33

Weltlinie 14
Wicksches Theorem 98
Winkel, schwacher 296

Yukawa-Potential 155

Zeitumkehr 13, 64, 175, 380